东亚海域交流与南中国海洋开发（上）

Maritime Communication in East Asia and Sea Exploration in South China

Volume I

李庆新　胡　波　主编

Edited by Li Qingxin and Hu Bo

科学出版社

北　京

内 容 简 介

本书为2014年9月中国经济史学会、广东省社会科学联合会、广东中国经济史研究会、广东省中山市社会科学联合会、广东省社会科学院广东海洋史研究中心联合在中山市举办的"海上丝绸之路与明清时期广东海洋经济"国际学术研讨会的论文集萃。论题主要包括：大航海时代亚洲海洋形势与海上丝绸之路变迁，中国南方海洋经济发展与海陆互动，海上贸易与海洋网络，濒海地区开发与区域社会，海盗与海防，海洋文化与海洋信仰，海洋生态与环境变迁，以及海洋史研究的理论、方法等方面。本书集中了当前国内外海洋史研究的最新成果，体现了该领域当下国际学术的前沿水平。

本书适合明清社会经济史、闽粤区域史、海洋史等相关领域的研究者参考使用。

图书在版编目（CIP）数据

东亚海域交流与南中国海洋开发：全2册/李庆新，胡波主编.—北京：科学出版社，2017.2
ISBN 978-7-03-051620-6

Ⅰ.①东… Ⅱ.①李… ②胡… Ⅲ.①海洋-文化史-东亚-文集 ②南海-海洋开发-文集 Ⅳ.①P7-093.1 ②P74-53

中国版本图书馆CIP数据核字（2017）第008059号

责任编辑：李春伶 / 责任校对：张小霞
责任印制：张 倩 / 封面设计：黄华斌

科学出版社 出版
北京东黄城根北街16号
邮政编码：100717
http://www.sciencep.com

三河市骏杰印刷有限公司印刷
科学出版社发行 各地新华书店经销

*

2017年2月第 一 版　开本：720×1000　1/16
2017年2月第一次印刷　印张：35 1/2
字数：563 000
定价：262.00元（上、下册）
（如有印装质量问题，我社负责调换）

本书获广东省"特支计划"（宣传思想文化领军人才项目）、广东省中山市社会科学联合会出版资助

编辑委员会

顾　问：叶显恩　刘兰兮　魏明孔　谢中凡　林有能

主　编：李庆新　胡　波

副主编：周　鑫

编　辑：徐素琴　周　鑫　罗燚英　杨　芹　王一娜

　　　　王　潞　江伟涛

目　录

第一部分

海上丝绸之路与海洋文化研究 ································· 杨国桢 / 3
十七世纪东亚海洋形势与海上丝绸之路变迁 ··················· 李金明 / 9
针路簿概说 ································· 刘义杰　王宁军 / 23
清代针路簿《指南正法》中的航海名词术语系统 ··············· 汪前进 / 31
《雪尔登中国地图》的发现与研究 ············· 龚缨晏　许俊琳 / 116
西班牙海军博物馆所藏武吉斯海图研究
　——以马来半岛为例 ························· 李毓中　吕子肇 / 125

第二部分

多种类型，多重身份：15～17世纪前半期东亚世界国际贸易中的
　商人 ··· 李伯重 / 147
胡椒、陶瓷、白银与铅币：1570～1620年中国商人在印度尼西亚西爪哇的
　贸易活动 ··· 钱　江 / 177
略论晚明福建漳泉地区对吕宋的移民 ····················· 周振鹤 / 200
东南亚的"小广州"：河仙（"港口国"）海上交通与海洋贸易
　（1670～1810年代） ······························· 李庆新 / 209
神灵助战与神灵演变
　——试论"征占"与越南海神的关系 ··················· 牛军凯 / 234

西贡埠广肇帮圣母庙初探……耿慧玲 / 250

朝鲜李朝《备边司誊录》中之粤闽海商史料……袁晓春 / 269

刘鸿训天启使行与朝鲜海上贡道之重启
　——兼及《辛酉皇华集》与《朝鲜光海君日记》叙事之比较……孙卫国 / 284

近年来韩国海洋史研究概况……河世凤 / 304

清代中国出口欧美的扇子……松浦章 / 314

清代颜真卿书迹作品输入日本考
　——以《颜真卿三稿》与其单帖为中心……马成芬 / 331

第三部分

唐代海南岛的海上贸易……叶显恩 / 347

清代海外贸易通事初探……廖大珂 / 357

十八世纪在广州的法国商贾和外交官……耿昇 / 391

乾隆末年荷兰使团出使缘起……蔡香玉 / 409

黄亚胜案件辨析……冷东　沈晓鸣 / 427

1760～1843年广州外国人居住区的商业街……范岱克 / 445

迈向"大分流"：中欧贸易网络和全球消费者在澳门和马赛
（18～19世纪）……马龙 / 466

谢清高与居澳葡人
　——有关《海录》口述者谢清高几则档案资料研究……刘迎胜 / 483

光绪初年澳葡强占十字门水域考……徐素琴 / 504

再探十九世纪香港的德国社群……麦劲生 / 526

轮船招商局与清季广东航运业的发展……李洋 / 544

Contents

Part I

The Maritime Silk Roads and the Study of Maritime Culture ············ Yang Guozhen / 8

The Ocean Circumstances of East Asia in the 17th Century and Transition of
  the Maritime Silk Roads ·· Li Jinming / 21

A Brief Introduction of *Zhenlu Bu* ················· Liu Yijie Wang Ningjun / 30

Navigation Term System in a *Zhenlu Bu* of the Qing Dynasty:
  Zhinan Zhengfa ·· Wang Qianjin / 115

A Critical Review of *the Selden Map of
  China* ··· Gong Yingyan Xu Junlin / 124

A Study on the Bugis Sea Chart Collected in the Naval Museum of Madrid:
  Focusing on the Malay Peninsula ·············· Li Yuzhong Loo Cher Jau / 143

Part II

Of Different Types and with Different Identities: Merchants in Global Trade
  in the East Asian Community in the Time from the 15th up to the Mid-17th
  Centuries ··· Li Bozhong / 176

Pepper, Porcelain, Silver and Caixas: The Chinese Merchants' Activities
  in West Java, 1570–1620 ··· Qian Jiang / 198

The Chinese Migration from Zhang-Quan Areas to Luzon Island in
  the Late Ming Dynasty ·· Zhou Zhenhe / 207

Southeast Asia's *Small Canton*: Maritime Traffic and Trade in Hà Tiên
  (Can Cao) (1670s–1810s) ·· Li Qingxin / 232
A Research on the Relationship Between Conquering Champa and
  Vietnamese Sea Deities ·· Niu Junkai / 249
A Research on Guang-Zhao Association's Matsu Temple in
  Saigon ·· Geng Huiling / 267
Sea Merchants of Guangdong and Fujian on the Maritime Silk
  Roads: A Research Based on the *Beibiansi Tenglu* ············· Yuan Xiaochun / 282
Liu Hongxun's Mission to Choson Korea and the Reopening of Choson's
  Maritime Tribute Road to Ming: With a Narrative Comparison Between
  Xinyou Huanghuaji and *Choson Ghuanghaejun Rigi* ············ Sun Weiguo / 303
An Overview of Recent Studies of the Maritime History in Korea ····· Ha Sae-Bong / 313
Chinese Fans Exported to Europe and America During the Qing
  Dynasty ··· Matsuura Akira / 330
A Research on the Calligraphy by Yan Zhenqing Exported to Japan
  During the Edo Period: Focusing on the *Yan Zhenqing
  Sangao* ·· Ma Chengfen / 343

Part III

Maritime Trade in the Hainan Island in the Tang Dynasty ·············· Ye Xian'en / 355
An Inquiry into the Interpreter of Overseas Trade During the Qing
  Dynasty ·· Liao Dake / 390
The French Merchants and Diplomatic Officers in Canton During the
  18th Century ·· Geng Sheng / 407
The Origin of the Dutch Embassy to China in 1794 ··················· Cai Xiangyu / 426
An Analysis of the Case "Hwang Ya-Shing" ······· Leng Dong Shen Xiaoming / 444
The Shopping Streets in the Foreign Quarter at Canton
  in 1760–1843 ·· Paul A. van Dyke / 464
Toward a "Greater Divergence": Sino-European Trade Networks and

Global Consumers in Macau and Marseille (the 18th-19th
Centuries) ·· Manuel Perez Garcia / 481
Xie Qinggao and the Portuguese in Macau: A Study on 5 Archives
in Chapas Sinicas Kept in Torre do Tombo Relating to the Author of
Hailu ·· Liu Yingsheng / 503
Textual Criticism on the Progress that Portuguese in Macau Controlled the Cross Gate
Water ··· Xu Suqin / 524
Reexamining the German Community in Hong Kong
in the 19th Century ··· Ricardo K. S. Mak / 542
Merchants Steamship Navigation Company and Development of the
Cantonese Shipping Industry in the Late Qing Dynasty ···············Li Yang / 555

第一部分

海上丝绸之路与海洋文化研究

杨国桢[*]

海洋丝绸之路与海洋文化研究，既是历史的课题，又是现实的课题。作为历史的课题，这项研究已成为历史学的一个专门的学术领域。在中国学界，历经百年的努力，从南海交通史、中西交通史、中国海外交通史，到中外关系史、中国海洋社会经济史、中国海洋文明史，研究的视野、对象和内涵不断拓展深入，而且成为多学科交叉、渗透的热点领域之一，学术影响日益扩大。如今国际上大体有个共识，即海洋丝绸之路或称海上丝绸之路，就是东西方之间通过海洋融合、交流和对话之路，在古代是以海洋中国、海洋东南亚、海洋印度、海洋伊斯兰等海洋亚洲国家和地区的互通、互补、和谐、共赢的海洋经济文化交流体系的概念。可以这样说，海上丝绸之路是早于西方资本主义世界体系出现的海洋世界体系。这个世界体系是以海洋亚洲各地的海港为节点，以自由航海贸易为支柱，以经济与文化交往为主流，包容了各地形态各异的海洋文化，形成和平、和谐的海洋秩序。研究海上丝绸之路的发生、发展、变迁，实际上也是寻找海洋亚洲、海洋文化历史性实证的过程，深化海洋文化和海洋文明研究的过程。

海洋丝绸之路与海洋文化研究又是现实提出的课题。21世纪是海洋世纪，从韩国到中东的西太平洋沿岸和印度洋沿岸国家，纷纷提出海洋发展战略，中国自中共十八大做出建设海洋强国的重大部署后，经略海洋也进入了新阶段。2013年10月，习近平在印度尼西亚国会演讲中提出共建21世纪"海上丝绸之

---

[*] 作者系厦门大学历史系教授。

路"的战略构想。2014年6月,李克强在希腊"中希海洋合作论坛"上提出:"我们愿同世界各国一道,通过发展海洋事业带动经济发展、深化国际合作、促进世界和平,努力建设一个和平、合作、和谐的海洋。"也就是说,在经济上共同建设海上通道,维护航行自由,发展海洋经济,利用海洋资源,探索海洋奥秘;在文化上推进不同文明的交流对话、和平共处、和谐共生。中国国内海上丝绸之路沿线省份和涉海部门、行业,抓住机遇,积极行动起来,结合落实海洋经济试验区、自由贸易区建设,就发展海洋经济,如港口开发、海洋运输、海洋贸易、海洋捕捞、海洋环保、海洋文化产业、海洋管理、海洋安全等,提出新举措,推出新项目,编制海上丝绸之路产业规划,加大招商引资力度,深化中外合作,寻找发展的新坐标。这一伟大的实践,如何走向光辉的愿景,需要海上丝绸之路历史的经验借鉴和海洋文化的理论支撑。同时,中国建设21世纪海上丝绸之路的蓝图举世瞩目,海上丝绸之路沿线国家热烈响应者有之,犹豫观望者亦有之,正如马来西亚谚语所云:"风向变的时候,有的人筑墙,有的人造风车。"对于中国的愿景有多种解释,有的认为这是中国为应对美国亚太再平衡,避免被围堵的防御措施,有的认为是重建明代的朝贡体系,寻求18世纪以前的主导地位,等等,不一而足。对此,中国的解释还不够到位。有评论说,这是由于中国人对海洋理解不够透彻,不善于说海洋的故事,缺乏文化的影响力。这就为21世纪东方和中国海洋文化的建设提出更高的要求。海上丝绸之路和海洋文化研究再次成为学术界的热点,更是时代的需求、社会的需求。

海上丝绸之路和海洋文化研究的核心价值,是论证、阐释、弘扬东方(西太平洋和印度洋沿岸,即今天的韩国到中东之间的沿海地带和海域)的海洋文明、海洋文化,改变东方有航海活动没有海洋文明、海洋文化的旧思想观念。这种旧思想观念是15世纪末开启大航海时代欧洲向东方扩张的产物,那时的西方不知海洋亚洲和海上丝绸之路的存在,把海洋东南亚叫做"前印度",称海洋东亚为"东印度",是他们探险发现的新大陆。实际上,他们闯入海洋亚洲以后,搭上了海上丝绸之路的顺风车,那时海洋伊斯兰、海洋印度、海洋东南亚式微,海洋中国因明朝实施海禁从印度洋、东南亚退缩,欧洲海洋势力得以轻易地填补海洋权力的真空,用暴力掠夺、征服和殖民的手段,在亚洲海洋上兴风作浪,冲击海洋亚洲世界体系,到19世纪中叶通过发动鸦片战争等暴力手段把亚洲海洋编入西方体制之下，使之成为西方海洋强国争夺海洋霸权的战场。在掠夺、殖民的扩张过程中，他们编造的海洋文明、海洋文化等同于西方资本主义，是高于大陆文明、农牧文化的先进文明、先进文化的论述，得到广泛的传播，掌控和支配了海洋的国际话语权。日本明治维新以"脱亚入欧"的形式复制西方资本主义的海洋文明，重新塑造日本的海洋文化，走上海洋帝国主义之路。沿袭西方扩张型海洋文明大陆-海洋二元对立的海洋观，现代日本提出建设"海洋国家日本"的构想，在环中国海第一岛链建设"自由与繁荣之弧"，在西太平洋建立"海洋连邦""黑潮同盟"等主张。

现代海洋亚洲的兴起，从韩国、中国台湾、中国香港、新加坡"四小龙"，到中国、印度、东盟，迎来了亚洲海洋文明复兴的光辉前景。海洋文化的概念从西方发达海洋国家的定义中解放出来，成为新兴海洋国家创新的理念。海洋文化不再只是资本主义的专利，而是所有濒海国家、岛屿国家开发利用海洋进程中产生的文化事象，即人在海洋区域的生活模式，涵盖物质、制度、精神的各个层面，从海上和陆地面向海洋的生产、生活的物质创造，到海洋活动群体、民间社会和国家不同主体经略、管理、控制海洋的组织制度、社会秩序，海洋观念、海洋意识、海洋民俗、海洋宗教信仰、海洋文学艺术，无所不包。有海洋交流活动就有海洋文化，海洋文化具有多样性，不存在统一的国际标准。不同民族、不同海域的海洋文化都有自己的特色，有处于不同发展阶段的差别，没有高低优劣之分。新兴海洋国家的出现，固然有国际环境、时代发展潮流或外来海洋文化的推动，但也不乏本身内生动力，包括海洋资源、海洋空间条件、社会经济发展的需要，以及海洋人文历史传承的潜力。

有魅力才有影响力，从这样的高度反思中国对海上丝绸之路和海洋文化研究的现状，笔者认为还是有一些需要进行反省和改进的地方。现时中国学术界虽然没有反对建设海洋文化的意见，但在文化意识上，还是有分歧的，值得讨论。

第一，对建设海洋文化的历史基础认识不同。海洋对中国发展的重要性，越来越多的人看到了。但遗憾的是，大多数的人，包括学术精英和舆论精英，仍旧抱着中华文明是内陆文明的传统观念，认为当今中国向海洋发展是中华文明从陆地走向海洋，从传统内陆文明转向海洋文明。走向海洋，中华文明是后来者。中华传统文明中的海洋基因，只是狭义的"海"的基因，靠海吃海，

"洋"的东西是我们没有的，即使有也是不够的。21世纪中国的文明转型，要从传统内陆文明转向海洋文明，或者说，要实现从"大河文明"向"海河文明"再向"海洋文明"的有序过渡。这样的论述，有个共同点，有意无意地绕过中国自己的海洋文明史的问题，没有中华海洋文明的自信，深层次的原因是重陆轻海的社会心理没有根本性的改变。

自信来自历史的深处。海洋史研究告诉我们，中华民族拥有源远流长、辉煌灿烂的海洋文化和勇于探索、崇尚和谐的海洋精神。中华海洋文明是中华原生文明的一支，与中华农业文明的发生几乎同时。在汉武帝平定南越以前，东夷、百越海洋族群创造的海洋文明是一个独立的系统。有学者指出，中国历史文献中的百越族群，与人类学研究的南岛语族，属于同一个范畴，两者存在亲缘关系。百越族群逐岛漂流航行活动的范围，从东海、南海穿越过第一岛链，到波利尼西亚等南太平洋诸岛，是大航海时代之前人类最大规模的海上移民。东夷、百越被纳入华夏文明（即内陆文明、农业文明、大河文明）为主导的王朝统治体系以后，海洋文明被进入沿海地区的汉族移民所承继、涵化，和汉化的百越后裔一道，铸造了中华文明的海洋特性，拉开了海上丝绸之路的帷幕。晚唐陆地丝绸之路受阻后，中外交通、交流的通道转向海洋的说法，被证明是不准确的说法。以后的世代，在内陆强势文明的屏蔽下，海洋文明处于附属乃至边缘的地位，在特定的环境条件下才进入中国历史舞台的中心，展示其魅力和潜力，但我们不能因此而得出中华海洋文明被内陆文明同化，或者海洋文明不适合中国国情的结论。

第二，对中国海上特性认识不同。海上特性是海洋传统、海洋意识、海洋权力、海洋利益的表现。有这样一些流行的说法：大海，在中国没有主体，中国人惯于枕着海涛来做田园之梦；古代航海的中国人，绝对不是靠海吃饭的；郑和下西洋只是黄河文明的海上漂移；等等。也就是说，中国的海洋特性是内陆文明向海洋的延伸。这是从中华文明是内陆文明的观念推导出来的，缺乏可信度，但却很少有人站出来质疑和论驳。

其实，中国的海洋特性是由"中国是一个大陆国家，也是一个海洋国家"所决定的，是海陆一体架构下的海洋性。大陆中国与海洋中国不是对立的关系。笔者认为，从国家的角度看历史，宋元明清时期，王朝统治者曾几次把经略海洋作为国策，但最终又放弃了，中国作为大陆国家是常态，而作为海洋国家只是"片断"。在王朝大陆性压倒海洋性的时期，其政策是从海洋退缩，与海洋国家一讲海利二讲海权的文化意识背道而驰。而从区域的角度看历史，则体现中国作为海洋国家的一面是连续的。海洋给沿海地方带来商贸利益，聚集庞大的以海为生人口，发达的航运连接繁华的港市，激发航海技术、东西洋贸易制度创新的活力，在海上丝绸之路的贸易网络中，扩展自己的海洋权利和利益，与他文化交流对话，形成延续两千年的海洋传统。正是由于沿海地方和民间的海洋发展具有连续性，才使当代中国具有重新选择海洋发展路向的可能性。

在近年的走向海洋实践中，海洋文化新理念的孕育，带来实践上职能的变化，海洋事业蒸蒸日上。然而，将陆地发展的模式加之于海洋，陆主海从，使海洋陆地化的做法，仍大行其道，令人担忧。如有些地方大规模的填海造地，改变了海岸线和海洋生态环境；在海湾、海岛地区修造跨海桥、隧取代海上交通，已使长三角、珠三角的诸多岛屿连为一体，变为半岛。甚至设想未来以修建隧道的方式穿过太平洋，建设一条横跨白令海峡、长达上万公里的高铁，连接亚美两个大洲。这种走向海洋的陆地思维，是和海洋特性相背离的。

第三，对海洋社会的认识不同。所谓海洋社会，亦即在海洋、海岸带、岛屿形成的区域性人群共同体，"指在直接或间接的各种海洋活动中，海上群体、涉海群体人与人之间形成的亲缘关系、地缘关系、业缘关系、阶级关系、民族关系等各种关系的组合，包括海洋社会群体、海洋区域社会、海洋国家等不同层次的社会组织及其互动的结构系统"。传统时代海洋社会的基层就是渔民、疍户、船工、海商、海盗等群体。海洋社会是海洋文明发生发展的前提，没有海洋社会的驱动便没有海洋文明。求动（流动、运动、航行）是海洋社会的生活模式，与农业社会的求稳形成显明的对照。在中国传统社会的话语里，海洋社会群体就是被主流社会抛弃的"流民""奸民""海寇"，是社会最不安定的人群，给予否定的评价。20世纪80年代拨乱反正，史学界用"商"代替"寇"的提法，为海上走私除罪化，称之为"私人海上贸易"。海寇商人从"犯罪集团"变为"海商集团"，给予正面的评价。这是思想观念的解放，推动了海洋经济史研究的开展。但是，因为海洋社会人群的活动先后被王朝所镇压，未能促成中国社会经济的转型，他们为中华文明创造的海洋因素被屏蔽了，学术主流对海洋社会的认同度不到位，沿袭传统观念的提法还有市场，而这很可能会对培育海洋意识造成障碍。

其实，流动、运动、航行是海洋社会的基本特征，用陆地社会即农牧社会的组织原理强加在海上人群头上，实现陆地化的管理，是一种社会不平等与制度歧视。海洋社会在传统中国社会结构中处于边缘和附属，受到主流社会的排斥，海洋人群在日常生活实践与社会互动中，与陆地人群是不平等的，他们没有土地，生活机会进一步受到剥夺，只有脱离王朝的户籍控制才有发展的机会，而这又被视为非法，是破坏社会稳定的因素，加以排斥。培育海洋意识，就要改变以往的思维定式，逐步消除这种制度歧视和文化排斥。

海洋文化是活态的文化，每个文明时代都充满多元力量、多元价值的竞逐，21世纪的亚洲海洋的海洋文化呈现多样化的特征。振兴海上丝绸之路是一种文化的选择，与海洋连邦论竞争，具有现实的意义。在新的海洋时代，实现思维观念、生产方式的改变，赋予海上丝绸之路的新内涵，东方和中国讲海洋故事的能力就能进入新境界，做出新贡献！

The Maritime Silk Roads and the Study of Maritime Culture

Yang Guozhen

Abstract：The Maritime Silk Roads and the study of maritime culture are both historical thesis and practical problem. The main task and the key value of the thesis or problem consist of demonstrating the maritime civilization or culture of the East, and changing the old bias that there are only navigation activities rather than maritime civilization or culture in the East. Although most scholars do not object to construct Chinese maritime civilization or culture today, they disagree about three questions: the historical foundation of the construction, the Chinese maritime character and the marine society. This paper tries to briefly explain, analyze and figure out these questions.

Key Words：The Maritime Silk Roads; Chinese maritime civilization; Chinese maritime character; marine society

十七世纪东亚海洋形势与海上丝绸之路变迁

李金明[*]

在十七世纪大航海时代,东亚海洋形势发生了巨大变化。东来的欧洲殖民者为贩运中国的生丝和丝织品,在东亚海域展开了激烈的商业竞争。葡萄牙殖民者在澳门立脚后,经营着从广州贩运中国生丝和丝织品至日本的贸易;西班牙殖民者占据菲律宾后,则开辟了从马尼拉至墨西哥阿卡普尔科的大帆船贸易航线,把墨西哥银元转运来马尼拉换取中国生丝和丝织品;荷兰东印度公司亦以台湾南部为基地,把中国生丝和丝织品贩运到日本,以换取白银。于是,海上丝绸之路随之发生了变迁,即从原先经南海向西到印度洋、波斯湾、阿拉伯等地,转而向东至日本,或经马尼拉越过太平洋到拉美各地,逐渐从区域贸易发展为全球贸易。

一、葡萄牙在澳门经营与日本的丝绸贸易

十七世纪上半叶,葡萄牙殖民者以留居澳门的优势,经营着与日本的丝绸贸易。其出口到日本的丝绸来源,主要是在广州购买。当时的广州,每年有举行两次交易会,准许葡萄牙人参加。第一次交易会规定在 12 月至 1 月举行,第二次在 5 月至 6 月举行,会期可能持续数星期,甚至几个月,购货合同经常是提前一年签订,也可预付下一次交易会的订金。一般说来,葡萄牙在冬天的

---

[*] 作者系厦门大学南海研究院教授。

交易会是为出口到印度、欧洲和马尼拉购置货物，而在夏天的交易会则为出口到日本做准备。①

从澳门到日本的航程，一般是由葡萄牙王室垄断，他们任命一位船长从澳门组织船运，开始时这种任命是作为提供服务的一种奖赏，而后来则在果亚就将之卖给出价最高的人。这位船长享有两个特权：一是到达澳门后，即自然成为当地的临时总督；二是从与日本的贸易中，可赚取一笔相当丰厚的利润。尽管这些船长实际赚取多少利润无从得知，但一次成功的航程无疑可赢得大笔的财富，估计在10万两白银左右。②

这些葡萄牙船经营的是将中国生丝和丝织品贩运到日本。据说在十七世纪，日本对中国生丝和丝织品的需求量相当大，如荷兰东印度公司平户商站的头目伦纳德·坎普斯（Leonard Campus），在1622年9月15日寄给阿姆斯特丹荷兰东印度公司十七人委员会的一份市场研究报告中称，在日本售卖的中国货物有2/3是生丝和纺丝，其中白生丝的需求量最大，每年约3000担。另据一位在日本居住至1620年的西班牙商人阿维拉-吉罗恩（Bernardino de Avila-Giron）写信告诉他的朋友说："自从24年前丰臣秀吉统治这个国家后，人民的穿着就比以前更奢华，从中国和马尼拉进口的生丝已无法满足日本人的需要。"他还说："在这个王国生丝的消费量平均为3000~3500担，有时甚至超过这个数量。"以这些记载为依据，日本学者加藤荣一（Kato Eiichi）估计，十七世纪初进口到日本的主要商品是中国生丝和丝织品，在十六世纪末和十七世纪初，每年中国生丝的进口总量平均为1600担。随着国内政治形势的稳定，在1610~1620年间快速增加到3000~3500担。③另一位日本学者岩生成一（Iwao Seiichi）指出，从1620~1640年每年进口到日本的生丝数量为2500~4000担，而进口超过4000担则会出现过剩。当时由于明朝对日本仍实行海禁，到日本贸易的中国船比较少，且日本船亦很少到外国港口贸易，故葡萄牙船几乎垄断了中国对日本的生丝与丝织品贸易，据岩生成一估计，其利润率一

---

① C. R. Boxer, *The Great Ship from Amacon: Annual of Macao and the Old Japan Trade 1555-1640*, Centro de Estudos Historicos Ultramarinos, Lisboa, 1959: 5-6.

② R. D. Cremer, From Portugal to Japan: Macau's Place in the History of World Trade, R. D. Cremer edited, *Macau: City of Commerce and Culture*, Hong Kong: UEA Press Ltd, 1987: 34.

③ Kato Eiichi, The Japanese-Dutch Trade in the Formative Period of the Soclusion Policy, in *Acta Asiatica*, No. 30, Tokyo, 1976: 44-45.

般都保持在70%~80%，有时甚至超过100%。①

他们从日本载运出口的绝大多数是白银。当时的日本，由于岩见及其他地方新银矿的发现，加上十六世纪末20年日本的政治事件和丰臣秀吉对朝鲜的侵略，使日本的黄金需求大受刺激，于是，日本的金银比价远远超过中国。据记载，1592年在日本，丰臣秀吉规定的金银比例为1∶10，但稍后几年似乎都波动在1∶12或1∶13之间，而同时在广州的比例却低至1∶5.5，很少高过1∶7。②在1615年，一两白银在日本只能买到大米1公石1斗3升，而在中国可以买到1公石7斗4升；在1620~1630年，日本的金银比价为1∶13，而中国为1∶8到1∶10。③葡萄牙人就是利用这种差价，把从日本出口的白银载运到广州购买中国的生丝、黄金，然后再贩运到长崎换取白银，每次航程均可获得巨利。根据1585~1591年在东印度访问的英国旅行家拉夫尔·菲奇（Ralph Fitch）所言："当时葡萄牙人从中国的澳门到日本，运来大量的白丝、黄金、麝香和瓷器，而从那儿带走的只有白银而已。他们每年都有一艘大船到那里，带走的白银达60万两以上。所有这些日本银，加上他们每年从印度带来的20万两，在中国可得到很大的好处，他们把中国的黄金、麝香、生丝、铜、瓷器和许多值钱的东西带走。"葡萄牙史学家戴奥戈·库托（Diogo do Couto）在十七世纪初写的 *Dialogo do Soldado Pratico* 一书中也谈到："我们的大商船每年把船货载运到日本交换白银，其价值超过100万金币。"④另有学者估计，在整个澳门—日本贸易时期（1546~1638），葡萄牙人从日本出口到广州的白银总数大得惊人，一年达12 525千克。⑤

不过，葡萄牙人在日本也遭遇到荷兰和英国的强烈竞争。在1618~1619年，已在日本平户站稳脚跟的荷兰和英国，为了商业竞争正寻求借口以反对其共同的伊比利亚敌人。1619年6月，他们签订了"防御条约"，消息在1620年4月传到巴达维亚，两个东印度公司同意以香料群岛的贸易合伙，把香料的2/3

---

① Iwao Seiichi, Japanese Foreign Trade in the 16th and 17th Centuries, in *Acta Asiatica*, No.30, Tokyo, 1976: 6.
② *The Great Ship from Amacon*, p.2.
③ 彭信威：《中国货币史》，上海：上海人民出版社，1965，第710页。
④ C. R. Boxer, *Fidalgos in the Far East 1550-1770*, Martinus Nijhoff, The Hague, 1948: 6-7.
⑤ Geoffrey C. Gunn, *Encountering Macau: A Portuguese City-State on the Periphery of China, 1557-1999*, Westview Press, Boulder, 1996: 19.

分给荷兰，1/3 归英国。每个公司在远东海域保持 12 艘船，联合成为"防御船队"。所谓的"防御"显然是用词不当，因船长接到的命令是："无论在哪里，如果你遇到葡萄牙、西班牙或其追随者，则攻击并俘获他们。"尽管日本幕府保护在日本领海的外国船只，但也无济于事，"如果有葡萄牙船再航行到日本沿海港口，就让它在地抛锚"。平户是联合船队行动的主要基地，所有俘获物都是荷兰与英国平分。不过，英荷联盟与联合组成的"防御船队"至 1623 年就已解散，部分原因是英国没有派出足够的船只，但更主要是安汶岛的荷兰总督以谋反罪处死大量的英国人，加之在平户的英国商馆也在这年底关闭。①

但是，最终导致葡萄牙失去日本市场的原因，并不是与荷兰、英国的商业竞争，而是基督教传教士在日本岛上的出现与活动。1549 年，西班牙北部纳瓦拉的耶稣会传教士圣方济各·沙勿略（St. Francis Xavier）建立了日本教会，至 16 世纪下半叶天主教不论在长崎本地，还是在京都都拥有许多强有力的皈依者。尽管当时葡萄牙文化对日本社会某些阶层的影响尚未引起重视，但是统治日本的幕府首领却害怕新的基督教在武士阶层和普通民众中将获得忠心。②于是，在 1578 年正式禁止基督教，1641 年再次禁止。开始禁止时并没有影响到澳门商人，因为他们被特别豁免，而且丰臣秀吉和德川家康都急于鼓励对外贸易。但后来的德川秀忠和德川家光则没有那么宽宏大量，他们及其谋臣都确信，只要准许葡萄牙人到日本，他们与传教士之间的斗争就会存在，而传教士被看成是对新秩序构成最大的威胁。1637～1638 年的岛原起义就证实了他们最坏的担心，在血腥镇压之后，他们不再犹豫了。幕府无视九州商人在与澳门贸易中投下的巨额资本，决定实施锁国政策，只准荷兰和中国商人在严厉监督下到长崎贸易。1640 年，一位要求改变这种决定的澳门使者被当众处死，宣告了澳门葡萄牙人在日本贸易的终结。③

---

① *The Great Ship from Amacon*，pp.98-99，109.
② K. N. Chandhuri, *Trade and Civilization in the Indian Ocean: An Economic History from the Rise of Islam to 1750*，Cambridge：Cambridge University Press，1985：76.
③ *The Great Ship from Amacon*，p.18.

二、西班牙开辟通往拉美的"海上丝绸之路"

1565年,西班牙殖民者为维护其在菲律宾及拉美的殖民统治,开辟了自菲律宾马尼拉至墨西哥阿卡普尔科的大帆船贸易航线,把墨西哥银元载运到马尼拉,以换取由福建商船从漳州月港载运到马尼拉的中国丝绸等商品。这条贸易航线前后维持长达两个半世纪,在世界航海史上,没有任何一条贸易航线能持续到如此之久,没有任何一种正规航行曾经历过如此艰难险阻。由于大帆船载运的主要货物是中国的生丝和丝织品,故人们普遍称之为"海上丝绸之路"。

当时正值明朝政府在漳州月港部分开放海禁,准许私人海外贸易船缴纳饷税出海贸易,因此有大量的中国商船载运生丝和丝织品到马尼拉,换取西班牙殖民者从墨西哥载运来的白银。至于载运出去的生丝和丝织品数量有多大,我们可以从西班牙档案中有关输入中国的白银数量看出来。据罗杰斯(Pedro de Rojas)在1586年致西班牙国王腓力普二世的信中说:"每年有30万比索(peso)银元从马尼拉流往中国,而今年超过了50万比索。"在1598年特洛(Don Francisco Tello)致腓力普二世的信中又提到:"来这里贸易的中国人每年带走80万比索的银元,有时超过100万比索。"①另据马尼拉主教贝扎(Pedro de Baeza)在1609年声称,一年平均有30~40艘福建船从马尼拉运走250万~300万里亚尔(real)白银,这些白银大部分是用来购买中国的生丝和丝织品。②由于运入中国的白银数量异常之大,故西班牙商船队长卡里略(Don Hieronimo de Banuelos y Carrillo)曾夸张地说:"中国皇帝可以用运入其国家的秘鲁白银建造一座宫殿。"③

不过,当时每年到马尼拉贸易的中国商船数由于受到各种因素的制约,波动还是比较大。据威廉·舒尔茨(William Lytle Schurz)的估计,从20艘到60艘不等,在1547年有6艘,1580年有40~50艘,在16世纪后的三四十年一般都是这个数;在1616年仅有7艘,而在1631年却有50艘,5年后有30

---

① E. H. Blair and T. A. Robertson, *The Philippine Islands 1493-1898*, Cleveland, The Arthur H. Clark Co., 1903-1909, Vol.6, p.269; Vol.10, p.179.
② *The Great Ship from Amacon*, p.74.
③ *The Philippine Islands 1493-1898*, Vol.29, p.71.

艘。出现如此波动的原因，舒尔茨认为：

> 每年到达船数的多少取决于马尼拉赢利买卖的机会，航程的安危以及中国本地的情况。每当中国人了解到马尼拉缺乏银元时，这一年来的船就会减少；在航程中有海盗的消息时，船可能不出港而误了季风期，特别是印度支那沿海长期有海盗的抢劫，倭寇出没于北吕宋，以及以台湾为基地的海盗的攻击，有时来自葡萄牙或荷兰殖民者的威胁也很严重，当时他们均集中全力以削弱西班牙在马尼拉的贸易；最后是中国内部的纷争，或沿海各省地方的动乱，也可能暂时中断到菲律宾的帆船贸易。①

大量中国生丝和丝织品涌入拉美殖民地，必然使西班牙宗主国的丝织业遭到极大的冲击。因此，在西班牙掀起了限制和禁止进口中国生丝和丝织品的强大运动，一些早期的马尼拉总督，如桑德（Sande）和达斯马里纳斯（Gomez Perez Dasmarinas），以及墨西哥总督，如维拉曼里奎（Villamanrique）均谈到对宗主国的工业和贸易都起到实质性和危机性的威胁，且使帝国的大量白银流向中国。1592年，达斯马里纳斯向腓力普二世报告称：从东方进口到拉美的货物已超过从西班牙运来的货物。他强调指出："这将妨碍陛下进口到格拉纳达、穆尔西亚和瓦伦西亚的丝绸所征收的皇家税收。"②在塞维利亚，自中国丝织品输入墨西哥和秘鲁后，则对其商业构成威胁。1589年，塞维利亚的执政官向腓力普二世抱怨道：

> 当卡斯蒂利亚船队到达时，其货物现已很难卖出去，因为市场都已被廉价的中国和菲律宾商品所充斥。结果使皇家岁入遭到巨大的损失和侵害，且使商业受到惨重的打击，因为船队明显已不再像以前装载得那么满，返航时也不再运回那么多的黄金和白银。

1608年一位到东印度旅行的法国人派拉特·拉瓦尔（Pyrard de Laval）也谈到中国丝织品的冲击问题，他说："这些群岛的税收异常之多，但与此同时，西班牙和西印度的贸易却削弱了，因为西班牙的棉布和

---

① William Lytle Schurz, *The Manila Galleon*, New York: E. P. Dutton & Co., 1959: 71.

② *The Manila Galleon*, pp.72-73.

丝织品已不再像大帆船贸易建立之前那样载运到那里。"①

为了限制中国生丝和丝织品对拉美市场的冲击，也为了维护西班牙宗主国丝织业生产的利益，西班牙殖民政府开始下令限制中国生丝和丝织品的输入。一方面，他们把大帆船贸易控制在许可的范围之内，把贸易额限制在一定的数量上。如 1593 年规定，每年从马尼拉运往墨西哥的货物价值限制在 25 万比索，从墨西哥返航运到菲律宾的船货价值为 50 万比索。这些限制在 1604 年和 1619 年的敕令中得到重申，至 1702 年把限制额提高到 30 万比索，返航 60 万比索；1734 年增加到 50 万比索，返航 100 万比索；1776 年再增加到 75 万比索，返航 150 万比索，并一直保持到 1815 年贸易结束为止。另一方面，禁止阿卡普尔科和秘鲁南部总督辖区之间的贸易，从而切断中国生丝和丝织品对最畅销的一个市场的供应。如 1589 年临时拒绝中国生丝和丝织品输入秘鲁，而 1593 年则正式下令禁止大帆船到秘鲁贸易。②

当然，这些贸易限制是不可能被认真执行。如墨西哥总督蒙特里（Monterey）和安东尼奥·卡斯特罗（Antonio Fernandez de Castro）均提到，在 1601 年失事的"圣托马斯"（Santo Tomas）号载运的船货价值远远超过规定限额，达 200 万比索。马尼拉检察官在 1688 年亦说道，大帆船返航一艘的载运额至少是 200 万比索。1701 年大主教称，"圣沙勿略"（San Francisco Xavier）号在 1698 年载运了 207 万比索；翌年的"罗莎里奥"（Rosario）号也载运了同等数额。他还进一步说："一般载运的丝织物都是 200 万比索。"马尼拉总督瓦尔德斯（Valdes）在 1732 年亦说："记忆中从阿卡普尔科返航的大帆船，没有一艘不载运到 100 万、150 万或更多的船货。"安达（Anda）总督也说，每年从墨西哥到马尼拉都载运 150 万至 200 万比索，1784 年的"圣乔斯"（San Jose）号就载运 2 791 632 比索返航到马尼拉。③

出现这种情况的主要原因，是拉美国家对中国丝绸的需求量急遽增多。同时也说明，这条海上丝绸之路在拉美人民的经济生活中显得越来越重要，就以墨西哥本土来说，他们期待大帆船的到来，就像当年期待西班牙商船队一样的

---

① *The Manila Galleon*，p.405.
② John F. Cady，*Southeast Asia: It's Historical Development*，New York，1964：245-246.
③ *The Manila Galleon*，p.189.

热切。1769 年，马奎斯·克罗伊克斯（Marques de Croix）曾说过："菲律宾大帆船如无到来，将造成这个国家许多东西缺乏。"①由于中国总是大帆船货物的主要源泉，故新西班牙人亲切地把大帆船称为"中国船"（Nao de China），而马尼拉是中国和墨西哥之间的一个中转站，大批丝绸被集中在那里，然后运过太平洋，故墨西哥的西班牙人经常糊里糊涂地把菲律宾称为"中华帝国的一个行省"。②这些横越太平洋的中国丝绸也给拉美人民的经济生活带来很大的变化，在拉美国家的所有阶级，从炎热的低洼地城镇的印第安人（西班牙通过立法强迫他们穿上衣服），到首都放纵的克里奥耳人，都穿上了中国的丝绸。1720 年的法规就宣称："中国丝绸已成为新西班牙土著的平常衣着。"总督雷维拉吉格多（Revillagigedo）也说："菲律宾商业在此王国很受拥戴，因为它供应商品给这个国家的穷人。"中国丝绸虽然也有供给像瓜达拉哈拉和普韦布拉这样的大省城，但大多数还是由半岛与殖民地的西班牙人和墨西哥城较富裕的混血儿在消费。③因此，贝扎（Pedro de Baeza）主教在 1609 年评论道，近年来有如此之多的中国丝绸被再出口到墨西哥和秘鲁，以致连流浪者、社会底层和印第安人都炫耀着华丽的丝绸服饰，俨然已同他们的西班牙主人平起平坐。④

三、荷兰以台湾南部为基地贩运中国丝绸、瓷器

荷兰殖民者对中国生丝产生兴趣开始于 1603 年。当年 2 月 25 日，荷兰东印度公司船长希姆斯柯克（Jacob van Heemskerck）在柔佛港外劫掠了一艘 1500 吨的"圣·凯瑟琳娜"（Santa Catharina）号葡萄牙船，其装载的船货中有中国生丝 1200 大捆，在荷兰值 225 万多荷盾。8 月，当船长在阿姆斯特丹公开售卖这些船货时，正值意大利丝歉收，船货很快就被抢光，整个欧洲的买主都汇集到这里，自此之后，阿姆斯特丹开始被列入最重要的丝市之一。⑤同年 7

---

① *The Manila Galleon*，p.362.
② *The Manila Galleon*，p.63.
③ *The Manila Galleon*，p.362.
④ *The Great Ship from Amacon*，p.73.
⑤ Kristof Glamann，*Dutch-Asiatic Trade 1620-1740*，Danish Science Press，Copenhagen，1958：112-113.

月底，麻韦郎（Wijbrand van Waerwijck）所率领的船队在澳门岛前劫掠了一艘开往日本的葡萄牙船，在其船货中有生丝 2800 大捆，在阿姆斯特丹售卖每捆 500 荷盾，共得款 140 万荷盾。①这两次售卖大大刺激了荷兰东印度公司的胃口，他们开始关注中国生丝的行情。1606 年秋天，公司十七人委员会确定了一些商品的售价，其中中国生丝每磅 12.00 荷盾，生绢丝每磅 16.20 荷盾，绢丝每磅 15.60 荷盾；在阿姆斯特丹的价格表上，中国生丝每磅开价 16.20 荷盾，这在所有的生丝要价中为最高，比波斯生丝要高出相当多。因此，东印度公司把中国生丝贩运到欧洲出售，一般可攫取 2～3 倍的高额利润。如 1621 年 7 月底，东印度公司在阿姆斯特丹售卖一批来自宋卡的中国生丝，重 1860 荷磅，这批生丝 1 月底从巴达维亚运出时每磅价 3.81 荷盾，共值 7116 荷盾，而在荷兰售卖时，每磅却高达 15.09 荷盾，公司盈利约 320%；1622 年 3 月售卖的一批生丝重 1211 荷磅，每磅售价为 16.88 荷盾，而这批生丝在 1621 年 4 月运回荷兰时，运出价每磅仅 4.833 荷盾（在台湾的买价是每磅 4 荷盾），赢利约 325%。②

贩运中国生丝所攫取的高额利润，促使荷兰东印度公司迫不及待地想打开对华贸易的大门。1603 年，他们决定派 12 艘船到远东，由船队司令哈根（Steven van der Hagen）和使者艾特森（John van Aertsen）率领。艾特森准备去见中国皇帝，他的使命是送去礼物和一封共和国将军和奥兰治王子的信，要求在中国得到自由贸易的权利，如不准许这样做，至少让荷兰人可以在中国沿海使用部分地方，以取得生丝、糖和其他商品，但后来因北大年的荷兰商人认为不适宜到中国朝廷而放弃这种打算。③翌年（1604），麻韦郎决定亲自到中国，他于 6 月 27 日从北大年开航，7 月中旬到达广州附近沿海，原拟航行到澳门，却被风吹离航线，于 8 月 7 日到达澎湖列岛，在那里同福建省官员开始谈判贸易，但没有得到任何结果，12 月 15 日离开澎湖列岛。④1605 年，琼奇（Cornelis Matelief de Jonge）率领 11 艘船到达东印度，又带了一封奥兰治王子致中国皇帝

---

① Chang Tien-tse, *Sino-Portuguese Trade 1514-1644*, E. J. Brill LTD., Leiden, 1934：113.
② *Dutch-Asiatic Trade 1620-1740*, pp.113-114.
③ Albert Hyma, *A History of the Dutch in the Far East*, George Wahr Publishing Co., Michigan, 1953：129.
④ *Sino-Portuguese Trade 1514-1644*, p.113.

的信，另有一封给暹罗国王，请求国王协助荷兰在中国取得贸易权利。①

然而，按明朝规定，不准许外国商船在中国沿海一带进行贸易。1622 年，窃踞巴达维亚的荷印总督燕·彼得逊·昆（Jan Pieterszoon Coen）则命令雷耶斯佐恩（Kornelis Rayerszoon）率领 15 艘船和 800 名士兵进攻澳门，企图以武力打开对华贸易的大门。他指示说："为了取得对华贸易，我们有必要借助上帝占据澳门，或者在最合适的地方，如广州或漳州建立一个堡垒，在那里保持一个驻地，以便在中国沿海不断地保存一支充足的船队。"②他以为这样就可以迫使明朝政府同意他们进行直接贸易，但没想到雷耶斯佐恩被打败了，士兵损失三分之一，包括船长亦被击毙。进攻澳门失败后，他们即占据澎湖岛，在那里筑起堡垒。按照燕·彼得逊·昆的看法，澎湖是一个最好的战略观察点，假如中国人不同意与荷兰贸易，那么雷耶斯佐恩则可在这新取得的基地进攻所有的中国船只，尽可能紧地封锁中国沿海，把俘获的水手送到巴达维亚作为爪哇和班达的劳力使用。燕·彼得逊·昆自信这种无限制地使用恐怖手段的做法，将迫使中国人屈服，他热诚地颂扬埃尔金伯爵（Lord Elgin）的名言："对中国人无理可讲，惟有诉诸武力。"③然而，此后荷兰殖民者在福建沿海一带屡遭驱逐的事实，却证明了这个所谓的"名言"是完全错误的。

天启四年（1623 年），荷兰殖民者被福建巡抚南居益驱逐出澎湖岛后，则将贸易基地转移到台湾南部。他们以此作为占领菲律宾的阶梯，企图以武力来切断福建漳州与马尼拉之间的贸易。其实，早在窃踞澎湖岛之前，他们就定下了隔离菲律宾贸易，切断西班牙殖民者与中国、日本之间商业联系的计划。他们把船舶驻扎在依戈律和邦加丝楠沿岸，或者驶向中国大陆，这些年他们袭击和抢劫了几乎所有驶向马尼拉的帆船。耶稣会大主教莱德斯马（Valerio de Ledesma）在 1616 年致信西王腓力普三世说：由于荷兰人的劫掠，马尼拉与中国的贸易已急邃下降，这一年仅有 7 艘帆船到达马尼拉，而以前通常是 50～60 艘。理查德·科克（Richard Cock）引述了 1617 年 6 月 8 日一位日本人的日记写道："两艘荷兰船在通往交趾的航道上进行掠夺，据说他们已俘获和抢劫了今年所有驶往马尼拉的帆船，估计有 14～15 艘，甚至更多。"后来他又写道：

---

① *A History of the Dutch in the Far East*，p.130.
② F. B. Eldridge，*The Background of Eastern Sea Power*，London：Phoenix House，1948：257.
③ C. R. Boxer，*Fidalgos in the Far East 1550–1770*，The Hague：Martinus Nijhoff，1948：77.

"拉姆（Jno. Derickson Lamb）派了两艘船游弋在中国沿海，并从那里到马尼拉，他们已经抢劫了 16 艘中国船，把他们想要的东西装上他们的船，余者放火烧掉，并把中国船拖走。"①

漳泉商船遭拦劫后，只好转向台湾与荷兰殖民者贸易，皮特·纳依茨在 1629 年写道："中国船逐渐转到我们这里贸易，在最近五年里，很少有到马尼拉的。"即使有去者，亦不敢多载货物，如 1626 年到菲律宾贸易的中国商船虽说有 50 艘，但载运的生丝仅 40 担，而到台湾的船只却载运了 900 担。因此，荷兰在台湾与漳泉商船的贸易额迅速增长，皮特·纳依茨在 1629 年宣称，"在台湾的贸易额只是受到荷兰代理商所安排的资本额的限制"，"东印度公司的全部资本还不够在中国购买有用商品的六分之一"，"每年要完成交付 75 万荷盾中国货物的协定不仅没有任何困难，而且还能轻易地交付两倍"。②

荷兰东印度公司很自然就把台湾变成转贩中国商品的基地，特别是把中国丝织品转贩到日本，就以 1627 年来说，他们从台湾转运到巴达维亚和荷兰的中国丝织品价值约达 56 万荷盾，而从台湾转运到日本的中国丝织品价值却高达 62 万荷盾。他们利用自己占据台湾的优势，甚至控制了中国丝织品在日本的贸易，每年进口到日本的中国生丝数量自 1633 年开始上升，在 1637 年虽然限制在 15 000 斤，但到 1640 年却跃至 83 000 斤，翌年上升到 100 000 斤，此后一般保持在 6 万~7 万斤。③除了生丝外，荷兰东印度公司每年还从台湾收集 7 万~8 万张鹿皮及干鱼、糖等运到日本，而从日本运出来的多数是白银，仅 1639 年运出的白银数就达 185 万两，相当于 527 250 荷盾。④有人估计，荷兰经台湾同日本贸易的利润每年大约为 50 万荷盾，远远超过荷兰在亚洲其他地区贸易的利润，如 1649 年荷兰对日本贸易的利润是 709 603 荷盾，对台湾是 467 538 荷盾，波斯 326 842 荷盾，苏拉特 92 592 荷盾，苏门答腊 93 280 荷盾，印度巴拉巴尔沿岸 42 964 荷盾，望加锡 43 523 荷盾，占卑 20 526 荷盾。另外，对科罗曼德尔沿岸、安汶、班达、马六甲、暹罗、巴达维亚、毛里求斯

---

① *The Manila Galleon*，p.352.
② D. W. Davies，*A Primer of Dutch Seventeenth Century Overseas Trade*，The Hague：Nijhoff，1961：63.
③ Iwao Seiichi（岩生成一），Japanese Foreign Trade in the 16th and 17th Centuries，in *Acta Asiatica*，No. 30，Tokyo，1976：13.
④ Yamawaki Teijiro（山脇悌二郎），The Great Trading Merchants Cocksinja and His Son，in *Acta Asiatica*，No.30，p.107.

和苏禄的贸易均有亏损。①因此，日本学者山胁悌二郎认为，台湾在当时已成为荷兰在亚洲最有前途的贸易基地。②

荷兰东印度公司亦将台湾变成贩运中国瓷器的中心，以满足欧洲市场对中国瓷器需求的急遽增多。他们把由中国商船载运到台湾的瓷器，重新装上荷兰船和公司船转运到巴达维亚，然后从那里再转运到马来群岛以外的公司所设商站，而返航船队则把瓷器直接从巴达维亚载运到荷兰。当时荷兰东印度公司转运中国瓷器的数量异常之大，有人曾做过这样的统计，在1602~1657年，荷兰东印度公司载运到欧洲的中国瓷器达300万件，此外，还有数万件从巴达维亚转贩到印度尼西亚、马来亚、印度和波斯等地出售。③对此，戴维斯（D. W. Davies）在《十七世纪荷兰海外贸易概述》一书中感慨地说："世界对瓷器的要求是如此之多，以至于最后都充满了中国的瓷杯和茶壶。"④荷兰东印度公司在贩运中国瓷器的过程中，为了开发瓷器贸易的潜力，使之适应于欧洲市场大规模的需要，采用了逐步把中国瓷器的基本式样和装饰花纹改变成西方式样的做法。其中，如：1635年要求按欧洲式样的三种尺寸定做中国瓷器；1734年11月12日通知巴达维亚，准备寄一些烧得好的瓷器式样，以在中国仿照生产；等等。当时在荷兰和英国，中国瓷器主要是作为生活用具，这就决定它们必须适应于欧洲的社会习惯，而中国的制瓷者亦愿意按照荷兰人的意图来生产瓷器，以便扩大在欧洲的贸易，于是就产生了一种所谓的"中国形"（Chinese Imari）瓷器，即融合西方式样的中国瓷器。⑤

结　　论

综上所述，十七世纪东亚海洋形势发生了巨大变化，东来的欧洲殖民者为了开拓国际市场，在中国东南沿海一带展开了激烈的商业竞争。当时，无论是

---

① *A History of the Dutch in the Far East*，p.159.
② *The Great Trading Merchants Cocksinja and His Son*，p.107.
③ C. R. Boxer，*The Dutch Seaborne Empire 1600-1800*，London：Hutchinson & Co，1965：174.
④ *A Primer of Dutch Seventeenth Century Overseas Trades*，p.62.
⑤ T. Volker，*The Japanese Porcelain Trade of the Dutch East India Company After 1683*，Leiden：Rijksmuseum voor Volkenkunde，1959：55-56.

葡萄牙、西班牙或者荷兰殖民者都是围绕着中国,以中国作为他们的贸易中心,以转贩中国的生丝和丝织品作为他们的主要贸易活动。由于西班牙殖民者开辟了从马尼拉至墨西哥阿卡普尔科的"大帆船贸易航线",将大量的中国生丝和丝织品贩运到南美各地,使这条"海上丝绸之路"发生了很大的变迁,即从原先经南海向西到印度洋、波斯湾、阿拉伯等地,转而向东至日本,或经马尼拉越过太平洋到拉美各地,然后再经阿卡普尔科和塞利维亚把中国丝绸运往欧洲市场,形成了一条联系东西方贸易的"海上丝绸之路"。与此同时,海上丝绸之路载运的主要货物亦从生丝、丝织品开始转向瓷器,当时荷兰东印度公司为了适应欧洲市场的需求,将大量的漳州窑瓷器转运到欧洲各地,遂使海上丝绸之路逐渐从区域贸易发展为全球贸易。

The Ocean Circumstances of East Asia in the 17th Century and Transition of the Maritime Silk Roads

Li Jinming

Abstract: In the era of the 17th century uncharted waters, great changes took place in the ocean circumstances of East Asia. The European colonists coming to the Orient had an intense business competition in the East Asian waters in order to transfer Chinese raw silk and silk products. The Portuguese colonists ran a triangle trade of India, Macao (China) and Japan once they settled down in Macao (China). The Spanish colonists launched the Galleon trade route between Manila, Philippines and Acapulco, Mexico after they invaded the Philippines. The VOC (Vereenigde Oostindische Compagnie in Dutch, or the Dutch East India Company in English) based in Taiwan (China) shipped Chinese raw silk and silk products to Japan to exchange for silver. As a result, changes occurred in the Maritime Silk Roads, viz. from the original one that was from the South China Sea to the westward of the Indian Ocean, the Persian Gulf and Arabia to the one that went eastward to Japan, or from Manila to Latin America crossing the Pacific Ocean. Meanwhile, the Maritime Silk Roads altered from raw silk and silk products to porcelain too. In order to meet the requirements of the European market, the VOC shipped a large amount of Changchow porcelain to Europe. Thus the Maritime Silk Roads developed gradually from the regional trade to the global one.

Key Words: the era of uncharted waters; the ocean circumstances of East Asia; the Maritime Silk Roads; silk products; porcelain

针路簿概说

刘义杰　王宁军[*]

海道之有针路簿，始于罗盘之应用于航海。航海罗盘源于堪舆罗盘，罗盘又称罗经，乃记录罗经针位之书，故被称作针路簿或针经、针本、针谱。又因其为海道专用，故又有海道针经的说法。后来，因为针经中增加了记录里程的"更"数，也就有了更路簿别称，由此引申，还有水路簿、水镜等的别名。真正的针路簿传世的并不多，诸如《海道经》《渡海方程》《顺风相送》《四海指南》《航海指南》《指南广义》《航海秘诀》《航海全书》《海道经书》《针位》《针谱》和《指南正法》等针路簿或海道针经，都是经过他人编辑整理过的。张燮在《东西洋考》中说："舶人旧有《航海针经》，皆俚俗未易辨说，余为稍译而文之。"[①]但经此转译的针路簿，"类皆文人之敷衍，笔墨虽工，然无裨于实用"[②]。话虽如此，但针路簿也多因此赖以传世。在一些沿海地区的方志和有关涉海笔记小说中，保留了不少海道针路，尤其以中琉航海为最，保留了较丰富和完整的中琉航海的针路记录。针路簿作为航海指南，是火长使用的工具书，专业性极强，且多糅杂方言行话，类同"天书"。本文将被视作针路簿的存世作品，做一简单分析，以求教于方家。

---

[*] 刘义杰，海洋出版社编审；王宁军，北京外国语大学中国语言文学学院讲师。
[①] 张燮：《东西洋考》之《凡例》，谢方点校，北京：中华书局，2000，第20页。
[②] 李廷钰：《海疆要略序》，《海疆要略必究》，转引自陈峰译注《厦门海疆文献辑注》，厦门：厦门大学出版社，2013。

一、针路簿的源起

北宋宣和五年（1123）徐兢著《宣和奉使高丽图经》，其中卷三十四为"海道"篇，是为针路簿之滥觞。徐兢所记"海道"，仅记载了从宁波到开城的航船路线，沿途岛屿、礁石和港湾，尚未记录航路中的航海罗盘针位。因为那时的航海罗盘还只是航海的辅助工具，仅在阴天和夜晚观察不到日月星辰时使用，记录针位还没有实际的意义，所以，徐兢的"海道"中还没有针位的记录，但它毕竟是航海罗盘发明后的首部航海指南。

（一）《诸番志》

南宋此后，航海罗盘应用日趋成熟，海上航线形成，有如陆地上的大道一般，海上航路有了专称——"海道"。"路"上的路标，到"海道"上就是航海罗盘针位，记录航海罗盘针位的专书，便是针路簿，或称海道针经。中国历史上最早记录航海针位的，当属南宋赵汝适的《诸番志》（1225 年成书），该书"阇婆国"条："阇婆国又名莆家龙，于泉州为丙巳方。"①显然，这是因为使用了航海罗盘的方位，亦即针位，故可将其视作徐兢之后第一次有航海罗盘针位的记录。

（二）《大元海运记》

入元之后，海漕大兴。据《大元海运记》记载："海道都漕运万户府前照磨徐泰亨曾经下海押粮赴北交卸，本官记录，切见万里海洋，渺无际涯，阴晴风雨，出于不测，惟凭针路定向行船，仰观天象以卜明晦，故船主高价招募惯熟梢公，使司其事，凡在船官粮、人命，皆所系焉。"②可知元朝海运虽三变海道，但都有针路为依据。《大元海运记》中保留了徐泰亨的部分"漕运水程"

---

① 赵汝适：《诸番志校释》卷上《诸国》"阇婆国"条，杨博文校释，北京：中华书局，2000，第 54 页。
② 佚名：《大元海运记》卷下《测侯潮汛应验》，《雪堂丛刻》胡思敬辑大典本，第 17 页下。徐泰亨（1233～1298 年），衢州人，据《新元史》卷二百二十九《徐泰亨传》，其曾任海道都漕运万户府提控案牍，"泰亨考漕法利弊。下至占侯探测。著《海运纪原》七卷。又条漕运之弊。当更易者十事，行省采用其七"。"漕运水程"或是其中之一。

的内容，这个"漕运水程"很可能就是从徐泰亨的《海运纪原》一书中辑出的，它应该就是我国古代最早的针路簿。当明朝人编辑元朝海漕故事撰《海道经》一书时，其中的"海道"条中也有"好风一日一夜，依针正北望"①的说法，可见元朝时的海漕是依靠罗盘航海，才能开创远海的第三条黑水洋航路。《海道经》中的"海道"部分，除去长江航段外，其海上海道部分，相当部分来源于《大元海运记》中所记之"漕运水程"这类针路簿。值得注意的是，徐泰亨"漕运水程"的结构模式是针路簿开山鼻祖。后期的针路簿或海道针经，从结构上看都效仿了"漕运水程"的模式：都由水程，即海道（航路）和航海天文、地理及气象等组成。

（三）《真腊风土记》

元朝周达观著《真腊风土记》（约1297年成书），中有"自温州开洋，行丁未针……又自真蒲，行坤申针"的针位记载。②周达观并非火长，但其所记针位，应该来源于火长之针路簿，或海道针经。从徐泰亨、周达观记录的针路情况看，针路簿经过南宋的酝酿，到元朝时已经成型并在航海家（火长）手中流传，这是针路簿开创之初时的情形，虽然都仅有片言只语，但针路簿的存在已经无可置疑了。

二、针路簿种种

存世之针路簿，大约有以下三种模式。

（一）火长应用的针路簿

真正的、最早的针路簿，应当是琉球国人程顺则在《指南广义》中提到的"三十六姓所传《针本》"。据文献记载，明洪武年间曾赐三十六姓闽人善操舟者予琉球国。而这些移居琉球国的福建航海家及其后裔掌握有中琉之间的航海秘籍即《针本》。这些《针本》可追溯到明洪武以前，随闽人流传到琉球，世

---

① 佚名：《海道经》"海道"条，借月山房汇钞本，第5页。
② 周达观：《真腊风土记校注》之《总叙》，夏鼐校注，北京：中华书局，2000，第15页。

代相传，不断校正。至清康熙年间琉球国人程顺则编辑《指南广义》时，尚有十条针路，转抄自"三十六姓所传《针本》"[①]。其中仅有一条标注为明成化年间的针路，其他的针路都出自明洪武以来的"善操舟者"的记录，将针路记录下来，汇辑成册，就是《针本》。所以，程顺则提及的"三十六姓所传《针本》"，就是最早的针路簿中的一种。

而存世最早的针路簿，则非《顺风相送》莫属。它在 1639 年入藏英国牛津大学鲍德林图书馆，1935 年为向达发现，抄录回国后于 1961 年与另外一本针路簿《指南正法》合集，以《两种海道针经》的名目出版。经过几十年的校释、比勘研究，学术界对《顺风相送》作为针路簿（海道针经）的研究已经有很丰硕的成果。作为我国目前明代唯一存世的针路簿，它仍然有很多问题值得探讨和研究，从航海技术的角度加深对它的研究，显得尤为重要。向达抄录回来的另外一种针路簿《指南正法》，年代稍晚于《顺风相送》，但它们都有相似的结构，是清代早期的针路簿。

近期出版的《厦门海疆文献辑注》收有三种清代针路簿，分别为李廷钰撰的《海疆要略必究》、窦振彪撰的《厦门港纪事》和李增阶撰的《外海纪要》。这三种针路簿虽经编辑，但都保留了针路簿的原始结构和文字内容。它们在此次出版时均由陈峰作了注释。这三种针路簿是继《两种海道针经》出版以来再次面世的针路簿，它们基本是以厦门港作为始发港的针路簿，但针路基本囊括了我国近代沿海各主要港口的航路。

至于散落在民间和已被收集到的针路簿或更路簿，陆陆续续发现有几十种，以海南岛地区收集的为最。广东、海南地区征集到的针路簿，大都以"更路簿"为题，这些针路簿或更路簿，多为火长实际应运，中间虽有转录，但大都完全处于原始状态，保留有大量的天文、地理、气象等信息，亟待发掘研究。

（二）编辑整理后的针路簿

入明以后，针路簿的记录逐渐增多，这跟明中叶以后隆庆开海政策的施行有很大的关系。由于海外交通的需要和其他事故如抗倭斗争的需要，一些有关

[①] 程顺则：《指南广义》"针路条记"，琉球大学藏清康熙刊本。

注海事的官员和文人墨客，开始收集整理和辑录针路簿，为我们保留了大量的明代针路簿的材料。最典型的莫过于吴朴著《渡海方程》，按董谷《碧里杂存》记载，嘉靖十六年（1537年），吴朴著《渡海方程》，是为海道针经的合集。明嘉靖三十五年（1556年）郑舜功在出使日本之前，曾"广求博采"海道针经，得《针谱》《渡海方程》《海道经书》和《四海指南》四种，其中《渡海方程》和《海道经书》同书而异名。可知吴朴的《渡海方程》流传甚广，且在出版不久就已经有了多种刻本。在后来的郑若曾编撰《筹海图篇》和《郑开阳杂著》时，也曾引用了吴朴书中的有关日本的针路，影响甚大。慎懋赏在编撰《四夷广记》时（明万历中叶，1592～1598年），收录大量的东西洋海道针路，惜均未能注出来源。后来，吴朴的老乡张燮编《东西洋考》（1617年刊印）时，也参阅了大量的针路簿。其所见之针路簿："渠原载针路，每国各自为障子，不甚破碎，且参错不相连，余为熔成一片。"①

除吴朴外，明朝还有一位专门编辑过海道针经的学者周述学，"周述学，字继志，山阴人。读书好深湛之思，尤邃于历学，撰《中经》。用中国之算，测西域之占。又推究五纬细行，为《星道五图》，于是七曜皆有道可求。与武进唐顺之论历，取历代史志之议，正其讹舛，删其繁芜。又撰《大统万年二历通议》，以补历代之所未及。自历以外，图书、皇极、律吕、山经、水志、分野、舆地、算法、太乙、壬遁、演禽、风角、鸟占、兵符、阵法、卦影、禄命、建除、葬术、五运六气、海道针经，莫不各有成书，凡一千余卷，统名曰《神道大编》"。②可惜如周述学编撰的《海道针经》也与《渡海方程》一样，未能传世。可见，针路簿或海道针经随着明朝海外交通尤其是民间海外贸易的盛行，明中叶以后，记录航道的针经曾大量存在于火长手中。以上所见的种种针路记录，都出自于文人或相关人员的收集整理，保留了针路簿大部分内容。

可与"三十六姓所传《针本》"媲美的《郑和航海图》，推测成图于明宣德年间。它是一种将针路簿与山形水势图糅合在一起的图集，其中保留的大量针路记录，显然来自郑和航海时火长手中的针路簿。也可视为一种经过整理后的针路簿。

---

① 张燮：《东西洋考》之《凡例》，第20页。
② 张廷玉等：《明史》卷二百九十九《周述学传》，中华书局点校本，第7654页。

（三）方志、笔记小说中的针路簿

还有一些针路簿，保存在沿海地区的方志和部分记录在笔记小说中。这是针路簿存世的第三种方式。但以这种形式保存的针路簿，都往往仅保留了针路簿中"针路"部分，其他都略而不见了。

明清以后，散见在方志之中的针路簿，以福建地区的方志为多，如《福州府志》《厦门志》等。其中又以台湾地区的府志及其县志为最。清代撰修的台湾府、县志中无不保留有详尽的台湾地区与大陆各港口间的针路。但大部分的针路都相互传抄。这些针路大部分来源于如黄叔璥《台海使槎录》、郁永河《采硫笔记》等的清人笔记。

值得一提的是，从明朝陈侃《使琉球录》以后，自萧崇业《重编使琉球录》始直至清末赵新《续琉球国志略》止，中琉之间福州到那霸间往返航线的针路都被详细地记载下来，且不断地得到订正。这段中琉间的针路是航海史上延续时间最长、针位记录最详细的一段针路，其所记载的针位部分，几乎就是一部针路簿。

如前所述，从元朝开始的海漕，我国北方海区（一般指长江口以北的东海、黄海和渤海）虽有使用航海罗盘的记载，但罕见专门的这一海区的针路簿。目前已知的唯一一部具有这一海区针路簿性质的文献，是保存在《山东海疆图记》中的一段山东沿海的针路记载。该书卷三为《地利部》，其中"道里志"一篇收录了一部名曰《黄中水程》的针路簿，所记针路从大沽口到鲁苏交界处的鹰游门。同书收录的其他海道，只有更数而无针位。针路簿以原始形态、汇编整理和摘要记录的形式被保存下来。

三、针路簿的结构模式

针路簿或海道针经，一般都有自己的传统结构模式，这一点从元朝的徐泰亨的"漕运水程"就可看出端倪。作为航海指南，针路簿将航海中的有关事项完整地记录成册，以便航海中起到保障作用。以《顺风相送》为例，可以窥见针路簿的大概。

（一）罗盘维护

由于我国航海罗盘在明嘉靖朝以前都以水浮式罗盘为主，所以航海前需要对罗盘进行校正和维护。"取水法"和"下针法"就是对磁针的维护。为了熟悉罗盘针位，专门编撰有针位口诀，即"定三方针法"、"定四方针法"和"定风用针法"。

（二）出航仪式

航海风险极大，为求得航海人员的心理安慰，在出海前都要举行放洋仪式。由火长主持的仪式主要是针对指南针的，如"地罗经下针神文"，是祈祷跟发明指南针有关的各路神仙保佑指南针能够正确指向，"指东西南北永无差"。"玉皇宝号""敕令图"是在仪式中使用到的工具。

（三）航海知识

航海中，火长凭罗盘定方位，但还要掌握天文导航技术，就需要有一定的天文知识。这些知识同样被编成易于记诵的口诀，"观星法""定日月出入位宫昼夜长短局""定太阳出没歌""定太阴出没歌""定寅时歌"和"定天德方"。潮汐、气象对航海也是关系重大，"逐月恶风法""定潮水消长时候""论四季电歌"和"四方电候歌"就属于此类航海知识，需要火长铭记在心。至于"行船更数法"，大概属于常识。

（四）航路针位

针路簿的主体就是航路的针位记述。《顺风相送》在航路针位之前有5条"山形水势图"，其记述方式与针路的记述方式不同，怀疑不是针路簿的内容。针路簿为各航线上的"针路"，即航海指南。这些针路记述，首先是"针位"，指出甲乙两地之间应该使用的针位，如"五虎门开船，用乙辰针，取官塘山"；其次是水深，如"打水六七托"；然后是甲乙两地间的里程，如"用单乙针三更，船取浯屿"。这是针路簿的三要素，以此作为航行时的依据。当然，火长指挥航海，除了针路簿外，还有山形水势图作为参考，两者互证，才可保证航海安全并到达目的港。

各式各样的针路簿,大约都有相同的结构模式,差不多都由以上四个部分组成,稍有差别的,是各有地方特色罢了。存世的几种针路簿,写在卷首的前言或序言,几乎雷同,似乎它们都有一个共同的母本。

结　　论

针路簿或更路簿,都是帆船航海时期火长掌握并使用的一种航海指南。因海域不同而称谓不一。在经过文人修饰后的针路簿,就有了各种各样的称谓。不管如何称法,它都是一种以记录航路针位和里程为主的工具书,供火长在航海中使用。它的起始年代在北宋指南针应用于航海之后,经过南宋、元朝的积累,到明初时就已经有了诸如《针本》一样的针路簿存在。

这些被称作"舟子秘本"的针路簿,因为关乎航路安全和商家秘密,通常不为大众所知。也因为其专业性,也让人无法卒读。所以,针路簿被研究的极少,而其中蕴含的科学价值和历史信息之大,都是我们需要认真对待的。本文仅是概述,只是做了一些归纳和描述,谬误之处,请大家指正。

A Brief Introduction of *Zhenlu Bu*

Liu Yijie　Wang Ningjun

Abstract: *Zhenlu Bu*, or *Haidao Zhenjing* was a kind of Chinese ancient books about navigation guide in the sailing time. The books started to be used after the invention of sailing compass in the late Northern Song Dynasty. Although the books had three different forms, their general structures were essentially same. This paper briefly analyzes and summarizes the origins of *Zhenlu Bu*, and its genealogies, forms and structures.

Key Words: *Zhenlu Bu*; *Haidao Zhenjing*; navigation guide; forms and structures

清代针路簿《指南正法》中的航海名词术语系统

汪前进*

过去对于针路簿的研究主要侧重于航海路线与具体历史地名，对于针路簿中的航海名词术语研究相对较少，尤其是对航海名词术语系统的研究更少。本文以清代针路簿《指南正法》为例，分析归纳其中的航海名词术语系统，为全面系统探索中国传统航海名词术语史做出铺垫。

《指南正法》一书原藏牛津大学鲍德林图书馆（Bodleian Library），约成书于17世纪中叶①。向达于1935年抄录回国，校注后于1961年在北京由中华书局正式出版。2014年春，该书原件在香港海事博物馆展出，笔者因此获得此书原件电子版。现据原件对照向达整理本进行初步梳理分析，将之分为十三大类。对于它们的具体含义，将另文另作考述。

一、针路簿名称及相关内容

日清

如："暹罗往长崎日清"②"咬嚁吧回长崎日清"③"长崎往咬嚁吧日

* 作者系中国科学院大学人文学院教授、南京大学中国南海研究协同创新中心研究员。

① 陈佳荣：《〈指南正法〉完成年代上限新证》，《国家航海》第二期，2014。

② 《两种海道针经》，向达校注，北京：中华书局，1961年第1版，1982年第2次印刷，第181页。

③ 《两种海道针经》，向达校注，北京：中华书局，1961年第1版，1982年第2次印刷，第182页。

清"[1]"咬嚹吧往台湾日清"[2]和"大泥回长崎日清"[3]。

针路

如:"长岐往双口针路"[4]"宁波往东京针路"[5]"太武往大泥针路"[6]和"双口针路"[7]。

针

如:"(双口往恶党)回针"[8]"浯屿往双口针"[9]"回浯屿针"[10]"回长岐针"[11]"福州往琉球针"[12]"琉球回福州针"[13]"宁波往日本针"[14]"大担往柬埔寨针"[15]"大担往暹罗针"[16]"咬嚹吧往暹罗针"[17]"暹罗往日本针"[18]"普陀往长崎针"[19]"广东往长崎针"[20]"长崎回广南针"[21]"彭亨回太武针"[22]和"太武往咬嚹吧针"[23]。

山形水势

《指南正法》序:"自天朝南直隶至太仓,沿而福建,而广东,并交趾、七洲、夷邦南巫里洋等处更数、针路、山形水势、澳屿浅深、礁石沙泥,撰录于

---

[1] 《两种海道针经》,向达校注,北京:中华书局,1961年第1版,1982年第2次印刷,第184页。
[2] 《两种海道针经》,向达校注,北京:中华书局,1961年第1版,1982年第2次印刷,第186页。
[3] 《两种海道针经》,向达校注,北京:中华书局,1961年第1版,1982年第2次印刷,第188页。
[4] 《两种海道针经》,向达校注,北京:中华书局,1961年第1版,1982年第2次印刷,第166页。
[5] 《两种海道针经》,向达校注,北京:中华书局,1961年第1版,1982年第2次印刷,第179页。
[6] 《两种海道针经》,向达校注,北京:中华书局,1961年第1版,1982年第2次印刷,第190页。
[7] 《两种海道针经》,向达校注,北京:中华书局,1961年第1版,1982年第2次印刷,第140页。
[8] 《两种海道针经》,向达校注,北京:中华书局,1961年第1版,1982年第2次印刷,第141页。
[9] 《两种海道针经》,向达校注,北京:中华书局,1961年第1版,1982年第2次印刷,第165页。
[10] 《两种海道针经》,向达校注,北京:中华书局,1961年第1版,1982年第2次印刷,第166页。
[11] 《两种海道针经》,向达校注,北京:中华书局,1961年第1版,1982年第2次印刷,第166页。
[12] 《两种海道针经》,向达校注,北京:中华书局,1961年第1版,1982年第2次印刷,第168页。
[13] 《两种海道针经》,向达校注,北京:中华书局,1961年第1版,1982年第2次印刷,第168页。
[14] 《两种海道针经》,向达校注,北京:中华书局,1961年第1版,1982年第2次印刷,第168页。
[15] 《两种海道针经》,向达校注,北京:中华书局,1961年第1版,1982年第2次印刷,第169页。
[16] 《两种海道针经》,向达校注,北京:中华书局,1961年第1版,1982年第2次印刷,第171页。
[17] 《两种海道针经》,向达校注,北京:中华书局,1961年第1版,1982年第2次印刷,第173页。
[18] 《两种海道针经》,向达校注,北京:中华书局,1961年第1版,1982年第2次印刷,第174页。
[19] 《两种海道针经》,向达校注,北京:中华书局,1961年第1版,1982年第2次印刷,第177页。
[20] 《两种海道针经》,向达校注,北京:中华书局,1961年第1版,1982年第2次印刷,第179页。
[21] 《两种海道针经》,向达校注,北京:中华书局,1961年第1版,1982年第2次印刷,第180页。
[22] 《两种海道针经》,向达校注,北京:中华书局,1961年第1版,1982年第2次印刷,第193页。
[23] 《两种海道针经》,向达校注,北京:中华书局,1961年第1版,1982年第2次印刷,第193页。

后，以与诸人有志远游于此者共识之耳。"①

如："东洋山形水势"②"敲东山山形水势"③"北太武往广东山形水势"④"广东宁登洋往高州山形水势"⑤"泉州往邦仔系兰山形水势"⑥"双口至宿雾山形水势"⑦和"往文莱山形水势"⑧。

山屿水势

"山形水势"的另一种称呼。如："大明唐山并东西二洋山屿水势"⑨。

罗经针簿

《指南正法》序："又云，行路难者有人可问，有径可寻，有地可止。行船歧者海水连天，虽有山屿，莫能识认。虽知正路，全凭指南之法，罗经针簿，全凭主掌之人。须知船身高低、风汛大小、流水顺逆，随时增减更数针位，或山屿远近、高低形势、探水浅深、牵星为准，的实无差，保得无虞矣。"⑩

指南之法

《指南正法》序："昔者圣人周公设造指南之法，通行海道，自古及今，流传久远。中有山形水势，描抄终悮，或更数增减，筹头差错，别查本年朽损，难以比对。"⑪

更数

如："敲东更数。沙埕二更至南松，内有大小渔舡岛共二个。南松二更至北松，北松二更至南杞，南杞二更至北杞，北杞三更至松门，松门三更至昌国卫，此内有沙山，上有塔。昌国卫二更至凤尾，凤尾二更至九山，九山二更至北积谷，即是台州地面。北积谷三更至普陀，过见茶山，又见松江上海县，水浅不可行。西北普陀三更至思堂澳，思堂澳二更至花鸟，花鸟二更至青山，内

---

① 《两种海道针经》，向达校注，北京：中华书局，1961年第1版，1982年第2次印刷，第107页。
② 《两种海道针经》，向达校注，北京：中华书局，1961年第1版，1982年第2次印刷，第137页。
③ 《两种海道针经》，向达校注，北京：中华书局，1961年第1版，1982年第2次印刷，第141页。
④ 《两种海道针经》，向达校注，北京：中华书局，1961年第1版，1982年第2次印刷，第152页。
⑤ 《两种海道针经》，向达校注，北京：中华书局，1961年第1版，1982年第2次印刷，第158页。
⑥ 《两种海道针经》，向达校注，北京：中华书局，1961年第1版，1982年第2次印刷，第160页。
⑦ 《两种海道针经》，向达校注，北京：中华书局，1961年第1版，1982年第2次印刷，第162页。
⑧ 《两种海道针经》，向达校注，北京：中华书局，1961年第1版，1982年第2次印刷，第164页。
⑨ 《两种海道针经》，向达校注，北京：中华书局，1961年第1版，1982年第2次印刷，第114页。
⑩ 《两种海道针经》，向达校注，北京：中华书局，1961年第1版，1982年第2次印刷，第108页。
⑪ 《两种海道针经》，向达校注，北京：中华书局，1961年第1版，1982年第2次印刷，第107页。

抛得二三千舡。好西北风单卯,见高丽。辰巽五更,取五岛。单寅七更收入,可也。"①

又如:"定舡行更数"。②

描、抄

《指南正法》序:"昔者圣人周公设造指南之法,通行海道,自古及今,流传久远。中有山形水势,描抄终悮,或更数增减,筹头差错,别查本年朽损,难以比对。"③

二、海洋地貌

泥地

如:"孝顺洋:打水十一二托,泥地。"④

沉礁

如:"呼应山:打水十五托。外是东涌、芙蓉,内是小西洋,门中水十五托,有沉礁打浪,行船细细。"⑤

栏

如:"甲子所:其栏生外,栏内小船可过。"⑥

屿仔

如:"乌猪山:洋中打水八十托,上、下川在内。单未七更取七洲洋,有屿仔,东有三个西有四个。坤申七更取独猪。"⑦

礁仔

如:"小横山:有门,门中有礁,远看三个山,东高低。有小树仔,东北

---

① 《两种海道针经》,向达校注,北京:中华书局,1961年第1版,1982年第2次印刷,第177页。
② 《两种海道针经》,向达校注,北京:中华书局,1961年第1版,1982年第2次印刷,第113页。
③ 《两种海道针经》,向达校注,北京:中华书局,1961年第1版,1982年第2次印刷,第107页。
④ 《两种海道针经》,向达校注,北京:中华书局,1961年第1版,1982年第2次印刷,第114页。
⑤ 《两种海道针经》,向达校注,北京:中华书局,1961年第1版,1982年第2次印刷,第115页。
⑥ 《两种海道针经》,向达校注,北京:中华书局,1961年第1版,1982年第2次印刷,第116页。
⑦ 《两种海道针经》,向达校注,北京:中华书局,1961年第1版,1982年第2次印刷,第117页。

尾有长浅礁仔，打水十四托，单戌十更、干戌十五更取笔架。"①

放洋仔

如："以能屿：外过放洋仔，干巽八更，开，屿，收。"②

凤仔

如："南杞：大灵山好抛舡，系是赋澳，西北去是凤尾，内有凤仔沉水可防。凤外马鞍连四屿可寄舡。"③

鹿仔

如："大鹿　小鹿：有鹿仔沉水可防，可寄北风，北去是鹿头港，有港，入去是乌洋、温岭、乐清县等处。"④

老古

如："外罗山：东高西低，内有椰子塘，近山有老古，打水四十五托。贪东恐见万里石塘，丙午七更取交杯，内打水十八托，外打水念五托，俱可过舡，南边有礁出水。若是马陵桥神洲港口，打水八九托，鼻头二三托打水进港有塔，可抛舡。"⑤

老石浅

如："沙岐头尾：有老石浅，行舡子细，丁未五更取罗仆山。"⑥

老古石

如："崑仑山：近看三个，远看一个，开洋有老古石。坤申更半长腰屿门巡昆身使。"⑦

老古线

如："（浯屿往咬��吧）单丁五更，打水十托，单子五更，取罗山制览傍大山，离罗牙十里之地一条老古线，是沙地。"⑧

---

① 《两种海道针经》，向达校注，北京：中华书局，1961 年第 1 版，1982 年第 2 次印刷，第 121 页。
② 《两种海道针经》，向达校注，北京：中华书局，1961 年第 1 版，1982 年第 2 次印刷，第 163 页。
③ 《两种海道针经》，向达校注，北京：中华书局，1961 年第 1 版，1982 年第 2 次印刷，第 148 页。
④ 《两种海道针经》，向达校注，北京：中华书局，1961 年第 1 版，1982 年第 2 次印刷，第 149 页。
⑤ 《两种海道针经》，向达校注，北京：中华书局，1961 年第 1 版，1982 年第 2 次印刷，第 117 页。
⑥ 《两种海道针经》，向达校注，北京：中华书局，1961 年第 1 版，1982 年第 2 次印刷，第 164 页。
⑦ 《两种海道针经》，向达校注，北京：中华书局，1961 年第 1 版，1982 年第 2 次印刷，第 165 页。
⑧ 《两种海道针经》，向达校注，北京：中华书局，1961 年第 1 版，1982 年第 2 次印刷，第 173 页。

老石礁

如:"东洋山形水势:四屿开在布楼前,东边见午律大山,巳针入玳瑁,辛酉过垾。玳瑁垾在房仔系兰生来,垾腰有港可过舡,名麻里茗。麻里茗在垾腰。港内出山苏木,可收舡。白垾仔生开船,有老石礁,驾须防之。里银中邦垾下弟大山,沿山即使入双口港。大小藤网,在里银山下,见头巾礁山。"①

茗古石浅

如:"(马六甲回浯屿针路)开驾用辰巽五更,取射箭屿。用辰巽三更,取崑宋屿,打水十三托,对开有浅,北返有崑身尾。在茗古石浅。"②

洲

如:"罗湾头:打水念五托,内有小屿,外有玳瑁洲。坤未五更取赤坎,舡身恐犯玳瑁洲。坤未五更取崑仑。若往柬埔寨,单申四更取鹤顶。"③

浅

如:"鹤顶山:近山打水念五托,洋中打水七十托,身外更半舡开,有浅,水退看见林。"④

浅沙

如:"外任山:认毛蟹州进港,可防浅沙,用水钩点南边进。"⑤

沙泥地

如:"覆鼎山:即在边近州,恐有沉礁,不可行舡。打水念五托,沙泥地。比山在鹤项身,沿山使尽是假任大湾,内可抛舡。"⑥

拖尾

如:"玳瑁州:舡身在外过,留些过好在内退,看东南有礁出水,流水拖东南甚急,又有老古拖尾离州有三四箭之远。"⑦

沙地

如:"真糍山:远看三个屿,有门可过,内打水十四托,泥地。外打水念

---

① 《两种海道针经》,向达校注,北京:中华书局,1961年第1版,1982年第2次印刷,第139页。
② 《两种海道针经》,向达校注,北京:中华书局,1961年第1版,1982年第2次印刷,第192页。
③ 《两种海道针经》,向达校注,北京:中华书局,1961年第1版,1982年第2次印刷,第118页。
④ 《两种海道针经》,向达校注,北京:中华书局,1961年第1版,1982年第2次印刷,第119页。
⑤ 《两种海道针经》,向达校注,北京:中华书局,1961年第1版,1982年第2次印刷,第119页。
⑥ 《两种海道针经》,向达校注,北京:中华书局,1961年第1版,1982年第2次印刷,第119页。
⑦ 《两种海道针经》,向达校注,北京:中华书局,1961年第1版,1982年第2次印刷,第119页。

四托，沙地。辰戌十更取大横。"①

昆身

如："沙马岐头门：乙辰十一更见红头屿，东是昆身，南是百里经。"②

又如："崑仑山：近看三个，远看一个，开洋有老古石。坤申更半长腰屿门巡昆身使。"③

样

如："大横山：打水念五托，泥地，远看成连，略断似枕头样，用干戌五更取小横。"④

陇

如："大星：澳后抛矼，骹风不可贪陇。小物港口水有弩码礁，内外俱可过。出入大星港，搭东鼻头入，入鼻头有大礁一个，澳涣内有屿仔一个。入须在屿内过港口抛在屿头内过。有一桅一座，出入须在小星，门内外俱可过矼。北边是烟墩澳，好抛矼。出入须在徙澳口过，妙也。"⑤

尾

如："假糍山：远看三个屿，如象拜昆身样，南有小屿是红石礁，陇是占蜡港泥尾，昆身一小港向假糍，北边不可过，恐风汛不顺难以出矼。矼身到此甚然之低，用坤未寻真糍正路。"⑥

拖尾

如："镇海：好抛北风，开有半洋礁，火烧屿有沉礁，行矼不可近屿边。开有南椗索，拖尾，南去有开尾。有三消礁，龟头北湾有鸡屎礁。"⑦

开尾

如："镇海：好抛北风，开有半洋礁，火烧屿有沉礁，行矼不可近屿边。开有南椗索，拖尾，南去有开尾。有三消礁，龟头北湾有鸡屎礁。"⑧

---

① 《两种海道针经》，向达校注，北京：中华书局，1961年第1版，1982年第2次印刷，第120页。
② 《两种海道针经》，向达校注，北京：中华书局，1961年第1版，1982年第2次印刷，第161页。
③ 《两种海道针经》，向达校注，北京：中华书局，1961年第1版，1982年第2次印刷，第165页。
④ 《两种海道针经》，向达校注，北京：中华书局，1961年第1版，1982年第2次印刷，第121页。
⑤ 《两种海道针经》，向达校注，北京：中华书局，1961年第1版，1982年第2次印刷，第157页。
⑥ 《两种海道针经》，向达校注，北京：中华书局，1961年第1版，1982年第2次印刷，第120页。
⑦ 《两种海道针经》，向达校注，北京：中华书局，1961年第1版，1982年第2次印刷，第153页。
⑧ 《两种海道针经》，向达校注，北京：中华书局，1961年第1版，1982年第2次印刷，第153页。

生开

如："阳江大澳：澳口有大礁，生开出入，搭大澳东鼻头入，北边是三鸦港平章头，外是老婆髻二屿也。"①

沙坡

如："南澳气：南澳有一条水屿，俱各有树木。东边有一个屿仔，有沙湾拖尾，看似万里长沙样。近看南势有一湾，可抛舡，是泥地，若遇此山可防。西南边流界甚急，其中门后急可过舡。西北边有沉礁，东北边有沙坡，看似万里长沙拖尾在东势，流水尽皆拖东，可记可记。"②

沙湾

如："南澳气：南澳有一条水屿，俱各有树木。东边有一个屿仔，有沙湾拖尾，看似万里长沙样。近看南势有一湾，可抛舡，是泥地，若遇此山可防。西南边流界甚急，其中门后急可过舡。西北边有沉礁，东北边有沙坡，看似万里长沙拖尾在东势，流水尽皆拖东，可记可记。"③

拖东

如："南澳气：南澳有一条水屿，俱各有树木。东边有一个屿仔，有沙湾拖尾，看似万里长沙样。近看南势有一湾，可抛舡，是泥地，若遇此山可防。西南边流界甚急，其中门后急可过舡。西北边有沉礁，东北边有沙坡，看似万里长沙拖尾在东势，流水尽皆拖东，可记可记。"④

相吞

如："台湾往长岐开驾，用单壬七更、单子五更、子癸并丑五更，取圭笼头。用艮寅二十更、单艮十更，及艮寅十五更取天堂虎口里，番人叫系勝岛，抛舡打水十四五托。口地，若近西四屿门相吞，打水十托，沙地，屿尾打水七八托，底有老古石。"⑤

开

如："一屿相生，开，十二托水，内外俱可过。"⑥

---

① 《两种海道针经》，向达校注，北京：中华书局，1961 年第 1 版，1982 年第 2 次印刷，第 159 页。
② 《两种海道针经》，向达校注，北京：中华书局，1961 年第 1 版，1982 年第 2 次印刷，第 121 页。
③ 《两种海道针经》，向达校注，北京：中华书局，1961 年第 1 版，1982 年第 2 次印刷，第 121 页。
④ 《两种海道针经》，向达校注，北京：中华书局，1961 年第 1 版，1982 年第 2 次印刷，第 121 页。
⑤ 《两种海道针经》，向达校注，北京：中华书局，1961 年第 1 版，1982 年第 2 次印刷，第 136 页。
⑥ 《两种海道针经》，向达校注，北京：中华书局，1961 年第 1 版，1982 年第 2 次印刷，第 139 页。

相生

如："一屿相生，开，十二托水，内外俱可过。"①

沉水

如："磁头：湾内好抛舡，上澳须防半腰礁沉水，内有白屿仔，亦沉水，外有米质门阔，出入可防。"②

沉礁

如："永宁：宫仔前有浅，外有马鞍礁，行舡可防，或献须防沙提开沉礁二块，礁内不可过浅。献上有沉水礁须防。北去洋是尾有礁烈沉水须防。"③

沉水礁

如："永宁：宫仔前有浅，外有马鞍礁，行舡可防，或献须防沙提开沉礁二块，礁内不可过浅。献上有沉水礁须防。北去洋是尾有礁烈沉水须防。"④

沉水碎礁

如："野马门：门中有沉水礁可防，外去是白屿洋，有沉水碎礁可防，非惯熟不去认。内是兴化、湮头，北是壁头、江口、江阴。"⑤

碎礁沉水

如："东门屿门扇后：流水甚急，出门有碎礁沉水，门外是南盘。"⑥

恶礁

如："若屿门：门内有草鞋礁，西去是镇东海口，有恶礁名叫鸡屎礁。若屿门外有屿名叫横蒜，有蒜仔礁，沉水。东去即乌龟洋，有恶礁甚多。"⑦

烂泥

如："下塘：马鞍抛北风，湾内烂泥时多走椗。内去远有礁名七星沉水，夜间行舡仔细。"⑧

沙仑

如："朱澳：中门有礁，北有沙仑，澳内潮退水浅入福州，南加面有铁板

---

① 《两种海道针经》，向达校注，北京：中华书局，1961 年第 1 版，1982 年第 2 次印刷，第 139 页。
② 《两种海道针经》，向达校注，北京：中华书局，1961 年第 1 版，1982 年第 2 次印刷，第 141 页。
③ 《两种海道针经》，向达校注，北京：中华书局，1961 年第 1 版，1982 年第 2 次印刷，第 141 页。
④ 《两种海道针经》，向达校注，北京：中华书局，1961 年第 1 版，1982 年第 2 次印刷，第 141 页。
⑤ 《两种海道针经》，向达校注，北京：中华书局，1961 年第 1 版，1982 年第 2 次印刷，第 142 页。
⑥ 《两种海道针经》，向达校注，北京：中华书局，1961 年第 1 版，1982 年第 2 次印刷，第 143 页。
⑦ 《两种海道针经》，向达校注，北京：中华书局，1961 年第 1 版，1982 年第 2 次印刷，第 143 页。
⑧ 《两种海道针经》，向达校注，北京：中华书局，1961 年第 1 版，1982 年第 2 次印刷，第 145 页。

沙，水涨八九分即敢返加。"①

铁板沙

如："朱澳：中门有礁，北有沙仓，澳内潮退水浅入福州，南加面有铁板沙，水涨八九分即敢返加。"②

土堆

如："三磕：澳内潮退无水，内是玉环、大门、小门、黄花、温州等处，外是陇山澳，澳内好抛舡，店台，澳内有土堆可防。"③

礁沉水

如："南田：好抛舡东北风，内是急水门，门内东去屿仔，下有沉水礁可防。上去北边大山鼻尾开有礁沉水，仔细可防之。"④

急水门

如："南田：好抛舡东北风，内是急水门，门内东去屿仔，下有沉水礁可防。上去北边大山鼻尾开有礁沉水，仔细可防之。"⑤

半洋礁

如："临门坎头山：南二澳好抛舡，北澳泥地浅，有半洋沉水礁，行舡子细。内是昌国衞地防敲上九山，须防半洋礁，须可记之。"⑥

乱礁

如："九山积谷：九山抛东北风，不使山尾有沉礁，西是乱礁洋，入舟山等处，南有半洋礁，夜间不可行舡，子细记之。"⑦

泥浅

如："羊山：在花鸟西，乙卯七更取尽山，羊山流急，兜是泥浅。"⑧

石剑

如："尽山：澳内好抛舡，打水七八托，东北洋中屿名海招屿，屿南有礁

---

① 《两种海道针经》，向达校注，北京：中华书局，1961年第1版，1982年第2次印刷，第145页。
② 《两种海道针经》，向达校注，北京：中华书局，1961年第1版，1982年第2次印刷，第145页。
③ 《两种海道针经》，向达校注，北京：中华书局，1961年第1版，1982年第2次印刷，第148页。
④ 《两种海道针经》，向达校注，北京：中华书局，1961年第1版，1982年第2次印刷，第150页。
⑤ 《两种海道针经》，向达校注，北京：中华书局，1961年第1版，1982年第2次印刷，第150页。
⑥ 《两种海道针经》，向达校注，北京：中华书局，1961年第1版，1982年第2次印刷，第150页。
⑦ 《两种海道针经》，向达校注，北京：中华书局，1961年第1版，1982年第2次印刷，第150页。
⑧ 《两种海道针经》，向达校注，北京：中华书局，1961年第1版，1982年第2次印刷，第151页。

生外可防，南蝴虫光，尽山内门过须防。门北中有沉礁去许内是花鸟，尽山不可开抛矼，水底有石剑，椗索易断，须防记之。"①

一派

如："烈屿：城仔角可抛矼，凤西是崎尾、马鞍屿。南北一派，俱是沉礁甚多。内北去是澳头、刘五店、同安等处，行矼子细。"②

大礁

如："曾家澳：白石头内有大礁，礁下沉水，内去是体仔礁，须防。入去是西湖礁，开些有纸钱礁。"③

一烈

如："杏里：澳内好抛矼，有金屿一个，屿下有大礁一烈出水，名曰桔贝礁，出入须防之。"④

个

如："赤澳：澳口有大礁一个，门内口有礁一个，出入须近东边过，澳底有沉礁在北面，行矼须防。赤澳下有屿仔，使矼在屿外，屿内不可过，记之。"⑤

澳

如："白鸽门：限门港口对山头外过直落是白鸽门，北面是沙坛。一矼使搭海头山北边入港。港内东边是广州澳，西边是海头澳。"⑥

大澳

如："金乡大澳：打水七八托，开有八献礁出水，仔细。西边过船，开打水十四托，港门打水五托，在行船湖中水三托。外是小余山，福宁州港口，正路八九托。"⑦

沙澳

如："龟龙菜屿：龟龙下是大徒，下去大猫澳好抛矼，在沙澳边。若入澳

---

① 《两种海道针经》，向达校注，北京：中华书局，1961年第1版，1982年第2次印刷，第151页。
② 《两种海道针经》，向达校注，北京：中华书局，1961年第1版，1982年第2次印刷，第152页。
③ 《两种海道针经》，向达校注，北京：中华书局，1961年第1版，1982年第2次印刷，第153页。
④ 《两种海道针经》，向达校注，北京：中华书局，1961年第1版，1982年第2次印刷，第153页。
⑤ 《两种海道针经》，向达校注，北京：中华书局，1961年第1版，1982年第2次印刷，第155页。
⑥ 《两种海道针经》，向达校注，北京：中华书局，1961年第1版，1982年第2次印刷，第160页。
⑦ 《两种海道针经》，向达校注，北京：中华书局，1961年第1版，1982年第2次印刷，第115页。

谅开入潮沙是燕州港口，收入抛在妈祖宫前。潮沙港下有屿一个，可寄东风，出入俱可寄舡。"①

暗澳

如："东椗开，水三十托，辰巽七更取西屿头。西屿头，水三十托，开西南势乌南屿，北大城　小城及澎湖。澎湖暗澳有妈祖宫，山无尖峯屿多。"②

无澳

如："北乌坵：内是青光庙祖，无澳，流急水深，内是兹椰澳、舟山等处，丁未十更取凤尾山。"③

潮沙

如："龟龙菜屿：龟龙下是大徒，下去大猫澳好抛舡，在沙澳边。若入澳谅开入潮沙是燕州港口，收入抛在妈祖宫前。潮沙港下有屿一个，可寄东风，出入俱可寄舡。"④

港口

如："龟龙菜屿：龟龙下是大徒，下去大猫澳好抛舡，在沙澳边。若入澳谅开入潮沙是燕州港口，收入抛在妈祖宫前。潮沙港下有屿一个，可寄东风，出入俱可寄舡。"⑤

出入

如："阳江大澳：澳口有大礁，生开出入，搭大澳东鼻头入，北边是三鸦港平章头，外是老婆髻二屿也。"⑥

沙仑

如："铜钱湾：屿仔内北边好抛舡，北面有沙仑，出入往东边过，妙也。"⑦

沙坛

如："龙头：后开有大椗一库，舡使在徙外过，入澳㦲风之时在石徙内过。澳内有礁仔一个，舡抛在礁仔外，东边是电白港，北边有沙坛，下开有放

---

① 《两种海道针经》，向达校注，北京：中华书局，1961年第1版，1982年第2次印刷，第156页。
② 《两种海道针经》，向达校注，北京：中华书局，1961年第1版，1982年第2次印刷，第137页。
③ 《两种海道针经》，向达校注，北京：中华书局，1961年第1版，1982年第2次印刷，第151页。
④ 《两种海道针经》，向达校注，北京：中华书局，1961年第1版，1982年第2次印刷，第156页。
⑤ 《两种海道针经》，向达校注，北京：中华书局，1961年第1版，1982年第2次印刷，第156页。
⑥ 《两种海道针经》，向达校注，北京：中华书局，1961年第1版，1982年第2次印刷，第159页。
⑦ 《两种海道针经》，向达校注，北京：中华书局，1961年第1版，1982年第2次印刷，第159页。

鸡山。”①

沙坛头

如：“放鸡山：可寄北风，候好风入高州港。西北去水东港，港内好逃台。收入在北边有沉礁可防，舡抛港口，候水涨顺风而进，入港俱是沙坛头，头起沙仓，北边入妙也。”②

峡门

如：“（浯屿往咬𠺕吧）丁未七更取彭家大山，即牛腿琴，舡取西边南边第二山头，对峡门。”③

沙山

如：“（敲东更数）沙埕二更至南松，内有大小渔舡岛共二个。南松二更至北松。北松二更至南杞。南杞二更至北杞。北杞三更至松门。松门三更至昌国衞，此内有沙山，上有塔。”④

浅沙塘

如：“（浯屿往马六甲针路）南边有半床礁是长腰屿，亦防南边有浅沙塘并凉伞礁。”⑤

石产

如：“（咬𠺕吧澳回唐）猪母悉用子癸三更，取龙牙大山，门有石产不出水。”⑥

澳屿

如：“（《指南正法》序）自天朝南直隶至太仓，沿而福建，而广东，并交趾、七洲、夷邦南巫里洋等处更数、针路、山形水势、澳屿浅深、礁石沙泥，撰录于后，以与诸人有志远游于此者共识之耳。”⑦

礁石

如：“（《指南正法》序）自天朝南直隶至太仓，沿而福建，而广东，并交

① 《两种海道针经》，向达校注，北京：中华书局，1961年第1版，1982年第2次印刷，第159页。
② 《两种海道针经》，向达校注，北京：中华书局，1961年第1版，1982年第2次印刷，第160页。
③ 《两种海道针经》，向达校注，北京：中华书局，1961年第1版，1982年第2次印刷，第173页。
④ 《两种海道针经》，向达校注，北京：中华书局，1961年第1版，1982年第2次印刷，第176页。
⑤ 《两种海道针经》，向达校注，北京：中华书局，1961年第1版，1982年第2次印刷，第192页。
⑥ 《两种海道针经》，向达校注，北京：中华书局，1961年第1版，1982年第2次印刷，第194页。
⑦ 《两种海道针经》，向达校注，北京：中华书局，1961年第1版，1982年第2次印刷，第107页。

趾、七洲、夷邦南巫里洋等处更数、针路、山形水势、澳屿浅深、礁石沙泥，撰录于后，以与诸人有志远游于此者共识之耳。"①

沙泥

如："（《指南正法》序）自天朝南直隶至太仓，沿而福建，而广东，并交趾、七洲、夷邦南巫里洋等处更数、针路、山形水势、澳屿浅深、礁石沙泥，撰录于后，以与诸人有志远游于此者共识之耳。"②

山屿

如："（《指南正法》序）又云，行路难者有人可问，有径可寻，有地可止。行船歧者海水连天，虽有山屿，莫能识认。虽知正路，全凭指南之法，《罗经针簿》，全凭主掌之人。"③

山势

如："（《指南正法》序）山势远近切要谨慎，不可贪眠。差之毫厘，失之千里，悔之何及。"④

形势

如："（《指南正法》序）须知船身高低、风汛大小、流水顺逆，随时增减更数针位，或山屿远近、高低形势、探水浅深、牵星为准，的实无差，保得无虞矣。"⑤

坪

如："柑橘山：内打水十五托，外打水念五托。单申三更取南澳坪。"⑥

评（坪）

如："大担往暹罗针：大担开舡，用坤未四更，柑桔外过。用坤申三更，取南澳评，外过。"⑦

山

如："弓鞋山：东高西低如鞋样，对门打水四十九托。"⑧

---

① 《两种海道针经》，向达校注，北京：中华书局，1961年第1版，1982年第2次印刷，第107页。
② 《两种海道针经》，向达校注，北京：中华书局，1961年第1版，1982年第2次印刷，第107页。
③ 《两种海道针经》，向达校注，北京：中华书局，1961年第1版，1982年第2次印刷，第108页。
④ 《两种海道针经》，向达校注，北京：中华书局，1961年第1版，1982年第2次印刷，第107页。
⑤ 《两种海道针经》，向达校注，北京：中华书局，1961年第1版，1982年第2次印刷，第108页。
⑥ 《两种海道针经》，向达校注，北京：中华书局，1961年第1版，1982年第2次印刷，第116页。
⑦ 《两种海道针经》，向达校注，北京：中华书局，1961年第1版，1982年第2次印刷，第171页。
⑧ 《两种海道针经》，向达校注，北京：中华书局，1961年第1版，1982年第2次印刷，第116页。

洲

如："独猪山：打水一百二十托，往回祭献。贪东多鱼，贪西多鸟。内是海南大洲头，大洲头外流水急，芦荻柴成流界。贪东飞鱼，贪西拜风鱼。七更舡开是万里长沙头。"①

塘

如："官唐：二山相连，山上多茅草，名曰半塘，上有塘下有塘境，抛南风北风，打水十二托。竹户澳抛南风，长箕澳抛北风。巽巳更半取东沙。"②

"下塘：马鞍抛北风，湾内烂泥时多走椗。内去远有礁名七星沉水，夜间行舡仔细。"③

高、低

如："外罗山：东高西低，内有椰子塘，近山有老古，打水四十五托。贪东恐见万里石塘，丙午七更取交杯，内打水十八托，外打水念五托，俱可过舡，南边有礁出水。若是马陵桥　神洲港口，打水八九托，鼻头二三托打水进港有塔，可抛舡。"④

连、断

如："大横山：打水念五托，泥地，远看成连，略断似枕头样，用干戌五更取小横。"⑤

长

如："小横山：有门，门中有礁，远看三个山，东高低。有小树仔，东北尾有长浅、礁仔，打水十四托，单戌十更、干戌十五更取笔架。"⑥

礁盘

如："尽山下两广上有大礁盘一座打涌，其大礁盘其两广，丙巳、壬亥对坐。"⑦

---

① 《两种海道针经》，向达校注，北京：中华书局，1961年第1版，1982年第2次印刷，第117页。
② 《两种海道针经》，向达校注，北京：中华书局，1961年第1版，1982年第2次印刷，第145页。
③ 《两种海道针经》，向达校注，北京：中华书局，1961年第1版，1982年第2次印刷，第145页。
④ 《两种海道针经》，向达校注，北京：中华书局，1961年第1版，1982年第2次印刷，第117页。
⑤ 《两种海道针经》，向达校注，北京：中华书局，1961年第1版，1982年第2次印刷，第121页。
⑥ 《两种海道针经》，向达校注，北京：中华书局，1961年第1版，1982年第2次印刷，第121页。
⑦ 《两种海道针经》，向达校注，北京：中华书局，1961年第1版，1982年第2次印刷，第128页。

硬尾、硬中

如："大州头共硬,为壬子、丙午,有贪丙、壬取硬尾。"①

"大州头共硬,为壬亥、丙巳,有贪壬、丙,小半取硬中。"②

"外罗用甲卯,八九更取是硬。"③

南盘

如："东门屿门扇后:流水甚急,出门有碎礁沉水,门外是南盘。"④

大小相错、断续海中

如："东甲:在万安之东,三景大小相错,断续海中,山上有大王庙。内寄北风,乃赋安,可燀洗船。澳口多礁,门有鸭屎甲卯沉水,行船须防之。"⑤

石剑

如："白犬:在犬处有一块白可寄北风,水深有石剑,椗索亦断,不可久住。"⑥

夹小

如："三沙五澳:好抛北风、南风,去抛根竹洋,洋有恶礁险峻,出入须防。窑山风大,门内夹小流水急,外大门有礁,行舡仔细。"⑦

澳底浅

如："南澳:澳内好抛舡,水退无水,下澳是后宅,好抛舡。下是长沙尾,外是云盖寺,有澳可抛舡。开,有七星礁,外三个屿是彭了,内甚多礁,行舡子细。澳底浅,打水三托。"⑧

澳口

如："表头:即广澳,澳口有网头礁,沉水不可贪近。下是钱澳,有观音礁一个在澳。"⑨

---

① 《两种海道针经》,向达校注,北京:中华书局,1961年第1版,1982年第2次印刷,第131页。
② 《两种海道针经》,向达校注,北京:中华书局,1961年第1版,1982年第2次印刷,第131页。
③ 《两种海道针经》,向达校注,北京:中华书局,1961年第1版,1982年第2次印刷,第132页。
④ 《两种海道针经》,向达校注,北京:中华书局,1961年第1版,1982年第2次印刷,第143页。
⑤ 《两种海道针经》,向达校注,北京:中华书局,1961年第1版,1982年第2次印刷,第144页。
⑥ 《两种海道针经》,向达校注,北京:中华书局,1961年第1版,1982年第2次印刷,第144页。
⑦ 《两种海道针经》,向达校注,北京:中华书局,1961年第1版,1982年第2次印刷,第147页。
⑧ 《两种海道针经》,向达校注,北京:中华书局,1961年第1版,1982年第2次印刷,第155页。
⑨ 《两种海道针经》,向达校注,北京:中华书局,1961年第1版,1982年第2次印刷,第155页。

生甚开长

如:"甲子:有甲子栏,生甚开长,头内有大小门夹,大舡在外过。澳口有三点金礁,坐在港中。澳口有沉礁,在鼻头。苏公澳好抛椗,出入子细。"①

门夹

如:"甲子:有甲子栏,生甚开长,头内有大小门夹,大舡在外过。澳口有三点金礁,坐在港中。澳口有沉礁,在鼻头。苏公澳好抛椗,出入子细。"②

大椗

如:"田尾:岛东鼻头有沉礁,田尾有大礁,出入在大礁内过。若入澳内鼻头有沉礁,谅开入,不可太近。入田尾,澳北有大椗一座,出入不可贪北,澳内浅,打水三四托。"③

头

如:"槛浪头:出入不可在东鼻头,开,有大礁不可近,北边去内过舡是菜屿头。有礁生在东鼻头在内,过龟龙后,北边有沉礁,不可贪北。"④

菜屿头

如:"槛浪头:出入不可在东鼻头,开,有大礁不可近,北边去内过舡是菜屿头。有礁生在东鼻头在内,过龟龙后,北边有沉礁,不可贪北。"⑤

礁生

如:"槛浪头:出入不可在东鼻头,开,有大礁不可近,北边去内过舡是菜屿头。有礁生在东,鼻头在内,过龟龙后,北边有沉礁,不可贪北。"⑥

潮沙

如:"龟龙菜屿:龟龙下是大徒,下去大猫澳好抛舡,在沙澳边。若入澳谅开入潮沙是燕州港口,收入抛在妈祖宫前。潮沙港下有屿一个,可寄东风,出入俱可寄舡。"⑦

---

① 《两种海道针经》,向达校注,北京:中华书局,1961年第1版,1982年第2次印刷,第156页。
② 《两种海道针经》,向达校注,北京:中华书局,1961年第1版,1982年第2次印刷,第156页。
③ 《两种海道针经》,向达校注,北京:中华书局,1961年第1版,1982年第2次印刷,第156页。
④ 《两种海道针经》,向达校注,北京:中华书局,1961年第1版,1982年第2次印刷,第156页。
⑤ 《两种海道针经》,向达校注,北京:中华书局,1961年第1版,1982年第2次印刷,第156页。
⑥ 《两种海道针经》,向达校注,北京:中华书局,1961年第1版,1982年第2次印刷,第156页。
⑦ 《两种海道针经》,向达校注,北京:中华书局,1961年第1版,1982年第2次印刷,第156页。

急水门

如："梁头门：入门是马祖庙前好抛𭬅。入去小急水，九龙澳后好抛𭬅。入出是大急水门，流水急深无礁。北边大山是传门澳，好抛𭬅。"①

坪

如："暹罗往日本针……艮寅二十二更，取南澳坪外。"②

浅尾

如："（大泥回长崎日清）戊子年五月十六日，西南风，在浅尾开船，用甲寅离山；暗，近五更；夜，用甲卯及寅，四更。"③

长沙

如："（《指南正法》序）若过七州，贪东七更，则见万里长沙，远似𭬅帆，近看二三个船帆，可宜牵舵。使一日见外罗对开。东七更便是万里石塘，内有红石屿不高，如是看见𭬅低水可防。"④

石塘

如："（《指南正法》序）若过七州，贪东七更，则见万里长沙，远似𭬅帆，近看二三个船帆，可宜牵舵。使一日见外罗对开。东七更便是万里石塘，内有红石屿不高，如是看见𭬅低水可防。"⑤

山屿

如："（《指南正法》序）又云，行路难者有人可问，有径可寻，有地可止。行船歧者海水连天，虽有山屿，莫能识认。虽知正路，全凭指南之法，《罗经针簿》，全凭主掌之人。须知船身高低、风汛大小、流水顺逆，随时增减更数针位，或山屿远近、高低形势、探水浅深、牵星为准，的实无差，保得无虞矣。"⑥

险峻

如："三沙五澳：好抛北风、南风，去抛根竹洋，洋有恶礁险峻，出入须

---

① 《两种海道针经》，向达校注，北京：中华书局，1961年第1版，1982年第2次印刷，第157页。
② 《两种海道针经》，向达校注，北京：中华书局，1961年第1版，1982年第2次印刷，第175页。
③ 《两种海道针经》，向达校注，北京：中华书局，1961年第1版，1982年第2次印刷，第188页。
④ 《两种海道针经》，向达校注，北京：中华书局，1961年第1版，1982年第2次印刷，第108页。
⑤ 《两种海道针经》，向达校注，北京：中华书局，1961年第1版，1982年第2次印刷，第108页。
⑥ 《两种海道针经》，向达校注，北京：中华书局，1961年第1版，1982年第2次印刷，第108页。

防。窑山风大，门内夹小流水急，外大门有礁，行舡仔细。"①

沙

如："三沙五澳：好抛北风、南风，去抛根竹洋，洋有恶礁险峻，出入须防。窑山风大，门内夹小流水急，外大门有礁，行舡仔细。"②

甚多

如："南澳：澳内好抛舡，水退无水，下澳是后宅，好抛舡。下是长沙尾，外是云盖寺，有澳可抛舡。开，有七星礁，外三个屿是彭了，内甚多礁，行舡子细。澳底浅打水三托。"③

坐

如："甲子：有甲子栏，生甚开长，头内有大小门夹，大舡在外过。澳口有三点金礁，坐在港中。澳口有沉礁，在鼻头。苏公澳好抛椗，出入子细。"④

真陇

如："（厦门往长崎）西长外屿有小屿二个，是五岛，认真陇是五岛大山。"⑤

出水

如："金乡大澳：打水七八托，开有八献礁出水，仔细。西边过船，开打水十四托，港门打水五托，在行船湖中水三托。外是小余山，福宁州港口，正路八九托。"⑥

拖

如："玳瑁州：舡身在外过，留些过好在内退，看东南有礁出水，流水拖东南甚急，又有老古拖尾离州有三四箭之远。"⑦

门阔

如："磁头：湾内好抛舡，上澳须防半腰礁沉水，内有白屿仔，亦沉水，

---

① 《两种海道针经》，向达校注，北京：中华书局，1961年第1版，1982年第2次印刷，第147页。
② 《两种海道针经》，向达校注，北京：中华书局，1961年第1版，1982年第2次印刷，第147页。
③ 《两种海道针经》，向达校注，北京：中华书局，1961年第1版，1982年第2次印刷，第155页。
④ 《两种海道针经》，向达校注，北京：中华书局，1961年第1版，1982年第2次印刷，第156页。
⑤ 《两种海道针经》，向达校注，北京：中华书局，1961年第1版，1982年第2次印刷，第180页。
⑥ 《两种海道针经》，向达校注，北京：中华书局，1961年第1版，1982年第2次印刷，第180页。
⑦ 《两种海道针经》，向达校注，北京：中华书局，1961年第1版，1982年第2次印刷，第119页。

外有米质门阔，出入可防。"①

三、气候气象

风汛

如："假糍山：远看三个屿，如象拜昆身样，南有小屿是红石礁，陇是占蜡港泥尾，昆身一小港向假糍，北边不可过，恐风汛不顺难以出舡。舡身到此甚然之低，用坤未寻真糍正路。"②

南风

如："舡在五岛我北过，南风用坤申三更半，东南风用坤申十一更，东风坤申四更，东北风用坤申六更，北风用坤申五更，共享坤三更见窑山。"③

东风

如："舡在五岛我北过，南风用坤申三更半，东南风用坤申十一更，东风坤申四更，东北风用坤申六更，北风用坤申五更，共享坤三更见窑山。"④

北风

如："舡在五岛我北过，南风用坤申三更半，东南风用坤申十一更，东风坤申四更，东北风用坤申六更，北风用坤申五更，共享坤三更见窑山。"⑤

西北风

如："谢崑米在东北方用壬子，西北风用壬亥，取打狗仔。"⑥

东北风

如："舡在五岛我北过，南风用坤申三更半，东南风用坤申十一更，东风坤申四更，东北风用坤申六更，北风用坤申五更，共享坤三更见窑山。"⑦

---

① 《两种海道针经》，向达校注，北京：中华书局，1961 年第 1 版，1982 年第 2 次印刷，第 141 页。
② 《两种海道针经》，向达校注，北京：中华书局，1961 年第 1 版，1982 年第 2 次印刷，第 120 页。
③ 《两种海道针经》，向达校注，北京：中华书局，1961 年第 1 版，1982 年第 2 次印刷，第 133 页。
④ 《两种海道针经》，向达校注，北京：中华书局，1961 年第 1 版，1982 年第 2 次印刷，第 133 页。
⑤ 《两种海道针经》，向达校注，北京：中华书局，1961 年第 1 版，1982 年第 2 次印刷，第 133 页。
⑥ 《两种海道针经》，向达校注，北京：中华书局，1961 年第 1 版，1982 年第 2 次印刷，第 132 页。
⑦ 《两种海道针经》，向达校注，北京：中华书局，1961 年第 1 版，1982 年第 2 次印刷，第 133 页。

西南风

如："凤尾往长岐　出港西南风，用甲寅五更、单寅六更、艮寅二更、艮寅十八更、单寅八更，见里慎马。甲寅七更，收入港甚妙。"①

东南风

如："舡在五岛我北过，南风用坤申三更半，东南风用坤申十一更，东风坤申四更，东北风用坤申六更，北风用坤申五更，共享坤三更见窑山。"②

好风

如："假任山：近山打水四五托，其湾可抛舡，入柬埔寨港俱寄椗在此，候水涨好风。"③

顺风

如："放鸡山：可寄北风，候好风入高州港。西北去水东港，港内好逃台。收入在北边有沉礁可防，舡抛港口，候水涨顺风而进，入港俱是沙坛头，头起沙仑，北边入妙也。"④

无风

如："（暹罗往长崎日清）三十日，无风，至中午，南风，丑艮一更半；夜，用单丑，光，见鹤顶山。"⑤

静

如："（暹罗往长崎日清）[六月]初八，晚，静，见员山；夜，风微；光，静。"⑥

风微

如："（暹罗往长崎日清）[六月]初八，晚，静，见员山；夜，风微；光，静。"⑦

无定风

如："（咬��吧回长崎日清）乙丑年[五月]初三日，无定风，下午子癸三

---

① 《两种海道针经》，向达校注，北京：中华书局，1961年第1版，1982年第2次印刷，第175页。
② 《两种海道针经》，向达校注，北京：中华书局，1961年第1版，1982年第2次印刷，第133页。
③ 《两种海道针经》，向达校注，北京：中华书局，1961年第1版，1982年第2次印刷，第119页。
④ 《两种海道针经》，向达校注，北京：中华书局，1961年第1版，1982年第2次印刷，第160页。
⑤ 《两种海道针经》，向达校注，北京：中华书局，1961年第1版，1982年第2次印刷，第181页。
⑥ 《两种海道针经》，向达校注，北京：中华书局，1961年第1版，1982年第2次印刷，第181页。
⑦ 《两种海道针经》，向达校注，北京：中华书局，1961年第1版，1982年第2次印刷，第181页。

更；夜，东风，打水十三托，用子癸及丑；近二更抛，至五更开船，用子癸；光，打水，见三麦屿在下势。"①

大、小

如："(《指南正法》序) 若遇东南西北，筹头落一位半位，难针临时机变。若是吊饯，切记上下更数多寡，风汛大小，顺风使补以合正路。或遇七洲洋上不离艮下不离坤。"②

原风

如："(暹罗往长崎日清) 五月二十一日，晚，在笔架放洋，西南倚捍，用单丙三更。二十三［二］日，原风，丙巳三更半；夜，原风，丙巳二更半。"③

台

如："三礚：澳内潮退无水，内是玉环、大门、小门、黄花、温州等处，外是陇山澳，澳内好抛舡，店台，澳内有土堆可防。"④

晴

如："(《指南正法》序) 东北风晴，流水正北，紧记之。"⑤

四、船舶用具

舡身

如："玳瑁州：舡身在外过，留些过好在内退，看东南有礁出水，流水拖东南甚急，又有老古拖尾离州有三四箭之远。"⑥

小船

如："甲子所：其栏生外，栏内小船可过。"⑦

---

① 《两种海道针经》，向达校注，北京：中华书局，1961年第1版，1982年第2次印刷，第182页。
② 《两种海道针经》，向达校注，北京：中华书局，1961年第1版，1982年第2次印刷，第182页。
③ 《两种海道针经》，向达校注，北京：中华书局，1961年第1版，1982年第2次印刷，第181页。
④ 《两种海道针经》，向达校注，北京：中华书局，1961年第1版，1982年第2次印刷，第148页。
⑤ 《两种海道针经》，向达校注，北京：中华书局，1961年第1版，1982年第2次印刷，第108页。
⑥ 《两种海道针经》，向达校注，北京：中华书局，1961年第1版，1982年第2次印刷，第119页。
⑦ 《两种海道针经》，向达校注，北京：中华书局，1961年第1版，1982年第2次印刷，第116页。

大舡

如："寮罗东北风用单乙及乙辰七更取西屿头，大舡用此针。"①

彩舡

如："（咬嚼吧澳回唐）罗湾头。（半更开，用丑癸五更，取伽倻僦。一更开，用子癸三更，取灵山大佛，往重播彩舡。）"②

鉨

如："（《指南正法》序）自古圣贤教人通行海道，全凭罗经二十四位，通变使用。或往回须记时日早晚、风汛东南西北、流水缓急顺逆，如何用鉨探水，以知深浅。"③

水钩

如："外任山：认毛蟹州进港，可防浅沙，用水钩点南边进。"④

椗

如："南澳看在辛戌位南方并西南风，用单乙十一更，用乙卯四更半、甲半更取筊荖线抛椗。若见南澳坪开南风用乙辰四更、单卯五更，见猫屿一点。"⑤

大椗一库

如："龙头：后开有大椗一库，舡使在徙外过，入澳獻风之时在石徙内过。澳内有礁仔一个，舡抛在礁仔外，东边是电白港，北边有沙坛，下开有放鸡山。"⑥

椗索

如："白犬：在犬处有一块白可寄北风，水深有石剑，椗索亦断，不可久住。"⑦

舡索

如："虎跳门：外有小屿一个，出入在屿东过。入虎跳了，搭南山边北边

---

① 《两种海道针经》，向达校注，北京：中华书局，1961 年第 1 版，1982 年第 2 次印刷，第 136 页。
② 《两种海道针经》，向达校注，北京：中华书局，1961 年第 1 版，1982 年第 2 次印刷，第 195 页。
③ 《两种海道针经》，向达校注，北京：中华书局，1961 年第 1 版，1982 年第 2 次印刷，第 107 页。
④ 《两种海道针经》，向达校注，北京：中华书局，1961 年第 1 版，1982 年第 2 次印刷，第 119 页。
⑤ 《两种海道针经》，向达校注，北京：中华书局，1961 年第 1 版，1982 年第 2 次印刷，第 134 页。
⑥ 《两种海道针经》，向达校注，北京：中华书局，1961 年第 1 版，1982 年第 2 次印刷，第 159 页。
⑦ 《两种海道针经》，向达校注，北京：中华书局，1961 年第 1 版，1982 年第 2 次印刷，第 144 页。

浅水入去。北边有横屿仔一个，舡在屿仔直入草尾洋，内中有沉礁名曰三点金，出入子细防之。外是鳄鱼抢宝，入尽搭北边边了。舡搭南边东井山外就是东井塔，至脚就是双港，南边就是新吊下乌尾。舡索在港中，舡往北边入，不可南边过为妙。"①

杠缭

如："见屿杠缭在彭湖东过，共九更半折单午四更半，丁午五更。"②

网

如："赤安庙：面前有罗仆屿一个，内外俱可过舡，须防有网，直出宁丁洋去高州在此放洋。"③

舵

如："台湾往日本从大港出。东南风可用丁未及单未过笳荖湾线，南到青水乌水墘，可牵舵用壬及壬子，转变取澎湖东过。"④

柴水

如："麻录水过密岸一山湾内有一老古潭是也。内有小尖屿似鲫鱼嘴相减岸童山，山下有一港多岐仔，南山山边有老古。丙午针见凹屿 布楼山与岸童相连，山边四屿，内可寄椗讨柴水。"⑤

砲

如："芙蓉山：在闾夹南马砌北，为罗湖屏翰，寄北风，下有龙潭，舡至此不可放砲。"⑥

网桁

如："限门：港口甚浅，舡若进口，须候水有七八分可进港。进港之时须看塔，塔上有妈祖宫，后草山相重，就口须看虫嘴山东塔上北铳城可直入，舡头向西北沙坛头，舡起头对网桁，至妈祖宫好抛舡，入纸寮，妙也。"⑦

---

① 《两种海道针经》，向达校注，北京：中华书局，1961年第1版，1982年第2次印刷，第158页。
② 《两种海道针经》，向达校注，北京：中华书局，1961年第1版，1982年第2次印刷，第133页。
③ 《两种海道针经》，向达校注，北京：中华书局，1961年第1版，1982年第2次印刷，第158页。
④ 《两种海道针经》，向达校注，北京：中华书局，1961年第1版，1982年第2次印刷，第133页。
⑤ 《两种海道针经》，向达校注，北京：中华书局，1961年第1版，1982年第2次印刷，第139页。
⑥ 《两种海道针经》，向达校注，北京：中华书局，1961年第1版，1982年第2次印刷，第146页。
⑦ 《两种海道针经》，向达校注，北京：中华书局，1961年第1版，1982年第2次印刷，第160页。

二三千舡

如："敲东更数，……西北普陀三更至思堂澳，思堂澳二更至花鸟，花鸟二更至青山，内抛得二三千舡。好西北风，单卯，见高丽。辰巽五更，取五岛。单寅七更收入，可也。"①

舡

如："（咬噜吧回长崎日清）乙丑年［六月］初三日，见舡、仔舡十余只，并见北港大山在东南势，又见洋舡二只；夜，用艮寅五更；光，平淡山下，东北上亦有讨鱼舡。"②

仔舡

如："（咬噜吧回长崎日清）乙丑年［六月］初三日，见舡、仔舡十余只，并见北港大山在东南势，又见洋舡二只；夜，用艮寅五更；光，平淡山下，东北上亦有讨鱼舡。"③

洋舡

如："（咬噜吧回长崎日清）乙丑年［六月］初三日，见舡、仔舡十余只，并见北港大山在东南势，又见洋舡二只；夜，用艮寅五更；光，平淡山下，东北上亦有讨鱼舡。"④

讨鱼舡

如："（咬噜吧回长崎日清）乙丑年［六月］初三日，见舡、仔舡十余只，并见北港大山在东南势，又见洋舡二只；夜，用艮寅五更；光，平淡山下，东北上亦有讨鱼舡。"⑤

舡帆、船帆

如："（《指南正法》序）若过七州，贪东七更，则见万里长沙，远似舡帆，近看二三个船帆，可宜牵舵。"⑥

主掌之人

如："（《指南正法》序）又云，行路难者有人可问，有径可寻，有地可

---

① 《两种海道针经》，向达校注，北京：中华书局，1961 年第 1 版，1982 年第 2 次印刷，第 176 页。
② 《两种海道针经》，向达校注，北京：中华书局，1961 年第 1 版，1982 年第 2 次印刷，第 184 页。
③ 《两种海道针经》，向达校注，北京：中华书局，1961 年第 1 版，1982 年第 2 次印刷，第 184 页。
④ 《两种海道针经》，向达校注，北京：中华书局，1961 年第 1 版，1982 年第 2 次印刷，第 184 页。
⑤ 《两种海道针经》，向达校注，北京：中华书局，1961 年第 1 版，1982 年第 2 次印刷，第 184 页。
⑥ 《两种海道针经》，向达校注，北京：中华书局，1961 年第 1 版，1982 年第 2 次印刷，第 108 页。

止。行船歧者海水连天，虽有山屿，莫能识认。虽知正路，全凭指南之法，《罗经针簿》，全凭主掌之人。须知船身高低、风汛大小、流水顺逆，随时增减更数针位，或山屿远近、高低形势、探水浅深、牵星为准，的实无差，保得无虞矣。"①

远游于此者

如："（《指南正法》序）自天朝南直隶至太仓，沿而福建，而广东，并交趾、七洲、夷邦南巫里洋等处更数、针路、山形水势、澳屿浅深、礁石沙泥，撰录于后，以与诸人有志远游于此者共识之耳。"②

五、地 理 方 位

罗经

如："（《指南正法》序）自古圣贤教人通行海道，全凭罗经二十四位，通变使用。"③

针位

如："（《指南正法》序）须知船身高低、风汛大小、流水顺逆，随时增减更数针位，或山屿远近、高低形势、探水浅深、牵星为准，的实无差，保得无虞矣。"④

筹头

如："（《指南正法》序）若遇东南西北，筹头落一位半位，难针临时机变。"⑤

二十四位

如："（《指南正法》序）自古圣贤教人通行海道，全凭罗经二十四位，通变使用。"⑥

---

① 《两种海道针经》，向达校注，北京：中华书局，1961年第1版，1982年第2次印刷，第108页。
② 《两种海道针经》，向达校注，北京：中华书局，1961年第1版，1982年第2次印刷，第107页。
③ 《两种海道针经》，向达校注，北京：中华书局，1961年第1版，1982年第2次印刷，第107页。
④ 《两种海道针经》，向达校注，北京：中华书局，1961年第1版，1982年第2次印刷，第108页。
⑤ 《两种海道针经》，向达校注，北京：中华书局，1961年第1版，1982年第2次印刷，第107页。
⑥ 《两种海道针经》，向达校注，北京：中华书局，1961年第1版，1982年第2次印刷，第107页。

一位、半位

如："(《指南正法》序)若遇东南西北，筹头落一位半位，难针临时机变。"①

单申

如："柑橘山：内打水十五托，外打水念五托。单申三更取南澳坪。"②

单未

如："乌猪山：洋中打水八十托，上、下川在内。单未七更取七洲洋，有屿仔，东有三个西有四个。坤申七更取独猪。"③

单申

如："罗湾头：打水念五托，内有小屿，外有玳瑁洲。坤未五更取赤坎，舡身恐犯玳瑁洲。坤未五更取崑仑。若往柬埔寨，单申四更取鹤顶。"④

单巳

如："福州五虎门：打水一丈八尺，过浅。乙辰针收官唐三礁外过。辰巽取东沙西边过，近山七八托，好抛舡。单巳三更牛屿内过，屿有礁出水，打水念五托。坤未、坤申取乌龟，打水十五托，往回祭献。"⑤

单戌

如："小横山：有门，门中有礁，远看三个山，东高低。有小树仔，东北尾有长浅礁仔，打水十四托，单戌十更、干戌十五更取笔架。"⑥

坤

如："太武山：打水三十托。东椗外坤四更取柑橘外过。"⑦

壬

如："陈公屿：即无好面，用壬取乌头浅。"⑧

三针

向达认为《指南正法》中有三针的表示方法，但具体情况如何，不得其

---

① 《两种海道针经》，向达校注，北京：中华书局，1961年第1版，1982年第2次印刷，第107页。
② 《两种海道针经》，向达校注，北京：中华书局，1961年第1版，1982年第2次印刷，第116页。
③ 《两种海道针经》，向达校注，北京：中华书局，1961年第1版，1982年第2次印刷，第117页。
④ 《两种海道针经》，向达校注，北京：中华书局，1961年第1版，1982年第2次印刷，第118页。
⑤ 《两种海道针经》，向达校注，北京：中华书局，1961年第1版，1982年第2次印刷，第115页。
⑥ 《两种海道针经》，向达校注，北京：中华书局，1961年第1版，1982年第2次印刷，第121页。
⑦ 《两种海道针经》，向达校注，北京：中华书局，1961年第1版，1982年第2次印刷，第116页。
⑧ 《两种海道针经》，向达校注，北京：中华书局，1961年第1版，1982年第2次印刷，第121页。

详。其实此三针当为三个单针，并非为三针标记法，如干、戌、亥；干、壬、亥；壬、子、癸；丙、午、丁；子、癸、丑；壬、子、癸。

如："咬嚹吧回长崎日清：乙丑年［五月］"

"初四日，用壬子及干、戌、亥；小午，抛三麦屿南；下午南风，巡西边昆身开；至三更，抛在旧港下东北势开。"①

"初七［五］，早，西风，不得过琴山，抛；下午南风，用干、戌、亥；大暗，平琴西；夜，用干、壬、亥；下半夜，用单子；光，见七屿在面前东北势。"②

"初七日，用壬、子、癸五更；晚，至罗汉屿；夜，用子癸及丑。光，平长腰屿开，用壬子四更。"③

"二十六日，风北硬缭，用丑、艮、寅二更；至午，北风狂坐涌，用未及坤并丁；暗，有四更；夜，用丙、午、丁一更返西南，用艮寅及丑四更。"④

"（咬嚹吧澳回唐）馒头屿。用子、癸、丑，取猪母山。"⑤

"（咬嚹吧回太武针路）子癸十五更，取马鞍屿。用壬、子、癸变用，五十余更，取崑仑，内过。"⑥

坤申针

如："（《指南正法》序）若见柴成流界并大死树，可用坤申针，一日一夜见灵山大佛。"⑦

乙辰针

如："福州五虎门：打水一丈八尺，过浅。乙辰针收官唐三礁外过。辰巽取东沙西边过，近山七八托，好抛舡。单巳三更牛屿内过，屿有礁出水，打水念五托。坤未、坤申取乌龟，打水十五托，往回祭献。"⑧

---

① 《两种海道针经》，向达校注，北京：中华书局，1961年第1版，1982年第2次印刷，第182页。
② 《两种海道针经》，向达校注，北京：中华书局，1961年第1版，1982年第2次印刷，第182页。
③ 《两种海道针经》，向达校注，北京：中华书局，1961年第1版，1982年第2次印刷，第183页。
④ 《两种海道针经》，向达校注，北京：中华书局，1961年第1版，1982年第2次印刷，第184页。
⑤ 《两种海道针经》，向达校注，北京：中华书局，1961年第1版，1982年第2次印刷，第194页。
⑥ 《两种海道针经》，向达校注，北京：中华书局，1961年第1版，1982年第2次印刷，第194页。
⑦ 《两种海道针经》，向达校注，北京：中华书局，1961年第1版，1982年第2次印刷，第108页。
⑧ 《两种海道针经》，向达校注，北京：中华书局，1961年第1版，1982年第2次印刷，第115页。

辰巽

如："福州五虎门：打水一丈八尺，过浅。乙辰针收官唐三礁外过。辰巽取东沙西边过，近山七八托，好抛舡。单巳三更牛屿内过，屿有礁出水，打水念五托。坤未、坤申取乌龟，打水十五托，往回祭献。"①

坤未

如："福州五虎门：打水一丈八尺，过浅。乙辰针收官唐三礁外过。辰巽取东沙西边过，近山七八托，好抛舡。单巳三更牛屿内过，屿有礁出水，打水念五托。坤未、坤申取乌龟，打水十五托，往回祭献。"②

坤未

如："罗湾头：打水念五托，内有小屿，外有玳瑁洲。坤未五更取赤坎，舡身恐犯玳瑁洲。坤未五更取崑仑。若往柬埔寨，单申四更取鹤顶。"③

坤申

如："福州五虎门：打水一丈八尺，过浅。乙辰针收官唐三礁外过。辰巽取东沙西边过，近山七八托，好抛舡。单巳三更牛屿内过，屿有礁出水，打水念五托。坤未、坤申取乌龟，打水十五托，往回祭献。"④

丙午

如："羊角屿：内打水十七八托，外打水二十托，内外俱可过舡。南有羊角出水中，尖有门，门中有礁。丙午五更取灵山大佛。"⑤

丁未

如："钓鱼台：打水十二托，湾头相连，好抛舡。内湾是占城蜂头港。山上乌木甚多。有礁出水，不可近。伽俪儴有三礁，水涨不见，远水舡，打水十五托。丁未五更取罗湾头。"⑥

庚酉

如："崑仑山、小崑仑：西边有一小礁出水，庚酉八更取真糍。"⑦

---

① 《两种海道针经》，向达校注，北京：中华书局，1961年第1版，1982年第2次印刷，第115页。
② 《两种海道针经》，向达校注，北京：中华书局，1961年第1版，1982年第2次印刷，第115页。
③ 《两种海道针经》，向达校注，北京：中华书局，1961年第1版，1982年第2次印刷，第118页。
④ 《两种海道针经》，向达校注，北京：中华书局，1961年第1版，1982年第2次印刷，第115页。
⑤ 《两种海道针经》，向达校注，北京：中华书局，1961年第1版，1982年第2次印刷，第118页。
⑥ 《两种海道针经》，向达校注，北京：中华书局，1961年第1版，1982年第2次印刷，第118页。
⑦ 《两种海道针经》，向达校注，北京：中华书局，1961年第1版，1982年第2次印刷，第120页。

辰戌

如："真糙山：远看三个屿，有门可过，内打水十四托，泥地。外打水念四托，沙地。辰戌十更取大横。"①

干戌

如："大横山：打水念五托，泥地，远看成连，略断似枕头样，用干戌五更取小横。"②

干戌

如："小横山：有门，门中有礁，远看三个山，东高低。有小树仔，东北尾有长浅礁仔，打水十四托，单戌十更、干戌十五更取笔架。"③

壬亥

如："笔架山：陇，打水十二托，沙泥地。下是龟山，长尖峯形似笔架。若见龟山，用壬亥取笔架。"④

干亥

如："乌头浅：东边过舡打水十二托，浅生开，仔细行舡。过浅子有一澳，高有一港，是望高西。干亥三更取竹篙屿，认崑身，恐悮进程，直竹屿港，舡尾坐竹屿，用子癸进港可也。"⑤

子癸

如："乌头浅：东边过舡打水十二托，浅生开，仔细行舡。过浅子有一澳，高有一港，是望高西。干亥三更取竹篙屿，认崑身，恐悮进程，直竹屿港，舡尾坐竹屿，用子癸进港可也。"⑥

乙、乙卯、乙辰、丁、丁午、丁未、子、巳、丑、丑艮、丑癸、午、壬、壬子、壬亥、丙、丙巳、丙午、卯、未、甲、甲卯、申、亥、戌、艮、艮寅、辛、辛戌、辛酉、辰、酉、坤、坤未、坤申、庚、庚酉、癸、干、干亥、寅、巽、巽巳

---

① 《两种海道针经》，向达校注，北京：中华书局，1961 年第 1 版，1982 年第 2 次印刷，第 120 页。
② 《两种海道针经》，向达校注，北京：中华书局，1961 年第 1 版，1982 年第 2 次印刷，第 121 页。
③ 《两种海道针经》，向达校注，北京：中华书局，1961 年第 1 版，1982 年第 2 次印刷，第 121 页。
④ 《两种海道针经》，向达校注，北京：中华书局，1961 年第 1 版，1982 年第 2 次印刷，第 121 页。
⑤ 《两种海道针经》，向达校注，北京：中华书局，1961 年第 1 版，1982 年第 2 次印刷，第 121 页。
⑥ 《两种海道针经》，向达校注，北京：中华书局，1961 年第 1 版，1982 年第 2 次印刷，第 121 页。

如：

"〔对坐图〕：

五岛，大山中尖，共东南势盐屿，为干、巽对坐。

盐屿共五岛头，外势额头，卯、酉对坐。

盐屿共米慎马，为丑艮、坤未对坐。

五岛头为五岛我，为艮寅有贪，坤申对坐。

美慎马共五岛外势额头，为丁未、丑癸有贪，丑、未对坐。

美慎马共天堂，为乙、辛对坐。

美慎马共天堂仔，为卯、酉对坐。

海招屿共尽山，为乙、辛对坐。

海招屿共两广，为丁未、丑癸对坐。

尽山西势澳共两广，为干、亥对坐。

尽山西势澳共北乌坵，为子、午对坐。

尽山下两广上有大礁盘一座打涌，其大礁盘其两广，丙巳、壬亥对坐。

东涌共大金，为辛戌、乙辰对坐。

大金共黄屿，巽巳、干亥对坐。

东涌共大西洋，为乙卯、辛酉对坐。

东涌共黄屿，为甲卯、庚酉对坐。

东涌共北加头，为卯、酉对坐。

东涌共官塘，为甲、寅对坐。

台山共下势南屿，丁未、丑癸对坐。

牛屿共海坛大山尖，巳、亥对坐。

牛屿共观音澳，乙辰、辛戌对坐。

柑桔共打狗仔，为干、巽对坐。

柑桔共南大屿，为甲、庚对坐。

南大屿共打狗仔，为辰、戌对坐。

屿坪屿〔共〕大屿，为艮寅、坤申对坐。

八罩共大屿，为丑癸、丁未对坐。

大屿共猫屿，为干、巽对坐。

猫屿共花屿，为子、午对坐。

柑桔共膀胱屿，为子、午对坐。
猫屿共西屿头，癸、丁共坐。
花屿共西屿头，丑、未对坐。
查某屿共猪母落水，申、庚对坐。
西屿头共墨屿，丑癸、丁未对坐。
花屿共八罩西势三温尾，乙辰、辛戌对坐。
花屿共屿坪并铁钉屿，干、巽对坐。
乌嘴尾共赤礁，甲卯庚酉对坐。
乌嘴共东椗，子、午兼壬、丙对坐。
深门共东椗，丙巳、壬亥对坐。
船抛东户澳内，看大坵在丁上，坵仔在丁午上。
船抛在东户澳内，看奴儿在庚上，奴儿陇上势一员屿仔在酉上。
乌坵共奴儿，为巳、亥对坐。
乌坵在共湄州找为乙卯、辛酉对坐，有兼乙、辛一条线。
乌坵共大垞，为甲、庚对坐，有兼卯、酉。
乌坵共小峠，为卯、酉对坐，有兼甲、庚。
南澳头共埭尾，为乙卯、辛酉对坐。
外罗共硬，为庚申、甲寅。外罗甲、庚相吞。
草屿共硬，为庚酉、甲卯，陇有兼庚、有贪甲。
尖笔罗共硬，为卯、酉并陇，有兼甲、庚。
大州头共硬，为壬子、丙午，有贪丙、壬取硬尾。
大州共草屿，为丑、未。
大州头共硬，为壬亥、丙巳，有贪壬、丙，小半取硬中。
大州头共外罗，为丁未、丑癸，有兼丁、癸二条线。
大州头陇，陇用午针十二、三更，取是硬尾；若用丙午，取是硬中。
外罗用甲卯，八九更取是硬。
尖笔罗对东去十二三更取是硬。
大夷共十二门，为甲、庚对坐。
宁丁共十二门，为艮、坤对坐。
滔浪共尖笔罗，为干、巽对坐。

尖笔罗共草屿，为干、巽对坐。

草屿共外罗，为干、巽对坐。

外罗共沙歧，为寅、申对坐。

外罗共朱窝，为卯、酉对坐。

广南浅口共尖笔罗西青屿，寅、申对坐。

大崑仑南势额尾共崑仑仔，为卯、酉对坐。"①

五、少艮

如："（大泥回浯屿）用壬子七更取外罗，用丑、少艮四十六更，取南亭门；用艮寅二十更，取南澳；用艮寅七更，取太武收入厦门为妙。"②

寅下、艮上

如："厦门往长崎：用艮寅二十更，取单寅下十五更，单艮上十五更，取天堂。"③

上

如："船抛东户澳内，看大坵在丁上，坵仔在丁午上。"④

东、南、西、北

如："（《指南正法》序）若遇东南西北，筹头落一位半位，难针临时机变。"⑤

正北

如："（《指南正法》序）东北风晴，流水正北，紧记之。"⑥

北去

如："海洋：入海有沉水礁，礁内是五屿门，门内去是地盘山，山内是海洋港，港内有一沉水礁，子细。北去是小伏头山、长溪、黄江渡等处。"⑦

东北方

如："谢崑米在东北方用壬子，西北风用壬亥，取打狗仔。"⑧

---

① 《两种海道针经》，向达校注，北京：中华书局，1961年第1版，1982年第2次印刷，第132页。
② 《两种海道针经》，向达校注，北京：中华书局，1961年第1版，1982年第2次印刷，第191页。
③ 《两种海道针经》，向达校注，北京：中华书局，1961年第1版，1982年第2次印刷，第180页。
④ 《两种海道针经》，向达校注，北京：中华书局，1961年第1版，1982年第2次印刷，第131页。
⑤ 《两种海道针经》，向达校注，北京：中华书局，1961年第1版，1982年第2次印刷，第107页。
⑥ 《两种海道针经》，向达校注，北京：中华书局，1961年第1版，1982年第2次印刷，第108页。
⑦ 《两种海道针经》，向达校注，北京：中华书局，1961年第1版，1982年第2次印刷，第149页。
⑧ 《两种海道针经》，向达校注，北京：中华书局，1961年第1版，1982年第2次印刷，第132页。

用

如："长岐往双口针路　长岐开舡，用坤申二更、单申五更、坤申五十五更，舡头对乌坵山。用单丁三更、丁午五更，见澎湖山。用丁午五更、单午五更，又单午并丙午十五更、丙巳五更、单巳三更，用巽巳四更，见表山。巡山进入圭屿，水涨入港为妙。"①

用、用、用、用

如："温州往日本针路　温州开舡，用单甲五更，用甲寅六更，用单寅二十更，用艮寅十五更，取日本山，妙也。"②

用、又用、又用、又用

如："宁波往日本针　普陀放洋，用单卯十四更，又用单卯十更，又用甲寅八更，又用单甲八更，见天堂，收入长岐。"③

起用

如："宁波往东京针路：起用坤申七更，见南澳坪外，用坤申十五更见大星。"④

兼

如："乌坵在共湄州找为乙卯、辛酉对坐，有兼乙、辛一条线。"⑤

"乌坵共大岞，为甲、庚对坐，有兼卯、酉。"⑥

并

如："长岐往双口针路：长岐开舡，用坤申二更、单申五更、坤申五十五更，舡头对乌坵山。用单丁三更、丁午五更，见澎湖山。用丁午五更、单午五更，又单午并丙午十五更、丙巳五更、单巳三更，用巽巳四更，见表山。巡山进入圭屿，水涨入港为妙。"⑦

相吞

如："外罗共硬为庚申、甲寅。外罗甲、庚相吞。"⑧

---

① 《两种海道针经》，向达校注，北京：中华书局，1961 年第 1 版，1982 年第 2 次印刷，第 166 页。
② 《两种海道针经》，向达校注，北京：中华书局，1961 年第 1 版，1982 年第 2 次印刷，第 169 页。
③ 《两种海道针经》，向达校注，北京：中华书局，1961 年第 1 版，1982 年第 2 次印刷，第 168 页。
④ 《两种海道针经》，向达校注，北京：中华书局，1961 年第 1 版，1982 年第 2 次印刷，第 190 页。
⑤ 《两种海道针经》，向达校注，北京：中华书局，1961 年第 1 版，1982 年第 2 次印刷，第 131 页。
⑥ 《两种海道针经》，向达校注，北京：中华书局，1961 年第 1 版，1982 年第 2 次印刷，第 131 页。
⑦ 《两种海道针经》，向达校注，北京：中华书局，1961 年第 1 版，1982 年第 2 次印刷，第 166 页。
⑧ 《两种海道针经》，向达校注，北京：中华书局，1961 年第 1 版，1982 年第 2 次印刷，第 131 页。

落

如："（《指南正法》序）若遇东南西北，筹头落一位半位，难针临时机变。"①

坐

如："大担往暹罗针：…… 单子五更，取浅口，用子癸坐竹屿进港。"②

"咬嵧吧往暹罗针：…… 若收入旧港，舡尾坐艮寅，入中门有屿，是正路。"③

贪丁、贪午

如："乌坵往彭湖：放舡，单午八更，取彭湖，如高山系是桔棂屿，有大鸟仔红脚蓑大叶多见，或系多见海圭母白头蓑是虎尾，此行正路。用单午取西屿头，防水涨可贪丁。崇武往彭湖七更，驶丙午取西屿头。或水涨可贪午。"④

贪艮小半、贪寅小半、贪艮半字

如："咬嵧吧回长崎日清：乙丑年［五月］三十日，用艮寅六更，贪艮小半；夜，用艮寅三更。"⑤

"［六月］初五日，用艮寅六更，贪寅小半；夜，西南风，艮寅三更。"⑥

"大泥回长崎日清：（戊子年六月）十五日，并夜，用艮寅十一更，贪艮半字。十六日，用艮寅六更，贪艮小半；夜，用艮寅五更；光，单艮六更；半夜用艮寅六更，贪艮。"⑦

有贪

如："五岛头为五岛我，为艮寅有贪，坤申对坐。"⑧

"美慎马共五岛外势额头，为丁未、丑癸有贪，丑、未对坐。"⑨

贪南、贪北

如："普陀往长岐针：或贪南见七岛，用壬子七更，取温裕。或设子马用

① 《两种海道针经》，向达校注，北京：中华书局，1961 年第 1 版，1982 年第 2 次印刷，第 107 页。
② 《两种海道针经》，向达校注，北京：中华书局，1961 年第 1 版，1982 年第 2 次印刷，第 172 页。
③ 《两种海道针经》，向达校注，北京：中华书局，1961 年第 1 版，1982 年第 2 次印刷，第 174 页。
④ 《两种海道针经》，向达校注，北京：中华书局，1961 年第 1 版，1982 年第 2 次印刷，第 177 页。
⑤ 《两种海道针经》，向达校注，北京：中华书局，1961 年第 1 版，1982 年第 2 次印刷，第 184 页。
⑥ 《两种海道针经》，向达校注，北京：中华书局，1961 年第 1 版，1982 年第 2 次印刷，第 184 页。
⑦ 《两种海道针经》，向达校注，北京：中华书局，1961 年第 1 版，1982 年第 2 次印刷，第 189 页。
⑧ 《两种海道针经》，向达校注，北京：中华书局，1961 年第 1 版，1982 年第 2 次印刷，第 128 页。
⑨ 《两种海道针经》，向达校注，北京：中华书局，1961 年第 1 版，1982 年第 2 次印刷，第 128 页。

干亥三更见交刀帽。单亥取天堂。或贪北见高丽山,用辰巽十一更,取五岛,单寅收入港。"①

贪东,贪西

如:"独猪山:打水一百二十托,往回祭献。贪东多鱼,贪西多鸟。内是海南大洲头,大洲头外流水急,芦荻柴成流界。贪东飞鱼,贪西拜风鱼。七更舡开是万里长沙头。"②

可贪

如:"乌坵往彭湖　放舡,单午八更,取彭湖,如高山系是桔榠屿,有大鸟仔红脚蓑大叶多见,或系多见海圭母白头蓑是虎尾,此行正路。用单午取西屿头,防水涨可贪丁。崇武往彭湖七更,驶丙午取西屿头。或水涨可贪午。"③

对坐

如:"[对坐图]五岛大山中尖共东南势盐屿,为干、巽对坐。盐屿共五岛头外势额头,卯、酉对坐。盐屿共米慎马,为丑艮、坤未对坐。"④

对过

如:"设子马断水过是野故大山,有七岛山。设子马若后东去使上是夜明高山,号叫开门山。使上即是空虚甚马。对过是牵支绵澳友子相德。入去即是布至,过去即去断屿,过去雄家,入去是望高,即是皇丹。有条水去万丹,其水甚急,开,有五屿,其山甚高大,若收此处为妙。"⑤

对南

如:"若鱼鳞岛山东,去即是陇居仔,对去即是一收山,西北边水甚马,对南是甚马,相连即是高丽朝鲜。"⑥

增减

如:"(《指南正法》序)又云,行路难者有人可问,有径可寻,有地可止。行船歧者海水连天,虽有山屿,莫能识认。虽知正路,全凭指南之法,罗经针簿,全凭主掌之人。须知船身高低、风汛大小、流水顺逆,随时增减

---

① 《两种海道针经》,向达校注,北京:中华书局,1961年第1版,1982年第2次印刷,第178页。
② 《两种海道针经》,向达校注,北京:中华书局,1961年第1版,1982年第2次印刷,第117页。
③ 《两种海道针经》,向达校注,北京:中华书局,1961年第1版,1982年第2次印刷,第177页。
④ 《两种海道针经》,向达校注,北京:中华书局,1961年第1版,1982年第2次印刷,第128页。
⑤ 《两种海道针经》,向达校注,北京:中华书局,1961年第1版,1982年第2次印刷,第179页。
⑥ 《两种海道针经》,向达校注,北京:中华书局,1961年第1版,1982年第2次印刷,第179页。

更数针位，或山屿远近、高低形势、探水浅深、牵星为准，的实无差，保得无虞矣。"①

依前针、照前针

如："浯屿往咬嚼吧 依前针取崑仑，单未并丁未二十五更、单未二十四更，取地盘。"②

"（普陀往长崎针）或南杞往长岐，用单卯十更，用艮七更，又艮寅、壬五更，见里甚马，照前针收入，妙甚。"③

原针

如："暹罗往长崎日清：[六月]初十，早，原风，原针三更；夜，南风，单艮一更；光，静。"④

上不离艮，下不离坤

如："（《指南正法》序）或遇七洲洋上不离艮下不离坤。"⑤

一条线、二条线

如："乌坵在共湄州找为乙卯、辛酉对坐，有兼乙、辛一条线。"⑥

"大州头共外罗，为丁未、丑癸，有兼丁、癸二条线。"⑦

难针

如："（《指南正法》序）若遇东南西北，筹头落一位半位，难针临时机变。"⑧

牵星

如："（《指南正法》序）若遇南巫里及忽鲁谟斯，牵星高低为准，各宜深晓。"⑨

高低

如："（《指南正法》序）若遇南巫里及忽鲁谟斯，牵星高低为准，各宜

---

① 《两种海道针经》，向达校注，北京：中华书局，1961年第1版，1982年第2次印刷，第108页。
② 《两种海道针经》，向达校注，北京：中华书局，1961年第1版，1982年第2次印刷，第173页。
③ 《两种海道针经》，向达校注，北京：中华书局，1961年第1版，1982年第2次印刷，第178页。
④ 《两种海道针经》，向达校注，北京：中华书局，1961年第1版，1982年第2次印刷，第181页。
⑤ 《两种海道针经》，向达校注，北京：中华书局，1961年第1版，1982年第2次印刷，第107页。
⑥ 《两种海道针经》，向达校注，北京：中华书局，1961年第1版，1982年第2次印刷，第131页。
⑦ 《两种海道针经》，向达校注，北京：中华书局，1961年第1版，1982年第2次印刷，第131页。
⑧ 《两种海道针经》，向达校注，北京：中华书局，1961年第1版，1982年第2次印刷，第107页。
⑨ 《两种海道针经》，向达校注，北京：中华书局，1961年第1版，1982年第2次印刷，第107页。

深晓。"①

为准

如:"(《指南正法》序)若遇南巫里及忽鲁谟斯,牵星高低为准,各宜深晓。"②

无差

如:"(《指南正法》序)须知船身高低、风汛大小、流水顺逆,随时增减更数针位,或山屿远近、高低形势、探水浅深、牵星为准,的实无差,保得无虞矣。"③

六、海 上 航 路

正路

如:"(大担往暹罗针)用庚酉八更,取真糍,东边有礁,南边是正路。三更,取假糍,便见占腊泥尾。坤申,有小港不可行,恐风不顺,难出。辛戌十五更,取大横,南边正路。用辛戌及干戌五更,取小横,成三个门,门中有礁,俱是横木,正路。"④

歧者

如:"(《指南正法》序)又云,行路难者有人可问,有径可寻,有地可止。行船歧者海水连天,虽有山屿,莫能识认。虽知正路,全凭指南之法,《罗经针簿》,全凭主掌之人。"⑤

海道

如:"(《指南正法》序)昔者圣人周公设造指南之法,通行海道,自古及今,流传久远。"⑥

---

① 《两种海道针经》,向达校注,北京:中华书局,1961年第1版,1982年第2次印刷,第107页。
② 《两种海道针经》,向达校注,北京:中华书局,1961年第1版,1982年第2次印刷,第107页。
③ 《两种海道针经》,向达校注,北京:中华书局,1961年第1版,1982年第2次印刷,第108页。
④ 《两种海道针经》,向达校注,北京:中华书局,1961年第1版,1982年第2次印刷,第171页。
⑤ 《两种海道针经》,向达校注,北京:中华书局,1961年第1版,1982年第2次印刷,第108页。
⑥ 《两种海道针经》,向达校注,北京:中华书局,1961年第1版,1982年第2次印刷,第107页。

七、行 船 操 作

开洋

如："三屿即密岸堘尾，生开洋及刓牛坑大山，生落港是刓牛坑。"①

开驾

如："广东往长崎针：尖笔罗开驾，单寅五更、艮寅四十二更，取大星。艮寅十五更，取南澳。单寅十五更，取圭笼头大山。艮寅三十三更，单寅见[天]堂，妙。"②

开

如："樵浪头：出入不可在东鼻头，开，有大礁不可近，北边去内过舡是菜屿头。有礁生在东鼻头在内，过龟龙后，北边有沉礁，不可贪北。"③

开入

如："田尾：岛东鼻头有沉礁，田尾有大礁，出入在大礁内过。若入澳内鼻头有沉礁，谅开入，不可太近。入田尾澳北有大椗一座，出入不可贪北，澳内浅，打水三四托。"④

开出

如："（《指南正法》序）若到交趾洋，水色青白，并见拜风鱼，可使开出落占笔罗，惟得出。"⑤

开些

如："白沙湖：澳内好逃台，出入开些，不可近东鼻头浅，有一屿名金钱屿。"⑥

行船

如："呼应山：打水十五托。外是东涌、芙蓉，内是小西洋，门中水十五

---

① 《两种海道针经》，向达校注，北京：中华书局，1961年第1版，1982年第2次印刷，第139页。
② 《两种海道针经》，向达校注，北京：中华书局，1961年第1版，1982年第2次印刷，第180页。
③ 《两种海道针经》，向达校注，北京：中华书局，1961年第1版，1982年第2次印刷，第156页。
④ 《两种海道针经》，向达校注，北京：中华书局，1961年第1版，1982年第2次印刷，第156页。
⑤ 《两种海道针经》，向达校注，北京：中华书局，1961年第1版，1982年第2次印刷，第108页。
⑥ 《两种海道针经》，向达校注，北京：中华书局，1961年第1版，1982年第2次印刷，第156页。

托，有沉礁打浪，行船细细。"①

过浅

如："福州五虎门：打水一丈八尺，过浅。乙辰针收官唐三礁外过。辰巽取东沙西边过，近山七八托，好抛舡。单巳三更牛屿内过，屿有礁出水，打水念五托。坤未、坤申取乌龟，打水十五托，往回祭献。"②

过舡

如："礁浪头：出入不可在东鼻头，开，有大礁不可近，北边去内过舡是菜屿头。有礁生在东鼻头在内，过龟龙后，北边有沉礁，不可贪北。"③

过

如："（浯屿往双口针）开，二三更，过白表仔。"④

内过、外过

如："大担往柬埔寨针：大担开舡，椗内过，用丁未及单未七更，取南澳彭，外过。"⑤

犯

如："罗湾头：打水念五托，内有小屿，外有玳瑁洲。坤未五更取赤坎，舡身恐犯玳瑁洲。坤未五更取崑仑。若往柬埔寨，单申四更取鹤顶。"⑥

寄椗

如："假任山：近山打水四五托，其湾可抛舡，入柬埔寨港俱寄椗在此，候水涨好风。"⑦

寄

如："凤尾山：有澳可逃台，在东南，内浅夹，外澳寄北风。"⑧

椗

如："料罗：抛北风，澳内北椗行舡，椗外过，内有椗索礁沉水，不可

---

① 《两种海道针经》，向达校注，北京：中华书局，1961年第1版，1982年第2次印刷，第115页。
② 《两种海道针经》，向达校注，北京：中华书局，1961年第1版，1982年第2次印刷，第115页。
③ 《两种海道针经》，向达校注，北京：中华书局，1961年第1版，1982年第2次印刷，第156页。
④ 《两种海道针经》，向达校注，北京：中华书局，1961年第1版，1982年第2次印刷，第155页。
⑤ 《两种海道针经》，向达校注，北京：中华书局，1961年第1版，1982年第2次印刷，第169页。
⑥ 《两种海道针经》，向达校注，北京：中华书局，1961年第1版，1982年第2次印刷，第118页。
⑦ 《两种海道针经》，向达校注，北京：中华书局，1961年第1版，1982年第2次印刷，第119页。
⑧ 《两种海道针经》，向达校注，北京：中华书局，1961年第1版，1982年第2次印刷，第149页。

行。北去是田浦，有沉水石縢行舡，子细。内去是官澳头，有网头礁沉水。开，有老罩礁尾沉水，行舡子细。"①

候水涨

如："假任山：近山打水四五托，其湾可抛舡，入柬埔寨港俱寄椗在此，候水涨好风。"②

候水

如："半棚山：山脚有沉礁，舡不可近。山脚去内是北风澳，澳底有大礁一个，舡寄椗在大礁下候水进港。"③

认

如："外任山：认毛蟹州进港，可防浅沙，用水钩点南边进。"④

防

如："外任山：认毛蟹州进港，可防浅沙，用水钩点南边进。"⑤

可防、须防

如："尽山：澳内好抛舡，打水七八托，东北洋中屿，名海招屿，屿南有礁生，外可防，南螂虫光，尽山内门过须防。门北中有沉礁，去许，内是花鸟，尽山不可开、抛舡，水底有石剑，椗索易断，须防记之。"⑥

当可防

如："浯屿往双口针：开，有白表仔生在洋中，当可防。表尾尽，不可用丙巳，可用丁午。"⑦

点

如："外任山：认毛蟹州进港，可防浅沙，用水钩点南边进。"⑧

看

如："玳瑁州：舡身在外过，留些过好在内退，看东南有礁出水，流水拖

---

① 《两种海道针经》，向达校注，北京：中华书局，1961 年第 1 版，1982 年第 2 次印刷，第 152 页。
② 《两种海道针经》，向达校注，北京：中华书局，1961 年第 1 版，1982 年第 2 次印刷，第 119 页。
③ 《两种海道针经》，向达校注，北京：中华书局，1961 年第 1 版，1982 年第 2 次印刷，第 160 页。
④ 《两种海道针经》，向达校注，北京：中华书局，1961 年第 1 版，1982 年第 2 次印刷，第 119 页。
⑤ 《两种海道针经》，向达校注，北京：中华书局，1961 年第 1 版，1982 年第 2 次印刷，第 119 页。
⑥ 《两种海道针经》，向达校注，北京：中华书局，1961 年第 1 版，1982 年第 2 次印刷，第 151 页。
⑦ 《两种海道针经》，向达校注，北京：中华书局，1961 年第 1 版，1982 年第 2 次印刷，第 165 页。
⑧ 《两种海道针经》，向达校注，北京：中华书局，1961 年第 1 版，1982 年第 2 次印刷，第 119 页。

东南甚急,又有老古拖尾离州有三四箭之远。"①

取

如:"崑仑山、小崑仑:西边有一小礁出水,庚酉八更取真糍。"②

直取

如:"太武往彭亨:太武开船,依大泥针直取崑仑。用坤未四十更,取彭亨港。"③

寻

如:"假糍山:远看三个屿,如象拜昆身样,南有小屿是红石礁,陇是占蜡港泥尾,昆身一小港向假糍,北边不可过,恐风汛不顺难以出舡。舡身到此甚然之低,用坤未寻真糍正路。"④

牵舵

如:"台湾往日本从大港出。东南风可用丁未及单未过笳荖湾线,南到青水乌水垱,可牵舵用壬及壬子,转变取澎湖东过。"⑤

抛椗

如:"南澳看在辛戌位南方并西南风,用单乙十一更,用乙卯四更半、甲半更取笳荖线抛椗。若见南澳 坪开南风用乙辰四更、单卯五更,见猫屿一点。"⑥

抛

如:"东西基:抛北风,澳口有沉水礁二个,西是牛头门。"⑦

牵舡

如:"舡入来风东南,圭笼屿不得近,可牵舡,对圭笼屿西过。用丑艮驶入过身,用艮寅甲取系膀岛。"⑧

寄舡

如:"龟龙菜屿:龟龙下是大徒,下去大猫澳好抛舡,在沙澳边。若入澳

---

① 《两种海道针经》,向达校注,北京:中华书局,1961年第1版,1982年第2次印刷,第119页。
② 《两种海道针经》,向达校注,北京:中华书局,1961年第1版,1982年第2次印刷,第120页。
③ 《两种海道针经》,向达校注,北京:中华书局,1961年第1版,1982年第2次印刷,第193页。
④ 《两种海道针经》,向达校注,北京:中华书局,1961年第1版,1982年第2次印刷,第120页。
⑤ 《两种海道针经》,向达校注,北京:中华书局,1961年第1版,1982年第2次印刷,第133页。
⑥ 《两种海道针经》,向达校注,北京:中华书局,1961年第1版,1982年第2次印刷,第134页。
⑦ 《两种海道针经》,向达校注,北京:中华书局,1961年第1版,1982年第2次印刷,第149页。
⑧ 《两种海道针经》,向达校注,北京:中华书局,1961年第1版,1982年第2次印刷,第137页。

谅开入潮沙是燕州港口，收入抛在妈祖宫前。潮沙港下有屿一个，可寄东风，出入俱可寄舡。"①

抛舡

如："龟龙菜屿：龟龙下是大徒，下去大猫澳好抛舡，在沙澳边。若入澳谅开入潮沙是燕州港口，收入抛在妈祖宫前。潮沙港下有屿一个，可寄东风，出入俱可寄舡。"②

抛椗

如："甲子：有甲子栏，生甚开长，头内有大小门夹，大舡在外过。澳口有三点金礁，坐在港中。澳口有沉礁，在鼻头。苏公澳好抛椗，出入子细。"③

舡抛

如："神前澳：澳口有礁一个，出入在鼻头过。澳内有礁仔出水，舡抛在礁仔外澳北浅中，出入搭东鼻头、靖海、北澳、牛头澳，外有礁，出入在礁外过。"④

抛船

如："太仓刘家澳：打水九托，好抛船。"⑤

收入

如："回长岐针：圭屿回山使，见表尾。单壬五十更，见太武。西南风用艮寅并丑艮五更，见乌坵。南风单寅六更，过圭笼头。用艮寅二十更，用单艮十五更、单寅十一更，收入天堂。"⑥

贪陇

如："大星：澳后抛舡，戧风不可贪陇。小物港口水有弩码礁，内外俱可过。出入大星港，搭东鼻头入，入鼻头有大礁一个，澳内有屿仔一个。入须在屿内过港口抛在屿头内过。有一桅一座，出入须在小星，门内外俱可过舡。北边是烟墩澳，好抛舡。出入须在徙澳口过，妙也。"⑦

出入

如："虎跳门：外有小屿一个，出入在屿东过。入虎跳了，搭南山边北边

---

① 《两种海道针经》，向达校注，北京：中华书局，1961 年第 1 版，1982 年第 2 次印刷，第 156 页。
② 《两种海道针经》，向达校注，北京：中华书局，1961 年第 1 版，1982 年第 2 次印刷，第 156 页。
③ 《两种海道针经》，向达校注，北京：中华书局，1961 年第 1 版，1982 年第 2 次印刷，第 156 页。
④ 《两种海道针经》，向达校注，北京：中华书局，1961 年第 1 版，1982 年第 2 次印刷，第 155 页。
⑤ 《两种海道针经》，向达校注，北京：中华书局，1961 年第 1 版，1982 年第 2 次印刷，第 114 页。
⑥ 《两种海道针经》，向达校注，北京：中华书局，1961 年第 1 版，1982 年第 2 次印刷，第 166 页。
⑦ 《两种海道针经》，向达校注，北京：中华书局，1961 年第 1 版，1982 年第 2 次印刷，第 157 页。

浅水入去。北边有横屿仔一个，舡在屿仔直入草尾洋，内中有沉礁名曰三点金，出入子细防之。外是鳄鱼抢宝，入尽搭北边边了。舡搭南边东井山外就是东井塔，至脚就是双港，南边就是新吊下乌尾。舡索在港中，舡往北边入，不可南边过为妙。"①

搭

如："神前澳：澳口有礁一个，出入在鼻头过。澳内有礁仔出水，舡抛在礁仔外澳北浅中，出入搭东鼻头、靖海、北澳、牛头澳，外有礁，出入在礁外过。"②

巡

如："崑仑山：近看三个，远看一个，开洋有老古石。坤申更半长腰屿门巡昆身使。"③

使

如："崑仑山：近看三个，远看一个，开洋有老古石。坤申更半长腰屿门巡昆身使。"④

驶

如："乌坵往彭湖：放舡，单午八更，取彭湖，如高山系是桔根屿，有大鸟仔红脚蓑大叶多见，或系多见海圭母白头蓑是虎尾，此行正路。用单午取西屿头，防水涨可贪丁。崇武往彭湖七更，驶丙午取西屿头，或水涨可贪午。"⑤

直落

如："双口往恶当：鸡屿南过，用丙午取文武楼门。用巽巳五更，取以宁山。用单巽四更，取欝司岭大山。用单巽四更，取汉泽大山尾。用单午沿山直落，取恶党内屿，妙哉。"⑥

落

如："独奇马山：有三州相连，二边可行舡，落去是山尾。"⑦

---

① 《两种海道针经》，向达校注，北京：中华书局，1961 年第 1 版，1982 年第 2 次印刷，第 158 页。
② 《两种海道针经》，向达校注，北京：中华书局，1961 年第 1 版，1982 年第 2 次印刷，第 155 页。
③ 《两种海道针经》，向达校注，北京：中华书局，1961 年第 1 版，1982 年第 2 次印刷，第 165 页。
④ 《两种海道针经》，向达校注，北京：中华书局，1961 年第 1 版，1982 年第 2 次印刷，第 165 页。
⑤ 《两种海道针经》，向达校注，北京：中华书局，1961 年第 1 版，1982 年第 2 次印刷，第 177 页。
⑥ 《两种海道针经》，向达校注，北京：中华书局，1961 年第 1 版，1982 年第 2 次印刷，第 140 页。
⑦ 《两种海道针经》，向达校注，北京：中华书局，1961 年第 1 版，1982 年第 2 次印刷，第 163 页。

坐

如："大担往暹罗针：……单子五更，取浅口，用子癸坐竹屿进港。"①

回唐

如："（双口往恶党）回针：恶党开针，用坤未使尽笔架山。用干亥在唠东山外过。用干亥三更见一小屿如白土，远如船头来可防。用干亥七更，取以宁山。以宁山外一连大山万里摆限山，用单亥四更取吕帆。用壬亥取头巾礁回唐可也。"②

往回

如："回浯屿针 圭屿放洋，用单亥及壬亥七更，取麻哩老表。放洋，用壬子、单壬二十更，往回祭献。此处流水甚多，即是浯屿洋。用壬子及壬亥针二十更，单亥五更，取太武。若表上放洋，用壬子十七更，取浯屿洋。癸丑八更，取沙马岐头。用单癸十一更，取澎湖。"③

行舵

如："平海所：抛北风，南有一屿名南进屿，门中有礁，出入仔细。东北有猪母㸒礁，东南有鹭鸶屎礁，行舵可防之。"④

寄流

如："北关澳：西南澳浅兜有礁沉水，水退即出水，东边好行舡，又门夹小，可北去是黄桑门，可寄流，可寄流。"⑤

走椗

如："普陀：流水急，外澳好抛舡，内是十六门，入舟山、宁波等处，开抛舡是泥地，时多走椗，时多走椗。"⑥

过船

如："金乡大澳：打水七八托，开有八献礁出水，仔细。西边过船，开，打水十四托，港门打水五托，在行船湖中水三托。外是小余山，福宁州港口，

---

① 《两种海道针经》，向达校注，北京：中华书局，1961 年第 1 版，1982 年第 2 次印刷，第 172 页。
② 《两种海道针经》，向达校注，北京：中华书局，1961 年第 1 版，1982 年第 2 次印刷，第 141 页。
③ 《两种海道针经》，向达校注，北京：中华书局，1961 年第 1 版，1982 年第 2 次印刷，第 166 页。
④ 《两种海道针经》，向达校注，北京：中华书局，1961 年第 1 版，1982 年第 2 次印刷，第 142 页。
⑤ 《两种海道针经》，向达校注，北京：中华书局，1961 年第 1 版，1982 年第 2 次印刷，第 148 页。
⑥ 《两种海道针经》，向达校注，北京：中华书局，1961 年第 1 版，1982 年第 2 次印刷，第 151 页。

正路，八九托。"①

见林

如："鹤顶山：近山打水念五托，洋中打水七十托，身外更半舡开，有浅，水退看见林。"②

见

如："长岐往双口针路　长岐开舡，用坤申二更、单申五更、坤申五十五更，舡头对乌圫山。用单丁三更、丁午五更，见澎湖山。用丁午五更、单午五更，又单午并丙午十五更、丙巳五更、单巳三更，用巽巳四更，见表山。巡山进入圭屿，水涨入港为妙。"③

不见

如："钓鱼台：打水十二托，湾头相连，好抛舡。内湾是占城　蜂头港。山上乌木甚多。有礁出水，不可近。伽俪僟有三礁，水涨不见，远水舡，打水十五托。丁未五更取罗湾头。"④

沿

如："覆鼎山：即在边近州，恐有沉礁，不可行舡。打水念五托，沙泥地。比山在鹤项身，沿山使尽是假任大湾，内可抛舡。"⑤

沿山使

如："大担往柬埔寨针：用单庚二更取一员小屿，又单庚二更沿山使，打水八托，见马鞍形是外任，看大水好风进港，妙也。"⑥

进

如："外任山：认毛蟹州进港，可防浅沙，用水钩点南边进。"⑦

留些

如："玳瑁州：舡身在外过，留些过好在内退，看东南有礁出水，流水拖东南甚急，又有老古拖尾，离州有三四箭之远。"⑧

---

① 《两种海道针经》，向达校注，北京：中华书局，1961年第1版，1982年第2次印刷，第115页。
② 《两种海道针经》，向达校注，北京：中华书局，1961年第1版，1982年第2次印刷，第119页。
③ 《两种海道针经》，向达校注，北京：中华书局，1961年第1版，1982年第2次印刷，第166页。
④ 《两种海道针经》，向达校注，北京：中华书局，1961年第1版，1982年第2次印刷，第118页。
⑤ 《两种海道针经》，向达校注，北京：中华书局，1961年第1版，1982年第2次印刷，第119页。
⑥ 《两种海道针经》，向达校注，北京：中华书局，1961年第1版，1982年第2次印刷，第170页。
⑦ 《两种海道针经》，向达校注，北京：中华书局，1961年第1版，1982年第2次印刷，第119页。
⑧ 《两种海道针经》，向达校注，北京：中华书局，1961年第1版，1982年第2次印刷，第119页。

离远

如："玳瑁鸭：生连玳瑁州，东南出水甚急，现有拖尾，离远行舡可也。内打水十托，外打水念五托。"①

离山

如："大泥回长崎日清：戊子年五月十六日，西南风，在浅尾开船，用甲寅离山；暗，近五更；夜，用甲卯及寅，四更。"②

远看

如："大横山：打水念五托，泥地，远看成连，略断似枕头样，用干戌五更取小横。"③

迫

如："洲门：前屿有沉礁，行舡不可太迫草屿。"④

升

如："玄锺：澳内一礁名为玄锺，案近有沙仑，下有流牛礁、酒瓮礁、虎仔屿，对门港口生，开，有橄榄礁，行舡须近屿不可升，恐犯虎仔，须记之。"⑤

平

如："吕帆红面山：文武楼出舡，坤未十三更，平麻茶洋。丁未二十更，此内是小罗房山、小烟可窑山、七峯 三牙山。"⑥

对

如："圣山下：对二个屿是五屿。"⑦

对开

如："三宝颜：对开，南面大山是独奇马山。"⑧

对东

如："厦门往长崎：对东七更，是天堂，似南港样，或头入见天堂门。"⑨

---

① 《两种海道针经》，向达校注，北京：中华书局，1961 年第 1 版，1982 年第 2 次印刷，第 119 页。
② 《两种海道针经》，向达校注，北京：中华书局，1961 年第 1 版，1982 年第 2 次印刷，第 188 页。
③ 《两种海道针经》，向达校注，北京：中华书局，1961 年第 1 版，1982 年第 2 次印刷，第 121 页。
④ 《两种海道针经》，向达校注，北京：中华书局，1961 年第 1 版，1982 年第 2 次印刷，第 153 页。
⑤ 《两种海道针经》，向达校注，北京：中华书局，1961 年第 1 版，1982 年第 2 次印刷，第 154 页。
⑥ 《两种海道针经》，向达校注，北京：中华书局，1961 年第 1 版，1982 年第 2 次印刷，第 164 页。
⑦ 《两种海道针经》，向达校注，北京：中华书局，1961 年第 1 版，1982 年第 2 次印刷，第 165 页。
⑧ 《两种海道针经》，向达校注，北京：中华书局，1961 年第 1 版，1982 年第 2 次印刷，第 163 页。
⑨ 《两种海道针经》，向达校注，北京：中华书局，1961 年第 1 版，1982 年第 2 次印刷，第 180 页。

倚捍、开捍

如："暹罗往长崎日清：五月二十一日，晚，在笔架放洋，西南倚捍，用单丙三更。"①

"（长崎往大泥日清）：（丁亥年）十二月，初四日，用坤未五更；夜，用坤未，见外罗，在左边帆铺外。光，过帆开捍，用辰巽巳三更过外罗。"②

硬缭

如："暹罗往长崎日清：[六月]初六，夜，东南风，硬缭，用丑艮三更；光，静。"③

出浅

如："回大担针：毛蟹州出浅，用单卯，离州，有四五箭远；用辰巽及乙辰，贪南看毛蟹州，对南港口出浅，从北昆身，正路。"④

候水

如："半棚山：山脚有沉礁，舡不可近。山脚去内是北风澳，澳底有大礁一个，舡寄椗在大礁下候水进港。"⑤

燂洗船

如："东甲：在万安之东，三景大小相错，断续海中，山上有大王庙。内寄北风，乃赋安，可燂洗船。澳口多礁，门有鸭屎甲卯沉水，行船须防之。"⑥

起身

如："咬𠺕吧往暹罗针……起身用壬子五更，取孙姑那港口，外有二屿仔名用[角]奴、角猫。"⑦

北去

如："料罗：抛北风澳内北椗行舡，椗外过，内有椗索礁沉水，不可行。北去是田浦，有沉水石緵行舡子细。内去是官澳头，有网头礁沉水。开有老罩

---

① 《两种海道针经》，向达校注，北京：中华书局，1961年第1版，1982年第2次印刷，第181页。
② 《两种海道针经》，向达校注，北京：中华书局，1961年第1版，1982年第2次印刷，第188页。
③ 《两种海道针经》，向达校注，北京：中华书局，1961年第1版，1982年第2次印刷，第181页。
④ 《两种海道针经》，向达校注，北京：中华书局，1961年第1版，1982年第2次印刷，第170页。
⑤ 《两种海道针经》，向达校注，北京：中华书局，1961年第1版，1982年第2次印刷，第160页。
⑥ 《两种海道针经》，向达校注，北京：中华书局，1961年第1版，1982年第2次印刷，第144页。
⑦ 《两种海道针经》，向达校注，北京：中华书局，1961年第1版，1982年第2次印刷，第174页。

礁尾沉水，行舡子细。"①

南去

如："金山澳：大礁下好抛舡，南风南去乌沙头有沉礁，又防后浦湖下俱是沉礁，出入可防。"②

外去

如："金门：金龟尾有沉水礁，门有沙仓，外去鸟嘴尾，有沉礁须防之。"③

赋

如："大西洋：门中有西洋仔沉水礁，行舡仔细。澳内抛北风。有一澳名景桥澳，系是赋澳。西洋山东有沉水礁，出入须防之。"④

"南杞：大灵山好抛舡，系是赋澳，西北去是凤尾，内有凤仔沉水可防。凤外马鞍连四屿可寄舡。"⑤

仔细

如："南田：好抛舡东北风，内是急水门，门内东去屿仔，下有沉水礁可防。上去北边大山鼻尾开有礁沉水，仔细可防之。"⑥

子细

如："沙岐头尾：有老石浅，行舡子细，丁未五更取罗仆山。"⑦

细细

如："呼应山：打水十五托。外是东涌、芙蓉，内是小西洋，门中水十五托，有沉礁打浪，行船细细。"⑧

至细

如："（《指南正法》序）凡船到七州洋及外罗，遇涨水退数乃须当斟酌。初一至初六、十五至二十，水俱涨，涨时流西。初八至十三、念二至念九，水

---

① 《两种海道针经》，向达校注，北京：中华书局，1961 年第 1 版，1982 年第 2 次印刷，第 152 页。
② 《两种海道针经》，向达校注，北京：中华书局，1961 年第 1 版，1982 年第 2 次印刷，第 152 页。
③ 《两种海道针经》，向达校注，北京：中华书局，1961 年第 1 版，1982 年第 2 次印刷，第 152 页。
④ 《两种海道针经》，向达校注，北京：中华书局，1961 年第 1 版，1982 年第 2 次印刷，第 146 页。
⑤ 《两种海道针经》，向达校注，北京：中华书局，1961 年第 1 版，1982 年第 2 次印刷，第 148 页。
⑥ 《两种海道针经》，向达校注，北京：中华书局，1961 年第 1 版，1982 年第 2 次印刷，第 150 页。
⑦ 《两种海道针经》，向达校注，北京：中华书局，1961 年第 1 版，1982 年第 2 次印刷，第 164 页。
⑧ 《两种海道针经》，向达校注，北京：中华书局，1961 年第 1 版，1982 年第 2 次印刷，第 115 页。

退，退时流东。亦要至细审看。”[①]

看风

如：“福州往琉球针　梅花开舡，用乙辰七更，取圭笼长。用辰巽三更，取花矸屿。单卯六更，取钓鱼台北边过。用单卯四更，取黄尾屿北边。甲卯十更，取枯美山。看风沉南北用甲寅，临时机变。用乙卯七更，取马齿北边过。用甲卯寅，取濠灞港，即琉球也。”[②]

变用

如：“咬嵧吧回太武针路　港口放洋，用丑癸八更，平头屿。用子癸七更、单子四更、壬子二更取三麦屿。干戌四更、干亥六更，平琴山。子癸三更、单子四更，取馒头屿。子癸四更，取龙牙大山。子癸十五更，取马鞍屿。用壬子癸变用，五十余更，取崑仑，内过。用丑艮十八更，取罗湾头，妙哉。”[③]

通变

如：“（《指南正法》序）自古圣贤教人通行海道，全凭罗经二十四位，通变使用。”[④]

转变

如：“两广上礁盘共两广为丙及丙巳，若两广驶上东东风南风用壬及壬亥，可防之，看水涨退转变内外过，妙。”[⑤]

不可近

如：“钓鱼台：打水十二托，湾头相连，好抛舡。内湾是占城蜂头港。山上乌木甚多。有礁出水，不可近。伽俪俻有三礁，水涨不见，远水舡，打水十五托。丁未五更取罗湾头。[⑥]”

惯熟、认

如：“野马门：门中有沉水礁可防，外去是白屿洋，有沉水碎礁可防，非惯熟不去认。内是兴化、汲滗头，北是壁头、江口、江阴。”[⑦]

---

① 《两种海道针经》，向达校注，北京：中华书局，1961年第1版，1982年第2次印刷，第108页。
② 《两种海道针经》，向达校注，北京：中华书局，1961年第1版，1982年第2次印刷，第168页。
③ 《两种海道针经》，向达校注，北京：中华书局，1961年第1版，1982年第2次印刷，第194页。
④ 《两种海道针经》，向达校注，北京：中华书局，1961年第1版，1982年第2次印刷，第107页。
⑤ 《两种海道针经》，向达校注，北京：中华书局，1961年第1版，1982年第2次印刷，第135页。
⑥ 《两种海道针经》，向达校注，北京：中华书局，1961年第1版，1982年第2次印刷，第118页。
⑦ 《两种海道针经》，向达校注，北京：中华书局，1961年第1版，1982年第2次印刷，第142页。

紧记之

如："（《指南正法》序）东北风晴，流水正北，紧记之。"①

宜

如："（《指南正法》序）若遇南巫里及忽鲁谟斯，牵星高低为准，各宜深晓。"②

深晓

如："（《指南正法》序）若遇南巫里及忽鲁谟斯，牵星高低为准，各宜深晓。"③

识认

如："（《指南正法》序）又云，行路难者有人可问，有径可寻，有地可止。行船歧者海水连天，虽有山屿，莫能识认。"④

须知

如："（《指南正法》序）须知船身高低、风汛大小、流水顺逆，随时增减更数针位，或山屿远近、高低形势、探水浅深、牵星为准，的实无差，保得无虞矣。"⑤

恐

如："外罗山：东高西低，内有椰子塘，近山有老古，打水四十五托。贪东恐见万里石塘，丙午七更取交杯，内打水十八托，外打水念五托，俱可过舡，南边有礁出水。若是马陵桥 神洲港口，打水八九托，鼻头二三托打水进港有塔，可抛舡。"⑥

俱

如："羊角屿：内打水十七八托，外打水二十托，内外俱可过舡。南有羊角出水中，尖有门，门中有礁。丙午五更取灵山大佛。"⑦

审看

如："（《指南正法》序）凡船到七州洋及外罗，遇涨水退数乃须当斟酌。

---

① 《两种海道针经》，向达校注，北京：中华书局，1961 年第 1 版，1982 年第 2 次印刷，第 108 页。
② 《两种海道针经》，向达校注，北京：中华书局，1961 年第 1 版，1982 年第 2 次印刷，第 107 页。
③ 《两种海道针经》，向达校注，北京：中华书局，1961 年第 1 版，1982 年第 2 次印刷，第 107 页。
④ 《两种海道针经》，向达校注，北京：中华书局，1961 年第 1 版，1982 年第 2 次印刷，第 108 页。
⑤ 《两种海道针经》，向达校注，北京：中华书局，1961 年第 1 版，1982 年第 2 次印刷，第 108 页。
⑥ 《两种海道针经》，向达校注，北京：中华书局，1961 年第 1 版，1982 年第 2 次印刷，第 117 页。
⑦ 《两种海道针经》，向达校注，北京：中华书局，1961 年第 1 版，1982 年第 2 次印刷，第 117 页。

初一至初六、十五至二十，水俱涨，涨时流西。初八至十三、念二至念九，水退，退时流东。亦要至细审看。"①

慎勿

如："(《指南正法》序)慎勿贪东贪西，西则流水扯过东，东则无流水扯西。西则海水澄清，朽木漂流，多见拜风鱼。贪东则水色黑青，鸭头鸟成队，惟箭鸟是正路。"②

斟酌

如："(厦门往长崎)：北山开舡往长崎只有二十五更。西长外屿有小屿二个，是五岛，认真陇是五岛大山。过东来有六七个石屿尖，是美慎马。用单艮七更，取长崎。对东七更，是天堂，似南港样，或头入见天堂门。壬子，癸门陇，斟酌转变寻坎马慎马，收入天堂。东去有一个屿，陇近看似东椗样，是温二。温二对东五更，一山尖高一头赤色，东南有一屿多是马齿山，舡抵用子癸取天堂，妙也。"③

八、行船空间位置

湾中

如："碟碗山：打水念四五托，湾中十一二托，好抛船。"④

门中

如："东箕山：打水十三托，门中好过船。"⑤

中央

如："(双口往柬埔寨)回针：五月十四日，出浅，用单卯五更，用甲卯四更。十五日，见东洞、西洞及玳瑁，中央过，单乙五更。十六日，用单卯五更，又用单卯五更。十七日，甲卯五更，夜用甲卯五更。十八日，甲卯二更，夜无风。十九日、念三日，东北风。至念四日，南风，用乙卯四更，夜东北

---

① 《两种海道针经》，向达校注，北京：中华书局，1961年第1版，1982年第2次印刷，第108页。
② 《两种海道针经》，向达校注，北京：中华书局，1961年第1版，1982年第2次印刷，第107页。
③ 《两种海道针经》，向达校注，北京：中华书局，1961年第1版，1982年第2次印刷，第180页。
④ 《两种海道针经》，向达校注，北京：中华书局，1961年第1版，1982年第2次印刷，第114页。
⑤ 《两种海道针经》，向达校注，北京：中华书局，1961年第1版，1982年第2次印刷，第114页。

风。至三十日，俱无风，到文武楼收入港为妙。"①

港门

如："金乡大澳：打水七八托，开有八献礁出水，仔细。西边过船，开打水十四托，港门打水五托，在行船湖中水三托。外是小余山，福宁州港口，正路八九托。"②

中门

如："贵谷山：东边大陈山，中门十五托。"③

门

如："南亭门：打水四十五托，在翁山内，是广东港口。请都公。"④

对门

如："玄锤：澳内一礁名为玄锤，案近有沙仑，下有流牛礁、酒瓮礁、虎仔屿，对门港口生开有橄榄礁，行舡须近屿不可升，恐犯虎仔，须记之。"⑤

港口

如："姑嫂塔：即泉州港口，打水三十五托。"⑥

头

如："独猪山：打水一百二十托，往回祭献。贪东多鱼，贪西多鸟。内是海南大洲头，大洲头外流水急，芦荻柴成流界。贪东飞鱼，贪西拜风鱼。七更舡开是万里长沙头。"⑦

湾头

如："灵山大佛：打水六十托，身上是烟筩山，下是香炉礁，外面湾头相连，好抛舡。丙午三更取伽俌傀、圭笼头，对在项势内湾是亚马港。"⑧

北头、南头

如："或见温二，用单癸及壬子取天堂北头过，用子癸收入。若在天堂南

---

① 《两种海道针经》，向达校注，北京：中华书局，1961 年第 1 版，1982 年第 2 次印刷，第 171 页。
② 《两种海道针经》，向达校注，北京：中华书局，1961 年第 1 版，1982 年第 2 次印刷，第 148 页。
③ 《两种海道针经》，向达校注，北京：中华书局，1961 年第 1 版，1982 年第 2 次印刷，第 114 页。
④ 《两种海道针经》，向达校注，北京：中华书局，1961 年第 1 版，1982 年第 2 次印刷，第 116 页。
⑤ 《两种海道针经》，向达校注，北京：中华书局，1961 年第 1 版，1982 年第 2 次印刷，第 154 页。
⑥ 《两种海道针经》，向达校注，北京：中华书局，1961 年第 1 版，1982 年第 2 次印刷，第 116 页。
⑦ 《两种海道针经》，向达校注，北京：中华书局，1961 年第 1 版，1982 年第 2 次印刷，第 117 页。
⑧ 《两种海道针经》，向达校注，北京：中华书局，1961 年第 1 版，1982 年第 2 次印刷，第 118 页。

头过，用干亥收入，妙也。"①

额头

如："美慎马共五岛外势额头，为丁未、丑癸有贪，丑、未对坐。"②

"苏尖：鼻头有苏尖杙，内不可过，欲入澳过额头，不可贪鲎壳澳。边澳外额颈有大礁一个在澳口，行船子细。"③

额颈

如："苏尖：鼻头有苏尖杙，内不可过，欲入澳过额头，不可贪鲎壳澳。边澳外额颈有大礁一个在澳口，行船子细。"④

鼻头

如："甲子：有甲子栏，生甚开长，头内有大小门夹，大舡在外过。澳口有三点金礁，坐在港中。澳口有沉礁，在鼻头。苏公澳好抛椗，出入子细。"⑤

颊头

如："圭笼屿有礁一个不出水，看圭笼屿东势颊头对卯上，可防之。"⑥

身

如："灵山大佛：打水六十托，身上是烟筒山，下是香炉礁，外面湾头相连，好抛舡。丙午三更取伽俌僦、圭笼头，对在项势内湾是亚马港。"⑦

外

如："玳瑁州：舡身在外过，留些过好在内退，看东南有礁出水，流水拖东南甚急，又有老古拖尾离州有三四箭之远。"⑧

身外

如："鹤顶山：近山打水念五托，洋中打水七十托，身外更半舡开，有浅，水退看见林。"⑨

线外

如："獠罗往彭湖　放舡，单辰七更，取西屿头，收入妈宫。单巽五更，

---

① 《两种海道针经》，向达校注，北京：中华书局，1961年第1版，1982年第2次印刷，第178页。
② 《两种海道针经》，向达校注，北京：中华书局，1961年第1版，1982年第2次印刷，第125页。
③ 《两种海道针经》，向达校注，北京：中华书局，1961年第1版，1982年第2次印刷，第154页。
④ 《两种海道针经》，向达校注，北京：中华书局，1961年第1版，1982年第2次印刷，第154页。
⑤ 《两种海道针经》，向达校注，北京：中华书局，1961年第1版，1982年第2次印刷，第156页。
⑥ 《两种海道针经》，向达校注，北京：中华书局，1961年第1版，1982年第2次印刷，第136页。
⑦ 《两种海道针经》，向达校注，北京：中华书局，1961年第1版，1982年第2次印刷，第118页。
⑧ 《两种海道针经》，向达校注，北京：中华书局，1961年第1版，1982年第2次印刷，第119页。
⑨ 《两种海道针经》，向达校注，北京：中华书局，1961年第1版，1982年第2次印刷，第119页。

取茭荖湾，线外入港是东都。菜屿南风用乙辰、单乙八更，取西屿头。南澳南风用乙辰十五更，取西屿头。"①

内

如："玳瑁州：舡身在外过，留些过好在内退，看东南有礁出水，流水拖东南甚急，又有老古拖尾离州有三四箭之远。"②

澳内

如："船抛东户澳内，看大坵在丁上，坵仔在丁午上。"③

洋内

如："崎头山：打水八九托，双屿港内流水甚急，洋内打水无底。"④

涌内

如："牛屿：水底多土堆，坤未四更取乌龟，单癸五更取官唐，艮寅七更取东澳，癸针涌内过，寅针澳水过。不可贪陇，恐犯鸭屎甲卯，须记之。"⑤

东势

如："墨屿东势离有一更舡开，用单癸四更、丑癸七更圭笼头。"⑥

西北势

如："石塘钓邦：有三门，门中有屿尾，生开在西北势上，是鲎壳澳。看见双门卫入金盘、楚门、海门，内是台州等处，外是积谷。积谷南有沉水礁打舡，可防。"⑦

西南势

如："（东洋山形水势）东椗开，水三十托，辰巽七更取西屿头。西屿头，水三十托，开西南势乌南屿，北大城小城及澎湖。"⑧

西势

如："咬��吧往暹罗针：本港用丑癸五更、子癸八更，又用子癸五更，取

---

① 《两种海道针经》，向达校注，北京：中华书局，1961 年第 1 版，1982 年第 2 次印刷，第 177 页。
② 《两种海道针经》，向达校注，北京：中华书局，1961 年第 1 版，1982 年第 2 次印刷，第 119 页。
③ 《两种海道针经》，向达校注，北京：中华书局，1961 年第 1 版，1982 年第 2 次印刷，第 131 页。
④ 《两种海道针经》，向达校注，北京：中华书局，1961 年第 1 版，1982 年第 2 次印刷，第 114 页。
⑤ 《两种海道针经》，向达校注，北京：中华书局，1961 年第 1 版，1982 年第 2 次印刷，第 144 页。
⑥ 《两种海道针经》，向达校注，北京：中华书局，1961 年第 1 版，1982 年第 2 次印刷，第 132 页。
⑦ 《两种海道针经》，向达校注，北京：中华书局，1961 年第 1 版，1982 年第 2 次印刷，第 149 页。
⑧ 《两种海道针经》，向达校注，北京：中华书局，1961 年第 1 版，1982 年第 2 次印刷，第 137 页。

三拔屿，脚打水十四托。开，西势，打水六七托，用壬子，入峡门。"①

上势角

如："（咬嚼吧澳回唐）地盘山（一更开，子癸三十更、子十更，打水二十三托，见崑仑在船头上势角。用单癸，平崑仑。二更开，用丑癸十五更，取覆鼎。）"②

下势

如："舡在五岛我北过，北风用单坤十九更，又风东东南用坤未十一更，又东风并东北用单坤十五更，又用辛酉一更半见台山，舡在台山下势看近，近是乌舡驶。"③

项势

如："灵山大佛：打水六十托，身上是烟箭山，下是香炉礁，外面湾头相连，好抛舡。丙午三更取伽佣傲、圭笼头，对在项势内湾是亚马港。"④

外势

如："美慎马共五岛外势额头，为丁未、丑癸有贪，丑、未对坐。"⑤

东南势、外势、下势、西势、上势、南势、东势

如：

"五岛大山中尖，共东南势盐屿，为干、巽对坐。

盐屿共五岛头，外势额头，卯、酉对坐。"⑥

"美慎马共五岛外势额头，为丁未、丑癸有贪，丑、未对坐。"⑦

"台山共下势南屿，丁未、丑癸对坐。"⑧

"尽山西势澳共两广，为干、亥对坐。

尽山西势澳共北乌坵，为子、午对坐。"⑨

"花屿共八罩西势三温尾，乙辰、辛戌对坐。"⑩

---

① 《两种海道针经》，向达校注，北京：中华书局，1961年第1版，1982年第2次印刷，第174页。
② 《两种海道针经》，向达校注，北京：中华书局，1961年第1版，1982年第2次印刷，第195页。
③ 《两种海道针经》，向达校注，北京：中华书局，1961年第1版，1982年第2次印刷，第132页。
④ 《两种海道针经》，向达校注，北京：中华书局，1961年第1版，1982年第2次印刷，第118页。
⑤ 《两种海道针经》，向达校注，北京：中华书局，1961年第1版，1982年第2次印刷，第128页。
⑥ 《两种海道针经》，向达校注，北京：中华书局，1961年第1版，1982年第2次印刷，第128页。
⑦ 《两种海道针经》，向达校注，北京：中华书局，1961年第1版，1982年第2次印刷，第128页。
⑧ 《两种海道针经》，向达校注，北京：中华书局，1961年第1版，1982年第2次印刷，第130页。
⑨ 《两种海道针经》，向达校注，北京：中华书局，1961年第1版，1982年第2次印刷，第128页。
⑩ 《两种海道针经》，向达校注，北京：中华书局，1961年第1版，1982年第2次印刷，第130页。

"船抛在东户澳内,看奴儿在庚上,奴儿陇上势一员屿仔在西上。"①

"大崑仑南势额尾共崑仑仔,为卯、酉对坐。"②

"舡在五岛我北过,北风用单坤十九更,又风东东南用坤未十一更,又东风并东北用单坤十五更,又用辛酉一更半见台山,舡在台山下势看近,近是乌舡驶。"③

"尽山东势安内抛,北风用单午及丙午,在两广内过。
尽山西势山安内要对两广过,可用单丙直取,看水涨水退。"④

"圭笼屿有礁一个不出水,看圭笼屿东势颊头对卯上,可防之。"⑤

西南势、东南势、下势、东北势、东势、上势、南势

如:

"(咬嚼吧回长崎日清)乙丑年四月

廿九日,寄在鬼仔屿西南势,至五更开船,用丑癸及单癸。

[五月]初一,晚,寄在屿头东南势;至二更天开船,风东,用子癸;光,平头屿。……

初三日,无定风,下午子癸三更;夜,东风,打水十三托,用子癸及丑;近二更抛,至五更开船,用子癸;光,打水,见三麦屿在下势。

初四日,用壬子及干戌、亥;小午,抛三麦屿南;下午南风,巡西边昆身开;至三更,抛在旧港下东北势开。……

[初八日],晚,见东西竹在帆下。夜,用壬子。光,见地盘山。船在东势开,地盘当头有尖角三个,西北边拖尾。……

[二十日],船在东南开势,静;至日午风东南,单子二更;夜,南风,用子癸及丑;光,见大小茜谅,离山有三更。……

二十五日,风西,用艮寅,用五更,略平独猪,船在东南开势;夜风西,用艮寅四更。……

[六月]初一日,早见山,认未定,用艮寅;下午,甲寅四更;暗,见帆

---

① 《两种海道针经》,向达校注,北京:中华书局,1961年第1版,1982年第2次印刷,第131页。
② 《两种海道针经》,向达校注,北京:中华书局,1961年第1版,1982年第2次印刷,第132页。
③ 《两种海道针经》,向达校注,北京:中华书局,1961年第1版,1982年第2次印刷,第132页。
④ 《两种海道针经》,向达校注,北京:中华书局,1961年第1版,1982年第2次印刷,第134页。
⑤ 《两种海道针经》,向达校注,北京:中华书局,1961年第1版,1982年第2次印刷,第136页。

下有舡一只；夜，用甲寅及卯四更；光，见舡在上势舡头角。……

初三日，见舡、仔舡十余只，并见北港大山在东南势，又见洋舡二只；夜，用艮寅五更；光，平淡山下，东北上亦有讨鱼舡。……

初七日，夜，艮寅九更；暗，见马齿，舡在东边过；夜，用单子。光，温裕在东边过，并见南势野故、南衢、磺山，东北边是开门山，北边交刀帽，西北边见天堂，用子癸及壬亥。……

十一，早，北风创门，用丁午、单坤；暗，在天堂内屿仔后，西南风，用壬亥及干；暗，平红尾里开；夜，东风，用壬亥；光，平设身湾，在下势。"①

又如："（长崎往大泥日清：丁亥年十二月初八日）夜，用未及坤七更。见光，见崑仑在航［舡］下势，用丁未过山。"②

又如："（大泥回长崎日清：戊子年五月）廿一日，丑及艮；下午，见覆鼎山；暗，平赤坎，开下势；夜，用丑艮；下半冥，近山用寅及甲卯返丑癸，在罗湾头下势。……

［廿三日］用子癸及亥；夜，用壬亥；光，在新州下势。……

［六月］十二日，用艮寅，日小午，见鱼船，问是大境，开；暗，平户门；夜，用单艮五更；光，见北港大山南势。……

十九日，见山，是温二，用壬子癸及亥一更，无风；至午后风西南，用壬亥；暗，见山在东南边过身；夜，用壬亥四更；光，见山在东南势。"③

脚

如："观音屿有松柏树，屿脚近可打水七八托，颊尾在坤上，打水四五托。不可太陇，陇打水三托，对中打水八托。舡入来风东南圭笼屿不得近，可牵舡对圭笼西过。用丑艮驶入过身，用艮寅甲取系膀岛。"④

山脚

如："半棚山：山脚有沉礁，舡不可近。山脚去内是北风澳，澳底有大礁一个，舡寄椗在大礁下候水进港。"⑤

---

① 《两种海道针经》，向达校注，北京：中华书局，1961年第1版，1982年第2次印刷，第184页。
② 《两种海道针经》，向达校注，北京：中华书局，1961年第1版，1982年第2次印刷，第188页。
③ 《两种海道针经》，向达校注，北京：中华书局，1961年第1版，1982年第2次印刷，第189页。
④ 《两种海道针经》，向达校注，北京：中华书局，1961年第1版，1982年第2次印刷，第137页。
⑤ 《两种海道针经》，向达校注，北京：中华书局，1961年第1版，1982年第2次印刷，第160页。

颏尾

如："观音屿有松柏树，屿脚近可打水七八托，颏尾在坤上，打水四五托。不可太陇，陇打水三托，对中打水八托。舡入来风东南圭笼屿不得近，可牵舡对圭笼西过。用丑艮驶入过身，用艮寅甲取系媵岛。"①

腰

如："四屿开在布楼前，东边见午律大山，巳针入玳瑁，辛酉过堓。玳瑁堓在房仔系兰生来，堓腰有港可过舡，名麻里荖。麻里荖在堓腰。港内出山苏木，可收舡。白堓仔生开船，有老石礁，驾须防之。里银中邦 堓下弟大山，沿山即使入双口港。大小藤网，在里银山下，见头巾礁山。"②

半腰

如："磁头：湾内好抛舡，上澳须防半腰礁沉水，内有白屿仔，亦沉水，外有米质门阔，出入可防。"③

屿尾

如："石塘钓邦：有三门，门中有屿尾，生开在西北势上，是鲎壳澳。看见双门卫入金盘、楚门、海门，内是台州等处，外是积谷。积谷南有沉水礁打舡，可防。"④

尾

如："玳瑁州：舡身在外过，留些过好在内退，看东南有礁出水，流水拖东南甚急，又有老古拖尾，离州有三四箭之远。"⑤

泥尾

如："假糙山：远看三个屿，如象拜昆身样，南有小屿是红石礁，陇是占蜡港泥尾，昆身一小港向假糙，北边不可过，恐风汛不顺难以出舡。舡身到此甚然之低，用坤未寻真糙正路。"⑥

凤尾

如："南杞：大灵山好抛舡，系是赋澳，西北去是凤尾，内有凤仔沉水可

---

① 《两种海道针经》，向达校注，北京：中华书局，1961年第1版，1982年第2次印刷，第137页。
② 《两种海道针经》，向达校注，北京：中华书局，1961年第1版，1982年第2次印刷，第139页。
③ 《两种海道针经》，向达校注，北京：中华书局，1961年第1版，1982年第2次印刷，第141页。
④ 《两种海道针经》，向达校注，北京：中华书局，1961年第1版，1982年第2次印刷，第149页。
⑤ 《两种海道针经》，向达校注，北京：中华书局，1961年第1版，1982年第2次印刷，第119页。
⑥ 《两种海道针经》，向达校注，北京：中华书局，1961年第1版，1982年第2次印刷，第120页。

防。凤外马鞍连四屿可寄舡。"①

前

如："赤安庙：面前有罗仆屿一个，内外俱可过舡，须防有网，直出宁丁洋去高州在此放洋。"②

后

如："登梁大山：有半洋礁，在山后，可防了。梁出入须在屿门过，舡抛在大屿内。东边是丁梁大山，开是竹篙屿。屿内有门过舡，屿仔内好抛舡，入去是蜈蚣澳大山，其深，好抛澳。"③

边

如："（大担往暹罗针）：……辛戌十五更，取笔架，在帆铺边。用单子及壬亥五更，取陈公屿及犁头山。"④

南边

如："九山：南边打水三十托，泥地。"⑤

东边

如："贵谷山：东边大陈山，中门十五托。"⑥

西边

如："金乡大澳：打水七八托，开有八献礁出水，仔细。西边过船，开打水十四托，港门打水五托，在行船湖中水三托。外是小余山，福宁州港口，正路，八九托。"⑦

地面

如："（敲东更数）：……九山二更至北积谷，即是台州地面。"⑧

地界

如："普陀往长岐针：……咸或宁波地界开舡，用甲卯四十五更，若见七

---

① 《两种海道针经》，向达校注，北京：中华书局，1961 年第 1 版，1982 年第 2 次印刷，第 148 页。
② 《两种海道针经》，向达校注，北京：中华书局，1961 年第 1 版，1982 年第 2 次印刷，第 158 页。
③ 《两种海道针经》，向达校注，北京：中华书局，1961 年第 1 版，1982 年第 2 次印刷，第 157 页。
④ 《两种海道针经》，向达校注，北京：中华书局，1961 年第 1 版，1982 年第 2 次印刷，第 172 页。
⑤ 《两种海道针经》，向达校注，北京：中华书局，1961 年第 1 版，1982 年第 2 次印刷，第 114 页。
⑥ 《两种海道针经》，向达校注，北京：中华书局，1961 年第 1 版，1982 年第 2 次印刷，第 114 页。
⑦ 《两种海道针经》，向达校注，北京：中华书局，1961 年第 1 版，1982 年第 2 次印刷，第 148 页。
⑧ 《两种海道针经》，向达校注，北京：中华书局，1961 年第 1 版，1982 年第 2 次印刷，第 176 页。

岛山及野故山。"①

上

如："磁头：湾内好抛舡，上澳须防半腰礁沉水，内有白屿仔，亦沉水，外有米质门阔，出入可防。"②

身上

如："东椗开，……乙辰五更取蚊港，蚊港亦叫台湾，系是北港身上，去淡水上是圭笼头，下打狗子，西北有湾，看石佛不可抛船，东南边亦湾，东去有淡水，亦名放索番子。"③

表上

如："回浯屿针：圭屿放洋，用单亥及壬亥七更，取麻哩老表。放洋，用壬子、单壬二十更，往回祭献。此处流水甚多，即是浯屿洋。用壬子及壬亥针二十更，单亥五更，取太武。若表上放洋，用壬子十七更，取浯屿洋。癸丑八更，取沙马岐头。用单癸十一更，取澎湖。"④

尖

如："羊角屿：内打水十七八托，外打水二十托，内外俱可过舡。南有羊角出水中，尖有门，门中有礁。丙午五更取灵山大佛。"⑤

内湾

如："灵山大佛：打水六十托，身上是烟箭山，下是香炉礁，外面湾头相连，好抛舡。丙午三更取伽倗僟、圭笼头，对在项势内湾是亚马港。"⑥

港心

如："浮禧所：抛北，南水浅，无水不便行船。内是黄螺港，妈祖家，港心打水七八托，好抛舡。"⑦

澳内

如："宫仔前：澳内好抛船北风，澳外鼻头有体仔礁，内外俱可过，大舡

---

① 《两种海道针经》，向达校注，北京：中华书局，1961年第1版，1982年第2次印刷，第178页。
② 《两种海道针经》，向达校注，北京：中华书局，1961年第1版，1982年第2次印刷，第141页。
③ 《两种海道针经》，向达校注，北京：中华书局，1961年第1版，1982年第2次印刷，第138页。
④ 《两种海道针经》，向达校注，北京：中华书局，1961年第1版，1982年第2次印刷，第166页。
⑤ 《两种海道针经》，向达校注，北京：中华书局，1961年第1版，1982年第2次印刷，第118页。
⑥ 《两种海道针经》，向达校注，北京：中华书局，1961年第1版，1982年第2次印刷，第118页。
⑦ 《两种海道针经》，向达校注，北京：中华书局，1961年第1版，1982年第2次印刷，第142页。

不可内过。澳底打水三四托，澳口打水五六托。"①

澳外

如："宫仔前：澳内好抛船北风，澳外鼻头有体仔礁，内外俱可过，大舡不可内过。澳底打水三四托，澳口打水五六托。"②

澳底

如："宫仔前：澳内好抛船北风，澳外鼻头有体仔礁，内外俱可过，大舡不可内过。澳底打水三四托，澳口打水五六托。"③

澳口

如："宫仔前：澳内好抛船北风，澳外鼻头有体仔礁，内外俱可过，大舡不可内过。澳底打水三四托，澳口打水五六托。"④

下澳

如："南澳：澳内好抛舡，水退无水，下澳是后宅，好抛舡。下是长沙尾，外是云盖寺，有澳可抛舡。开，有七星礁，外三个屿是彭了，内甚多礁，行舡子细。澳底浅打水三托。"⑤

澳底

如："半棚山：山脚有沉礁，舡不可近。山脚去内是北风澳，澳底有大礁一个，舡寄椗在大礁下候水进港。"⑥

上、下

如："铜山：东门屿上下俱可过，上门有铁钉一个。"⑦

水底

如："牛屿：水底多土堆，坤未四更取乌龟，单癸五更取官唐，艮寅七更取东澳，癸针涌内过，寅针澳水过。不可贪陇，恐犯鸭屎甲卯，须记之。"⑧

相对

如："二屿相对，湾内额头港口是南旺。"⑨

---

① 《两种海道针经》，向达校注，北京：中华书局，1961年第1版，1982年第2次印刷，第154页。
② 《两种海道针经》，向达校注，北京：中华书局，1961年第1版，1982年第2次印刷，第154页。
③ 《两种海道针经》，向达校注，北京：中华书局，1961年第1版，1982年第2次印刷，第154页。
④ 《两种海道针经》，向达校注，北京：中华书局，1961年第1版，1982年第2次印刷，第154页。
⑤ 《两种海道针经》，向达校注，北京：中华书局，1961年第1版，1982年第2次印刷，第155页。
⑥ 《两种海道针经》，向达校注，北京：中华书局，1961年第1版，1982年第2次印刷，第160页。
⑦ 《两种海道针经》，向达校注，北京：中华书局，1961年第1版，1982年第2次印刷，第154页。
⑧ 《两种海道针经》，向达校注，北京：中华书局，1961年第1版，1982年第2次印刷，第144页。
⑨ 《两种海道针经》，向达校注，北京：中华书局，1961年第1版，1982年第2次印刷，第139页。

近山

如:"鹤顶山:近山打水念五托,洋中打水七十托,身外更半舡开,有浅,水退看见林。"①

尽

如:"覆鼎山:即在边近州,恐有沉礁,不可行舡。打水念五托,沙泥地。比山在鹤项身,沿山使尽是假任大湾,内可抛舡。"②

九、时 间

光、见光、早饭、食饭、上(午)、中午、后午、午后、下午、半晡、小午、暗、大半暗、大暗、尽暗、一更

如:"长崎水涨时候:

初一日,光,涨八分;中午,退在。

初二日,光,涨四分;后午,退在。

初三日,见光,涨二分;半晡,退在。

初四日,见光,涨二分;半晡,退在。

初五日,光,退;小午,大涨在。

初六日,见光,退在;后午,大涨在。

初七日,见光,退在;暗,涨在。

初八日,早饭,涨;大暗,退在。

初九日,光,涨;尽暗,退在。

初十日,早饭,涨;大暗,退在。

十一日,见光,涨;尽暗,退在。

十二日,小午,涨;下午,退在。

十三日,中午,涨;大半暗,涨在。

十四日,午后,涨;尽暗,退在。

十五日,上,涨在;中午,退在。

---

① 《两种海道针经》,向达校注,北京:中华书局,1961年第1版,1982年第2次印刷,第119页。
② 《两种海道针经》,向达校注,北京:中华书局,1961年第1版,1982年第2次印刷,第119页。

十六日，早饭，涨在；中午，退在。

十七日，食饭；涨在；后午，退在；一更，退在。

十八日，小午，涨在；后午，退在。

十九日，光，涨；小午，退。

二十日，光，涨在；中午，涨在。

二十一日，见光，退在；后午，涨在。

二十二日，早饭，涨；午后，涨在。

二十三日，上午，涨；半晡，涨在。

二十四日，中午，涨；大暗，涨在。

二十五日，中午，涨；尽暗，涨在。

二十六日，见光，退一分；中午，退在。

二十七日，见光，退一分；中午，涨。

二十九日，光，涨；后午，退在。

三十日，见光，涨在。"①

二冥日

如："普陀往长岐针：东南风用甲寅，西南风用甲寅，北风用艮寅，三十二更，见里甚马，取五岛。普陀南风用单辰及乙卯使二冥日，又用甲卯及甲寅。"②

时日

如："《指南正法》序：自古圣贤教人通行海道，全凭罗经二十四位，通变使用。或往回须记时日早晚、风汛东南西北、流水缓急顺逆，如何用鋾探水，以知深浅。山势远近切要谨慎，不可贪眠。差之毫厘，失之千里，悔之何及。若遇东南西北，筹头落一位半位，难针临时机变。若是吊戗，切记上下更数多寡，风汛大小，顺风使补以合正路。或遇七洲洋上不离艮下不离坤。若遇南巫里及忽鲁谟斯，牵星高低为准，各宜深晓。"③

早晚

如："《指南正法》序：自古圣贤教人通行海道，全凭罗经二十四位，通变使用。或往回须记时日早晚、风汛东南西北、流水缓急顺逆，如何用鋾探水，

---

① 《两种海道针经》，向达校注，北京：中华书局，1961 年第 1 版，1982 年第 2 次印刷，第 124 页。
② 《两种海道针经》，向达校注，北京：中华书局，1961 年第 1 版，1982 年第 2 次印刷，第 178 页。
③ 《两种海道针经》，向达校注，北京：中华书局，1961 年第 1 版，1982 年第 2 次印刷，第 107 页。

以知深浅。山势远近切要谨慎，不可贪眠。差之毫厘，失之千里，悔之何及。若遇东南西北，筹头落一位半位，难针临时机变。若是吊戗，切记上下更数多寡，风汛大小，顺风使补以合正路。或遇七洲洋上不离艮下不离坤。若遇南巫里及忽鲁谟斯，牵星高低为准，各宜深晓。"①

月、日

如："（双口往柬埔寨）：二月初七，双口开舡，东南风用单辛三更，北风用单酉及单辛六更，又东风用单酉四更，北风单酉五更。初十上午，用单庚七更。十二日，用单坤七更，夜，单庚七更，取外任进港。"②

"（双口往柬埔寨回针）：五月十四日，出浅，用单卯五更，用甲卯四更。十五日，见东洞、西洞及玳瑁，中央过，单乙五更。十六日，用单卯五更，又用单卯五更。十七日，甲卯五更，夜用甲卯五更。十八日，甲卯二更，夜无风。十九日、念三日，东北风。至念四日，南风，用乙卯四更，夜东北风。至三十日，俱无风，到文武楼收入港为妙。"③

光、早、上午、小午、中午、下午、晚、暗、夜、上夜、半冥、下半冥、下半夜

如：

"（暹罗往长崎日清）：

（五月）二十六日，单巳二更；下午，吊头巾顶，用辰巽二更；夜，用乙卯三更；光，真糍齐身。……

二十八，早，见崑仑头；晚，平崑仑；夜，用丑艮；光，平大崑仑。……

三十日，无风，至中午南风，丑艮一更半；夜，用单丑，光，见鹤顶山。"④

又如："（咬𠺕吧回长崎日清）：（乙丑年五月初六日），小午，平七屿，见前面馒头屿；下午风微，用丑癸，至馒头屿东北势；夜，风东南，用癸丑；光，平猪母山开。……

［十三日］下半冥，平崑仑，在船头东边，用丑癸。光，离山三更。……

---

① 《两种海道针经》，向达校注，北京：中华书局，1961 年第 1 版，1982 年第 2 次印刷，第 107 页。
② 《两种海道针经》，向达校注，北京：中华书局，1961 年第 1 版，1982 年第 2 次印刷，第 171 页。
③ 《两种海道针经》，向达校注，北京：中华书局，1961 年第 1 版，1982 年第 2 次印刷，第 171 页。
④ 《两种海道针经》，向达校注，北京：中华书局，1961 年第 1 版，1982 年第 2 次印刷，第 181 页。

［十六日］，用丑艮寅；暗，至罗湾头；下半冥，用丑癸及艮；光，见伽倆傀下势。……

十八日，风屿用子癸；暗，过烟筩；上夜用子癸三更；光，见交杯。……

［六月］初一日，早见山，认未定，用艮寅；下午，甲寅四更；暗，见帆下有舡一只；夜，用甲寅及卯四更；光，见舡在上势舡头角。

初二日，用艮寅四更；暗，见鱼舡一只，略在户门上；夜，用艮寅五更。……

初四日，艮寅六更；暗，平圭笼头；夜，西北风，用单寅二更；半冥，西南风，用单寅一更；光，见梅花屿在西南边。”①

又如：“（长崎往咬嚁吧日清）：

己丑年十一月十一日，风东北，用坤申二更；下午，用丁未及单未三更；夜，用单午五更；下半夜，用单丁二更。

十二日，风顺，用单申单五更；夜，用庚酉辛三更；下半夜，用单申一更。光，静，用庚酉申一更。

［十三日］下午，风西北，用坤未及申二更；夜，原风，用丙午三更；下半夜，用坤未及申三更。光，用坤申四更。”②

又如：“（双口往柬埔寨）［二月］初十，上午，用单庚七更。”③

五更、二更天

如：“（咬嚁吧回长崎日清）：乙丑年四月，廿八日，在澳内开船；至下午在澳外寄旋［椗］；夜，五更开船，用丑癸。廿九日，寄在鬼仔屿西南势，至五更开船，用丑癸及单癸。［五月］初一，晚，寄在屿头东南势；至二更天开船，风东，用子癸；光，平头屿。”④

并夜

如：“（咬嚁吧回长崎日清）：（乙丑年五月），十一日，并夜西南风，用子癸十二更。十二日，并夜原风，原针十二更；暗，打水十八九托，用癸及子十更。光，见水色青白，用单癸五更，见崑仑在船头，用丑癸。二十四日，并

① 《两种海道针经》，向达校注，北京：中华书局，1961 年第 1 版，1982 年第 2 次印刷，第 184 页。
② 《两种海道针经》，向达校注，北京：中华书局，1961 年第 1 版，1982 年第 2 次印刷，第 184 页。
③ 《两种海道针经》，向达校注，北京：中华书局，1961 年第 1 版，1982 年第 2 次印刷，第 171 页。
④ 《两种海道针经》，向达校注，北京：中华书局，1961 年第 1 版，1982 年第 2 次印刷，第 182 页。

夜，风西，用单癸六更；光，见海南山及大洲。"①

光并夜

如："（长崎往大泥日清）：[丁亥年十一月三十日]光并夜，用坤申十更。[初二日]，光并夜，用坤申十三更。光，用坤申及未四更。[初十一日]光并夜，用申及庚三更；至半冥，过帆，用壬亥及子癸。"②

"（长崎往大泥日清）：丁亥年[十一月]，[三十日]，光并夜，用坤申十更。十二月[初二日]，光并夜，用坤申十三更。光，用坤申及未四更。[初十一日]，光并夜，用申及庚三更；至半冥，过帆，用壬亥及子癸。"③

日、夜

如："往长崎正月丁丑年：兹根湾尽山，初一，夜，西北风，用单艮四更。初二，日、夜，用单艮四更。初三，日，西北风，用单艮五更；初三，夜，西北风，用艮寅四更。初四，日，西北风，用艮寅四更；初四，夜，西北风，用单寅五更。初五，早，见五岛后，在五岛后过，妙也。"④

半更开、一更开、二更开（时间）

如："（咬𠾐吧澳回唐）：

地盘山（一更开，子癸三十更、子十更，打水二十三托，见崑仑在船头上势角。用单癸，平崑仑。二更开，用丑癸十五更，取覆鼎。）

覆鼎山（一更开，用丑癸及艮二更，取赤坎。）

赤坎（用丑癸，取罗湾。陇用艮寅，取罗湾拆五更远。）

罗湾头（半更开，用丑癸五更，取伽俋儍。一更开，用子癸三更，取灵山大佛，往重播彩舡。）"⑤

念（廿）

如："（双口往柬埔寨）回针：五月十四日，出浅，用单卯五更，用甲卯四更。十五日，见东洞、西洞及玳瑁，中央过，单乙五更。十六日，用单卯五更，又用单卯五更。十七日，甲卯五更，夜用甲卯五更。十八日，甲卯二更，

---

① 《两种海道针经》，向达校注，北京：中华书局，1961年第1版，1982年第2次印刷，第183页。
② 《两种海道针经》，向达校注，北京：中华书局，1961年第1版，1982年第2次印刷，第188页。
③ 《两种海道针经》，向达校注，北京：中华书局，1961年第1版，1982年第2次印刷，第188页。
④ 《两种海道针经》，向达校注，北京：中华书局，1961年第1版，1982年第2次印刷，第190页。
⑤ 《两种海道针经》，向达校注，北京：中华书局，1961年第1版，1982年第2次印刷，第195页。

夜无风。十九日、念三日，东北风。至念四日，南风，用乙卯四更，夜东北风。至三十日，俱无风，到文武楼收入港为妙。"①

十、距离与水深测量

水深

打水

如："太仓刘家澳：打水九托，好抛船。"②

探水

如："《指南正法》序：又云，行路难者有人可问，有径可寻，有地可止。行船歧者海水连天，虽有山屿，莫能识认。虽知正路，全凭指南之法，《罗经针簿》，全凭主掌之人。须知船身高低、风汛大小、流水顺逆，随时增减更数针位，或山屿远近、高低形势、探水浅深、牵星为准，的实无差，保得无虞矣。"③

托

如："滩山五屿：打水念四五托。"④

七、八托

如："茶山：打水七八托。"⑤

念四、五托

如："碟碗山：打水念四五托，湾中十一二托，好抛船。"⑥

一丈八尺

如："福州五虎门：打水一丈八尺，过浅。乙辰针收官唐三礁外过。辰巽取东沙西边过，近山七八托，好抛舡。单巳三更牛屿内过，屿有礁出水，打水

---

① 《两种海道针经》，向达校注，北京：中华书局，1961年第1版，1982年第2次印刷，第171页。
② 《两种海道针经》，向达校注，北京：中华书局，1961年第1版，1982年第2次印刷，第114页。
③ 《两种海道针经》，向达校注，北京：中华书局，1961年第1版，1982年第2次印刷，第108页。
④ 《两种海道针经》，向达校注，北京：中华书局，1961年第1版，1982年第2次印刷，第114页。
⑤ 《两种海道针经》，向达校注，北京：中华书局，1961年第1版，1982年第2次印刷，第114页。
⑥ 《两种海道针经》，向达校注，北京：中华书局，1961年第1版，1982年第2次印刷，第114页。

念五托。坤未、坤申取乌龟，打水十五托，往回祭献。"①

余

如："中窰：打水十托余，有门，过去是普陀，港浅，中门水浅。"②

距离

更数

如："《指南正法》序：昔者圣人周公设造指南之法，通行海道，自古及今，流传久远。中有山形水势描抄终悮，或更数增减，筹头差错，别查本年朽损，难以比对。指定手法乃漳郡波吴氏，氏寓澳，择日闲暇，稽考校正。自天朝南直隶至太仓，沿而福建，而广东，并交趾、七洲、夷邦南巫里洋等处更数、针路、山形水势、澳屿浅深、礁石沙泥，撰录于后，以与诸人有志远游于此者共识之耳。"③

更

如："凤尾往长岐　出港，西南风，用甲寅五更、单寅六更、艮寅二更、艮寅十八更、单寅八更，见里慎马。甲寅七更，收入港甚妙。"④

半（更）

如："鹤顶山：近山打水念五托，洋中打水七十托，身外更半舡开，有浅，水退看见林。"⑤

二十

如："暹罗往日本针：……丑艮二十更，取弓鞋。艮寅二十二更，取南澳　坪外。艮寅七更，取太武。艮寅七更，取乌坵。艮寅十更，取圭笼。单口二十五更，见流界。用艮寅二十一更，取天堂，外过。壬子十更，收入竹篙屿，妙也。"⑥

念

如："碟碗山：打水念四五托，湾中十一二托，好抛船。"⑦

近

如："（大泥回长崎日清）：戊子年五月十六日，西南风，在浅尾开船，用

---

① 《两种海道针经》，向达校注，北京：中华书局，1961年第1版，1982年第2次印刷，第115页。
② 《两种海道针经》，向达校注，北京：中华书局，1961年第1版，1982年第2次印刷，第150页。
③ 《两种海道针经》，向达校注，北京：中华书局，1961年第1版，1982年第2次印刷，第107页。
④ 《两种海道针经》，向达校注，北京：中华书局，1961年第1版，1982年第2次印刷，第175页。
⑤ 《两种海道针经》，向达校注，北京：中华书局，1961年第1版，1982年第2次印刷，第119页。
⑥ 《两种海道针经》，向达校注，北京：中华书局，1961年第1版，1982年第2次印刷，第175页。
⑦ 《两种海道针经》，向达校注，北京：中华书局，1961年第1版，1982年第2次印刷，第114页。

甲寅离山；暗，近五更；夜，用甲卯及寅，四更。"①

一箭

如："东澳：东澳在东洋海外西山东相峙，中有一门，离一箭远，共三澳，四面口岗壁，打水五托。山上大王庙前拳头西山一澳可抛北风，后山一澳寄南风，乃系海山。若遇风可用丁未七更取牛山澳，一更开，有礁出水可防之。"②

三、四箭远

如："玳瑁州：舡身在外过，留些过好在内退，看东南有礁出水，流水拖东南甚急，又有老古拖尾离州有三四箭之远。"③

四、五箭远

如："（回大担针）毛蟹州出浅，用单卯离州有四五箭远，用辰巽及乙辰，贪南看毛蟹州，对南港口出浅。从北昆身正路，用甲卯四更，取覆鼎。用单申二更，用艮寅二更、单寅二更，取赤坎。用艮寅及丑艮三更，取罗湾头。用丑癸五更，取伽俐僫。用单子三更，取大佛，放彩舡。用单子及壬子五更，取羊角屿。壬子七更，取外罗。用丑癸十更、丑艮十更、艮寅二更，普施用艮寅五更，普施二王艮寅五更，送都公。用艮寅五更，用单艮十更，取南澳　彭，外过。用丑艮七更取，太武，收入思明。"④

十里之地

如："（浯屿往咬嚼吧）：……单丁五更，打水十托，单子五更，取罗山，制览傍大山，离罗牙十里之地一条老古线，是沙地。"⑤

许

如："尽山：澳内好抛舡，打水七八托，东北洋中屿，名海招屿，屿南有礁生，外可防，南螂虫光，尽山内门过须防。门北中有沉礁，去许，内是花鸟，尽山不可开、抛舡，水底有石剑，椗索易断，须防记之。"⑥

些

如："曾家澳：白石头内有大礁，礁下沉水，内去是体仔礁，须防。入去

---

① 《两种海道针经》，向达校注，北京：中华书局，1961年第1版，1982年第2次印刷，第188页。
② 《两种海道针经》，向达校注，北京：中华书局，1961年第1版，1982年第2次印刷，第146页。
③ 《两种海道针经》，向达校注，北京：中华书局，1961年第1版，1982年第2次印刷，第119页。
④ 《两种海道针经》，向达校注，北京：中华书局，1961年第1版，1982年第2次印刷，第170页。
⑤ 《两种海道针经》，向达校注，北京：中华书局，1961年第1版，1982年第2次印刷，第173页。
⑥ 《两种海道针经》，向达校注，北京：中华书局，1961年第1版，1982年第2次印刷，第151页。

是西湖礁,开,些有纸钱礁。"①

离

如:"玳瑁州:舡身在外过,留些过好在内退,看东南有礁出水,流水拖东南甚急,又有老古拖尾离州有三四箭之远。"②

吊戗

如:"(《指南正法》序)若是吊戗,切记上下更数多寡,风汛大小,顺风使补以合正路。"③

多寡

如:"(《指南正法》序)若是吊戗,切记上下更数多寡,风汛大小,顺风使补以合正路。"④

十一、航行评价

妙甚

如:"(普陀往长崎针):或九山往长岐,北风艮寅三十二更,近五岛。单寅五更,收入长岐,妙甚妙甚。"⑤

妙哉

如:"(普陀往长崎针):长岐回宁波,离港单申七更、庚申十五更,用单庚及庚酉七更取宁波,妙哉。"⑥

妙也

如:"铜钱湾:屿仔内北边好抛舡,北面有沙仑,出入往东边过,妙也。"⑦

甚妙

如:"凤尾往长岐:出港西南风,用甲寅五更、单寅六更、艮寅二更、艮

---

① 《两种海道针经》,向达校注,北京:中华书局,1961年第1版,1982年第2次印刷,第153页。
② 《两种海道针经》,向达校注,北京:中华书局,1961年第1版,1982年第2次印刷,第119页。
③ 《两种海道针经》,向达校注,北京:中华书局,1961年第1版,1982年第2次印刷,第107页。
④ 《两种海道针经》,向达校注,北京:中华书局,1961年第1版,1982年第2次印刷,第107页。
⑤ 《两种海道针经》,向达校注,北京:中华书局,1961年第1版,1982年第2次印刷,第178页。
⑥ 《两种海道针经》,向达校注,北京:中华书局,1961年第1版,1982年第2次印刷,第178页。
⑦ 《两种海道针经》,向达校注,北京:中华书局,1961年第1版,1982年第2次印刷,第159页。

寅十八更、单寅八更，见里慎马。甲寅七更，收入港甚妙。"①

妙

如："（广东往长崎针）：尖笔罗开驾，单寅五更、艮寅四十二更，取大星。艮寅十五更，取南澳。单寅十五更，取圭笼头大山。艮寅三十三更，单寅见［天］堂，妙。"②

为妙

如："设子马断水过是野故大山，有七岛山。设子马若后东去使上是夜明高山，号叫开门山。使上即是空虚甚马。对过是牵支绵澳友子相德。入去即是布至，过去即去断屿，过去雄家，入去是望高，即是皇丹。有条水去万丹，其水甚急，开，有五屿，其山甚高大，若收此处为妙。"③

可也

如："敲东更数：沙埕二更至南松，内有大小渔舡岛共二个。南松二更至北松。北松二更至南杞。南杞二更至北杞。北杞三更至松门。松门三更至昌国卫，此内有沙山，上有塔。昌国卫二更至凤尾。凤尾二更至九山。九山二更至北积谷，即是台州地面。北积谷三更至普陀，过见茶山，又见松江上海县，水浅不可行。西北普陀三更至思堂澳。思堂澳二更至花鸟。花鸟二更至青山，内抛得二三千舡。好西北风单卯，见高丽。辰巽五更，取五岛。单寅七更收入可也。"④

赋安

如："东甲：在万安之东，三景大小相错，断续海中，山上有大王庙。内寄北风，乃赋安，可燀洗船。澳口多礁，门有鸭屎甲卯沉水，行船须防之。"⑤

系是赋安

如："盔山：在横山西北马砌西南洋东北，上至大金、罗湖，水半潮可寄南风，系是赋安。"⑥

无碍

如："赤安庙：抛舡东边北边鼻头有徙，内有大屿二个。舡出入在屿外，

---

① 《两种海道针经》，向达校注，北京：中华书局，1961年第1版，1982年第2次印刷，第175页。
② 《两种海道针经》，向达校注，北京：中华书局，1961年第1版，1982年第2次印刷，第180页。
③ 《两种海道针经》，向达校注，北京：中华书局，1961年第1版，1982年第2次印刷，第179页。
④ 《两种海道针经》，向达校注，北京：中华书局，1961年第1版，1982年第2次印刷，第177页。
⑤ 《两种海道针经》，向达校注，北京：中华书局，1961年第1版，1982年第2次印刷，第144页。
⑥ 《两种海道针经》，向达校注，北京：中华书局，1961年第1版，1982年第2次印刷，第146页。

有小屿无碍也。"①

无虞

如:"(《指南正法》序)又云,行路难者有人可问,有径可寻,有地可止。行船歧者海水连天,虽有山屿,莫能识认。虽知正路,全凭指南之法,《罗经针簿》,全凭主掌之人。须知船身高低、风汛大小、流水顺逆,随时增减更数针位,或山屿远近、高低形势、探水浅深、牵星为准,的实无差,保得无虞矣。"②

不顺

如:"假糍山:远看三个屿,如象拜昆身样,南有小屿是红石礁,陇是占蜡港泥尾,昆身一小港向假糍,北边不可过,恐风汛不顺难以出舡。舡身到此甚然之低,用坤未寻真糍,正路。"③

十二、祭 祀 仪 式

弟子,
御前指南祖师,
轩辕皇帝,
周公圣人,
神通阴阳先师,
鬼谷,
孙膑先师,
袁天罡,
李淳风,
杨救贫仙师,
王子乔,
陈希夷仙师,
主倜郭仙师,

---

① 《两种海道针经》,向达校注,北京:中华书局,1961年第1版,1982年第2次印刷,第158页。
② 《两种海道针经》,向达校注,北京:中华书局,1961年第1版,1982年第2次印刷,第108页。
③ 《两种海道针经》,向达校注,北京:中华书局,1961年第1版,1982年第2次印刷,第120页。

过洋、知山形水势、知浅深、知礁屿、识湾澳、精通海岛、望斗牵星、往古来今前传后受流派祖师，

奉祀罗经二十四位尊神，

神针大将，

夹石大神，

定针童子，

换水童郎，

水盏圣者，

起针神兵，

位向守护尊神，

鲁班仙师，

部下神兵目龙杠棋一切神兵，

本船护国庇民明着天后，

三界伏魔关圣帝君，

茅竹水仙，

五位尊王部下，

喝浪神兵，

白水都公，

林使总管，

海洋澳屿里位正神，

本船随带奉祝香火一切尊神，

安宁，流星，降神，礼物，平安，东南西北，无差，往来过洋，正路，人船，清吉，海岛，安宁，暴风疾雨，不相遇，暗礁沉石，莫相逢，求谋，遂意，财实，自兴，稽首，皈依，无极，珍重。

如：

"定罗经中针祝文：伏以坛前弟子，谨秉诚心，俯伏躬身，焚香拜诸位元请历代御前指南祖师，轩辕皇帝，周公圣人，前代神通阴阳先师，鬼谷、孙膑先师，袁天罡、李淳风、杨救贫仙师，王子乔、陈希夷仙师，主倜郭仙师，历代过洋、知山形水势、知浅深、知礁屿、识湾澳、精通海岛、望斗牵星、往古来今前传后受流派祖师，奉祀罗经二十四位尊神，神针大将，夹石大神，定针

童子，换水童郎，水盏圣者，起针神兵，位向守护尊神，鲁班仙师，部下神兵目龙杠棋一切神兵，本船护国庇民明着天后，三界伏魔关圣帝君，茅竹水仙，五位尊王部下，喝浪神兵，白水都公，林使总管，海洋澳屿里位正神，本船随带奉祝香火一切尊神，乞赐降临。伏念大清国某省某府某县某保某船主某人，兴贩某港，涓于某月某日开驾下针，虔备礼物，祈保平安。今日上针，东南西北无差，往来过洋已行正路。人船清吉，海岛安宁。暴风疾雨不相遇，暗礁沉石莫相逢。求谋遂意，财实自兴，来则流星，去则降神。稽首皈依，无极珍重。"①

祭献

如："福州五虎门：打水一丈八尺，过浅。乙辰针收官唐三礁外过。辰巽取东沙西边过，近山七八托，好抛矼。单巳三更牛屿内过，屿有礁出水，打水念五托。坤未、坤申取乌龟，打水十五托，往回祭献。"②

都公

如："回大担针：用丑癸十更、丑艮十更、艮寅二更，普施用艮寅五更，普施二王艮寅五更，送都公。"③

十三、技 术 名 称

观电法④

春天，电推雷。

夏天，左右随。

秋天，电下发。

冬，电实其推。

东电长江水。

西电红日随。

北电南风吹。

---

① 《两种海道针经》，向达校注，北京：中华书局，1961 年第 1 版，1982 年第 2 次印刷，第 109 页。
② 《两种海道针经》，向达校注，北京：中华书局，1961 年第 1 版，1982 年第 2 次印刷，第 115 页。
③ 《两种海道针经》，向达校注，北京：中华书局，1961 年第 1 版，1982 年第 2 次印刷，第 170 页。
④ 《两种海道针经》，向达校注，北京：中华书局，1961 年第 1 版，1982 年第 2 次印刷，第 110 页。

南电雨如雷。

定昼夜长短①

正月：

日出乙，入庚。月出甲，入申。

日七分，夜九分。

二月：

日出卯，入酉。月出卯，入酉。

日、夜平分。

三月：

日出甲，入申。月出乙，入庚。

日九分，夜七分。

四月：

日出寅，入戌。月出辰，入申。

日十分，夜六分。

五月：

日出艮，入戌。月出巽，入坤。

日十一分，夜五分。

六月：

日出寅，入戌。月出辰，入申。

日十分，夜六分。

七月：

日出甲，入庚。月出乙，入庚。

日九分，夜七分。

八月：

日出卯，入酉。月出卯，入酉。

日、夜平分。

九月：

日出乙，入庚。月出甲，入辛。

---

① 《两种海道针经》，向达校注，北京：中华书局，1961年第1版，1982年第2次印刷，第110～111页。

日七分,夜九分。

十月:

日出辰,入申。月出寅,入戌。

日六分,夜十分。

十一月:

日出巽,入坤。月出辰,入干。

日五分,夜十一分。

十二月:

日出巽,入坤。月出寅,入戌。

日六分,夜十分。

定太阴出没①

正、九出甲、入辛位。

二、八出兔、入鸡肠。

三、七出乙、从庚没。

四、六生辰、遇申详。

五月出巽、归坤位。

仲冬出寅、入干上。

惟有十一与十二,

(出)寅、(入)申子细详。

定太阳出没②

正、九出乙、入庚方。

二、八出兔、入鸡肠。

三、七出甲、从辛没。

四、六生庚、遇戌藏。

五月出艮、归干上。

仲冬出巽、入坤乡。

惟有十一与十二,

---

① 《两种海道针经》,向达校注,北京:中华书局,1961 年第 1 版,1982 年第 2 次印刷,第 111 页。
② 《两种海道针经》,向达校注,北京:中华书局,1961 年第 1 版,1982 年第 2 次印刷,第 111~112 页。

出辰、入申子细详。
定三方①
东风　巳、酉、丑。

西风　辛、卯、未。

南风　申、子、辰。

北风　寅、午、戌。

东北　乙、坤、辰。

东南　甲、干、丁。

西北　癸、巽、庚。

西南　午、艮、辛。

定四方②
子、牛、卯、酉。

寅、申、巳、亥。

辰、戌、丑、未。

癸、丁、辛、乙。

干、巽、艮、坤。

甲、庚、丙、壬。

逐月恶风③
正月　初十、念二，天神降逢大杀，午时后有风，无风即雨或雨平。

二月　初三、十一、十四、念七，天神下降交会，酉时有大风。

三月　初三、十七、念七，诸神上界逢星辰，午后有大风。

四月　初八、十五、念三，诸神逢太白，午后有大风。

五月　初五、十二、十九，诸天王上界之日，申时有风。

六月　十一、十九、二十，乃地合，申时主大风。

七月　初七、初九、十五、十七、十九，主大风。

八月　初五、初八、十二、念七日，主风。

---

① 《两种海道针经》，向达校注，北京：中华书局，1961 年第 1 版，1982 年第 2 次印刷，第 112 页。
② 《两种海道针经》，向达校注，北京：中华书局，1961 年第 1 版，1982 年第 2 次印刷，第 112 页。
③ 《两种海道针经》，向达校注，北京：中华书局，1961 年第 1 版，1982 年第 2 次印刷，第 112 页。

九月　十一、十五、十七、十九日，主风。

十月　十五、十八、念九，府君朝上界，卯时大风。

十一月　初一、初十、十九，有大风。

十二月　初五、初六、二十、念八，有大风。

定针风云法①

春、夏二季，必有暴风。若天色湿热，午时后或风雷声所作之处，必有暴风，宜急避之。

秋、冬二季，虽无暴风，每日行船，先观西方天色清明，由五更至辰时天色光光无变，虽有微风，无论顺逆，行船无虞。

逐月水消水涨时候②

初一、初二、十五、十六，子、午时。

初三、初四、十八、十九，丑、未时。

初五、初六、二十、念一，寅、申时。

初七、初八、念二、念三，卯、酉时。

初九、初十、念四、念五，辰、戌时。

十一、十二、念六、念七，巳、亥时。

十三、十四、念八、念九，亥、未时。

针方法③

定罗经下针从干位先，盖干者乃二十四筹头之元首，故以是为先。

遮针定法不至浮沉，若俹舵工之人，针头起放舵止，针头垂牵舵回。

定舡行更数④

凡行船先看风汛顺逆。

将片柴丢下水，人走船尾，此柴片齐到，为之上更，方可为准。

每更二点半约有一路，诸路针六十里。

心中能明此法，定无差谬。

南澳气⑤

冰消瓦碎最难当，

---

① 《两种海道针经》，向达校注，北京：中华书局，1961年第1版，1982年第2次印刷，第113页。
② 《两种海道针经》，向达校注，北京：中华书局，1961年第1版，1982年第2次印刷，第113页。
③ 《两种海道针经》，向达校注，北京：中华书局，1961年第1版，1982年第2次印刷，第113页。
④ 《两种海道针经》，向达校注，北京：中华书局，1961年第1版，1982年第2次印刷，第113～114页。
⑤ 《两种海道针经》，向达校注，北京：中华书局，1961年第1版，1982年第2次印刷，第122页。

盖屋未成先居丧，
升官未任先罢职，
未妻到底不同床。

正七、二八当。
三六、七四防。
五五、六六见。
七四、八五同。
九三、十四是。
子二、丑三防。

初一嫁娶，主再嫁。
初九盖屋，主火灾。
十七安葬，主瘟疫。
二十五移徙，主死。

日防三十日。
年防三十日。
节前防一日。

癸、亥日穷轸宿。
壬寅、壬午连庚午。
甲寅、乙卯、巳卯防。
神仙留下此六日。
探人疾病代人亡。

许真君传授神龙行水时候[①]

正月
初三、初八、念一、念五日，月尽龙会。
初十、十九、念二日，午时主有大风。
二月
初三、初九、十二日，龙神朝上帝。

[①] 《两种海道针经》，向达校注，北京：中华书局，1961年第1版，1982年第2次印刷，第122～123页。

初九、十二、十四日,酉时主有大风。

三月

初三、初七、念七日,龙神朝星辰。

初十、十七日,午时后主有大风。

四月

初八、十五、十七日,龙神回太白。

初九、十九、念二日,午时主有大风。

五月

初五、十九、念八日,龙王朝玉帝。

十九日,申时主有大风。

六月

初九、念七日,地神朝玉帝。

十九、二十日,卯辰时主有风雨。

七月

初九、初九日,神杀大会。

十五、十七日,午时主有大风。

八月

初三、初八日,龙神大会。

十七、念七日,主有大风雨。

九月

十一、十五日,龙神朝玉帝。

十七、十九日,主有大风雨。

十月

初八、十五日,府君朝玉皇。

十八、十九、念七日,卯时主有风。

十一月

初三、初八、十五、念九日,府君朝玉皇。

十八、十九、念七日,卯时主有风。

十二月

初二、初五、初六、初七、初八、念八日,主有大风雨。

潮水消涨时候①

初一、初二、十五、十六、十七、二十日,子、午时涨。

初三、初四、十八、十九,丑、未时涨。

初五、初六、念一、念二,寅、申时涨。

初七、初八、念二、念三,卯、酉时涨。

初九、初十、念四、念五,辰、戌时涨。

十一、十二、念六、念七,巳、亥时涨。

十三、十四、念八、念九,巳、亥时涨。

定逐月风汛②

正月　初十、念一日,乃将军降日,逢大杀;午时后无风则雨。

二月　初九、十三、念四日,酉时主风。

三月　初三、十七日,午时后主风。

四月　初八、十九、念三日,午时后主风。

五月　初五、十一、十九日,申时主风。

六月　十九、念七日,卯时主风。

七月　初七、初九、十五、念七日,午时主风。

八月　初五、初八、十二、念七日,主风。

九月　十一、十五、十七、十九日,主风。

十月　十五、十八、十九、念七日,府君朝上,卯时主风。

十一月　初一、初三、十九日,主风。

十二月　初一、初五、初六、念二、念八日,主风。

定逐月日出入宫位③

正月　日出在乙、入在庚;月出在甲、入在戌。

二月　日出在卯、入在酉。

三月　日出在甲、入在申;月出在乙、入在申。

四月　日出在寅、入在戌;月出在辰、入在申。

五月　日出在艮、入在干;月出在巽、入在干。

---

① 《两种海道针经》,向达校注,北京:中华书局,1961 年第 1 版,1982 年第 2 次印刷,第 123~124 页。
② 《两种海道针经》,向达校注,北京:中华书局,1961 年第 1 版,1982 年第 2 次印刷,第 125 页。
③ 《两种海道针经》,向达校注,北京:中华书局,1961 年第 1 版,1982 年第 2 次印刷,第 125~126 页。

六月　日出在寅、入在戌；月出在辰、入在申。

七月　日出在申、入在戌；月出在乙、入在庚。

八月　日出在卯、入在酉。

九月　日出在乙、入在庚，月出在甲、入在申。

十月　日出在辰、入在申；月出在寅、入在戌。

十一月　日出在巽、入在申；月出在艮、入在干。

十二月　日出在艮、入在申；月出在寅、入在戌。

观星法[①]

北斗，出壬子，入壬亥。

华盖，出癸，入壬。

灯笼骨水平星，出丙巳，入丁未。

观星法[②]

名凉伞星。出巳上。

名水平星。在南斗东。出巳丙、入丁未。

名灯笼星。出丙巳、入丁未。

名织女星。在天河东下，乃棱仔星。

名牛郎星。在天河西下，乃犁头星。

名北斗。中星居处不动。出癸丑、入壬亥。

名华盖。与北辰相近居北。出癸、入壬。

名小北斗。

名南斗。出巽巳中。

犯洪沙日[③]

正、四、七、十月，忌巳日。

二、五、八、十一月，忌酉日。

三、六、九、十二月，忌午日。

大黄沙日[④]

正、四、七、十月，忌午日。

---

① 《两种海道针经》，向达校注，北京：中华书局，1961年第1版，1982年第2次印刷，第110页。
② 《两种海道针经》，向达校注，北京：中华书局，1961年第1版，1982年第2次印刷，第126～127页。
③ 《两种海道针经》，向达校注，北京：中华书局，1961年第1版，1982年第2次印刷，第127页。
④ 《两种海道针经》，向达校注，北京：中华书局，1961年第1版，1982年第2次印刷，第127页。

二、五、八、十一月，忌寅日。

三、六、九、十二月，忌子日。

正月七。二月八。

三月六。四月七。

五月五。六月六。

七月四。八月五。

九月三。十月四。

子月二。丑月三。

犯七娘子[①]

正月　初七、十五。

二月　初四、十二。

三月　十二、十六。

四月　初九、念一。

五月　初一。六月　初二。

七月　初二。八月　初八、十五。

九月　初三、二十。十月　十四。

十一月　初三、念二。十二月　初六、念五。

凡作事行舡，逢此日切不可用。

天德方[②]

正丁、二坤宫。三壬、四申同。

五干、六甲上。七癸、八艮中。

九丙、十居乙。子巽、丑寅中。

结　　语

本文根据《指南正法》（原件）的内容，我们可以将其中航海的技术和名词归结为：针路簿名称、海洋地貌、气候气象、船舶用具、地理方位、海上航

---

① 《两种海道针经》，向达校注，北京：中华书局，1961年第1版，1982年第2次印刷，第127页。

② 《两种海道针经》，向达校注，北京：中华书局，1961年第1版，1982年第2次印刷，第137页。

路、行船操作、行船空间位置、时间、距离与水深测量、航行评价、祭祀仪式、技术名称等十三大类。从中可以看出,《指南正法》这部针路簿的航海名词术语的数量众多、体系完整、术语固定,而且同一类型的还有多套,说明可能具有不同的来源。如果将之与其他针路簿做一个全面、系统的分析、整理与比较研究,就能梳理出一个较为完备的中国传统航海的技术体系和名词系统。

Navigation Term System in a *Zhenlu Bu* of the Qing Dynasty: *Zhinan Zhengfa*

Wang Qianjin

Abstract:*Zhinan Zhengfa* was an important navigation document, which was also called *Zhenlu Bu* in the Qing Dynasty. There were previous researches include philology, toponymy, chronology, author, origin source, course and geographical range about this document. However, the terminology research about this document is still far from sufficient. Terms and relative content will be revealed by careful and systematical analysis in this research, which include 13 kinds of terms: maritime geomorphology, atmosphere, tool of watercraft, geographic orientation, course, sailing operation, sailing geographic orientation, time calculation, distance calculation, depth calculation of water, sailing assessment, sacrificial ceremony and technology terms. Further, *Zhinan Zhengfa* has important implications. Not only in the research of navigation document, but also in the history of China's maritime technology.

Key Words:*Zhinan Zhengfa*; *Zhenlu Bu*; the Qing Dynasty; maritime; term; system

《雪尔登中国地图》的发现与研究

龚缨晏　许俊琳[*]

1602年开馆的牛津大学鲍德林图书馆（Bodleian Library）是欧洲最古老的图书馆之一，也是仅次于大英图书馆的英国第二大图书馆。早在1603年，鲍德林图书馆就开始收藏中文书籍了。两部著名的中国古代航海文献《顺风相送》和《指南正法》，就是由向达先生于20世纪30年代从鲍德林图书馆抄回的。

2008年，美国佐治亚南方大学（Georgia Southern University）历史系副教授巴契勒（Robert Batchelor）在鲍德林图书馆发现了一幅中文航海地图（编号为MS Selden Supra 105）。根据该图书馆的收藏记录，此图原为雪尔登（John Selden，1584～1654年，中文又译作"塞尔登"）的私人藏品，国外学者因此将其称为《雪尔登中国地图》（The Selden Map of China，以下简称《雪图》）。雪尔登是英国的法学家、东方学家和政治家，以博识多闻著称，"号称十七世纪英国最大的学者"。[①]雪尔登在1653年6月11日所立的遗嘱附件中，特地提到了他所收藏的一幅中国地图及一只中国罗盘："一幅在那里制作的中国地图，制作精美，彩色；还有一只由中国人制作的航海罗盘，上面有刻度；那幅地图和那只航海罗盘都是由一位英国船长（commander）获得的；由于这位英国船长不想放弃这幅地图，所以在非常艰难的情况下为此支付了一大笔赎金。"[②]由此可见，有的国内学者的如下说法是错误的："这幅航海图是从一位在万丹从事贸易的福建商

---

[*] 龚缨晏，宁波大学历史系教授；许俊琳，浙江大学历史系博士研究生。
[①] 杨周翰：《十七世纪英国文学》，北京：北京大学出版社，1985，第222页。
[②] Robert Batchelor, "The Selden Map Rediscovered: A Chinese Map of East Asian Shipping Routes, c. 1619", *Imago Mundi*, No.1, Vol.65, 2013.

人手中购得。当初来做包装纸，连同中国货物一起卖给了万丹商馆的英国人。"①

雪尔登去世后，包括那幅中国航海图在内的一大批遗物于 1659 年被捐献给鲍德林图书馆。1687 年，中国天主教徒沈福宗应牛津大学教授海德（Thomas Hyde）的邀请，到鲍德林图书馆为中文藏书编目。沈福宗向海德介绍了《雪图》上的内容。在大英博物馆中，至今还保存着海德与沈福宗之间的谈话记录（编号：MS Sloane 853），其中有些内容就是关于这幅中文航海图的。进入 20 世纪初，这幅地图逐渐被人遗忘，直到 2008 年才重见天日。目前，鲍德林图书馆建有关于《雪图》的专门网页 http://seldenmap.bodleian.ox.ac.uk/。雪尔登藏品中的那只中国罗盘，现在收藏在牛津科技史博物馆（Oxford Museum for the History of Science）中。

《雪图》是一幅大型地图，纵 158 厘米，横 96 厘米，纸质（国内有些文章说是"绢质古地图"，这是不对的），手工彩绘。全图上北下南，反映了以中国为中心的东亚地区，包括西伯利亚、印度尼西亚、日本、菲律宾群岛、印度洋东岸等。在中国大陆部分，标出了明朝两京（北京、南京）十三省，以及对应的星宿分野。北京、南京以及各省名称都写在用红色粗线画成的大圆圈里，二十八宿的星座名称写在红色小圆圈内，州府的名称则写在褐色小圆圈内。有些地方还有注文，如"马湖府，西至黄河三千里""昆仑山，一名雪山"等。

与现存的其他中国古地图相比，《雪图》有几个非常引人注目的地方。第一是地图上方的罗盘、比例尺和空白方框。这只罗盘被等分成 24 个方位，正中写有"罗经"两字，罗盘最外围标出了 8 个方向。比例尺位于罗盘的下方，分为十个等份，每个等份又分为十个刻度。罗盘的右侧、比例尺的上方则有一个长方形方框，画有两条边框线，中间空白。需要指出的是，在地图的背面，还画着两根类似的比例尺，以及一个不太大的方框。此外，地图背面还画有表示航线的线条。第二是画出了中国通往其他国家的海上航线，包括通往日本、菲律宾等地的东洋航线，以及通往泰国、马六甲等地的西洋航线。每一条航线上，都注出了罗盘针标定的航向。虽然地图的最西侧（左侧）仅仅画出了马来半岛的西海岸，而没有画出更远的印度洋地区，但图上有文字说明，讲述了从印度西南岸港口古里（今的卡里卡特）前往波斯湾地区及阿拉伯半岛的航线。

---

① 林梅村：《〈郑芝龙航海图〉考》，《文物》2013 年第 9 期。

第三是高度重视东海、南海及海外地区。在明朝中国人绘制的地图上，中国大陆占据了绝大部分篇幅，东海、南海及海外地区往往局促一隅，严重缩小。而在《雪图》上，中国大陆虽然还是整幅地图的中心，但所占篇幅不到一半，东海、南海及海外地区则被完整地展现出来。特别值得重视的是，在这幅地图上，马六甲海峡、菲律宾等地的形状画得非常准确。

《雪图》于 2008 年被发现后，曾请加拿大学者卜正民（Timothy Brook）、中国国家图书馆张志清观看过，他们都认为这是一幅非常罕见的珍贵地图。2008 年 5 月，卜正民在牛津大学演讲时专门讨论了这幅地图。此外，巴契勒等人还陆续举办了几次小型研讨会，例如 2011 年 3 月，在美国亚特兰大的佐治亚州立大学（Georgia State University）举办了"雪尔登地图的再发现"（The Rediscovery of the Selden Map）研讨会；同年 9 月，在牛津大学鲍德林图书馆举办了"雪尔登中国地图研讨会"（Discovering the Selden Map of China Colloquium）。

国外学者发现《雪图》后，虽然没有马上将其公诸世人，但在这个高度发达的信息化时代，中国学者还是很快获知了相关消息。2011 年，钱江发表了《一幅新近发现的明朝中叶彩绘航海图》一文，率先对《雪图》进行了探讨。钱江认为，"该海图的作者本人或许就是一位常年附随商舶在海外各贸易港埠奔波经商的乡间秀才或民间画工，也可能是一位转而经商的早年落第举子"。至于这幅地图的年代，钱江推测"应当绘制于 16 世纪末至 17 世纪初"。①钱江的这篇文章，是国际上第一篇研究《雪图》的中文论文。

此后，《雪图》不断受到中国学者的重视。在《海交史研究》2011 年第 2 期上，发表了两篇关于《雪图》的研究文章。一篇是陈佳荣的《〈明末疆里及漳泉航海通交图〉编绘时间、特色及海外交通地名略析》，另一篇是郭育生等人的《〈东西洋航海图〉成图时间初探》。陈佳荣这篇文章的主要贡献，是将《雪图》上的主要文字（包括明朝各省府名和域外地名）全部辑录出来，并且对所有海外地名进行了初步的注解与考证，为其他学者继续研究这幅地图提供了极大的方便。陈佳荣通过考察中外文献，认为这幅航海图大约绘制于 1624 年，并且认为"本图作者可能参与过《东西洋考》的编辑工作"。郭育生等则认为，《雪图》的"绘制年代，应当晚于林道乾遁迹台湾的时间，即不会早于

---

① 钱江：《一幅新近发现的明朝中叶彩绘航海图》，《海交史研究》2011 年第 1 期。

嘉靖四十五年（1566年）"。

2012年，学术界继续关注《雪图》。孙光圻等人认为，《雪图》是"第一幅流传至今的古代航海总图"，对于研究明代海外交通及航海制图学史具有重要意义。①龚缨晏在《国外新近发现的一幅明代航海图》一文中写道，在该地图中部最右侧的一个岛屿上面有三行汉字注文，分别为"万老高""红毛住"和"化人住"。"红毛"是明末清初中国人对荷兰人的称呼；"化人"则是指西班牙人；"万老高"就是现在印度尼西亚的马鲁古群岛，其中最主要的岛屿是特尔纳特岛（Ternate）。根据外文史料，西班牙人于1606年攻占了特尔纳特岛上的一座要塞；1607年，荷兰人也在特尔纳特岛上建立了一座要塞。由此可知，《雪图》上的"万老高"实际上就是特尔纳特岛，因为只有在这个岛屿上才同时出现过西班牙人与荷兰人的据点。这就说明，该航海图一定绘于1607年荷兰人在特尔纳特岛建立要塞之后。龚缨晏还推测，《雪图》的作者很可能就是生活在菲律宾的漳泉籍华人。②

在前两年的基础上，2013年国内外学术界对《雪图》的研究有了新的进展。最主要的中文文章有两篇，一篇是周运中的《牛津大学藏明末万老高闽商航海图研究》（澳门《文化杂志》第87期），另一篇是林梅村的《〈郑芝龙航海图〉考》（《文物》第9期）。周运中的主要观点是："这张图的绘制时间在1610～1644年间，和《东西洋考》《指南正法》的成书时间接近，最迟不到1633年之后"；"这幅图的作者很可能是一个活跃于中国、香料群岛和日本之间的闽南商人"。林梅村《〈郑芝龙航海图〉考》的最大特点是，将《雪图》与郑芝龙联系起来，其核心观点是："《雪图》集明末东西洋航线之大成，而掌控这些航线的正是郑芝龙的海上帝国。崇祯元年（1628年）就抚后，郑芝龙成为明王朝海疆的封疆大吏，所以这幅海图绘有明王朝两京十三省，并以郑芝龙在台湾的据点北港（或称'笨港'）为中心。因此，我们认为，此图实乃《郑芝龙航海图》。"不过，林梅村并没有找到直接的证据来证明这一推测。此外，林梅村的这篇文章还面临着不少难以回答的问题，例如，如果这幅地图是郑芝龙借鉴了西方海图而绘制的，如果这幅海图是以"郑芝龙在台湾的据点北港（或称

---

① 孙光圻、苏作靖：《中国古代航海总图首例》，《中国航海》2012年第2期。
② 龚缨晏：《国外新近发现的一幅明代航海图》，《历史研究》2012年第3期。

'笨港')为中心"的,那么,为什么台湾被错误地画成两个岛屿?难道以台湾为根据地的郑芝龙对东南亚地区更加清楚,对台湾反而不了解吗?

在中国台湾,汤锦台在《闽南海上帝国——闽南人与南海文明的兴起》专门探讨了《雪图》。① 汤锦台发现,在《雪图》上有"咬留吧"一词,而此词是1619年荷兰人将其在亚洲的总部迁至"爪哇岛西北部马来语称为 Sunda Kelap、梵语称为雅加达的港口"之后才出现的,"当地华人习惯上以 Kelapa 的闽南语发音称之为'咬留吧'或'葛喇吧',意即'椰城'"。也就是说,这幅航海图一定是在 1619 年之后绘制的。至于这幅地图的绘制时间下限,汤锦台也认为应当在 1624 年荷兰人入侵台湾之前。汤锦台还提出"当时居住长崎、平户以李旦为代表的泉州人海商势力,更有可能是这幅地图的制作者"。此外,他认为《雪图》很可能参考了 1555 年福建金沙书院翻刻的《古今形胜之图》。汤锦台的观点同样存在着不可避免的问题:如果《雪图》真是出自李旦等人之手,图上的台湾、日本部分为什么会充满错误?

在欧美,2013 年,国际上最著名的地图学史杂志《舆图》(*Imago Mundi*)在同一期上发表了两篇讨论《雪图》的文章,一篇是该地图最初发现者巴契勒所写的《雪尔登地图的重新发现》②,另一篇是香港海事博物馆戴伟思(Stephen Davies)的《雪尔登地图的绘制》。③

巴契勒在《雪尔登地图的重新发现》一文中提出,《雪图》关于中国大陆地区的资料,主要来自一幅名为《二十八宿分野皇明各省地舆总图》(为了方便起见,以下简称《地舆总图》)的插图,此插图附在 1607 年福建建阳刊刻的民间日用百科全书《便用学海群玉》之中。巴契勒进而推测,《雪图》是由李旦海商集团绘制的,其依据就是日本平户上方两朵非常独特的红菊花。他写道,"如果这幅地图确实是为李旦绘制的,那么,这两朵红菊花可能是表示1614 年李旦与一位日本女子结婚";当然,也有可能是,这两朵红菊花是为了庆贺 1618 年李旦的一个女儿与一个中国富商在长崎订婚。不过,巴契勒认为,

---

① 汤锦台:《闽南海上帝国——闽南人与南海文明的兴起》,台北:如果出版社,2013,第 210~223 页。
② Robert Batchelor, "The Selden Map Rediscovered: A Chinese Map of East Asian Shipping Routes, c. 1619", *Imago Mundi*, No.1, Vol.65, 2013.
③ Stephen Davies, "The Construction of the Selden Map: Some Conjectures", *Imago Mundi*, No.1, Vol.65, 2013.

《雪图》的绘制地点不可能是日本，而是在福建或马尼拉。

那么，《雪图》是如何传入英国的呢？巴契勒根据西方历史记载，勾勒出了一个颇为复杂的历史过程：17世纪，荷兰人和英国人的船只陆续来到东方，并且与先前进入东方的葡萄牙人及西班牙人展开激烈的竞争；1620年夏，一艘中国商船（也有可能是日本"朱印船"）从西班牙人统治下的马尼拉出发，前往日本长崎；船上装载大量的丝绸、棉布、白银等货物，其中有些货物是李旦的；《雪图》也在船上，准备献给李旦；当这艘船途经台湾的一个港口补充给养时，恰好一艘名为"伊丽莎白号"（Elizabeth）的英国船也在这里；"伊丽莎白号"上的英国人劫掠了此船，并将上面的货物装入自己的船中，包括《雪图》及航海罗盘；后来，"伊丽莎白号"上的货物又在平户被日本当局没收，但《雪图》和那只航海罗盘被英国人事先藏了起来，所以没有被收走；随后，"伊丽莎白号"上的英国人与日本当局进行了艰难的交涉，最后导致了日本当局对天主教徒的镇压；1623年，英国人解散了在平户的商馆，商馆中幸存的档案文件及物品（包括《雪图》和那只航海罗盘）被运回伦敦；不知什么时候，雪尔登购得了其中的航海图和航海罗盘。

巴契勒的《雪尔登地图的重新发现》一文发表后，很快得到了香港学者陈佳荣的回应。陈佳荣同时介绍了《学海群玉》的版本及收藏情况，同时复原了巴契勒《雪尔登地图的重新发现》一文中的中文书名、地名和人名。例如，巴契勒在文章中介绍说，《便用学海群玉》上有意为 revised by Wu Weizi 的中文。陈佳荣指出，其中文原文其实为"武纬子补订"。①

巴契勒《雪尔登地图的重新发现》一文虽然有许多创见，但也不乏可商榷之处。例如，他认为，《雪图》上"明朝帝国内的地名，以及长城以北及长城以西的一些文字说明"，所依据的是《便用学海群玉》中的《地舆总图》。其实，在明代，类似于《便用学海群玉》的民间日用百科全书很多。根据巴契勒的文章，可以知道，《便用学海群玉》上清楚地写着"武纬子补订"的中文。也就是说，1607年所刊《便用学海群玉》是由一个名叫武纬子的人根据以前的版本补订而成的，在此之前应当还有更早的版本。这样，如果《雪图》的绘制者确实参考了《便用学海群玉》的话，那么，他完全有可能参考1607年之前

---

① 陈佳荣：《〈东西洋航海图〉绘画年代上限新证》，《海交史研究》2013年第2期。

的版本。而巴契勒恰恰没有论证为什么《雪图》的绘制者只参考了1607年的版本，而不是更早的版本。更加重要的是，如果将《雪图》与《地舆总图》进行仔细对比的话，可以发现，两者之间有不少差异。特别是《雪图》西北角有个很大的方城名为"总戢城"，不仅画出了四座城楼，而且在城内还画有一座高楼和两面旗帜。而在《地舆总图》上，这里只有"总戢城"三个字被标在一个方框内，根本没有城楼建筑及旗帜。这样，《雪图》完全有可能是依据其他明代地图绘制的，而不是《便用学海群玉》中的《地舆总图》。

戴伟思的《雪尔登地图的绘制》重点探讨《雪图》上的航海罗盘、比例尺和那个长方形的空白方框。他注意到，长方形空白方框的四条边，与整幅《雪图》的四条边是平行的。相反，那条比例尺是左低右高倾斜的，它与《雪图》上下两条边并不是平行的，与空白方框的底部边框也不是平行的。戴伟思进而认为，《雪图》实际上有两个"正北"，一个是地图本身的"正北"（也是那个空白边框的"正北"），以体现上北下南的位置。另一个是航海罗盘上的"正北"，即指南针所指的"正北"，它实际上略向地图的西北倾斜。地图"正北"与指南针"正北"之间的差异，正是古代中国人所发现的磁偏差。这样，地图上的空白方框并不是用来书写文字的，而是用来确定地图的方向的。

在戴伟思看来，《雪图》上的航海罗盘与比例尺不仅"密切相关"，而且存在着数学上的对应关系。他通过计算发现，整条比例尺的长度，等于航海罗盘半径的10倍。戴伟思继续分析说，航海罗盘上标出了24个方位，实际上代表一昼夜的时间（即现在所说的24小时）；同时，古代中国海员用"更"来表示航行距离，并把一昼夜的航行距离分为10更，而这根比例尺所表示的正是10更；比例尺上的1个等份（寸），代表1更，等于2.4个小时；这样，人们就可以用比例尺来计算每条航线的距离。因此，戴伟思认为，《雪图》上的航海罗盘、比例尺并不是"装饰用的"，也不仅仅具有"社会文化意义"，更加重要的同，它们具有实用价值。

戴伟思还发现，《雪图》的南北中心线（相当于今天所说的"经线"）不仅穿越明朝的首都北京，而且穿越了南海上的一座岛屿，它的下方有注文曰"万里石塘"。对照现代地图，该岛屿就是西沙群岛南端的中建岛。非常引人注目的是，"在《雪图》的所有海域中，只有这个岛屿被绘成红色"。更加重要的是，横贯《雪图》的中心线（相当于今天所说的"纬线"），也穿越了这座岛屿。所以，这个红色岛屿就是《雪图》中央经线和中央纬线的交汇点，是整幅地图的中央基点。此外，在实际地理中，中建岛西面大海中有几座作为航行标志和给养补充的重要岛屿，但"这些对于实际航行来说至关重要"的岛屿在《雪图》上根本没有出现，这说明，此地图并不是为了航海的实际需要而制作的。

无论在航海活动中还是在绘制地图时，都是以一定的数学计算为基础的。不过，学术界对于古代中国航海及制图的数学基础问题，一直缺乏足够的重视。戴伟思在《雪尔登地图的绘制》一文中所做的开拓性研究，不仅有助于解开《雪图》之谜，而且还将有助于我们更加深刻地认识中国古代航海及制图的数学基础。

2013 年，卜正民推出了自己的新作《雪尔登先生的中国地图：一位无名制图师的秘密》。在这部著作中，卜正民认为，雪尔登在遗嘱中提到的那位"英国船长"应是英国东印度公司的沙里斯（John Saris）。卜正民推测："完全有可能，沙里斯是在万丹从一位中国商人手中获得此图的"，"至于此图是否在万丹绘制的，那只能由人猜测了。我倾向于认为它是在万丹绘制的。我觉得，这幅地图是一位中国富商出大价钱请人绘制的，这位中国富商的生意远远超出万丹港，他想绘出这样的地图挂在墙上，以便观赏他的商业帝国"。至于地图绘制的时间，卜正民推测约为 1608 年。①对于卜正民的这部著作，《雪图》的发现者巴契勒在 Imago Mundi 2014 年第 2 期上发表了一篇书评，认为卜正民的主要观点"缺乏证据"。

2014 年，巴契勒也出版一本书，名为《伦敦：雪尔登地图及全球化城市的形成，1549～1689》。在这部著作中，巴契勒并不同意卜正民关于《雪图》绘制于万丹的观点，而坚持认为这幅地图"可能是在马尼拉绘制的，或者，其绘制者至少非常熟悉马尼拉一带的航行情况"，绘制地图时间在 1610 年代的后期。②此外，巴契勒这部著作还有助于进一步揭示《雪图》的全球史意义。

就在《雪图》问世前不久的 1601 年，意大利传教士利玛窦自称"大西洋人"，向明朝政府请求能够在北京居留。礼部官员认为，《大明会典》中只有

---

① Timothy Brook, *Mr. Selden's Map of China: Decoding the Secrets of a Vanished Cartographer*, Bloomsbury Press, 2013: 163, 171-173.

② Robert Batchelor, *London: The Selden Map and the Making of a Global City, 1549-1689*, The University of Chicago Press, 2014: 139-140.

"西洋琐里国",而根本没有什么"大西洋国",所以"其真伪不可知"。①此时,欧洲人已经在中国沿海活动了将近一百年。明朝政府对于全球化的迟钝反应,由此可见一斑。与此相反,《雪图》表明,中国沿海民众对于全球化的反应却是非常敏锐的,因为图上及时地展示了欧洲人在这一区域活动的新信息。这就意味着,当全球化浪潮开始冲击中国时,官方的反应与民间的反应是不同的。迄今为止,学者们更多的是关注官方的反应,而对民间的反应则重视不够。《雪图》的发现,迫使我们要重视研究中国沿海民众对于全球化的反应问题,进而重新审视中国在全球化初期所起的作用。

A Critical Review of *the Selden Map of China*

Gong Yingyan　Xu Junlin

Abstract：In 2008, a Chinese navigation map of the Ming Dynasty was discovered in the Bodleian Library, Oxford University. It was named as *The Selden Map of China*. So far, scholars both in and out of China have studied eagerly from different angles. Some problems have solved, but lots of puzzles still remained. This paper outlines the academic discussions about *The Selden Map of China*, and gives a critical review. It also points out that while the Ming government lagged in response to the first wave of globalization, the Chinese people related to the maritime commerce reacted positively to it. Thus, we should pay more attention to the problem of the populace's reaction to the globalization, and re-examine the role of China in early globalization.

Key Words：Bodleian Library；*The Selden Map of China*；the Ming Dynasty；navigation map

---

① 张廷玉等:《明史》第三百二十六卷,北京:中华书局,1974,第 8459 页。

西班牙海军博物馆所藏武吉斯海图研究

——以马来半岛为例

李毓中　吕子肇*

近年来南中国海的研究日益受到重视，海内外学者们纷纷从中西文献与古地图中找寻相关的材料来建构东南亚环绕的南中国海历史。但对于东南亚地区的人们是如何建构他们的南中国海世界，却一直较少受到学界适度的重视。这或许是受到下列三个因素的影响，即欧洲中心论思维下的西方学界的忽视、东南亚地区民族对其保存自身文献的不重视及因遭受西方外来者的殖民统治所导致的文化断裂，使得以往的研究往往忽略了东南亚民族所绘的东南亚地图。难道东南亚地区的人们是完全没有南中国海海图描述的传统吗？答案显然是否定的。[①]因为根据葡萄牙人的记载可以得知，葡萄牙人最早在1512年就在当地见到使用当地文字符号记录的海图。1512年，在亚伯奎（Afonso de Albuquerque）致葡萄牙国王的一封信中，曾经提及他们在马六甲得到了一张来自爪哇水手的海图。该海图以爪哇文标记，图上含好望角、葡萄牙、巴西、红

---

* 李毓中系台湾地区"清华大学"历史所助理教授，吕子肇系台湾地区"清华大学"历史所硕士班研究生。

感谢陈国栋、Pierre-Yves Manguin 教授的指导，同时对马德里海军博物馆（Museo Naval, Madrid）无偿授权清大人社中心进行高清原尺寸复制印刷出版，致以最诚挚的谢意。

本研究为 2015~2018 NSC-ANR Project-Maritime Knowledge for China Seas 之子计划。

① 东南亚历史上最早提及地图，当见诸《元史》"外夷三·爪哇"："（元军）得哈只葛当妻子官属百余人及地图户籍、所上金字表以还。"宋濂等：《元史》，鼎文书局，1976，第4667页。时至元三十年（1293年），然而当时爪哇地区是否有户籍、地图的概念，还是纯粹中国式的叙述，则尚待讨论。

海、波斯海、香料群岛等地。鉴于原图在海难中已佚失，而且与我们一贯熟知的史实有冲突，因此有专家主张该信中所述的海图只有部分参考了爪哇人的海图，也有人认为这可能是爪哇人在国际交流中自印度、阿拉伯商人处取得相关信息。①

16世纪之后，已发现的18世纪70年代的苏格兰制图者和1826年的出使暹罗的英国使节都曾提到，他们曾经参考、引用当地人制作的海图。因此，我们可以推断东南亚当地的人们本有其绘制海图的传统，只是后来东南亚地区历经英国、法国、荷兰、美国等国的殖民统治，或许因此造成文化传承的断裂甚至摧毁，故现今并没有留下丰硕的作品。②

虽是如此，但目前我们仍然可以勉强找到一些东南亚地区人民所描绘的海图。粗略可归类为三种。③一是北大年人使用的爪夷文（Jawi）海图（简称北大年海图），该古海图在1956年于印度被发现，海图上所使用的文字是以爪夷文书写的马来文。据信这张图是18世纪初期的产物，海图是以北大年山（Bukit Pattani）为中心绘制，故可以推断是北大年地区贸易兴盛时期的产物。二是与暹罗有关的海图（简称暹罗海图）。较早的一幅是18世纪的航海图。④另一幅则包含在1996年在泰国发现的地图中，其中一张以马来半岛地区为主的海图，专家判断制作时间大概在19世纪上半叶。⑤除了上述两种之外，第三

---

① 此处"部分参考"是引自Schwartzbergs所云："What Albuquerque probably meant to say was that the map in question, essentially a map of the then known world, was based *in part* on a Javanese map", Joseph E. Schwartzberg, "Southeast Asian Nautical Maps", in *The History of Cartography: Vol. 2.2: Cartography in the Traditional East and Southeast Asian Societies*. Chicago: University of Chicago Press. 1994, p. 828；"交流所得"是Reid所语："它的来龙去脉可能是这样：一位继承了爪哇人高超绘图技术的爪哇舵手……与中、印、阿拉伯人密切接触……不失时机了解［葡萄牙人］的航海知识，充实其海图；另一种可能是……与阿拉伯人，印度穆斯林交流，他们将葡萄牙的航海发现告诉他们。"参见安东尼·瑞德：《东南亚的贸易时代：1450～1680年（第二卷：扩张与危机）》，商务印书馆，2010，第50页。

② 安东尼·瑞德：《东南亚的贸易时代：1450～1680年（第二卷：扩张与危机）》，第49～53页；Joseph E. Schwartzberg, "Southeast Asian Nautical Maps", pp. 828.

③ Joseph E. Schwartzberg, "Southeast Asian Nautical Maps", pp. 829-831; Frédéric Durand & Richard Curtis, *Maps of Malaya and Borneo: discovery, statehood and progress: the collections of H.R.H. Sultan Sharafuddin Idris Shah and Dato' Richard Curtis*. Kuala Lumpur: Editions Didier Millet: Jugra Publications, 2013: 57-59.

④ 安东尼·瑞德：《东南亚的贸易时代：1450～1680年（第二卷：扩张与危机）》，第51页。

⑤ Santanee Phasuk, Philip Anthony Stott, and Princess Sirindhorn. *Royal Siamese maps: war and trade in nineteenth century Thailand*, Bangkok: River Books, 2004: 190-193.

种是武吉斯（Bugis）海图。根据学界的研究，该海图据信有 5 张以上，但目前仅有 2 张原图，可在学术机构中一窥其真面目，其中之一便是本文所要研究的马德里海军博物馆的武吉斯海图（Bugis Sea Chart）。

马德里海军博物馆的武吉斯海图（附于本文末）是笔者在清华大学人文社会研究中心"季风亚洲与多元文化"计划下支持下，在 2015 年 3 月间于西班牙马德里海军博物馆（Museo Naval）进行有关中国、东亚与西班牙相关档案调查时意外取得的。[①]这张海图据称是西班牙人十九世纪初征讨和乐（Jolo）群岛时，在当地海盗船上取得的，笔者在整理该馆所藏菲律宾及南中国海地图时，为这张海图的奇特书写文字符号所吸引。在本文作者之一的吕子肇的协助下，方知这是武吉斯语，目前仅有数百万人使用，海图上所使用的是属于该语拉丁化以前所用的龙塔拉文（Lontara script）。更重要的是马德里海军博物馆所藏的武吉斯海图，是世界上硕果仅存的武吉斯海图中的一张，甚少学者进行研究。笔者以清大人社中心名义向该博物馆申请高清图档，并获得该馆原尺寸复制出版的授权，同时也在陈国栋、柯兰教授所主持的"中国海海洋知识之建构"计划支持下，开始研究这张海图。[②]

一、武吉斯人及其西迁历史

要了解武吉斯人（Bugis）的海图，必须先了解武吉斯人的航海贸易发展历史。由于相关史料较为缺乏，以往有关南中国海的研究，比较着重在中国商人及中国帆船在东南亚海域的贸易角色，西方学者常会标榜 18 世纪的南中国

[①] 本文为叙述上的方便，以各幅武吉斯海图的收藏地点来命名。藏于西班牙马德里海军博物馆者称马德里海图，藏于荷兰乌特勒支大学者称乌特勒支海图，目前下落不明、最后一次出现在巴达维亚的海图称巴达维亚海图。

[②] 台湾地区"清华大学"人文社会研究中心近年来致力于西班牙有关中国及东南亚古文献的搜集与复制出版工作，目前已将西班牙塞维亚印地亚斯总档案馆（Archivo General de Indias）所藏的一张明嘉靖三十四年（公元 1555 年）印刷出版的《古今形胜之图》原尺寸复制出版，相关研究请见李毓中：""建构"中国：西班牙所藏明代〈古今形胜之图〉研究"，《明代研究》第二十一期，2013，第 1~30 页。

海为"中国人的世纪"(the Chinese Century)①,对同样扮演着重要角色的武吉斯人则有所忽略。

然而,安东尼·瑞德(Anthony Reid)、包乐史(Leonard Blussé)等学者的研究则显示,武吉斯人在马来世界(Malay World)中具有相当的影响力,有学者称18世纪的马来海(Malay Sea)为"武吉斯人的世纪"(the Bugis period)。②曾在台湾地区"中央研究院"亚太研究中心服务的日本学者太田淳指出,在东南亚贸易网络中,武吉斯人和中国人一样扮演重要的角色,相对于欧洲势力,其作用更为重要。③中国大陆学者许少锋注意到武吉斯人在东南亚历史中的重要性,他的研究显示,武吉斯人在18世纪的马来亚地区是优势族群,以雪兰莪为立足点,努力支配马来半岛地区,并持续与荷兰人相抗,阻止了荷兰人在马来半岛的势力渗透,而据有槟城、新加坡的英国人乘武吉斯人衰微之机,将势力渗入马来半岛。④冯立军则以马来半岛、婆罗洲东岸的三马林达(Samarinda)、新加坡为中心,介绍了武吉斯人在东南亚贸易网络中的壮大。在18世纪末以前,武吉斯人在马来半岛的扩张脚步甚快,直到后期其扩张方受挫于荷、英势力而逐渐衰微。即使如此,武吉斯人在19世纪上半叶新

---

① Leonard Blussé, "The Chinese Century: The Eighteenth Century in the China Sea Region," *Archipel*, 58 (1999), pp.107-129; Anthony Reid, "A New Phase of Commercial Expansion in Southeast Asia, 1760-1850" in Anthony Reid (ed.), *The Last Stand of Asian Autonomies: Responses to Modernity in the Diverse States of Southeast Asia and Korea, 1750-1900*, London: Macmillan Press, 1997, pp. 57-81; Anthony Reid, "Chinese Trade and Southeast Asian Economic Expansion in the Later Eighteenth and Early Nineteenth Centuries: An Overview" in Nola Cook and Li Tana (eds.), *Water Frontier: Commerce and the Chinese in the Lower Mekong Region, 1750-1880*. Singapore: NUS Press; London: Rowman and Littlefield, 2004: 21-34.

② Barbara Watson Andaya, Leonard Y. Andaya, *A History of Malaysia*. Basingstoke: Palgrave, 2001, p83;太田淳,"Illicit Trade" in South Sumatra: Local Society's Response to Trade Expansion, C. 1760-1800, pp. 5-6.马来海首见于16世纪葡萄牙历史学家 Manuel Godinho de Erédia(1563~1623)的著作,称之为"Malay Sea"。这区域一开始主要是马六甲王朝所统一的疆域,范围最初大约为今日的安达曼海东岸、马六甲海峡两岸、马来半岛东岸,之后马来世界向东南亚各地延伸,苏门答腊岛、爪哇岛、婆罗洲、苏拉威西岛、棉兰老岛等都在马来世界之内。其最主要的共同点是宗教上皆信奉伊斯兰教及以马来语为通用语。

③ 太田淳,"Illicit Trade" in South Sumatra: Local Society's Response to Trade Expansion, C. 1760-1800(南苏门答腊的"非法贸易":在地社会对贸易扩张之回应,1760~1800年),《台湾东南亚学刊》6卷2期,2009,第3~41页。

④ 许少锋:《略论十八世纪布吉斯人在马来亚的活动和影响》,《东南亚研究》1987年第1期。

加坡的对外贸易上依然是马来群岛最重要和最有价值的商人,在婆罗洲的航海贸易亦长期占有支配地位。在荷兰人的不断打压下,1847年望加锡自由港的开启,使得外来势力得以介入望加锡对外的航海贸易竞争,加上轮船、汽船等新时代工具的出现,加速了武吉斯人的全面衰弱。武吉斯人的贸易网络涵盖苏拉威西至马来半岛一带,尤其18世纪至19世纪上半叶是其航海贸易最为活跃的时代,对于东南亚岛际贸易有着极大的影响力。①

实际上,武吉斯人(Bugis)是印度尼西亚的苏拉威西岛②之西南半岛上的民族。它也是东南亚有名的离散民族,受荷兰人1667年控制望加锡王国(Makassar)的影响西进迁徙,散布在东南亚各地。"武吉斯"是一个笼统的名称,用来泛指苏拉威西岛的西南半岛上的主要四个族群:西南角为望加锡(Makassar),中部连接东西方的为武吉斯人,曼达尔人(Mandar)位于西北角海岸,托拉查人(Toraja)则居住在北部山区。这四个不同的族群在逐渐伊斯兰化后,产生了文化上相互涵化的情形,使得族群的界线越来越难区分,又在长期的往来与融合后,产生望加锡-武吉斯人的名称,借以称呼分不清的两个族群。后来由于武吉斯人的人数在这两个语言文字较为接近的族群中取得更大的优势,当地穆斯林离开该地后,一般都会对外宣称自己是武吉斯人。被泛称为"武吉斯人"所使用的龙塔拉文,便是本文所要讨论的马德里海图上所使用的文字符号。③

这些离开原乡的武吉斯人在东南亚是极为有名的离散民族。由于其迁播遍至东南亚沿海各地的关系,其语言成为东南亚地区马来语以外的最重要贸易语。④除此之外,因为武吉斯人尚武,追求荣誉,同时为人好客、重视朋友、守信重诺,使得其文化发展亦有相当的成就。⑤武吉斯人上至大国、下至部落无论强弱都有编年史的传统,甚至还编有比印度史诗《摩诃婆罗多》还长的创世史诗《加利哥的故事》(*La Galigo cycle*)。⑥由于武吉斯人让外界有着尚武、

---

① 冯立军:《试述17~19世纪武吉斯人航海贸易的兴衰》,《世界历史》2009年第6期。
② 苏拉威西岛(Sulawesi)旧译西里伯斯岛(Celebes)。
③ Christian Pelras, *The Bugis*, Blackwell Publishers, 1996: 12-15.
④ *A vocabulary of the English, Bugis, and Malay languages* (containing about 2000 words), The Mission Press, 1833. p. III.
⑤ Christian Pelras, *The Bugis*, p. 4.
⑥ Christian Pelras, *The Bugis*, pp. 30-34.

擅长航海贸易的海洋民族印象，因此东南亚人甚至欧洲人有将他们比同于海盗的偏见。事实上，武吉斯人一直以来都是农耕民族，直到望加锡受到荷兰人重创以后，他们才开始大规模出海扬帆。只不过他们直到第二次世界大战前仍大规模地驾着双桅帆船（Pinisi schooner）穿梭在东南亚各海域，给人留下深刻印象①，误以为武吉斯人自古以来便是一个驰骋于海洋的民族。②

　　武吉斯人的发展历史与大航海时代的欧洲人来到东南亚息息相关。自 1511 年葡萄牙人占有马六甲后，数个伊斯兰港市如马来半岛的北大年、柔佛（Johor），苏门答腊北部的亚齐、婆罗洲南部的马辰（Banjarmasin）、爪哇的德马克（Demak）便相继迅速崛起，同时也增加了这些地区的彼此联系。因此，葡萄牙人皮雷斯（Tome Pires）在其著作中提到，马六甲城里有一些来自望加锡群岛（Macassar islands）的商人。③但葡萄牙人注意到该地方的贸易潜力，却是直到 16 世纪中叶以后的事情。在这一时期，苏拉威西岛西南方的果阿-塔罗（Goa-Tallo'）双政权合并，外人称其为望加锡王国。该王国通常由果阿统治者担任国王，主导半岛上的战争事务，塔罗的统治者则通常担任大臣主导其外交和贸易。这种巧妙的安排最后促使了望加锡王国的崛起。④再加上该国的地利之便，农业与海洋贸易均衡发展，使得他们在苏拉威西岛西南半岛上的动乱中得利。后来又获得马来社群与葡萄牙人的支持，并与其他海洋贸易势力如柔佛、马辰、德马克往来密切，特别是特纳第王国（Ternate），大大地提升了望加锡王国在东南亚海域的影响力。

　　十六世纪望加锡的整体发展，主要是从 1547 年左右统一苏拉威西岛南部开始，其间望加锡并吞了周围的大小王国、港市，与半岛东北武吉斯人的玻尼王国（Bone）爆发过三次大规模的战争，1565 年以和谈收场。在此之前，苏拉威西岛已逐渐接受伊斯兰教，自 1525～1542 年，苏拉威西岛东北部诸王国已经普遍成为伊斯兰势力控制的地区，但南苏拉威西岛则因为当地人极好野猪腊肉、生食鹿肝、棕榈酒等食物，以及希望保持其传统信仰而抗拒伊斯兰教，

---

① 武吉斯人的这种双桅帆船其实到 20 世纪初才开始发展起来，且从 19 世纪末开始演变至 20 世纪 30 年代间才定型，见 Christian Pelras, *The Bugis*, p. 4。
② Christian Pelras, *The Bugis*, p. 3.
③ Tomes Pires, *The Suma Oriental of Tomes Pires: An Account of the East, from the Red Sea to Japan*, trans. Armando Cortesao, London: Hakluyt Society, 1944: 326-327.
④ Christian Pelras, *The Bugis*, pp. 114-116.

直到1600年，当地王室才开始接受伊斯兰教，而望加锡王国到1607年才皈依伊斯兰教。自此之后，它积极对外发动当地人称之为伊斯兰战争（the Islamic Wars）的一系列战役，最后几乎将伊斯兰教推广到了整个南苏拉威西地区。①

望加锡王国起初并不是该海域的主要贸易势力，王国的对外贸易大部分由马来人、班达人及爪哇人的船队组织，他们主宰着苏拉威西岛的香料贸易。与此同时，荷兰人在爪哇地区设立了殖民据点，甚至垄断了整个东南亚南部的贸易航线；另外，葡萄牙人所在的果阿也在这段时期开辟了一条由摩鹿加群岛前往马六甲的直接航线，加强了对南苏拉威西东西岸沿海地区的控制，使得其他贸易商人选择避开其南部的航线，转往北部的航线。爪哇海上商业势力因荷兰人的拓展，大受打击，继而转向陆地贸易，于是，望加锡王国的商船逐渐在东南亚海域崭露头角。②

此时期望加锡王国的对外态度是较开放的，对欧洲人及其基督教亦相当友善，曾有两位王子跟随葡萄牙传教士到巴黎大学学习并取得学位。许多信奉伊斯兰教的望加锡贵族甚至会葡萄牙语、法语与拉丁语。③因此，当1641年马六甲落入荷兰人手中后，大批葡萄牙人便逃往望加锡王国。④与此同时，其他的欧洲势力如英国、丹麦、法国等国，也陆续在当地建立商馆。定居该地的葡萄牙人与一般人通婚混血，也与望加锡商人联盟合作，与贵族来往，甚至嫁娶，成为该王国的高级官员。他们给望加锡王国提供火器、火药，传播欧洲防御工事、火器、数学、天文、地理学与地图学的知识，其中一些还翻译成当地文字。⑤

望加锡人积极学习西欧的科技知识，著名大臣 Karaeng Pattingalloang（1600~1654）便是一个地理知识爱好者。他除了收集地图外，还收藏丰富的西班牙文、葡萄牙文等外文书籍，甚至还有中文地理籍册。更令人吃惊的是，Karaeng Pattingalloang 学习了西班牙语、英语、法语、拉丁语、阿拉伯语等多种语言，精通葡萄牙语，从英国订购了书籍、地图、地球仪，还有一台伽利略

---

① Christian Pelras, *The Bugis*, pp. 124-138.
② Christian Pelras, *The Bugis*, pp. 138-141.
③ Christian Pelras, *The Bugis*, p. 128, 138; Andi Zainal Abidin, "Notes on the Lontara' as Historical Sources", in *Indonesia* No. 12 (Oct., 1971), p. 159.
④ 当地的葡萄牙社群高达3000人，请参见 Christian Pelras, *The Bugis*, p. 141。
⑤ Christian Pelras, *The Bugis*, p. 141.

望远镜。①著名的西班牙传教士闵明我（Domingo Fernandes de Navarrete）在其《上帝许给的土地：闵明我行记和礼仪之争》中，提到他在1657～1658年取道印度洋返欧而落脚望加锡传道期间，曾经见过这些欧洲地图及书籍。②望加锡人与欧洲人的密切往来，使他们在军事技术上遥遥领先其他东南亚人，也为他们日后驰骋东南亚海域进行贸易打下基础。

1615年，荷兰人向望加锡王国提出了贸易垄断的要求，当时国王回应道："神创海陆，地归诸人，海洋公有"③，进而拒绝了荷兰人的要求。双方的贸易冲突使他们在1634年起开始交战，1637～1653年，望加锡王国将其活动重心收缩回本岛，介入玻尼的内争，并趁机将玻尼置于其下，引发玻尼人强烈的不满。荷兰人积极寻找报复望加锡王国的机会，1655年协助反抗望加锡王国的势力，攻打望加锡，1660年取得胜利，迫使望加锡王国签约。之后玻尼贵族与荷兰人结盟，1666年玻尼从陆地、荷兰人从海上，同时围攻望加锡城。次年，望加锡王国求和签约，接受荷兰人所开出的垄断贸易的要求，同意不再禁止其涉足香料贸易，并将葡萄牙人驱逐出望加锡王国，拆除所有军事防御设施等。④

荷兰人禁止望加锡王国往东经营香料贸易，他们只能向西迁徙，开始向外发展，探索海洋。与此同时，武吉斯人大量移入望加锡，成为望加锡的重要社群，望加锡成为望加锡人、武吉斯人对外贸易、冒险的根据地。被外界统称为"武吉斯人"的团体迁入爪哇等地，继续对抗荷兰人，边战边走，陆续迁播至苏门答腊、马来半岛、暹罗等地，甚至到了廖内群岛地区，最终掌控了柔佛王国的朝政，进入整个马来半岛周围地区。⑤1722年，武吉斯人击败米南加保族，取得马来半岛霸权，直到1784年在长期争斗中落败为止。⑥因此，可以这么说，18世纪是武吉斯人在马来半岛地区最为活跃的时代。

---

① Anthony Reid, "Pluralism and progress in seventeenth-century Makassar" in Tol, Roger, Kees van Dijk and Gregory Acciaioli. eds., *Authority and enterprise among the peoples of South Sulawesi*, Vol. 188 (KITLV Press, 2000), pp. 60-61; Leonard Y. Andaya, *The heritage of Arung Palakka: A history of South Sulawesi (Celebes) in the seventeenth century*, Hague: Martinus Nijhoff Publishing, 1981: 39.
② 闵明我：《上帝许给的土地：闵明我行记和礼仪之争》，大象出版社，2009，第68页。
③ Christian Pelras, *The Bugis*, p. 141.
④ Christian Pelras, *The Bugis*, pp. 141-143.
⑤ Christian Pelras, *The Bugis*, pp. 143-145.
⑥ 有关马来半岛地区的武吉斯人势力的发展和变化，请参见许少锋：《略论十八世纪武吉斯人在马来亚的活动和影响》，第89～95页。

从望加锡王国历史与武吉斯人的崛起过程看，除了信仰伊斯兰教使得他们较容易加入东南亚的伊斯兰贸易网络外，望加锡王国与欧洲人的互动为这一族群的整合带来决定性的改变，望加锡王国对外采取比较宽容友善的态度，使得他们与葡萄牙人有密切的互动，其贵族阶层掌握欧洲语言亦方便于获知先进的知识与技术，由此提升的军事技术更让他们得以在东南亚海域的竞争中享有优势。由于他们对欧洲地理学知识的喜好与吸收，长期累积起来了南中国海的地理知识，这最终使他们能够以欧洲海图为底图进行模仿，制作出流传至今的"武吉斯海图"。

二、现存的武吉斯海图

目前人们所知的武吉斯海图有五种，但可以见到的仅存两幅，一幅是在西班牙海军博物馆，另一幅则是在荷兰的乌特勒支大学。其他三幅原图已佚失，只留下相关资料。一幅在巴达维亚。①该图的真品最后一次面世是在第二次世界大战前的1935年，其后只在书本上留下复刻的较原图尺寸小许多的单色海图，已无法一窥原貌。另两幅海图曾被有相关的研究文献提起，分别收藏在伦敦的威廉·马尔斯登图书馆（Library of Willem Marsden，1764~1838）及荷兰的荷兰圣经学会（Dutch Bible Society）。然而这两处机构已经不存在，因此也无从寻找这两幅武吉斯海图的踪迹。三幅"失踪"的武吉斯海图中，最有可能被寻获的是巴达维亚的那一幅，或许还存在印尼国家博物馆或国家图书馆，因为原收藏该图的巴达维亚艺术与科学学会（Batavian Society of Arts and Sciences，1778~1962）在1950年印尼独立后便由新政府接管，更名为印尼文化协会（Lembaga Kebudayaan Indonesia/Indonesian Culture Council）。1962年，协会转型为中央博物馆。1979年，又按当时教育及文化部命令更名为国家博物

---

① 巴达维亚武吉斯海图还有变体，安东尼·瑞德在《东南亚的贸易时代：1450~1680年（第二卷：扩张与危机）》第52页的插图10中曾展示其中一幅标有航线及不同目的地货运成本的武吉斯海图。该图与巴达维亚海图是同一版本，其上以拉丁字母取代龙塔拉文，地名甚少，加上了航线、航运成本价格等。较清晰版本可见 Gene Ammarell, *Bugis Navigation*（New Haven：Yale University Southeast Asia Studies. 1999）所附图1.4。俱引自 Philip O. Lumban Tobing, *Hukum pelayaran dan perdagangan Amanna Gappa*, Ujung Pandang：Yayasan Kebudayaan Sulawesi Selatan, 1961.

馆。另外，曾经一度存在的印尼官方网页指出，1989 年国家博物馆所存的有关东方文献，当年转移至国家图书馆保存。总之，1962 年后，巴达维亚艺术与科学学会的藏品一分为二，落入印尼国家博物馆（Museum Nasional/National Museum）及国家图书馆（Perpustakaan Nasional Republik Indonesia/National Library of Indonesia）的手中。①故若要寻找巴达维亚的武吉斯海图下落，必须在这两个印尼官方机构中搜寻。

现今对武吉斯海图研究比较重要的两位专家，一位是美国明尼苏达大学荣誉退休教授、地理学专家约瑟夫·施瓦茨贝里（Joseph E. Schwartzbergs，1928～），在其大作《制图史》（The History of Cartography）中曾有专章讨论东南亚海图，他提到 1984 年 9 月曾前往马德里海军博物馆调阅该海图，但当时该海图正在进行修复工作，因此无法对其进行研究。②至于巴达维亚海图以及该图后来的情况，他似乎并不清楚。

根据约瑟夫·施瓦茨贝里的介绍，荷兰的人类学家 Charles Constant François Marie Le Roux（1885～1947）对三张武吉斯海图即乌特勒支、马德里及巴达维亚海图的研究最有系统、最为详尽。前两张海图原收藏在荷兰及伦敦，已确定佚失，就是 Le Roux 在各种文献的字里行间发现的，实际上早在 1935 年，Le Roux 就已经找不着这两张海图。Le Roux 的研究成果主要是在语言学家 Anton Abraham Cense 的帮助下，解读前面提及的乌特勒支、马德里及巴达维亚三张海图，藉由地图中龙塔拉文的地名进行相关的研究讨论。③或许是缺乏马德里海图的足够信息，以致他们当时无法研判该图制作的确定时间④，职是之故，有关马德里海图的研究仍有待进一步拓展。

三张海图的来历除乌特勒支海图来历不明外，另两张都有一个共同点，即与所谓的"海盗"有关。来自海军长官手中的马德里海图，其实是十九世纪初驻菲律宾的西班牙海军在扫荡苏禄群岛（Sulu）和乐岛附近的摩洛人（Moro）

---

① Scholarly Society Project, sponsored by University of Waterloo Library, "Batavian Society of Arts and Sciences", 06 October 2013, http://web.archive.org/web/20131006034743, http://www.scholarly-societies.org/history/1778bgkw.html .
② Joseph E. Schwartzberg, "Southeast Asian Nautical Maps", p. 832.
③ C.C.F.M. Le Roux, "Boegineesche zeekaarten van den Indischen Archipel", in Tijdschrift van het Koninklijk Nederlandsch Aardrijkskundig Genootschap, 2nd series. 52（1935）, pp. 687-714.
④ Joseph E. Schwartzberg, "Southeast Asian Nautical Maps", pp. 832-833.

海盗时，在其船上的一根竹管内寻获的。该图随后由一名奥古斯丁修会的神父转赠给该驻地长官 Cayetano Gimenez Arechaga，最后在 1847 年由该长官军捐给马德里海军博物馆收藏至今。① 巴达维亚海图则是荷兰人 1859 年在苏门答腊南部新格岛（Singkep）的海盗村中所得。②

至于三张海图的制作时间及流传年代，仅知乌特勒支海图为 1816 年，巴达维亚海图为 1828 年，马德里海图，由于图上找不到任何年代的记载，该图在 1847 年捐赠给西班牙海军博物馆收藏，可视为海图制作年代的下限，初步判断是 18 世纪末至 19 世纪初所制作。③ 但即使前两者海图上记有年代，也无法判断该海图究竟是初版？还是武吉斯人不断流传使用的传绘版？因此，这三幅海图仅仅可以作为我们研究 18 世纪武吉斯人海上活动范围，以及他们有关南中国海地理知识的研究参考。

至于尺寸大小，西班牙海军博物馆所藏马德里海图尺寸为 72cm×90cm，与乌特勒支海图（76cm×105cm）和巴达维亚海图（75cm×105cm）相比，三者大小接近，但马德里海图略小。三者材质皆为犊皮纸（Vellum），马德里和乌特勒支的绘墨都有黑、红两色。三种海图都以北方为上方，其描绘范围与今日东南亚的地理空间大致相同。海图的北方绘有亚洲大陆东南亚的南部，包含缅甸（巴达维亚海图无）、暹罗、中印半岛南部等地；岛屿东南亚部分则有今日的除巴布亚新几内亚以外的马来半岛和所有马来群岛岛屿，西起苏门答腊岛（乌特勒支海图上有安达曼——尼科巴群岛），东至菲律宾群岛、摩鹿加群岛。所以可以说，从三幅武吉斯人在海图上所选择记下的地名与分布，我们可以观察出其族群的发展历程。

如同其他的武吉斯海图一般，马德里海图的制作应该也是参考了过去的欧洲海图。例如海岸线的描绘方式还有相当明显的波特兰型海图（Portolan chart）中呈放射状的方位线等。此外，图上还保留有测量水深的阿拉伯数字、比例尺以及象征欧洲人势力的荷兰东印度公司小三色旗，可看出武吉斯人与欧洲人长期接触，进而模仿欧洲海图进行绘图的痕迹。这些也都可以在乌特勒支

---

① Ministerio de Defensa, *El mapa es el territorio: cartografía histórica del Ministerio de Defensa*, Madrid: Imprenta Ministerio de Defensa, 2014, p. 140.
② Joseph E. Schwartzberg, "Southeast Asian Nautical Maps", pp. 828-838.
③ Joseph E. Schwartzberg, "Southeast Asian Nautical Maps", p. 834.

海图或巴达维亚海图上找到同样的特点。最能证明这一点的莫过于马德里海图所绘的菲律宾岛屿部分。因为相对其他地方的描绘，菲律宾群岛几乎未标记地名，但却画的比较详细。故此，我们认为马德里海图的完成，武吉斯人是凭借外来的海图来作为他们绘制海图时的依据。不过，马德里海图还是保有武吉斯人当地的地图绘制传统。例如在海图上可以见到武吉斯人自己绘制山岳的独特方式，这些山岳的形状与前述提及的"北大年海图"有些类似，但与欧洲海图上传统绘山的方式截然不同。①

整张地图地名的分布，关于武吉斯人的发源地苏拉威西岛的记载特别详细。以该岛的四个方位来比较，东边及北方的地理名称标记较稀疏，西边与南方的较密集。这可能是荷兰人限制他们不得往东贸易的历史结果。而该海图还有一特点，即作为航海时判断方位的山岳在这一带附近的岛屿上最多也最密集。然后往西到爪哇南北岸、苏门答腊东岸、马六甲海峡两岸，武吉斯人注记的地名都相对较多。但一旦越过了传统认知马来族群的分布边界以后，譬如越过克拉地峡的宋卡、北大年后，地名也就开始变得稀少。这也正好与关于武吉斯人活动海域的现有研究吻合。

另外，如前面已提及的，从马德里海图可以看出荷兰人控制了爪哇北部与婆罗洲之间的爪哇海南部海域，武吉斯人则保有了北部航线。婆罗洲南部地区的地名记载相当详细，而婆罗洲北部的地名则相对稀少。爪哇北部插遍代表荷兰东印度公司的三色旗，象征荷兰人在此地区的控制实力。而从地图爪哇岛上所标注的地名相当稀少来看，武吉斯人对此地区的贸易并不积极，尽管事实上爪哇商业繁荣且人口也相当稠密。

较为特别的一点是，虽然这幅图是在菲律宾南方的穆斯林摩洛海盗船上获得的，但整个菲律宾群岛仅在伊斯兰化的苏禄群岛与棉兰老岛有较多标记，其余地方除马尼拉处标有模糊不清的地名以及插有一支荷兰东印度公司标志的小三色旗外，几乎没有任何标记。可见该图的持有人或使用者与马尼拉的联系并不多，甚至可能连西班牙人所用的旗帜亦未见过，因此只好以荷兰旗帜代替表示吕宋岛一带为西方势力所拥有。这一点正好反映出 18 世纪末西班牙人势力

---

① Frédéric Durand & Richard Curtis, *Maps of Malaya and Borneo: discovery, statehood and progress: the collections of H.R.H. Sultan Sharafuddin Idris Shah and Dato' Richard Curtis*, p. 59.

对于苏禄群岛的影响仍相当有限。

三、马德里海图上的马来半岛

下面笔者以马德里海图上的显性地理信息即这张地图上所记载的地名，以马来半岛周边为范围，就武吉斯人在马来半岛海图上所标记的地名，来分析他们标记这些名称的动机，以及连接该标记与他们在马来半岛发展时的关系。这有助于我们对武吉斯人在马来半岛活动历史的了解，并可就此海图的完成时间展开较为精确的年代推论。

在马来半岛东岸，海图记载如下地名：

Sa-go-ra：Sanggora 或 Songkhla，即宋卡

Pa-te-ni：Patani，即北大年

Ka-nra-ta：Kelantan，即吉兰丹

Ta-ra-ga-no：Terengganu，即丁加奴

Ri-da：Redang，即乐浪岛

Ti-go-ra：Tenggol，即丁荛岛

Pa-ha：Pahang，即彭亨

Da-li-ka-ba-ra：？

Ti-ya-ma：Tioman，即刁曼岛（苎麻山）

Pa-ma-ga-la：Pemanggil，即柏曼基岛

Pulo Tigi：Pulau Tinggi，即丁宜岛（将军帽）

Ri-a-o：Riau，即廖内

依据地图上的注记，马来半岛东岸自北而南有宋卡、北大年、吉兰丹、丁加奴、彭亨等地。基本上，这些地点的坐落位置皆无误。另外在海岸外注记有乐浪岛（Pulau Redang，三角屿）、丁荛岛（Pulau Tenggol，斗屿）。通常它们亦是中国针路会标记的岛屿。由此可见，这两个岛很早便是东海岸航行南来北往丁加奴地区时必须辨识的岛屿，因此被注记在马德里海图中，证明这张图是具有航海实用性的。

但是有一点令人不解。一般海图在北上海路进入丁加奴河口都会注记，甚

至连中国针路亦有标记的棉花屿（Pulau Kapas），武吉斯人却没有写上地名。事实上，约在 1708 年建国并逐渐发展成东海岸重要势力的丁加奴王国与柔佛王朝关系密切，在随后近一个世纪里，它全力协助柔佛马来王室对抗朝廷里的武吉斯人势力。虽然后来一度中衰，但是在 1819 年前依然是相当重要的港口。按理这时期的海图不太可能会忽略标记如此重要的河口。但是马德里海图中却没有棉花屿的信息，或许只能理解为持有这张图的武吉斯人可能无意进入丁加奴，或是认为无须纪录。

海图上彭亨的地方有一段文字为 Da-li-ka-ba-ra，乌特勒支海图上该处并没有任何文字，笔者尚未理解其意义。因此，若能解出其地名，或许可以了解此地图的使用者其航海活动空间的特殊之处。如果按岛屿、海湾与河口位置比对，该地区比较大的河流有兴楼河（Sungai Endau），据 1894 年出版的《英属马来亚事典》（*A descriptive dictionary of British Malaya*）"Sungai Endau"条[①]，1838 年以前该地曾经被一个海盗占据，作为经营奴隶买卖的市场，名为 Kassing。今日此村落仍在，为丰盛港（Mersing）下属一个无名小村落。另外，彭亨以南与柔佛之间的地带，今日仍然是马来西亚原住民的主要集中地，若是按同书"Jakun"条[②]，则可以了解该地的原住民过去经常遭掠捕后转贩卖为奴。[③]

再往南为苎麻山（刁曼岛）、将军帽（丁宜岛），也是中国针路自古经常会提到的地理标志。惟独柏曼基岛并非针路上较重要的标识岛屿。[④]然后从这个海域再往南，就进入今日新加坡岛周围的海域。这里是柔佛王国版图的中心，也真正是属于武吉斯人的势力范围。但较特别的一点是，自马六甲陷落于葡萄牙人之手后，柔佛成为该区域的主要势力，对周边的小土王皆有影响力；而在 18 世纪随着柔佛朝政落入武吉斯人手中，它又成为武吉斯人在马来半岛发展的主要据点。但在马德里海图中却没有标上柔佛，而只有廖内、林加（Li-ga：Lingga）等岛屿。唯一可能的解释便是马德里海图的持有者与掌控柔佛王朝的

[①] Nicholas Belfield, Dennys, *A Descriptive Dictionary of British Malaya*, London: London and China Telegraph Office, 1894, p. 879.
[②] Jakun 即马来半岛上其中一支原住民；掠捕者不局限于海盗，多为马来人。
[③] Nicholas Belfield Dennys, *A Descriptive Dictionary of British Malaya*, p. 166.
[④] 此岛并未被命名，但其特征是坐落在苎麻山和东西竺的中间，查遍《郑和航海图》、《岛夷志略》等古籍，皆未见到此岛的古名。

武吉斯人没有太多的联系，甚至可能是不同的派系，因此对于柔佛的信息避而不提。

值得一提的是，马德里海图上并未标有新加坡。这可以作为我们判定该海图最晚完成年代下限时间的依据之一。因为若是晚于19世纪20年代英国人史丹福·莱佛士（Thomas Stamford Bingley Raffles）自当地苏丹手中获得该地治理权，马德里海图可能会标上英国人的旗帜，或注记上新加坡的地名。不过，或许也可能如同上一段在柔佛部分已提及的，在和乐群岛活动的武吉斯人与马来半岛的武吉斯人往来并不频繁，信息的取得也不及时，以致地图上未注记新加坡。所以，目前暂时推定此图完成于1819年之前。

海图记载马来半岛西岸的地名有：

Ja-go：？

Ka-da：Kedah，即吉打

Pu-lo Pi-na：Pulau Pinang，即槟榔屿

Pu-lo Ta-la-la：Pulau Talang（中文名称未知）

Pe-ra：Perak，即霹雳

Pa-ka-ro：Pangkor，即邦咯岛

Pu-lo Sa-bu-la：Pulau Sembilan，即九洲

Sa-la-go-ro：Selangor，即雪兰莪

Ta-na-da-to：Tanah Datok 推即今日森美兰（Gunung Datok）西方邻近处

Nga-la-ka：Melaka，即马六甲

Pu-lo Ba-sa-ra：Pulau Besar，即五屿

Ka-ta-pa：Ketapang，在今马六甲（Tanjung Mas）西方邻近处

Pa-da：Padang，即今日柔佛麻坡附近

马来半岛西岸最北边可辨识者为吉打，至于 Ja-go 所指何地，则有待进一步研究。历史上，吉打向来与北大年皆以陆路相通，纬度也相当。但海图上吉打的位置比起北大年还要偏北，显见当时武吉斯人对于此地区的了解仍是存在着许多未经实际考察的信息。这种现象可以和下方今日称之为霹雳（Perak）的王国被绘为岛屿的现象一起作为参考。从17世纪中期荷兰地区出版的海图以及模仿荷兰海图制作的地图可以看出，霹雳河口地区都特别绘成一个岛屿，可自18世纪中叶起尤其是18世纪末，随着海图绘测技术的进步，这个失真的岛

屿已逐渐消失而被绘为陆地的一部分。

Pulau Talang 在今日已经是不重要的岛屿，即使在当代当地的地图上也不常被标识出来。不过，在 18 世纪，尤其是英国人绘制的海图却常常将此岛标记出来，或许是英国人在某段时期作为其海上航行时辨识岛屿之用，而此航线亦是武吉斯人传统上使用的路线。

Selangor 即雪兰莪，是武吉斯人于 1743 年建立的王国。这里原本无强大的统治者，但自柔佛王国引入武吉斯佣军后，这些人在马来半岛落地生根，甚至发展出更强大的势力，反而独立自成一国。而从马德里海图标有雪兰莪这一点来看，该图的完成时间必然是在 1740 年代以后。

Pulau Sembilan 即马六甲海峡霹雳河口外的九洲或九州，《郑和航海图》中也可以看到它。Pulau Besar 即五屿，在马六甲南边，《郑和航海图》上虽没有命名，但可见到此岛，位于毗宋岛之北。而《瀛涯胜览》"满剌加国"条称："此处旧不称国，因海有五屿之名"，故笔者将此岛注为五屿。①

Melaka 即马六甲，由于无法确认此图的确实年份，目前仅能推论此时期马六甲城可能在荷兰人或英国人手上。自 1795 年至 1818 年这段时期，因拿破仑战争荷兰王室流亡英国，将其殖民地交托英国代管，1825 年以后英荷签约，马六甲正式归英国所有。

Tanah Datok 标记在雪兰莪王国和马六甲城之间，在 18 世纪该地属于米南加保族（Minangkabau）势力范围，今称森美兰（Negeri Sembilan）。其字义直译为"九州"。九州的由来，与米南加保人在马来半岛拓展有关，为对抗武吉斯人，1773 年米南加保人九个部落推举出共主，成为一国。因没有国号，便以森美兰为名。到英国人在 1897 年筹建马来联邦（Federated Malay States）时，统一的米南加保各部便引用此古名，赋予该行政地区一个共同的名称。此外，森美兰地区的米南加保人 1773 年所立的共主 Raja Melewar 是自苏门答腊米南加保原乡请来的米南加保皇族，定都在今日森美兰的神安池（Seri Menanti）。而神安池旁有座当地最高的山，今称 Gunung Datok。米南加保在其苏门答腊的发祥地为 Luhak Tanah Data，亦是其王都所在地，是他们最重要的三个"州"

---

① 马欢：《明钞本〈瀛涯胜览〉校注》，北京：海洋出版社，2005，第 37 页。

（Nagari）之一。由此推敲，Ta-na-da-to 应该便是 Tanah Datok，即森美兰。①

Ketapang 今已无闻，当地尚存一村。武吉斯人会记录这个地名的原因，最大的可能是武吉斯人的名王 Raja Haji 与荷兰人战斗时（1727~1784）在此阵亡。他是雪兰莪王国初代君主的王弟，当时柔佛-廖内王朝的实际执政者，既是政治家、军事家，也是历史学家、诗人、学者。他在带领武吉斯人与荷兰人斗争的过程中于 1784 年 6 月 18 日在此阵亡。②该役是武吉斯人与荷兰人在 18 世纪的斗争中的决定性战役，武吉斯人的势力从此开始衰退。或许是因为有如此重大的意义，马德里海图上才会将这里特别标记出来。

最后，Padang 则是在今马来西亚柔佛麻坡（Muar）附近。它在 19 世纪时曾经是一个繁华的地方。马来西亚新文学之父 Munshi Abdullah（1796~1854）于其 1849 年付梓的著作《阿卜杜拉自传》（Hikayat Abdullah）一书中，曾描述他在有生之年看到 Padang 遭受马来贵族摧毁，从繁华大镇荒废成为森林的过程。③马德里海图注记此地，可能与当地一支相当古老的武吉斯望族有关。该望族自称从马六甲王朝以来就已经居住在该地。但若追溯其历史，实际直到 1811 年，第一代来自苏拉威西的武吉斯人才真正展开他们对该地的统治。④

结　　语

西班牙马德里海军博物馆所藏的东南亚海图是一张东南亚当地民族武吉斯人所绘制的稀有海图。根据学者们的研究，包含马德里海图在内，至少曾有五张武吉斯人绘制的航海图，但留存下来尚能睹其风采的则仅剩马德里海图和乌特勒支海图，巴达维亚海图存有缩小的单色复印件及变体版

---

① Frédéric Durand & Richard Curtis, *Maps of Malaya and Borneo: discovery, statehood and progress: the collections of H.R.H. Sultan Sharafuddin Idris Shah and Dato' Richard Curtis*, pp. 138-139.
② Virginia Matheson and Barbara Watson Andaya, *The precious gift*（Tuhfat al-nafis）, Kuala Lumpur: Oxford University Press, 1982: 175.
③ Munshi Abdullah, *Hakayit Abdulla*. London: Henry S. King & co., 1874, pp. 269-272.
④ Tun Sheikh Engku Bendahara, "Tun Dr. Ismail Bin Dato' Abdul Rahman Wira Negara Contoh Pemimpin Tegas & Jujur Ke arah Perpaduan & Keharmonian", 21 August 2011, http://sejarah-tunsheikh.blogspot.tw/2011_08_01_archive.html（accessed by 21 May 2015）.

本，另外两张海图似乎已消失于某个档案馆或图书馆的浩瀚馆藏之中，难知其下落。

这些弥足珍贵的武吉斯海图，从其绘制风格来看显然是以欧洲的海图为基准，再融合东南亚当地传统的舆图知识而制成。由于缺乏相关文献的记载，后人对于这些海图辗转流传经过不甚了解。唯一遗留下来的信息是欧洲人在打击东南亚海盗时碰巧发现。本文所介绍的马德里海图，亦是西班牙人在敉平菲律宾南方苏禄群岛"海盗"时意外获得而保存下来的。

受限于笔者精力不足，本文仅就马德里海图有关马来半岛的部分进行探究。从该海图上的地理概念（如地名的选择）了解武吉斯人的世界观，从海图上不同地点的地名标记所呈现的疏密，检讨武吉斯人在西迁发展历史中与周遭势力的互动。以马六甲海峡东岸的 Ketapang、Padang、Tanah Datok 等地名与 1667 年以后武吉斯的发展历史做比较，可以看出武吉斯移民与荷兰、马来、米南加保族等势力之间冲突、妥协、融合、斗争等过程的历史活动痕迹。

此外，若进一步理解苏门答腊、爪哇、婆罗洲西部和南部的地理标志及武吉斯人在马来半岛的历史发展，从海图所示 Selangor 即雪兰莪来看，可以推定马德里海图完成的时间上限必然是在 1740 年以后。而从该图提及 1784 年武吉斯人的民族英雄 Raja Haji 的死亡时间、Padang 区始于 1811 年（一支武吉斯望族在此落脚繁衍的历史来推断），海图极有可能是 18 世纪末至 19 世纪初的作品。这张海图并未注明新加坡，笔者比较保守的推论是：此图完成时间或许早于 1819 年。

总而言之，本文根据马德里海图所留下来的信息，虽然暂时仍无法对于该图的年代鉴定提供确切的证据与判断，但就马德里海图中特殊的地名与其历史发展来看，大致可推断其为 18 世纪末至 19 世纪初的产物。即便目前学界尚未有足够的文献或研究成果可填补这段历史空白，但透过武吉斯海图的研究，仍有助于我们理解武吉斯人的历史，并藉由他们在东南亚各地历史发展的重要地位，以及他们对于海图绘制的独特知识、手法与海图上所标志的地名，了解当时南海地理与历史信息，更可理解武吉斯人对于建构马来海域地理知识的贡献。

A Study on the Bugis Sea Chart Collected in the Naval Museum of Madrid: Focusing on the Malay Peninsula

Li Yuzhong　Loo Cher Jau

Abstract: This paper uses the Bugis Sea Chart (referred to as "Madrid Sea Chart" below), a collection of the Naval Museum of Madrid (*Museo Navel de Madrid*), as the primary research object. By consulting the history of the Bugis people, we cross-referenced various Bugis Sea Charts to check and correct the toponymy of the Malay Peninsula on the Madrid Sea Chart. We deduced that it was an intellectual product of the Bugis people, created at some point during the period from the late 18th century to the early 19th century. Moreover, the content and drawing methods of the Madrid Sea Chart provided us a clearer idea about the Bugis people: their role in maritime trade in traditional Malay sea zones, the core aspects of their lives, and their contribution to the making of maritime geographical knowledge concerning Malay sea zones.

Key Words: the Naval Museum of Madrid; the Bugis Sea Chart; the Malay Peninsula; the late 18th century to the early 19th century

附：马德里海军博物馆藏武吉斯海图

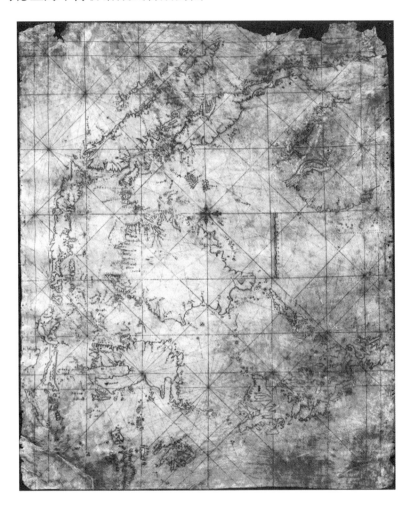

第二部分

多种类型，多重身份：15～17世纪前半期东亚世界国际贸易中的商人

李伯重*

全球史的兴起，是近年来国际史坛上值得注意的大事。这种"全球史"摒弃了以往"世界史"研究中那种以国家为单位的传统思维模式，主张基本叙事单位应该是相互具有依存关系的若干社会所形成的网络；全球发展的整体趋势，只体现在真正普适于所有社会的人口增长、技术的进步与传播、不同社会之间日益增长的交流三大过程之中；在这三大过程中，最重要的是"不同社会之间日益增长的交流"；彻底颠覆"欧洲中心论"；在考察一个由若干社会参与其中的历史时间的原因时，要充分考虑其发生的偶然性和特定条件性[①]。这种新的史学潮流出现后，在国际学界获得广泛的认同。

从全球史的视野来研究东亚世界的历史，是我们正确认识历史的重要方法。本文旨在通过对15～17世纪前半期东亚世界国际贸易中的商人的研究，跨越现在的国境，来了解当时东亚世界所发生的重大变化。

一、15～17世纪前半期、东亚世界、国际贸易

本文研究的对象是15～17世纪前半期东亚世界国际贸易中的商人。在这

---

* 作者系清华大学历史系教授。
① 刘新成：《全球史观与近代早期世界史编纂》，《世界历史》2006年第1期。

里，首先对本文所涉及的时间、地点和领域进行界定并做相应的说明。

（一）15～17世纪前半期

15～17世纪前半期，在中国是明朝中后期，在朝鲜则是李朝前期。为什么要选择这个时期作为本文研究的时段？这是因为在这个时期，经济全球化的伟大进程开始了。阿达（Jacques Adda）说："全球化经济诞生于欧洲，开始于15世纪末，是资本主义兴起的原因与结果。近几十年来以一体化体制出现的世界经济，来源于一个欧洲的经济世界，或者说是一个以欧洲为中心的经济世界。倘若没有日本的有影响力的发展，没有中国令人瞠目结舌的苏醒，人们还将今天的世界经济视为欧洲经济世界的延伸。"①

在欧洲人的"地理大发现"之前，亚洲就已形成了相当发达的国际贸易网络。阿布-鲁霍德（Janet Abu-Lughod）总结说，在13世纪及此前很长时期，阿拉伯海、印度洋和南中国海已形成三个有连锁关系的海上贸易圈：最西边是穆斯林区域，中间是印度化地区，最东边是中国的"天下"，即朝贡贸易区②。这三个贸易圈之间的联系虽然出现很早并且在不断加强，但是从大规模和经常性的贸易的角度来看，这种联系还不十分紧密。而欧洲与亚洲的经济联系，则更加疏松。到了15世纪末，欧洲人的"大航海时代"开始，欧洲和亚洲的经济联系有了突破性进展。费尔南德兹-阿梅斯托（Felipe Fernandez-Armesto）指出："13世纪中期以后，穆斯林中东衰落，三个新兴的中心——欧洲、印度和中国——成为以后250年来世界范围内最富活力和经济繁荣的地区。这三个地区制造并出口工业产品，如纺织品、武器、瓷器、玻璃以及金属器具等。就某些方面来说，穆斯林中东也可以排在第四位，但其实力则相对薄弱。"在这三个地区中，中国和西欧又是最重要的，但彼此之间却没有直接的贸易。因此，"从罗马时代开始，欧洲人就一直想打进世界最富庶的交易市场，但却一直难以突破，偏远角落的欧洲实在太穷。……哥伦布前往中国的计划，是一个有可能改变世界的扩张行动，到最后会使东方和西方的经济产生连结，进而整合成一个全球的经济体系"。

---

① 雅克·阿达：《经济全球化》，中译本，北京：中央编译出版社，1998，第7页。
② Janet Abu-Lughod, *Before European Hegemony: The World System A. D. 1250-1350*, Oxford: Oxford University Press，1989：251-253.

意义更为重大的是美洲的发现。费尔南德兹-阿梅斯托指出："1492年那一年，不只基督教国度改头换面，整个世界也脱胎换骨。……我们置身的现代世界绝大部分始于1492年，所以对于研究全球史某一特定年代的历史学家来说，1492年是很显而易见的选择，但实情是这一年却反常地遭到忽略。说到1492年，最常有的联想是哥伦布在这一年发现了前往美洲的路线，这可以说是改变世界的重大事件。从此以后，旧世界得以跟新世界接触，藉由将大西洋从屏障转成通道的过程，把过去分立的文明结合在一起，使名副其实的全球历史——真正的'世界体系'——成为可能，各地发生的事件都在一个互相连结的世界里共振共鸣，思想和贸易引发的效应越过重洋，就像蝴蝶拍动翅膀扰动了空气。欧洲长期的帝国主义就此展开，进一步重新打造全世界；美洲加入了西方世界的版图，大幅增加了西方文明的资源，也使得在亚洲称霸已久的帝国和经济体走向衰颓。"①

到17世纪中期，世界大部分地区已经被欧洲人发现并被纳入了全球贸易网络。因此，从15世纪至17世纪中期这两个半世纪被称为经济全球化进程的早期阶段，简称早期经济全球化阶段。

（二）东亚世界

经济全球化的开始，改变了整个世界。本文所说的"东亚世界"，也发生了天翻地覆的剧变。这里，我要对"东亚世界"这个概念做一说明。

"东亚"是我们今天最常见到的词语之一，但是"东亚"的范围则向无明确的界定。今日国际关系中所说的"东亚"，主要包括中国、日本、韩国三国；而在文化史研究中，"东亚"又往往是"儒家文化圈"的同义词②，即中、日、韩三国加上越南。这些说法自有其合理性，但也存在一些问题。例如，包括中国、日本、韩国三国的"东亚"，主要是为了区别于包括中南半岛和南洋群岛的"东南亚"，因此往往又被称为"东北亚"。然而，如果把今天的中、日、韩三国称为"东亚"的话，"东亚"就等同于"东北亚"了，越南、琉球

---

① Felipe Fernandez-Armesto，*1492：The Year the World Began*，Harper Collins e-books，2009。译文参照菲立普·费南德兹-阿梅斯托：《一四九二——那一年，我们的世界展开了！》，中译本，台北：左岸文化，2012，第8、216页。

② 因此之故，"儒家文化圈"也被称为"东亚文化圈"。

以及整个东南亚就被排除在外了。然而，更大的问题还在于中国：中国是一个"东亚"国家吗？

在领土和人口方面，中国都是一个无与伦比的巨大实体。费南德兹-阿梅斯托说，在近代早期的世界上，"中国是当时世界所知最接近全球超级强权的国家，比它所有可能的敌国加起来还要大且富裕。……1491年官方统计的人口数据不到六千万，绝对大幅低估了实际数字。中国当时可能有多达一亿人口，而欧洲全部人口只有中国人口的一半。中国市场及产量的规模与其人口成正比，庞大的经济规模使其他国家望尘莫及"①。史景迁（Jonathan Spence）说，到了明代后期的1600年时，"中国是当时世界上幅员最辽阔、人文荟萃的统一政权。其疆域之广，世界各国均难望其项背，当时俄国才开始形成统一的国家，印度则分别由蒙古人及印度人统治，墨西哥、秘鲁等古文明帝国则毁于疫疾肆虐与西班牙征服者。此时中国人口已逾一亿二千万，远超过欧洲诸国人口的总和"②。就今天的情况而言，中国的陆地面积东西跨越62个经度，南北达到49个纬度③，超过整个东南亚地区④和东北亚主要国家朝鲜和日本的面积总和。疆域广袤的中国，除了与我们今天所说的东北亚、东南亚相邻外，也与北亚（或内亚）、中亚乃至南亚接壤或者邻近。

在中国巨大的领土内，包含了自然条件迥异的地区。黄俊杰认为现在通常所说的"东亚"包括中国大陆、朝鲜半岛、日本、中南半岛等地，主要原因是这个地区的气候、温度等"风土"有特殊性，即属于和辻哲郎所区分的三种"风土"类型（季风型、沙漠型、牧场型）当中的"季风型"地域⑤。然而，中国北部（长城以北）和西北部（兰州以西）的广大地区，自然条件与中亚和内亚更加一致，属于干旱地域；西部和西南部的青藏高原以及云贵高原，大部分地区是高寒地域；东北部的自然条件则与今日俄国的远东地区相似，属于北亚

---

① Felipe Fernandez-Armesto, op.cit, 译文参照菲立普·费南德兹-阿梅斯托：《一四九二——那一年，我们的世界展开了！》，第217页。
② Jonathan Spence, *Search for Modern China*. New York: Norton. 1990：7，译文参照《追寻现代中国——最后的王朝》，台北：时报文化出版企业股份有限公司，2001，第15页。
③ 从东经73度到东经135度，北纬4度到北纬53度。
④ 今天的东南亚共有11个国家，即越南、老挝、柬埔寨、缅甸、泰国、马来西亚、新加坡、印度尼西亚、菲律宾、文莱和东帝汶，陆地总面积447万平方公里。
⑤ 黄俊杰：《作为区域史的东亚文化交流史》，《台大历史学报》2009年第43期。

寒冷地域。这些地区的"风土"与中国内地（亦称 China Proper）有很大差异。即使是在中国内地，虽然都属于和辻哲郎所说的"季风型"地域，但在中国的南方和北方之间也存在巨大的地域差别，以致布罗代尔（Fernand Braudel）认为这个差别如此之大，可以说是"两个中国"。如果再进一步，看看中国的南方，那么还可以发现：在自然条件方面，位于最南方的珠江流域与其说接近位于中部的长江流域，毋宁说更接近其南面的中南半岛。因此从这个意义上来说，中国不仅是一个东亚国家，同时也是一个东南亚、北亚和中亚国家，或者说是东部亚洲各地区（东北亚、东南亚、北亚、中亚）的集大成者。由于中国如此巨大和多样，因此中国与亚洲其他部分的交流，也具有全方位的特点，交流涉及的地区也各不相同①。

本文所研究的地区是亚洲大陆东部地区，包括今天所说的东北亚、东南亚和中国三个区域。为了避免误解，本文使用"东亚世界"这个名词来称之。

（三）国际贸易

所谓国际贸易，就是国家之间的贸易，对于一个国家来说也就是外贸。既然是国家之间的贸易，就不能不谈谈国家。

前面已经谈到，全球史研究的对象是"跨越国境的历史"。进行全球史研究，就必须摆脱"国家"的观念。今天的国家基本上都是民族国家，但是"民族国家"是一个近代的现象。在世界历史的大部分时间内存在的"国家"，并不是今天的"民族国家"。在早期经济全球化时代的东亚世界，除了中国、朝鲜、日本以及安南在一定程度上具有"民族国家"的特点外，其他地区的众多政权都不具备这样的特点②。至于在海上，那时也尚未有"公海"和"领海"的概念。因此，如果用今天的国家观念去研究那个时期的历史，就会导致对历史的误解。大概是出于这种理由，贡（Geoffrey C. Gunn）将前近代时期的亚洲

---

① 例如黄俊杰指出，中国与朝鲜或日本的交流活动，与其说是中、朝交流，或中、日交流活动，不如说是江浙地区与日本的交流，或是山东半岛与朝鲜的交流，更具有历史的实体性（黄俊杰：《作为区域史的东亚文化交流史》）。

② 例如在北亚和中亚，不稳定的游牧帝国占主导地位。在东南亚，则主要是一种被称为"曼陀罗国家"的国家形式。关于这种"曼陀罗国家"，参阅宓翠：《古代东南亚国家对中国朝贡原因探析》，《东南亚南亚研究》（昆明）2014 年第 1 期。

历史称为"无国界的历史"①。本文所研究的东亚世界国际贸易，就发生在这样的历史环境中。

国际贸易之所以不同于国内贸易，是因为涉及国际贸易的各国（或者领土政权），在经济政策、语言、法律、风俗习惯以及货币、度量衡、海关制度等方面都不相同。由于这些差异，进行国际贸易有诸多困难。例如，因为贸易主体为不同国籍，资信调查比较困难；因涉及进出口，易受双边关系、国家政策的影响；交易金额往往较大，运输距离较远，履行时间较长，因此贸易风险较大；除交易双方外，还涉及运输、保险、银行、商检、海关等部门；参与方众多，各方之间的法律关系较为复杂。因此即使在今天，国际贸易也比国内贸易更困难，同时商业风险也大于国内贸易。至于在前近代时期，情况就更为严峻了。

首先，在交通运输方面，连接东亚世界与外界的主要陆上交通线是著名的丝绸之路，一路上尽是高山、大漠、草原、荒野，大多数地方人烟稀少，许多地方人迹罕至，旅途极尽艰难。马可波罗行经罗布荒原时，从荒原的最窄处穿过也需要一个月时间。倘若要穿过其最宽部分，则几乎需要一年的时间。人们要过此荒原，必须准备能够支持一个月的食物。在穿越荒原的三十天的路程中，不是经过沙地，就是经过不毛的山峰。特别是帕米尔高原，沿高原走十二日，看不见一个居民。此处群山巍峨，看不见任何鸟雀在山顶上盘旋。因为高原上海拔高，空气稀薄，食物也很难煮熟。直到 17 世纪初，葡萄牙传教士鄂本笃（Benoit de Goes）沿着丝绸之路从印度经中亚来中国，旅程依然非常艰险。在翻越帕米尔高原时，发现由于天气寒冷，空气稀薄，人马呼吸困难，因此而致死者比比皆是，人们只有靠吃蒜、葱或杏干来抵御。他们经过了一段最恶劣的道路，在滕吉巴达克（Tengi-Badascian）山附近损失了大量财物和马匹，在翻越撒克力斯玛（Sacrithma）高山的时候又冻死了许多同伴。在与盗贼、火灾、山岭、风雪相争斗后，1603 年 11 月末，这支商队终于到达目的地——喀什噶尔（Cascar）的都城鸭儿看城。此时距鄂本笃等离开果阿东行，恰为一年。鄂本笃所带的马有六匹死于冻饿困乏②。

---

① 贡氏新出的一本书，书名即 *History Without Borders: The Making of an Asian World Region, 1000-1800*, Hong Kong: Hong Kong University Press, 2011.
② 盛丰、伇晓笛：《一次不平凡的远游——记 17 世纪初耶稣会修士鄂本笃的中国之行》，《西域研究》2002 年第 4 期。

陆路情况如此，海路成了国际贸易的另外选项。在亚洲东部海域，海上交通很早就已开始，但是由于造船和航海技术尚未取得重大进步，海船基本上只能做近岸航行。在东海海域，尽管中国和日本之间仅仅隔着黄海，向来称为"一衣带水"，但是直到唐代，中日之间的航行仍然充满风险。高僧鉴真大师东渡日本，启行六次，失败五次，第六次乘坐日本遣唐使船航行成功，但也备受艰难，海上航行历时两个月，而且同行的船只中，遣唐使藤原清河与学者阿倍仲麻吕乘坐的船先触礁，后又遇偏北风暴而漂至安南，全船180余人，死了170余人，仅藤原清河与阿倍仲麻吕等十余人幸免于难。

在南海海域，情况要好一些。但是也充满风险。东晋高僧法显在公元411年自狮子国（今斯里兰卡）归国，走的就是这条路线。他先乘船穿越马六甲海峡，绕行中南半岛，然后北上。他登上一艘返航的中国商船，在海上漂泊90日，抵达耶婆提国，停留5个月等候季风，后搭乘另一商人大船，启程返国，在海上颠簸了近三个月，最后才到达了今山东半岛的青州长广郡界。到了宋元时代，海上丝绸之路上的贸易有了重大进展，但是依然是一条风险很大的航路。

其次，前近代时期的世界上，各个国家（或政权）的领土往往没有明确的边界（即国界），因此出现许多管辖权不清的地方。不少地区在若干时期甚至没有国家（或政权）管治，成为政治管辖的真空地区。这种情况，使得国际贸易成为高风险的事业。

前近代时期国际贸易中的商品主要是价格昂贵的奢侈品。到了早期经济全球化时代，情况有所改变，但是如波多（Michael D. Bordo）等指出：16和17世纪的国际贸易的一个重要特征，是贸易的商品种类仍然主要集中于那些非竞争性的商品，特别是那些只有某些特定地区才能生产的地方特产[①]。由于这些商品的特殊性，运到销售地的价格也十分昂贵。这样一来，使得从事国际贸易的商队更加成为沿途盗匪垂涎的目标。

在丝绸之路，政治状况很不稳定，盗匪横行，洗劫商旅，杀人劫财，乃是常情。即使是治安相对较好的蒙古帝国时代，从马可波罗的记述来看，盗匪依

---

① Michael D. Bordo, Alan M. Taylor & Jeffrey G. Williamson eds., *Globalization in Historical Perspective*. Chicago: The University of Chicago Press, 2003.

然不少。蒙古帝国瓦解后，中亚地区大多数时期处于混乱状态，成为商旅的高风险地区。海上国际贸易的交通运输情况也非常不理想。由于前近代时期不存在"公海"和"领海"的概念，海岸之外的海域都处于无人管理的状态，因此航行安全也没有保障。特别是在连接东亚世界与外界的海上丝绸之路，由多条航段组成，这些航段大都沿海岸或者离海岸不远，容易受到海盗的侵袭，因此海上贸易充满风险。

再次，在前近代时期的国际贸易中，由于没有国际法和国际公约一类共同的游戏规则，因此一旦商业纠纷出现，在大多数情况下，就只有靠纠纷发生地的统治者的意志来解决，而这些统治者往往对过往商旅横征暴敛，"雁过拔毛"。

因为以上原因，商人只能结成大团伙，方能进行国际贸易。荷兰人白斯拜克于1560年奉日耳曼皇帝查理五世之命，出任驻奥斯曼帝国使节。他在伊斯坦布尔见到一位旅游中国的土耳其麦沃拉纳教派的伊斯兰传教士。此教士讲了他去中国经历。他加入了进行丝绸之路贸易的卡拉万（Caravan）商队。这个商队规模颇大，原因是路上艰难险阻，非结大队不可，小群不得通过。他们一直行抵中国嘉峪关后，方才安全，沿途每日有站可停，并供食宿，"取价低廉"，再行多日乃抵北京①。明末鄂本笃从印度启程前往中国，情况也如此。他在拉合尔随同商队出发去喀布尔，同行的有500人，已有相当的自卫能力，但途中遇到盗匪，多人受重伤，鄂本笃和其他几人逃到了树林里才得以脱险。在海上，情况更加明显。为了对付盗匪和官府的劫掠和勒索，商队必须提高自卫能力和公关能力，成为拥有相当可观的武力和借助政治力量的团体。一方面，携带武器，雇用卫队，以对付小股盗匪，另一方面则寻求沿途各种地方政权的保护，携带大量贵重货品，向官员和地方首领行贿，并忍受沿途政权的勒索。

由于以上情况，前近代和近代早期的国际贸易，不仅与今天的国际贸易迥异，而且也与当时各国的国内贸易有很大的不同。这种不同当然也使得从事国际贸易的商人自有特色。

---

① 杨兆钧：《中土文化交流的历史回顾》，《思想战线》1986年第2期。

二、前近代与近代早期国际贸易中的商人

15～17世纪前半期东亚世界国际贸易中的商人尽管有自己的特色，但他们终究还是商人，是一种前近代时期国际贸易中的商人。因此在讨论关于15～17世纪前半期东亚世界国际贸易中的商人这个问题之前，我们首先需要弄清什么是商人，什么是前近代时期国际贸易中的商人。

所谓商人（merchant），就是从事商品买卖的人。他们买卖的商品，一般数量较大，可以从中获利。因此《现代汉语词典》对"商人"的解释是"贩卖商品从中获取利润的人"[①]。在英文中，几部最权威的词典对 merchant 的解释也与此大同小异[②]。但是这个关于商人的普通定义，并不完全适用于前近代时期的商人。

首先，在前近代时期（特别是在古代）世界许多地方，虽然商人也是从事较大数量的商品买卖的人，但是他们却具有一种特殊的身份，是一个特殊的社会群体。在西欧古典时代（希腊-罗马时代），商人是一个社会地位低下的阶级。到了中世纪，商人仍然受到主流社会的歧视，往往只有犹太人等被排除于主流社会之外的族群才成为商人。这些人被挤到社会的边缘，即如马克思所言，他们"只存在于古代世界的空隙中，就像伊壁鸠鲁的神只存在于世界的空隙中，或者犹太人只存在于波兰社会的缝隙中一样"[③]。

依照中国古代的"四民观"，商人也被放于最下的位置。秦汉时期曾实行歧视商人的政策[④]，商人被列入"商籍"（或"市籍"），在出仕等方便受到歧

[①] 中国社会科学院语言研究所词典编辑室：《现代汉语词典》（第6版），北京：商务印书馆，2012，第1136页。又，中国古代亦称商人为贾人，《现代汉语词典》对"贾人"的解释为"做买卖的人"。

[②] 例如，*Merriam-Webster Dictionary* 的解释是"someone who buys and sells goods especially in large amounts"（http：//www.merriam-webster.com/dictionary/merchant）；*Oxford Dictionary* 的解释是"a person who buys and sells goods in large quantities, especially one who imports and exports goods"（http：//www.oxforddictionaries.com/definition/learner/merchan）；*Cambridge Dictionary* 的解释是"a person whose job is to buy and sell products in large amounts, especially by trading with other countries"（http：//dictionary.cambridge.org/dictionary/british/merchant）。

[③] 中共中央编译局：《马克思恩格斯全集》第23卷，北京：人民出版社，1970，第96页。

[④] 司马迁：《史记》（北京：中华书局，1959）卷三十《平准书》：汉初"天下已平，高祖乃令贾人不得衣丝乘车，重租税以困辱之。孝惠、高后时，为天下初定，复弛商贾之律，然市井之子孙亦不得仕宦为吏"。

视。一直到明代初年,这种"贱商"的传统还可以看到[①]。从这个意义上来说,商人是一种社会地位低下的人,尽管各个时期(特别是明代中后期)情况有很大不同,而且实际情况往往是"法律贱商人,商人已富贵矣;尊农夫,农夫已贫贱矣"。因此前近代时期的"商人"不仅是一种职业身份,而且是一种社会身份。

其次,在今天,商人是专门从事商业贸易活动的人,但是在前近代时期,各种不同的人都可以从事商业,这就导致了"谁是商人"的问题。

首先指出这种情况的人是司马迁。司马迁在不朽名著《史记》中专门设了一篇《货殖列传》,这在中国史籍是空前绝后的[②]。司马迁从先秦至西汉的众多商人中选取了20人,为之立传,此外尚有"诚壹致富"的10人,则只记其名姓。若并计之共30人。这30人包括如下的几种人:(1)专事商品交换的人,如范蠡、子贡、白圭、刀间、宣曲任氏等。他们在市场上,依积著之理,以物相贸,买贱卖贵。(2)既从事商品生产,也从事商品交换的人。如曹邴氏"以铁冶起……贳贷行贾遍郡国";如程郑"冶铸,贾椎髻之民";如宛孔氏"大鼓铸……因通商贾之利"。其他冶铁、煮盐……的人,虽未明言从事商品交换,但都是为市场而生产,是不能不交换的。(3)从事服务性行业致富的人。如洒削的郅氏、胃脯的浊氏、马医的张氏。《列传》中但举其姓名,未为之立传。(4)经营借贷的子钱家。其著者如富埒关中的长安无盐氏。李埏先生总结说:中国古代所谓的商人,不仅指从事"废居""积著"的贾人,也包括从事煮盐、冶铁……兼营产销的企业主,即《史记》所称的从事"货殖""末业"的人们。他们不是一个单纯的集体,而包括了各种各样的人[③]。在先前,由于中国尚未统一,因此上面的商人中,有许多因为从事的是跨国(即跨越诸侯国)的贸易,也可以被视为从事国际贸易的商人。由此可知,前近代的国际贸易商人,

---

① 例如洪武二十年规定:"农家许着绸纱绢布,商贾之家,只许着绢布。如农民之家,但有一人为商贾者,亦不许穿细纱。"到了正德元年,还重申"禁商贩、吏典、仆役、倡优、下贱皆不许服用貂裘"。参阅张海英:《明中叶以后"士商渗透"的制度环境——以政府的政策变化为视角》,《中国经济史研究》2005年第4期。

② 李埏先生对此做出这样的评价:"在我国浩如烟海的古代史籍中,记述商品经济者极为鲜见。《史记》有《货殖列传》一篇是绝无而仅有的古代商品经济史专著。"李埏《〈史记·货殖列传〉时代略论》,《思想战线》(云南大学人文社会科学学报)1999年第2期。

③ 李埏:《论中国古代商人阶级的兴起——读〈史记·货殖列传〉札记》,《中国经济史研究》2000年第2期。

也如同从事国内贸易的商人一样,具有多种多样的身份。

这种情况也出现在中世纪后期和近代早期的西欧。拉布(T. K. Rabb)指出:在近代早期的英国,人们尚未对"商人"(merchant)一词做清晰的界定。即使限制在对外贸易范围内,"商人"这个群体也包括了广泛的内容,从地方商人到伦敦的大商贾,而所谓"地方商人"则包括小贩和手工艺人[①]。

由此可知,前近代时期的商人包括有许多不同类型的人。虽然他们的社会身份和政治地位有很大差别,但是有一个共同点,即从事商品交易并从中获利。在此意义上,他们都可以称为商人。

到了近代早期,情况发生了很大的变化,各种各样的人都卷入商业活动,人数急剧增加,使得商人的种类更为复杂。同时,在近代早期,不仅国际贸易空前活跃,技术(特别是航海技术和军事技术)也取得长足的进步和广泛传播,使得国际贸易中的纠纷急剧增加,冲突也日益剧烈。在此情况下,商人进行国际贸易,必须更加依靠武力自卫和战胜敌人,不论这种武力是商人自己拥有的还是借助于国家(或其他团体)的。因此我们可以看到在这个时期,各地从事国际贸易的商人,都采取不同的方法,把自己变成武装商人。例如,在印度洋的国际纺织品贸易中,位于南印度的凯科拉(Kaikkoolar)商人团体,早在17世纪之前很久就建立了强大武装,和竞争对手进行战斗。因此麦因斯(Mattison Mines)称他们为"武士商人"(Warrior Merchants)[②]。更重要的例子是中世纪晚期和近代早期的西欧商人。他们出海贸易,不仅拥有强大的武力,而且往往得到国家的支持,因此不仅自卫,而且劫掠其他国家的商船。因此之故,他们到底是商人还是海盗,一直争议不断。在今天,海盗(Pirates)一词指的是在海上掠夺他人财物的犯罪分子[③]。但是在近代早期的英国,海盗

---

① Theodore K. Rabb, *Enterprise and Empire-Merchant and Gentry: Investment in the Expansion of England. 1575-1630*, Massachusetts: Harvard University Press, 1967: 10. 参阅何顺果:《特许公司——西方推行"重商政策"的急先锋》,《世界历史》2007年1期。

② Mattison Mines, *The Warrior Merchants: Textiles, Trade and Territory in South India*, Cambridge: Cambridge University Press, 1985: 150.

③ 根据《联合国海洋法公约》(*United Nations Convention on the Law of the Sea*)第101条,"海盗行为"指在"公海"或其他"不属于任何国家管辖权范围"的地域,"基于个人目的,对私人船舶及航空器上之船员或旅客,施以任阿非法暴力、留置或掠夺之行为"。因此"海盗行为"就是在"公海"上采取的"暴力行为"与"掠夺行为"。

（也被称为"海狗"即 Sea Dogs）并未被视为罪犯①。若是结合国家权力进行掠夺行为，海盗就称为"探险家"或"商人冒险家"，被视为英雄；而若在与国家权力无关的情况下进行掠夺，则被视为犯罪分子，必须接受法律制裁。类似的情况也出现在其他地方，例如北欧海盗维京（Viking）人，英国诗人拜伦叙事诗中的主角——地中海海盗（Corsairs）、加勒比海上令人闻风丧胆的西印度海盗（Buccaneers），以及日本战国时代广为人知的濑户内海"水军"和东海的"倭寇"等，在性质上也如此②。

由于近代早期国际贸易的特点，只有具有相当实力和规模的商人团体，才能够从事这种高风险的贸易，而且他们与各种形式的政治力量有着密切的关系，寻求这些的政治力量的保护，或者利用这些政治力量以谋取最大利益。而在各种政治力量中，最重要的是国家（或者不同形式的政权）。国家政权在中国传统观念中通常被称为"官"③，而与"官"相对的概念是"私"④。因此依据"官""私"这两个概念，这些商人团体大致可以分为以下几类：

1. 官商

这里所说的"官商"，包括两类：第一，由一个国家的政府（或者一个部族政权）派遣、代表该国（或者该部族）与外国进行贸易的商人；第二，虽非一国政府（或者一个部族政权）派遣、但得到该国政府（或者该政权）授权和支持进行国际贸易的商人。

2. 私商

这里所说的"私商"，就是不由一国政府（或部族政权）派遣并代表该国进行国际贸易的商人。因此，有些官员未经该国政府派遣而自己私下与外国进行贸易，这时他们也属于"私商"。在"私商"这个范畴中，还可以分为"普通商人"和"海盗商人"两个大类。在国际贸易中，有些商人更多地依靠人际

---

① 为了将海盗行为合法化、正当化，英国人发明了"探险家"（Explorers）、"航海家"（Mariners）、"商人冒险家"（Merchant adventurers）等名词来称呼海盗，将进贡王室的海盗船称为"私掠船"（Privateers），将王室涉入甚深的海盗行为合法化。
② 竹田いさみ：《盗匪、商人、探险家、英雄？——大航海时代的英国海盗》，中译本，台北：台湾东贩股份有限公司，2012，第3页。
③ 由此衍生出来"官府""官家""官方"等概念。
④ 在文献中，与"官"相对者亦可为"民"。但是从法律的角度来看，"私"可能更为准确一些，因此唐代法律中就有"官有政法，人从私契"的套语。

关系网络，通过所涉及地区的政府（或政权）解决贸易中的问题，并获得保护；而另外一些商人则更多地依靠武力自卫或者打击对手。前一类商人，这里称之为普通商人，后一类商人则称之为海盗商人（这里所说的"海盗商人"也包括陆地上的同类商人）。

3. 军商

这个名词是笔者发明的，指的是商业与军事力量的结合而成的一种特殊的商人组织。麦尼尔（William H. McNeil）说：在1300~1600年间地中海地区的商业化战争中出现了一种"军事-商业复合体"（military-commercial complex）。因其在战争中卓有成效，尔后传播到新的领域[①]。这种复合体的主要特征，是商人与国家形成了彼此紧密结合的利益共同体，国家为商人提供武力支持，商人则为国家攫取海外财富和殖民地。换言之，商人在国家的支持下，不仅积极开展国际贸易活动，而且用武力建立海外殖民地。在近代早期的东亚世界，情况颇为复杂。一方面，欧洲人将其"军事-商业复合体"带到了东南亚许多地区，建立了殖民地；另一方面，东亚世界的一些海盗商人团伙通过武力，逐渐建立起自己的政权，对其占领下的地方实行统治，并以此为基地开展海外贸易。这种政权基本上处于独立或者半独立的状态，与本国关系颇为复杂，有时对抗，有时合作，而不像欧洲的那种"军事-商业复合体"都是与本国政府密切合作并得到政府的大力支持的。因此，在15至17世纪中期的东亚世界国际贸易中，有两种"军事-商业复合体"：第一种是欧洲人建立的、得到本国政府大力支持的"军事-商业复合体"，第二种则是东亚世界本地人建立的、未得到本国政府支持的"军事-商业复合体"。在本文中，笔者把这两类"军事-商业复合体"中的商人都称为"军阀商人"，简称"军商"。这里笔者要提醒读者：这里所说的"军商"并非"军人经商"或者"经商之军人"之意，而是"军事-商业复合体"。

这种"军商"夺取或者控制了范围大小不一的地区，形成了一种独立或者半独立的政治军事实体，但是与以往的征服者夺取新的土地建立的政权不同，这种"军商"政权主要目标是从事或者扩大国际贸易，掌握或者控制国际贸易

[①] William H. McNeil, *The Pursuit of Power: Technology, Armed Force, and Society since A.D. 1000*, Chicago: The University of Chicago Press, 1982: 117.

的霸权。"军商"的这种特殊的性质，只有在近代早期的世界上才看得到。

三、15～17世纪前半期东亚世界国际贸易中的商人

在上节中，我们对近代早期国际贸易商人的情况做了归纳性的分析，在本节中，通过一些实例，来对15至17世纪前半期东亚世界国际贸易中各类商人的情况，逐一进行简要讨论。

（一）第一类"官商"，即由一个国家政府（或者一个部族政权）派遣、代表该国（或者该部族）与外国进行贸易的商人

这类商人的最典型的例子，见诸明朝与朝鲜的朝贡贸易中。在15至17世纪前半期的东亚世界，只有中国和朝鲜两国是统一并且拥有中央集权的政治制度和官僚体系的国家，因此在某种程度上来说是仅有的两个具有民族国家初期特征的国家[①]。因此之故，两国之间的关系也最为正规化，朝贡贸易具有清楚的国际贸易的特征。从事这种贸易的是外交使团，由国家派遣、并且为国家进行贸易，因此是典型的"官商"。关于这些问题，学界已有深入的研究，因此笔者也就不班门弄斧了。这里，笔者主要谈谈不同政权之间的朝贡贸易中的官商问题。在这方面，明朝与东北女真人之间的朝贡贸易是很有代表性的。

明代的女真是在明朝宗主权监护之下的半独立地方政权。明朝与女真之间的贸易也主要是朝贡贸易。在女真方面，只有具有特殊身份的商人才能够从事这项贸易，主要由具有进京朝贡资格的女真各部首领组成。他们既是各部族的首领，又是明朝设置的地方官，而且还必须拥有明朝授予的敕书，才能获得从事朝贡制度之马市贸易的特权。这种身份决定了他们所从事的商业活动与政治权力之间有密不可分的关系[②]。从这个意义上来说，他们也是官商，即由部族政权派遣、并代表部族政权从事与明朝贸易的商人。

---

① 另外两个重要的国家安南和日本，在此时期的大部分时间中都未统一，也未建立起中央集权的政治制度和官僚体系。
② 栾凡：《明代女真社会的商人群体》，《社会科学战线》2005年第4期。

（二）第二类"官商"，即虽非一国政府（或者部族政权）派遣并代表该国（或者该政权）、但得到该国政府（或者该政权）授权和支持进行国际贸易的商人

这类商人在中亚（即西域）各国（或地方政权）与明朝的贸易中非常活跃。

明朝与西域各国（或政权）的朝贡贸易具有四个特点：（1）使团人数众多，少则几十人，多则三四百人；（2）进贡的方物数量大，少则几十、几百匹马驼，多则三千，甚至六千匹马；（3）明朝中央政府回赐的物品数额大，赏赐钞锭数由两万、三万至六万余，一次赐绢多达一千余匹；（4）朝贡贸易持续时间长，几乎与明朝相始终。这种朝贡贸易是典型的官方主导的经贸行为①。

在大多数情况下，从事这种朝贡贸易的商人主要是一些与西域各国（或地方政权）统治者有密切关系的商人家族。典型的例子之一是 15 世纪后期和 16 世纪初活跃于丝绸之路上的写亦虎仙家族。写亦虎仙是哈密回回首领，曾充当使臣，周旋于哈密与明朝、吐鲁番之间。弘治十年（1497），哈密地方统治者派遣写亦虎仙等人为使臣，向明朝进贡。写亦虎仙等至京后，礼部悯其流寓之穷，计其驼马方物价值，给赐段绢五千余匹。写亦虎仙熟知明廷给赐规则，对礼部薄减衣服彩段做法不满，在赏赉已毕、买卖已完情况下，仍辗转延住，奏讨不已②。作为哈密的使臣，他不是以加强哈密与明朝的联系为目的，而是以追求财富为目的，充分显示出写亦虎仙的商人本性。这是丝绸之路贸易家族的重要特征③。写亦虎仙家族通过这种朝贡贸易，在甘州、肃州等地积累了大量财富。这种贸易家族与明朝政府、西域地方政权之间的关系非常复杂。写亦虎仙是哈密卫故都督佥事赛亦撒隆之侄，也是哈密人火辛哈即的女婿，他的女儿嫁给了吐鲁番速檀（苏丹）阿黑麻的使臣火者马黑木。其岳父火辛哈即也把另一女儿嫁给了阿黑麻的亲信牙木兰；牙木兰又以妹嫁火辛哈即侄亦思马因。这种亲戚复亲戚的关系形成了盘根错节的家族网络④。当时西域的国际贸易主要就是通过这种家族网络进行的。

---

① 杨林坤：《论明朝西域朝贡贸易政策的得失》，《中南民族大学学报》（人文社会科学版）第 34 卷第 2 期，2014 年 3 月。
② 《明孝宗实录》卷一百二十九，弘治十年九月戊午，台北："中央研究院历史语言研究所"。
③ 张文德：《明代西域朝贡贸易家族的兴衰——以写亦虎仙家族为例》，《学海》2012 年第 1 期。
④ 张文德：《朝贡与入附——明代西域人来华研究》结语，兰州：兰州大学出版社，2013。

值得注意的是，写亦虎仙既充当哈密统治者的使臣与明朝交涉，得到明朝的赏赐与官职，同时又充当明朝甘肃守臣彭泽的使臣，被派往敌对的吐鲁番进行交涉①。其经历表明：在明朝的朝贡贸易体制下，只有充当使臣才能谋取更多的经济利益。他虽是哈密回回首领，但只能在哈密地方统治者忠顺王和都督奄克孛剌名义下作为进贡使臣出使明朝，或者充当明朝使臣出使吐鲁番，从而发财致富。因此这种商人不是普通的商人，而是得到政府支持、具有官方身份的商人，亦即本文所说的第二种类型的"官商"。

（三）第一类"私商"，即主要采取和平手段进行国际贸易的普通商人

在 15~17 世纪前半期东亚世界国际贸易中的普通商人，以福建海商为最典型。

早在半个世纪以前，恩师傅衣凌先生就对明代福建海商做了开拓性的研究。他在研究中指出：明代初期，福建海商受着贡舶贸易的支配，仅做被动的、消极的经济活动。经过长期的发展演变，到了成化、弘治时期，他们已和从前不一样了，开始积极地直接参加海上贸易活动，以自由商人的姿态出现，并大大地扩大了其活动范围。到了嘉靖时期，民间造巨船下海通番的情况已蔚然成风，导致沿海社会经济出现很大变化，从而引起明朝政府严重关注，在《明实录》中就有许多关于这方面问题的记载②。这种"自由商人"不仅得不到政府的支持，而且往往受到政府的限制和打击，因此是典型的普通"私商"。

海上贸易需要有较大的资本。例如，海船的建造和维修都需要大量资本③，海上航行需要众多船员水手，必须为他们提供生活必需品并支付薪金，在各停泊港口需要支付各种费用，再加上海上贸易是一种高风险的活动，为了对付风

---

① 写亦虎仙在交涉过程中向吐鲁番许诺，说明朝将予吐鲁番统治者 1500 匹缎子的赏赐。吐鲁番统治者认为写亦虎仙既为明朝使臣，其许诺可以看作明朝甘肃守臣彭泽的授权；即使没有授权，因其使臣身份，他做出的许诺也代表明朝的意思。因此之故，吐鲁番统治者去向明朝索要这些缎子。但这个许诺未得到明朝的认可，以致引发甘肃之变，写亦虎仙也被明朝逮捕。但是他在北京结纳佞臣，得到明武宗的青睐，不仅免罪，而且飞黄腾达。明世宗即位后，他被逮捕，病死狱中。
② 傅衣凌：《明代福建海商》，收于傅衣凌：《明清时代商人与商人资本》，北京：人民出版社，1956。
③ 《明世宗实录》卷五十四，嘉靖四年八月甲辰条："造船费可千余金，每往还，岁一修辑，亦不下五六百金"。台北："中央研究院历史语言研究所"，1965。

险，也需要大量资本作为事实上的保证金。傅衣凌先生认为：在当时的社会条件下，能具备这种财力者，不是地主便是官僚，因此这种私商基本上都是地方上的豪门大姓[1]。当然也有普通商人采取合作的方式造船和出海贸易。典型的做法是集资造船，合伙经营[2]。这种情况相当普遍，在明代小说中也有反映[3]。这些私商出海后，大多是凭借自己的关系网进行贸易[4]。不过，如同前面已经谈过的那样，由于在当时的海上贸易中尚未有国际安全机制，因此商船出海，往往要寻求拥有强大武力的海上武装集团的保护，成为这些武装集团控制的商船。

（四）第二类"私商"，即拥有相当强大的武力、亦商亦盗的商人

15 至 17 世纪中期东亚世界的国际贸易，由于尚未有国际法规约束，因此处于一种无序的状态。彼此竞争的商人，或者为了自卫，或者为了打击竞争对手，往往借助武装集团的力量，因此与形形色色的武装集团之间存在一种非常密切的关系。这种关系在海上国际贸易中尤为明显，使得"海商"和"海盗"之间很难做出一个明确的区分。

谈到 15 至 17 世纪前半期东亚世界的海盗，大家都会想到肆虐东亚海域的倭寇。关于倭寇问题的研究，学界的研究成果已非常丰富，此处不拟赘述。这里笔者要问的是：在当时的东亚海域中的"倭寇"和海商之间是什么

---

[1] 这类记载颇见于明代史料，例如"成弘之际，豪门巨室，间有乘巨舰贸易海外者"（张燮：《东西洋考》，卷七《饷税考》，北京：中华书局，1981）；"湖海大姓私造舰，岁出诸番市易，因相剽杀"（何乔远：《闽书》，卷六十四《文范志》，福州：福建人民出版社，1994。此条系记成化间事）。

[2] 史籍称："闽广奸商惯习通番，每一舶推一豪富为主，中载重货，余各以赀市物往，牟利恒百余倍"（周玄暐：《泾林续记》，北京：中华书局，1985）；"商船则土著民酿钱造船，装土产，径望东西洋而去，与海岛诸夷相贸易。其出有时，其归有候"（顾炎武：《顾炎武全集》，《天下郡国利病书》卷九十三《福建三》，北京：中华书局，1984）；"（海）澄之商舶，民间酿金发艅艎，与诸夷相贸易，以我之绮纨磁饵，易彼之象玳香椒，射利甚捷，是以人争趋之"；"夫一船，一商主之，即散商负载而附者，安能逃其耳目"（张燮：《东西洋考》卷七《饷税考》）。

[3] 如《初刻拍案惊奇》卷一《转运汉遇巧洞庭红，波斯胡指破鼍龙壳》所说的故事，"有几个走海泛货的邻近，做头的无非是张大、李二、赵甲、钱乙一班人，共四十余人，合了伙将行"。

[4] 其情况即如前引明代小说《转运汉遇巧洞庭红，波斯胡指破鼍龙壳》所描绘的那样："忽至一个地方，舟中望去，人烟凑聚，城郭巍峨……元来是来过的所在，名曰吉零国。……众人多是做过交易的，各有熟识经纪、歇家。通事人等，各自上岸找寻发货去了。"回国时到了福建，"才住定了船，就有一伙惯伺侯接海客的小经纪牙人，攒将拢来，你说张家好，我说李家好，拉的拉，扯的扯，嚷个不住。船上众人拣一个一向熟识的跟了去，其余的也就住了"。

关系？

依照学界的较新的看法,"倭寇"包括"前期倭寇"和"后期倭寇"。前期倭寇主要活动在 14 世纪至嘉靖三十一年（1552）,成员基本上是被称为"西日本恶党"的日本人；而后期倭寇（日本通常称为"嘉靖大倭寇"）是嘉靖三十一年以后活动的海盗,其成员不仅有日本人,也有中国人,甚至中国人可能还占多数[①]。倭寇的大头目往往是中国人,最有名的就是许栋（许二）、汪直（亦作王直）、李旦（李光头）等。如果对这些人的经历进行仔细分析,可以看到：首先,他们不是单纯的海盗。其之所以被称为海盗,是因为明朝的海禁政策致使他们的海上贸易难以进行,因此他们与明朝政府发生冲突。他们本来大多是从事海上国际贸易的商人,而非一开始就是海盗。例如汪直本是徽商,后来参加许栋的海上走私集团。浙江巡抚朱纨发兵攻剿许栋集团,许栋兄弟逃亡,汪直收其余众,进而发展成为海商武装集团的首领。其次,他们的贸易活动范围广阔,囊括了东亚海域,是一种真正的国际贸易。例如许栋与弟许三先在马六甲建立起交易网,然后与留在国内的许四、许一等合伙进行走私贸易。汪直当初南下广东,造巨舰贩运硝黄、丝绵等抵日本、东南亚各地,他本人也"历市西洋诸国",在阿瑜陀耶、马六甲和中国之间往来,由此结识了才到东南亚不久的葡萄牙人。嘉靖二十年（1541）,他和三名葡萄牙人带领上百名番商从暹罗乘船北航双屿港,结果被暴风雨冲飘到日本种子岛,从而和日商建立起贸易关系。由此可见,许多"倭寇"实际上是一些亦商亦盗、从事国际贸易的商人。

在当时,海商和海盗之间并没有明确的界线,二者的角色是经常在相互转换着的,正如通晓倭寇问题的万历时人谢杰所言："寇与商同是人,市通则寇转为商,市禁则商转为寇"[②]。在近代早期国际贸易中,这种亦商亦盗的海商乃是正常的角色。

[①] 张廷玉等：《明史》,卷三百三十二《日本国》："大抵真倭十之三,从倭者十之七",北京：中华书局,1977。这些真倭、假倭相互利用,"倭奴借华人为耳目,华人借倭奴为爪牙,彼此依附"。谢杰《虔台倭纂》北京图书馆古籍珍本集刊（10）,上卷："倭夷之蠢蠢者,自昔鄙之曰奴,其为中国患,皆闽人、漳人、宁绍人主之也",北京：书目文献出版社,1990。

[②] 谢杰：《虔台倭纂》上卷。

（五）第一类"军商"，即得到本国政府支持的"军事–商业复合体"中的商人

15 至 17 世纪中期东亚世界的海域是一个无法无天的混沌世界，在其中进行国际贸易非常艰难。然而正是在这个时期，国际贸易有了突飞猛进的发展。为了保障国际贸易的进行，一些实力强大的组织企图建立一种国际贸易赖以进行的秩序，创造一个相对有序的国际环境。在当时的国际条件下，只有用武力才能做到这一点。因此之故，就出现了一种"军事-商业复合体"，亦即本文所说的"军商"。

第一类"军商"最典型者，是荷兰东印度公司[①]。1597 年，荷兰第一支远征队成功从东南亚返回国内，荷兰掀起前往东南亚贸易的高潮，被称为"航海狂"时期[②]。在此背景下，荷兰东印度公司应运而生，成为早期经济全球化时代最重要的国际贸易机构之一，即如沃勒斯坦（Immanuel Wallerstein）所言："东印度公司的贸易在 17 世纪时，可能是荷兰的商业扩张中最富有戏剧性和最为辉煌的一个方面"[③]。

荷兰东印度公司成立于 1602 年 3 月 20 日，1799 年解散，是世界上第一家股份有限公司，主要从事与东亚世界（特别是中国）的贸易。然而，这家公司绝非一个单纯的贸易机构，而是一个拥有强大武力的商业-政治实体，也就是上面所说的"军事-商业复合体"。

荷兰东印度公司从成立伊始就得到荷兰政府的大力支持。荷兰议会授予该公司各种特权，给予它垄断从好望角以东至麦哲伦海峡之间陆地和海域的航海和贸易特权，并授予对所占领地区的统治权（立法、行政权）以及对外宣战、媾和、缔约的权力。公司对外只要以荷兰摄政总督的旗帜代替公司的旗帜，公司的商船即可成为代表国家的战船；而外国商业竞争对手若有激怒公司的行为，也可被该公司解释成对荷兰国家的冒犯。公司所属职员（包括贸易、军事，司法等人员）在就任之前，必须对荷兰议会与公司宣誓效忠，议会有权听

---

① 荷兰文名称 Verenigde Oostindische Compagnie，简称"VOC"，即联合东印度公司，英文通称 Dutch East India Company。
② 霍尔：《东南亚史》（上册），中译本，北京：商务印书馆，1982，第 362 页。
③ Immanuel Wallerstein, *The Modern World-System II: Mercantilism and the Consolidation of the European World-Economy, 1600-1750*, New York: Academic Press, 1980: 47.

取公司经营状况报告，干预公司高级职员的任免。不仅如此，公司的原始股东与政府官员通常属于同一集团，因此范岱克（Paul Arthur van Dyke）指出荷兰东印度公司是结合公司与国家共同利益的组织①。

东印度公司不仅是一个贸易公司，而且也是一个军事-政治组织。仿照东印度公司本部的制度，公司在东亚地区建立了东印度评议会，可自行决定贸易政策，并拥有在亚洲自行开战的权利。公司拥有强大的武力，其舰队在广阔的大洋上与葡萄牙、西班牙、英国、中国以及东南亚一些国家或政权进行了多次战争。后世史学家评论东印度公司说：该公司的特点是"左手拿着账册，右手拿着刀剑"，这就是"军事-商业复合体"的最好写照。到了1669年，该公司不仅是世界上最富有的私人公司，而且是一个强大的海上强权，拥有150艘武装商船和40艘战船，1万名士兵。公司以巴达维亚为主要司令部，其次为锡兰、马六甲、爪哇、马来西亚群岛等地，在好望角也筑有驿站，为途经的船舶添加燃料、补给并实施维护修船工作。凭借着强大的武力，早在17世纪初，公司便夺取了葡萄牙占领的香料群岛（摩鹿加群岛）。1619年，公司在爪哇岛的巴达维亚上空升起自己的旗帜，建立了荷属东印度群岛殖民地，垄断了东方香料贸易。

尽管拥有强大的武力和在殖民地的政治统治权，但是荷兰东印度公司仍然是一家商业公司，公司的一切活动，莫不以牟利为目的。公司经常发动战争，但是开战的理由无关民族、信仰、正义，只有利益而已。在殖民地，公司的所作所为也只是为了利益，以致英国驻爪哇岛总督莱佛士（Stanford Raffles）描述荷兰东印度公司说："它一心只想赚钱，它对待自己的臣民还不如过去的西印度种植园主对待他们的奴隶，因为这些种植园主买人的时候还付过钱，而荷兰东印度公司一文钱都没有花过，它只运用全部现有的专制机构压榨居民，使他们把最后一点东西都交纳出来，把最后一点劳力都贡献出来。这样，它加重了任意妄为的半野蛮政府所造成的祸害，因为它是把政治家的全部实际技巧同商人的全部垄断利己心肠结合在一起进行统治的。"②

荷兰东印度公司的主要商业活动是购买亚洲（特别是中国）的产品到欧洲

---

① 范岱克：《荷兰东印度公司在1630年代东亚的亚洲区间贸易中成为具有竞争力的原因与经过》，《暨南史学》第3号，1997。

② 高岱、郑家馨：《殖民主义史（总论卷）》，北京：北京大学出版社，2003，第16页。

销售。因此它在东亚世界的海域活动非常频繁，成为这一地区最重要的商人组织之一。

（六）第二类"军商"，即未得到本国政府支持的"军事–商业复合体"中的商人

这类商人的典型是17世纪初期活跃于东亚世界海域的郑氏集团。

荷兰东印度公司是在国家大力支持下、依靠强大的军事和政治力量来从事国际贸易的商人集团。但是在15至17世纪中期的东亚世界国际贸易中，这类商人集团并不多。相反，拥有强大军事力量的商人集团往往被视为海盗，受到国家的打击。然而，也有个别集团能够在与国家对抗的情况下积攒力量，建立"海商/海盗政权"，亦即具有政权性质的"军事-商业复合体"。

早在元朝末年，这种"海商/海盗政权"就已初露端倪。中国南方沿海的广东和福建商人到了东南亚，在经商的同时，也进行海盗活动。到了明初，这种海盗活动已成了气候。其中最出名的是陈祖义集团。陈氏是广东潮州人，洪武年间逃到南洋，入海为盗，盘踞马六甲十几年，在其鼎盛时期成员超过万人，战船近百艘，活动范围包括日本、台湾、南海、印度洋等地。陈氏自立渤林邦（位于苏门答腊岛）国王，东南亚一些国家甚至向其纳贡。后来陈氏集团与郑和舰队发生冲突，发生激战，陈祖义等首领3人被生俘，该集团随之瓦解。

明代中叶以后，中国沿海地区私人海外贸易日益活跃，中国的海盗/海商也成长起来了。为着经济利益，他们与葡萄牙、荷兰等国的海盗/海商之间展开了竞争，角逐于东、西两洋。到了明末，中国的海盗/海商发展达到顶峰，建立自己的"军事-商业复合体"，即郑氏集团。

郑氏集团即郑芝龙、郑成功、郑经领导的商人集团，亦被称为"一官党"，纵横东亚海域数十年，成为17世纪世界上的超级海上强权。该集团创始人郑芝龙以海商起家，建立起自己的武装力量，凭借实力与谋略，在东亚各种势力中捭阖纵横，牟取利益。他羽翼未丰之时，和荷兰人合作，攻击西班牙人。尔后，又与荷兰人发生冲突。天启七年（1627），他与在台湾的荷兰人发生战争，击败荷军，成为荷兰东印度公司在亚洲商业贸易中的最强大的竞争对手，并在马六甲以北的海域占有优势。1633年荷兰政府决定"对中国发起一场严酷的战争，需派去大批人力、海船和快艇，以获得所期望的自由的中国贸易,同时保证公司在东印度的其他事务不受阻碍"。为此,派遣荷兰在台湾的长官蒲陀曼(Putmans)率领舰队前往福建沿海,联合刘香和李国助两个与郑芝龙对立的海盗集团,进攻郑芝龙的据点厦门,与郑氏武装在金门料罗湾决战。结果荷方大败,史称"料罗湾大捷"。大捷之后,荷兰人不得不每年向郑芝龙缴纳12万法郎的保护费,东印度公司的商船才能安全通过中国水域。此后,荷兰不得不放弃在中国大陆口岸直接贸易的企图,只能按照郑氏安排,依赖中国海商提供中国商品。

崇祯元年(1628),郑芝龙接受了明朝的招抚,被授予海防游击之职。郑芝龙虽名为明廷命官,实则保持相对的独立性[①]。在消灭海上异己力量的过程中,郑芝龙进一步扩大了自己的势力,独揽海洋巨利,中国东海和南海的海上贸易权均控制在郑氏集团手中,"海舶不得郑氏令旗,不能往来,每一舶税三千金,岁入千万计,(芝)龙以此居奇为大贾。……又以洋利交通朝贵,寝以大显。泉城南三十里有安平镇,龙筑城,开府其间,海梢直通卧舶内,可泊船,竟达海。其守城兵自给饷,不取于官。旗帜鲜明,戈甲坚利。凡贼遁入海者,檄付龙,取之如寄。故八闽以郑氏为长城"[②]。郑氏集团俨然已具有海上政权的雏形[③]。明亡之后,郑成功继续经营这支海上武装。他全力支持反清复明事业,1658年(清顺治十五年,永历十二年)统率17万水陆军大举北伐,次年再次率领大军北伐,会同张煌言部队攻克镇江、瓜洲,接连取得定海关战役、瓜州战役、镇江战役的胜利,包围南京,但是最终以大败收场。此后,郑成功把目标转向被荷兰人占领的台湾。1661年(清顺治十八年,永历十五年),郑成功亲率大军自金门料罗湾出发,向台湾进军。赤嵌城被围困了七个多月,荷军死伤1600多人,最后荷兰大员长官揆一(Frederik Coyett)宣告投降。尔后,郑成功、郑经父子在台湾建立了与清朝对抗的独立政权。

如同荷兰东印度公司一样,郑氏集团也是"左手拿着账册,右手拿着刀剑"。郑氏集团虽然拥有强大的武装力量和建立了政权,但是主要仍然是从事

[①] 史称郑芝龙跋扈,"督抚檄之不来,惟日夜要挟请饷,又坐拥数十万金钱,不恤其属",见"中央研究院"编:《明清史料》戊编,第一本,"福建巡抚熊文灿揭帖"。北京:中华书局,1987年影印本。
[②] 林时对:《荷闸丛谈》下册,卷四,台北:文海出版社,1979年。
[③] 《靖海志》说:郑氏家族"一门声势,赫奕东南",特别是郑芝龙"位益尊,权益重,全闽兵马钱粮皆领于芝龙兄弟。是芝以虚名奉召,而君以全闽予芝龙也",见彭孙贻:《靖海志》卷一,泰州市图书馆1981年据馆藏清乾隆年间抄本传钞,厦门大学图书馆藏。

国际贸易。据荷兰东印度公司记录，崇祯十二年（1639）驶往长崎的郑芝龙商船多达数十艘。崇祯十四年（1641）夏，郑芝龙商船 22 艘由晋江县安平港直抵日本长崎，占当年开往日本的中国商船总数的五分之一以上，其运载的主要货物有生丝、纺织品、瓷器等。郑芝龙与葡萄牙人、西班牙人也建立贸易关系。他运往日本的丝织物，有一部分是从澳门购进的，日本的货物也由他运到吕宋，转售西班牙。郑芝龙的船只也经常满载丝绸、瓷器、铁器等货物，驶往柬埔寨、暹罗、占城、交趾、三佛齐、菲律宾、咬留巴（今雅加达）、马六甲等地贸易，换回苏木、胡椒、象牙、犀角等。在 17 世纪 20～40 年代，郑芝龙从海外贸易中赚取了巨额利润。1651 年清军进攻郑芝龙在厦门的基地，缴获 90 万两黄金，相当于 1 000 万两白银①。这仅是郑氏集团用于国际贸易的流动资本，而非其全部产业。郑成功建立政权后，虽然以"反清复明"为政治诉求，但仍然以国际贸易为主要工作。据估计，1650～1662，郑氏集团海外贸易的总贸易额，每年在白银 392 万～456 万两，平均 420 万两；海外贸易所获利润总额，则每年在 234 万～269 万两②。据魏斐德（Frederic Jr. Wakeman）估计，清朝政府在 1651 年的岁入仅为 2 100 万两银③。而据格拉曼（Kristof Glamann）的研究，位于巴达维亚的荷兰东印度公司在 1613～1654 年的四十年中所积累的利润仅为 1 530 万盾（guilder），大约相当于 440 万两银④。相比之下，可以清楚地看到：郑氏集团已经成为当时世界上最大的商业集团⑤。

以上六类商人，就是 15 至 17 世纪中期东亚世界国际贸易中的主要商人，他们在这种贸易都发挥了重要的作用。不过，由于他们的不同身份，他们在这个贸易中的地位和作用也有很大不同。

---

① 林仁川：《明末清初海上私人贸易》，上海：华东师范大学出版社，1987，第 128 页。
② 杨彦杰：《一六五〇年——一六六二年郑成功海外贸易的贸易额和利润额估算》，《福建论坛》（社科教育版）1982 年第 4 期。
③ Frederic Jr. Wakeman, *The Great Enterprise: The Manchu Reconstruction of Imperial Order in Seventeenth-Century China*. Berkeley: University of California Press, 1985: 1070.
④ Kristof Glamann, *Dutch-Asiatic Trade: 1620-1740*, Copenhagen: Danish Science Press, 1958: 248.
⑤ 大上幹広等认为日本织田信长—丰臣秀吉政权也具有这样的性质（见 大上幹広、郡宇治、下岸廉、檜塩類、山崎達哉：《軍事商業政権としての織豊政権》，大阪大学歴史教育研究会成果報告書シリーズ（大阪）．11 P.1-P.20, 2015-03-15, at http://hdl.handle.net/11094/51835）。但与荷兰东印度公司和郑氏集团不同的是，织田—丰臣政权基本上是一个日本领土内的政权，而非从事国际贸易的商人政权。

首先，两种类型的"官商"，在国际贸易中的地位和作用都趋于下降。

明代奉行的朝贡贸易是一种官方贸易，自始至终处于明朝国家的严格控制之下。只有朝贡国（或者朝贡政权）的官商，才能进行这种贸易。朝贡贸易是明朝笼络其他国家的一种手段，出自政治目的①。从事这种贸易的官商，由于是特定国家（或者政权）的代表，其活动完全取决于国家（或者政权）之间的政治关系，因而不可能进行真正的贸易活动。同时，由于朝贡贸易本身并不遵循等价交换的原则，因此也不具有现代意义上的贸易性质。明朝在朝贡贸易中实行"厚往薄来"的政策，使得这种成为一个沉重的财政负担，同时朝贡使团中的商人也经常进行违法活动②，因此明朝政府不得不限制从事这种贸易的商人的人数③。由于这种朝贡贸易不是正常的贸易，因此到隆庆初年基本瓦解。与朝贡贸易密切相关的官商也因此走向衰亡。

其次，两种类型的"私商"，在15至17世纪东亚世界国际贸易中不断发展。经过与"海盗商人"的长期抗争，到了隆庆开禁之后，"普通商人"逐渐成为海上国际贸易的主流。傅衣凌认为，虽然"其中颇有很多地方是封建的商业经营"，但是"这一种形式可说是福建海商的最正常的发展路线，脱离政府的束缚，而成为一种自由商人"④。这种私商，也可以说是近代商人的前身。

再次，两种类型的"军商"，都是在那个混沌世界中力求建立一种国际贸易秩序的商人集团。荷兰东印度公司虽然有母国的大力支持，但是荷兰是一个小国，国力有限，其支持不足以胜任在东亚世界建立国际贸易秩序的重任。郑

---

① 这一点，在明朝朝廷讨论哈密事件时表现得很清楚："往者都御史陈九畴、御史卢问之具奏，兵部会题，皆欲闭关绝贡，永不与通。以番人之所利于中国者甚多：既绝其贡道，彩币不出，则彼无华衣；铁锅不出，则彼无羹食；大黄不出，则彼畜受暑热之灾；麝香不出，则床榻盘蛇虺之害。彼既绝其欲得之物，则自然屈伏"（《杨一清集·密谕录》卷七《论哈密夷情奏对》，北京：中华书局，2001，第1053页）。

② 例如洪武二十年，暹罗使臣路боль经温州时，将沉香等物私自卖与当地百姓，按明朝法律，"所司坐以通番当弃市"，但最终"获宥免罪"（《明史》卷三百二十四《暹罗传》）。永乐时，日本使臣"私携兵器鬻民"（《明史》卷三百二十二《日本传》）。

③ 在外国来华的贡使使团中，商人占有很大的比例，"番使多贾人，来辄挟重资与中国市"（《明史》卷三百三十二《天方传》）。明朝政府很清楚这一点，因此对贡使使团人数加以限制。例如嘉靖二十九年规定，日本使团除水夫外，"正副使二人，居坐六员，土官五员，从僧七员，从商不过六十人"（《明会典》卷一百零五《日本国》）。

④ 傅衣凌：《明代福建海商》，收于傅衣凌：《明清时代商人与商人资本》，北京：人民出版社，1956。

氏集团在盛时的实力接近这个目标,但是其背后不仅没有国家支持,相反还受到强大的清朝国家的致命打击,因此也无法担负起这个历史使命。一直要到19世纪中期,拜工业革命之赐,西方才开始以强大的武力实现这个任务。这是一个充满血与火的过程。又过了一个世纪,到了20世纪后半期,上述任务才基本完成,使得东亚世界的国际贸易成为和平的和公平竞争的活动。

四、"恶"推动历史:走向近代的开端

通过以上分析,可以得出以下结论。

在15至17世纪中期,由于早期经济全球化到来,东亚世界的国际贸易出现了史无前例的大发展。与此相应,从事这种贸易的商人也空前活跃,其活动呈现出前所未有的多姿多彩的局面。这些商人具有以下鲜明的特点:

第一,在这个时期的东亚世界,从事国际贸易的商人种类繁多,成分复杂。其中的许多人,同时拥有各种不同的身份。在不同的场合,以不同的面孔出现。换言之,他们大多数都不是今天意义上的商人,而是一种多副面孔、多种性格的商人。

第二,同之前和之后的商人不同,这个时期东亚世界从事国际贸易的商人,都与包括国家在内的各种不同形式的暴力组织有着程度不等的联系[①]。不仅如此,这些商人且往往自身就拥有相当的武力,用以自卫或者攻击对手。因此他们不是今天我们所看到的商人。

第三,为了创造一种国际贸易赖以进行的秩序,在这个时期的东亚世界,从事国际贸易的商人中的强有力者,采取各种手段(特别是暴力),在国家支持下或者反对下,建立独立或半独立的政权,即"军事-商业复合体"。他们的这种努力在17世界前半期取得相当的成就(标志是荷兰东印度公司和郑氏政权),从而在一定程度上保障了东亚世界海上国际贸易的发展。

以上这些特点都是其他时期商人所没有的。正是因为这些特点,使得这个

---

① 国家本身就是一种有组织的暴力机构。依照韦伯和马克思主义的国家观,政治权威结构把国家建构为独立于社会而存在的组织,具有使用暴力维护这些结构的权利和义务。亚历山大·温特:《国际政治的社会理论》,中译本,上海:上海世纪出版集团,2000,第103页。

时期东亚世界国际贸易商人与其他时期的商人有很大不同。

下面，本文还想谈的是，为什么这个时期东亚世界国际贸易商人会有这些特点，以及他们活动的历史意义。

首先，为什么这个时期东亚世界从事国际贸易的商人会呈现出上述特点？一个原因是商人的本性所致。作为职业特点，商人的本性就是求利。在对利润的追求的驱动之下，商人常常是唯利是图，不择手段去追求发财。柏拉图（Plato）说："一有机会赢利，他们就会设法谋取暴利。这就是各种商业和小贩名声不好，被社会轻视的原因。"① 亚里士多德（Aristotle）则说："（商人）在交易中损害他人的财货以谋取自己的利益，这是不合自然而是应该受到指责的。"② 西塞罗（Marcus Tullius Cicero）更认为零售商和各类小商贩都是卑贱的、无耻的，因为他们"不编造一大堆彻头彻尾的谎话就捞不到好处"③。

在东亚世界，商人也一直因为其唯利是图、重利轻义而备受指责。这些指责并非毫无根据。事实上，前近代时期的商人大都如此。唐代诗人元稹在《估客乐》诗中，就对当时的商人做了非常生动的描述。在他笔下，商人都唯利是图，不受道德伦理的约束："估客无住着，有利身则行。出门求火伴，入户辞父兄。父兄相教示：'求利莫求名，求名莫所避，求利无不营。'火伴相勒缚：'卖假莫卖诚。交关但交假，本生得失轻。自兹相将去，誓死意不更。'一解市头语，便无乡里情。"商人的贪欲，使得他们不惮风险，走遍天涯海角："求珠驾沧海，采玉上荆衡。北买党项马，西擒吐蕃鹦。炎洲布火浣，蜀地锦织成。越婢脂肉滑，奚僮眉眼明。通算衣食费，不计远近程。"为了发财，商人更极力攀结权贵，寻求政治权力的庇护："经游天下遍，却到长安城……先问十常侍，次求百公卿。侯家与主第，点缀无不精。归来始安坐，富与王者勍。"④

到了早期经济全球化时代，国际贸易空间空前扩大，而共同的游戏规则却未建立。在这个无限广阔而无法无天的天地里，商人贪婪的本性更是暴露无遗。他们为了利益的最大化，无所不用其极。马克思在《资本论》第 1 卷中引用登宁的话说："资本逃避动乱和纷争，它的本性是胆怯的。这是真的，但还

---

① 柏拉图：《理想国》，中译本，北京：商务印书馆，1986，第 62 页。
② 亚里士多德：《政治学》，中译本，北京：商务印书馆，1983，第 31 页。
③ 巫宝三：《古典希腊、罗马经济思想资料选辑》，中译本，北京：商务印书馆，1990，第 312 页。
④ 元稹撰：《元稹集》卷十三《乐府》"估客乐"，冀勤点校，北京：中华书局，1982，第 268 页。

不是全部真理。资本害怕没有利润或利润太少，就像自然界害怕真空一样。一旦有适当的利润，资本就胆大起来。如果有 10%的利润，它就保证到处被使用；有 20%的利润，它就活跃起来；有 50%的利润，它就铤而走险；为了 100%的利润，它就敢践踏一切人间法律；有 300%的利润，它就敢犯任何罪行，甚至冒绞首的危险。如果动乱和纷争能带来利润，它就会鼓励动乱和纷争。走私和贩卖奴隶就是证明。"①这是 15 至 17 世纪中期东亚世界国际贸易中商人所作所为的绝佳写照。

这些商人在东亚世界国际贸易中所进行的走私、劫掠、欺诈、行贿乃至殖民统治等种种恶行，在今天依然受到严厉谴责。然而，这里要说的是，这些今天不能容忍的恶行，恰恰是早期经济全球化时代国际贸易发展所必需的，因此进行这些恶行的商人，从历史的角度来看，或许不应当受到过分的谴责。

黑格尔（Georg Wilhelm Friedrich Hegel）在《历史哲学》中说："我现在所表示的热情这个名词，意思是指从私人的利益、特殊的目的，或者简直可以说是利己的企图而产生的人类活动——是人类全神贯注，以求这类目的的实现，人类为了这个目的，居然肯牺牲其他本身也可以成为目的的东西，或者简直可以说其他一切的东西。"②恩格斯（Friedrich Engels）对黑格尔的这个观点大加赞同，说："有人以为，当他说人本性是善的这句话时，是说出了一种很伟大的思想；但是他忘记了，当人们说人本性是恶的这句话时，是说出了一种更伟大得多的思想。"他进而指出："在黑格尔那里，恶是历史发展的动力的表现形式。这里有双重意思，一方面每一种新的进步都必然表现为对某一神圣事物的亵渎，表现为对陈旧的、日渐衰亡的、但为习惯所崇奉的秩序的叛逆，另一方面，自从阶级对立产生以来，正是人的恶劣的情欲——贪欲和权势欲成了历史发展的杠杆，关于这方面例如封建制度和资产阶级制度的历史就是一个独一无二的持续不断的证明。"不仅如此，恩格斯还认为这种贪欲是文明社会赖以出现的原因："文明时代以这种基本制度完成了古代氏族社会完全做不到的事情。但是，它是用激起人们最卑劣的冲动和情欲，并且以损害人们的其他一切禀赋为代价而使之变本加厉的办法来完成这些事情的。鄙俗的贪欲是文明时代

---

① 中共中央编译局：《马克思恩格斯全集》中文版第 23 卷，北京：人民出版社，1972，第 828~829 页。
② 黑格尔：《历史哲学》，中译本，上海：上海书店出版社，2001，第 23 页。

从它存在的第一日起直至今日的起推动作用的灵魂：财富，财富，第三还是财富——不是社会的财富，而是这个微不足道的单个的个人的财富，这就是文明时代唯一的、具有决定意义的目的。"①马克思在《1861～1863年经济学手稿》中也引用18世纪初曼德维尔的一段话并给予高度评价："我们在这个世界上称之为恶的东西，不论道德上的恶，还是身体上的恶，都是使我们成为社会生物的伟大原则，是毫无例外的一切职业和事业的牢固基础、生命力和支柱；我们应该在这里寻找一切艺术和科学的真正源泉；一旦不再有恶，社会即使不完全毁灭，也一定要衰落。"②正是在这种道德上的"恶"，造就了早期经济全球化的进行，借不道德的商人之手，把世界各地日益紧密地联系在了一起。

导致弱肉强食的"丛林法则"成为15至17世纪中期东亚世界国际贸易的惯性原则的一个主要原因，是当时东亚世界的国家（特别是其中最强大的中国）未能充分认识变化了的国际形势，并在创建一种国际贸易新秩序方面发挥积极作用。相反，面对蓬勃发展中的国际贸易，东亚世界国家却往往沿袭过去的传统，对从事这种贸易的商人采取限制、苛索乃至迫害的政策，从而迫使商人不得不采取各种手段以求发展，成为集商人、海盗、走私者、外交使臣、政府官员乃至军阀于一身的奇怪人群。

东亚世界国家本来可以在创建一种有效的国际贸易秩序和规则方面大有作为，但是它们的所作所为却与此相悖。蒂利（Charles Tilly）说：由于国家控制着毁灭手段这种最极端的力量，因此国家可以被视为专门的、唯一合法的保护费勒索者③。这个说法，对于早期经济全球化时代的国家与商人的关系来说是再合适不过的。马丁·路德（Martin Luther）在1527年出版的《论商业与高利贷》中，对当时欧洲国家的这种"惟一合法的保护费勒索者"的角色做了酣畅淋漓的描述："现在，商人对贵族或盗匪非常埋怨，因为他们经商必须冒巨大的危险，他们会遭到绑架、殴打、敲诈和抢劫。如果商人是为了正义而甘冒这种风险，那么他们当然就成了圣人了……但既然商人对全世界，甚至在他们自己中间，干下了这样多的不义行为和非基督教的盗窃抢劫行为，那么，上帝让

---

① 中共中央编译局：《马克思恩格斯选集》第4卷，北京：人民出版社，1995，第233、243、244页。
② 中共中央编译局：《马克思恩格斯全集》第32卷，北京：人民出版社，1998，第147页。
③ 亚历山大·温特：《国际政治的社会理论》，上海：上海世纪出版集团，2000，第259页。

这样多的不义之财重新失去或者被人抢走，甚至使他们自己遭到杀害，或者被绑架，又有什么奇怪呢？……国君应当对这种不义的交易给予应有的严惩，并保护他们的臣民，使之不再受商人如此无耻的掠夺。因为国君没有这么办，所以上帝就利用骑士和强盗，假手他们来惩罚商人的不义行为，他们应当成为上帝的魔鬼，就像上帝曾经用魔鬼来折磨或者用敌人来摧毁埃及和全世界一样。所以，他是用一个坏蛋来打击另一个坏蛋，不过在这样做的时候没有让人懂得，骑士是比商人小的强盗，因为一个骑士一年内只抢劫一两次，或者只抢劫一两个人，而商人每天都在抢劫全世界。""以赛亚的预言正在应验：你的国君与盗贼作伴。因为他们把一个偷了一个古尔登或半个古尔登的人绞死，但是和那些掠夺全世界并比所有其他的人都更肆无忌惮地进行偷窃的人串通一气。大盗绞死小偷这句谚语仍然是适用的。罗马元老卡托说得好：小偷坐监牢，戴镣铐，大盗戴金银，衣绸缎。但是对此上帝最后会说什么呢？他会像他通过以西结的口所说的那样去做，把国君和商人，一个盗贼和另一个盗贼熔化在一起，如同把铅和铜熔化在一起，就像一个城市被焚毁时出现的情形那样，既不留下国君，也不留下商人。"马克思在《资本论》第 3 卷中引用了这段话并且指出："占主要统治地位的商业资本，到处都代表着一种掠夺制度，它在古代和新时代的商业民族中的发展，是和暴力掠夺、海盗行径、绑架奴隶、征服殖民地直接结合在一起的；在迦太基、罗马，后来在威尼斯人、葡萄牙人、荷兰人等等那里，情形都是这样。"① 在这种情况下，商人只能依靠非经济的手段来进行国际贸易，从而使得近代早期的国际贸易成为弱肉强食的丛林。只有到了近代，随着国际贸易体系的逐渐健全，国际法和国际贸易准则逐渐建立，上述那种与暴力密切结合的贸易以及从事这种贸易的商人，逐渐变成我们今天所看到的贸易和商人。

在结束这篇文章的时候，我再回到司马迁的《货殖列传》来。

李埏先生指出：司马迁作《货殖列传》，在众多的富商巨贾中只选取少许人为之传，其故盖在于标准很高。这些标准主要有三：第一，被选入传的人必须是一不害于政，二不妨百姓，三能取与以时，而息财富的布衣匹夫之人。贵族、官僚，以及武断乡曲、欺压百姓的人是不能入选的；第二，入传的人物须

---

① 中共中央编译局：《马克思恩格斯全集》第 25 卷，北京：人民出版社，2001，第 375 页。

是既富且贤的人；第三，入选者不仅要富而且贤，还须是"章章尤异"的[①]。

由这些标准可见，司马迁心目中的模范商人，应当是对社会做出了重大贡献、道德高尚的平民商人，而非那些享有特权、唯利是图、使用不正当手段发财致富的商人。然而，司马迁的这种理想的商人，非但他那个时代不多见，到了早期经济全球化时代更是凤毛麟角。历史就是这样，经过长期的发展演变，一直要到了今天，这种商人才成为受到社会尊重的职业人群。

Of Different Types and with Different Identities: Merchants in Global Trade in the East Asian Community in the Time from the 15th up to the Mid-17th Centuries

Li Bozhong

Abstract: The time from the 15th up to the mid-17th centuries is referred to as the age of early economic globalization. During this period, the East Asian Community (i.e. the eastern part of Asia, including what is usually called East Asia, Northeast Asia and Southeast Asia) witnessed an unprecedented vigorous growth in the global trade. Different kinds of merchants, with different identities, from different regions, countries and ethnic groups were involved in the trade, playing a key role in the growth at a different time and on different occasions. It is crucial, therefore, to make a study of the merchants and their characteristics, if we want to know better the global trade in the East Asian Community at the age of early economic globalization.

Key Words: the time from the 15th up to the mid-17th centuries; the East Asian Community; the global trade; merchant

---

① 李埏：《论中国古代商人阶级的兴起——读〈史记·货殖列传〉札记》，《中国经济史研究》2000，第2期。

胡椒、陶瓷、白银与铅币:1570~1620年中国商人在印度尼西亚西爪哇的贸易活动

钱 江[*]

万丹(Banten),中国明代载籍称为"下港",位于今印度尼西亚爪哇岛的西端。1527年时的万丹还是个小渔村,一批从爪哇岛淡目(Demak)流亡而至的爪哇人在此建立起了一个穆斯林社区。1570年,在哈沙奴丁(Hasanuddin)及其子莫拉那·尤索夫(Molana Yusof)的统治下,万丹崛起成为一个独立的港埠王国,并在17世纪时成为东南亚地区胡椒生产与交易的重要贸易中心。当时,万丹港口商舶辐辏,来自华南、西亚、马来半岛、香料群岛(Spice Islands),以及欧洲的商贾齐聚在万丹,互市交易。在这些商人当中,中国商人最多,而且是最为活跃的一个族群。

中国商人与胡椒贸易

毋庸置疑,万丹之所以在当时能够成为盛极一时的胡椒贸易集散地,主要应归功于中国商人对当地胡椒的采购,以及欧洲人带到当地的白银。久而久之,中国商船的商品结构悄悄地发生了变化。在欧洲人抵达万丹之前,中国商人从万丹出口的主要是胡椒;而当欧洲人到来之后,中国商人便将胡椒换成了

---

[*] 作者系香港大学亚洲研究中心教授。

欧洲人带来的白银，悉数运回他们的祖国。换言之，中国商人最初渴望得到的是胡椒，尔后变成了白银。

在万丹贸易的中国商人大致可分为两个相互合作的贸易群体，即：行商（行走于中国与东南亚之间的商贾）和住商（寓居于万丹并在印尼群岛经商的商贾）。在外航海的行商每年运送到万丹的商品包括：瓷器、铁壶、小硬币（picis）、亚麻织品、丝绸、铜器、黄芪、扇子、阳伞、药材、针线、眼镜、梳子，以及"其他成千上万、非常琐碎、不值得一提的商品"。① 而那些定居在万丹的住商则负责收购当地的土特产品以销往中国，其中最为重要的商品就是胡椒，此外还有马六甲运来的香料、檀香木、樟脑、肉豆蔻、丁香、象牙及玳瑁等热带产品。②

福建与万丹之间的商业来往由来已久，可以一直追溯到 1527 年。当时，葛喇吧（Sunda Kalapa，即雅加达的旧称）刚被穆斯林首领法塔西拉（Fatahillah）及其率领的淡目军队占领。根据葡萄牙史学家迪乌戈·多·科托（Diogo do Couto）的记载，1527 年，葡萄牙船队在弗朗西斯科·德·萨（Francisco de Sá）的率领下，前往葛喇吧准备建立要塞。葡萄牙人发现，每年约有 20 艘中国帆船停靠在巽他王国的主要贸易港口万丹和葛喇吧交易、运输胡椒，因为该王国当时每年可生产约 8 000 巴哈尔（bahar）的胡椒。③ 根据葡萄牙人的记载，这些帆船皆来自 Chincheo（欧洲人用来指代福建南部沿海地区的专用名词，一般包括漳州和泉州地区）。1589 年，中国明朝地方政府总共核准发放了 88 张商引给出海贸易的中国商人，其中 8 张就是专门用于中国商船前往万丹和葛喇吧贸易的商引。④ 这个数字恰恰与荷兰人在第一次抵达爪哇岛时所见到的帆船数量大体一致。根据荷兰人的记述，当时每年约有 8 至 9 艘中国帆船运送着多达 50 吨的商品到达万丹。荷兰人注意到，这些中国帆船的船

---

① G. P. Rouffaer and J. W. Yzerman, *De eerste Schipvaart*, Ibid., Deel 1, pp.122-123；Deel 20, p.308；J. Keuning ed., *De tweede schipvaart der Nederlanders naar Oost-Indië onder Jacob Cornelisz, Van Neck en Wijbrant Warwijck, 1598-1600*（The Second Voyage of the Dutch to the East India under Jacob Cornelisz. Van Neck and Wijbrant Warwijck, 1598-1600），5 Deels, S-Gravenhage, 1938-1949, Deel 1, p.87.

② G. P. Rouffaer and J. W. Yzerman, *De eerste Schipvaart*, Ibid., Deel 1, pp.121-124, 145-150.

③ Diogo do Couto, *Da Asia, Decada Quarta*,（On Asia, The Fourth Decade）, Lisboã, 1778, Liv. 3. Cap. 1, p.167.

④ 《明神宗实录》卷二百一十，台北：" 中研院历史语言研究所 "，1962；徐孚远：《敬和堂集》卷七，景印文渊阁四库全书，台北：" 商务印书馆 "，1986。

体从甲板以下逐渐变窄，呈现出 V 字型。所以，他们认为，这些帆船没有太大的装运货物的空间。① 然而，荷兰人首次远航东南亚的另一份报告却指出，每年到埠的中国帆船载着约 80 吨至 100 吨的货物。② 与此同时，英国人约翰·赛利斯（John Saris）于 1613 年记录道，每年有 3 至 4 艘中国帆船到达万丹，满载着生丝及丝织品、精细的陶瓷和粗瓷，还有大量的中国纸钞。③ 赛利斯所记载的这一帆船数量较为常见，他的同乡约翰·乔丹（John Jourdain）亦于 1614 年 2 月引用这一数字。④

说到万丹的贸易情形，1618 年于闽南出版的一本有关 16 至 17 世纪福建海外贸易及其管理的专著《东西洋考》为我们提供了以下资料：

> 华船将到，有酋来问船主。送橘一笼，小雨伞二柄。酋驰信报王。比到港，用果币进。王立华人四人为财副，番财副二人，各书记。华人谙夷语者为通事，船各一人。
>
> 其贸易，王置二涧城外，设立铺舍。凌晨，各上涧贸易，至午而罢。王日征其税。又有红毛番来下港【即 Banten-Ilir ——作者注】者，起土库，在大涧东。佛郎机起土库，在大涧西。二夷俱哈板船，年年来往。贸易用银钱，如本夷则用铅钱。以一千为一贯，十贯为一包，铅钱一包当银钱一贯云。
>
> 下港为四通八达之衢。我舟到时，各州府未到，商人但将本货兑换银钱、铅钱。迨他国货到，然后以银铅钱转买货物。华船开驾有早晚者，以延待他国故也。⑤

随着帆船进入万丹港口，福建商人将大量各色各样的中国商品输入当地。但是，在欧洲人到达万丹之前，中国帆船所输入的商品仅限于上面所提到的当地民众所需的日用品。⑥欧洲人抵达万丹之后，福建帆船的商品结构才发生了

---

① G. P. Rouffaer and J. W. Yzerman，*De eerste Schipvaart*，Ibid.，Deel 1，p.121.
② G. P. Rouffaer and J. W. Yzerman，*De eerste Schipvaart*，Ibid.，Deel 3，p.193.
③ Ernest Satow ed.，*The Voyage of John Saris to Japan*，London：The Hakluyt Society，1900：216.
④ William Foster ed.，*The Journal of John Jourdain*，Cambridge：The Hakluyt Society，1905：316.
⑤ 张燮：《东西洋考》卷三《西洋列国考·下卷》，中华书局，1981，第 48 页。
⑥ G. P. Rouffaer and J. W. Yzerman，*De eerste Schipvaart*，Ibid.，Deel 1，pp.134-135.

变化。欧洲人带来的西班牙银元里亚尔（Reals of Eight）大大刺激了中国商船贸易的积极性，因为当时正是中国亟需白银的时期。事实上，中国商贾输出了大量优质商品到万丹，尤其是丝绸和瓷器，与当地居民交换东南亚和万丹王国的土特产，他们将万丹城内几乎所有的西班牙银币一扫而空，带回中国。因为，在这些福建商人的眼中，银元并非是一种流通货币，而是一种奢侈的商品。因此，可以肯定地说，欧洲人到达万丹后，从欧洲运来大量的白银也随之开始在当地流通。欧洲人对中国丝绸和瓷器的需求，大大地刺激了中国海外贸易在范围和质量两方面的扩大与提高。

根据荷兰东印度公司第二次远航东南亚舰队指挥官范内克（Jacob Cornelisz van Neck）的记载，到 16 世纪末时，中国的海外贸易商已然是万丹最大的胡椒出口商。1598 年，5 艘中国商船装载着 18 000 袋胡椒返航。相比之下，一艘印度古吉拉特（Gujarati，位于西印度——译者注）的商船只能够装运 3 000 袋，荷兰东印度公司的大船最多也只能装载 9 000 袋。① 同时代的另一记录指出，每年 10 月是万丹交易胡椒的旺季，总输出量可达到 30 000 袋至 32 000 袋。② 由此可见，约 60%出产于万丹的胡椒是被福建商贾的帆船运回了中国。与此同时，为了获得银元，福建商贾们将大量的丝绸运输到了万丹。在 1614 年 11 月 10 日寄往荷兰联合东印度公司董事会（VOC，即 Dutch United East India Company）的信件中，荷兰东印度公司总督科恩（Coen）提到了当年到埠的 6 艘中国帆船，这些帆船带来的货物中，除了各种各样的商品和瓷器外，还有丝织品，以及多达 5 000 斤至 6 000 斤的生丝。③ 然而，根据理查德·韦斯特比（Richard Westby）写于 1614 年 2 月 21 日的信件，由中国商船输入万丹的南京（Lankin）丝绸多达 300 担。也就是说，仅仅在一年内，由中国商船运往万丹的丝绸就约有 30 000 斤。④ 荷兰联合东印度公司董事会的另一职员罗伦斯·贝克

---

① J. Keuning ed., *De tweede schipvaart der Nederlanders*, Ibid., Deel 4, p.92.
② Ernest Satow ed., *The Voyage of John Saris*, Ibid., p.214.
③ H. T. Colenbrander and W. Ph. Coolhaas, *Jan Pietersz. Coen, Bescheiden omtrent zijn bedrijf in Indië* (Jan Pietersz. Coen: Documents Concerning His Activities in the Indies), The Hague, 1919-1953, *Jan Pietersz. Coen*, Deel 1. p.65.
④ "Richard Westby to the East India Company. Banten, 21st February, 1614", in William Foster ed., *Letters received by the East India Company from its servants in the East*. Transcribed from the 'Original Correspondence' series of the India Office Records, London, 1899, Vol. 3: 337.

（Laurens Back）确认了这一数字。他在发自万丹的报告中记录如下：1615 年 2 月，5 艘中国帆船运输约 300 担至 400 担的生丝和丝织品到埠。①

在此同时，以中国商贾为主的收购万丹市场上银元的活动引起当地西班牙银元严重短缺。约翰·乔丹在其 1614 年 11 月 14 日的日志中如此抱怨着中国人："他们把国内所有的西班牙银元都掏空了；因而尽管每年我们和荷兰人为万丹带来用以购买胡椒的大量白银，当地市场上仍是出现了货币紧缺。由于中国商船每年带走大量银元，让国王倍感困扰，但在贿赂之下不惜违反常规。"② 10 个月后，这个英国人再次发起了牢骚："眼前银币紧缺，几乎全被中国商船运回了中国。荷兰人千金散尽，我们也好不到哪儿去。"③ 荷兰人和英国人皆因资金周转问题，间或无法购买中国商船带来的商品。例如，1615 年，在万丹前一年良好销售业绩报告的鼓励下，加上荷兰人可观的订单，一些长年以澳门为贸易基地的富有的中国船商来到了万丹，他们带着大批上好的丝绸和其他货物，每个商人所带的货物价值从 30 000 里亚尔到 40 000 里亚尔不等。然而，因为"我们（荷兰人——作者注）和英国人这一年手头很紧，中国人留给我们的大多是质量一般的丝绸布料"④。

中国商贾不仅扮演着银币收购商的角色，同时还是铅币的供应商。早在欧洲人到来之前，铅币就在爪哇地区流通，欧洲人为此倍感困扰。当荷兰人科内利斯·德·郝特曼（Cornelis de Houtman）及其荷兰东印度公司的职员于 1596 年到达万丹时，他们面临着一个头疼的问题就是中国输入的铅币，亦即荷兰东印度公司档案中记载的 Caixas。荷兰人获悉，铅币是由一种铅和铜的浮渣混合冶炼而成，中国人在福建南部的漳州将这种廉价的金属铸成铅币，然后将其输入万丹市场，以此来取代较为昂贵的铜钱。⑤

关于铅币及其贸易方式，英国人约翰·赛利斯在其日志中曾有以下这些

---

① *Daghregister gehouden int Casteel Batavia vant passerende daer ter plaetse als over geheel Nederlandts India*，*Daily Record Kept at Batavia Castle of Happenings at that Place and throughout the Netherlands East Indies*，Batavia and The Hague，1896，Anon 1624-1629，p.130.

② William Foster ed.，*The Journal of John Jourdain*，Ibid.，p.316.

③ "John Jourdain to the East India Company. Bantam, the 30th of September, anno 1615", in *Letters Received by the East India Company*，Ibid.，Vol. 3，p.171.

④ *Jan Pietersz. Coen*，Ibid，Deel 1：167；Deel 2：20-21.

⑤ G. P. Rouffaer and J. W. Yzerman，*De eerste Schipvaart*，Ibid.，Deel 1：122.

评论：

> （万丹）国王没有自己的货币，此地用的是与中国交易得来的现钞（Cashes）。这些现钞由铅与铜的浮渣融炼而成。铅币圆而薄，中间有孔，以便串在一起，一千现钞串在一起称为一佩科（Pecco），价值各异，取决于现钞价格的涨或停，而后他们才知道如何交易。……当商船离开时，人们以 34 佩科或者 35 佩科换取一里亚尔。如此一来，便可谋取丰厚的利润。①

显而易见，作为铅币的供应商，中国商人能够垄断以及操纵铅币与银元之间的汇率。举例来说，1604 年 4 月，一艘大商船到达万丹，船上运载着大量铅币。如司各特所述：

> 现钞常年保持着非常低的汇率，对我们来说是获得商品利润的阻碍，当现钞价值低于里亚尔银币时，我们的销售将比当年正常的利润要低。而且，当年中国人将其收集的所有的西班牙银元运送回了中国，使得我们不得不让他们赊帐，以避免错过最佳的销售时间。②

另一方面，就我们所知，定居在万丹的中国商人在当地确立了稳固的经济地位，胡椒的中介贸易实质上掌握在他们的手里。有时，中国商人跑到山里直接从椒农手里购买胡椒；有时，爪哇椒农驾着他们自己的小船，把胡椒运到沿海地区，特别是在雨季，内河水涨，利于小船航行。因此，中国商人往往会在他们自己的侨居区设置胡椒收购点，用中国的商品来与本地椒农交换胡椒，甚至不用离开自己的驻地。荷兰人的记载指出，中国商贾"从农民手中买来胡椒。他们手里拿着秤来到城里，先秤出胡椒的大约重量，再讨价还价到他们能

---

① Leonard Blussé, "Trojan House of Lead: The picis in early 17th century Java", in F. van Anrooij ed., *Between People and Statistics, Essays on Indonesian History presented to P. Creutzberg*, The Hague, 1975: 33-47.

② Edmund Scott, *An exact discourse of the subtilties, fashishions [sic], pollicies, religion, and ceremonies of the East Indians, as well Chyneses as Javans, there abyding and dwelling together with those people, as well by us English as by the Hollanders; as also what hath happened to the English Nation at Bantam in the East Indies since the 2 of February 1602 untill the 6 of October 1605*. See Sir William Foster ed., *The Voyage of Sir Henry Middleton to the Moluccas, 1604-1606*, London: The Hakluyt Society, 1943: 111-112.

接受的价位。他们的收购活动一直持续到中国商船驶抵万丹，然后再以两袋一斤的价格卖出。以这个价钱，他们能够收购八袋甚至更多的胡椒（这意味着从中赚取了 400%的利润）。"① 有些富裕的中国商贾雇佣家奴到万丹的内陆地区去收购胡椒，甚至派遣专门协助处理生意的家奴到印尼群岛各处收购胡椒。他们有时驾驶着自己的帆船，有时则附搭他人的帆船外出经商。②

关于中国商人购买胡椒以及他们如何与印尼群岛内的爪哇贵族打交道，荷兰文献中提供了以下的记载：

> 一艘中国商船于三月底到达占碑（Jambi）……（他们）以 8 至 9 里亚尔一担的高价买入当地所有的胡椒，并用中国商人带来的约 20 000 元西班牙银币来支付。此外，（他们赠送给当地官员和贵族）大量礼品，并以各种方式把他们带到船上……与此同时，前面所提到的这艘中国商船买走了占碑本地居民手上所有的现钞（Cash）。由于购买中国商品的原因，占碑人原本用来购买我们布料的钱全数都花在了前面所述的中国商家处。这些中国商人甚至乘坐着运胡椒的爪哇人的小船驶至巴当哈里河（Batang Hari）的上游去收购胡椒。那些从上游往下游行驶的爪哇小船抵达占碑后，表明他们不会出售自己收购来的胡椒，可他们却让渡了大量的利润给中国商船。在此期间，我们的人基本上是干瞪眼，坐失良机。③

为了最大程度的获取利润，中国商人在胡椒贸易中不择手段。他们以诱人的条件来诱惑占碑的爪哇地方官员，提出自己的建议：倘若占碑当局能够许诺免征中国商船的胡椒出口税，那么，他们就会从中国带来一些制造枪炮的工匠。此外，他们还能带来 6 艘到 7 艘中国商船。这意味着中国商贾可以把占碑当地所有的胡椒全部买走。④ 再者，当局发现部分在万丹的中国商人自己铸造西班牙银元。此事激怒了荷兰人，他们以两个半里亚尔银元的价格雇了一个杀

---

① G. P. Rouffaer and J. W. Yzerman, *De eerste Schipvaart*, Ibid., Deel 1: 122.
② "They have…hirelings and bought servants (*ghecochte knechten*) whom they send out in all directions to buy up pepper and other wares, or hire out the same to go on voyages, always giving them some capital to employ for their profit". See G. P. Rouffaer and J. W. Yzerman, *De eerste Schipvaart*, Ibid., Deel 1: 125.
③ *Daghregister gehouden int Casteel Batavia*, Ibid., 1636: 168. See J.C. van Leur, *Indonesian Trade and Society. Essays in Asian Social and Economic History*, The Hague, 1955: 218.
④ *Jan Pietersz. Coen*, Ibid., Deel 7: 344.

手到万丹城里暗杀这些中国商人。① 中国商人甚至故意损坏胡椒的质量,他们把收购到手的胡椒混以水和粉尘,然后再转手卖给欧洲人。

与之后荷属巴达维亚的情况相似,当时万丹的中国商人很可能已建立起自己的商业行会组织,以协调规范其内部的贸易活动。比如,万丹的胡椒市场价格经常由寓居在当地的中国商人操控。倘若遇到胡椒的收成不好,或欧洲人短期内需要求购大量胡椒,或万丹港口内突然在短时间内停泊了好几艘中国商船,当地的中国商人立刻就会哄抬胡椒价格。于是乎,通过船商和寓居万丹当地商人之间的联手操控,中国商人在胡椒贸易中确立了自己的主导地位。这一切都得归功于中国商人的海上贸易网络,以及他们在福建家乡铸造后带到万丹的铅币。

中国商人与爪哇人

大体上,根据上述有关皈依伊斯兰教的中国穆斯林和爪哇贵族首领(Pangeran)之间关系的描述,爪哇原住民与中国商人之间的关系貌似还不错。但是,这个问题并非如有些人所想象得那么简单。如果我们把焦点从社会上层转向社会下层,则可能得出完全不同的结论。不过,总的来说,由于相对爪哇本地原住民来说,中国商贾算是比较富裕的。所以,当地贫穷的爪哇人对来自华南的中国商贾极度嫉妒愤恨,从而导致中国商贾常常成为这些爪哇原住民发泄不满的牺牲品。

例如,在1603年7月4日,"位于万丹河东岸的大市场被村里的一些爪哇人纵火焚毁(大家认为,爪哇人是想焚毁中国商人的货物)。就在这场大火中,有些欠我们债的中国商人失去了所有的财产"②。在早期欧洲人的旅行日志中,诸如此类的例子不胜枚举。除了焚烧中国人在万丹的房屋,爪哇人甚至还攻击和杀害中国商人。根据司各特的日记记载,1603年10月,"爪哇人发现,除了铅币,他们从我们身上得不到任何别的东西,且他们以前能拿到的铅币是现在的好几倍。现在,他们觉得铅币除了非常沉重之外,一无是处。于

---

① Edmund Scott, *An exact discourse*, Ibid., p.110.
② Edmund Scott, *An exact discourse*, Ibid., p.90.

是，他们现在开始找中国人的麻烦，因为这些中国人的家里放满了从我们手里购买的货物。在很长的一段时间里，每个夜晚我们都能听到凄厉的哭叫声。我们睁大着眼睛，夜不能寐，随时提防遭受突如其来的袭击。我们周围的许多中国人都惨遭杀害。很显然，如果我们不开枪保护他们的话，将会有更多的中国人受害。对于爪哇人来说，子弹脱膛呼啸的声音是一件可怕的事情，恰如猎犬在野兔耳边咆哮那样。换言之，唯有子弹能让爪哇人老老实实"①。当时，华商与爪哇原住民这两大族群之间不和谐的关系，特别是在万丹社会的底层，似有扩大的趋势。所以说，难怪爪哇人"看见一个中国人被处以极刑会兴奋莫名，中国人见到某个爪哇人被处死也很高兴"②。当然，我们也应该看到，中国人和爪哇人之间的族群关系并非一直处于紧张的状态，他们之间也有相互合作的时候。例如，当英国人拒绝某个爪哇商人借贷100或200里亚尔银元的请求时，一名可能与英国东印度公司驻万丹商馆主管相熟的中国商人便会参与进来，为该爪哇商人说情。③

在简略地描述了中国商人（尤其是寓居在万丹当地的小商人）与爪哇人之间的关系之后，下面再进一步观察中国商人与万丹王国上层社会爪哇人之间的关系。

中国商贾之所以愿意皈依伊斯兰教成为穆斯林，其背后的主要因素是中国商贾希望在异国他乡获得爪哇统治阶层的庇护，无论是在万丹经商还是日常在万丹居住生活，均希望如此。另一方面，统治阶层内的爪哇贵族首领（Pangeran）也希望能够利用中国商贾的财富和经济力量，来应对与欧洲人的竞争，以及在面临其他贵族的忌恨与反对时巩固自己的统治。考虑到这些因素，中国商贾和爪哇贵族之间自然会形成某种形式的联盟。

根据以上所引用的当时欧洲人的记载与中国古籍史料，我们可以看到，中国商贾在万丹经济事务中的重要地位在稳步上升，他们不仅在万丹贵族首领的咨询班子内拥有较大的发言权，而且在万丹王国的海外贸易事务中占据着举足轻重的地位。当时，负责贵族首领海外贸易事务的是六名港务长沙班达尔（Shahbandar）。其中，有四名港务长是中国人。此外，在万丹王国贵族首领的贸易经纪、会计、翻译以及管理货物磅秤等官员中，都可见到中国商人的身

---

① Edmund Scott，*An exact discourse*，Ibid.，p.97.
② Edmund Scott，*An exact discourse*，Ibid.，p.121.
③ Edmund Scott，*An exact discourse*，Ibid.，p.138.

影。① 然而，毋庸置疑，要得到贵族首领（亦即西方人记载中所说的万丹国王）的重用和提拔，中国人首先得加入伊斯兰教。随着时间的推移，这些皈依伊斯兰教之后的中国商贾自然就得到了当地爪哇统治者的信任和宠爱。下文将会提及的林六哥（Lim Lacco）就曾是万丹贵族首领的首席顾问，同时是万丹城内最有势力的中国人。他除了经营自己的生意之外，应该也掌控着万丹王国内部各方面的事务。

万丹最有影响力的贵族首领曼加拉（Aria Rana di Manggala）清醒地意识到，当时，荷兰人正试图垄断胡椒贸易，而这势必会成为威胁万丹独立的隐患。因此，为了阻止西方人在胡椒贸易中日益增长的影响力，曼加拉想得到中国商人的帮助，因为他很了解中国人的利益所在。就胡椒的售价而言，荷兰人和英国人希望能尽可能地压低，因为他们是胡椒的最终买家。与此同时，中国商人（尤其是那些定居在万丹的中国商人），还有万丹官方，都想把售价尽可能地抬高。万丹的贵族首领可以借助胡椒贸易增加自己的关税收入，而中国商人则从他们与欧洲人的贸易中获取了最大的利润。如此一来，中国商人与万丹的贵族首领就联手建立起一个胡椒贸易的垄断联盟，以阻止欧洲人在胡椒贸易中的主导地位。

1607 年，万丹当局突然要求荷兰人支付 8%的双倍关税，而中国商人只需支付 5%的关税。尽管贵族首领十分清楚，荷兰人和英国人的大额胡椒订单为万丹带来了繁荣，但他仍下令阻止欧洲人大规模地收购，其原因在于他害怕失去中国商人的支持和中国帆船交纳的大额关税。其实，在这些针对西方商人的举动背后还有另外一个原因，那就是华商林六哥。正是林六哥提出并维持了胡椒贸易的垄断政策。② 1616 年，万丹的胡椒种植喜获小丰收，中国商人立刻再次人为地提高了胡椒售价。这一次的推高胡椒售价，照样是中国商人林六哥在背后充当着"主谋"的角色，推动整个事件的发展，荷兰人的档案文献中记载了他的所作所为。③ 事情到此并未结束。翌年，万丹当局对荷兰人制定了更为严苛的政策。不仅规定在贵族首领定价之前禁止将胡椒销售给荷兰人，还禁

---

① G. P. Rouffaer and J. W. Yzerman, *De eerste Schipvaart*, Ibid., Deel 3: 199; See Ernest Satow ed., *The Voyage of John Saris*, Ibid, p.213.
② *Jan Pietersz. Coen*, Ibid., Deel 1: 614; Deel 2: 226.
③ *Jan Pietersz. Coen*, Ibid., Deel 1: 243; Deel 2: 156, 172, 226.

止荷兰人一次性地大量运输胡椒，以免出现胡椒贸易被垄断的局面。①

荷兰人既然无法从万丹当局那儿取得胡椒贸易优先权，便开始截停满载着胡椒驶返中国的中国商船。他们胁迫中国帆船的船长（Anaconda）按照荷兰人规定的低价出售胡椒。中国商人自然向万丹的贵族首领投诉荷兰人的海盗行径。万丹当局马上出台了新的举措：倘若荷兰人胆敢阻挠中国商船的自由泊靠，任何人将不得向荷兰人运送胡椒。②

然而，万丹的贵族首领并非总是与他的华人盟友站在同一阵线上，特别是在对待穆斯林华人和非穆斯林华人的问题上采取了不同的政策。举个例子，1615 年，万丹王国规定，对中国商船输入的生丝征收 5%的进口关税，而这一税项在此前多年一直是享受减免税收的优惠。③ 1617 年，万丹当局甚至禁止欧洲人预支胡椒采购的款项给中国商人，此举无异于彻底切断了中国商人的生命线。④ 更有甚者，寄人篱下寓居在万丹的华商一直生活在恐惧之中。按照万丹王国的规定，华商若在当地死亡，他们的财产和货物都会被万丹政府收缴、充公。所以说，尽管华商与万丹的爪哇统治者有着千丝万缕的亲密关系，但是，他们的社会地位依然毫无保障。这也说明了为何一有机会，万丹的华商就将其大部分值钱的个人财物运回华南老家。⑤ 换言之，至少就当时的爪哇岛而言，宗教信仰的因素是十分重要的。它不仅成为华人在当地社会同化程度高低之分野，而且影响着当地原住民统治阶层对定居在当地的海外华商之政策。

万丹王国的经济越来越依赖于中国商人。当地的穆斯林华商占据了万丹对外贸易中的主要官职，掌控了万丹王国的行政事务。在这些穆斯林华商的协助下，万丹的中介贸易落入了寓居在当地的中国商人手中。至于万丹贵族首领和中国商人之间的联盟，毋庸置疑，这个跨族群的联盟是建立在互惠互利的基础上，双方皆为了自己的利益而利用对方。因此，这样的一种联盟具有临时性和脆弱性的特点。一旦失去了权力的均衡，或者联盟中的任何一方受到某种威胁，联盟立即分崩离析。1619 年，不幸的事件终于发生。荷兰东印度公司派出

---

① *Jan Pietersz. Coen*, Ibid., Deel 1: 276, 284, 298, 326, 327, 397; Deel 2: 307.
② *Jan Pietersz. Coen*, Ibid., Deel 2: 252, 257; Deel 3: 419.
③ *Jan Pietersz. Coen*, Ibid., Deel 1: 119.
④ *Jan Pietersz. Coen*, Ibid., Deel 1: 276.
⑤ Edmund Scott, *An exact discourse*, Ibid., p.176.

大批舰船封锁了万丹港，迫使当时那些在万丹社会已站稳脚跟的中国商人逃到了巴达维亚，包括万丹王宫内的华商代表林六哥。早在 1623 年 6 月，林六哥就与 170 名中国商贾一起逃到了荷兰人在爪哇岛设立的殖民大本营巴达维亚（今印尼雅加达）。①

中国商贾与欧洲人

　　中国商贾与欧洲人之间的关系，是当时万丹社会所存在着的多种利害关系中最为微妙和复杂的一种关系。在欧洲人到达爪哇之前，中国商人并不是唯一活跃在万丹商业社会中的族群。当时，来自西亚和南亚的商人（尤其是那些来自南印度的印度商贾）因为大量进口印度生产的棉布而在万丹的经济生活中占据着十分重要的地位，有些人甚至成为万丹王国的港务长。然而，当欧洲人开始把大量的欧洲银币，以及他们在驶往东南亚的航程中所采购的大批印度棉布输入万丹后，早年独占鳌头的西亚商人和南亚商人便逐渐地退出了这个舞台，在当地权力利益圈中留下了一个待填补的空缺。最初，欧洲人既没有兴趣，也无意填补曾被西亚和南亚商贾占据着的政治上的空缺。换句话说，正是欧洲人为中国商人清除了障碍，为他们渗入万丹社会经济的内部网络铺垫好了道路。因此，我认为早期欧洲文献中所记载的万丹的主要商人，指的正是中国商贾。中国商贾不仅是胡椒的采购商和运输商，丝绸、瓷器等中国商品的进口商，而且是当时唯一有能力将缅甸勃固（Pegu）出产的紫胶输入到万丹的商人。根据欧洲人文献的记载，17 世纪初，随着欧洲人的到来，中国人在万丹的中介贸易渐渐地占据了主导地位，而此时西亚和南亚的商人则在与欧人激烈的印度棉布贸易的竞争中败退，失去其传统的重要地位。

　　显而易见，欧洲人在万丹最想得到的东西就是胡椒，因为胡椒是当地最为重要的土特产品，而中国商人恰巧控制着万丹胡椒贸易的中介网络。因此，欧洲人必须依赖中国商人来大量采购胡椒。与此同时，中国商人也必须依赖欧洲人来为自己预先支付大量的资金以供周转，因为中国商贾手上并没有太多的资

---

① *Jan Pietersz. Coen*，Ibid.，Deel 3：946.

金。所以说，这一信贷关系把欧洲人和中国人捆绑在了一起，发挥了至关重要的作用。它成为一只无形的手，控制着欧洲人和中国商贾之间的关系。

至于欧洲人为何认为有必要在胡椒贸易中依赖信贷体系，英国人司各特是这么记述的："今年，中国人再度把他们所搜刮到的所有里亚尔银币都运回了中国；为此我们不得不让他们赊账，否则，我们将错失当年销售的良机。"① 当然，这只是其中的一个原因。需要指出的是，绝大部分来自福建的海商只是小本经营的小商人，他们到万丹或海外的其他地方做买卖，其本钱都是向亲戚或者高利贷者借来的。因此，他们挣了钱之后，首先得要拿回福建老家去偿还债务。大体上来说，这些福建商贾的经济能力很有限，资本十分薄弱，他们中的某些人甚至是无本经营。当然，中国商贾中不乏富人，但这些富商大多不会出洋冒险做生意，而是借钱或者提供货物给小商人，然后让这些贫穷的小商人带着他们的钱和货物扬帆出海经商，待他们返乡后再按照当初的投资比例或借贷份额来抽取利润，从而坐享其成，牟取帆船贸易之厚利。这一切，正如荷兰东印度公司总督科恩在 1623 年 6 月 20 日向公司董事会所报告的那样："只要穷人没有生命危险，富人就会一直以商品来投资，介入贸易。"② 换言之，在前近代时期，福建的整个海外贸易大致上都是按照委托贸易（commenda）的模式来进行。当时，只有少数中国商人能够凭借着自己的资本采购货物后出航到东南亚进行互市交易。除了以上提到的这些原因之外，还应该考虑到一个重要的因素，即中国商人传统的经商观：最能干的商人往往是能利用别人的资本来赚自己的钱。如此一来，他就能把债务人和债权人的利益捆绑在一起，从而确保自己获得最大的利润。③

以上所提到的这些因素，在万丹的胡椒贸易中很容易就能看得到。一开始，欧洲人希望能通过信贷关系来操控胡椒贸易的各个环节，包括定价。然而，他们忘了，或者说他们从未预料到，他们的对手是一群唯利是图的商人，更遑论这些中国商贾会遵守欧洲商人定下的商业规矩。中国商人（尤其是那些定居在万丹的中国商人）试图把他们在内陆采购来的胡椒卖给市场上出价最高的商家，而不是将胡椒交到早已与他们定下买卖合同的原始客户手里。如此一

---

① Edmund Scott, *An exact discourse*, Ibid., pp.111-112.
② Jan Pietersz. Coen, Ibid., Deel 1: 798.
③ Ju-K'ang T'ien, *The Chinese of Sarawak: a Study of Social Structure*, London, 1953, p.65. Note 1.

来，中国商贾就已违背了交货合同。

1615 年 12 月 20 日，常驻在万丹的英国东印度公司商人塞缪尔·博伊尔（Samuel Boyle）向公司总部报告如下：

> 此外，就尊敬的公司在万丹商馆的情况而言，里面已经空无一物，资金也都被全数用于"吉夫特号（Gift）"的货物采购。我们被迫把备用金用来以高价购买大部分的胡椒。其次，是万丹中国商人的商业舞弊行为。他们拖欠了尊敬的东印度公司 16 000 袋胡椒，而我们早就提前 8 至 10 个月将购买这批胡椒的资金提前借贷给了中国商人，条件是要求他们在 9 月和 10 月间交付胡椒，最迟不得超过 11 月份。在此以前，他们对交付胡椒的态度相当漠然。但当"吉夫特号"驶抵万丹装船的时候，情况又发生了变化。我们的船只在港埠内多等了一个月的时间，中国商人才交付胡椒。可是，我们只拿到了很小一部分胡椒，直到我们动用备用金后，才开始拿到胡椒。钱在手里，却拿不到任何胡椒，但这种情况是我们无法避免的。我们必须要将胡椒装船，可若手中没有备用金，就别指望拿到胡椒。佛莱明人（指荷兰人——作者）在与中国人的交易中遭遇相同，他们同样因此而一筹莫展。恰如他们向（万丹）贵族首领致函抱怨的那样，尽管中国人欠了他们 7 万里亚尔银币的贷款，可他们照样一袋胡椒也收不到。然而，他们却得不到公平的对待。他们既无法收回自己的贷款，也无法确保其赊账可以获得更好的担保。由于囊中羞涩，没有多余的资金，他们买不到任何胡椒。幸好从荷兰又来了五艘船，带来了大量银币，他们才买到了胡椒。否则，他们今年连一袋胡椒也无法运回荷兰。①

颇具讽刺意味的是，欧洲人贷款给中国商人，为的是能够保证中国商贾从内陆的爪哇农民手里买到胡椒。然而，胡椒丰收之后，中国商人却不信守承诺，拒绝将胡椒交付给欧洲人，除非欧洲人再加钱。同样的事情于 1617 年再度发生。当时，荷兰人以 25 里亚尔购买 10 袋胡椒的价格提前赊账，将银币支付给中国商人，用以购买 2 万袋胡椒。这意味着，荷兰人赊了 5 万里亚尔银币给中国商人。这些中国商人也确实以 25 里亚尔 10 袋胡椒的价格收购到了 2 万

---

① "Samuel Boyle to the East India Company. In Bantam, the 20th December, 1615" //*Letters Received by the East India Company*, Vol. 3: 261-262.

袋胡椒。但是，此后他们把价格哄抬到 35 里亚尔 10 袋，迫使荷兰人再支付 1 万里亚尔来获取这批胡椒。① 尽管欧洲人深受中国商人对胡椒贸易垄断的困扰，但他们依旧相信，只有通过中国商贾的中介贸易，利润才会更高。正如荷印总督科恩在苏门答腊岛占碑（Jambi）向安德里亚斯·琐里（Andries Soury）解释的那样：

> 阁下您要明白，这万丹的胡椒是经过长途跋涉之后才到达我们的手中。难以计数的中国人四处奔波才买到这些胡椒，所以，我们才能在这么短的时间内收购到大量的胡椒。在此，我想说的是，我们根本无法绕开中国人去收购胡椒……。所以，我仍旧认为，我们公司宁可在一个地方以较高的价格来收购胡椒，也比我们东一点儿，西一点儿地自己四处奔波去购买价格稍许便宜一点儿的胡椒要来得合算，利润也要高得多。②

面对中国商人在胡椒贸易上的垄断，欧洲人最初除了愤怒和苦恼之外，无计可施，因为他们甚至无法独自把胡椒从山上弄下来。尽管万丹已在他们的手中，他们仍旧必须依赖中国的胡椒商人。还有一个情况，即中国商人只受万丹的贵族首领管辖，在城里欧洲人拿中国商贾无可奈何，不敢碰他们。尽管如此，欧洲人很快就发现，在万丹定居的中国商人并非铁板一块，略施小技就可以将他们中的某些人收服，为荷兰东印度公司效劳。万丹城内最富有的华商之一的心素（Sim Suan，又拼写为 Sim Sou），就是这样被荷兰人看中，成为其商业伙伴。

与林六哥不同，在万丹的华人中，心素是一名没有皈依伊斯兰教的富商。他拥有自己的商船和水手（这些水手也可能是为他四处奔走、外出经商的商业奴隶），也有自己的货仓和土地，但在政治上却没有任何影响力。③ 荷兰人通过把部分货物卖给心素的做法，成功地击破了中国商人的统一阵线。1614 年，心素与荷兰人做成了一笔利润丰厚的交易。荷兰人将印度棉布和檀香木卖给他，而他则为荷兰人提供胡椒和来自中国的商品，同时把自己的商船和仓库租

---

① *Jan Pietersz. Coen*，Ibid.，Deel 1：483.
② *Jan Pietersz. Coen*，Ibid.，Deel 2：91.
③ *Jan Pietersz. Coen*，Ibid.，Deel 1：62-63，69，78.

赁给荷兰人使用。在心素的帮助下，荷兰人在印尼的其他地方，例如苏门答腊岛的占碑，大量地购买胡椒，从而不必过分地依赖在万丹的其他中国商人，也可以避开爪哇贵族对胡椒贸易的种种控制。与此同时，早在 1614 年，心素就建议荷兰人在巽他海峡的某个海岛上设立一个有竞争力的贸易基地。① 不消说，心素的建议与荷印总督科恩的计划不谋而合，后者不久之后就把荷兰东印度公司的总部从万丹转移到了附近的雅加达。从这个例子中，我们可以看到类似心素这样中国商人在早期是如何帮助荷兰人在爪哇建立起自己的根据地。最令人震惊的是，1615 年 12 月，心素甚至建议荷兰人采取措施，切断福建与马尼拉之间的贸易联系，此举不啻意味着要切断中国海商所经营的海外贸易的主动脉。② 毫无疑问，心素与荷兰人之间的关系遭到了福建同乡的忌恨，他的所作所为导致万丹城内其他福建同乡的不满和愤恨。中国商人计划联合起来，集体罢买荷兰人进口的棉布，除非荷兰人能够按照中国商贾定下的价格出售棉布。同时，他们也希望心素因为欠下荷兰人的大笔债务，能够阻止他与荷兰东印度公司签订新的生意合同。可是，荷兰人再一次地给了心素新的买卖合同和印度棉布。结果，那些此前试图把心素从他们的生意圈中驱逐出去的华人小商贩纷纷冲到心素的商号，希望能拿到印度棉布，分一杯羹。③ 兴许是林六哥的策划，1615 年年底，有人向万丹当局告发，说心素让自家的商船和水手到占碑去帮助荷兰人购买胡椒。于是，心素突然遭到贵族首领的惩罚，锒铛入狱，他的房子以及荷兰东印度公司存放在里面的许多货物都被没收，他的妻儿也被剥夺了自由。④

在万丹活动的中国商人经常被发现向欧洲人贷款赊账。在之后 18 世纪的广州，也有相同的现象。在广州的行商多半来自福建南部，他们也不断地向欧洲公司贷款，欠下了巨额债务。在当时来说，这似乎就是中国商人惯常的商业做法。例如，1615 年，约翰·乔丹（John Jourdain）在信件中详细地记述了欧洲人在市场上如何倾销棉布，"万丹的情况仍然相当糟糕，所有的大商人都一蹶不振。我不知道，中国人是通过什么渠道把他们所有的财产都运回了中国，

---

① *Jan Pietersz. Coen*, Ibid., Deel 1: 69; Deel 3: 421; Deel: 858.
② *Jan Pietersz. Coen*, Ibid., Deel 7: 858.
③ *Jan Pietersz. Coen*, Ibid., Deel 1: 158.
④ *Jan Pietersz. Coen*, Ibid., Deel 1: 62.

然后自己再逃走。他们欠下荷兰人超过 8 万里亚尔的巨额债务，而这笔钱是荷兰人去年用棉布来换取胡椒的费用，今年这笔贷款却分文无归。这批棉布以非常低廉的价格卖出，与我们从印度科罗曼德尔输入万丹的棉布价格相差无几"①。心素的故事还没有结束。在被投入监狱几个月之后，心素获释。之后，他再次向荷兰人赊账，后者借给他一大笔钱去收购胡椒。可是，心素却把这些钱投资在了帆船贸易上，并把这些资金送回福建，并没有用于收购胡椒。于是，万丹的荷兰东印度公司商馆理事会于 1616 年 7 月 1 日就心素的问题通过了以下的决议：

> 心素，这个定居在此地的中国人，欠下了总公司一大批胡椒。如今看来，他似乎无力还清这笔巨大的债务。因此，一致通过决议，必须命令并强制他把那些已运送回中国的财产于下一年送回此地，还给我们。此外，我们会公开宣布，倘若心素之友人对此也无动于衷的话，我们将动手扣押任何属于心素的财产及雇员，其价值……②

尽管心素依然保持了自己与荷兰东印度公司的联系，1617 年，他再次把自己的商船借给荷兰人去苏门答腊采购胡椒，但是，他已不再是万丹的富商，其在万丹的地皮也不复存在。虽然他已破产，令人不解的是，他并没有埋怨荷兰人，而且仍然效忠于荷兰东印度，纵然他所有的不幸都归根于他与荷兰人的合作。

在万丹的英国商人同样有他们自己的中国商人经纪，例如克黄（Kewee）和阿全（Aytsuan）。与心素不同的是，这两名中国商贾除了为英国人服务之外，偶尔也为荷兰人采购胡椒。如此一来，他们从英国人和荷兰人手中都能赊到货款，也因此常常两头欠债。约翰·乔丹 1615 年 12 月在其给英国东印度公司的信里写道："这一年我们的情况非常糟，因为我们放出去的贷款都没能收回，特别是商人克黄，我们的老朋友，他欠了我们尊敬的公司 13 000 袋胡椒和两千里亚尔银币，今年一毛钱都没还。"然而，约翰·乔丹仍然相信"我们的

---

① *Jan Pietersz. Coen*, Ibid., Deel 1: 118.
② "John Jourdain to the East India Company. Bantam, December 1615" // *Letters Received by the East India Company*, Ibid., Vol. 3: 275.

商人克黄是全城最讲信用的人，他从前与我国的关系处理得很好。因此，在前英国船长的鼓舞下，我相信，可以毫无疑虑地相信他。只是这一年，他实在是拖欠得太久了。但我希望，在中国商船到达之时，我们能收到货款，因为除了我们之外，他没有欠其他任何人的债务"①。

在万丹的胡椒贸易中，荷兰人和英国人之间竞争激烈，而这些竞争经常是通过不幸的中国商人来体现的。1615 年，荷兰人以克黄拖欠荷兰东印度公司三千里亚尔银币的借口，把他投入万丹的监狱，因为这笔钱是荷兰人给克黄收购胡椒的预付货款。显而易见，荷兰人的真正目的是要损害英国人的胡椒贸易，因为克黄是英国人的主要采购商。约翰·乔丹在他的信件中指出：

> （荷兰人）此举是为了激怒我们，因为克黄如果无法还（荷兰人）的债，他也就无法帮助我们收购胡椒。荷兰人跟我们死缠。如果我们以 15 里亚尔 10 麻袋的价格收购胡椒，他们就会每袋胡椒再多出 1 个里亚尔，直到把胡椒的收购价涨到 20 里亚尔或 21 里亚尔 10 麻袋的价格。正如阁下能够从此信函读到的那样，他们对我们恨之入骨，为了要挖出我们的一只眼睛，甚至不惜牺牲他们自己的双眼。②

阿全的个案也很典型。据说阿全在 1616 年欠下了荷兰人好几千里亚尔银币。荷兰人借催促立刻还款之名，迫使阿全破产。由于阿全同时也向英国人借了款，导致英国人也连带遭受重大损失。③

换言之，海外华商的生活充满着艰辛，有时甚至有生命危险。荷兰人因为中国商贾哄抬胡椒价格、或拿到了预付货款却没有履行合同交付胡椒而遭受损失，为了补偿自己的这些损失，他们常常诉诸武力。于是，荷兰人在海上扣留往来福建的帆船，掠夺其货物。荷兰人的这种海盗行径一直蔓延到苏门答腊和泰国南部的北大年（Patani）。荷兰东印度公司的船只在海上四处游弋，拦截经

---

① "John Jourdain to the East India Company. Bantam, December 1615" //*Letters Received by the East India Company*, Ibid., Vol. 3: 274-275.
② "John Jourdain to the East India Company. Bantam, December 1615" // *Letters Received by the East India Company*, Ibid., Vol. 3: 274-275.
③ *Jan Pietersz. Coen*, Ibid., Deel 2: 98, 101.

营胡椒贸易的中国帆船。① 按照荷印总督科恩的说法，荷兰人的掠夺无可非议，因为航行前往占碑的中国人和前往万丹贸易的华商来自中国的同一个地区（即福建），而那些在中国有贸易许可的代理商同样会包租帆船前往万丹市易。②在荷兰人的暴力施压下，有些中国商人被迫自杀。例如，1637年，在占碑一个名叫谢田（Chiaetin）的华商，因为欠下荷兰人524里亚尔，被迫服毒自杀，因为他实在是无力还债。除了可怜的妻儿，他身后没有留下任何东西。然而，荷兰人却把他的妻儿卖掉作为补偿。③

诚然，海盗行径并非荷兰人独有，英国人同样有此恶行，也有可能他们是受到了荷兰人的影响。1618年，英国人以2000里亚尔收买了林六哥为其拿到万丹政府的许可，以便在万丹扩建英国东印度公司的商馆。可是，当林六哥无法兑现其承诺时，英国人便决定对他的福建同乡进行报复。他们使用了与荷兰人一样的暴力手段，掠夺停泊在万丹港埠内的中国帆船，捣毁船上存储淡水的水舱，抢走船上水手们的财物。④

尽管欧洲人与中国商人之间存在着极大的不满，时有争执，双方的共存与竞争依然存在。这也证明了，无论哪一方都必须依赖着对方才能生存下去。究其原因，正是上文所提及的：中国商人需要资本来经营他们的生意，而欧洲需要那些控制中介贸易的商人供应胡椒。他们不得不相互依赖。正是这个不知是谁发明的借贷体系把双方紧紧地捆绑在了一起。

万丹衰落和中国商贾群体的转移

为了躲避万丹贵族首领的剥削，早在1611年，荷兰人就在附近的雅加达建立起自己的商站据点，他们可以利用这个据点转运货物，以避开万丹政府的高关税。此外，1618年，万丹的情势开始急剧动荡。由于荷兰人、英国人和中国商贾之间的激烈竞争，胡椒价格不断攀升。与此同时，爪哇贵族首领禁止欧

---

① *Jan Pietersz. Coen*, Ibid., Deel 1: 36, 87; Deel 2: 252, 257.
② *Jan Pietersz. Coen*, Ibid., Deel 1: 484.
③ *Dagh-Register gehouden int Casteel Batavia*, Ibid., Anno 1637.
④ *Jan Pietersz. Coen*, Ibid., Deel 1: 358, 381, 470.

洲人再为中国商人提供预付款，并利用其统治权，强制性地优先买下万丹当年所收获的全部胡椒。在经历了种种的困难与不便之后，加上荷兰人垄断万丹胡椒市场企图的失败，科恩决定采用心素的建议，在当年夏天，把荷兰东印度公司商馆内的所有货物和大部分雇员转移到了雅加达，准备把这个新建立的港埠建设成为荷兰东印度公司在东方的新总部。科恩的这一决定引发了荷兰人与英国人、荷兰人与雅加达的爪哇贵族以及荷兰人与万丹的爪哇贵族一系列直接的冲突与战争。在战火燃烧之际，荷兰人摧毁了老雅加达的大部分建筑物，包括爪哇王城（Kraton）、贵族首领的宫殿，以及英国人的商馆。最后，荷兰人在老雅加达的土地上建造起了一个新的城堡和巴达维亚城。[①]

大获全胜之后，荷兰东印度公司开始在万丹海上实行封锁，切断万丹的对外海运，迫使各地商船将贸易活动转向巴达维亚。荷兰人对万丹的港口封锁断断续续地进行了近20年，给万丹城以致命的打击。万丹的胡椒贸易实际上已完全停顿，直接导致了万丹作为西爪哇地区主要胡椒贸易市场和货物集散地的衰落。面对万丹局势的急剧恶化，中国商贾害怕自己的帆船被荷兰人截获及掠夺，全部都陷入困境。在这种压力下，中国商贾开始被迫把自己贸易活动转向巴达维亚。人们纷纷离开万丹，举家迁往荷兰东印度公司的新据点巴达维亚。[②]万丹贵族首领为了阻止中国商人离开万丹，强迫他们在万丹建新房，任意捕杀、囚禁或杀害华商。[③] 一些中国商贾在其前往巴达维亚的途中被杀害。老雅加达的华人首领、船长王廷（Annachoda Watting）是个从事稻米业的商人，同时兼营甘蔗酿酒业（阿拉克，arak[④]），1619年雅加达战乱期间他逃到万丹来避难，如今万丹的贵族首领却以他曾与荷兰人贸易为由，将其处以极刑。[⑤]尽管如此，大批中国人仍然不断地试图逃离万丹，因为他们在当地见不到任何希望。1620年1月，科恩报告说，当时，在万丹的中国人只剩下约2000人。

在那些逃离万丹的中国人中有苏明岗（So Beng Kong）、杨官（Jan Kong）和林六哥。后来，这些人都成为了巴达维亚著名的华人首领和大商家。1623年

---

① Bernard H. M. Vlekke, *Nusantara*, *A History of Indonesia*, The Hague, 1965: 138-140.
② *Jan Pietersz. Coen*, Ibid., Deel 1: 609, 526.
③ *Jan Pietersz. Coen*, Ibid., Deel 1: 475, 501.
④ 一种在爪哇很流行的用甘蔗汁酿造的酒精饮料。
⑤ J.K.J. De Jonge, *De opkomst van het Nederlandsch gezag*, Ibid., Deel 4: 270.

6月，林六哥携妻子和手下以及170名中国人从万丹到达巴达维亚时，荷兰人为他提供了经济援助。根据1623年6月25日荷印公司的决议，巴达维亚的荷兰东印度公司借给林六哥1000里亚尔银币。在巴达维亚颇具影响力的商人苏鸣岗和杨官，比林六哥早三年逃到了巴达维亚，两人也各自拿到了荷印公司给予的300里亚尔的援助。此外，林六哥和杨官的所有债务都被荷兰人免除。① 很显然，荷兰人为了在东南亚建立起他们的新基地，以金钱为诱饵，诱惑中国商人纷纷离开万丹。林六哥、杨官和苏鸣岗的个案不过是做给万丹其他中国人看的榜样罢了。

尽管贵族首领严令禁止，部分留居在万丹的中国商人仍然试图从陆路走私胡椒和丁香到巴达维亚售卖。1623年，贵族首领的影响力减弱，万丹国王重拾部分权力，万丹地区有限的胡椒贸易便再度被中国商人所控制。然而，此时万丹的经济已然发生了变化。万丹，这个一度作为爪哇岛海外贸易和粮食消费的中心，被迫开始发展农业。结果，大部分依旧定居在万丹的中国人迅速地在此次社会经济变革中调整好了自己。他们放弃了胡椒贸易，转而种植甘蔗和生姜，并生产了大量的蔗糖，以弥补胡椒贸易出口到福建的不足。② 换言之，万丹并未从此从中国人的视线中淡出。一旦荷兰人完全解除了对万丹的海上封锁，部分中国人马上就从荷兰东印度公司统治下的巴达维亚迁回了万丹，以躲避荷兰人沉重的税赋。

之后，1682年春，荷兰军队以辅助万丹年幼王子为借口，占领了万丹，捣毁了城内大部分的华人居住区，迫使大批定居在当地的中国人逃到巴达维亚。③ 尽管部分中国人在和平重建后再次回到万丹，但直到18世纪，当地仍旧只有一个小规模的中国人社区。实际上，早在17世纪20年代，在1570年代设立在万丹的华人社区就已基本上转移到了巴达维亚。

无可否认，1682年荷兰人对万丹的军事占领，标志着万丹华人老社区的终结。然而，中国商贾的活动并未从此走向末路。他们的活动进入了一个完全不同于早先的阶段，从一个爪哇本土贵族统治的社会转向了欧洲殖民统治的社

---

① *Jan Pietersz. Coen*, Ibid., Deel 1: 776; Deel 3: 946, 956.
② J. K. J. De Jonge, *De opkomst van het Nederlandsch gezag*, Ibid., Deel 5: cxiv-cxv, 40, 227.
③ Christopher Fryke and Christopher Schweitzer, *Voyages to the East Indies*, London: Cassell and Company Ltd, reprinted in the Seafarers' Library, 1929: 39-62.

会。换言之，从万丹到巴达维亚的转移意味着一次根本性的变化，这种变化不仅影响这个港埠政体内华商的社会地位，也影响了他们与欧洲人之间的关系。

从以上的描述和讨论中可以得知，早在欧洲人到来之前，中国商贾就已参与万丹的胡椒贸易，并形成了某种形式的华商社区。与东南亚其他地方的华人侨居社区不同，万丹的华商社区基本上是一个以胡椒贸易为主的族群，尽管他们中部分人是手工工匠或农民。之所以出现这种现象，是由他们所生存的社会环境的属性所决定的。也就是说，万丹的经济是以胡椒为主导的经济，这个社会因此可以定位为胡椒社会。欧洲人到达万丹之后不久，当地的华商社区开始迅速扩大。正是这些欧洲人（特别是荷兰人和英国人），为中国商人渗透深入万丹当地经济的内部网络扫清了障碍；也正是这些欧洲人，他们通过借贷纽带确保了中国商贾在胡椒贸易中的主导地位。另一方面，尽管中国商人面临着种种困难和危险，他们仍然顽强地坚持其商业策略，扩大其贸易网络，坚持通过与爪哇贵族首领和欧洲人的竞争来控制市场，操纵市场上的胡椒价格，进而控制万丹的胡椒贸易。最后，是荷兰人造成了万丹作为一个胡椒贸易转口埠的没落，并强迫中国商人群体从万丹转移到了新近才建立起来的巴达维亚。

Pepper, Porcelain, Silver and Caixas: The Chinese Merchants' Activities in West Java, 1570–1620

Qian Jiang

Abstract: Banten emerged as an important centre for producing and trading abundant crops of pepper by 1600 in maritime Asia. Merchants from South China, West Asia, the Malay Peninsula, the Spice Islands as well as Europe came to trade their commodities at this port polity. Of these merchants, the Chinese, those from South Fujian in particular, were probably the most active and adventurous. Based on published records in Chinese, English and Dutch, this paper depicts the rise and fall of pepper trade in Banten and the key role played by the Chinese merchants, with a focus on their commercial activities in local markets, as well as their relationship with indigenous people and Europeans. It is argued that the Chinese merchants had been engaged in the pepper trade and formed some sort of sojourning community long before the coming of the Europeans to Java. Unlike other Chinese communities elsewhere in maritime Asia, the Chinese community established in Banten was basically a pepper-trading community. The Chinese community expanded rapidly shortly after the arrival of the Europeans in Banten. It was the Europeans, especially the Dutch and the English, who cleared the way for the Chinese merchants to penetrate into the inner web of Banten's economy, enabling the Chinese merchants to dominate the local pepper trade through the credit system. Despite the difficulties and dangers faced by them, the Chinese merchants managed to use their own business strategies and trading networks, as well as the competitions between the Pangeran of Banten and the Europeans, to manipulate the market pepper prices and thereby successfully controlled the pepper trade of Banten.

Key Words: Banten; the Chinese merchants; pepper; porcelain; silver; Caixas; VOC; Batavia

略论晚明福建漳泉地区对吕宋的移民

周振鹤*

菲律宾最大的岛称为吕宋，从很早的时候起，中国的福建漳（州）泉（州）地区就有与该地进行贸易活动的记录，但一直要到1565年（明嘉靖四十四年），西班牙入侵菲律宾以后，这种贸易才迅速演变成为大规模的活动，并引起了在吕宋——更具体而言是在今马尼拉的华人社区的形成。

以1565年为始，连接菲律宾到墨西哥的大帆船航线正式开辟，这一航线的垄断贸易活动维持了250年之久，一直到1815年才予以废除。大帆船每年6月乘西南季风自马尼拉起航北上，顺北太平洋上的"黑潮"东行，抵达阿卡普尔科港，翌年回程马尼拉。大帆船将中国、印度、波斯与日本等国的丝绸、瓷器、漆器、棉布、象牙、地毯、茶叶等商品，运抵墨西哥，并销售于墨西哥及西班牙的其他美洲领地，且转销西班牙本土。回程主要载运西班牙银元、铜、可可（cacao）等。而实际上最重要与最核心的贸易是以墨西哥银洋来换取中国的丝绸、瓷器等物。所以中国与菲律宾之间的贸易实际上是中国与墨西哥或云与西班牙的贸易。故《东西洋考》云："今华人之贩吕宋者，乃贩佛郎机者也。"① 所谓"佛郎机"是其时中国人对西班牙与葡萄牙人的统称。

非常凑巧的是，中国的明朝政府原来一直实行海禁政策，直到隆庆元年（1567）才弛禁，允许中国人合法进行航海贸易。此后，从中国到马尼拉的航海活动迅速发展起来。本来，中国的东南沿海，其中主要是福建省南部（即闽南

---

* 作者系复旦大学历史地理研究所教授。

① 张燮：《东西洋考》卷五《东洋列国考·吕宋》，中华书局，1981，第89页。

地区）的漳州与泉州地区，就一直有非法的海上贸易活动。弛禁以后，大量闽南人来往于马尼拉与漳州的月港之间，进行获利颇丰的合法贸易，有的甚至长期居住于马尼拉，成为当地称为"Sanley"的一个人群，组成一个规模不小的华人社会。"Sanley"应该是从闽南语的"生理"（即生意）一词而来。① 西班牙殖民者以及商人与传教士都必须经常与这些华人打交道，以维持统治，进行贸易与传教活动。于是在西班牙语（在当时或称卡斯蒂里亚语）与闽南语之间发生接触，形成了极为珍贵的一些两种语言对照的辞书与语法书。这些书籍都以写本的形式存在，多年以来，许多学者对其进行了研究，取得了丰硕的成果。

这些研究的更深一层的核心问题之一是：这些文献所体现出来的汉语方言到底是漳州方言还是泉州方言？据龙彼得（Piet van der Loon）研究，这些方言不但是漳州方言，有的还明显是海澄腔。② 海澄是隆庆元年的前一年，即嘉靖四十五年（1566）才刚成立的新县（嘉靖四十四年奏设），当时对外海上贸易的最大港口——月港，就在海澄县管辖范围内。而据最近韩可龙（Henning Klöter）的研究，认为这些文献所代表的方言是居住于马尼拉的闽南人社区的一种通用的混合方言，既有漳州方言也有泉州方言的特征。③ 这个课题或许有些纯粹语言学研究的意味，我们暂且搁下，先来考察一下 16~17 世纪之际，马尼拉华人社区里的华人成分到底如何，看看能否从侧面来帮助解决上述问题。

泉州在宋元时代一直是重要海港，政府在此设有市舶司，以管理海外朝贡贸易事宜。明代嘉靖年间，市舶司迁往福州，加之实行海禁，泉州港就此走向没落。与此同时，作为走私贸易港的漳州月港却悄悄地兴盛起来。福建是地少山多的地方，沿海居民光靠种田无以维生，因此以海为田始终是民间盛行的治生方针，即使是在海禁时期，也经常有人铤而走险，不做海盗即做海商，或者时盗时商，以走私贸易维持生计。明代正德、嘉靖年间担任过南京刑部福建司主事的大臣桂萼（？~1536）在其《福建图叙》中已说道："而海物互市，妖

---

① 对于"sangley"一词与汉语闽南方言对音的推测有两种意见，一种认为对应于"常来"，另一种则为"生理"。我趋向于后者。这个词义直到今天仍在使用。而"常来"这样的词在闽南并不成为一个固定词语，尽管对音有点相近。

② Piet van der Loon, The Manila incunabula and early Hokkien studies (part 1), *Asia Major* 12: 1-43 (1966); The Manila incunabula and early Hokkien studies (part 2), *Asia Major* 13: 95-86 (1967).

③ 2013 年 9 月 28 日，韩可龙在复旦大学中华文明研究中心"闽南语与西班牙语接触研究及其他"工作坊上的主旨报告。

孽荐兴，则漳浦、龙溪之民居多。"①漳浦与龙溪是福建漳州府的两个沿海县份，显见远在隆庆元年开放海禁前，漳州比泉州走私的人明显要多。

明代虽严厉海禁，但实际上对以海为田的福建人是禁不了的。《读史方舆纪要·漳州府·海澄县》"云盖山"条云："又，胡、使二屿，在海门上下，延袤数里。先是居民凭海为非，正统初，移其民而虚其地。"是漳州沿海一带的人藉海为生，早在正统年间（1436~1449）便已如此，虽有严禁而不止。

其时的走私港口，以原漳州龙溪（后分置海澄）的月港为典型（其实不止月港，如诏安、梅岭等处恐亦有走私港口。隆庆元年弛海禁时，先欲从该处发舶，为盗贼所阻，方改月港），比较利于走私的路线是从月港到马尼拉的航路。《读史方舆纪要·漳州府·海澄县》云："正德间，土民以番市起寇，嘉靖二十七年始议设县，不果。三十年建靖海馆于此……隆庆初，始设县治。"该书又在海澄县下之"月港"条引道："志云：正德中，土民私出月港，航海贸易诸番，遂为乱阶。嘉靖九年，于县东北十余里海沧澳置安边馆，委通判一员驻守。二十七年，议设县治于月港，寻增建靖海馆，以通判往来巡缉。"是月港欲设县以靖海氛，早在嘉靖中。接着又云："隆庆五年，滨月港为县城，而安边馆仍为守御处。"

月港本身的港口条件并不好，水不够深，远逊于中左所（今厦门岛西南部），但地点隐蔽。吕宋与闽南相去不算远，航程约为半个月，以是自然成为海商或海盗经常光顾的地方。但吕宋本身出产无多，并不能为中国与吕宋之间的贸易带来多少真正的利益。一直到西班牙大帆船从墨西哥到来，白银与丝茶的贸易才得以成立，大量的闽南人才会对吕宋——具体即今马尼拉——趋之若鹜，走私贸易因而大大兴盛起来，1567年明朝政府的弛禁实在是被迫的行为。自此之后，既然海上贸易合法，来往方便，出洋贸易的人数大大增加，在贸易地就会出现因种种原因而形成的久留不归的华人。所以《东西洋考》中有如下记述："华人既多诣吕宋，往往久住不归，名为'压冬'。聚居涧内为生活，渐至数万，间有削发长子孙者。"②《东西洋考》成书于明万历四十五至四十六年（1617~1618），而此前则有更原始的记述，这就是思想开通的福建巡抚许孚远（1535~1596）的有关疏奏。《东西洋考》上述语句就

---

① 桂萼："福建图叙"，《明经世文编》卷一百八十二，北京：中华书局，1962。
② 张燮：《东西洋考》卷五《东洋列国考·吕宋》，中华书局，1981，第89页。

来自该书所引许孚远《疏》："我民往贩吕宋，中多无赖之徒，因而流落彼地者不下万人。番酋筑盖舖舍，聚刽一街，名为'涧内'，受彼节制，已非一日。"①

旅居吕宋华人的籍贯并无专门的史料予以分析，但人们却可根据在许孚远的上述疏奏与《东西洋考》略作推想。许孚远在他的另一道《疏通海禁疏》里又有如下说法："东西二洋商人有因风涛不齐，压冬未回者，其在吕宋尤多。漳人以彼为市，父兄久住，子弟往返，见留吕宋者盖不下数千人。"这里明确地说道，以吕宋为市的是漳人，居留于彼处的漳人不下数千人。说明在马尼拉居留的华人以漳州人为多，占前述"不下万人"的华人中的大多数。许孚远于万历二十年十二月（1593年元月）到任福建巡抚，对福建情况相当熟悉，其说当有所根据。从另一方面看，传统上中国人以文莱为界，将东南亚地区分为东洋、西洋两大部分。西洋国家虽较东洋国家数量为多，但东洋部分的吕宋与中国的贸易获利最丰，成为漳、泉人出外贸易的主要对象。以至于万历二十二年（1954）后，有泉州官员建议，漳、泉两府分贩东、西洋，仿漳州府样，在中左所设官抽饷。但此议为漳州官员激烈反对未成。由此亦可见漳州人出贩吕宋者恐怕是比泉州人要多。

许孚远在上述《疏通海禁疏》中又说："东南滨海之地，以贩海为生，其来已久，而闽为甚。闽之福、兴、泉、漳，襟山带海，田不足耕作，市舶无以助衣食，其民恬波涛而轻生死，亦其习使然。而漳为甚。"也就是说，福建沿海的福州、兴化、泉州与漳州四府都有出海贸易的民众，但其中以漳州府最突出。在漳州府中，自然又以滨海诸县为最。故许氏又说："臣又访得是中同安、海澄、龙溪、漳浦、诏安等处奸徒，每年于四五月间告给文引，驾驶乌船，称往福宁卸除北港捕鱼，及贩鸡笼、淡水者，往往私装铅硝等货，潜去倭国。徂秋及冬，或来春方回。亦有藉言潮、惠、广、高等处籴买粮食，径从大洋入倭。无贩番之名，有通倭之实。此皆所应严禁。"②这里所举走私日本的人，以同安（今厦门市同安区）、海澄（今龙海县海澄镇）、龙溪（今龙海市）、漳浦、诏安五个县为最，这五个县只有同安一县为泉州府属，其余四县皆属漳州府。去倭者如是，去吕宋者当亦如是。所以前述之居于吕宋之漳人实际上也主要是漳州府这四县的人。

---

① 张燮：《东西洋考》卷五《东洋列国考·吕宋》，北京：中华书局，1981，第91页。中国国内不存许孚远《敬和堂集》全本，故无法直接引述。

② 许孚远：《敬和堂集·请计处倭酋疏》，陈子龙、徐孚远、宋徵璧等辑：《明经世文编》卷400，中华书局，1997，第4335~4341页。

而在海澄、龙溪、漳浦、诏安四县当中，尤以海澄人为最多。崇祯《海澄县志》卷十四载："万历三十年，华人在吕宋者为吕宋王所杀，计捐二万五千人。为澄产者十之八。"①当然此段话中之"计捐二万五千人"一语可能是抄自《东西洋考》，而"为澄产者十之八"，则是《海澄县志》自己的估计。此估计或许过当，但海澄人占赴吕宋贸易中国人的绝大部分恐怕是事实，即使未达到十之八，但以一县之人，即使达到十之五，也是一个很大的比例。这对于辨识16～17世纪之交在马尼拉的闽南话的主体成分或许不无参考价值。崇祯《海澄县志》是第一部海澄县志，镌刻于崇祯六年（1633），是稀见版本，一般人所引均是乾隆《海澄县志》，而后者是照抄前者的。

关于海澄设县前后以及月港的有关记述颇多，无非皆证其为海外通商之最繁衍胜处，所以在吕宋的海澄人占大多数也就不为奇了。这些记述稍举如下：

"澄民习夷，十家而七。"②"海澄有番舶之饶，行者入海，居者附资，或将口子弃儿，养如所出，长使通夷，其存亡所患苦。犀象、玳瑁、胡椒、苏木、沉檀之属，糜然而至。工作以犀为杯，以象为梳。其于玳瑁或梳或杯；沉檀之属，或为佛身、玩具。夷资之外，又可得直。"③"漳州府龙溪县月港地方，距府城四十里，负山枕海，民居数万家。方物之珍，家贮户口，而东连日本，西界面球，南通佛郎、彭亨诸国。其民无不曳绣蹑珠者，盖闽南一大都会也。"④"方其风回帆转，宝贿填舟；家家赛神，钟鼓响答；东北巨贾，竞鹜争持，以舶主上中之产，转盼逢辰，容致巨万。若微遭倾覆，破产随之，亦循环之数也。成弘之际，称小苏杭者，非月港乎？"⑤

从另一方面看，除了一般民众的贩货吕宋等航海活动外，晚明漳州士大夫阶层的海洋经济意识也比较突出。其代表性人物与论著可作如下的介绍：吴朴（约1500～1570），诏安梅岭人，庠生。著有中国第一部记载国内航运并有海外东西洋

---

① 梁兆阳修，蔡国祯、张燮等纂：《海澄县志》卷十四《灾祥志》，崇祯六年刻本，北京：书目文献出版社，1990。
② 高克远：《折吕宋采金议》，引自张燮：《东西洋考》卷11，第222页。
③ 何乔远：《闽书·风俗志》，福州：福建人民出版社，1994。
④ 朱纨：《增设县治以安地方疏》，引自谢国桢编：《明代社会经济史料选编》下册，福州：福建人民出版社，2004，第67页。
⑤ 梁兆阳修，蔡国祯、张燮等纂：《海澄县志》卷十一《风土志》，崇祯六年刻本，北京：书目文献出版社，1990。

航运的针经——《渡海方程》，又著《龙飞纪略》一书，表面上颂扬明太祖的龙兴过程，而借"臣按"的方式表达对发展海外交通贸易的见解。沈鈇（1550～1604），诏安县人，进士。在天启年间因荷兰人占领台湾引起明朝政府再次实行海禁时，建言应允许商人"往贩东西二洋"。① 郑怀魁（1563～1612）②，龙溪县人，进士。约万历三十四年（1606）著《海赋》，极赞月港开通以后的海外贸易盛况。周起元（1571～1626），海澄县人，进士，在《东西洋考》序中极力称赞隆庆年间的部分解除海禁。张燮（1574～1640），海澄县人，举人，著有极为重要的一部海外交通史著作《东西洋考》。比起泉州府属各县来，漳州士人思想似更为开放。这也是漳人在东西洋以及其中占最重要地位的吕宋贸易往来的基础之一。

正因为到吕宋进行贸易的 Sanley 人多来自漳州府，所以在一本 1640 年（明崇祯十三年）多明我会士迪亚兹（F. Diaz，1606～1604）所编的《汉西字汇》（Vocabulario de letra China con la Explicacion Castellana）中，甚至在"漳"这个字头下有如下的卡斯蒂利亚语（即西班牙语的核心方言）释文：Una çuidad que se llama cham1 cheu2［按：应即"漳州"］de donde son las Sangleyos de Manila（参见附图 1）。日本琉球大学石崎博正（いしざき　ひろまさ）教授将此句翻译为"叫漳州的城市，是马尼拉的 Sangley 们的地方"。③ 这说明，在当时的西班牙殖民者的眼光里，这些"生意人"都是从叫做"漳（州）"的那个地方来的。

图 1　《汉西字汇》中的"漳"字释文

---

① 见《上南抚台经营澎湖六策书·通商便民之策》。
② 据陈庆元《龙溪郑怀魁年谱》，《漳州师范学院学报》2013 年第 1 期。
③ 此材料承石崎教授提供，谨表谢意。

当然，泉州府属也有人前往吕宋，所以万历《泉州府志》卷二十提到华人在马尼拉被屠事云："是年，漳、泉人贩吕宋者数万人，为所杀无遗。"但这个记述稍嫌粗略。更为后出的《天下郡国利病书》里记述："是时，漳、泉民贩吕宋者，或折阅破产，及犯压冬禁，不得归，流寓夷土，筑庐舍，操庸贾杂作为生活，或娶妇长子孙者有之，人口以数万计"。① 不过，《天下郡国利病书》是抄撮地方志书及有关著作而成，此话还应有更早一点年代的源头待考。

在明万历三十年（1602），居留吕宋的华人受到大规模屠杀以后，闽南与吕宋间的贸易也一度受到影响，但《东西洋考》云："（万历）三十三年，有诏遣商往谕吕宋，无开事端。至是祸艮已，留者又成聚矣。"也就是三年（1605）后，居留吕宋的华人又渐渐增多。虽然西班牙当局为限制华人居留，要求每船不得超过 200 人，而返华之船人数不少于 400 人。但实际上禁止不了，居留的人不断增多。往往是离开马尼拉时船上有符合规定的人数，而返航中途又偷偷回到马尼拉。原来城内的"涧内"已被破坏，又在城外形成了新的聚居区"新涧"。②

吕宋贸易之利不但对闽南地区有吸引力，其实还扩散到更远的地方。由《云间杂识》所记可知，甚至连江南松江府（治所在今上海市松江区）也有人远至彼处贸易："近来中国人都从海外商贩至吕宋地方，获利不赀。松（江）人亦往往从之，万历三十七年焦慎君偕一仆商于彼，归而渡海……"云云③，可见此一贸易航线之吸引力。

因为大帆船贸易的不断发展，到达吕宋并居留于彼者不但有海商，也有其他各种手工艺者，甚至还有文化教育以至演艺人员，以保证在马尼拉维持一个能正常运转的社会，以容留因种种原因不能归国的商人（但西班牙人对于只能业田之农民并不欢迎）。对于来到吕宋的华人数量，除了上引中国史料外，还有西方研究者的一个估计：自 1571 年漳州与马尼拉之间的帆船贸易开始后的 30 年里，大约有 630 艘帆船从月港出航到马尼拉，每艘船载运的人数约 300 人。也就是说，在这三十年里，大约有 20 万人次随贸易帆船到达吕宋。这些人中的绝大多数在下一次季风期即返航中国，但也有不少人留了下来。留下来

---

① 顾炎武：《天下郡国利病疏》卷九十三，《福建三·洋税》。
② 张燮：《东西洋考》卷五《东洋列国考·吕宋》，北京：中华书局，1981，第 93、95 页。
③ 李绍文：《云间杂识》卷中，上海：上海县修志局，1936。

的人数可以西班牙殖民者当时征收的贡税额进行估计：在1611年（万历三十九年），居住于吕宋的非基督教华人，每人每年必须缴付8比索的贡税（贫穷者免缴）。而在1615年（万历四十三年），所收缴的贡税为53 832比索（意味着六七千名缴税者）；1638年（崇祯十一年）则为116 916比索（约相当于一万五千人缴税）。而处于这两个年代之间的1635年（崇祯八年）的统计表明有14 614名华人缴纳贡税，其中并不包括免税的穷人与漏税者。而1636年（崇祯九年）驻马尼拉的西班牙代理商蒙法尔康（Grauy Mon falcon）则声称居住于马尼拉的华人总数是三万人。① 这些人基本上都是闽南人不成问题，但究竟是漳州人偏多或泉州人占优则并不清楚。

然而，近代的统计结果却是相反，似以泉人占多数。菲律宾政府于近代曾对马尼拉、卡拉延、怡朗、宿务四省的华人人口做过抽样调查，其中80%华人来自晋江、同安、南安和龙溪，其余少数来自安溪、惠安、海澄等县与兴化府（即莆田与仙游二县）、厦门和枫亭司（今属仙属县）。其中人数最多（超过50%）的是晋江，而后是同安、龙溪、南安。照此调查，则泉州府属县的移民超过漳州府移民。② 有学者以为，这是清代以至近代以后的变化，但还需要做进一步的深入研究。

The Chinese Migration from Zhang-Quan Areas to Luzon Island in the Late Ming Dynasty

Zhou Zhenhe

Abstract: Although trading activities between Zhangzhou and Quanzhou and Luzon Island enjoyed a long history, it was not until 1565（the 44th year of Emperor Jiajing）that the Spanish invaded Philippines did such trades evolve into a

---

① Alfonso Felix，Jr. Edited，*The Chinese in Philippines*，1770-1890，Manila：Solidaridad Publishing House，1966，Vol.1：47. 转引自李金明《闽南文化对菲律宾社会发展的影响》，载《闽南文化研究》2001年第一辑。另有一则资料是美国学者W.L.Schurz 1939年出版的《马尼拉大帆船》（*The Manila Galleon*）里的统计，从1570～1603年的22个年份（其中有的年份没有资料）里，共计有460艘以上的中国船只到达菲律宾。

② 李金明：《闽南文化对菲律宾社会发展的影响》，《闽南文化研究》2001年第一期。

large scale, which led to the formation of Chinese community in Luzon (or specifically in Manila). The more direct reason behind the change was that two important events happened in tandem during this period. First, the establishment of Galleon Trade connected Luzon and Mexico. This 250-year monopolistic trade started from Manila in June every year heading north by monsoon, arrived in Acapulco Port and came back to Manila in the next year. It shipped silk, porcelain, lacquerware, cotton, ivory, carpet and tea of countries from China, India, Persia and Japan to Mexico, sold them there or in other Spanish colonies in America, and then further resold them to Spain. In the return voyage, Spanish dollar, copper and cocoa were often conveyed. Thus, the trade between China and Luzon was in fact a trade between China and Mexico or Spain. Second, in 1567 (the 1st year of Emperor Longqing), the policy of the ban on maritime trade was cancelled, which made the long existing illegal maritime trade in Zhangzhou and Quanzhou areas of South Fujian become unimpeded. Large numbers of Minnan (South Fujian) people voyaged between Manila and Yuegang of Zhangzhou to do well-profited and legal trades. Some even lived in Manila for a long time and formed a Chinese society of a considerable scale. As to the origin place of the Chinese in Luzon, it remained unrecorded in historical materials. Based on the analysis of related reports by Fujian Grand Coordinator Xu Fuyuan and the book *Studies on East and West Oceans* completed in 1617-1618, the Chinese here were mainly people of Zhangzhou, and other came from four counties of Haicheng, Longxi, Zhangpu and Zhao'an. The reason for this was that compared with counties of Quan Prefecture, literati in Zhang Prefecture were more open-minded and more conscious of marine economy. This is also one of the base for Zhang people to trade between China and the most significantly positioned Luzon, or between east and west oceans.

Key Words: the late Ming Dynasty; migration; Zhangzhou and Quanzhou; Luzon

东南亚的"小广州":河仙("港口国")海上交通与海洋贸易(1670~1810年代)

李庆新[*]

从越南中南部的外罗海至昆仑洋,进入暹罗湾这片海域,在古代南海交通中占有重要的地位,具有独特的地理区位优势和有利的海洋气候环境条件。受东亚海域季风的影响,南海的季节性海流(暖流和寒流)往返流经这一海域。这种东北-西南走向的季风海流,使越南-暹罗湾海域处在东亚、东南亚海上交通的要冲。

越南中南部沿海-暹罗湾区的主人占婆人、高棉人、马来人以及暹罗人历史上都有从事航海贸易的传统。大约在公元 1 世纪,扶南开始控制湄公河下游及其三角洲。从 3 世纪起,这个国家控制了越南南部、湄公河中游、湄南河流域及马来半岛峡地的一些小国,成为左右东南亚局势的大国。[①]1944 年,考古学家在越南南部沃澳(Oc Eo)发现了一座年代大约在公元 2~3 世纪、"印度化"时代的港口城市遗址。1979 年以后,越南等国学者共同对湄公河三角洲进行密集的考古发掘与研究,出土了大量文物,显示沃澳港口不仅是古代东南亚海上交通的重要枢纽,而且是中国与印度两大文明古国之间的一个贸易中心。"沃澳文化"作为湄公

---

[*] 作者系广东省社会科学院广东海洋史研究中心、南京大学中国南海研究协同创新中心研究员。
本文为广东省"理论粤军"重大资助项目"16~18 世纪广东濒海之地开发与海上交通研究"之阶段性成果。

① 参见 G.赛代斯:《东南亚的印度化国家》,蔡华、杨宝筠译,北京:商务印书馆,2008,第 69 页;莽甘(Pierre-Yves MANGUIN):《关于扶南国的考古学新研究——位于湄公河三角洲的沃澳(Oc Eo,越南)遗址》,吴旻译,《考古发掘与历史复原》,《法国汉学》第十一辑,北京:中华书局,2006,第 248 页。

河下游古文化代表一直延续到 6 世纪中叶至 7 世纪末柬埔寨（真腊）的兴起。①

10 世纪以后，东南亚地区与印度、中国的海洋交往更为密切，暹罗湾北岸出现迪石（Rach Gia）等重要港口，中国商民更多进入地包括越南中南部、暹罗湾海域在内的东南亚地区，较大规模的华人聚居区开始出现。元人周达观记载，中国水手常到真腊国，"利其国中不着衣裳，且米粮易求，妇女易得，屋室易办，器用易足，买卖易为，往往皆逃逸于彼"②。泰国编年史记载，在阿瑜陀耶王朝，华人社会的力量已经不可忽视，富裕的华商曾经资助国王建设首都阿瑜陀耶最重要的寺庙越亚伦寺。③15 世纪初，印度尼西亚苏门答腊占卑、巨港等地凝聚了大批粤、闽侨民，以广东人梁道明、陈祖义、施进卿等为首领，"其中有些已改信了伊斯兰教"④。爪哇万丹（Bantan）、北加浪岸（Bekalongan）、厨闽（Tuban，即杜板）、锦石（Gresik，即革昔儿）等港口"都以中国人住区而闻名"，是"中国人的重要商业中心"⑤。

中国学者苏继顷说："扶南地位之重要，似全藉其对金邻大湾航运之控制。"⑥古代金邻大湾就是指暹罗湾。1671 年，清朝广东雷州人鄚玖（Mac Cú'u，1655～1735）"越海南投真腊国为客"，在河仙地区建立起以华人为主体、具有独立性的政权。⑦在鄚玖、鄚天赐（Mac Thiên Tú，约 1705～1780）父子大力经营下，河仙不仅成为左右中南半岛国际政局的重要政治势力，而且成为暹罗湾畔人烟辐辏、经济繁荣的国际性港埠，鄚氏父子控制着越南南部面向暹罗湾这片航运繁忙的国际贸易区域；鄚氏河仙政权覆灭以后，阮朝从暹罗手中夺回对该地区的统治权，河仙重新成为越南南部面向暹罗湾海域的重要港

---

① 参见 Olov R. T.Janse. *Archaeological Research in Indo-China*. volume Ⅲ, The Ancient Dwelling-Site of Dong-son (Thanh-Hoa, An Nam) General Description and Plates. Pruges St-Catherine press LTD. 1955. G.赛代斯：《东南亚的印度化国家》，第 87、85 页。
② 周达观：《真腊风土记校注》"流寓"条，夏鼐校注，北京：中华书局，2000，第 180 页。
③ 苏尔梦：《华人对东南亚发展的贡献：新评价》，《南亚东南亚评论》(3)，北京：北京大学出版社，1989，第 165 页。
④ W.J.卡德（W.J.Cator）：《中国人在荷属东印度的经济地位》，《南洋问题资料译丛》1963 年第 3 期。
⑤ 施坚雅（G.William Skinner）：《爪哇的中国人》，《南洋问题资料译丛》1963 年第 2 期。
⑥ 汪大渊：《岛夷志略校释》，苏继顷校释，北京：中华书局，1981，第 74 页。
⑦ 关于鄚氏河仙政权，参见拙作《鄚玖、鄚天赐与河仙政权（港口国）》，《海洋史研究》第一辑，北京：社会科学文献出版社，2010，第 171～216 页；《鄚氏河仙政权（"港口国"）及其对外关系——兼谈东南亚历史上的"非经典政权"》，《海洋史研究》第五辑，北京：社会科学文献出版社，2013，第 114～147 页。

口，在近世东亚、印度洋海上交通与海洋贸易体系中占有重要地位。

一、郑氏统治时期河仙港及其海洋交通

关于郑氏统治下的河仙政权，17、18 世纪西方文献称之为 Can Cao，Cancar，Ponthiamas，Po-Taimat，而在中国文献则以港口国、昆大吗、本底国等著名。在郑玖、郑天赐时代，河仙控制着湄公河下游后江以西以南三角洲平原和濒海疆土。19 世纪越南古籍《越史纲鉴考略》记载：

> 港口，今南圻河仙省。当清康熙十九年，前明广东省雷州府海康县黎郭社郑玖，避地高蛮国，招集我越人、唐人、高蛮、阇间，据富国、隆棋、芹渤、浡濲、沥架、哥毛等处，建河仙镇，为我大南附庸，传子天赐，设坚江、龙川二道。其地与安江省毗连，西南临海，接暹罗，北界高蛮，南北五十四里，东西一百一十九里，东北至嘉定省城，七百七十三里。①

在郑天赐时代，河仙建立起规模宏大的长方形府城，枕山面海，有城壕护卫，长达 560 多丈；内分设文武衙署，列军寨；置使馆公库，建关帝殿、三宝寺、郑公祠、会同庙。区划街市，海夷杂居，为中南半岛暹罗湾畔一大雄镇。

在帆船时代，河仙是个港口条件比较优越的海港。它北倚湄公河下游三角洲，这里是东南亚最大的三角洲平原，地势平坦，水网纵横，宜于农耕，是东南亚著名的鱼米之乡，而且随着湄公河河水长年累月搬运的泥沙淤积而不断成陆扩大。与湄公河下游相接的河流自北南流，流经河仙城，最后注入暹罗湾。河仙城即处在河海交汇深潭之西畔。②

一份由法国人绘制于 1869 年 8 月 4 日的河仙地图显示，河仙外城为三面不规则城墙。西部城墙沿五座山丘（五虎山）而筑，大体呈南北相连走向，为

---

① 阮通：《越史纲鉴考略》卷五《港口考》；该书对魏源所谓"其国在西南海中，为暹罗属国"的观点持否定态度，认为是"传闻之讹辞"。
② 台北"故宫博物院"收藏之《交趾中南半岛情形图》绘制于清乾隆年间，图上所标出的"河仙镇"，处在一条自北向南流入大海的河海交汇处左侧，此河当为湄公河下游两大分支之一的后江，而不是河仙河。见台北"故宫博物馆编"《河岳海疆——院藏古舆图特展》，2012，第 178 页。

河仙城西部屏障；南端为苏州山，呈半岛伸入海中，形势重要，山上建有一座城堡，捍御河仙海口。北面城墙依河流而建，该河大体呈东西方向注入东湖海湾，成为天然的护城河。

河仙镇公署在河仙城之内，南北向，整体上呈长方形，分南北两部分。南城为一正方形城堡，南门面向东湖海湾，城门前有一东西走向长街，连接市区。内城北部为长方形，面积约比南城大三倍，北枕山丘；十字街将内城城区分为四大块。内城西墙有一门通城外，东城墙亦有一门通城外，至东湖。在内城与北部护城河之间，为一大片沼泽地（见图1）。①

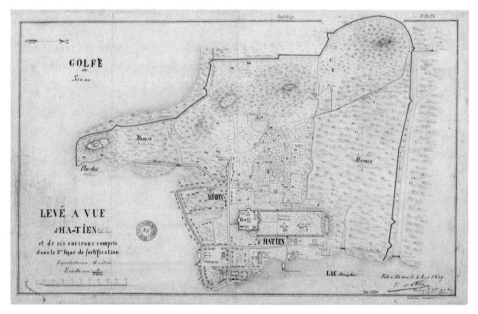

图1　1869年法国人绘制的河仙城图

河仙内港长宽各一里，出海口海面广约二里，外有两山峙立，拱护海门；有西、西南、东南三条海道通海门内港。阮朝宋福玩、杨文珠描述河仙港口形势：

> 自沥蠔向北，海涯山崎叠嶂，水程半更至河仙海门。门广约二里，其中左右大小山，俗名矶獚砮，居东，矶獚乳，居西。门分为三派：一派江

---

① 李庆新：《从佛山到嘉定——18~19世纪中越交流的"书籍之路"》，《地图》2014年第5期，北京：中国地图出版社，第72~79页。该图为吴鹏飞先生提供，特此致谢。

心自洋海向西畔，近矾獙㝧，后背山通入河仙；一派江心自洋海西南中门，通入河仙，两傍近矾獙大小，江心广约四十寻，水深五尺，䑸艚常出入；一派江心自左东南洋海，近矾獙乳，通入河仙镇，江广约七十寻，水浅，䑸艚通行不得。自门内三派夹流，通入河仙大江潭中，潭广约一里，长一曲，周包西畔，畔上有一土墟，即是河仙镇，多庯市，各色民居稠密，唐人商䑸所聚。后镇向西南有高山茂盛，山旁有塔，俗名五虎山，镇购大江东畔有高山弯嶂，林木茂盛，江畔林薮，俗名苏州，此州唐人、闺阃民居庯市及花娘所居，有水三四井。镇后西南涯海，弯山叠嶂，林木茂盛，俗名莓猊山。门外洋海向南，群山所聚……①

河仙通过北方河流通湄公河下游流域，通过南方海路面向暹罗湾、马来半岛以南的"下洲"地区，控扼中南半岛海域交通之要冲，其交通商业网络覆盖了湄公河三角洲的巴萨河流域、柬埔寨内陆地区、马来半岛的东部沿海地带、廖内-林加群岛以及巨港-邦加地区，既是鄚氏政权的政治中心，也是中南半岛上海洋贸易的重要港口。

（一）河仙至中国的海程

河仙前往中国的海道，自汉代就已开通，其航程循着传统航线，借助每年11月至次年3月盛行的东北季风，或4月到10月盛行的西南季风，进出暹罗湾；唐人贾耽记载的"广州通海夷道"走向：从广州起航，东南经海南岛东南海域，航行至越南中部沿海的占不劳山、陵山、门毒国、古笪国、奔陀浪洲、军突弄山（今昆仑山），穿越宋代"上岸""下岸"海区分界，越过越南南部金瓯海域奥比（Obi）岛，即可进入河仙洋面了。这条航线的反向航程，就是河仙前往中国、东北亚地区的航程，绕过金瓯角（Ptede Camau）以后，穿越昆仑洋、大占海，进入海南东部的七洲洋，进入广东、福建等沿海地区港口，继续往东北方向航行，可至日本、朝鲜、菲律宾。

河仙往来中国的航程在中国文献如《岛夷志略》《诸番志》《岭外代答》《郑和航海图》《两种海道针经》（《顺风相送》与《指南正法》）及越南阮朝典

---

① 宋福玩、杨文珠：《暹罗国路程集录》"涯海水程""海门水程"，陈荆和注释，香港中文大学新亚书院研究所东南亚研究室刊，1966，第38~39、67页。

籍《海程志略》均有记录。《两种海道针经》(《顺风相送》与《指南正法》)记录了 16~18 世纪中国江、浙、闽、粤、台等沿海地区与东西洋海上航路情况。《顺风相送》所记"各处州府山形水势深浅泥沙地礁石之图"、"福建往柬埔寨针路"、"福建往暹罗针路"、"柬埔寨南港往笔架并彭坊西"及"回针"、"柬埔寨往暹罗"及"回针",以及《指南正法》之"大明唐山并东西二洋山屿水势",皆记述了穿越昆仑山、小昆仑、假榄山等航段;"大担往暹罗针"及"回唐针"、"暹罗往日本针"、"暹罗往长崎日清"等,均需穿越金瓯角、暹罗湾河仙海面。① 清康熙开海以后,安南、广南与华南地区海上交通贸易越来越多,经济贸易、人员交往随之增加,郑氏河仙政权(港口国)与近邻广东、福建无论官方、民间均有联系,而且这种关系呈不断增进的态势。

1760 年(乾隆二十五年),缅甸雍籍牙王朝借口暹罗境内的孟人经常从土瓦边境侵犯缅甸而发动对暹罗的战争,并包围阿瑜陀耶首都。1764 年,新缅王孟驳再次向暹罗发动攻击,1766 年初缅军包围了阿瑜陀耶城。1767 年 5 月 4 日,缅军攻陷被围困达 14 个月的阿瑜陀耶城,阿瑜陀耶王朝覆灭。对于缅暹战事,作为宗主国的清朝自然十分关注,阿瑜陀耶城被攻破后,清朝决定对缅甸侵略暹罗进行干预:一方面派兵从陆路进入缅甸,攻打到阿瓦附近,迫使缅王孟驳撤回暹罗的主力部队;另一方面传檄暹罗,围堵缅军,同时传谕河仙协助,"留心防缉"②。乾隆三十三年(1768)十月,乾隆帝要求两广督臣李侍尧再次派人到河仙镇,向郑天赐"访问暹罗近日确情,令其详晰呈覆,速行奏闻"。李侍尧随即派署左镇游击郑瑞等于十一月在虎门搭附商船前往河仙。③ 乾隆三十四年(1769)七月,郑瑞等返回。李侍尧遂将郑瑞到访河仙的情形与缅暹局势等一起上奏朝廷。

《清实录》详细记录了两广总督李侍尧遵照乾隆帝旨意先后派许全、郑瑞等往河仙、暹罗公干及莫士麟(郑天赐)等积极回应的情况。对从广州到河仙的航程也有记载:

> 自广东虎门开船,至安南港口,地名河仙港,计水程七千三百里。该

---

① 向达校注:《两种海道针经》,中华书局,1982,第 35~36、50~51、81~82、83、120~121、171~172、174~175、181 页。
② 《清高宗实录》卷八百四十九,乾隆三十四年十二月丁卯,北京:中华书局,1986,第 371~372 页。
③ 《清高宗实录》卷八百二十,乾隆三十三年十月戊辰,第 1136~1137 页。

处系安南管辖，有土官莫姓驻扎。又自河仙镇至占泽问地方，计水程一千六百余里。统计自广东虎门至暹罗，共一万三百余里。九月中旬，北风顺利，即可开行。如遇好风半月可到；风帆不顺，约须四十余日。……兹查本港商船，于九月中旬自粤前往安南港口贸易，计到彼日期正系十一月。①

古代中国与东南亚海上交通，均靠季风吹送。从珠江口东岸的虎门起航，九月东北风起，即可扬帆出海，顺风两个月（十一月）可到河仙，航程为七千三百里。而从河仙前往广东，则在春夏，候西南风起，扬帆航向广东。这是广东至河仙贸易的一般情形，中外官方信使往来，多借助商舶。

清乾隆年间，广东嘉应人谢清高搭附商船，遍游南洋诸国十余年，"所到必留意搜访，目验心稽"，后来清高口授，乡人杨炳南笔录，辑为《海录》一卷，其中涉及广东与"本底国"即河仙的海上交往情况：

万山，一名鲁万山，广州外海岛屿也。山有二：东山在新安县界；西山在香山县界。沿海渔船藉以避风雨，西南风急则居东澳，东北风急则居西澳；凡南洋海艘俱由此出口。故纪海国自万山始。既出口，西南行过七洲洋，有七洲浮海面，故名。又行经陵水，见大花、二花大洲各山，顺东北风约四五日便过越南会安、顺化界，见占毕啰山、朝素山、外罗山。顺化即越南王建都之所也。其风俗土产志者既多，不复录。又南行约二三日到新州，又南行约三四日过龙奈，又为之陆奈，即《海国见闻》所谓禄赖也，为安南旧都。由龙奈顺北风，日余到本底国。

本底国，在越南西南，又名勘明，疑即占城也，国小而介于越南、暹罗二国之间……又顺东北风西行约五六日至暹罗港口。②

万山位于珠江口西岸，属香山县管辖（今属珠海市万山区），与东岸东莞县管辖的虎门遥相呼应，是广东下南洋的另一个起航地，"南洋海艘俱由此出口"。从万山到湄公河入海口的柴棍等港口后，分途经昆仑洋，绕过金瓯角，再折西进入暹罗湾，西北航行到达河仙，整个航程约10多天。

---

① 《清高宗实录》卷八百九十一，第711～712页。
② 谢清高口述、杨炳南笔受：《海录注》卷上，北京：商务印书馆，1938，第1～2页。

2012年9月，台北"故宫博物院"举办题为"河岳海疆——院藏古舆图特展"，其中"肇域四海"部分展出一幅题为《查询广东至暹罗水陆道里图》（见图2），为乾隆三十四年（1769）六月二十九日两广总督李侍尧呈奏为遵旨《查询暹罗国情形由》折件附图。该折件除本图外，还有附一《译出暹罗各头目禀》，附二《抄录游击许全跟兵原禀》，附三《抄录署游击郑瑞等访查节略》，附四《抄录河仙镇目莫士麟文》。①这批图文档案对研究乾隆年间清朝与暹罗、缅甸、安南、河仙等国家、地区关系提供珍贵的历史资料。

图2 《查询广东至暹罗水陆道里图》，乾隆三十四年六月二十九日
两广总督李侍尧奏进，台北"故宫博物院"藏

纸本彩绘的《查询广东至暹罗水陆道里图》，纵64厘米，横70厘米。全图坐标西为上方，北在图右，图中在沿海各处贴黄注记航海以"更"计算的航程，即船舶航行一更时间的距离。该图称每更为七十里，其贴黄注记的航海里程依次为：

---

① 台北"故宫博物院"编：《河岳海疆——院藏古舆图特展》，第181~183、188页。

自广东虎门出海放洋至暹罗城，共一百四十八更，每更七十里，共计壹万零三百六十里。

　　虎门至琼州十八更。

　　琼州至外罗山二十三更。

　　外罗山至烟筒山十二更。

　　烟筒山至赤坎十三更。

　　赤坎至昆仑山十五更。

　　昆仑山至真薯山七更。

　　真薯山至大横山十五更。

　　大横山至笔架山三十更。

　　笔架山至暹罗城十二更。①

从海图提供的信息看，从虎门到大横山为广东到河仙镇航程，共 102 更 7140 里。值得注意的是，图中自琼州至昆仑山海域，海船穿越海南岛东七洲洋、西沙群岛海域后，沿着越南中南部沿海与中国"长沙"（南沙群岛）之间的狭长海域航行。其中外罗山，为今越南中部沿海广东（Quang Dong）群岛之列（Re）岛。烟筒山，在今越南中部沿海灵山和华列拉角以北。赤坎，在今越南东南沿海格嘎（Ke Ga）角附近，或藩切（Prachuab）一带。昆仑山，即今越南南部沿海昆仑岛（Poulo Condore）。真薯山，又称薯岛或快岛，即今越南南部沿海奥比（Obi）岛。大横山，为今柬埔寨土珠岛，即布罗般洋（Poulo Panjang）。笔架山，在今泰国曼谷湾内，或指克兰（Khram）岛。暹罗城，暹罗首都阿瑜陀耶，即大城。②这幅海图包含着广东、河仙、暹罗之间往返海程的历史信息，可与许多中文文献记载相印证。

　　台北"故宫博物院"藏《交趾中南半岛情形图》（编号为故机 014906，见图 3），为纸本彩绘，清乾隆年间绘制，纵 63 厘米，横 64.5 厘米。该图坐标北在上方，城池、山峦皆以形象绘出，暹罗、缅甸都城（"央瓦城"，又作"阿瓦

---

① 图中贴黄注记所记虎口至暹罗城海程为 148 更 10 360 里，但分段贴黄注记海程总计则仅有 144 更 10 080 里，原图贴黄注记疑有误。

② 本文古地名注释，除特别注出外，均参考陈佳荣、谢方、陆峻岭编：《古代南海地名汇释》，北京：中华书局，1986。

城")各以不同图形表示。该图释文认为,18世纪末中南半岛国际关系混乱,缅

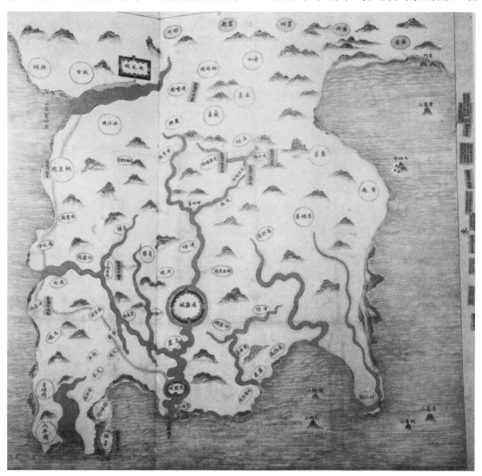

图3 《交趾中南半岛情形图》,绘制于清乾隆年间,台北"故宫博物院"藏

甸企图吞并暹罗,并与清朝交恶。其后暹罗中兴名主郑昭(1734～1782)光复暹罗,建立统巫里王朝(即吞武里王朝,1767～1782),郑昭为与中国修好,将俘获的缅甸头目押送广东,并绘制水陆两图进呈,以助清军进剿缅甸。[①]地图以暹罗阿瑜陀耶王朝都城暹罗城、吞武里王朝都城望阁城为中心,将一些"国"用圆圈圈画,例如东京(越南北部)、安南(广南,今越南中部)、柬埔

---

① 台北"故宫博物院"编:《河岳海疆——院藏古舆图特展》,第178～179、188页。

寨、大年国（亦作佛打泥、大泥、北大年等，今泰国北大年府）、吉碓国（马来西亚吉打一带）等；而将暹罗国内各重要地区用椭圆圈画，其中包括河仙镇及附近的万勃岁、沾泽汶府、罗勇、望弄贡等。河仙镇被当做暹罗疆域内的一个"地区"（府）而不视为一个独立政权，也证明该图绘制于郑昭统治下的吞武里王朝时期。1771 年（乾隆三十六年），暹罗军队攻陷河仙，郑天赐颠沛流离，宣告郑氏河仙政权开始告别"盛世"，走向衰微。此后，暹罗在河仙派驻军队，实施军事控制，直到 1782 年（乾隆四十七年），暹罗兵变，郑昭被处死，曼谷王朝（亦名却克里王朝）建立。另外值得注意的是，地图东部沿海标出中南半岛东部的东京、安南、柬埔寨和河仙镇，从广东、安南（广南）至河仙的海面，则标出虎门、老万山、七洲洋、真薯山、假薯山 5 个地名，说明广东与河仙之间海上交通与联系非同寻常。

1783 年（乾隆四十八年），福建龙溪（今龙海）人王大海所著《海岛逸志》，记录了从福建厦门经安南港口（河仙）等地到巴达维亚的航程：

> 噶喇吧，边海泽国，极西南一大区处也。厦岛扬帆，过七洲，从安南港口，历巨港、蘇六甲，经三笠，而入屿城，至其澳，计水程二百八十更，每更五十里，约一万四千里可到。①

上文涉及的地名，噶喇吧，荷兰东印度公司所在地巴达维亚。七洲，海南岛东北海域的七洲列岛。安南港口即指河仙。巨港，今印度尼西亚苏门答腊的巨港。蘇六甲，今马来西亚马六甲。三笠，今印度尼西亚邦加海峡。屿城，今印度尼西亚雅加达湾外诸岛的总称。可见河仙是中国广东、福建等地商船下南洋必经之地，而河仙商船也常到广东、福建港口贸易。成书于雍正八年（1730）的《海国闻见录》记载了作者从厦门下南洋经禄赖、柬埔寨等地的见闻，下柬埔寨的不少地方原来也属河仙地界。该书还谓："厦门至占城，水程一百更；至柬埔寨，水程一百一十三更。"② 可供参证。

---

① 王大海：《海岛逸志》卷一《西洋纪略》，姚楠、吴琅璇校注，香港：香港学津书店出版，1992 年，第 1~2 页。
② 陈伦炯：《海国闻见录·南洋记》，李长傅校注、陈代光整理，郑州：中州古籍出版社，1984 年，第 49 页。

据国外史料记载,1728年、1729年(雍正六年、雍正七年),鄚玖曾派遣刘卫官、黄集官前往日本,与幕府打交道,说明河仙与中国东南沿海之外的日本、菲律宾也有海上往来,保持海路畅通。其海程是先航行到广东、福建,再北上日本。从广东、福建前往菲律宾航线,唐宋时期已经开通,一般从闽粤港口起航,经澎湖、琉球(台湾)至菲律宾。

(二)河仙至"下洲"海程

阮朝文献将暹罗湾及马来半岛以南海域称为"下洲"。历史上这片海域经贸联系十分密切,公元前后湾区北岸港口已经通过海路与东南亚海岛地区以及马六甲海峡以西的印度洋国家发生海上往来。1974年以来,泰国在暹罗湾海底考古发现25处遗址,其中发现9艘时间为14～19世纪的沉船。[①]说明这里是海运繁忙的海域,海难沉船相应增多。

越南《大南寔录》记载,暹罗与缅甸之间交通除了从六坤(泰国那空是贪玛叻府一带)、车加陆往缅甸的通道外,其次是经阇婆、红毛(英国人)诸国海岛,前往缅甸。前一条线路海陆兼程,途程较短;后一条则全走海路,绕航马来半岛海域和马六甲海峡,进入印度洋,沿着马来半岛西海岸抵达缅甸。嘉隆八年(清嘉庆十四年,1809),暹罗受到缅甸的攻击,向阮朝请求援兵,嘉隆帝与群臣商议,主张走海路而不走陆路,迂回进击缅甸。阮朝派神策都统制陈文能等率军1 400人屯驻嘉定(今越南胡志明市),待机而动,但最终没有成行。[②]

清乾隆年间暹罗所进《交趾中南半岛情形图》,地图南部标出了河仙至暹罗港口及马来半岛等地的沿海地名。地图右边贴有一带字纸条,上面写着:"自河仙镇经由打吗山水路,直至暹罗港口",[③]说明从河仙到暹罗首都望阁城、暹罗城是走海路的,打吗山岛(今越南南游群岛达马岛)是必经海域。图上所标示出的其他重要地名,例如海中的槟榔山,在打吗山北面;还有万勃岁、罗勇、沾泽汶府、丕昭望、望阁城、禄坤府、宋加、大年国、吉碓国、丹茗国等,都在暹罗湾区沿海,与河仙海路相通。

---

① 黎道纲:《泰国古代史地丛考》,北京:中华书局,2000,第268页。
② 《大南实录正编》第一纪卷三十八,嘉隆八年六月癸卯,第793(153)页。
③ 台北"故宫博物院"编:《河岳海疆——院藏古舆图特展》,第178页。

台北"故宫博物院"藏清乾隆年间绘制的《暹罗航海图》(编号为故机014792,见图4),纸本彩绘,纵43.5厘米,横61厘米。该图北方在图左,西在图上方,以暹罗为中心,包括花肚番(缅甸)、无来由(马来亚),实际上为中南半岛海陆交通图。上半部为暹罗与花肚番(缅甸)的陆路交通图。下半部为航海图,以暹罗国为起点、以马来半岛南端无来由国枋行为中途站、以花肚国"红纱"("洪沙国")为终点的航程及航行时间,有两行弧形文字:

> 暹罗海程至枋行于九月十日之间,顺风扬帆约十五六日方得到;
> 枋行至红纱于十二月之间,顺风扬帆约十五六日方得到。

图4 《暹罗航海图》,清乾隆年间绘制,台北"故宫博物院"藏

航程经过属于暹罗地界的他战、歌廊、佛坡、力坡、班、上本、苏游、龟山、蜂岭、輋仔、他坎、禄坤府、宋脚、珀真垅,无来由地界的大泥,武吉番地界的遊佛,无来由国地界的枋行、蔴六甲、望匡、波罗抹、网悲、结鞡,暹罗地界的望甲、望崎、忽咙、丹瑙、玛力、咑啤,花肚番地界的驼歪、打马、

红纱。①这条航线其实为古代南海与印度洋交通的传统航线，从暹罗港口至河仙洋面为其中一部分。

越南阮朝嘉隆七年（清嘉庆十三年，1808），暹罗王拉玛一世去世，嘉隆帝派遣宋福玩、杨文珠等为使臣前去吊唁，同时也传达了阮朝对河仙拥有主权的意图。嘉隆九年七月，宋福玩、杨文珠等回国，向嘉隆帝呈递了一份手绘《暹地图》和记录阮朝至暹罗路程的《暹罗国路程集录》，记录了越南南部前往暹罗的六条水陆路程，包括"陆行上路""陆行下路""涯海水程""洋海水程""洋海纵横诸山水程""海门水程"，其中后面四条航程均经历河仙港及其南面海面，构成河仙对中南半岛乃至暹罗湾以南海域交通与贸易网络的组成部分。

涯海水程：自南圻后江江口之巴忒（Trauh-De）海门，经沥架（Rach-gia）海门至河仙（Hà tiên）海门、宠棋（Ream）、古公（Kas Kong）、真奔（Chantaburi）海门、矶古槛（Koh Khram）、北喃（Mae Nam Chao Phraya）、祐奔（Chumphon）、嗟加（Chaiya）、六坤（Nakhon Sihammarat）、浿毗（Songkhla）、斜泥潭（Pattani）、吉蛤增（Sungei Kelantan）、龙牙（Singapore）诸海门，最后到普吉岛车潮茫（Chalang）。这条海程沿越南南部沿海、暹罗湾、马来半岛沿海航行，从湄公河河口出发，经迪石、河仙的港口，穿过暹罗尖竹汶、湄南河河口，下至春蓬和猜亚，洛坤府、宋卡府、北大年，进入马来半岛双溪吉兰丹、新加坡和槟榔屿，最后到普吉岛。

洋海水程：自南圻哥毛角（Ca Mau）南方海上之矶芳（Hon Khoai，即Polo Obi）起，经过富国所（Phu-guoc）、沏潓矶（Ko Samet）、佟控矶（Ko Si Chang）、北喃海门、渗炉漆（Sam Roi Yat）、潮擂（Ko Samet）、六坤、斜绖诸海门，至马来半岛西岸普吉岛车潮茫。这条海程不是沿海岸近海航行，而是出奥比岛后进入暹罗湾，穿越河仙洋，终点与"涯海水程"大体相同。

洋海纵横诸山水程：自暹罗湾东南部几个岛屿之间的海程，即矶芳至缭、古蜂至嗟加、说讷欠至渗炉漆、班榈磶至楣噂（Mae Klong）海门、富国所至土珠矶（Poulo Panjang）、古蜂至矶升、土珠矶至矶升及矶妃、矶升及矶妃。大体上，航程从越南奥比岛（Pulo Obi）穿越河仙海域，至猜亚和泰国湾东海岸的班武里府，往北至春武里府、湄南河河口，再东南至圣淘沙，并一直往

---

① 台北"故宫博物院"编：《河岳海疆——院藏古舆图特展》，第180页。

东部岛屿。

海门水程：自匹忒、美清（My Thanh）、礁磙（Ganh Hao）、菩葚（Bo De）、沥裕（Rach Goc）、罢翕潭穷（Bav Hop Dam Cung）、翁笃（Ong Doc）、軔略軔闭（Cua Lon Cua Be）、沥碶（Rach Soi）、沥架、河仙镇、沥略、泳荙厄（Vinh Ach）、芹浡（Kampot）、沙郁（Sa Uc）、旭楇巴（Huc Kha Ba）、泳荙（Konmpong Som）、沙敖（Sa Ngao）、妃事（Ba su）、古公、淶门（Lai Mon）、罗控、仝吝（Dong Lan）、矾员（Hon Vien）、真奔、北喃次嚜（Bac Nom Khem No）、佛眔（Phat Se）、匹翅（Ba Si）、盘累（Ban Tram）、炉燈（Lo Don Khlon Yai）、冰公（Bang Pakong）、北喃、橯羖（Tra Chien，Tha Chin）、楣噂、朋钦（Ban Laem）、茫庄（Muong Trang）、茫璜（Muong Khoi）、茫卖（Muong Mai）、班斜潘大（Ban Saphan）、班斜潘小（Ban Saphan Noi）、丕烧（Phi Thieu）、祐奔（Chumphon）、沙尾（Khlong Savi）、潮擸、搓加、楣甗津（Mae Nam Khirirat）、六坤、泊坡能（pat Phanang）、泖罗喎（Ao La Oa）、溪軔等南坼、马来半岛中北部各海门。这条水程从湄公河河口各海门、各港出发，穿越金瓯半岛东南海域，至河仙、柬埔寨的磅逊，至暹罗尖竹汶和湄南河、曼谷、大城府、清迈沿海港口，沿海岸南下春蓬、洛坤府和宋卡府。①

二、东南亚的"小广州"：河仙贸易及其进出口商品

在古代东南亚，出现过大大小小难于计数的各种类型的政权和国家。澳大利亚学者瑞德（Anthony Reid）教授指出，15~17 世纪东南亚贸易时代，是一个城市持续发展的时代，港口城市的政治地位越来越重要，或者成为某个国家的首都，或者发展成为半独立乃至独立的政权，它们重视商业，倚海立国，与海洋皆有关联，是以海外贸易为主的政治实体，瑞德教授将这些政治实体称为

---

① 宋玩福、杨文珠：《暹罗国路程集录》"涯海水程"，第 16~19 页；其中地名不少为喃字，多不能释读，今地不详。参考 Geoffrey Wade. Maritime Routes Between Indochina and Nusantara to the 18th Century，*Archipel 85*，Paries，2013（中译本参见韦杰夫：《18 世纪以前中南半岛与马来世界之间的海上航线》，杨芹译，《海洋史研究》第五辑，北京：社会科学文献出版社，2013，第 69~91 页）。

"港口国家"。笔者将这类政权与以古代中国为代表的传统的大陆帝制国家（可称为"经典政权"）相比较，东南亚这些在政治制度与政权结构上"残缺不全"而又复杂多样的海洋性政治实体可归类为"非经典政权"。鄚氏河仙政权利用河仙地理优势，重视商业，实施自由贸易政策，大力发展对中国、东北亚、东南亚贸易，成为 17~19 世纪东亚海域航运贸易网络上的一个重要节点，同时也是一个以海洋贸易立国的"港口国"典型和东南亚"非经典政权"的典型。①

在鄚玖时代，河仙按照中国传统的经商模式，把商人分为三类，赋予不同的经营业务：大商人经营长途贸易，中小商人经营本地贸易，官商则专营国家垄断商品和对外贸易。1728、1729 年，鄚玖派遣刘卫官、黄集官前往日本，与幕府打交道，获得对日本贸易的"信牌"（朱印状）。②

河仙作为广南阮氏属地，双边关系自然非同一般。阮氏给予河仙贸易诸多政策优惠，包括免税或减税。丙辰十二年（清乾隆元年，1736），鄚天赐继任河仙都督时，阮氏"赐龙牌船三艘，免其船货税例"③。"龙牌船"是阮氏发放给前来广南贸易的外国商船的特别凭证，有免税优惠。明万历时人张燮介绍中国商人到广南贸易时的情况：

> 贾舶既到，司关者将币报酋，舶主见酋行四拜礼，所贡方物具有成数。酋为商人设食，乃给木牌于廛舍，听民贸易。酋所须者，辇而去，徐给官价以偿耳。广南酋号令诸夷，垮于东京，新州、提夷皆属焉。凡贾舶在新州、提夷者，必走数日程诣广南酋入贡，广南酋亦遥给木牌，民过木牌，必致敬乃行，无敢哗者，斯风棱之旁震矣。④

这里的"木牌"，未知是否就是"龙牌"？但它用以对外贸易，在官方对外交易中具有代表朝廷与皇权的权威，则毫无疑问。法国学者梅奔（Charles B.

---

① 李庆新：《鄚氏河仙政权（"港口国"）及其对外关系——兼谈东南亚历史上的"非经典政权"》，《海洋史研究》第 5 辑，北京：社会科学文献出版社，2013，第 114~147 页。
② Tran Kinh Hoa, *Ho Mac va chua Nguyen o Ha Tien. Van hoa chau A*, Sai Gon, so71-1968. 转引自蒋国学：《越南南河阮氏政权海外贸易研究》，北京：世界图书出版公司，2010，第 91 页。
③ 郑怀德：《嘉定城通志》卷三《疆域志·河仙镇》，收入《岭南摭怪等史料三种》，戴可来、杨保筠校注，郑州：中州古籍出版社，1996，第 152 页、第 228 页。
④ 张燮：《东西洋考》卷一《交阯》，谢方点校，北京：中华书局，2000，第 19~20 页。

Maybon）指出，"南河［指广南阮氏］的税收体系是仿照中国建立起来的。"①张燮所说木牌，有牌则准许贸易，或许类似明朝中外朝贡贸易中使用的"勘合"。

1755 年，暹罗国王因暹商在广南的商务纠纷而致书阮主，要求阮氏退还先前对暹商所征之税，给予十张龙牌，以便暹商往后在广南避风或避免被官差勒索。阮主在回信中解释了征税一事，但没有答应给予十张龙牌，信中指出：

> 若夫恳请龙牌十张，所与非伤惠也；但龙牌多得，只恐船主蹈杨成章之故辙，以私害公，以利害义。聊送一张，往来任意，今年如此，明年又如此，年年不绝，一而足矣，何用多为？②

阮氏最终只答应发给暹商一张龙牌船，与河仙比较，"厚此薄彼"，显示阮氏对河仙的特别恩惠。

18 世纪，会安是广南国最主要的对外贸易港口，也是中南半岛最重要的国际贸易中心之一，阮氏建立起一系列贸易管理制度，对河仙船采取减税优惠。会安对外贸易税制包括"到税"与"回税"，对河仙船的税收，每船到税、回税额均征 300 贯和 30 贯，仅为西洋船的 0.037%，为澳门船、日本船的 0.075%，为上海、广东船的 0.1%，为暹罗船、福建船、吕宋船的 1.5%③。

鄚氏河仙政权在国际邦交方面的政策很现实，以重商政策与自由贸易作为其基础，吸引国内外的客商，从马来半岛、苏门答腊、爪哇、暹罗、印度以及中国福建、广东、海南来的船只都聚集在这里交易。嘉隆八年推出的《河仙与暹罗下洲商船税额条例》可以看出，河仙贸易商品来自海内外，种类甚多，既有官府控制交易的金、银、盐、米、铜钱、琦楠、沉香、象牙、犀角、荳蔻、砂仁、肉桂、胡椒、苏木、乌木、红木等贵货，也有丝茧、绢布、沙糖、沫糖、石块糖等紧俏商品，还有国家控购的铁、钢等金属产品。④

河仙与中国的贸易主要集中在广东，一方面因为广东是对南洋贸易的主要地区，特别是乾隆二十二年（1757）实施对西洋"一口通商"政策之后，广州几乎囊括了清朝对海外的贸易；另一方面河仙政权的当政者是雷州人，境内多

---

① 蒋国学：《越南南河阮氏政权海外贸易研究》，北京：世界图书出版公司，2010，第160页。
② 黎贵惇：《抚边杂录》卷四，第164b页。
③ 黎贵惇：《抚边杂录》卷四，第31a～32a页。
④ 《大南实录正编》第一纪卷三十九，嘉隆八年八月，第797（157）页。

粤人，与粤地有地缘、人缘之便。当时河仙贸易繁盛，粤人聚集，建有雷琼会馆、潮州会馆，被称为"小广州"。美国学者范岱克（Paul A. van Dyke）教授指出，瑞典和荷兰人记录中，18 世纪中期河仙是东南亚对广州贸易的主要港口，在每年往来于广州与东南亚的 30 艘左右的帆船中，有 85%～90%是由广州驶往河仙与交趾支那（广南会安）的，而这些帆船主要属于广东十三行行商颜氏、叶氏、蔡氏、邱氏、潘氏和陈氏。[①]

在河仙与广州的贸易中，输出物品主要有稻米、锡、藤条、西米、各种涂料等。稻米作为河仙及周边地区的主要农产品，大量出口中国缺粮省份广东是不难理解的。藤条细薄、有韧性、没有异味，是包装茶叶的上佳材料，主要用于茶叶包装，而且这些材料在卸货后还可以作为藤制品的原材料出售，具有多重价值。西米则是很好的防碎材料，可用于瓷器等易碎品的长途运输，而且与藤条一样具有多重价值，卸货后可以作为食品材料出售。西米在广东人的饮食中很受欢迎。

金属是河仙与广州贸易中特殊的大宗商品交易，以往没有受到应有的重视。锡是一种低熔点柔软金属，有良好的可塑性、延展性，可以用于制造合金；锡因其密闭性和无毒性，在储物方面得到广泛的应用，如密封得当，茶叶可在锡器中保持十年不变质，因此在清代中国茶叶包装与运输中（包括外销）特别受欢迎；同时锡还是海船很好的压舱物。因此，锡在贸易中心广州很受经营茶叶生意的行商们的关注。河仙是锡的重要供应地，但河仙并不产锡。河仙出口的锡，主要由海外市场，如巨港、邦加等转贩而来。邦加地区大部分锡矿销往巴达维亚，但是有相当一部分锡在得到巨港苏丹的默许后运往河仙，或者被邦加的华人走私运到河仙，最后销往广州。邦加锡矿的开采热为河仙锡贸易提供了重要的货源保证。

从荷兰、瑞典、丹麦等国东印度公司档案中"广州记录"可以看出，大量锡的进口与河仙有关。1758～1774 年广州从东南亚港口进口的锡有 79 935 担，其中河仙进口 24 688 担，占总量的 30%强，数量仅次于巨港（47 468 担）。1769 年，广州从河仙进口锡 6 000 担；1774 年，一艘从河仙来广州的帆船运载锡 1 400 担，还有其他两艘运载的也是锡，估计当年运到广州的锡

---

① 李塔娜（Li Tana）、范岱克（Paul A.van Dyke）：《18 世纪的东南亚水域：新资料与新观点》，梁志明主编：《亚太研究论丛》第三辑，北京：北京大学出版社，2006，第 190～209 页。

有 5 000 担。18 世纪 70 年代，巨量的锡源源不断从河仙运往广州，以至于关于河仙船到来的消息也会引起广州锡价的下跌。①毫无疑问，这一时期河仙是销往中国的锡的贸易中心。清初屈大均说："锡器以广州所造为良，谚曰：苏州样，广州匠。"② 可以这么说，清代广州锡器制造业的繁荣，应该归功于海外市场特别是河仙市场的支持。

锌为是常见的金属，俗称白铅，与多种有色金属可制成合金，如锌与铜、锡、铅等组成的黄铜等，可用于铸币与机械制造。《大南实录》记载，因为"白铅有关国用"，阮朝曾命北城臣雇募货夫开海阳安朗社白铅矿，岁输铅税，每炉七百二十斤。③嘉隆三年（清嘉庆九年，1804），阮免除澳门商船的"三礼钱"，即所谓进贡给阮朝御前、长寿宫、坤德宫的三种礼金，"令船来多载白铅，官市之，还其值"④。澳门的白铅显然是从中国市场特别是广东转贩而来，16 世纪中叶以后澳门就是广州的外港，成为明朝"广中事例"、清朝"广州制度"的组成部分。阮朝鼓励葡萄牙人输入白铅，说明河仙、澳门、广东之间早已存在金属交易。

图 5　越南"金瓯沉船"出水锌锭，Nguyen Dinh Chien，*The Ca Mau Shipwreck 1723—1735*，Ha Noi，2002

1998 年，越南金瓯省南部海域发现一艘雍正年间来自广州的沉船，发现有

---

① 李塔娜（Li Tana）、范岱克（Paul A.van Dyke）：《18 世纪的东南亚水域：新资料与新观点》，第 190~209 页。
② 屈大均：《广东新语》卷十六《器语·锡铁器》，第 458 页。
③ 《大南实录正编》第一纪卷四十一，嘉隆七年十二月，第 833（193）页。
④ 《大南实录正编》第一纪卷二十三，嘉隆三年二月戊辰，第 647（7）页。

386块锌锭，每块重15～18公斤，总重量约5.7～7吨。[①]目前虽然不能确定这艘沉船驶向何方，但是可以肯定锌也是广州的出口商品。清代铜、铅、锌等金属材料本来是禁止出口的，但在金瓯沉船出现如此巨量的禁运商货，说明18世纪清朝贸易禁令不起作用，澳门、广州、河仙之间存在清朝官府监管不到的金属原材料走私系统与市场网络。金瓯沉船的锌锭在没有来得及进入市场之前就沉入河仙海底，但是它从被贩运出海起，已经汇入了中国与东南亚大规模的国际性金属交易物流之中。

三、郑氏衰微后阮朝对河仙贸易的管控

郑天赐时代是河仙政权的"黄金时代"，但国际局势并不和平。到18世纪60年代，河仙境内战事不断，耗损国力。阮氏西山政权崛起之后，嘉定动荡，广南阮氏颠沛流离，河仙失去外围的支援。辛卯七年（乾隆三十六年，1771）暹罗王郑昭率大军亲征河仙，河仙陷落，郑天赐流离失所，后自杀。此后，河仙时属西山阮氏，时归广南阮氏，而暹罗在河仙派军留守，实际掌控河仙。广南阮氏以郑氏后人镇守河仙，但河仙屡经兵燹，人民流亡，昔日繁华荡然无存，地位一落千丈。

18、19世纪之交，广南阮氏在对西山阮氏战争中节节胜利，1802年，广南阮军攻陷昇龙，西山阮朝灭亡，全越南北统一，阮福映在富春称帝，改元嘉隆。嘉隆七年（清嘉庆十三年，1808），暹罗王拉玛一世去世，拉玛二世继位。阮朝以黎进讲权领河仙镇事，改变了以往"郑氏世袭"的惯例，河仙实质上被纳入越南统治。

阮朝初年致力于重建国家秩序，发展经济，在争夺河仙中取得重大胜利，不仅把越南版图从中部顺广地区推进到湄公河下游三角洲的西南海边，奠定了越南与柬埔寨的西南边界，实现了世代推行"南进"政策的最终目的，而且还在南方拥有了除面向南中国海的湄公河口港口群之外，同时拥有面向暹罗湾及"下洲"（暹罗、马来半岛以下地区）海域的优良海港河仙港，具有重要的经济价值和战略意义。

嘉隆八年，阮朝专门为河仙、暹罗贸易而制订法例，议定《河仙与暹罗下

[①] Nguyen Dinh Chien（阮庭战），*The Ca Mau Shipwreck 1723-1735*，Ha Noi，2002.

洲商船税额条例》：

一、河仙与暹罗商船，中心横六尺至六尺九寸，征港税三项之三钱四十缗；七尺至七尺九寸征三项之二钱五十缗；八尺至八尺九寸征三项之一钱六十缗；九尺至九尺九寸征二项之三钱九十缗；十尺至十尺九寸征二项之二钱一百缗；十一尺至十一尺九寸征二项之一钱一百二十缗；十二尺至十二尺九寸征一项之三钱一百五十缗；十三尺至十三尺九寸征一项之二钱一百八十缗；十四尺至十四尺九寸征一项之一钱二百十缗。

一、河仙与暹罗商船，横六尺至六尺九寸，输卖荷充铁子二千斤，或钢片四千斤；横七尺至七尺九寸，铁子二千五百斤，或钢片五千斤；横八尺至八尺九寸，铁子三千斤，或钢片六千斤；横九尺至九尺九寸，铁子四千斤，或钢片八千斤；横十尺至十尺九寸，铁子五千斤，或钢片一万斤；横十一尺至十一尺九寸，铁子六千斤，或钢片一万二千斤；横十二尺至十二尺九寸，铁子七千五百斤，或钢片一万五千斤；横十三尺至十三尺九寸，铁子九千斤，或钢片一万八千斤；横十四尺至十四尺九寸，铁子一万五百斤，或钢片二万一千斤。以上各项输卖如例者，听得商买丝茧、绢布、沙糖、沫糖、石块糖，又除免港税；不如例者，但听商买杂货，仍征其税。

一、荷充铁子百斤值钱六缗，钢片百斤值钱三缗，以为官买常价。

一、河仙与暹罗商船，中心横十五尺以上，照海南商船征收港税。

一、下洲商船来商诸镇，照麻六甲、闍婆商船征税。

一、金、银、盐、米、铜钱、琦楠、沉香，并禁，不得商买。

一、象牙、犀角、荳蔻、砂仁、肉桂、胡椒、苏木、乌木、红木诸贵货，河仙与暹罗商船有采买运回者，各照所买之价，每钱十缗，征其货税钱五陌；如运往诸镇转卖于本地人者，免其税。

一、河仙与暹罗商船，先入何镇海口，业已输卖铁子、钢片，或已供纳港税，而复往他镇商卖者，宜领所在官文凭，以免重征；回帆日但许买米人一方。

一、河仙与暹罗商船入口所在官，各照文凭检察船内人数，及至回日复检，如数给予文凭放回；倘有拐载本国人，不论男妇老幼，即行挨捉治罪，船主拐载杖一百，徒三年，船内人各笞五十；船内人拐载者，亦坐杖徒，船主杖六十，余人各笞五十，财物俱入官。船内人告发者，其人免罪，并不殁其货；外人告发，以犯赃钱一百缗充赏。

一、河仙与暹罗下洲商船，但听通商，自嘉定四镇至广义而止。

一、诸城营镇商民，与清人居本国者，不得擅往暹罗及下洲商卖。

一、度船法：以官铜尺为准度，自船头过水版至船尾，过水版得几丈尺为长，仍中分之为中心；以中心处度自左边盖板上面，外至右边盖板上面，外得几尺寸为横，零分不计。

一、诸镇据各商船一年来商征税之数，于岁底修簿甲乙二本，由该艚官转奏。①

阮朝《河仙与暹罗下洲商船税额条例》（以下简称"《条例》"）内容相当详细，虽然有增加税收与贸易管制的内容，但是主要还是着眼于规范贸易管理，仍然体现阮朝对河仙的政策厚待。《条例》一方面体现了对两地过往有功于阮氏的"恩典"与回报，另一方面也体现阮朝对河仙的主导与重视。《条例》内容关乎重振河仙经济贸易，有几点值得注意：

一是按照河仙、暹罗商船大小，分等级征收数额不等的商税；其法当仿照明清时期广东、福建贸易管理之"丈量"与"船钞"法。

二是鼓励河仙、暹罗商船输入阮朝需要的物资、铁、钢，官价收购，并给予商家相应的商货采买与税收优惠。

三是规定允许买卖的进出口商货，金、银、盐、米等禁止交易，对象牙、犀角等科以课税。

四是严禁拐带买卖人口，违者重刑惩罚。

五是规定通商贸易范围，河仙与暹罗可以自由往"下洲"及嘉定四镇、广义贸易，诸城营镇商民及清人，不得擅往暹罗及"下洲"商卖。实际上，等于赋予河仙对暹罗、下洲贸易的专营权。

六是设置该艚等官，管理河仙贸易。这里的该艚为阮氏旧制，系主管对外贸易的专门机构，艚司长官为该艚、知艚、该簿艚、该府艚、记录艚、守艚等。②

---

① 《大南实录正编》第一纪卷三十九，嘉隆八年八月，第797（157）页。
② 李庆新：《会安：17～18世纪远东新兴的海洋贸易中心》，北京大学亚太研究院：《亚太研究论丛》第4辑，北京：北京大学出版社，2007年3月。

在鄚玖、鄚天赐时代，河仙地区是否设该艚、知艚等官管理贸易，不得而知。可以肯定的是：嘉隆八年实施《条例》之后，河仙地区贸易管理有艚司建制。

与阮朝前期精简政治、招集流民、开垦荒地等措施相配合，《条例》对经历暹罗入侵与西山阮氏之乱洗劫后河仙地区的恢复发展具有积极意义。河仙经济很快恢复，对外贸易活跃，复为暹罗湾区一繁荣都会。《大南实录》谓：

> ［嘉隆十年］帝以河仙为要闽，二人（指张福教、裴文明）熟知边情，故遣之教等至镇。政尚宽简，不事烦扰。整军寨，招流民，设学舍，垦荒地。经画街市，区别汉人、清人、腊人、阇婆人，使以类聚。河仙遂复为南陲一都会云。①

阮朝明命六年（道光五年，1825），复议准对河仙商船按嘉定税额的十分之三征税，一方面是为了堵塞税收漏洞，另一方面强调河仙不能再搞特殊，要求河仙对前来贸易的商船征收到税，不过比嘉定税额还是减少十分之三；对买载贵货的商船，照例征收回税。总的看来是为了增加税源，然而新税制对河仙仍然有利。终阮朝之世，河仙始终是南圻的一个重要港口。

四、金瓯沉船：见证18世纪河仙海域国际贸易的珍贵实物资料

越南东南部海域、泰国湾海域及沿海地区，由于独特的地理环境、海洋区位、气候条件，处在古代东亚、东南亚海上交通的要冲，航运繁剧，自然也是海难频发的区域。20世纪90年代以来，越南在中南部海域多次进行沉船勘探与发掘，打捞了5艘沉船，年代从15世纪到18世纪，它们是：广南省岘港附近的占婆岛沉船（15世纪）、巴地-头顿省槟榔礁沉船（1690）、建江省海域沉船（15世纪）、平顺省藩切沉船（17世纪）、金欧省金瓯沉船（1723～1735）。②

金瓯沉船发现于1998年夏，该沉船处在越南南端金瓯角南面、北纬

---

① 《大南列传正编》第一纪卷四十三，嘉隆十年八月。
② Nguyen Dinh Chien（阮庭战），*The Ca Mau Shipwreck 1723-1735*，Ha Noi，2002：14，91.

07°41′12″、东经 105°29′18″的海域。根据船只和货品有很多火烧痕迹，以及物品中木箱、铜锁被损坏迹象分析，船沉原因可能是遭到海盗攻击。多件瓷器底部印有"雍正年制"或"大清雍正年制"楷书字样（其中 28 件瓷器带有"雍正年制"底款，6 件带有"大清雍正年制"底款），以及南海佛山石湾"祖唐居"等陶家落款，可以确定是一艘在雍正年间（1723～1735）从中国广州开出的商船。其时河仙政权处在鄚玖统治后期，也是河仙实力稳步增长时期，目前尚缺乏资料证明它的航程与河仙境内港口有直接关系，但是为了解那个时代河仙海域的海上贸易实况提供了十分珍贵的参证资料。

金瓯沉船所载商货以中国货为多，最终出水遗物 130 000 件（包括民间非法打捞被追缴回来的器物），有中国陶瓷、锌锭、康熙通宝钱币、衣物、船骨、金属制品（如发夹、铜锁、铜盘、铜盒）、石质印章、辟邪、砚台等，其中出水的中国瓷器数量最多，约 6 万件，其中瓷器以江西景德镇窑为多且最精良，其次为广东石湾窑、福建德化窑等的产品，集中了清前期主要外销瓷产地的精品。金瓯沉船上发现有大量锌锭，说明锌也是广州出口金属品，金属交易已经汇入了大规模的国际贸易物流之中。沉船还打捞出 4 枚印章，1 块赤褐色陶封泥，对了解清代广东行商与海外贸易有重要价值。①

在以实物为主体的海洋考古发现中，沉船中每一件遗物实际上都体现着这一历史时期一个或多个国家的物质文明与精神文明片段，为历史研究提供难得的实物标本，金瓯沉船对了解中国、河仙政权的航海史、港口史、造船史、手工业史、科技文化交流史等也具有十分重要的意义。

Southeast Asia's *Small Canton*: Maritime Traffic and Trade in Hà Tiên（Can Cao）（1670s-1810s）

Li Qingxin

Abstract: Mạc Cú'u, who was born in Leizhou, Guangdong, set up a quiet

---

① 参见李庆新：《越南海域发现清代沉船——金瓯沉船及其研究价值》，《国家航海》第 6 辑，上海：上海古籍出版社，2014；Paul A. van Dyke, *The Ca Mau Shipwreck & the Canton Junk Trade//Made in Imperial China*, Amsterdam: Sotheby's, 2007: 14-15.

independent regime in Hà Tiên area in the late 17th century that the Chinese were the main body. That regime was known as Can Cao. By the administration of the father and son—Mạc Cú'u and Mạc Tiên Tú', Hà Tiên was not only an important force of controlling the Indo-China Peninsula's situation, but also a prosperous international port. Hà Tiên, connecting with Lower Mekong Basin through the northern river, facing Siam Bay and the lower delta that connecting the Malay Peninsula to the Southern area, controlled the traffic hub of the Indo-China Peninsula. This traffic and commercial net covered the Barcelona River Basin, Kampuchea Inland areas, the east coast of the Malay Peninsula, Riau-Lingga Islands and Palembang-Bangka area. Mạc's regime had been falling into decadence in 1770s, and Nguyên Dynasty ruled this area again at the beginning of the 19th century. Hà Tiên became the important port in the southern coast of Vietnam, which occupied an important place in modern maritime traffic and trade system of East Asia and Indian Ocean.

Key Words: Mạc Cú'u; Mạc Tiên Tú'; Hà Tiên (Can Cao); maritime traffic and trade

神灵助战与神灵演变

——试论"征占"与越南海神的关系

牛军凯*

占婆（占城）是位于中南半岛东部沿海的古国，即今越南中部的大部分地区。公元十世纪越南与南邻占婆长期征战，越占对抗和越南征服占婆持续了近千年时间。越南在对抗中逐渐占据优势，边界不断南拓，十九世纪前期终将占婆完全征服。在越南政治史和文化史中，"征占"一直是主题。古代越南留下了众多与"征占"有关的文化遗址、诗文著作、民间传说、寺庙宫观等。本文试图通过探讨"征占"与越南海神的关系，进而分析越占关系史和越南文化中的占婆因素。

一、越南历史上的"征占"与"征占日程"

公元二世纪末，今越南中部的承天-顺化到岘港-广南一带形成了占人建立的林邑王国。二世纪末至三世纪初武景碑证实，在南方庆和与平顺一带，有一个释利摩罗王室家族的占人政权。约五世纪，以林邑为中心的占婆国形成。林邑王国兴起于中国汉朝日南郡象林县地界（即承天-顺化到岘港-广南一带）。汉末天下大乱，初平年间（190～193），象林县功曹之子区连杀县令自立，建

---

* 作者系中山大学历史系教授。

立林邑政权。该政权建立之后，不断向周边扩张。在北方，林邑逐渐占据了原汉朝日南郡各县之地。虽然中国南朝及隋朝都对林邑有所反击，到十世纪越南独立之时，林邑-占婆的北部疆界已到横山、灵江一带（今越南广平和河静交界处）。

十世纪开始了越占对抗史。长期以来，越占双方互有攻守，势均力敌，既有越南"南进"的"征占"，也有占婆的"北侵"和"北进"。直至十四世纪中期，占婆的力量还十分强大。制蓬峨为国王时，占婆多次攻占越南首都升龙城（河内）。在越南历史上，"征占"一直是越占关系的主题，对越南政治史和文化史有重大影响。①

越南独立后第一次对占婆的战争是由黎桓发动的。982年，黎桓率军攻打占婆，斩占婆大将篦眉税于阵，占婆大败。越军"俘获士卒，不可胜计；获宫妓百人，及天竺僧一人。迁其重器，收金银宝货以万数，夷其城池，毁其宗庙。期月还京师"。其后，越军大将刘继宗僭越占婆王位数年。

1044年，李太宗亲征占婆，双方大战于五蒲江岸。越军斩占婆国王乍斗于阵中，获驯象三十多，生擒五千人，杀占兵无数，尸塞原野，血流成河，李太宗下令禁杀占人。当年七月，越军攻破占婆首都佛逝城，"俘乍斗妻妾，及宫女之善歌舞西天曲调者"，八月班师。1069年，李圣宗亲征占婆。越军生擒占婆国王制矩，俘获占军五万。占婆以地哩、麻令、布政三州为赎金，换回国王制矩。此三州即是今越南广平省和广治省北部，从此开始了越南"南进"、吞并占婆的进程。此后占婆多次想夺回地哩等三州，越军于1075年、1104年再次击败占人，粉碎了占人的企图。

1252年，陈太宗亲征占婆，擒得占婆王后布耶罗等。1306年，越南玄珍公主嫁于占婆国王制旻，占婆以乌州和哩州作为聘礼。乌、哩二州即今广治南部和承天-顺化，陈朝将之改为顺州、化州。制旻死，按占婆习惯，当以玄珍殉葬，然玄珍却被越人载回安南。占婆欲收回乌、哩二州，1311年，陈英宗亲征占婆，次年初，擒得占婆国王制至。1318、1326年，陈朝军队再次击败占婆。1368年，越南军队越过海云山，占领占洞之地（广南-岘港东北部），越南领土扩张至海云山之南。1376年，陈顺宗亲征占婆，被占军打败，顺宗溺水而

---

① 以下历史事件综合《大越史记全书》和《钦定越史通鉴纲目》等越南史籍的记载，不再一一注明。

死，越军将领被擒者众多。

1402年，胡朝皇帝胡汉苍亲征占婆，再次占领占洞，并攻占古垒洞（今广义省），将两地改为四府：升州、华州、思州、义州，以升华府辖之。属明时期（1406~1427），占婆再次控制占洞之地，直到黎圣宗时才重新占领，圣宗将该地改称为广南。

1446年，黎仁宗以占婆多次侵扰边境，遣大军征占。越军攻破占婆首都阇槃，擒国王贲该及嫔妃、部属、马象等，六月，献贲该于太庙。

十五世纪后期，黎朝圣宗对占婆的战争，是越占关系上最具决定性的事件。1471年，黎朝军队攻破占婆首都阇槃城，越南军队南进至石碑山（富安、庆和交界处），占婆被裂为占城、华英和南蟠三个小国，均附属于越南。此后，越占边界南移到了石碑山，而占婆再也没有和越南对抗的实力。

1611年，广南阮氏政权军队越过虬蒙山，在今富安地区设置镇边营。1653年，占婆国王婆杺率军越过石碑山北进。广南军队反击，攻入石碑山之南，遂以潘朗江为界，古笪地区（今庆和省）划入越南疆界，广南政权在此设置泰康营。1692年，占婆国王婆挣反抗广南政权被镇压，广南取消了占婆国号，改为顺城镇，此后占婆成为一个半独立的政权。十九世纪前期，阮朝明命皇帝在顺城镇实行"改土归流"政策，占婆完全灭亡。

"征占"在越史中留下了不少的文献资料，尤以黎圣宗征占时期资料最为丰富，《大越史记全书》《征占日程》《征占城事务》等文献留下了丰富的史料。十九世纪之前，有关越南南方地理资料的行程录中，黎圣宗征占路线一直是最核心的资料，相关的资料均以此为中心，如《纂集天南四至路图》《平南指掌日程图》《南行程录》等。黎圣宗时期的征占路程分陆路、水路和海路三条：

陆路自京城出发，六十一日抵达潘朗一带的占婆国都。

水路自京城出发，从天派江出海，沿海岸行驶，经神符门、馨门、乾门等，十九日抵达河静的营桃（桃营），然后改行陆路或海路。

"越洋巨艘"海路出发点是落门。落门又称辽门，在南定大安县，直到近代还是海船进入红河的重要海口，阮朝时为"京艚、北艚出入之道"。[①] 自落门

---

① 吴德寿等校编：《同庆地舆志》第一册《南定省·海口》，河内：世界出版社，2003，第352页。

出发，半日到清化下山，半日到乂安会统门，一日到广平布政门，一日到顺化思客门，一日到广南大占门，一日一夜到茶门或乌鲤门，自此船可行至占城国。① 茶门或乌鲤门位于何处？近代以来越南的史籍中未再出现此海门记载。十八世纪的《纂集天南四至路图》中，在越占边界石碑山下，山北画有茶那门，山南画有溿乌鲈，即乌鲈湾。②《平南指掌日程图》中，石碑山下山南画有溿乌慮。③ 茶门当是茶那门，乌鲤门当是乌慮或乌鲈，茶门和乌鲤门在石碑山下，是黎圣宗时期越军海船到达的最南处。然《史记纪年目录外传》抄录"步程兵进日次"时，则将最后一海门记为菜芹门。④ 菜芹门又称旧压门、小压门，为广义省最北的海门，是黎圣宗军队登岸与占军决战的海门。该海门虽是黎圣宗征占时期的重要海口，但其离大占很近，自大占门一日一夜航程定远过此门，不应是黎朝军队海路的最后一站，而可能是黎圣宗亲征到达的最南海门。

征占日程的海路航行也如古代中国航海一样采用针路，"以落门居艮位，直指坤方，半日当就下山；以下山居壬位，直指丙方，半日即就会统门；以会统门居乾位，直指巽方，一日就布政门；以布政门居辛位，直指乙方，一日就思容门；以思容门居庚位，直指甲方，一日就大占门；以大占门居兑位，直指震方，一日一夜就茶门；自此至占城国蒲持，一一指震方为度"。⑤

二、神灵助战："征占"中的越南海神与水神

近代之前，越南边疆政治史与文化史有三个主题：对抗中国的"抗北"、向南方扩张的"征占"、控制西部少数民族的"抚蛮"。其中"抗北"越南处于劣势，"征占"双方长期势均力敌，"抚蛮"则处于优势。在"抗北"和"征

---

① 《征占日程》称为茶门，越南汉喃研究院藏本，编号 A611，第 5b 页；《纂集天南四至路图》记为乌鲤门，法国巴黎亚洲学会图书馆藏本，编号 SA.HM 2241，第 10 页；《南行程录》记为乌鲈门，《南行程录》载《千载闲谈》，法国巴黎亚洲学会图书馆藏本，编号 SA.HM 2125，第 26a 页。
② 《纂集天南四至路图》，第 19 页。
③ 《平南指掌日程图》，法国巴黎亚洲学会图书馆藏本，编号 SA.HM 2207，第 21 页。
④ 《史记纪年目录外传》第五部分《步程兵进日次》，越南汉喃研究院藏本，编号 A180，第 5 页。
⑤ 《征占日程》，第 5 页。

占"的战争中，越南并不占优势，所以在精神上常常会寻求超自然的力量——神灵相助。因而在越南各地的神话传说当中，与"抗北"和"征占"相关的神灵非常之多，而与"抚蛮"相关的极少。越南各代皇帝征占大多走水路和海路，因此"助战"的神灵多是水神和海神。越南中北部各海口多有与"征占"相关的故事和海神。

越南民间习惯上把神灵分为三类：天神、（自）然神和人神，三类神在"征占"中均有出现。天神上帝曾在黎圣宗征占时出现过。黎圣宗自称天南洞主，在越南道教中，黎圣宗也是一位仙人，即道庵主人，上帝以"南邦地狭"，帮助圣宗开疆拓土，所以"益以占城"①，是为黎圣宗"征占"获胜的重要原因。

越南史上传说的雄王时代，是在公元前三世纪之前，其时占婆尚未成立，然而越南已有雄王南征占婆的故事。神符海口（神符门）有压浪真人神祠。传说雄王南征时，在神符门被风雨所阻，道士罗援做法事，使"海为无波"，雄王南征后封其为压浪真人，为其立祠庙。②在另一个传说中，十八世雄王的大女婿伞圆山神和三女婿阮明，帮助雄王战胜占婆，其后阮明被封为镇守占婆隘海门的大将军，死后被封为占城隘门大王，立庙祭祀，镇守海门。③

越南独立之后，"征占"中的神灵故事主要有两类：一类是越南皇帝亲征时，有各地神灵助战；一类是战争中立功或战死的大将成为神灵。李太宗为太子时，奉父皇之命征占，兵至长洲泊船，夜梦一人戎服来船上见，"太子南征，某是铜鼓山神，请从王师"，太子领军大胜占婆。回朝后在京师为该神建庙，此后铜鼓山神多次帮助太宗。④1044 年，李太宗再次征占，夜泊富原江之黄云津，夜梦神人来见，自称黄头锐水大龙神，"今闻国家欲平占房，愿为前驱，以帖波涛"。太宗征占大胜，杀占婆国王乍斗，攻占都城佛誓，俘王后

---

① 《会真编》乾卷《道庵主人》，《越南汉文小说集成》第三辑，上海：上海古籍出版社，2011，第 340~341 页。
② 《会真编》乾卷《压浪真人》，第 325 页。
③ 《异人略志》之"幔川社庙神事迹"，《越南汉文小说集成》第三辑，上海：上海古籍出版社，2011，第 394~395 页。
④ 李济川等：《粤甸幽灵集录》之"盟主昭感大王"，《越南汉文小说集成》第二辑，上海：上海古籍出版社，2011，第 28 页。

媚醯。①

李圣宗征占，船至环海，遭遇风波。夜梦一女上船来言，"妾是地精，假名于木久矣。待时而起，今其时也。倘能奉祀，不惟征占成功，且于国家有利"。次日，圣宗令于林中寻得人形木一枝，命名为"后土夫人"，置于船中奉祀，"风波乃平"，进而征占凯旋而归。其后圣宗将该神迎到京城，成为南国土地之神。后土夫人还兼管风雨，李英宗时，天下大旱，以后土夫人为祭祀主神，后土令其部属勾芒神行雨。②

陈英宗征占时，曾于乾海门驻扎，夜梦女神前来拜见，"妾乃赵宋娘子，为贼所逼，困于风涛至此，上帝敕为海神久矣。今陛下师行，愿翼赞立功"。英宗惊醒后，询问此事，祭祀南海四位圣娘，此后"海为无波，直至阇槃，克获而归"。回程后，在乾门修建南海四位圣娘之庙，四时至祭。③陈睿宗征占至海口门（河静省奇应县，又称河华门），狂风骤雨阻行军，睿宗夜梦海妖南溟都督要求献一女，睿宗与随行宫妃商量，阮氏碧珠"含泪请行，以救三军之命。遂以金盘置妃于海上，风涛顿息"。至黎圣宗征占至此海门，夜梦碧珠求救，言落于龙蛟之手。圣宗敕南海广利大王相助，碧珠浮海，面色如生，以王后礼葬之，立祠封为制胜夫人，历代加封，稔著灵应。④黎圣宗曾有诗描述经过该地时的心情：

> 河华到处为宗朝，寰海茫然四望遥。
> 触处悠悠云出岫，排涯汹汹浪随潮。
> 水仙潭上烟霞古，制胜祠中草木娇。
> 醉倚蓬窗吟兴发，诗怀客思倍无聊。⑤

黎圣宗征占时曾得到多位神灵相助。广博大王乃水神，常显灵于富川、怀安、山明等县，祠庙在富川县靖福社。圣宗征占前，"特命官军就于本祠所

---

① 李济川等：《越甸幽灵》之"黄头锐水大龙神王"，《越南汉文小说集成》第二辑，上海：上海古籍出版社，2011，第372页。
② 李济川等：《粤甸幽灵集录》之"应天化育元君"，第26页。
③ 吴士连等：《大越史记全书》，陈荆和校注，东京大学东洋文化研究所，1986，第392~394页。
④ 《征占日程》，第7页；阮朝国史馆：《大南一统志》之"乂安省·祠庙·制胜神祠"，法国巴黎亚洲学会藏本，编号SA.HM 2128，乂安省第56页。
⑤ 《征占日程》，第7页。

祷，並取奉事神旗，祈以效灵。后果擒获占主"①。黎圣宗征占还得到苊仁府南昌县武氏烈女神协助。武氏烈女原为龙王手下龟娘公主投胎，因丈夫误解而自杀。后被龙王接回龙宫，封为龙宫公主，"周行海国，大著灵声"，多在黄江一带显灵，时称"海门十二，黄江可畏"。黎圣宗征占经黄江，"风涛一阵，将没龙舟"，该神"化为黄龙拥驾，风帖波平"。当夜，圣宗梦见一女前来，自称白日护驾，愿继续护驾征占。是日，圣宗大驾征占，大胜而归。②

黎圣宗征占还得到南海四位圣娘之助。圣宗在乾海祠祈祷时，其中一士兵为山南上省奉天府广德县安顺庄人，名黎曰寿，黎寿自祷曰："万赖神灵，阴扶默相，俾得讨贼成功，万全之后，则奉迎香炉回本庄，立庙以奉祀之。"阁槃之战，黎军大胜，战后封功进赏，寿赏赐巨万，拜为中郎，遂向圣宗提出还愿圣娘之请，圣宗同意，在北方的广德县安顺庄建立祠庙奉祀，神号曰："国母皇婆大乾国家南海四位圣娘"③。黎圣宗征占经河静石河县芷渊社，行船难进，乃至祭该地三郎龙王神庙，"须臾船驶如箭"，凯旋后加封该神。④

乂安会统海门，又称会门，丹崖门，有李八太子庙。《征占日程》载，"昔李太祖第八子讳日光，封明威王，尝镇乂安处，有善政，及召还，民立祠祀之"。他书或载其名为光、日晃，或载其为李太宗之子，或李圣宗之子。《越甸幽灵集》记载，王为太宗第八子，知乂安州。太宗征占时，命王"董理涉和寨，及诸处巡捕使，粮储预备"，提供后备服务。太宗征占大获全胜，斩乍斗，擒媚醯，回经乂安"加王节钺，进王爵"，"王在州凡十六年，民畏其威，怀其德。及王薨，州民闻之，立祠奉祀，尊为福神，屡著灵应"。陈太宗亲征占城，"迎王神位，奉在前船，船行如飞，果获胜捷"。陈太宗封其为"威明勇烈大王"，"以酬阴助之功"，后历朝多有加封。⑤

《大南一统志》则提供了威明王在征占中完全不同的另一个故事。高春育本《大南一统志》"乂安省祠庙"条记载，威明王"尝镇乂安州，民情信服。占城闻之，愿供职贡。既而占国适有部落背叛，占主使求援于王，王率军直抵

---

① 李济川等：《越甸幽灵》，第377页。
② 《武氏烈女神录》，《越南汉文小说集成》第三辑，上海：上海古籍出版社，2011，第291~294页。
③ 阮炳：《南海四位圣娘谱录》，法国巴黎亚洲学会藏本，编号B15（2），第9~11页。
④ 高春育等：《大南一统志》之"河静·祠庙"，法国远东学院藏本，编号EFEOB.VIET.A.GEO.1，第24页。
⑤ 李济川等：《粤甸幽灵集录》之"威明勇烈显忠佐圣孚祐大王"，第15页。

施耐海门，军于三座山下，占部落闻之，皆诣军降，愿惟占主命，王乃还军，占人思其德，立祠于三座山下……号三座城隍"。该书平定省祠庙载，黎圣宗征占，至施耐海门，向三座神祈祷，"凡祷辄应，及阁槃城下，封为三座山之神"。①

黎奉晓、范巨俩、李常杰等越南名将，都是重要的征占功臣，死后封为福神。范巨俩，黎桓之将，为都指挥使，"扈驾南征占城，有陷馘虏主首功，拜太尉"，李太宗时被封为弘正大王，后称为洪圣。②黎奉晓，李太宗时名将，太宗征占，"王为先锋，大破虏兵，名震蕃国"，回国后论功行赏，"奉晓不欲爵赏，愿得立冰山，远掷大刀，验刀斫地内，赐以作业，从之"，此乃越南史上的拓刀田之始。奉晓死后被士人立为福神，陈朝时封为都统匡国佐圣王。③李常杰，李朝名将，辅国太尉，1069年参与征占，擒国王制矩之役主要功臣，之后占婆以地哩、麻令、布政作为赎金换回国王；1075年，李常杰攻占城，画三州地图；1104年，李常杰再次击败占婆企图夺回三州的攻势。④李常杰死后，民人奏请"立祠奉事，凡有祈祷，皆著灵应"。⑤黎魁为黎太祖之侄，是黎仁宗征占时的重要将军，凯旋途中卒于南界海门（又称律门），其祠庙位于南界门龙吟山下，黎朝祀典为上等神。⑥

《乌州近录》讲到，在越南中部的松江祠、水兰神也与征占有关。松江祠有二，分别位于思容海门和沱㵽海门，敬奉黎朝大将阮复。阮复曾是黎圣宗征占时大将，黎军行至思容海门遇风暴，阮复不忍军士葬身海中，欲等风波过后行军，圣宗以耽误行军治罪，死后成为当地神灵。"稔有灵应，方民处祠之"。丽水县水兰社有水兰神，原是村民枚文安，文安曾随军征占，战死阵中，在家乡"颇有英灵"，"方民立祠事之"。⑦《大南一统志》则记载，除水兰祠外，水兰社还有另一枚公祠。神本名枚文本，黎圣宗征占路过此地，要求村民开挖港

---

① 高春育等：《大南一统志》之"乂安下·祠庙"，第2~3页。
② 李济川等：《粤甸幽灵集录》之"洪圣佐治大王"，第19页。
③ 李济川等：《粤甸幽灵集录》之"都统匡国王"，第20页。
④ 吴士连等：《大越史记全书》，第245页、第248页、第255页。
⑤ 李济川等：《粤甸幽灵集录》之"太尉忠辅勇武威胜公"，第17页。
⑥ 《南河捷录》卷五《杂异神怪》，法国巴黎亚洲学会藏本，编号SA.HM 2177，第68页。
⑦ 杨文安：《乌州近录》卷五《寺祠》，法国巴黎亚洲学会藏本，编号SA.HM 2194，松江祠，第67~68页；水兰神，第73~74页。

口，文本建言，此处为沙地不宜开港，圣宗怒斩之，然终不能开港，文本后成为本地神灵。①

三、"征占"与神灵演变：越南海神中的占婆神仙

越南"南进"过程中，并没有将占婆人赶尽杀绝，而是将大部分占婆人同化为越南人。在"征占"过程中，存在一个吸收和转化占婆文化的融合过程。因此我们可以看到，在越南海神中，有的来自占婆人，有的由占婆神仙演变而来。

李太宗征占，斩占婆国王乍斗，擒王后媚醯。越军回至苤仁江时，太宗要求媚醯前来服侍，媚醯不从，跳江而死。其后当地人常闻江中有凄怨之声，乃立祠敬奉。数年后，太宗寻访该地，夜梦媚醯来见，太宗备礼致祭，敕封"协正娘"，成为福神。此后远近祈祷，辄见灵应。陈黎等朝，历代俱有加封，称"协正祐善贞烈真猛夫人"。②黎朝所编《南越神祇会录》，将媚醯夫人列为水神海神类神仙。越南文献保存有李太宗御题媚醯夫人祠之诗③：

> 红颜兵革适逢时，一念贞纯节不亏。
> 盟誓海山心肯变，肝肠金石志难移。
> 更深浪静鲸波去，日晓云晴虎旅知。
> 今古江津多少恨，惟娘节对日昭垂。

顺化附近有著名的海神邰阳夫人。据《大南一统志》记载，本地一渔夫，在海边摸一石假寐，梦中此石自称神。渔夫醒后祈祷，若真为神请助打鱼，"自是网艺所得日倍"，乃建祠奉祀，以此石为神，其后"大著灵异"。有日本商人，见该祠内石为璞玉，以刀剖开，商人忽倒地。日商乘船欲归，时风平浪

---

① 高春育等：《大南一统志》之"广平省·祠庙"，第35～36页。
② 李济川等：《越甸幽灵集全编》之"协正祐善贞烈真猛夫人"，《越南汉文小说集成》第二辑，上海：上海古籍出版社，2011，第67～68页。
③ 《武氏烈女神录》，附录"奉录李太宗御题媚醯夫人祠诗"，第302页。

静,"船忽沉覆,无一人活者","观者莫不骇异,此后灵迹益显"。①

《乌州近录》则提供了邠阳夫人来自占婆人的传说。传说占婆兄妹二人相依为命,一日因小事争斗,哥哥以刀打妹妹头,妹妹生气离家出走。哥哥悔恨而去他国,多年后哥哥成为大商人,乘海船到此地做生意,认识邠阳社一女,二人相好结婚怀孕。一日哥哥看到妻子头上有伤疤,询问后知是其妹,留下财物后乘夜离开。妹不知内情,每日在海边等丈夫,忧郁而死,腹中胎儿化石为神。后渔人在当地建祠奉祀,"往往祈祷,无不立应","年年四五月间,飓风大作,盖迎夫人之归本国也"。②

越南中部原占婆地区有很多海神,但影响最大的是天依阿那女神和玉鲮尊神,这两个海神均由占婆神仙转化而来。

天依阿那女神原为占婆南方的国家保护神浦那格。浦那格信仰何时被越南京族人接受,目前尚无没有足够的资料来解释。阮世英教授认为,十一世纪越南李圣宗征占城时形成的后土神,就是浦那格女神早期的越南化。③后土神的形成过程确实与浦那格有很多相似之处,如"栖身于木",在海上"能行风雨"等,且出现于越南征占的过程中。但仅凭这些还不能确定后土神就是浦那格,尤其是当时的浦那格女神是占婆国家的保护女神,不可能帮助征伐占城的越南李朝。后土神自称是"南国大地之精",所指应是越南,越南相对于中国是"南国",所以"南国"不会是指在越南之南的占婆。《乌州近录》提到的"伊那神","在金茶县屈浦社。俗传本夫人,颇有灵应。每岁春首祈雨,竞舟以治官为配,祭之辄得雨焉"④,或与天依阿那有关。

芽庄浦那格塔原是占婆浦那格女神的信仰中心,后被越南占领,京族人称之为婆塔(Tháp Bà),是京族女神天依阿那或天依圣母最重要的宗教场所。农历每月的初一、十五,附近的京族人都会到庙里去烧香,祈求保佑。在附近山脚下的小村庄庇荫村里,有一群专门负责主持浦那格庙里宗教仪式的京族人。《大南一统志》明确记载,天依阿那的名称来自于占婆,占人称为阿那演婆主

---

① 高春育等,《大南一统志》之"承天府上·祠庙",第39~40页。
② 杨文安:《乌州近录》卷五《寺祠》,第72~73页。
③ Nguyen The Anh,Thien-Y-A-Na. ou la recuperation de la deesse cam Po Nagar par la monarchie confuceene vietnamienne, in *Parcour d'un historien du Viet Nam: Recuil des articles ecrits par Nguyen The Anh*, Paris, 2008: 586-587.
④ 杨文安:《乌州近录》卷五《寺祠》,第73页。

玉圣妃。①因此，天依阿那神来源于占婆女神浦那格是毫无疑问的。

关于天依阿那女神，京族人中流传着和占人浦那格女神相类似的传说，其故事可见于《大南一统志》。②京族的传说与占人的传说也有所不同，如京族传说中，女神只有一个丈夫，一对子女，隐去了女神有多个丈夫和众多子女的说法。阮世英教授认为，这种改编是为了符合儒家文化。③京族人认为，浦那格各塔中，主塔（A 塔）祀天依阿那神，次塔（B 塔）供奉其丈夫北海太子，后面的小塔分别供奉其子女和养父母。④在京族人的传说中，天依阿那从海上而生，经海北上，又顺海南下到虬熏汛（芽庄海湾）一带成神，"方民神之，有求辄应"，"每遇时节，山兽海族，莫不于祠前游伏焉"。⑤天依阿那神也会在其他方面显灵，如《大南会典》就说，天依庙"遇有祈晴祷雨，稔著灵应"。⑥

可以肯定的是，浦那格演变为天依阿那女神应该在十七世纪广南政权建立之后，成为越南中部地区的最重要海神可能在十八世纪前后，而得到越南朝廷官方认则迟至阮朝时期。相对于黎郑政权控制下的北方地区，广南地区缺少严格的儒家文化的影响，比较容易吸收异文化。⑦因此自广平省往南常有不同于北方的民间文化，广平与河静之间的安南关和灵江（广南政权与黎郑政权的分界处），正是天依阿那信仰到达的最北点。

十八世纪后期黎朝官方所编《南越神祇会录》《皇越神祇总册》均未提到天依阿那。十九世纪初编写的关于广南地区的《南河捷录》卷五将"杂异神怪""凡事属正祠者并列于右"，也没有关于天依阿那的记载。⑧越南官方史籍第一次记载天依神庙，是十九世纪初阮朝嘉隆年间《皇越一统地舆志》。此书记载广南、富安、庆和等地的天依庙，并讲到各天依庙均有官方认可的祠丞、

---

① 高春育等：《大南一统志》之"庆和省·古迹"，第 19 页。
② 可见于嗣德本《大南一统志》和高春育等：《大南一统志》之"庆和省·古迹"。
③ Nguyen The Anh, The vietnamisation of the Cham Deity Po Nagar// "Parcour d'un historien du Viet Nam: Recuil des articles ecrits par Nguyen The Anh", p.594.
④ 潘清润：《天依仙女传记》，芽庄浦那格神庙碑文，嗣德九年（1856）撰。
⑤ 高春育等：《大南一统志》之"庆和省·古迹"，第 19 页。
⑥ 阮朝国史馆：《钦定大南会典事例续编二》第 14 册卷 25，法国远东学院藏本，编号 EFEOB.VIET.A.HIST.32，第 41~42 页。
⑦ 参见李塔娜：《越南阮氏王朝社会经济史》，北京：文津出版社，2000。
⑧ 《南河捷录》卷五《杂异神怪》，第 69 页。

洒夫等。①嘉隆年间（十九世纪初），阮朝赠封鸿仁普济灵应上等神，维新年间（二十世纪初），封为阿那演玉妃。所有天依神庙都有朝廷所颁的神敕，如《钦定大南会典事例》记载：明命十年，阮朝给富安镇同春县安盛村的天依庙重颁了神敕，原神敕因保管不慎被虫所蛀。同年，为承天府香茶县定门社补发神敕，原神敕因"潦水流失"。明命十三年，阮朝给承天府香茶县柳谷社重颁天依庙神敕，原神敕因保管不善被盗。②

从《大南一统志》我们可以看到，十九世纪时，在越南中部的广平、承天-顺化、广义、平定、富安、庆和、平顺都有京族人的天依阿那神庙，分布非常广。③今天越南中部地区的天依阿娜庙就更多了。根据吴文营等越南学者的调查，在芽庄市及附近就有多个天依庙。④

玉鳞尊神是鲸崇拜，在一些越南寺庙里，该神名字里常有巨族称号，如平顺省"神海祠"，"祀南海巨族玉鳞尊神"。⑤在越南文献里，该神也称为仁鱼或德鱼，以纪念它所做的善事。《大南一统志》"广平省土产"条引《见闻录》记载"德鱼"事迹：广南商人某，富而好善，常从嘉定运货至顺化一带。一日在船上饮醉，被船长谋财害命抛下海。商人被巨鱼所救，如箭飞奔，到一海岸，认得是广平洞海屯所。数日后，船长驾船来此，见商人大惊，欲逃命，被屯所士兵捕获。⑥嗣德本《大南一统志》边和省祠庙"南海将军祠"载：

> 在福安县福井社，祀南海将军玉鳞之神，神乃仁鱼也，俗号象翁鱼。风涛中能济渡人，显佑最著。惟我南国，自灵江至河仙，稔著灵应，他海则无。⑦

经越南学者研究和确认，玉鳞尊神和鲸信仰来自于马来人和占婆人。占婆

---

① 黎光定等：《皇越一统地舆志》，法国巴黎亚洲学会藏本，编号 HM.2192，卷二：第 6 页、第 8 页、第 15 页；卷七：第 15 页。
② 阮朝国史馆：《钦定大南会典事例》第 33 册卷 122，法国远东学院藏本，编号 EFEOB.VIET.A.HIST.30，第 19 页。
③ 参见阮朝国史馆编《大南一统志》、高春育等编《大南一统志》。
④ Ngô Văn Doanh, *Tháp Bà Thiên-Y-A-Na, Hành Trình Một Nư Thân*, T.P.Hồ Chi Minh, 2009, trang.179-192.
⑤ 阮朝国史馆：《大南一统志》之"平顺省·祠庙"，第 21 页。
⑥ 参见阮朝国史馆编《大南一统志》、高春育等编《大南一统志》之"广平省·土产·德鱼"。
⑦ 阮朝国史馆：《大南一统志》之"边和省·祠庙"，第 24 页。

人与马来人拥有共同的鲸信仰，鲸被认为是海中之王。①一份十七世纪占婆手抄文献提到该神与占婆人 Po Riyak 的故事。Po Riyak 到麦加（占婆文献里的麦加常指马来亚的吉兰丹）学习伊斯兰教律法，成为著名的学者。听说占婆被越南入侵，Po Riyak 希望回国参与抵抗，但其导师不同意。他不顾导师劝阻，乘坐一小船进入南中国海，数日后船破人亡。不久，在占婆海岸见到一大鱼背驮 Po Riyak 尸体，占婆人十分感激并为该神建庙。②张文门（占名 Sakaya）认为，该故事中 Po Riyak 被大鱼安全救回占婆，Po Riyak 在占婆也相当于海神。③

越南京族人广泛流传关于王子阮映与玉鲮尊神的传说。十八世纪末越南中部爆发西山起义，广南政权被推翻，王子阮映逃亡嘉定，欲西去暹罗求援。自越南海岸前往富国岛时，所乘船沉没，阮映被鲸搭救，安全上岸，阮映为该神在富国岛建祭坛。数年之后，阮映建立阮朝，成为嘉隆皇帝。嘉隆元年，颁布了多份关于玉鲮尊神的敕书，这可能是玉鲮尊神得到越南官方承认之始。④

尽管在越南北部也有少许的玉鲮尊神庙宇，但大部分庙宇分布在中南部，尤其是原来占婆人居住的中部地区。近年越南学者在广南、庆和的一些庙宇里，发现了多份嗣德、同庆、启定、维新等越南皇帝为玉鲮尊神所颁布的敕书。如保存于芽庄的一份敕书内容为：

> 敕旨：庆和省永昌县场东村，从前奉事厚广正直佑善敦凝本境城隍之神，慈济彰灵助信澄湛南海巨族玉鲮之神。节经颁级敕封，准其奉事。嗣德三十三年，正直朕五旬大庆，节经颁宝诏覃恩，礼隆登秩。特准许依旧奉事，用志国庆，而伸祀典。钦哉！

---

① Truong van Mon, The Raja Praong Ritual: A Memory of the Sea in Cham-Malay Relation//*Memory and Knowledge of the Sea in Southeast Asia.* University of Malay, 2008: 110.
② Nguyen Quoc Thanh, The Whale Cult in Central Vietnam: A Multicultural Heritage in Southeast Asia, in *Memory and Knowledge of the Sea in Southeast Asia*, p.78.
③ Truong van Mon, *Historical Relation between Champa and the Malay Peninsula during 17th to 19th Century: A Study on Development of Raja Praong Ritual.* University of Malay, Master thesis, 2008: 140-141.
④ Nguyen Quoc Thanh, *The Whale Cult in Central Vietnam: A Multicultural Heritage in Southeast Asia*, pp.79-80.

嗣德叁拾叁年拾壹月贰拾肆日。①

结语：从海神看越南文化中的占婆因素

在越南所有的海神中，除了华人信仰的天后外，其他都曾出现在与越占关系史中。以越南海神为例，我们可以看到，占婆是越南文化形成和发展的重要因素。

其一，"征占"促进越南民族文化的形成。越南独立时的领土仅包括今天的越南北方，其疆域的开拓主要是通过"南进"获得的。陈重金评论说："在北面有强盛的中国，西面则山多林密，交通不便，因此才沿海岸逐渐南下，攻林邑、灭占城，占领真腊之地，开拓出今日的疆域。"②曾经帮助"征占"的越南海神遍及越南中北方各海口，其中多数海神成为沿海地区最重要的地方神祇，这是越南地方文化的重要组成部分。越南各代政权对沿海神灵的承认和祭祀，既促进了国家对地方的控制，又使地方势力团结在"征占"旗帜之下，加强了民族的凝聚力。

其二，"征占"过程中越南对占婆文化的吸收，促使东亚因素与东南亚因素相融合，丰富了越南文化。西方学术界长期讨论，越南究竟应该属于东亚还是东南亚？从越占关系史来看，越南是东亚文化和东南亚文化交汇融合之地，越南吞并占婆使其具有了更多的东南亚特征。占婆是古代东南亚史上重要的印度化政权，而长期以来越南则是"小中国"，越占文化的交流融合即中国文化与印度文化的交汇，形成了真正的"印度支那"。越南中部最重要的海神天依阿那和玉鲮尊神体现了这种文化的交汇融合，天依阿那是由印度文化影响下的占婆神灵转变而来，玉鲮尊神则是来自典型的南岛海洋文化，而后来这两个神灵演变成为越南"传统的"神灵，带有儒家文化的特质。天依阿那女神和玉鲮尊神由占婆神演变为越南海神，凸显了占婆文化在越南中部文化形成中的重要作用。

其三，越南存在官方排斥占婆文化与民间吸收占婆文化的矛盾。越南对占

---

① Nguyen Quoc Thanh, *The Whale Cult in Central Vietnam: a Multicultural Heritage in Southeast Asia*, p.86.
② 陈重金：《越南通史》，戴可来译，北京：商务印书馆，1992，第10页。

婆文化一直存在不得不接受而又排斥的矛盾心态。占婆王妃媚醯，以其对亡夫的忠贞获得越南人的尊敬，成为著名海神。吴士连曾评价说："夫人义不受辱，从一而终，以全节妇。人臣事二君者，夫人之罪人也。帝嘉其贞节，封为夫人，以劝后世，宜哉。"① 李济川一面评论占婆"椎髻裸身，白布缠手，食无筯，记事用夷字，通国诵念佛经，不事诗书，未知伦常之义"，一面又赞扬说，"(媚醯）奋然辞万乘之荣，顾舍一朝之命，毅然有恒，固坤贞之节操"。②

占婆文化一直在越南社会很有影响。《乌州近录》描写当时的顺化地区"旧污染深，新化被浅"，"罗江之人语占语，水畔之女裳占裳"，思荣县"或化语占裳"，奠盘县"夫人著占布之裾"，③ 可见占婆文化之影响。近代越南史籍记载，平顺省占人地区有"京旧人"，"惟春会、春光、遵教三村社，男用汉服，女用土服，一名京旧土民，婚嫁丧祭，略有华俗"。④ 十九世纪末，法国学者艾莫涅曾到当地调查研究，认为京旧人同时具有京、占两个民族的社会特征，但更多倾向于占人，京旧民可能是占人女子嫁给安南人、京占结合而以安南人为主的群体。据当地居民的传说，其祖上是统治了潘陀浪地区几个世纪的婆尼 Po Nit 国王的家族，因为多次被安南政权镇压，男性越来越少，不少妇女只得嫁给安南人，逐渐形成了这一特殊的群体。艾莫涅的调查发现，京旧人中，男性的穿着更加安南化；京旧人中的女性经常嫁给安南男子，而京旧人男性鲜有娶安南女子的现象，婚礼则更多体现出占人的风俗。⑤ 越南官方将这类占婆文化视为未开化的异文化，采取措施抑制占婆文化。陈朝时期"诏诸军民，不得服北人衣样，及效占、牢等国语"。黎朝宪宗曾下诏：上自亲王，下及百姓，並不得娶占夫人为妻，以厚风俗。⑥

越南历史深受中国影响，越南北属时期长达千年，因此，不谈中国就无法理解越南文化。而经过近千年的征战，越南最终征服了占婆全境，占婆故土相当于今日一半的越南领土，占婆文化也成为越南文化的重要组成部分。可以这

---

① 吴士连等：《大越史记全书》，第 234 页。
② 李济川等：《越甸幽灵集全编》，第 68 页。
③ 杨文安：《乌州近录》卷三《风俗》，第 40 页、第 42 页、43 页。
④ 高春育等：《大南一统志》之"平顺省·风俗"，第 9 页。
⑤ Etinne Aymonie, Notes sur l'Annam: Le Binh Thuan//*Revue Indochinoise*, 1885: 67, 87; Etinne Aymonie. *Les Tchames et Leur Religions*. Paris: 1891: 27.
⑥ 吴士连等：《大越史记全书》，第 446 页、第 762 页。

么说，离开占婆，我们同样无法窥知越南文化的全貌。

A Research on the Relationship Between Conquering Champa and Vietnamese Sea Deities

Niu Junkai

Abstract: On the east coastland of Indo-China, Vietnamese and Chams have confronted one another for more than one thousand years. This long competition affects ancient Vietnamese Sea Deities' culture greatly. When Vietnam annexed Champa land, they also absorbed many elements of Champa culture, including Chams gods.

Key Words: Vietnam; Champa; Sea Deities; conquering Champa

西贡埠广肇帮圣母庙初探

耿慧玲*

15~17 世纪是西方的大航海时代，无论东来西进都对历史造成极大的影响；处于这个时代的中国，也正是会馆文化出现的时期。这种原本为"同乡人士在京师和其他异乡城市所建立，专为同乡停留聚会或推进业务的场所"[①]，基本上反映出当时人口流动与移民社会整合的面貌。随着大航海时代的来临，中国内外情势的改变，会馆制度也因此传播到海外。

在国内具有祀神、合乐、义举、公约等聚乡人、联旧谊功能的会馆，在海外同样担负着一样的功能。但随着移民群体的不同，移民国家或地区的不同，会馆制度的也有些许的不同。这些离家去国的移民们，究竟如何借由会馆凝聚他们的力量，是我们探看移民社会重要的明窗。本文透过对于西贡广肇帮所建立的广肇会馆，窥视广东移民如何以信仰经营在异乡的华人社会。

一、走进广肇会馆

胡志明市第一郡阮太平坊章阳街 122 号，有一座由广肇帮所兴建的广肇会馆，因为会馆中主要祭祀妈祖，故又被称为"圣母庙"或"阿婆庙"。根据《南澳时报》2013 年 1 月 13 日《谈往日堤岸华侨的故事》一文，约在清同治

---

* 作者系台湾地区朝阳科技大学通识教育中心教授。
① 何炳棣《中国会馆史论》："狭义的会馆指同乡所公立的建筑，广义的会馆指同乡组织。"台北：学生书局，1966，第 11 页。

（1862~1874）初期，一艘由中国来的商船将奉祀在船只上的"船头妈"①搬到港口堤岸的岸上，由商人与船户共同出资建立了一所"阿婆庙"。由于"阿婆庙"香火非常鼎盛，在5公里外的西贡也建造了一间"阿婆庙"。这一所西贡的"阿婆庙"正是目前尚在胡志明市第一郡阮太平坊的"圣母庙"②（见图1）。会馆的结构以庙宇的祭祀功能为主，整体格局类似于台湾两殿两廊式的格局，不过因为位处街市中，以街屋的方式兴建，并无山门，也没有三川门。在挂有"广肇会馆"匾额的大门前有一前埕，现在作为停车场，两边山墙由瓷砖砌成，壁堵③上每一边都有三堵花鸟与两堵诗词（见图2），并于其上垒叠着石湾瓦脊④，由瓦脊上出现的"光绪丁亥岁"⑤"光绪十三年""民国辛酉年"⑥"癸丑年季夏重修"⑦不同时间的错杂看来，这些瓦脊都是多次重修时遗留下来的石湾陶塑，最早的距今已有一百多年的历史，即便是最晚的癸丑年迄今也有四十余年的历史，可以说是相当重要的文物。⑧又从"堤岸宝源窑造""梁美玉

---

① 早期的妈祖信仰都是船夫们在出航的时候放置在船头，以保障平安，故称为船头妈；后来遂成为海上贸易时商人们的守护神，但真正的成为普遍的信仰，与福建的水军势力逐渐成为国家与政府支持的对象亦即成为护军妈有密切的关系，请参考蔡相辉《台湾的祠祀与宗教》，台北：台原出版社，1990，第114~124页；又，汪毅夫：《流动的庙宇与闽台海上的水神信仰》，《世界宗教研究》2005（2），第131~135页。

② 《南澳时报》2013年1月13日《谈往日堤岸华侨的故事》：据悉早期，150年前他们之中有四艘商船来到越南堤岸做生意。某一年，四艘货船来到堤岸，因生意不景气，仅三艘船驶回中国去，一艘就停留在堤岸河边，如此也没什么不当之处，他们的货由此也可以存下、留下来年再卖。这样留下来河边的日子久了，木船也会损坏。那时每艘船都供拜着"天后娘娘"神像木偶，俗称"阿婆"。他们就将"阿婆"搬上岸上来，找一个"地方安置"。找一个"阿婆"停留的想法，就是将"阿婆"停留、生根下来的问题。后来找到那个地方，就是堤岸阮豸街的"天后娘娘庙"了。又叫"婆庙"。为了盖"婆庙"及管理，大家有钱出钱，有力出力，华人互助精神，为自己生根，为后代子女发展，又不能忘掉自己是华人，因此"阿婆庙"就建立起来了。"婆庙"香火非常鼎盛。善男信女特别多，后来除了堤岸婆庙，远在5公里外的西贡也有"婆庙"建立。https://www.facebook.com/SAChineseWeekly/ posts/511504575556178（20140613）。

③ 壁堵又叫"石朵"。"堵"是指墙上的装饰品，意思就是由石雕组成的墙，有支撑屋架与美观的作用，一个单元称为一堵，一片墙壁至少有三堵。

④ 瓦脊又称花脊，是在屋宇的正脊、垂脊、戗脊上以陶塑花草、人物作装饰，是岭南地区一种屋宇装饰，尤其是庙宇、祠堂等建筑，更是加意装饰。广东佛山的石湾陶器制作起源甚早，石湾也就成为瓦脊主要的制作中心，题材也以岭南地区的地方文化为主。见李婉霞：《佛山祖庙陶塑瓦脊的工艺文化价值探析》，《文物鉴定与鉴赏》，2011（10），第104~106页。

⑤ 光绪丁亥即光绪十三年，公历1887年，越南阮朝同庆三年。

⑥ 民国辛酉即民国十年，公历1921年，越南阮朝启定六年。

⑦ 癸丑年应该是公历1973年，越南南北签订停火协议，美国从南越撤军，尚未建立越南共和国。次年广肇会馆再度重修，有重修碑记。

⑧ 佛山市博物馆石湾窑瓦脊研究专题小组的调查称："发现除了珠江三角洲一带外，中国广西、香港、澳门、台湾、新加坡、马来西亚、缅甸、越南、泰国、柬埔寨等国家和地区庙宇寺院屋檐瓦脊上，完整保留有清代中期至清晚期从石湾出口到当地的瓦脊人物或花卉脊饰，就有近百条之多。"见黄卫红《广东石湾窑的生产与外销》，佛山市博物馆网站/学术研究/文物研究/文章内容，http://www.foshanmuseum.com/wbzy/xslw_disp.asp? xsyj_ID=216，文中说除珠江三角洲外，包括中国广西、香港、澳门、台湾及东南亚地区，"就有近百条"，既然这些地区涵括区域广袤，不妨说"只有近百条"，更能显得这些瓦脊的重要。

图1　广肇会馆大门及正脊上的瓦脊

店造""石湾美玉造"和"番邑何滔作"等记载,这些瓦脊已经有当地的工匠与商号进行生产,不仅仅是从广东输出这一个管道。①

进入大门后,即为前殿,供奉一尊观音大士,大门的龙边有被称作"宫门"②的神祇,与虎边的"福德正神"相对。

中殿主祀为玉皇大帝,同祀③包公④与宝寿。后殿主祀为天后,同祀右为金

---

① 曹金燕:《非物质文化遗产视野下的石湾陶塑瓦脊》,中山大学2010年硕士学位论文,第22~23页。
② 座下有神牌作宫门,不知道究竟是哪位神祇,楹联:"神灵哉不威自畏,公老矣有德而尊。"横联:"介尔景福"。
③ "同祀神"与主神并无宗教上之从属关系,是寺庙中同为祭祀之神,与陪祀神不一样的地方,在于与主神同样供奉在内殿的神龛内。
④ 肇庆包公祠坐落于城西厂排街(原包拯所设端州驿站处),占地 11 500 平方米,正殿塑包公金身坐像,东西配殿塑有宋代名将岳飞、文天祥像。http://baike.baidu.com/view/440205.htm(2014/06/18 检视)。肇庆有包公的祠祀,是因为包拯曾在肇庆(端州)任职,甚有政绩,离任时一砚不持,事见《宋史·包拯传》,而肇庆地方则流传许多有关包公的传说,如砚洲、黄布沙之类,成为除包拯家乡外少数祠祀包公的地方。

花娘娘①，左为龙母②，又有观音与文昌、北帝③及天父地母陪祀④。左偏殿有关圣帝君、赤兔马、青龙白虎、石敢当、太岁爷爷；右偏殿为财帛星君、社稷、榕树将军、地方财神（一见发财）、花公花母⑤。（见图3）

图 2　壁堵与瓦脊

① 屈大均《广东新语》卷六《神语·金花夫人》："广州多有金华夫人祠，夫人字金华，少为女巫不嫁，善能调媚鬼神，其后溺死湖中，数日不坏。有异香，即有一黄沈女像容貌绝类夫人者浮出，人以为水仙，取祠之，因名其地曰仙湖，祈子往往有验。"第16页下～17页上。

② 屈大均《广东新语》卷六《神语·龙母》："龙母温夫人者，晋康程水人。秦始皇尝遣使尽礼致聘，将纳夫人后宫，夫人不乐。使者敦迫上道，行至始安，一夕龙引所乘船还程水，使者复往，龙复引船以归。夫人没，葬西源上，龙尝为大波，萦浪转沙以成坟，会大风雨，墓移江北，每洪水淹没，四周皆浊，而近墓数尺独清。墓之南有山，天将雨，云气必先群山而出，树林阴翳，有数百年古木，人不敢伐，以夫人有神灵其间云。夫人姓蒲，误作温，然其墓当灵溪水口，灵溪一名温水，以夫人姓温故名。或曰，温者，媪之讹也。夫人故称蒲媪，又称媪龙。唐李绅诗：'风水多虞祝媪龙'，然媪非生龙者也。得大卵而畜之，龙子出焉。养之以饮食物，龙得长大，盖古之豢龙氏也。始皇以为神，遣使迎媪。以尝闻徐福言，海神之使者铜色而龙形，光上照天，意媪其同类也，求三神山患且至，船风辄引而去，岂亦龙之所为耶。"第14～15页上。

③ 屈大均《广东新语》卷六《神语·真武》："吾粤多真武宫，以南海佛山镇之祠为大，称曰祖庙。其像被发不冠，服帝服而建玄旗，一金剑竖前，一龟一蛇蟠结左右。盖《天官书》所称：'北宫黑帝，其精玄武者也。'或即汉高之所始祠者也。粤人祀赤帝并祀黑帝，盖以黑帝位居北极，而司命南溟，南溟之水生于北极，北极为源而南溟之委，祀赤帝者以其治水之委，祀黑帝者以其司水之源也。吾粤固水国也，民生于咸潮，长于淡汐，所不与鼋鼍蛟蜃同变化，人知为赤帝之功，不知为黑帝之德。家尸而户祝之，礼虽不合，亦粤人之所以报本德也。或曰真武亦称上帝，昔汉武伐南越，告祷于太乙，为太乙鏔旗，太史奉以指所伐国，太乙及上帝也。汉武邀灵于上帝而南越平，故今越人多祀上帝。"第8页下～9页上。

④ 此处观音与文昌、北帝分处妈祖对面，为陪祀，然文昌与北帝同龛，互为同祀。

⑤ 花公花母应该是《广东新语》卷六《神语》中的"花王父母"："越人祈子，必于花王父母。有祝词云：'白花男，红花女'。故婚夕亲戚皆往送花，盖取《诗》'华如桃李'之义。诗以桃李二物，兴男女二人，故桃夭言女也，摽梅言男也，女桃而男梅也。华山上有石养父母祠，秦人往往祈子，亦花王父母之义也。"第16页。

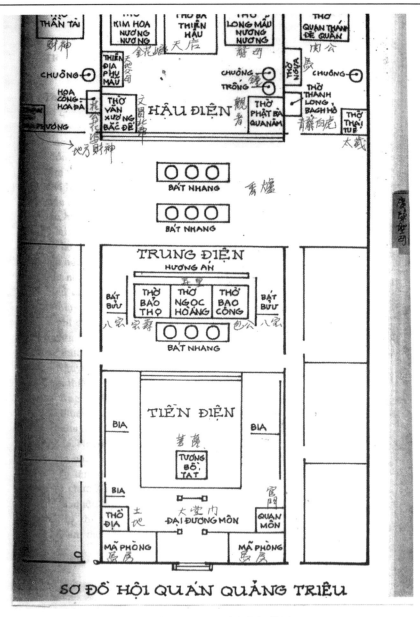

图 3 西贡天后庙空间格局

这样的祭祀组合非常有意思,因为会馆大抵为地缘性的组织,其所崇祀的神祇亦多为地方性神祇,如在外省见到龙母宫即知为广东会馆,南华宫(北帝庙）亦广东会馆（亦名广东会所），天后宫则为福建会馆，武圣宫即陕西会馆，禹王宫即湖南会馆，万寿宫（真君庙）即江西会馆，川主庙（李冰庙）即四川会馆之类。①当然"有时某省专祀之神会变成他省通祀之神，如沿海沿江南北诸省不少地方每有'天后宫''萧公庙''萧宴（晏）庙''禹王宫'或'大禹庙'之类的水神庙，实为当地土著所见，列入当地通祀之神"。②但是外来者建立的会馆，其崇祀的神祇仍然是以地缘性的神祇为主要崇祀的对象。广肇会馆顾名思义，为广州与肇庆两地人所兴建的会馆，如前所云广东会馆常祀"龙母"，而龙母祖庙就在肇庆。且广东地区自古即有海神之信仰传统，如广州常祀南海神、佛山有玄天上帝信仰。③为何以妈祖为主祀神，反以龙母、北帝为同祀神？这或许与妈祖本身的特质有关④，也与广东地区的历史发展有关。清初屈大均《广东新语》卷六《神语》"海神"条记载：

> 今粤人出入，率不泛祀海神……凡渡海自番禺者，率祀祝融、天妃，自徐闻者，祀二伏波。

细审历史的发展过程中，妈祖相对于龙母与北帝信仰，与海洋活动有更密切的关系，⑤或许这就是广肇会馆走向国外，如泰国、马来西亚、越南等地，更偏向尊祀妈祖的原因。

同样走向海之外的台湾，妈祖庙内，同祀、陪祀、配祀的神祇很多，有时甚至多达数十个，这些都不是随意的行为，而是因为移民群体的不同，而加入各个地方的地方性色彩。因而"多神的祭拜"现象乃是强调族群的属性，将行

---

① 何炳棣：《中国会馆史论》，第70～97页。
② 何炳棣：《中国会馆史论》，第69页。
③ 黄韵诗：《广佛肇神诞庙会民俗考释——以南海神庙波罗诞、佛山北帝诞即悦城龙母诞为例》谓："广州南海神庙隆祀的是南海神祝融，而佛山祖庙则供奉着司水溟之神的黑帝玄武，肇庆悦城供奉着水府元君龙母娘娘。"《西南农业大学学报（社会科学版）》2013年第8期，第61～68页。
④ 妈祖信仰的推展，由船头妈（乡土渔业神）发展到商业神，再成为护军妈、公务神，随着福建的海上势力逐渐推展到福建之外省份，更由于其"生人福人，未尝以死与祸恐之，故人人事妃，爱敬如母"，被称之为阿婆，也转变为全能神。蔡相辉：《台湾的祠祀与宗教》，引黄如一《圣墩顺济祖庙新建蕃厘殿记》，台北：台原出版社，1990，第113～114页。
⑤ 黄韵诗：《广佛肇神诞庙会民俗考释——以南海神庙波罗诞、佛山北帝诞即悦城龙母诞为例》："佛山与肇庆严格来说并非海洋城市，而是西江流域孕育下的古镇。这样的地理区位，虽在主神信仰的范畴内，圈定了海神崇拜，可是确切而言，它们更应被视为对司水之神的崇信。"

业的守护神、地方的乡土神尽量纳入信仰体系之中的一种方式，让庙宇能够更加有效的扩张其信仰的范围。①由此逆向而观，也可以从同祀、陪祀诸神的种类推断同是妈祖信仰下，不同的语系、地方性群体的组合过程，借以了解移民的发展现象。尤其是信仰来自于民间，最能反映人群发展的状况。会馆的地缘性或行业性的组织功能，或许会随着时间的演进，移居地政策的变化，移民的落地生根等因素逐渐淡化，但是根植人民内心的朴素的信仰却会持续存在。广肇会馆中除妈祖、玉皇大帝、观音、文昌、关圣帝君这些全国性的神祇外，如龙母、金花娘娘、包公、北帝、花公花母都是广东地区，甚至广肇地区特有的地方神，②正说明了广肇会馆所建立的圣母庙，也是移民团体所特有的信息。由于海外庙宇与会馆的祭祀内涵，会馆足可以作为研究移民团体的重要信息来源。

二、有关《重修西贡埠广肇帮圣母庙劝捐启》

在西贡圣母庙前殿的两廊壁，嵌立了《重修西贡埠广肇帮圣母庙劝捐启》与《西贡天后庙重修落成碑记》两种碑记。《西贡天后庙重修碑记》刊刻于1974年，简单叙述了重修天后宫的原因与经过，并刊刻了当时捐赠者的名讳、店号以及捐赠的金额等（见图 4）。《重修西贡埠广肇帮圣母庙劝捐启》则记载了广肇帮劝募款项的一个"劝捐启"，全文分成了 14 块，每块长 73cm、宽 60cm，镶嵌在墙壁上（见图 5），位置见表 1。

表 1　重修西贡埠广肇帮圣母庙劝捐启（民国十一年碑）

第八块（重建）		第七块（纪念）
第九块（西贡）		第六块（芳名）
第十块（广肇）		第五块（认捐）
第十一块（会馆）	前殿观音	第四块（会馆）
第十二块（认捐）		第三块（广肇）
第十三块（芳名）		第二块（西贡）
第十四块（纪念）		第一块（重建）
西贡天后庙重修碑记		

---

① 王嘉棻：《妈祖祭祀的空间组合》，引自《漳泉客三系移民与彰化平原妈祖庙》，2008，第 123 页。
② 按：其余如太岁、石敢当、财帛星君、地方财神、社稷、青龙、白虎都是普遍性的配祀神祇。

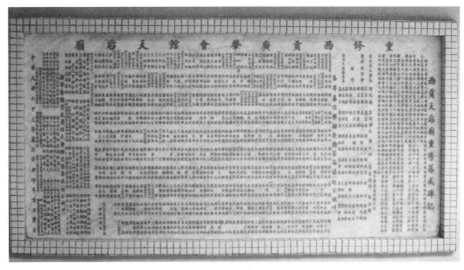

图 4 《西贡天后庙重修落成碑记》

图 5 《重修西贡埠广肇帮圣母庙劝捐启》(虎边)

由于越南地区的资料国内较为少见，故将《重修西贡埠广肇帮圣母庙劝捐启》内容纪录如下：

重修西贡埠广肇帮圣母庙劝捐启

神道果有凭乎？吾不敢断言也；神道果无凭乎，吾尤不忍妄言也。然则何为而可？曰"神之灵以人而灵也"。人道在博爱，而神道在福善。吾人诚能仁爱同胞，博施济众，多行方便，则善气所感召，自无往而不可以邀神佑，此神之所以为灵也。然则今日重修我帮西贡圣母庙之举，诚可谓爱人敬神，一举而两得矣。

考我帮在本埠建有圣母庙，其来已久，前经向法政府禀立有案，向来庙中司税每年报效经费约计不下七八千元，于是本埠及六省同帮外侨因身税递送回籍者，一切需费皆取给于此，而我帮穷人始免种种苦累。其他如广肇善堂善费、学校学费与乎内外中西临时各种善举之捐助，亦惟此款是赖，利益宏多美不胜述，凡我同乡久称便利。惜乎去年（1920）元旦不戒于火，全庙灰烬，至今未复。神失其祀，固属不安，而每年香火之收入从此坐失大利。至今同帮穷侨因身税递送回乡者，及学校善堂各款之需资助力者，皆无的款挹注，临时诸费张罗，若不设法补救，缓急固无可恃，而乞邻而与，亦恐日久难继。吾等有见于此，缘邀集帮众绅商各界热心之士公同酌议。金曰："重建我帮在埠圣母庙，其利有五。一则可以恢复利源，以备支需。二则可以联络乡情，固结团体。三则可以继续前徽，不失旧物。四则可以壮我帮之观瞻，动人景仰。五则可以留将来之纪念，昭示无穷。"而人和则神降之福，于事神之礼亦宜等因，召集全帮公同议之。众曰善，应以此议付表决，克日兴工无缓，乃委托有名工程师绘备图式，经公众垓（该）议认为可用，决定依图建。惟是估计全庙工料各款约需银三万余元，需款既巨，我广肇公所出息无多，力不能负此重任，遂由公众决议颁发缘簿册折劝捐，以集其成。伏望富商殷户各界居侨、义士仁人、善男信女等等，无论属何国籍，本帮外帮，在乡在埠，务望慨解义囊，乐输仁粟，竭力捐助，成此宏愿。此日超人苦海，众口欢腾；他年名勒贞珉，千秋垂誉。则神之福佑，尤其余事尔。是为引。

（以下芳名列，省）

本会馆始自前清光绪十三年（1887）丁亥岁，创建造，至民国十一年（1922）壬戌岁重建。厚蒙中外人士、各界侨居，慷慨愉捐，勷承美举，故特勒碑列名，永留纪念。

万福攸同

中华民国十一年（1922）岁在壬戌仲冬穀旦　　广肇会馆立

三、广肇会馆的功能

根据《重修西贡埠广肇帮圣母庙劝捐启》的内容可以知道，西贡的广肇会馆始建于清光绪十三年（1887），建立之初，越南与法国已经签订《第一次西贡条约》（Hòa ước Nhâm Tuất），割让嘉定、边和、定祥三省及西贡、边和、美荻、昆仑岛给法国。因此，广肇会馆的创建必须向法国政府登记，并缴纳税金。[①]当时会馆每年需要缴纳的经费约有七八千元，而那个时期一头牛的价格是5官钱（1官钱等于8元），可知单单一个广肇会馆每年所缴纳的税额可以买1000头牛。[②]这些税款主要是帮助西贡及嘉定、安江、永隆、河仙、定祥、边和六省的同帮外侨缴付身税。

越南自嘉隆六年（1807）即依据华侨人来越的时间，将华侨分为两大类：明乡人与清人。基本上明乡人是指明清之际的明遗民，而清人则是清政府建立之后才来的华人，越南政府对待明乡与清人的政策并不相同。[③]这透露出越南与中国在历史上的微妙关系：不管越南喜欢与否，面对来自北方强大

[①] 李长傅：《南洋华侨史》第八章《越南》，上海：上海书局，第118页。（1991年12月据1929年暨南大学南洋文化事业部1929年版影印）

[②] 陶维英：《越南文化史纲》，西贡：四方出版社，第97页。注一："1654年，一头大猪1官钱，一头小猪5毛；1741年，一头大牛5官钱，小牛3官钱，猪2官钱；1752年，一头大牛5官钱，猪2官钱；1802年，牛5官钱；1官钱等于8.00元。"

[③] 越南政府对于"明乡人"有特殊的优待，最重要的一项，便是明乡人可以应试做官，如郑怀德、潘清简、陈养钝等，都曾透过科举考试，就任过尚书一类的高级官员。山本达郎：《河内的华侨史料》，转引自《东南亚研究资料》第41页，1984年3月。

的压力，都需要选择与中国维持一种紧密的互动关系，①当中国中央政权转移时，与原来政府有着朝贡关系的越南，也必须面对政权转换的矛盾②，明清政权的转换正如宋元之际一般，除了政权的变换，还有族群与文化的疑虑，因而对于欲维系明香火之遗民与后来清政权下的华人移民有不一样的态度与政策。这时的越南政府"集合泉、漳、潮、广、惠、琼、徽各府人士设立七府公所，公推殷商一人为'祸首'，担任评定货物价格及排难解纷之责"。③1834年，明命王更令每帮由商号选出一帮长，担任传达公令，征集税款和调解纠纷④的职责。待法国接掌南圻的管理权之后，1874年法国政府在南圻设立移民局，专理亚洲移民事务，把西堤华侨分为七帮：广肇帮、福建帮（闽南）、福州帮、客家帮、海南帮、琼州帮、潮州帮，即所谓七府，外省人士悉隶入客家帮。1885年，又令将福州帮并入福建帮，琼州帮并入海南帮，减为五帮。各帮帮长与副帮长则由原来传达公令、征集税款和调解纠纷，变成辅佐政府处理华侨事务的重要执行者，协助华侨出入口登记事宜，成为殖民政府间接统治的重要帮手。⑤1897年，开始征收华侨人头税，也就是碑记中所说的"身税"。身税的征收绝对是一种不合理、不平等的政策。⑥陶维英在《越南文化史纲》中说：

> 在本国，外国人，尤其是华侨要交的身税比本国人多。在城市或农村，华侨根据籍贯建立成不同的会馆，每会馆由会长跟官府交谈。华侨身

---

① 有关越南与中国的互动，请参考耿慧玲《越南丁朝的双轨政治研究》，"饶宗颐与华学国际学术研讨会"，泉州华侨大学、香港大学饶宗颐学术馆共同主办，2011年12月；《越南碑铭中汉文典故的应用》，《域外汉籍研究集刊》第五辑，北京：中华书局，2009，第325~370页。

② 耿慧玲：《"北虏南寇"——从越南金石看宋元之际越南的因应措施》，《海洋史研究》第三辑，北京：社会科学文献出版社，第222~249页。

③ 陈碧笙：《世界华侨华人简史》，厦门：厦门大学出版社，1991，第139页。书中写道："嘉隆六年（1807）分华侨为两大类：一为明乡，一为清人，依语言设立帮公所。同时又集合泉、漳、潮、广、惠、琼、徽各府人士设立七府公所，公推殷商一人为'祸首'，担任评定货物价格及排难解纷之责，所址于1820年落成，1834年，明命王令每帮设一帮长，由商号选出，担任传达公令，征集税款和调解纠纷。"第139页。

④ 陈碧笙：《世界华侨华人简史》，第139页。

⑤ 江炳伦："中华百科全书" http://ap6.pccu.edu.tw/Encyclopedia/data.asp?id=3307。

⑥ 郑观应说："外国人至中国不收身税，中国人至外国则身税重征，今英、美二国复有逐客之令，禁止我国工商到彼贸易工作，旧商久住者亦必重收身税，何相待之苛也。种种不合理，公于何者？法于何有？"见郑观应：《盛世危言·公法》，辛俊玲评注，北京：华夏出版社，2002，第60页。

税分两种：第一种是由财产或当铺，称为有物力，每人两两银（18 官钱），第二种是贫民或作农，作苦力，为无物力，要交半税。但过三年，他们会被列为第一种，所以三年之内他们一定会找办法富起来。60 岁的华侨不要交身税，但会长要找另一个补上去。①

因此，新移民则需加入某帮，获得帮长的收纳及担保，才能够得到居留的机会。这也使得地缘性的五帮实际掌握了移民进入越南的主要权力，也让各帮形成更坚固的具有行政力的移民群体。为了争夺资源，各帮之间也常发生冲突。根据刘汉翘的记载，广肇帮与客帮之间，在广肇帮的"天后诞"前后，经常发生殴斗。因为那时是"法殖民当局每年检查身税纸，大量逮捕无力缴纳身税侨胞，递解出境……据熟悉帮会情况的人说，有些殴斗是各堂口的一部分成员故意制造的，因为按照帮会规矩，殴斗后，斗败的一方，须与胜方'讲数'，由负方赔偿一笔款项。胜方的无力缴纳身税者，即可以用这笔赔款完缴身税，以免被'充军'回国"②。这当然是一种解决资源问题的方法，但一切的开支，仍然依赖固定经费的来源，即移民群体对于信仰的奉献。根据《南澳时报》访问堤岸地区的华侨梁逸林老先生的说法：

> 堤岸近百年来，中国南方的商船入口特别多，进口商船货物带进越南堤岸港口做生意，贸易的货物总额，要付给"婆庙"1%的金额，供给"天后娘娘庙"的管理委员会作为基金来建立与管理之用。③

依据堤岸圣母庙的规矩，西贡圣母庙每年可缴纳的税金（7000～8000

---

① 陶维英：《越南文化史纲》"丁税"，第 87～89 页。本译文由中正大学文学研究所潘清皇同学（越南籍）翻译。又据李长傅《南洋华侨史》（上海：上海书局，1991，第 118 页）："各帮有邦长，为转呈机关，华侨入口，先由医生检验身体，后由各帮长担保，向移民局领取暂居留证，于三十日内有效。嗣后再领居留证，一年内有效。华侨如他往者，需领出境证。1897 年征收华侨人头税，自数元至四百元。柬埔寨于 1891 年设立移民局，其办法与南圻无异，为捐税略轻。中圻、北圻无移民局，然入口之限制身税之征收，亦复有之。"
② 刘汉翘：《在越南的革命活动》，原载《广东辛亥革命史料》，引自中山文化信息网 http://www.wh3351.com/rwzs/whcs/showwork_txt.php？aw_id=3716（20140405）。
③ 《南澳时报》2013 年 1 月 13 日《谈往日堤岸华侨的故事》访问梁逸林 https://www.facebook.com/SAChineseWeekly/posts/511504575556178（2014/5/18）。

元），应该来自广肇帮众 800 000 元的贸易量。

四、广肇帮的势力分布

近代中国的移民高潮与新兴的"苦力贸易"有着密切的关系，由于 1840 年代西方国家先后立法解放黑奴，英国率先在 1806 年和 1834 年宣布废除黑奴贸易和奴隶制度，然而这并不能解决各殖民母国庞大殖民地劳力严重短缺的现象，为了开发殖民地的资源，英国、西班牙、秘鲁等国纷纷来中国招揽工人，形成苦力贸易。①随着清廷在鸦片战争与英法战争（第二次鸦片战争）中的失败，各殖民国家以容许自由移民为名，使"苦力贸易"合法化。香港与澳门成为"苦力贸易"的中心，广东地区因而成为招揽工人的首要之地。同时，广东地区因为太平天国及洪兵所引起的土客械斗，使得广东西路地区经历了十二年之久的冲突，据统计死伤逃亡达五六十万人。②这场械斗起始于咸丰四年（1854），止于同治六年（1867），前后延续十三年。首先起始于鹤山、恩平、开平、高要，蔓延于高明、新兴、阳春、阳江，浸及于新会、四会、罗定、东安、电白、信宜、茂名等州县。③经历战争的摧残，土地残破，天灾频仍，使得新会、台山、开平、恩平、鹤山等属于广、肇两府④的人民不得不离乡背井外出谋生，而这时正与"苦力贸易"的历史需求相契合，因此，大量广肇地区的民众移往海外。根据陈碧笙的《世界华侨华人简史》的统计，南越华侨籍贯以广肇两府最多，潮州帮次之，两帮合

---

① 吴剑雄：《从海禁到护侨：清代对出国移民政策的演变》，吴剑雄《海外移民与华人社会》，台北：允晨文化事业有限公司，1993，第 12～13 页。
② 葛剑雄、曹树基、吴松弟等：《简明中国移民史》，福州：福建人民出版社，1993，第 425 页；又刘平：《开平碉楼形成的社会历史原因》，郭太风、廖大伟主编《东南社会与中国近代化》，上海：世纪出版集团、上海古籍出版社，2005，引自中华文史网 http://www.qinghistory.cn/。
③ 袁理：《澳门客家源流及其族群认同》，《黑龙江民族丛刊》2010 年第 3 期，第 143 页。
④ 南洋各地华侨初以方言划分群体，海外的"广肇帮"是包括了"四邑"（新会、台山、恩平、开平四个地区），这些地方都讲四邑方言（新会话）——四邑方言使用人口主要分布在潭江流域及西江干流以西的地区，其中恩平、开平属肇庆府，新会、台山属广州府，而其生活、信仰及婚娶习俗等方面均十分类同，故常集为一群。

计约占华侨总数的75%。①广肇地区的移民遂成为越南华人移民的最大团体。

广肇地区的移民虽然与苦力贸易有着密切的关系，但是在越南却又有不一样的发展。根据布赛尔（Victor Purcell）所著《东南亚的中国人》一书的记载：

> 中国苦力所纳的税，比安南人实际上多上七倍。因此，贫苦的中国人无法进入印度支那，甚至，富裕商人生活也都是困难的。在二十世纪二十年代，进入印度支那的中国人都是由家属或者是那些宁愿用中国雇员的华侨商店接来的。需要中国人服务的范围狭小，是移民的主要阻碍。新移民入境的动机，很少是由于忽然想起或偶然的。移民是根据预先协议的制度来进行，则填补华侨各帮中的空额，是在作了谨慎考虑和资财许可的情况下，才让他加入到侨社中来的。中国人之进入印度支那并不是和平渗透，也没有什么"黄祸"的意味。同时进入印度支那的中国人也不像进入马来西亚的那样杂乱，而是中国各阶级的真正代表。②

这使得广肇会馆可以拥有更多的能力，加强在越南广肇二府人民的福利。除身税而外，广肇会馆尚建立善堂、学校，并对于"内外中西临时各种善举之捐助"不遗余力，使得"同乡久称便利"。故而当1920年火灾之后全庙灰烬，亟须重修圣母庙，以凝聚乡情。由1920年开始募集重修的资金，两年后即完成重修，共募集白银三万余元，由此亦可知民间信仰对于一般人民的号召力。《重修西贡埠广肇帮圣母庙劝捐启》一共有十四块碑，除第一块碑的前三分之一书明"劝捐启"之缘由外，其他十三块碑都是捐助人的姓名。由于资料庞大，本文拟另行撰文，分析捐赠人之族群。本文仅将本次广肇帮圣母庙募捐所及之范围略作介绍。

根据碑文所记，西贡地区圣母庙基本上支持的是"本埠及六省同帮外侨

---

① 陈碧笙：《世界华侨华人简史》，厦门：厦门大学出版社，1991，第369页。
② 布赛尔（Victor Purcell）：《东南亚的中国人》（*The Chinese in Southeast China*，London and New York：Oxford University Press，1951），译文原载《南洋问题资料译丛》1957年第4期，1958年第1期及第2期、第3期合刊，第11～12页。

因身税递送回籍者，一切需费皆取给于此"，那么捐款者又有哪些地方？"劝捐启"中除了西堤两岸内附南北圻之外，尚有土龙木埠（THU DAU MOT）、美萩埠（MY THO）、芹苴埠（CAN THO）、嘉定省（TP HO CHI MINH）、滀蓁埠（SOC TRANG）、沙沥埠（SA DEC）、永隆埠（VINH LONG）、迪石埠（RACH GIA）、茶荣埠（TRA VINH）、金边埠（PHNOM PENH，属高绵）、西宁埠（TAY NINH）、朱笃埠（CHAU DOC）、箔寮埠（BAC LIEU）、堀颂埠（GO CONG）、边和埠（BIEN HOA）等。这些地点除金边外，分布在南圻六省：西贡及嘉定、安江、永隆、河仙、定祥、边和六省（见图6）。

图6 西贡埠广肇帮圣母庙捐款者地理分布图（依据碑文所列地区制作）

这些捐款地点的位置分布，几乎将整个湄公河下游地区联结成一个网络。布赛尔在《东南亚的中国人》一书中说：

> 柬埔寨，特别是交趾支那的内河交通，使中国人有很多获利的机会。他们以帆船及舢板替华侨米商运米。这些船只就是他们的住处，可沿岸停泊。据1921年的统计，在交趾支那的十五万六千三百个华侨中，有五千五百人（每千人中有三十五人），在柬埔寨的九万一千人中，有二千六百九十人（每千人中有二十八人）从事此业。从这些数字中也可看出船只运输在这两个地区，特别是在交趾支那的经济生活中的重要性了。交趾支那

共有船只三千艘，几乎全部掌握在华侨手中。①

《重修西贡埠广肇帮圣母庙劝捐启》所呈现的捐款者分布的状态，正说明了广肇帮在南圻地区所拥有的影响力范围，清代广东地区移民对于越南南部的影响力是惊人的。

结　论

西贡圣母庙采用广东庙宇的装饰方式，屋脊上有非常精彩的瓦脊装饰，这些瓦脊至迟也是1973年再次重修时的作品，一些早期的瓦脊更有一百多年的历史，对于石湾陶塑的研究具有一定作用。同时，由"堤岸宝源窑造"也可以知道在堤岸已经发展出越南地区的石湾陶。

西贡圣母庙虽是广肇两府的会馆，但是主神仍是清代最重要的海神妈祖。同祀神中有许多属于广肇地区的特殊信仰，如龙母、包公都是广东地区较为特殊的神祇信仰，尤其偏重于肇庆而非广州。因为同祀对象是依据各地不同的信仰需求而决定的，因而，同是妈祖庙，同祀的神祇不一定一样。如若西贡圣母庙的同祀神祇偏重于肇庆的地方信仰，是否会有一些广肇会馆内出现广府的地方神祇，如南海神之类，可以再做比较研究。反过来看，由不同的神祇信仰也可以探知不同的族群结构。

近代海外移民与契约工（苦力贸易）的大量需求有关，也由于契约工的出现，产生了身税的要求。身税对于出外工作的华人群体是一件难堪却需要面对的障碍，越南地区的华人移民虽然可能如布赛尔所云，并非一般的苦力，但是仍然会有身税的要求，布赛尔说中国苦力所纳的税比安南人多七倍，陶维英说最穷的中国苦力也需要交半税（一两银，9官钱），而当时一头牛的价钱是5官钱。若无法缴纳则必须遣返中国，因而广肇会馆负责帮着贫穷者缴纳身税。这项支出的来源便是圣母庙的信众们所贡献的，当时船只来往于广东与西贡之间，每艘船必须缴纳收入的1%作为圣母庙的香火钱，而重修圣母庙时资金的募集，让我们了解到西贡圣母庙的支持网络遍布当时南圻

---

① 布赛尔：《东南亚的中国人》，《南洋问题资料译丛》1958年2、3期合刊，第11～12页。

六省，还扩展至柬埔寨的金边。这些捐献者分布在湄公河下游河港口，这些地区就是靠着河流运米创造出商业贸易的利益，从柬埔寨到越南南方几乎所有的运米船只都掌握在广肇帮的手里。由这里可以看到当时广东移民对于越南经济的影响。

广肇会馆建立在 1887 年（清光绪十三年），而那一年的 3 月 26 日，在清政府担任海关总税务司的英国人罗伯特·赫德指示金登干（James Duncan Campbell）前往里斯本，与曾任澳门总督的葡萄牙代表罗沙和葡萄牙外长巴洛果美（Henrique de Barros Gomes）草签了《中葡里斯本草约》。同年 12 月 1 日，清政府派总理各国事务衙门大臣奕劻和工部左侍郎孙毓汶为代表，与葡萄牙代表罗沙在北京正式签署《中葡和好通商条约》，条约当中列明中国同意葡国"永居、管理澳门"。这对于中国来说是一个重要的事件。在此之前的 1806 年英国宣布废除黑奴贸易，所有殖民地的大量劳力转由中国的契约工取代。然而华工取代的不仅是黑奴的工作，还有黑奴的被剥削与歧视。许多研究反映当时的清政府因不谙国际公法的困窘，以及弱国无外交的悲哀，但华工问题的关键是对于"人"的不重视。当然，中国的侨民政策一直是困难的，大量的人口对移住国形成质与量的冲击，母国的态度很难不造成震撼，然而在"出洋的中国人就是弃民"的历史中，让我们在翻阅史册时，似乎更加痛惜那些不管主动或是被动在域外所创造的现实。

广肇二府的居民，因应本土太平天国与洪兵所引起的大规模械斗，以及海外契约工的需求，顺着西江从澳门与香港出洋，带着他们窅眇的希望，带着属于乡土的神祇，在异乡建立了一个又一个精神的避风港。走进西贡圣母庙，宛如又回到了中国，曾经煊赫一时的广肇帮，其所可能掌控的行政权力已然消失，苦力贸易的历史已经结束，然而每一所会馆中被熏到黝黑的神祇面庞，写满了对于故乡的眷念。这些未曾有过国家支持的身影，是如何勇敢的在异乡面对所有的挑战，一砖一瓦将他们所知的家乡换化为建筑的瓦脊、壁堵、神龛、铜钟，甚至整体的空间。或许他们今日的后裔已因为历史的因素，不再具有中国的国籍；或许在现实的问题上，甚至与父母之邦有着矛盾，但是碑记上一个个的捐赠者，用他们辛苦工作的报酬所建立的记忆世界，值得我们后世者，为他们写下他们的点点滴滴。

A Research on Guang-Zhao Association's Matsu Temple in Saigon

Geng Huiling

Abstract: China and Vietnam have entered into a symbiotic but fluctuating relationship for centuries. As Western countries redefined the global system in the 15th-17th centuries, waves of Chinese emigrants voluntarily or involuntarily left their homelands and arrived at regions of modern Vietnam. Along with population movement came migrant associations that served multiple functions, including religious, recreational, euergetistic, contractual actions and gatherings.

This paper studies one such migrant group called Guang-Zhao Association (GZA). The GZA built its congregation facility called Matsu Temple in the Saigon region, which includes a stele of 1974 that records an inscription concerning a fund-raising document soliciting voluntary donations for the renovation of Matsu Temple.

Aspects of ritual and architectural design of Matsu Temple suggest that migrants have adopted polytheistic worship to emphasize ethnic belonging. Guardian deities of respective guilds as well as local rural deities have been inducted into the religious pantheon of the temple, an inclusive approach that effectively expanded its religious base. Architectural design and decor of the temple, on the other hand, shows that homeland features have been transplanted and preserved through the practice of rituals.

Religious donations have been a standard practice by migrants of the GZA as an institutional remedy for questionable contractual conditions to which Chinese migrants were subjected. One example is a hefty poll tax that was often included in the legal agreement. Matsu Temple became an urgent task in order to subsidize migrants to pay the poll tax, as well as provide other necessary amenities. The fund-raising inscription also recorded the geographical distribution of donors, which concentrated in the six provinces of the Nam Kỳ region, essentially forming a network in the Lower Mekong River. This inscription shows the considerable influence which the GZA migrants have brought to southern Vietnam during Qing Dynasty and the Republic of China.

Key Words: Guang-Zhao Association; Matsu Temple; inscription; poll tax; Vietnam

朝鲜李朝《备边司誊录》中之粤闽海商史料

袁晓春*

在辽阔的太平洋西岸,古代中国使节、海商与船队,开辟了太平洋与印度洋沿岸的海上丝绸之路。日本著名航海史学者松浦章指出:

> 在东亚世界里,有着一片广阔的海域,这些名为渤海、黄海、东海、台湾海峡的广阔海域,将东亚各国悬隔开来。在古代,这些国家之间主要依靠船舶相互往来。船舶是海洋地域和国家间接触以及交流不可或缺的一个重要因素。从14世纪到20世纪初叶这段漫长的历史时期里,从事远洋航行的船舶主要是中国的帆船。在当时的东亚海域世界里,中国的造船和航海技术最为先进,其海洋政策也相对宽松,这使得中国帆船掌握了东亚世界的制海权,主导了当时的海上交通事业。①

中国古代丰富的史料足以证明上述观点的正确性。而日本、朝鲜古代史料中,也有不少关于广东商人(简称"广商")、福建商人(简称"闽商")与海船的珍贵资料,表明广商、闽商是明清时期中国最活跃的海商,航行于太平洋—印度洋之间的海上丝绸之路,从事国际贸易。朝鲜李氏王朝《备边司誊录》对漂流到朝鲜半岛的 40 艘中国海船的记录十分翔实,包括广商、闽商的人员构成,船员籍贯,年龄以及海船尺寸等资料,可补中国文献记录之缺漏,

---

* 作者系山东省蓬莱市蓬莱阁管理处副研究员、中国海外交通史研究会理事。
① 松浦章:《明清时代东亚海域的文化交流·序言》,郑洁西等译,南京:江苏人民出版社,2011。

特介绍如次。

一、《备边司誊录》所记载之清代广东商人

清朝时期，中国与朝鲜保持良好的官方与民间关系，对彼此海上交往所出现的海难，均有完备的救助措施。朝鲜海船遭遇飓风漂流到中国境内，官府均给银两、衣物、粮食，如有病人施药救治，礼送回国。反之，朝鲜方面也是这样，同时将漂流到朝鲜境内的中国海船情况，详细记录到《备边司誊录》之中。备边司是朝鲜李朝成宗十三年（1482）为处理边境防御事务而设立的专门机构，选拔精通边境事务的专业人员，设立郎厅、译官等官职，每天对边境事务进行商议、处置和记录。在《备边司誊录》中，中国商船遇风漂流到朝鲜，朝鲜官员以"问情别单"或"漂人问情别单""漂汉问情别单"的形式，对中国商船乘员进行交叉询问，对商船乘员组成、航行目的、货物种类、搭船商人等进行详细了解和记录。

该资料记录有清朝广东许必济船以及广东商人李光等搭船贸易的详细问答记录，对于考察清代的广东商船（简称"广船"）及广东商人有重要价值。

1. 许必济船船员年龄、人数

清朝光绪六年（1880），漂流到朝鲜的广船许必济船，《备边司誊录》是这样记载：

> 问：你们各人姓名什么，年纪多少？
> 答：许必济年三十四，吴丁年三十一，许长庚年三十九，陈保年四十五，陈奕年三十九，陈巧年二十九，李青年二十九，吴程年二十四，陈雷年三十九，贞兴年二十五。

船长许必济年龄在三十四岁，船员多在二十多至三十多岁之间，只有一位船员较为年长，其名叫陈保，年龄在四十五岁，说明该船船员年龄较年轻。

在《备边司誊录》中，还记载明朝万历四十五年（1617）福建林成商船漂流到朝鲜，该船船员四十一人，船员年龄跨度很大。船主林成未随商船出行，船长薛万春年龄五十五岁，其他船员年龄在二十岁至四十多岁之间，五十岁至六十多岁的船员为个别现象。其中年龄最大的林太七十岁，年龄最小的船员萧晋刚十四岁。由许必济船、林成商船个案比较，广船与福建商船（以下简称"福船"）船员的年龄有一定的差异。另外，许必济船上船员仅有十人，而福船林成商船船员四十一人，黄宗礼商船成员五十人，许必济船的船员实在是太少了。

2. 许必济船载货物

《备边司誊录》所记录的许必济船，在营口购买了黄豆、红参返回广东潮州。红参，是人参的制成品，即将干人参置入锅中蒸熟，再晒干的人参制品，具有耐储存的特点。《备边司誊录》记载，南方船只多装载砂糖、胡椒、苏木贩运到北方各港，从北方购回黄豆、人参、红枣、棉花等回南方贸易。

3. 搭乘许必济船的暹罗（泰国）商人

据《备边司誊录》记载，许必济船属潮州府汕头船，往暹罗国贸易，船上乘员有十人，却带回暹罗国客商十八人。汕头船到达暹罗国后，载客十八人于五月四日返航，在抵达山东烟台卖出货物，又收购货物，驶往营口，购买了大豆后，返回潮州时遭遇飓风，漂流到朝鲜。

许必济船搭载暹罗客商中有两位女眷。清朝中国南北方海船中，女人上船是海船中的禁忌，广船却允许外国客商的家眷、孩子常年随船贸易留住，打破了行船禁忌，是非常有意思的。此外，许必济船上还豢养了一条狗、一只猫。记录上说"船上杂用家伙一狗一猫"，说明是广船船员还有豢养动物的习俗。

朝鲜备边司官员对中国商船载有外国客商感到奇怪，因此进行详细询问：

问：暹罗国人姓名年纪？

答：毛红年五十二，王棕年三十九，胶习年三十，绿豆年二十一，铜铃年三十九，总铺年二十三，番毛年二十七，番不年二十八，番德年三十，番甘年三十，番炎年二十二，番兵年二十五，番月年三十九，番旺年二十九，以上十四人，都是船格（客），一女人是番班年二十四，毛红之妻。一女人是番只年二十五，番月之妻。一幼男是毛彬，毛红之儿子。

  问：自潮州府，往暹罗国，相距几里？

  答：一万四千里水路。

  问：你们在哪个海面，漂到这里？

  答：我们今年五月初四日，从暹罗国发船之路，九月二十九日，在山东洋面，忽遭飓风，船只破裂，仅驾从船，飘荡到这里。

  问：你们即在海面，漂泊多日，没有淹死与害病之人么？

  答：暹罗国一名叫番合的不幸落水淹死，我们仗着贵国福庇，幸免于死了。

从上述记录可见，广船许必济船经常驶往暹罗贸易，因而有暹罗国商人搭乘。暹罗国客商带着老婆、孩子来华贸易，涉及中国北方和南方的各个码头，行程之远，不同寻常。

4. 广东商人李光等搭船贸易的情况

清朝广东商人在中国南、北方港口贸易，既有乘坐广船，也有搭乘其他商船贸易的情况。据《备边司誊录》第一百五十八册"正祖年丁酉条"（乾隆四十二年，1777）记载，广东行商李光等曾搭乘天津金长美商船进行贸易。

金长美商船是漂流到朝鲜的 40 艘中国商船中唯一一艘留下长宽尺寸记录的商船，史料十分珍贵。文载：

  问：你们所破船，官船耶私船耶？船之长广几许？帆等几个？船号云何？

  答：船是商船，其长十丈，其广一丈六尺，建三桅，前桅长五丈抱半围，中桅长九丈抱二围，后桅长三丈抱半半围，船号则商号第六十九号。

金长美商船的船籍为天津县商字 69 号，属方头平底沙船，船长 31.1 米，船宽 4.96 米，该船主桅高度比船长稍短，这与中国古籍关于古船主桅高度比船长稍短的记载相同。

《备边司謄录》关于广东商人搭乘金长美商船的记录是这样的：

> 问：你们二十九人姓名、年纪、居住？……
> 答：客人李光年六十，罗五年五十一，以上二人住广东省广州府南海县。

广东商人李光、罗五，一位年龄 60 岁，另一位年过 50，但是他们依然辗转于沿海港口，互市贸易。9 月 28 日他们从天津大沽口乘船，船载棉花、红枣，贩往广东贸易，11 月 7 日，在山东省登州（蓬莱）海域不幸遭遇大风，17 日漂流到朝鲜境内，大船破裂。朝鲜官员向广东商人问道：

> 天津之于广东，比同安尤为绝远。广东客人，缘何作伴耶？
> 答：广东客人李光等，以行商来天津，故与之同舟也。

金长美船主要货物是棉花、红枣，朝鲜官员详问道：

> 你们当初装载凉花（注：棉花）几斤，枣子几石，价为几许？
> 答：凉花一百九十包，枣子一千多担，而凉花每包为一百五十斤，价银十七两，枣子每担为一百斤，价银三两。
> 问：凉花、枣子，尽为漂失耶，货主是谁？
> 答：凉花即客人李光等五人之货，枣子是船户金长美之物，尽为漂散渔船破之时，而凉花之漂着浦边者，贵国人拯出，而换给棉布，至八十匹之多，感谢无地。

上述记载表明，广东商人李光等棉花价值白银 3230 两，船主金长美的红枣价值白银 3000 多两，船载主要货物棉花、红枣，该船主要货物总价在 6000 多两白银。

二、《备边司謄录》所记载的福建商人

朝鲜《备边司謄录》有关福建商人的最早记录是明朝万历四十五年（1617），商船船主为福建闽县林成，但没有随船贸易。该船船员年龄结构相差很大，年龄最大的林太七十岁，年龄最小的萧晋十四岁，其他船员年龄在二十岁至四十多岁之间。因为船主林成是闽县人，水手大部分为闽县籍贯，还有一些来自南平、侯官等县。该船携带白银2000多两，在宁波府寒海县海域遭遇海盗船，金钱全部被抢劫。19日又遭遇大风，八天后漂流到朝鲜。相关记载如下：

万历四十五年九月十九日

一名薛万春，年五十五岁，系福州府福清县水手。俺等一伙四十一人，委于本年七月十二日，讨得福州府闽县丰院道须给船田执照，雇驾船户林成海船一只，自宁波府寒海县，开使将到沙埕地面。遇贼多人，将带银货两千余两，并被抄离。遗下衣服药料，收拾装载。十九日在洋内，忽遇飓风陡作。在海中，东飘西转，二十七日到浦口湾泊，初不知是何处地面。随有两层板屋船三支，上载许多军兵，来绕僮船。俺等书上国人三字于纸面，揭示军兵。本船长官，就许俺等登上兵船，馈以酒食，兼济米粮。仍搬俺等在船物件，带回本国。庆尚道统制使营安歇，间蒙国王，差委通事官前去带来。所供是实。

一名叶如钦，年五十五岁，系福州府闽县民人，供与薛万春相同，所供是实。

一名黄擎，年三十岁。系延平府南平县民人，供与薛万春相同，所供是实。

一名王敬，年四十岁，系福州府南平县水手，供与薛万春相同，所供是实。

一名王耿，年四十三岁，系延平府南平县民人，供与薛万春相同，所供是实。

一名王九，年二十九岁，系延平府南平县民人，供与薛万春相同，所供是实。

一名王才，年二十三岁，系供与王九相同，所供是实。

一名范二，年（二十）五岁，系延平府南平县水手，供与薛万春相同，所供是实。

一名范可，年三十岁，系延平府南平县民人，供与薛万春相同，所供是实。

一名卫新，年三十三岁，系延平府南平县民人，供与薛万春相同，所供是实。

一名卢良，年三十八岁，系延平府南平县民人，供与薛万春相同，所供是实。

一名聂凤，年七十岁，系邵武府建宁县民人，供与薛万春相同，所供是实。

一名胡敬，年三十岁，系福州福闽县民人，供与薛万春相同，所供是实。

一名王明，年二十二岁，系福州福闽县民人，供与薛万春相同，所供是实。

一名季文，年三十岁，系邵武府建宁县民人，供与薛万春相同，所供是实。

一名薛爱，年四十岁，系福州府侯官县水手，供与薛万春相同，所供是实。

一名薛铭，年三十三岁，系福州府侯官县水手，供与薛万春相同，所供是实。

一名杨应，年四十四岁，系福州府侯官县水手，供与薛万春相同，所供是实。

一名吴隆，年三十四岁，系福州府侯官县水手，供与薛万春相同，所供是实。

一名吴进，年二十六岁，系与吴隆相同，所供是实。

一名林边，年三十五岁，系福州福闽县民人，供与薛万春相同，所供是实。

一名林吉，年三十八岁，系福州福闽县民人，供与薛万春相同，所供是实。

一名李成，年二十二岁，系福州福闽县民人，供与薛万春相同，所供是实。

一名许明，年三十五岁，系福州福闽县民人，供与薛万春相同，所供是实。

一名黄成，年二十六岁，系福州福闽县民人，供与薛万春相同，所供是实。

一名萧晋，年一十四岁，系福州福闽县民人，供与薛万春相同，所供是实。

一名王进年，年三十岁，系福州福闽县民人，供与薛万春相同，所供是实。

一名陈来，年五十五岁，系福州福闽县民人，供与薛万春相同，所供是实。

一名金台，年三十岁，系福州福闽县民人，供与薛万春相同，所供是实。

一名郑六，年四十岁，系福州府闽县水手，供与薛万春相同，所供是实。

一名林太，年七十岁，系福州府侯官县水手，供与薛万春相同，所供是实。

一名陈玄，年四十五岁，系福州府闽县水手，供与薛万春相同，所供是实。

一名郑斗，年四十岁，系福州府闽县水手，供与薛万春相同，所供是实。

一名林五，年二十五岁，系福州府闽县水手，供与薛万春相同，所供是实。

一名林四，年四十四岁，系福州府闽县水手，供与薛万春相同，所供是实。

一名陈良，年二十九岁，系福州府闽县水手，供与薛万春相同，所供是实。

一名吴虹，年一十七岁，系福州府闽县水手，供与薛万春相同，所供是实。

一名陈振，年五十五岁，系福州府闽县水手，供与薛万春相同，所供是实。

一名林一，年四十八岁，系福州府闽县水手，供与薛万春相同，所供是实。

一名周碧，年六十岁，系福州府闽县水手，供与薛万春相同，所供是实。

一名周松，病际未捧招。①

《备边司誊录》记录另一艘福船为黄宗礼商船，清朝嘉庆十八年（1813）遭遇大风漂流到朝鲜，文载：

> 癸酉十二月二十三日
> 全罗道灵光郡荏子镇在远岛漂到大国人问情别单
> 问：你们漂荡之余，远路驱驰，又值天寒，能免疾恙否？
> 答：专靠贵国恩德，沿路供馈，优恤备至，既免饥寒，又无疾病，感戴如天。
> 问：你们是何省何县人耶？
> 答：俺们是福建省泉州府同安县、南安县、晋江县及漳州府龙溪县、海澄县人。
> 问：你们是民家么？旗下么？
> 答：俱是民家。
> 问：你们人共为几何，而漂泊时无一渰死者耶？
> 答：俺们五十人并同载，客商二十三人，合为七十三人，而幸赖天佑，无一渰死者。
> 问：你们姓甚名谁，年纪几何？
> 答：船主黄宗礼年二十　舵主黄章年四十　郑敬年四十七
> 水手黄续年三十五　黄倚年三十八　林和尚年四十三　王品年四十五

---

① 《备边司誊录》第一册，光海君九年丁巳九月条。

周宗泽年三十　黄腾云年二十九　蔡养年二十六　陈朝年五十二
吴献年三十　陈四教年二十四　曾缪年四十七　黄税年五十三
陈就仅年三十　黄润年二十三　吴志年三十五　连琛年三十八
王送年二十七　柯泰年四十九　王利年二十五　郑水年三十三
陈玉水年三十三　陈贡年二十七　陈花年二十四　黄怀年四十
翁岭年二十八　叶珠年二十二　陈景老年二十五　翁管年三十五
蔡细年四十三　苏有雀年二十七　陈奈年三十五　张相年二十三
以上住同安县
黄其早年五十三　黄光荫年二十六　王允年五十七　黄本年三十六
许泽年二十一　黄田年三十七　黄应连年二十五
以上住海澄县
马川年二十四　谢哲年三十五　郭潘年四十三　黄虎年三十八
以上住龙溪县
洪氏年三十　住南安县
王营年二十二　王杞年三十　黄靳年五十
以上住晋江
客商陈七年二十九　苏邦年二十七　苏空年三十八　苏传年二十三
苏爻年二十六　苏苞年二十二　苏廉年三十八　苏花年二十一
苏褒年五十七　许晚年三十三　许计年二十六　陈全年三十二
胡勃年三十八　王秤年三十　王虎年二十八　洪礼年二十四
刘吉年二十一　曾宝珠年二十二　陈成年三十八　陈赤年三十六
以上住同安县
王打年二十七　住晋江县
李手年三十一　住海澄县
陈山年三十九　住南安县

问：陈七等二十三人，客于何处，寄上你们船耶？

答：他们客在天津，要回本乡，借上俺们船耳。

问：你们何月日缘何事往何处，何月日遭风漂到于我境？

答：本年六月间，驾船往天津贸易。十一月初一日，要回福建。初三日，到锦州地方，忽遭狂风，帆折桅破。初十日，漂到贵国地方，上山图生，而大船与汲水小艇碰破矣。

问：你们初三日遭大风，初十日到泊我境，则其间八日，在于何处耶？

答：在大洋中东西漂流，初无止泊处耳。

问：你们载何物往天津，而贸何物回福建耶？

答：载砂糖、胡椒、苏木到天津，贸红枣回福建耳。

问：你们载来红枣及其余物件，船破时不至漂失耶？

答：红枣则漂失无余，银子九百余两，铜钱一千六百余两，亦失落水中耳。

问：你们现在持来银子及铜钱，合为几何，而外此无他卜物耶？

答：银子七千三百六十两，铜钱三百三十两，现今输来，而其余则四尊小金佛及如干随身衣服器皿耳。

问：银子铜钱是何人之物耶？

答：俱是船主黄宗礼之物耶。

问：你们中多有同姓者，俱皆亲属耶？

答：黄姓则多有亲属，而其余则只同姓而已。

问：你的当初所乘船，是私船耶，官船耶，字号云何？

答：黄宗礼私船，而商字三百六十六号矣。

问：船票今皆带来耶？

答：有三张票文，而一张验单票连付计开票，一张执照票，一张船单票。

问：验单中书以四十九名，而计开中以五十人列录，何也？

答：验单之少一人，乃是官府误书也。

问：陈七等，非你们同伙之故，不入于票文中耶？

答：然矣。

问：你们地方，今年年成如何？

答：年成均丰。

问：自同安县距天津府，水旱路各几里？

答：旱路六十日程，水路遇顺风十余日可到。

问：自泉州府距福建省，水旱路各几里？

答：旱路七百里，水无路。

问：你们漂到我境者总有三处，而同安县人居多，何也？

答：鄙县人多做经济，且多船户，故从来遭风漂泊者，比比有之。

问：同安、南安、晋江、龙溪、海澄等处，各有几位官员？

答：县各有文官二人，武官二人。

问：你们今从旱路归去，而岁暮天寒，前途绝远，为之闷念。

答：俺们万死余生，幸泊贵境，得保躯命，已出望外，而况又食以美食，衣以厚衣，差官护送，优待靡极，从今至死之年，莫非贵国之赐，此恩此德，报答无地，感泪迸流而惟望速归而已。①

由上文可知，这艘福船船主是黄宗礼，从福建装运砂糖、胡椒、苏木到天津贸易，当时福建出产的砂糖，两广、海南和东南亚出产的胡椒、苏木，是大宗商品。返程从天津购买了北方出产的优质红枣。

《备边司誊录》的记载还显示，福船船主黄宗礼随船漂流到朝鲜后，个人财物尚有四个金佛，银子 7 360 两，铜钱 330 两，此外船上漂流损失银子 900 余两，铜钱 1 600 余两，加上损失的红枣，这艘船上的财物约有白银 10 000 两左右，船主的财富由此可见一斑。

三、结　论

从朝鲜《备边司誊录》有关史料分析，广东商船是中国海船的主要船型，在沿海港埠和东南亚等地均有贸易。许必济船个案显示广船船员年龄在 20~30 多岁之间。广船从北方贩卖黄豆、人参至广东贸易，船上搭载外国客商、女眷、孩子，客商的人数甚至超出船员人数，船员还有饲养狗、猫等动物的习俗。另外，广东商人李光年 60 岁，罗五年过 50 岁，不顾年迈，仍远赴辽宁营口港、山东烟台港做生意，船载主要货物为棉花。《备边司誊录》记载的闽商史料，说明从明朝后期至清朝中期，福建商船单船的货物资本有万两之多，相关史料为国内所无，具有独特的史料价值。

---

① 《备边司誊录》第二百〇三册，纯祖十三年癸酉条。

附：《备边司誊录》高宗十七年庚午（清光绪六年，1880）条

庚辰十一月初九日

府启曰：忠清道庇人县漂到大国人九名，暹罗国人十八名，入接弘济院后，使本府共事官及译官，详细问情，别单输入，而今此漂人皆愿速归，留一宿发送，何知。答曰：允。

庇人县漂人问情别单

问：一路辛苦啊。

答：吃苦不少。

问：你们是何国人，通共几个人哪？

答：我们十个人，是大清国人，那个十四个人，并两个女人，一个幼男，是暹罗国人，通共二十七人。

问：你们大清国人，住在哪个地方？

答：我们九个人，住在广东省潮州府汕头埠，一个人，住在海南。

问：潮州府距皇城多少路？

答：住在遐方，不知皇城路途几里。

问：海南距潮州府几里？

答：距潮州府南四千里。

问：你们什么缘故，与那暹罗国人，一同骑船？

答：以做买卖缘故，今年五月初四日，在暹罗国，发船前往山东烟台地方，收买货物，又往山东营口地方，买豆装载，要回潮州之致同，载暹罗国十七人，作为船格（客），使之行船。

问：你们中国人，是民人是旗人？

答：我们都是民人。

问：你们各人姓名什么，年纪多少？

答：许必济年三十四，吴丁年三十一，许长庚年三十九，陈保年四十五，陈奕年三十九，陈巧年二十九，李青年二十九，吴程年二十四，陈雷年三十九，贞兴年二十五。

问：暹罗人姓名年纪？

答：毛红年五十二，王棕年三十九，胶习年三十，绿豆年二十一，铜

铃年三十九，总铺年二十三，番毛年二十七，番不年二十八，番德年三十，番甘年三十，番炎年二十二，番兵年二十五，番月年三十九，番旺年二十九，以上十四人，都是船格（客），一女人是番班年二十四，毛红之妻，一女人是番只年二十五，番月之妻，一幼男是毛彬年二岁，毛红之儿子。

问：自潮州府，往暹罗国，相距几里？

答：一万四千里水路。

问：你们在哪个海面，遭风漂这里？

答：我们今年五月初四日，从暹罗国发船回来之路，九月二十九日，在山东洋面，忽遭飓风，船只破碎，仅驾从船，飘荡到这里。

问：你们既在海面，漂泊多日，没有淹死与病害之人么？

答：暹罗国人一名名叫番合的不幸落水淹死，我们仗着贵国福庇，幸免尽死了。

问：你们见有什么带来的东西么？

答：妈祖神像一位，系是船上供养祈祷的，再有红参九柜，从营口买来的炒饼六匣，羊毛褥五件，雨伞两柄，环刀两柄，斧子一柄，白米一袋，布被二件，干饭一袋，洋铁小匣二个，琉璃壶一个，铜碗一个，铜茶罐一个，洋铁筒一个，并船上杂用家伙一狗一猫。

问：这个衣裳等件，自我朝廷，特给你们，柔远之意好将去罢。

答：多谢，多谢，沿路上多蒙贵国官弁格外顾助，今又蒙如此鸿恩，得返故土，贵国盛德厚泽，实在难忘了。

Sea Merchants of Guangdong and Fujian on the Maritime Silk Roads: A Research Based on the *Beibiansi Tenglu*

Yuan Xiaochun

Abstract: The age of crew of Cantonese Junk in Li Dynasty was between 20 to 30 years old in the Qing Dynasty, which displayed the new trend on the Maritime Silk Roads. Cantonese Junk in Li Dynasty transported soybean and ginseng from the north to Guangdong for sale. The ship carried foreign merchants, women and children. The number of the foreign merchants was even more than the crew. The crew on board had the custom of keeping dogs, cats and other animals. In addition, the mainly goods was cotton, which belongs to Guangdong businessmen chian and value 3,230 Chinese tael. From the late Ming Dynasty to Qing Dynasty, the capital of single ship of Fujian merchants was between two thousand to twenty thousand Chinese tael.

Key Words: sea merchants; Cantonese Junk; Guangdong

刘鸿训天启使行与朝鲜海上贡道之重启

——兼及《辛酉皇华集》与《朝鲜光海君日记》叙事之比较

孙卫国*

明代中朝交往相当密切,自景泰元年(1450)倪谦出使以来所开创的"诗赋外交",① 可以说是明代中朝关系的一个特色。这种特色在朝鲜王朝所编的《皇华集》②中,得以集中体现,但这是否是明代中朝宗藩关系的真实状况?或者说,《皇华集》是否真正反映了明代中朝关系的特质?则是值得进一步深入研究的问题。本文以天启初年明朝刘鸿训(1565~1634)与杨道寅(生卒不

---

* 作者系南开大学历史学院教授。
① 参见叶泉宏:《明代前期中韩国交之研究》,台北:"商务印书馆",1991。拙作:《"土木之变"与倪谦使朝》,陈尚胜主编《第三届韩国传统文化国际学术讨论会论文集》,济南:山东大学出版社,1999,第 214~244 页。对于"诗赋外交"的起源,有不同的说法。有说在高丽时期,使臣前往宋朝,就已经开展了诗赋唱和活动,故而发端于宋朝。此说有一定道理。不过,中国使臣前往朝鲜半岛,在汉城开展诗赋唱和活动,从而将这种"诗赋外交"推向高潮,则是从倪谦开始的。活动的主要场所在汉城,朝鲜王朝积极主动,每当明代文臣使节进入朝鲜,朝鲜就以最重要的文臣充当远接使、馆伴使和伴送使,在朝鲜境内,陪同明朝使臣,诗赋唱和,成为双方交往的重要方式。
② 有关《皇华集》的资料,已出版的有:郑麟趾等编纂《皇华集》,台北:珪庭出版社,1978,共八册。不过未包括刘鸿训之《皇华集》。赵季辑校:《足本皇华集》(上、中、下三册),南京:凤凰出版社,2013,则收录了刘鸿训的《辛酉皇华集》。有关研究著作有:杜慧月《明代文臣出使朝鲜与〈皇华集〉》一书,此书是在博士论文基础上改编而成。全书分上、下二编,上编为《〈皇华集〉文学研究》,下编为《明代文臣出使朝鲜与〈皇华集〉概述》。

详）的出使为论题①，试就相关问题略加探讨。

刘鸿训与杨道寅之天启辛酉（1621）使行，乃明代众多使行之一。这次使行稍有特别之处，一方面因为刘鸿训的使行，去时尚行陆路，归途却不得不走海路，朝鲜趁机派使臣陪同前往，使得朝鲜两百多年未行之海上贡道得以恢复。另一方面，因为《辛酉皇华集》以往不大为人所知，研究不多，现经赵季辑校，录入《足本皇华集》中，或可引起大家关注。同时，对于刘鸿训与杨道寅之使行经过，《辛酉皇华集》与《朝鲜光海君日记》皆有叙述，尽管这二书皆是朝鲜王朝官方编撰刊行的，差别却很大。安璥是陪同刘鸿训去中国之朝鲜陈慰使书状官，他的《驾海朝天录》虽是私人著述，但他有使节身份，乃是他向朝廷汇报的材料，可以说是半官方的材料，可补《辛酉皇华集》的不足。另外，透过两书对此事叙述的分析，或许可以把握明代中朝关系中某些不大为人关注的层面。

一、刘、杨颁诏朝鲜及其与朝鲜文臣之诗文唱和

朝鲜与明朝的关系密切，朝鲜"每岁圣节、正旦（嘉靖十年后改为冬至）、皇太子千秋节，皆遣使奉表朝贺，贡方物，其余庆慰、谢恩无常期"。②而明朝每有重要事项，如皇帝登基、皇帝驾崩等，皆会遣使前往朝鲜颁诏赐告。泰昌元年（1620），明光宗以登极诏命翰林编修刘鸿训与礼科给事中杨道寅前往开读即位诏书，并赐朝鲜国王、王妃纻丝、锦缎若干。③ 正当他们准备

---

① 有关刘鸿训与杨道寅之使行研究，中国学术界略有论及。主要有：姜维东《刘鸿训、杨道寅与〈辛酉皇华集〉》（《长春师范学院学报》2011 年第 3 期），讨论了二人的经历、在《皇华集》中的形象、使行往返经过及海上贡道之开拓、《辛酉皇华集》的版本与价值等问题。王玉杰《论刘鸿训在明末中朝交往中的贡献》（《山东教育学院学报》2006 年 2 期）一文，也涉及了某些问题。吴翠梅《刘鸿训出使朝鲜"贪墨无比"辩》（《沧桑》2011 年第 1 期），指出朝鲜史料说刘鸿训"贪墨无比"不对，实际上是刚正不阿，相当清廉、正直无私的官员。杜慧月在《明代文臣出使朝鲜与〈皇华集〉》（北京：人民出版社，2010）一书中，介绍了刘鸿训《辛酉皇华集》并及此次使行的基本概况。万明在《明代后期中朝关系的重要史实见证：李朝档案〈朝鲜迎接天使都监都厅仪轨〉管窥》（《学术月刊》2005 年第 9 期）一文中，深入探讨了刘鸿训颁诏时，朝鲜的接待仪轨、礼仪外交之状况。

② 林尧俞、俞汝：《礼部志稿》卷三十五，《四库全书》本。

③ 《明光宗实录》卷6，泰昌元年八月癸亥，台北："中研院历史语言研究所"影印本，1984，第157页。

出发之际，光宗驾崩，只得缓行。熹宗即位，天启元年（1621）二月，再命二人颁熹宗即位诏于朝鲜。刘鸿训①一直在翰林院为官，尚无多少历练。礼科给事中杨道寅也一直在朝中为官。自景泰元年（1450），明朝派翰林侍讲倪谦与礼科给事中司马恂，颁景帝登极诏于朝鲜以来，以翰林为正使、六科给事中为副使颁诏朝鲜的做法，就一直沿袭下来，成为定制。刘鸿训、杨道寅二人被赋予使命，正是沿袭这样的先例。二月，他们带着熹宗皇帝的即位诏书前往朝鲜，从北京出发，经山海关、辽阳，过东八站，抵达鸭绿江边。自万历四十七年（1619）萨尔浒战败后，明军在与后金的战斗中，节节败退，刘鸿训等一路上不时能感受到后金兵的威胁，但总算有惊无险地到达了朝鲜。

三月初十日，刘鸿训与杨道寅一行抵达鸭绿江边，刘鸿训举行了祭鸭绿江江神仪式。祭文曰："惟江环绕中土，限隔外藩，所恃以通东服之往来，布天朝之文告者，惟神贶是赖，所从来矣。兹鸿训等奉新主之命，颁御极庆诏于朝鲜，将率车徒东渡，凭藉灵佑，尤为不小。特抒虔悃，伏冀来歆。"② 此文录入《辛酉皇华集》中，但此书中并无祭海神文，尽管他们是从海道回来的。

朝鲜光海君国王派远接使李尔瞻③（1560~1623），在鸭绿江边已等候多时。朝鲜王朝对于明代文臣的来访，相当重视。自倪谦以来，朝鲜文臣与明朝天使诗文唱和，即为使行过程中最重要的活动之一。朝鲜每每派最重要的文臣为远接使、馆伴使和伴送使④，因为他们深知，让明使顺利完成使行任务，固然重要，而与明使臣进行诗赋唱和，也相当重要。正因此，明代中朝间这种使行活动，被赋予"诗赋外交"之名。诗文唱和，既是情感的交流，也是文学功底的比拼、文化底蕴的较量。从明使渡过鸭绿江进入朝鲜境内起，到回国时，在出使朝鲜整个过程中，与朝鲜文臣的诗文唱和是主要的活动之一。这项活动对于明使来说，也极其重要，因此刘鸿训与杨道寅对此也十分重视。

三月初十日，刘鸿训一行抵达朝鲜境内。四月十二日，抵达汉城，五月十七日，乘船回国，他们在朝鲜境内两个多月。颁诏仪式之后，滞留了一个多

---

① 刘鸿训，字默承，号青岳，长山人。于万历四十三年（1615）中进士，后授翰林院编修，万历四十七年（1619），兼起居注。
② 赵季辑校：《足本皇华集》下册《辛酉皇华集》卷六《祭江神文》，第1756页。
③ 李尔瞻，字得舆，号双里，广州人。宣祖戊申（1608）状元，拜大提学，封广昌府院君。
④ 远接使，乃是从鸭绿江边，陪同明朝使臣到汉城的朝鲜官员。明使入住慕华馆后，在慕华馆陪同明使的朝鲜官员，就是馆伴使。而使行任务结束，将明使送回鸭绿江边的朝鲜官员，就是伴送使。

月，他们的主要事项，就是在汉城游览，与朝鲜文臣诗文唱和。事后，朝鲜将他们唱和诗文，编辑成《辛酉皇华集》。全书六卷，卷一乃是刘鸿训与杨道寅在辽东旅途中的唱和诗文。卷二到卷五，是在朝鲜境内，明使与朝鲜文臣的唱和诗文。卷六乃刘鸿训、杨道寅在使行中所写的相关文章，以及给朝鲜君臣的书信。一卷卷读起来，感觉像交响乐。第一卷乃序曲，是明朝使臣开展"诗赋外交"的前奏。第二卷乃明使渡过鸭绿江，见到朝鲜远接使后，开始与远接使的唱和诗文，交锋开始。从第三卷开始，加入唱和的朝鲜文臣越来越多，进入"诗赋外交"的高潮。因为这种诗文唱和，既是情感的交流，也是水平的比拼、能力的较量。双方唱和诗文的情况见表1。

表1 《辛酉皇华集》中所见唱和诗文数量统计表

卷次	刘鸿训	杨道寅	朝鲜唱和诗人及诗歌数量	备注
卷一	52	13		辽东途中所作，乃旅途见闻与感想
卷二	37	29	远接使李尔瞻 66	李尔瞻为远接使，另有两篇说明文字。李尔瞻以一敌二，数量与明正副使完全一样
卷三	35	15	李尔瞻 35；馆伴使议政府左参赞李庆全 10；议政府领议政朴弘耉 4；领中枢府事李好闵 4；议政府右议政赵挺 4；领中枢府事柳根 5	明使抵达汉城后，远接使李尔瞻完成任务。李庆全为馆伴使，陪同明使臣入住慕华馆。四月十二日，朝鲜国王举行接诏仪式，使行任务完成。之后游览汉江，刘鸿训作《游汉江初成，属诸公见和》等诗五首，朝鲜陪同诸臣见和，故有朴弘耉、李好闵、赵挺、柳根皆和诗多首
卷四	20	12	议政府左赞成李尚毅 5；李尔瞻 13；领中枢府事李廷龟 5；李庆全 16；户曹判书金荩国 4；礼曹判书任就正 2；朴承宗 6	本卷中，刘鸿训最重要的诗歌乃是《涉东国前史，拈咏十二首》，乃旅途中读《东国史略》所作，咏朝鲜古史的十二首诗。本卷的李尚毅、李尔瞻、李廷龟、李庆全、金荩国皆有四首重要乃是和刘鸿训之《游汉江初成，属诸公见和》。最重要的唱和诗人则是馆伴使李庆全以及远接使李尔瞻了
卷五	19	22	李庆全 3；李尔瞻 22；平安道观察使朴烨 1；都监官吏曹正郎徐国桢 2；都监官吏曹佐郎金荩国 2；都监官成均馆典籍柳汝恪 2	这卷主要收录明使归国途中，与朝鲜伴送诸人唱和诗歌。李尔瞻既是远接使，又是伴送使，送明使归国，故而与他唱和的诗歌最多，他也是写诗最多的朝鲜文臣。金荩国亦系伴送使之一。亦有路途中遇见之朝鲜地方官朴烨唱和诗歌
卷六	12文	14文	李尔瞻 4 篇文	本卷收录刘鸿训、杨道寅给朝鲜国王、诸臣所写的书信以及他们给李尔瞻九世祖《通村诗集》所写的序，拜谒箕子庙所写的文章等。李尔瞻还请刘鸿训写了《白云书院序》、杨道寅写《水镜堂记》、《双岩亭记》等皆其私人之所
合计	175	105	219	

从表 1 所列唱和诗文数据，对于此次使行的相关问题，可略加解说如次。

第一，从总体数量上看，尽管明正副使诗文数量合计有 280 篇，但他们在辽东已有 65 篇，减去辽东所写诗歌，尚余 215 篇，与朝鲜诸臣之 219 篇，基本相当。尤其是卷三明朝正、副使共有诗歌 66 首，朝鲜远接使也写了 66 首，数量上完全对等。从诗歌创作的出发点来看，以朝鲜文臣和明朝使臣诗歌为主。当明天使渡过鸭绿江时，正使刘鸿训就把辽东途中所作诗歌抄给李尔瞻，且曰：

> 闻先达有事贵国者，一时相伴诸君子率欢然友善，辄以文章德业相劝勉，不减丽泽之义。余甚慕响之。不佞承乏使职，辱明公远迎，芝眉相下，殊慰平生。故不揣陋劣，即出长途小作，漫录请政，仰藉郢斤，渐通兰臭，应不至多逊前人也。①

刘鸿训毫不客气地把自己在辽东所写的诗歌，全都抄录给李尔瞻，并述说很向往前人与朝鲜诗文唱和之事，希望他能够应和。这说明，无论是朝鲜君臣，还是明朝使臣，他们已经心照不宣地比照着前人，开展诗赋唱和，而且贯穿整个明朝使行之中。刘鸿训对自己的诗作也颇为自信，认为与前人相比并不逊色，因而他颇有期待。李尔瞻拿到刘鸿训的诗歌，当即给刘鸿训写信，言辞极为谦恭：

> 东鄙颛蒙，猥忝傧价……日昨荐承容假，获侍光仪。眄睐成恩，咳唾为惠……讵意华篇宝什，又出盛贶。盥手开缄，一唱三叹。始知大君子制作文章，固当经纬天地，黼黻皇猷。岂但播咏海外，被诸管弦而已。鸭绿以西纪行诸篇，乃是上国风谣，皇华所采，非昧道懵学可能窥测，只就《渡江》一律，率尔攀和。亦何异瓦缶调锺，跛鳖逐骥乎？只感勤教，敢此唐突，幸恕僭滥，特赐提诲。②

副使杨道寅好像没有刘鸿训这么自信，他对于把自己辽东途中所作诗文给予朝鲜伴送使，理由也有不同。其曰：

> 不佞奉使渡江以来，具悉足下所以奉宣贵国主拥篲之雅，与夫缱绻追

---

① 赵季辑校：《足本皇华集》下册《辛酉皇华集》卷一，第 1645 页。
② 赵季辑校：《足本皇华集》下册《辛酉皇华集》卷二，第 1661 页。

随之勤,令人感锲无已。承索途中吟咏,不佞素性澹泊,才情孤陋,即征轺朝发夕宿,欝无佳况,日固不遑给矣。间有舆中触景兴怀,旅馆辗转不寐,亦文以俚语,悉属《折扬》《皇荂》耳,其何以应?然终不敢秘其丑,只自外于郢政也,谨录以呈。①

杨道寅写得相当谦虚,且因朝鲜远接使亲自索取,才勉强给他的。与刘鸿训当仁不让、主动赠送的态度完全不同,从中可见,他们二人个性的不同。

收到杨道寅的诗,李尔瞻致函曰:

粤自芝轮来涉东土,下官恭执傧价之役,敬仰山斗之标,常切庆幸,秖增铭陨。不料高义屡许容接,惠以金玉之音,副以奎璧之章,敷藻云烂,逸翰波腾,鼓吹乎《五经》,笙簧乎百家,真帝室之正声,清庙之雅什也……《连城寺》以上诸作,固非下官所敢追和,只将渡江后二篇,谨赓琼韵,不几于科斗比龙,鸤鹉效鹏乎?②

李尔瞻之言辞亦相当谦逊,对于明天使诗文评价极高,且只就其中一、两首予以唱和,其余的则以为不敢为之。

纵观《辛酉皇华集》全编,以朝鲜文臣被动和明朝天使诗歌为主,明使和诗较少,明使有题朝鲜文臣之诗集与文集之诗歌。可见,在这种诗文唱和之中,明使臣占据主导地位,朝鲜文臣乃被动迎合,从中也体现了明鲜宗藩关系中的主次地位。

第二,在刘鸿训与杨道寅颁诏朝鲜过程之中,与他们唱和诗文最多的人,就是远接使与伴送使兼于一身的礼曹判书李尔瞻和馆伴使刑曹判书李庆全③(1567~1644),这两位朝鲜官员,乃此次陪同明朝天使最重要的人物。李尔瞻先去鸭绿江边,将他们接来汉城,使行任务结束之后,又把他们送上船,因而与他唱和的诗最多,而他所写的诗歌也最多。他甚至借此机会,请求两位使臣给他九世祖的诗集写序,给他们家的亭台题词,亦公亦私。

刘鸿训一行在朝鲜两个月期间,朝鲜诸臣与明使唱和最重要的一个机会,乃

---

① 赵季辑校:《足本皇华集》下册《辛酉皇华集》卷一,第1657页。
② 赵季辑校:《足本皇华集》下册《辛酉皇华集》卷二,第1662页。
③ 李庆全,字仲集,号石楼,会试登魁。文章赡敏浓郁,名重一时,也是当时朝鲜重要的文臣。

是陪同明使游览汉江之时。四月二十日,朝鲜诸臣陪同刘鸿训一行游览汉江,① 刘鸿训写了《游汉江初成,属诸公见和》等诗五首,希望朝鲜诸陪同文臣唱和,即有朴承宗、朴弘耇、李好闵、赵挺、柳根、李尚毅、李尔瞻、李廷龟、李庆全、金荩国等十余人赋诗和韵,或五首,或四首,将此次"诗赋外交"推向高潮。

还有一件值得提及的事,卷四中刘鸿训写了《涉东国前史,拈咏十二首》,并且附了一封给朝鲜国王的信,曰:

> 长途无所事事,偶检《东国史略》一通,有合于心,辄漫拈一绝,积至十二首,令书记录得一纸,烦门下呈送国王澈览。倘有可采,即日发下,命工曹作坚厚小匾一面,精刻而雅妆之,仍于朝日前见惠一阅照后,送国王悬之便殿,或者鉴古准今,保邦凝命,细及游艺娱情之妙,似不踰此。且贤王厚德冲襟,缁衣笃好,不佞区区迁生,报称无以,岳奏虫鸣介仰酬之,一快事耳。昨与明公舟中谈心,妙若执契,经国之略,操持之卓,不佞中心藏之,虚往实归矣。②

他对于自己所写的十二首诗相当自信,竟然提议朝鲜国王"命工曹作坚厚小匾一面,精刻而雅妆之……送国王悬之便殿",因为"鉴古准今,保邦凝命",不可谓不自信。或许因为系上国天使,他这样说并不觉得有何不妥,在诗文唱和之中,也处处显示着宗主国的威严与影响。

第三,从《辛酉皇华集》中看,当时朝鲜君臣接待明朝天使相当尽心,明使非常满意,甚至感激不尽。刘鸿训看来,无论是朝鲜举行的接诏仪式,还是对他们的陪同与招待,朝鲜都非常尽心。关于接诏仪式,刘鸿训写了一首诗《开读纪事》,其小序曰:

> 四月十二日,国王躬率世子及文武群臣出郭,恭迎诏勅。欣惟是日乐舞前导之盛,老稚夹观之繁,具见举国钦承挚意。乃龙亭甫升殿,骤雨大至。王及世子官僚屏息阶下,幄次廊庑间无哗。稍候设置既定,雨止。雍

---

① 《朝鲜迎接天使都监厅仪轨·明天启元年》,第3页。
② 赵季辑校:《足本皇华集》下册《辛酉皇华集》卷四,第1728页。

容成礼，纤悉曲中，洵可赞尚。越二日，休沐之暇，偶拈五言古风一章，用志厥美。①

尽管天公不作美，行礼之时，天降大雨，但是朝鲜君臣并未受此影响，无不谨守礼节，没有丝毫纰漏，令刘鸿训相当满意。回还之时，刘鸿训与杨道寅都给朝鲜国王写了感谢信，杨道寅函中说：

> 不佞寅奉使，才渡鸭绿入义州，江干之迎劳，馆署之谯享，皆足以宣扬德意。又获承远颁，庭实充盈。非忠敬天朝，则萧萧一介，何以施及至此。荣宠实多，瞻谒伊尔，潦略致谢。②

他把朝鲜善待他们，看成是朝鲜对明朝忠心之表现。

二、刘、杨归国与朝鲜海上贡道之恢复

刘鸿训一行进入朝鲜境内，尚在前往汉城途中，就获悉辽阳陷落，陆上贡道断绝，他们无法从陆上回国，便当即致函朝鲜国王，敦促建造船只，给他们从海道回去做准备。事实上，明朝立国之初，高丽遣使朝贡，因为辽东被北元控制，高丽使者只好走海路。洪武二十年（1387），明将冯胜击败盘踞辽东的元将纳哈出，进而控制整个辽东。次年，高丽使者方开通陆上贡道，从九连城，经辽阳、山海关，进入内地。此后，高丽使者与朝鲜使者皆从陆上来中国朝贡，直到萨尔浒之战不久，也就是刘鸿训等前来朝鲜之后，后金攻占辽阳，陆上贡道断绝。③

当刘鸿训等在朝鲜之时，朝鲜也有使臣在北京。《光海君日记》载：赴京陈慰使臣朴彝叙、柳涧，回自京师，遭风漂失没。

> 其后淬死时不还。时辽路遽断，赴京使臣，创开水路，未谙海事，行

---

① 赵季辑校：《足本皇华集》下册《辛酉皇华集》卷三，第1704页。
② 赵季辑校：《足本皇华集》下册《辛酉皇华集》卷六，第1756～1757页。
③ 对于朝鲜入明贡道情况，参见孙卫国：《朝鲜入明贡道考》，《韩国学论文集》第二辑，1993。

至铁山嘴，例多败没。使臣康昱、书状官郑应斗等，亦相继溺死。自是人皆规避，多行赂得免者云。①

陆上贡道阻绝，海上贡道又极其艰险，多年不行，每每失事漂没，所以亟待重新开通海上贡道，以便解决朝贡事宜。

对于回去行海路，无论是刘鸿训还是朝鲜君臣，皆无思想准备，刘鸿训等颇为担心，多次给朝鲜国王提及，应当重视海路的摸索、船舶的建造。在前来朝鲜途中，副使杨道寅就在给朝鲜远接使李尔瞻函中说："烦足下驰启贵国王，迎诏宜速。我二使即兼程至王京，勾当此重事，而后图所以护送使臣，归报阙庭。"② 可见，他们十分重视朝鲜君臣的迎送，尚未抵达朝鲜，就先以书函督促。当获知辽阳失守，不能从陆路回归之际，他们更是相当着急。杨道寅再给李尔瞻函中称：

> 东国号多材士，得贞心白意如足下者为远接使，朝夕追随，诚可一日而千古矣。乃不佞鳃鳃过计，愿足下垂神，驰启贵国王，更定速迎诏书吉期。蚤为使臣图所以报命者，必取道渡海，则戒舟楫，备护卫，先一日整顿，亦厚待使臣之一便也。此海道暂通，贵国缘是修岁时职贡，络绎不绝，无以辽西梗塞而弛翊世忠顺之勤，亦贡事之一便也。③

先行准备船只，探索海道，既是对朝天使之厚待，也是为以后朝鲜朝贡做准备，打通海上航道，对于两国交通相当重要。

五月初，船只已准备就绪，刘鸿训等决定回国之时，光海君非常清楚，这是他们打通海上贡道的重要契机。五月十七日，光海君下旨曰：

> 正使、书状皆乘各船，勿令同载，虽或一船不幸，一船犹可得达。且海路之不通，自丽末将三百年，于兹海禁，大明之严制也。今此之行，出于权道，未闻中原之快许也。我国使臣须不离天使，偕往登州，听其指

---

① 《朝鲜光海君日记》卷一百六十四，光海君十三年四月甲申，韩国国史编纂委员会编刊，1953～1961年，第 30 册第 546 页。
② 赵季辑校：《足本皇华集》下册《辛酉皇华集》卷六《与李赞成书》，第 1760 页。
③ 赵季辑校：《足本皇华集》下册《辛酉皇华集》卷六《与李赞成书》，第 1760～1761 页。

挥，而为之。①

因为海道两百多年未行，航道尚不清楚，且明朝海禁甚严，何处被允许登陆，朝鲜也不清楚。此次随同明天使前往，有刘鸿训、杨道寅作伴，较易获取明朝人的信任，故而是个非常重要的机会。朝鲜遂派崔应虚为谢恩正使、安璥为书状官，权尽己为陈慰使、柳汝恒为书状官，两批使行随同前往。基于国王的原则，"正使与书状官各乘一船，明朝天使正、副使也各乘一船"。五月二十日，刘鸿训、杨道寅等从清川出发，"是夕，陈慰使之船及其书状之船，一时偕泊，悬灯相望。吹角相应。两天使、两起陪臣，与夫避乱诸船，总二十二只，或先或后，风帆蔽海矣。"② 他们各有自己的船，做好充分的准备，一行共二十二只船，浩浩荡荡，向登州进发。

因为久未行海道，也没有共同举行祭海神的仪式，就这么匆匆忙忙出发了，各船或自行举行祭祀仪式。五月二十九日，自车牛岛出发之后，安璥作祭文，祷于船上，祭祀海神。祭品乃"稻粱各三斗，炊祭饭，凡舟中食物各色每一器，兼罗列毕，奠设椅子床卓为神位"。沐浴具冠带，自读祭文。其文曰：

> 维天启元年月日朝鲜国谢恩陪臣书状官安璥敢昭告于沧海上尊神之位，伏以北房凭陵，路忽阻于辽广。东方献贡舟，始通于登莱，鹏翼难攀，触首何托。中国出圣主，海波安静之时；小邦遣陪臣，汉水朝宗之日，欲及涂山之会，庶免防风之诛，神其扶持保佑之我，无艰险迟滞也。经万里于瞥目，祥飚送帆，许一端之诚心，瑞云近棹，谨奠尘土之产，仰祝沧溟之灵，尚飨。③

安璥自己在船上作了祭文，值得注意的是，他的祭祀对象是海神，尽管并没有明指是天妃，但从刘鸿训的文字中，可知渤海之中，天妃信仰很普遍。后来安璥又有过两次祭祀，初八日，安璥在船上作祭文。六月十五日，再买猪作祭。

刘鸿训也在自己船中有过祷告活动，他清楚地说明，乃是祈求海神天妃，因为在鼍矶、庙岛上，各有一座天妃庙。当他的船遇到风暴，极其危险之时，

---

① 安璥：《驾海朝天录》五月十八日，参见林基中主持之数据库《增补燕行录丛刊》，2013。
② 安璥：《驾海朝天录》五月二十日。
③ 安璥：《驾海朝天录》五月二十九日。

他大声祷告，终于转危为安。他在所撰的《题庙岛天妃祠募缘疏首》文中，清楚地说明事情的原委：

> 鸿训奉使朝鲜，以辽路梗塞，问归途于海上。六月四日夜，泊铁山口，异风鼓浪达旦，舟漏不可塞，余竟夜不寐。乃合眼，即见一铜像如大士状，旁栖小金雀，殊异之。须臾惊浪千尺，舟三推到岸，余奋身脱舟下，舟人方扶披起立，回顾乘舟，已片片逝已。又初九日，自旅顺而南，昼夜行大洋中，无泊所，至初十日，沦入夜，风涛震荡无宁时，自分必死，忽一小金雀白日落帆上，栖息移时，舟人骇异，谓海洋中四届各数百里，安所得此鸟耶！余为心动，逆料可不死。又舟人谓鼍矶、庙岛二祠，有天妃圣母像，香火在焉，每祷而有应，余跣足长跽，身中大呼：圣母，以余生平乞鉴且祝，绣幡构联，颂扬圣德。言未毕，风涛遽徐徐，岂长年三老之力哉！庙岛祠宇，视鼍矶稍宏厂，然不无圮废，道士方制募簿，将持请航海及居人佐之修缉，求白其端，余欣然以余遭弁之，或与无端远引之词较殊也。①

这篇文章，尽管是应道士要求，以亲身经历，为庙岛上的天妃庙募捐所写，但是其所言航行途中之经过，还是相当清晰地描述了其间的艰难。主要有几点内容值得认真考虑：

第一，归途因为辽路阻断，他无法从陆路归国，只得从海路回来。但因为海路久不行，一路上十分艰难，从铁山口之后，一直遇大风，无法正常行驶，可以说是"一生九死"。航程中，刘鸿训的遭遇最为狼狈。六月初四日夜在旅顺口的灾难，安璥《驾海朝天录》中有更为细致的描写：

> 诸船皆泊于此，夜半狂风大作，雨注浪急，浦口甚狭，船皆相击，尽为沉败，人死者甚多。刘使漂水，仅赖水汉之拯，赤脱登岸，泥涂满身。陈慰、谢恩诸使臣及其余两行，员役亦皆谨以身免，相携登岸，船遂覆。②

经旅顺口之大风，刘鸿训船只倾覆，财物尽丧，连衣服都没有了，之

---

① 刘鸿训：《四素山房集》卷十五《题庙岛天妃祠募缘疏首》，《四库未收书辑刊》第六辑第21册，北京出版社影印本，1997，第719~720页。
② 安璥：《驾海朝天录》六月初四日。

后，杨道寅"只送衣一衾一于刘使之处，而一不进船相见，不近人情矣"，刘鸿训极其狼狈，安璥批评杨道寅竟然不加慰问，做得过分。一行船只皆夜遭飓风，倾覆于旅顺口。只有安璥与杨道寅的船只尚完好，于是诸人皆登安璥与杨道寅之船，"船重难运，故粮石多投海中而发。"① 路经平岛，又补修了几条船，但遭岛上流民抢掠方物。

第二，即便是在渤海之中，当时，天妃信仰十分流行，在鼍矶与庙岛上，都有天妃祠，刘鸿训在艰难之中，也感受到了天妃的保佑，因为天妃保佑他们，才使得他们航行顺利，最终得以安全登岸，其间所受之苦楚，真难以言表。事后，刘鸿训写了一首诗，述说旅顺口船覆痛苦的感受：

> 病以丙而生，乃自沃焦起。楼船海外来，一活先九死。铁山晚风动，龙戏千寻水。万古骇舟人，余独宿其里。蛟龙攫余舟，送余蹲山嘴。挈送见阿谁，丰隆雨师耳。苦雾如幕垂，戎马来相视。仓皇神不迷，旅顺尚可指。图籍与衣衾，留入海中市。短衫失中裙，浮来双革屣。扶曳坐漏舟，西望三千里。腥卤煮黄粱，五日餐十七。唇气薄饥肤，飓浪吹臭齿。不如水之族，吞漱适甘旨。快哉登海岸，残息化为喜。偃卧拊皮毛，暴下鲜生理。果瓜非美味，骰醴换新髓。肌骨藏疷痏，隔岁发隐疹。手摩如蚕纸，一日三沃汤。呦呦怼婢子，赖有胡麻剂。饮之甘露美，饲羔复击鲜。淡薄觉非是，旧事若前生。霍然聊纪此。②

刘鸿训自朝鲜归来，大病一场，不说旅途之中九死一生，就是归来之后，依然心有余悸，身心备受摧残，久久不能康复。归来一年之后，暗疾依然发作。可见，这次出使，对他影响至深。在他看来，幸好有天妃保佑，不然可能会葬身大海。

第三，天妃庙中是有道士守护的，即便当时风雨飘零、兵荒马乱之时，道士还是到处化缘，只求维持庙宇的正常运转。因此，在渤海使行航行之中，祭祀天妃，崇拜海神，也是非常普遍的。

海上航行，相当艰险，历经波折，六月十九日，安璥之船终于到达登州，

---

① 安璥：《驾海朝天录》六月初八日。
② 刘鸿训：《四素山房集》卷一《自朝鲜归病起纪事》，第六辑第21册，第474页。

而此前杨道寅与刘鸿训已先期抵达。二十一日，明兵巡道衙门令人持标示于舟中，前来查禁，曰：

> 太祖高皇帝制曰：外国人驾海来，一切禁断，犯则以贼论。昨日陈慰的则听得诏使两爷之言，姑令下陆。将奏闻朝廷，以待处置。今又何船从那边来？每人接之日亦不足，其快快回船，无贻陷律。况这船定是朝鲜的么？必有国王之咨。本无咨而托言漂失，岂有此理！①

面对明朝官员的查禁，安璥只得制呈文曰：

> 职等奉使无状，不吊于天海，若臭载来之坎，就纵云无妄，又维咎欤？驾海之禁严，载国典，普天率土，孰不遵此？高皇帝约束，不能扫清胡尘，恢拓朝宗之路，小邦之罪也。山梯既阻，海航初驾，恭将寡君之诚，冀彻圣天子之庭，万死之余，得此一生，阁下之禁，在法当然；职等之行更有何路？舍此夷狄，吾其披发，宁见诛于父母之邦，将无以归报寡君……咨文之漂落，天使两爷实所共鉴。夫复何言，死罪死罪！②

此呈文打动了前来查询的官员，加上刘鸿训、杨道寅两使的证明，明官员即开门引入，别遣官员照验船上人名数。兵巡都御史陶郎先入见，将安璥一行安顿在万寿宫，乃一道观，之后安璥等使行人员备受礼遇。不几天，就送他们前往北京，完成使行任务。

对于海上航行情况，副使杨道寅在登州给朝鲜国王函中称：

> 从安兴登舟，泛泛天吴中，驾博望之星槎，破宗悫之巨浪，几与阳侯争旦晚之命者阅月。藉国家之威灵，殿下之慈航，幸抵登莱矣。③

对于海上航行经过，安璥《驾海朝天录》可弥补《辛酉皇华集》的不足。此条海上贡道，安璥对途经每个岛，皆有详细记录：

---

① 安璥：《驾海朝天录》六月二十一日。
② 安璥：《驾海朝天录》六月二十日。
③ 赵季辑校：《足本皇华集》下册《辛酉皇华集》卷六《与李赞成书》，第1775页。

自车牛岛至薪岛百里许,自薪岛至鹿岛五百里许,自鹿岛至石城岛五百里许,自石城岛至长山岛三百里许,自长山岛至广鹿岛二百里许,自广鹿岛至西业间旅顺口五百里许,自旅顺至黄城岛五六百里许,自黄城至舵矶岛二百里许,自舵矶至庙岛三百里许,自庙岛至登州百里许。通共三千三百余里。①

之后再经济南、德州、天津,即抵达北京,这样一条新的贡道就打通了,成为明代后期朝鲜与明交通的重要通道。相对而言,这是一条比较安全的海道。直到崇祯初年,袁崇焕因要节制盘踞皮岛的毛文龙,提出更改,方改从觉华岛登陆。②这是一条更为艰险的海道,航行时间更长,海上更险,朝鲜屡屡提出更改,最终并未成功。

三、刘、杨之贪墨与二书叙事之异同

从朝鲜归来不久,刘鸿训丁母忧,之后便官运亨通起来。天启三年(1623),升为右中允。四年升左赞善。六年,为实录副总裁官。天启七年十一月,为礼部尚书兼东阁大学士。后遭阉党排挤削职。崇祯元年(1628)复职,五月,御史袁弘勋弹劾刘鸿训:

> 入相浃旬,削职免官,引退无虚日,未必尽由皇上内降。且奉使朝鲜,貂参满载。南镇抚司佥书张道浚亦讦攻刘鸿训。工科给事中颜继祖上言:鸿训为先朝削夺之臣,其不肯比匪党邪,天下共知,进贤退不肖,大臣职也,鸿训何罪!朝鲜一役,舟坏溟渤,仅以身免,乃敢以悠悠之口欲移鼎铉之重,乞谕鸿训入直,共筹安攘之策。③

---

① 安璥:《驾海朝天录》,最末页。
② 松浦章著,郑洁西译:《明清时代东亚海域的文化交流》(南京:江苏人民出版社,2009)之第二编《明末清初的海外交流》,主要参看第一章《明末袁崇焕与朝鲜使者》和第二章《天启年间毛文龙占据海岛及其经济基础》。
③ 《明崇祯长编》卷一,崇祯元年五月己巳,第18~19页。

可见，尽管刘鸿训在海上遭遇风暴，财物尽失，仅以身免，但他在朝鲜贪渎名声，当时即为明臣所闻，尽管查无实据，也并非空穴来风。崇祯二年（1629）十月，刘鸿训因受贿被劾罢，被遣戍，后卒于戍所。因为刘鸿训大部分财物皆在海中漂没，他甚至于衣衫不整，出使朝鲜归来，他最终毫无所得。既然如此，他在朝鲜贪渎之名是否有其实呢？

应该说，刘鸿训、杨道寅辛酉使行，对于明代中朝关系有着重要的影响。积极层面，即是打通了朝鲜入明之海上贡道；消极层面，也就是开创了明使贪渎之新例。明代无官不贪，没有最贪，只有更贪，出使朝鲜之明使亦不例外。《皇华集》中，载录的是明代中朝间的脉脉温情与外交上的和谐场景，朝鲜实录中则处处见朝鲜人对明使的批评与指责，尤其是对明使之贪腐，更是锱铢必究。二书的不同取向，恰好可以还原明代交往的多方面相。

前面提到，刘鸿训在《皇华集》中，对四月十二日，朝鲜国王接诏仪式，相当满意。但是《光海君日记》则是完全不同的表述。首先，对于迎诏日期，《光海君日记》披露光海君曾数度推迟接诏时日，引得副使杨道寅给远接使函中，多次敦促，要国王尽早做好接诏准备，原来是光海君借故不立即接诏，而是等了些时日。其缘由是：

> 时，王以阴阳拘忌，屡退迎诏之日，辄行千金，赂给诏使。两使皆贪墨无比，阳示怒意，要索货物，然后乃许之。

知道明使臣有意见，于是朝鲜给他们每人送来千金，明使虽然很不高兴，但还是收下了贿金，并答应国王所提出的接诏日期。对于迎诏仪式，日记所载与《皇华集》中刘鸿训自述，亦有天壤之别。《光海君日记》记载：

> 是日迎诏，诰勅上殿，两使才入正门，忽白云自阙内涌起，大雨暴下如注，须臾深尺许。自王以下，未及入幕，沾服如沐，上下惊愕，无不股栗。俄顷雨止，诏使始上殿行礼，阙门外则雨势甚微，钟街以南，往往点滴而已。"

大雨只落于殿中，仪式行进之中，诸臣股栗，与《皇华集》中所载，极为不同。《光海君日记》对两使臣，从一开始记述，就没什么好感，对他们屡加批评，认为他们贪墨无比，这是朝鲜君臣对明使几乎一致的印象。

刘鸿训一行回还之时，《光海君日记》严词贬斥：

> 鸿训，济南人；道寅，岭南人。贪墨无比，折价银参名色极多。至于发给私银，要贸人参累千斤，捧参之后，旋推本银。两西、松都辇下商贾，号泣彻天。大都收银七八万两，东土物力尽矣。诏使之至我国者，如张宁、许国，清风峻操，虽未易见，而学士大夫之风流文采，前后相望。至于要讨银参馔品折价，则自顾天俊始，而刘、杨尤甚焉。①

《辛酉皇华集》中有一封刘鸿训给朝鲜国王的信曰：

> 铁山、旅顺之间，衣衾图籍，及拜赐于贤王者，尽付海洋。惟文席、练纸、管城、麋隃，差足夸乡间耳。贤王闻此，应捧腹笑刘生之无当也。②

这是刘鸿训回国后，写给朝鲜国王的感谢信，还在谈及朝鲜国王所赠送之财物，尽管大多被水打落，还有一些朝鲜赠物带回，信中尽管有自嘲成分，但也说明他很在乎朝鲜所赠送之礼物。那么，朝鲜送给他们什么东西呢？《承政院日记》中，保留了朝鲜所送礼单：

> 臣取考辛酉年刘、杨天使时远接使赍去杂物誊书册子，则除各该司进排应给物件外，自弓房受出者：虎皮五令、豹皮十令、鹿皮十令、六张付油苫十五浮、四张付油苫二十五浮、水獭皮十令、倭大环刀十柄、中环刀二十柄；厢库出受者，供上纸五十五卷、镜面纸五十张、霜花纸一百卷、雪花纸一百卷、桃花纸二十卷、黄菊纸二十卷、残菊纸二十卷、云暗纸二十卷、厚油纸十七卷、油扇一千把、笠帽三百事、锡妆刀一百五十柄、玳瑁银妆刀二十柄、银丝隐现刀五十柄、铜丝隐现刀一百柄、青鞘刀四百五柄、大节真墨一百笏、中节翰林风月二百笏、小节真墨一百笏、首阳玄精一百笏、首阳梅月一百笏。此外都监所捧给两西监司所送之物，不在此

---

① 《朝鲜光海君日记》卷一百六十五，光海君十三年五月壬寅，第 30 册第 553 页。
② 赵季辑校：《足本皇华集》下册《辛酉皇华集》卷六，第 1775 页。类似的内容参见《朝鲜光海君日记》卷一百六十六，光海君十三年六月丙申，第 30 册第 593 页。

中。而犹且不足于用，回还时，至于加启请持去者，人参三十斤、白苎布四十匹、白绸四十匹、虎皮二令、豹皮二令、大环刀四柄、四张付油苫四浮、六张油苫四部、锡妆刀十柄、黄毛笔【缺】柄。以此见之，则其费用之繁多，概可想矣。①

这只是部分礼单，后来成为朝鲜送明使的新例。仁祖三年（1625）二月，有明朝太监前来，仁祖问及接待之规。李廷龟曰：

接待天使之规，今古不同。古则只有支供之事，今则又有银参之弊，小邦势难支当。废朝时刘、杨天使，虽曰学士，其时所用，至于七万余两，况今太监乎？闻二太监通贿数万银于魏忠贤，不惮越海之行，而跋涉万里者，其意有在。昨日磨炼之数，亦必不足也，辱国之患，深可虑也。"②

可见，因为刘鸿训等开了贪墨之新例，当明使前来，朝鲜君臣每每得比照他们来准备财物，以便送给前来公干的明使。

刘鸿训之贪墨，不仅传于中朝之间，甚至在民间演绎出一个神话故事。此故事录入蒲松龄的《聊斋志异》卷七《安期岛》（亦有版本为卷九），故事有些反讽意味。其曰：

长山刘中堂鸿训，同武弁某使朝鲜。闻安期岛神仙所居，欲命舟往游。国中臣僚佥谓不可，令待小张。盖安期不与世通，惟有弟子小张，岁辄一两至。欲至岛者，须先白。如以为可，则一帆可至；否则飓风覆舟。逾一二日，国王召见。入朝，见一人，佩剑，冠棕笠，坐殿上；年三十许，仪容修洁。问之，即小张也。刘因自述向往之意，小张许之。但言："副使不可行。"又出，遍视从人，惟二人可以从游。遂命舟导刘俱往。水程不知远近，但觉习习如驾云雾，移时已抵其境。时方严寒，既至，则气候温煦，山花遍岩谷。导人洞府，见三叟趺坐。东西者见客入，漠若罔知；惟中坐者起迎客，相为礼。既坐，呼茶。有僮将盘去。洞外石壁上有铁锥，锐没石中；僮拔锥，水即溢射，以残承之；满，复塞之。既

---

① 韩国国史编纂委员会编：《承政院日记》，仁祖三年二月十九日。
② 《朝鲜仁祖实录》卷八，仁祖三年二月辛卯，第33册第678页。

而托至，其色淡碧。试之，其凉震齿。刘畏寒不饮，叟顾僮颐示之。僮取琖去，呷其残者；仍于故处拔锥，溢取而返，则芳烈蒸腾，如初出于鼎。窃异之。问以休咎，笑曰："世外人岁月不知，何解人事？"问以却老术，曰："此非富贵人所能为者。"刘兴辞，小张仍送之归。既至朝鲜，备述其异。国王叹曰："惜未饮其冷者。此先天之玉液，一琖可延百龄。"刘将归，王赠一物，纸帛重裹，嘱近海勿开视。既离海，急取拆视，去尽数百重，始见一镜；审之，则蛟宫龙族，历历在目。方凝注间，忽见潮头高于楼阁，汹汹已近。大骇，极驰；潮从之，疾若风雨。大惧，以镜投之，潮乃顿落。①

对于这个故事，文学家们认为这反应作者蒲松龄羡慕古朴清雅的神仙世界，刘鸿训既向往仙境又坐失延年良机的矛盾，透露出作者既想摆脱世俗羁绊又感脱身无术的痛苦。刘鸿训偷窥铜镜，引发滔天大浪，显示仙境乃可望不可及的境地。② 本人从这个故事中则看到了其历史的层面：第一，这个故事反应刘鸿训出使朝鲜贪财恶名，明末以来，已为百姓所共知。崇祯年间，刘鸿训尽管官至大学士，但是他大肆贪贿，后来被贬，亦因其贪。当时大臣弹劾他，就直指他在朝鲜时大肆敛财。这种声名最初只是朝中传播，后来传到民间就演绎成了这样的神仙故事。第二，故事中的情节说明，尽管刘鸿训一心谋求荣华富贵，最终却竹篮打水一场空。尽管刘鸿训从朝鲜获得了不少财物，但是因为海路艰险，在长达几乎一个月的海上航程中，他运送财物的船只一一漂没，他从朝鲜所获得的礼物全部被海水冲走，到手的财物全部丢失，徒获恶名，故事显示出一种幸灾乐祸的心态。第三，安期，即安期生，战国后期方士。据说是琅琊人，在东海边卖药，曾见过秦始皇。后传为道家仙人名。汉武帝时方士李少君建议遣使入海，求蓬莱仙人安期生之属。这里所谓的安期生与仙岛，某种意义上正是朝鲜的化身。

对比《辛酉皇华集》与《光海君日记》，发现有很大不同。二书虽都是官修，有关刘鸿训使行记载，尽管事实层面的叙述差别不大，评价却有天壤之

---

① 蒲松龄：《王刻聊斋志异校注》卷七《安期岛》，孟繁海、孟原校注，济南：齐鲁书社，1998，第374~375页。
② 马振方主编：《聊斋志异评赏大成》卷九《安期岛》，台北：建安出版社，1996，第3册第723页。

别。《皇华集》中，显示明使与朝鲜文臣之间，即便友情深厚，也是在宗藩关系掩盖、政治外衣笼罩下的一种友情，并非个人之间的知交，而是因为政治角色使得他们有接触的机会，他们的交流有着深厚的国家意识。朝鲜的远接使、馆伴使与伴送使，皆是朝鲜国王委派，代表朝鲜国王来的，因而他们首要任务是尽可能地服务于明使，使他们高兴，满足他们的要求，以便能尽快地尽可能完美地完成使行任务。有学者就此指出：

> 《皇华集》的一个突出特征，即所谓的唱和并非普通文人之间日常的诗酒会友，而是具有宗藩关系的两国文臣之间折冲樽俎的较量，潜藏在他们内心的强烈的政治意识、国家意识，复杂的背景与身份，使双方皆欲用文笔尽可能地表现出和谐的一面。"①

故而不大可能凸显他们内心的不满，所以《辛酉皇华集》中，刘鸿训、杨道寅与李尔瞻书信中的礼让与感激，尽管不能说完全是虚假的，但确实在政治外交外衣下的一种表现。

《光海君日记》属于朝鲜王朝实录系列，因为明朝根本不可能看到，不用顾忌明朝的反应，他们可以肆无忌惮地发泄内心的不满。出使朝鲜的明使大多贪渎无比，肆意勒索财物，本来作为藩国的朝鲜物力很有限，所以对于他们贪渎，肆意批评，大加发泄，甚至于上纲上线，加以挞伐。刘鸿训与杨道寅之出使，更是开创了明使贪渎之新例，令朝鲜君臣深恶痛绝，故而痛斥他们，不遗余力。这种情况在朝鲜王朝的史料中相当普遍，所以运用这样的史料时，需要彼此对照，分析其写作与编撰的目的，研究其动机，方能作出比较准确的评价。

综上所述，天启辛酉刘鸿训之朝鲜使行，开通了断绝两百多年的朝鲜海上贡道，意义重大。而当时渤海海上航行，天妃信仰相当普遍。刘鸿训之贪墨，留下了极坏影响，开了朝鲜接待明使之新例，加重了朝鲜的负担。刘鸿训所获财物，全部漂没于海上，在中国民间演绎出一个极具反讽意味的神话故事。刘鸿训、杨道寅与朝鲜文臣唱和之《辛酉皇华集》，体现了中朝间宗藩关系下的文化较量，也显示出宗藩关系之主从与和谐层面。《光海君日记》对刘鸿训等

---

① 杜慧月：《明代文臣出使朝鲜与〈皇华集〉》，北京：人民出版社，2010，第239页。

人之严加挞伐，显示出藩国对宗主国的不满，也是藩国在宗藩关系中对自我利益诉求的集中体现。

Liu Hongxun's Mission to Choson Korea and the Reopening of Choson's Maritime Tribute Road to Ming: With a Narrative Comparison Between *Xinyou Huanghuaji* and *Choson Ghuanghaejun Rigi*

Sun Weiguo

Abstract: Liu Hongxun and Yang Daoyin as the Ming envoys went to Choson Korea to proclaim Ming Emperor Guangzong and Emperor Xizong's throne edicts to the Korean King in 1621 which was important in the Ming-Korean relation history. They could not return from the land route but took a risk to reopen the sea route successfully accompanied by Choson envoys. There are several records about this mission, such as *Xinyou Huanghuaji*, *Jiahai Chaotianlu*, and Choson *Ghuanghaejun Rigi*, which shows that Matsu worship was very popular in the navigation in Bohai Sea. Moreover, the books show Choson King and his ministers' totally different attitudes to the Ming envoys Liu and Yang, respecting them in *Xinyou Huanghuaji* but disdaining them in *Choson Chuanghaejun Rigi* because of Liu and Yang's corruption and bribery which reflected in Pu Songling's *Strange Stories from a Chinese Studio* too, by which the multiple aspects of the Ming-Choson vassal relations had been emerged.

Key Words: Liu Hongxun; Yang Daoyin; *Xinyou Huanghuaji*; maritime tribute road

近年来韩国海洋史研究概况

河世凤[*]

近年来,"海洋"在韩国成了关键词之一。2008 年出版的朱京哲著《大航海时代》达 600 页之厚,却销售了 14 000 本之多,这本书因被三星经济研究所选定为"2009 年大韩民国 CEO 假期必读书"之一而备受关注。2008 年《韩民族日报》开辟并连载了"文明与大海"专栏,同年《世界日报》也开辟并连载了"掌控大海"为主题的纪事。2009 年《釜山日报》连载了"海洋城市与海洋文明的故事"。2009 年《中央日报》连载了作为创刊特辑的"张保皋系列"。与此相呼应,学术界对于海洋的关注与日俱增。2008 年,韩国海洋大学开始创设"海港都市的文化交涉学"。2009 年 10 月,釜庆大学和木浦大学各以"海洋人文学"与"海洋文化学"为主题举办了大型的学术会议,此后每年召开一次"全国海洋文化学者大会",到 2014 年已经举办六届。在木浦的国立海洋文化遗产研究所是重要海洋史研究单位。2012 年,国立海洋博物馆在釜山开馆。

长久以来,韩国的海洋观念比较淡薄。1980 年代以前,韩国的海洋史研究成果屈指可数,90 年代中期以后海洋史研究开始启动,到了 2000 年前后进展迅速。韩国在近代以来对于海洋的关注和研究,1910 年前后仅仅在海洋文学上有点成果,一闪而逝;1945 年光复以后到 1980 年这段时间,自《韩国海洋史》(1945)出版以来,只出现了 10 册与水产业及船舶等有关的单行本。1990 年以后,情况大为改观,韩国出版了 50 多本著作和数十种翻译书籍,真正迎来了"黄金时代"。

---

[*] 作者系韩国海洋大学东亚细亚学系教授。

长期被忽视并被视为边缘或障碍的岛屿和大海,到了现在为何如此备受媒体和学术界的关注呢?姜凤龙作为海洋史研究的代表人物之一,指出其中三个原因:一是受到围绕韩日渔业协定、独岛、苏岩礁而引发的与日本及中国的海洋纷争的激活;二是国家对海洋历史文化研究的支持;三是受到把非欧洲世界还原为世界史的主体,或对现代化历史观要求反省的后现代主义的影响。①

一、古代海洋史与船舶研究

就韩国的海洋史研究而言,最为活跃的是古代海洋史领域的研究,尤其与张保皋有关的研究占多数。②海洋史研究专家姜凤龙提出了古代航路、张保皋海洋活动的性质、新罗末高丽初海洋势力的特点、高丽时代宋商与高丽商的活动、朝鲜时代海禁与空岛等研究观点。在这里我们探讨一下古代航路及船舶史问题。关于韩国古代海上交通航路,学界有多种不同叫法,例如对北方的航路,曾有过北线航路、北航路、登州航路、北路、老钱山水道航路、北方航路、黄海北部沿岸航路,环黄海沿近海航路、西南斜断直航路等不同叫法。然而最近郑镇述发表了《韩国的古代海上交通路》一文,在概括了上述叫法的同时,还提出应将西海北部沿岸航路、西海中部横断航路、西海南部斜断航路等叫法统一起来的观点。③

说起横断、斜断航路,作为一般航路被普及的年代,有从3世纪到8世纪等不同说法。最近的观点是至三国时代,这一航路还没有被普及,主要凭借的是东亚沿岸航路,到了660年,苏定方率领13万大军横断黄海以后才被开辟为一般航路。④

---

① 姜凤龙曾整理过有关海洋史的研究史,李京华曾整理过海洋民俗学研究史。见姜凤龙:《研究韩国海洋史的几个论点》,《岛屿文化》33,2009;李京华:《研究韩国岛屿、海洋民俗的视觉和争议点》,《岛屿文化》32,2008。
② 有关张保皋及其他相关内容的研究、翻译著作或大众书籍,到2005年共有91册,论文共达90篇。见国立海洋遗物展示馆:《2005特别展:新罗人张保皋》,2005,第112~118页。
③ 郑镇述:《韩国的古代海上交通路》,韩国海洋战略研究所,2009,第191~196页。
④ 姜凤龙:《韩国海洋史研究的几个论点》,第10~17页。

对于西海南部斜断航路的问题也有不同看法，涉及 3 世纪到 11 世纪先史时代、统一新罗时代到后三国时代等。郑镇述在比较诸家论说的基础上，认为南部横断航路是自 10 世纪到 11 世纪作为一般航路被利用的。① 对于古代韩日之间的海上航路问题，学者意见纷纷，各持己见。

就韩国的古代海洋史研究成果而言，首推对张保皋及其生活年代前后的海洋史研究，这方面的研究在此无法一一罗列，只引用姜凤龙的观点来说明一下。长久以来，对于张保皋出现的背景，被看做是与新罗民间海上贸易的发展有关，尤其被认为是海贼出没的关键。目前，有人提出张保皋曾在唐朝组织在唐新罗人成为巨富，就是值得关注的背景，张保皋死后的海上势力的威慑是理解高丽建国的主要线索。对此，有人主张西南的海上势力曾独自积极展开了对内外贸易活动，也有人提出与此相反的观点。不过他们一致认为掌控西南海地区对于高丽建国具有不可割裂的紧密关系，在这一点上各方没有分歧。

就高丽时代的海上贸易而言，有人主张东亚海上贸易是由宋商全面掌控的，而有人提出高丽商也有过自己的活动舞台。韩国船舶史专家金在瑾认为韩国的传统船只独特构造有别于其他地区，并把它叫做"韩船"。他认为，韩船是铺有厚实而平坦的底板，并贴有外板，设有加龙木的平底船。朝鲜半岛西海岸与南海沿岸地区，因潮起潮落，涨潮时船只浮在水面上，退潮时，船只就固定于地面上，这就是韩船的船底结实而平坦的原因。韩船大都没有用板子做成的隔壁，一般有两张船帆。他推测以张保皋为代表的新罗人的船只是甲板上设有船室、装有两个以上船帆的平底船。②

针对这种说法，也有人提出反对意见。他们认为"新罗型"帆船确实曾存在过，但新罗人也使用过尖底船。据崔根植所讲，新罗船具有新罗固有的船舶结构特点，它有别于中国和日本的船只。其船体隔开很多船室，是在船体浸水的情况下不会短时间内沉入海底的水密隔壁结构。新罗船装有起船尾舵作用的操舵装置，因此他认为新罗在当时已拥有很高的造船技术。新罗船有三张船帆，船顶建有望楼可远眺，并装有在逆风行驶中防止横流的被水板。新罗人拥

---

① 郑镇述：《韩国的古代海上交通路》，第 282~361 页。
② 金在瑾：《韩国的船》，首尔大学出版部，1994，第 6~25，54~55 页。

有相当高超的天文航海技术,并可推测他们使用了指南器。①

虽然有人认为上述新见解没有根据,②不过从山东登州发掘的蓬莱3号、蓬莱4号的复原图来看,其形状类似于尖底船。因此,有很多人认为韩国的船只很有可能就是尖底船的样子。郑镇述通过翻修张保皋的贸易船,认定其属于布帆船舶。③

金在瑾把韩船与壬辰倭乱(明朝抗日援朝战争)时期的韩中日军船做比较的研究也备受关注。他认为明朝援朝的军船为中型的沙船和小型尖底的属于帆橹船的唬船。明代的军船,因其构造很特别,所以并没有提及。而对于朝鲜和日本的船只有如下比较:朝鲜的船只为板屋船;而比起设有层楼的安宅船,日本却把小型的官船作为主力舰,从大小来看,前者更大。板屋船很结实,而官船因考虑到航行速度,结构比较轻便,进而两船相撞时,官船所受的损害就更大。板屋船方便搁置并驱使火炮,而乐用步枪的日本军船,炮术甚弱,再者,因船身狭窄且细长,所以不仅稳定性不佳,也不方便驱使火炮。由此,他认为在壬辰倭乱中朝鲜水军取胜的关键在于韩船的优越性。④

二、近世海洋史研究

随着明王朝实施海禁政策,朝鲜也为了抵制倭寇,同时也受到存在朝贡关系的影响,很早以来就实行海禁,加强海防政策。因此,人们认为朝鲜王朝的"反海洋性"政策是根深蒂固的,其政策沿袭到现在,是韩国人对海洋采取消极态度的根源所在。⑤ 在朝鲜王朝的锁国政策下,通向海洋的大门一直处于紧闭状态。这是人们长久以来的看法。

不过,最近时有传出对上述传统认识的批判性论调。如提出朝鲜王朝在执政初期对海洋开发或海洋认识持有积极态度;朝鲜曾保留过强大的海军力量;

---

① 崔根植:《新罗海洋史研究》,高丽大学出版部,2005,第47~210页。
② 金在胜:《书评》,《海洋评论》2006,第12页。
③ 郑镇述:《韩国的古代海上交通路》,第122~136页。
④ 金在瑾:《续韩国船舶史研究》,首尔大学出版部,1994,第91~145页。
⑤ 姜凤龙:《韩国海洋史的转换》,《岛屿文化》20,2002。

对于将朝鲜时代迁徙岛民的事件理解为"空岛政策"是历史的误读,等等。也就是说,朝鲜王朝并没有采取过像"海禁"或"空岛政策"等反海洋性措施。有人举出"空岛政策"的历史性根源来分析和批判其政治性,认为"空岛政策"这一用语是日帝强占时期由日本的津田左友吉第一次提出来的,之后一直沿用到现在。这一用语隐含着把倭寇的侵略性或掠夺性缩小或稀释的不良企图,因此主张该废弃此用语,并提出应该警惕用此用语来扩大解释放弃独岛的所有权问题。①

说起海战史成果,最为丰富的是壬辰倭乱时期的海战史研究。从以利用弱势水军抵抗强势的日本水军而取胜的有关鸣梁海战的研究来看,这段时期的研究大都围绕两国水军的船舶大小、武器的体系、利用潮流问题等展开。②

漂流民与漂海录研究是韩国海洋史研究的一个特色。③目前有关朝鲜与日本之间的漂流民的研究已经取得了一定的成果,而对朝鲜与中国之间的漂流民的研究也逐渐开展起来。有关漂流民研究的重要成果,除了漂流到日本的朝鲜人究竟受到什么样的救济,或通过什么样的程序被送还到本国,还有更重要的是将东亚三国(或包括琉球王国共有四国)之间的漂流民送还制度视为一个体系,还是将漂流民送还视为临时性的或偶然性的问题。

值得关注的是,最近学界把海洋史研究置于国际关系之中加以互相关照。其中,申东珪以1627年和1853年漂流到朝鲜的朴燕(Jan jianse Weltevree)和Handrik hamel 以及荷兰东印度公司(Vereenighde Oostlndishe Compagnie)为素材的研究首屈一指。他认为在近世纪的国际关系中,日本、朝鲜和荷兰等国家在成为漂流民送还体制下的主体的同时,也成为了客体。因此,他否定了华夷体制下的上下关系。另外,他还提出虽没有成为事实,但荷兰曾经确实有过想把朝鲜作为桥头堡从而成为东亚洲贸易中转站的野心,并且荷兰人曾滞留在朝

---

① 申明镐:《朝鲜初期海洋开拓和渔场开放》,《朝鲜前期海洋开拓与对马岛》,国学资料院,2008;林英正:《朝鲜时代海禁政策的推移和郁陵岛独岛》,《独岛领有的历史和国际关系》,独岛研究保全协会,1997。
② 诸章明:《丁酉再乱期鸣梁海战的主要争点和胜利要因再检讨》,《东方杂志》144,2008,第216~217页。
③ 李熏:《朝鲜后期漂流民与韩日关系》,国学资料院,2000;韩日关系史学会:《朝鲜时代韩日漂流民研究》,国学资料院,2001;朴元熇:《明代朝鲜漂流民的送还与信息转交》,《明清史研究》24,2005。此外,朴元熇在中国出版《崔溥漂海录校注》中文版,上海书店出版社,2013。

鲜，参与了西洋式兵器的研发。① 对于倭寇的研究也拓宽了海洋史研究的范围。首先，李领认为 14～15 世纪的倭寇为少二氏派遣的日本倭寇，从而反驳了日本学界把倭寇看做是"日本人+朝鲜人"的主张。② 其次，尹诚翊有关明代嘉靖年间的倭寇的研究也值得注意。他认为无论 14～15 世纪还是 16 世纪，当时的倭寇都与日本人和中国人有关，因有暴力性的掠夺行为，16 世纪的倭寇曾与明朝的乡绅勾结暗地交易。③

三、近现代海洋史研究

有关近代海运业的研究，孙兑铉堪称先驱。1982 年，他出版了《韩国海运史》一书，认为自 1880 年到 1910 年为止，主要依靠的是江运或沿海、近海航运，虽规模不大，但也开始了汽船商品运输。另外，也曾出现过海运企业，不过，因日本的侵略，韩国发展中的海运企业中途受挫。就日本帝国主义强占时期的海运研究而言，虽然只停留在翻译日本帝国主义强占期的资料的水平，但总体上说，该书却完成了自古代到 1960 年韩国海运通史的建构，这一点具有深远的意义。④ 崔完基对朝鲜后期漕运业的研究也值得介绍，他认为，到 15 世纪官船漕运体制是非常完备的，但到了 16 世纪有所动摇，而到了 17、18 世纪，在运输领域里私船的漕运体系具有中枢作用。在私船漕运体系里，赁运业渐成主流，并带有追求盈利的资本主义倾向。⑤ 罗爱子曾重点研究过 1876～1904 年的海运，她认为，受到外界的影响而起步的韩国海运业，要想与日本的海运业竞争，就需要政府对民间海运业的积极培养。但除了认可官许会社，免除一些杂税外，政府并没有提供实质性的财政支持。而日本的民间海运却一直受到国家的支持。她认为这就是韩国的海运业在与日本的海运业竞争过程中败

---

① 申东珪：《近世东亚的日、朝、兰国际关系史》，庚寅文化社，2007。
② 李领：《14 世纪东亚国际形势与倭寇》，《朝日关系史研究》26，2007；同氏，《倭寇与日丽关系史》，东京大学出版会，1999。
③ 尹诚翊：《明代倭寇的研究》，庚寅文化社，2007。
④ 孙兑铉：《韩国海运史》，韩国船员船舶问题研究所，1982。
⑤ 崔完基：《朝鲜后期船运业史研究》，一潮阁，1988。

下阵来的主要原因。① 罗爱子的研究虽有深度,但其视野并没有超越孙兑铉的研究范围。

上述三位学者皆从韩国的"内在发展论"角度出发,试图从韩国史的领域里寻找出与世界史的发展法则相对应的变化或界限,体现了 1980~1990 年代韩国史学界的问题意识。孙兑铉对近代海运史的评价是这样的:他认为通过海运业可发现资本主义的萌芽。这种评价正反映了当初的经济史学界力求寻找资本主义萌芽的意识。说起解放以后的海运发展史研究,有韩国船主协会编纂的《韩国海运 60 年史》(2007)。孙兑铉把光复以后韩国海运业的特点概括为政府依存性强和海技士的主动性强等两点。② 相反,也有人提出日本帝国主义强占时期的海运业曾系统地培养过朝鲜人船员并使之乘船、光复以后日本留置下来的船舶在重新建立韩国海运业的过程中起到了一定的作用等相反的意见。③

对于韩国海洋的全面性调查是在 19 世纪末,当时日本派遣了水产业方面的最高水平的专家,对韩国海洋进行了周密的调查。同时,日本的朝鲜统监府以调查结果为背景,编纂了《韩国水产志》(1908)。到目前为止,还没有比这本书更好的有关海洋和沿岸情况的调查资料。④ 近代水产史的研究主题是以日本渔业和渔业资本家为中心,也有相当数量的有关日本人移住渔村的研究。这种研究大都是以在旧韩末到日帝强占时期由日本人整理出来的两次史料为依据。因此,整体上来看,近代韩国水产历史是按照"近代化论"的角度梳理出来的,只不过日本研究者坚持渔业近代化的观点,而韩国的研究者则强调日本渔民的侵略性质。⑤

就海洋史研究而言,与"他人的遭遇"是不可避免的主题。自 18 世纪末开始,西方的异样船只出没于朝鲜海域。对于生疏陌生的西洋船舶及西方人,Park Cuhun Hong 概括以往的研究,赋予如下的意义:埋没于中华主义的执政

---

① 罗爱子:《韩国近代海运业史研究》,国学资料院,1998。
② 孙兑铉,上同书,第378~381页。
③ 吴世荣、李源哲:《韩国海运 100 年历史的脉络和展望》,《海运物流学会研讨会及1999 年 韩国海运学会第28届学术发表会论文集》1999,第52~53页。
④ 进入20世纪70年代,朴九秉开始整理渔业史并出版了《韩国渔业史》,正音社,1975;《韩国水产业史》,太和出版社,1966;《韩半岛沿海捕鲸史》,太和出版社,1989。
⑤ 姜在淳:《釜山庆南地域近现代水产史资料的收集整理方案》,《东北亚细亚文化研究所国际研讨会:"海洋人文学"的现在》2009.10.16,釜庆大学校东北亚细亚文化研究所;金秀姬:《日帝时代渔业史研究的成果和课题》,《水产业史研究》3,1996。

阶层把异邦人看做是危险的存在，因此，他们只顾安身于中华主义体制的现状；而首次接触到异邦人的岛民，或住在海边的渔民，却对异邦人是很友好的，并且很照顾他们。从这点来看，朝鲜可谓是具有两面性。① 西洋人写的朝鲜见闻记多数被译为韩文，但最引人注目的是金在胜的研究。他通过查阅国外的资料，重新复原了韩英关系史，尤其对1797年在釜山制作海舶图并进行采风的英国 Providence 号军舰，英国军曾占领过的巨门岛（1885~1887），英国军事教官经营过的江华岛海军士官学校（1893）等问题的研究，挖掘了长久以来被人们遗忘的有关史实，意义重大。②

港湾建设是在海运史的近代化领域里不可缺少的基础设施。有关港湾建设的著作，有海运港湾厅编著的《港湾建设史》（1978）。还有几本研究船员历史的著作。③ 从编者的名单可以看出，这些著作都以收集、整理资料为主，内容是概述性的。

四、"海洋史观"与"东亚地中海论"

在"海洋史"这一名称出现之前，学者研究的主要是韩中关系史或韩日关系史等国际关系史。韩中关系史，尤其是韩日关系史的研究，通常是通过海洋史研究来完成的。因此，就研究国际关系史而言，很多地方难免与海洋史研究重叠。海洋史的特点是在国际关系的交流中，着眼于叫做海洋的这一空间，划清其研究领域。"海洋史"这一名词意味着什么呢？按照金成俊的说法，"首先可以看作是以海洋为舞台而展开的，以人类行为为研究对象的历史学的一个分支"。但在海上造成的人的行为与陆地上的行为是密切相关的，因此，海洋史可谓是以"海洋与内陆历史的相互关系"为焦点的历史。④

随着海洋史研究的一定程度的积累，思考海洋史观的必要性也随之被提出

---

① Bak ChenHong：《恶灵出没的朝鲜之海：西洋与朝鲜的相遇》，现实文化，2008。
② 金在胜：《近代韩英海洋交流史》，仁济大学出版部，1997。
③ 海洋水产部外编《我们船员的历史——以商船船员为中心》，2004；韩国海技士协会：《韩国海技士协会30年史》，1985；全国海员劳动组合：《全国海员劳动组合史》（1辑），东亚出版社，1973；金在胜：《镇海海员养成所校史》，2001；等等。
④ 金成俊：《世界海洋史》，海洋大学校出版部，2003，第5~6页。

来。河宇凤指出:"自古以来我国三面环海,我们的活动舞台也是大海,但我们却沉溺于对大陆的茫然的憧憬,致使我们在暗默中回避着大海。"并指出"就韩国的历史而言",只有过"大陆史观",几乎没有过"海洋史观"的研究。因此积极提倡要接受"海洋性思考"。[①] 不过河宇凤的思考停留在提出海洋史观可行性的问题上,尹明喆却进一步提出了海洋史观的具体特点:第一,海洋史观把海洋民提升到历史的中心,进而超越中央中心的历史观。第二,海洋民具有豪放性、无政府性和据点性。第三,海洋文化具有极强的模仿性、公有性。第四,海洋文化的传播具有非组织性、非连续性的特点。第五,海洋文化不留记录,因此具有不保存性的特点。[②]

另外,尹明喆力求构建"东亚地中海(Eastasian-mediterranean-sea)模式"这一宏观理论。他把"东亚历史场"比做是由三个恒星和周边的行星以及独立性较差的卫星组成的,连接这些的交叉点就是星核(core),星核如同人体的经穴一样,承担着集合、调整、分配的功能,而且其整体性很强。他假设中华文明、北方文明以及包括大海的东方文明为三核,认为连接这三核的就是交通路,而交通路呈多重放射性状态,况且通过大海,周边的各种文化形成了相互影响的"还流结构系统"。[③] "东亚地中海模式"拓宽了海洋史的研究素材,也提示了一种理论性框架的典范。不过,与实际性研究备受关注相比,他的理论性构筑并没有得到韩国学界的响应。他的理想是远大的,但目前还是很难用"东亚地中海模式"来重新解释历史。"东亚地中海论"或"东亚海洋论"还是停留在理论性的摸索阶段。

结 束 语

以上是对韩国海洋史研究的概述,下面笔者想提出几个问题,供学界

[①] 河宇凤:《出书序言》,《以海洋史观所见的韩国史的再观察》,财团法人海上王张保皋纪念事业会,2004。
[②] 尹明喆:《以海洋史所见的韩国古代史的发展和终焉》,同上书,第17~18页。
[③] 尹明喆:《有关东亚细亚海洋空间的再认识和活用——以东亚地中海模式为中心》,《东亚细亚古代学》14,2006。

思考：

第一，我们有必要反思一下韩国的海洋史研究所包含的民族主义倾向。与异文化交流、接触乃是海洋史的本质特点之一，因此，民族主义有可能与海洋史发生冲突。

第二，东亚话语（discourse）与海洋史相互作用的必要性。最近 10 多年东亚话语是韩国学界取得的最突出的研究成果之一。只有从东亚话语中汲取养分，才能深化和扩大"东亚地中海模式""东亚海洋世界论"等理论。

第三，进一步扩大对中国大陆、中国台湾或日本的海洋史研究，构建相互关系的海洋史。目前韩国学术界主要研究黄海，尚未重视南中国海，将应研究范围扩展到南中国海方面。

第四，海洋不该仅仅成为单纯地拓宽研究领域的对象，而要成为能够代替近代思维的、创造新样式（paradigm）的宝库。

An Overview of Recent Studies of the Maritime History in Korea

Ha Sae-Bong

Abstract: The Korean played an important role in the maritime history of Asia. But Korean scholars payed little attention to study the maritime history for a long time. Since the 1990s, sea, or ocean, maritime became popular keywords in works published in Korea. This paper offers the overview of recent studies of the maritime history in Korea and discusses several questions about the problem and future of the studies.

Key Words: maritime history; Korea; 1990s

清代中国出口欧美的扇子

松浦章[*]

清代中国，广州向欧美出口了各种各样的工艺品[①]，扇子便是这些中国制品之一。中国扇子的大量出口鲜为人知。关于这些扇子的出口数量，在《中国旧海关史料（1859～1948）》[②]中有准确记录。1859年上半年从上海出口到英国及各国的扇子数量有如表1所示。1859年上半年即从1月到6月的6个月的时间，从上海出口到包括英国在内的诸多国家的扇子达到了1 000万把以上。而英国在1859年就从上海和广州进口了约267万把扇子。那么这些扇子是什么样的扇子呢？其详细情况如何均不清楚。笔者有幸在2013年8月参观了中国嘉兴的博物馆展出的"扇之韵——广东民间工艺博物馆藏扇艺作品展"（展期自2013年7月20日至8月30日）及广东省博物馆的"异趣同辉——清代外销艺术精品集"，得以了解了各种各样的扇子。因此，本文试就清代中国从广东向欧美出口的扇子略作论述。

---

[*] 作者系关西大学亚洲文化研究中心主任、关西大学文学部教授。译者许晓系浙江工商大学日本语言文化学院2013级硕士。

[①] 小林太市郎在《支那与法国的美术工艺》（东方文化学院京都研究所，1937）中的"荷兰及英国东印度公司对支那工艺品的进口"（第60～74页）里指出，荷兰东印度公司和英国东印度公司把大量的中国工艺品带到了西欧，其中主要是瓷器和漆制品，并没有提及扇子。

[②] 中国第二历史档案馆、中国海关总署办公厅编《中国旧海关史料（1859～1948）》，北京：京华出版社，2001。

表1 清代中国扇子出口数量表

	1859年1月至6月 上海	1859年10月24日~12月31日 广州
英国船	1 969 000	702 250
美国		2 373 022
Sundry （诸国船只）	8 774 477	3 979 000
River steamer and Lorchas （内河轮船和西洋型中国船）		4 000
总数	10 743 477	7 058 272

资料来源：中国第二历史档案馆，中国海关总署办公厅编：《中国旧海关史料（1859~1948）》，北京：京华出版社，2001，第1~4、1~36页

一、清代的扇子

扇子在中国源远流长，并逐步从一种礼仪工具转变成具有纳凉、娱乐、欣赏等功能的生活用品和工艺品。《宋史》记载："（淳化五年五月）庚辰，初伏，帝亲书绫扇赐近臣。"[①]意思是太宗在淳化五年（994）初伏即夏天炎热的时候，将扇子作为祛暑的用具赐予近臣，并亲笔题字，以示礼遇。

到了清代，扇子作为出口海外的商品，一直是对外贸易的一部分。杞庐主人在《时务通考》有如下记载：

> 广州一外洋贸易，进口洋货，如足头等货物情形，约有两节。一系洋布花色件数，来者较多。二系印度棉纱，所来较少。果系货物增多，自与贸易妥协，固不必论。若系数少应……出口土货，本省土产，以及制造各物销流各处，年胜一年，如瓷器、扇子、地席、食物、丝糖各件。粤中所制瓷器，可赛泰西之物，内有精致极细者，亦有平常粗用者，只因工本较贱，善于营运商人贩至外洋各国，获利不少。扇子一项，本年出口件数，约有一千一百万把之多，制造此货，所用物料，有棉、线、毛、纸、竹、木各等项，概由人工精巧之故。[②]

---

① 脱脱：《宋史》卷五《太宗纪》，北京：中华书局，1977，第94页。
② 杞庐主人：《时务通考》卷十七《商务八》，清光绪二十三年点石斋石印本。

此处记述了光绪二十一年（1895）中国的对外贸易，从广州出口到西欧各国的扇子的数量达到了1 100万把。制作扇子的原材料有棉线、动物的毛、纸、竹子等。扇子即是这些原材料经由工人精巧加工而成。据颜世清辑录的《约章成案汇览》载《荷国都城炫奇会章程》（光绪八年）云：

> 大荷驻扎中华便宜行事秉权大臣费为特行告白事，照得前于光绪七年九月三十日，即西历一千八百八十一年十一月二十一日，曾经颁发告白声明，本国设立炫奇公会于中国，光绪九年三月上旬开会起，至九月下旬止，即西历一千八百八十三年夏季起，至秋季止，此会设在本国都城亚摩斯德尔登地方，所有章程已具前告白内矣。……
>
> 南北省细琢各样玉器、各色宝石、广东金银文饰各物、牛庄蒲扇、油纸扇、汉口翠扇、上海各样绢扇、纸扇、宁波纸扇、油扇、台湾木叶扇、汕头蓬州竹制纱扇、广东羽毛扇、纸扇、绢扇、粗细葵扇。①

可见从1881年11月21日到1883年夏，荷兰阿姆斯特丹举办的中国产品的展览会上展示了中国的各种扇子。其间可见出产于牛庄、汉口、上海、宁波、台湾、汕头、广州等地的各式各样的扇子。

在梁绍壬编撰的《两般秋雨盦随笔》中记有扇子的种类：

> 葵扇，广东新会县出葵扇，葵非蕉也。骚人诗词，往往具赋蕉扇，其实蕉不可以为扇，故并无是物，且古人亦止言蒲葵，不知何以讹为蕉耳。②

由此可知广东省新会县出产葵扇，但自古以来很多人都把葵和芭蕉相混淆了。

除了这些中国文献，在一些英语、日语的相关记录中也可看到有关扇子的事情。在 S.Wells Williams 的《中国贸易指引》（*The Chinese Commercial Guide*）中，对于扇子的种类也有详细的记载：

> 扇子：有羽扇、纸扇、绢扇、葵扇（细葵扇、粗葵扇）。由漆竹、银

---

① 颜世清辑录：《约章成案汇览》乙篇卷四十二上《章程》，清光绪上海点石斋石印本。
② 梁绍壬：《两般秋雨盦随笔》卷八，清道光振绮堂刻本。

雕、沉香木、象牙、兽骨等制成的扇子主要是为了满足外销。烙画（校者按：烙画古称"火针刺绣"，近名"火笔画""烫画"等）是一种非常精美的技艺，可以将同样的设计图案印在扇子的两面，就像《士师记》（*Judges*）卷 30 中所提到的、西西拉（Sisera）的母亲所说的"两面分布着不同色彩的刺绣"。纸扇和砂纸扇则是在扇面、扇骨的把手或是象牙处仿造刺绣工艺制作而成。雉、鹭、白鹭、鹤、鹅以及其他海鸟、孔雀等鸟禽类的羽毛被用来编织成形状和大小各异，或是折开或是闭合的扇面。最好的烙画扇和羽扇被作为奢侈品销往海外，然而由广州出口到美国和南美洲贸易中的葵扇数量是非常大的，它们装在 500 个箱子中，每一千把价值在 1.5-3 美元之间。①

这里的扇子有羽扇、纸扇、绢扇、葵扇等。这些出口的扇子是由银、白檀、象牙、兽骨、竹子制作而成。用刺绣品或布料以及苍鹭、白鹭、鹅、海鸟的羽毛等制作的扇子作为奢侈品出口海外，使得从广东出口到美国和南美的贸易额大幅增加。这些扇子被包装成 500 箱，每千把的价值在 1.5 美元到 3 美元之间。

另外，根据日本驻中国领事上野专一整理归纳的《中国贸易物产字典》（又名《中国通商指南》），关于扇子有如下记载：

  Fans 扇子
  扇子在中国税目中分为四种，即羽扇（Fans, Feather）、细葵扇（Fans, Palm-leaf, Timmed）、粗葵扇（Fans, Palm-leaf, Untrimmed）和纸扇（Fans, Paper）。扇子制造地著名的有江苏、浙江和广东这三个地方。广州制作的有羽扇、绢扇、纸扇、细葵扇、粗葵扇等，其中羽扇是用莺鸡、苍鹭、白鹭、鹅及海鸟的羽毛制作而成并输送至美国、中国香港、上海等地。绢扇是用在广东省城的织造坊的纱，在嘉应州制作而成。此多被输送至南亚米利加及天津、上海、汉口等地。纸扇被输送至英国、美国、印度诸岛及香港、天津、汉口、芝罘等地。细葵扇是用出产于广东新会县的一种叫做薄葵的棕榈叶制作而成。要将此叶变得适合使用，需首先

---

① Williamas, S. Wells, Morrison, et al. *A Chinese Commercial Guide*, Biblio Life, 2009: 119.

选择质量上乘的叶子,并将其置于冷水中浸泡 14 天,然后取出用文火烤干,此时叶子便会变得平滑而有光泽,再用绢丝包缝其边缘即可。它以每千把 40 两白银的价格被输送至英国、美国、欧洲大陆、印度以及中国各港。粗葵扇每千把的价格在 6 两到 7 两白银。

1885 年从广东港出口的各种扇子如下:

一绣花扇	五千三百二十八把	原价关银七百九十六两
一绢扇	七万〇五百八十九把	原价关银五千二百七十三两
一绢葵扇	二万八千五百二十一把	原价关银一千七百八十四两
一羽扇	八千〇〇四把	原价关银二千六百六十六两
一装饰羽扇	四千〇七十九把	原价关银八百五十两
一细葵扇	一百三十三万七千〇八十一把	原价关银二万一千六百二十五两
一粗葵扇	五百九十三万八千九百七十六把	原价关银一万一千八百七十九两
一装饰葵扇	二万八千四百三十把	原价关银九百〇一两
一纸扇	九万七千四百〇四把	原价关银三千六百〇二两
一装饰纸扇	三万〇六百六十九把	原价关银二千一百六十九两

江苏、浙江省制造的扇子有绢扇、纸扇、油纸扇等。绢扇每千把的价格为白银五十两至六十两,纸扇是十五两,油纸扇是五两。另外,出产于湖北汉口的翠扇是将在江苏地区制造的绢扇装饰以翠鸟的羽毛而制成的,每把价格可达三两甚至四两白银。关于出口税,羽扇每把银七钱五分,细葵扇每千把银三钱六分,粗葵扇银二钱,纸扇每百把银四分五厘。①

可见,《中国贸易物产字典》将中国产扇子大致分为羽扇、细葵扇、粗葵扇和纸扇,且对于其产地也有详细记载。

关于出口至西欧的中国产扇子,Carl L. Crossman 评述指出:

在中国的贸易商品中,这些最受赞誉的扇子,在良好的条件下保存

---

① 上野专一编:《中国贸易物产字典》(一名《中国通商指南》),丸善书店,1888,第 79~82 页。

至今，商船贸易货品清单、日记和账单中都提到制作精细的异国物品。西方市场上最早的扇子，开始于18世纪30年代以前，是由象牙镶嵌黄金制成。①

扇子作为独特的、且蕴含东方趣味的商品在西欧社会中有很大的需求，这从贸易数量等各种记录便可看出。西欧社会从18世纪30年代左右对扇子的需求开始增多。这些扇子有的是用象牙和金子加工制成的。

二、清代中国出口西欧的扇子

关于扇子研究，除了文献记录，实物展示同等重要。2013年夏天，笔者有幸得参观了"扇之韵——广东民间工艺博物馆藏扇艺作品展"，展会上展出了清代从广州出口至欧美的扇子（见图1～图5），在这些扇子上有了欧美人喜欢的绘画。

图1　双面绣花卉雀蝶纹象牙扇（19世纪）

---

① Carl L. Crossman, *The Decorative Art of The China Trade: paintings, furnishings, and exotic curiosities*, Antique Collectors'Club, 1991: 322.

图 2　描金漆骨纸面贴象牙彩绘人物故事图折扇（19 世纪）

图 3　红漆金钱纹彩绘花蝶图折扇（19 世纪）

图 4　彩绘西洋女图木扇

图 5　彩绘西洋情侣镶钿小姐扇

在广东省博物馆编辑的《异趣同辉——广东省博物馆藏清代外销艺术精品集》①中刊载了"外销"的扇子，其中许多是以象牙、羽毛、漆等为原材料制作的工艺扇（见图6～图21）。

图6　象牙通雕亭园人物"LO"徽章纹折扇

图7　玳瑁通雕花鸟人物徽章留白折扇

---

① 广东省博物馆编：《异趣同辉——广东省博物馆藏清代外销艺术精品集》，广州：岭南美术出版社，2013，第201～235页。

图 8　檀香开光彩绘西洋人物纹折扇

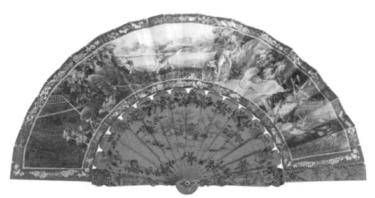

图 9　红漆骨纸本彩绘人物故事瑞兽风景折扇

图 10　乌木骨绢本彩绘花卉纹折扇

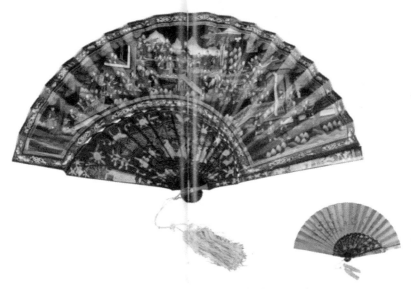

图 11　金漆骨绢本彩绘人物广绣花卉折扇

图 12　象牙骨鹅毛彩绘花蝶折扇

图 13　象牙骨鹅毛描蓝填银仕女折扇

图 14　象牙骨通雕开光山水亭台花卉折扇

图 15　象牙柄鹅毛彩绘花蝶折扇

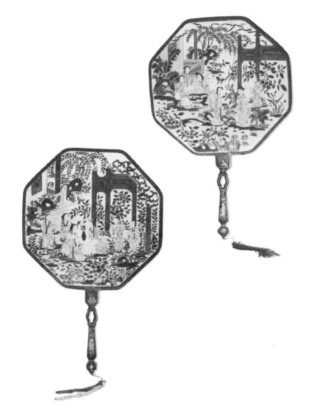

图 16　黑漆描金柄绒绣彩绘八角团扇（一对）

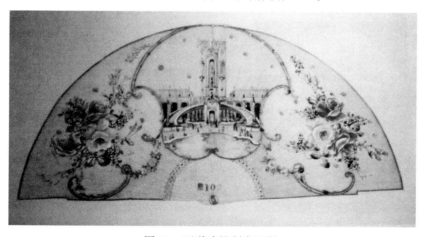

图 17　西洋建筑制扇画样

图 18　西洋人物制扇画样

图 19　玳瑁骨纸本彩绘人物折扇

图 20　象牙柄鹅毛彩绘花蝶执扇

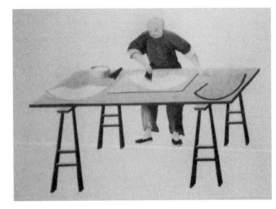

图 21　裱扇面图

在 Carl L.Crossman 的 *The Decorative Art of The China Trade: Paintings, Furnishings, and Exotic Curiosities*[①]中,刊载的扇子大多数是出口到美国的商品。下面展示的扇子是制作于 1855 年左右、用一种叫罗纹水彩的手法将广州黄浦江的风景画在纸上的作品,现为美国塞勒姆的皮博迪美术馆的收藏品(见图 22~图 25)。[②]

图 22 描绘黄浦江风景的扇子

图 23 描绘广东十三行馆附近风景的扇子

---

① Carl L. Crossman, *The Decorative Art of The China Trade: Paintings, Furnishings, and Exotic Curiosities*, Antique Collectors' Club, 1991, Ch.12 Fans for a Western Market. pp.322-337.
② Ibid., p.324.

图 24　描绘停泊在黄浦江的船舶的扇子

图 25　描绘广东十三行馆附近风景的扇子

描绘手持扇子的女性形象的作品也值得注意。图 26 中，左边是一幅描绘一位中国女性右手拿着用鸟的羽毛制作而成的扇子的形象，借用上野专一的表述即是"羽扇"，从其颜色是黑色来看，应该是用鸬鹚的羽毛制作的扇子。右边是一位西欧容貌的女性穿戴着中国的服饰，右手持一把扇子。它是美国画家 George Chinnery（1774～1852）的作品。这个作品中的女性右手所持的也是"羽扇"。

图 26　持扇女子图

资料来源：Anthbony Lauwrence，*The Taipan Traders*，*A Portrait of Hong Kong's Days of Youth From the Finest Collections of China Trade Paintings*.Hong Kong：Asia Books Limited.1992：74，84.

结　　语

综上所述，扇子作为工艺品在清代从中国广东大量出口至欧美。这些扇子大致分为羽扇、绢扇、葵扇和纸扇等。它们有的使用鸟类的羽毛，有的使用兽类的毛，有的是在各地特产的白檀等植物纤维或玳瑁、象牙、纸片上做漆艺加工，还有的在扇面上描绘西欧人喜欢的中国风景。通过这些手法将原材料加工成各种各样的扇子，成为吸引欧美人的充满异国情调的工艺品，尤其是描绘欧美船只来航广东及广州风景的扇面，作为了解清代广东贸易情况的宝贵画像资料，值得特别关注。

Chinese Fans Exported to Europe and America During the Qing Dynasty

Matsuura Akira

Abstract: Among a variety of arts and crafts, fan is one of these Chinese products exported from Canton to Europe during the Qing Dynasty. But a large number of fans of the little-known domestic exports have not yet been known among domestic exports. There were accurate records about the export data of the fans in Chinese Custom' materials since 1859. According to the data, the British imported 2.67 million fans from Shanghai and Canton in 1859.

However, I had the honor in August 2013 to visit museum in China Jiaxing exhibition "Rhyme of Fans—Guangdong Folk Art Museum of Tibetan Art Exhibition" (2013 July 20-August 30) and Guangdong Museum "Different Interest but Same Glory—Qing Export Fine Art Works Exhibition", thus could understand a wide range of fans.

Therefore, this paper tries to discuss Chinese fans exported from canton to Europe and the United states in the Qing Dynasty slightly.

Key Words: Chinese fans; Guangzhou; export; Europe and America; the Qing Dynasty

清代颜真卿书迹作品输入日本考

——以《颜真卿三稿》与其单帖为中心

马成芬[*]

江户时代德川幕府虽然采取锁国政策,但长崎仍作为当时唯一的港口与中国以及荷兰进行海外贸易。这样,从中国和荷兰输入的贸易品也都需先经由长崎再流入日本国内。在从中国输入至日本的贸易品中,书法相关资料尤其是集帖占据了一定的比例。[①] 关于江户时代输入至日本的中国集帖的研究,大庭脩先生在《江户时代中国文化受容研究》一书中有《江户时代集帖输入》专章,阐明集帖作为书法资料被大量输入日本这一事实。笔者根据大庭脩先生所收集的《商舶载来书目》《赍来书目》和《长崎会所交易诸帐》对所输入到日本的集帖进行统计时发现,《颜真卿三稿》无论是在输入的次数还是部数都占有很高比例。[②]

因此,本文在对《颜真卿三稿》输入年代、输入部数与次数进行统计的同时,也尝试对颜真卿的单帖输入情况进行统计分析,以期进一步探明颜真卿书迹作品在江户时代输入日本的状况。

---

[*] 作者系日本关西大学东西文化研究科博士研究生。
[①] 大庭脩:《江户时代における中国文化受容の研究》,同朋舍出版,1984。
[②] 马成芬:《江户时代における中国集帖の输入について》,《关西大学院东亚文化研究科院生论集》,第3号。

一、颜真卿与《颜真卿三稿》

颜真卿是中国唐代最为著名的书法家之一。他曾率领义军于安史之乱中英勇奋战,之后又历任要职。颜真卿因在楷书、草书方面开创了新的书风而知名,其书迹作品受到后人高度评价。《旧唐书·颜真卿传》记载:

> 颜真卿,字清臣,琅邪临沂人也。五代祖之推,北齐黄门侍郎。真卿少勤学业,有词藻,尤工书。开元中,举进士,登甲科。事亲以孝闻。①

《新唐书·颜真卿传》中也记载:

> 颜真卿,字清臣,秘书监师古五世从孙。少孤,母殷躬加训导。既长,博学,工辞章,事亲孝。②

颜真卿的书法对后世影响深远,从宋代的苏东坡直至清代何绍基都深得颜真卿书法精髓。《古今源流至论》前集卷三记载:

> 昔东坡尝言:"诗至杜子美,书至颜鲁公。"及题唐书后,又曰:"颜鲁公书,雄秀独出,如杜子美诗,格力天纵。"……盖颜之笔态有天纵自然之妙,即杜诗之自为一家也。颜之精神形于以死赴国之时……③

《清史稿·何绍基传》记载:

> 何绍基,字子贞,道州人,尚书凌汉子。道光十六年进士,选庶吉士,授编修。绍基承家学,少有名。阮元、程恩泽颇器赏之。……诗类黄庭坚,嗜金石,精书法。初学颜真卿,遍临汉、魏各碑至百十过。④

---

① 刘昫等:《旧唐书》卷一百二十八,北京:中华书局,1972,第3589页。
② 欧阳修等:《新唐书》卷一百五十三,北京:中华书局,1972,第4854页。
③ 林駉:《古今源流至论》前集卷三,王云五主编《四库全书珍本》十二集卷一百四十六,台北:"商务印书馆",1982,第5页。
④ 赵尔巽等:《清史稿》卷四百八十六《文苑三》,长春:吉林人民出版社,1995,第10201页。

可见，何绍基的书法基础也是从颜真卿学起。清代孙岳颁等撰《佩文斋书画谱》记载：

> 颜真卿，字清臣，琅邪临沂人。秘书监师古五世从孙，少孤，博学工辞。开元中，举进士，擢制科。天宝末，出为平原太守。历迁刑部、尚书太子太师赠司徒，谥文忠。真卿立朝正色，刚而有礼，天下不以姓名称，而独曰鲁公，善正草书，笔力遒婉，世宝传之。①

颜真卿擅长草书与楷书，并以其强劲的笔力而闻名。颜真卿的书法从书体上可以分为楷书和行草书。楷书作品中大都是用较大的楷书写成的碑文，如《颜勤礼碑》《麻姑仙坛记》《大唐中兴颂》《颜氏家庙碑》等。还有写在纸上或绢上的"告身"，比如《朱巨川告身》。这种"告身"多使用较大的楷体书写而成，用于官职委任。行草作品中既有像《裴将军诗》用楷书、行书、草书三类书体写成的，也有普通的行草作品，如《颜真卿三稿》。《颜真卿三稿》指的是颜真卿的《祭侄文稿》《告伯父文稿》以及《争座位帖》。之所以称其为三稿，是因为三件作品都为草稿。

《祭侄文稿》又称《祭侄稿》《祭侄季明文》、《祭侄文》、《祭侄帖》，是颜真卿在蒲州（今山西省永济县西南）任刺史时，为了祭奠在安史之乱中阵亡的侄子颜季明而写的祭文。颜季明是颜真卿兄颜杲卿之末子。安史之乱之时，常山太守颜杲卿与子颜季明一起起兵抗战，但最后终因"贼臣不救、孤城围逼，父陷子死，巢倾卵覆"，父子双双惨死于战乱中，颜杲卿时年53岁。此文稿共计23行，234个字，写于乾元元年（758）九月。《竹云题跋》中记载：

> 鲁公三稿皆奇，而祭侄稿尤为奇绝，盖泉明以公命购杲卿、季明死于洛阳河北，杲卿仅得一足，季明仅得一首，鲁公痛其忠义身残，哀思勃发，故萦纡郁怒，和血迸泪，不自意其笔之所至，而顿挫纵横，一泻千里，遂成千古绝调。②

当时颜真卿情绪激昂，书法作品可称为"千古绝调"，被后人所称奇。

---

① 孙岳颁等：《佩文斋书画谱》卷二十八《书家传》，上海：上海同文图书馆，1920，第44~45页。
② 王澍：《竹云题跋》卷四，严一萍编集《百部丛书集成》卷六十，台北：艺文印书馆，1967，第9页。

《告伯父文稿》又称《祭伯父濠州刺史文》《祭伯文》。此草稿写于乾元元年（758）十月，是颜真卿在从蒲州刺史转任饶州（今江西省鄱阳县）刺史途中，为祭奠其伯父而写的告文文稿，共36行，410字。伯父指的是颜元孙，即上文提到的颜杲卿之父，颜季明之祖父。关于此文稿，在《竹云题跋》中有以下记载：

> 山谷老人论争座书，犹不及祭濠州刺史之妙。盖一纸半书而真行草法兼备也。弇州山人云：此帖与祭季明侄稿法同而顿挫郁勃，少似逊之，然风神奕奕，则祭季明侄稿小似不及也。①

由此可知，此稿与《祭侄文稿》相比，各具特色，但在书风上来看，《告伯父文稿》气势较为强劲。

《争座位帖》亦称《论座书》《争座帖》《与郭仆射争座位帖》《与郭仆射书》。此稿写于广德二年（764），颜真卿时年56岁。当时尚书右仆射郭英义为了讨好鱼朝恩，违反朝廷礼仪，将其座位多次置于尚书之上，颜真卿为了反对郭英义的不正行为而写了此文稿。关于此文稿书风，《竹云题跋》有如下记载：

> 东坡称其信手自然，动有姿态，比公他书尤为奇特。山谷亦云：奇伟秀拔，奄有魏晋隋唐以来风流气骨。米元章云：争座位帖为颜书第一，字相连属，诡异飞动，得于意外。盖由当时义愤勃发，意不在书，故天真烂然，自合矩度。②

对于《颜真卿三稿》，孰优孰劣，因人而异。但苏东坡、黄庭坚以及米芾这些大家则一致认为《争座位帖》优于颜真卿的其他作品。

《颜真卿三稿》之后被收录到很多集帖中。依据容庚的《丛帖目》整理见表1~表3。

表1　现存集帖中所见《祭侄文稿》

集帖名	制作年代	制作者	卷次
《博古堂帖》	宋	石邦哲摹勒	

---

① 王澍：《竹云题跋》卷四，严一萍编集《百部丛书集成》卷六十，台北：艺文印书馆，1967，第10页。
② 王澍：《竹云题跋》卷四，严一萍编集《百部丛书集成》卷六十，台北：艺文印书馆，1967，第10页。

续表

集帖名	制作年代	制作者	卷次
《停云馆帖》十二卷	明嘉靖十六~三十九年（1537~1560）	文征明撰集、子文彭、文嘉摹勒	《唐人真迹》卷四
《余清斋帖存》八卷	明万历二十四~四十二年（1596~1614）	吴廷摹勒	第四册
《戏鸿堂法书》十六卷	明	董其昌摹勒	卷九
《玉烟堂帖》二十四卷	明万历四十年（1612）	陈瓛撰集	卷十六
《泼墨斋法书》十卷		王秉錞摹勒	卷八
《清鉴堂帖》十卷	明崇祯十年（1637）	吴桢摹勒	卷五
《穰梨馆历代名人法书》八卷	清光绪八年（1882）	陆心源撰集、胡钁摹刻	卷二
《邻苏园法帖》八卷	清光绪十八年（1892）	杨守敬撰集	卷六
《壮陶阁帖》三十六卷	民国元年（1912）	张松亭等摹勒	卷五
《忠义堂帖》一卷	清咸丰十一年（1861）	唐颜真卿书、张穆摹刻	
《唐宋名人帖》四卷	宋淳熙三年（1176）	赵彦约摹勒	唐名人帖卷二
《唐宋八大家法书》十二卷	清乾隆五十二年（1787）	姚学经撰集	卷四《唐颜真卿书》
《平远山房法帖》六卷	清嘉庆七年（1802）	李廷敬撰集、汤铭等摹勒	第二册
《戏鱼堂帖》十卷			卷十
《星凤楼帖》十二卷			卷十一《唐》
《秘阁帖》十卷	宋宣和二年（1120）		卷八

表2　现存集帖中所见《告伯父文稿》

集帖名	制作年代	制作者	卷次
《博古堂帖》	宋	石邦哲摹勒	
《海山仙馆藏古》十二卷	清咸丰三年（1853）	潘仕成撰集	卷八
《澂观阁摹古帖》四卷	清咸丰元年（1851）	伍保恒撰集	卷三
《穰梨馆历代名人法书》八卷	清光绪八年（1882）	陆心源撰集 胡钁摹刻	卷二
《壮陶阁帖》三十六卷	民国元年（1912）	张松亭、唐仁斋、陶听泉摹勒	卷五
《唐宋名人帖》四卷	宋淳熙三年（1176）	赵彦约摹勒	《唐名人帖》卷二

表3　现存集帖中所见《争座位帖》

集帖名	年代	制作者	卷次
《博古堂帖》	宋	石邦哲摹勒	
《戏鸿堂法书》十六卷	明	董其昌摹勒	卷八
《玉烟堂帖》二十四卷	明万历四十年（1612）	陈瓛撰集	卷十六
《墨妙轩法帖》四卷	清乾隆二十年（1755）	蒋溥、汪由敦等编、焦国泰镌刻	卷二

续表

集帖名	年代	制作者	卷次
《玉虹鉴真帖》十三卷	清乾隆年间	孔继涑摹勒	卷四
《契兰堂法帖》八卷	清嘉庆十年（1805）	谢希曾撰集	卷三
《穰梨馆历代名人法书》八卷	清光绪八年（1882）	陆心源撰集，胡钁摹刻	卷二
《壮陶阁帖》三十六卷	民国元年（1912）	张松亭、唐仁斋、陶听泉摹勒	卷五
《颜鲁公帖》八卷、续一卷	宋嘉定八年、十年（1215、1217）	留园刚刻 巩嵘续刻	卷一

二、江户时代输入日本的《颜真卿三稿》分析

颜真卿的书法作品在江户时代以集帖的形式被大量输入日本。依据大庭脩先生《商舶载来书目》等记载，江户时代《颜真卿三稿》是从仁孝天皇弘化元年（1844）开始输入至日本的。这一年共输入了6次，207部。弘化二年（1845）输入次数与部数都达到了最高值，分别为8次和243部。弘化三年（1846）有所下降。至嘉永三年（1850）仅有一艘唐船输入此帖，在输入次数与部数上与前几年相比都有较大下降。安政七年（1860）仅一帖输入，之后未见输入记录（见表4，图1）。

表4　江户时代输入至日本的《颜真卿三稿》

输入年代	唐船名	输入次数	输入部数
弘化元年（1844）	辰四、五、六、七番船	6	207
弘化二年（1845）	巳一、二、三、四、五番船	8	243
弘化三年（1846）	午一、二番船	2	25
弘化四年（1847）	未二番船	3	7
嘉永元年（1848）	申一番船	2	15
嘉永二年（1849）	酉三、五番船	5	21
嘉永三年（1850）	戌一番船	1	8
嘉永五年（1852）	子四番船	1	6
嘉永七年（1854）	寅一番船	1	3
安政五年（1858）	午一番船	1	4
安政七年（1860）		1	1

清代颜真卿书迹作品输入日本考——以《颜真卿三稿》与其单帖为中心 337

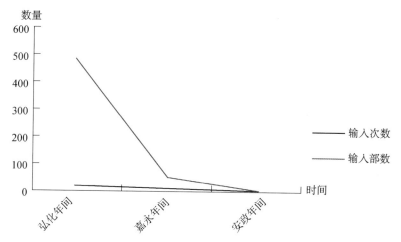

图1 江户时代输入日本的《颜真卿三稿》情况变化

《颜真卿三稿》从弘化元年（1844）至安政七年（1860）间，共输入了539部，31次。江户时代特别是弘化年间颜真卿的书法作品在日本颇受文人墨客欢迎，这可以从江户时代一些历史记录找到证据。

江户时代中期著名的儒学者汤浅常山（1708～1781）在《文会杂记》卷三上中写道："颜鲁公ノ手跡ハ、人ガラノ通リスルドキ手ナリ。"说明在江户时代的文人墨客间，颜真卿的书法作品确实受到了较高的评价。该书卷二上记载：

> 颜鲁公法帖一册、宝暦三年癸酉新刊ス。外题に颜真公墨妙トアリ。唐政通议大夫行薛王友柱国、赠秘书少监国子酒太子少保颜君庙碑铭なり。井子叔云、是榻本大ニ刻アシク神采ナシト云。誠ニ然リ。シカレドモ鲁公ノ法ヲミツベキハ、和刻コノ本ナリ。①

《颜鲁公法帖》一册，宝历三年（1754）新刻本在日本出版。外题有"颜真公墨妙"。此法帖为颜君庙碑铭。井子叔认为此为拓本，无神采。但这可以作为时人关注颜真卿书法的一个证据。

有关《颜鲁公法帖》，小野碧海（宽藏）在《宋名家题跋》记载：

---

① 《日本随笔大成》第一期第14，吉川弘文馆，1975，第223页。

唐颜鲁公二十二字帖

　　斯人忠义出于天性，故其字画刚劲独立，不袭前迹，挺然奇伟，有似其为人。

唐颜鲁公法帖

　　右颜真卿书二帖，并虞世南一帖，合为一卷，颜帖为刑部尚书时乞米于李大夫云。拙于生事，举家食粥来已数月，今又罄乏，实用忧煎，盖其贫如此。此本墨迹，在予亡友王子野家，子野出于相家，而清苦甚于寒士，尝模帖刻石以遗朋友。故人云：鲁公为尚书，其贫如此，吾徒安得不思守约。世南书七十八字尤可爱，在智永千字文后，今附于此。

　　另外，明治时代《颜真卿三稿》在日本也很受欢迎。笔者参照日本全国汉籍数据库，将明治时代《颜真卿三稿》和刻本情况整理如下（表5）。

表5　明治时代《颜真卿三稿》和刻本一览表①

作品名	日本历	公历	出版社	所藏
《祭侄帖》	明治十五年	1882	大藏省印刷局	关大
《颜鲁公三表真迹》	明治十五年	1882	大藏省印刷局	东大总
《颜鲁公争座位帖》	明治十五年	1882	大藏省印刷局	宫城教育大学
（颜鲁公）《三表真迹》	明治十五年	1882	大藏省印刷局	东京都立　中央
《颜鲁公座位帖》	明治		大藏省印刷局	国会　东京
（颜鲁公）《争座位帖》	明治		大藏省印刷局	东京都立　中央
（颜鲁公）《祭侄稿》	明治		大藏省印刷局	东京都立　中央

三、颜真卿单帖输入日本状况分析

　　依据大庭脩先生《商舶载来书目》等记录，我们将江户时代输入至日本的颜真卿单贴进行统计，结果见表6。

---

① 参照京都大学汉学情报中心数据库。

表6 江户时代颜真卿单帖输入日本状况一览表

单帖名	输入年代	唐船名	输入部数	价格
颜真卿书郭氏家庙碑（郭家庙）	弘化元年（1844）	辰四、五、六、七番船	8	47匁
	弘化二年（1845）	巳三、四、五番船	95	2匁
			100	8分
			7	7匁
	弘化三年（1846）	午五番船	1	1分5厘
	嘉永五年（1852）	子二番船	7	2分
	文久二年（1862）	戌三番船	2	3匁
郭中兴颂	安政五年（1858）	午一番船	40	6分3厘
颜家庙	天明三年（1783）		1	
	天明五年（1785）	寅十番船	4帖	
	天保十一年（1840）	子一番船	1	20目
			3	20目
	天保十五年（1844）	辰六番船	2	
	天保十五年（1844）	辰二番船	1	115匁
	天保十五年（1844）	辰四番船	2	96匁
			2	55匁9分
			2	48匁1分
			1	91匁6分
	弘化元年（1844）	巳六番船	14	33匁6分
	弘化元年（1844）	辰四、五、六、七番船	1	70目
			6	35匁
	弘化二年（1845）	巳二番船	1	70目
			6	35匁
	弘化二年（1845）	巳三、四、五番船	8	12匁5分
			8	12匁5分
	弘化三年（1846）	午一番船	3	13匁5分
			2	40目
	弘化三年（1846）	午二番船	5	13匁5分

续表

单帖名	输入年代	唐船名	输入部数	价格
颜家庙	弘化四年（1847）	未二番船	1	12匁
			1	40目
	嘉永二年（1849）	酉二番船	1	40目
	嘉永二年（1849）	酉三番船	1	40目
	嘉永二年（1849）	酉五番船	10	7匁5分
	嘉永三年（1850）	戌一番船	2	40目
	嘉永五年（1852）	子四番船	2	35匁
	文久二年（1862）	戌二番船	1	6匁3分
颜十二法碑	嘉永二年（1849）	酉四番船	1	7匁
颜真卿画赞碑	天明三年（1783）		1	
颜真卿千字文	宽政十一年（1799）		1	
	嘉永三年（1850）	戌一番船	2	6匁5分
颜真卿仙坛记（麻姑仙坛记）	安永六年（1777）		1	
颜真卿多宝佛塔感应碑文	享保十一年（1726）		1	
	享保十八年（1733）		1	
	明和四年（1767）		1	
	天保十一年（1840）	子一番船	21	5匁
			1	15匁
			1	15匁
	天保十一年（1840）	子二番船	10	5匁
	天保十二年（1841）	丑四番船	10	5匁
	天保十三年（1842）	寅二番船	1	20目
	天保十五年（1844）	辰二番船	1	42匁5分
	天保十五年（1844）	辰四番船	30	16匁8分
			2	15匁1分
			3	23匁5分
	天保十五年（1844）	辰六番船	20	8匁9分
	弘化元年（1844）	辰四、五、六、七番船	120	8匁9分
	弘化二年（1845）	巳三、四、五	5	4匁

续表

单帖名	输入年代	唐船名	输入部数	价格
颜真卿多宝佛塔感应碑文	弘化二年（1845）	巳二番船	120	8匁9分
	弘化二年（1845）	巳六番船	50	8匁6分
			2	8匁5分
	弘化二年（1845）	巳三、四、五番船	3	13匁
	弘化三年（1846）	午二番船	20	4匁
	弘化三年（1846）	午四番船	2	12匁
	弘化三年（1846）	午一番船	10	4匁
			10	13匁
	弘化四年（1847）	未二番船	1	12匁
			2	12匁
	嘉永元年（1848）	申四番船	2	12匁
	嘉永元年（1848）	申一番船	5	12匁
	嘉永二年（1849）	酉三番船	6	12匁
	嘉永二年（1849）	酉五番船	40	4匁
			1	12匁
	嘉永二年（1849）	酉二番船	10	12匁
	嘉永二年（1849）	酉七番船	5	12匁
			7	12匁
	嘉永三年（1850）	戌四番船	4	8匁
	嘉永三年（1850）	戌一番船	10	12匁
	嘉永四年（1851）	亥四番船	2	8匁
	嘉永五年（1852）	子三番船	5	5匁
	嘉永五年（1852）	子四番船	5	8匁
	安政五年（1858）	午一番船	4	141匁
	安政六年（1859）	未一番船	1枚	8匁分
	安政六年（1859）	未三番船	1	21匁5分
	文久二年（1862）	戌二番船	1帖	13匁
争座位	享保十八年（1733）		1枚	
	嘉永二年（1849）	酉五番船	10	5分

续表

单帖名	输入年代	唐船名	输入部数	价格
中兴颂	天明三年（1783）		1	
	弘化二年（1845）	巳三、四、五番船	130	2 匁
			180	5 分
	弘化二年（1845）	巳六番船	30	2 匁
			100	9 分 5 厘
	弘化三年（1846）	午一番船	20	1 匁
	嘉永二年（1849）	酉五番船	50	3 分
	嘉永五年（1852）	子二番船	16	1 分 5 厘
	安政一年（1854）	寅一番船	6	1 分 5 厘
	文久二年（1862）	戌二番船	3	1 匁 8 分
竹山连句	嘉永四年（1851）	亥四番船	20	1 分 5 厘
			20	1 分 5 厘
	嘉永七年（1854）	寅一番船	7	1 分 5 厘

从表 6 可以看出，颜真卿单帖输入日本最早是在享保十一年（1726），最晚至文久二年（1862），在长达 136 年间共输入了颜真卿的 11 种、1502 部单帖。其中，《颜真卿多宝佛塔感应碑文》共输入了 555 部，占所有单帖输入部数的 37%。其次是《中兴颂》，在天明三年（1783）至文久二年（1862）的 79 年间，共输入了 536 部，占总输入部数的 36%。由此可见，仅《颜真卿多宝佛塔感应碑》与《中兴颂》两种单帖的输入部数就占到了总输入部数的 73%。在输入的这 11 种单帖中，价格最为昂贵的为安政五年（1858）输入的《颜真卿多宝佛塔感应碑文》，为 141 匁。其次是《颜家庙》，为 115 匁、96 匁和 91 匁。最便宜的为《中兴颂》和《竹山连句》的 1 分 5 厘。

1922 年（大正十一年）12 月，驻东京的中国公使馆举办了一次颜真卿书法真迹展览会，共展出了 50 种颜真卿的书法真迹，参加人数达数百名。12 月 18 日，《东京朝日新闻》第 13127 号发表了一篇关于《颜真卿真笔》的报道，内容如下：

来朝中の支那名士颜世清氏の寒木堂藏書畫展覽會は應十八、九及び二十一、二の四日間に亘り麴町永田町支那公使館に開かれる、十七日午後二時から五時までの間に百三十点の名品中特に代表的と目される五十点余を同公使館舞踏室内に陳列して知名士、愛好家、専門家等を招待内見の便に供した、午前中公使館員の手傳ひてやつと陳列を仕上げた當の顔氏は「とつておき中のとつておきといふ所を述べたんですが、どうです、これが五代遺源ですこれが宋李公慶の白描圖卷です、いいてせう」と得意満面胡公使までが一緒になって、……

可知，大正时代日本社会对颜真卿书法也是颇为推崇的。

结　语

颜真卿作为中国唐代著名书法家，其书法作品在江户时代通过长崎贸易被大量输入日本，不仅有代表性的集帖如《颜真卿三稿》，更有其大量的单帖。研究显示，不仅在江户时代，在明治以及大正时期颜真卿的书法作品及书风在日本文人墨客中享有很高地位，备受推崇，反映出清代传入日本的集帖、单帖等书法资料对日本书道界的书风产生了影响，在研究东亚书道史方面有着重要的意义。

A Research on the Calligraphy by Yan Zhenqing Exported to Japan During the Edo Period: Focusing on the *Yan Zhenqing Sangao*

Ma Chengfen

Abstract: During the Edo Period, Nagasaki is the only foreign trade port to China and the Netherlands. There were many different goods traded from China to Japan, including many books. And among these books, many of them are about the art of calligraphy. The art of calligraphy was introduced into Japan as an important trade goods. Chinese commercial ships (known as "Tang" ship then) transported many rubbings of famous Chinese calligraphers. In our statistics on the number of Japanese imports of these rubbings, we find that there are in total 459 times of import, covering 151 kinds and 3 797 rubbings. Among these rubbings introduced to Japan there were *Yan Zhenqing Sangao* and copies of calligraphy model established by Yan Zhenqing, the well-known calligrapher in Tang Dynasty. This paper focuses on *Yan Zhenqing Sangao* and explores how it is exported to Japan as a trade goods.

Key Words: the Edo Period; Japan; Nagasaki; trade; Yan Zhenqing; copies of calligraphy model

第三部分

唐代海南岛的海上贸易

叶显恩*

关于古代中国海南的海上贸易，由于文献记载的阙如，几乎都局限于朝贡贸易。文献上只有谈及海盗时，于无意中透露出一些海商的史迹。从南海交通的最早文献记载《汉书·地理志》看，西汉朝廷曾派遣船队从徐闻、合浦港出海，船队沿北部湾海岸航行，海南岛处于航线的左边，船队当是擦边而过，未必上岸。海南岛成为丝路的途经地，恐怕要到公元三世纪，孙吴开通了自广州起航，经海南岛东部海面，直穿西沙群岛海面而抵达东南亚各地的便捷航线之后。① 自三世纪始，海南岛处于联结亚、欧、非洲的海上丝绸之路上，其地位愈显重要。八世纪中叶，以东方的唐帝国和西方的阿拉伯帝国为轴心的国际海洋贸易圈形成，广州是这一贸易圈的东方中心。以广州为始发港的"广州通海夷道"穿过海南岛的东部，必将在海南东南部停船以补给船上生活之需，更发挥着中转补给、航线定向和避风港的作用。海南东南部的振州和万安州（今三亚、陵水一带）便成为这一航线的中间站。

关于唐代中期海南岛海上贸易的情况，在唐代文献中有一些零星的记载。现摘抄三则较为典型的资料如下。

真人元开著《唐大和上东征传》记载：

---

* 作者系广东省社会科学院历史研究所研究员。
① 叶显恩、张难生：《海上丝绸之路与广州》，《中国社会科学》1992 年第 1 期，第 207~223 页；*Guangzhou and the Maritime Silk Road*: Beijing: *SOCIAL SCIENCES IN CHINA*, 1992, No.2, pp.191-214；叶显恩主编：《中国航运史》（古代部分），北京：中国交通出版社，1989。

（鉴真一行）到振州江口泊舟。其经纪人往报郡，其别驾冯崇债遣兵四百余人来迎。引至州城，别驾来迎……迎入宅内，设［斋］供养。又于太守厅内，设会授戒，仍入州大云寺安置。其寺佛殿坏废，众僧各舍衣物造佛殿，住一年造了。别驾冯崇债自备甲兵八百余人送，经四十余日，至万安州。

州大首领冯若芳请住其家，三日供养。若芳每年常劫取波斯舶二三艘，取物为己货，掠人为奴婢。其奴婢居处，南北三日行。东西五日行，村村相次，总是若芳奴婢之［住］处也。若芳会客，常用乳头香为灯烛，一烧一百余斤。其宅后，苏芳木露积如山，其余财物，亦称此焉。

行到崖州界，无贼，别驾乃回去。荣睿、普照师从海路经四十余日到崖州，州游奕大使张云出迎，拜谒，引入。令住开元寺。官寮参省设斋，施物盈满一屋。……

彼州遭火，寺［并］被烧，和上受大使请造寺。振州别驾闻和上造寺，即遣诸奴，各令进一椽，三日内一时将来，即构佛殿、讲堂、砖塔。［椽］木［有］余，又造释迦丈六佛像。①

上文叙述鉴真和尚（688～763）于唐天宝七年（748）十月十六日第五次东渡日本之行，遇飓风，经漂流17天，至"振州江口"（振州即临振郡，郡治于今崖三亚市崖城镇；江口，指今崖城镇宁远河口），再从临振郡、万安郡（郡治在今陵水）至珠崖郡（今琼山）②沿途所受接待和见闻的一段经历。

此书作者真人元开，乃日本天智天皇的后裔，著名的文学家，佛教居士淡海三船（722～785）。此书是他在鉴真亲信弟子思讬写的《大唐传戒师僧名记大和上鉴真传》（简称《大和尚传》）一书基础上，受作者之请求，经简化、加工而成的。成书于779年，即鉴真圆寂后16年。此书所载内容的可信度应该是很高的。

房千里著《投荒杂录》"陈振武"条记载：

---

① 真人元开：《唐大和上东征传》，汪向荣校注，北京：中华书局，2000，第65～70页。
② 天宝元年（742），改振州为临振郡；鉴真到临振时，当称临振郡。崖州改为珠崖郡。肃宗乾元元年（758），改郡为州；因此真人元开写此书时，误将郡称州。

唐振州民陈武振者，家累万金，为海中大豪，犀象玳瑁仓库数百，先是西域贾漂舶溺至者，因而有焉。海中人善咒术，俗谓得牟法。凡贾船经海路，与海中五郡绝远，不幸风漂失路，入振州境内，振民即登山披发以咒咀，起风扬波，舶不能去，必漂于所咒之地而止，武振由是而富。招讨使韦公幹①以兄事武振，武振没②入。公幹之室亦竭矣。③

房千里：《投荒杂录》"韦公幹"记载：

（琼州）郡守（当时称州，官州刺史）韦公幹者，贪而且酷，掠良家子为臧获，如驱犬豕。有女奴四百人，执业者太半，有织花缣文纱者、有伸角为器者、有镕锻金银者、有攻珍木为什具者。其家如市，日考月课，唯恐不程。……（琼）多乌文（黑檀）、呿陀，皆奇木也。公幹驱木工沿海采伐，至有不中程以斤自刃者。前一岁，公幹以韩约婿受代，命二大舟，一实乌文器杂以银，一实呿陀器杂为金，浮海东去。且令健卒护行。将抵广，木既坚密，金且重，未数百里，二舟俱覆，不知几万万也。④

房千里，于唐文宗朝（828～840）谪任岭南高州刺史。与引文中的当事人韦公幹同朝为官，且其任所高州与琼州相邻，分处琼州海峡的两岸。以上所引的资料，显然是他据传闻而撰写，似无个人好恶掺杂其间，其史料的真实性当是很高的。

以上征引的文献资料，虽是历史的片断，却透露出丰富的信息。现试作如下诠释。

（一）海上贸易掌控在少数族酋长、土豪和地方帅臣手中

前引的资料中所说的冯崇债、冯若芳、陈振武和韦公幹四人都各有来头。冯崇债和冯若芳，当是冯冼家族的后裔。冼夫人自幼"善读阃外春秋"，受到

---

① 唐文宗大和间，即828～835年，任琼州都督兼五州招讨游奕使及琼州刺史。五州即琼、崖、振、儋、万州。
② 没原作犀象，据明抄本改。
③ 李昉：《太平广记》卷二百八十六"陈武振"条，北京：中华书局，1961，第2282页。
④ 李昉：《太平广记》卷二百六十九"韦公幹"条，北京：中华书局，1961，第2113页。

中原儒家文化的影响，以"信义结于本乡""由是怨隙止息，海南、儋耳归附者千余洞"。这里的"海南"①指雷州半岛一带，"儋耳"指海南岛。为冼夫人的德行所感，雷州半岛至儋耳一带未归顺的千余洞俚人纷纷前来降附。此事发生在南朝萧梁初年。海南岛自此时起被纳入冼夫人的势力范围。如果说，萧梁时期冼夫人的势力已经伸展到海南岛，那么，隋唐期间其对海南岛的控制力越发加强。临振郡是隋文帝杨坚赐予冼夫人的"临振县汤沐邑一千五百户"的所在地，又是其孙冯盎控制的"八州"中的振州之地。万安与临振相连，正是冯冼家族重点掌控的地区之一。从冯崇债和冯若芳皆生活在唐玄宗朝看，当与玄宗朝大宦官高力士（冯君衡之子）平辈，同属冯盎玄孙，即冯宝和冼夫人的五世孙。②

冯若芳是"州大首领"，也许因为他身有官衔，所以其从事海洋劫掠活动，文献上都故意隐去。他亦盗亦商，商盗一体，是一大海商，固不待言。冯崇债是临振郡别驾，一郡最高长官的副职，也当是该地区俚族的首领。他命令他家奴婢每人送去一根橡木，三日内不仅足以建构一座佛寺的构佛殿、讲堂和砖塔，还有余木建造释迦丈六佛像，可见他拥有奴婢数量之众多，财力之雄厚。奴婢本身不仅可充商品，也可从事商品生产。用奴婢生产商品之举，前引韦公幹的一则资料即为一例。能积聚如此巨量财富，只有从事海洋贸易才能实现。他无疑也是一大海商。

陈武振是"海中大豪"。从身任琼州都督兼五州招讨游弈使及琼州刺使的韦公幹③也事之如兄长看，可见其威势之显赫，是地道的豪酋。

韦公幹掌控海南岛军政大权。他从生产商品、造船，到从事海上贩运，"一条龙"地经营海洋贸易。他是一个地方帅臣与海商结为一体的标本。

掌控海上贸易的冯崇债、冯若芳、陈武振和韦公幹等人，或为地方帅臣，或为少数族酋长，或为当地的大土豪。这在岭南沿海是普遍现象。从笔者涉猎的资料看，在唐代，从珠三角沿海至岭南西部的海上贸易，就分别掌控在冼氏和宁氏两家少数族豪酋手中。④海南岛属冼氏势力范围，海上贸易最大掌控者

---

① 关于"海南"一词在历代不同含义，可参阅李勃《海南岛历代建置沿革考》附录《海南考》，海口：海南出版社，2008，第533页。
② 参见王兴瑞：《冼夫人与冯氏家族》，北京：中华书局，1984，第64页。
③ 参见李勃：《海南岛历代建置沿革考》附录《海南考》，海口：海南出版社，2008，第204~205页。
④ 叶显恩：《珠江三角洲商业化与社会变迁》，第五章"广州的传统海贸中心港市地位及其于明后期的转型"（未刊稿）。

也当在冼氏家族手中。海上贸易获利大，风险亦大，且需要巨额投资，尤其需要强大的政治势力做后盾，并非平民百姓、素封之家所能染指。据《隋书·食货志》所载："岭南酋帅，因生口（奴隶）、翡翠、明珠、犀象之饶，雄于乡曲者，朝廷多因而署之。"地方豪酋和地方帅臣，由于掌控海上贸易而富饶，并称霸乡里。朝廷也多为土酋加上政府官员的身份，使之如虎添翼，越发为所欲为。这种由土酋和地方帅臣掌控海上贸易的情况，要到明中叶以后，民间海商的兴起，才有所改变。

（二）亦盗亦商，商盗一体

冯若芳和陈武振利用海南岛东部万宁、陵水、三亚一带航线上的要冲，劫掠过路商船的货物为己有，掠人为奴隶。冯若芳，从"其奴婢居处，南北三日行。东西五日行，村村相次，总是若芳奴婢之［住］处"看，他拥有的奴隶数量甚巨。

冯若芳，其宅后苏芳木堆积如山，其他财物也如山般积聚。每当客临，用名贵的乳头香来当灯烛，一烧即百余斤，奢侈之至。苏芳木作为一种香料，唐代以后依然由南方源源输入中国内陆。乳头香是称为熏陆的一种香料，唐宋时期大量输入国内各地，为豪门巨室所广泛享用。波斯、阿拉伯的商船正是为贩运这一类商货而活跃在南海丝路上。①

陈武振，家中积有巨资，为当地的一位大富豪。犀牛角、象牙和玳瑁之类的奇珍异宝，在仓库堆存成百上千。他是靠劫掠阿拉伯商人遇险溺船的货物起家的。他利用当地的一种叫"得牟法"的诅咒术，来进行劫掠。凡来船遇风浪漂流至三亚一带沿海时，当地善于念诅咒术者便登山施"得牟法"，使迷失方向的船，漂到其指定的地点，再劫夺之。当然，这种所谓"得牟法"，乃是掩人耳目、迷惑视听的幌子罢了。

冯若芳和陈武振都是从事海上劫掠和商业活动的。在古代，海贸商人和海盗本是一家，中外概无例外。对此，中国的学术界近年才开始关注并正在热议之中。在世界古代历史上，特别是近代化发展初期，商业是与海盗、走私、掠夺和奴隶贩卖联系在一起的。16世纪，欧洲人对海盗掳掠和合法贸易是不加区

---

① 参阅小叶田淳：《海南岛史》，张迅齐译，台北：学海出版社，1979。

分的，贸易就是掳掠，掳掠就是贸易。到了18世纪，欧洲理论界才开始谈论国际法中海盗和合法贸易的区别。[①]冯若芳和陈武振之所为，与西方各国东印度公司在亚洲海域的行径，没有实质性的区别。海上商船，在茫茫的大海中，有机可乘时，往往就劫掠对方。[②]他们之间的不同是：16世纪以降，西方的公司有本国政府做后盾，得到政府政治、经济、技术的支持；享有特许状、军事、殖民地等特权；在重商主义支配下，有寻找商机，建立商业殖民地的明确目标。陈武振等中国海贸商人积累的商业资本，不仅没有受到官府的保护，促进其不断发展，反而无法摆脱最终被官府抄没而陷入败落的历史命运。这是中国历代皇朝的既定政策。从另一意义上说，这是当时历史条件下，处于弱势的海洋文化受挫于农耕文化的一种表现。

（三）从商品生产、造船到经营海上贸易，形成"一条龙"，由一家商人独自完成

韦公幹以地方帅臣身份经营海上贸易，甚具典型性。他利用奴隶，设置手工工场，生产商品，自造海舶，经营贩运。这些环节形成海贸一条龙，由他独自经营，尤其具有特色。

韦公幹掠夺良家子为臧获，驱使其如同猪狗般从事手工劳役；还有女奴四百，其中大半用于纺织等行业。开设有生产不同产品的手工作坊，如织花缣文纱作坊、伸角为器的作坊、镕锻金银作坊、制作珍木什具作坊等，还有制造海舶的作坊。这些作坊设有监工头，对服劳役的奴隶进行"日考月课"的督课考察，以保证制造出合乎预定规程的商品。其商品的种类，有纺织品、象犀角器品、金银工艺品、珍奇木具品等。前来商谈买卖的人，熙来攘往，"其家如市"。为了造船，他驱使木工沿海边勘察砍伐预定规模式样的乌木（黑檀）、呿陁等珍奇树木。他曾在唐文宗大和二年至大和九年（828～835），一年制造两艘大船，运载自制商品，出海贩卖，因超载而沉没。

[①] 弗莱克、纳桑塔拉（Bernard H. M. Vlekke, Nusantara）：《印度尼西亚史》（*A History of Indonesia*），海牙，1959，第82页，转引自严中平《科学研究方法十讲》，北京：人民出版社，1986，第187页。
[②] 参见程绍刚译注：《荷兰人在福尔摩莎》，台北：联经出版事业公司，2000，第211页。

（四）8 世纪上半叶，海南土酋和地方帅臣经营海上贸易的情况，反映南海丝路日趋活跃，预示着中国的对外贸易正从陆上丝路向以海上丝路为主转型

我们不仅从海南的少数族首领、土酋和地方帅臣经营海贸的情形，看到海上丝路的活跃，而且从三亚至陵水一带现今留下的唐宋至元的穆斯林的墓群，以及文献上有关东南亚各国公差使臣途经东部沿海时，指定专供贡船停泊地点的记载，还可见证阿拉伯商人以及南海各国贡船频繁途经海南的情状。

如果我们将眼光投向当时的陆上丝路，便可发现海南丝路的活跃，并非偶然。中西方交通，除内陆丝路外，还出现了先以交趾的龙编（今越南河内东），三世纪后以广州为起航港的海上丝路。但是在唐代前期，一直以横贯中西的陆上丝路为主。到了七世纪，这条传统的贯通中西的内陆丝路出现了通阻无常的状况。唐朝与丝路经过的一些中亚国家关系正常，即通；一旦生变，即阻。当时正处于对峙状态的唐帝国和阿拉伯帝国，都力图控制中亚地区。一场争夺中亚的战争，终于天宝十年（751）在怛罗斯城下爆发了。高仙芝率领的唐军，在中亚怛罗斯城被阿拉伯军队击败后，唐朝失去对中亚的控制，陆上丝路就更不能正常通行了。再有，陆上丝路靠骆驼驮运，其货量少，自难适应货运日益增长的需求，加之成本昂贵，不利于中西贸易的发展。发展海上丝路，以之取代陆上丝路，便成为历史发展的必然趋势。文献记载的海南岛陵水、三亚一带于八世纪中叶出现海上丝路活跃的情况，应当说是反映了当时历史的实况，同时也昭示着海上丝路正取代内陆丝路而成为主要通道。

（五）海商及其驱使从事劳役者所属族属之探讨

从韦公幹作坊的纺织、角器、五金、木具、舟船等制作工艺，以及韦公幹、陈武振行驶船舶的航海技能看，都已经达到相当高的水平。在海商麾下从事手工制造业、航海业和商务活动的工匠、技师、船工、员役等，是什么人呢？这是笔者特别关心，并希望得到回答的问题。

历来都认为宋代闽南族群移居海南之前，海南岛的土著居民是黎族。而从事这些工艺和商业活动的员役，是同直至 20 世纪 50 年代仍然处于原始父系家长制合作组织的所谓"合亩制"的黎族人是风马牛不相及的。他们还远没有达到这样的水平。学术界有人说，俚族是宋代之后改称为黎族的。事实上，海南的黎族较之于海峡北岸的俚族，其文化发展水平要低得多。冼夫人的俚与海南岛的黎并非同一族群。

据文献记载，秦汉至唐，海南岛的农业和纺织业，较之长江流域并不逊色，且有过之无不及。《汉书》卷28下《地理志八》记载：儋耳、珠崖郡"民皆服布，如单被，穿中央为贯头。男子耕农，种禾稻苎麻，女子桑蚕织绩"。真人元开《唐大和上东征传》记载："十月作田，正月收粟，养蚕八度，收稻再度。"

在长江流域广大地区，自秦汉历魏晋南北朝至隋代，《史记》《汉书》《晋书》《隋书》等正史都用相同的文字记载："楚越之地，地广人稀，饭稻羹鱼，或火耕而水耨。"就是说经历约千年，依然沿用"火耕而水耨"①。而海南岛却已经达到"养蚕八度，收稻再度"的农耕水平。两相比较，孰高孰低，自可立见。

纺织业方面，汉代海南岛土著居民交纳的广幅布②，唐代的白叠布，皆属贡品。《汉书》卷96下《西域传下》说：汉武帝"能睹犀、布、玳瑁，则建珠崖七郡"。是说为了得到犀、布、玳瑁而建置珠崖款等七郡，贾捐之主张废罢珠崖郡的理由是"又非独珠崖有珠、犀、玳瑁也，弃之不足惜"③。从此可推知，唯"布"是七郡中海南以外各郡之所无，是海南之特产。

秦汉已达到如此高度的农耕文化，到了唐代竟是"养蚕八度，收稻再度"。这究竟是什么人创造如此辉煌的业绩呢？是否于土著黎族之外，还有更高文化的另一族群存在呢？据中外人类学学者的研究，海南的确存在一个长期被湮没了的族群。前面提到的海商和制作工艺、航海、经商等员役，正是这一族群胜任担当。20世纪20年代法国传教士萨维纳在海口近郊实地调查，称这一族群为"翁贝"人。20世纪80年代资深教授梁敏等学者则称之为"临高人"（以地名称之。这一族群今约占临高县人口的95%）。翁贝人（或称临高语族

---

① 用火烧荒，在其间点播种子，杂草丛生时引水淹萎除之。
② 范晔：《后汉书》卷八十六《南蛮西南夷列传》，北京：中华书局，1991，第2835页。
③ 班固：《汉书》卷六十四下《贾捐之传》，北京：中华书局，1992，第2834页。贾捐之认为土著居民尚未开化，对其实行统治，成本太高，得不偿失。据此，汉元帝保留其在中国版图内，罢去珠崖、儋耳郡。但仍设朱卢县，属合浦，以安置岛上慕义欲内属之民。

群）自秦汉至唐代，是以南渡江以西的地域为其活动的基地，即约相当于今天的琼山、澄迈、临高和儋州一带，并在环岛其他地方与黎族人杂居。

自秦汉以来，翁贝人在融合登岛零星的汉人过程中，不断地提升自身的文化。尤其是萧梁大同年间冼夫人降服土人之后，冯冼家族为实施对海南的管辖，带来了一批家人、随员，以及戍守军士，俚人翁贝化，即为翁贝人所融化。翁贝人也从俚人得到文化的提升。出自对冼夫人的感念、追思和崇拜，翁贝人在其住地（南渡江以西地域），广建冼夫人庙，并年年举行隆重的祭典仪式。而同为"黎"的土著人黎族，与冼夫人间，却彼此没有瓜葛。也许因此把翁贝人视为俚人。明清海南的方志上就称翁贝人为熟黎或俚[①]，尽管户籍上称"民"。

唐宋贬官文士到海南落户的，是在翁贝人的家园。最早领略中原文化温馨和滋润的也是翁贝人。有学人感慨"文化海南从翁贝起航"，应当说是确切的。翁贝文化主宰海南历一千余年，直至宋代，闽南人带来先进的儒家文化和商业文明，并与翁贝人相嫁接后，终于结出明清两代人文郁起，以丘濬、海瑞为代表的文化硕果。

人类学家对海南的研究成果，引发了"翁贝学"（临高学）的兴起。为了发覆翁贝人的历史，2012 年 11 月在海口召开有中国、澳大利亚等国有关学者出席的"首届临高学学术研讨会"，倡导开展"临高学"研究，并成立临高县文化研究会。陈江主编《一个族群曾经拥有的千年辉煌——临高学研究初集》（海南出版社，2012）一书，反映了现阶段"翁贝学"的最新研究成果。

Maritime Trade in the Hainan Island in the Tang Dynasty

Ye Xian'en

Abstract: In the 8th century, there emerged an international maritime trade network between the Tang Empire in the East and the Arab Empire in the West, which was connected by a long and famous maritime route from Canton to the

---

① 道光《琼州府志》卷四《舆地志》，"山川"，"临高下"。

Persian Gulf. Zhenzhou and Wanzhou, which were isolated in Southeast Hainan Island in the Tang Dynasty, became important transfer stations in the maritime route. Since then, the maritime trade in the Hainan Island flourished. Three kinds of strongmen in the island—the tribal chief, the powerful landlord and the major military officer controlled the trade. They not only monopolized the whole business from the commodity production, ship building to commodity trading, even robbed merchant ships across the area. And most of their employers such as the craftsman, boatman, sailor, merchant were the "Ong-be" or "Lingao People" from Lingao County.

Key Words: maritime trade; Hainan Island; the Tang Dynasty; Ong-be; Lingao

清代海外贸易通事初探

廖大珂[*]

清代海外贸易有了长足的发展，无论是海外贸易的规模还是和中国发生贸易关系的海外国家数量，都远远超过前代。在如此大规模的中外交往和贸易中，通事发挥了关键的作用。通事，"原系代外人传译"[①]，即翻译也。若无通事的居间传译，清代如何能有如此丰富的对外交往和繁盛的海上贸易？[②]然而，尽管通事是海外贸易中的一个重要群体，却几乎不为人们所重视，史学界对清代的通事亦未予重视，有关的论著屈指可数[③]，其研究也是浅尝辄止，未能深入，不能不说是个缺憾。通事作为中外交往而产生的特殊群体，有不少值得研究的问题。然而，限于笔者的学识和能力，本文仅就清代鸦片战争之前从事海外贸易的通事种类、来源及其职责做一初步的探索，以就教于专家学者。

一、通事的种类

在清代海外贸易中，通事非常活跃，种类繁多。就其国籍而言，有"土通

---

[*] 作者系厦门大学东南亚研究中心、南洋研究院教授。
[①] 马士：《东印度公司对华贸易编年史》第3卷，广州：中山大学出版社，1991，第386页。
[②] 乾隆间，两广总督苏昌言："查外洋夷人语言不通，服饰器用，与内地迥别，若非行商、通事传译代理，则举凡天朝之禁令体制，与夫市价课税章程，该夷人何由谙晓，何所管束？"一语道出了通事在中外交流中的重要作用。见《两广总督苏昌等拟给英人回文稿》，引自《明清时期澳门问题档案文献汇编》第1册，北京：人民出版社，1999，第363页。
[③] 有关的主要论著有黎难秋主编《中国口译史》，青岛：青岛出版社，2002。

事"和"夷通事"之别,"土通事能夷语,夷通事能华语"①;就其地位而言,有"都通事""副通事"和"通事"之别;就其所承担角色而言,又有"护送通事""随伴通事""在船通事""存留通事""朝京通事"等。然而根据通事身份的不同,则大体上可分为官方通事和民人通事两大类。

(一)官方通事

官方通事是指为清政府所雇用,具有官方身份的通事。清政府无论是在通商口岸与外商贸易,还是在京接待外国朝贡使团时,都需要借助官方通事才能进行。

1. 通商口岸的官方通事

从清初到乾隆二十四年(1644～1759),中外贸易的主要口岸为广州、澳门、厦门、福州等地。乾隆二十四年发生"洪任辉事件"后,清廷限制外国商船到其他口岸贸易,广州成了唯一合法的贸易口岸,一直到鸦片战争时没有变更。在这些通商口岸中,官方通事是必不可少的。

广州

广州是清代最重要的通商口岸,外商辐辏,"外夷商梢在粤者不下数千余人"②,自然需要不少官方通事为中外贸易服务,因此官府设有"通事馆"。亨特在《广州"番鬼"录》里提到:

> 等到一艘船上诸事俱备,准备量船时,通事又得去报告海关监督,由他派一名税吏来黄埔"办事",这位税吏总是由通事馆的一名成员陪同前来,该通事被称为"官方"通事。③

乾隆二十五年(1760)七月初五日,粤海关监督"下通事林成等谕"中有

---

① 谢杰:《〈琉球录〉撮要补遗》,载《台湾文献史料丛刊》第 3 辑,《使琉球录三种》,台北:大通书局,1984,第 270 页。关于清代"土通事"和"夷通事",可参阅《两广总督蒋攸铦等奏闻体察夷情预为筹措海防折》,引自《明清时期澳门问题档案文献汇编》第 2 册,广州:中山大学出版社,1991,第 118 页;中国第一历史档案馆编《清代中琉关系档案续编》,北京:中华书局,1994,第 21～22、63 页;《清代中琉关系档案续编》,北京:中华书局,1996,第 470 页;等等。
② 《两广总督陈大受等奏报荷兰商船船员自相伤害已照例处治折》,引自《明清时期澳门问题档案文献汇编》第 1 册,北京:人民出版社,1999,第 254 页。
③ 威廉·C. 亨特:《广州"番鬼"录》,冯树铁译,广州:广东人民出版社,1993,第 38～39 页。

"钦命管理粤海关税务尤谕通事林成、林望、蔡景知悉"的记载,①此三人应是为粤海关效力的官方通事。海关通事除了平时承担传译工作外,遇到"每年夷船进口,海关监督例应亲往黄埔丈量,一年或五六次不等,斯时保商、通事随同在船,设有应禀之事,何难即时禀办。且夷人例禁入城,如果有应禀事件,亦准令具禀,交保商、通事代投"。②乾隆三十年(1765),两广总督杨廷璋恐当年抵粤的佛郎机商船滞留广州,于是知会粤海关监督,"各差家人携带通事伴同行商潘振承驰赴虎门、澳门各口,细加确查"。③而马士所提到的道光十一年(1831)广州城里的总通事蔡茂也是官方通事。④

澳门

"自大西洋葡萄牙通中国,乞得澳门以居,置买茶叶、大黄等物归售各国,各国慕之,闻风踵至。乾隆年间,大开洋禁,以粤东为市易所,设洋商通事,西南各国麇至。"⑤因为夷人众多,华夷杂处,必须有通事协助沟通。史称:"澳之奸民不一,其役于官,传言语、译文字、丈量船只、货之出入口、点件数、秤轻重、输税上饷者曰通事。"⑥这种"役于官",为官府效力的通事自然是官方通事了。乾隆九年(1744)又设立澳门同知一职,规定今后通事之职由"标兵"充任。⑦此"标兵通事"亦属官方通事无疑。

清政府官员到澳门办公时随身带有官方通事。乾隆五十七年(1792)正月"香山县丞致澳门理事官谕文"中记"今本分县因见该馆日久坏烂,是以修葺,从傍并建厢房一间,以为通事临澳稍驻办公之便"⑧。同年三月,粤海关监督盛住到澳门等税口视察时也带有通事。⑨

厦门

1685年(康熙二十四年)7月29日,英国商船"中国商人号"驶抵厦

---

① 许地山:《达衷集》卷下,北京:商务印书馆,1928,第125页。
② 《两广总督苏昌等拟给英人回文稿》,引自《明清时期澳门问题档案文献汇编》第1册,第363页。
③ 《宫中朱批奏折》,引自《明清时期澳门问题档案文献汇编》第1册,第376页。
④ 马士:《东印度公司对华贸易编年史》第4、5卷,广州:中山大学出版社,1991,第283页。
⑤ 魏源:《海国图志》卷五十二,邵阳魏氏拥遗经阁重刻本,清光绪二年,第7页。
⑥ 田明曜:《重修香山县志》卷二十二,广州中山图书馆据光绪五年刻本影印,1982,第87页。
⑦ 梁廷枏:《粤海关志》卷二十八,《近代中国史料丛刊续编》第19辑,台北:文海出版社,第2005页。
⑧ 《香山县丞致澳门理事官谕文》,引自张海鹏主编:《中葡关系史资料集》上册,成都:四川人民出版社,1999,第565页。
⑨ 《军机处录副奏折》,引自《明清时期澳门问题档案文献汇编》第1册,第510页。

门。因旧时的商馆已改为海关，于是代理人租到一所房子，"房主是一位官员"，他指定几个通事，"领有当局执照，没有他们在场就不能出售货品"①。乾隆九年（1744）七月，一艘英国夹板夷船驶进厦门港，当地官员"随即带同通事何有德到船查验"②。乾隆十四年五月二十日（1749年7月4日），"噶喇叭难番于正月十二日护解到厦，贩洋商船久已开行，见在并无便船可以附搭，随令通事将见无便船可配，须留养在厦，俟冬底配船回国缘由，告知难番。据译供，该国番人每年皆往来广东澳门地方贸易，夹板夷船悉系二三月间由澳门开行回国，即无便船，澳门有彼处番伴，可以安歇等语。"③上述的通事应是为厦门地方官府效力的官方通事。

福州

福州主要是对琉球交通贸易的口岸。明代福建市舶司即设于此，内有通晓番文、精通礼法的土通事若干。清朝的闽海关也设在福州，"所有中琉贸易之一切事宜，仍改由闽海关管理"④，亦有土通事为官方服务。乾隆六年（1741），琉球国二号贡船到闽，土通事冯西熊、谢道武奉命"查明符文执照，随潮吊进内港，移会福州城守副将会验安插"⑤。乾隆二十五年（1760），有琉球国遭风难番山阳西表等三十七人飘至广东潮阳县地方，后由闽省拨来通事冯长药将该难番等"逐程护送至福建省琉球馆，另行发遣回国"⑥。冯长药估计为当时在福州的官方通事。当时福州与琉球的海上贸易繁盛，通事斡旋于中琉交易之中，十分活跃。乾隆时潘思榘的《江南桥记略》描写道：

> 南台为福之贾区，鱼盐百货之凑，万室若栉，人烟浩穰，赤马余皇，估艑商舶，鱼蟹之艇，交维于其下；而别部司马之治，榷吏之廨，舌人象胥蕃客之馆在焉。日往来二桥者，大波汪然，绾毂其中，肩磨趾错，利涉

---

① 马士：《东印度公司对华贸易编年史》第1、2卷，广州：中山大学出版社，1991，第57页。
② 《宫中朱批奏折》，引自《明清时期澳门问题档案文献汇编》第1册，第201页。
③ 《闽浙总督喀尔吉善题报难番等请求送往澳门暂住本》，载《明清史料》庚编第8本，北京：中华书局，1960。
④ 姚贤镐编：《中国近代对外贸易史资料（1840~1895）》第1册，北京：中华书局，1962，第38页。
⑤ 中国第一历史档案馆编：《清代中琉关系档案续编》，北京：中华书局，1994，第63页。
⑥ 《内阁礼科史书》，引自《明清时期澳门问题档案文献汇编》第1册，第351~352页。

并赖。①

所谓舌人象胥即通事之类，其中包括了官方通事自不待言。

2. 朝廷的官方通事

有清一代，不少西洋传教士在朝廷担任官职，如钦天监监正或内阁翻译等。由于他们精通中文，因此也经常充当官方通事的角色。顺治十年（1653）荷人侵占台湾时，曾遣使至广州请求通商，但为澳门葡萄牙人所阻，遂决定遣使入京。顺治十三年（1656）六月荷兰使臣抵京，入贡方物并请通商，顺治帝命担任钦天监监正的德国耶稣会士汤若望为译员。②康熙九年（1670）和康熙十七年（1678），葡萄牙使团两次进京叩见清帝，比利时耶稣会士南怀仁都充当了译员。③南怀仁曾官至钦天监监正、太常寺卿、工部侍郎。④康熙五十八年（1719），俄国沙皇为了扩大与中国的商贸关系，派遣伊斯罗曼夫使团来华，德国耶稣会士戴进贤曾担任通事。他负责钦天监事务前后长达29年之久，雍正九年（1731）更被任命兼任礼部侍郎。⑤乾隆十八年（1753）四月，乾隆帝在接见葡萄牙使臣巴哲格时，命钦天监监正——奥地利耶稣会士刘松龄担任通译。⑥乾隆末至嘉庆年间，法国人南弥德曾在北京居住达26年，"在内阁充当翻译差使"⑦。

除了传教士之外，清廷设立的翻译学校所培养的人才也可担任官方通事。如乾隆年间，四译馆通官乌林布四格曾和其他官员一起护送安南国使臣范阮达等赴避暑山庄觐见乾隆帝，后又护送他们进京，启程回国。⑧但是，清廷有时还遴选懂外语的民人。如四川人袁德辉曾到槟榔屿，就读于罗马天主教学堂，后又就读于马六甲英华书院，熟识拉丁文和英语，回国后由洋商推荐给两广总

---

① 陈寿祺：《重纂福建通志》卷二十九《津梁》，台北：华文书局，1968，第2225页、第677页。
② 林子昇：《十六至十八世纪澳门与中国之关系》，澳门：澳门基金会，1998，第85页。
③ 林子昇：《十六至十八世纪澳门与中国之关系》，澳门：澳门基金会，1998，第59、61页。
④ 黎难秋主编：《中国口译史》，第66页。
⑤ 黎难秋主编：《中国口译史》，第70页。
⑥ 林子昇：《十六至十八世纪澳门与中国之关系》，澳门：澳门基金会，1998，第63页。
⑦ 王之春：《清朝柔远记》卷七，北京：中华书局，1989，第163页。另见《吏部尚书英和奏报讯取喇弥约即南弥德供词请交刑部严审折》，引自《明清时期澳门问题档案文献汇编》第2册，第148页。
⑧ "中央研究院历史语言研究所"编：《明清史料》庚编第1本，北京：中华书局，1960，第90页。

督李鸿宾，通过翻译测试，被送往北京，担任理藩院通事。①

（二）民人通事

相对于官方通事而言，只要不是清朝官方所雇用的通事，不管是"土通事"还是"夷通事"，都可归入民人通事之列。西洋人雇用民人担任通事与中国人打交道在清代之前即有之：

> 1624年，荷兰人定居台湾，并从该地向福建各口岸贸易；在巴达维亚雇用会说荷兰话的中国人做通事。而法国人到处都可以找到友好的传教士为他们翻译。1637年，第一次来的英国人，除了通过一位只懂得中葡语言的通事，就无法与中国人打交道。有时碰到一个不可靠的中国人会说葡萄牙话；有时是一个下等的葡萄牙人会说中国话；常见的是一个混血儿，他从他的父亲那里学会一种话，从他的母亲那学会另一种话。②

荷兰占据台湾时，云霄人何廷斌（即何斌）做过荷兰东印度公司的通事③，不仅担任通译的职务，而且因通晓土著语言，还负责"征收一切出口的猎物税、鱼虾税、糖税及其他货物税"④。

顺治十年（1653），有一艘荷兰夹板船前往广东省进贡，"湾在虎门海上，未敢擅进，其通事先往省禀报"⑤。嘉庆十七年（1812），南海县所截获的"小三巴堂寄京东堂李老爷洋信一封，学算书四卷"，除了洋信是洋商卢观恒等派人翻译外，算书四卷还是通过澳门夷目转饬"谙晓天朝官语之番通事晏地里"翻译的。⑥而英国东印度公司有时还需要"通过葡萄牙人，去澳门雇用为金钱

---

① 亨特：《旧中国杂记》，广州：广东人民出版社，2000，第286~287页。
② 马士：《东印度公司对华贸易编年史》第1、2卷，广州：中山大学出版社，1991，第65~66页。
③ 1655年8月13日"郑成功致大员何廷斌等人书"，载Johannes Huber, *The Correspondence Between Zheng Chenggong and the Netherlands East India Company in the 1650's*, pp.28-30.并参见 C.E.S, "*Verwaarloosde Formosa*", 附录《可靠的证据》卷上，第八、九号，载《郑成功收复台湾史料选编》（增订本），福州：福建人民出版社，1982，第190~191页。
④ 参见C.E.S, "*Verwaarloosde Formosa*", 附录《可靠的证据》卷上，第八、九号，载《郑成功收复台湾史料选编》（增订本），福州：福建人民出版社，1982，第190~191页。
⑤ 《内阁礼科史书》，引自《明清时期澳门问题档案文献汇编》第1册，第31页。
⑥ 《署澳门同知致澳门理事官谕文》，引自张海鹏主编：《中葡关系史资料集》上册，第580页。

所驱使的葡人，或通过法国人找法国人传教士来充当翻译"。①

在鸦片战争爆发前，外国商人仅限于在中国的几个沿海城市进行贸易，在限令广州一口通商之后，更是只能在广州进行贸易。有些当地的中国人在与洋人的交往过程中，渐渐地学会了少量的日用外语，少数人甚至也能翻译一些像税单这样的文字资料，则为洋行所聘，成为买办、经纪人或通事。他们来源于民间的老百姓，既非官员，也未进过正规外语学校。如乾隆、嘉庆年间，有嘉应人谢清高（生于乾隆三十年即 1765 年），18 岁时随商贾赴海南，途中遇海难，为洋船所救，遂随游各国，滞留国外共 14 年。嘉庆二年（1797），他双目失明，回国后流寓澳门，依靠担任通译糊口。《中西交通史》作者方豪曾在葡萄牙首都里斯本的"东波塔"档案馆中，发现了香山县左堂吴批复谢清高诉讼葡萄牙商人赖债的批文，时在嘉庆十一年（1806）八月初三日。此一发现证实了谢清高在澳门与葡萄牙商人久有接触，为他们在商业活动中担任口译是顺理成章的。他也是当时通过与洋人接触学得外语，然后在贸易中从事口译的众多民人通事中的一名代表。②

对于民人通事，不管是文人墨客还是朝廷官员历来是非常鄙视的，史料记载：

> 中国能通洋语者，仅恃通事……查上海通事一途，获利最厚，于士农工商之外，别成一业。其人不外两种：一、广东宁波商伙子弟，佻达游闲，别无转移执事之路者，辄以学习通事为逋逃薮；一、英法等国设立义学，招本地贫苦童稚，与以衣食而教肄之，市儿村竖，来历难知，无不染洋泾习气，亦无不传习彼教。③

冯桂芬曾谓：

> 今之习于夷者曰通事，其人率皆市井佻达游闲，不齿乡里，无所得衣食者始为之。其质鲁，其识浅，其心术又鄙，声色货利之外不知其他，且

---

① 马士：《东印度公司对华贸易编年史》第 4、5 卷，广州：中山大学出版社，1991，第 444 页。
② 黎难秋主编：《中国口译史》，第 142 页。
③ 李鸿章：《李文忠公全集》卷三，上海商务印书馆影印金陵原刻本，1921，第 11 页。

其能不过略通夷语,间识夷字,仅知货目数名与俚浅文理而已。①

但不可否认的是,民人通事在中外交往特别是海外贸易中还是发挥了重要的作用。

二、通事的来源

清代,随着中国与海外诸国的外交商贸往来的不断发展,在很多场合都需要通事。因此清政府除了利用精通汉语的外国人以及懂外语的民人充当通事之外,还设立学校培养通晓外语的翻译人才,充任官方通事,朝廷的本国通事多出自这些学校。外国朝贡使团则经常利用中国民人担任通事。鉴于中外通商贸易中语言翻译的重要性,外商也注重培养本国的翻译。

(一)清政府设立的学校

1. 四译馆

四译馆源于明代的四夷馆,主要培养朝廷官方通事的人才。明代永乐五年(1407),因四周邻国纷纷前来朝贡,十分需要懂得邻国语言文字的翻译人员,明廷决定设立翻译学校,设立四夷馆,隶属于礼部翰林院,选送国子监生蒋礼等38人为译字生,学习外国语言和翻译。四夷馆初分8馆,曰鞑靼、女直(真)、西番、西天、回回、百夷、高昌、缅甸,后增设八百、暹罗2馆,共10馆。译字生经考试合格者授译字官,不合格者黜退为民。②

清顺治元年(1644),清廷为培养外事翻译人员,仍续办四夷馆,以"选贮后学,以永传习,译字生或六年一收考,或十余年一收考,家传幼习,缓急不苦乏人"。顺治二年(1645),在馆译字生达60余名。③礼部曾一度发给"四夷馆"印信,后更换为"四译馆"印信。因女直(满)族已成为统治阶层,且蒙古族的地位也高于汉族,原"四夷馆"中的女直馆和蒙古馆自然被裁撤了。

---

① 冯桂芬:《校邠庐抗议》卷下,《采西学议》(抄本),第43~44页。
② 李东阳:《大明会典》卷221《翰林院》,台北:新文丰出版公司,1976,第2943~2944页。
③ 《四夷馆则》,京都帝国大学文学部,东洋史研究室重刊,昭和二年十一月。

因此，入清后的四译馆不仅名称改变，而且从原来的 10 馆变成了 8 馆，"分设回回、缅甸、百夷、西番、高昌、西天、八百、暹罗八馆，以译远方朝贡文字"①。学员则由礼部"会同四译馆堂上官于世业子弟内照例考选，取为译字生，交付四译馆堂上官在馆肄业"②。"乾隆十三年省四译馆，入礼部，更名为会同四译馆，改八馆为二，曰西域，曰百夷。"③

四译馆的学员在中外交往中发挥了不可或缺的作用。如乾隆年间，四译馆通官乌林布四格曾和其他官员一起护送安南国使臣范阮达等赴避暑山庄觐见乾隆帝，后又护送他们进京，启程回国。④乾隆三十一年（1766）。两广总督杨廷璋曾建议：在广州及澳门的西洋人若要与在京西洋人通信，应"呈明该地方官拆译字句无碍，申送臣衙门查核加封，咨达提督、四译馆，查明该夷行走处所，转付本人查收"。而"在京各处行走夷人，有欲通乡信者，亦准其呈明提督、四译馆，拆译字句无碍，咨文臣衙门代为转发给夷目收给"⑤。后虽未被批准，但四译馆在翻译方面所起的作用可见一斑。

至乾隆后期，会同四译馆虽犹存典事，馆事却已日衰，其培养翻译官员之事似已无所闻。这大概与雍正禁教闭关及清廷逐渐衰弱有关。⑥至清末，总理各国事务衙门及同文馆相继创设，会同四译馆更失去存在之意义，最终于光绪二十九年（1903）被裁撤。⑦

2. 国子监太学

自明代以来，中国与琉球一直维持着频繁的外交关系。琉球国王经常派遣贡使与谢封使来华，而中国在琉球新王登基时常派遣使节前往赐封王号。自洪武朝始，应琉球王之请，国子监太学就为琉球培养通晓汉语的通事。琉球来使会仰仗这些通事传译语言文字，明朝前往琉球的使节有时也会利用他们担任翻译。

入清后，琉球官生来华留学曾中断了一段时期。康熙二十三年（1684），

---

① 赵尔巽等：《清史稿》卷一百一十四，北京：中华书局，1976，第 3284 页。
② 许三礼：《增定四译馆馆则》，玄览堂丛书三集，第 21 册，第 5 页。
③ 赵尔巽等：《清史稿》卷一百一十四，北京：中华书局，1976，第 3284 页。
④ 《明清史料》庚编第 1 本，第 90 页。
⑤ 《宫中朱批奏折》，引自《明清时期澳门问题档案文献汇编》第 1 册，第 379～380 页。
⑥ 黎难秋主编：《中国口译史》，第 446 页。
⑦ 赵尔巽等：《清史稿》卷一百一十四，北京：中华书局，1976，第 3284 页。

翰林院检讨汪楫、中书舍人林麟昌等奉使赴琉球，册封中山王尚质。尚质在会晤汪、林时，谓："下国僻处弹丸，常惭鄙陋；执经无地，向学有心。稽明洪武、永乐年间，常遣本国生徒入国子监读书。今愿令陪臣子弟四人，赴京受业。"汪、林回国后，即就此事上疏。康熙帝命礼部核查回复。礼部经查《大明会典》，证实明洪武至万历朝，确有琉球官生入国子监读书，遂复文同意琉球派遣官生入国子监受业。①

康熙二十五年（1686），久米村子弟梁成楫、蔡文溥与阮维新三人随同琉球贡使魏应伯进京，成为清代首批入太学学习的琉球国官生。康熙三十一年（1692），中山王尚质请求让梁成楫等人回国从事，获准。时康熙帝下诏，谓"梁成楫等三人照部通事例赏赐、赐宴，礼部遣归国"②。自此，不断有琉球官生进入国子监学习，直至同治六年（1867），赵新、于光中出使琉球回国时，琉球王仍请二人代向清廷奏准派遣官生来华留学，③可见琉球官生入华留学的历史实属源远流长。这些琉球官生回国后一般都担任各类通事与长史官员，成为中国与琉球外交贸易活动中翻译官员的重要来源。

3. 俄罗斯文馆

自康熙朝始，中俄边事频仍，交涉日多，人员与文书不断，急需翻译官员。康熙二十八年（1689），中俄尼布楚谈判，清廷因无人通晓俄文，只得派会拉丁语的外国传教士张诚、徐日升充当译员。有鉴于此，康熙帝产生了培养拉丁文翻译官员的想法，但未及实施。可是他却创设了俄罗斯文馆，以培养俄文翻译人才。

康熙四十七年（1708）三月初八，康熙帝在南苑召见大学士马齐，敕令"询问蒙古旗内有愿习俄罗斯文者，具奏"。康熙翌日，马齐转令侍读学士鄂奇尔诺木奇岱办理。第三日，已征得7人愿习，康熙帝续令在八旗、蒙古与汉军内征召。二十一日，所征学员已达68人。是日，康熙帝"均令习之"。经过仅半个月的筹备，三月二十四日，中国第一所培养俄语翻译人才的学

---

① 王世桢：《琉球入太学始末》，载《台湾文献史料丛刊》第3辑，《清代琉球纪录集辑》《清代琉球纪录续辑》合订本，台北：大通书局，1984，第17~18页。
② 王世桢：《琉球入太学始末》，载《台湾文献史料丛刊》第3辑，《清代琉球纪录集辑》《清代琉球纪录续辑》合订本，台北：大通书局，1984，第19页。
③ 黎难秋主编：《中国口译史》，第433页。

校——俄罗斯文馆正式开学。①

俄罗斯文馆在同治元年（1862）并入同文馆之前究竟培养了多少俄语翻译人才，尚待查考。但据查，清内阁大库残存乾隆、嘉庆、道光三朝的俄文档案，就有19本之多；道光、咸丰、同治三朝的《筹办夷务始末》与《清季外交史料》中，也收录有俄国外交文件的译文。这些档案、外交文件的翻译，估计不少是由俄罗斯文馆培养的人才所为。

嘉庆十年（1805）十月间，先后有两艘路臣国夷船抵达广州。粤海关监督延丰根据洋商译出的路臣国夷船所递交的禀帖，得知路臣即俄罗斯，于是准许其在广州贸易。②但"广东省向无俄罗斯通事之人"，怎知路臣即俄罗斯？且向例俄罗斯只准在恰克图地方与中国通市，因此嘉庆帝下令严查此事。③后据延丰所称，乃是由洋商转饬英吉利国人与路臣国夷商交流并翻译禀帖，才得知路臣即俄罗斯国的。④由此事可以看出，若非俄罗斯只准在恰克图与中国贸易，俄罗斯文馆所培养的俄语通事一定能在中俄贸易中发挥更大的作用，而不至于出现在广东还需夷人才能和俄罗斯人沟通的情况。

4. 拉丁文学校——西洋馆

前述提及，自中俄交涉后，康熙帝即有设学培养专习拉丁文之人才的想法，然其计划乃迟至雍正时始获实现，也就是西洋馆的设立。关于西洋馆，方豪有所考证，他写道："据雍正七年（1729）十月三十日，龚当信（Cyrus Contancin）与P. Souciet书，则'是年三月，帝立学校一所，收满汉青年子弟，命读拉丁文，以法国耶稣会士主其事，巴多明掌全校事宜，宋君荣副之。'"⑤但方豪认为此言有误，因为"读拉丁文者为满洲之青年"⑥。至于西洋馆的教育效果如何，雍正十年（1732）六月十三日，君荣有函致P. Souciet曰："拉丁文班情形尚佳，学生多能操拉丁语，成绩颇优。"⑦乾隆十三年（1748），原四译馆及会同馆合并为会同四译馆，负责外交事务的翻译并教授外语。时西

---

① 黎难秋主编：《中国口译史》，第447页。
② 《宫中朱批奏折》，引自《明清时期澳门问题档案文献汇编》第1册，第649页。
③ 《清代外交史料》嘉庆朝第1册，引自《明清时期澳门问题档案文献汇编》第1册，第657页。
④ 《清代外交史料》嘉庆朝第2册，引自《明清时期澳门问题档案文献汇编》第1册，第661~662页。
⑤ 方豪：《中西交通史》，长沙：岳麓书社，1987，第961页。
⑥ 方豪：《中西交通史》，长沙：岳麓书社，1987，第960页。
⑦ 方豪：《中西交通史》，长沙：岳麓书社，1987，第961页。

洋班似已并入。

（二）精通中文的外国人

清初，中国尚无培养西方语言翻译人才的学校，因此，当与西方国家外交或商贸使团交往时，经常以在华传教士充当通事。即使在清廷设学培养本国的通事后，翻译人才仍不敷需求，还是要访求来华外国人，"着尔等做通事"①。在华传教士之所以精通中文，主要是因为他们为了在中国传教的方便而努力地学习中文，其中很多人不是精通天文、地理，就是擅长音律、医术，担任通事自然得心应手。但也有一些新来传教士不谙汉语，清廷当然也希望他们能通汉语，以便更好地为朝廷效力。如康熙帝就曾于康熙四十九年（1710）因"西洋新来之人""俱不会中国的话"，下令让他们在广州及澳门学中文。②乾隆帝也曾饬令两广总督留心体察，"如有夷人情殷自效"，即行访问，奏闻送京效力。③

除了前述汤若望、南怀仁、戴进贤、刘松龄等耶稣会士担任过清廷接待外国朝贡使节时的通事外，雍正年间，为了挽救日益衰落的澳门贸易以及请求清廷放宽禁教，葡王若望五世遣使麦德乐来华，并命耶稣会士张安多同行。葡使入京后，雍正帝命法国耶稣会传教士巴多明为通译，张安多亦为译员。④

乾隆五十九年（1794），荷兰国王因次年是乾隆帝执政六十年大庆，遣使赍表到京叩贺。乾隆帝因"荷兰国所进表文在京西洋人不能认识"，要求两广总督长麟等"于内地西洋人有认识荷兰字体兼通汉语者，着派一二人随同来京以便通译"。⑤

而在中外贸易中，外商们认识到翻译的重要性，认为："在东方的交涉事

---

① 《赵昌等传旨着查问西洋人哆啰所写奏本出错缘由并着新来西洋人在澳门学中国话》，载《文献丛编》第六辑，和济印刷局铅印本，1930。
② 中国第一历史档案馆编：《康熙朝汉文朱批奏折汇编》第3册，北京：档案出版社，1984，第7页。故宫博物院文献馆编辑：《文献丛编》第6辑，《康熙与罗马使节关系文书》，和济印刷局铅印本，1930，第1页。
③ 《两广总督巴延三奏报有西洋人到粤情愿赴京效力派员护送折》，引自《明清时期澳门问题档案文献汇编》第1册，第411页。
④ 林子昇：《十六至十八世纪澳门与中国之关系》，第59页。
⑤ 梁廷枏：《粤海关志》卷二十二，《近代中国史料丛刊续编》第19辑，台北：文海出版社，第1640页。

务中，一个当事人用他自己的通事，比用对方介绍的通事好得多。"①因此外商们除了雇用中国人担任通事，也注重培养本国通晓汉语的人才。

乾隆元年（1736），英国商船"诺曼顿号"的船长里格比留下一个名叫洪任辉（James Flint）的小童在中国学习汉语，②以至"于内地土音、官话无不通晓，甚而汉字文义亦能明晰"，并且"夷商中如洪任辉之通晓语言文义者，亦尚有数人"③。乾隆十一年（1746），洪任辉成为英国东印度公司在广州全体大班的通事。④1756 年，由于东印度公司"董事部认为洪任辉的工作对公司的事业大有价值，因此选派贝文和另一名青年到广州学习汉文，以备担任大班的翻译。他们在极其困难的环境下学习"，受教于一名中国教师，但是由于两广总督的阻挠，"那位教授我们两个青年的汉文教师，仍不敢经常来讲课"⑤。

乾隆五十八年（1793），来华的英国马戛尔尼使团中，有一位参赞斯当东带着他的儿子随行。后者——托马斯·斯当东时年仅十二三岁，后留住澳门 20 年，通晓汉语，在若干年后又成了英国东印度公司中一位举足轻重的翻译。⑥《东印度公司对华贸易编年史》写道：

> 有一位新任书记托马斯·斯当东（George Thomas Staunton），他于 1800 年 1 月 13 日到达广州。他曾随其父在 1793 年马戛尔尼勋爵的使团中当小侍从；在这九个月的长期旅程中，他从该团的翻译人员中学到了很好的汉语，由于这样的知识，他曾荣幸地与皇帝亲自交谈；现在他来做书记，以他的汉文知识为公司工作。在本季度内他第一次在很多事情里已成为很有用的翻译，同时为委员会翻译出可靠而正确的公文。⑦

嘉庆十三年（1808）三月，托马斯·斯当东前往英国，英国东印度公司在

---

① 马士：《东印度公司对华贸易编年史》第 1、2 卷，第 54 页。
② 马士：《东印度公司对华贸易编年史》第 1、2 卷，第 278 页。
③ 《两广总督李侍尧奏陈粤东地方防范洋人条规折》，引自《明清时期澳门问题档案文献汇编》第 1 册，第 337 页。
④ 马士：《东印度公司对华贸易编年史》第 1、2 卷，第 289 页。
⑤ 马士：《东印度公司对华贸易编年史》第 4、5 卷，第 442 页。
⑥ 《寄谕两广总督蒋攸铦将英船进口原委及英人已当东有无劣迹并商人积欠夷商货价各事宜妥议具奏》，载《清代外交史料》嘉庆朝第 4 册，故宫铅印本，1932。
⑦ 马士：《东印度公司对华贸易编年史》第 1、2 卷，第 640 页。

中国机构的工作人员觉得"依靠中国人从事翻译等工作，而他们的忠实性是可疑的，同时，我们对他们的工作是不能经常管理的"，后来委员会指派原本担任宗教任务的马礼逊担任公司在中国机构的翻译员。①嘉庆二十二年（1817），东印度公司又授予三位书记：图恩、班纳曼和德庇时以"译员"称号。②道光二十四年（1844），法国派遣剌萼尼出使，"该国夷人加略利，久住澳门，能通汉字华语"，被任用为法国使团的通事。③

（三）懂外语的中国民人

如上所述，朝廷的本国通事多由官设学校培养，而地方官府的通事则多遴选通外语的民人担任。如由于英国频频派船前往天津、浙江，企图冲破一口通商的限制，扩大对华贸易。为了开展对英交涉，有鉴于"英咭唎夷人与中华语言不通，天津、浙江口岸谅无熟悉夷情之人"，广东巡抚董教增"饬洋商慎选谙晓夷语、夷字之诚实可信者二人，酌委干员分送直隶、浙江督抚衙门投收，以备翻译之用"④。英人威廉姆斯谈及清朝海关的通事：

> （广州）这一严密的制度中另一个附属的部分就是通译或名"通事"。这一部分的限制并不那样严，并且在海关转为外人直接管理之前，一直保持着它的活力。所以名为通事的原因，就是他们在海关官员与外国商人之间的一切来往中被雇用担任翻译。他们从前替洋人向政府写呈文或宣读政府的批示。他们之间没有一个人能书写或操一句通顺的英语，除去他们本国文字之外，也不认识其他外文。其中只有几个人能操一种土英语即所谓广州式的英语……然而他们作为海关的办事员来说，仍然是贸易上不可少的助手，并且按其服务性质得到相应的报酬。⑤

---

① 马士：《东印度公司对华贸易编年史》第3卷，第68~69页。
② 马士：《东印度公司对华贸易编年史》第3卷，第324页。
③ 《钦差两广总督耆英奏报筹办夷务渐有条理情形折》，引自《明清时期澳门问题档案文献汇编》第2册，第543页。
④ 《广东巡抚董教增等奏报飞致浙江抚臣饬员查探英船并慎选翻译人员分送直浙片》，载《清代外交史料》嘉庆朝第5册。
⑤ S.W.Williams, *The Chinese Commercial Guide*, pp.161, 引自《中国近代对外贸易史资料（1840~1895）》，北京：中华书局，1962。

其他地方官府的通事情况亦然。如清政府的地方官员到澳门办公或察访，都需要通事从中进行翻译才能与澳门夷目沟通。所谓"凡文武官下澳，率坐议事亭上，夷目列坐进茶毕，有欲言则通事翻译传语。通事率闽粤人，或偶不在侧，则上德无由宣，下情无由达"①。这些通事大多是由闽粤民人充当。

对于中国周边国家来说，为了方便与中国进行朝贡贸易，常常以中国民人充当朝贡使团的通事。康熙十一年（1672）前来朝贡的暹罗使团中的通事昆威吉瓦札原本是福建人。②雍正四年（1726），苏禄国王遣正使龚廷彩、副使夷官阿石丹、通事杨佩宁率领夷伴来闽进贡，杨佩宁原为苏州人氏。③乾隆七年（1742），苏禄王派遣贡使马光明、媵独喊敏，通事陈朝盛、头目猗摆马文等人到厦门入贡贸易。马光明原名马灿，陈朝盛原名陈荣，"均系内地船户水手，于乾隆五年前往苏禄"④。乾隆十七年（1752）七月，苏禄国番目万勝里母呐带番丁万九挖啰奴吧、通事叶兴礼配载内地船户刘合兴、郭元美等船内舵水四十一名到厦门，称系奉国王之命来请贡期。通事叶兴礼系刘合兴船上水手曾雄，苏禄国王令其充当通事并更改姓名。⑤道光三年（1823），礼部奏称暹罗大库府呈请加赏通事翁日升顶戴。翁日升原为"福建汀州府永定县人"，"于嘉庆十八年往暹罗国贸易"，"奉国王差委"充当暹罗朝贡使团的通事。⑥

西方国家的商人为了商业和生活上的方便亦多雇用中国民人担任通事。尤其是一些中国商人在与外商密切交往过程中逐渐学会了外语，并为外商所信任，常常充当通事。如澳门自明代开埠以来，充任通事的似乎均为商人，所谓"澳夷言语不通，必须通事传译，历来俱以在澳行商传宣言语"。然而，乾隆九年（1744），"设立同知定议章程之时，内有将同知标兵拨出二名，充为通事一条"。由标兵担任通事，弊病百出。"既与澳夷不相谙熟，不能得澳夷要领，且人微言轻，反以启侮更或侵渔生事"，"此辈无知，反视夷人为奇货。滋事作

---

① 申良翰：（康熙）《香山县志》卷10，中山图书馆油印本，1958，第3页。
② 中国第一历史档案馆编：《康熙朝满文朱批奏折全译》，北京：中国社会科学出版社，1996，第1501页。
③ 《明清史料》庚编第8本，第710页。
④ 《清高宗实录》卷二百八十二，《清实录》第12册，北京：中华书局，1985，第682页。
⑤ 故宫博物院文献馆编：《史料旬刊》第24期，1931年铅印本，第878页。
⑥ 《钦定大清会典事例》卷五百一十二，载《续修四库全书》第806册，上海：上海古籍出版社，2002，第149页。

奸，其弊无穷"。而用商人充当通事，"夷人曲折，无不谙晓"，且"澳夷惟利是知，别无瞻顾。商人服饰丽都，钱财充牣，可以取重于夷人"。因此"仍请照前用洋商通事"①。

又如乾隆九年（1744），英船"哈德威克号"（Hardwick）到达厦门，碇泊口外，但风浪太大，不能起卸货物。两位船上大班海德和哈德利上岸，请求"口岸当局的保护"，以免遭到西班牙人的袭击，并雇用一名"通事"，担任他们与官员会谈时的翻译。②乾隆五十九年（1794），英商大班啵啷呈禀要求允准英商向广东人学中国话，以便"通中国的法律"。两广总督批道：

> 查夷人来广贸易，除通事买办外，原不许多雇内地民人，听其指使服役。久经奏明在案。现今通事买办，即系内地民人，尽可学话，不必另多雇内地民人教话，致与定例有违。③

道光年间，广州民人吴辉通晓夷语，为法国商人充当夷人通事。④英国东印度公司的记载也表明，当时为英商做翻译工作的主要是"一些懂得广东英语的中国通事。"⑤可见为外商担任通事的主要是懂外语的中国民人，但是外商雇用的中国通事必须要征得清政府的同意，领取清政府颁给的许可证，方能受雇。⑥

三、通事的职责

通事，"原系代外人传译"⑦，即从事居间传译。但是由于通事在沟通中外

---

① 梁廷枏：《粤海关志》卷二十八，《近代中国史料丛刊续编》第 19 辑，台北：文海出版社版，第 2005~2006 页。
② 马士：《东印度公司对华贸易编年史》第 4、5 卷，第 416 页。
③ 许地山：《达衷集》卷下，第 169 页。
④ 《两广总督革职留任祈土贡等奏报访获诈称差遣密访夷情诓骗夷人银物各犯审明定拟折》，引自《明清时期澳门问题档案文献汇编》第 2 册，第 485 页。
⑤ 马士：《东印度公司对华贸易编年史》第 3 卷，第 6 页。
⑥ S.W.Williams, *The Chinese Commercial Guide*, pp.161-162, 引自《中国近代对外贸易史资料（1840~1895）》，北京：中华书局，1962 年。
⑦ 马士：《东印度公司对华贸易编年史》第 3 卷，广州：中山大学出版社，1991，第 386 页。

双方中的重要作用，他们不单纯从事翻译，而且还参与了对海外贸易的管理事务，在不同的贸易形式中扮演着不同的角色。

（一）通事在朝贡贸易中的职责

清朝同海外国家的传统朝贡贸易从未断绝，清廷对海外诸国采取怀柔政策以招徕其前来朝贡。顺治四年（1647）二月，清朝因平定浙江、福建，颁诏天下："东南海外琉球、安南、暹罗、日本诸国，附近浙闽，有慕义投诚纳款来朝者，地方官即为奏达，与朝鲜等国一体优待，用普怀柔。"①为了招徕更多的海外朝贡，清廷还采取各种笼络手段，如派遣使臣敕封琉球中山王，对其贡使"赏赉着比前加一倍，以彼国贵重之物给予"②；康熙二十四年（1685），"福建总督王国安疏言，外国贡船请抽税，令其贸易，应如所请。上以进贡船只，若行抽税，殊失大体，悉免之"③。随之定例：外国贡船所带货物，停其收税；其余私来贸易者，准其贸易，听所差部员照例收税。还规定贡船回国所载货物，免其收税。④这些鼓励措施很快收到成效，许多海外国家同清朝建立了较为密切的朝贡贸易关系。

在外国朝贡时，不仅清廷任用官方通事处理朝贡事宜，而且外国使团来华朝贡贸易，基本上也都配备有通事。如康熙十一年（1672）前来朝贡的暹罗使团中有通事昆威吉瓦札；⑤雍正四年（1726），苏禄国王遣正使龚廷彩、副使夷官阿石丹、通事杨佩宁率领夷伴来闽进贡。⑥乾隆十七年（1752），"苏禄国番目万胜里呐带同番丁通事等"，来厦门入贡。⑦道光三年（1823），暹罗朝贡使团中通事为福建人翁日升。⑧中外通事在外国朝贡使团来华的外交外贸活动中负有多种职责。

---

① 《清世祖实录》卷三十，《清实录》第 3 册，北京：中华书局，1985，第 251 页。
② 《清圣祖实录》卷七，《清实录》第 4 册，北京：中华书局，1985，第 126 页。
③ 《清朝文献通考》卷三十三，台北：新兴书局，1965，第 5155 页。
④ 《光绪大清会典事例》卷五百一十，转引自黄国盛：《鸦片战争前的东南四省海关》，福州：福建人民出版社，2000，第 245 页。
⑤ 中国第一历史档案馆编：《康熙朝满文朱批奏折全译》，北京：中国社会科学出版社，1996，第 1501 页。
⑥ "中央研究院语言研究所"编：《明清史料》庚编第 8 本，北京：中华书局，1960，第 710 页。
⑦ 《清高宗实录》卷四百二十二，《清实录》第 14 册，北京：中华书局，1986，第 529 页。
⑧ 《钦定大清会典事例》卷五百一十二，《续修四库全书》第 806 册，上海：上海古籍出版社，2002，第 149 页。

1. 呈报货物

中国与暹罗的友好交往源远流长。清初来中国的外国贡舶以暹罗国较早而次数最多。清政府于康熙六年（1667）"题定暹罗国贡期三年一次，贡道由广东"①。暹罗贡使到达广东后，"起货通事船主先期将压舱货物呈报广州府，转报委员查明。其货物数目、斤两册，汇同表文、方物，由司详候督抚会疏题报，俟题允日招商发卖，其应纳货饷候奉部行分别免征"②。

清代自开海设关起，"所有中琉贸易之一切事宜，乃改由闽海关管理"。③琉球贡船到闽后，要由通事等造具官伴水梢花名及随带土产、杂物清册呈送到关。④如乾隆十六年（1751）七月，琉球国二号贡船开驾进口，通事毛如苞等"开具贡物并护船军器以及王府官伴水梢，随带银两、土产、杂物数册一本到职，并声明附载内地难商蒋长兴、瞿张顺等三十九名一同回闽等情"⑤。

2. 具报行程

清政府对海外朝贡的行程有严格规定，通事在使团抵达中国后，即应将行程先行具报。如"暹罗国入贡仪注事例"规定：暹罗贡使入京，"通事将起程日期具报广州府，转报布政司，移会按察司，颁发兵部勘合一道，驿传道路牌一张，督抚委送官三员随同伴送，将进京贡使人员廪给口粮夫船数目填注樏合内，经过沿途州县按日办应"；"贡使进京，令通事先将起程日期报府，转报上司，预行取祭江猪只吹手礼生应用"⑥。

3. 参与朝贡仪式

暹罗国贡使到广州后，须举行"验贡"仪式。《粤海关志》中的"会验暹罗国贡物仪注"记载：

> 是日辰刻，南海、番禺两县委河泊所大使赴驿馆护送贡物，同贡使、通事由西门进城，至巡抚西辕门安放；贡使在头门外帐房候立，俟两县禀请巡抚开中门，通事、行商护送贡物先由中门至大堂檐下陈列，通事复

---

① 梁廷枏：《粤海关志》卷二十一，《近代中国史料丛刊续编》第 19 辑，第 1558~1559 页。
② 梁廷枏：《粤海关志》卷二十一，《近代中国史料丛刊续编》第 19 辑，第 1550 页。
③ 姚贤镐编：《中国近代对外贸易史资料（1840~1895）》第一册，北京：中华书局，1962，第 38 页。
④ 中国第一历史档案馆编：《清代中琉关系档案续编》，北京：中华书局，1994，第 105 页。
⑤ 《宫中档乾隆朝奏折》第一辑，台北："故宫博物院"，1982，第 440 页。
⑥ 梁廷枏：《粤海关志》卷二十一，《近代中国史料丛刊续编》第 19 辑，台北：文海出版社，第 1551~1552 页。

出；在头门外，两县委典史请各官穿公服至巡抚衙门，通事引贡使打躬迎接，候巡抚开门升堂，督抚各官正坐，司道各官旁坐，通事带领贡使由东角门报门，进至大堂檐下，行一跪三叩礼，赐坐赐茶，各官即起坐；验贡毕，将贡物仍先从中门送出西辕门，通事引贡使由西角门出至头门外立候，送各官回，将贡物点交通事、行商、贡使同送回驿馆贮放。①

康熙二十四年（1685）后，朝贡贸易均实行免税政策。《明清史料》中记载了清廷四次减免琉球接贡船的进口税银，每次都由该国通事"率领官伴水梢人等赴阙，望阙叩谢天恩"②。可见朝贡使团的一些仪式需要通事来主持。

4. 参与交易、斡旋

外国朝贡使团如需购买中国货物，往往要通事从中说合。如安南国遣使入贡时，路过江宁如要购买定织绸缎，需"令使臣通事将需买各货开单呈交地方官，传集铺户，面同使臣议定市价，给银分领织办，取具铺户限状，官为督催"③。

外国朝贡使团来华常会携带货物进行交易，因此，清廷也需要让一些较有经验的通事来协助，促使贸易达成。如乾隆五十八年（1793），英国国王遣使臣马戛尔尼进贡，由海道至天津赴京。因海洋风信靡常，贡使船只"或于闽、浙、江南、山东等处近海口岸收泊亦未可定"，乾隆帝于是"降旨海疆各督抚，如遇该国贡船进口，即委员照料护送进京"④。又考虑到"该国遣使赴京，或于贡船之便携带货物前来贸易，亦事之所有，若在福建、江浙等省口岸收泊，该处非若澳门地方向有洋行承揽之人可为议价交易，且该国来使与内地民人言语不通，碍难办理"，所以传谕福建、浙江、江南三省督抚，先期行文广东省，令广东巡抚郭世勋"将该处行头、通事人等拣派数人预备"，如遇该国贡船于三省进口时带有贸易货物，"即飞速行知广东，令将预备之人派员送到，以便为之说合交易"⑤。郭世勋立即"选派行商蔡世文、伍国钊，并谙晓

---

① 梁廷枏：《粤海关志》卷二十一，《近代中国史料丛刊续编》第19辑，台北：文海出版社，第1554～1555页。
② 《明清史料》庚编第4本，第364、380、389、393页。
③ 席裕福：《皇朝政典类纂》卷一百一十七，清光绪二十八年铅印本，第6页。
④ 《清高宗实录》卷一千四百二十一，《清实录》第27册，北京：中华书局，1985，第12页。
⑤ 《清高宗实录》卷一千四百二十三，《清实录》第27册，北京：中华书局，1985，第40页。

夷语之通事林杰、李振等数名预备"①，福建、浙江、江南三省督抚也都遵旨办理，浙江巡抚长麟更是先"咨明广东督臣，于该处洋行通事内先期拣派一二人咨送来浙，以免临事周章"②。

再者通事因常与夷人打交道，对"夷情"较为熟悉。清廷始终对夷人抱有疑虑的态度，因此便需要通事从中斡旋。嘉庆二十一年（1816），英国遣使入贡。广东巡抚董教增担心英夷人与中华语言不通，"天津、浙江口岸谅无熟悉夷情之人"，因此饬令"洋商慎选谙晓夷语夷字之诚实可信者二人，酌委干员分送直隶、浙江督抚衙门投收，以备翻译之用"。所需往返盘费，由粤海关监督祥绍捐给。③

此外，通事还负有替贡船采购日用品、伙食之责。如乾隆五十八年（1793）四只英国贡船到粤后，"初到量给酒米等物，余俱通事代买"④。

外国使团来华朝贡大多希望通过朝贡贸易图利，但也有一些国家以朝贡为名希望获得在华贸易特权以扩大与中国的贸易。在清廷与这类朝贡国的外交中，通事对双方关系所施加的影响是不可低估的，具有举足轻重的作用，甚至还能产生负面作用。如顺治十三年（1656），荷兰入贡请求贸易最终以失败告终，担任通事的汤若望所施加的影响是荷人失败的因素之一。当时荷兰是基督教国家，而汤若望是天主教耶稣会士，两派敌意极深。而且汤若望担心，如果荷兰人取得在中国贸易的权利，葡萄牙人独占中国贸易的局面就会被打破，而这种贸易所得的暴利正是罗马天主教传教士在中国活动的财力基础。因此汤若望在礼部说荷兰人是海盗，生活在小海岛上，所带的礼物都是抢劫来的，力劝礼部拒绝荷人前来贸易。⑤又如乾隆五十八年（1793），英国马戛尔尼使团来华请求扩大两国通商贸易也没有成功。近人著文认为，其时担任通事的葡萄牙籍耶稣会士索德超在翻译时起了很不好的破坏作用，"他（指索德超）利用这一机会拆英国人的台，把马戛尔尼的话故意译错，甚至还另外添枝加叶，增加交涉双方的误会和障碍"。此外，当马戛尔尼呈上英王给乾隆帝的表文时，索德

---

① 《宫中朱批奏折》，转引自中国第一历史档案馆、澳门基金会编《明清时期澳门问题档案文献汇编》第一册，北京：人民出版社，1999，第529页。
② 《宫中朱批奏折》，转引自《明清时期澳门问题档案文献汇编》第一册，第527页。
③ 《清代外交史料》嘉庆朝第五册，转引自《明清时期澳门问题档案文献汇编》第二册，第54页。
④ 《清高宗实录》卷一千四百三十九，《清实录》第27册，北京：中华书局，1985，第228页。
⑤ 包乐史、庄国土：《〈荷使初访中国记〉研究》，厦门：厦门大学出版社，1989，第41页。

超又将表文中所述马戛尔尼系英国"特使"的身份，故意译为"钦差"。在乾隆眼中，只有中国皇帝才能派遣"钦差"，而作为贡献国的英国，哪有资格派"钦差"呢？因此，这一点也使乾隆极为不满。① 索德超既身为清廷的通事，为何要破坏中英关系呢？因为葡萄牙一直处心积虑要独占与中国的贸易，马戛尔尼来华企图达成英中通商建交，索德超当然不希望其获得成功。此外，英国如果得以与中国建交，英国传教士定会大量涌入，葡萄牙传教士的势力也会被削弱。

如果没有汤若望以及索德超从中作梗，或许中荷、中英间的外交与通商关系会是另一种情况。虽然历史不能假设，但由此可见，通事在朝贡活动中的作用还是不可忽视的。

（二）通事在口岸贸易中的职责

康熙二十三年（1684），清朝开放海禁后，海外贸易有所发展，为了加强对各个口岸海外贸易的管理，清政府分别在广东、福建、浙江、江南四省设立粤海关、闽海关、浙海关和江海关，管理来往商船，负责征收进出口关税。②在协助清政府对口岸贸易以及外商的管理当中，通事扮演了颇为重要的角色。

乾隆五十八年（1793），英国遣使入贡时，曾提出希望本国货船能到浙江、宁波、珠山及天津、广东地方收泊交易。乾隆帝答复，"其浙江宁波、直隶天津等海口，均未设有洋行，尔国船只到彼亦无从销卖货物，况该处并无通事，不能谙晓尔国语言，诸多不便"，只允许其仍然在广东澳门地方交易。使臣又提出"欲求相近珠山地方小海岛一处，商人到彼即在该处停歇，以便收存货物"，仍被乾隆帝以"珠山地方既无洋行又无通事"为由拒绝了。③乾隆以"别处无洋行及通事"为最主要理由拒绝了英国使臣希望多口通商的请求，虽然牵强，但通事在中外贸易中的作用可见一斑。

---

① 杨国章：《英中正式通使前后的文化聚焦》，载《中国文化研究》1999年第3期，第128页。
② 清沿明制，与部分友邻国家继续维系宗藩关系，这些国家经常前来朝贡。其中，暹罗贡道由广东，琉球、苏禄贡道由福建。因此粤、闽二省海关就兼负接待朝贡使臣和管理朝贡贸易之责。本节所讨论的"海关贸易"不包括经由海关的朝贡贸易。
③ 《清高宗实录》卷一千四百三十五，《清实录》第27册，北京：中华书局，1985，第186页。

1. 为官方"传译遵照"所定规章

外商大多不通中华语言文字,"若非行商、通事传译代理,则举凡天朝之禁令体制,与夫市价课税章程,该夷人何由谙晓,何所管束?"①马士曾说:

> 对于外国人、外国船和外国贸易的管理,曾经制定了种种章程,并且时时加以增订。那些现行章程,不时由通事拿到商馆,大声宣读,作为一种示威,表示章程不是可以视同具文的。②

亨特亦说:"有关外国人应注意遵守的详细规定也得由他们(通事)去传达";"通事的职责还包括到商馆去分发政府有关外商事务和黄埔的船只或伶仃的'趸船'的通告"③。

康熙五十六年(1791),清廷颁行南洋禁航令,"令内省商船禁止南洋贸易,其红毛等国船只听其自来"④。洋行通事人等曾被谕令"于香山、澳门夷船开放之时,及将来遇有禁地夷船来粤回帆之日,将内地禁例告知夷商,令其回国";"切谕夷商带信外国,并宣示汉人,如有贸易夷船令搭载回籍"⑤。

雍正十一年(1733),因"洋人凡遇节令喜庆,及船只往回口岸之际,必演炮数通,以宣扬利市",广州左翼副都统兼管海关税务毛克明等"即令通事谕禁,不许在内河放炮"⑥。由此可见,清政府对外商的许多管理约束制度需要通事进行传译并宣谕。

乾隆二十四年(1759)"洪任辉事件"发生后,清政府更需要通事协助对外商加强政令宣传。两广总督李侍尧传集英国在广之总大班、夷商等并各通事至衙门,会同监督李永标详加面谕,重申禁令:嗣后只能在广东贸易,倘再往宁波,定如洪任辉般被逐回,"徒劳往返,终无益处"⑦。

次年3月,清政府规定"今后不准华人向欧洲人借债;外人不准雇用华人

---

① 《军机处录副奏折》,转引自《明清时期澳门问题档案文献汇编》第一册,第363页。
② 马士:《中华帝国对外关系史》第1卷,北京:三联书店,1957,第78页。
③ 威廉·C.亨特:《广州"番鬼"录》,冯铁树译,广州:广东人民出版社,1993,第38~39页。
④ 故宫博物院文献馆编辑:《史料旬刊》第22期,1931年铅印本,第802页。
⑤ 中国科学院编:《明清史料》丁编第8本,上海商务印书馆铅印本,1951,第790页。
⑥ 中国第一历史档案馆编:《雍正朝汉文朱批奏折汇编》第24册,南京:江苏古籍出版社,1991,第238页。
⑦ 故宫博物院文献馆编辑:《史料旬刊》第4期,1931年铅印本,第116页。

仆役，如遇有与华人交涉事务，可经由通事或买办；华人受雇为外人仆役是不适宜的，不得互相勾结，诱以金钱，致有不轨行为"，并命令行商与通事"将此法令告知外人"①。7月，外国商船进口日久，却不起货报税。大班六活声称"必须照旧任由各行店交易，方肯起货"。为此，海关监督谕通事林成、林望、蔡景知悉："为夷船货物俱责现充官商经手交易，但不得把持抑勒，短价高抬"；"该夷人自应凛遵天朝成例，乃尚欲照旧任由行店交易方肯起货。殊不知各店私相买卖，奏明禁止，如敢故违，即应重治其罪。此皆因尔等通事行商开导不力，且有不肖之徒从中煽惑所致"。监督并"谕仰各该通事即将前指事理向红毛、贺兰各国夷人谆切传译遵照。务使明白领略，不得仍前抗违。仍限三日内将作何传译，夷人曾否遵照，各缘由禀覆查核"②。

乾隆四十年（1775），广州府张贴告示，勒令通事和行商"必须向大班指明，如果他们的买卖不经保商，则禁止将任何物品带上岸，亦不准将船停泊黄埔，将被驱逐离境"③。同年，海关监督又命令通事通知所有来广州贸易的欧洲人："按照向例都必须具有保商及通事，所有交易必须经由他们办理。"④

道光十九年（1839），钦差大臣林则徐查明鸦片进口的基本情况后，撰写谕帖："责令众夷人将趸船所有烟土尽行缴官"，"嗣后不许再将鸦片带来内地，犯者照天朝新例治罪，货物没官"。并"传讯洋商，将谕帖发给，令其赍赴夷馆，带同通事，以夷语解释晓谕，立限禀覆"。⑤还委任佛山同知刘开域、候补通判李敦业带洋商、通事等，押令英国副领事参逊（即噤臣），赴澳门传谕趸船，驶至虎门外龙穴洋面呈缴烟土。⑥在虎门销烟后，林则徐担心外国商船会继续夹带鸦片前来，所以他"请定治罪专条，并立限期首缴，仰荷圣明俞允，饬定新例颁行"。而在新例未到之前，各国货船即已陆续到粤，因此"当令洋商通事谕知现办章程：船内无鸦片者进口报验；有鸦片而自首全行呈缴者，准予奏请免罪，并许验明进口。若自揣不敢报验，即日扬帆回国，亦免穷

---

① 马士：《东印度公司对华贸易编年史》第一、二卷，广州：中山大学出版社，1991，第379页。
② 许地山：《达衷集》卷下，第125~127页。
③ 马士：《东印度公司对华贸易编年史》第一、二卷，广州：中山大学出版社，1991，第336页。
④ 马士：《东印度公司对华贸易编年史》第一、二卷，广州：中山大学出版社，1991，第338页。
⑤ 《军机处录副奏折》，转引自《明清时期澳门问题档案文献汇编》第二册，第323页。
⑥ 陈胜粦编：《林则徐日记》，转引自《明清时期澳门问题档案文献汇编》第六册，第799页。

追，使各国夷商得以早定主见。迨颁到新例，又复传谕周知"①。

2. 协助政府与外商进行沟通

按照惯例，地方与海关官员一般不与外商直接接触。政府有关的法令、规章等都通过行商与通事等向外商传达，而外商的各种要求亦通过行商与通事代呈。难怪亨特有言："除了行商之外，在其他中国人当中，和外国侨民联系最密切的就是'通事'。"②

乾隆年间，曾有夷商反映"有事要告诉海关不能进门，有下情难诉"，两广总督苏昌的答复是"夷人语言不通，即或遇事禀见，亦难通达，自应令保商、通事代为转禀，况每年夷船进口，海关监督例应亲往黄埔丈量，一年或五六次不等，斯时保商、通事随同在船，设有应禀之事，何难即时禀办。且夷人例禁入城，如果有应禀事件，亦准令具禀，交保商、通事代投，何致有下情难诉"③。

遇有交涉事件，通事也必须在当局与外商之间起到协助沟通的作用。嘉庆十三年（1808），英国派兵前来澳门，"以保护大西洋为名，实欲占据要塞，以遂其垄断之私"。两广总督及粤海关监督一方面"严饬洋商通事人等转饬该国留粤大班，传谕该夷目早早退还"；另一方面不准英吉利商船进行交易。同时，饬令洋商通事等将原因告知已到黄埔的英国商人，"不时前往妥为抚慰，令无惊惶滋扰。"④

各国夷商来华贸易，随带番妇不准进入广东。道光十年（1830）英国大班盼师携带番妇来至省城，到公司夷馆居住，并将炮位数座及鸟枪等件偷运至夷馆。广州将军庆保等"一面密饬水陆各营将弁，不动声色，严加防范，并切谕府县暨委员等，分派妥役留心稽查弹压，毋许内地汉奸勾串教唆，播弄滋事，免致商民惊疑；一面饬令洋商通事等严诘该夷，何以私运炮座等物至馆，其意何居"⑤。

道光十九年（1839）虎门销烟时，有些"平素系作正经买卖，不贩鸦片"

---

① 《军机处录副奏折》，转引自《明清时期澳门问题档案文献汇编》第二册，第334页。
② 威廉·C. 亨特：《广州"番鬼"录》，冯树铁译，广州：广东人民出版社，1993，第37页。
③ 《军机处录副奏折》，转引自《明清时期澳门问题档案文献汇编》第一册，第363页。
④ 《清代外交史料》（嘉庆朝）卷2，转引自张海鹏主编：《中葡关系史资料集》上卷，成都：四川人民出版社，1999，第796页。
⑤ 《宫中朱批奏折》，转引自《明清时期澳门问题档案文献汇编》第二册，第219页。

的夷商前来观看，林则徐令通事"传谕该夷等，以现在天朝禁绝鸦片，新例极严，不但尔等不贩卖之人永远不得夹带，更须传谕各国夷人，从此专作正经买卖，获利无穷，万不可冒禁营私，自投法网"①。可以说，通事成了中国官员与外商沟通的桥梁。

3. 参与贸易进出口事宜

外国商船从到口泊碇澳门起，随之进口、再到出口的整个交易过程，均须通事伴随。"每艘入港商船，必须有一位行商替它保证交纳税钞，并且要有一位通事和一位买办，然后才能开始卸货"②。雍正三年（1725），两广总督孔毓珣曾"严饬牙行通事人等贸易货物，公平交易"，以保证外国洋船在年内乘风信归国。③通事必然在贸易过程中发挥了不可或缺的作用。John Phipps 描述了通事在贸易过程中所做的一切：

> 他代为请领卸货和装货的许可证，办理各种通关手续，并经管税钞的帐目。
>
> 当一艘商船要卸货或装货时，在一两天以前便将要装的或要卸的货物的种类和数量告诉通事，由他去请领许可证。许可证发下后，驳船或领有牌照的船便可驶赴黄埔……
>
> 货物出口，则船费由通事支付……
>
> 如果大的商船在装完货物以前，要开往下游，开过第二道关卡，必须预先通知通事，他方可代为申请牌照，觅雇引水。
>
> ……
>
> 外商并不是只许和商船的保商交易。他可以把货物售给任何人，售给其他行商或任何散商；购买货物出口也是如此。……无论怎样安排，必须要通知通事，因为他的职责是记录一切与海关有关的事项。
>
> ……
>
> 如果将过多的货物运送到一艘船上，而该船装载不下，打算分一部分

---

① 《军机处录副奏折》，转引自《明清时期澳门问题档案文献汇编》第二册，第331页。
② John Phipps: *Practical Treatise on the China and Eastern Trade*，转引自姚镐贤编《中国近代对外贸易史资料（1840～1895）》第一册，北京：中华书局，1962，第241页。
③ 《朱批谕旨》第3册，清光绪十三年，上海点石斋缩印乾隆三年朱墨印木活字本，第36页。

给另一艘船，则行商与通事须于货物报关后三日之内作一报告，如经许可，即命行商与通事到黄埔，将该项货物详细登录。①

亨特在《广州"番鬼"录》中也详细记载了通事在船运季节为外商和海关衙门办事的繁忙情况：

> 从10月到次年3月，一艘船的通事，在装货期间，如有必要，常在晚上被召至外商的帐房，预备明早装船的茶叶单据，往往工作到半夜后。然后他持着这些单据，不得不连夜跑几家行号，看看茶叶是否已经运到，驳运货物到黄埔的"西瓜艇"是否已到来。完成这些事情，往往需要整夜劳动，但他们并没有流露出不耐烦或心不在焉的神色。等到一艘船上诸事俱备，准备量船时，通事又得去报告海关监督，由他派一名税吏来黄埔"办事"，这位税吏总是由通事馆的一名成员陪同前来，该通事被称为"官方"通事。等到这艘船要开行时，通事必须给外商代理人一张"船钞"和"规礼"费用清单，货船最后离港时，他必须办完一切出入口交费的单据，呈给海关监督，一切手续皆办完之后，才能得到"大单"，即离港清单，交给代理人，手续才算终了。②

外商们甚至言道："我们不必办理海关手续；我们的进口货的起卸和存放，以及出口货的装船外运，都经由通事，我们只须通知他进口货存入哪家行号，或出口货由哪一艘船装运就行了。"③通事几乎成为外商的全权代理。

因为中国海关关税处不接待外国人，因此有关关税的一切必要手续都由通事办理。④虽然乾隆十五年（1750）保商制度确立后，原系由通事向海关缴纳的外商之船钞及1950两规礼银改为由保商缴纳⑤，但通事仍有权对税钞进行干预。如乾隆二十年（1755），英国商船"乔治王子号"经过丈量，船钞加上规

---

① John Phipps, *Practical Treatise on the China and Eastern Trade*，转引自姚贤镐编《中国近代对外贸易史资料（1840～1895）》第一册，北京：中华书局，1962，第241～245页。
② 威廉·C.亨特：《广州"番鬼"录》，冯树铁译，第38～39页。
③ 威廉·C.亨特：《广州"番鬼"录》，冯树铁译，第72页。
④ J.R.Morrison, *A Chinese Commercial Guide*，转引自姚贤镐编：《中国近代对外贸易史资料（1840～1895）》第二册，北京：中华书局，1962，第1004～1005页。
⑤ 马士：《东印度公司对华贸易编年史》第一、二卷，第291页。

礼银共需 3 310.643 两，此事已和"通事松官议妥"①。乾隆四十年（1775），粤海关监督曾饬令外商所指定的行商及通事应"注意防止发生欠税事项"②。道光九年（1829），英国东印度公司驻广州委员会草拟了八点建议，交由行商转送总督。其中包括"外国人必须以现金缴付关税，不受行商或通事的干预"③。

马士的《东印度公司对华贸易编年史》中不只一次列举了各国商船来华所带的现款及欲售卖的商品，还有某个贸易季度广州口岸的贸易状况等，而这些数据都是从通事处获得的。④又提到在嘉庆二十三年（1818）六月间的一次会议上，委员会记载了"通过通事头目从海关帐册上获得二十二年（1817）进口税总数"，⑤由此也可证明，通事确实参加了外商进出口交易的全过程，否则不可能对货物及款项如此明了。

4. 协助控制、禁止某些商品进出口

因通事参与了海外贸易的全过程，故能在清廷控制、禁止某些商品进出口时发挥重要的作用。一方面，通事要将清政府对于商品的管制条例告知外商；另一方面，也要对外商的货物进出口进行监督。

乾隆年间，清朝曾关闭恰克图口岸，停止与俄罗斯贸易，而俄罗斯对大黄的需求量极大，外洋各国可能将大黄私贩出洋转卖与俄罗斯，按理清廷应严禁私贩大黄出口。但大黄为各国疗疾必需之物，又不能完全禁止出口。因此，乾隆五十四年（1789），清廷饬令西洋各国每年购买大黄不得超过 500 斤，广州城洋行及澳门商人"将售卖大黄数目并卖与何国夷人，均于洋船启椗之先分晰列册，呈缴南海、香山二县，一面通详，一面移行守口文武弁员，按册稽查，如有夹带多买，一经查获，严拿行商、通事，从重治罪，仍将大黄变价归官，于保商、夷商名下各追十倍价银充公"。又定朝贡国如暹罗、安南等国贡船回国时所带的大黄也以 500 斤为限，并在各国贡使、夷商回国之时，令通事"明

---

① 马士：《东印度公司对华贸易编年史》第四、五卷，第 435~436 页。
② 马士：《东印度公司对华贸易编年史》第四、五卷，第 220 页。马士：《东印度公司对华贸易编年史》第一、二卷，第 338 页。
③ 马士：《东印度公司对华贸易编年史》第一、二卷，第 671、701 页；第三卷，第 171 页；第四、五卷，第 5、547、597、618 页。
④ 《东印度公司对华贸易编年史》第一、二卷，第 671、701 页；第三卷，第 171 页；第四、五卷，第 5、547、597、618 页。
⑤ 马士：《东印度公司对华贸易编年史》第三卷，广州：中山大学出版社，1991，第 330 页。

切晓谕，以天朝因不与俄罗斯通市，恐各该国多贩大黄转售伊境，是以不准多带，并非于各该国有所靳惜。尔等若贪得重价，转行卖与俄罗斯，将来自用不敷，天朝断不能于定例五百斤之外再行多给"①。

外商来广贸易，向系以货易货，外国船只不得私运金银出口。嘉庆十四年（1809），两广总督和粤海关监督联名颁布"禁止金银出口的法令"，谕令全体行商、通事、引水：

> 此后，保商所保之洋船进口，不论彼等收入何种货物，必须全部以同等货物交换；一俟船只满载，即行扬帆。而外国商人等亦不准借口货物不足彼等所销售之数，暗中换取本地金银，阴图运走。如有不遵律例之铺户，胆敢将本地金银售予外国人者，即行指证姓名并将处所呈报，如获实据，必将彼等拿办。如尔等敢将此谕视为具文，知情不报，听任外国人私运（金银）出口者，即将有关人等拿捕。此外，不法之店主等即交地方有司严加惩处，而该保商及通事等亦干未便。切切凛遵，毋得玩忽。②

虽然如此，"但遇必要时，行商与通事必须估计出入口货物的价值，如果输入超过输出，即准许该船携出金银，但以入超额三分之一为限。到广州来的船只，只有一部分得享用这种自由权利。但是，一艘船只要代其他已获得此项权利的船只向海关检验人员或通事交纳一定的费用，也就可以获得这种权利"③。

如外商携带有违禁货物，通事也要承担一定的连带责任。嘉庆二十五年（1820），两广总督与海关监督联合签署谕令，督令行商、通事、买办等"在各船申请开舱之前，查察来船有无夹带违禁货物。如彼等妄图包庇，一经发觉，则保商应独负其责，亦必遭破获惩处，而通事、买办亦难辞其咎"④。

道光十九年（1839），林则徐自京师抵达广东后，立即展开了对外商贩卖鸦片情况的调查。因为"凡夷船所载鸦片烟土，自行夹带进口者，固属有之，

---

① 《军机处上谕档》，转引自《明清时期澳门问题档案文献汇编》第一册，第504页。
② 马士：《东印度公司对华贸易编年史》第三卷，广州：中山大学出版社，1991，第124～125页。
③ John Phipps: *Practical Treatise on the China and Eastern Trade*，转引自姚贤镐编：《中国近代对外贸易史资料（1840～1895）》第一册，北京：中华书局，1962，第244页。
④ 马士：《东印度公司对华贸易编年史》第三卷，广州：中山大学出版社，1991，第386页。

而其半则以三板剥赴趸船寄顿。通事送单于窖口，窖口敛银于贩客，而贩客又由银号兑价于坐地夷商，该夷商给予票单，持至趸船取土"①。所以要查清实情，最便捷的途径莫过于直接询问通事。于是，林则徐就经常传讯通事，这在他的日记中是有所反映的。例如，当年二月初三日，他"在寓中传讯通事蔡懋等，至晚始罢"②。

5. 协助处理商务纠纷

在通商贸易过程中，发生纠纷在所难免，通事因其在语言上的便利，经常要协助当事双方处理纠纷。如雍正十二年（1734），英国"哈里森号"因所定购的丝织品与商人们发生争执。起因是"当第一批丝织品的样本送来时，经过精细和小心的检查，就发现重量不足，色泽和质量都差。商人说，他们的合约是以价格决定的；而大班反对这种规格的坚韧度、颜色、光泽的理由是不够充足的"。双方各执一词，纠缠了几个月后，大班就叫通事准备诉之于当时暂代海关监督的总督。③

乾隆二十四年（1759）四月，南海县发生夷人控告朝合木器店刘朝阳、刘大有父子欠银不还的事件，当地政府批令通事催还。④

更有官府明示应让通事协助解决海外贸易中的纠纷。嘉庆五年（1800），同文行雇船户为英商"下载湿水及泥草茶箱"。英商发觉后，本应向同文行兑换，船户不过受雇代装，与此事无涉，"乃该夷人竟敢将艇户押上夷船"。该年六月初九日，两广总督与海关监督在《粤督海关因英船掳人事下洋商谕》中说：

> 照得夷人贸易，天朝既设行商为之经理买卖，复设通事为之道达情词，凡所以体恤尔夷商者，无不至优且渥。尔夷等理宜恪遵功令，安分经营，即遇有事故，在省则投告行商、通事，在埔则投明税馆，或就近汛官，具禀候示，岂容将内地民人擅押赴船。……嗣后务须凛遵法度，遇有

---

① 文庆等纂《筹办夷务始末》（道光朝）卷3，载《近代中国史料丛刊》第56辑，台北：文海出版社，第201页。
② 《林文忠公日记》，《近代中国史料丛刊续辑》第41册，台北：文海出版社。
③ 马士：《东印度公司对华贸易编年史》第一、二卷，广州：中山大学出版社，1991，第225~226页。
④ 汤象龙：《18世纪中叶粤海关的腐败》，载《中国近代史论丛》第1辑，第3册，台北：正中书局，1956，第154页。

事故，及货物偶有参差，均应向保商、通事理论明白，保商等禀请本部院、部堂、关部究治，不得将艇户人等押累。①

道光十六年（1836），英国 23 个商号和个人在给两广总督的禀文中说："对有关征税事宜，商等与行商及通晓数国语言的人之间曾引起不少麻烦之争议。不仅因为对货物分级与度量计算所采取的方法，而且对关税征收之价格亦有分歧。此种争议及由此而产生的困难，大部分是由于商等对政府所制定之税收等级惘然无知而所以造成。"外商们恳请总督颁发一份从外国进口制品以及各种货物应付关税之正式清单。②可以预见，关税清单颁布后还是需要由通事宣布且从中调停外商与行商之间的纠纷的。

6. 协助地方当局约束外商

外商来到广州后，"尽被安顿在行商和通事的控制下，从不得和中国政府或其他文武官员接触，而这些行商和通事就是奉行清朝官员的严令，来监督、约束外国商人的"③。通事"虽其职份卑微，但其耳目于外人较其他人等尤近"，是以"更应尽其本分留心查察，留意其举动"④。

乾隆九年（1744）五月，首任澳门海防军民同知印光任一到任，针对过去香山县官对澳门管理不严不善的情况，特订立和颁布严格管理番舶和澳夷的《管理澳夷章程》七条，第一条即是："洋船到日，海防衙门拨给引水之人，引入虎门。湾泊黄埔，一经投行，即着行主、通事报明。至货齐回船时，亦令将某日开行预报，听候盘验出口。如有违禁夹带，查明详究。"⑤可见，从夷商来华之日起，通事就要协助官府对其进行约束了。

外商申请去澳门，要通过通事去取得海关当局批准。⑥乾隆十九年（1754）四月廿日《澳门同知致澳门理事官牌文》中记：

> 乾隆十九年四月十九日，准粤海关移开，照得在省夷商赴澳探亲、贸

---

① 许地山：《达衷集》卷下，第 194～195 页。
② 广东省文史研究馆：《鸦片战争史料选译》，北京：中华书局，1983，第 85～86 页。
③ 广东省文史研究馆：《鸦片战争史料选译》，北京：中华书局，1983，第 45 页。
④ 马士：《东印度公司对华贸易编年史》第三卷，广州：中山大学出版社，1991，第 386 页。
⑤ 梁廷枏：《粤海关志》卷二十八，《近代中国史料丛刊续编》第 19 辑，台北：文海出版社，第 1972 页。
⑥ 威廉·C. 亨特：《广州"番鬼"录》，冯树铁译，广州：广东人民出版社，1993，第 37～39 页。

易等事，责成行商、通事查询确实，出具保结，赴关呈明，给与印照，分晰开注，一面移知澳防厅转饬夷目，查询相符，将该夷商交付所探之澳夷收管约束，限满事竣，催令依限回省，毋任逗遛等因……①

粤海关移至广州后，洋人来往于广东、澳门之间贸易、探亲，通事即须核查来往两地夷人的名目及其所携带的货物。

乾隆二十年（1755），两广总督策楞及粤海关监督李永标颁布一项法令，规定来广贸易的欧洲人入住商馆后，保商与通事须派可靠人员前往商馆驻守，察看有无铺户私来与欧洲人交易；来埠商船及欧洲人等，对中国语言习俗均属无知，遂发生种种不法行为，是以保商及通事，有教导彼辈之责；船只抵埠后，保商及通事应即通知该船长及大班，对其下属严加约束，不使有违法行为；除保商及有关人等准进入商馆外，其余闲杂人等，一律不准入内，保商、通事或买办有权对故违者予以惩办。②

乾隆二十四年（1759），两广总督李侍尧上奏《防范外夷规条》，规定夷商到粤，应于现充行商各馆内选择投寓，行商、通事应将夷商及随从之人姓名报明地方官，地方官应勤加管束，不许汉奸出入夷馆，结交引诱；如夷商有置买货物等事必须出行，该通事、行商必须亲自随行；如有民人受雇于夷商，通事、行商应实力稽查禁止。③

向来各国夷商来广贸易，只令正商跟随数人同货入行，责成通事、行商报明管束，毋许纵令出外行走。④乾隆五十九年（1794），英公司大班啵唦呈禀提出：允外商或准进城，或在城外指一个地方行走，以免生病。两广总督批示允许夷人嗣后于每月初三、十八两日到海幢寺游散，但"日落即要归馆，不准在彼过夜。并责成行商严加管束，不准水手人等随往滋事"⑤。嘉庆二十一年（1816）七月，总督蒋攸铦指示：每月初八、十八、二十八日允许夷人结伴前赴海幢寺、花地闲游散解。夷人每次不准过十人以外，着令通事赴经过行后西炮台各口报明，带同前往，限于日落时，仍赴各口报明回馆，不准饮酒滋事，

---

① 《澳门同知致澳门理事官牌文》，转引自张海鹏主编：《中葡关系史资料集》上卷，第631页。
② 马士：《东印度公司对华贸易编年史》第四、五卷，广州：中山大学出版社，1991，第453~456页。
③ 《宫中朱批奏折》，转引自《明清时期澳门问题档案文献汇编》第一册，第336~340页。
④ 《宫中朱批奏折》，转引自《明清时期澳门问题档案文献汇编》第一册，第386页。
⑤ 许地山：《达衷集》卷下，第166页。

亦不得在外过夜。①

外商凡按规章去其可以去的地方，都必须有通事跟随。"事实上，要求通事跟随的'规条'并未严格执行，但也从未被废止。官员们派通事跟随我们出游或在河上划船的动机本来是好的——为的是防止我们迷路，或因语言不通而与本地居民产生误会以至冲突"②。但是，通事对外商的一切轨外行为要直接负完全责任③，通事们当然要尽力约束外商，以避免他们发生任何"违法"行为。

7. 为外商提供其他便利

乾隆二十四年（1759）十月，两广总督、广东巡抚与粤海关监督联名在《奏禁华人借夷资本及受雇夷人折》中云："至夷商所带番厮人等，尽足供其役使，而内地复设有通事、买办，为伊等奔走驱驰。"④亨特也写道：通事的"职责当然不轻，无论白天黑夜，他们随传随到，应付五花八门的事情，并且在任何时候都乐意为全体外国侨民提供方便"。⑤

第一，为外商代雇佣人。

乾隆四十二年（1777）四月十五日，行商在《复李抚台禀》中说："至各该夷馆如搬运起下货物，及看守行门等项，系责成通事选派管店数人料理。其逐日所需菜蔬食物，亦系通事结保买办数名代为置买。一切管店买办人等，俱系慎择老成信用之人充当。"⑥"如果在广州的一位外国绅士没有雇用买办，就把他的仆役总管当作买办，他必须以买办的资格向通事报告，因为通事要担保买办的品行。"⑦道光十五年（1835），当局规定：外商所用"挑货人夫，令通事临时散雇，事毕遣回"。⑧通事"是外国人许多雇员中的首领"⑨。

第二，为外商船只购买伙食。

---

① 梁廷枏：《粤海关志》卷二十六，《近代中国史料丛刊续编》第19辑，台北：文海出版社，第1891页。
② 威廉·C.亨特：《广州"番鬼"录》，冯树铁译，广州：广东人民出版社，1993，第37~39页。
③ 马士：《中华帝国对外关系史》第1卷，北京：生活·读书·新知三联书店，1957，第80页。
④ 许地山：《达衷集》卷下，第129页。
⑤ 威廉·C.亨特：《广州"番鬼"录》，冯树铁译，广州：广东人民出版社，1993，第37~39页。
⑥ 许地山：《达衷集》卷下，第141页。
⑦ J.R.Morrison, *A Chinese Commercial Guide*, 转引自姚镜贤编：《中国近代对外贸易史资料（1840~1895）》第二册，北京：中华书局，1962，第1004页。
⑧ 梁廷枏：《粤海关志》卷二十九，《近代中国史料丛刊续编》第19辑，台北：文海出版社，第2096页。
⑨ 威廉·C.亨特：《广州"番鬼"录》，冯树铁译，广州：广东人民出版社，1993，第37~39页。

供应外国商船及商馆日用品、伙食通常是买办的职责。①但通事有时也代负买办之责，为商船采购食粮等物。嘉庆二十五年（1820），由于买办无法缴付海关官员勒索的巨额规费，海关监督下令东印度公司的船只不能通过买办得到伙食，而要通过通事。然而，通事们虽"已由海关监督授权，但他们没有经验足以从事这一重要而急需的工作"②。

第三，为与外商交易的人提供担保。

除了行商之外，外商还与行外华商做生意。但是经常有拖欠货款不还的情况发生。乾隆三十八年（1773），英国东印度公司委员会曾向海关监督请求设法追还债务，但海关监督不承认"向其请求追偿欠债是合法的，除非该项债约是与行商本人或经由行商或总通事认为可靠之人签订的"③。即海关监督并不禁止外商与其认为适当的人交易，但如果是与那些未被行商或通事确认为可靠的人交易，就必须自负坏账的后果，而不能希望海关监督能代为追偿，可见，通事负有为与外商交易的人提供担保的责任。

结　　语

综上所述，在清代，无论是在中国与海外国家的朝贡贸易、海关贸易，抑或是清政府与海外国家的外交往来中，通事作为翻译人员都发挥了其不可替代的作用。可以肯定的是，如果没有通事，清代就不可能有外交和繁荣的海外贸易。

早期通事的主要功能是代外人传译，但由于清代与海外国家的外交和贸易蓬勃发展，对外事务日渐繁多，其管理事务也日趋复杂。为了适应新形势的需要，作为清朝统治者工具的通事自身也发生了蜕变，其职能早已超越了单纯的沟通中外的中介角色，而且还介入海关管理、外贸活动，以及管理外商等事务，并为外商提供信用担保和生活服务，逐渐演变成为清政府统制外贸、管理外商的得力工具。

---

① 马士：《东印度公司对华贸易编年史》第四、五卷，广州：中山大学出版社，1991，第455页。
② 马士：《东印度公司对华贸易编年史》第三卷，广州：中山大学出版社，1991，第372页。
③ 马士：《东印度公司对华贸易编年史》第四、五卷，广州：中山大学出版社，1991，第608页。

清代通事对海外贸易的发展发挥了关键性的作用，它的形成和演变对清代的外交外贸，乃至中外文化交流都产生了极其重要的影响。不过，通事作为在中外交往贸易中产生的特殊群体，还有不少值得研究的地方。本文主要对清代从事海外贸易的通事种类、来源及其职能演变作一些初步的探索，希望借此抛砖引玉，引起学术界对这一群体进行深入研究的兴趣，使曾在中国对外关系史上扮演了重要角色的通事能得到正确客观的评价。

An Inquiry into the Interpreter of Overseas Trade During the Qing Dynasty

Liao Dake

Abstract: The interpreter in the Qing Dynasty has played a key role in the development of overseas trade, whose formation and evolution has exerted extremely important influence on its diplomacy and foreign trade, even the sino-foreign culture exchanges. Through research focusing on the types, sources and functional evolution of the interpreters who engaged in overseas trade, this paper means to arouse the academic interest, thus attract more attention in the investigation of this group, hoping to provide an objective and accurate evaluation of the interpreters' role in the history of China's foreign relations.

Key Words: the Qing Dynasty; overseas trade; interpreter

十八世纪在广州的法国商贾和外交官

耿 昇[*]

法国人并不具有从事海外贸易的特殊天赋。但这并不能阻止他们之中的某些人在地理大发现时代，试图跻身于葡萄牙人、荷兰人、意大利人和英国人等热衷的海外贸易竞争大游戏中。其中有些法国人幸运地获得了某些成功，但大部分人却于其中失去了其美好的幻想。法国与远东从事商业交流的四个世纪里，是以失望和沮丧为标志的，但法国人却并未由此吸取失败的教训。

直到十七世纪中叶，法国靠近大西洋和英吉利海峡的圣马洛（Saint-Malo）和迪耶普（Dieppe）等沿海地区的寥寥数位船东，才敢于冒险进入"香料之路"。法国似乎无可挽回地要成为陆地的、欧洲的和地中海的国家。法国那些最为雄心勃勃的政界和财界人物也始终对远征远东持怀疑态度。甚至到1658 年，像巴黎外方传教会的远东祖师陆方济（François Pallu，1626～1684）那样的司铎，还曾经写道："尽管人们赴华旅行的主要目的是为了上帝的荣誉和归化灵魂，但我们也不应忽略，应该再加入最有益的一项目的，这就是使人认识到在那里可以获得百分之三百的经济利润。所以，我们必须善于为此而采用布局和行为方式……"[①]

1664 年，路易十四国王的财政大臣柯尔培尔（Jean Beptiste Colbert，1619～1683）确实掀起了一股向大外海和特别是向远东开拓的新风，创建了由

---

[*] 作者系中国社会科学院历史研究所研究员。
[①] 转引自夏尔·梅耶（Charles Meyer）：《法国人在中国的历史，1698～1939 年》，巴黎：友丰出版社，2009，第 47 页。

国王支持的"东印度公司",并且使用了一句箴言:"我在我立足的地方兴旺发达。"但经过似乎前途无望的创始阶段之后,这些人的勃勃雄心慢慢地黯然消退了。对华贸易需要巨额资本、大量设备和充足时间,这个经济需求已经超越了法国东印度公司的力量。

一、安菲特利特号商船首开中法海上贸易

法国东印度公司在无力发展对华贸易的情况下,索性将这种贸易的特权转让给了某些富裕的批发商,他们以向东印度公司支付 15% 运回国内的商品为条件,承担具体经营业务。该条款被列入 1698 年 4 月 4 日的协议中。该项协议仅仅是为了一个新成立的公司——"中国公司"的两次航行而签订的,该公司在入华耶稣会士们的伦理保证下装备了安菲特利特号(Amphitrite,海神号)商船。

1698 年 11 月,安菲特利特号船在广州停泊。船上的法国人留给人们一种令人厌烦的有损于其国家形象的印象,因为他们高声争吵,互相对骂,甚至是拳脚相加。当船组中的拉骆克(La Roque)骑士企图逮捕和囚禁胡言乱语的贝纳克(Bénac)总经理时,他们几乎爆发了一场正面冲突。入华耶稣会士们无法使他们恢复理智,也失去了冷静,便撤销了拉骆克骑士以国王名义行使的指挥权,并考虑关押总经理。一项很脆弱的临时解决办法最终恢复了某种表面的和谐。但是,当时商船必须依靠脾气暴虐的拉骆克总经理的指挥,他生性多疑而又为人狡黠,性格粗暴又易怒。商船在扬帆返回法国之前,拉骆克骑士又挑起了一次严重的事端,随后演变成一次严重的外交事件。

事情起因于 1699 年 10 月 16 日,在广州的英国商船麦克莱斯菲尔德号(Macclesfield),驶经安菲特利特号商船旁时未向其致意,便扬长而去,并停泊在一枪射程之内。在抛锚地向邻船致意,是当时海港中的一种国际惯例。但英国商船的水手们完全不如战船水手们那样优雅。拉骆克认为,对于这样一种无礼行为不能不做出回应。翌日,一支以大刀武装的法国人小分队登陆,其使命就是要适当惩罚所遇到的英国人。人数不多的法国人在未使英国人遭到很大损失的情况下撤退并返回其船上,但安菲特利特号的船长对这次教训英国人的行

动仍未感到满足。两天之后，他发现英国船长及 3 名随从穿便衣登陆，并在清凉的空气中散步。法国船长命令 3 名军官和 40 名水手袭击他们，并要殴打他们 100 杖。麦克莱斯菲尔德船上的英国水手们匆忙赶去支援，费了很大力气才使其不幸的同胞们逃出了这些狂怒的法国人的包围圈。

受伤的英国船长赫尔（Hurle）前往安菲特利特号商船上，要求法方对这次袭击事件做出解释。据一名证人称，英国船长在那里受到了友好接待，外科医生们为他做了初步处置。事后，法国人又公开嘲笑这些英国人，因为英国人声称自己受到了严重欺负，而当时法国人的势力又很强。英国人自认为待在停泊在广州的商船上不再安全，必须向两广总督石琳请求保护并投身于大清官吏们的保护之下。但英国人实际上没有这样做，而只是致信英国东印度公司，将法国人的袭击称为一场"无法理解的"事件。

至于法国"中国公司"的代表，他们非常谨慎地向巴黎作了汇报，认为拉骆克很体面地报了仇，但略显过火。① 但这场令人恼火的事件却激怒了在广州的欧洲商人，他们对法国人提高了戒心，法国肇事者恶名远扬。

中国人对"夷人"间的争执并非毫无兴趣，他们留心观察并形成对西洋人的各种印象，结果似乎对法国人有利，这是由于中国人对入华耶稣会士有好感而造成的。法国人很快就体验到了"中国礼仪"的敏感程度。当拉骆克骑士正式拜访两广总督石琳时，也证实了这种看法。入华耶稣会士白晋（Joachim Bouvet，1656～1730）在致拉雪兹（de La Chaize）神父的信中指出：

> 由于在中国，这类致谢仪式，是要以叩头以及与归附和致敬有关的礼仪书完成。所以刘应（Claude de Visdelou，1656～1737）与我一样都认为，应该行致谢礼的船长是大西国最伟大和最强大君主的军官，他只会接受礼拜而不会向任何人礼拜，也不能以中国的方式行礼。②

经过长时间的艰苦商谈，广州的中国官吏们接受了一种体面的妥协。这就是船长只以某种使中法两国都很体面的方式完成礼仪。为此，中国人建议

---

① 有关安菲特利特号船首航中国的全部情节，请参阅伯希和 Paul Pelliot（1878～1945）：《法中关系的开始——安菲特利特号船首航中国记》，载《学者通报》（*Journal des Savants*），1930，巴黎。
② 伯希和：《法中关系的开始——安菲特利特号船首航中国记》，1930。

拉骆克骑士和船长面朝北京方向，聆听大清皇帝的旨意；两广总督站在他们的身旁，向他们宣布有关交纳商船关税之事，船长恭恭敬敬地聆听，或者是头戴帽子跪下，或者是脱帽聆听，身体略躬却不跪于地，然后再以法国的方式行礼。①

船长选择了第二种方式，并非常亲切地感谢这种便宜行事的方式。但这件事最终却使船主付出了昂贵代价，因为安菲特利特号商船在珠江一动不动地停泊了整整 15 个月。而广州的正常泊港时间，决不能超过 6 个月。

从"中国公司"的严格商业观点来看，法国本来预料会出现更糟的结果。该公司派往广州的使者，对于由中国官吏和商贾制订的规章条例，甚至对于能使他绕过去的底线，基本上一无所知。另外，他们的竞争对手英国人和荷兰人，都竭力地在法国人的客户和供货商之中，诋毁其名誉。但法国人成功地以最佳价格出售了几舱皇家作坊生产的玻璃，同样还采购了商船回程的船货。

安菲特利特号这次远航赚得了 50%左右的利润，但是它的第二次远航中国却是混乱不堪，并且出现了赤字经营。在此后的多年中，由于收益不好，法国船东们一度放弃了与中国的贸易。

二、广州的法国商贾与外交官

1712 年，"中国公司"被解散，其特权落到圣马洛一家公司的手中。1719 年，又诞生了一家新公司，也就是第四家"东印度大公司"，由约翰·卢瓦（John Law）主持，它接管了对华贸易的专营权。该公司拥有 30 多艘船，并在广州建立了一个常驻基地。在 1724～1725 年间，迪普莱克斯（Dupleix）在那里开始其第一批业务。在此后的数年中，其成果达到了预期水平。在 1736～1743 年，该公司每年均获 141%的利润。

欧洲"七年战争"（1756～1763）对于法国发展海外贸易是灾难性的，甚至造成致命一击。1769 年 8 月，法国东印度公司进入财产清算阶段。1771 年，设在广州的公司董事会的权力由一个皇家董事会接管，它在 5 年之后变成

---

① 伯希和：《法中关系的开始——安菲特利特号船首航中国记》，1930。

了法国驻广州领事馆。这一机构最早的计划是致力于炫耀法国的实力，向那些喜欢制造混乱和热衷内外争斗的法国人表明，即使是在世界的另一端，他们也必须服从由领事馆代表的法国权威和司法权的领导。领事馆必须保护法国公民的正当权利，维持广州的法国公民与在广州经商的欧洲其他列强公民之间的和平与和谐。

所有的法国人，无论是商人、行客、船长、商行大班和船员，为了化解、结束和审理在他们之中出现的分歧、争执和诉讼，他们都必须与法国驻广州领事馆联系。领事馆经过调查研究之后，必须将那些在生活和行为上有丑闻的法国人，驱逐出广州及其所属地区。领事馆必须采取一切必要措施，以满足他们与中国人、常驻广州的其他外国人和领事馆所属机构打交道时所提出的需求。①

法国政府授予法国驻广州领事馆支持和协助法国商人在华贸易，在中国皇帝面前保护法国人的权利。但是，在未获得大清政府对法国领事馆功能的批准之前，即使是在一种私下承认的情况下，领事馆几乎没有对这一事项进行干预的可能性。领事馆做出指令与解释，注意避免对贸易带来干扰的各种因素。②1772年，在法国东印度公司存在期间，中国人对保持贸易稳定感到很放心，为追逐利益而谨慎对待外国人。外国人为了开展某种贸易，也必须适应中国的礼仪规制，但法国似乎从来未曾吸取其中的教训。

十六世纪初，最早驶往广州的葡萄牙商船可以自由地从事贸易。此后，中国政府为了防止走私和舞弊，采用的管制措施日益增多。那些沿珠江而上的英国商船，无法摆脱中国当局频繁的干预。代表清政府的户部（houpou）官吏及其侍从可以登上商船，进行丈量③，确定应交纳的关税。清朝官员通常非常傲慢，坐在一个专门为他准备的椅子上，以一种轻蔑和鄙视的神情观察一切，其所有部属，甚至是欧洲人都要站立着。当其下属测量外国商船时，他却在好奇地欣赏欧洲的那些珍奇物，并且提出许多问题。④

中国政府除了征收吨位税和抛锚税之外，还要交纳各种辅助税，如开舱税

---

① 详见《法国广州领事条例》第12和13款。
② 考狄（Henri Cordier）：《18世纪法国驻广州的领事馆》，《通报》1906年3月号。
③ 这种丈量是用一根拴在前桅杆与后桅杆之间，并从一个到另一个船舷之间的一条绳子来完成的。
④ 路易·德尔米尼：《贡斯当中国贸易回忆录》，法国高等实验学校，1964。

和招聘通译税等，此外还有为广州当局发放准许营业执照而征收的税，而且还要事先送重礼。外国商船还需要在粤海关部交纳商品进口税和出口税。这些手续完成之后，西洋人仍不能随意选择其商品的买方和中国供货方。唯有属于两广总督指定的行商，才有资格与他们交易。

广州商行最早为七行，稍后为十三行，从而形成了被称为"公行"的商行。[①]十三行垄断了商业交易，并为欧洲商船作担保，对一切可能违法的行为负责。中国政府每年都要求行商们发表一份公告，除了要求他们毫无懈怠地帮助夷人抑制其放肆无礼之举和不端行为之外，还要教诲这些人多作善事。这些行商大都受到了其西方同行们的尊重，并且赚取了巨额财富。但他们也受到中国官吏们勒索礼物和其他物品之恶习的折磨，使他们的赢利变成亏损，从而导致总督大发雷霆。

在广州，欧洲人有一片固定的专用住宅区，这里城墙环绕，禁止他们外出。这就是诸家公司的十三行，排列在珠江左岸 350 米长的地界内。那些带有柱廊和门柱的开放长廊，装饰豪华的门面，成为西方列强在华扩张的最早门户。那些位于各行之前的亭子，一般是暗示他们拥有的某种特权。这些亭子或楼阁成了一种招牌和标记，欧洲夷馆前并没有任何这样的设施。行商们经常爆发冲突，甚至发生流血事件。欧洲人不认为这些楼阁亭榭有多大益处，但他们中的任何人都不想成为停止高挂这种作为国家荣誉之象征物的第一人。[②]

在广州的欧洲人商行中，有 50 多名大班[③]和公司职员，他们被限制在一个隔离区中，并且被置于两广总督派遣的密探们的严厉监控之下，生活在时刻会落入中国官吏及衙役们权谋的不安之中。有的欧洲人忘记了总督严禁他们接近中国女子的禁令，又落入了由某些美女们设计的圈套中。如果犯事，他们会遭到中国当局的殴打和监禁，然后课以沉重赎金才获释。

每个欧洲机构由一个总管的支配，这就是买办。[④]买办为夷馆充当总管

[①] "公行"在名义上应于 1771 年解散。但 1771 年的一道诏书又重新提到，广州与外国人的贸易仍掌握在行商们手中。这种局面一直持续到 1842 年。

[②] 路易·德尔米尼：《贡斯当中国贸易回忆录》，法国高等实验学校，1964。

[③] Subrécargue，出自西班牙文，被译为"大班"，原指船上的货舱主人们的代表，后指各公司的经理。

[④] "买办"一词在法文中作 Compradore，来自葡萄牙文，本意为"买家"。

并负责夷馆供职人员的招募，但其主要职责是在夷馆与广州当局之间充当被指定的经纪人，因而他们都是不可或缺的人物。他们处于赚取利益的有利地位，并在某些情况下是担负一定的责任。如他要承担其雇主所犯罪行的责任，并代之承受惩罚——罚款和杖笞。根据 1760 年中国皇帝颁布的条例，外国人从事的娱乐消遣活动受到限制："禁止任何欧洲人携来其妻妾并与她们共同生活在朕之帝国的任何地方，特别是在广州。"清政府还禁止外国人在河流中划船取乐，每月的 8 日、18 日和 28 日，他们可以出去散步和呼吸新鲜空气，这是由官方规定的日子。夷人可以参观公园和佛寺，但其人数不能超过 10 人。当他们乘凉之后，定要返回夷馆。一旦商船出发，便禁止欧洲人再居住于广州，命令他们一律前往澳门住冬。①

这是为期 6 个月的休养期，在这段时间要暂停一切商业活动。澳门自 1557 年被置于葡萄牙的管理之下，拥有其议事会、行政官和一支 150 人的驻军。它也是教会的一座重要堡垒，拥有 13 座教堂，主教权力极大，此外还有 3 座佛寺，一座圣克莱会（Clarisses）修道院，约 7000 名土著基督徒。大清皇帝向葡萄牙出让了澳门的有限管理权，作为交换，葡方每年需向清朝交纳一笔贡金——这笔贡金微不足道——并承认中国皇帝至高无上的权力。大清皇帝有权将那些在经营淡季不宜在广州定居的夷人，统统送往澳门。这些人大部分是教廷的异端派，对于控制海洋着迷，对澳门的葡萄牙人表现出了一种鄙视和令人难以忍受的傲慢。贡斯当在其回忆录中曾写道：

> 我们从不与葡萄牙人生活在一起。他们之中的大部分是欧洲人，都是因犯罪而被流放到澳门的。其他人则为他们的后裔，或者是各种肤色人的混血儿。世人称之为葡萄牙人，那是由于他们画十字和穿长裤。

在澳门，那些从广州驱逐出来的人，穿着佩饰带的衣服、腰间佩剑，乘坐由卡菲尔（Câfres，南部非洲）奴隶抬的轿子招摇过市。他们大吃大嚼、酗酒无度、沉湎赌博，还购买印度、马来、日本和帝汶的女性，使澳门城成了贩卖这些女子的庞大人口市场。总之，他们沉沦于堕落的生活之中，非常懒惰，以致他们从不将时间用于文化学习，只追求低俗的享受，最终变成了

---

① 路易·德尔米尼：《贡斯当广州贸易回忆录》，法国高等实验学校，1964。

"奇怪的、令人无法忍受的东哥特人"。①

有些人更喜欢沙龙中的社交活动，由被他们视为"天仙"的欧洲女子作陪。其实这些女子既不文雅，也没接受过多少教育，如同"洗衣妇"般粗俗。据说，她们都是清教徒和"不可接触的人"。唯一例外的是一个放荡的法国人（"法国岛"的一个寡妇）。她本是一名原法国大班的遗孀，大班因她抑郁而亡。她后来又嫁给一名葡萄牙人，此人又溺水而亡。该女子 32 岁，风韵犹存，但其品行和性格却与其相貌完全相反。她是该地区所有法国人的情人，造成了许多恐怖场面，因而有人声称她在同胞中制造混乱。②

从现在档案馆中保存下来的有关书简和其他书面文献来看，当时居住在广州、澳门的法国人，一小批是东印度公司的职员和传教士，其他则是"海上流民"、冒险家、商船上的开小差者。法国派往广州的东印度公司的第一批代表，均属于小贵族和商业贵族家庭的子女。他们浸淫着入华耶稣会士们以及启蒙时代哲学家们传播的中国治国智慧的思想，虽然对于中国官吏们的行为方式和手段所知无多，也没有做好任何应对准备，但我们应该承认，他们很快就适应了中国社会，并且得体地履行其职责。

法国在中国的贸易令人满意，持续了 20 多年。法国商船运来了颇受好评的羊毛呢绒、铅、玻璃、闹钟、八音盒、望远镜和其他新奇物，中国官吏们对这一切都着了迷。不过葡萄酒销售状况不佳。法国商船离开广州驶往洛里昂（Lorient）和南特（Nantes）时，船上装满了大包的丝绸、瓷器和茶叶，还有大黄、桂皮、姜黄和高良姜。十八世纪运销法国的中国瓷器多达 1000 万～1200 万件（套）。当然，这些被称为"洋器"的中国瓷器，仅供外销和外国人消费，其质量要低于景德镇瓷器。1766 年，法国共消费 210 万磅的中国茶叶，基本上由广州出口。当商船从广州驶至法国时，整个法国，甚至整个欧洲的买客都闻风而至，使茶叶价格成倍暴涨，其利润远远超过了预计。

到十七世纪下半叶，法国与中国贸易的有所下降。1768 年，也就是法国东印度公司被解散的前一年，中国商品在法国的利润只有 67%。人们将此归咎于法国与英国的海上之战以及法国贵族的贫穷化，但这种借口是为了避免太严厉

---

① 路易·德尔米尼:《贡斯当中国贸易回忆录》，法国高等实验学校，1964。

② 路易·德尔米尼:《贡斯当中国贸易回忆录》。

地指责东印度公司在政治、管理和商业行为上的失误。

伏尔泰曾经说过,法国设在中国的公司既不会发动战争,也不懂得维持和平,更不善于经商。广州的欧洲商人们无不厌恶地指出,法国商行甚至发展到对中国市场、中国对西方奢侈品和其他商品的真实需求和支付能力等漠不关心的程度。从法国运至广州的玻璃有许多瑕疵,过去曾普遍受中国好评的呢绒也变得质量低劣,不再符合中国买客的雅兴。与此同时,中国供应商也开始向法国人提供末等茶叶,并在批量输出的丝绸与瓷器中掺入了残次品。

法国在广州贸易上的失落,又激起了中法双方在各个领域中的互相怨恨与抨击。法国人每一次都将情绪失落和金钱损失的责任推卸给对方。法国人至此发现,其金色美梦的破灭,与中国贸易制度令他们难以忍受的背景密切相关。1772年1月20日,一位法国东印度公司的大班在书信中做出了这样的解释:

> 法国商人在贸易中拒绝让人勒索敲诈,中国官吏认为自己受到了冒犯,这是搅乱一个国家保持平静气氛的部分原因。中国官吏的贪腐行为助长了商品交易中的价格暴涨、武断的税收、拖延发放许可等行为。如果这种做法形成一种习惯的话,那就会激起动乱。①

到十八世纪中叶,法国在华贸易已经使它在半个世纪之前形成的远大抱负化为泡影,但法国人从未因此而思考英国、荷兰和其他国家在广州贸易中获得成功的原因。直到1776年,法国商行和夷馆的雇员,仍生活在一种经常性的不和谐状态中,而且类似的现象也先后出现在法国设在印度和非洲海岸的其他商行中。后来设置的法国驻广州领事馆,在不同程度上继承了这种内讧的遗产。法国驻广州领事沃格兰(François Vauguelin)尽力将这种内耗维持在可控范围内,直至1782年他逝世为止。1785年,常驻广州的法国人仅有9人。所有人都在国内拥有坚强的政治和财政后盾。法国驻广州副领事维埃亚尔(Vieillard)的地位从来都不算稳固。但他在39岁时,便获得了法国瑞涅(Juigné)伯爵的支持,想尽一切办法赚钱,并兼任巴黎医学院的教授。此外,身在广州的还有法国东印度公司的干事长保尔-弗朗索瓦·科斯塔尔(Paul-

---

① 考狄:《18世纪法国人在中国》,《通报》1906年3月号。

François Costar）和驻广州领事小德经（Louis-Joseph de Guignes，1759～1845）①。其他在广州的法国人，大都来自圣马洛、南特和波尔多的富裕船东家庭。其中一名会讲汉语并熟悉中国事务的人，便是嘉乐伯（François Galbert），但他很快就被召回法国并转到英国工作，法国驻广州领事馆实际上是租用了原法国商行的宽敞办公地点，这是欧洲人在广州所拥有的最豪华的办公场所之一。

法国东印度公司的解散及其垄断权的被取缔，惊醒了法国从事广州贸易的船东。他们在一段时间内又爆发了某种程度的反弹，并且于 1769～1785 年间，共派出 340 艘商船赴印度和中国，直到路易十六的财务总监卡洛纳（Charies Alexandre de Calonne，1734～1802）创建了一个新公司。当时大航海家德·拉佩鲁兹（Count de La Pérouse，1741～1788）②致法国一位大臣的信中指出：丹麦和瑞典都派遣很有能力的人常驻澳门，法国在广州甚至缺少能胜任法官的有能力人士。法国驻广州商人们的处境有些凄惨，公司的专营贸易使他们处于半破产状态，无法解决他们与其中国贸易伙伴存在已久的信用问题。1786 年 2 月，凡尔赛宫听取了驻广州的法国商人们的抱怨，派遣昂特尔卡斯托骑士（Chevalier d'Entrecasteaux）③赴东方，指挥法国驻在好望角以东的海军力量，并在印度洋监视英法有关限制三桅战舰级的舰艇数量协议的执行情况，巡视远东的海岛、海岸、海港，并在那里搜集尽可能全面的资料。他还负责撤退那些希望从印度和广州返回欧洲的法国人，命令他们遵守严格的纪律，极力避免放荡的生活和传染疾病。④

凡尔赛宫要求这位大航海家尽量妥善地解决驻广州法国商人之间错综复杂的纠纷，其中最重要的一项，就是解决在粤法国人于 1783 年声称已积累到 3 334 362 镑债务证券的问题。昂特尔卡斯托骑士要考察这些债务是否已到

---

① 小德经曾任法国驻广州的领事，被任命为法国科学院的通讯院士，也是金石和美文学科学院的院士。他曾于 1794 年和 1795 年陪同荷兰入华特使德胜（Isaac Titsingh）和范罢览（Everard van Bram，1739～1801）入北京，拜见乾隆皇帝，并参加皇帝的 60 大寿庆典。
② 拉彼鲁兹是法国航海家，他于 1785 年 8 月从法国出发，曾经历游中国东海沿海、澳门和东亚许多地区，其 4 卷本的游记《拉彼鲁斯世界环游记》（1797）于其逝世后出版。
③ 昂特尔卡斯托骑士（1737～1793）在 1791 年，曾被派往太平洋地区和出使广州，以寻找失踪的拉佩鲁兹，最后殉职于爪哇岛海岸。
④ 考狄：《昂特尔卡斯托骑士于 1787 年出使广州》，《历史与描述地理学报》1911 年第 3 期。

期，搞清楚它们是否因高利贷积累而成等问题。

法国三桅战舰雷索卢申号（La Résolution）和苏泊蒂尔号（Subtile）于1787年2月7日在澳门停泊。5天后，昂特尔卡斯托骑士向清朝两广总督宣布，他的商船已经驶向珠江口，但两广总督此时正好赴京述职。广州当局要求他等待以获得准许证。昂特尔卡斯托骑士将这两艘舰重新命名为皇后号（La Reine）和圣-安娜号（Saint-Anne）。但广州的官吏们并没有长时间地受蒙蔽，这两艘法国船驶入中国海域和广州港，引起一阵动荡，直到双方达成妥协方告结束。

昂特尔卡斯托骑士留在广州，但直到1787年3月，法国在广州的贸易始终处于低潮期，甚至连法国驻广州领事馆也一度遭到遗弃。为了逃避责任，副领事维埃雅尔（Vieillard）①也逃回了法国。主事科斯塔尔和翻译嘉乐伯准备行李要撤离广州。法国国王驻广州代表的职务就落到了小德经的身上，小德经收回了被维埃雅尔武断出让的商行办公地点。至于那笔悬而未决的债务，考虑到它可能会牵涉到法国重要人物的利害关系，再加上大批中国债务人都已破产和无偿还能力，所以昂特尔卡斯托骑士决定暂将此事压下来，先集中精力阻止英国人在中国海域的活动。

昂特尔卡斯托骑士在广州遇到了一名爱惹是生非的入华耶稣会士梁栋材（Jean-Jos de Grammont，1736~1808）。梁栋材甘愿以秘探充其第二职业，并且经常向法国海军大臣和法国的北京传教区密报。他在乾隆帝宫廷中、在广州官吏界和北京传教区中声名狼藉。钱德明（Joseph-Marie Amiot，1718~1793）还专门通知法国原大臣贝尔坦（Henri Bertin），声称已经获准暂居广州的梁栋材，在那里并不受人欢迎。1790年，应两广总督的要求，梁栋材被召回北京。②

昂特尔卡斯托骑士怀着对中法贸易不再存有幻想的忧郁心情离开了广州。在广州夷馆这些"隔离区"中，大大小小的欧洲王国——如英国、荷兰、法国、西班牙、葡萄牙、奥地利、瑞典、丹麦、普鲁斯、不来梅（Brêne）、汉

---

① 维埃雅尔在法国大革命期间，曾作为皇家宫廷的成员，于1790年2月当选为巴黎省的执行官、选民大会办公室的秘书。他后来失去了踪影，无人知其下落。
② 钱德明：《1788年11月11日的书简》，参阅考狄：《撤销耶稣会与北京传教区》，《通报》1916年10月号。

堡、拉古萨（Raguse，意大利）、热那亚、托斯卡纳（Toscane，意大利）——都将他们乱哄哄的争吵带到了广州，中国人本来并不希望把欧洲人都集中到广州十三行区，但一方的嫉妒和羡慕、另一方的高傲和鄙视，使所有人都怀着一种不明智的自尊心，这一切造成了各方难以逾越的障碍，只好以"隔离区"来处置。

从此之后，欧洲人在广州的国家间对立超越了他们之间的商业竞争，因为无论商业竞争多激烈，它终究会促使商界的某种团结，每一方都希望成为实现其君主巨大抱负的工具。人们习以为常地看着出售盆碗、便壶和奶瓶的小商人高升为小掮客，并且以掮客的口吻讲话。英国东印度公司占有优势地位，他们以某种日益膨胀的傲慢态度，来炫耀其财富和海上霸权。世人也因他们那种无事生非和专横武断的性格，而格外憎恶他们。大部分人只好违心地服从他们的统治，并宣布英国人才是他们应该保持戒心并与之斗争的人。与英国人有历史老账清算的法国人，也只好冒险直面他们。1785年1月8日，200名英国开小差的水手在其军官率领下，抢劫和毁损了法国一座简易建筑①，杀死其中居住的七八人，并且还杀死了法国守卫军官。

在这个并不特别注重伦理道德的英国东印度公司的边缘，活跃着一支天主教传教士的队伍，他们伺机潜入被禁止入境传教的中国内地。他们对那些航海家及其海上贸易行为很不以为然，指责他们蔑视禁令的行为招致了中国人的不信任，给基督徒们造成了很坏的影响。贡斯当于1789年乘海豚号船出发赴华时写道：

> 我们船上有许多乘客，一名女子、多名男子和4名传教士，此外还有为法国岛准备的两名修女。那些号称年轻而又漂亮的可怜少女们，表现得苦乐不同。那些传教士只会祈祷上帝和呕吐，船上的随船指导神父只会饮酒和发誓，每天必须做9分钟的弥撒，从而挽救了其性命。②

这些耶稣会士以及巴黎外方传教会、方济各会、多明我会和奥古斯丁会的司铎们都集中在澳门和广州。法国人以其吵闹的惯例、无敌的勇气和制造混乱

---

① 法文中的bancassal指一间用轻型材料在陆地上建造的简易房。
② 路易·德尔米尼：《贡斯当中国贸易回忆录》，法国高等实验学校，1964。

的禀性，而颇为引人注目。葡萄牙人在那里寻机迫害法国人，并且对他们在澳门的居住权提出质疑，其理由是法国人是招致中国政府与澳门城当局之间断绝关系的原因。一个世纪以来，广州的大大小小的中国官吏，审视和分析了西方人的习惯和行为，在这些中国官吏眼中，西方人均为不可救药的蛮夷人。"我们现在掌握有他们内部争论的证据和日益增多的要求，这些人忘记了他们自己的处境和中国的浩荡皇恩。"①

两广总督出面威胁要用最严厉的惩罚——绞刑对付这些夷人，因为他们违犯了中国法律并且成了制造动乱的起因。贡斯当认为，这些威胁确实对在广州的外国人发挥了作用，他们害怕遭受刑罚，蛮横无理的行为、炫耀和傲慢的态度都收敛了许多。清朝年迈的皇帝也被传教士们的狭隘和不法行为所激怒，他发出的警告从未能抑制这些福音传播者的狂热，并且愈演愈烈，到十八世纪末，中西关系开始进入对抗阶段。

大革命时代的法国置身于东亚事件之外，它所关心的是其他事务，而不是它在中国的贸易和政治地位。1790 年 4 月 3 日，法国国王的一道诏令便撤销了卡洛纳的东印度公司。该公司在解散之前，曾要求它在广州的经纪人，将其商行或公司出让给乐意为恢复其商业活动而愿意预先垫付款的人。小德经作为法国国王的代理人，力图避免可能出现的最坏的情况，他于 1791 年 12 月 20 日致法国海军部长的一份报告中指出：

> （欧洲）商人们将会被迫居住在中国人中，由此便面临偷盗与纵火的问题。他们由于缺乏地盘，只能在其现有的商号中存放货物，那里有一个钱柜以及存放茶叶和运回欧洲的其他商品的空间。如果无故改变商号并使停泊在海岸的商船与摩尔人融为一体，那么整个国家便会失去信誉；如果与外国人共同居住在一起，那就会有一种显而易见的危险；如果船员们前来争吵，那就有可能出现任何不测。在中国，凶杀都会产生可怕的后果。我们贸易的破产，也可能为其后果，其他国家将会联合其力量，以便将我们从那里驱逐出去。②

---

① 路易·德尔米尼：《贡斯当中国贸易回忆录》。
② 考狄：《18 世纪法国驻广州的领事馆》，《通报》1906 年 3 月号。

小德经通过这一封书信，为领事申请一件证书，以及与该头衔相适宜的权力，以便他有权力行事并拥有为行使其职务而需要的最起码的权威。他最终还起草了书面誓词，发誓要忠于国家、法律和国王，要全力遵守和践行由国民议会提出并由国王批准的政令。这一切实际上却是一无所成。人们为他保留了一家代理商行职员的地位，薪水微不足道。1793 年他被从本地治里派去管理中国这家商行的人所取代。3 年之后，他又乘船赴法国岛，并希望在那里领取其工资，一切依然无果。在告别法国 17 年之后，他最后于 1801 年返回欧洲。经过多方奔走之后，他被拖欠的薪水问题最终也获得解决。1803 年，拿破仑的外交大臣塔列朗（Charles Maurice de Talleyrand，1754~1838）打算派他再度前往广州，但再次爆发的英法战争使这项计划胎死腹中。他被调任外交部，整理法国领事馆的档案。小德经于 1813 年出版了一部《法汉拉词典》，但他的中国工作经验再无用武之地。

法国的广州商行于 1790 年被拍卖，被两位大班贡斯当与彼龙（Piron）收买，他们又把它出租出去。法国在广州的贸易据点被放弃了。时任荷兰东印度公司经理、后于 1794 年作为东印度公司特使的范罢览（Everard van Braam，1739~1801）①曾经非常傲慢地宣布，法国在中国就如同在欧洲一样笨拙无能，甚至已经被排除在欧洲列强之外。

范罢览吸取了 1793 年英国使团马戛尔尼（Lord Earl Macartney，1737~1806）在中国遭遇礼仪问题上的失败教训。他成功地说服了荷兰东印度公司，其后派遣一个尊重中国礼仪的使团。该使团被委托给德胜（Isaac Titsrngh，1745~1812）②。此人于 1794 年 9 月间启程，于 1795 年 1 月 10 日到达北京。

梁栋林神父自荐为该使团服务。他声称其唯一的目的是赴北京去游说大清

---

① 范罢览于 1739 年诞生于荷兰乌德勒支（Utrecht）省，于 1783 年经营一个水稻种植农场，于 1784 年获美国国籍。他经过在亚洲游览之后，又出发赴美国，居住在一个叫作"中国会馆"的地方。那里有一座中国塔，并且收藏有来自中国几个省的艺术作品。其著作有多种法译本，还有一个费城版本和一个斯特拉斯堡版本。

② 德胜于 1745 年 1 月 10 日诞生于阿姆斯特丹，科班出身的外科医生。他很早就为荷兰东印度公司服务，1768 年在日本，1785~1792 年在孟加拉，1793~1794 年在巴达维亚，长期任职于亚洲。他于 1779~1784 年间任荷兰商行的经理，奉命出使中国与日本。他是最早深入研究日本文化与历史的欧洲人之一。他分享了高级神职人员的哲学生活，出版研究著作。他于 1812 年 2 月 2 日在巴黎逝世，被葬于拉雪兹神父墓地。其收藏品均已失散。

皇帝，并向皇帝进献礼物。他对此毫无怨言。我们通过作为译事陪同他的小德经获知，荷兰人忍受了无数的苛求，最终也只好做出顺从的表示，例如下跪和叩头等。

英国人保持了在广州的优势地位，迫使荷兰人接受中国式处理方法，英国人坚信，唯一可以面对中华帝国的态度，便是强硬。这又导致东印度公司于1802年试图强迫驻澳门的葡萄牙军官在那里设立一座葡萄牙兵营，但最终未能得逞。法国国旗不再飘扬于黄埔港的左岸。当时仅有英国人、荷兰人、西班牙人、瑞典人和美国人在广州经商。

英国人始终害怕拿破仑的法国势力重返广州，自称为"海龙"的英王乔治三世（George Ⅲ，1738～1820）的一封致大清王朝乾隆皇帝继承人嘉庆皇帝的奇怪信件可以证实这一点。他在信中写道，法兰西王国自十二年来一直处于革命之中，并与英国进行战争。他追述路易十六（Louis ⅩⅥ，1754～1793）死于断头台之后，又提到了拿破仑，认为拿破仑是一个卑鄙的人物，持续以其阴险的理论和荒谬的计划欺骗所有人。这就是为什么法兰西王国的居民始终生活在一种混乱之中，既缺乏法律制约，又没有任何思想活力。所以，法国在中华帝国永远不会停止从事传播其阴险教理和荒谬计划的企图。像嘉庆那样聪明和谨慎的皇帝，当然很容易洞察到法国国王的骗人计划及其荒谬性。英国国王让中国天子与"西夷"国王进行竞争和争执，这是失礼和不妥当的。嘉庆皇帝在其答复中，并没有涉及这一切，仅仅提到了自己的宽容：

> 至于陛下那么多年来与吾国贸易的臣民，朕应该提醒注意，天朝政府平等对待所有人和所有国家，以慈悲和善意的眼光看待这一切，始终以最大的宽容和友善对待贵国臣民。因此，贵国政府要求对他们表示特别厚爱，是没有理由和机会的。①

然而，仇视法国的英国东印度公司在广东的官吏和巨商大贾中却大占便宜。一名法国商人指出，非常具有心机的英国人对法国人产生了某种负面影

---

① 考狄：《中华帝国通史》第3卷，格特纳出版社，1920。

响①，没有任何人将法国人介绍到商行中去任职，当然英国人的形象也并未因此而得以提升。1808年9月21日，当英国海军司令德鲁里（Drury）借口遭到法国威胁而派遣一支特遣部队在澳门登陆时，清朝两广总督做出的反应是关闭与欧洲贸易的大门。三个月之后，英国海军司令卷起行李回家去了。

英国人对法国势力返回广州的怀有恐惧而加以防范，这点并非毫无根据。早在1801年，夏尔庞蒂埃·德·科西尼②确实提出了一项建议，即向中国派遣一支商业远航船队。后来到1803年，法国海军司令勒努瓦（Lenois）的舰队驶入了印度洋，其中一部分船在本地治里登陆，这是对英国在印度霸权的一次真正挑战。我们不应忘记被大革命孤立的法国人的骚动，现在又受到了拿破仑胜利的鼓舞。在这些人中，有一名旧骑兵军官圣-克鲁瓦（F.R. de Sainte-Croix），他曾于1803年乘一艘三桅战船，前往印度，为正与英国人作战的印度马拉塔人（Mahrattes）效力。他后来又赶往菲律宾，在那里成为西班牙总督的副官。圣-克鲁瓦经过多次冒险之后，于1807年到达澳门，当时一小批法国人正试图在那里给英国人制造某些麻烦，其中让-马利亚·达约（Jean-Marie Dayot）曾在十五年前为交趾支那的国王嘉隆（Gialong，1802~1819年在位，即阮世祖）效力，并且将其精心绘制的一批海岸地图和一份航海备忘录送给了圣-克鲁瓦，让他转呈拿破仑。

圣-克鲁瓦于1808年经美国返回法国，将达约的那些珍贵资料转交给拿破仑的外交大臣，以转呈拿破仑。但它们却被遗忘在海军部的地图收藏室。当拿破仑于1811年将其注意力转向东印度时，圣-克鲁瓦于1811年12月21日向他呈交了一份有关向中国遣使的上表，旨在摧毁英国在远东的贸易优势③，但1812年拿破仑将其军队投入到灾难性的俄国战场上去。1814年，由于欧洲反法联军入侵法国，从而结束了法兰西帝国，也毁灭了法国刚刚崭露头角的东方政策。这场战争使英国确保了其在亚洲事务中的重要地位和角色。

---

① 萨莱勒（Salèles）恢复了与苏门答腊、马来海岸、交趾支那和婆罗洲的贸易关系，其致巴黎参议院大人们的陈情书，载考狄：《第一帝国时代的英国与法国在交趾支那与中国的较量》，《通报》1901。
② 夏尔庞蒂埃·德·科西尼（Charpentier de Cossigny，1736?~1809?）曾在毛里求斯、巴达维亚和广州任工程师，后来发表过《广州旅行记》和一部回忆录。
③ 索奈拉特于1811年12月21日的上表，载《通报》1901年。圣-克鲁瓦于1810年在巴黎出版其游记《1803~1807年间的东印度、菲律宾和中国游记》。

在中国，外国商人的傲慢行为激起众怒，中国官吏的劝告和约束均不起作用。这一年在广州也出现了紧急情况。1814年4月，清政府结束了外国商行的经商活动，致力于稽查并驱回所有法国的人员。到12月末，清朝两广总督又撤销了禁令，广州对外贸易再度启动。但由于鸦片交易、殖民主义战争和不平等条约接踵而至，形势与先前完全不可同日而语。

三、结　论

法国在远东和广州的商业活动，要晚于欧洲多个海上殖民大国。直到1664年，法国才创建了由国王支持的法国东印度公司，也是欧洲第四个东印度公司。1698～1699年，法国的安菲特利特号商船首航中国，开通了中法两国间的海上贸易直航。法国的商行与商人、大班们在广州立足之后，其贸易成果在开始阶段是令人沮丧的，受到了英国与荷兰人的排斥，后来法国人一度活跃于广州的夷馆和十三行中，但好景不长，法国在近代中西关系和与广州贸易中不占重要地位。

The French Merchants and Diplomatic Officers in Canton During the 18th Century

Geng Sheng

Abstract: The business activities of France in the Far East and Canton were later than those of several European colonial powers at sea. Until 1664, the French East India Company was created by the king of France's support, which was the fourth East India Company founded by the Europeans. In 1698 and 1699, French merchant ship, Amphitrite, sailed first to China and opened the direct maritime trade between China and France. After the French firms, merchants, managers and diplomatic officers established themselves in Canton, the results of development was gloomy in the early stages. Despite rejected by the British and Dutch at first, later the French was active in the Thirteen Hongs of Canton.

Key Words: French merchants; diplomatic officers; Canton; Thirteen Hongs of Canton

乾隆末年荷兰使团出使缘起

蔡香玉*

1794年，荷兰东印度公司以恭贺乾隆皇帝登基六十周年为名，派遣以伊萨克·德胜（Isaac Titsingh）为正使的使团来华。已有学者指出，策划并参与其事的关键人物，是当时在广州担任荷兰商馆大班、并以使团副使身份进京的范罢览（Andre Everard van Braam Houckgeest）。① 而当时由正使德胜任命为使团秘书之一的法国人小德经（Chrétien-Louis-Joseph de Guignes），在指责范罢览一意孤行、坚持遣使之外，曾提到粤省大宪也希望在华的外国商人可以入京朝贡，认为是中荷双方的共同意愿才最终促成了荷兰东印度公司设于巴达维亚的高级政府（以下简称"吧城荷印当局"）做出遣使的决定。② 荷兰汉学家戴闻达也曾注意到小德经的这番论调，但从范罢览作为一名驻外商馆大班对远离现场、不明情况的巴达维亚当局的错误引导来看，他强调是范罢览"希望派出这一使团并亲自担任大使"，③ 并认为"主要对这一使团负责的人就是范罢览"。④

---

* 作者系广州大学人文学院历史系、广州十三行研究中心讲师，博士。
  本文系教育部人文社会科学研究 2013 年度青年项目"乾嘉之际的广州荷兰商馆"（项目编号：13YJC770001）的阶段性研究成果。

① J.J.L. Duyvendak, "The Last Dutch Embassy to the Chinese Court（1794～1795）", *T'oung Pao*, no.34. 1938：4.
② Chrétien-Louis-Josephe de Guignes, *Voyages à Peking, Manille et L'Île de France, faits dans l'Intervalle des Années 1784 à 1801*, Paris: De L'Imprimerie Impériale, 1808, Tome 1. Voyage à Peking pendant les Années 1794 et 1795, Vol.1：254-256.
③ Duyvendak, "The Last Dutch Embassy to the Chinese Court", p.10.
④ Ibid., p.4.

查尔斯·博克塞（Charles R. Boxer）也认可戴闻达这一观点。①根据范罢览写给吧城荷印当局要求遣使的信件及相关资料，再结合德胜抵粤后对此所展开的调查，以及英国商馆和西班牙商馆大班对此事所提供的证词的发现和解读②，使得荷兰遣使的一些关键性环节得以重建。重新梳理这一过程，不但可以丰富史实细节，还有助于认识中国官府和外国使节在朝贡体制下各自扮演的角色。

一、范罢览致函吧城当局请求遣使

海上航行风波不定，为了保证函件能平安送达巴达维亚，范罢览至少在1794年4月6日、12日两次致函吧城荷印当局请求遣使。前一封信作为《范罢览出使日记》第二卷的附录 A 保存下来③，而吧城荷印当局收到并作为决策依据的则是后一封信，这在德胜致广州的英国和西班牙商馆大班的信件中曾明确提及。④

在4月6日的信中，范罢览向荷印当局讲述了南海县令于4月2日到访荷

---

① Charles R. Boxer, *Jan Compagnie in Japan, 1600-1850*, an essay on the cultural, artistic and scientific influence exercised by the Hollanders in Japan from the seventeenth to the nineteenth centuries, Springer, Science, Business Media, B.V. 1950: 157.
② 1794~1795 年荷兰使团的相关书信被汇集成 Papieren betrekkelijk de ambassade van de Heren naar Peking（先生们关于赴京使团的文件）一册，其中以荷兰文为主，其他西方语言的书信则多附有荷兰文译文，现藏于荷兰海牙的国家档案馆。主要包括有：德胜 1794 年 11 月 21 日致吧城当局的信（信件 A）；德胜 1794 年 11 月 18 日致函英国商馆大班波朗（信件 B），以及后者 11 月 20 日的回信（信件 C）；德胜 1794 年 11 月 18 日致函西班牙商馆大班阿戈特（信件 D），以及后者 11 月 19 日的回信（信件 E）；范罢览 1794 年 4 月 2 日写给阿戈特的信（信件 F1），以及后者 4 月 5 日的回信（信件 F2）。另，11 月 26 日，德胜在出使途中于广东英德寄回给吧城当局的信，收录于 Frank Lequin, *Isaac Titsingh in China: het Onuitgegeven Journaal van Zijn Ambassade naar Peking 1794-1796*, Canaletto/Repro-Holland, 2005: 230-245.（德胜在中国：其出使北京的未刊日记，1794~1796 年）以下注释引用该书时简称"德胜出使日记"。
③ 《范罢览出使日记》第二卷的附录 A《作者致为了重振荷兰东印度事务而抵达巴达维亚的总委员先生们》，见 Andre Everard van Braam Houckgeest, *Voyage de l'Ambassade de la Compagnie des Indes Orientales Hollandaises, vers l'Empereur de la Chine, dans les Années 1794 & 1795*, Philadelphia, 1797, pp. 357-364.
④ 见本页脚注 1 中的信件 B 和 D。

兰商馆与他会面的情形，并指出其是"受总督①派遣"而来。县令通过陪同他的行商蔡世文（文官）告诉范罢览："明年陛下的统治将进入六十周年，而且由于这一事件不同凡响，朝廷上下将奔赴北京祝贺这位君主。因此总督问我，荷兰公司难道不想派遣一人奔赴朝廷，就这一千载难逢的盛事向皇帝表示祝贺？"范罢览意在表明，遣使一事是出于中方的主动邀请，并暗示盛事难逢，不可错失。

南海县令还对他提到："英国人和澳门的葡萄牙人已经宣布他们将各派遣一人出使，而荷兰人一直以来与中国人交情最深，总督非常希望也有我们国家的一名代表；说到如果不可能从很远的地方（荷兰）派遣一位大使，我自己可以作为国家事务的大班前往，只要人们为我送来致皇帝和该省总督的委任状②，同时附上献给这位君主的一些礼品。"这段内容向荷印当局传递了三个信息：一、在华的英国人与葡萄牙人已作出遣使的决定；二、总督非常重视与荷兰人的交情，希望荷兰国也能遣使；三、考虑到从西欧来华的漫长航程，一个可行的方案是让在广州的范罢览充任使节，前提是吧城当局为他准备好国书和贡品。由于后来只有荷兰一国成行，那这段话是否出自南海县令之口，还是由范罢览假托，便引起了正使德胜的怀疑，故而会向英国商馆大班等人求证是否真有其事。

在县令说明了此行的目的后，范罢览首先向总督的邀请致以诚挚的谢意。接着说他会想办法给吧城的总管们写信，请县令让总督放心，他本人将充当使节。对此县令询问等待巴达维亚的回复需要多长时间，范罢览表示需要五个月，并补充说如果从巴达维亚本地派来一名使节，他将在六或七个月内到达。县令建议范罢览加紧兑现这一承诺，并将就此内容向总督禀报。

这次会谈是在 4 月 2 日，当时黄埔正好有两条商船准备开往吧城，范罢览于是加紧写了落款时间为"4 月 6 日"的这封信，提醒吧城的总管们慎重考虑，利用向乾隆皇帝朝贺的有利时机，委派一名使节参与这一庆典，一则满足两广总督的愿望，二来对公司的利益也有好处。"因为在这样一个场合，使节将有希望就前任粤海关监督专断地扣押'南堡号'（Zuiderberg）商船一事审慎

---

① 即当时的两广总督长麟。
② 原文为 lettres de crédit，亦即使节身份的证明文件，似乎跟正式的国书（lettres de créance）不同，但后者常常会包含使节身份的证明文字。

地尝试要求补偿,关于此事的证据就在我们手中"。后来的事实表明这种赔偿的诉求不切实际,甚至这一念头在使节来到广州、尚未启程入京前就被广州的各级官员扑灭了。

需要强调的是,范罢览在这封信中前后三次提到在广州其他商馆的负责人也将出使:第一次是在信的开头提到南海县令跟他说到英国人和澳门的葡萄牙人将各派遣一人;第二次是在信的中间部分提到范罢览"得知英国人将派两名大班前来;至于西班牙人,大班极有可能自己前来;至于葡萄牙人,人们将派遣澳门的官员或法官中的一名";第三次是范罢览为了让吧城荷印当局同意遣使而施加压力,"为了回应总督所表达的愿望,希望尊敬和强大的先生们能做出执行出使计划的决议,不管是以哪种方式进行,我们公司的利益全系于此。此外,这一决议在某种程度上不可避免,因为另外三个国家都已经采纳总督的建议,其中有两个在对华贸易上远逊于我们公司,因此其荣誉和声望都迫切要求它们在如此公开的场合中不能落在其他国家之后"①。这些话给吧城荷印当局造成两个深刻的印象:一、两广总督向在华各国相关人等发出遣使的邀请;二、英国、西班牙和葡萄牙三国已经接受邀请,承诺派人出使。后者对于吧城当局决定遣使有着重要的推动作用,他们对范罢览意思的理解是:关于遣使一事,荷兰不论在利益、荣誉、声望等各方面,都"不能落在其他国家之后"。

正如戴闻达所分析的那样,范罢览把"这三个国家已经采纳了建议作为一个确定的事实,这使公司别无选择"。他感到"奇怪的是,吧城荷印当局没有作进一步确认便接受了这些声明"。直到使团到粤之后,德胜才对范罢览信中的声明展开调查。重要的是,戴闻达认为"这封信的立论极不牢靠。很明显作者希望派出这一使团并亲自担任大使,他本人亲自前往的建议被说成来自总督,但这层面纱太薄而不能掩盖他自己的野心"②。显然,他对范罢览的说辞表示了怀疑,即出使一事可能更多是来自其本人的"希望",而由其本人担任使节则是借总督之口而表现出的"野心"。这一判断与当时德胜、小德经等人对范罢览的指责所造成的范罢览形象应有一定的关系。

---

① Van Braam Houckgeest, *Voyage de l'Ambassade de la Compagnie des Indes Orientales Hollandaises*, pp. 357-359.
② Duyvendak, "The Last Dutch Embassy to the Chinese Court", pp.10-11.

二、长麟是否主动要求外商遣使

停泊在黄埔的商船陆续离港，为了确保吧城当局收到遣使这一重要信息，范罢览12日又写好一封信，由商船带回巴达维亚。5月中下旬，吧城当局收到范罢览的后一封信。是否接受其提议？吧城的总管们意见不一，直到6月下旬，出使一事才最终敲定。由于吧城当时恰好有担任荷兰正使的合适人选，总管们于是撇开范罢览的自荐，委任时为吧城市政评议院议员、曾任日本商馆与孟加拉商馆大班，熟悉东方文化（特别是日本文化）的德胜担任使团正使，而由范罢览出任副使。①

出使北京，从国书、贡品的准备到最后返回巴达维亚，至少得需要一年多的时间。而吧城当局还决定让德胜在抵达广州时接替范罢览荷兰商馆大班一职。对于这一新的人事任免安排，德胜需要时间转交其评议院的工作。直到8月15日，德胜才以荷兰使节的身份登上停在巴达维亚锚地的"暹罗"号。他带领着五艘中等体积的商船②，经过近一个月的航行，于9月12日午后一点抵达澳门锚地附近。

9月17日，德胜在虎门口外第一次与范罢览见面，后者不得不委婉地向他报告当下各国筹划出使的进展：目前只有荷兰一国遣使来华，而其他国家都放弃了该计划。也许是为了逃避责任，范罢览再次提到在4月6日那封信中总督所表达的希望荷兰派遣一名使节，并热切地坚持由巴达维亚派出的愿望。③这

---

① 荷兰学者 Frank Lequin 在《德胜在中国：其出使北京的未刊日记》一书的第一部分探讨了德胜使华前后及现存出使日记各种版本的研究，见该书第9~67页。关于德胜的生平事迹、吧城荷印当局出使决策的制定与人员的选派，见该书第9~10页，第24~29页。需要指出的是，吧城当局在给两广总督的信启（荷兰文）中，是说如果德胜在出使过程中因故去世，则由范罢览接替其正使职位，但此信的中文版（由吧城华人通事翻译）则径称范罢览为副使，故中国官府以其为副使，范罢览自身亦以副使自居，而小德经则否认其副使身份。此事详情涉及表文翻译问题，拟另文详论。

② 这个船队的六艘船分别是：1. 暹罗号，船长哈斯（Gas），即中国文献中的咭（口时）；2. 华盛顿号，船长为范费尔森（van Velsen）；3. 天鹅号，船长奥尔霍夫（Olhof）；4. 海莲号（Zeelely），船长阿德里安斯（Adriaanse）；5. 南望号（Rembang，中爪哇省地名），船长施密特（Smit）；6. Pantjalling 的保护者号，船长布兰多（Blandow）。见《德胜出使日记》，第69页。

③ Frank Lequin, *Isaac Titsingh in China: het Onuitgegeven Journaal van Zijn Ambassade naar Peking 1794-1796*, Canaletto/Repro-Holland, 2005: 72.

一局面与范罢览之前在信中反复提及的各国均决定遣使的事实判若云泥，让德胜顿时不知所措。德胜在提交给吧城当局的出使日志中提到：

> 范罢览认为有必要与我们的（中国）行商谈谈，这里什么事都得依靠他们。他催促我就目前没有其他欧洲国家准备上京向他们（指行商）提出严正交涉……这一消息让我哑口无言。我当面质问他，他是如此确定地请求加入英国、西班牙和葡萄牙上京的行列，总管先生们因此以为回应这一提议是强制性的，而当时对公司的财务状况来说，所有特殊花费已极不确定。他的回答是，南海县令向他确认英国人在出发前往澳门的当天已表达了积极的意愿，西班牙首领也就此写信给马尼拉政府，而澳门当局则向果阿请求准许。然而现在他懊恼地发现，在南海县令那里提到的确定的事，只是建立在可能性之上。

面对如此出人意料的局面，德胜"认为对此事最好不再发表意见，等我到了广州后再仔细进行调查"[①]。戴闻达提到德胜到广州后，长麟一开始表现得很冷淡，似乎完全忘记出使是由他提出的[②]，这让德胜相当失望。再加上范罢览在4月6日的信中要求吧城荷印当局准备一封致该省总督的信，"向他通报使团的目的是为了祝贺陛下登基六十周年，但无论如何不要透露出这一行动是在总督的邀请下做出的"[③]。这让德胜在驻粤备贡的近两个月中（9月24日~11月21日），心中非常怀疑总督是否真的曾提出遣使的邀请，是否真如范罢览所言，英、西、葡三国都承诺遣使。这正是当初范罢览在信中反复提到并成为吧城荷印当局决策依据的两点。德胜曾一度考虑中止出使，但他作为荷兰使节到来的消息经粤省大宪宣扬，便很难再打退堂鼓，只能勉为其难地继续其使命。博克塞则从德胜对东方文化的兴趣加以解释："与范罢览一样，德胜是远东文化的仰慕者和学生，他完全意识到只有极少数人能前往北京。"[④]调查求证需要找到当事各方，即行商蔡世文、南海县令、总督长麟，以及英国商馆大班

---

① Lequin, *Isaac Titsingh in China*, p.73.
② Duyvendak, *The Last Dutch Embassy to the Chinese Court*, p.32.
③ Van Braam Houckgeest, *Voyage de l'Ambassade de la Compagnie des Indes Orientales Hollandaises*, p.363.
④ Boxer, *Jan Compagnie in Japan*, p.158.

波朗（Henry Browne）、西班牙商馆大班阿戈特（Manuel de Agote）和澳门葡萄牙当局的相关负责人。德胜是否如范罢览所建议的，私下就荷兰单独出使一事向行商们提出抗议，并向蔡世文求证4月2日他与南海县令拜访范罢览的情形，因其出使日记中没有相关记载，现在已不得而知。向南海县令或总督求证亦不现实。因此比较可行的方案是向英国、西班牙商馆大班求证。

德胜于9月24日下午抵达荷兰商馆，第二天其他商馆的人员便前来问候，26日，德胜在范罢览的陪同下对各外国商馆进行回访。但英国商馆的成员直到10月7日才从澳门回到广州，其大班波朗更是等到10月14日，即总督长麟等大员在海幢寺接见作为荷兰使节的德胜与范罢览的次日，才带领着商务委员会的成员前来欢迎德胜。问题是，英荷商馆仅有一墙之隔，两馆人员的会面一再拖延，反映了彼此之间的敌意。这里既有两国商业上的竞争，也有战争遗留问题的影响。此外，由于德胜是由吧城荷印公司的总管们派来，而并非像前一年的英使马嘎尔尼那样由英皇从母国直接派来，波朗起初并不承认德胜的大使身份。等到中国官方正式接见并确认其大使身份后，波朗才结束观望态度。而德胜甚至认为，英荷两馆之间断绝所有联系是由范罢览所结下的梁子。为了密切与在粤其他外国商馆之间的联系，让荷使的排场看起来更加气派，德胜计划从10月14日（星期二）起，每周四均在荷兰商馆宴请商馆区的所有西方人士。①因此由吧城当局原定的使团每个月600西班牙银元的费用远远不够，德胜希望找个机会就他付给买办和其他不可避免的花费向总管先生们说明。②经过你来我往的频繁接触后，德胜与英国商馆大班波朗和西班牙商馆大班阿戈特有了良好的私交，德胜认为波朗的性格非常好，英国商馆上下人等也对德胜非常友好和礼貌。③

直到入京前夕，即11月18日，德胜才致信波朗和阿戈特，向其求证4月2日当天的情形。德胜用英文致信波朗，后者用英文回复。致阿戈特的信则用法语书写，阿戈特用西班牙文回复。后者还抄送了范罢览在4月2日夜里给当时身在澳门的他写了一份法语短笺，以及他于4月5日写给范罢览的西班牙文

---

① 如果德胜确实在11月22日出发入京之前的每周四都在荷兰商馆举办盛宴，则前后一共有5次，即10月16日、23日、30日，以及11月6日、13日。

② Lequin，*Isaac Titsingh in China*，p.237.

③ Ibid.

复信。

波朗的回复（详后）可以证明，南海县令在行商蔡世文的陪同下，代表总督前往商馆要求各国遣使确有其事。他们两人首先前往英国商馆，由于波朗不在，他们便在那里等候。见完波朗后，他们才前往隔壁的荷兰商馆拜访范罢览。阿戈特也证实南海县令和蔡世文并没有亲自前往西班牙商馆传达此事。① 理由是当时大班阿戈特并不在广州，他们不想让大班的副手丰特斯（Don Julie Fuentes）传达此事，而是请荷兰商馆大班范罢览代为传达（这是范罢览本人的解释），后者当晚便给身在澳门的阿戈特修书一封。小德经的日记则透露出范罢览还周知了除法国之外的其他国家商馆的负责人，邀请他们与荷兰一同遣使前往北京。② 之所以将法国商馆排除在外，是因为当时荷法两国正处于大革命期间的交战状态。范罢览向其他商馆负责人宣称，不管在中国还是在欧洲，法国什么都不是，不久其便将从列强的行列中被除名。③

除了由波朗证实广东官员确曾主动前来要求遣使外，此后荷兰使团在粤备贡期间，总督长麟和粤海关监督对其收集礼品予以积极配合，也从侧面证实了总督要求远人遣使的意愿。其中最主要的是英荷两国，中方对他国的邀请只是由范罢览代为传达，或者根本上只是范罢览的自作主张。问题在于，粤省大宪为何会主动促成外国遣使？波朗11月20日致德胜的回信有助于解开这一谜团。

三、长麟为何主动要求外商遣使

波朗的回信不长，却提供了新上任的两广总督长麟策划让外国遣使进京恭贺乾隆登基六十周年这一"盛事"的关键证据，为叙述方便，下面全文照录④：

先生！
　　我很荣幸收到阁下本月18日的来信，并在最早的时机尽我所能在您

---

① 参见"关于荷兰东印度公司出使北京的文件"中的信件E。
② De Guignes, *Voyages à Peking, Manille et L'Île de France*, Tome 1, p.254.
③ Ibid., p.255.
④ Papieren betrekkelijk de ambassade van de VOC naar Peking, Littera C: Copia Missive van den Heer Browne aan den Heer Ambassadeur in dato 20 November met dies translaat.

渴望得知的问题上满足您。

今年的4月2日,行商蔡文官在一位被称作是南海县令的低阶官员的陪同下,焦急地等待着我,他们捎来总督的口讯,目的是想从我这里打探乔治·斯当东先生是否将返回中国,作为不列颠陛下的大使祝贺皇帝登基六十周年,正如马嘎尔尼勋爵阁下与乔治先生自己曾经向他做出的承诺。对此我唯有回答道,如果总督曾经从勋爵和乔治先生那里得到这样的保证,他们自然有权这样做,将不可能欺骗他,但我自己无权向他给出任何这样的保证。

这名官员于是更充分地解释了其到访的目的,说依据上述的保证,总督曾经禀报皇帝筹划中的道贺,而皇帝陛下也曾恩赐地回复,热情地表达了他对此的许可。

也许总督贸然轻率地走得有点远,使得不应当让皇帝完全失望成为一件要紧的事;考虑到时间之久和距离之远,尽管不列颠政府有最好的意图,这样的失望仍非常可能发生。在那种情况下,总督想知道英国商馆是否能派一位绅士以便在某种程度上弥补这一不足;这种措施足以挽回他对皇帝的信用和保证,其效果将使他安心。对此我毫不犹豫地说如果这一让人失望的事情发生的话,迎合总督的希望将没有任何困难。

行商文官接着告诉我说,总督也想从其他驻广州的欧洲国家那里获取相似的承诺,因为他认为这样增派使节将进一步调和皇帝因见不到曾经许诺他由不列颠陛下派来的大使的失望,如果这一情形发生的话。

阁下将看到与英国商馆相关的承诺只是可能的,立足于总督(长麟)将来的安排或乔治·斯当东先生的到来。因此除非我收到第二份申请,我没有采取任何后续步骤,也无意这么做。

然而我猜想为了引诱范罢览先生遵从,文官很有可能将它说成是一个绝对确定的措施。在这种印象下,它定当使范罢览先生看来是为了其国家的荣誉、一种值得称赞的热情所激励,并努力促成像阁下这样的一名如此受人尊敬的代表成行。

想跟您再提及的是,自从回到广州后,我私底下被告知,出于某些迷信的动机,皇帝希望在他接踵而至的生日(指其登基六十周年纪念——笔者注)谢绝所有的祝贺,这或许可以说明我为何没有从总督那里听到关于此事的任何进一步消息。

  我很荣幸怀着最崇高的尊重和敬仰

阁下最顺从和谦卑的仆人

亨利·波朗

广州

1794 年 11 月 20 日

  这封信将总督长麟急于在马嘎尔尼使团完成出使任务的次年促成英国再度出使的迫切心情暴露无遗。信中第二段提到马嘎尔尼与乔治·斯当东曾经向长麟承诺再度出使中国。这段故事发生在 1793 年 11 月 20 日（农历十月十七日）长麟从杭州伴送英使返粤，道经浙江省常山县途中双方的一次会谈。根据马嘎尔尼的记录，当时的情形如下[①]：

  长大人问：兄弟以为贵使此次出使中国，所要求的几件事，既已一件都没有办到，心中究竟总有些不快。前次兄弟与贵使见面时曾言中国所以不能允准贵使要求的缘故，实在因为有背成法，并无它种恶意，不知贵使能相信兄弟的话否？……自此以后不知你们英皇尚愿与我们皇上来往否？尚愿与我们皇上通信否？将来如果我们皇上，心中要你们再派个钦差来时，不知你们英皇愿派来否？

  余（即马嘎尔尼）曰：此次敝使来华，无论所请之事得蒙中国批准与否，而中国对于吾英感情之亲密，已可于款待敝使之优厚，及贵国皇帝回赠英皇种种珍物见之，中国既有与吾英亲密之心，吾英自有乐与中国常常往来之理。至于通信一层，则此次敝使回国后，一将贵国皇帝所赠的礼物交与英皇，英皇立即写一谢信交由敝国商船带至中国，倘此后中国皇帝有什么书信也尽可交商船带回。若论将来再派钦差的事，则中英两国意见稍有不同。我们英国本来主张两国互派钦使，常驻京城的，若中国能答应这句话，敝使便打算住在北京，俟任满之后回国。任内两国国际上起有交涉，即由敝使就近与贵国政府妥商办理，此因两国相去极远，为节省经费

[①] 马嘎尔尼：《1793 乾隆英使觐见记》，刘半农原译，林延清解读，天津：天津人民出版社，2006，第 200~202 页。

办事妥便起见，自以此法为最善。后贵国政府以此事有背成法不允所请，敝使只得回国。然回国之后将来倘有机会，英皇一定可以再派钦差到中国来的。不过敝使本人因为体质和东方不甚合宜，到了中国几乎无日不病，将来恐怕未必再来了（下划线为笔者所加，标出重要的信息，下同）。

　　长大人曰：不知这第二位钦使什么时候可以派来？

　　余曰：此则颇难说定，因派遣钦使非敝使权力所及。而英国与中国之间重洋遥隔，派一使臣为事非易，敝使无从预算其时期也。

记录显示长麟连续追问马嘎尔尼英国再度遣使的可能性，其所谓的"将来如果我们皇上，心中要你们再派个钦差来时，不知你们英皇愿派来否"，表明长麟是在揣摩圣意的前提下提出了想让英国再度遣使的主张，并非皇帝本人有此要求。当然，亦不能排除乾隆曾授意长麟私下询问，以便为将来采取何种政策预留余地的可能性，只是这一点需要更多的材料加以说明。关于二人的谈话内容，在场的英国副使老斯当东也记录了当时的情形：

　　总督随后又问特使，为了表示英国对中国的友好，将来特使回国之后，英王陛下是否能写一封信和再派一个使节前来，虽然不必像现在这样大规模，继续表示敦睦两国友谊。特使没有料到总督提出这样一个具体问题。特使回答说，英王陛下为了表示收到中国皇帝给他的礼物和感谢中国政府给予本使节团的隆重招待，肯定及时会有信来的，但鉴于两国距离这样远，航程无定，他不能肯定回答下次使节什么时候能再来。总督结束谈话时说，他将把今天谈话内容和他本人的建议马上报告中国皇帝，他相信皇帝陛下将会感到满意。①

可见长麟突然抛出而且反复追问的"英国何时再度遣使"这一具体问题很让英国的正副使节感到突兀和困扰。实际上马嘎尔尼和老斯当东均没有向长麟做出任何承诺，而长麟并没有将英使的回答原原本本地禀报给乾隆皇帝，而是将其说成是英使恳求将来再次进贡。其上奏朝廷的信息和皇帝的回复如下：

---

① 乔治·斯当东：《英使谒见乾隆纪实》，叶笃义译，北京：商务印书馆，1963，第476~477页。

十月二十八日（1793年12月1日），奉上谕：长麟奏管带英吉利贡使趱出浙境日期及该夷等悦服恭顺情形一折，览奏已悉。又据奏，"该贡使向护送之道将等称：该国王此次进贡，实是至诚。我们未来之前，国王曾向我们商议，此次回去，隔几年就来进贡一次，是早经议定的。惟道路太远，不敢定准年月，将来另具表文再来进献。若蒙恩准办理，即将表章、贡物，呈送总督衙门转奏，也不敢强求进京，只求准办，就是恩典"等语。此尚可行。……今据尔禀称："将来尚欲另具表文，再来进贡。"大皇帝鉴尔国王恭顺悃忱，俯赐允准。但海洋风信靡常，亦不必拘定年限，总听尔国之便。贡物到粤，天朝规矩，凡外夷具表纳贡，督、抚等断无不入告之理。届时表贡一到，即当据情转奏。大皇帝自必降旨允准，赏赐优渥，以昭厚往薄来之义。尔等回国时，可将此意告知尔国王。①

这道谕旨也就是波朗信中第三段提到的"依据上述的保证，总督曾经禀报皇帝筹划中的道贺，而皇帝陛下也曾恩赐地回复，热情地表达了他对此的许可"。而实际上乾隆皇帝已经提到"海洋风信靡常，亦不必拘定年限，总听尔国之便"，并没有批准并惦记着英使来年再度遣使，也就没有南海县令代总督跟波朗所说的英国不遣使会让皇帝失望一说。因此可以推断，想让英国再度遣使的正是新上任的两广总督长麟本人。

蔡鸿生在《王文诰荷兰国贡使纪事诗释证》一文中根据昭梿对其家世、政绩和性格的记述，认为长麟是一位"聪敏、隽雅而又奢华的两广总督"。②其人"修髯伟貌，言语隽雅，坐谈竟日，使人忘倦，人亦乐与之交"③。在与长麟打交道时，马嘎尔尼也认为"此人办事颇具热心，且每与余相见一次即觉亲密一次。吾知其接广东任后洋商必大受其惠也"④。可见同僚和外使均对其善于交际留有深刻印象。"然性好奢华，置私宅数千厦，毗连街巷。铁冶亭冢宰（即铁保——笔者注）尝规之，公曰：'吾久历外任，亦知置宅过多，但日后使此巷人知有长制府之名足矣'"，昭梿评之曰"善为拒谏"，⑤亦可见其个性颇为固执张扬。

---

① 梁廷枏：《海国四说·粤道贡国说》，北京：中华书局，1999，第243～244页.
② 蔡鸿生：《中外交流史事考述》，郑州：大象出版社，2007，第364页。
③ 昭梿：《啸亭杂录》，北京：中华书局，1980，第459页。
④ 马嘎尔尼：《1793乾隆英使觐见记》，第202页。
⑤ 昭梿：《啸亭杂录》，第459～460页。

在朝廷经历了马嘎尔尼使团的越例干渎之后，若能促成英使在乾隆登基六十周年庆典时再度出使，乃至通过商馆推动各国遣使以形成万邦来朝的局面，不但能显示朝廷、皇帝的声威远播，也是其长袖善舞的表现。长麟后来在向朝廷奏报荷兰遣使朝贡的一段话中曾表示："臣等伏查自上年英吉利进贡回国之后，各国在广贸易夷人，无不感皇上如天恩威，较前倍觉恭谨。且见英吉利使臣得以进京瞻仰天颜，亦无不共生仰慕，引为荣幸。"①所谓"无不共生仰慕，引为荣幸"，实为暗示万邦来朝的盛世景象并非空中楼阁，而是已有一定基础，若能加以联系和推动，或不难达成。

关于这种动机的推测，虽便于理解其派人要求英荷等国出使的目的，却并不能获得时人的认同。小德经对于长麟的举措，曾有这样的判断，即粤省官员担心马噶尔尼对广州恶劣的贸易环境的控诉会引起皇帝的注意，从而导致针对他们的惩处，因此试图寻找一种方法来摆脱这样的局面。他们以为唯有通过一名欧洲人赴京朝贺皇帝，并对皇帝允许外国人在广州进行贸易的恩赐表示感谢，从而降低或消除控诉所可能带来的危险。而这样一个人很快就找到了，他便是范罢览，而其所求也正是促成这样一个计划。②博克塞支持小德经这一观点，他说："在该计划中，范罢览得到广州高级官员们的帮助和教唆，后者出于自身原因想要在朝堂上制造一支合宜、驯服与顺从的外国使团，以便抵消马嘎尔尼使团兴许激起的任何尴尬反响。"③考虑到当时外国商人对广州的贸易环境存在诸多怨言，这一实际动机应当更加贴切。

四、人弃我取的范罢览

不管长麟如何以所谓"之前英使的承诺"来迫使波朗遵从，后者都以"无权作出保证"加以拒绝，只敷衍说如果英使最终不能前来，商馆才计划派人。他的承诺只是可能性的。见到英国人不易说动，南海县令和蔡世文于是前往荷兰商馆拜访大班范罢览，没想到总督长麟的这个遣使计划正中其下怀。

---

① 梁廷枏：《海国四说·粤道贡国说》，第 213 页。
② De Guignes，*Voyages à Peking，Manille et L'Île de France*，Tome 1，pp.254-255.
③ Boxer，*Jan Compangie in Japan*，p.157.

博克塞认为，范罢览"其人大有趣味，活泼、谨慎、多智，善于应变，颇浮夸而自诩，但度量广大，而渴求新知"，蔡鸿生因此认为其"具有开拓性的品格"。①实际上早在 1793 年，当听到英国将派遣马嘎尔尼使团来华的消息时，范罢览便非常警惕和艳羡，曾派遣广州荷兰商馆中国委员会的两名成员前往巴达维亚，想说服吧城荷印当局仿英之例遣使。②但因为时机不成熟，此议遭到搁置。吧城荷印当局还因而得知范罢览打算联合在粤的其他欧洲人和中国人给英国使团制造障碍，时任总管之一的阿尔廷（Willem Arnold Alting）还将这个消息透露给途经巴达维亚的英使马嘎尔尼，并为此修书给范罢览加以劝阻。③1794 年 4 月 2 日，当南海县令和蔡世文特地前来传达总督出使的邀请时，范罢览当然不会错过这个实现其心中所愿的大好时机，而他对充当荷使的渴望在 4 月 6 日致吧城荷印当局的信件中也表露无遗。

根据 11 月 20 日英国大班波朗给德胜的回信，4 月 2 日总督确实"考虑到时间之久和距离之远"，想知道"英国商馆是否能派一位绅士以便在某种程度上补充这一不足（使节无法从英国直接来华）"。根据同一想法，总督通过行商蔡世文建议范罢览出使是可能的。而为何一开始只提到英、葡二国，后来又增加了西班牙，则从西班牙大班阿戈特 11 月 19 日给德胜的回信中所附的范罢览和阿戈特当时的两通重要而简短的信可以探知大致情形。

1794 年 4 月 2 日范罢览致阿戈特信④

先生，我刚接待该城南海县令到访，他带来了总督的一桩使命，他也委托我将这桩使命带给您，我已经答应他代办，并且一收到您的答复便会周知他。总督的使命是询问您是否有人能代表国王或西班牙公司从马尼拉派来一名部长于 1795 年 3 月到北京，是否可能从马尼拉送来一些珍贵的东西作为给皇帝的礼物。请好好考虑此事，并将您的回复通过快件寄给我，正如我将本信送交给您的方式一样。我不知南海县令为何告诉我，而

---

① 蔡鸿生：《中外交流史事考述》，郑州：大象出版社，2007，第 348 页。
② Lequin, *Isaac Titsingh in China*, pp. 72-74.
③ Duyvendak, "The Last Dutch Embassy to the Chinese Court", p.8.
④ Papieren betrekkelijk de ambassade van de VOC naar Peking, Littera F：Copien der bijlagen tot voorms. brief behorende met dezelver Translaten, No.1 Van Braam à Agote, 2 Avril, 1794.

不是告诉您的副手丰特斯先生,或许只是因为该官员不想拜访一名副手吧。最后我的朋友,我将我收到的信息原原本本地转达给您,如果您想要的话,您自己可以亲自进谒朝廷,就像蔡文官对我说的。请接受我尊敬而诚挚的保证,这将是我的荣幸。先生,您非常谦卑的仆人和朋友。范罢览·胡克黑斯特。广州,1794年4月2日——晚上英国人将离开——

阿戈特的回信①

澳门,1794年4月5日
我的范罢览先生!

　　我亲爱的先生!我已经收到您本月2日的来信,读了之后,必须跟您说在您与我的副手丰特斯商议之后,您可以通过南海县令答复总督说,我们没有权力派遣这样一个使团前往北京,但总督阁下可以放心,我们将把您信中提到的所有情况通报给马尼拉政府,我们自信假如政府认为该使团合适和必要,它将会派出。

　　阿戈特的这份答复与英国商馆大班波朗强调其没有遣使权力如出一辙。由于4月2日夜里英国商馆的职员离开广州前往澳门,阿戈特极有可能跟刚刚抵达澳门的波朗以及澳门的葡澳当局商量此事。正如当时身在澳门的小德经所言,范罢览实际上通知了除法国之外的其他外国商业负责人。阿戈特这封信写于4月5日,假如快件的投递能在一天之内送达,则范罢览在4月6日致信吧城荷印当局时,他手上已有阿戈特的这份答复。前文已述及戴闻达对此信内容矛盾的关注,这里再加申述。范罢览在信中先是说:"我得知英国人将派两名大班前来。至于西班牙人,大班(le chef)极有可能自己前来,至于葡萄牙人,人们将派遣澳门的官员或法官中的一名。"②在信末,他则干脆表示"另外三个国家都已经采纳总督的建议"③,让吧城当局觉得"这一决议在某种程度

---

① Papieren betrekkelijk de ambassade van de VOC naar Peking, Littera F: Copien der bijlagen tot voorms. brief behorende met dezselver Translaten, No.2 Agote naar Van Braam, 5 April 1794.
② Van Braam Houckgeest, *Voyage de l'Ambassade de la Compagnie des Indes Orientales Hollandaises*, p.361.
③ Ibid., p.362.

上不可避免"①，这就离事实越走越远了。因此，如果说在提及英国遣使一事上他受到南海县令和蔡世文的误导而情有可原的话，那在夸大西班牙遣使的可能性，甚至将三国遣使的可能性说成是必然性这点上，他确有故意为之的嫌疑，这也成为他遭到时人以及后人诟病的原因。

当时参与荷兰使团的出使活动，同时却因其法国人的身份而可以置身事外、冷眼旁观的小德经对此事做出了这样的评论："范罢览先生，广州荷兰公司的大班，长久以来渴望作为荷兰执政的使节前往北京：他致吧城荷印当局提议遣使的第一批信件没能达到所期望的结果（当指1793年那回），他更加急切地给他们写信；为了向他们保证成功，他声称在华的多个国家的代表必须遣使祝贺皇帝登基六十周年。"②

不管如何，吧城最终接受了范罢览的建议，除了误会遣使的必要性之外，范罢览4月6日信件的主体部分对表文和贡品的妥帖建议也为荷使的成行提供了部分依据。从其出使计划的目的看，表面上是遣使祝贺乾隆皇帝登基六十周年，实际上却是打算利用这一时机为公司谋求利益，包括就前任粤海关监督专断地扣押"南堡号"（Zuiderberg）商船一事尝试要求补偿。至于他对自荐行为的辩解，即出使是为了公司福利，而不是其"虚妄的骄傲"，则可能在一定程度上掩盖了他的个人目的。鉴于当时荷兰东印度公司的经营陷入了严重困境，范罢览非常清楚出使经费将是困扰吧城荷印当局决策的主要因素。为此，他作出了若干点说明和承诺：首先，列出一份既符合中国皇帝口味、费用也适中的礼品清单。其次，为节省正使赴中国的旅费，建议派遣乐于为公司奉献的人乘坐普通商船往返。再次，强调从广州往返北京的费用将由乾隆皇帝支付，唯一的消费项是花费不大的礼品，并建议部分从吧城的库存中提取，部分在广州购买。又次，为打动吧城赞成出使而不用考虑经费，他表示若由其出使，愿意放弃因其出使而应得的奖赏。即使不能担任正使，范罢览也以节省经费和不影响商馆工作为由表达了其想随团出使的愿望。相对于"公司的利益都全系于此"的诱惑，吧城当局只需要给出一个"更高的头衔"或派出一名正使，并准备部

---

① Ibid.
② De Guignes, *Voyages à Peking, Manille et L'Île de France*, Tome 1, p.254.

分不贵重而实用的礼物和两份文件，就可以在与诸国的竞争中不落下风。①其中得失轻重的衡量显然并不困难，这也是德胜最终得以出使的重要原因。只是来粤后发现情形不符，才引起他的不满和调查，然而荷使入贡却已是箭在弦上，不得不发了。

结　　论

综上所述，正是两广总督长麟和荷兰商馆大班范罢览，共同促成了1794年巴达维亚的荷兰东印度公司遣使来华。其实长麟最初的计划是促成英国再度出使，并由此带动各国形成万邦来朝的盛景。当然，其动机亦不能排除小德经关于粤省官员力图避免因控诉所带来的尴尬困境的推断。只是这样的判断可能需要更多涉及行商、粤省官员以及长麟等人彼此之间的密切联系来加以支撑。问题在于，当时已是西方强国的英国在派出第一支使团时遭到严重挫折，其来年再度遣使的可能性并不高。其他西方国家也因为英使所遭受的境况而裹足不前，不愿迎合长麟遣使的邀请，同时也以商馆大班无权应承出使而加以推脱。但对荷兰商馆大班范罢览而言，作为使节出使北京是其多年的夙愿，而荷兰东印度公司的经营困境，也让他预计到自己留在中国的时日无多，因而极力说服吧城荷印当局同意遣使。蔡鸿生曾指出，荷兰人前来叩贺乾隆皇帝登基六十周年"只不过是一个适时的借口，真正动机是为荷印公司谋求对华贸易的新权益"。虽然长麟最初让英国人遣使的计划没有达到，范罢览的积极主动却是帮了他的忙。针对这次荷兰使团出使的缘起，小德经所谓"诸多事件几乎总是有各种不牢靠的原因，个人的自负和利益导致其发生。一个国家常常发现自己正从事一种看似有用和必要的活动，然而它却只是为了满足某一个人的自尊心和野心"，这一说法虽然出自对范罢览的攻击或指责，却也在一定程度上透露出事实的真相。

---

① Van Braam Houckgeest，*Voyage de l'Ambassade de la Compagnie des Indes Orientales Hollandaises*，pp.359-364.

The Origin of the Dutch Embassy to China in 1794

Cai Xiangyu

Abstract: Following the 1793 Macartney embassy, the Dutch East India Company in Batavia sent Isaac Titsingh the next year as an ambassador to Beijing. Nowadays scholars come to the consensus that Andre Everard van Braam Houckgeest played a crucial role in urging the Batavia government to dispatch this mission, while the initiative that was taken by Chang Lin, the vice-Roy of Guangdong and Guangxi Provinces, was neglected. By carefully analyzing several documents, for instance the letter sent by van Braam to Batavia, the investigation on the credibility of van Braam taken by Titsingh soon after his arrival, and the testimonies given by the chiefs of the English and Spanish factories in Canton, some key junctures in the formation of the mission could be reconstructed. It could therefore bring to light the hiding connection between the arrival of the Titsingh and Macartney's previous failure that occurred successively.

Key Words: the Dutch embassy; van Braam; Chang Lin; mission

黄亚胜案件辨析

冷 东　沈晓鸣[*]

清朝嘉庆十四年十二月十二日（1810年1月16日）夜晚，鞋铺工人黄亚胜在广州十三行商馆区被外国水手杀死，其后凶手被指控为英国人，广东官府、十三行商与英国就此案件进行交涉，成为影响中英商贸、外交及涉外法权的一个重要事件。遗憾的是学界对此一案件迄今尚未有较深入的专门研究。笔者查阅了一批英国东印度公司相关档案，参考了马士《东印度公司对华贸易编年史》及《中华帝国对外关系史》，嘉庆朝《清代外交史料》，许地山校录《达衷集——鸦片战争前中英交涉史料》，中国第一历史档案馆等合编《明清时期澳门问题档案文献汇编》，梁嘉彬《广东十三行考》，以及清代外国人士的游记、日记、信件，基本把握了黄亚胜案件的来龙去脉。承蒙台湾地区清华大学人文社会研究中心苏精教授提供基督教会档案马礼逊资料，游博清博士提供东印度公司档案及英国印度事务部档案黄亚胜案件资料，中山大学吴义雄教授、香港大学马楚坚教授提供英国外交部档案有关资料，使笔者对这一案件有了更充分了解与更深刻的认识。本文根据这些史料和前人研究成果，对黄亚胜案件的缘起、中英交涉与涉案各方博弈、案件审理及其影响等，分析原委，还原事实，希望得到学术界指正。

---

[*] 冷东，广州大学十三行研究中心主任，教授；沈晓鸣，广东人民出版社编辑。

一、黄亚胜案件缘起

黄亚胜案件是影响清代中外关系的重要事件。西方文献对涉案主角多记作"黄亚胜"（Hwang Ya Shing）①，也有称"黄阿胜"（Hwang Ah Shing）②，中文则多称"黄亚胜"③。其实，称"黄亚胜"并不见得准确，清代广东人姓名中多加上"阿"或写作"亚"，这是地方习惯。④明清广东地方志记载，"广人谓父曰爹曰爸，母曰妈曰妞。呼哥嫂辄以亚先之，亦曰阿。如兄则曰亚哥，嫂曰亚嫂之类，叔舅亦然。儿女排行亦先以亚先。"⑤这种姓名称呼带"亚"的习惯在清中期广东涉外案件中大量出现。⑥第一个中国籍基督传教士梁发，在文献中亦作"梁阿发""梁亚发"。⑦黄亚胜案件中，中方人物除了黄亚胜，还有亚得、亚茂、亚苍、亚南、亚寿、亚施、亚科七人⑧，在审讯记录中全部省略姓氏，而以"亚"代之。这样的例子不胜枚举。因此，称呼"黄亚胜""黄阿胜"为"黄胜"应该更为准确。为保持叙述方便，本文仍以"黄亚胜"称之。

黄亚胜案件缘何而起？吴义雄教授《条约口岸体制的酝酿——19世纪30年代中英关系研究》一书提及事件由嫖妓引起⑨，但没有做具体解释。据英国东印度公司档案审理现场证人方亚科、周亚德的审讯笔录，指证黄亚胜等人为外国水手"找娼妇"、"找老举"（广东方言妓女之意）、"吾好女人"（广州方言

---

① 英国外交部档案 No.1.F.O.233/189。
② 马士：《东印度公司对华贸易编年史》第三卷，广州：中山大学出版社，1991，第120页。
③ 许地山校录：《达衷集—鸦片战争前中英交涉史料》，《广东巡抚为黄亚胜被夷人戳伤身死事下南海县札》，北京：商务印书馆，1931，第86页。
④ 《广东新语》卷十一，《文语》，土言广州话称呼"以'阿'先之，亦曰'亚'"。北京：中华书局，1985，第341页。
⑤ 戴璟修，张岳纂：《广东通志初稿》卷十八，《风俗》，福州：岭南美术出版社，2006，第346页。
⑥ 参照王巨新、王欣：《明清澳门涉外法律研究》，北京：社会科学文献出版社，2010，第212页。
⑦ C. H. McNeur, life of Leung Faat, With "Good Words Exhorting Mankind", by Leung Faat, Second Edition, . Hong Kong, 1959, p42-43. 麦沾恩：《中国最早的布道者梁发》，载《近代史资料》1979年第2期。
⑧ 英国外交部档案 No.1.F.O.233/189。
⑨ 吴义雄：《条约口岸体制的酝酿——19世纪30年代中英关系研究》，北京：中华书局，2009，第89页。

妓女)、做"不美事"(嫖妓)。①证明嫖妓是案件的起因。此外,审理陈亚茂审讯笔录基础上而呈交的禀文中,指出有"红毛国鬼子晏哆呢、唛唞、咟叻喇"三人意图嫖娼,"指着河旁小艇,做手势说要带他去戏耍。黄亚胜起意诓(诖)骗银两分用,晏哆呢将银交黄亚胜,转交陈亚苍拿走。黄亚胜说俟明日同往,晏哆呢不依争闹,唛唞用小刀戳伤黄亚胜左后肋身亡"②。

古往今来,远航的水手每登陆一地,纵欲狂欢,是非常普遍的现象。清代中期英国商船前往广州,需要跨越半个地球,耗时半年。"在一个极长的海上旅程之后,登岸休假是加倍的甜蜜,而且岸上的诱惑也显示了无法抵制的吸引力"③。"他们的船只碇泊整整有两个月或三个月,船只碇泊距离岸上不过一掷之远,又是经过五个月的海洋航行,而同样的海洋航行又在等待他们,在这种情况下,要把水手困在船上是不可能的"④。但是,外国水手来到广州,并不能随意放纵,因为清代对外国人士来华活动有严格限制,禁止西方商人的女眷在广州居住,约束外国人士在广州的活动"惟每月初八、十八、二十八三日,准其前赴海幢寺、花地闲游散解"⑤。清政府还颁布告示,晓谕行商和通事以文明教义教化夷人,不得为他们寻找娼妓,让他们满足淫欲⑥。"如有不肖男息为外人仆役,引外人擅离夷馆饮酒、狎妓,或趁夜携妓回夷馆者,巡逻、更夫及捕快均可逮捕之"⑦。总之,官府的禁令、语言交流的困难以及明显的外国人体貌特征,决定了外国水手到固定妓院嫖妓是一件非常困难的事。

不过,上述规定并不能杜绝外国水手的欲望,他们采取更隐秘的方式放纵。文献经常记载"河旁小艇",并不是指广州水上妓院"花船"⑧。因为花船豪华奢靡,停泊地点在广州城区中心地带,显眼注目,主要为官吏、商人、中国社会上层人士服务,他们对外国水手敌意很深。1836 年,外国水手把船驶近一艘花船,其中有个人酒喝多了,跳上花船,很快就招致 8 到 10 个男人的攻

---

① 东印度公司档案 FO/1048/10/19(1/6)至 FO/1048/10/19(6/6)。《南海县上粤海关禀》,英国东印度公司档案 FO/1048/11/1。
② 《南海县上粤海关禀》,英国东印度公司档案 FO/1048/11/1。
③ 马士:《中华帝国对外关系史》第一卷,张汇文等译,北京:商务印书馆,1963,第 113 页。
④ 马士:《东印度公司对华贸易编年史》第三卷,第 67 页。
⑤ 梁廷枏:《粤海关志》,袁钟仁校注,广州:广东人民出版社,2002,第 514 页。
⑥ 马士:《中华帝国对外关系史》第一卷,第 182 页。
⑦ 刘诗平:《洋行之王:怡和与它的商业帝国》,北京:中信出版社,2010,第 183 页。
⑧ 冷东、张超杰:《清代中期的广州花船》,《史林》2013 年 1 期。

击,在朋友的努力帮助下才侥幸获救。一位外国水手曾潜入花船,后来再没见出来,就此失踪。①"河旁小艇"更有可能是指与花船有别的水上流动妓艇。这种小型妓艇主要流动在外国水手聚集的黄埔等水域,外国水手戏称为"爱之船"("Lob Lob boat")。正是这些"爱之船",使聚集在黄埔的外国水手有了寻欢作乐之地,不至于闹事。②有可能是因为当时地点在商馆区中心,不是寻欢的合适地点,黄亚胜收取外国水手的银两,答应第二天带其去找"爱之船"。③

中英两国政治、法律及文化有巨大差别,外国水手的嫖娼行为经常与清朝法例发生冲突,黄亚胜事件是其中一例。1781年11月11日下午,英国商船水手埃文斯·沙泽·梅特、见习少尉巴顿乘坐小船前往广州城,随后有两名妓女登船,逗留了大约半个小时之后才离开。接下来他们发现不见了三块银元,一场斗殴随之发生,结果是埃文斯从此永远失踪。中国的涉案人员被广州地方当局逮捕,审讯后承认了犯罪行为并被惩处。④

马士《英国东印度公司对华贸易编年史》记载,这件"使人悲伤的事件",只是每一年在黄埔发生的数以百计的性交易遭遇的其中一个例子。⑤嘉庆十二年(1807)二月二十三日,英国"伊利侯爵号"的几个水手,被诱骗到艇内,财物被抢去,衣服被剥光后,有些被投到河里,或放到岸上,可能是被酒灌醉了。船上出纳员好不容易将几名水手从河里救起,有一个失踪了,再也没有见到。⑥因此缘故,翌日英国"海王星号"水手伙同"伊利侯爵号"的水手,乘酒兴在十三行商馆区外与中国人群殴,一名中国人丧命,引发了中英间的另一场外交纠纷。⑦1813年,英国"斯科特号"商船一位欧洲籍仆人,被诱骗到商馆区前的一艘艇上,结果被几个中国船人勒索赎金。⑧

---

① Charles Toogood Downing, *The Fan-Qui in China*, vol.1, London: Henry Colburn, 1838: 243-244; Paul A. van dyke, "Floating Brothels and the Canton Flower Boats 1750-1930", *Review of Culture. International Edition*, No.37, 2011: 129.
② Paul A. van dyke, "Floating Brothels and the Canton Flower Boats 1750-1930", pp.112-142.
③ 《南海县上粤海关禀》,英国东印度公司档案 FO/1048/11/1。
④ 英国印度事务部档案 IOR/G/12/73, 14 November, 1781, pp.12-13。
⑤ 马士:《英国东印度公司对华贸易编年史》第一、二卷,区宗华译,林树惠校,广州:中山大学出版社,1991,第394、464~465页。
⑥ 马士:《东印度公司对华贸易编年史》第三卷,第38页。
⑦ 吴义雄:《鸦片战争前英国在华治外法权之酝酿与尝试》,《历史研究》2006年第4期。
⑧ 马士:《东印度公司对华贸易编年史》第三卷,第183页。

西方水手的性需要缺乏必要的信息传播途径和交往方式，"他们想到妓院嫖妓，是一件非常困难的事"①，由此产生皮条客。黄亚胜卷入外国水手嫖妓事件，是因为黄亚胜略知英语。《达衷集》记载：

  黄亚胜略知夷语，有红毛国夷人约黄亚胜带往各处顽耍，因黄亚胜诓骗银两，致被夷人戳伤身死。惟黄亚胜既知夷语，复经夷人邀同顽耍，自必与该夷人素所熟识。②

综上所述，黄亚胜是因为给外国水手介绍娼妓，收取费用后又将交易时间推托到第二天，外国水手怀疑他侵吞银两，引发争斗，酿成命案。该案显现了外国水手在华嫖妓之冰山一角。

二、黄亚胜案件审理

（一）第一次审理

1810 年伊始，英国 17 艘商船正在紧张装载货物，货物总价高达九百多万两③，必须在 3 月份之前乘西北季风返航英国，这个时候发生了黄亚胜案件。如前文所述，黄亚胜为外国水手介绍嫖妓而被刺伤。因为他是鞋铺工人，受伤后由方亚科、陈亚苍搀扶回到鞋铺。黄亚胜叫陈亚苍买药敷治，还提及"在新豆栏地方与陈亚茂、周亚德、邓亚施、陈亚南同行，撞遇三个鬼子，相碰争闹，我被一个鬼子用小刀戳伤"等语，第二天伤重而亡，可见黄亚胜并不知道凶手的姓名和国籍。

黄亚胜死后，其父黄万资到南海县报案。南海县令刘廷楠亲自到鞋铺验明黄亚胜尸身，随后提审方亚科，其供词称："鬼子衣帽服色系红毛国夷人装束等供，质知方亚科并尸亲人证供俱相符。"④因此南海县命令行商督促英方交出

---

① 蒋建国：《青楼旧影：旧广州的妓院与妓女》，广州：南方日报出版社，2006，第 170 页。
② 许地山校录：《达衷集》卷上《亚士但上镇粤将军禀》，第 90 页。
③ 英国东印度公司档案 FO/1048/10/13。
④ 《粤海关下洋行商人谕》，英国东印度公司档案 FO/1048/10/7。

凶手，但英国东印度公司广州特选委员会主席喇佛（John W. Roberts）宣称"本国夷人实无戳伤华人，亦无与华人争论之事情，那黄亚胜系被何人戳伤身死，伊等实不知情"①。随后南海县第二次提审方亚科，供称："那鬼子衣帽服色系红毛国夷人装束，小的平日都见这三个鬼子在十三行尾插双鹰行居住，时常出入。"②至此，南海县认为凶手为英国水手无误，并向上逐级禀报。粤海关监督宣布拒绝发给英国商船离港红牌，并禀报两广总督及广东巡抚。一面谕令行商查明凶手所属船只及该船保商，并要求英国东印度公司交出凶手。

风帆时代的英国商船必须在 3 月份之前乘西北季风返航，否则耽搁至第二年，将蒙受重大损失。为此英方向两广总督和粤海关监督提出抗议，威胁不管有无离港执照都准备将船队驶出。③而广东官府在早前已严令虎门等海口严密盘查，防范无牌之船擅自出洋，双方僵持不下。④

为了打破僵局，两广总督提出案件可以参照希恩的先例执行，先将犯人交给中国官府受审。如果这样做，罪犯将可以交回给英国方面加以监禁，然后再向皇上奏请免除或减轻其刑罚。⑤但英方仍然坚持没有证据证明英国水手与这次凶杀案件有关。此前，第二名证人周亚德也已归案，其供词与方亚科无异。

其后，广州府答应带来两个现场证人方亚科、周亚德，在英国商馆会审，指证英国水手的依据是多次看到三人身着英国水手服装，乘坐英国三板船来到英国商馆出入。但英方认为方亚科、周亚德口供中有矛盾，只能证明黄亚胜是因为诓骗外国人银两被戳身死，但既不能说出凶犯姓名，又不能识别凶犯面貌，不能证明凶犯为英国水手，因为在广州讲英语的还有大量的美国人，而其他国家的欧洲水手也有同样体征。⑥此外，该案最重要的证人陈亚茂仍未归案。

关键时刻，行商提出了解决争端的方案。他们说服英方致信两广总督，请求准许船只开行，待回国后"即将此案由详细寄信，禀知本国王，将各船人等

---

① 《粤海关下洋行商人谕》，英国东印度公司档案 FO/1048/10/7。
② 《粤海关下洋行商人谕》，英国东印度公司档案 FO/1048/10/7。
③ 马士：《东印度公司对华贸易编年史》第三卷，第 120 页。
④ 《粤海关下洋行商人谕》，英国东印度公司档案 FO/1048/10/6。
⑤ 1807 年"海王星号"事件中一名中国人死亡，后判决英国水手希恩（Edward Sheen）轻微罚款抵罪，随船回国。
⑥ 《亚士但上两广总督禀》，英国东印度公司档案 FO/1048/10/21。

严审,如有此等凶夷,即当照例治罪交出。或俟拿获陈亚茂等问出凶夷姓名住址,即将姓名寄禀本国王,亦当照例治罪交出。如此凶夷不能逃免,夷等各船又得及早回帆,不致延误"①。据马士《东印度公司对华贸易编年史》记载,在与中国政府协商的条款中,英方认为"交出凶手"一条并不合理,特意删去。②但行商禀复两广总督的禀帖中却又出现了"如有此等凶夷,即当照例治罪交出"③,可见行商为尽快了解此案,窜改了英国人的禀帖,导致日后中英双方产生了许多误解。但正因为英方同意日后交出凶手并得到行商的担保,这个方案得到两广总督批准,3月1日粤海关监督发下离港执照,十七艘英国商船启程返航,延迟航期一个月之久。

(二)第二次审理

英国方面以为案件已经告一段落,然而广东官府并没有放弃抓获凶犯的努力。第一次审理中的两个现场证人方亚科、周亚德未能指出凶犯姓名国籍等具体证据,成为英方拒绝指控的主要理由。事隔四个月后,南海县拘获主要案犯陈亚茂,使得案件有了进展。

陈亚茂是这次案件的关键人物。正是陈亚茂事先与三个外国水手约定去做"不美之事",事发晚上陈亚茂同周亚德行至十三行商馆区遇见陈亚苍,是陈亚茂令陈亚苍往唤黄亚胜一同往赴,使得黄亚胜卷入此次案件身亡。陈亚茂供出了三个外国水手,分别是红毛国(英国)鬼子晏哆呢(Anthony)、唛𠺌(William)、咟叻喇(Paul)④。

获知如此证据后,南海县立即勒令十三行保商严谕委员会主席喇佛,立即将凶夷交出,以凭审办,并要求将凶手所属船名、担保该船的保商名号一同上报。⑤1810年5月10日,喇佛收到行商传达的命令后非常惊讶:

> 我们收到行商转来10日的通知,关于黄阿胜的问题,不得不表示极大的震惊,我们认为,就与我们的关系来说,最低限度已经完了,而没有

---

① 许地山校录:《达衷集》卷上《喇佛上两广总督禀》,第98~102页。
② 马士:《东印度公司对华贸易编年史》第三卷,第121页。
③ 许地山校录:《达衷集》卷上《喇佛上两广总督禀》,第98~102页。
④ 《南海县下行商谕》,英国东印度公司档案 FO/1048/10/89。
⑤ 马士:《东印度公司对华贸易编年史》第三卷,第148页。

比在这个时期叫我们去调查并将人交出更为不公平的了，必须知道，他们久已离开中国，而且要认为已证明他们是属于某些英国船，也是值得怀疑的，中国人认为拥有的证据按理推论是不可靠的。①

喇佛在回复行商的私人信件中说道：商船已经离去两个半月，要现在交出凶手是不可能的。无法查处，唛琳及宴哆呢、咱㕽喇的译名未得十分明白，只是姓氏而非名字，而这些姓氏也会存在于其他外国船只特别是美国水手之中，不能证明就是英国水手。②此后，该案件再次被搁置。

直至1810年11月间，按察使奉总督及巡抚的批示，重新要求南海县根据新的证据审办黄亚胜案③，并申明如果在指定限期内不将凶手交出，则保商及大班将按包庇罪犯之律论处，南海县令也将受到牵连。④南海县传谕行商及通事，命令英国人限期10日内交出凶手，英方没有交人。后又再宽限10日，英方仍旧拒绝交人。委员会大班啵嘟更上禀两广总督，反对中国官方断定凶手是英国人的指控⑤，并提出因为"上年回国之公司船未有回信。啵嘟等无从可以查办。但闻谕之下，理应再寄信回国，说明请再确查。如后来本国有回信到广，说查出凶手，如何办理，啵嘟等无不情愿禀明大人察夺施行"⑥。两广总督认为这种做法"与中国法律手续惯例不符"，并将禀帖退回。⑦

为打破僵局，十三行行商再次从中斡旋，要求委员会"很诚恳地重新做一些事，以满足中国政府关于上季暗杀一个中国人案件的要求。又说，如果我们拒绝给予这个问题以满意的答复，他们恐怕会阻滞船只并引起其他麻烦"⑧。不出行商所料，1811年1月，由于英国方面拒绝交出凶手，粤海关再次宣布拒绝发给英国船队1811年的离港执照。

在中国官员的反复催逼之下，2月2日，英方采取最后的措施，在众商馆

---

① 马士：《东印度公司对华贸易编年史》第三卷，第148页。
② 许地山校录：《达衷集》卷上《啵嘟等上总督及海关禀》，第116页。
③ FO 1048/10/89《南海县下洋行商人谕》；许地山校录：《达衷集》卷上《南海县下洋商谕》，第108页。
④ 许地山校录：《达衷集》卷上《南海县下洋商谕》，第111~112页。
⑤ 马士：《东印度公司对华贸易编年史》第三卷，第149页。
⑥ 许地山校录：《达衷集》卷上《啵嘟等上总督及海关禀》，第116页。
⑦ 马士：《东印度公司对华贸易编年史》第三卷，第149页。
⑧ 马士：《东印度公司对华贸易编年史》第三卷，第149页。

人员的陪同下到城门递交禀帖。① 禀帖内容大意为：凶手是否英国人未有定案，该案已随上年归国船只报告英国政府，但仍需半年以后方有回信。而今年风帆现已逾期，若再耽延，货物资本重大，关系匪轻。务求大人格外施恩，俯赐发给红牌，让英国货船得以及时回国，待收到回信再行审理。② 禀帖由巡抚和海关监督详细阅读后于当晚由行商带回。③ 2月8日，委员会让行商转达中国主要官员：

> 虽然我们无时不尊重中国的律例和政府的规章，但我们不能再认为当前这种滞留而损害我们船只之举是正当的，也没用援引帝国的哪一条律例与规章为理由向我们辩解，所以即使没有通常的核准，我们将自行打发船队出发，如果政府再行拖延阻滞，我们不得不采用这种不愉快的选择。④

在同一天晚上，他们接到确切的通知，将立即发下离港执照，而且确实发给他们，于是喇佛与该船队于2月10日早上启碇。第二批船队于3月26日启碇，啵唥亦乘此批船离开。⑤

奇怪的是，虽然英方船只相继顺利出洋，但与此同时，在中国方面案件仍然继续。1811年2月7日，十家行商具结，禀报"现喇佛回国确查有姓唻啉之凶夷，得有回信，即当据实禀明，不敢狗庇"⑥。但啵唥在此前的禀帖中却宣称，要半年后才能得到是否有该凶手的回信，且几天之后的2月10日，在并没有交出凶手的情况下，喇佛所属的船队便启碇回国。3月7日，南海县又再一次下谕洋商，命令英国人交出凶手⑦，而啵唥所乘坐的船，也在没有交出凶手的情况下于3月26日顺利起航回国。行商又一次瞒骗了官府。

虽然在行商的欺瞒之下，英国商船如何得以顺利出洋不得而知，但可以猜测的是行商们可能为此支付了一笔贿赂款。在黄亚胜案第二次审讯期间的1811年1月31日，啵唥曾向董事部报告称：

---

① 马士：《东印度公司对华贸易编年史》第三卷，第151页。
② 马士：《东印度公司对华贸易编年史》第三卷，第117页。
③ 马士：《东印度公司对华贸易编年史》第三卷，第151页。
④ 马士：《东印度公司对华贸易编年史》第三卷，第151页。
⑤ 马士：《东印度公司对华贸易编年史》第三卷，第151页。
⑥ 许地山校录：《达衷集》卷上《行商具结》，第120页。
⑦ 许地山校录：《达衷集》卷上《南海县下洋商谕》，第121页。

（行商们）一致承认中国政府采取阻留我们船只措施的目的，不是反对我们而是反对他们本身，由于他们多数人完全无能力并真正地拒绝去满足海关监督的殊求，及其不断增加购买我们船只运入的各种钟表及机械玩具，而经常则指明要唱音机的要求，现在这种勒索似乎已成为官吏与其京都上司之间的腐化的固定媒介。①

黄亚胜案的余波也显示了贿赂的效力。1812年3月20日，英国东印度公司的董事部回答了啵唧针对黄亚胜案件而询问的："中国当局如果要求交出被控凶杀的英国臣民时，应如何处理"②的问题。针对董事部的回答，在广州的特选委员会做了相应的补充陈述："在任何不幸的意外事件发生时，我们首先是尽力用各种可能的办法防止此事引起人心骚动，首先此事可能即时付出一笔款项而成功"。③显示了英国东印度公司亦认为支付贿赂款是解决中外争端的首要手段。

黄亚胜案件第一次审理时，英国广州商馆著名的中国专家小斯当东（George Thomas Staunton，1781～1859）不在广州，英方专门派遣"羚羊号"前往澳门，将马礼逊接来广州担任翻译工作。④马礼逊来华仅两年多，但已经对中国社会有了深刻了解，特别是他能书写中文，能使用中国官话或广州方言交流，让人大为惊奇。正因为留下"狡黠"⑤印象而让清朝官员警惕防范的小斯当东没有到场，马礼逊的温和博得中方上下官员的好感，展示了马礼逊外交方面的出众才能。⑥为此马礼逊于1810年2月25日在广州写了一封信，向伦敦传道会的理事们报告：英国商船队从他们准备出海至今，船已经被扣押了近一个月，因为一个中国人被外国人杀害了，有人说是英国人所为，但得不到证实。为了协助讨论，在当月初我就被从澳门叫去了。中国政府因无法证实指控，即将放弃，希望明天就能取得牌照。在他们的（中国）官方文件中，他们

---

① 马士：《东印度公司对华贸易编年史》第三卷，第149～150页。
② 马士：《东印度公司对华贸易编年史》第三卷，第185页。
③ 马士：《东印度公司对华贸易编年史》第三卷，第185页。
④ 马士：《东印度公司对华贸易编年史》第三卷，第101页。
⑤ 中国第一历史档案馆、澳门基金会、暨南大学古籍研究所合编：《明清时期澳门问题档案文献汇编》（二），北京：人民出版社，1997，第39～40页。
⑥ 马士：《东印度公司对华贸易编年史》第三卷，第161页。

断然声明都是伪造的……为了使拘留合法,政府声明他们(证人们)认识那些外国人,但证人们明确地宣称他们不认识。①马礼逊在处理中英具体外交事务上初露锋芒。

黄亚胜案件第二次审理时,小斯当东已返回广州,由于马礼逊在第一次审讯中起了主要作用②,委员会仍然留任马礼逊,并支付年薪 2000 英镑。对于英国商馆来讲,正确翻译的重要性是不言而喻的,首重的工作是要明了总督和海关监督来文的全部意义,不要轻信行商信口开河的"广东英语",而是必须参照汉文文件原稿。更重要的是,还必须将委员会论辩的全部语气转告给官员们。③直至 1834 年去世,马礼逊参与了历次中英冲突的谈判与交涉,充当解决事端的重要角色。

三、审理黄亚胜案件相关各方

(一)中方

一旦发生了重大刑事案件特别是涉外案件,自两广总督以下,包括巡抚、粤海关监督、广州府及南海、番禺二县的衙门官员,均会参与审理。处理黄亚胜案件的中方最高地方行政长官为两广总督百龄,粤海关监督则为常显(1810~1811 年担任)。

黄亚胜案件发生后,广东地方官员首先责令行商向东印度公司特选委员会交涉,承担协助调查乃至交出凶犯的责任,而当英方拒绝交出凶手后,则采取停止与英国贸易的办法,时称"封舱",使英方付出沉重的经济代价。因为风帆时代的英国商船必须依照季风的变化航行,7、8 月份乘西南季风到中国交易;次年 1、2 月乘西北季风返航,否则将耽搁至第二年,蒙受重大损失。如果他们不能承受如此代价,就只有屈服,乖乖交出真凶。当分歧出现时,清政府官员只需简单地坐在后面,等候时间和金钱的压力迫使英方拿出解决方

---

① 马礼逊致伦敦传道会理事的信,London Missionary Society Archives/ China/ South China,box 1,folder 1,jacket D。
② 马士:《东印度公司对华贸易编年史》第三卷,第 130 页。
③ 马士:《东印度公司对华贸易编年史》第三卷,第 130 页。

案,因为官员们很清楚,为了避免拖延到下一个交易季节,外国商人最终总会妥协。①

当然"封舱"也是一柄双刃剑,使用不好也会损伤广东官方。因为粤海关的税收对清朝财政很重要,仅嘉庆年间,粤海关税收平均每年143万两,"如有不敷,即着经征之员赔补"②。如果长期"封舱",粤海关当年的税收不但无法完成,而且还影响下一个年度的税收计划。如果涉外案件惊动清朝中央甚至影响中英关系,经办官员要丢掉乌纱帽甚至脑袋,不能不考虑事态发展下去难以预测的恶果。英方也看到中方的弱点,"恃以纳税较多""意图挟制"③,百龄下令"封舱"后适合航海的风汛期即将过去,以风帆作动力的商船很快就无法离开,面对英方的强横,只好接受英国大班先放船只出口,以后再稽拿罪犯的建议。

第二次审理无疑是第一次的翻版,加之百龄行将离任,交替之间不想增加纠葛。检阅当时的官方文献,两次审理长达两年,其间广东官方在省内公文往来相当频繁,但从未向清廷中央禀报黄亚胜凶杀案件,更没有禀报"封舱"行为及英方的种种抗议,与同期频密上报的传教士动态反差巨大,明显想把黄亚胜案件审理控制在广东省内,从而使得案件最后不了了之。④

(二)英方

鸦片战争前,与中国的贸易对英国来说可谓国之重务,维护英中贸易是英国政府的首要目标,"断不肯包护凶犯一人,误一国贸易大事"。⑤1784年,英国商船"休斯夫人"号在黄埔下碇时鸣放礼炮,命中一艘中国驳船,致使三人受伤,其中两人伤重身亡。广东当局令英国当即交人,英国大班及船长以该炮手所为系误伤而非故杀为由,极力拖延,公然抗命。广东当局坚持索凶,采取停止贸易等措施,最终使其就范,在次年1月将肇事炮手交出,执行绞刑。⑥

---

① 范岱克:《18世纪广州的新航线与中国政府海上贸易的失控》,《全球史评论》2010年。
② 中荔:《十三行》,广州:广东人民出版社,2004,第50页。
③ 北平故宫博物院编:《清代外交史料》(嘉庆朝)(四),北平故宫博物院,1933,第21~29页。
④ 北平故宫博物院编:《清代外交史料》(嘉庆朝);许地山校录:《达衷集》;中国第一历史档案馆等合编:《明清时期澳门问题档案文献汇编》等资料。
⑤ 许地山校录:《达衷集》卷上《喇佛上两广总督禀》,第99~101页。
⑥ 吴义雄:《鸦片战争前英国在华治外法权之酝酿与尝试》,《历史研究》2006年第4期。

黄亚胜案件发生后,英方广州委员会向英国政府请示,得到回复是"假如已完全证实某个人犯谋杀罪,则应予交出"的训令①。但是另一方面英方认为清朝普遍存在司法腐败现象,存在对外国人的司法歧视,清朝法律和司法制度是不可接受的,中国刑律和司法过程均有重大弊端,过于强调"以命抵命"原则,拒绝区分谋杀与过失杀人之别等②,因此英方在黄亚胜案件中的实际立场是为如何逃脱中国司法管辖权展开的。因为即使是证据不足,1810年英国在广州共有17艘商船,完全可以根据年龄、姓名等线索进行排查,但实际上英方根本没有采取这些措施,而是采取拖延抵赖,正如委员会所指出的:

> 最重要的事实是,不论何时中国政府要求凶手,我们因之而选择将任何个人交到他们手里,其后果是完全等于临时宣布死刑。这个人后来可能赦罪或不按情节办理,但我们对这类案件的作为,中国政府已认为在法律与事实两方面的决定是完善的,我们认为这是没有疑问的;或者,换句话说,如果合格的证据,指证罪犯,就等于他已犯了谋杀罪。……我们要特别指出的是,将杀害一个中国人的人交到中国政府手里是不适宜的,除非这个人已真正犯了谋杀罪。③

在黄亚胜案件中,这是英方的一贯立场。在"休斯夫人"号事件之后,再没有任何英人因凶杀案而被处决。在一系列的英人致死华民案中,案犯均以各种方式逃脱清朝法律的制裁。

(三) 行商

为有效管理"一口通商"时期对外贸易事宜,清朝实行了"以官治商,以商治夷"的管理体制。为了加强对外商及外籍水手的管理,乾隆十年(1745)清两广总督兼粤海关监督策楞决定实行"保商制度":"于各行商内选择殷实之人,作为保商,以专责成,亦属慎重钱粮之意"④。

---

① 马士:《东印度公司对华贸易编年史》第三卷,第184~185页。
② 吴义雄:《鸦片战争前英国在华治外法权之酝酿与尝试》,《历史研究》2006年第4期。
③ 马士:《东印度公司对华贸易编年史》第三卷,第191页。
④ 《乾隆二十四年英吉利通商案》(七)《新柱等折五》,故宫博物院编:《史料旬刊》第1册,第260页。

保商制度包含两方面的内容：一是为外商作保，一是行商互保。根据清政府的规定，"外洋夷船到广，俱先投省行认保"①。具体到每一条外国船，都必须指定行商承保，有时是行商轮保，有时是外商自择行商作保。外商购销、报关、向官府递送文书等在华事宜均由该保商代理，"并且要对外商、他们的商船和他们的水手的一切行为负完全责任，从买一篮水果直到一件谋杀案"②。保商对外国商人所负责任极为重大，一旦外商触犯中国法律，"不独该夷商照新例惩办，并保办之洋商亦干斥革治罪"③。

黄亚胜案件中，涉及的行商共十家，时为总商的广利行卢观恒，还有怡和行伍敦元（伍秉鉴），东生行刘德章，西成行黎颜裕，同泰行麦觐廷，丽泉行潘长耀，东兴行谢庆泰，天宝行梁经国，万源行李协发（李应桂）④，而怀疑肇事外国商船保商福隆行因行商郑兆祥之前已携款潜逃，暂时由关成发代理。⑤而嘉庆元年（1796）任总商的潘氏同文行嘉庆十三年（1808）暂停行务，嘉庆二十年（1815）方复出，改行名"同孚"，故未参与黄亚胜案件审理。

黄亚胜案件中，十家行商处在非常尴尬的处境。他们并不具有侦查刑讯等司法权力，但要承担命令英方交出凶手的司法功能；他们并不具有谈判决策权力，但要承担迫使英方低头的外交功能；他们只是传递双方文书的邮差，但要承接来自双方的压力。有其名无其实的矛盾地位，使得行商不具备解决黄亚胜案件的条件。更重要的是，涉外案件的发生对行商是一场巨大的灾难，因为洋人的不法，向来都是官府勒索的借口，这种勒索的强度并不取决于案情的大小，而在于商人的财力。凡欧洲人方面有任何违反规章，即可引为理由，视为是对该欧洲人所在船只进行勒索的一个良好机会⑥，而这种勒索经常被落实到行商身上。1805 年，因英国"四轮马车号"事件，潘启官在外夷与粤海关监督之间奔走，但由于外国人"冒犯"禀帖要求，粤海关监督很恼火，罚款潘启官100 000 两银子。⑦"海王星号"事件前，卢观恒是最富有的行商之一，但为解

---

① 吕铁贞：《公行制度初探》，《广西师范大学学报》2004 年第 2 期。
② 马士：《中华帝国对外关系史》第一卷，第 84 页。
③ 文庆等：《筹办夷务始末》（道光朝）卷 9，台北：文海出版社，1970，第 620～621 页。
④ 梁嘉彬：《广东十三行考》，广州：广东人民出版社，2009，第 229～300 页。
⑤ 梁嘉彬：《广东十三行考》，第 229～300 页。
⑥ 马士：《东印度公司对华贸易编年史》第三卷，第 191 页。
⑦ 马士：《东印度公司对华贸易编年史》第三卷，第 66 页。

决这次事件耗费了大量财富。黄亚胜案件中，卢观恒也受到勒索，1812年即去世。①因此行商从自身的经济利益出发，不希望"封舱"时间太长，致使"贸易久搁，行用无着"，甚至落得抄家入狱，充军新疆的下场。诱人的经济利益和可怕的后果，使行商往往跟外商站在一起，黄亚胜案件中行商积极斡旋，两次具结，也就不足为奇了。特别是行商利用清廷与英方的文书传递环节，甚至会修改双方文书中的要点，隐瞒事实②，以求尽快了结此案。

四、黄亚胜案件的影响

（一）英国水手在华行为有所约束

对英方而言，贸易季节有英人牵扯到华人命案，会为东印度公司带来极大的紧张和担忧，因为广东官方为制裁凶犯，往往采取"封舱"手法。"海神号"事件时，贸易中断二十余日，黄亚胜事件则让公司船队延迟一个月起航，停止贸易对贸易运作带来不少的困扰及损失。为有效管理船上人员的行为，英国方面也采取了一些措施，比如赋予东印度公司在华船队长特别权力，当船只发生骚动时，每艘公司船需听从船队长的命令，调拨一艘小船作为警备船，同时每船派一名管理人员，逮捕意图闹事、扰乱秩序的水手。③黄亚胜案件后，英国方面制定更严格的规定，如有随船小艇要去广州，应快去快回，不得过夜，同时亦需有指挥人员负责管理，否则不能上岸，每艇人数并限制在十三人以下，为监督搭小艇到广州的水手，将人员进出记录汇整成册，送回公司存档备查。④此后从1815~1834年为止，英国东印度公司船只在广州停泊时，船上人员和华人仍不时发生争吵斗殴的情形，但因此导致中国人死亡的案例减少，可见受黄亚胜案及其他外事案件影响，英方在监督来华船只人员的纪律方面仍

---

① 马士：《东印度公司对华贸易编年史》第三卷，第180页。
② 亦见第一次审理时"交出凶手"字句上的删改。
③ 马士：《英国东印度公司对华贸易编年史》第一、二卷，第464~465页。
④ 英国印度事务部档案 IOR/B/152，02 January，1811，p.1191；IOR/G/12/194，04 October，1815，pp.164-165.

有一定的成效。①但这种约束仅限于对水手，商馆职员不受限制，相反他们对中国官方的约束政策却越来越抵触，并偷偷做出许多违反中国规定的事情。如到花地饮宴（规定是不能饮酒的）、去长寿寺参观、举行划船比赛，等等。②

（二）清朝政府防范措施有所转变

黄亚胜案件后，清廷对西方人的活动管理发生了变化。嘉庆二十一年（1816）七月，两广总督蒋攸铦（1766~1830）批示英商：

> 从前禀求指一阔野地方行走闲散，以免生病。曾于每月初三、十八两日令其赴关部报明，派人带赴海幢寺、陈家花园内听其游玩，以示体恤，但日落即须归馆，不准在园内过夜；并责成行商严加约束，不许水手人等随往。……兹查近年已无陈家花园，各夷人每有前赴花地游散之事……兹酌定于每月初八、十八、二十八日三次，每次十名，人数无多，随带通事，易于约束，添以次数……准其前赴海幢寺、花地闲游散解……限于日落时，仍赴各口报明回馆，不准饮酒滋事，亦不得在外过夜；如不照所定日期名数，或私行给与酒食，一经查出，定将行商、通事从重究治，夷人即不准再往闲游。③

规定虽然仍然苛刻，但出游次数由原来的每月两次变为每月三次，似乎清政府对西洋人的约束变得宽松了。

（三）英国谋求治外法权行动加剧

就英国而言，十九世纪一艘 1000 吨级左右的英国东印度公司商船，船上约有 130 名的船员④，1810 年左右每年约有 20 艘商船来华，约有水手三千余

---

① H. B. Morse, The Chronicles of the East India Company: Trading to China 1635-1834, vol. 4, pp.18-19.
② 详参亨特：《旧中国杂记》，沈正邦译，章文钦校，广州：广东人民出版社，2000。
③ 梁廷枏：《粤海关志》，第 514 页。
④ J. R. Gibson, Otter Skins. Boston Ships and China Goods: The Maritime Fur Trade of the Northwest Coast, 1785-1841, Seattle: University of Washington Press, 1999: 107.

人。加上从印度等地来华的"港脚船只",每年来华水手不下四、五千人。① 这些船上的水手多是临时招募,来源复杂,素质不佳。② 中国文献中多有"该国夷人素性强横谲诈"③"英吉利夷人尤多凶横滋事"④的记载。连英国人自己都承认"是一群桀骜不驯的人"⑤。1803 年,英国东印度公司试图在前往中国的船队中增加 1500 名水手,以应付海上与敌对国家的突发事件,为广州特选委员会坚决反对,因为这些"狂放、嗜酒、惯于制造残忍暴行和兽性放纵行为的人,将会带来很多麻烦"⑥。经过数月的远洋航行后,许多英籍水手在广州每每纵情饮酒欢乐,难以控管,"生活就是打架,而打架就意味着动刀"⑦,因酗酒引起的斗殴闹事,甚至命案时有发生,中国政府对于涉外刑事案件坚持司法管辖权,是国家主权独立的体现,也是国际法通行的原则,"就通行于欧美的国际法而言,居住在任何一个基督教国家的任何一位外国人,都受制于该国法律"⑧。然而清朝政府的这种司法管辖,招致西方国家尤其是英国长期持续的抨击。认为清朝普遍存在司法腐败现象,存在对外国人的司法歧视。中国刑律和司法过程均有重大弊端,过于强调"以命抵命"原则,拒绝区分谋杀与过失杀人之别等。

黄亚胜案件后,英国东印度公司董事部及广州特选委员会为在华英国臣民犯凶杀案后如何处理的问题做了长时间的讨论。⑨⑩英国政府为建立在华治外法权大造舆论,从 1833 年开始酝酿立法,准备在广州地区建立具有刑事、海事及民事管辖权力的法庭,驻华商务监督义律积极推动这一进程。1839 年 7 月,

---

① 英国印度事务部档案 IOR/G/12/199,pp.133-134。
② J. R. Gibson, Otter Skins, *Boston Ships and China Goods: The Maritime Fur Trade of the Northwest Coast, 1785-1841*, Seattle: University of Washington Press, 1999, pp.107-108。
③ 王之春:《清朝柔远记》,北京:中华书局,2008,第 160 页。
④ 《乾隆二十四年英吉利通商案》(二)《李侍尧折三》,故宫博物院编:《史料旬刊》第 1 册,第 651 页。
⑤ 《一位世界公民致广州周报编者》(*A Citizen of the World, "to the Editor of the Canton Press"*),《广州周报》(*The Canton Press*),1835 年 10 月 24 日。
⑥ 吴义雄:《鸦片战争前英国在华治外法权之酝酿与尝试》,《历史研究》2006 年第 4 期。
⑦ 马士:《中华帝国对外关系史》第一卷,第 114 页。
⑧ 罗伯茨:《十九世纪西方人眼中的中国》,蒋重跃、刘林海译,北京:时事出版社,1999,第 41~43 页。
⑨ 马士:《东印度公司对华贸易编年史》第三卷,第 167~168 页。
⑩ 马士:《东印度公司对华贸易编年史》第三卷,第 184~185 页。

义律擅自宣布建立英国在华法庭。鸦片战争后，英人以不平等条约为基础，最终完成了建立在华治外法权的法律程序。①

此外，为满足外国人士来华后的生活需要，《南京条约》款项之一就是"准英国人民带同所属家眷，寄居大清沿海之广州、福州、厦门、宁波、上海等五处港口，贸易通商无碍"②。十九世纪晚期，广州的水上妓院弃水登陆，与酒楼、戏院、赌场、烟馆等场所连成一体，出现了专门为外国人开设的妓院，延续着色情业的发展。③④

黄亚胜案件虽然只是鸦片战争前中英关系的一个插曲，但是反映了清中期广州的外国水手各种行为及其与清朝法例的冲突，其结果深刻影响了当时的中英商贸、外交关系和涉外法权。

An Analysis of the Case "Hwang Ya-Shing"

Leng Dong　Shen Xiaoming

Abstract: On the night of January 16th, 1810, a Chinese shoemaker called Hwang Ya-Shing was killed by foreign sailors in the area of Thirteen Hongs of Canton. The murderers were deemed to the British sailors. Chinese government, Hong merchants and British government had been holding negotiation for a long time to this case. This case deeply influenced the Sino-British trade, diplomatic relations and foreign-related judiciary, and reflected the desire and conflict of sex for the foreign sailors in the Mid Qing Dynasty.

Key Words: Hwang Ya-Shing; Thirteen Hongs of Canton; foreign-related judiciary

---

① 吴义雄：《鸦片战争前英国在华治外法权之酝酿与尝试》，《历史研究》2006 年第 4 期。
② 郭卫东：《鸦片战争前后外国妇女进入中国通商口岸问题》，《近代史研究》1999 年第 1 期。
③ George Wilkinson, *Sketches of Chinese Customs & Manners, in 1811-1812*, Bath: J. Browne, 1814: 127-130.
④ Paul A. van Dyke, "Floating Brothels and the Canton Flower Boats 1750-1930", *Review of Culture*. International Edition, No.37, 2011: 131.

1760~1843年广州外国人居住区的商业街

范岱克[*]

通常认为，18世纪中叶至19世纪中叶的广州一直存在着三条商业街，分别是新瓷器街、（旧）瓷器街及猪巷。[①]我们可以证实在1760~1822年后两条街是确定存在的，事实上早在18世纪40年代或许更早的时候就有了猪巷，但是没有确凿的证据显示在这段时期还存在着第一条街，即新瓷器街。由于近年来关于这些街道的名称、位置、所建时间成为学术界讨论的热点，同时大家又对新瓷器街的两种主要来源存在着一些争议，因此，本文将致力于证明在1760~1822年只有两条商业街。

在1760年以前，小商贩都分布在商馆周围的各个区域，形成了瓷器街、丝绸街、漆器街等。行商们开设的洋行主要分布在西郊各处，并不是都建在夷馆所在的码头附近，1748年瑞典人所画的广州商馆地图（见图1）向我们清晰地显示[②]：蔡昭复的洋行远离码头北岸；叶上林的洋行位于西边远处；潘启官的洋行位于商馆区的北部；Attay（Attai）和Chetquas（Kjetqva）的洋行位于

---

[*] 作者系中山大学历史系教授，译者任希娇系广东省社会科学院历史与孙中山研究所中国古代史专业硕士研究生。

[①] 1838年，猪巷（Hog Lane）是由Hong Lane演变过来的，但是没有材料说明这个信息源自何处。Toogood C.Downing, *The Fan-Qui in China in 1836-1837vols*, London：1838.Reprint, shannon, Ireland：Irish University Press, 1972：211-212.

[②] Stockholm：Library of the Royal Academy of Sciences（Kungliga Vetenskaps-akademiens Bibliotek, KVB）：Ms.J.F.Dalman, Dagbok under resam fran Giotheborg til Canton 1748-1749.在Panl A.van Dyke 的 *Merchants of Canton and Macao：Politics and Strategiesin Eighteenth-century Chinese Trade* 一书中重新提到了这张瑞典地图的复制品。

运河对岸的码头东侧。

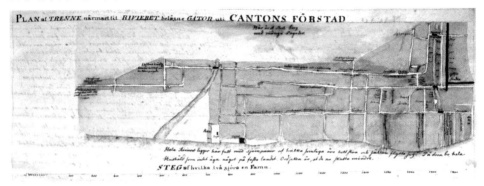

图 1　1748 年瑞典人所画广州商馆地图

18 世纪到 19 世纪，各类洋行按前述位置分布着。然而，在 1760 年的时候，为了更加严密的监督和控制所有行外小商人，中国政府和公行商人商议，决定建一条新的商业街，将这些小商人搬到这里。其中最吸引人的是那些瓷器店，因为它们包揽了大量的瓷器贸易，足以与洋行相媲美。虽然很多时候这些小商人不具备行商的素质，但是多年来也一直与外国人进行贸易。政府和行商将他们迁到这条新街以便更好地监督这些行外商人的活动，减少非法交易。①

1760 年，Dalrymple 在广州时目睹了那一年贸易上的变化。他提到所有合法的店铺主都搬到了同一条街上，街的一端用一扇门将外国人居住区与广州城隔开，只向夷馆所在的珠江码头区开放。②

荷兰的官员也记录了这条新建的商业街③，它在之后被称为瓷器街。就像

---

① 这些资料说明了在 1760 年建造了这条重新聚集了很多小商店的街道。National Archives, The Hague (NAH): VOC4386, dagregister, 1760.08.23, p.51, 1760.08.29, p.59, 1760.10.04-5, p.77.直到 1823 年马士（Morse）和 1824 年戴维斯（Davis）证实了"新街"和"瓷器街"是同一条街。Morse, *Notices Concerning China, and the port of Canton, Also a Narrative of the Affair of the English Frigate Topaze*, 1821-1822, With *Remarks on Homicides, and an Account of the fire of Canton* (Malacca: Mission Press, 1823), pp.15-16, Dawis, *A Commercial Vocabulary*, Macao: Honorable Company's Press, 1824, pp.25-26.

② Alexander Dalrymple, *Oriental Repertory*, 2 Vols. London: George Biggs, 1793.02, p.319.

③ 荷兰称这条街为 nieuwe winkelstraat（新商业街），nieuwe straat（新街）或 Porcelain straat（瓷器街）。NAH: VOC4386, dagregister, 1760.08.23, p.51, 1760.08.29, p.59, 1760.10.04-5, pp.76-77, Canton 92, 1786.02.06, pp.3-4 and Canton 94, 1788.08.18, p.20.

Patrick Conner 所说的，取名瓷器街可能是因为这里是购买陶瓷之地。①在 18 世纪末，这条街道在外国的文献中被称为新街或瓷器街（China Street or Porcelain Street），它们所指的是同一条街道。例如，早在 18 世纪 80 年代，Sonnerat 在广州提到："外国人称这条商业街为瓷器街，街上还有很多袜商"。② *Bonetier* 这部文献证实了这条街上有大量的纺织品商店和瓷器店。国外的档案中还有许多诸如此类文献，它们都提及这段时期只有一条主要的商业街。③国外的档案里也有关于猪巷的记载，它并不是通常意义上的商品集贸地，只是一个供普通水手们购买生活用品以及娱乐消遣的地方。

1822 年那场大火将所有商馆夷为平地之后，又建了一条新瓷器街，在中国它被称为同文街。④这条街的入口位于图 2 中的建筑 1 与 3 之间，19 世纪 30 年代后期的一幅商馆分布图显示街道的入口附近就是同文馆。⑤图 3 是一幅 1822 年大火之后的商馆分布图，从图中可以看到它的具体位置。关于新瓷器街

---

① Patrick Conner, *The Hongs of Canton. Western Merchants in South China* 1700-1900, *as seen in Chinese Export Painting*, London: English Art Books, 2009, p.75 and note 3.Adams 和其他大量学者也认为瓷器街（或者瓷器巷）这个名称来源于这里是卖瓷器的地方。还可以参考 John Adams, *The Flowers of Modern Travels*, 2 Vols. Boston: John H.Belcher, 1816. 1, pp.136-137.
② M.Sonnerat, *Voyage aux Indes. Orientales et a la Chine*, 2 Vols, Paris: 1782. 2, p.13.
③ 1768 年，瑞典人提到丝绸商和瓷器商都聚集在 nya gatan（新街）。Nordic Museum Archive, *Godegardsarkivet.Ostindiska.Handling* F17（下面的都用 NM：F17 来表示），1768.11.09，p.T1-00052. 在芬兰的记录里有很多关于新街或瓷器街的资料，其中一些如 NAH：*VOC4386*，dagregister，1760.08.23，p.51，1760.08.29，p.59，1760.10.04-5，pp.76-77，Canton 92，1786.02.06，pp.3-4，Canton 94，1788.08.18，p.20，还有 Ghent University Library（GHL）：*Ms 1985*，1791.01.06.这些较新的资料也是来源于荷兰东印度公司的文献，不过现在收藏在根特。荷兰人经常提到在码头那边的收税处驻扎在此处，因为它刚好对着瓷器街开放，作为"瓷器街的税收处"或者"瓷器街的长官"。例如，见 NAH：*VOC 4447*，Rijs Onkosten van Canton na Macao，1792. 在 18 世纪 80 年代，法国人 Charles de Constant 也提到了"rue de la porcelaine（瓷器街）".Louis Dermignyed，*Les Memoires de Charles de Constant sur le Commerce a la chine, par Charles de Constant*，Paris：S.E.V.P.E.N，1964，p.145. 至于 1797 年美国一些关于"瓷器街"的资料，见 Brown University，John Carter Brown Library（JCB）：Brown Papers，Box 1131，*Account Book of purchases made in China by John Bowers*，Supercargo，1797.
④ 参考郑荣修，桂坫、何炳坤纂：《南海县志》卷三，清宣统二年刊本，"中国方志库"，第 464 页。
⑤ 章文钦：《广东十三行与早期中西关系》，广州：广东经济出版社，2009，第 19 页。

的来源，从这些二手文献来看尚有一些争议。①

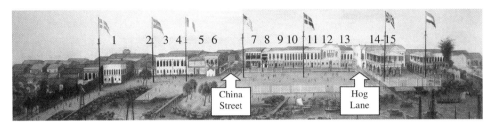

图 2　18 世纪 90 年代广州商馆分布

图 3　1822 年大火后广州商馆分布

同文街是以著名行商潘启官三世（潘正炜）的名义命名的，他经营着同孚行，但在以前他的家族商号叫做同文行。潘正炜为建造这条街捐出了他的商馆（图 2 中的建筑物 2），因此用他的家族商号来命名这条街是十分合理的。同孚行之后搬到了运河东边的码头东侧。②

---

① 章文钦认为同文街可能在 1777 年就有了，并且这条街可能早在 1744 年就建造了，参见章文钦《广东十三行与早期中西关系》，第 202 页。在 1743 年 12 月大火之后，1744 年商馆都重建了，所以很有可能在这个时期建造了一条新街。但是如上所述，这条街是在 1823 年建造的。关于同文行的一些争议来源于 Hummel 的 *Eminent Chinese of the Ch'ing Period*，1943-1912。他在有关潘启官的记述中提到"很明显，在 18 世纪 40 年代潘启官在广东就成为了外贸公司的一名职员，在 18 世纪 50 年代早期，他就拥有了自己的公司同文行"，但是 Hummel 并没有材料来证明这个观点。Arthur William Hummel, *Eminent Chinese of the Ch'ing Period*, 1644-1912（Washington: U.S.Govt Print off. 1943-1944; reprint, TaiPei: Literature House, 1964), pp.605-606.然而，从记载中我们所能确定的是直到 1760 年以后的某个时间同文行才建立。关于同文行的其他资料，可参考陈国栋：《潘有度（潘启官二世）：一位成功的洋行商人》，载于章文钦等编《广州十三行沧桑》，广州：广东省地图出版社，2001，第 150～193 页；章文钦：《十三行商早期首领潘振承》，载于章文钦等编，《广州十三行沧桑》，第 145～149 页；黄启臣、庞新平：《明清广东商人》，广州：广东经济出版社，2001，第 259～269 页。

② 1822 年火灾之后，同孚行位置图见 Patrick Conner, *The Hongs of Canton*, plate 9.12.

通过查阅大量的商馆分布图，可以清楚地知道为什么一些学者认为丹麦馆东侧的新瓷器街在1822年以前就已经存在了。以图2为例，建筑1与2之间入口的构造与瓷器街（建筑6与7之间）入口的构造非常相似。在新瓷器街建成后，依旧可以看到位于这里的两个入口，尽管它们被拓宽了很多。①

几乎所有详细的商馆平面图都显示，在1822年以后共有三条商业街，即新瓷器街、（旧）瓷器街、猪巷。由于1822年前的一些图也显示有三条街或者入口，据此，学者们认为自始至终都存在着三条商业街。然而别忘了1822年那场大火将这片地区全部夷为平地后，又在这里进行了重建，这就为在丹麦馆东侧插入一条新的街道提供了可能。

的确，在1822年以前建筑1与2之间有一条街道，但它并不是一条向外国人开放的商业街，也不叫做新瓷器街，似乎只是为这片中国住宅和商馆区开通的一个入口或者通道。1760年至1822年的一些描写广州的国外作品，证明这个时候向外国人开放的只有两条商业街（瓷器街和猪巷）。事例如下。

1786年8月27日，私商John Pope写到：

> 与中国洋行相比，夷馆显得十分宏伟。英国馆和荷兰馆拥有一流的建筑——蜿蜒优美的的走廊环绕于馆前，馆内的装饰极其豪华。那些私商的房屋也不错，但一栋房屋与另一栋相隔6或8英寸。夷馆前方的空地还不足一千码，通常供我们进行晨练。通俗点讲，我们只能围绕着瓷器街和猪巷来回散散步，这两条街道将两边的商馆隔开。唯一一条能称得上街的瓷器街宽约30英尺，长四分之一英里，所有与外国人贸易的店铺主汇聚于此，主要有丝绸商、瓷器商、制扇商、漆器商、印刷商等。为此，我购置了一批图画，总共113幅，里面包含了中国所有的贸易。②

---

① 1777年的一则中国材料中提到，在商馆建造了一条新街，"在行馆适中之处，开辟一条新街，以作范围"。但是，这则材料太空泛了，不清楚具体指的是哪一条街，或者仅仅是1760年建造的那条街的另一则材料。章文钦：《广东十三行与早期中西关系》，202页。

② Anne Bulley, Free Mariner: *John Adolphus Pope in the East Indies 1786-1821*, London: British Association for Cemeteries in South Asia（BACSA），1992：73-74.

1804 年 12 月，一个叫 James Johnson 的海员记录了他所目睹的外国海员和中国人在猪巷发生的一些小冲突。为了报复压迫他们的中国人，一些海员组织了一起从猪巷到瓷器街的"突围行动"。他提到这是一条"对于来访广州的水手们熟知的地形线路"。但是他们前进的步伐"在通往瓷器街的大门前受到阻挠，他们被迫返回到猪巷"。这里并没有提到向外国人开放的第三条商业街，仅提到两条街。① 但很明显，从猪巷到达瓷器街又经猪巷返回，就需要一条连通两处的街道，它就是十三行街。马士称它为旧瓷器街，参看 1810 年左右 Miburn 所写的内容：

> 郊区的街道一般是由人工铺砌的，都非常狭窄，瓷器街就是其中的典型代表。街上全是商铺，云集了世界各地的商品，商人们都彬彬有礼。②
>
> ……这条街道用一扇大门将外国人居住区与广州城隔开，仅向夷馆所在的珠江河岸码头区开放。除了瓷器街上的合法店铺主可以单独与外国人做生意之外，所有未经公行之手的对外贸易均属非法。③

1811 年，George Wilkinson 在广州时记录了以下商业区的概况：

> 1811 年 12 月 24 日：瓷器街可以称之为广州的邦德街，街上的商铺比商馆周围的其他建筑更加气派，排列有序。街宽约是普通街道的三倍，通常来说即使不是十分拥挤，两人也很难舒服地并肩同行，这无疑会滋生一些偷窃事件，增加钱包被盗的风险。大街上各种商品琳琅满目，深深地吸引着整日在这里闲逛的外国游客，满足他们的兴趣爱好，赚足他们的钱。④

---

① James Johnson: *An Account of a Voyage to India, China, in His Majesty's Ship Caroline, performed in the Years 1803-4-5, interspersed with Descriptive Sketches and Cursory Remarks*, London: J.G.Barnard, 1806, 71-74.

② William Milburn: *Oriental Commerce*, 2 vols. London: Black, Parry & Co.1813. Reprint, New Delhi: Munshhiram Manoharlal Publishers, 1999: 465.

③ 同上，2, p.469.

④ George Wilkinson. *Sketches of Chinese Customs & Manners, in 1811*. Bath: J.Browne, 1814, 183.

Wilkinson 一连用了好几页的篇幅来描述中国的店铺、手工业者以及艺术家，但只字未提丹麦馆东侧的那条街。

美国海员兼商人 Charles Tyng 于 1816 年 1 月来到广州。在晚年他写的一部航海游记中，记录了他在中国的所见所闻：

> 一般说来，（广州码头）有两条对外国人开放的街或巷，它们大约相隔半英里，外国人可以在这里散步。在中英战争广州城对外开放以前，是不允许外国人进入城内的，所以广州城内没有一个外国人。在街尾驻守着一些中国士兵，他们手拿竹棒以阻止我们继续前行，并将我们驱赶回去。这两条街或巷分别叫做瓷器街或猪巷。瓷器街宽大约 12 英尺，商店分置两侧。猪巷宽约 10 英尺，街内也有商铺但却不及瓷器街的店面精美。此外，街上还有很多的小商贩和餐馆，最受水手们欢迎的要数 Jemmy Young Tom 的餐馆了，我们曾经常去他那里畅饮。老板是一位讲着一口流利英语的中年中国人，对我总是十分友好。
>
> 瓷器街的店铺十分宽敞，你可以在这里买到几乎所有的中国物品。店门朝街道全面开放，你能够一眼望到里面的商品，有一个人始终站在店门口招呼着我们进去购物。交易中的第一件事就是"kumshaw"，这是送给客人的一份礼物，可以是丝质手帕或者类似的东西。但假如你接受了这份礼物却没买任何物品，那么当你进入下一家店铺时将不会再得到一个"kumshaw"，因为他们会注意到你已拥有一份礼物了。
>
> 瓷器街的店铺里有丝绸、瓷具、象牙雕刻品、龟甲品、各类装饰盒以及大量由稻草和竹子做成的工艺品。事实上，它就像是一个博物馆，没有一件物品是我以前见过的。我常常去这些商店，他们不但没有觉得被冒犯，反而看起来比我还高兴，并且满怀热情地给我展示店里的商品，有时还会送我一些不是很贵重的东西。①

大量在法国、荷兰、瑞典、美国、丹麦的记录与中国贸易情况的文献中都有关于新街或瓷器街（Porcelain Street）的记载，它们在之后都被称为瓷器街

---

① Susan Fels, ed., *Before the Wind. The Memoir of an American Sea Captain, 1808-1833*, by Charles Tyng, New York: Viking Penguin, 1999: 33-34.

(China Street)。① 无论是在上述的档案里还是在英国公司的档案里,笔者都没有找到关于第三条商业街的文献。②

马士(Morse)和戴维斯(Davis)各编写了一本贸易词汇集,列举了所有街道、商馆、商人的中文名和英文名。马士的词集于 1823 年出版,戴维斯的词集在 1824 年出版,③但他们书中所列的都是 1822 年大火前的商馆分布图,对夷馆和街道的中英文名做出了最早、最翔实的记述。表 1 即是马士书中的商馆分布图,这些词汇是从他的词表里直接复制的。

表 1　1823 年以前的欧洲商馆(自西向东)

1. 16th. 黄旗行 Wong-he Hong,"The yellow flag factory" – the Danish factory.	
2. 15th. 同孚行 Tung-foo Hong,"The factory of mutual trust" – occupied by a Hong merchant.	
3. 14th. 吕宋行 Luy-sung Hong,"The Luzon factory," i.e. the Spanish factory.	
4. 13th. 旧公行 Kaw-kung Hong,"The old public hong" – the French factory.	
5. 12th. 东生行 Tung-sang Hong,"The factory produced in the east" – occupied by a Hong merchant.	
6. 11th. 燕子巢 Een-tze Chaou,"The swallow's nest" – the corner factory.	
Here a street, containing shops, where Europeans make their various small purchases, intervenes, called "China-street:" sometimes New China-street, in contradistinction from a street that runs at right angles to this one, and which is called "Old China-street." The Chinese call it 新街 Sun-kae, "New street," 靖远街 Tsing Yune kae	Thirteen Hong Street 十三行街, Old China Street
7. 10th. 广源行 Kwong-yune Hong,"The factory of wide fountains" – the American factory.	
8. 9th. 万源行 Man-yune Hong,"The factory of ten thousand fountains."	
9. 8th. 宝顺行 Pow-shun Hong,"The precious prosperous factory."	
10. 7th. 孖鹰行 Ma-ying Hong,"The twin eagle factory" – the Imperial factory.	
11. 6th. 瑞行 Suy Hong,"The Swedish factory:" for Swede, the Canton people say, "Suy."	
12. 5th. 隆顺行 Lung-shun Hong,"The gloriously prosperous factory" – the old English factory.	

---

① 参见 NM:*F17*,1768.11.09,p.T1-00052;NAH:VOC 4386,dagregister,1760.08.23,p.51,1760.08.29,p.59,1760.10.04-5,pp.76-77,Canton 92,1786.02.06,pp.3-4,Canton 94,1788.08.18,p.20;GHL:*Ms* 1985,1791.01.06;Dermigny, ed. *Les Memoires de Charles de Constant sur le commerce a la Chine*,p.145;JCB:Brown Papers.Box 1131,John Bowers:*Account Book of purchases made in China*,Supercargo,1797.

② Henry Ellis 1817 年 1 月 3 日也来过瓷器街检查要卖的商品,但他没有提到另外通往西边的街道。Henry Ellis. *Journal of the Proceedings of the Late Embassy to China;comprising a correct narrative of the public transactions of the embassy,of the voyage to and from China,and of the journey from the mouth of the Pei-ho to the Return to Canton*. Philadelphia:A.Small. 1818;reprint,London:Edward Moxon,1840:409.

③ Morse,*Notices Concerning China*;Davis,*A Commercial Vocabulary*.

	续表
13. 4th. 丰泰行 Fung-taie Hong, "Affluent great factory," called the "Chow-chow" factory, intimating, that it is occupied by a variety of persons – Parees, Moormen, &c.	
Next to this factory [Pow-wo Hong] there is a narrow loane, with small ships on one side, where seamen procure clothes, spirits, &c. called, by Europeans, "Hog-lane;" by the Chinese, 豆栏街 Tow-lan-kae.	Thirteen Hong Street 十三行街, Old China Street
14-15. 3rd. 保和行 Pow-wo Hong, "The factory that ensures tranquility" – the English factory.	
16. 2nd. 集义行 Tseep-ee-Hong, "Assembled righteousnesses factory" – the Dutch factory.	
17. 1st. 义和行 E-wo Hong, "Righteousness and peace factory," commonly called the Creek factory.	
• Mandarin House, 行后关口 Hong-how-kwan-how.	

资料来源：Morse, *Notices Concerning China*.

  马士将商馆从东往西依次编号，笔者将其顺序颠倒从西往东编号，这与戴维斯的排序方法一致。马士和戴维斯只标注了 16 个商馆，但事实上在码头附近共有 17 个商馆，1815 年编号 14 和 15 合并了之后才变成 16 个商馆。根据笔者近期所做的另一项研究《广州商馆时间考 1760～1822》，可知商馆的数量是 17 个。①

  据马士所言，新瓷器街仅仅是瓷器街的另一个叫法。正如前文所提到的，因为它是 1760 年建成的，外国人经常称它为新街。显然，还有另外一条街与这条街垂直将猪巷和瓷器街相连②，马士把它叫做旧瓷器街。这条街也叫十三行街，位于商馆背后（最北面）与瓷器街和猪巷垂直相连。③

---

① Paul A. van Dyke, Maria Mok. *Dating of the Canton Factories 1760-1822*.
② Morse, *Notices Concerning China*, pp.15-16. Seymour 在 1856 年写到十三行街位于豆栏街的右角，并且延伸至了新瓷器街和旧瓷器街。*Further Papers Relative to the Proceedings of Her Majesty's Naval Forces at Canton*, London: Harrison and Sons, 1857: 1-2.
③ Patrick Conner, *The Hongs of Canton*, p.76; Historican Society of Pennsylvania, Philadelphia (HSP): *687 Waln Family Papers*. vol.2, Book of Prices, Canton 1819. Cossigny 在 18 世纪 90 年代早期似乎也提过在商馆后面有一条街，那里挤满了商店，可能是十三行街。"Le quai ou sont les facroreres des Europeens est tres-long; il est sur la rive gauche de la riviere. Ils y arborent tous le pavillon de leur nation…Des bartimens sont a cote les uns des aurres; ils sont fort logs; ils n'ont qu'un etage et ils ont plusieurs cours. Ils forment, dans le derriere, une rue, ou il y a une grande quantite de boutiques pourvues de marchandises de toute espece: elle est ferme aux deux extremites par des barrieres que les Europeens ne peuvent pas franchir."（位于江堤左边的欧洲商馆区码头很长。所有商馆都有属于自己国家的旗帜……他们在商馆的后面建造了一条商业街，贩卖各种各样的商品，在街的两端都用一些障碍物隔开了，以防欧洲人通过。）Charpentier C.Cossigny, *Voyage a Canton, capitale de la Province de ce nom, a la Cbina*, Paris: Chez Andre, 1799: 76-77.

表 2 则是戴维斯词汇集里的一幅商馆平面图。为了让读者看得更加清晰，笔者给图中的建筑物编了序号，又增加了马士书中所提的旧瓷器街（十三行街），而戴维斯并未提及此街。

表 2　1823 年以前商馆或行名（自西往东）

Mowqua's Hong，广利行 Kwang-le-hang.	
The one formerly Gnewqua's，会隆行 Hwuy-lung-hang.	
1. Danish Factory，黄旗行 Hwang-ke-hang.	
2. Ponkequa's，同孚行 Tung-foo-hang.	
3. Spanish，吕宋行 Leu-sung-hang.	
4. French，旧公行 Kew-kung-hang.	
5. Chunqua's，东生行 Tung-sang-hang.	
6. Corner Factory，燕子巢 Yen-tsze-chaou.	
China Street 新街 Sin-keae, 或清远街 Tsing-yuen-keae.	
7. American Factory，广源行 Kwang-yuen-hang.	Thirteen Hong Street 十三行街，Old China Street
8. Fatqua's Hong，万源行 Wan-yuen-hang.	
9. The next，宝顺行 Paou-shun-hang.	
10. Imperial Factory，双鹰行 Shwang-ying-hang.	
11. Swedish，修和行 Sew-ho-hang.	
12. Old English，隆顺行 Lung-shun-hang.	
13. Persee Factory，丰泰行 Fung-tae-hang.	
Hog-Lane，豆栏街 Tow-lan-keae	
14-15. English Factory，保和行 Paou-ho-hang.	
16. Dutch，集义行 Tsëe-e-hang.	
17. Creek Factory，义和行 E-ho-hang.	
Mandarin House，行后关口 hang-how-kwan-kow.	

戴维斯的词汇集于 1824 年在澳门出版。在书的前面戴维斯向马士致谢，因为他从马士的书中得到相当大的一部分信息，但他又将这些资料重新整理应用，使之成为更加完整的词汇表。① 如上所述，由于 1822 年之后只剩下 13 个商馆并非 16 个，因此，马士和戴维斯所绘的商馆分布图是在 1822 年那场大火之前完成的。

---

① Davis，*A Commercial Vocabulary*.

戴维斯将他从马士那里获得的资料进行了更新，在商馆分布图上他增加了广利行和会隆行，列出了编号 2、5、8 商馆主人的名字，而马士只把它们统称为"行商的商馆"，他还省去了马士所绘的新瓷器街和旧瓷器街。因此，我们或许可以这样认为，戴维斯所绘的这幅图是那场大火之前最完整的商馆分布图。

戴维斯书中的商馆布局图除了未提旧瓷器街外，其余所绘与马士的非常一致。值得注意的是，他也说到瓷器街又叫新街或清远街。据马士所称，中国的文献通常称它为靖远街（如图 8 所示）①，而图 4 的中国地图显示这条街为静远街。中国人经常用不同的名字来表达这一时期的同一件事情，用发音相似的不同汉字表示他们的个人名字和商号，因此以上所有的叫法应该都是正确的。②

在马士和戴维斯的图表里并没有提到建筑物 1 与 2 之间的那条街，因为在他们编写之时那里还不是商业街。但是有一点需要说明的是，在 1822 年以前新瓷器街和旧瓷器街上已经有商人们的活动。

宾夕法尼亚历史学会 *Waln Family Papers* 里一幅 1819 年的图表显示，在新瓷器街旧瓷器街和桥街上散布着许多小商人。③据马士所称，旧瓷器街原本是十三行街，而桥街指的是哪条街就不清楚了。Conner 认为桥街可能就是十三行街，但也不是十分确定④，在这一地区和这些街相通的至少有四座桥。猪巷的尽头也有一座桥，因此很难弄明白"桥街"究竟指的是哪条街。

除了国外的文献外，笔者还翻阅了许多中国的文献，查找关于广州商业街的资料。无须再一张张地翻页查找，利用一些先进的电子资源库如中国方志库、明清实录、中国类书库，我们可以更加便捷地获得想要的资料。笔者找到了一些描写十三行街、靖远街、豆栏街、同文街的相关资料，但利用价值不大，大部分是关于鸦片战争特别是宣统年间（1909～1911）的资料。幸运的是笔者发现了道光二年（1822）年的一部著作《广州协十三行新街》⑤，虽然书中没有说明新街位于十三行区域的哪个具体位置，但幸好有一幅中国地图可以帮助我们找到答案。

---

① 关于靖远街的记载参考郑荣修，桂坫、何炳坤纂：《续修南海县志》卷六，清宣统二年刊本，第 665 页、744 页。
② 中国人用不同的名称来表示同一商行，参考 Paul A. van Dyke, *Merchants of Canton and Macao*.
③ HSP. 687 *Waln Family Papers*, vol.2, Book of Prices, Canton, 1819.
④ Patrick Conner, *The Hongs of Canton*, p.76.
⑤ 阮元修，陈昌齐、刘彬华纂：《广东通志》卷 175，道光二年刻本，"中国方志库"，第 11260 页。

在图 4 这幅详尽的中国地图中，阴影部分表示的是 1822 年 11 月 1～2 日那场火灾所殃及的区域。需要注意的是，在商馆区域内仅有两条贯穿南北的街道，那就是瓷器街和猪巷，十三行街横跨东西，位于商馆背后。

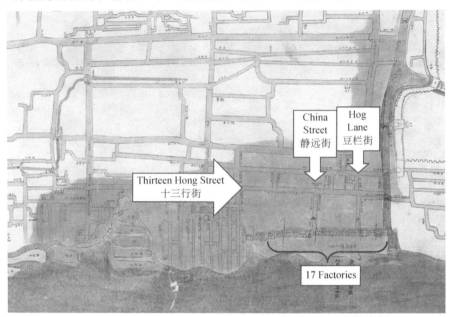

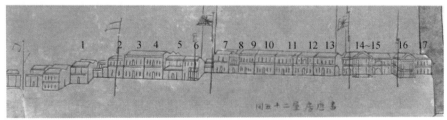

图 4　广州十三行地图

假如将 1748 年的瑞典地图和图 4 进行对比就会发现，瓷器街是在 1760 年新增加的。图 5 是在图 1 的基础上放大的，图 6 是在图 4 的基础上放大的。在 1748 年和 1822 年的这两幅放大的详图上，阴影部分是它们共同拥有的街道。由于这两幅图的比例不同，笔者将大小做了些调整，这样就可以将两图进行比较，更加容易地辨认出共同的街道。

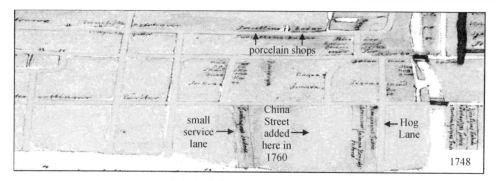

图 5　1748 年瑞典人所绘广州商馆地图（局部）广州十三行地图

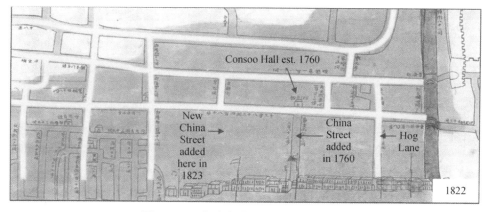

图 6　1822 年广州十三行地图（局部）

任何一幅城市平面图都会绘制一些以前所没有的新增街道，这样或许可以反映出这一时期城市所发生的变化。图 6 的码头向南扩建了许多，而在 1748 年商馆区的南面是没有码头存在的，外国人的船只需停泊在商馆门前的右侧，就可以直接从船上进入馆内。①

据图 5，在天庭行的东侧有一条小道，之后再也没有文献提及此道。更复杂的是，由于许多商人都用过天庭官的名字，因此很难弄明白这里涉及的是哪位商人。但是天庭行的位置大概与图 2 中的建筑 2 位置相一致，因此可以判定这条小道的入口位于建筑 1 与 2 之间。

总之，上述文献告诉了我们商馆区内的商业街情况。从 1760 年到 1822

---

① Paul A. van Dyke & Mok，*Dating of the Canton Factories 1760-1822.*

年，码头附近总共只有两条贯穿南北的街道，概况如下。

（1）瓷器街，位于图 2 建筑 6 与 7 之间，有以下不同的名字：

a. 外国人称它为新街、新瓷器街、瓷器街（China Street or Porcelain Street）。

b. 中国人称它为新街、靖远街、静远街或清远街。

（2）猪巷，位于图 2 建筑 13 与 14 之间：

a. 外国人称它为猪巷或者一些相近的名字。

b. 中国人称它为豆栏街。

横跨东西的十三行街在 1823 年之前就有商铺存在了。据马士记载，外国人有时把这条街叫做旧瓷器街。它位于商馆后面与瓷器街和猪巷垂直，并连通这两条街。

1822 年大火引起了海外社会的极大关注——尤其是英国人，为了更好地防止火灾的发生，他们对馆区做了些改变，他们希望中国居民和外国居民可以分开居住。同时，行商们也被要求为这次的重建工作提出一些方案。以下是他们的回应：

> 接到总督的法令我们倍感欣慰，关于商人们报告中的"中国的建筑物离我们的商馆太近"，以及其中所包含的位于那里的业主以合理的价格将土地转让给商人这项要求，我们欣然接受。

由陈源泉直接草拟的行商请愿书的主旨是关于猪巷的，并由他于 1822 年 11 月 21 日与政府交涉：

> 服从总督命令的 10 位行商经调查后，向英国人反馈了他们的看法。行商们在很大程度上引用了 11 月 5 日总督给委员会回信上的内容，又增加了一些自己的意见，据此向中国政府汇报。
>
> 我们经过调查后必须声明，夷馆的前面是珠江岸和玻尔海（河水的名字），背后临近十三行街，街上的店铺与夷馆犬牙交错，使它们非常容易受到伤害。
>
> 经过深思熟虑后我们决定，今后在夷馆的后面留一块空地，这样就可以完全切断与十三行街的联系。
>
> 猪巷位于渡江泊船的渡口，英国馆和印度馆分置猪巷东西两侧，相距约 10 腕尺。街道的东面没有一家商铺，唯在西面紧挨着夷馆建有一排小商铺。这些商铺的顶部是作为厨房的木质"框架阁楼"，因此非常容易引发火灾。这

些商铺进行的交易都是违法的,包括一些小型的走私交易,以及开设一些娱乐消遣场所,店铺主以此引诱外国水手。此外,这条街道十分狭窄,令过往的路人感到非常拥堵。由于这里的商铺现已被焚毁,这片空地却闲置下来,因此拥有这片土地产权的行商们愿意将它们捐献给政府,建成一条公共街道。至于剩余的土地,我们愿意以契约上标明的价格捐钱购买。那么,这里的街道将会变得宽阔,既可以容纳过往的行人,也能防止火灾的发生。

对于那些愿意出售土地的业主,我们可以购买他们的土地,但是对于那些拒绝出售土地的个别人,我们恳求当地长官出面直接收购,同时恳求仁慈的总督大人发布一项购地公告,用以消除业主的疑虑,使他们不用再继续观望,这种做法是两全其美的,会名利双收。

至于靖远街(瓷器街)那里有些不错的从事对外贸易的商铺。街道西侧,紧靠美国馆建立的这排商铺,它们的墙被店主凿成了橱柜或货架;两排商铺的顶端均建有阁楼与厨房,瓦片上堆满了燃料,这是相当危险的。待重建之时,我们请求政府限制店铺的高度,禁止建立用来做饭的"框架阁楼"以及将燃料堆放在屋顶。

我们认为有必要在街道的东西两侧预留大约1腕尺宽的空地,另外,每座商铺都必须建有自己的墙,不能紧靠着夷馆或洋行,也不允许在墙上钻洞造橱柜或货架,这样也许可以防止火灾的广泛蔓延,也不会损害店主的利益。以上是我们行商的一些拙见,正确与否还望总督大人定夺。

1822年11月21日

对于这些请求,总督大人做出了回应,内容如下:

在夷馆后面留一块空地,行商们放弃他们所拥有的土地,收购其余业主的土地,这些做法具备合理性,可以实施。但是,上述行商必须以一个公平合理的价格购买这些土地,政府据此出台一份土地契约。稍后,H长官会直接发布一项有关声明。对于那些一墙紧挨着一墙的商铺,当地人之前又把商铺的墙凿成了货架,在阁楼顶部建造了厨房,这样很容易引发火灾。针对此事,H长官会直接发布一道官方命令禁止此种做法。[①]

[①] British Liberary(BL), *India Office Records*(IOR) *G/12/227*, pp.489-492.

在此后的几周里，猪巷的居民聚集起来反对政府以低于市场价值的价格强制购买他们的土地。政府对这次抗议做出的大量回应，都被翻译记录在英国的商馆档案中。以上的内容只涉及三条街即十三行街、瓷器街、猪巷，并没有提及位于丹麦馆东侧的新瓷器街或者同文街，因为在 1822 年大火以前并没有这样的一条街道

英国人没有记录政府与猪巷的店铺主之间的矛盾是如何解决的，但是从 EIC 档案的记录中可以清楚地看到商人和官员们希望扩建此街，并希望在商馆后面与十三行街之间预留一片空地来防止火灾发生。

最后，十三个主要商馆、三条商业街以及后面的十三行街构成了一幅崭新的商馆平面图。潘正炜捐献了他的商馆（图 2 中的建筑 2），于此建成了一条新街。这条街以他的家族商号（同文）命名的事实，说明他为重建此街捐献了土地。事实上，一份史料显示他拥有整条街道。①

在 1830 年，Wood 提到了在丹麦馆东侧的这条街 "中国街是以商人潘启官命名的"。②1832 年，马士将丹麦馆东侧的这条街称为旧瓷器街，但是在 1833 年，龙思泰（Anders Ljungstedt）又把它叫做新瓷器街。③如果十三行街的商人搬到这里，就可以证实马士的推论。④因此我们假设在 1823 年十三行商铺被搬到新的地方，那么那里的店铺主也会随后搬到此地。但事实上 Ruschenberger 提到在 19 世纪 30 年代中期，位于商馆后方的街道（十三行街）"布满了各式各样的小商铺"。随着时间的推移，就像 Ljungstedt 所说的外国人开始将丹麦馆东侧的这条街称为新瓷器街，图 7 显示了 19 世纪 30 年代的它的面貌。此后，

---

① Patrick Conner，*The Hongs of Canton*，p.81.
② W.W.Wood，*Sketches of China：with Illustrations from Original Drawings*，Philadelphia：Carey & Lea，1830，p. 68.
③ 外国人称丹麦商馆西边的街道为 "Pwanting Qua Street" 或者 "Pwanting Street"，而丹麦商馆东边的街道则被称为新瓷器街。Pwanting 毫无疑问来源于潘启官。中国和西方的史料都有记载这条街就是联兴街。但是潘正炜在丹麦馆东边建立的这条街名称来源于他的名字（同文），而同一条街后来又被称为新瓷器街。有关街道名称和商馆的各种情况都可以参考：Conner，*The Hongs of Canton*，fig. 3.1，p.77.章文钦：《广东十三行与早期中西关系》，第 21 页，以及章文钦等编《广州十三行沧桑》。
④ W.S.W.Ruschenberger，*Narrative of a Voyage Round the World，during the Years 1835，1836 and 1837：including a Narrative of an Embassy to the Sultan of Muscat and the King of Siam*，2 Vols，London：1838. Reprint，Dawsons of Pall Mall，1970：232.关于十三行街商店的另一则材料记载参考：*The Waldie's Select Circulating Library*，Philadelphia：Adam Waldie，1838：312.

瓷器街也渐渐地被旧瓷器街这个名字取代，图 8 显示了它在大火之后的样子。

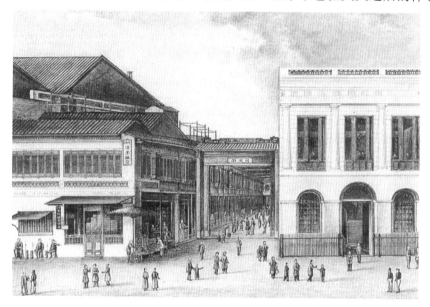

图 7　大火前的瓷器街

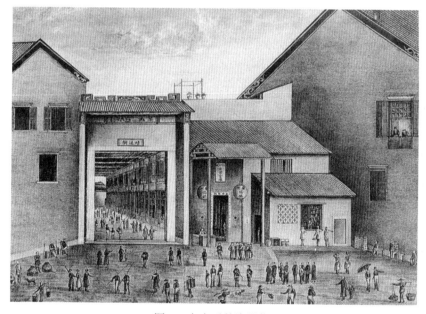

图 8　大火后的瓷器街

表3和图9是1823年至1843年的商馆分布概况,笔者在表3的括号里插入了建筑物以前的编号以便新旧图进行对比。建筑2、6、8没有重建,商馆数量减少到了13个。拆除了建筑2在此建立了新瓷器街。拆除建筑6扩建了瓷器街。将1822年以前十分窄小的建筑8扩建为美国商馆。①在清人梁廷枏纂《粤海关志》中,猪巷也有了新的中文名——新豆栏街。而在宣统二年《续修南海县志》中,瓷器街依旧叫做靖远街。

表3　重建后的商馆分布图（1823～1843，自西往东）

1.（1）Danish Factory,德兴行 Tehing kái.	
New (Old) China Street, or Tung-wan kái 同文街 (named after Ponkeiqua)	
2.（3）Spanish,吕宋行 Leu-sung-hang.	
3.（4）French,旧公行 Kew-kung-hang.	
4.（5）Mingkwa's hong, or Chung-ho hong 中和行（formerly Chunqua's hong）.	
China Street, or Tsing-yuen-keae (新)靖远街	
5.（7）American Factory,广源行 Kwang-yuen-hang.（called Man-yune hong）	
6.（9）The next,宝顺行 Paou-shun-hang.	Thirteen Hong Street 十三行街
7.（10）Imperial Factory,双鹰行 Shwang-ying-hang.	
8.（11）Swedish,修和行 Sew-ho-hang.	
9.（12）Old English,隆顺行 Lung-shun-hang.	
10.（13）Persee Factory,丰泰行 Fungtae-hang.	
Hog-Lane, 新豆栏街 San-Tow-lan-keae	
11.（14-15）English Factory,保和行 Paou-ho-hang.	
12.（16）Dutch,集义行 Tsëe-e-hang.	
13.（17）Creek Factory,义和行 E-ho-hang.	

重建后,外国人不再称十三行街为旧瓷器街。据马士记载,将同文街称为旧瓷器街只是一时的,通常大多数文献把它称为新瓷器街。②这些名称的变化是十分复杂的,但考虑它们产生的背景,可以找到后面的逻辑关系。旧瓷器街

---

① Wood 提过建筑 8 "Man-yuan" hong 和美国馆（建筑7）相连。W.W.Wood, *Sketches of China*, p.68.
② 商馆区街道位置在过去的20年里引起了热烈的讨论。中国资料显示大约在1885年同文街和靖远街的位置是相反的。对于新、旧瓷器街的位置还存在很多疑问。我们所掌握的资料清楚显示了鸦片战争前,靖远街朝向东方,同文街朝向西方。我们还讨论了新、旧瓷器街存在疑惑的一些原因。有关街道位置的探讨,可参考章文钦等编《广州十三行沧桑》和章文钦的《广东十三行与早期中西关系》。

在之后代替了瓷器街，猪巷的名称一直没变，丹麦馆（黄旗行）有了新名字叫德兴行，明官行取代了章官行（图2建筑6）。

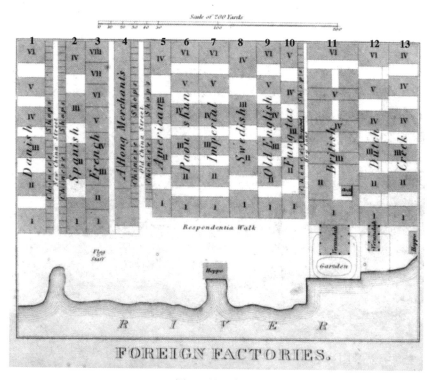

图9　外国商馆

1836年，T发表了一篇描写火灾过后广州的文章：

中国人将夷馆统称为十三行，他们通常用"行"这个词来表示一个商业机构。他们习惯用一些表示财富、财产或旗帜的名称来区分每个商馆。帝国馆又叫双鹰馆，这个名字一直保留到今天；丹麦馆又叫黄旗行；英国馆又叫保和行；美国馆又叫广源行；等等。在这些商馆的东侧有一条来自珠江的小河流，它是一条带有恶臭味的水沟，是广州一道屏障，也是城市的排水区域。在商馆后面的窄路上（十三行街）横跨着一座拱桥，这座桥直通行商的仓库区，由此处运往珠江的茶叶、其他物品都要途径这座木桥。整座商馆区由两条著名的街道切过，一个叫做瓷器街，另一个叫做猪巷；至于叫做新瓷器街的第三条街是在之后增加的（重点强调）。瓷器街比通常的中国街道要宽，街道里聚集有很多卖雕刻品、漆器、丝绸和外国人所需的物品的商店。这条叫做猪巷的街道比欧洲城市里的任何一个地方都要狭窄、肮脏。①

这些文献没有说明新瓷器街在何时增建于码头附近，但是另外一部文献说明它是在大火之后建成的。教育情报中心的 GK 船上的旅客 L 是在 1825 年 9 月 22 日到达中国的，他在停留的这两个月里游览了猪巷、旧瓷器街、新瓷器街。②

相对于一般的观点，笔者认为在 1760 年至 1822 年间，在广州的外国人居住区内只有两条商业街。早在 18 世纪 60 年代以前猪巷就已经存在了，位于图 2 的建筑 13 与 14 之间。为了更好地管理和控制小店铺主，清政府在 1760 年建立了瓷器街，所有位于西郊从事对外贸易的小商铺都搬到了这里，它位于图 2 的建筑 6 与 7 之间。新瓷器街是在 1822 年的大火之后建成的，潘正炜捐献了他的商馆建成了这条新街。这条街以他的家族商号命名即同文街，位于图 2 建筑 1 与 3 之间。

The Shopping Streets in the Foreign Quarter at Canton in 1760-1843

Paul A. van Dyke

Abstract: The shopping streets in the foreign quarter at Canton（Thirteen Hongs district）before the Opium Wars have been the subjects of much interest and many studies. But there has been much confusion and disagreements among scholars

---

① *The Penny Cyclopodia*，Vol.6，London：Charles Knight and Co，1836：251.
② Lelius，Journal of a Voyage from Calcutta to China，*The Quarterly Oriental Magazine*（June 1827），pp.222-267. 参考第 245~248 页关于商贸街的描写，包括 19 世纪 30 年代豆栏街、旧瓷器街和新瓷器街的情况；也可参考 Maria Mok 一项基于香港艺术馆收集的研究，《19 世纪上半叶对广东西方人的一些限制》，*Arts of Asia*，41：4，pp.102-115；章文钦的《广东十三行与早期中西关系》，第 18~20 页。

as to their names and the years that they were established. New data has now emerged to clarify this confusion. Prior to 1760, there was only one shopping street located in the foreign quarter, and it was called Hog Lane. In this early period of the Canton trade other shopkeepers were scattered about the western suburbs on numerous different streets, outside of the foreign quarter. In 1760, China Street was created in the foreign quarter and all shopkeepers selling items to foreigners were required to move to this new location. This was done so that Chinese officials could monitor them more effectively. From 1760 to the great fire of November 1822 (when the foreign quarter was burnt to the ground), Hog Lane and China Street were the two main shopping streets. When the area was rebuilt in 1823, a third shopping street was added, which came to be called New China Street (Chinese called it Tongwen Jie). Contrary to what is commonly believed, this third street did not exist before 1823. With the new data that has now emerged, we can show clearly what shopping streets were in existence before the Opium Wars, and when they were established.

Key Words: the shopping streets; Canton; the foreign quarter

迈向"大分流":中欧贸易网络和全球消费者在澳门和马赛(18~19世纪)

马 龙*

引言:为什么选择澳门和马赛?

近几十年来,全球史已经能与旧史学——专注于零散的、地方性的、民族国家内部的历史观相提并论了。旧史学过多地使用微历史视角叙述,却没有强调通常定义下地区间的社会经济和文化交流过程。然而,随着冷战的结束、柏林墙的倒塌,全球史在学术研究上更受关注。通常人们会认为全球史是关于以发达国家现代经济发展为标志的全球化的历史,但事实上全球史是分析人、社会、经济和文化以及全球不同地区的差异的一种研究方法。因此,全球史是一门通过寻找大型问题的答案以帮助人们认知此种全球性进程的交叉科学。①

彭慕兰(Kenneth Pomeranz)2000年出版的《大分流》②是全球(经济)史研究的一个里程碑,它的主要目标是对在工业革命初期发达国家和发展中国家之间的巨大经济差异以及在中国经济发展水平等同甚至超过欧洲的前提下,

---

* 马龙(Manuel Perez Garcia),意大利佛罗萨欧洲大学学院(EUI)博士,现任中国人民大学国际关系学院副教授。

① Schäfer, W., *Global History and Present Time*, in Lyth, P. and Trischler, H. (eds), *Wiring Prometheus: Globalisation, History and Technology*, Denmark: Aarhus University Press, 2004.

② Pomeranz, K., *The Great Divergence: China, Europe and the Making of the Modern World Economy*, Princeton: Princeton University Press, 2000.

为什么西欧国家诸如英国和荷兰先一步进行了工业革命,促使它们经济腾飞并领先于中国等问题做出进一步的解释。以加州学派学者为代表的学者们把理论重点放在中国东部地区的经济发展上,诸如彭慕兰、王国斌、杰克·戈德斯通(Jack Goldstone)、李中清、丹尼斯·弗林(Dennis Flynn)、阿图罗·吉拉尔德兹(Arturo Giraldez)、马立博(Robert B. Marks)、万志英(Richard von Glann)、约翰·霍布森(John Hobson)、杰克·古迪(Jack Goody)、吉姆·布劳特(Jim Blaut)和贡德·弗兰克等知名历史学家。他们通过对"欧洲中心论"这一曾盛行于世界历史的视角发起挑战,分析了西方与东方特别是欧洲和中国之间的巨大经济差异。[1]在过去的几年里,当世界各地的史学家们旨在通过比较研究亚洲和欧洲不同的社会经济、政治和文化等领域以勾勒出经济发展的不同路径时,他们已经突出了对比大的地理单元这一分析视角。这使学者们得以刷新全球(经济)史中的研究主题。我们可以找到许多关于分析物质文化和消费者行为研究的著名例子[2],研究这一话题的学者的主要目标就是找到现代消费者社会的根源和分析全球贸易以及来自亚洲的丝绸、瓷器、装饰物或茶叶、咖啡等外来商品的交易是如何改变了欧洲消费结构、日常生活结构及时尚潮流结构的。这使得学者们关于全球(经济)史的研究主题不断地推陈出新。

对比研究和跨文化研究的主要问题是在使用大地理单元和长时段分析的过程中可能会出现一些歧义和模棱两可的状况。当我们分析这两个地区在工业革命期间与清代中期的经济差异而论及西方(欧洲)时,我们谈论的到底是整个欧洲、欧洲西北部、英国还是荷兰?谈到亚洲(中国)时,我们是指整个中国、中国长江流域还是长江沿岸?这些定义都是不清楚的。如此概括可能导致结果的抽象与缺乏针对性。[3]这方面的很多文章延续了有关大分流的争辩,他们将自己的论点建立在对数据、信息的选取与理解上,尤其是对中国方面的研究大多还停留在猜想中,因为有些数据是可疑的,在对西方和亚洲地区的全球(经济)进行对比时会产生歧义。这些研究指出,两大洲之间的分流出现在 1800

---

[1] Vries P, The California School and beyond: how to study the Great Divergence? *History Compass*, 2010, 8: 730-751.

[2] De J Vries, *The Industrious Revolution: Consumer Behavior and the Household Economy, 1650 to the Present*, Cambridge: Cambridge University Press, 2008.

[3] Pomeranz K, *The Great Divergence: China, Europe and the Making of the Modern World Economy*, Princeton: Princeton University Press, 2000.

年，在那之前，中国和印度的经济增长速度比欧洲更快，经济发展水平也更高。所以，我们还是需要通过使用具体数据，进行更具体的可以应用这种理论框架的案例研究来观察真正的东西方之间的差异。因此我们能更好地回答贡德·弗兰克所提出的一个巨大问题：到底是什么造成了处在领先地位的亚洲与欧洲的大分流？[1]要更准确地分析大历史事实和事件就有必要分析长距离地域间的联系与异同。有关社会网络，全球人口、商品、知识和技术的转移的研究，以及国家和政治机构将如何以更高效的系统管理分配经济资源和财富的研究，无疑将有助于更新分析欧洲和中国的经济增长的传统观念。[2]分析社会经济网络的以及全球范围内的跨国社区，对理解欧洲和中国社会经济模式的不同之处是至关重要的。贡德·弗兰克表示，这样的历史观解构了反历史/科学范式以及坚守"欧洲中心论"的马克思·韦伯、汤因比、波兰尼、布罗代尔、沃勒斯坦等的历史观，并领先于戴维·兰德斯（David Landes）[3]以欧洲为中心的研究方法。

在这篇文章中，笔者提倡通过比较具体时间内特殊的地理单元，如通过港口城市这一具有战略意义的地缘政治单位来发展中国和欧洲之间的贸易、国际关系和社交网络，这样能更好地缩小过去几十年里有些作品在分析亚洲和欧洲之间由于没有基于特定的时间和空间而产生的描述上的差距。在这篇文章中，笔者选择中国南部的澳门和欧洲地中海沿岸的马赛进行研究。国际商圈的坐落使得这两个地方被定义为跨国、跨文化聚集点。澳门和马赛分别是南海和地中海的战略要地，它们各自得天独厚的地理位置使其能与其他周边港口和外部地区建立国际贸易交流。马赛通过黎凡特的路线连接欧洲和亚洲的跨国贸易中心[4]，主要贸易活动集中在阿勒颇和亚美尼亚新朱利法的商人中间[5]，而

---

[1] Gunder Frank, *Reorient: Global Economy in the Asian Age*, Berkeley: University of California Press, 1998.
[2] O'Brien P, Historiographical Traditions and Modern Imperatives for the Restoration of Global History, *Journal of Global History*, 2006, 1: 3-39.
[3] Landes David S, *The Wealth and Poverty of Nations: Why Some Are So Rich and Some So Poor*, New York: Norton, 1999.
[4] Panzac D, *La caravane maritime. Marins européens et marchands ottomans en Méditerranée (1680–1830)*. Paris: CNRS, 2004.
[5] Aslanian S, *From the Indian Ocean to the Mediterranean: the Global Trade Networks of Armenian Merchants from New Julfa*, Berkeley: The University of California Press, 2011.

澳门是通过马尼拉帆船的印度路线连接西方。①因此，这两个地域的共同特性是刺激当地经济跨文化贸易、贸易的内部结构及不同文化的同化。信任、诚信和调解——这些巩固国际贸易网络的一些非常重要的概念，是这两个地域所固有的。论及消费模式，对这些团体进行异同分析可以为我们提供一个完整的跨国文化价值观在这些社区传播的图景。分析中国商品在欧洲的消费和西方商品在中国的消费能使我们更好地观察人们在两种文化之间的同化过程。当然，这样一个通过远途商品消费带动社会文化转移的全新过程，其主要的媒介是那群被称为"中介"消费者的商人②，他们在自己定居的地方激励着新的文化行为、形式和社会习惯的形成。

为了进一步分析这种可能的差异，笔者认为观察亚洲商品在港口城市马赛与澳门这一跨国区域的流通过程的相似性是有必要的。逐步向公众开放的中国第一历史档案馆、中国第二历史档案馆档案以及澳门的历史档案和澳门的利玛窦研究所为研究提供了一个很好的机会，这种研究的主要创新点与挑战在于通过使用新的历史资源（也包括欧洲马赛商会的一些资源），来分析西方的消费模式和与中国进行跨文化贸易可能存在的变化。交易记录、商业信函、旅行日记、私人信件、家庭账簿和遗嘱都是研究的主要来源。这是对比西方和东方资料来源的一个独特契机，通过观察欧洲和中国社会群体间的相互沟通，主要是商人们和其他团体诸如第一批欧洲（葡萄牙、西班牙或荷兰）殖民者、耶稣会士（在中国主要是在澳门研究传教）——他们是传递知识和进行商业贸易的媒介，还有由犹太人和亚美尼亚人组成的海外创业团体，通过观察他们对待欧洲和中国的差异给出一个妥当的解释。"全球化"早期，学者们主要注重分析亚洲商品在欧洲市场的贸易情况③，但是欧洲商品在亚洲特别是在中国的销售情况如何呢？18世纪曹雪芹的小说《红楼梦》就为我们展现了欧洲商品在中

---

① Boxer C Plata es sangre, *Sidelights on the Drain of Spanish-American Silver in the Far East*, 1550-1700, *Philippines Studies*, Vol. 18, n. 3, Julio, 1970: 457-475. Flynn D and Giraldez A, Cycles of Silver: Global Economic Unity through the Mid-Eighteenth Century, *Journal of World History*, 2002, vol. 13, n. 2: 391-427.

② Perez Garcia M, *Vicarious Consumers: Trans-national Meetings between the West and East in the Mediterranean World (1730-1808)*. London: Ashgate, 2013.

③ Gills B and Thompson W, *Globalization and Global History*, London: Routledge, 2006.

国社会的消费情况。①

跨界档案分析与全球研究的影响

在研究全球史的过程中,中国和西方资源相结合的研究方法还未被使用,而这种方法应该在今后的案例分析中加以推广。正如笔者之前论述的,全球史学家就是"全球旅行者",他们通过分析相隔千里的国家地区间的联系来寻求重大问题的答案,这可以透过一个特定的视角、研究特定的案例来实现。如果我们只是单一地使用中国的或是欧洲的资料,尤其当我们的问题是基于欧洲和中国间不同的经济增长模式的时候,结果将会是令人困惑的。因此,笔者认为编入两个地区的档案才是恰当的,这些档案中有些尚未被研究人员挖掘,这将有助于回答我们的问题和进一步发展我们的假设。中国地方和省级档案的研究,应辅以分散在欧洲和中国各图书馆的通用和专用数据。进行国际档案和图书馆的研究,是取得显著成就的关键因素,可以提高全球史研究的影响,促进全球史研究的推广。澳门的历史档案和利玛窦研究所的图书馆和档案馆(澳门)提供了庞大而丰富的第一手资料,以及进行欧洲和中国间比较研究的许多鲜被使用的作品。在澳门最近四个半世纪的历史过程中,中国先后采取了多种措施来开发与外界接触和交流的新渠道。虽然在这个过程中有许多的挑战和新生的苦恼,但是长时间的接触和交流拓展了中国乃至世界的视野。澳门丰富的历史记录为我们洞察在清代中期中国和欧洲之间的联系,尤其是通过耶稣会传教、传播知识技术与调节银器贸易等作用,提供了一个良好的视角。②有关澳门的贸易记录主要保存在利玛窦各个研究所的贸易记录中,这些记录使我们能够分析18世纪中国社会群体的日常生活。在澳门历史档案馆中有许多有关贸易、日常生活、家庭网络,以及西方人和中国社区的关系的有价值的未被挖掘的历史资料。

中国第一历史档案馆和第二历史档案馆同样具有举足轻重的地位。这些档

---

① Zhang Li, An Analysis of Historical Information on Foreign Trade in Dream of the Red Chamber, *The 16th World Economic History Congress at Stellenbosch*, South Africa, 2012.
② Boxer C Plata es sangre, Sidelights on the Drain of Spanish-American Silver in the Far East, 1550-1700, *Philippines Studies*, vol.18, n. 3, Julio, 1970: 457-475.

案资源给了我们关于清朝时期中国工业发展和经济增长的信息，通过这种方式可以更好地分析在诸如上海、广州等主要省级沿海地区商业交流的动力。因此，透过它们可以观察到中国人与外国商人的第一次接触。对这些档案的分析工作还应结合中国国家图书馆、南京图书馆、天津图书馆、上海图书馆的专业材料。查询文档库的这些资源对完成未来的研究是至关重要的。例如，关于清朝有关奢侈品的法律以及对外国特别是对关于来自欧洲的商品消费的禁令及所采取相关措施的重要文件，都是可以查找到的。因此，可以看到这样的规定是如何改变了传统和习惯。

由于西方资源可用于分析欧洲地中海（马赛）和东亚（澳门）的消费者行为和贸易网络，笔者不仅查阅了欧洲的馆藏，还有那些隶属美国殖民地，主要是墨西哥即曾经的新西班牙等通过马尼拉航线连接太平洋和大西洋贸易的地方馆藏。因此，墨西哥国家档案馆的西班牙专区，塞维利亚和西印度群岛档案馆等丰富馆藏以及西班牙国家档案馆的编译资源都被列入了参考范围。这些关于西班牙帝国与亚洲乃至全球的贸易的资料，能让我们更好地洞察亚洲与欧洲之间的人员、物资、知识等的交流。这些资源有助于我们研究分析消费品及消费品在贸易网络的分布。同时，这些丰富的信息可以与其他诸如外国商人，特别是西班牙、葡萄牙及法国商人的往来信件等资源交叉使用，这样可以了解到新的消费品是如何传播的，以及这些有助于解释清代中期社会文化身份新趋势的形成。为此有必要将这些数据与法国马赛商会的交易登记记录结合起来，这样可以观察到西班牙帝国的垄断情况，如通过马尼拉航线连接中国的法国公司对于商业路线的干涉。通过使用东西方丰富的资料，借助于澳门和马赛的港口城市的案例，可以进一步研究东亚和欧洲地中海市场是如何逐步联结的问题。

当前跨学科研究在各个研究项目、研究机构被广泛使用。因此更准确地说，这些项目的结果可能不只是与历史学家、社会经济或全球历史学家相关。它还将服务于社会学家、汉学家、经济学家、国际关系专家、地理学家、政治学家等社会科学工作者，它甚至会服务于政策的决策者。除了学术研究，这种类型的项目的影响，能够帮助人们用一个历史视角了解中欧国际关系，它有利于帮助各个组织机构进一步了解这种关系结构、克服西方和东方文化以及社会经济和政治模式的固有障碍。在高等教育系统国际化逐步发展的过程中，为了让西方世界进一步了解中国，促进和加强中国和欧洲的科学合作，西方世界需要在摒除传统思维的基础上进一步了解中国。此外，对于中国同行，这些新的研究项目能够帮助他们了解中国和欧洲之间的历史关系，同时能更好地了解欧洲这一概念。自 2008 年以来，欧盟代表团在中国北京，通过 Euraxess 科学网络平台向学界传播高质量的学术研究成果，这并不是巧合。当前的科学项目和中国各机构之间的合作，如中国奖学金委员会、中国社会科学院和欧盟委员会、一直存在的"居里夫人项目"（Marie Curie Programs）以及"2020 地平线项目"（2020 Horizon Program）就体现了这一点。这样的科学合作架起了古往今来对中欧国际关系重要性认知的桥梁。

通过东亚与欧洲的贸易网络审视"大分流"：澳门与马赛的案例

过去十多年来，关于全球的研究占据了重要地位，主要是那些关注社会文化逐步受外来商品影响的研究，特别是如中国和印度的茶叶、瓷器或花哨的服装在欧洲地区的消费贸易研究。但我们应如何在比较的视角下界定欧洲对亚洲的社会文化转移呢？更具体地说，我们要如何评价中国人消费西方商品、接受西方模式、西方标准的兴趣呢？当然从某种意义上来说，欧洲在亚洲的殖民地是评定欧洲标准的主要地区。港口城市澳门是为数不多的连接中国南方同时向西方商业开放的城市。葡萄牙人，作为第一批来澳门贸易的欧洲人、耶稣会士、亚美尼亚人和葡萄牙籍犹太人等的中介传播了新的文化习惯和调节了贸易往来，西方商品消费模式和新的生活方式由此逐步在澳门建立。新的饮食习惯的形成就是很好的例子。起源于葡萄牙社区的著名的"pasteis de Belem"——在中国被称为蛋挞即蛋馅饼（挞），在澳门越来越受欢迎后也相继在中国内地推出，成为很受中国人欢迎的甜点。辣椒、火龙果等新食品也由同样的贸易路线，即通过连接澳门和广州的马尼拉航线从墨西哥进入中国。[①]辣椒已经成为中国菜特别是四川菜的一个主要成分。澳门之于中国就如马赛港之于欧洲，作为进口东方商品的主要入口，马赛成为那些来自中国的如瓷器、茶叶和丝绸等

---

① 李伯重：《中国的早期近代经济——1820 年代华亭-娄县地区 GDP 研究》，北京：中华书局，2010。

商品引进欧洲的商品市场。笔者特别注意涵盖了18世纪下半叶,基本上从1770年开始——这个时间被认为是欧洲工业革命开始的日期,到19世纪中期鸦片战争发生之间的情况。1842年鸦片战争之后签署的《南京条约》相关条款对理解清朝时期国际贸易关系的形成是至关重要的,因为学界有部分人认为正是这些让步为外国势力打破中国国内贸易壁垒开启了一个新的大门。①

一个特定的社会吸收不同社会文化标准的能力将有助于经济发展,其网络隐含的多样性能刺激外部代理和文化模式的"开放性",必定是其实现更高阶段经济增长的重要因素。马赛和澳门是远程市场逐步发展的一体化的典型实例,也是解释了19世纪初期全球动态经济的形成是如何加快了清朝和欧洲新的资产阶级和知识分子文化交流与同化的过程,这就促进了对中国文化和欧洲世界的了解。对这个问题的深入分析可以帮助我们了解《红楼梦》这部小说中18世纪清朝中期西方消费品对中国富人群体的吸引力。在这些过程中欧洲与亚洲不同,因为不仅是那些贵族,其他诸如商人、富裕的工匠或土地所有者等精英群体,都可以享受亚洲商品。亚洲商品在欧洲社会更广泛地传播,而欧洲出口货物是只有中国贵族才可以享受的奢侈品。这是常见的学术争论,但如果要进一步探讨这些不同的消费和文化同化的过程,我们必须对如下三个主要的特征进行分析。

(1) 商业圈,港口城市与连接城乡的地理位置使澳门和马赛在通过新商品和日常生活习惯传播文化价值观上扮演了重要角色。笔者的研究方法就是基于贸易圈的分析②,关注商人群体,跨国化在本地和全球范围网络中的性能,以及根据跨国社区定居的地点网络的空间变异,是帮助我们分析中欧贸易跨国性质的复杂性的三个重要因素。

在南海,中欧贸易网络运营最具影响力的社会行为者是葡萄牙人,而这个网络真正依托的是在葡萄牙"国旗"下的一个由耶稣会士和葡萄牙籍的犹太人组成的"跨国团体"。同样,现代初期的欧洲地中海,在马赛,刺激国际贸易

---

① Deng K, *China's Political Economy in Modern Times: Changes and Economic Consequences, 1800-2000*, Abingdon: Routledge, 2011. 李伯重:《中国的早期近代经济——1820年代华亭-娄县地区GDP研究》,北京:中华书局,2010。Zhiwu Chen, China's Stock Market in Historical Perspective, *The PB Newsletter*, 2006, No. 5, July: 29-40.

② Trivellato F, *Cross-Cultural Trade in the Early Modern Period*, New Haven: Yale University Press, 2009.

的主要社会群体是来自新朱利法的亚美尼亚人。但在 17 世纪晚期被驱逐出马赛后,他们通过接触法国东印度公司并随东印度公司转移到印度和太平洋的贸易路线。对群体间关系的分析使我们能够更清楚地认识参与贸易的内部组织、文化形态,了解以自身利益为主要目标的商家联盟,最后在全球商业的背景下,通过社会关系本身的微观和宏观形式,诠释跨文化行为者如何在融入远程市场过程中趋利避害。因此,地理和空间的变化也需要得到相应的重视。还有一种更普遍更常见的学术观念,即地中海市场是通过印度的商业路线连接大西洋和太平洋市场的。然而,地中海也通过印度航线连接着远东和太平洋地区。西方贸易不仅通过知名的马尼拉航船在太平洋市场运行,同时也通过跨国商人团体连接着太平洋和地中海市场。亚美尼亚通过红海和亚洲内部航线,即所谓的经由阿勒颇和新朱利法的丝绸之路连接印度洋和地中海。[①]这也就解释了欧洲公司和在东亚运行的东亚公司的双边合作,特别是在澳门这一向外部贸易开放的主要港口城市的双边合作现象。跨国贸易网络的特性允许这种合作存在是理解这一过程的关键。亚美尼亚人和法国商人联盟在马赛和澳门合作经营可以找到很好的例子。这对欧洲商人资本的积累和现代资本主义的发展,都有至关重要的影响,事实上传统史学已经将其归为"世界经济"的发展。[②]

  商业网络刺激了欧洲,更确切地说是地中海国家对如瓷器、服装以及采用外国材料和新技术制成的纺织品等外来物品的消费。这可以通过对来自中国的如丝绸、瓷器和鸦片、茶叶等商品的逐步消费表现出来。这些货物在 18 世纪下半叶通过坐落于热那亚(Genoa)、奇维塔韦基亚(Civitavecchia)、拉·瓦莱塔(La Valeta)、马赛(Marseille)或卡塔赫纳(Cartagena)等地的 Champeli Pirriramun,Canteli,Carpe,Capdequia,Gandulfo,Gandulla,Grech,Matalona,Paragallo,Peretti,Pericano,Peseto,Pesano,Sizilia,Socori,Sese 或 Ycar 等跨国贸易公司输入地中海的各个港口,他们大多位于本地和外国精

[①] Baladouni V and Makepeace M, *Armenian Merchants of the 17th and 18th Century*, Philadelphia: American Philosophical Soc., 1998. Aslanian S., *From the Indian Ocean to the Mediterranean: the Global Trade Networks of Armenian Merchants from New Julfa*, Berkeley: The University of California Press, 2011.

[②] Wallerstein I, *Modern World System 2: Mercantilism and the Consolidation of the European World-Economy, 1600-1750*, New York: Academic Press, 1980.

英联系密切的地中海地区。我们可以找到贸易总量、航运往来和货源等在澳门港口以及连接南海的其他贸易中心（广州、台湾或马尼拉）的相关数据，但并没有太多的研究深入分析商业圈本身及其社会参与者。换句话说，为了了解中国南方国际贸易的运转，应该深刻地分析这些参加跨国贸易网络的社会角色和家庭团体的性质与起源。另外还有一些有关 17 世纪如弗朗西斯科·泽维尔都特尔（Francisco Xavier Doutel）、路易斯·桑切斯·德·卡萨雷（Luis Sanchez de Casares）等在澳门主要经营锌、瓷器、糖或铜生意的商人们的资料，还有葡萄牙和荷兰家庭与台湾当地群体的跨国婚姻的记录①，但是到 18 世纪相关记录就无迹可寻了。随着 1684 年官方海外贸易禁令的解除，清政府在广东、福建、浙江、山东等省建立了一系列海关检查站，在北京也创建了俗称为"河泊司"（Hoppo）的海关总监职位。②这就刺激了中欧商贸，或者更确切地说，刺激了中国与伊比利亚半岛贸易在中国的广州、澳门、台湾以及菲律宾等主要区域的运营。然而，就像在马尼拉的情况一样，与中国的贸易仍然有很强的关税限制。商人们——主要是"sangleys"（菲律宾的中国商人）经常对"almojarifazgo"等税收置若罔闻，这也就刺激了马尼拉航线上的走私活动。

（2）分析商品的流通，应该注意到它们的特点、价值在城市和乡村的同化。东西方的社会经济交往，使得不同国家和地区相互接触，对文化和政治的变化过程有一定的影响。③这可以通过对丝绸之路沿线与亚洲市场有贸易关系的西欧和东欧地区或新的事物如来自中国和印度的白棉布和丝绸、纺织品等创新产品，以及来自埃及（amans、caissies 或 manoufs）和叙利亚（toiles de montagne、blanches 或 ajamis）的纺织品及原料在纺织品和奢侈品市场的流转情况观察出来。④因此，进出口市场，通过马赛和澳门港连接中国内陆的广东，促使欧洲地中海西部和中国南部消费模式发生改变。全新的商品进入中

---

① Borao J E, *Spaniards in Taiwan*, Vol. 2, Taipei, 2002.
② 编者按：清康熙二十三年（1684），清军收复台湾，第二年宣布开海贸易，并在广东、福建、浙江、江苏设粤海关、闽海关、浙海关和江海关，作为海外贸易管理机构。原文中的山东应为江苏。清代前期海关隶属户部，长官为监督，所以 Hoppo 当为户部，而非"河泊司"。河泊司应为河泊所，清代南方掌管渔户、征收渔税等渔政的小官，秩未入流。
③ Trivellato F, *Cross-Cultural Trade in the Early Modern Period*, New Haven: Yale University Press, 2009.
④ Fukusawa K, *Toilerie et Commerce du Levant d'Alep à Marseille*, Paris, 1987.

国,塑造了新的时尚和新的家庭生活水平。商人可以被定义为"中介"消费者①,他们改变和刺激消费者行为的变化。

我们应全面地了解跨国商人网络运营的传播渠道,强调印度洋与太平洋、大西洋以及地中海的贸易并不是单独运行的,并且马尼拉航线并不是欧洲与中国货物贸易的唯一通道,反之亦然。墨西哥和菲律宾间的太平洋商业并不仅限于马尼拉,因为这条航线是与其他东亚和东南亚,诸如马六甲、果阿、长崎、澳门,甚至波斯湾的港口等与其他相关城市,如阿勒颇这一连接印度洋和地中海地区商务城市之间更大贸易网络的一部分。澳门和马赛是中欧贸易的至关重要的战略性的港口城市。港口之间的主要经济交易在甲米地港(菲律宾)和中国港口城市广州和厦门进行。因此,澳门收到大量来自欧洲和新大陆的银器与货物。为了防止银子继续从美国流入中国,西班牙政府建立许多关税法令并且限制与中国的贸易,不过他们的目的并没有实现。澳门仍然通过马尼拉这条航线连接菲律宾与中国内陆,使得西方的商品通过广东周边城镇和偏远地区传播。弗瑞·布韦那文图拄·依班纳(Fray Buenaventura Ibañez)在1683年曾说与广州的陆地贸易十分常见,他建议通过增加船只往来加强这样的海上贸易关系。他也提到耶稣会的传道对于欧洲(西班牙和葡萄牙)和中国之间商贸的重要性。明清交替引起的内部政局不稳定,使得耶稣会的贸易活动非常活跃,因为他们专攻资本信贷,用他自己的话说,"他们用35%的利息贷出银两"②。

因此,勾勒出影响中国清代贸易活动的太平洋商务的逐步国际化是非常重要的。然而,这个过程并不是在新王朝到来之际发生的,它始于16世纪,当时葡萄牙和西班牙在政治上相互联合。这样就为葡萄牙殖民地来自印度,但更多来自澳门的大帆船的到来提供可能,并重新刺激了西班牙在东南亚殖民地——马尼拉的商业,因此国际贸易与葡萄牙和西班牙贸易并存于中国。这一事实使得葡萄牙与西班牙王室的分离放慢了速度,导致了太平洋官方商务减少的政治事实,促进了东西方商品贸易的走私活动。18世纪初,太平洋走私贸易

---

① Perez Garcia M, *"Vicarious Consumers": Transnational Meetings between the West and East in the Mediterranean World (1730–1808)*. London: Ashgate, 2013.
② Shimada R, *The IntraAsian Trade in Japanese Copper by the Ducht East India Company during the Eighteenth Century*, Leiden: Brill, 2006. Stein S, *Silver, Trade, and War: Spain and America in the Making of Early Modern Europe*, Baltimore: JHU Press, 2000.

的国际化有一个很好的例子：1712 年，由于在菲律宾 Solocsoloc 港口上岸未经许可，Buislere 船长所在的法国"L´Éclair"号大帆船以及船上所有中国货物均被扣押。

可以肯定地说，这样的走私活动在 17、18 世纪飞速增长，并且成为欧洲商品在中国的扩散和中国商品在欧洲的传播主要通道。中国南海的贸易带有走私性质，澳门是这种贸易的战略港口，这可能是与西方地中海的贸易活动的主要区别，马赛则相对有更多的监管。贸易运动在中国海域可以被贴上"走私"的标签，"私人商务"或"非正式商务"，即贸易不受政府控制而是由欧亚商人组织，宗教精英与管理精英参与。[①]菲利普二世、菲利普三世、菲利普四世都禁止引进中国丝绸和产品，因为它们对新西班牙的国家产业和财政都造成了严重破坏。在菲律宾当地的西班牙精英自己却保持着与中国的贸易关系。例如，1652 年佩德罗·德·瓦格斯（Pedro de Vargas）在马尼拉转售他之前在东京购买的商品时就没有纳税。中国商人几乎不支付如"almojarifazgo"等皇家税收，因此，从中国内地和澳门到达新西班牙、菲律宾和阿卡普尔科的大帆船并不能被监管统计。由于禁止中国商品进入西班牙港口，很多货物在官方资料没有显示登记。从菲律宾输往新西班牙的原料和丝绸，造成西班牙市场，主要是丝绸中心瓦伦西亚、穆尔西亚、格拉纳达、塞维利亚和托莱多的崩溃。1626 年是中国和墨西哥之间的丝绸贸易影响西班牙皇室丝绸行业的主要年份之一。卫匡国（Martin Martinez）——耶稣会的修士、中国耶稣会的发言人在广州进行麝香贸易，由于没有申报纳税，他的麝香遭到禁运。这是欧洲消费者和商人通过非官方贸易渠道购买中国商品的证据，最重要的是体现了政府控制调节贸易的不可行性。因此，通过控制消费、税收以及替代进口产品等来刺激西班牙国民生产和消费的重商主义政策明显失败了。

（3）社会文化转移与新的文化形式和日常习惯的同化，通过消费新产品进而改变时尚和传统。通过分析商人及商业网络在欧洲与亚洲的角色和功能，有可能揭示消费模式的新改变，以及由此出现的新时尚。马赛和澳门可

---

① Cheong, W E, *Hong Merchants of Canton. Chinese Merchants in Sino Western Trade, 1684-1798*, London: Routledge, 1997.

以被称为跨国区域中心地带,新物品与商品流通横跨大陆,从而改变了人们的社会习惯和生活方式。因此,这两个港口城市是了解文化转移的关键地区。可以通过澳门,这一欧洲在东亚的首批殖民地,了解欧洲文化在中国南部转移是如何发生的;通过马赛,亚洲大宗商品在地中海流通的主要中转地,了解亚洲的文化模式是如何在欧洲渗透的。这两个地方都连接着西方与东方,都是通过跨国的中介团体连接印度洋—太平洋地区市场与欧洲(地中海)贸易网络的关键地点。

通过考虑这个框架,商人与不同社会经济和文化背景的人,尤其是来自非西方地区的人的互相接触,刺激区域经济,并使来自国外的新产品在国内流通。同样,诸如新的家庭用品——时钟、镜子、瓷器、茶叶等农产品以及来自亚洲的纺织品,如棉花、白棉布等这些新的商品,由于创新、模仿欧洲新风格,在文化和经济方面有着举足轻重的意义。这些物品的逐步进入,引起国家与各级政府的担忧,为了促进国内产业和工艺业的发展,他们颁布禁令,禁止外来商品的消费与交易。[①]家庭作为传递、吸收这些新时尚和文化习惯的中介,是关键的社会实践者。文化同化和小组互动的概念也至关重要,因为它对分析人们接受新的文化习惯进而对传统的形式带来挑战非常管用。出于这个原因,应高度重视群体间的关系,主要是商人网络如何作为一个动态的过程与当地居民交流的。

中国和欧洲的商品被贴上了跨国标签,挑战传统,超越了国界的身份、文化形式,是东西方新的社会文化习惯转移的物质媒介。16世纪中叶,随着白银在美洲的发现,欧亚贸易不断扩张,后来成为 16~18 世纪欧洲商业革命的一个重要组成部分。传统观念认为,在亚洲与欧洲市场逐步一体化的过程中,中欧贸易主要涉及货物从中国进入欧洲以及白银从欧洲和美洲流入中国。许多欧洲历史著作记载了欧洲皇家和精英家庭对中国商品的使用与欣赏,也有许多关于在欧洲的中国进口的商品和这些商品在欧洲社会影响的研究。相比之下,通常认为,中国在 16~18 世纪很少从欧洲进口商品,也极少有人研究中国对西方与欧洲商品的进口与其对中国社会的影响。然而,《红楼梦》里的历史信息

---

① Wallerstein, I., *Modern World System. 2: Mercantilism and the Consolidation of the European World-Economy, 1600-1750*, New York: Academic Press, 1980.

却描绘了一幅不同的图景。①《红楼梦》讲述了一个名门望族家庭的倒塌与衰败以及这个家庭年轻女性的悲剧命运。自 18 世纪开始流传以来，这部小说就被认为是中国最受欢迎的文学作品。《红楼梦》作者曹雪芹的曾祖父与祖父先后被任命为江宁织造，作者出身于这样的官僚家庭，这个故事通常被认为是以作者自己的家庭与生活经历为依托的，因而蕴含了大量的政治文化信息。该书在字里行间透出清朝有趣的贸易信息，由此人们可以对中国的对外贸易和从西方进口的东西有一定了解。②小说中的贾家，这个 18 世纪初的名门望族拥有和享受当时各种先进、时尚的西方产品，他们高度重视这些西方事物并且小心翼翼地使用它们。基于小说的信息分析，我们可以更好地了解西方商品在中国社会的影响。

（1）18 世纪中国和欧洲之间的贸易并不仅限于欧洲的白银流入中国和中国商品进入欧洲。在欧洲进口大量的中国产品的时候，中国也进口一定数量的欧洲产品，其中大多数是先进的手工业产品和奢侈消费品，如镜子、玻璃器皿、棉纺织品、红酒和烟草等。

（2）在 18 世纪早期，手表、钟表、镜子、玻璃器皿等在中国高官富贵人家中十分普遍，这也导致如钟表维修店等某些服务业的发展。

（3）西方手工业品十分受重视，在中国精英家庭都被认为是非常贵重的。

（4）尽管有各种贸易限制和禁令，当时中国与欧洲的贸易往来仍然十分普遍。

一些初步的结论

在 18 世纪外商贸易网络、跨国团体和在澳门第一批欧洲殖民者（葡萄牙人，葡萄牙或西班牙籍的犹太人，耶稣会士和亚美尼亚人）是如何在中国南海（澳门）和西方地中海（马赛）进行商业活动，又是如何促进欧洲与中国人社

---

① Liu Zaifu and Shu Yunzhong, *Reflections on Dream of the Red Chamber*, translated by Shu Yunzhong, New York: Cambria Press, 2008.

② Zhang Li, An Analysis of Historical Information on Foreign Trade in Dream of the Red Chamber, *The 16th World Economic History Congress at Stellenbosch*, South Africa, 2012.

会文化习惯及其形式的改变的呢？笔者可以初步推导，在18世纪和19世纪初期的这段时期，随着欧洲和亚洲之间的贸易日益增长，中欧双边贸易关系与外来商品的跨国维度通过创建一种新的全球消费主义的形式，改变了文化品位与传统习俗。在此期间，欧洲贸易条件改善，战争减少，航海技术有所提高。向在中国，17世纪末清政府开放了海外贸易。在这个框架内，中国和欧洲之间的贸易关系塑造了18世纪中国和西方国家间国际关系的新秩序。随着鸦片战争的爆发，这种关系也就不复存在了。对在澳门这一欧洲与中国发展贸易关系的战略地点的外国商人与贸易网络的分析，对于了解对外贸易在中国的运行至关重要。

  当然，进一步的研究是很有必要的。为了解人员和物资的转移，不仅要分析大的板块单元，如中国或欧洲的市场一体化，也要通过特殊案例研究分析技术知识和消费模式的变化。笔者认为避开通常的如伦敦、阿姆斯特丹、威尼斯、广州和上海等欧洲与中国经济中心转而分析澳门与马赛是更为恰当的。澳门和马赛是中国南部和西方地中海地区的经济外围地带，在地理上被包含在一个连接东西方市场的更复杂的贸易网络里。为了解中欧间贸易的运行形式、方式以及接受和吸收的新消费模式的相同点与不同点等更真实的细节，选择马赛和澳门这样较小的地区作为比较单位是十分合适的。这种微观的方法，在对中国和欧洲之间的大分流、富人和穷人之间的差异等问题进行讨论时可以避免宽泛模糊，因为在过于宽泛的比较单元里，我们不容易把握正在讨论的区域的具体位置，所以我们将最后谈论工业化的欧洲，如英国以及这如何与中国区分，这个论点无法给我们带来新的启发。但是，用适当的比较方法，关注澳门和马赛这两个特殊的港口历史，所用方法和对数据的解释会为研究注入新活力。比如，使用一些特定变量，如统计相关性，可以观察出在这些城市一年一度的各类贸易及其国际影响，可以发现消费者的"期待"和"品位"会随时间变化而变化。通过这种微观的方法，我们不仅获得了对全球贸易扩张和这两个地方的消费者行为的更深层次认识。管窥两个地方的内部组织、商业联盟以及跨越了地理的、政治的和社会文化的定义边界的新的文化形式的同化，通过网络渠道剖析这些社会代理人，我们可以更好地了解宏观尺度上发生的事情。

  需要强调的是，了解在澳门的欧洲家庭与中国社会的互动是至关重要的。

商人的作用很关键，他们对消费者决策有重要影响，商人家庭影响着经济变化，这种影响也随着与当地人通婚而不断扩大。这些跨国社区和商人成为地区文化纽带的一个很好实例是耶稣会的传道，传教士不仅是宗教代理也是传播技术与知识的中介，还是贸易的调节者，同时他们通过学习了解中国社会、中国文化也成为社会文化的传播者。例如，通过明清瓷器、中国书法手稿等传播新的语言形式。澳门耶稣会的信件详尽地记录了耶稣会在中国乃至整个亚洲的传道的地理扩散情况，他们中有很多为自己起了中国名字并最终定居中国，这样做为的是更好地与当地人对话，并融入当地社会。

Toward a "Greater Divergence": Sino-European Trade Networks and Global Consumers in Macau and Marseille (the 18th-19th Centuries)

Manuel Perez Garcia

Abstract: In last decade the approaches and limits of the global history have been emphasized in order to visualize the progress and also the form and method that the historian has undertaken when carrying out ambitious research projects to analyze and compare diverse geographical and cultural areas of Asia and Europe. Surely, at the time of making and writing this kind of narrative, researchers on global history have renewed specific thematic areas especially those related to the analysis of material culture and patterns of consumption. But when dealing with comparisons and cross-cultural studies on Europe and Asia, scholarly works have exceeded of ambiguities and vagueness when defining geographical units as well as chronology. What I advocate was for comparing specific geographical units in concrete demarcated periods, such as city ports during the eighteenth and nineteenth centuries, defined as strategic geo-political sites to develop commerce, international relations and socio-economic networks between China and Europe which can narrow the gap that the California School have taken when widely analyzing differences between Asia and Europe without a specific geographical and chronological delineation. Macau, in South China, and Marseille in Southern Europe are the areas chosen in my study.

Key Words: Macau; Marseille; Sino-European; trade networks; global history

谢清高与居澳葡人

——有关《海录》口述者谢清高几则档案资料研究

刘迎胜[*]

明末清初，西方传教士入华，撰写了一批海外地理知识著作，其中最重要者有艾儒略的《职方外纪》等。但这一时期尚无中国人撰写有关世界地理新知的书籍。葡萄牙人处据澳门，使得居住在那里的一些中国人对世界有了新的认识，有机会远航过去中国人从未涉足的许多地方。自清中叶起，中国人撰写的介绍海外地理新知的著作开始出现，《海录》是最重要的著作之一。[①]

《海录》由寓居澳门的谢清高于19世纪初叶口述，他人笔录而成。是书一出，即广为海内外所知。林则徐在鸦片战争前留心收集西方各国资料，曾仔细阅读过此书。魏源在编写《海国图志》时，亦曾参考它。故清吕调阳在重刻《海录》序中说："中国人著书谈国事，远及大西洋外……自谢清高始。"何秋涛《朔方备乘》提到："臣秋涛谨案，《海录》无俄罗斯，盖谢清高所附西舶，专往来于东南洋，故于罗刹之境有未悉耳。"他在引魏源《海国图志》有关印度东部的"孟阿腊"之后注云：

> 臣秋涛谨案，孟阿腊亦作孟加拉国，又作孟加腊，又作网加拉，又作榜葛剌，印度极东之地。城外万艘鳞集，百货所萃，富盛为五印度之最。英吉利有大酋统辖印度全土，驻于此城。英军三万，土军叙跛兵二十三

---

[*] 作者系南京大学历史系教授。
[①] 《海录》又名为《海国纪闻录》。

万。其地为东印度无可疑者。谢清高《海录》有"明呀喇",亦即此也。①

可见他撰书时,曾翻检并核对过它。《海录》很早就引起西方人的兴趣。1840年5月澳门出版的《中国宝藏》,已有专文详细介绍《海录》的内容。②

有关作者谢清高的生平,目前所知者主要依据《海录》现行刻本的序言。其中最详者为李兆洛③的《养一斋文集》卷二所载《〈海国纪闻〉序》。序文称谢清高为广东嘉应州之金盘堡人,生于乾隆乙酉年(1765),十八岁时附番舶出海,以操舟为业(即任水手),曾周历诸国,无所不到。所到必目验心稽,为时十四年。三十一岁(1795)时失明。晚年业贾自活。他见多识广,却又双目失明,"常自言恨不得一人纪其所见,传之于后"。道光元年(1821)谢清高去世。

《海录》记录者为杨炳南,在序言中补充了谢清高随番舶出洋的由来及经过:谢清高年轻时曾随贾人出洋,遇风船毁,为过往番舶搭救,遂开始随番远航,每年都出洋。每至一处,均习其语言。他出海归来后,因失明而不能再出海,流寓澳门,"为通译以自给"④。冯承钧作《海录注》时,曾对上述资料作过概括。"文革"结束后,潘君祥撰写《我国近世介绍世界各国概况的最早著

---

① 见卷四十记二,"论役古非俄国"条,及卷五十五,考订诸书十五,清道光刻本。
② *hae luh*, or *Notices of the Seas*, by Yang Pingnan of Kaeying in the province of Kuangtung(《海录·或关于海洋的笔记》,广东省嘉应杨炳南撰),in *Chinese Repository*, IX, 1840, Macau, pp.22-25。此文承葡萄牙里斯本金国平先生提供,谨此志谢。
③ 《清嘉庆实录》提到嘉庆十年(1805)五月"丁亥引见新科进士,得旨一甲三名彭浚、徐颐、何凌汉业经授职外",还提到其他进士的名字,其中第一名为徐松,其次即为李兆洛。(曹振镛《清仁宗睿皇帝实录》之一百四十三,钞本)足见他与徐松为同年进士。《清道光实录》道光二十七年十二月(1847~1848)还提到他为安徽凤台县知事。(文庆《清宣宗成皇帝实录》卷四百五十)
④ 清人叶廷管《鸥陂渔话》中《海外二奇人》一文有关谢清高部分,似据杨炳南《序》写成,其文如下:"粤东嘉应有谢清高者,从贾人泛海,遇飓风舟,拯于番舶,遂随贩焉。每岁徧历海中诸国。谢本性敏,所至辄习其言语,记其岛屿、陀塞、风俗、物产,凡阅十四年而返粤。后盲于目,不能复治生产,流寓澳门,为通译以自给。嘉庆庚辰(1820),其乡人杨秋衡炳南游澳门遇之,与谈西南洋事甚悉,因条记其所述为一书,序而行之,名曰《海录》。《录》中最奇者有二人,颇可资谈助。一云昆甸国东北地名沙喇蛮,乾隆中有粤人罗方伯者,贸易于此。其人豪侠,善技击,颇得众心。尝率众屡平土酋,以安商贾。适有鳄鱼为害,国王不能制。方伯为坛海滨,陈列牺牲,取韩昌黎文读而焚之,鳄鱼遂遁去。一云戴燕国,在昆甸东南。乾隆末,国王暴乱。粤人吴元盛,因民之不悦,刺而杀之,国人奉以为主,华夷皆取决焉。元盛死,子幼,妻袭其位,至今尚存。观于罗事,知文公浩然之气,可辟异类。虽历千载而如生然,非罗精诚勇敢,笃信此文而决行之,则亦无以感应,如一辙也。若元盛者,直又一虬须客矣。世固不乏奇士哉。"见清人叶廷管《鸥陂渔话》卷六,清同治九年刻本。

作——〈海录〉》一文，叙述谢清高生平，所言不出冯承钧所述者。①近年葡萄牙出版的著述，如本杰明·维戴拉·佩雷斯的《极端的调和（澳门的文化过渡）》大致一样。②可见，迄今为止有关谢清高的研究仍然十分有限。

1999年上半年，笔者在里斯本葡萄牙国立东坡塔档案馆（Instituto dos Arquivos Nacionais Torre do Tombo）寻访资料。该馆收藏有大量来自澳门的中文档案，称为"汉文档"（Chapas Sinicas），多数为清代广东香山地方政府、粤海关等机构致澳葡当局的公文，此外也有一些澳葡当局致清地方当局的文献的底本及其他一些文献，其中以汉文档案为主，亦包括一些葡文档案。汉文档案总数达1 567件，其中最早者为清康熙三十二年（1693），最晚者为光绪十二年（1886），时间跨度约二百年，多数集中于乾隆四十一年至道光二十八年（1776～1848）约七十年间，是研究中葡关系与澳门历史的宝贵资料。1997年澳门文化司署以葡文出版了伊萨澳·山度士与刘芳女士合作编写的这些汉文档的编目及提要《葡萄牙东波塔档案馆藏清代澳门中文档案汇编》。③

笔者在查阅东坡塔所藏汉文档案时，发现5份文件与《海录》作者谢清高有关。由此可知，谢清高在乾隆末年至嘉庆十三年（1808）间，卷进了一场与定居澳门葡人的借款纠纷与官司，葡方当事人是谢清高的房东叔侄。官司先打到澳葡当局，继而又诉之于清地方官府。根据档案可知，当时谢清高被称为"盲清"，这个称呼显然与他双目失明有关，可能是街坊邻居对他的称呼。档案有时又写作"谢亲高"。

本文按时间顺序，对上述档案略作介绍。所引档案编号均据上述编目提要，以便研究者查核。档案中提到的几位元葡人名字的复原，据伊萨澳·山度士与刘芳女士之东坡档案编目。在此基础上，笔者进而研究谢清高的身世，探讨18世纪末至19世纪初居澳葡人社会与当地华人官民之关系。文后附录此5份档案，供参阅。

第一份档案编号441，为缩微胶卷第9卷75份档，是清朝广州澳门军民府

---

① 《社会科学战线》1982年第二期，第344～346页。
② Benjiamim Videira Pires, S. J., *Os Extremos Conciliam-se (transculturaçao em Macau)*, Instituto Cultural de Macau（澳门文化司署），1998，第158页。
③ Isaú Santos. Lau Fong, *Chapas Sinicas. Macau e o Oriente nos Arquivos Nacionais Torre do Tombo (documentos em Chines)*, Instituto Cultural de Macau, 1997. 此编目由刘芳辑，章文钦校，以《葡萄牙东波塔档案馆藏清代澳门中文档案汇编》为书名（上、下册），澳门基金会，1999。

长官致澳门葡方"理事官"唩嚟哆的公文。

唩嚟哆乃葡文 ouvidor 的清代音译，意译为"理事官"，或"西洋理事官"，其意为"法官"。印光任、张汝霖在《澳门记略》中提到：

> （澳门葡萄牙人）其小事则由判事官量予鞭责，判事官掌刑名。有批验所、挂号所，朔望、礼拜日放告。赴告者先于挂号所登记，然后向批验所投入，既受词，集两造听之。曲者予鞭，鞭不过五下。亦自小西洋来。①

这里的"判事官"即西洋理事官。谢清高在述葡萄牙时说，"其镇守所属外洋埔头各官，即取移居彼处之富户为之。亦分四等，一等威伊哆，掌理民间杂事"②。此"威伊哆"即上述之唩嚟哆（西洋理事官）。冯承钧在其注释中将"威伊哆"误释为 prefeito（州长）。③

此份档案之前有受雇于澳葡当局通事④书写的汉文题款："十一年五月，咹哆呢·嗰哾欠盲清布艮。"⑤档案的内容为：澳葡当局唩嚟哆，向军民府⑥报告，称一位在澳门叫"盲清"的华人，欠葡人"罢德肋·咹嚟哆呢"⑦一处位于"桔仔围"⑧房子的租金。军民府即命香山县追欠，香山县丞命遣传唤，发现盲清原名为谢清高。盲清答讯时称自己是嘉应州人，在澳门租葡人咹哆呢·嗰哾⑨一间位于桔子围的铺面开店，出售水果为生。每年房租为银圆 7 枚有奇。不幸双目失明。过去房东之侄咹哆呢·昉嘶喫⑩在交易布匹生意中，曾欠盲清银圆一百五十枚，日久屡讨未还。

---

① 印光任、张汝霖：《澳门记略》，赵春晨校注本，澳门文化司署，1992，第 152 页。小西洋，即葡属印度殖民地果阿。
② 谢清高口述，杨炳南笔受：《海录注》，冯承钧注释，北京：中华书局，1955，第 64 页。
③ 谢清高口述，杨炳南笔受：《海录注》，冯承钧注释，北京：中华书局，1955，第 68 页。
④ 据《澳门记略》记载，澳葡当局雇有"蕃书"二名，皆唐人。见上引赵春晨校注本，第 152 页。"蕃书"即通事。
⑤ 按："艮"即银。
⑥ 军民府的全称即上述之"广州澳门海防军民府"，驻前山寨。驻澳葡人称此为 Casa Branca "白房子"。
⑦ 此名可还原为葡文 Pedro António，今通常音译为"彼得罗·安东尼奥"。
⑧ 其地位于今新马路（Avnida Almeida Ribeiro）西端。
⑨ 此人名称可还原为葡文 António Rosa，今通常音译为安东尼奥·罗沙。
⑩ 此人葡名称可还原为葡文 António Fonseca，今通常音译为安东尼奥·方塞卡。

嗣后哎哆呢·呺嘞㗎提出，愿对欠银每年支付利息二分，利息交至嘉庆四年（1799），此后又不复交纳。积欠两年后，嘉庆六年（1801），经双方协商后哎哆呢·呺嘞㗎同意将自己位于"红窗门"①的一间铺面交出，由谢清高每年收取租银二十四圆充抵利息。此次双方的协议立有"番纸"字据二张，并经"夷目"唛嚟哆花押为据。但哎哆呢·呺嘞㗎之叔，即盲清的房东哎哆呢·唎呦②，欲强行阻止盲清收取"红窗门"铺面的租金。盲清曾邀通事及地保刘关绍向唎呦论理，官司打到唛嚟哆处，唛嚟哆却要盲清向"总夷官"投告。盲清请一位葡人为之写状，但这位葡人索价银圆十枚，盲清无力筹措此款。当盲清准备向中国官府禀告时，其房东唎呦婉言表示，愿意免除谢清高所租铺屋租金，以抵欠款。于是盲清两年未缴房租。但未料房东唎呦却教夷目隐瞒其侄欠款，及其本人强行阻止谢清高收取已经押出的房产租金的实情，要求葡方理事官请清官府协助向谢清高追讨所欠租银。谢清高要求军民府官员对双方一视同仁，协助他向葡人追回血本。

军民府审核后，认为葡人呺嘞㗎先欠谢清高银一百五十圆，继而自愿以位于"红窗门"的铺房一间作为借款抵押，以租抵息，而其叔唎呦不许盲清收租，但允许他免缴所租铺屋租银，逐年抵扣，而事后唎呦却反过来要求追还"桔仔围"铺租，事实清楚，不容混淆。要求夷目立即转令哎哆呢·唎呦之侄哎哆呢·呺嘞㗎将欠款照数抵兑，指责澳葡当局"混禀"，即不如实禀报，并要求葡方将履行归还欠款的过程禀报。此份档案署明时间为嘉庆十一年五月十二日（1806年6月28日）。

第二份档案编号442，为缩微胶卷第9卷第76份档，乃香山县左堂通知澳葡当局领取谢清高所交房租的公文。档案之前有葡方汉文通事写的题署："十一年七月，哎哆呢欠盲清艮。"该公文称：军民府发出的追查"民人盲清欠夷人罢德肋·哎哆呢屋租银一案"公文到达后，左堂即派差人传讯调查，了解到"谢清高即盲清"，并追收谢清高所欠租银十五圆半，通知澳葡当局转交给谢清高的房东罢德肋·哎哆呢，并要求"出具领状，以便察销"。文后署明日期为嘉庆十一年七月十二日（1806年8月25日）。

---

① 其地位于今市政厅（Leal Senado）附近。
② 即上文提到之罢德肋·哎哆呢。

第三份档案编号 440，为缩微胶卷第 9 卷第 74 份档，亦为香山县左堂致澳门葡方"理事官"唛嚟哆的公文。公文先简述了谢清高向香山县所禀租用葡人铺屋的经过。谢清高接着称，他"曾与唔哆侄唵哆呢·呚嘞㖿交易"，对方"前后共欠番银一百五十员（圆），屡取延搪"。从上下文看，谢清高双目失明在此之后。谢清高在禀词中重复介绍了双方屡次协议的经过：呚嘞㖿先提出愿每年交付二分利息，此后利息又不能交清，继而提出将自己的"红窗门铺屋"每年租银二十四圆的收租权转给谢清高，以充抵利息，此议有"夷目番纸可据"。但其叔，即谢清高的房东"唔哆将铺屋把抗"，不让谢清高收取。谢清高遂"投夷目及通字地保理处"。在这种情况下，唔哆声称允许谢清高免交自己租用房屋的租银以"扣抵"。谢清高"无奈允从"，于是两年未交租银。不料"唔哆复串夷目"，报告清地方官府称谢欠租不付。谢清高在禀文中，强调自己欠租已经交清，但"夷人欠蚁血本岂无偿"？

查档案二原文，其中只字未提第一份公文中要求澳葡商当局协助追回谢清高本银的要求。此次在谢清高的再次请求之下，左堂又一次发文，要求澳葡方面"即便遵照，立即查明唵哆呢·呚嘞㖿如果与民人谢清高交易，少欠番银一百五十员（圆），刻日照数清还"，不得推搪敷衍，并告诫葡方西洋理事官司"不得偏徇干咎"。此公文署明日期为嘉庆十一年八月初二（1806 年 9 月 14 日）。

第四份公文编号 313，为微缩胶卷第 10 卷第 54 份档案，乃军民府发给澳葡当局的公函。此份档案左下部有部分朽损，但绝大部分内容可以看清。函中通知澳葡方面，谢清高再次禀告，要求追还所借本银。此份公文所记谢清高禀报内容较前有所增加。

其一，谢清高租用桔仔围"铺屋一间，居住摆卖"，每年纳租，"二十载无异"。

其二，葡人房东之侄唵哆呢·呚嘞㖿以自己位于"红窗门"的铺屋为抵押，与谢清高订立协议的时间为乾隆五十八年（1793），所借"本银一百五十元计重一百零八两"。其番字借系呚嘞㖿亲笔所书，写明"揭后无银偿还，任蚁收伊红窗门铺租，每年该银二十四元抵息等语"。

其三，借方欺谢清高失明，自揭之后，"本利毫不偿还"。而"所按红窗门铺租竟被该夷叔唵哆呢·唔哆恃强骑墙收去"，并且谢清高所租铺屋租银，"迟纳一刻，即被控追"，以致"绝蚁扣收之路"。

其四，葡商吚嗻㗒十余年来，累欠本息已逾三百余两。

其五，谢清高曾"屡同通事投告夷目唛嚟哆押追，奈其徇庇，推却不理，反遭辱骂"。

其六，谢清高失明，生理窘迫，正赖收还此银以度残年。

军民府新官上任后，查明旧文在案，再次要求葡方西洋理事官"立将谢清高具控夷人吚嗻㗒所欠本利银三百余两作速查明，勒限照数追清禀缴"。此公文署明日期为嘉庆十二年正月十日（1807 年 3 月 8 日）。其后有葡文押签1807lua 1，即"1807 年阴历一月"，与原公文汉文署明日期一致，当为澳葡当局书记人员在收到此公文加署的葡文日期。

第五份公文编号 213，为微缩胶卷第 11 卷第 39 份档案，乃香山县左堂发给澳葡当局的公函。署明日期为嘉庆十三年五月廿二日（1808 年 6 月 5 日）。此公文下部有部分破损，有个别字无法认读，但基本不影响理解全文。在此公函中，香山县官府再次向葡方通报了谢清高所禀与葡商纠纷的经过。透过所引禀文，可进一步了解谢清高的情况：

其一，谢清高租用葡商"桔仔围"铺屋用以"摆卖杂货生理"。租银每年七元零五钱。他曾连续交纳二十余年。在葡方房东强行阻止他依合约收取"红窗门"铺屋租金之前，双方从未有过纠纷。

其二，与上述第四份档案相同，本档案再次指出房东之侄吚嗻㗒向谢清高借银一百五十圆事在乾隆五十八年（1793）。

其三，葡商吚嗻㗒写下借据，以自己位于"红窗门"铺屋为贷款抵押事在嘉庆六年（1801）。

其四，因吚嗻㗒之叔（即谢清高所租"桔仔围"铺屋的房东）强行阻止他收取"红窗门"铺房的租银，谢清高不得不于嘉庆九年（1804）和十年（1805）两年中停交自己所租"桔仔围"铺屋的租银。

其五，嘉庆十一年在夷目（即西洋理事官）向军民府提出谢清高欠缴租银后，香山左堂在协助澳葡当局追还谢清高所欠嘉庆九年（1804）和十年（1805）两年租银之时，已经了解到葡商吚嗻㗒积欠谢清高本银之事（见上述第一、第三份档案）。于是上报军民府要求通知澳葡当局协助追欠。嘉庆十二年正月，清地方官府集讯，谢清高出示番文借约，经"传夷目认明番纸欠银属实"。于是一面令谢清高交纳屋租，一面传知澳葡当局通知葡人吚嗻㗒向谢清高交还欠银。谢清高喜出望外,备好嘉庆十一年(1806)和十二年(1807)两年租银,准备缴纳。但当他了解到,澳葡当局并不积极追还他的银两,遂拒交嘉庆十一年(1806)和十二年(1807)两年租银。呠嚧㖖之叔再次请西洋理事官向清地方官府提出谢清高欠租之事。清地方官府居然又着差人传谢清高缴清屋租。谢清高不得已再递状诉。香山县左堂按谢清高所求,从军民府调阅全部有关谢清高与葡商之间互控欠银的案卷,认为葡人呠嚧㖖欠谢清高本利之事已经讯明,中国官府一再追欠查有凭据,据此要求澳葡当局令呠嚧㖖缴清欠银,扣除谢清高所欠屋租后交给香山县官府。

上述资料为我们大致勾画谢清高与其澳人房东叔侄的关系,及了解这一时期居澳葡人状况提供了重要依据。

一、谢清高开始租居澳葡人房屋的时间

明嘉靖进士庞尚鹏在其《区划濠镜保安海隅疏》中曾描述,16世纪中叶葡人初入澳门时,明朝守澳官权令搭蓬栖息,殆舶出洋即撤去。后葡人在澳大量建屋,很快达到数百所,进而至千所以上。为控制葡人势力日炽,万历间广东海道副使俞安性与澳葡约法五章,其中第五款规定禁止澳门葡人擅自兴建屋宇。葡人已有房屋朽烂时,可照旧样翻修,但不许添造一石一木。① 此项规定一直延续至鸦片战争以后。

尽管如此,澳门葡人仍然拥有大量不动产,许多葡人出租房屋谋利。《澳门记略》提到,葡人房产"赁于唐人者,皆临街列肆"②。这种临街房屋可用作店铺,故在当时被称为"铺"或"铺房"。东坡塔档案中有不少华葡双方有关租赁房屋纠纷的文件,可见至18世纪末、19世纪初,出租房屋仍是在澳葡人谋生的一种重要方式。谢清高本人租居"桔仔围"的房屋即属于葡人咹哆呢·嘧哠。上述档案四称其二十年纳夷租银无异,档案五说谢清高连续付租时间为二十余年,可见他在此居住了相当长的时间。

据此,我们可以对谢清高开始租居桔仔围铺屋的时间做一推测:上述第一

---

① 见印光任、张汝霖:《澳门记略》,赵春晨校注,澳门文化司署,1992,第66~67页。
② 同上书,第147页。

份档案中提到，嘉庆十一年（1806）军民府向谢清高追索谢所欠葡方房东两年房租。档案五明确指出，谢清高所欠两年房租的时间为嘉庆九年（1804）和十年（1805）。据此谢清高自述的"每年纳租，二十余载无异"一句应释为：从嘉庆八年（1803）起上溯的二十年中，双方从未有过租赁纠纷。可见谢清高起租桔仔围的时间当为乾隆四十九年（1784）以前。

前已经提及，谢清高生于乾隆乙酉年（1765）。十八岁（1782）时附番舶出海。杨炳南《序》中提到谢清高每年出海，换而言之，可理解为他每年归回澳门。谢清高至少从乾隆四十九年以前就在桔仔围租居葡人房屋这一事实，证明了这一点。他并非十余年中一直在海外漂泊，而是自初次，或最初二、三次出海归来后，便开始在澳门租居葡人房屋。在他漂洋过海的十余年间，一直支付着租银，每当出海归来，便居住于"桔仔围"。

二、谢清高向葡商贷款纠纷的由来

从上述档案四、档案五所记可知，谢清高最初贷出本银一百五十元，计重一百零八两给葡商呋嗒唻事在乾隆五十八年（1793）。呋嗒唻借银是为从事布匹生意，其时应为谢清高最后一次出海之前。双方起初达成协议的内容今已无从得知。

谢清高贷出本银后多次讨还，但呋嗒唻不能归还。当时谢清高还是一位在番舶上出苦力、年年出海的水手，估计当时只能利用出海归来在澳门稍住、等待下海出航之际向葡商讨还本息。

谢清高于三十一岁时，即乾隆六十年（1795）双目失明，不能再出海。据上述档案三记载，谢清高双目失明以后，在借方经年不能还本，贷方屡讨无效的情况下，双方重新商定葡商每年纳息二分，即全年收息三十圆。这个新协定对于借方来说，意味着只要每年支付二分利息，就可永久占有使用其原贷资本一百五十元银元。而对于贷方来说，在对方还贷无望的情况之，以对方承认债务为前提，每年坐收二分高利，也不失为一种有利的安排。

从现存资料看，葡商呋嗒唻在起初向谢清高借贷时，以及后来许诺每年付息二分时，可能并未提交实质财产作为抵押，而且当时双方很可能未签署书面借约。这种借贷方式常见于民间，用于双方熟知底细的熟人亲朋之间，可见贷方谢清高与欠方葡商之间的关系非常密切。贷方葡商在借款时未提交自己的财产作为抵押并不等于无抵押。在这种情况下，葡商抵押的实际上是自己的信用。

据上述档案一，嘉庆四年（1799）葡商吩唽喱停止向谢清高纳息。如果我们推定葡商在谢清高失明那年开始纳息二分，至嘉庆三年共纳息四年。借方不复纳息之后，其信用也随之破灭。谢清高采取行动保护自己的利益。经过两年追讨，于嘉庆六年（1801）贷欠双方协议，欠方吩唽喱亲笔以葡文写下两张借据，将自己位于"红窗门"铺面作为向谢清高借款的抵押。借据规定如到期不能付还本息，其"红窗门"铺面任由谢清高收租抵息。该铺面每年租银二十四圆，较原议的二分息少了六圆。但铺面出租，租银收入可靠。此次协议的"番纸"契约，即葡文欠单二张，曾经"夷目"画押。

但这两份番纸契议并未能保障谢清高作为贷方索本取利的权力。协议签订后，欠方葡商吩唽喱之叔，即谢清高的葡人房东咹哆呢·嘞吵咥强不许谢清高按协议收租抵息。谢清高曾邀地保和通事向嘞吵论理，嘞吵虽然无言以对，但谢清高收取"红窗门"屋租的事并未解决。

谢清高遂将此事诉诸"夷目"唛嚁哆处。前已提及，《澳门记略》提到，澳门葡萄牙人"其小事则由判事官量予鞭责"。谢清高口述的《海录》在记葡萄牙海外殖民地时亦提到，"威伊哆，掌理民间杂事"。澳葡执掌刑名诸事的夷目每数年一更。借方吩唽喱亲笔写下借据在嘉庆六年，澳葡理事官司见证"番约"，在约书上签押的时间应相距不远，而嘞吵阻止谢清高收取"红窗门"铺租亦应在此年，故纠纷发生时在任的理事官应当就是亲自在上述"番纸"协议上画"花押"的那位葡官。但他却不受理此事，反要盲清向"总夷官"即"兵头"（今称澳督）投诉。①

嘞吵强行阻止谢清高收取已被抵押的铺屋租银的原因，不外抵押签约人其侄吩唽喱不具有该铺屋的全部处置权，或嘞吵不愿其家庭不动产落入中国人手中。但此铺屋抵押合约业经葡方专理司法之官唛嚁哆画押，已具法律效力。唛嚁哆按责须秉公受理，不能推卸责任。铺屋抵押人葡商吩唽喱即便只拥有部分

---

① 是时在位之"兵头"为 Caetano de Sousa Pereira。

处置权，唛嗲哆亦应保证其履行部分产权的处置权。

谢清高贷出的是他毕生积蓄。本利无收使他在经济上陷入窘迫，以至于无力支付请人书写向"总夷官"起诉的葡文状纸所需的十枚银元的费用。他在清地方官府公堂自述同唛嗲哆此事的情况时说，"屡同通事投告夷目，奈其徇庇，推却不理，反遭辱骂"。在这种情况下，谢清高考虑向清地方官府起诉。

三、谢清高欠租始末

据上述档案一及档案三记载，谢清高自述当其葡人房东，即其借款人呎嚸嚟之叔嗝哆得知他将向清地方官府起诉时，又提出了一个解决债务的方案，即以自己租出的"桔仔围"铺租扣抵欠银。

谢清高所租的"桔仔围"铺屋每年租银仅七圆有奇，可见铺子很小。即使免交租金，与原先双方议定的每年二分利息，和嘉庆四年协议中规定的作为抵押的"红窗门"铺屋每年二十四圆的租金均相差很远。其新建议中的"扣抵"，究竟意为房东嗝哆以免除其每年房租七圆零五钱，作为其侄应交付给谢清高的利息，在偿债务前谢清高有权永远无偿使用所租"桔仔围"铺屋；还是谢清高放弃利息，其房东以免收的房租逐年抵还其侄原欠一百五十圆布银，至扣清欠款为止？因资料缺乏，目前尚无法断言。但这种"扣抵"无论是上述两种意义中的哪一种，都意味着谢清高承受巨大经济损失。

据《澳夷善后事宜条议》的规定，"遇有华人拖欠夷债"，"该夷即将华人禀官司究治"，"违者按律治罪"[①]，可见在澳葡官无权处置谢清高欠租事，只能移交给清地方官。故西洋理事官在嗝哆的要求之下，向军民府提出此事。

据上述档案四记载，谢清高在清地方官府回答欠租讯问时提到：其"所住桔仔围铺每年铺租迟纳一刻，即被控追，绝蚁扣收之路。致蚁本银一百零八两，十余年来本利计银三百余两不获"，似表明谢清高有意拒交屋租，以其扣还本银。上述档案五亦提到，在房东强行阻止谢清高收取"红窗门"铺屋租金

---

① 见印光任、张汝霖：《澳门记略》，赵春晨校注，澳门文化司署，1992，第93页。

后，谢清高陷入"口食无靠"的境地，"不已将蚁与该夷赁铺租□□[①]员零五钱，九、十两年扣银十五圆零"。可见谢清高很可能是出于保护自己的利益而主动拒交屋租的。

谢清高原贷出本银一百五十圆，计重一百零八两。则每枚番银兑银七钱二分。其所租铺屋租银为每年七元零五钱，可折算为 7.694 元。两年当欠租 15.39 元。据上述档案二记载，谢清高在清地方官府的追索下，被迫交出嘉庆九、十两年租银十五元半，略高于上述数字。

上面已经提到，据《澳夷善后事宜条议》的规定，在澳华人拖欠葡人债务，只能将华人禀官究治，"违者按律治罪"。故西洋理事官司向军民府提出，要求协助葡方追欠。谢清高在被迫付出嘉庆九、十两年租金后，见葡方并不协助追还他贷出的本息，于是拒交嘉庆十二年和十三年的房租。

四、谢清高与葡人的关系

谢清高居于澳门，年轻时出海遇难，为番舶所救，此后连续出海十四年。杨炳南在《海录》序言中所言，他年轻时每至一国，均习其语言，出海归来定居澳门后，"以通译以自活"。谢云龙《重刻〈海录〉序》亦记谢清高晚年"侨寓澳门，为人通译"。[②] 从上述档案看，谢清高长期租居葡人铺屋，向葡商贷款，且执有番文借贷合约，这些都证明他懂葡语，与居澳葡人往来密切，与杨炳南所记相符。在当时的中国人中，了解西方者恐无人能出其右，这正是《海录》一书的价值所在。

但从他与澳葡西洋理事官唛嚟哆打交道时要借助通事，且不能书写葡文状纸来看，他的葡语程度并不高，不足以单独处理此次与葡商的债务纠纷。杨炳南所谓谢清高在澳门"以通译自活"，及上述谢云龙称他"为人通译"，不过是说他在澳门有时担任沟通华葡两族之间民间交往的角色而已。

---

① 按：原档案此处朽烂，当为"银柒"两字。
② 见录于冯承钧《海录注》，北京：中华书局，1955，第 1 页。

五、清地方官府与澳葡当局对此案的态度

谢清高租用葡人㗠哆的铺屋数十年，虽未签有合约，但一直按年付银，过去从未有误，可见其为人诚信可靠。他之所以拒付嘉庆九、十两年屋租，并非仅因欠方葡商𠵽嚟唻系其房东㗠哆之侄，而是因为㗠哆以强行阻止他收取已经抵押给他的"红窗门"屋租介入此案，成为当事者一方。

按上述档案记载，谢清高曾指出，为避免他向清地方官府告状，房东㗠哆主动提出免除谢清高所租铺屋的租银以抵扣欠银。即便谢清高所诉不实，他拒付㗠哆铺租也只不过是一种对等行为。从双方利益损失角度看，在这场双方互扣对方铺租的纠纷中，㗠哆家族的损失远小于谢清高。但㗠哆并不这样看问题，也不以此为满足。

借方葡商𠵽嚟唻拥有不动产，并非无力还贷。谢清高在对方理屈的情况下，不诉之于清地方官府，既表明了中国百姓善良的本性，也显现出其性格中软弱的一面。他一再忍让，使㗠哆有恃无恐，反通过澳葡西洋理事官向清地方当局禀诉谢清高倒欠房租。谢清高与葡人㗠哆叔侄双方对处理这场借贷纠纷的态度，反映出处居澳门的葡萄牙与当地中国百姓关系一个重要侧面。

从上述档案的记载中可看出，清广东地方当局与澳葡当局在对待澳门华葡民间纠纷的态度有明显差别。澳葡当局司法长官唛嚟哆虽曾亲自在番纸借据上画过押，但当谢清高举告葡商积欠其本银利息时，他并没有秉公按职受理，反而托辞要谢清高向"总夷官"禀告。在谢清高反复交涉时，他出口辱骂，态度明显偏袒理屈一方的葡人。这就不难理解理事官为什么在向清地方官府禀告谢清高欠㗠哆屋租案时，只字不提𠵽嚟唻拖欠谢清高贷款之事的态度。

军民府在接到澳葡当局禀告后，对此案做了调查，发现事实真相。在首先应葡方要求，遣差向谢清高追欠的同时，据理向澳葡当局交涉，要求葡方协助追还葡商积欠谢清高的债款本息。由此可见，中国官府在处理澳门华葡民间纠纷时，基本上持公允立场、保护双方的合法利益，但略显迁就葡方利益。

清地方官府的干预使谢清高的房东㗠哆得到了"桔仔围"铺屋嘉庆九、十两年的租银。但澳葡当局却并不相应着手协助追回葡商𠵽嚟唻积欠谢清高债

务，尽管有借方本人亲笔所写番书契约，并经澳葡官方见证，西洋理事官却推托不理；而谢清高与房东之间的欠租纠纷并无书约证据，清地方官府却应澳葡西洋理事官司的要求，协助向谢清高追欠。谢清高对上述处理非常不满，曾为之痛哭。他在禀文中表示"泣思民欠夷债，并无数约弟据，夷目一禀，本父母宪台即便追给。今夷欠民银，约数确据，夷目推却不理，国法奚存？"①

清地方官府与澳葡当局对这个并不复杂的案件的态度差异，究其原因是因为双方所代表的主体完全不同。澳葡当局是居澳葡人的统治机关，而清有关地方当局却是澳门华葡全体居民的"父母官"。

谢清高与葡商吩嗝唎之间的借贷关系，自乾隆五十八年（1793）谢清高贷出本银，至档案五所记嘉庆十三年（1808）清地方当局要求澳葡当局协助追欠，为时达 15 年。除去其中四年是支付过二分利息外，葡商欠付本息已达 11 年，故谢清高称累欠本利 300 余两。因资料所限，目前尚不清楚最终谢清高是否讨回其贷出的本银。清李兆洛在其《〈海国纪闻〉序》中所言谢清高双目失明后，"不复能操舟，业贾自活"②，是他晚年租居"桔仔围"铺屋摆卖水果、杂货为生的写照。

六、鸦片战争前澳门的司法管辖问题

葡萄牙人并非历史上最早移居中国的外国人。在依靠自然动力航海的时代，来自南海的蕃舶每年乘春夏的东南季风航达中国，而出航则必须等待秋冬的西北季风。故异域人在华南沿海港口城市居住有悠久的历史。这种外国人的聚居区，唐宋时代被称为"蕃坊"。历史上居于"蕃坊"的侨民长久保持着他们自己的风俗与文化，甚至有"蕃长"管理蕃坊事务，但"蕃坊"一直处于历代中国政府的管理之下。

自 16 世纪中叶澳门成为葡人居留地以后，澳门逐渐发展出一种与既往"蕃坊"不同的管理模式，即双重管辖权现象：中国广东地方官府管理澳门全境，兼理华葡词讼，而葡人首领则管理葡人社会。

---

① 见上述档案四。
② 见录于冯承钧：《海录注》，北京：中华书局，1955，第 1 页。

广东地方官府兼理澳门华、葡两族由来已久。万历四十一年至四十二年（1613～1614），明广东海道副使俞安性与澳葡当局相约五事，勒石永禁。天启元年（1621）明在前山寨①设立官佐。清朝平定广东后，继续在前山寨驻军如故。雍正三年（1725）为制驭澳葡，除沿袭前明澳葡房屋不许增盖的规定以外，清政府又下令阖澳所有商船均编列字号，计二十五艘，可减免丈抽。今后只许维修顶补，不许增添。

清朝广东当局认为，"外夷内附，虽不必与编氓一例约束，失之繁苛，亦宜明示绳尺，使之遵守"。雍正八年（1730），两广总督郝玉麟提出，澳门民蕃日众，而距县辽远，遂仿明代设置澳官体例，设香山县丞一职，驻于前山寨。次年香山县丞进驻前山寨，乾隆九年（1744）广东当局又认为县丞职位过低，不足以制澳，提出设府佐一员，"事理澳夷事务"，"宣布朝廷之德意，申明国家之典章，凡驻澳民夷，编查有法"。吏部根据乾隆帝的指示，将肇庆府同知移驻前山寨，"兼理民蕃"。但考虑其职责过重，于是令原驻前山寨的香山县丞移驻澳门，"专司稽查"，而民蕃一切词讼则须详据同知处理。②

鸦片战争之前，在澳葡人享受相当程度的自治权，明清政府允许他们与葡萄牙保持政治上的联系。雍正三年（1725），按两广总督所请，清政府规定，澳门"其西洋人头目遇有事故，由该国发来更换者，应听其更换"③。乾隆初，两广总督策楞向朝廷奏报云："澳门地方，系民蕃杂处之地"，"据夷目禀称，蕃人附居澳境，凡有干犯法纪，俱在澳地处置，百年以来，从不交犯收禁"，"一经交出收禁，阖澳夷目均干重辟"。又云"臣等伏查，澳门一区，夷人寄居市易，起自前明中叶，迄今垂二百年，中间聚集蕃男妇女不下三四千人，均系夷王分派夷目管束。番人有罪，夷目俱照夷法处治。重则悬于高竿之上，用大炮打入海中；轻则提入三巴寺内，罚跪神前，忏悔完结。惟民夷交涉事件，罪在蕃人者，地方官每因其系属教门，不肯交人出澳，事难题达"④。澳门在这种统治模式之下，其葡人社会的管理当局——夷目，不仅由葡人担任，而且接受葡王委任。

---

① 前已提及，澳门葡人习惯上称之为 Casa Branca "白房子"。
② 印光任、张汝霖：《澳门记略》，赵春晨校注本，澳门文化司署，1992，第73～76页。
③ 印光任、张汝霖：《澳门记略》，赵春晨校注本，澳门文化司署，1992，第73页。
④ 印光任、张汝霖：《澳门记略》，赵春晨校注本，澳门文化司署，1992，第89页。

这种管治实际上是一种双重交叉的模式。广东地方当局虽然兼理澳门华葡两族间的词讼，但案件凡有涉及在澳葡人之处，则须知会澳葡当局处理。因此，只要澳葡当局推诿消极，则词讼便不能顺利解决。上述五份档案反映出的谢清高向葡商贷款一案不能公正处理的根子即在于此。因此，保护澳门中、外居民双方的合法权利，使居澳葡人遵守中国法律，公正解决双方民间争端的唯一解决办法，应是改变这种双重治权交叉的统治模式。

附　　录

档案一：十一年五月　唛哆呢·嘎吵欠盲清布艮①

缩微胶卷第 9 卷/文件 75/眉批：1806 lua5

军民府王　札夷目唛嚟哆知悉。案据该夷目禀称，民人②盲清少欠夷人罢德肋·唛哆呢桔仔围租银等情到本分府。据此，当经转饬香山县丞查追去后，兹据申称：案奉发追民人盲清少欠夷人罢德肋·唛哆呢桔仔围屋租银一案，当经饬差唤讯。据谢亲高即盲清诉称：

切蚁嘉应州人。到澳门与澳夷唛哆呢·嘎吵租赁桔仔围铺③一间，卖果生理，递年纳租银七员零。不幸双目遂瞽。

前因蚁与唛哆呢·嘎吵嫡侄唛哆呢·咘嘎喋交易布匹等欠，共欠蚁银一百五十员，甜约日久，屡向无讨。后伊愿递年纳利二分。上年利清至嘉庆四年，以后无息交纳。嘉庆六年，伊愿将红窗门铺一间写与蚁收租作利，每年租银二十四员。现有番纸二张，内有夷目花押为据。岂伊叔嘎吵将铺把持，不与蚁收。蚁即挽通事、地保刘关绍向嘎吵理论，嘎吵默无一言。后复经投夷目唛嚟哆等，嘱蚁往总夷官处禀告。蚁即挽夷人作纸投

---

① 此则档案见于谢清高口述、杨炳南笔录、安京校释：《海录校释》书后附录七，题为《澳门同知王衷为唛哆呢咘嘎 喋欠谢清高货银以铺租扣兑纷争事行理事官札》（北京：商务印书馆，2002，第337~338 页。以下版本信息略）。该书录文均未录写其上葡萄牙文眉批，其中几位涉案葡萄人名复原亦非准确之葡文。

② "民人"指处澳门的华人。

③ 铺，即店铺，指沿街底层房屋可作商铺用者。

禀。夷人索银十大员，蚁无力措办。斯时即欲禀告。嘧哆又以婉语挽留，愿将蚁所居嘧哆之铺租每年七员零扣抵。递至两年之租未交。岂嘧哆复教夷目将欠租等情瞒禀。势得历情匐叩，乞状谕饬夷目转令该夷遵照扣兑。惟忻一视同仁，追回血本……等情，转□□^①本府。

据此查，该夷唵哆呢·嘧哆嫡□^②唵哆呢·吩嘞㗖欠到谢亲高即盲清布银一百五拾员，愿将红窗门铺一间写交盲清收租抵息。而嘧哆又将铺把持，不与盲清收纳。后又情愿将盲清所居铺租递年扣兑。今又禀追租银，殊属含混，合就札饬。札到，该夷目立即转饬该夷唵哆呢·嘧哆嫡俚唵哆呢·吩嘞㗖所欠盲清布银照数兑清楚，毋得混禀，致干未便。仍将抵兑情由禀复，特札。

嘉庆十一年五月十二日札。

尾批：1806 lua5

十一年

档案二：十一年七月　唵哆呢欠盲清布艮^③

缩微胶卷第 9 卷/文件 76/眉批：1806 lua7

香山县左堂吴　为发给收领事。^④军民府宪发追民人盲清欠夷人罢德肋·唵哆呢桔仔围屋租一案，当经饬差唤讯追。兹据谢清高即盲清禀缴前项屋租银一十五员半前来，合发给领，为此谕。仰该夷目立即遵照，将发来租银转给夷人罢德勒·唵哆呢收领，取具领状缴^⑤本分县，以便申履军民府宪察核销案。毋违，特谕。计发番银一十五员半。

嘉庆十一年七月十二日谕

---

① 此处二字笔者阅读胶卷时未能读出，兹暂据《海录校释》补入"禀到"二字。
② 按，应为"俚"字。
③ 此则档案见录于谢清高口述、杨炳南笔录，安京校释：《海录校释》书后附录八，题为《香山县丞吴兆晋为饬罢德肋唵哆呢收领谢清高少欠屋租银事下理事官谕》（第339）。
④ 此处《海录校释》录文多出"□□□□（照得现奉）"四字。
⑤ 此处《海录校释》录文多出"□（回）"一字。

档案三：香山县左堂吴　谕澳门夷目唛嚛哆知悉①

缩微胶卷第 9 卷/文件 74/眉批：1806 lua8

现据嘉应州民谢清高禀□（称）：

切蚁来澳租赁澳夷唵哆呢·嘞吵铺一间，土名桔仔围，递年纳租银七员余，向纳无异。

曾与嘞吵侄唵哆呢·吩嚶唻交易，前后共欠番银一百五十员，屡取延搪。不幸双目遂瞽。伊愿递年供息二分。殆后息又不清，即将伊自己红窗门铺一间，□（写）②蚁收租作息，递年租银二十四员。现有夷目番纸可据，谁料伊叔嘞吵将铺租把抗，不与蚁收。遂投夷目即通字地保理处。嘞吵说将蚁住租伊铺租银扣抵，蚁无奈允从，遂将两载铺租抵扣番银十五元半。讵嘞吵复串夷目，以欠租等事禀，奉差追。蚁经如清，夷人欠蚁血本岂无偿？势得禀叩爷阶，乞饬催还归本。等情到厅。

据此，合谕查追。谕到，该夷目即便遵照，立即查明唵哆呢·吩嚶唻如果与民人谢清高交易，少欠番银一百五十员，该日照数清还，毋得饰词推搪。该夷目亦不得偏徇干咎。毋违，特谕。

嘉庆十一年八月初二日谕

档案四：署广州澳门海防军民府兼管顺德、香山二县捕务、水利候补分府加五级纪录五次嵩为奸夷欺跳等事③

缩微胶卷第 10 卷/文件 54

现据瞽目民人谢清高禀前事称：

切蚁与澳夷唵哆呢·嘞吵租赁土名桔仔围铺一间，居住摆买杂货□□。每年纳夷租银七员零，二十载无异。乾隆五十八年，该夷唵哆呢·嘞

---

① 此则档案见录于谢清高口述、杨炳南笔录，安京校释：《海录校释》书后附录九，题为《香山县丞吴兆晋为饬谢清高与嘞吵铺租货银纠纷事下理事官谕》（见第 340 页）。
② 此处一字笔者阅读胶卷时未能读出，兹暂据《海录校释》补入"写"字。
③ 此则档案见录于谢清高口述、杨炳南笔录、安京校释：《海录校释》书后附录十，题为《署澳门同知嵩为追清吩嚶唻积欠谢清高本利银事行理事官牌》（见第 341～343 页）。

吵有嫡侄吇嘲唻，将自□□□□□□①铺一间与蚁，揭去本银一百五十元，计重一百零八两。每月每两行息二分，算有的笔②番字揭□□据，写明③揭后无银偿还，任蚁收伊红窗门铺租，每年该租银二十四元抵息等语。谁料自揭之后，欺蚁目瞽，本利毫不偿还。所按红窗门铺租，竟被该夷叔唵哆呢·嚅吵恃强骑④收去。甚致蚁住桔仔围铺，每年铺租迟纳一刻，即被控追，绝蚁扣收之路。致蚁本银一百零八两十余年来本利计银三百余两不获□□⑤。屡同通事投告夷目唛嚟哆押追。奈其徇庇，推却不理，反遭辱骂。泣思民欠夷债，并无数约弟据⑥。夷目一禀，本父母宪台即便追给。今夷欠民债，约数确据⑦，夷目推却不理，国法奚容？况蚁目瞽贫穷，正赖收还此项，以苏残命。乃遭欺跳，何以资生？幸际仁宪恩威，廉明新政，立雪盘冤。祗得禀乞严追，给还本利，万代沾恩。

等情到本分府。

据此，当批候夷目查明，勒限追楚在案，合行饬追，为此牌。仰该夷即便遵照，立将谢清高具控夷人吇嘲唻所欠本利银三百余两，作速查明，勒限照数追清，禀缴本分府，以凭给领。毋得徇延干咎。速速须牌。

左牌仰夷目唛嚟哆准此

嘉庆十二年正月十日
府行　日缴
眉批：1807 lua1

---

① 此处《海录校释》所录文本补入"己红窗门"四字，但原件应有六字，似应为"己土名红窗门"六字。
② "的笔"即亲笔。
③ "揭□□据，写明"，《海录校释》录文作"揭□□（借凭？）据，□□（宁开）"。
④ 此处《海录校释》录文多出"墙"一字。
⑤ 此处二字笔者阅读胶卷时未能读出，兹暂据《海录校释》补入"分毫"二字。
⑥ "数约"即合约，"弟据"，即真实凭据。由此可见谢清高租居桔仔围铺屋时并未签署合约。
⑦ 即有确切凭据。

档案五：正堂彭　谕夷目唥嚟哆□①悉②

缩微胶卷第 11 卷/文件 39/眉批：lua5

案据该夷目禀，据唵哆呢·嘧哆揣称，伊有铺屋租与华人盲清，被伊拖欠租银等情。当经饬差查追去后，嗣据瞽目谢清高禀为奸夷串吞等事，称：

蚁原籍嘉应州，来治澳门，与夷人唵哆呢·嘧哆租赁桔仔围铺一间，摆卖杂货生理。每蚁□□③银七员零五钱，历二十余年，无□□□。④该夷的侄⑤吭嚟乾隆五十八年向蚁揭银一百五十员，每两行息二分。后蚁目瞽，不能营生，向讨前欠。该夷无银清还。嘉庆六年将红窗门铺一间，每年租银二十四员，写与蚁作按收租抵息，番纸可据。讵奸夷狼蛮，斯蚁瞽目，串叔唵哆呢·嘧哆将铺租踞收，陷蚁□⑥食无靠，不已将蚁与该夷赁铺租□□⑦员零五钱九、十两年扣银十五员零。

不料奸夷无良，于十一年籍蚁所扣租赴军民府宪禀控。奉委戎台讯追。蒙讯明该夷吭嚟欠蚁本银一百五十圆，备文申请府宪谕追。上年正月内，嵩宪集讯，蚁将番纸呈核，蒙传夷目认明番纸欠银属实，着蚁缴租，札夷目□押令吭嚟缴银给蚁收领，喜瞻天日。遵将租□⑧备缴。

奈夷目徇庇，并不押追，以致候给无期。蚁情不甘，将十一、二两年租银十五员零扣抵不交。该夷见府宪、戎台均有札谕押追欠项，不能再控，诡计百出，胆耸夷目代向仁宪禀追。蒙差缪泰着缴。泣思瞽目易噬，而府宪、戎台案据难瞒。势着历情匍叩宪天，伏乞府念瞽目颠连无依，迅赐分移提齐各卷察核。谕饬夷目押令吭嚟追出本利银两给蚁收领，俾得抵还租项，以活残生。

---

① 按：此处所缺当为"知"字。
② 此则档案见录于《海录校释》书后附录十一，题为《香山知县彭昭麟为押追吭嚟所欠谢清高本银两事下理事官谕》（见第 344～345 页）。
③ 此处《海录校释》录文为"□□□□（年交租银）"。胶片此处仅缺两字，似应为"年收"二字。
④ 此处《海录校释》录文为"□（异）。□□□（前因）"。胶片可见此处缺四字，《海录校释》录文补入三字。
⑤ "的侄"即嫡侄。
⑥ 此处《海录校释》录文为"□（衣）"。
⑦ 此处所缺可能为"银柒"两字。
⑧ 此处《海录校释》录文为"□（银）"。

等情。业经申请军民府将夷人吩嗝㗆与民人盲清即谢清高互控卷宗饬发到县查核。夷人吩嗝㗆所欠民人谢清高银一百五十员既经①讯明，饬追有案，未便置之无着，合谕饬遵。谕到，该夷目立即转饬该夷吩嗝㗆，将所欠盲清即谢清高银两勒限照数追出，并令将唵哆呢·嘟吵屋租扣兑清楚。毋任刁狡混禀，致于未便。仍将追还扣抵情由禀复，本分县以凭察夺，均毋迟违。特谕。

嘉庆十三年五月廿二日谕

Xie Qinggao and the Portuguese in Macau:

A Study on 5 Archives in Chapas Sinicas Kept in Torre do Tombo Relating to the Author of *Hailu*

Liu Yingsheng

Abstract: At the beginning of the 19th century, the experiences of Xie Qinggao's global travel was recorded based on his own oral dictation. The biography so far known is mainly based on the prefaces of his book, of which the most detailed is written by Li Zhaoluo, saying that Xie Qinggao sailed abroad with other merchants when he was young. He was saved by a Portuguese ship after a shipwreck and traveled to many countries with Portuguese ships since then, and he recorded his experiences. Later he became blind and lived in Macau as an interpreter.

In the first half of 1999, the author found 5 archives in the Chapas Sinicas kept in the Instituto dos Arquivos Nacionais Torre do Tombo when being in Lisbon, relating to a lawsuit between Xie Qinggao and several Macanese or Portuguese. This paper discusses this issue in detail based on these new materials.

Key Words: Xie Qinggao; Portuguese; Macau; *Hailu*

---

① 此处《海录校释》所录文本多出"□□府宪"二字。

光绪初年澳葡强占十字门水域考

徐素琴[*]

澳门半岛南面的十字门水域是西方船只进出中国的重要通道和停泊地，因此，十字门及周边水域一直是清政府的海防要区。澳门葡人对十字门水域也早有觊觎之心。第一鸦片战争后，葡萄牙强行在澳门侵地夺权，实行全面的殖民统治。光绪初年，中葡因缉私在十字门水域发生争端。由于广东官府的软弱退让，此次冲突后中国实际上已失去了对十字门水域的控制。在此次争端中，粤澳双方对粤海常关缉私船湾泊之处有不同的说法，澳葡总督致两广总督的照会表述为"氹仔与过路湾相距之中"，而两广总督至澳督的照会则表述为"鸡头与亚婆尾相距之中"。对涉事水域解释的分歧，蕴涵着澳葡当局对中国海权的侵夺意图，以及中方对该海域主权的维护，因而有必要对其略作考证。

一、十字门水域

中国古代典籍、地图对十字门的记载比较复杂，异说颇多。[①]十字门之名，最初见于嘉靖《香山县志》卷一《风土·山川》"大吉山"条原注为"上东中水

---

[*] 作者系广东省社会科学院历史研究所、广东海洋史研究中心研究员。
本文系广东省打造"理论粤军"2013年度重点基础理论招标研究课题"16至18世纪广东濒海地区开发与海上交通研究"及广东省哲学社会科学"十二五"规划2011年度资助项目"晚清海权观演进研究——以晚清中葡澳门水界争端为中心的考察"之阶段性成果。

[①] 详参胡慧明、谭世宝：《明清广东沿海史志及地图的一些问题新探——以"十字门"的记述为中心》，澳门大学社会科学及人文学院中文系中国文化研究中心编：《明清广东海运与海防》，澳门大学，2008，第40～55页。

曰内十字门","九澳山"条又注:"上东南西对横琴,中水曰外十字门"。可见,十字门有内外之分。根据《澳门记略》的记载,处于内十字门水域内的岛屿包括蚝田、马骝洲、上窖、芒洲,处于外十字门水域内的岛屿包括舵尾(即小横琴)、横琴、鸡颈(即氹仔)、九澳(即路环)。① 通常所言十字门多指外十字门。② 外十字门水道是船舶出入澳门的要道:

> 凡蕃舶入广,望老万山为会归,西洋夷舶由老万山而西至香山十字门入口;诸番国夷舶由老万山以东由东莞县虎门入口,泊于省城之黄埔。其西洋舶既入十字门者,又须由小十字门折而至南环,又折而至娘妈角,然后抵于澳。③

所以,"守老万山则诸番舶皆不得入内港,守十字门则西夷船不得至澳地。"④ 正可谓"南环一派浪声喧,锁钥惟凭十字门"⑤。十字门还是重要的泊船处所。康熙年间吴震方所著《岭南杂记》载:

> 离澳门十余里名十字门,乃海中山也。形如攒指,中多支港,通洋往来之舟,皆聚于此,彼此交易,故有时不必由澳门也。⑥

康熙年间香山举人刘世重有诗云:"番童夜上三巴寺,洋舶星维十字门。"⑦ 直至晚清,十字门仍然是澳门附近很好的锚地,同治年间完成的、由英国金约翰辑、傅兰雅口译、中国王德均笔述的《海道图说》记载:

> 十字门为最便泊船处,以东面有二高岛:南曰九澳,北曰大拔(即氹仔)。九澳与大横琴东北角之间,有甚窄水道,仅深二十四尺。至近大拔处,仅深九至十尺。又大拔以西与马格里勒(按:葡语 Macareira 的译

---

① 印光印、张汝霖:《澳门记略》上卷《形势篇》,赵春晨点校,广州:广东高等教育出版社,1988,第13页。
② 黄晓东主编:《珠海简史》,北京:社会科学文献出版社,2011,第107页。
③ 张甄陶:《澳门图说》,引自中国第一历史档案馆等编:《明清时期澳门问题档案文献汇编》(六),北京:人民出版社,1999,第608~609页。
④ 张甄陶:《澳门图说》,引自中国第一历史档案馆等编:《明清时期澳门问题档案文献汇编》(六),北京:人民出版社,1999,第608~609页。
⑤ 汪后来:《鹿冈诗集》卷4《澳门即事同蔡景后六首》,引自《明清时期澳门问题档案文献汇编》(六),第758页。
⑥ 吴震方:《岭南杂记》,引自《明清澳门问题档案文献汇编》(六),第600页。
⑦ 刘世重:《东溪诗选》,引自《明清澳门问题档案文献汇编》(六),第742页。

音，即小横琴）以东，其间深三拓半至四拓之处，亦便泊船。①

光绪十三年（1887），候补知府富纯奉张之洞之命赴澳门勘查地界后禀报：

> 澳门外环群山，曰潭仔，过路环，曰大小马骝洲，曰湾仔、曰银坑，曰拱北湾等处，峙立东西南三面，形势环抱，中汇一水，宽约数里，便于泊船。②

康熙二十三年（1684），康熙帝下令在江苏、浙江、福建、广东四省设立海关，开海贸易，长期在中国东南沿海寻求贸易机会的西方各国商人很快就进入四省进行通商贸易活动。由于历史、地理等方面的因素，中西贸易逐渐集中到广东，形成了以广州-澳门为中心的贸易体制。开海贸易之初，十字门航道东端水域的鸡颈洋面已成为西方商船重要的碇泊所。1684年、1685年英国商船"快乐"号、"忠诚冒险"号在前往厦门贸易前，都曾在鸡颈洋面碇泊。1699年8月26日，东印度公司商船"麦士里菲尔德"号到达中国，在鸡颈洋面停泊了一个多月后，才于10月3日前往黄埔进行贸易。1704年8月7日，有三艘英船下碇潭仔碇泊所，在海关监督派人前来丈量船只后，才开往黄埔。③不过，彼时清政府尚未严格规定西方商船在前往黄埔前只能湾泊鸡颈洋面。④随着来华西方商船逐年增多，清政府对西方商船的停泊、航行、进出港的管理越来越规范，亦日趋严格。乾隆初年，清政府明确规定，除澳门额船及小吕宋（今菲律宾）、小西洋（葡属印度殖民地）、大西洋（葡萄牙本国）的船只可以进出澳门港口并进行贸易外，英、法、美、荷、瑞等其他西方国家的商船，不能进入澳门内港，只能先停泊鸡颈洋面，经澳门同知衙门额设的引水和澳葡理事官禀报，由澳门同知衙门派遣引水和伙食买办，然后经虎门驶入广州黄埔口

---

① 田明曜修、陈沣纂《香山县志》卷8《海防》，广东省地方史志办公室辑：《广东历代方志集成·广州府部（三六）》，广州：岭南美术出版社，2009，第143页。
② 《候补知府富纯等为遵查澳门地界等情并禀防葡人占地事禀》，黄福庆等主编：《澳门专档》（一），台北："中研院近代史所"编印，1992，第135~136页。
③ 马士：《东印度公司对华贸易编年史》（第一、二卷），区宗华译，林树惠校，广州：中山大学出版社，1991，第53、58、86、133页。
④ 例如，1689年9月1日抵达中国的英船"防卫"号就下碇在澳门东侧的15里格（1里格为3海里）的地方，该处可能是香港港口或附近，也可能是急水门。后又停泊在离澳门6里格的大横琴后面。英国东印度公司的商船甚至常常以船只停泊在潭仔碇泊所不入黄埔，来向海关监督讨价还价。见马士《东印度公司对华贸易编年史》（第一、二卷），第77、196、202页。关于乾隆以前的情况，该书有很多类似的记载。

岸。①十字门航道东端水域的鸡颈洋面成为了其他西方国家商船进入黄埔前的临时碇泊所,"这个城是中国政府的一个前哨站,允准外国船舶前往黄埔的证件,只在那一处地方颁发。每一艘外国船都必须通过澳门前往广州"②。

鉴于十字门一带海域是西方船只进出中国的重要通道和停泊地,因此,十字门及周边水域一直是清政府的海防要区。乾隆初年,置左营左哨头司把总一员驻防关闸,"专管关闸、十字门等汛。关闸陆汛目兵二十二名。瓦窑头陆汛外委把总一员,领目兵七名。吉大陆汛目兵五名。香山场陆汛目兵六名。十字门水汛赶缯船一只,管驾目兵二十名,桨船一只,管驾目兵十五名"③。《澳门记略》插图一《海防属总图》在九澳山(即今路环岛)南面、深井(即今横琴岛)东面清晰地标识出"十字门船汛"(见图1)。

图1 乾隆香山海防属总图

资料来源:《澳门记略》插图一

---

① 章文钦、刘芳:《一部关于清代澳门的珍贵历史记录——葡萄牙东波塔档案馆藏清代澳门中文档案述要》,刘芳辑、章文钦校:《葡萄牙东波塔档案馆藏清代澳门中文档案汇编》(下),澳门基金会,1999,第885、888页。

② 泰勒·丹涅特:《美国人在东亚》,姚曾廙译,北京:商务印书馆,1959,第42页。

③ 暴煜修、李卓揆纂《香山县志》卷3《兵制》,广东省地方史志办公室辑:《广东历代方志集成·广州府部(三五)》,广州:岭南美术出版社,2009,第80页。

在香山各水汛中，十字门的防守力量最强（见表1）。

表1　香山各水汛防守力量对比表

水汛名	主管官员	兵力	船数
三灶	左营左哨千总	管驾目兵12名	索罟船1艘
高栏	同上	管驾目兵17名	4橹船1艘
番鬼岩	同上	管驾目兵28名	桨船2艘
沙尾汛	左营右哨千总	管驾目兵15名	桨船1艘
秋风角	同上	管驾目兵15名	桨船1艘
南野角	同上	管驾目兵18名	8橹船1艘
十字门	左营左哨头司把总	管驾目兵35名	赶缯船1艘　桨船1艘
磨刀门	左营左哨二司把总	管驾目兵14名	桨船1艘
蛇埒	同上	管驾目兵32名	桨船1艘　艍船1艘
第一角	同上	管驾目兵18名	桨船1艘
蠔壳头	同上	管驾目兵14名	桨船1艘
涌口门	左营右哨头司把总	管驾目兵17名	4橹船1艘
东洲门	同上	管驾目兵33名	艍船1艘　巡查河道随捕船1艘
小赤坎	右营左哨千总	管驾目兵12名	桨船1艘
榄面沙	右营右哨千总	管驾目兵37名	桨船1艘
横沥	同上	管驾目兵12名	桨船1艘
白蠔尾	同上	管驾目兵16名	艍船1艘
泥湾门	右营左哨头司把总	管驾目兵13名	桨船1艘
虚浮	右营左哨二司把总	管驾目兵14名	4橹船1艘
小屯畔	同上	管驾目兵13名	桨船1艘
三角塘	同上	管驾目兵12名	桨船1艘
东濠口	右营右哨头司把总	管驾目兵10名	4橹船1艘
竹仔林	右营右哨二司把总	管驾目兵29名	艍船1艘　桨船1艘
三门	同上	管驾目兵12名	桨船1艘
象角	同上	管驾目兵12名	桨船1艘

资料来源：根据乾隆《香山县志》卷3《兵制》资料制作

根据表1，在兵力上，榄面沙最多，共有管驾目兵37人，比十字门汛多两人，但其船只配备只有1艘桨船。在船只配备上，蛇埒汛、东洲门汛、竹林仔汛虽然与十字门一样有两艘船只，但兵力均不及十字门汛。

乾隆九年（1744），设澳门同知，驻前山寨，"令其专司海防，查验出口、进口海船，兼管在澳民蕃"。鉴于澳门同知职司海防，兼理蕃民，所以特别从香山、虎门二协改拨左右哨把总二员，马步兵一百名，桨橹哨船四舵，马十骑，别立为海防营，"以资巡缉之用"①。这样一来，防守十字门的武装力量，除了香山协指挥之下的十字门水汛外，还有澳门同知指挥下的海防营。至嘉庆朝，香山协已未再专门设立十字门水汛。嘉庆十四年（1809），海防营也改设为前山专营。前山营虽然为陆路专营，分防的南大涌、关闸、望厦三汛均为陆汛，但是将原归澳门同知辖制的兵丁 90 名补至 100 名，由水师千总率外委 1 名带领，驾驶桨船，在澳门东、西、南三处海面往来巡查。

道光中叶以后，西方侵略势力对中国的威胁日益严重，外国兵船长期在虎门口外游弋，甚至不遵守规定，恃强闯入虎门口内。虎门口一带的海防压力日益加大。道光十一年（1831），清政府将前山守备移驻大鹏营，同时将前山营由陆路专营改为内河水师营，游击改为内河都司，由香山协管辖，兵丁减为 373 名，水师千总率外委 1 名，带兵百名巡缉澳门海面不变。②有清一代，清政府对澳门的军事镇守虽然因时而异，时强时弱，但清朝一直严密掌握着对澳门的水陆防守，无可置疑地拥有澳门水域的主权。

二、光绪初年澳葡强占十字门水域的经过

由于十字门是商船出入中国的必由海道，因此，葡人对十字门水域早就有觊觎之心。而嘉庆年间海盗横行广东海面，十字门的海防形同虚设，也给葡人侵犯氹仔岛及其水域造成了机会。葡人借口保护中外商民不受海盗劫掠，不仅"向英国人购买一艘双桅帆船'南希'（Nancy）号，价款 15 000 元，将船改

---

① 《广州将军策楞等奏请移同知驻扎澳门前山寨以重海防折》，《明清时期澳门问题档案文献汇编》（一），第 197 页。
② 卢坤、邓廷桢主编：《广东海防汇览》卷 7《司职·武员》，卷 9《营制·兵额》，王宏斌等校点，石家庄：河北人民出版社，2009，第 234、294 页。

装，安上火炮 16 门，派船员 150 名上船"①，在十字门水域巡视，而且还曾在氹仔岛派驻海关卫兵。②

第一次鸦片战争刚刚结束，葡萄牙就企图侵犯十字门一带海面，但未能得逞。"道光二十三年间，该洋人拟于关闸地方设兵防守，东西两海至十字门，派船防御，经绅士赵勋等呈控，又奉前督、抚宪祁、程批准驳斥"③。此时，葡萄牙对华政策的核心是"彻底铲除澳门在中华帝国秩序内的传统地位"④，即通过强行征税以侵夺对在澳中国居民管辖权，扩张地界以侵夺中国在澳领土主权，驱逐中国官员、捣毁中国官方机构以侵夺中国在澳行政权，擅自审理涉华案件以侵夺中国在澳司法权等手段，夺取对澳门的排他性管理权。此时，葡萄牙刚开始在澳门实行殖民统治，尚无力对澳外周边海域进行实际占有。

澳门居珠江口西部。西江流经两广山地，至广东三水县，汇北江而南流出海。其流域所经，大部分为岩石，在华南高温多雨气候下，风化甚烈，河水夹带巨量泥沙，至河口三角洲，地势平坦，水道分歧，流势锐减，泥沙沉积。澳门靠近磨刀门水道且其排水支道濠江，绕南屏前山经澳门西岸出海，故澳门深受西江冲积之威胁，沿岸淤积严重，泥滩广阔，海岸日浅。⑤至 19 世纪末，澳门港口及附近海域的淤塞程度越来越严重，吃水稍重的船只无法进港，严重制约澳门对外贸易的因素。因此，粤澳间的民船贸易对澳门商业乃至经济的重要性日益彰显。澳葡当局很清楚这一点，采取了免交税费等方法鼓励民船贸易。⑥1850 年 12 月 7 日，澳葡政府发布公告：

> 奉公会命：现查得所有头艋船，向由附近海口来澳贸易者，辄疑与趁洋各艚船同输入澳顿钞。为此，合行出示，明白晓谕尔各头艋等船知悉该入澳顿钞之例。惟是，该趁洋白艚船及头艋等大船由家喇吧（Portos de

---

① 马士：《东印度公司对华贸易编年史》（第一、二卷），第 728～729 页。
② 萨安东：《葡萄牙在华政策（1841～1854）》，金国平译，澳门基金会，1997，第 97 页。
③ 《两广总督张之洞咨总理衙门》，黄福庆等主编：《澳门专档》（一），台北："中研院近代史所"编印，1992，第 142 页。
④ 萨安东：《葡萄牙在华外交政策（1841～1854）》，第 14 页。
⑤ 何大章、缪鸿基：《澳门地理》，广州：广东省立文理学院，1946，第 27 页。
⑥ 关于粤澳民船贸易与中葡澳门水界争端，请详参徐素琴：《晚清粤澳民船贸易及其影响》，《中国边疆史地研究》2008 年第 1 期；徐素琴："封锁"澳门问题与清季中葡关系》，《中山大学学报》（社会科学版）2005 年第 2 期。

Java)、暹罗（Siam）、新埠（Estreito de Malaca）等外洋，不在中国所属之处载货来澳者，应输顿钞，其余由附近来澳之船不在例内，可照旧免钞，各宜告之。特谕。

道光三十年十一月初三日谕。①

但是，澳门政府在鼓励民船赴澳的同时，不仅未对越来越严重的民船走私进行限制和监管，相反还对走私采取姑息放纵的态度，"其澳门西洋人日听奸商勾结，包庇走私"②。同时，澳门中国海关被澳葡当局强行关闭、迁移黄埔长洲后，由于长洲不是往来澳门的必经之路，难以对往来粤澳间的民船贸易进行征税，该关形同虚设，使清政府对澳门民船贸易的管理严重失控，走私活动盛行。走私的货品既包括鸦片、茶叶、生丝、药材、米、糖、油等允许贩运的货物，同时也不乏苦力、盐、火药、军火等清廷明令禁止贩运的货物，严重影响了清廷关税和广东地方财政收入。为了遏制粤澳民船走私活动，同治七年（1868），广东地方政府在前山和拱北湾设立厘卡征税地方厘金。同治十年（1871），清廷责令广东地方政府在厘卡处设立常关税厂征收常税。但是拱北湾设立税厂遭到澳门当局的强烈反对，中葡发生严重冲突。广东官府派出多艘舰船分守九星洋、鸡颈、十字门、磨刀门等海面，对澳门形成一个包围圈，给澳葡当局造成很大的压力。在粤海关税务司鲍拉的调停下，中葡各退一步，中国放弃在拱北湾设厂，澳葡则被迫同意在马骝洲设厂。

马骝洲税厂设立后，清廷一度派有缉私船驻泊在鸡颈附近海面，巡缉十字门一带海域，后来因故裁撤。"查澳门外鸡头岛与亚婆尾岛相距交界之中，曾有本关缉私大轮船常泊于此，惟近年本关所派于澳洋面地方缉私轮船船身较小，此处无避风地方，湾泊于此，难免无虞，本关未准湾泊于此"③。由于疏于防守，光绪初年，在澳葡当局的庇护下，十字门附近的走私活动日益严重。光绪四年（1878），海关缉私艇拦截四艘走私盐船时，遭到走私船的激烈对抗，关艇"华山"号上的一名欧洲籍舵手被打死，一名中国水手受伤。走私者逃到葡萄牙私占的水域内，并受到澳葡当局的庇护，"走私者成功地逃到葡萄

---

① 汤开建、吴志良主编：《澳门宪报中文资料辑录——1850~1911》，澳门基金会，2002，第1页。
② 《两广总督瑞麟为小马骝洲缉私纠纷致总理衙门函》，黄福庆等编：《澳门专档》（三），第166页。
③ 《副都统都理粤海关咨两广总督张树声》，黄福庆等编：《澳门专档》（一），第113页。

牙界内，在那里他们总是能得到安全，免于惩罚"。粤海关《1878 年广州口岸贸易报告》在记述了这一事件后，还做出了这样的评论：

> 葡萄牙人对氹仔岛（Typa）提出的要求，包括十字门水域划在他们边界之内，要海关对邻近澳门的违禁品维持有效监督，就特别困难。十字门就其名称的含义，是由两条河道相互直角交叉组成，所以有四个出口，走私船可以从每个出口驶入海中，保持在葡萄牙水域内，直至发现某一河道没有海关缉私艇守卫，再驶向中国水域。如果缉私艇驻扎在一个邻接的河道，他们必先需要绕行几里路才能开始追逐，结果是大多数走私船逃之夭夭。①

有鉴于此，光绪六年（1880），粤海常关特派"神机"号大轮船重新在鸡头、亚婆尾之中"择利便之地湾泊"，在十字门东面一带水域常川巡缉，以加强对该水域的缉私行动。此事很快就引起了葡人的警觉。据"神机"号管驾向粤海关监督的禀报：

> 于九月二十三日，该船曾泊鸡头地方，并无西洋员弁到问。本船即于该日驶往他处，随于二十九日复泊该处，申刻时候，有西洋兵总名佐诗加理亚地李留士由氹仔炮台来到本船，自称彼尚未知本船所泊之处是否西洋界内，当回澳禀问督宪请示，并未请本船移往别处。而本船亦泊至次日午后，始开行往别处巡缉，迨至三十日，复在此停泊。又有西洋副船政厅来问，声称此乃西洋界内，请即起锚须往他处湾泊。而本管驾答之确系中国界内，未允其所称西洋界内之语。当即因事起锚前往出洋等语。②

这份禀报颇耐人寻味。从二十三日到三十日，"神机"号三次停泊鸡颈洋面，第一次葡人未加理会，第二次称不能肯定该处是否西洋水面，第三次则肯定该处是西洋水面，并要求中国巡船立即离开。这说明，澳葡对中国巡船重新驻泊十字门海面非常关注，并为此积极商讨对策。果然，过了两天，即十月初二日，澳门总督贾若敬就为此事照会两广总督，措辞十分强硬。这篇照会很

---

① 《1878 年广州口岸贸易报告》，广州市地方志编纂委员会办公室、广州海关志编纂委员会编译：《近代广州口岸经济社会概况——粤海关报告汇集》，广州：暨南大学出版社，1995，第 232 页。
② 《副都统都理粤海关咨两广总督张树声》，《澳门专档》（一），第 113 页。

长，其意大致可概括为：

（1）氹仔、路环海面为葡萄牙所有，中国在该处水域内的任何缉私行为，均是对葡萄牙主权的侵犯，"现据镇守氹仔兵总禀报前来，有粤海关炮船一只湾泊于氹仔、过路湾相距之中。查该处有一带海面，其内不应准查私，如其内有查私，是伤本国之权"。

（2）葡萄牙无意干涉中国缉私，但所有缉私行动不仅只能发生在葡萄牙所属海域以外，而且"界限之最迫近者亦不许任为中国海关查私"，也就是说，必须远离葡萄牙水域，否则，"定必按照违犯章程办理，将船扣留罚银，倘若固违，定将该船充公"。

（3）中国在澳门周围海域缉私是经过葡萄牙特准的，如果中国"妄行太过"，葡国将按万国公法，不允中国巡船在葡属海面湾泊。①

两广总督张树声在收到澳督的照会后，随即咨粤海关监督，询问澳督所说氹仔、过路湾海面是否在妈阁以内洋面，"神机"号巡船是否在该处缉私查私。粤海关监督派人调查后，将结果知会张树声，说明"神机一船并未在氹仔及过路湾停泊之处，只在鸡头与亚婆尾相距之中，即照西洋自定水界查核，此次神机湾泊系在中国界内，且与督部堂文开是否妈阁洋面之处，实系相离妈阁甚远，并未有湾泊在西洋界内"②。十一月初三日，张树声将粤海关监督的咨文一字不易地照会澳督。③

三、"鸡头与亚婆尾相距之中"考辨

从上节所引档案，可以发现对"神机"号巡船的停泊地，粤澳双方有不同的说法，澳督照会表述为"氹仔与过路湾相距之中"，但无论是粤海关缉私官兵、粤海关监督，还是两广总督，均一再表示"神机"号的停泊地不是"氹仔与过路湾相距之中"，而是"鸡头与亚婆尾相距之中"，有必要对其略作考证。

---

① 《驻澳大西洋总督贾若敬照会两广总督张树声》，黄福庆等主编：《澳门专档》（一），第112页。
② 《督理粤海关税务为神机轮船湾泊之处确系中国界内事致两广总督咨文》，黄福庆等主编：《澳门专档》（一），第114~115页。
③ 《两广总督张树声照会驻澳西洋大臣贾若敬》，黄福庆等主编：《澳门专档》（一），第116页。

20世纪之前，氹仔岛还是相互分离却又紧挨在一起的两个小岛，葡人统称为"Ilha da Taipa"①（见图2）根据葡语发音，其他一些西方国家则把氹仔岛称为"Typa"或"Tempa"。②除了文献记载，也可见于一些西方人绘制的地图中（见图3）。还有一些西方地图把十字门水域称为"Typa"（见图4）。

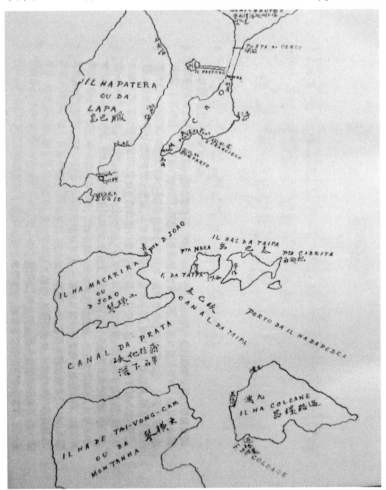

图2 绘于宣统年间的澳门及附近岛屿中葡文名称对照图

资料来源：黄福庆等主编《澳门专档》（三）第830页

---

① 《中葡澳门地名译名对照表》，黄福庆主编：《澳门专档》（三），第830页。
② 马士：《东印度公司贸易编年史》（第一、二卷），第50页。

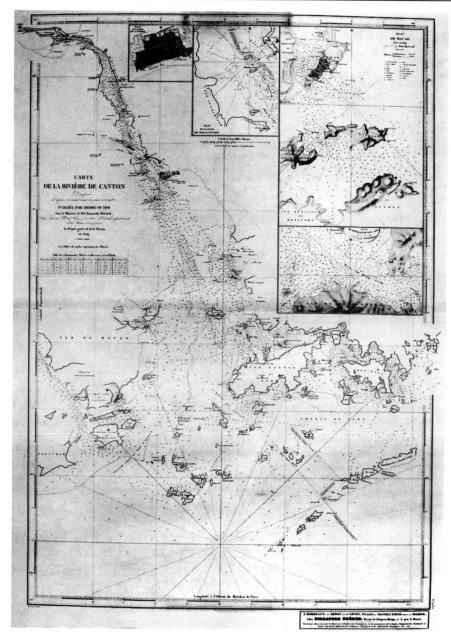

图 3　德国人绘于 1844 年的《珠江三角洲详细军事图》
资料来源：《俯瞰大地——澳门中国地图》，第 22 图

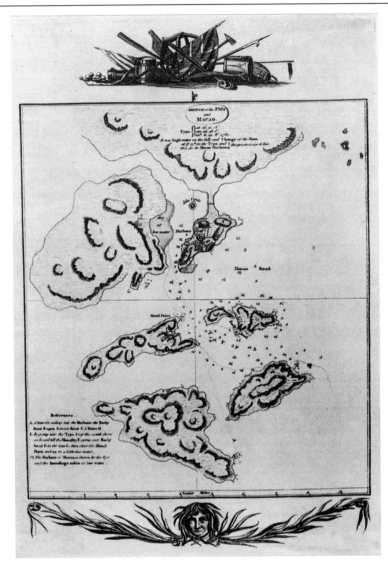

图 4　英国人绘于 1780 年的澳门及附近地区图
资料来源:《俯瞰大地——澳门中国地图》第 10 图

中国文献和地图则对氹仔岛东、西两小岛有明晰的区分:

> 潭仔土名三沙,中一小山,具牛形,曰牛山,名上沙。过峡处,南与大山相连。西一岛孤立,与牛山隔水,曰千门山,曰十字门山,名西沙。

大山西出一嫩枝，尽头处峰石昂然，曰龙头湾，名下沙。大山东一带，矮冈远伸入海，曰鸡颈。①

引文中所说孤立在西的千门山、十字门山（见图5），又称为小潭仔。②1847年，澳葡当局不顾中国的反对，在小潭仔西端修建了炮台，"西沙本系中国海关官堆之地，道光二十年外，英人犯顺，葡乃建炮台与于西沙嘴，或云二十九年所建，总在咸丰以前无疑"③。引文中所说的大山在同时期的文献和地图中常称为鸡头山或鸡颈山，粤海关监督咨文中所说的"鸡头山"即此。在绘于1866年的一张广东图上，今氹仔岛的西面被标注为潭仔，东面为鸡头。

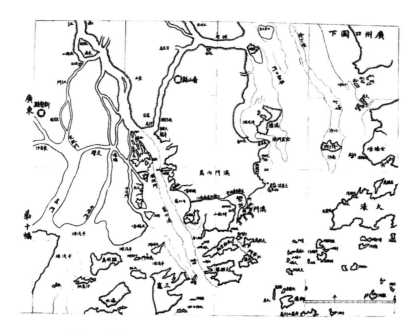

图5　光绪十三年后兵部七品京官程鹏绘制的广州口图
资料来源：中国第一历史档案馆编《澳门历史地图精选》第57图。图中将小潭仔称为十字门岛，而"大拔岛"（即鸡头山）、"马格里勒"（即小横琴岛）均为葡语的中文音译

---

① 《北洋大臣李鸿章为寄送幕客程佐衡巡澳说略事复总理衙门文》附件二《幕客程佐衡著〈勘地十说〉》，黄福庆等主编：《澳门专档》（一），第250页。这段引文可与图2对照来看。
② 刘南威、何广才主编：《澳门自然地理》，广州：广东省地图出版社，1992，第61页。
③ 《北洋大臣李鸿章为寄送幕客程佐衡巡澳说略事复总理衙门文》，附件二《幕客程佐衡著〈勘地十说〉》，黄福庆等主编：《澳门专档》（一），第251页。

澳督照会中所说的过路湾，葡语为"Ilha Colovane"，似为中文"过路湾"的葡语音译。但在中文文献和地图中，此时的"过路湾"应该还是指今路环岛西南面的一个海湾，似乎尚未成为路环全岛的称呼。在绘于 1866 年的广东图中，路环岛标为"九澳"，过路环标在九澳西南角正对大横琴岛东南角处。在前引《绘于宣统年间的澳门及附近岛屿中葡文名称对照图》中，路环岛已被标注为"过路环岛"，但在其北角、西北角、西南角标出了"石澳""荔枝湾""过路环"，并在与其相配的《中葡澳门地名译名对照表》中注明："葡译名：过路环岛；葡文洋名：Ilha Coloane，华名：九澳、荔枝湾、过路环等处全岛。"① 而在一张绘于宣统元年（1909）的《葡人逐年侵占澳门附近地界略图》中，明确指出过路环也可作过路湾。②

显然，对于澳督照会中的"氹仔与过路湾相距之中"，广东官员理解为指氹仔岛西面即小潭仔海面与路环岛西面之间的海域。这是符合历史实际的。近代海关制度确立后，清政府的榷关系统遂分割成洋关和常关两部分：洋关由外籍税务司职掌，负责征收进出口贸易税；常关又称旧关，由海关监督直接控制，负责征收国内贸易税。③ 由于粤港、粤澳民船贸易具有进出口贸易性质，所以在广东，常关对民船贸易的征税，会影响粤海关的税源和税收，海关和常关之间存在着矛盾和冲突。④ 粤海关对此颇为关注，海关税务司撰写贸易报告时多有论述。同治十三年（1874），粤海关税务司康发达为了向总税务司赫德报告粤海常关管辖的税卡及征税情况，专门绘制了广东沿海小市镇以及香港、澳门的海图。他在《1874 年广州口岸贸易报告》中这样写道：

这里最好先把本省关部所管辖的沿海和小市镇收税地区的海图和地图呈展在您面前。图 A 表明西边沿海地区下四府的范围和界线。图 B 和图 C 表明东边沿海地区范围。图 D 是一张表明内港和毗邻香港、澳门和广州的关部属下的外口的略图。图 E 和图 G 是香港和澳门的大比例尺海

---

① 《中葡澳门地名译名对照表》，黄福庆主编：《澳门专档》（一），第 830 页。
② 《葡人逐年侵占澳门附近地界略图》，黄福庆等主编：《澳门专档》（一），第 644 页。
③ 祁美琴：《晚清常关论》，《清史研究》2002 年第 4 期。
④ 详参戴一峰：《赫德与澳门：晚清时期澳门民船贸易的管理》，《中国经济史研究》1995 年第 3 期。

图，它表明这两个自由港的范围和关部所属征收鸦片烟土税的洋药厂的位置。①

后来，中葡里斯本谈判时，赫德曾这样向代表清政府谈判的亲信金登干解释这张表明澳门范围的海图："地图上的界限就是澳门总督所要求的，中国从未承认，但广东省当局一般地在行动上予以尊重，以避免纠葛。"②

"神机"号事件前，在十字门水域，澳葡当局势力所及的范围包括氹仔、路环两岛以西，大、小横琴以东的海面。粤澳因缉私与反缉私在该水域屡起冲突。光绪四年（1878），即"神机"号事件前两年，粤海关缉私船在下窖、横琴岛一带海面追缉两艘走私盐船，追至氹仔附近海域后，先被葡兵扣留在过路湾，后又被带至氹仔，数小时后始被释放。粤督刘坤一为此事与澳督交涉时，澳督表示已对涉事葡兵予以责罚，因为走私盐船"一到西洋海界，该两小火船停轮不追"，所以缉私船"无犯澳门章程实据"③。可见，葡人于道光、咸丰年间及咸丰、同治年间开始侵犯氹仔及路环后④，其势力已逐渐及于两岛西面一带海域。1868年受澳督委派前往广州，就广东官府在澳门附近海面设卡抽厘之事与两广总督瑞麟交涉的澳门检察官庇礼喇，在其所著《澳门的中国海关》一书中说：

> 在亚玛勒政府之后，路环及其周围村庄自愿并入我们的治下，开始向我们纳税。对此，香山县官未提出任何异议。因此，路环港成为澳门三个历史悠久的港口之一。⑤

中文文献也记载光绪初年葡人在过路湾建有兵房：

---

① 《1874年广州口岸贸易报告》，《近代广州口岸经济社会概况：粤海关报告汇集》，第107～108页。
② 中国近代经济史资料丛刊编辑委员会：《中国海关与中葡里斯本草约》，北京：第42页。
③ 《驻澳大西洋国施为扣留佑民等轮船事复两广总督照会》，黄福庆等主编：《澳门专档》（一），第92页。
④ 关于葡人对氹仔、路环岛的侵占，请详参郑炜明：《氹仔路环历史论集》，澳门民政总署文化康体部，2007；马光：《从"非依常规到〈自治规约〉——近代氹仔、路环的军事、税收与行政变迁初探"》，（澳门）《澳门研究》第64期。
⑤ A.F.Marques Pereira, *As Alfândegas Chinesas de Macau*, p.28；引自吴志良、汤开建、金国平主编：《澳门编年史》第4卷，广州：广东人民出版社，2009，第1693页。

其西面路湾海中，拖鱼船停泊甚多，街南北斜长一千七百余步，店户、居民约近二百家，街南头有谭仙庙，山旁有天妃庙，街中兵房一所，约前十年建。闻葡人向因救火而进步者。谭仙庙旁山角兵房，系光绪十年建。①

但是葡人尚未控制鸡颈海面。在康发达绘制的澳门海图上，于鸡颈洋面处标注着"海关火船湾泊"的字样。这正好可以和粤海关咨文中提到的"澳门外鸡头岛与亚婆尾岛相距交界之中，曾有本关缉私大轮船常泊于此"相互印证。换言之，在"神机"号事件前，鸡头山与路环岛之间的海域仍在中国控制之下。

比较不好理解的是粤海关监督所说的"鸡头与亚婆尾相距之中"。明郭棐《粤大记》书末所附《广东沿海图》，在横琴岛的东南面标有亚婆尾。由两广总督张人骏主修、于光绪二十三年（1897）的《广东舆地全图》之《香山县图》，在横琴岛上标出了二井、深井、大横琴、小横琴、阿（亚）婆尾等地名，阿（亚）婆尾在岛之东南端（见图6）。绘于宣统元年（1909）的《香山县属澳门一览图》②，在横琴岛的东南角标示了亚婆尾。在文献记载方面，金约翰《海道图说》记载："如已过九澳东角，相距一里半、水深四拓半之处，即可过大横琴东南角之亚婆尾，任离远近，皆无阻滞，盖近亚婆尾处亦深四拓也。"③亚婆尾也称为亚婆湾，"（横琴岛）刀口河滩有一小庙，东转为白草湾，又极东为亚婆湾，山有数坟，均无居人。此横琴角英人金约翰《海道图说》称为亚婆尾"④。

可见，明清以来横琴岛的东南角一直被称为"亚婆尾"。这样一来，就产生了一个问题，如果粤海关监督所说的亚婆尾指的是横琴岛东南角的亚婆尾的话，那么"神机"号巡船要停泊于"鸡头与亚婆尾相距之中"，在地理空间上

---

① 《北洋大臣李鸿章为寄送幕客程佐衡巡澳说略事复总理衙门文》，附件二《幕客程佐衡著〈勘地十说〉》，黄福庆等主编：《澳门专档》（一），第252页。
② 《香山县属澳门一览图》，黄福庆等主编：《澳门专档》（三），第674页。
③ 田明曜修、陈沣纂：《香山县志》卷8《海防》，第143页。
④ 《北洋大臣李鸿章为寄送幕客程佐衡巡澳说略事复总理衙门文》，附件二《幕客程佐衡著〈勘地十说〉》，黄福庆等主编：《澳门专档》（一），第253页。

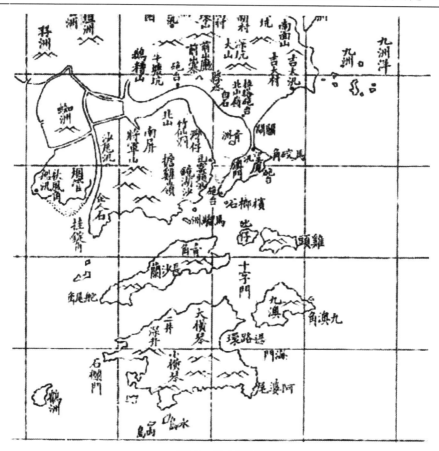

图 6　香山县图

资料来源：张人骏修《广东舆地全图》

似乎难以实现，因为在鸡头与亚婆尾相距之中恰好隔着一个路环岛。不过，一些海图可以解开这个问题。陈伦炯所著、成书于雍正年间的《海国闻见录》的下卷为海图集，其中《沿海全图》中的一幅为香山县海图，该图将路环岛称为"阿婆尾"（见图7）。粤海关税务司康发达绘制的澳门附近水域图，将鸡颈南面本该是路环岛的地方清晰地标示为"亚婆尾"。而一张绘制于光绪五年（1879）的《广东全图》，亦将路环岛标示为"阿婆尾"。[①]葡语水文图也多有将

---

① 薛凤旋编：《澳门五百年——一个特殊中国城市的兴起与发展》，香港：三联书店有限公司，2012，第94页。

路环岛称为亚婆尾岛者。①可见，至少在同治末年至光绪初年，路环岛曾被称为"亚（阿）婆尾"或"亚（阿）婆尾岛"②。

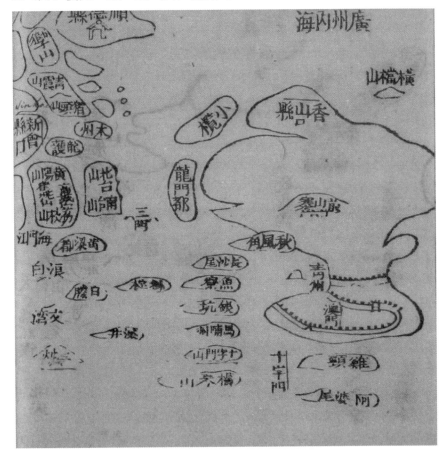

图 7　澳门及附近岛屿图
资料来源：陈伦炯《海国闻见录》下卷《沿海全图》，台北：大通书局，1987

因此，粤海关监督说的亚婆尾不是横琴岛东南角的亚婆尾，而是路环岛，所谓"鸡头与亚婆尾相距之中"实际上就是今氹仔岛东端与路环岛东端之间的

---

① 金国平：《西方近代水文资料译文对澳门方志的影响》，第 19 注，《澳门研究》第 54 期。
② 据汤开建研究，清代至少有四幅地图将路环岛标示为亚婆尾：佚名《清初海疆图》、陈伦炯《海国闻见录》附《沿海全图》、王之春《清朝柔远记》附《澳门图》、阮元《广东通志》卷 124《海防略》附《广东海图》。见汤开建：《〈粤大记·广东沿海图〉中的澳门地名》，《岭南文史》2000 年第 1 期。

海域。根据英人金约翰所辑《海道图说》，该处是十字门的最佳入口，

> 凡船出入十字门，皆应俟潮半涨时开行，如入十字门时，可直向九澳北角而行，不必离角过远，因此处颇深也。及行至见小碌高顶与九澳北角成直线，依此前行，必常见小碌北角为东又南三分之向，即得深处（据同治六年间西人绘图所记深浅尺数，今已变浅）。又见大拔中峰东面在大拔西南角之时，即可转向北行。及行至大拔西角见小碌南角与九澳北角成直线，即可停泊。此泊船处值潮退尽时，深三拓至四拓。四周有高岸可避风。①

西人通常将此入口称为"Taipa Channel"②，清末文献一般译为"大拔峡"或"泰巴峡"。③

确定了"神机"号巡船停泊的地点后，我们可以对这次水界纠纷作出如下分析：

第一，虽然葡人的势力已及氹仔岛、路环岛西面一带海域，但尚未侵入两岛东端一带海域。然而鉴于氹仔东部与路环东部之间的海域是十字门最佳入口处，葡人急欲侵占该处海域，因此，在"神机"号三次停泊鸡颈洋面时，葡人才会第一次未加理会，第二次称不能肯定该处是否是西洋水面，第三次则肯定该处是西洋水面，并要求中国巡船立即离开。

第二，广东方面虽然不承认葡人对氹仔、路环西面一带海域的侵占，但为了避免纠纷，在事实上又默认了界线的存在。因此，粤督张树声在照复澳督时，既避而不谈氹仔、路环西面一带海面的所属问题，也不对澳葡禁止中国缉私船在该处海面缉私的侵权行为进行谴责，而只是声辩中国巡船湾泊的不是"氹仔与过路湾相距之中"，而是"鸡头与亚婆尾相距之中"，该处海域不是西洋海面，"即照西洋自定水界查核，此次神机湾泊系在中国界内"，所以澳督的抗议是没有根据的，也是没有道理的。这是广东官府在中葡水界争端中的又一

---

① 田明曜修，陈沣纂：《香山县志》卷 8《海防》，第 144 页。
② 粤海关税务司康发达绘制的《1870 年代围绕澳门设置的税厂（香山县境内）分布图》，在氹仔岛和路环岛东端入口处就标示此名，见 *Canton Trade Report for 1874*，广东省档案馆藏，外文资料-46。
③ 《中葡澳门地名译名对照表》，黄福庆等主编：《澳门专档》（一），第 830 页。

次软弱退让。

由于广东官府的软弱退让，葡逐"神机"号事件后，中国实际上已失去了对十字门水域的控制权和管辖权。光绪十三年（1887）中葡签订《和好通商条约》前，总理衙门曾就签约一事征询李鸿章、张之洞等人的意见。李鸿章特派其幕僚程佐衡赴澳门调查。程到澳门后，一个月之内周历澳门附近各岛，并根据总理衙门"指问各节，述为答问八则"，其中第六问是"十字门水道是否为所阻隔？"程佐衡的回答为：

> 今海关巡船专重西路，从未进十字门以内。倘走私者由澳而南，直过潭仔路环，或由舵尾，或绕横琴，而西则马骝洲一带，恐望不能见。若谓偷漏者行不由径，则未敢深信。殆葡人自认潭仔过路环为其所属之地，故阻隔华关巡船，不使入十字门以内。……"①

张之洞则直接给光绪帝上奏，表明"澳界纠葛太多，新约必宜缓定"，折内列出澳门属葡有八大弊端，其中第六大弊端就是关于十字门的，"税司法来格向委员知府蔡锡勇言，现因潭仔、过路环两处及十字门一带海面，葡人妄谓系葡之海界，以致我之缉私诸多不便"②。

Textual Criticism on the Progress that Portuguese in Macau Controlled the Cross Gate Water

Xu Suqin

Abstract: The Cross Gate Water near Macau is the important channels and berths to west ships. It is also the key coastal defense areas of the Qing Dynasty. With this reason, Portuguese in Macau constantly sought the opportunity to control

---

① 《总理衙门收北洋大臣李鸿章咨送程佐衡游澳答问八则》，黄福庆等主编：《澳门专档》（一），第249页。
② 《粤督张之洞奏澳界纠葛太多澳约宜缓定折》，王彦威纂辑：《清季外交史料》，北京：书目文献出版社，1987，第1325页。

the Cross Gate Water. After the First Opium War, Portugal has controlled Macau. And more in the beginning of Guangxu Times the Cross Gate Water was controlled by Macau completely.

Key Words: Macau; the Cross Gate Water; Dangzai and Guoluwan; Jitou and Yapowei

再探十九世纪香港的德国社群

麦劲生[*]

一、前　言

根据民族和民族主义研究专家史密斯（Anthony Smith）的看法，一个族群共享以下特性：代名词、祖先的神话、集体记忆、共有文化特征，印象中的家乡和一种凝聚力。[①]历史经验证明，政治单位，如国家，一般由多个族群组成，置身当中的不同族群并不一定经常和平相处，相反它们会因为争逐各种社会资源而时有摩擦。人数众多、组织力强，占有较多军事、经济和文化实力的族群自然在斗争中取得优势，成为所谓的"核心族群"。战争和国家边界的变更容易形成新的强势或弱势族群。被征服者往往在经济、社会和政治上陷于弱势。但很有趣的是，某些人数少但拥有强大资源的族群，纵然寄人篱下，仍然能在异国占有领导的地位。东南亚的华人社群就是很好的例子。除了如纳粹德国的极端例子外，少有强势族群会驱逐或灭绝国境内的少数族群。它们有些会要求少数民族在文化、衣饰以至其他生活习惯上融入主流族群，亦有一些对多元文化较为包容。少数族群无论如何也得面对现实，在不同程度上追随强大的"核心族群"的文化和政治生活。

历史家伯尔金（Wolfgang Bergem）强调："族群经常面对两种带有同样威胁性的挑战——维持本身的族群特性和文化特征，会使自身在寄居国处于边缘

---

[*] 作者系香港浸会大学历史系教授。
[①] Anthony Smith, *National Identity*, Reno, Nev.: University of Nevada Press, 1991: 21.

化的状况；但企图融入主流文化的弊端一样严重，因为族群身份将会消失。"①一个族群能否融入主流与很多不同因素相关，包括它的社会和政治需要，它的大小和凝聚力，核心族群对少数族群的态度等。有时为了生存，或者受到政治和经济环境的驱使，一些少数族群甚至会隐藏自己的身份和独特性，并且乐于与核心族群合作。相反，面对敌视和排斥时，他们或会退缩回自己的族群里，同核心族群保持较远的距离。

研究德国境内少数族群的成果不少，如波兰、捷克、法国人在德国的历史经验早成重点课题，犹太人和土耳其人更是研究重心。近年有关德国海外社群的研究成果亦大有增加。在 19 世纪之前，德语人口散布于今天波兰、捷克、匈牙利、意大利等地，人为的政治边界形成和巩固后，他们成为少数族裔。另外，到南美洲经商，为谋生到美国和大洋洲的德意志人都为数不少。他们在异国的经历，自身族群的发展和内部联系，与祖国的政治、经济和文化关系等，都是十分重要的课题②，亦产生了不少富代表性的作品。至于在东亚的德国人，以在德国租界青岛的德国社群最惹人关注。早年余凯思（Klaus Mühlhahn）和罗梅君（Mechthild Leutner）对他们有详细研究。③ 但有关德国人在早期香港的经历，研究还不算很充分。

事实上，1842 年《南京条约》签订后，香港和五个被迫开放的中国港口成为中外贸易的重镇。德意志商人闻风而来，德籍传教士亦希望立足于这些港口，再谋深入内陆。香港岛受英国人管治，其后领域又扩展至九龙和新界，香港成为德国人经商聚居和传教的好选择。德意志社群因此扩大，影响力也有增

---

① Wolfgang Bergem, Culture, Identity and Distinction: Ethnic Minorities between Scylla and Charybdis, in *German Minorities in Europe: Ethnic Identity and Cultural Belonging*, ed. Stefan Wolff, New York: Berghahn, 2000: 1.

② Annette Grossbongardt, Uwe Klussmann und Norbert F. Pötzl ed., *Die Deutschen im Osten Europas: Eroberer, Siedler, Vertriebene*, München: Deutsche Verlags-Anstalt, 2011; Frederick C Luebke, *Germans in the New World: Essays in the History of Immigration*, Urbana: University of Illinois Press, 1990; Johann Peter Weiss, *In Search of An Identity: Essays and Ideas on Anglo-Australians, German-Australians, and Others*, Bern; New York: Peter Lang, 2000; Inge Weber-Newth and Johannes-Dieter Steinart, *German Migrants in Post-war Britain: An Enemy Embrace*, London: Routledge, 2006; 等等。

③ 参考 Mechthild Leutner and Klaus Mühlhahn, ed., *"Musterkolonie Kiautschou" die Expansion des Deutschen Reiches in China*, Berlin: Akademie Verlag, 1997; Klaus Mühlhahn, *Herrschaft und Widerstand in der "Musterkolonie" Kiautschou*, Munich: Oldenbourg, 2000.

加。但因为只是英治香港的一个少数族群，在港德人在融入还是分隔、保持民族身份还是自我边缘化之间要巧妙地平衡。一般来说，他们选择了务实和温和的做法，不强调他们德意志人的身份，并且与在港的其他欧洲人和华人通力合作，慢慢建立起政治和经济实力。1871年德国统一后，他们的国民身份转强，德国政府的支持也有所增加，但他们没有放弃在香港建立的社会网络，亦因此他们的影响力至第一次世界大战爆发才告一段落。

二、中德接触的起源

德意志人比葡萄牙人、荷兰人和英国人更晚来到亚洲。19世纪之前，德意志地区由大小不一的邦国组成，它们的封建农业经济无助于资本累积。当时的原始工业化（proto-industrialization）产生的作坊工业（cottage industries）和现代工业是两码事。因为缺乏财政支持，最繁荣的汉萨商港，如汉堡（Hamburg）和不来梅（Bremen）亦只专注于波罗的海和欧洲大陆北岸的贸易。缺乏远洋航海传统也是德意志地区无力发展远洋贸易的原因。传统的行会制度限制了造船工人的培训和就业。1514年汉堡的一条法例规定，限定"技师"（Meister）方能参与造船。① 1622年，汉堡政府试图从葡萄牙和荷兰输入造船技师，却遇到本地技师的激烈反抗。冲突至18世纪才平息，但德意志的造船业却已失去先机，大大落后于其他地区。另外，其他港口，如艾姆登（Emden）因缺乏木材而无法大举建船。② 政治方面，腓德烈大帝（1712～1786）强调普鲁士是个陆权国，对发展海洋没太大野心，他甚至认为殖民地会分散普鲁士的实力，导致人才和财富外流。③所以，1848年之前，大举建设海军不在普鲁士的政治议程之上。由于缺乏足够的海上武装，普鲁士无力发展大规模的远洋贸易。

---

① Ernst Baasch, *Beiträge zur Geschichte des Deutschen Seeschiffbaues und der Schiffbaupolitik*, Hamburg: Lucas Gräfe & Sillen, 1898: 10.
② Ernst Baasch, *Beiträge zur Geschichte des Deutschen Seeschiffbaues und der Schiffbaupolitik*, p.85.
③ Robert B Asprey, *Frederick the Great: The Magnificent Enigma*, New York: Ticknor & Fields, 1986: 572-573.

在 18 世纪德意志人的眼里，中国仍然是遥不可及之地，除瓷器、茶叶、丝织品和中国园林之外，他们对中国少有所知。中德之间仅有的接触亦是间接的。汤若望（Johann Adam Schall von Bell，1592～1666）是德意志地区的耶稣会士中留华最久的一位。他虽然服务明、清两朝逾二十载，却无重要的留华记述广泛流传。莱布尼兹（Gottfried Wilhelm Leibniz）大力赞扬中国统治者的才能、儒家的智慧和中国人的道德生活，但他的作品也只有少数德意志知识分子传阅。

17～18 世纪的中国和普鲁士的贸易不算频繁，勃兰登堡东印度贸易公司（Brandenburgisch Ostindische Handelskompanie）在 1647 年申请开业，但却没取得实际成就。1750 年在艾姆顿成立的皇家普鲁士亚洲贸易公司（Königlich Preußische Asiatische Handelskompanie）的船队在 1752～1757 年五次到华，虽然未能成功出售羊毛制品，但购入的茶叶、瓷器和中药材，在欧洲转售后，却获得大额盈利，股东对此大为振奋，并拟进一步发展业务。只是 1755 年股东的不和及翌年爆发的"七年战争"使扩展大计夭折，公司更在 1765 年走上解散之路。而由始至终，荷兰和瑞典商人在公司中所占股份更多于德意志商人。① 1783～1834 年，仍有普鲁士和汉堡商船来华，但贸易额微不足道。② 有载 1792～1797 年汉堡曾派商船到华。1822 年，普鲁士又派遣奥思华（Johann Heinrich Carl Wilhelm Oswald）到华推销西里西亚（Silesia）纺织品，但都无功而还。可以说，到 19 世纪 30 年代之后，中普贸易才见有起色。

三、往香港之路

受惠于《南京条约》，德意志的商人在 19 世纪 40 年代得以和其他国籍的商人一样，能在广州、厦门、福州、宁波和上海等地经商。因为对外贸易传统深厚，广州成为德意志商人发展商机的首选。事实上，奥思华第二次来华勘查之后，就在 1829 年的报告详述了广州的经商环境。据他所说，英、美、荷兰

---

① 余文堂：《中德早期贸易关系》第二和三章对这段历史讨论甚详，台北县：稻禾出版社，1995。
② Hosea Ballou Morse, *The Chronicle of the East India Company Trading to China 1635-1834*, 4 vols, Oxford: Clarendon Press, 1929, Vol. 2, p.111.

商船云集广州①，欧洲人至为喜爱的中国产品都源源不断地从广州输出。中国的商人多殷实，买办又有效率。② 但中国人的排外意识和为患海岸的海盗成为德商在华发展的极大阻力。③

他的报告无损德意志商人来华拓展业务的野心。纵使缺乏政治支持，卡罗域兹（Richard von Carlowitz，1817～1886）、夏文·美尔彻斯（Hermann Melchers）和禅臣（Georg Theodor Siemssen，1816～1875）等都凭着惊人胆色闯进中国。事实上，他们的眼光和经验并非一般德意志商人可比。家族发源于德累斯顿（Dresden）的卡罗域兹自幼便接触商业。他青年时代在莱比锡（Leipzig）随古斯塔夫·哈克特（Gustav Harkort）学习营商，并于1840年投身纽约的纳彼尔公司（Napier Company），之后自行开业。虽然他掌握了同南美贸易的一些窍门，但个人不善理财，结果因债务缠身不得不另谋出路。④ 1843年，他受旧东家古斯塔夫·哈克特之邀，和其子本哈特（Bernhard Harkort）东来中国开拓市场。⑤ 两人在1846年在广州开办哈克特-卡罗域兹公司，前后共事十年。卡罗域兹之后自建礼和洋行，并于1866年在香港建立分公司。

同样的，前身为1806年成立的佛克·美尔彻斯公司（Focke Melchers Co.）的美最时洋行（Melchers & Co.），亦有广泛的欧洲和美洲业务。⑥该公司创办人为安东·美尔彻斯（Anton Friedrich Carl Melchers）。他的长子罗伦斯（Lorenz Heinrich Carl Melchers）早年在美国巴尔的摩（Baltimore）活动，罗伦斯的两个弟弟亨利（Heinrich）和哥奥格（Georg）在1846年把业务发展到墨西哥。罗伦斯在1854年逝世，他的儿子夏文（Hermann Melchers）继承父业，在

---

① Percy Ernst Schramm, ed., *Kaufleute zu Haus und Übersee: Hamburgische Zeugnisse des 17., 18. &19. Jh.*, Hamburg: Hoffmann und Campe Verlag, 1948: 333.
② Percy Ernst Schramm, ed., *Kaufleute zu Haus und Übersee: Hamburgische Zeugnisse des 17., 18. &19. Jh.*, p.339, 342.
③ Percy Ernst Schramm, ed., *Kaufleute zu Haus und Übersee: Hamburgische Zeugnisse des 17., 18. &19. Jh.*, p.346.
④ Theodor Bohner, *Von Dresden nach China: Der Deutsche Kaufmann von Carlowitz*, Leipzig: Otto Elsner Verlagsgesellschaft, 1945: 35-36.
⑤ Theodor Bohner, *Von Dresden nach China: Der Deutsche Kaufmann von Carlowitz*, p.44.
⑥ C. Melchers & Co., Bremen. Melchers & Co. Hongkong, Kanton, Schanghai, Hankow, Tientsin, Chinkiang, Ichang, Tsingtau, Bremen: n.p., 1909: 17-18.

1866 年 8 月，在香港成立美最时洋行①，之后将业务发展到广州、上海和天津。

禅臣洋行的故事始于 1837 年。当时 20 岁的哥奥格·禅臣受维大公司（Roβ，Vidal & Co.）派遣，往印度和大洋洲找寻新市场。1841~1846 年，他先后在巴达维亚（Batavia）和爪哇（Java）工作。1846 年，他在回汉堡途中于广州和澳门稍作停留，并且在广州巧遇卡罗域兹。在他鼓励之下，禅臣于 1847 年 10 月 1 日在广州成立禅臣洋行，并且在 1855 和 1856 年，先后在香港和上海建立新公司。②

德意志的传教士也和他们的同胞商人一样孤身来华发展。郭实腊（Karl Gützlaff，1803~1851）和欧德理（Ernst Johann Eitel，1838~1908）都是很好的例子。郭实腊在 1816 年受感召成为传教士，开始勤习神学和语文。在欧洲工作多年后，他决定东来继续传教事业。1827 年，他在爪哇遇到伦敦传道会的麦都思（Walter Henry Medhurst，1796~1857）③，并受他启发成立不受教会干预的个人传道会（Einmannmission）。之后颇长的日子，他仅和尼德兰布道会（Nederlandsch Zendelinggenootschap）以及符腾堡（Württemberg）的几个小型传道会保持合作，在马来西亚、新加坡和暹罗活动多年后，他在 1831 年转到广州，在英国公使支持下开始传教，并在 1843 年移居香港。

郭实腊的做法启发了欧德理。欧德理于 1861 年加入巴色会（Evangelische Missionsgesellschaft zu Basel），并在 1862 年被派往广东新安。因为和艾顿小姐缔结婚约（Mary Ann Winifred Eaton），他被迫离开巴色会，并在理雅各（James Legge）支持下加入伦敦传道会。1870 年，他抵达了香港。④

似乎在 19 世纪 50 年代以后，德意志人才对香港产生较大兴趣。卡罗域兹的陈述多少解释了他们之前宁愿留在广州或其他港口发展，而不前往香港的原因。他指出，1845 年的香港仍是一个"贫瘠、干旱，黑乌乌和不洁的小

---

① C. Melchers & Co., Bremen. Melchers & Co. Hongkong, Kanton, Schanghai, Hankow, Tientsin, Chinkiang, Ichang, Tsingtau, p.13.
② Maria Möring, Siemssen & Co., 1846-1971, Hamburg: Verlag Hanseatischer Merkur, 1971：21-22.
③ Herman Schlyter, Karl Gutzlaff als Missionar in China, Lund: Munksgaard, 1946：33.
④ Wong Man Kong, Christian Missions, Chinese Culture, and Colonial Administration: A Study of the Activities of James Legge and Ernest John Eitel in Nineteenth Century Hong Kong, Ph.D. diss., Chinese University of Hong Kong, 1996：21-22.

岛"①，但之后，其他的德籍商人对香港的看法却大为改观，甚至觉得它胜过其他五口。当时广州的发展已经饱和，厦门在 60 年代的强势无以为继②，上海饱受太平天国运动的打击，久久未能恢复。相反，英治的香港逐渐发展出较适合欧洲人生活的社会和政治秩序，因此一时德意志洋行大量涌现，较著名的如瑞记（Arnhold, Karberg & Co.）和包尔焦·休伯纳公司（Bourjau, Hübener & Co.）等。卡罗域兹所建的礼和洋行亦于当时在香港建立分公司。

四、融入主流

纵然人数有所增加，但 19 世纪在港的德籍人士总数仍是有限。根据施其乐（Carl Smith）的估计，1906 年全港 320 000 人口之中，12 000 人为外国人，德籍人士约 359 人。③因为人数少，他们只能加入最大的英籍人士群体。他们一般不刻意表现自己的身份，而是加入英国人的社交圈子。④他们的务实态度和国际经验有助于他们快速适应香港华洋杂处的环境。

事实上，19 世纪的英、德关系并非如一般想象的紧张。英国的政治开放和经济成就当时颇为德意志人所钦羡，甚至视之为国家发展的典范。⑤当时旅居英国的德意志人甚多，禅臣早年就在伦敦学习商务。著名的报业家路透（Paul Julius Reuter, 1816~1899）亦在伦敦发迹。德意志的汉诺威王国（Kingdom of Hanover）在 1837 年前由英王室管治，该地人民更和英国渊源深厚。来华之前，卡罗域兹曾在加尔各答和新加坡两个英治地方居住，了解英殖民地的生活方式。中国和普鲁士在 1861 年签订外交条约之前，德意志人在华利益都由英国人照顾。1787~1825 年，普鲁士在广州的贸易和侨务工作主要由英商，分别

---

① *Briefe Richards von Carlowitz aus Ostindien und China von 1844 an*, Archives of Commerzbibliothek Hamburg, p.32.
② Bernd Eberstein, *Hamburg-China*, Hamburg: Institut für Asienkunde, 1988: 390.
③ Carl Smith, The German Speaking Community in Hong Kong, *Journal of the Hong Kong Branch of the Royal Asiatic Society*, 1994, Vol. 34, pp. 21-22.
④ Adolf von Hänisch, *Jebsen & Co. Hong Kong: China-Handel im Wechsel der Zeiten 1895-1945*, Apenrade: Selbstverlag, 1970: 33.
⑤ Harold James, *A German Identity: 1770 to the Present Day*, London: Phoenix, 1994: 21-22.

是丹尼尔·比尔（Daniel Beale）、汤马士·比尔（Thomas Beale）、马力克（Charles Magniac）等总办。1825~1829 年，在广州的德商曾建议以德商任公使一职，但奥斯华报告之中的反对意见令该想法胎死腹中。在整个 19 世纪 30 年代，没有证据表明曾经有人担任这个职务。① 1829~1843 年，汉堡驻广州公使先后由莫克维卡（John MacVicar）和马地臣（Alexander Matheson）两个英商担任。英、德的长年合作，加上英政府对在港德人的包容态度，使德人容易融入英国社群。事实上，19 世纪上半叶，和包括中国在内的整个亚洲对德意志地区的货品都少有需求，德商多从事转口贸易工作。1824~1841 年，英国放松了进出口贸易的限制，容许未在英国注册的外国船舶在英国港口装卸货物，也批准汉萨商埠的船只在英国港口输入德意志地区的货品和输出英国货品。② 德意志地区的商品既然无法打进中国市场，德商转而在中国不同省份销售英国货物。

简单一看德商在港主理的货品名录，就可了解他们对英国供货商的依赖。香港的美最时洋行主要从印度进口鸦片和棉花，再转售中国各省份，该公司后来成为香港的重要航运公司，在 1907 年输入 10 152 000 吨货品，输出 9 906 000 吨货品。③ 禅臣洋行出售的货品包括菲律宾和印度尼西亚的纱笼和纺织品、德国啤酒杯和酒、英国纺织品和工业品、瑞典的钢铁和英国与德国的带铁（strip iron）等。④ 随着来华洋船不断增加，禅臣洋行从英国纽卡素运来煤，供中国港口停泊的洋船添补。⑤ 当时德商在华购入的货品，仅 1/4 由德国商船带回欧洲，其他的都由英国和法国的船只运送。英、德商人共营的洋行在香港并不少见，施华蔻（F. Schwarzkopf & Co.）和基尔希纳·波格纳公司（Kirchner, Böger & Co.）只是其中两个例子。

因为明知无法和英国人对抗，所以尽管德商在某些领域上占有优势，他们

---

① Bert Becker, The Merchant-Consuls of German States in China, Hong Kong and Macao（1787-1871）, in Consulship in the 19th Century, ed. Jörg Ulbert and Lukian Prijac, Hamburg: DOBU Verlag, 2010: 332-335.
② Karin Bartsch, Hamburgs Handelsbeziehung mit China und Britisch-Ostindien, Ph.D. diss., University of Hamburg, 1958: 9-12.
③ C. Melchers & Co., Bremen, p.18.
④ Möring, Siemssen & Co., pp.59-60.
⑤ Möring, Siemssen & Co., pp.60-61.

也会安分守己。禅臣洋行是 1864 年成立的香港汇丰银行的创办股东之一。之后德资的礼和洋行、鲁鳞行（Wm. Pustau & Co.）和瑞记等也纷纷入股，第一次世界大战前夕，汇丰的董事局有四位德商。① 假若他们联手，足以挑战英商的领导位置②，但这类事却始终没有发生。

也因为在港德商未面临太大政治风险，他们没有积极和德意志诸邦建立紧密政治联系。1843 年 9 月，德素多夫（Düsseldorf）地区首长办公室派遣格尔巴（Friedrich Wilhelm Grube）来华开展市场，但他回国后在 1845 年写成的报告中，却认为无须开设一个代表所有在华德商利益的公使职位。③ 来自汉堡，一直在澳门经商的容恩斯（Theodor Johns）看法也与此接近。1845 年他在一份报告中指出，德意志诸邦无须独立和中国缔结商务条约。④ 在设置驻华公使一职问题上，更显示了在港德商对政治不太关心。1846 年，鉴于广州德商的利益未受充分保障，卡罗域兹和一群商人联合要求普鲁士政府在广州设立联合公使一职，但他们的要求却遭到来自汉萨城镇的德商反对，而反对的理由是这样无疑默认普鲁士在德意志诸邦的领导地位⑤，他们当然也怀疑普鲁士是否有实力去为他们争取利益。即使是意图染指此位置的卡罗域兹，也只想以非正式的身份去履行职务。1847 年，卡罗域兹终于成为第一位身兼普鲁士和萨克逊（Sachsen）驻广州公使之职的德意志人。⑥ 不久，代表德意志不同城镇和邦的公使纷纷就位。禅臣在 1852 年任汉堡驻广州公使，并在 1856 年兼任不来梅驻广州公使，1856 年 6 月，汉诺威驻香港公使成立。⑦ 较早之前，拉马斯（Eduard Reimers）在 1856 年成为汉堡驻香港公使。1856 年，奥华贝克（Gustav Overbeck）接任普鲁士驻港第一任公使的职务。之后继任此职的有普

---

① Frank H H King, Catherine E King and David J S King, eds., *The Hongkong Bank in Late Imperial China 1864-1902*, New York: Cambridge University Press, 1987: 26.
② Frank H H King, Catherine E King and David J S King, eds., *The Hongkong Bank in Late Imperial China 1864-1902*, p135.
③ Becker, The Merchant-Consuls of German States in China, Hong Kong and Macao（1787-1871）, p339.
④ Eberstein, *Hamburg-China*, p.113.
⑤ Eberstein, *Hamburg-China*, p. 62.
⑥ Becker, The Merchant-Consuls of German States in China, Hong Kong and Macao（1787-1871）, p.341.
⑦ *Germany in Hong Kong*, Hong Kong: Consulate General of the Federal Republic of Germany in Hong Kong, 2003: 3.

博斯（Theodor Probst）和艾姆博克（Theodor Eimbcke）。①

郭实腊和欧德里的经验多少显示港英当局和在港德人的关系。早于在东南亚传教的日子开始，郭实腊便常与英人往还。1831 年 6 月，他登上了英国商船，展开探索中国沿海地区传道机会之旅。因为通晓汉语和几种中国方言，他于 1832 年 2 月被委任为一艘东印度公司商船的医生和传译员。他第一次游历的足迹遍及中国北岸城市和朝鲜，他的报告更载于英国及欧洲的报刊中。因为缺乏资金，他后来搭乘了一艘英国走私船再续行程。②在 1834 年 12 月，因为受到高薪、人身安全保障和方便传教等因素吸引，他接替马礼逊（Robert Morrison）任英国驻华公使的秘书和传译之职。1840 年 6 月，当鸦片战争仍在进行时，他被调任英国海军的随军翻译职位。1843 年开始，他为港英当局工作，并在晚上继续传教。③

较诸郭实腊，欧德里和在港英人的合作更为无间，除了娶了英籍太太之外，欧德里的其他资历使他得到在港英人器重。欧德里是汉学家，对中国风土人情甚有了解，更曾深入研究华南客家族群。他的《中国佛教手册》（Handbook of Chinese Buddhism）得到汉学家理雅各布高度赞扬。他对风水的研究也引起西方人的广泛关注。当时港英当局意图掌握香港的社会脉搏，欧德里是一个可用之材。他很快便被委任为教科书委员会主席，主持资助中学的教科书编撰工作。④港督坚尼地（Arthur E. Kennedy）之后委任他为考试委员。⑤欧德里成为港英当局一位主要的中国通，掌管过不同部门。1879 年 2 月他接任政府督学官（inspector of school）一职，并且在一个月后退出伦敦传道会。其后他也曾任港督轩尼斯（John Pope Hennesey，1834～1891）的中文秘书。⑥

---

① *Germany in Hong Kong*, p.342.
② Schlyter, *Karl Gutzlaff als Missionar in China*, pp.68-77.
③ Schlyter, *Karl Gutzlaff als Missionar in China*, p.154.
④ Timothy M K, Wong（Wong Man Kong）, The Limits of Ambiguity in German Identity in Nineteenth Century Hong Kong: With Special Reference to Ernest Eitel（1838-1908）, in *Sino-German Relations since 1800: Multidisciplinary Explorations*, ed. Ricardo K S Mak and Danny S L Paau, Frankfurt am Main: Peter Lang, 2000: 84.
⑤ Timothy M K Wong（Wong Man Kong）, The Limits of Ambiguity in German Identity in Nineteenth Century Hong Kong: With Special Reference to Ernest Eitel（1838-1908）, p.84.
⑥ Wong, *Christian Missions, Chinese Culture, and Colonial Administration*, pp.217-27.

罗存德（Wilhelm Lobscheid，1822～1893）的传教和在华生活与上述两位德籍传教士大同小异。① 他于1848年以礼贤会（Rhenish Mission）传教士身份来华，之后在香港学习中文，并协助郭实腊在广东地区传教。1857年，在经历了多种传教的风险后，也因为受到所属的中国传教会（the Chinese evangelization society）不公平的对待，他放弃传教生涯，加入港英当局，比欧德里早二十多年，成为第一任香港督学官。对这些德籍传教士来说，和港英当局合作使他们生活有所保障，亦有利于他们传教。港英当局的立场简单，不问国籍，唯才是用，德籍传教士所拥有的中国知识正是他们所需要的。

五、德籍人士和在港华人

政治上，19世纪的在港华人或许未如英国人般处于领导地位。文化差异和语言障碍也使在港德籍人士与他们难以沟通。无论如何，在港德人还得和华人合作。他们彼此之间的关系是个值得探讨的课题。

文字史料显示德籍人士较乐于学习中文。根据卡罗域兹的书信，在广州时，他每日花两小时学习中文。② 不过他的日常生活还得依赖传译员。学者巴特（Solomon Matthew Bard）曾指出在港德商很少依赖买办③，但史料显示和其他外商一样，他们同样以华籍买办作为中介。例如，礼和洋行就在19世纪80年代雇用了梁瀚彬和文树藩做买办，禅臣洋行的发展得力于买办林泰。④捷成洋行也雇用了名为"Chao Yue Teng"的华人处理商务。⑤不过，他们彼此之间的雇佣关系却少为外人知悉。⑥

---

① Ng Lun Ngai-ha, *Interactions of East and West: Development of Public Education in Early Hong Kong*, Hong Kong: Chinese University Press, 1984: 26-31. 罗存德对19世纪香港教育的观察，见于其 *A Few Notices on the Extent of Chinese Education and the Government Schools of Hong Kong*, Hong Kong: China Mail Office, 1859。
② *Briefe Richards von Carlowitz aus Ostindien und China von 1844 an*, p.58.
③ Bard, *Traders of Hong Kong*, p.97.
④ 东华三院董事局编：《香港东华三院百年史略》，香港：东华三院董事局，1971，第61～69页。
⑤ Hänisch, *Jebsen & Co. Hong Kong*, p.40.
⑥ 如 Hao Yen Ping, *The Comprador in Nineteenth Century China: Bridge between East and West*, Cambridge, Mass: Harvard University Press, 1970, 只在两处提过为德商服务的买办。

在港的德籍传教士同样需要华人的帮助。早在鸦片战争之初，郭实腊已了解，在缺少其他欧洲人支持之下，雇用本地助手是唯一办法。①定居香港后，他花了不少时间培养本地帮手，也在他们的支持之下，将传教工作扩展到内陆，纵使他对本地帮手的能力和品行不尽满意，但也别无选择。无论如何，他能将自己的个人传道会的影响力传播到远至河南，正是靠着本地人的帮忙。②

苦力贸易是在港中、德人民的一大矛盾。一直以来禅臣洋行对参与其事直认不讳，但瑞记公司却矢口否认。③礼和洋行的记载显示该公司参与了苦力贸易。根据殖民地档案，确有德商租用的船只运送苦力前往南美洲。④综合而论，在港德商或许没有直接诱骗或捕捉华人到外地当"猪仔"，但至少他们间接参与了其事。

六、在港德人的社会和文化网络

但我们也不应假设在港德人完全放弃了自身的国民身份。相反，他们有共同的文化生活，也建立起紧密的联系。从资料所见，单身的德籍人士通常分租寓所。⑤他们一般只光顾在"Medical Hall"应诊的德籍医生。⑥他们参加德籍传教士主持的礼拜，子女亦就读德式学校，来港开业的德籍商人颇能同舟共济。例如，卡罗域兹与哈克特在广州一起创业；没有卡罗域兹的鼓励，禅臣也不会在离家乡千里之地发展商务。1894年11月20日，捷成洋行的始创人雅各布·易卜生（Jakob Jebsen）甫抵香港，便即前往在港的德籍朋友那里打探香港的状况。⑦可以说，互通信息和提供各种支持的人际网络很早便存在于在港德人的社群。

---

① Schlyter，*Karl Gutzlaff als Missionar in China*，p.142.
② Schlyter，*Karl Gutzlaff als Missionar in China*，pp.175-76.
③ C.O.（Colonial Office）129，no. 169，pp.263-70，Public Records Office，Hong Kong.
④ C.O. 129，no. 166，pp. 196-211.
⑤ Hänisch，*Jebsen & Co. Hong Kong*，p.35.
⑥ Smith，German Speaking Community，p.11.
⑦ Hänisch，*Jebsen & Co. Hong Kong*，p.445.

和在上海一样，德籍人士的社交生活环绕着几个会所。① 在香港，German Club 可算代表。该会所后来易名为 Club Germania，其成员都是较富裕的德商。名为 Captains Club 的会所是小商铺店员流连之地。成立于 1859 年的 German Club 后来搬迁到今中环雪厂街。该会所设有图书馆、阅读室、音乐厅、桌球室、保龄球道、酒吧和餐厅，另外经常举办音乐会和讲座。遇有德籍要人访港，该会所都有特别节目以示欢迎，因为联谊的种类不多，德国商人特别喜欢聚集于此。② 该会所亦因此成了他们互通信息和保持联络的场地，但 Club Germania 和 Captains Club 的并存也正好表示德籍人士纵然身处海外，仍然很介意阶级的分野。

简单地说，在港德人仍然保存了他们的共同社群生活，虽然谈不上集体意识，更没有民族认同。事实上，19 世纪 70 年代之前也没有重大事件要他们采取集体行动。正如舒派金普（Wilfred Speitkamp）所说，在港的群居生活只造就了他们的文化共识，却没有实际的政治效用，更大的转变发生在 19 世纪 70 年代之后。③

七、新平衡的开始

19 世纪 70 年代不单是欧洲历史的转折点，也是在港德国社群的新里程，而德国统一只是这些变化的原因之一。第一，单就德国统一而言，新政府的世界政策（weltpolitik）无疑鼓励一直在港独立谋生的德商与新政权开展经济合作。很明显，经香港德商输入中国的重型器械和军火在其后的时间大幅增加。第二，在交通和通信日趋发达的时代，统一德国政府亦能够进一步发展海外侨民的德国属性（Germandom）。④ 第三，强大的德国增加了在港德籍人士的国

---

① Hänisch, *Jebsen & Co. Hong Kong*, p.31.
② Smith, German Speaking Community, pp.9-10; Hänisch, *Jebsen & Co. Hong Kong*, p.33 and pp.444-45.
③ Winfried Speitkamp, The Germans in Hong Kong, 1860-1914: Social Life, Political Interests, and National Identity, in Mak and Paau, eds., *Sino-German Relations since 1800*, p.61.
④ Rogers Brubaker, *Citizenship and Nationhood in France and Germany*, Cambridge, Mass.: Harvard University Press, 1992: 116-118.

民身份认同。虽然这些变化没有改变他们和在港外商及华人的伙伴关系，但紧张状态也于这时候开始形成。

俾斯麦的新外交政策在统一后不久便展开。在欧洲，政策的目标是要孤立和削弱法国，但在全球布局上就是要加强德国在政治和经济上的影响力。由于1861年清政府与普鲁士签订《通商条约》后两国经济合作不断增加，俾斯麦也很重视与中国的关系。交通上的新发展，使德国易于延伸其影响力到远东。1869年苏伊士运河通航，大大缩短了东西方航程。1871年，以汉堡为基地的"德国轮船航业局"（Deutsche Dampfschiffs-Rhederei zu Hamburg，又名金星线）开业，提供定时往返汉堡和上海及香港的航班。1872年第一艘来自汉堡的蒸汽船驶入上海，标志着德国远东汽船航运的开始。1871年，电报通达香港。以上种种，无不利于德国的新兴工业打进中国市场。因此，当俾斯麦在1870年4月暗示有意开发欧洲以外的地区时①，不来梅的三十多家公司和柏林的三家公司实时支持德国发展殖民地。在1876~1878年经济衰退期间，连支持自由贸易的德国自由党人亦转而附和德国扩张。1878年不来梅的商人促请德国政府推行新的德国政策。在港德籍人士如罗存德也相信积极但没有侵略性的政策，有助于德国侨民安居中国，并能凭借资金和先进知识影响中国。② 但最后因为社会民主党的反对，德国海军处于弱势和俾斯麦对英、法两国的顾忌，该计划未能实现。

虽然德国政府未能全力推进在华事业，但在港德商和德国重工业的合作从19世纪70年代始却大为加强。当中尤以60年代快速发展的克虏伯（Krupp）为代表。克虏伯的兵工制品很快便打进土耳其和俄罗斯市场，钢铁亦为美国铁路商人所乐用，下一步是要试探中国市场。经过1869年的一些试探后，克虏伯委派上海派利行（F. Peil）为中介再接再厉，并在1870年年底，经香港输入样品。1871~1873年，191门克虏伯大炮分别布置于天津、济南、广州和上海。③ 之后

---

① Helmuth Stoecker, *Deutschland und China im 19. Jahrhundert*, Berlin: Rütten & Loening, 1958: 73.
② William Lobscheid, *China in Statistischer, Ethnographischer, Sprachlicher und Religiöser Beziehung: mit besonderer Berücksichtigung des Ta Tsiú, der grossen Herbst-Seelenmesse*, Hong Kong: Druck von Noronha, 1871: 3.
③ Udo Ratenhof, *Die Chinapolitik des Deutschen Reiches 1871 bis 1945: Wirtschaft-Rüstung-Militär*, Boppard am Rhein: Boldt, 1987: 79.

派利行和美最时洋行也为克虏伯的采矿机器找到中国买家。①不过，克虏伯很快便遇上竞争对手，如英国的岩士唐（Armstrong）集团和有普鲁士军方背景的波鸿矿业和钢业同盟（Bochumer Verein für Bergbau und Großstahlfabrikationen）。在 1878 年以后，德国工业家亦向在港活跃已久的舒密特（Schmidt & Co.）寻求助力，早已熟悉中国市场的礼和洋行在中德军火贸易中作用明显。

在地域发展上，19 世纪 70 年代开始在中国沿海地域更趋活跃的各大德商从南到北开展了不少的新贸易点，在港德商亦能受惠。如台湾，自 1864 年德商探勘台湾的樟脑市场后，其业务蒸蒸日上，到 1898 年，香港的瑞记、鲁麟和禅臣各大洋行，亦已从事樟脑贸易，香港更成为一个重要的樟脑转运点。②1897 年德国占据胶州湾，在港的德国洋行，如捷成洋行便急急将业务向北扩张。虽然他们仍然兼售多国货品，但德国工业品的比重不断增加。

德国政府在 1889 年支持建立德华银行（Deutsch-Asiatische Bank），开始介入中国金融市场，19 世纪 70 年代德意志银行（Deutsche Bank）先后在上海和横滨建设分行，但因时机不合，最终以结业收场。③至 1882 年，柏林商业银行（Disconto-Bank）的总裁汉泽曼（Adolph von Hansemann）看准清政府洋务运动带来的机遇，在上海德商代表的支持下，游说德国企业家和银行家集资在中国建立足以和英国同业匹敌的大型银行。④在 1885 年，他的计划得到自 1875 年开始在亚洲从事外交活动的德国驻华公使勃兰特（Max von Brandt）的支持。⑤汉泽曼之后还取得多蒙特（Dortmund）、波鸿（Bochum）和纽伦堡（Nürnberg）各地的银行家和企业家的信任，建成了铁路财团（Eisenbahn-Consortium），资助李鸿章兴办铁路。德华银行就是从铁路财团演变而成，于 1889 年 2 月在柏林正式开业。其上海分行不但协助在华德商融资，亦参与中国的大型项目。但在香港，业务发展却并不理想。毕竟

---

① Udo Ratenhof, *Die Chinapolitik des Deutschen Reiches 1871 bis 1945: Wirtschaft-Rüstung-Militär*, p.80.
② 李今芸：《一战前德国商人在中国的"推进"》，《九州岛学林》2014 第 34 期，第 53 页。
③ Lothar Gall, ed., *The Deutsche Bank*, London: Trafalgar Square Publishing, 1985: 55.
④ Maximilian Muller-Jabusch, *Fünfzig Jahre Deutsch-Asiatische Bank, 1890-1939*, Berlin: Deutsch-Asiatischen Bank, 1940: 11.
⑤ Richard Frederick Szippl, *Max von Brandt and German Imperialism in East Asia in the Late 19th Century*, Ann Arbor, Mich.: UMI Dissertation Services, 1997: 44-45.

在港德商和汇丰银行合作已久。较有资历的在港德商，都是汇丰银行的重要股东和董事。至于其他规模较少的德资洋行，却普遍负债于汇丰银行，不敢轻易与之结束合作关系。①

航运方面，汉堡商人建立的"金星线"每隔两个月有船从汉堡开往香港与上海，1886年有船11艘。1884年前后，德国政府见航运业有利可图，加上受到德国工业家的驱使，力图建立一个国营航运企业，并希望以之作为向东扩展的本钱。因为"金星线"拒绝合作，德国政府乃转而靠拢基地设于不来梅的北德意志劳埃德公司（Norddeutscher Lloyd）。②双方商议后开展合作，1885年首航。最初，每月至少一班船往来于不来梅和日本及中国主要城市，后见业务兴旺，该公司于1889年倍增船队和航班，而其香港办事处也于1886年成立。"金星线"因不敌英国航运公司的竞争，到1898年被成立于1847年的汉美航线（Hamburg-Amerika Linie）购入，汉美不久成为东亚最重要的航运公司。到了1914年，汉美航运也在香港建立办事处。③ 1895年捷成洋行成立后，雅各布·捷成之父迈克尔（Michael Jebsen）也在同年筹备以香港为中心的航线。④

德国在远东影响的增强使在港德商处境复杂。论种族、语言和国籍，他们无疑是不折不扣的德国人，1871年的德国统一更加强了他们的国族意识。之后的一连串事件，如1883年勃兰特访港⑤、1892年德国领事馆成立、1897年德国占据胶州湾，都或多或少加强了他们对强大祖国的认同，他们比从前着意表达他们的国民身份。一个名为Liedertafel的合唱团成立于1873年。每年的德皇诞辰，他们会聚集于会所中大肆庆祝。⑥ 这些活动，政治含义也许不太明显，但多少显示出德国人共享的文化价值和共同身份。⑦

---

① Dieter Glade, *Bremen und der Ferne Osten*, Bremen: Carl Schünemann Verlag, 1966: 114.
② Eberstein, *Hamburg-China*, p.163.
③ Smith, The German Speaking Community in Hong Kong 1846-1918, p.53.
④ Bert Becker, *Michael Jebsen, 1835-1899: Reeder und Politiker*（Kiel: Verlag Ludwig, 2012）, p.303.
⑤ Max von Brandt, *Dreiunddreissig Jahre in Ostasien: Erinnerungen eines deutschen Diplomaten*, Leipzig: Verlag von Georg Wigano, 1901, Vol. 1, p.287.
⑥ Hänisch, *Jebsen & Co. Hong Kong*, p.445.
⑦ Speitkamp, "The Germans in Hong Kong, 1860-1914," p.60.

八、结　论

进入 20 世纪之后，在港德人更难于在实利和国民身份之间取得平衡，尤其在英、德两国冲突之时。1899~1902 年的波尔战争（Boer War），德国对荷兰人的支持就使在港德商处境尴尬。1914 年第一次世界大战爆发，多年的合作并没使德商免于成为战俘。

归根究底，在港德人的人数太少，所以即使能发挥一定的经济作用，也不能和英国人及本地华人相抗衡。例如，在教育方面，他们纵然间接促成香港大学的诞生①，却不能如在山东和上海的德国人一般，建立德国式的大学和专科学校，更重要的是，他们的各种业绩都建基于英国人的包容合作态度。第一次世界大战爆发，英、德开战，他们的财富和成就亦付之东流。

Reexamining the German Community in Hong Kong in the 19th Century

Ricardo K. S. Mak

Abstract：Making use of a range of sources in Chinese，English and German，this paper examines how the German merchants and missionaries，who formed a minority group in the 19 th century Hong Kong，attempted to strike a good balance between integration and segregation，cultural assimilation and dissimilation，national identity and marginalization. Without the support from a unified German government，they struggled before the 1870s to cooperate with the British and the Chinese locals，gradually building up their social and economic networks. Global economic changed and the Weltpolitik of the German Empire in the

---

① Bert Becker, The "German Factor" in the Founding of the University of Hong Kong in *An Impossible Dream: Hong Kong University from Foundation to Re-establishment 1910-1950*, ed. by Chan Lau Kitching and Peter Cunich, Hong Kong: Oxford University Press, 2002: 23-37.

last quarter of the 19th century enabled them to further advance their business and religious interests in the Crown Colony. However, they soon found that their economic success and stable life depended merely on the goodwill and tolerance of the British. Their fate made a tragic turn when hostility broke out in 1914.

Key Words: the German community; the 19th century; Hong Kong

轮船招商局与清季广东航运业的发展

李 洋[*]

一、前　言

1872 年 4 月（同治十一年三月），才刚刚二十九岁，风华正茂的清朝候补道员盛宣怀，在接受直隶总督兼北洋大臣李鸿章的面谕后，草拟成一份《上李傅相轮船章程》。在章程中盛宣怀指出，"火轮船直入中国以来，天下商民称便，以是知火轮船为中国必不能废之物，与其听中国之利权全让外人，不如藩篱自固"[①]，并由此提出要用商人之力来办轮船航运事业。这一具有远大战略眼光的建议成就了中国近代史上一个著名洋务企业的诞生，这就是轮船招商局。作为轮船招商局提议者和创办者的盛宣怀也因此声名鹊起，成为中国近代史上叱咤风云的大人物。

不过，初露锋芒的盛宣怀因为与李鸿章在招商局创办初期意见相左，并没有被安排为负责人，李鸿章最终选择经办海运多年的亲信，当时的浙江候补知府朱其昂来主持招商局事务。[②]1873 年 1 月 17 日（同治十一年十二月十九日），轮船招商局正式开局，局址设在上海洋泾浜南的永安街。开业当天，"中外官商及各国兵船统领均往道喜，车马盈门，十分热闹，足见舆情之辑睦，其

---

[*] 作者系北京大学历史学系博士。
[①] 夏东元：《盛宣怀年谱长编》（上册），上海：上海交通大学出版社，2004，第 13 页。
[②] 张后铨主编：《招商局史（近代部分）》，北京：中国社会科学出版社，2007，第 27 页。

兴旺可拭目俟焉"①。这样,中国近代第一家大型航运企业诞生了。当天李鸿章就此札饬招商局。②

轮船招商局作为洋务运动时期洋务派创办的典型民用企业,它不仅是中国历时最久的轮船运输企业,而且在中国轮船运输业史上扮演着重要角色。学界关于轮船招商局的研究已有不少,并涌现过一大批较高水平的论著。③综观这些论著,从最初的宏观角度论述招商局的发展历史,到逐渐深入探讨招商局发展与地方现代化的关系,可以发现,思路在转变,研究水平也不断提高。例如胡政与宋亚平主编的《招商局与湖北》一书就从招商局与湖北关系角度论述了挽回航权、首家民族轮运企业逐鹿长江航运以及招商局在斗争和妥协中缓慢成长等内容;胡政主编的《招商局与上海》关注了轮船招商局与上海现代化之关系,主要论述了招商局在上海各段历史中的发展状况。④

广东长期作为历史上"海上丝绸之路"的起点,曾经在中国对外贸易和远洋航运中扮演重要角色。在清代鸦片战争前,广东作为中国唯一可以开展对西方国家贸易的地区,成就了广州十三行一段曾经辉煌的历史。轮船招商局作为近代中国第一个大型民用轮船运输企业,建立之初就在广东的广州、汕头两港分别设立分局,两个分局的设立从很多方面促进了清季广东航运业的发展。虽然已有不少通史性著作对这一问题有所论及⑤,但目前学界并没有专门的论著来集中梳理轮船招商局与广东航运业发展的关系,也没有论著来探讨轮船招商局在发展航运业中所起的作用。因此,本文将在吸收前人研究成果的基础上,在尽可能全面搜集史料的基础上对这一问题进行探讨。

---

① 《申报》1873 年 1 月 18 日第 3 版。
② 《李鸿章札饬招商局》,同治十一年十二月十九日(1873 年 1 月 17 日),中国第一历史档案馆馆藏洋务运动档案。
③ 关于轮船招商局问题的研究综述详见段金萍:《轮船招商局史研究综述》,《滨州职业学院学报》2008 年第 4 期,第 73~77 页。除此之外,2012 年社会科学文献出版社分别出版黎志刚、刘广京、易惠莉和朱荫贵四位学者的著作《论招商局》亦可作为参考。
④ 胡政、宋亚平主编《招商局与湖北》,武汉:湖北人民出版社,2012;胡政主编《招商局与上海》,上海:上海社科院出版社,2007。
⑤ 方志钦、蒋祖缘主编:《广东通史(近代部分)》,广州:广东高等教育出版社,2010,第 683~686 页;《汕头港建设史》,1998,第 13~14 页;程浩编:《广州港史(近代部分)》,北京:海洋出版社,1985,第 92~95 页。

二、轮船招商局分局推动下的广东航运事业

1872年，被李鸿章委以重任的朱其昂等人制定了《轮船招商公局规条》。在《规条》中对轮船招商局的建立过程有过详细描述，"现在本局轮船已向外国购买四舟，均系新样坚固，一律保险"，"俟其陆续到沪，明春承装江、浙海运漕粮，运务完竣，拟即向镇江、九江、汉口、汕头、香港、福州、厦门、宁波、天津、燕台（烟台）等口揽装客货，往来贸易，并于各口设立分局，广为招徕"①。这里提到在各地设立分局，而广东地区有两个分局，一个是广州分局，一个是汕头分局。在轮船招商局自身的档案中记载更为直接："于十二年六月起重订章程，刊示众商，遍招商股四十余万。而添借官款七十万两，续置轮船十一号，分驶江海，开拓镇江、九江、汉口、宁波、汕头、厦门、福州、香港、广东等处码头。"②在另外一份名为《奉宪核定轮船招商章程》中对各地的分区经营也有涉及，"天津分栈则拟举宋缙为商董，汉口、香港、汕头三处皆将来轮船分赴载揽之区，拟举刘绍宗、陈树棠、范世尧三人充当商董，分管汉口、香港、汕头三处事务"③。

轮船招商局在没有正式开局前就已经开辟了到南方各港口的航线，而最早的一条就与广东有关，是从上海驶往汕头的航线。1872年11月30日，中国航运历史上的第一艘民用现代商船"伊敦"号悬挂着轮船招商局黄底蓝鱼的双鱼旗从上海出发了，它此行的目的地是中国南方的港口——福州、汕头。这是中国商船第一次行驶南方港口的航线，也是中国轮船首次在中国近海航行。

"伊敦"号轮船排水量812吨，本是大英轮船公司用于香港和印度孟买间航线的老船，被轮船招商局买来作为第一艘航船④，"本局所买英公司行轮船一号船名'伊敦'，计价英洋六万五千元，除扣回用英洋八百元，实付英洋六万四千二百元，价作七钱八分五厘，计净付豆规银五万零三百九十七两，业于十

---

① 台北"中研院近代史研究所"编《海防档》甲，购买船厂，1957，第920页。
② 聂宝璋编：《中国近代航运史资料，第一辑，1840~1895》，上海：上海人民出版社，2002，第839页。
③ 《招商局创办之初（1873~1880）》，胡政、李亚东点校，北京：中国社会科学出版社，2010，第3页。
④ 韩庆编：《中国近代航运发展史·晚清篇》，大连：大连海事大学出版社，2012，第164页。

月卅五日交清"①。从 1872 年底至 1873 年初,"伊敦"号多次往返上海和汕头之间:"兹启者本局'伊敦'轮船于十月三十日开往汕头,共装米麦等货计实收水脚规元八百三十六两八钱二分七厘,搭客七位,计收洋六十三元","本局'伊敦'轮船于本月初十日自汕头回沪,载来糖货等计收水脚搭客洋一千零八十九元,即于十五日仍装米麦等货驶往汕头,计收水脚规元七百三十九两五钱八分,搭客洋二百二十五元特此特知","本局伊敦轮船于十一月二十四日自汕头回沪载来货物,计收水脚洋一千六百六十二元,即于二十九日仍装货驶往汕头,计收水脚规元九百十两零七钱七分,搭客洋三百六十六元七角"。②

在此期间,"伊敦"号还将航线延伸到香港。1873 年 1 月 19 日,"伊敦"号由上海装货往香港,2 月 23 日从香港返沪。在这样的背景下,广东地区的现代航运业开始在轮船招商局的带动下起步了。以下将分别从汕头和广州的港口建设、甲午战前几条新航线的开辟和广东内河与西江航运的开辟三个方面介绍招商局推动下广东航运业的发展状况。

(一)汕头和广州两地的港口建设

在 1872 年的《轮船招商公局规条》中,已经提到招商局关于港口建设的内容,"上海、天津等处,业由本局自行设立码头、栈房,以备春正海运地步,并存储各客货物","其余各口或租或置,容随时相度办理"③。虽然汕头是轮船招商局最早开辟南方航线的终点,但是汕头的港口建设却较为迟缓。招商局在汕头首先设立办事处,后来改为招商分局,汕头招商分局的办公地点在汕头商平路 16 号,1949 年以后改为汕头港务局办公楼。④

汕头码头的修建,早在 1882 年就曾提上过议事日程,但是由于海关反对,使得招商局没有码头,反而在此之外商轮船有停泊码头。1888 年,在两广总督张之洞的建议下,"设轮船码头于汕头",但因招商局内部盛宣怀与马建忠之间的矛盾而最终搁浅。1888 年 3 月 21 日,盛宣怀给马建忠的函中提到:"汕

---

① 《申报》1872 年 12 月 2 日第 5 版。
② 《申报》1872 年 12 月 5 日第 5 版;《申报》1872 年 12 月 17 日第 6 版;《申报》1973 年 1 月 2 日第 6 版。
③ 《轮船招商公局》,同治十一年(1872 年),陈旭麓、顾廷龙、汪熙主编《盛宣怀档案资料选辑之八·轮船招商局》,上海:上海人民出版社,2002,第 4 页。
④ 《汕头港建设史》编委会编:《汕头港建设史》,第 13 页。

头造栈房码头,弟前恐估工不实,故欲请派彦嘉前往。昨彦嘉来函,似不愿出此远门。"①直到 1892 年,汕头码头才告完成,"汕头码头工程将竣,号信屡请派码头船去,以便泊船"②。当时郑观应受盛宣怀派遣专程赶往汕头。1892 年阴历九月二十九日,郑观应从香港出发,十月初三日搭乘"海龙"轮船于初四日辰刻抵汕,"即日邀同廖紫珊司马往验码头,见东边石墙上铺石板者止十丈余,皆碎石沙灰盖面,现已间有破损,据云系艇家上落货物所坏。弟嘱渠尽铺石板,庶免日久决口难收,其下桩处是否照合同办理,此时无从察看矣。至栈基早经总局派马矿师来汕看过,绘有栈图,分为四段。弟嘱其择先填之一段较为坚实者,拟盖栈房六间,经工头萧捷盛开帐,减实要价八千二百五十四元。惟栈房当中有巷无拱,不独堆货甚少,且巷边之货恐为雨水所湿,仍嘱照太古栈房格式,加回暗拱,可多堆货,约加价银六百三十六元,并嘱渠将所开细账连图寄呈总局核定侯示,方可与二头定造也"③。阴历十月十八日,郑观应回到上海。

此外,招商局在汕头码头还修建了趸船。这个作为浮动码头的趸船长 140 英尺(42.67 米),造价 1 万元。招商局于光绪十年(1884)始建仓库,此后又分别于 1890 年、1893 年、1899 年、1901 年添造栈房,专堆该局船只货物④,共用银六千余两。⑤

广州港口建设与汕头港类似,广州轮船招商局分局成立后,长期由唐廷枢兄弟控制。广州分局在创办初期业务一度比较清淡,但是唐氏兄弟很快扭转初期的被动局面。1890 年开始在广州置产,计用银六千余两⑥,随后又陆续在广州港添建码头,构筑栈房。到 1921 年,招商局在广州港芳村大涌口地建筑仓库四座,办公室一间,住宅两间,小屋一间。⑦

---

① 《盛宣怀致马建忠函》,光绪十四年二月初九日(1888 年 3 月 21 日),陈旭麓、顾廷龙、汪熙主编《盛宣怀档案资料选辑之八·轮船招商局》,第 269 页。
② 《陈猷致盛宣怀函》,光绪十八年八月初九日(1892 年 9 月 29 日),陈旭麓、顾廷龙、汪熙主编《盛宣怀档案资料选辑之八·轮船招商局》,第 433 页。
③ 《郑官应致盛宣怀函》,光绪十八年十月初九日(1892 年 11 月 27 日),陈旭麓、顾廷龙、汪熙主编《盛宣怀档案资料选辑之八·轮船招商局》,第 442 页。
④ 《汕头港建设史》编委会编《汕头港建设史》,第 13 页。
⑤ 聂宝璋编:《中国近代航运史资料,第一辑,1840~1895》,上海:上海人民出版社,2002,第 999 页。
⑥ 程浩编:《广州港史(近代部分)》,第 93 页。
⑦ 《国营招商局七十五周年纪念刊》,"本局各地产业简述",1947,第 35~36 页。

轮船招商局广东分局的办公地点在广州市六二三路 186~188 号。该分局在芳村大涌口所建的码头为三合土铁木结构。长 400 尺，宽 25 尺，高 10 尺。面积为 10 000 平方米。船边涨潮为 16 尺，吃水落潮为 13 尺。码头上所设的四座栈房，皆为瓦木结构，容积约 90 000 包头，专门来堆放该局轮船所承运的货物。①

（二）甲午战前轮船招商局新航线的开辟

1872 年，轮船招商局第一条航线开辟之时，仅有"伊敦"号一艘船来往于前述上海—汕头航线。到 1873 年，招商局增加到四艘船：一福星，二永清，三利运，四伊敦。所行航线：福星往来上海、燕台（烟台）、天津、牛庄等处，利运往来上海、厦门、汕头、天津、烟台等处，伊敦往来上海、长崎、神户等处，至 1873 年年底驶往吕宋。②到 1877 年，"至汕、厦、港、粤各埠，仍有'厚生''富有'两船应其揽载，可无虞偏废也"③。到 1878 年，"查南洋各口，只有'永宁'走温州，'海晏'走福州，'和众'走汕头，'富有''怀远'走省城，'洞庭'走省澳、'美利'走海防，共七船"。④

对于当时南方航线的中心广州港来说，主要有五条航线，分别是广州至牛庄、上海、汕头、香港及澳门。当然，建局以来各个时期航线常有变化。这主要由于不断受到外国航运势力的竞争和排斥。如 1872 年"永清往来上海、香港、汕头、广州"；1878 年"富有、怀远往来粤省，洞庭往来广州、澳门"；1879 年"美利驶粤省、海防，洞庭驶广东新河"；1881 年"富有、怀远驶粤省、香港，江平驶粤省、澳门"，"永清、利运、镇东三船春夏则协运漕米，秋冬则派驶牛庄、汕头、粤省等处"；1883 年"江平仍驶粤省内河"；1884 年"江平仍驶粤省、澳门"，"永清、利运、日新、镇东、拱北五轮，春夏运漕，秋冬行驶牛庄、汕头、香港、广州一带"，"富有、美富、广利、富顺四轮则行香港、广州居多，间驶牛庄、汕头等处"；1887 年"新造之广济浅水轮派驶辽海

---

① 交通铁道部交通史编纂委员会编《交通史·航政编》第 1 册，1931，第 250~251 页。
② 《国民政府清查整理招商局委员会报告书》下册，北京：社会科学文献出版社，2013，第 21 页。
③ 《徐润致盛宣怀函》，光绪三年九月二十六日（1877 年 11 月 1 日），陈旭麓、顾廷龙、汪熙主编《盛宣怀档案资料选辑之八·轮船招商局》，第 45 页。
④ 《唐廷枢、徐润致各分局密启》，光绪四年六月初一日（1878 年 6 月 30 日），陈旭麓、顾廷龙、汪熙主编《盛宣怀档案资料选辑之八·轮船招商局》，第 83 页。

及春间协运漕米,同年九月粤省核议肇庆、三水试行浅水轮。十二月派普济往来烟台、莱州";1890年"派江元来往广州、香港"。① 新辟航线情况详见表1。

表1 轮船招商局甲午战前新开辟航线一览表

年份	新辟航线	配备轮只
1872	上海—汕头线	"伊敦"
1873	上海—汕头—香港—广州线 上海—吕宋线	"伊敦""永清" "伊敦"
1874	汕头—新加坡线	"富有"
1878	汕头—厦门线 广东—澳门线 香港—海口线	"和众" "洞庭" "美利"
1879	广东、新河线	"洞庭"
1881	海口、海防线	"洞庭""康济"

资料来源:《招商局总管理处汇报》:航线;《国民政府清查整理招商局委员会报告书》,下册,第19~30页;《申报》1872年12月2日至1880年9月27日期间的有关报道

除了沿海航线的开辟,轮船招商局还开辟通往东南亚的远洋航线。东南亚是华侨聚居的地区之一,轮船招商局早在1873年年底就派"伊敦"号货船驶往吕宋等地。开辟东南亚航线的主要目的最初实际是为筹集资本,但是却扩展了轮船招商局的远洋航运业务。1879年,轮船招商局派温宗彦在新加坡设立分局,推举华侨胡玉基为商董,经营三宝垄等地的业务。不久,又派遣道员张鸿禄"游历南洋新加坡等处及小吕宋一带",发现虽然"该处富户物稼者多,经营者少",但是新加坡等埠系"西方各国通衢",因此不适合发展新航路。道员张鸿禄又前往暹罗等国家考察,认为暹罗孟角(即曼谷)与越南西贡一带"商贾云集,货产丰富",可以开辟新航路。1879年年底,轮船招商局在暹罗设立分局。② 1879年,两广总督刘坤一委派李炳彰前往越南设局,越王担心法国人干预,没有答应。③

1880年,轮船招商局又派"美富"号开航越南、吕宋、暹罗、新加坡、槟榔屿、印度等地。由于西方船队竭力的竞争,东南亚一带各航线先后停驶,仅

---

① 交通铁道部交通史编纂委员会编《交通史·航政编》,第1册,第254~255页。
② 聂宝璋编:《中国近代航运史资料,第一辑,1840~1895》,上海:上海人民出版社,第983页。
③ 韩庆编:《中国近代航运发展史·晚清篇》,第170页。

剩越南一口。1881年，广州分局局董唐廷庚①奉命前往越南谒见越王与各部大臣，被允准在越南海防、顺安两地购买栈房，共用银10万两。②

轮船招商局还曾力图把航线扩大到欧美等国。当时，檀香山、旧金山等地是华侨集居的地方，当地侨胞盼望中国船只开往该埠，为往来贸易和回国探亲提供便利。1879年10月19日，轮船招商局派"和众"号试航檀香山，载客400余人，客运收入约2万元，回程时搭客四五十人，收入3 000余元，虽无大利，但较合算。7月20日，"和众"号开往檀香山、旧金山，局董唐廷庚随行，8月15日抵檀香山，8月30日抵旧金山。③

轮船招商局轮船开辟远洋航线是中国近代航运史上的一件大事，正如当时人所评论的："近年轮船招商局轮船愈行愈远，有至英国者，有至美国者，西人所取于中国者，亦可取之于西人，其获益岂有涯哉？"并指出："此议兴高采烈，大为我华人生色，天道剥久必复，转歉而赢之机兆于此矣。"④

1883年，招商局派郑观应到东南亚各地考察航运业的情况，并且派遣"致远"号、"图南"号等轮行走新加坡、槟榔屿航线，但是亏损严重。1885年中法战争爆发后，轮船招商局的东南亚航线全部被切断，中国的远洋航运事业受到巨大损失。⑤

（三）广东内河与西江航运的开辟

1886年，在呈上《内地设轮船公司议》后，盛宣怀恳请两广总督张之洞在广东先行试办。但张之洞的态度并不积极，将盛的意见转饬布政使、粮道公同会议，后便没了下文。⑥直到1887年5月，盛氏才接到张之洞关于在广东设立

---

① 唐廷庚（1835~1896），字建廉，号应星。唐廷枢胞弟。广东省珠海市唐家人。第一次鸦片战争结束后，唐廷庚到澳门一间由美国传教士布朗夫妇开办的马礼逊学校读书。香港被割后，该校由澳门迁往香港，唐廷庚随迁香港读书。长期担任招商局广东、上海、福州分局总办。曾协助唐廷枢编写成中国人学习英语的第一部词典和教科书《英语集全》。
② 韩庆编：《中国近代航运发展史·晚清篇》，第170页。
③ 张后铨主编：《招商局史（近代部分）》，第59~60页。
④ 张培仁：《静娱亭笔记》卷1，第42页下。
⑤ 此方面的最新研究参见王志强：《船招商局视阈下的中越关系新探，1880~1883年》，《东南亚纵横》2010年第9期。
⑥ 《盛宣怀上李鸿章禀》（原件未署名），光绪十三年十二月（1888年1月），上海图书馆藏盛宣怀档案，档号：0091130。

内河轮船公司的意见。根据广东司道会议之结果，最终同意在佛山、肇庆、三水等地订造浅水船四艘试办，其纳税厘之法仍照民船章程办理。5月22日，张之洞又致函盛宣怀，希望盛宣怀赶紧拟定章程，以尽快推进广东内河轮运试办。①

在张之洞的催促下，盛宣怀于1887年10月向张之洞呈交了亲自拟定的《招商局拟在粤省设立内地江海民轮船局章》，其中除规定小火轮在广东境内行驶的范围、船只数目及缴税方式等细节外，还将广东内河轮船公司定性为招商局的附局企业。内河轮船公司资本由民间筹集百分之四十，招商局入股百分之六十，"若粤省民间筹集不敷，则仍由招商局补足，以后扩充添本，亦照此比例执行"②。

呈报章程后，盛宣怀在1887年11月4日，派遣直隶候补知府张振荣前往广东，与粤省有关官员筹商创办细节并探测水路情况。根据张振荣在11月14日汇报的水路情况及几个月来内河轮船的试办情形，盛宣怀对原拟章程进行调整，并于1888年1~2月间拟定《粤省设立内地轮船公司添拟章程》。经过盛宣怀的努力，粤省内河轮船公司顺利建成并在广州、肇庆、三水一带通航。③

此后轮船招商局又开辟了西江航线。1895年4月郑观应在给盛宣怀的信函中讲到，"查肇庆、梧州皆有河道可通，货与客不少。弟拟先偕蔚霞同往察看地位、水势深浅，以便定造小轮船。肇庆回帆，可顺道厦门，订迳船位及察看汕头生意近日如何"④。这样，1896年3月初，郑观应就开始对西江航线进行考察。

1896年2月16日，在郑观应到梧州前，下属已将梧州情况报于他，"今查太古与省港澳公司先有二轮来梧，一轮往来省、梧，一轮往来港、梧。该轮在江门可停轮搭客。查江门往来香港客亦不少，此港、梧往来之轮，将来可图大利也"⑤。

---

① 《盛宣怀、马建忠、沈能虎上李鸿章禀》，光绪十三年十二月二十六日（1888年2月7日），上海图书馆藏盛宣怀档案，档号：0216310。
② 《招商局拟在粤省设内地江海民轮船局章》，光绪十三年九月（1887年10月），上海图书馆藏盛宣怀档案，档号：0479810。
③ 季晨：《盛宣怀与晚清招商局（1885~1902）》，华东师范大学硕士学位论文，2012，第44页。
④ 《郑官应致盛宣怀函》，光绪二十一年三月二十六日（1895年4月20日），陈旭麓、顾廷龙、汪熙主编《盛宣怀档案资料选辑之八·轮船招商局》，第607页。
⑤ 《邝均裕致郑官应函》，光绪二十二年正月初四日（1896年2月16日），陈旭麓、顾廷龙、汪熙主编《盛宣怀档案资料选辑之八·轮船招商局》，第681页。

1896年3月初，郑观应等从广州乘船前往肇庆、梧州实地考察河道通行与客货数量等情况，并与当地商谈购买地皮及修建码头等有关事宜，"弟在肇府，于二月乘小轮船回广州，中途搁浅，搭三州乡渡至大基头，过小轮拖带之船抵省，俾悉沿途各市镇乡村渡船代轮船揽客揽货情形"，"弟亦绘有西江水道图及梧州、肇庆马头地图，容当带回酌办"①。

1896年3月底，郑观应等人购买了梧州、肇庆两处泊位码头，为通航西江做准备。1897年轮船招商局派小船顺利通航梧州。随后郑观应又向盛宣怀建议仿照在香港定造的新船样式，也定造新船两艘试航广州至梧州、香港航线，发展招商局广州、香港至梧州的轮船拖驳运输。②但是总体来讲，轮船招商局在西江的运输远不如当时由省港澳轮船公司、太古轮船公司和怡和洋行共同成立的西江轮船公司。

除此之外，在20世纪初期，随着中国全国各地铁路的修建，南北铁路也有很多都建成通车，招商局在这样的背景下还开办水陆联运，以扩大经营范围，扩充营运收入。这其中就有由广州水运至营口，再由营口装运奉天的水陆联运计划。招商局开办水陆联运是中国近代水陆交通史上的首创，对畅通国内交通，促进经济发展具有重要作用。③

三、结　　语

轮船招商局在广东设立的两个分局，在很大程度上促进了广东近代航运业的诞生与发展。李鸿章在创办轮船招商局之时曾经希望看到的结果一定程度上得以实现，即"渐收利权"④。

与此同时，时人已经充分认识到轮船招商局在经济方面所起到的巨大作用。例如1876年，太常寺卿陈兰彬在奏折中提到："招商局未开以前，洋商轮

---

① 《郑官应致盛宣怀、沈能虎函》，光绪二十二年三月初六日（1896年4月18日），陈旭麓、顾廷龙、汪熙主编《盛宣怀档案资料选辑之八·轮船招商局》，第687～688页。
② 《致招商局盛督办陈》，夏东元：《郑观应集》下册，上海：上海人民出版社，1982，第864页。
③ 韩庆编：《中国近代航运发展史·晚清篇》，第237～238页。
④ 吴汝纶编：《李文忠公全书》卷一，译署函稿，上海：商务印书馆，1921，第40页。

船转运于中国各口，每年约银七百八十七万七千余两。该局既开之后，洋船少装货客……合计三年，中国之银少归洋商者，约已一千三百余万两。"①1887年，李鸿章本人也曾讲到："创设招商局十余年来，中国商民得减价之益，而水脚少入洋商之手者，奚止数千万，此实收回剥权之大端。"②早期维新思想家王韬目睹中国轮船飘洋过海的盛况，曾欣喜地写道："自轮船招商局启江海运载，渐与西商争衡，而又自设保险公司，使利不至于外溢。近十年以来，华商之利日赢，而西商之利有所旁分矣。"③

不过，也应该看到轮船招商局发展过程中的种种不利：首先，面临着列强轮船公司的强有力竞争。价格上讲，"招商局各口初办时，水脚至低者，每吨广东二钱或三钱。自去年改组后，洋商并力相敌，至本年（1874）竞争益力，甚至每吨广东一角半或一钱半。总而计之，所减不及六折"④。航线上讲，"争上海、汕头航线之利者有太古、怡和，粤东有禅臣、太古、怡和，粤东省河有港省澳公司及太古洋商也"⑤。其次，自身现代企业管理制度的缺乏。美国学者费维恺在其《中国早期工业化：盛宣怀（1844~1916）和官督商办企业》一书中对轮船招商局的官僚主义管理模式和舞弊问题有过论述，而这其中和广东有关恐怕就是著名的"汕局舞弊案"了。⑥再次，轮船招商局的发展缺乏国家政权的支持。作为洋务运动期间的民用企业，轮船招商局自然而然带上了严重的官方色彩，所以它也和晚清的时局紧密联系在一起。在中法战争和中日甲午战争期间，轮船招商都被迫改易旗帜，这些对轮船招商局的发展也是极为不利的。⑦

总之，在列强轮船公司竞争和战争夹缝中生存的轮船招商局受到严重限制，发展步履维艰，这也是由近代中国的历史特点所决定的。

---

① 中国史学会主编：《洋务运动》第六册，上海：上海人民出版社，2000，第10页。
② 吴汝纶编《李文忠公全书》卷十三，朋僚函稿，上海：商务印书馆，1921，第24页。
③ 王韬：《西人渐忌华商》，《弢园文录外编》卷四，上海：中华书局，1959，第1~3页。
④ 聂宝璋编：《中国近代航运史资料，第一辑，1840~1895》，第1167页。
⑤ 《国民政府清查整理招商局委员会报告书》下册，第31页。
⑥ 费维恺：《中国早期工业化——盛宣怀（1844~1916）和官督商办企业》，虞和平译，北京：中国社会科学出版社，1990，第175~192页；聂宝璋编：《中国近代航运史资料，第一辑，1840~1895》，第1053~1064页。
⑦ 陈潮：《晚清招商局新考——外资航运业与晚清招商局》，上海：上海辞书出版社，2007，第108~110页。

Merchants Steamship Navigation Company and Development of the Cantonese Shipping Industry in the Late Qing Dynasty

Li Yang

Abstract: Formally founded in Shanghai in 1873, Merchants Steamship Navigation Company is the first civil shipping corporation in modern China. Its foundation motivated the development of the shipping industry in the late Qing Dynasty. Guangdong was heavily under the influence of Merchants Steamship Navigation Company. After its foundation, Merchants Steamship Navigation Company opened new branches in Guangzhou and Shantou, both in Guangdong, therefore enhancing the development of the Cantonese shipping industry in the late Qing Dynasty. This development was mainly shown in three ways: the construction of the Shantou and Guangzhou Harbor, the opening-up of new routes before the Sino-Japanese War of 1894-1895, and the opening-up of shipping on inner rivers of Guangdong and the West River. The founding of Merchants Steamship Navigation Company retrieved China's economic rights to a certain degree, and changed the declining tendency of Guangdong's position in foreign trading. However, the negative factors in its development should still be noted, which include competition from foreign powers, leaks in its own management, and a lack of support from the government.

Key Words: late Qing Dynasty; Merchants Steamship Navigation Company; Cantonese shipping industry

东亚海域交流与南中国
海洋开发（下）

Maritime Communication in East Asia
and Sea Exploration in South China

Volume II

李庆新　胡　波　主编
Edited by Li Qingxin and Hu Bo

科学出版社
北京

内 容 简 介

本书为2014年9月中国经济史学会、广东省社会科学联合会、广东中国经济史研究会、广东省中山市社会科学联合会、广东省社会科学院广东海洋史研究中心联合在中山市举办的"海上丝绸之路与明清时期广东海洋经济"国际学术研讨会的论文集萃。论题主要包括：大航海时代亚洲海洋形势与海上丝绸之路变迁，中国南方海洋经济发展与海陆互动，海上贸易与海洋网络，濒海地区开发与区域社会，海盗与海防，海洋文化与海洋信仰，海洋生态与环境变迁，以及海洋史研究的理论、方法等方面。本书集中了当前国内外海洋史研究的最新成果，体现了该领域当下国际学术的前沿水平。

本书适合明清社会经济史、闽粤区域史、海洋史等相关领域的研究者参考使用。

图书在版编目（CIP）数据

东亚海域交流与南中国海洋开发：全2册 / 李庆新，胡波主编. —北京：科学出版社，2017.2
 ISBN 978-7-03-051620-6

Ⅰ. ①东… Ⅱ. ①李… ②胡… Ⅲ. ①海洋-文化史-东亚-文集 ②南海-海洋开发-文集 Ⅳ. ①P7-093.1 ②P74-53

中国版本图书馆CIP数据核字（2017）第008059号

责任编辑：李春伶 / 责任校对：张小霞
责任印制：张 倩 / 封面设计：黄华斌

科学出版社 出版
北京东黄城根北街16号
邮政编码：100717
http://www.sciencep.com

三河市骏杰印刷有限公司印刷
科学出版社发行 各地新华书店经销

*

2017年2月第 一 版　开本：720×1000　1/16
2017年2月第一次印刷　印张：30 1/4
字数：480 000
定价：262.00元（上、下册）
（如有印装质量问题，我社负责调换）

本书获广东省"特支计划"(宣传思想文化领军人才项目)、广东省中山市社会科学联合会出版资助

编辑委员会

顾　问：叶显恩　刘兰兮　魏明孔　谢中凡　林有能

主　编：李庆新　胡　波

副主编：周　鑫

编　辑：徐素琴　周　鑫　罗燚英　杨　芹　王一娜

　　　　王　潞　江伟涛

目 录

第四部分

明初中国在东南亚区域的经略
　　——以郑和下西洋为中心…………………………………叶　冲　荣　亮 / 559
明代中后期广东海防面临的挑战
　　——以曾一本之变为中心……………………………………………陈贤波 / 591
明代高雷商路与白鸽门水寨的设置………………………………………周运中 / 606
杜臻《粤闽巡视纪略》在研究明清广东海防地理上的
　　价值……………………………………………………………李贤强　吴宏岐 / 617
清代广东士绅权力机构与民间海防………………………………………王一娜 / 639
渔业、航路与疆域：14～15世纪中国传统东沙岛知识体系的
　　初创……………………………………………………………………周　鑫 / 652
国际局势下的"九小岛事件"………………………………………………王　潞 / 675
中国对南海诸岛主权的关键性历史依据与战略选择…………郑海麟　王晓鹏 / 697

第五部分

从王直和德瑞克个人命运看16世纪中英两国在对外贸易政策
　　和官商关系上的不同………………………………………………………张　丽 / 709
杨彦迪：1644～1684年中越海域边界的海盗、反叛者及
　　英雄…………………………………………………………………………安乐博 / 728

清前中期闽粤海盗活动对外贸的影响 ………………………… 刘　平　夏　坤 / 750

第六部分

简论12世纪以后南部中国海洋经济的发展
　　——兼论中西海洋观的差异 ……………………………………… 陈衍德 / 773
简论早期台湾在中国海洋史上的地位 …………………………………… 陈支平 / 788
明代漳州府"南门桥杀人"的地学真相与"先儒尝言"
　　——基于明代九龙江口洪灾的认知史考察 …………………… 李智君 / 798
明清时期环珠江口平原的生态环境
　　——兼谈海洋生态环境史的研究方法 ………………………… 吴建新 / 821
论香山与"海上丝绸之路" …………………………………………………… 胡　波 / 841
宋元时期香山岛的海洋开发 ……………………………………………… 杨　芹 / 867
明清时期香山海陆环境变迁与农业开发 ……………………… 袁海燕　黄仕琦 / 876
明末广东香山对澳门的管治情况 ………………………………………… 谭家齐 / 889
清代香山县基层建置及其相关问题 …………………………… 刘桂奇　郭声波 / 898
澳门妈祖信仰形成、扩展及其与中西宗教的交融 …………………… 吴宏岐 / 917
"上体国宪，下杜奸宄"
　　——清代澳门庙阁兴建的旨趣 ………………………………… 王日根 / 949
雷州半岛的妈祖信俗 ……………………………………………………… 陈志坚 / 961
汕头湾旧影研究 …………………………………………………………… 陈嘉顺 / 977
"海上丝绸之路与明清时期广东海洋经济"国际学术研讨会
　　会议综述 ………………………………………………………… 王　潞 / 1016

后记 ………………………………………………………………………………… 1027

Contents

Part IV

China's Oversea Strategy to Southeast Asia During Early Ming Dynasty
　　—Focusing on Zheng He's Maritime Expeditions ······ Ye Chong　Rong Liang / 590
The Challenges of Guangdong Coastal Defense in the Mid and
　　Late Ming Dynasty—From the Zeng Yiben Event ······Chen Xianbo / 605
The Gaozhou-Leizhou Trade Route and the Setting of the
　　Baigemen Fortress ······ Zhou Yunzhong / 616
The Historical Value of Du Zhen's *Minyue Xunshi Jilüe* on Studying
　　the Coastal Defense Geography in Guangdong in the Ming and
　　Qing Dynasties ······Li Xianqiang　Wu Hongqi / 638
Gentry Leadership and Organization of Guangdong's Coastal
　　Defense During the Qing Dynasty ······ Wang Yina / 651
The Preliminary Formation of Chinese Traditional Knowledge Hierarchy About
　　the Dongsha Island from the 14th to the 15th Century ······ Zhou Xin / 673
"The Incident of the Nine Islets" in South China Sea Between China and
　　France in 1933: A Look from International Situation ······ Wang Lu / 695
The Critical Historical Basis and Strategic Choice of China's Sovereignty
　　over the South China Sea Islands ······Zheng Hailin　Wang Xiaopeng / 706

Part V

Examining Differences in Foreign Trade Policy and the State-Merchant

Relationship Between China and Britain in 16th Century: From the
  Perspective of the Fates of Wang Zhi and Francis Drake ············· Zhang Li / 727
"Righteous Yang": A Pirate, Rebel and Hero on the Sino-Vietnamese
  Water Frontier, 1640-1688 ·············· Robert Antony / 748
Min-Yue Piracy's Impact on Foreign Trade in Early-Middle Qing
  Dynasty ·············· Liu Ping Xia Kun / 768

Part VI

A Brief Discussion on the Development of the Marine Economy of Southern
  China After the 12th Century—With Special Reference to the Difference
  in the Ocean Conception Between China and Western World ········ Chen Yande / 786
A Simple Comment on the Position of Early Taiwan in the Chinese Maritime
  History ·············· Chen Zhiping / 797
The Geoscience Truth of "South Gate Bridge Killings" in Zhangzhou Prefecture
  and Confucian Views—Based on the Cognitive History of the Flood of
  Jiulong River Estuary in the Ming Dynasty ············· Li Zhijun / 819
Ecological Environment of Pearl River Estuary Plain in the Periods of Ming
  and Qing—Brief Talking About Research Ways on Marine Ecological
  Environment History ·············· Wu Jianxin / 840
The Xiangshan Area and the Maritime Silk Roads ············· Hu Bo / 866
The Ocean Development of the Xiangshan Island in the Song and Yuan
  Dynasties ·············· Yang Qin / 874
The Change of Xiangshan's Marine Environment and Development of Agriculture
  in Ming and Qing Dynasties ············· Zhong Haiyan Huang Shiqi / 888
New Perspectives on the Situation of Macau Under the Administration of
  Xiangshan County, Guangdong Province in Late Ming Dynasty ······ Tan Jiaqi / 896
The Grass-Roots Establishment of Xiangshan County and Its Relevant Issues
  in the Qing Dynasty ············· Liu Guiqi Guo Shengbo / 916

Mazu Belief in Macau, Its Formation, Expansion and Integration with
　　Sino-Western Religions ·· Wu Hongqi / 948
The Purpose of Building Temples in Macau in the Qing Dynasty ······ Wang Rigen / 959
The Rituals of Matsu Worship in the Leizhou Peninsula ···················· Chen Zhijian / 975
A Study on the Old Photos of Shantou Bay ·· Chen Jiashun / 1015
Conference Summary on the "Maritime Silk Roads and Marine Economy of
　　Guangdong During the Ming and Qing Dynasties" ·························· Wang Lu / 1026

About This Book ·· 1027

第四部分

明初中国在东南亚区域的经略

——以郑和下西洋为中心

叶 冲 荣 亮[*]

一、郑和下西洋：国家行为与政治经营

关于郑和下西洋和明初中国的对外关系、海外政策，论著不少，但大多基于历史学研究的方法和视域。陈尚胜注意过影响决策者的价值观念，并从中国传统文化的角度探讨明成祖派遣郑和出使西洋的对外决策行为和郑和在执行下西洋任务中的行为特征。[①]不过，除决策者外，还有其他多个层次的因素会影响古代封建王朝的对外决策行为。笔者参照美国学者布鲁斯·拉西特（Bruce Russett）和哈维·斯塔尔（Harvey Starr）合著的《世界政治》中的相关模式，勾画出古代中国封建王朝对外政策的分析层次（见表1）。[②]

表1 古代中国封建王朝对外政策的分析层次

宏观层面	分析层次	主要分析要素
国家（内部）	1. 决策者及其个性	决策者的教育经历、价值观、注意力的焦点、性格、健康状况、处事经验等
	2. 决策者的角色	决策者在封建政府结构中的地位、角色

---

[*] 作者系上海中国航海博物馆研究馆员。
[①] 陈尚胜：《中国传统文化与郑和下西洋》，《文史哲》2005年第3期。
[②] 布鲁斯·拉西特（Bruce Russett）、哈维·斯塔尔（Harvey Starr）：《世界政治》，王玉珍等译，北京：华夏出版社，2001，第11~14页。

续表

宏观层面	分析层次	主要分析要素
国家（内部）	3. 决策者所依赖的政府	政府结构、形式及其给决策者提供的机会和限制因素
	4. 决策者所处社会的非政府特征	决策者所处社会的非政府要素，其物质资源、人力结构、技术工艺水平、道德习俗等状况
国际（外部）	5. 国家关系	决策者所在国家与其他国家间相互影响，包括国家间的实力对比、联系程度、友好程度、信仰体系、种群差异、文明发展程度等
	6. 区域体系	区域内国家间互动的模式、相互依赖的程度，及能力、资源、地位等的总体分配对比

从影响决策的因素来看，郑和下西洋的主要动因，是出于经济目的，还是出于政治目的？① 持经济目的为主的观点，其证据大致为：一是明初在对外贸易方面，出现了官方"朝贡贸易"与私人出海贸易的激烈争夺。官方要独占海外贸易，而当时私人海上贸易势力亦十分猖獗，占据东南亚航路要点，阻梗西洋诸国来朝贸易，对明王朝统治构成威胁。明成祖夺到帝位后，决心扫除对外贸易的障碍、沟通海上贸易的通道②。二是明成祖登基时，"库藏为虚""馈饷空乏"，而当时海外贸易品利润极为丰厚。为解决财政亏损，明成祖选择派出使臣求宝，招徕各国遣使入贡，积极推行朝贡贸易。③

持政治（外交）目的论为主的观点，也从两个方面进行论证：一是在当时的社会环境下，明成祖通过武力夺取侄子的皇位完全不合封建正统、法统和皇统，明成祖之所积极推行"遣使四出招徕"的对外政策，主要是因为他缺乏政治权威，只有通过"锐意通四夷"，招徕"万国来朝"局面，树立"真命天子"形象，以提高政治威望④。二是明成祖即位之初，"内而人心浮动，外而海疆不靖，北元挑衅"，对其皇位巩固、政治安定等造成严重威胁。他需要通过一系列对外关系举措（郑和下西洋为其中一环）以谋求内外稳定，即"通好他

---

① 这里已排除了"踪迹建文""耀兵异域""包抄帖木儿"诸说，经前人考证，这些说法或系望文生义，或系揣度臆测。
② 韩振华：《论郑和下西洋的性质》，《厦门大学学报》1958 年第 1 期。
③ 田培栋：《郑和下西洋性质与所获财富的估计》，《郑和研究》1989 年第 12 期；李金明：《郑和下西洋的动因、终止与历史回顾》，载南京郑和研究会编《走向海洋的中国人》，北京：海潮出版社，1996，第 285~298 页。
④ 陈尚胜：《试论明成祖的对外政策》，《安徽史学》1994 年第 1 期；陈尚胜：《中国传统文化与郑和下西洋》，《文史哲》2005 年第 3 期。

国，怀柔远人"。①

在以上两种分歧意见中，前者的论证其实预设了两个前提：一是明成祖及其政府必须要垄断海外贸易的巨额利润，无法容忍民间海商与其分利；二是明成祖认为值得发动大规模的郑和下西洋，招徕各国遣使入贡，以发展朝贡贸易所带来的巨大利润填补财政亏损、充实国库。

那么，明成祖有必要与民争利吗？这是非常值得思考的问题。范金民认为当时官方限制私人海上贸易，"不是因为私商夺走了国家的利益，而是以免交通海外之虞"，并且朱元璋父子没有进行有利可图的官方贸易的理念支撑。因为在他们看来，天朝无所不有，不需要与外国贸易，所谓朝贡，也只是"物不贵多，亦惟诚而已"，还是政治意义大于经济收益。②范金民的质疑实际上已涉及"皇帝及其个性"的层次，即皇帝的价值观。从皇帝接受的教育包含大量前代的历史经验及处事经验看，明成祖也似乎没有足够的必要与民争利。③

明成祖在封建王朝及其政府中的地位，使其拥有足够便利的渠道了解当时国家的内、外部环境。当时除财政亏损以外，还有边境巨大的战争风险（国家关系层面），怀有异心、不满甚至怨恨的官员（政府层面）和民众（社会层面），反明势力和叛乱势力在东南、东南亚沿海的纠集、袭扰（社会层面）。这些由风险、威胁、潜在挑战构成的问题清单中，明成祖首要关注的是打击私人贸易对官方贸易的冲击，抑或财政亏损吗？答案显然是否定的。

退一步分析，如果财政亏损问题值得明成祖派遣郑和下西洋，那么，就面临的可能性和机会而言，皇帝是有可能做出其他选择的。比如，既然库藏为虚，更应节约成本，而他业已派出诸多使节前往各国，没有必要专门花费巨资组建规模庞大的舰队去招来朝贡贸易，这是常识问题；作为皇帝，他应该知道招徕的主要都是各国使节。如果确实要积极发展朝贡贸易，那么明成祖应鼓励更多的海外私商前来而不是诸番使节；作为皇帝，他拥有直接向人民征税的权

---

① 范金民：《郑和下西洋动因初探》，《南京大学学报》1984年第4期。
② 范金民：《郑和下西洋动因初探》，《南京大学学报》1984年第4期。
③ 例如明成祖谓侍臣曰："汉武帝穷兵黩武，以事夷狄，汉家全盛之力，遂至凋耗。朕今休息天下，惟望时和岁丰，百姓安宁"，余继登：《典故纪闻》卷六，北京：中华书局，1981，第105页。汉朝的治国经验既已通悉，那么明成祖不可能不知道南宋一朝鼓励私人海上贸易而国家府库充盈的经验。南宋朝的经验证明私商海上谋利与国家获利，这两者之间并非无法共存。

利,鼓励私商开展海外贸易并征税,显然要比政府人员、军事人员亲自下西洋招徕朝贡贸易再获得利润来得更直接、更持久。

相对而言,持政治(外交)目的为主的论证,考虑的是如何确保皇权的统治(皇帝最关心的问题)、皇权的合法性来源与外界的支持(政府和社会层面的因素)、真命天子的国际威望(国际关系因素),其论证在逻辑上更容易成立。因此,本文更倾向于郑和下西洋的主要动机是政治、外交因素为主,故本文所称之"经略"主要指在国际政治、对外关系方面的经营。

郑和七下西洋是封建王朝有目的、有组织的大规模海外交往、政治经营活动,其行为反映(或传递)的是封建王朝的意志[①],在区域体系属"国家"行为。这意味着,郑和在下西洋过程中的作为,事实上可作为判断当时中国海外活动的政策取向或政府性格的依据。

二、东南亚区域:郑和下西洋之前的图景

在郑和下西洋的航路上,苏门答剌[②]、南浡里具有特殊地位(见表 2)。[③] 据《瀛涯胜览》《西洋朝贡典录》的记载,苏门答剌是西洋总路,郑和第四次下西洋时,更在此地分艅分别前往古里和非洲东岸两个方向。而南浡里西北海的帽山,则是入西洋的望山。

表 2 关于苏门答剌、南浡里航路地位的记载

史料来源	苏门答剌	南浡里
《瀛涯胜览》	其处乃西洋之总头路	国之西北海内有一大平顶峻山,半日可到,名帽山。山之西大海,正是西洋也……西来过洋船只俱投此山为准
《西洋朝贡典录》	乃西洋辖路	其西北海内有山焉,巃嵸平顶,名曰帽山。山之西有大海,是曰西洋……西来海船,向山为准

① 长乐《天妃之神灵应记》保留了郑和的自勉语:"上荷圣君宠命之隆,下致远夷敬信之厚,统舟师之多,掌钱帛之多,夙夜拳拳,唯恐弗逮,敢不竭忠于国事,尽诚于神明乎!"说明郑和下西洋完全是竭忠于国事。
② 现译作"苏门答腊"。
③ 向达在校注《郑和航海图》附录三中,对《瀛涯胜览》《星槎胜览》《西洋番国志》郑和下西洋所至国外地名进行列表对照,见向达校注:《郑和航海图》附录三,北京:中华书局,2000,第58~60页。出于分析之便,在遇到写法有差异的地名时,本文统一采用《瀛涯胜览》的写法。

如果以苏门答剌、南浡里作为郑和下西洋航路的分界点,那么,郑和七下西洋按历次航行所至主要国家,大致可分两大区域:前段位于今中南半岛、马来半岛、爪哇岛、马六甲海峡,后段位于今孟加拉地区、印度半岛南部、阿拉伯半岛、非洲东岸。限于篇幅,本文选择前段航行所至范围进行讨论,以下概称"东南亚区域",主要包括如下国家:占城、暹罗、急兰丹、彭亨、爪哇、旧港、满剌加、哑鲁、苏门答剌、南渤里。郑和下西洋在东南亚区域的政治经营,为分析明初中国如何在海外获取国际影响力,如何运用自身实力、施加国际影响力提供了案例。

在七下西洋之前或同时,郑和所率下西洋船队只是明朝各批次出访团队中的一环,尹庆、闻良辅、马彬等人亦曾率队出使,且不同程度地负有各种使命任务。当时,郑和统帅的是一支具有强大军事能力的船队,无论是从船队规模、人员结构,还是从对外出使的连续性等各方面衡量,尹庆、闻良辅、马彬等使团皆无法与之匹敌(见表3)。

表3 郑和七下西洋的时段及间隔

年号	年份	公元纪年	下西洋批次	间隔年数
永乐	三年至五年	1405~1407	第1次下西洋	—
	五年至七年	1407~1409	第2次下西洋	0
	七年至九年	1409~14011	第3次下西洋	0
	十一年至十三年	1413~1415	第4次下西洋	2
	十五年至十七年	1417~1419	第5次下西洋	2
	十九年至二十年	1421~1422	第6次下西洋	2
宣德	六年至八年	1431~1433	第7次下西洋	8

资料来源:有关郑和历次下西洋的往返年月,文献史料之间,以及文献史料与太仓、长乐两碑刻史料记载之间,皆有歧义。史料记载相互抵牾,致考史者争论不绝。经长期的讨论和研究,学界终对历次航行年月问题有了基本一致的意见,即:各种史料所载出使西洋时间的,有奉诏时间及开洋时间;《明实录》《明史》等多记奉诏时间,而碑文所记大多为开洋时间;由于碑刻史料为郑和等人亲自撰立,因此,历次下西洋年月一般以碑刻所记为准。可详见郑鹤声、郑一钧编:《郑和下西洋资料汇编·上》(增编本),北京:海洋出版社,2005,第562~563页;邓华祥:《从长乐〈天妃灵应之记〉碑谈起》,《郑和研究》1996年第2期;朱鉴秋:《郑和下西洋航路》,《华夏人文地理》2001年第2期等

除了第7次以外,前6次下西洋前后相隔时间不长,较有规律,这种国家连贯行为在国际体系中具有重要意义。国家行为者在体系中,大都会最大限度地维护自己的利益并试图讨价还价。在此博弈过程中,国家行为者是采取连贯

行为，还是（出于某些不确定因素）采取时断时续的行为，其获得或施加国际影响力（如武力威慑、提供保护承诺）的效果则是截然不同的。

郑和下西洋所具有的连贯特征，提醒我们应当从区域体系的视野，对郑和船队在东南亚的活动以及其中存在的彼此相互影响的关系做关联分析，这有助于我们理解明初中国在海外获取或运用影响力的过程和结果。

以往的研究，常用"朝贡体系""封贡体系""册封体制""华夷秩序"[①]"天朝礼治体系"[②]等词笼统地概括古代中国的一种对外关系形态。但是，对于"体系是什么，体系如何界定（其是否存在或是否建立）"等问题没有做过明确的界定或阐释。基于国际政治理论[③]，本文认为，界定古代一定区域内是否存在国际体系或秩序，应考量两个层面的因素：

一是足够的交往、互动关系。其中，位置、技术对于行为者之间的互动有很大影响。[④]地理位置限制了行为者是否能够克服地理上的距离进行交往，而技术则决定着何者在物质上是可能的。

二是决定或维系互动关系的根基。包括权力结构（物质方面）、制度合作（机制方面）、观念认同（精神文化方面），三者具备其一即可。"权力结构"，实际上衡量的是主要权力国家的数量、国家间的相对权力大小；而所谓"权力"，则通常被解释为一国影响他国决策选择或改变他国行为的能力。"制度合作"则包括主要国家间在盟约、协议、规则、机制平台等基础上产生的互动或相互依赖的关系。"观念认同"即是否具有形成"我群"与"他群"意识区别的决定因素，如种族族群、宗教信仰、共同的文化等。

---

① 参见陈尚胜：《郑和下西洋与东南亚华夷秩序的构建——兼论明朝是否向东南亚扩张问题》，《山东大学学报》（哲学社会科学版）2005 年第 4 期。

② 参见黄枝连：《天朝礼治体系研究》上，北京：中国人民大学出版社，1992；郝祥满：《天朝礼治体系下的东亚"封建社会"》，《社会科学战线》2009 年第 3 期。

③ 赫德利·布尔将"国际体系"界定为两个要点：（1）国家互动的产物；（2）这种互动达到了影响彼此政策的程度。因此，国际体系可以理解为一个行为体互动的网络，但这个"网络"的实质到底是什么？现实主义者认为，这是一种以国家为主角的权力结构的网络；自由制度主义者认为，这是一个行为体间相互依赖与制度合作的网络，其中通常存在着某种规范化与制度化的东西作为基础和保证；建构主义者认为，这是一个观念（即行为体之间形成对他方一定的"看法"和"态度"的总和）互动的网络。前两种范式强调物质层面的互动，而第三种范式则强调观念层面的互动。详见李少军：《国际政治学概论》，上海：上海人民出版社，2007，第 140～184 页。

④ 布鲁斯·拉西特（Bruce Russett）、哈维·斯塔尔（Harvey Starr）：《世界政治》，王玉珍等译，北京：华夏出版社，2002，第 69 页。

在郑和下西洋前夕，东南亚区域处于何种状态？是否存在某种国际体系呢？先看"互动关系的根基"。首先，理论意义上所谓共同的"制度合作"在当时的历史条件下，显然是不存在的。其次，就"观念认同"而言，大约在公元初至 8 世纪以前的较长时间里，东南亚国家受印度文明影响至深，被称为"印度化时代"。① 约 8 世纪至 15 世纪，伊斯兰文明通过海路经商拓展至东南亚。明初，马六甲海峡各国多为回邦，爪哇、马来半岛亦有不少穆斯林，② 渤泥国应在穆斯林治下，文莱亦深受穆斯林文化的影响。③ 明初，伊斯兰文化尽管也较广泛地影响了东南亚各国，但在广度、深度方面似乎均不及"印度化时代"的印度文明。

最后，就"权力结构"来说，明初东南亚区域主要有爪哇、暹罗、安南三个权力国家，尤以爪哇、暹罗号称强大。爪哇满者伯夷王朝兴起于 13 世纪末，向北控制了今菲律宾南部、加里曼丹等地，向东据有巴厘岛和巴布亚新几内亚岛等地，向西占有了马来半岛南部及原室利佛逝所有的苏门答剌的部分地区。④ 为维持其宗主权，满者伯夷王朝在爪哇以外的藩属设太守进行统治，强迫各藩属宣誓效忠。⑤ 暹罗当时正处于阿瑜陀耶王国统治时期（1349~1767），据有今泰国、缅甸南部地区和马来半岛的北部地区，以及"表示臣服但保持半

---

① 许云樵从宗教信仰与文化（神话、戏剧、艺术、典章、宇宙观）说明当时印度文明对南洋的影响至深，并描述了扶南、林邑、盘盘、箇罗、狼牙修、诃陵、婆利、室利佛逝、真腊等印度化国家的盛衰，见许云樵：《南洋史》上卷第三章《印度化时代》，新加坡：星洲世界书局，1961。
② 李士厚指明：8 世纪时阿拉伯人已移植至马来半岛、爪哇、苏门答腊，兴建城邑作居留之所。15 世纪初，爪哇国有三类族群，其中之一即西番各国为商而流落于此的回回人；旧港亦多有回回人及回教；满剌加、哑鲁、南浡里的国王国人皆从回回教门；苏门答腊、那孤儿、黎代因言语习俗同满剌加，推测为回邦，见李士厚：《郑和家谱考释》附录四《西洋诸国回教汇览》，南京：正中书局，1937。因此，李士厚在《考释》第 22 页明言："（郑）和通西洋诸邦，甚多回教国家……西洋诸邦既多回教，通行阿拉伯语言。"
③ 《明太祖实录》卷五十五"洪武三年八月戊寅"条，卷六十七"洪武四年八月癸巳"条。相关史料的分析，可参见陈尚胜《海外穆斯林商人与明朝海外交通政策》，《文史哲》2007 年第 1 期。
④ 满者伯夷《元史》译作"麻喏巴歇"。在 13 纪末抗击元朝军队侵略的过程中，该王朝势力日益强大并向外扩张。室利佛逝（中国宋代史籍称其为"三佛齐"）强盛于 7~11 世纪，以苏门答剌南部巨港为中心，控制着苏门答剌东岸以及马来半岛和爪哇岛的部分地区。11 世纪末，室利佛逝衰落后，其所控制的区域兴起了众多小国。详见梁英明：《东南亚史》，北京：人民出版社，2010，第 23 页。
⑤ 王民同主编：《东南亚史纲》，昆明：云南大学出版社，1994，第 185~186 页。

独立的城邦如马六甲、柔佛等"。①安南自宋朝以来，陈氏为王，世代称藩于中国，但建文二年（1400），安南国相黎季犛手握兵权，夺取安南政权自立为王，大杀陈氏一族，对外则"攻劫占城，欲使臣属，又侵掠思明府"。②综上所述，爪哇、暹罗、安南这三个国家在对外活动的主动程度，以及其意图、行为波及范围的广度等方面，强于其他国家行为者。③

接下来讨论第二个问题，即是否有"足够的交往、互动关系"。在这些权力国家所处位置中，马六甲——巽他海峡地区在东南亚古代史上一直是占据突出地位的海上贸易中心。④爪哇的满者伯夷王朝虽然接过了室利佛逝的权力棒，控制了这两个海峡，但14世纪末，它已开始走向衰落，分裂为东西两部分。在控制海上航路、开展海上活动方面，唐宋以来该区域最重要的航路要地三佛齐，虽于1377年、1397年两度为爪哇所灭而成为其藩属（改名旧港），但由于距爪哇本土较远，满者伯夷王朝未能将旧港完全控制在自己手中，旧港实际上处于无政府状态，陷入一片混乱。而流寓至此的华人主要来自广东、福建，以及仍为其优越地位所吸引的穆斯林商人，皆在此地进行海上活动。满者伯夷人则用爪哇稻米，换取马鲁古群岛的香料，然后将香料运往马来半岛出售获利。⑤

与此同时，穆斯林也在马六甲、马来半岛、渤泥、文莱等地经商，他们依赖文化、信仰可能构建了一定的认同群。处于中南半岛南部、马来半岛北部的暹罗阿瑜陀耶国在拉梅萱（1388～1395年在位）、罗摩罗阇（1395～1409年在

---

① 当时暹罗按交通距离远近，划京畿省，畿内、畿外各省和属国几部分，阿瑜陀耶城及近郊组成京畿省；畿内省包括巴金帕罗、春武里、碧武里、吻武里、那坤婆罗门、那坤因等；畿外省计有巴真武里、猜也、六坤（那空是贪玛叻）、宋卡、特狼、丹那沙林等；马六甲、柔佛等为属国。详见中山大学东南亚史研究所编：《泰国史》，广州：广东人民出版社，1987，第49页。
② 《明太宗实录》卷三十，台北："中研院史语所"，1962。
③ 彭蕙提出当时"南洋三强"为印尼的满者婆夷王朝、暹罗的阿瑜陀耶王朝、占城，见彭蕙：《论明前期满者婆夷王朝与明朝的贸易关系》，"中国海外贸易与海外移民史"学术研讨会论文，2002年12月，转引自耿昇："中国海外贸易与海外移民史"研讨会综述，《深圳大学学报（人文社会科学版）》2003年第3期。并参见汤开建、彭蕙：《明代爪哇与中国关系考述》，澳门《中西文化研究》2003年第1期。但在明成祖派军征服安南之前，安南的实力已超过占城。《大越史记全书》记曰："占城自黎季以来，兵众脆怯，我师（即安南）至则挈家奔遁，或聚哭归降。"
④ 尼古拉斯·塔林主编：《剑桥东南亚史》第一卷，贺圣达等译，昆明：云南人民出版社，2003，第162页。
⑤ 梁英明：《东南亚史》，北京：人民出版社，2010，第28～29页。

位）两位国王统治时，其精力主要是对付北部的素可泰和东部的吴哥，偶尔也会对其南部的属国或小国（如彭亨、苏门答剌、满剌加）进行袭扰。① 位于中南半岛北部的安南国，其互动范围的增加，主要源自其对南部邻国（如占城）及明朝西南边疆奉行的侵略扩张政策。

除地理位置限制主要行为体的活动以外，技术因素的限制同样值得注意。在郑和下西洋前夕，穆斯林、暹罗、爪哇都没有显示出足够的技术能力突破地理位置与东南亚区域的全部国家进行持续的互动。当时盘踞东南亚海域的海盗阻隔贡使、商旅的情况便可间接证明此点。明洪武之世，旧港为海盗所据并进一步控制了马来海峡，史籍记载海外国"由是商旅阻遏，诸国之意不通，惟安南、占城、真腊、暹罗、大琉球朝贡如故"，即除了南中国海一带，印度洋上的国家皆受海盗所阻不能前来中国，造成"诸番久缺贡"②的局面。尤以陈祖义为首的海盗势力"甚是豪横，凡有经过客人船只，辄便劫夺财物"③，"贡使往来者苦之"④。

因此，郑和下西洋前夕，东南亚区域并未建立起某种国际体系或国际秩序，而是处于如下状态：

（1）主要权力国家有安南、暹罗、爪哇，非国家行为体有穆斯林势力和海盗势力，它们在一定的陆域、海域开展着各自的活动；

（2）主要权力国家没有能力与该区所有国家发生持续的互动，其与周边邻国或小国发生互动主要基于扩张、征服、袭掠等方式，属于一种低烈度的、局部范围内的冲突模式；

（3）穆斯林势力由于具备宗教信仰作为观念认同纽带这一优势，也只可能在一定区域内建立了商业贸易交流的互动网络，但其在政治权力方面的影响力还比较弱，一些穆斯林政权多为小国，有些甚至还属于爪哇满者伯夷的属国，如浡泥、苏门答剌⑤；

---

① 尼古拉斯·塔林主编：《剑桥东南亚史》第一卷，贺圣达等译，昆明：云南人民出版社，2003，第139页。
② 张廷玉等：《明史》卷三百二十四《外国五》"三佛齐"条，中华书局点校本，北京：中华书局，第8407页。
③ 马欢：《明钞本〈瀛涯胜览〉校注》"旧港国"条，万明校注，北京：海洋出版社，2005，第28页。
④ 严从简：《殊域周咨录》卷八《三佛齐》，余思黎点校，北京：中华书局，1993，第299页。
⑤ 陈尚胜：《海外穆斯林商人与明朝海外交通政策》，《文史哲》2007年第1期。

（4）具有重要航路地位的旧港，虽号称为爪哇藩属，但实际上处于无政府状态，盘踞于此的海盗势力，作为非国家行为者，为患海路，一定程度上阻隔了该区域内国家间的互动，给海上航行的使节、商人等带来了安全威胁；

（5）因人口、面积、财富、军力等综合实力的限制，当时还没有哪一个国家或非国家行为者展现出足够的技术能力去实现全区域内持续的互动关系。

三、郑和七下西洋：主要事件及关联分析

下面我们考察郑和下西洋在东南亚所至地方及其开展的主要活动（见表4）。

表4 郑和七下西洋所至地方及其间发生的主要事件

地理区位	地名	郑和下西洋之各批次						
		一	二	三	四	五	六	七
中南半岛	占城	●	●	●	●	●		●
	暹罗		●A2	●			●	●A4
马来半岛	急兰丹				●			
	彭亨				●	●		
爪哇岛	爪哇	●A1	●A1	●	●A3			●
	旧港	●C1				●		
马六甲海峡	满剌加	●B1	●	●B3	●	●	●	●
	哑鲁	●			●			
	苏门答剌	●B2			●B4	●		●
	南浡里	●			●	●		●

资料来源：据《明太宗实录》《明宣宗实录》《瀛涯胜览》《西洋朝贡典录》《星槎胜览》《郑和家谱考释》长乐《天妃之神灵应记》碑《前闻记》《明史》《罪惟录》《皇明象胥录》《明史稿》等史料记载整理而成。此表所作统计，一是不收入郑和下西洋可能到达的地方。二是不计入所谓"招谕""抚谕""开读赏赐"等例行活动。

说明：郑和下西洋在东南亚区域历经事件的类型：A 为以主要权力国家为核心，调解矛盾，稳定体系内的国家关系；B 为与某些国家或地方建立程度有别的密切关系；C 为消除区域内的安全威胁。具体事件则是：A1 处理爪哇误杀郑和官军事件，A2 调解暹罗与占城、满剌加、苏门答剌等国的矛盾，A3 调解满剌加与爪哇之纠纷，A4 调解暹罗与满剌加的矛盾；B1 赐满剌加镇国山碑铭，B2 诏封苏门答剌，B3 诏封满剌加国王、建碑封城、建立官仓，B4 擒苏门答剌伪王苏干剌助其稳定；C1 旧港解除海盗威胁并设宣慰司。

关于郑和下西洋到访满剌加的次数，学界一直有 5 次、6 次、7 次三种说法。时平在《郑和访问满剌加次数考略》一文中综合以往研究、历史文献和碑刻资料，再次肯定郑和七次下西洋每次都到过满剌加的观点，见时平：《郑和访问满剌加次数考略》，"人海相依：中国人的海洋世界"国际学术研讨会论文，2014 年 8 月。

（一）A 类事件

（1）稳定与爪哇的关系（A1、A3）。上文已述，虽然在马六甲海峡及其附近的区域范围内，爪哇势力最强，但其本土并非航路要冲，更没有完全控制旧港及马六甲海峡，那么，郑和在七次下西洋过程中六次到访爪哇（仅第六次下西洋未到该国），这是出于何种考虑？汤开建、彭蕙认为有三点：第一，在明洪武、永乐两朝时期，爪哇是直接控扼南海航路交通要冲的强国。第二，正因为据此特殊地位，尽管爪哇曾两次发生严重损害明朝尊严的重大政治事件，但明朝对爪哇不得不采取宽怀忍让的政策。在处理与爪哇关系上考虑非常周全，对其态度是友好的，甚至可以说是过于宽容的。第三，明朝之所以维持与爪哇长期稳定的友好关系，是出于保证下西洋航道畅通，保证明廷使团出使西洋的安全，服务于明朝整个南洋经略政策开展等目的。①

笔者基本认同他们的观点。但是，其第一点对爪哇控扼航路的地位评估过高，由此导致第三点过高强调了维持与爪哇友好有助保证下西洋航道畅通、保证出使西洋安全的作用。第二点评价明朝对爪哇过于宽容，这也并不完全恰当。为回答上述问题，我们有必要审视爪哇与明初中国关系的基本情况，分析洪武、永乐两朝处理与爪哇相关重大政治事件的态度。

爪哇是在抗击元朝征伐过程中兴起的，此后与中国的关系一直僵持。明朝建立以后，明太祖释放了一系列展示"和""德"等理念的海外交往政策。洪武二年（1369），明太祖在《皇明祖训》中特别列出"不征诸国"15 个，就包括爪哇。"不征诸国"意在向海外展示明朝放弃元世祖武力征伐的政策。

表 5　洪武至永乐时期爪哇、暹罗入贡情况

	洪武（1368~1398）			永乐（1403~1424）		
	入贡时间	次数	频率	入贡时间	次数	频率
爪哇	1370、1372、1375、1377、1378、1379(2)、1380、1381、1382、1393、1394	12	2.6	1403、1404（2）、1405（3）、1406（4）、1407（2）、1408、1410（2）、1411（2）、1413、1415、1416、1418、1420、1422（2）、1424	25	0.9

---

① 汤开建、彭蕙：《明代爪哇与中国关系考述》，澳门《中西文化研究》2003 年第 1 期。

续表

	洪武（1368～1398）			永乐（1403～1424）		
	入贡时间	次数	频率	入贡时间	次数	频率
暹罗	1371（2）、1372、1373（6）、1374（2）、1375（3）、1377、1378（2）、1379、1380、1381、1382、1383、1384、1385、1386（2）、1387、1388、1389（3）、1390、1391、1393、1395、1397（2）、1398（2）	39	0.8	1404（2）、1405（2）、1406（2）、1407、1408、1409、1410、1411、1412、1417、1418、1420、1421（2）、1422、1424	19	1.1

资料来源：邱炫煜：《明初与南海诸番国之朝贡贸易 1368～1449》；张彬村、刘石吉主编《中国海洋发展史论文集》第五辑，台湾："中研院社科所"，2002，第 123、130 页；汤开建、彭蕙：《明代爪哇与中国关系考述》。
说明："入贡时间"中如"1379（2）"表示 1379 年入贡 2 次；"频率"的计算方法为频率＝入贡次数÷各年号总年数，即计算多少年入贡一次，数值越小，频率越高。而建文年间（1399～1402）没有任何国家入贡，故不列入统计表中

从爪哇与明朝的关系看（见表5），恰恰是自明太祖发布"不征诸国"的第二年即 1370 年起，爪哇前来朝贡，一直到 1382 年，两国关系都还算稳定。但 1383～1398 年，两国关系出现根本转折：1383 年之后的 10 年间，爪哇未遣任何使团前来。直到 1393、1394 年，明王朝对爪哇使团的重新到来表示了欢迎。然而，1394 年以后，爪哇再也没有派遣使团。1397 年暹罗国遣使时，明王朝甚至通过暹罗人向爪哇转达明朝皇帝的希望，要爪哇派遣使团来中国。1402 年，明朝主动遣使至爪哇，爪哇才于 1403 年复遣使团来朝。①

郑和第一次下西洋过程中造访爪哇，是明成祖希望与马六甲海峡区域强国爪哇建立友好关系的愿望体现。但第一次造访就意外发生了爪哇国人杀郑和舟师官军 170 人的重大事件（A1）。《明实录》记载如下：

> （永乐五年）九月癸酉，爪哇国西王都马板，遣使亚烈加恩等来朝贡谢罪。先是，爪哇国西王与东王相攻杀，逐灭东王。时朝廷遣使往诸番国（按：郑和下西洋舟师），经过东王治所，官军登岸市易，为西王兵所杀者一百七十人，西王闻之惧，至是，遣人谢罪。上遣使赍敕谕都马板曰：
>
> 尔居南海，能修职贡，使者往来，以礼迎送，朕尝嘉之。尔比与东王构兵，而累及朝廷所遣使百七十余人皆杀，此何辜也。且尔与东王均受朝

---

① 王赓武：《中国与马六甲关系的开端：1403～1405》，收入王赓武著、姚楠编译《东南亚与华人：王庚武教授论文集》，北京：中国友谊出版社公司，1987。

廷封爵，乃逞贪忿，擅灭之而据其地，违天逆命，有大于此乎？方将兴师致讨，而遣亚烈加恩等诣阙请罪。朕以尔能悔过，姑止兵不进，但念百七十人者死于无辜，岂可已也？即输黄金六万两，偿死者之命，且赎尔罪，庶几可保尔土地人民；不然，问罪之师，终不可已，安南之事可鉴矣。①

若按常理，此事极可能引起郑和舰队当即对爪哇实施武力报复。但动武情况并没有发生，一般推测认为郑和可能是已讯明情况，即这是由于爪哇内战所致的一场误杀，又鉴于西王惶恐请罪之状，因此未劳师征伐爪哇。

爪哇西王遣"亚烈加恩等来朝贡谢罪"是"永乐五年九月癸酉（二十三日）"而郑和第一次下西洋返回是"永乐五年九月壬子（初二）"，②相差21天，亚烈加恩等是否搭乘郑和舰队至中国不得而知。但就误杀一事，明成祖对爪哇西王提出了措辞严厉的警告，并附明确赔偿要求。

明成祖的警告很快起了作用，《明实录》又载：

（永乐六年十二月）庚辰，爪哇国西王都马板遣使亚烈加恩等献黄金万两谢罪，礼部臣言，所偿黄金，尚负五万两，宜下法司治之。上曰："朕于远人，欲其畏罪而已，岂利其金耶？今既能知过，所负金悉免之。"仍遣使赍敕谕意，并赐之钞币。③

爪哇西王再遣使献黄金谢罪是在永乐六年，因此，明成祖的警告应当是郑和永乐五年第二次下西洋时造访爪哇时送达的。

洪武时，也发生过爪哇诱杀明朝使团一事。④1370年明太祖遣使与三佛齐通交后，三佛齐遂于1371、1375年向中国遣使。1377年，三佛齐新王即位后，遣使前来，请求中国授予印绶，明太祖遂遣使前往册封并带去银质三佛齐国王之印。此举可能挑战了爪哇对三佛齐的宗主权，于是爪哇便将明朝使团成员诱骗至该国加以杀害。谋杀事件直到1380年爪哇遣使前来中国时才被明朝

---

① 《明太宗实录》卷五十二，台北："中研院史语所"，1962。
② 《明太宗实录》卷五十二，台北："中研院史语所"，1962。
③ 《明太宗实录》卷六十，台北："中研院史语所"，1962。
④ 《明太祖实录》卷五十五、卷六十八、卷一百〇一，台北："中研院史语所"，1962。关于此事的描述，可参见陈尚胜《海外穆斯林商人与明朝海外交通政策》；汤开建、彭蕙《明代爪哇与中国关系考述》。

获知，明太祖十分愤怒，也没有对爪哇使节施以报复，而让其带回一封警告爪哇国王的信：

> 朕君主华夷，抚御之道，远迩无间。尔邦僻居海岛，顷尝遣使中国，虽云修贡，实则慕利，朕皆推诚，以礼待焉。前者三佛齐国王遣使奉表，来请印绶。朕嘉其慕义，遣使赐之，所以怀柔远人。尔奈何设为奸计，诱使者而杀害之。岂尔恃险远，故敢肆侮如是欤？今使者来，本欲拘留，以其父母妻子之恋，夷夏则一。朕推此心，特令归国。尔二王当省己自修，端秉诚敬，毋蹈前非，干怒中国，则可以守富贵。其或不然，自致殄咎，悔将无及矣。①

1381、1382 年，爪哇仍来朝贡，但并未见其对谋杀明朝使节一事有任何"谢罪"之举，明太祖也未深究，息事宁人。

表 6　明太祖、成祖对爪哇警告信的比较

	明太祖警告爪哇之信	明成祖警告爪哇之信
1. 缘起之事件	朕嘉其（三佛齐）慕义，遣使赐之	尔比与东王构兵
2. 缘起事件的定性	怀柔远人	（尔）乃逞贪忿，擅灭之（东王）而据其地，违天逆命，有大于此乎？
3. 发生事件的定性	尔设为奸计，恃险远，肆侮如是	累及朝廷所遣使百七十余人皆杀，此何辜也
4. 原拟采取的"报复"行动	今使者来，本欲拘留	方将兴师致讨
5. 未"报复"的考虑	以其父母妻子之恋，朕推此心	尔能悔过，遣亚烈加恩等诣阙请罪
6. 对发生事件的处理意见	（尔）当省己自修，端秉诚敬，毋蹈前非，干怒中国	百七十人者死于无辜，岂可已也？即输黄金六万两，偿死者之命，赎尔罪
7. 追加威慑	不然，自致殄咎，悔将无及	不然，问罪之师，终不可已，安南之事可鉴

对比太祖、成祖发给爪哇的两封警告信（见表 6），太祖完全是用"德"申明大义并期望爪哇安分自省，而成祖则能将"德"与"海上实力"相结合。② 成

---

① 《明太祖实录》卷一百三十四，前文所据之《明太祖实录》卷五十五、卷六十八、卷一百〇一和关于此事的描述，俱转引自陈尚胜：《海外穆斯林商人与明朝海外交通政策》，《文史哲》2007 年第 1 期。
② 陈尚胜提出明太祖的海外政策经历了三个阶段，即扬"德"→申"威"→断交，而明成祖则能够将"德"与海上实力相结合，见陈尚胜：《论明太祖对外政策的变化及失败》，《社会科学战线》1991 年第 2 期。

祖以"安南之事可鉴""问罪之师将讨"向爪哇传递这样的信息：如果爪哇没有用实际行为悔过，没有按要求进行赔偿，那么明朝将会对爪哇发动征讨战争。郑和舰队的到访，客观上向爪哇展示了中国的强大武力，估计爪哇（可能因财力所限只能）献黄金万两时是诚惶诚恐的。因此，在处理爪哇误杀郑和舟师官军一事上，明初中国完全不是"忍辱负重"的。①

第二件反映明成祖希望构建与爪哇稳定政治关系的事发生在郑和第四次下西洋过程中，即调解满刺加与爪哇之纠纷（A3）。

> 中官吴宾、郑和先后使其国（按：爪哇国）。时旧港地有为爪哇侵据者，满刺加国王矫朝命，索之，帝乃赐敕曰：前中官吴庆还言，王恭待敕使，有加无替。比闻满刺加国索旧港之地，王甚疑惧。朕推诚待人，若果许之，必有敕谕，王何疑焉，小人浮词，慎勿轻听。②

> 十一年，西王又贡，使还。敕曰：前内官吴宾等还言，王恭事朝廷，礼待敕使，有加无替。比闻王以满刺加国索旧港之地而怀疑惧。朕推诚待人，若果许之，必有敕谕。今既无朝廷敕书，王何疑焉！下人浮言慎勿听之。③

《殊域周咨录》和《明史》记载中有这几层信息值得注意：①爪哇西王是通过明使吴宾，将满刺加索旧港及其对此的疑惧等传递给明成祖。这与明太祖时爪哇绕过中国直接解决争议问题的做法不同。②满刺加是通过"矫朝命"以索旧港之地的。可以想象，如果挟中国之威不能震慑像爪哇这样的区域强国，那么满刺加也不会采用此举。③明王朝亲自说明：其在此地区若有调整之意图或行动，必通过"敕谕"或"朝廷敕书"的方式告之相关各国。这等于向东南亚各国说明，来自明廷的敕谕、敕书并非只是仪礼象征、外交辞令或空头支票，而是代表了中国的权威意志，具有国际关系层面的政治可信度。

郑和在第四次下西洋过程中，先后到访爪哇、满刺加进行调解，一方面向爪哇国解释事实真相，要他勿听信浮词；另一方面对满刺加说明，在其遭暹罗欺凌时中国施以援手，但其在独立后又想侵占别国土地，明朝政府对此强烈反对。

---

① 萧季文曾总结一些郑和外交的策略，其中之一便是"忍辱负重、化干戈为玉帛"，见萧季文：《郑和外交策略论述》，南京郑和研究会编《郑和研究论文集》第1辑，大连：大连海运学院出版社，1993。
② 张廷玉等：《明史》卷三百二十四《外国五》"爪哇"，北京：中华书局，1974，第8403页。
③ 严从简：《殊域周咨录》卷八《爪哇》，北京：中华书局，1993，第294页。

与洪武时相比,永乐时期,爪哇与中国的关系非常稳定。这 25 年间,爪哇不到一年就朝贡一次,而 1403~1409 年间,更是每半年就朝贡一次。说明中国在对待与海外各国关系方面的公正立场、政治承诺的可信程度、展现出来的强大实力以及处理重大事件时坚持原则的决心,取得了爪哇的信任。郑和下西洋 6 次到访爪哇,是明初中国希望与爪哇保持友好关系,是维持大国政治关系、在东南亚区域构建秩序、为下西洋(印度洋区域)创造稳定的区域环境等政治外交需要。

(2)平衡暹罗的势力(A2、A4)。与爪哇不同,明朝建立以来,暹罗与中国的政治关系一直保持稳定(见表 5),经济关系亦处频繁交往的状态。① 郑和在第二次下西洋过程中到达暹罗,当是专门前往处理暹罗与占城、满剌加、苏门答剌等国矛盾一事(A2)。

> 永乐五年十月辛丑,暹罗国王昭禄群膺哆罗谛剌遣使奈婆郎直事剌等奉表贡驯象、鹦鹉、孔雀等物。……先占城因遣使朝贡,既还,至海上,飓风漂其舟至溢亨国(按:即彭亨),暹罗恃强凌溢亨,且索取占城使者,羁留不遣,事闻于朝。又苏门答剌及满剌加国王并遣人诉暹罗强暴,发兵夺其所受朝廷印诰,国人惊骇,不能安生。至是,赐谕昭禄群膺哆罗谛剌曰:占城、苏门答剌、满剌加与尔,均受朝廷,比肩而立,尔安得独恃强,拘其朝使,夺其诰印?……安南黎贼父子覆辙在前,可以鉴矣!其即还占城使者,及苏门答剌、满剌加所受印诰,自今安分守礼,睦邻保境,庶几永享太平。②

> (永乐六年)九月,中官郑和使其国,其王遣使贡方物谢前罪。③

从对暹罗国王的警告信中,我们能感受到明成祖对暹罗拘扣占城朝贡中国

---

① 自洪武三年(1370),明朝与阿瑜陀耶王朝通交以来,两使臣往来络绎不绝。经济上,通过朝贡方式,暹罗从中国取得了当时国际市场上需求最大、利润最高的生丝、丝绸和瓷器等物品,而中国也从其"贡品"中获得一些沉香、苏木、犀角、象牙、翠竹之类宫廷消费品;从社会文化交流层面看,当时暹罗"国人礼华人甚挚,倍于他夷",故往暹罗国的华侨移居者日益增多,尤其是在都城阿瑜陀耶及沿海地区的手工业者和商人,几乎全是中国人。详见中山大学东南亚史研究所编《泰国史》,广州:广东人民出版社,1987,第 62~66 页。
② 《明太宗实录》卷五十三,台北:"中研院史语所",1962。
③ 张廷玉等:《明史》卷三百二十四《外国五》"暹罗"条,北京:中华书局,1974,第 8399 页。

的使者，对暹罗发兵夺中国册封苏门答剌、满剌加两国之印诰等非常愤怒，并将暹罗此种行为与此前安南对占城、中国边境的侵略行为相提并论，以"安南黎贼父子覆辙在前，可以鉴矣"进行警告。明成祖之后提出，暹罗国应"即还"使者、印诰。明成祖派郑和而非其他使者专程赴暹罗，可能也是意在让暹罗国王见识中国舰队的实力。在措辞非常强硬的诏书、实力强大的舰队到访等压力下，暹罗国王很快做出反应，遣使来朝"贡方物、谢前罪"。

1417年时，暹罗又欲与满剌加兵戎相见，明成祖收到满剌加国王遣使报送的消息后，遣使往谕暹罗，曰：

> 闻王无故欲加之兵。夫兵者凶器，两兵相斗，势必俱伤。故好兵非仁者之心。况满剌加国王既已内属，则为朝廷之臣。彼如有过，当申理朝廷，不务出此，而辄加兵，是不有朝廷矣。此必非王之意……辑睦邻国，无相侵越，并受其福，岂有穷哉！王其留意焉。①

总体而言，第二次下西洋之后，暹罗基本"安分守礼"。而第六次下西洋结束之后，在长达8年的时间里（见表3），东南亚区域再也见不到郑和舰队。这种情况可能对暹罗的决策者产生了影响，暹罗再一次打起了满剌加的主意（A4）。

> 宣德六年，（满剌加）遣使者来言，暹罗谋侵本国，王欲入朝，惧为所阻……令臣三人，附苏门答腊贡舟入诉。帝命附郑和舟归国，因令和赍敕谕暹罗，责以辑睦邻封，毋违朝命。②

第七次下西洋前，明宣宗收到满剌加国使者对暹罗的控诉。于是，在最后一次下西洋航行中，郑和再次领皇帝旨意到达暹罗。

因此，尽管暹罗与中国的政治关系良好，甚至暹罗主动表现出超乎寻常的与中国结好的热情③，但暹罗恃强凌弱的行为，对明王朝在海外政治权威构成破坏和威胁，中国皇帝对暹罗发出警告，是为了维护中国在这一地区体系作为

---

① 《明太宗实录》卷二百一十七，台北："中研院史语所"，1962。
② 张廷玉等：《明史》卷三百二十五《外国六》"满剌加"条，北京：中华书局，1974，第8417页。
③ 1373年，阿瑜陀耶王国贡使向明朝呈献本国地图，1377年明太祖专门派使者往赐"暹罗国王之印"，而阿瑜陀耶王国遂正式称为"暹罗国"。详见中山大学东南亚史研究所编《泰国史》，广州：广东人民出版社，1987，第63页。

核心权力国家的政治威望。

（二）B 类事件

（1）建立与满剌加国的特殊关系（B1、B3）。从诸多关于满剌加与中国关系的研究中，我们得知满剌加与明朝的关系非同一般。①据王赓武研究，在"1403 年 10 月以前，中国朝廷对马六甲是一无所知的"，明廷是从穆斯林商人那里得知此地的。问题是，究竟存在什么样的引力将两个在实力方面存在天壤之别的国家联系在一起的？

保罗·惠特利认为满剌加为"结束暹罗的宗主权，迫不及待地寻求中国的保护"②。杨亚非补充认为，除政治原因外，经济原因同样存在，即满剌加在经济落后、国内生活用品不足且明廷严禁中国私商下海的情况，只能与明朝官方发生经济往来。就永乐时的中国而言，满剌加作为新兴商业贸易中心的吸引力肯定是不存在的，那是郑和下西洋以后所带来的结果。③从上文对明朝皇帝致暹罗国王的警告信的分析可知，维护中国在东南亚区域的政治权威、保持对"臣属"国家宗主权的政治庇护承诺的可信度，是一个重要原因。但是，考虑到满剌加弱小的国力、落后的经济和当时还未显现的东西方商贸港的潜力，中国有必要仅仅因为政治威望而不惜以动武作为威慑，去对抗一个相对强大并与自己一直保持较频繁政治经贸往来的暹罗国吗？答案是否定的。因此，我们还需要其他更具说服力的原因。杨亚非认为明朝以满剌加国作为货品存放、物资补充、物资转运、候风停泊、回归集中等功能的基地，为保障郑和使团下西洋计划的顺利和成功具有极重要的意义。有了这些针对双方特殊关系背景的了

---

① 代表性的论著如：保罗·惠特利：《十五世纪时的商埠满剌加》，张清江译，原载新加坡南洋大学《南洋研究》1959 年第 1 卷，收入潘明智等编译：《东南亚历史地理译丛》，南洋学会，1989，第 71～81 页；王赓武：《中国与马六甲关系的开端：1403～1405》，第 72～91 页；万明：《郑和与满剌加》，《中国文化研究》2005 年第 1 期；杨亚非：《郑和航海时代的明朝与满剌加的关系》，载纪念伟大航海家郑和下西洋 580 周年筹备委员会编《郑和下西洋论文集》第二集，南京：南京大学出版社，1985，第 205～216 页；张奕善：《明代中国与马来亚的关系》，上海：精华印刷馆股份有限公司，1964；余定邦：《明代中国与满剌加（马六甲）的友好关系》，《世界历史》1979 年第 1 期。
② 保罗·惠特利：《十五世纪时的商埠满剌加》，张清江译，收入潘明智等编译：《东南亚历史地理译丛》南洋学会，1989，第 72 页。
③ 王赓武分析得出 1403 年明廷可能从穆斯林商人那里得知满剌加已经是一个新兴的、很大的商业中心，万明在《郑和与满剌加》一文中对此进行了否定，并列证据说明了当时满剌加的经济发展水平。

解，便于理解以下发生的一系列事件。

中国与满剌加关系的初建是尹庆于1403年10月完成，1405年9月尹庆使团返回并带有满剌加使者第一次来华。满剌加"使者言其王慕义，愿同中国属郡，岁效职贡，请封其山为一国之镇"，明成祖于"永乐三年十月壬午，赐满剌加国镇国山碑铭"，并亲制碑文，"赐以铭诗，勒之贞石"，并"敷文布命，广示无外之意"。①

1405年6月，明成祖已下诏遣郑和下西洋，而满剌加使者是1405年9月至达，明成祖赐满剌加国镇国山碑铭则在1405年10月。问题是，满剌加镇国之山的碑铭等，是郑和第一次下西洋带过去的吗？

王赓武、万明的研究已足够证明，在第一次下西洋时，郑和负有的重要使命之一就是将明成祖赐给满剌加镇国之山的碑铭与诗文授予满剌加，并将随尹庆而来中国表达"附属"之意的满剌加国使臣一道带回（B1）。②

为进一步显示明朝对此地的重视，郑和第三次下西洋时，特至其国，诏封其酋长为满剌加国王，赐其王双台银印、冠带袍服，封满剌加西山为镇国之山，建碑封城。③而关于建立官厂（实际上相当于临时贸易站，用以储存船队和各国贸易的物资，以及船队所需的各种备用物品），更有详细记录（B3）。马欢说："中国宝船到彼，则立排栅、城垣，设四门更鼓楼，夜则提铃巡警。内又立重栅小城，盖造库藏仓廒，一应钱粮顿在其内。"满剌加地处南海与印度洋航路要冲，郑和下西洋遍访诸国，须分艅前往，为此就须建立一中转基地。马欢记录："去各国船只俱回到此取齐，打整番货，装载停当，等候南风正

---

① 《明太宗实录》卷四十七，台北："中研院史语所"，1962。
② 王赓武指出："郑和通常要等到冬季（的季风）才驶离中国沿海"，而郑和在6月被任命为第一次下西洋远航船队的统帅，"可以假定，他曾就航行情况和各地港口的相对重要性咨询过返航船队的官员们。当尹庆9月底或10月初到达南京时，郑和肯定会同他的僚臣同尹庆本人磋商过"。万明通过比对史料，进一步确认"为等待季风，郑和出发一般是在冬季"，且中国史籍没有满剌加使者回国的记录，由郑和作为正使对满剌加赍诏是有可能的。详见王赓武：《中国与马六甲关系的开端：1403～1405》，第90页；万明：《郑和与满剌加》，《中国文化研究》2005年第1期。
③ 主要史料有三条，分别是：《瀛涯胜览·满剌加国》："永乐七年己丑，上命太监郑和等赍诏敕赐头目……建碑土封城，遂名满剌加国"；《皇明象胥录》卷五《满剌加》："七年，中使郑和赍诏敕银印，封为满剌加国王，请定疆域，并封其国西山"；《东西洋考》卷四《麻六甲》："七年，上命中使郑和封为满剌加国王，赐银印、冠服。"

顺，于五月中旬开洋回还。"费信也说："如中国之船将回，皆于此点整番货、装载停当……"巩珍也描述："中国下西洋舡以此为外府……回还舡只，俱于此国海滨驻泊。一应钱粮皆于库内口贮，各舡并聚，先又分舡次前往诸番买卖……"黄省曾则在按语中评价道："予观马欢所记载满剌加云，郑和至此，乃为城栅鼓角，立府藏仓廪，停贮百物，然后分使通于列夷，归舡则仍荟萃焉。智哉其区略也！"①

满剌加设有供应船队远航的物资和粮食的仓库，也是屯兵、整休、集结船队、维修船只、候风待航的基地，对下西洋起到了至关重要的作用，因此郑和船队每次必经此地。而政治关系方面，中国与满剌加的特殊关系还有三点突出的表现：一是满剌加为接受永乐皇帝碑铭的第一个海外国家，②且唯有满剌加是首次遣使至中国就获得此种待遇的国家，永乐皇帝对满剌加格外垂青；二是1411~1433年的22年间，满剌加有3位国王先后5次访问中国；三是在1511年葡萄牙人入侵满剌加之前，中满两国一直保持着异常友好的关系。

（2）建立与苏门答剌的密切关系（B2、B4）。苏门答剌，今印尼苏门答腊岛西北的亚齐地区，位于旧港之西，北临大海，南靠大山，是东西洋海上交通的孔道。如满剌加一样，苏门答剌同样作为郑和下西洋航行基地而发挥重大作用。明人张燮记载此地"贸易输税，号称公平。……至者得利倍于他国。盖宋时称本肆多金、银、绫、锦、工匠技术，咸精其能，至今富饶犹昔也"③。马欢说"此处多有番船往来，所以诸般番货多有卖者"④，巩珍亦说"此处是总路头，所以番舡多经，物货皆有"⑤。由于苏门答剌地处东西洋"总路"的位置，郑和船队在苏门答剌国出海口的一个小岛上建立了货物的中转仓库，即《郑和航海图》上所明确标示的"官厂"，苏门答剌因此成为郑和船队分舡远航的基地和重要转运中心。

洪武末年，爪哇已吞并邻近的三佛齐国，进而窥觎苏门答剌。郑和第一

---

① 马欢、费信、巩珍、黄省曾所记载，分见《瀛涯胜览·满剌加国》《星槎胜览·满剌加国》《西洋番国志·满剌加国》《西洋朝贡典录·满剌加国》。
② 另三个国家是日本（1406年，在满剌加之后3个月）、浡泥（1408年）、柯枝（1416年）。
③ 张燮：《东西洋考》卷四《西洋列国考》"哑齐传"，谢方点校，北京：中华书局，1981，第77页。
④ 马欢：《明钞本〈瀛涯胜览〉校注》"苏门答剌国"条，万明校注，北京：海洋出版社，2005，第47页。
⑤ 巩珍：《西洋番国志》"苏门答剌国"条，向达校注，北京：中华书局，1961，第20页。

次下西洋，招徕苏门答剌，诏封其酋长为苏门答剌国王，赐以印诰，这样爪哇国便不能不有所顾忌，收敛其霸占苏门答剌的野心（B2）。

郑和船队在第四次出使西洋途中，苏门答剌国发生内乱，渔翁王之子苏干剌与原苏门答剌国王之子宰奴里阿比丁发生冲突。永乐十一年（1413），宰奴里阿比丁遣使向明朝求援，成祖令郑和第四次下西洋出兵相助（B4）。《明太宗实录》有如下记载：

> 初，和奉使至苏门答剌，赐其王宰奴里阿比丁彩帛等物。苏干剌乃前伪王弟，方谋弑宰奴里阿比丁，以夺其位，且怒使臣赐不及己，领兵数万，邀杀官军，和率众及其国兵与战。苏干剌败走，追至南勃利国，并其妻子俘以归。①

苏门答剌"官厂"在郑和奔赴印度洋的航海路线上地位重要，维持这个国家的政治局势稳定、保持中国在该国的"宗主国"地位是至关重要的。苏干剌拥兵数万，若推翻明朝册封的国王，对中国采取敌视态度，势必会影响中国在海外的拓展。即使苏干剌与宰奴里阿比丁势均力敌，双方争夺王位亦会致其国内动乱，给爪哇等国以觊觎之机，对郑和下西洋航行不利。可能考虑这些因素，当苏干剌战败逃往南渤利国时，郑和仍穷追不舍，直至将苏干剌及其妻子俘获方才收兵。郑和第四次下西洋途中，在彻底解决苏干剌以后，则分小舰探索前往非洲大陆东岸的航路，大舰则经锡兰、加异勒到古里、忽鲁谟斯一带。

（三）C类事件：旧港解除海盗威胁并设宣慰司（C1）

旧港，故地在今印度尼西亚苏门答腊岛的巨港地区。上文已述郑和下西洋之前此地为盗海上的情形，而这又与此地错综复杂的势力变化有关。

盖自唐朝黄巢起义以后，广东、福建等地的中国人流寓至此者，为数甚众。明初，关于旧港的势力关系，史籍有如下记载：

> 维时三佛齐已为爪哇所并，改其名曰旧港，而爪哇不能尽有其地，

---

① 《明太宗实录》卷九十七，台北："中研院史语所"，1962。

于是华人流寓者，往往起而据之。遂有广东人梁道明、陈祖义，先后自称头目，于上即位之四年，各遣使朝贡，而祖义复为盗海上，邀截往来贡使。①

南海人梁道明者，弃乡里往居之，闽广之从为商者数千，推道明为酋长，而施进卿副之。②

梁道明被推为旧港首领，约在 1377 年爪哇灭三佛齐之后不久。永乐三年（1405），明成祖"遣行人谭胜受、千户杨信等往旧港，招抚逃民梁道明等"③，梁道明被招抚后，"进卿独为制……广东人陈祖义者……与进卿争长"④。陈祖义为广东潮州人，洪武年间，因犯事举家逃来旧港，投渤淋邦国王麻那者巫里手下为将。国王死后，他纠集一帮海盗，自封为酋长。永年四年（1406），陈祖义还遣其子随梁道明的从子一起朝贡明朝，即《明通鉴》所记之"各遣使朝贡"。不管是出于何种目的，在当时陈祖义与"进卿争长""遣使朝贡"的背景下，郑和第一次下西洋船队没有遇到海盗势力的袭扰顺利驶出马六甲海峡了。

当时推梁道明、施进卿为头目的是闽广从商者，而陈祖义则是纠集海盗起势的，因此，梁道明、施进卿和陈祖义，可能分别代表了从商者和海盗两股势力。从商者被明朝招抚，但"祖义复为盗海上"，不仅劫掠来往商船和前往明朝的朝贡使团⑤，甚至还准备攻击郑和船队⑥。

陈祖义海盗势力被剿灭以后，"旧港头目施进卿遣婿丘彦诚朝贡"⑦，凌江推测，郑和在明成祖面前称赞施进卿。⑧永乐五年七月，明成祖"设旧港宣慰司，命进卿为宣慰使，赐印诰、冠带、文绮纱罗"⑨。

自唐代以后，中国古代封建王朝素有在边疆或海外之地设"羁縻"机构的

---

① 夏燮：《明通鉴》卷十五，北京：中华书局，2009。
② 查继佐：《罪惟录》卷三十六《三佛齐国》，北京：北京图书馆出版社，2006。
③ 《明太宗实录》卷三十三，台北："中研院史语所"，1962。
④ 查继佐：《罪惟录》卷三十六《三佛齐国》，北京：北京图书馆出版社，2006。
⑤ 严从简：《殊域周咨录》卷八《三佛齐》，北京：中华书局，1993，第 299 页。
⑥ 张廷玉等：《明史》卷三百二十五《外国五》"三佛齐"条，北京：中华书局，1974，第 8408 页。
⑦ 《明太宗实录》卷五十二，台北："中研院史语所"，1962。
⑧ 凌江：《郑和与印尼伊斯兰教》，《华人》1984 年第 3 期，转引自仲跻荣等编《郑和》，南京：南京大学出版社，1990，第 26 页。
⑨ 《明太宗实录》卷五十二，台北："中研院史语所"，1962。

传统，机构长官大都由其地原有部族酋长或头目首领担任。明代主要在西南少数民族设土官宣慰使司，一般置宣慰使（从三品）1人，同知（正四品）1人，副使（从四品）1人，佥事（正五品）1人，经历司经历（从七品）1人，都事（正八品）1人。①施进卿卒于永乐十九年（1421），后进卿之子施济孙告父讣，遣使向明朝请求承袭其父宣慰使一职，明朝许之，郑和遂于永乐二十二年一月启程，专赴旧港授赐。值得注意的是，明代在旧港设宣慰司并赐诰印、冠带，以及赐施济孙承袭父职，明显是将旧港纳入明王朝一种"羁縻"性质的机构系统，不过，旧港宣慰使虽受"朝命"，仍犹服属爪哇，这是一种颇为微妙的关系。

四、明初中国主导的东南亚体系：塑造国际地位、运用实力和施加影响力

在前文的讨论中，笔者提出界定国际体系或秩序的两条标准，接下来检视一下郑和下西洋时期中国在东南亚区域是否已构建起国际秩序。

（一）"足够的交往、互动关系"

在郑和下西洋之前，东南亚区域存在着几个相对独立互动频率相对较高的区域，或发生战争、冲突、领土争夺，或存在宗主国对其藩属的轻度袭扰，或存在商贸经营或文化交流，或遭到海盗寇乱势力的不定期劫掠。而明初在东南亚区域尚有不少海外交往的盲区，如满剌加未被中国知晓，与三佛齐建立短暂的宗属关系又很快失去联系，还有1383年以后与爪哇的关系。

郑和下西洋时期中国遣使四出，东南亚主要国家皆来朝贡，尤其新增了苏禄、浡泥、婆罗等。使节团队来往频繁，各国"番王酋长相率拜迎，奉领而去。举国之人奔趋欣跃，不胜感戴。事竣，各具方物及异兽珍禽等件，遣使领赏，附随宝舟赴京朝贡"。②来中国朝贡者，除一般使节外，甚至如满剌加、苏

---

① 张廷玉等：《明史》卷七十六《职官五》"宣慰司"条，北京：中华书局，1974，第1875页。
② 巩珍：《西洋番国志》自序，北京：中华书局，2000，第6页。

禄等国国王亲率妻子臣僚前来，有时多达几百人的规模。①

从技术角度看，郑和下西洋时期，其舰队在东南亚区域建立起了密集的航路。经综合整理绘成的《郑和航海图》，对各条航路的航程方向、道途远近、罗盘针路、天文地理航海知识、各航道港口的山川地势、浅滩暗礁都有详细记载。《郑和航海图》连同随行人员的著录记载，广泛叙述了沿途地名的政治、经济、社会、人情、风俗习惯等情况。

（二）"互动关系的根基"

郑和下西洋时期，国际制度层面的纽带仍然没有出现；而在观念认同层面，即使存在部分区域的伊斯兰文化圈或因中国人大量居住而形成的中国文化圈，都不足以支撑起这样一个国际体系。最后，我们寻求于物质层面，即权力结构。

在讨论权力结构之前，我们需要做出一点说明，即国际政治学意义上，贸易（经济）、政治、军事、文化等因素都是为获得权力或影响力服务的手段或途径。只有通过多种途径建立起来的权力结构、机制共同体、观念共同体形成时，国际体系才出现，否则，它还仍处于国家间关系（国际关系）这一层面。比如，在19世纪初以前，中国在东南亚的贸易圈中仍然占据着重要角色，中国商人通过贸易网络与该区域主要国家实现了持续的互动②，但不能说中国人主导了19世纪以前东南亚的国际体系，因为当时中国商人构建的贸易商圈并没有带来真正的权力或影响力。又如历史上著名的"大西洋三角贸易"，贸易作为重要方式促进了互动，但决定其互动的仍是权力结构。因此，虽然郑和下西洋时期中国在东南亚可能构建了某种程度的亚洲国际贸易网络③，但贸易因素不能成为本文所论的"国际体系"（一种互动关系或形态）的根基。

通过前文对郑和下西洋过程中主要事件的归纳，我们可以将东南亚区域主

---

① 例如，苏禄东王、西王和峒王"各率其属及随从头目凡三百四十余人，奉金镂表来朝贺"，《明太宗实录》卷一百〇七；永乐九年（1411）满剌加国王拜里迷苏剌率使团540人来朝，永乐六年（1408）浡泥国王麻那惹加那率使团150人来朝，转引自孙卫国：《论明初的宦官外交》，《南开学报》1994年第2期。

② 可参见陈国栋：《东亚海域一千年》，济南：山东画报出版社，2006年。

③ 万明：《郑和下西洋与亚洲国际贸易网的建构》，《吉林大学社会科学学报》2004年第6期。

要国家的数量、国家间相对权力关系或地位等变动情况进行描述（见表7）。

表7 东南亚区域各国关系地位变化

郑和下西洋之前	郑和下西洋时期
主要权力国家及影响范围 暹罗：满剌加、彭亨等 爪哇：旧港、苏门答剌等 安南：占城 其他国家 真腊、浡泥	顶层权力国家 中国 主要权力国家 占城（6）、爪哇（6）、暹罗（4） 基地据点国家 满剌加（7）、苏门答剌（7） 其他国家或地方 哑鲁（7）、南浡里（7）、彭亨（2）、急兰丹（1）、旧港、真腊、浡泥、苏禄、婆罗

通过表7，我们发现三点变化：

（1）主要权力由安南、暹罗、爪哇转变为占城、暹罗、爪哇。侵略周边的安南被明朝陆上军队剿灭，而我们知道占城几乎是历次下西洋停靠的首站。另外，占城也曾主动出兵清除其国沿海来自中国的海盗势力。如果占城被反明的安南所占，或者占城一带海面盘踞了海盗势力，那么势必会对郑和下西洋造成不利影响。

（2）满剌加原是被迫臣属暹罗的小国，而苏门答剌也是爪哇伺机侵占的目标。在明朝的支持和保护下，满剌加、苏门答剌分别获得独立和政局稳定，成为与中国关系极为密切并作为下西洋保障、支持基地的国家。

（3）旧港原先一直是马六甲-巽他海峡地区最重要的航路中心，但其地位和作用被新兴的满剌加所取代。虽然明朝在此设置了象征性"羁縻"机构，扶植了对明朝示好的头目，但其仍服属爪哇。

可以说，郑和七次下西洋，将中国全面带入东南亚。当时的中国在人口、面积、财富、军力、文明程度、国家组织能力、手工业技术水平等方面都远远超出其他国家（这已经不能用"优势地位"来衡量了）。这些构成国家实力的要素，使中国皇帝在国际环境中实现志向和抱负时面临的可能性更大、或然性（即一定的发生概率）更高。立足于对国内外环境的感知和认知，中国皇帝作出决断，利用机会（可能性、或然性），发挥实力，对东南亚地区内的国家关系进行了适度的再塑造。中国皇帝是否一开始就存有构建国际体系的初衷或主观愿望，我们不得而知，但郑和下西洋在客观上带来了东南亚区域内充分的互动，且这些互动关系以中国为核心。可以说，郑和下西洋时期，东南亚区域形成了以中国为权力核心的单极体系。《剑桥中国明代史》如此评价：

> 他们的旗帜飘扬在整个东南亚和印度洋，清楚地显示了明帝国的政治和军事优势。……郑和的探险性远航把最重要的东南亚诸国划入明朝政治势力范围之内。进行这些远航是为了通过和平方式扩大明帝国的影响。①

那么，中国是如何获得在该体系中的国际威望和国际地位的？在体系的形成过程中，中国又是如何施加或运用国际影响力的？

体系中的实力可界定为对形势结构的控制，包括控制游戏规则，控制事件及潜在事态，甚至控制行为者的意识形态、价值观、目标及宗旨，而施加影响力则大体可表现为 6 种方式：使用武力；以非暴力方式施加惩罚；以惩罚相威胁（大棒政策）；给予奖赏（胡萝卜政策）；悬赏；劝说。②郑和下西洋时期的中国，其实力优势并非仅仅处于展示的静止状态，而是处于一种持续运用的过程。具体来说，当时中国运用实力取得国际威望，大致包括以下几个方面：

（1）运用实力，对原先处于冲突模式的、以权力大国作为缘由的区域互动予以调整（见表 7），塑造和平、稳定模式的区域互动。安南、暹罗、爪哇在东南亚区域没有出现核心权力国家、没有形成区域体系时，在领土、经济、政治等诸多利益的驱使下，以机会主义的心态对周边及邻近地带的国家发动侵略、掳掠和袭扰等行为，并且，这三个权力国家在地理位置相互隔离，客观上造成各据一方的势力范围。这种冲突迭起、潜在矛盾丛生的局面，对郑和下西洋是极为不利的。因此，制止冲突、调解矛盾就显得非常必要。

自 1403 年起，占城使者至少 3 次前来请求中国出兵干预，明成祖也多次写信劝告安南统治者放弃扩张政策，但安南拒不采纳。1406 年 10 月，明成祖终对安南发动战争，除陆上进攻外，还让郑和下西洋船队较长时间停留在占城。③安南被剿灭后，作为郑和船队首泊之所的占城新州港的安全得以保

---

① 牟复礼、崔瑞德编：《剑桥明代中国史》，张书生等译，北京：中国社会科学出版社，1992 年。
② 布鲁斯·拉西特（Bruce Russett）、哈维·斯塔尔（Harvey Starr）：《世界政治》，王玉珍等译，北京：华夏出版社，2002，第 114~115 页。
③ 郭渊：《从郑和下西洋看中国对南海的经略》，第十四届明史国际学术研讨会，浙江温州，2011 年 7 月。

证，郑和船队也曾在占城设立大本营。①

满剌加虽臣属暹罗，但实为被迫之举。在满剌加"愿同中国属郡，岁效职贡"的请求下，明成祖赐其镇国山碑铭。满剌加希望借中国之力摆脱暹罗，但暹罗很快便夺其所受印诰，明成祖得知消息后专门遣使对暹罗发出强烈警告，暗示中国可能使用武力进行威慑。1417年暹罗又欲"侵越"，明成祖这次采用了相对温和的劝说手段。1431年，中国再次收到满剌加对暹罗"谋侵"的控诉，郑和舰队再赴暹罗对其进行了劝说。

第一次下西洋时，正值爪哇满者伯夷东西二王相互攻杀，郑和舟师官军登岸时被误杀170余人，明成祖对胜利的西王发出强烈警告，以"将兴师致讨""问罪之师，终不可已，安南之事可鉴"进行拟使用武力的威慑。在爪哇西王做出谢罪和承担赔偿的行为后，明成祖通过"所负金悉免""赐钞币"的方式给予奖赏。占据重要地理位置的苏门答剌，爪哇也有吞并之意，郑和第一次下西洋就诏封其酋长为国王，以明王朝的政治权威震慑爪哇。

（2）构建以中国文化为底蕴的互动规则、行为规范，即国际体系内国家行为者之间互动的"游戏规则"。国际体系"受规则、信念和规范等各种基础要素的支持"。②在当时的东南亚区域体系，我们可以罗列一些证据说明游戏规则的存在（见表8）。

表8 明初东南亚区域体系中的部分规则

禁止行为	例证
侵略、吞并他国	安南侵略占城；暹罗意图谋侵满剌加；爪哇意图吞并苏门答剌
以武相争	爪哇东西二王相互攻杀；暹罗欲与满剌加兵戎相见
侵占领地	满剌加"矫朝命"索旧港之地
恃强凌弱	暹罗恃强凌彭亨索取占城使者；暹罗强夺苏门答剌、满剌加所受印诰；占城侵扰真腊

中国反对或制止这些行为，是基于中国自古以来在对外关系方面的哲学理论依据，而这些依据又真实地影响了明初对外政策的指导思想。班固曾说："（匈奴）其地不可耕而食也，其民不可臣而畜也"。③这种思想对明初皇帝也产

---

① 郑一钧：《郑和下西洋对我国海洋事业的贡献》，《郑和研究》1991年第13期。
② 周方银：《朝贡体制的均衡分析》，《国际政治科学》2011年1期。
③ 班固：《汉书》卷九十四下《匈奴传》，中华书局点校本，北京：中华书局，2000，第3834页。

生了影响，如 1371 年，朱元璋在奉天门召集臣僚时所说："得其地不足以供给，得其民不足以使令。"①此句在 1395 年颁布的《皇明祖训》里又一次重申。另外，明太祖也曾在诏书中说其"惟愿民安而已，无强凌弱、众暴寡之为"②。1403 年，明成祖针对安南对占城的侵略，特向安南王指出："为恶受祸，古有明戒……今宜保境安民，息兵修好，则两国并受其福。"③1407 年，明成祖警告暹罗时说："自今安分守礼，睦邻境，庶几永享太平。"④明成祖第二次遣郑和下西洋带给各国的"敕谕"中说："尔等祗顺天道，恪遵朕言，循理安分，勿得违越，不可欺寡，不可凌弱，庶几共享太平之福。"⑤1417 年在谕暹罗诏书中说："王宜深思，勿为所惑，辑睦邻国，无相侵越，并受其福。"⑥1420 年，当明成祖获知沼纳朴儿国数次兵侵榜葛剌国时，即遣使出使沼纳朴儿国，要求该国国王"俾相辑睦，各保境土"⑦。

通过对事件的处理以及在诏书文件的表述，明王朝既在政治宣传上又在调停实践中向东南亚区域各国阐释了相互交往的规则，即反对侵略，反对以武相争，不得占领他国土人，强国不可欺寡、不可凌弱，小国亦循理安分，勿得违越，大小国家应睦邻、安分、守礼。除了维护区域内大小国家之间的行为规范，作为该区域的核心权力国家，中国则实践"一视同仁""无间内外"的公正立场。例如，中国虽然与满剌加建立了极其亲密的关系，但遇到满剌加倚中国之势而侵越爪哇利益时，中国能够持公正立场。另外，中国也通过实际表现，证明其虽然拥有超强实力，但却不抱有任何扩张的野心或私欲，而重在修德。1372 年，靖海侯吴祯统一辽东，回京奏报，君臣之间有一段对话可以看出朱元璋在对外关系中的意愿和指导思想。上曰："自古人君得天下，不在地之大小，而在德之修否。"重"德"的观念亦深深影响了明成祖。1412 年明成祖与吏部尚书夏骞义有一段对话，他说："朕即位初，恒虑德不及远，心中更自

---

① 《明太祖实录》卷六十八，台北："中研院史语所"，1962。
② 《明太祖御制文集》卷二《谕安南国王诏》，明初内府刻本，学生书局影印，1965，转引自万明：《明代初年中国与东亚关系新审视》，《学术月刊》2009 年第 8 期。
③ 《明太宗实录》卷二十二，台北："中研院史语所"，1962。
④ 《明太宗实录》卷五十三，台北："中研院史语所"，1962。
⑤ 《郑和家谱·海外诸番条》，转引自郑鹤声、郑一钧《郑和下西洋资料汇编》中册，济南：齐鲁书社，1983，第 85 页。
⑥ 《明太宗实录》卷二百一十七，台北："中研院史语所"，1962。
⑦ 《明太宗实录》卷二百二十九，台北："中研院史语所"，1962。

警惕。"①

（3）动用实力，对拒不顺从和顽固作恶的各种势力予以坚决铲除，塑造东南亚区域内的安全环境。明初中国在东南亚域动用武力的情况不多，约有三次：一是安南在屡次劝说无效后对其征剿；二是盘踞旧港的海盗陈祖义，劫杀商旅、贡使，危害南海区域的海道畅通。第一次下西洋返程中，郑和原本是奉明朝皇帝之意前来招抚，但陈祖义却潜谋意图劫杀郑和舟师，故郑和"一鼓而殄灭之"，并将陈祖义解送京师伏法；三是苏干剌与苏门答剌国王争夺王位，致该国内乱难平，这势必会影响郑和舟师穿行马六甲海峡及设于此处的官厂，且苏干剌主动向郑和舟师发兵，故遭郑和剿捕。

什么情况下必须使用武力，这也是有理念根据的。1371年，朱元璋对大臣说："海外蛮夷之国，有为患于中国者，不可不讨。"②明成祖即位之初，在劝诱、威慑等招抚海外华人时说：

> 往者尔等或避罪谴，或苦饥困流诸番……朕甚悯焉。今遣人赍敕往谕：……逃匿在彼者，咸赦前过。俾复本业，永为良民。若仍恃险远，执迷不悛，则命将发兵悉行剿戮，悔将无及。③

郑和在《通番事迹记》碑文中则写道：

> 每统领官兵数万人，海船百余艘……及临外邦，其蛮王之梗化不恭者，生擒之；寇兵之肆暴掠者，殄灭之。

周方银通过对朝贡制度的分析指出：在中国实力占据优势的情况，偶尔的几次战争，有助于使周边邻国认识到中国的决心，即改变其对于中国是否会使用武力的主观概率分布，使其认识到中国使用武力是小概率，但这个概率也不是小到完全可以忽略不计的程度。因此，战争是一个改变预期和稳定新的预期的过程。从演化的观点看，中国的怀柔战略有一种自我败坏的特征，即长时期

---

① 《明太宗实录》卷一百一十七，台北："中研院史语所"，1962。
② 《明太祖实录》卷六十八，台北："中研院史语所"，1962。
③ 《明太宗实录》卷十二，《皇明祖训·箴戒篇》，北京：北京图书馆出版社，2002。

怀柔会鼓励周边国家进行机会主义骚扰。对于周边邻国的骚扰，在适当的时候予以征伐，可以起到回归均衡的作用。①使用武力所取得的效果是显而易见：《通番事迹记》记载说"海道由是而清宁，番人赖之以安业"；《明史稿》描述为"（和）三擒贼魁，威震海外，凡所号令，罔敢不服从"。

当然，除了以上三个主要方面以外，还有一些其他做法积累了中国在东南亚区域的国际政治威望，如"导以礼义""诱以重利"。最后，让我们总结一下中国施加影响力的方式：劝说、招降（如果无效）→使用武力；以可能使用或即将使用武力，或以大国的权威进行威慑；给予经济奖赏；劝说（调停、仲裁）；提供体系的安全、稳定；给部分重要国家提供政治承诺（并维持政治承诺的可信度）；建立与重要国家的特殊关系（以获得一些前进基地）。

五、余　　论

在分析明初中国在东南亚如何获得国际权力威望及其如何施加国际影响力的过程中，有两点是值得特别强调的。

一是正如王赓武、陈尚胜及郑海麟等人所论述的那样，从前朝历代的治国经验和对外关系实践中，明初中国皇帝借鉴、总结形成了"德""威"并举的对外政策。②而王冬青则进一步强调郑和下西洋过程中含有战略"威慑"的因素，即作为达成和平稳定局面手段的"耀兵""示中国之强""示中国之富"与郑和下西洋整体上所具有的和平性质是并行不悖的。在实力足够保证的基础，威慑大多数情况下已经起到了作用，这一点在处理与暹罗、爪哇的连续互动中已经得到印证：同样针对的是侵略或意图侵略之举，在第一次展示实力的同时，以使用武力进行威慑之后，后面几次仅需通过"劝说""调停"就可以达到成效。周方银的分析更从逻辑上证明，单极体系中的核心权力国家，偶尔通过几次使用武力的行为，反而会有助于将可能趋于冲突或不稳定的局面重新拉回到和平的轨道上来。郑和下西洋过程中，既有"仁政"，又有"威慑"；既有区域国家间趋向和平模式的互动规则，又有体系核心权力国家所持的"不占

---

① 周方银：《朝贡体制的均衡分析》，《国际政治科学》2011年第1期。
② 郑海麟：《郑和下西洋与明代对外关系之再认识》，《太平洋学报》2013年第3期。

地""不侵利"的和平意志，以及"无间内外""一视同仁"的公正立场，因此，没有必要为迎合渲染当时中国在外交上积极推行对外开放的睦邻友好政策而刻意回避"威慑""动武"问题。

二是在取得国际权威的过程中，明初中国是非常注意树立威信，即要求海外蕃国对中国中心权力地位的承认。以往的研究多认为古代中国封建王朝的对外册封山川、册封国王等行为是形式大于实际意义，这种表面的所谓"宗藩关系"只是维系中国与周边国家友好关系的一种形式，主要是为了显示中国的富裕和封建大国的泱泱风度，并不具有统治与被统治的实质内容。[1]认为这是一种停留在"话语的虚构"，抑或"想象中的体制"层面，是外交辞令式的自娱自乐。然而，在考察郑和下西洋过程中施加影响力的案例时，我们发现这样的现象，即明王朝非常重视强调其国际权威。例如，在对暹罗的几次警告中，都出现类似性质的措辞：

> 占城、苏门答剌、满剌加与尔，均受朝廷，比肩而立，尔安得独恃强？
>
> 满剌加既已内属，则为朝廷之臣。彼如有过，当申理朝廷。不务出此而辄加兵，是不有朝廷……毋违朝命。

在发给爪哇的警告中，也有此类措辞：

> 尔与东王均受朝廷封爵……擅灭之而据其地，违天逆命有大于此乎？朕推诚待人，若果许之，必有敕谕。

以上现象的存在并非少数个案，有理由认为，明初中国对少数国家所作的册封山川、册封国王、册封国号等行为，虽然没有统治与被统治的实质内容，但此种名义上的关系，实际上是对某些国家提供诸如安全保护、政治庇护、政治支持等不同程度的承诺，体现了明王朝国际政治权威的附着，是一种国际权威的存在威慑。明王朝维护此种承诺，有助提高其在海外国家中政治承诺的可信度，因此，在处理相关冲突或控制相关事态中，需要一直提醒那些不安分的

---

[1] 周茹燕：《试论明初睦邻友好的外交政策》。

国家。

China's Oversea Strategy to Southeast Asia During Early Ming Dynasty—Focusing on Zheng He's Maritime Expeditions

Ye Chong　Rong Liang

Abstract: From the perspective of modern theories of international relations, Zheng He's maritime expeditions could be understood that Ming China desired to expand it's influence throughout the known and unknown world, then successfully established a unipolar power system in Southeast Asia as a result of China's intention and strength. At that time, China used a variety of ways to play a leading role in ensuring the stability and security of the system. In addition, the major events and related activities during Zheng He's maritime expeditions to Southeast Asia, in a certain extent, reflected Ming China's attitude and orientation of foreign policies.

Key Words: Zheng He's maritime expeditions; Southeast Asia; power system oversea strategy

明代中后期广东海防面临的挑战

——以曾一本之变为中心

陈贤波[*]

隆庆三年（1569）五六月间，闽广两省兵船在福建铜山、玄钟澳和广东莲澳等海域先后三次会剿曾一本及其党羽，这支肆虐广东沿海多年的海寇势力终究被铲除。关于官府平寇的过程，万历十年（1582）潮州知府、江西泰和人郭子章（1543~1618）在《潮中杂记》中有如下简要描述：

> 曾一本者，福建诏安人。招亡纳叛，聚党数万，出入闽广，大肆猖獗，攻城略地，杀虏参将缪印等官兵数多，屡年不能平，致□圣怀。廷议推兵部左侍郎刘焘总督闽广军务，以兵部员外郎王俸随军赞画。议于南北两京帑银内解发十万两以资兵食。（隆庆三年）四月二十一日入境，督催广东巡抚熊桴、福建巡抚涂泽民、总兵俞大猷、郭成、李锡、参将王诏等进战。……五月十二日一战于铜山，胜之；六月十二日再战于玄钟澳，又胜；二十六日再战于莲澳，又胜之，生擒贼首曾一本，擒杀党伙数千，

---

[*] 作者系广东省社会科学院历史研究所、广东海洋史研究中心研究员。

本文是笔者主持的 2013 年度国家社科基金项目"明代广东海防体制转变研究"（13BZS035）及 2013 年广东省宣传文化人才专项资金项目（XCWHRCZXSK2013—28）的阶段成果之一，并得到 2013 年度广东省"理论粤军"重大基础理论招标课题"16~18 世纪广东濒海地区开发与海上交通研究"资助。韩山师范学院中文系吴榕青教授曾对本文提出修改意见，谨此一并致谢。

悉除。①

郭子章的追述重在铺陈隆庆三年闽广两省合力"生擒贼首"的"后果"，至于"屡年不能平"的"前因"并未过多着墨。事实上，当局清剿海寇屡屡受挫的原因，其间政策和人事的反复调整，恰有助于揭示明代中后期区域海防体制的症结和发展趋势，反映政治、军事和社会的复杂纠葛，值得深究。在曾一本之前，有许朝光、吴平等巨寇，后续则有林道乾、诸良宝、林凤等相继为患，"鲸鲵聚啸，旋讨旋发，未有晏然享数十年之安者"。②

对海寇活动的影响、海寇的身份背景及相关史料的整理发掘，以往学者的讨论已相当充分③，但鲜有专论从事件的发展来深入分析当时海防体制存在的问题。拙稿试以"曾一本之变"为背景，通过勾连事件发生的过程，管窥这一时期广东海防体制运作中作战策略、军备、事权、军情传递等方面面临的挑战。

一、广东的"抚贼之策"与闽广协剿海寇的矛盾

曾一本的籍贯来历众说纷纭。《明实录》笼统称之为"广东贼""广贼""广东盗"。④前引《潮中杂记》说他是"福建诏安人"，其与稍后万历三十年

---

① 郭子章：《潮中杂记》卷下《国朝平寇·曾一本之变》，潮州市地方志办公室 2003 年影印本，第 81 页。引文括号内容为笔者标注。
② 郭棐：《粤大记》卷三《事纪类·海岛澄波》，黄国声、邓贵点校，广州：中山大学出版社，1998，第 60 页。
③ 参见陈春声：《从"倭乱"到"迁海"——明末清初潮州地方动乱与乡村社会变迁》，朱诚如、王天有主编：《明清论丛》第 2 辑，北京：紫禁城出版社，2000，第 73～106 页；陈学霖：《〈张居正文集〉之闽广海寇史料分析》，《明代人物与史料》，香港：香港中文大学出版社，2001，第 321～361 页；冷东：《明代潮州海盗论析》，《中国社会经济史研究》2002 年第 2 期；黄挺：《明代后期粤闽之交的海洋社会：分类、地缘关系与组织原理》，《海交史研究》2006 年第 2 期；陈春声：《16 世纪闽粤交界地域海上活动人群的特质——以吴平的研究为中心》，李庆新主编：《海洋史研究》第 1 辑，北京：社会科学文献出版社，2010，第 129～152 页；汤开建：《明隆万之际粤东巨盗林凤事迹详考——以刘尧诲〈督抚疏议〉中林凤史料为中心》，《历史研究》2012 年第 2 期。
④ 参见《明穆宗实录》卷十八，"隆庆二年三月乙丑"，台北："中研院史语所"，1962，第 514 页；同书卷二十二，"隆庆二年七月辛未"，第 603 页；同书卷二十五，"隆庆二年十月庚辰"，第 681 页。

（1602）刊刻的《广东通志》略同，但后者又有"一本，潮阳人"的记载，前后矛盾。① 晚出的康熙《澄海县志》则说"海阳薛陇人"。② 潮阳、海阳均为广东潮州府属县。一些地方文史学者则明确指出曾一本为海阳（今潮州市潮安县）薛陇乡人，但未明所据。③ 曾一本籍贯来历的模糊，从一个侧面也说明了当时海盗活动出此入彼、流动不居的特性。不管如何，作为海寇吴平的同伙，曾一本在前者嘉靖四十五年（1566）逃遁后整合其余党，"西寇高雷等府，回屯东港口，四出剽掠，潮揭受祸最酷"④，成为广东海域又一巨患。

以总兵汤克宽（？～1573）为代表的广东当局起初试图招抚曾一本，将之安插在潮阳县，结果适得其反：

> 先是海贼吴平既遁，而余党曾一本突入海惠来间为患。克宽倡议抚之。贼既就抚，乃从克宽乞潮阳下会地以居，仍令其党一千五百人窜籍军伍中。入则廪食于官，出则肆掠海上人。令盐艘商货报收纳税。居民苦之。⑤

嘉靖四十五年（1566）八月，曾一本进犯邻省福建的玄钟澳，在福建兵船阻击下，"彼即遁回潮州"；由于此前咨会两广提督吴桂芳（1521～1578）、广东总兵汤克宽发兵协剿遭拒，时任福建巡抚塗泽民不敢贸然越境剿寇：

> 本院咨会两广军门吴（桂芳）发兵协剿，随准回称"宁照封疆为守，贼在广则广自任之，过闽然后闽任之"等因。又准广东总兵官汤克宽手本开称"曾一本面缚军前请降，散党安插。但虑闽中兵船越潮哨捕，惊疑反侧之心，以坏招抚成功，烦行各将领知会"等因。本院以此为信，谕令官兵各照封疆自守。是以贼虽迫近邻境，亦不敢轻发一兵，越境行事，以伐

---

① 分别见于万历《广东通志》卷六《藩省志六·事纪》，《四库全书存目丛书》史部第197册，济南：齐鲁出版社，1997年影印本，第149页；同书卷七十《外志五·倭夷·海寇附》，《四库全书存目丛书》史部第198册，第760页。
② 康熙《澄海县志》卷十九《海氛》，潮州市地方志办公室2004年影印本，第164页。
③ 蔡起贤：《以诗证志一例》，陈三鹏主编：《第三届潮学国际研讨会论文集》，广州：花城出版社，2000，第352～355页。
④ 康熙《澄海县志》卷十九《海氛》，第164页。
⑤ 《明穆宗实录》卷十四，"隆庆元年十一月丁巳"条，第379～380页。

其陵渐之谋。一则惟恐悖两广军门画疆之议，以取贪功之讥。一则惟恐坏汤总兵抚贼之策，以为日后借口之资。①

虽然塗泽民申明尊重广东当局的军事策略，确认了基于政区界限的事权划分，但从他"惟恐"的"贪功之讥"和"借口之资"足见两省在剿寇问题上存在嫌隙。闽广山海相连，海寇出此入彼，在海防问题上本为一体。但受制于两省在信息沟通、权责分工和兵船装备等方面的分歧，他们在协剿海寇时往往难以做到一心对敌。双方矛盾在稍早的"吴平之役"就已埋下伏笔。塗泽民后来也承认：

> 闽南地接广东，彼省海寇，东击西遁，故每议夹剿。然夹剿之事，其势实难。约会之文，往返不易。船在海上，往时镇巡司道不得亲行坐督，惟凭将领较短竞长，致生嫌隙。上年吴平之役可见。是以前任两广军门吴咨议宁照封疆为守，如贼在广则广自任之，如贼遁闽则闽自任之，以绝推诿之奸等因。②

由此可见，要理解广东当局对曾一本的初始态度和后续处理，有必要回顾两省共同对付海寇吴平产生的纠葛。

吴平在嘉靖末年多次勾引倭寇，流劫闽广沿海，一度受抚而被安插在闽广交界的诏安县梅岭。③时任广东总兵、曾负责招抚吴平的俞大猷（1503～1579）在给福建总兵戚继光（1528～1587）的信中说，"吴平徒党颇众，向以旧倭在境，恐其合伙，故权处分"④，似乎表明当局的招抚乃权宜之策，但这种做法并未奏效。

嘉靖四十三年（1564）八月，吴平再次举兵叛乱，"驾船四百余艘出入南

---

① 塗泽民：《塗中丞军务集录三·行广东抚镇》，陈子龙选辑《明经世文编》卷三百五十五，北京：中华书局，1997年，第3818页。
② 塗泽民：《塗中丞军务集录二·咨总督军门》，第3808页。
③ 参见陈春声：《16世纪闽粤交界地域海上活动人群的特质——以吴平的研究为中心》，《海洋史研究》第一辑，第129～152页。
④ 俞大猷：《正气堂全集·正气堂集》卷十五《报福建总戎南塘戚公》，廖渊泉、张吉昌点校，福州：福建人民出版社，2007，第380页。

澳、浯屿间，谋犯福建"，朝廷诏令闽广两省协力夹剿。①由于刚刚发生柘林叛兵围攻广州事件，两广总督吴桂芳奏设"督理广州惠潮等处海防参将"，将分处惠州、潮州的碣石和柘林两地兵船归并到东莞南头，集中兵力拱卫省城，直接导致吴平复叛时东部海防虚空，广东方面根本无力招架。②前线指挥作战的俞大猷深知"吴平事，闽中决用兵……闽中兵兴，平必率众由船入广，则责专在广矣"，为此一面呈请吴桂芳早日调遣兵船前来③，一面去信福建巡抚汪道昆（1525~1593），声明"潮中时下水陆俱无兵，如欲会剿，乞约会于三个月前，方可齐备"。④可见，广东参与协剿作战从一开始就相当被动。

嘉靖四十四年（1565）四月，戚继光先行督发福建兵船袭击吴平，迫使后者率众退保广东南澳岛；紧接着，"闽兵先至，围攻之，平间道去，以小舟奔交趾，官军竟无所得"。⑤由于吴平逃脱，俞大猷因追战不力被弹劾革职，广东惠潮军务暂时改由戚继光兼管。⑥

事实上，闽广会兵有约期在先。此番合作以广东失责告终，但福建也有急于求成、贪功冒进之嫌。当吴平避退南澳时，福建巡抚汪道昆已收到"贼阳筑室而阴修船，盖将乘汛而遁，俟北风起"的谍报。在给兵部尚书杨博（1509~1574）的信中，他表示"其势不能缓师，闽人各持二月粮，计必穷追以责成效"，因此"藉令广兵如期而至，相与犄角而一鼓歼之，此上愿也。不然，则闽人可为者不敢不自尽，其不可为者亦无如之何矣"。⑦但由于"广东兵船尚无消息"，无法判断广东当局动向，福建一方单独采取军事行动。⑧

两省会剿"有会之名，无会之实"，未能一举擒拿贼首，"彼此之间，不求

---

① 《明世宗实录》卷五百四十九，"嘉靖四十四年八月丁丑"条，第8849~8850页。
② 有关"柘林兵变"之后吴桂芳的海防改革，参见陈贤波：《论吴桂芳与嘉靖末年广东海防》，《军事历史研究》2013年第4期。
③ 俞大猷：《正气堂全集·正气堂集》卷十五《请早调兵船掩击吴平船只》，廖渊泉、张吉昌点校，福州：福建人民出版社，2007，第381页。
④ 俞大猷：《正气堂全集·正气堂集》卷十五《与福建军门南溟汪公书》，廖渊泉、张吉昌点校，福州：福建人民出版社，2007，第380页。
⑤ 《明世宗实录》卷五百四十五，"嘉靖四十四年四月己丑"条，第8806页；郭子章：《潮中杂纪》卷下《国朝平寇考下·吴平之变》，第80页。
⑥ 《明世宗实录》卷五百五十四，"嘉靖四十五年正月庚辰"条，第8915~8916页。
⑦ 汪道昆：《太函集》卷九十六《书牍二十七首·大司马杨公》，续修四库全书集部1348册，上海：上海古籍出版社，1995年影印本，第173页。
⑧ 汪道昆：《太函集》卷九十六《书牍二十七首·闽中上政府》，第172~173页。

其故，反相归咎"。① 究其原因，以往的研究一般认为，由于畛域有别，人事不和，两省官员相互推诿，难以协调。② 更深一层次的原因，其实是广东仰赖雇募兵船作战的海防体制使然。对此，指挥前线作战的俞大猷指出：

> 二省大举夹剿之师，一备一未备，实其所遇事势之不同。闽广之官，易地则皆然。若责广，谓怠慢；指闽，谓猛于从事，皆未考易地皆然之义也。何也？闽五水寨，各有兵船，福、兴、泉、漳沿海地方不过十日之程，督府总戎檄书驰取官民船只，旬日可集。广中无水寨兵船，又道里辽远，一公文来往，非四五十日不能到。而东莞民间乌船，时出海南各处买卖，官取数十之船，非月余不能集。船集而后募兵，兵集而后修整枪具，又非三二十日不能完美。抚按诸公非不严文督限，其势自不能速耳。此在人者不可必，岂敢故自怠慢乎？又二三月风色，与八九月同。船自广来潮，俱要唱风，不可以时日计。此在天者不可必，岂敢故自怠慢乎？③

可见，广东沿海并无常设水寨，完全仰赖募集民船民兵，加上季风气候影响，无法短时间大规模集结兵力，与福建水寨兵船的机动能力形成鲜明对比。④ 当日率闽兵入广的戚继光甚至奏称"近该臣入潮、惠，未见彼中一兵"。⑤ 此说或许夸张，但也表明广东兵船不足乃不争事实。

在军饷筹措方面，广东同样捉襟见肘。早在福建单方面行动前，俞大猷"请取五千之兵于军门"未果，误以为吴桂芳"以钱粮困乏为辞"，专门去信福

---

① 俞大猷：《正气堂全集·正气堂集》卷十六《后会剿议》，廖渊泉、张吉昌点校，福州：福建人民出版社，2007，第409页。
② 参见张增信：《明季东南海寇与巢外风气（1567～1644）》，《中国海洋发展史论文集》第三集，台北："中研院三民主义研究所"，1988，第313～344页；杨培娜：《明代中期漳潮濒海军事格局刍探》，《潮学研究》2012年新一卷第3期，第26～44页。
③ 俞大猷：《正气堂全集·正气堂集》卷十六《前会剿议》，廖渊泉、张吉昌点校，福州：福建人民出版社，2007，第407～408页。
④ 谭纶（1520～1577）于嘉靖四十二年（1563）巡抚福建时为应对海寇重建沿海五大水寨，包括浯屿水寨、南日水寨、烽火门水寨、铜山水寨和小埕水寨。参见卢建一：《闽台海防研究》，北京：方志出版社，2003，第71～77页。有关广东募集民船民兵参与海防的前因后果涉及到当时复杂的制度背景变化，限于篇幅，笔者拟另文探讨。
⑤ 戚继光：《戚少保奏议·重订批点类辑练兵诸书》卷一《经略广事条陈勘定机宜疏》，张增信校释，北京：中华书局，2001，第17页。

建巡按、广东南海人陈万言（1519~1593），请后者"便中于自湖公处为借一言"。①吴桂芳为此多方筹措，但收效甚微。例如，他奏请归还"两广先年协济浙中兵饷银十余万"，"以济一时燃眉之急"，但遭到浙江官员反对。虽有时任巡按浙江监察御史、广东南海人庞尚鹏（1524~1580）支持，认为"吴平未灭，即两浙未有安枕之期"，但未见下文。②吴桂芳又以"用兵缺饷"为由，奏请归还先年解送四川布政司协济采木的 35 万两军饷银，但户部"止准该省解还银三万两前来两广支用"。③

上述背景直接促使吴桂芳在吴平事件后推动广东沿海水寨建设。他认为"今广中素无水寨之兵，遇有警急，方才召募兵船，委官截捕"，"必须比照浙闽事例，大加振刷，编立水寨，选将练兵"，"要害之所无处无兵，庶奸慝无所自容，而海波始望永息"④，显示他已充分认识到广东海防体制的局限。

但必须指出，吴桂芳奏设的六大水寨（柘林、碣石、南头、白鸽门、乌兔、白沙）自东往西分布在潮州、惠州、广州、雷州、琼州五府沿海，兵船规模庞大，但毕竟只是规划设想，并未完全付诸实践。就在奏设水寨不久，吴桂芳于嘉靖四十五年（1566）九月改任南京兵部右侍郎。⑤上述如此大规模的兵船几乎不可能在短时间内配备到位。而造募兵船的巨额经费从何而来，吴桂芳也未及交代。以往的研究直接征引其《请设沿海水寨疏》的相关内容，视之为当时已经推行的举措，并不符实。⑥事实上，隆庆初年俞大猷在征剿曾一本时仍苦于兵船不足，感慨"东广虽新设六水寨，向未设有战船。近日事急，方议

---

① 俞大猷：《正气堂全集·正气堂集》卷十五《与福建巡按海山陈公书》，廖渊泉、张吉昌点校，福州：福建人民出版社，2007，第379页。按：吴桂芳别号自湖。
② 庞尚鹏：《百可亭摘稿》卷一《议兵费以便责成以靖海邦事》，《四库全书存目丛书》集部第129册，济南：齐鲁出版社，1997年影印本，第132~133页。
③ 张瀚：《台省疏稿》卷五《会议军饷征剿古田疏》，《四库全书存目丛书》史部第62册，济南：齐鲁出版社，1997年影印本，第102~103页。
④ 吴桂芳：《吴司马奏议·请设沿海水寨疏》，陈子龙辑《明经世文编》卷三百四十二，第五册，北京：中华书局，1997，第3671~3672页。对吴桂芳水寨建设的更详细讨论，参见陈贤波：《柘林兵变与明代中后期广东的海防体制》，《国家航海》第8辑，2014，第1~19页。
⑤ 《明世宗实录》卷五百六十二，"嘉靖四十五年九月辛亥"，第9013页。
⑥ 蒋祖缘、方志钦主编：《广东通史（古代卷）》下册，广州：广东高等教育出版社，1996，第257页；《广东海防史》编写组：《广东海防史》，广州：中山大学出版社，2010，第168~169页。黄中青：《明代海防的水寨与游兵——浙闽粤沿海岛屿防卫的建置与解体》，学书奖助基金2001年版，第129页。

打造，并搜掳民间次号船只追捕"①。

回过头看，正因为当时水寨蓝图筹划未果，兵船尚未齐备，当局面对前述曾一本之变，首先倡议招抚，可能也有不得已为之的苦衷。

二、造船募兵争议与曾一本进犯广州

对于招抚曾一本，福建巡抚涂泽民自始至终都不以为然。在给广东当局的咨文中，他认为曾一本"明系阴怀异志，假为说辞，不然既称投降，何又抢掳渔船，勒要居民报水。其顺逆之情，居然可见"。可见涂泽民对曾一本的动向密切关注，因此"闽人固不敢越境剿贼，然亦不肯甘受侵犯而竟寝伐暴之师"。②相比起福建的警惕，广东当局对战争形势的估计却明显不足。

隆庆元年（1567）七月，曾一本再次叛变，绑架澄海知县张璿，"焚杀潮郡居民数千人"。③刚刚接替吴桂芳履任两广总督的张瀚（1510～1593，隆庆元年八月调任）把矛头指向总兵汤克宽，一方面严词批评他"身膺重任，轻率寡谋"，"抚处失策，致复背叛"，认为"曾一本者，止一點贼，逼挟良民，纵肆为盗，向使将领有司处置得宜，岂遽猖獗至是"；另一方面，因汤克宽被革职处置，新任广东总兵一时推补未至，张瀚上疏请重新起用"素负威名"的俞大猷带管广东总兵官事务，会同巡抚李佑合力剿寇。④

同年十一月至十二月初，参将魏宗瀚、王如澄等率领的广东各路官兵在雷州海域与曾一本激战。初次交战后，官军大败。这批兵船退回雷州府的南渡港

---

① 俞大猷：《正气堂全集·正气堂集》卷十六《后会剿议》，廖渊泉、张吉昌点校，福州：福建人民出版社，2007，第410页。
② 涂泽民：《涂中丞军务集录·咨两广广东二军门》，陈子龙选辑《明经世文编》卷三百五十四，第五册，北京：中华书局，1997，第3807页。
③ 《明穆宗实录》卷十四，"隆庆元年十一月丁巳"，第379～380页。按：实录该条原称澄海知县为"张浚"，有误。此处另据康熙《澄海县志》卷十二《职官》（第102页）及卷十九《海氛》（第164页）改"张璿"。
④ 张瀚：《台省疏稿》卷五《请调将官东征疏》，第86～87页。按：俞大猷于嘉靖四十五年革职闲住。但随后吴桂芳奏请派俞大猷镇守广西，于隆庆元年（1567）正月十六日受命为镇守广西地方总兵官（参见何世铭：《俞大猷年谱》卷三，泉州历史研究会，1984年油印本，第24页）。因此，张瀚奏请将之再次调来广东，仅是暂时带管总兵事务。

整顿，不料"各贼尽数连至港内"，守备李茂才战死，官兵"陆续奔逃"，战船焚烧殆尽。而官兵仅打死贼人三百余名，打沉贼船三只。① 经此"南渡之败"，"广省数年预备攻战之具，坐是一空"。②敌我力量对比开始发生逆转。

隆庆二年（1568）正月十七日，俞大猷向张瀚提出进剿海寇对策，主张先安抚林道乾、大家井等其他两支尚未成气候的海寇势力，对曾一本则"必至于灭而后已"，指出当务之急是差人前往福建造船募兵：

> 为今日广东海洋之计，宜吊回参将魏宗瀚、王如澄，把总俞尚志、朱相前来，差去福建打造福船。每一参将、一把总二十只，共四十只，每只该银三百三十两，其船用福建造船尺，宽二丈六尺，船外钉以竹板，并船上杠具、器械完整，总在三百三十两数内。每船合用头目一名，听参将、把总自选。每船用兵七十五名，并头目七十六名，每头目合给银三两，每兵合给银一两五钱。造完，各船齐驾南下。以广之白艚船五十只，共用兵一千五百名，乌艚、横江船四十只，共用兵二千八百名，与福船合势，以总兵总统之，何患贼之不灭乎！③

俞大猷同时估计，"以差往造船之日为始计，至收工之日决不出六个月外"，长远来看，"功成即将此船分各水寨，则地方可期永宁"，适可解决前述六大水寨的军备问题。④几天之后，俞大猷再次重申"海贼不患不灭，但灭贼无具，而欲求速则决不可"，请求当局照前议加紧赴闽造船募兵，限期一个月完成。⑤

俞大猷提出的在福建打造的福船，是一种"蜂房垣墙""重底坚牢"的大型船只，与当时过洋和使琉球船式相同。⑥时人常把福船与广船并举，后者俗称"乌艚船""大头船"，它们经过改造均可成为一流的海战船。但是，福船一般以松杉

---

① 张瀚：《台省疏稿》卷五《参广东失事疏》，第92~95页。
② 张瀚：《台省疏稿》卷五《查参失事将官疏》，第107页。
③ 俞大猷：《正气堂全集·洗海近事》卷上《呈总督军门张条陈三事（隆庆二年正月十七日）》，第794~795页。
④ 俞大猷：《正气堂全集·洗海近事》卷上《呈总督军门张条陈三事（隆庆二年正月十七日）》，第795页。
⑤ 俞大猷：《正气堂全集·洗海近事》卷上《又呈总督军门张及同行各院道（隆庆二年正月二十三日）》，第796~797页。
⑥ 王鸣鹤：《登坛必究》卷二十五《水战》，《中国兵书集成》第23册，北京：解放军出版社、（沈阳）辽沈书社1990年影印本，第3564页。

木打造，广船则以铁栗（梨、力）木为船料，坚牢性更高，造价也更昂贵，"广船若坏，须用铁栗木修理，难乎其继""广船用铁力木，造船之费加倍"。①笔者曾专门讨论过明代中后期广船在海防上的应用及其海上作战优势，此不赘言。②

此番俞大猷之所以要如此大费周章，有以下两点考量：一是赴闽造船花费、耗时较少，有言"福建造，每只用银三四百两，此间造要银七八百两乃造得；且取匠于福建，买木于广西，恐日月又迁延也"③；二是避免船只成为海寇攻击的目标，有言"若在此造，贼必入犯，咎将谁委"④，"贼知在此造船，入烧将如何"⑤。然而，此举并未得到广东地方官员支持，最后"众议福船就于广省打造"，仅采纳赴福建募兵的建议⑥，造成"造船委官，日延一日，并无一只完备；雇募福兵初到，无船可驾，只在岸上安宿"的窘局。⑦

同年六月，曾一本攻打省城，"率众数千、乘船二百余艘突至广州，杀掠不可胜纪，外兵入援乃引去"。⑧事件导致"半载经营战船杠具，复为贼烧毁占据"⑨，应验了俞大猷建议赴闽造船的"先见之明"，他也因此成为众矢之的，招致各种责难。广东番禺人郭棐（1529～1605）在其编撰的《广东通志》中毫不掩饰对俞大猷的不满：

> 隆庆二年海寇曾一本犯广州，总兵俞大猷、郭成御之，败绩。……大猷能言，著兵书画策，多可观听，而遇事失措，竟无功。欲致一本以自解。因令人招一本，许之高职，命郭成统楼船驻兵波罗，上下冀得相机擒之。一本亦欲致大猷，阳许焉，约至大鹏所降，大猷以为信。然先至以待

---

① 郑若曾：《筹海图编》卷十三《经略五·兵船·广东船图说》，第 857 页；王在晋：《海防纂要》卷六《广船》，《四库禁毁书丛刊》史部第 17 册，北京：北京出版社，2000 年影印本，第 573 页。
② 陈贤波：《柘林兵变与明代中后期广东的海防体制》，载《国家航海》第 8 辑，2014，第 1～19 页。
③ 俞大猷：《正气堂全集·洗海近事》卷上《书与李培竹公（隆庆二年正月二十七日）》，第 798 页。广船造价高昂与使用木材有关。时人有言："广船用铁力木，造船之费加倍"。参见王在晋：《海防纂要》卷六，四库禁毁书丛刊史部第 17 册，北京出版社，2000 年影印本，第 573 页。
④ 俞大猷：《正气堂全集·洗海近事》卷上《又书与李培竹公（隆庆二年正月二十七日）》，第 798 页。
⑤ 俞大猷：《正气堂全集·洗海近事》卷上《书与许东水（隆庆二年六月十九日）》，第 807 页。
⑥ 俞大猷：《正气堂全集·洗海近事》卷上《书与郭华溪（隆庆二年三月二十九日）》，第 802 页；同书同卷《呈总督军门张（隆庆二年六月二十三日）》，第 809 页。
⑦ 俞大猷：《正气堂全集·正气堂集》卷十六《后会剿议》，第 410 页。
⑧ 万历《广东通志》卷六《藩省志六·事纪》，第 149 页。
⑨ 张瀚：《台省疏稿》卷五《查参世事将官疏》，第 107 页。

时，所将兵少，一本驾大艚六十艘直掩大鹏，有侦事把总知之，豫以报。大猷怒把总妄语，把总以死邀之，大猷始心动，趋归。越夕而一本至大鹏矣。遂乘风直进，郭成御之。贼投火，兵船尽焚。大猷与成敛兵入城。一本乘潮上下，饮于海珠寺，题诗诮大猷。大猷丧魄，不能以一矢相加，遣其杀掠，视柘林叛兵尤憯。驻城下旬余，竟无一援兵至。及退，福兵横恣，大猷尚曰："我当时不诛首恶二人，此曹亦叛矣"。闻者笑之。①

对俞大猷的作战策略、处事风格以及由他募集的福建兵，郭棐均有微词，反映了相当一部分广东官员的态度。当时甚至有人揭发俞大猷"通贼"，"数人欲进猷所居衙门搜奸细"，俞大猷的处境可想而知。②至于郭棐所谓"福兵横恣"，其实与"招兵闽海，虚冒尤多"有关③，乃当时募兵作战的通病。反过来，俞大猷则多次抱怨"管广船参将坚不准福兵上广船"④，"福兵为此方人疑，用之于水，则无大船，用之于陆，便说劫掠"⑤，等等。为此，俞大猷的福建同乡、广西按察使郭应聘（1520～1586）在得悉曾一本攻打广州后向他支招，建议把兵力分散屯驻，"不然闽兵逾万专扎省城，其不生扰而速谤者无几矣"。⑥事平之后，郭应聘也建议他不应留下闽兵，"不然他日驭失其道，又诿之闽兵，往事不足鉴乎？"⑦可见相互猜忌之深。

三、督抚职掌与闽广兵权的统一

在曾一本寇掠广州之后，两广总督张瀚面临更大的政治压力。隆庆二年

---

① 万历《广东通志》卷七十《外志·倭夷·海寇附》，第 760 页。
② 俞大猷：《正气堂全集·洗海近事》卷上《书与李培竹公（隆庆二年六月十六日）》，第 806 页。
③ 张瀚：《台省疏稿》卷五《查参世事将官疏》，第 107 页。值得指出的是，俞大猷对部下的管束可能不够。嘉靖四十四年（1565）带兵剿抚惠州山贼时，其部下扰民，深为当地士人百姓所恶。参见唐立宗：《矿冶竞利——明代矿政、矿盗与地方社会》，台湾政治大学历史学系，2011，第 519～520 页。
④ 俞大猷：《正气堂全集·洗海近事》卷上《书与郭宝山（隆庆二年六月初三日）》，第 804 页。
⑤ 俞大猷：《正气堂全集·洗海近事》卷上《书与郭宝山（隆庆二年六月二十一日）》，第 808 页。
⑥ 郭应聘：《郭襄靖公遗集》卷二十二《柬俞虚江》，续修四库全书集部 1349 册，上海：上海古籍出版社，1995 年影印本，第 446 页。
⑦ 郭应聘：《郭襄靖公遗集》卷二十二《柬俞虚江》，第 449～450 页。

（1568）七月，朝廷"切责总督张瀚，令亟率镇巡等官悉力剿贼，以安地方"，总兵俞大猷、郭成都受到停俸处罚。① 内阁大学士张居正（1525～1582）在给张瀚的私信中也批评他用人不善，认为"广事不意披猖至此，诸将所领兵船亦不甚少，乃见贼不一交锋，辄望风奔北，何耶？将不得人，军令不振，虽有兵食，成功亦难"，指示他"诸凡调处兵食事宜，似宜少破常格，乃克有济。公若有高见，宜亟陈本兵，当为议处也"。②

前面说过，张瀚出任总督时就上疏请起用俞大猷，后者有关赴闽造船募兵的对策也曾直接向他呈报，但推行时阻力重重，剿寇事宜并不完全在张瀚的掌控之中。其要因，是两广总督与广东巡抚之间的职掌不明、相互掣肘。

成化五年（1469）十一月朝廷采纳广东巡按监察御史龚晟、按察司佥事陶鲁等人建言，开设两广总督府于广西梧州，选址"界在两省之中"，以韩雍（1422～1478）总督两广军务兼理巡抚，旨在解决"两广事不协一，故盗日益炽"的军政难题。③ 开府梧州之初，两广总督重在经略粤西。④ 随着海寇活动日益猖獗，虽然广东省城广州和肇庆府城均有总督行台，以备巡行，但毕竟常驻梧州，远离沿海战争中心，文檄往来不便，军情传递不畅，难以及时指挥调度。⑤ 俞大猷就感叹"此间议论不一，朝夕更改。军门又远，禀请颇难。奈何？奈何？"⑥

在这种背景下，由于嘉靖四十五年（1566）添设广东巡抚"专驻广城以御海寇，兼防山贼"，重点经理惠州、潮州二府，两广总督止兼巡抚广西⑦，其在

---

① 《明穆宗实录》卷二十二，"隆庆二年七月辛未"条，第603页。
② 张居正：《张居正集》第二册《书牍·答两广督抚张元洲》，王玉德等校注，武汉：湖北人民出版社，1994，第14页。
③ 应槚、凌云翼、刘尧诲等修《苍梧总督军门志》卷一《开府》，全国图书馆文献缩微复制中心，1991年影印本，第15～16页。
④ 颜广文：《明代两广总督府的设立及其对粤西的经略》，《学术研究》1997年第4期。
⑤ 关于两广总督府址的变化，学术界历来争议较多。有学者认为嘉靖四十三年总督府已迁驻广东肇庆，但新近研究表明，两广总督于万历八年（1580）迁移肇庆、崇祯五年（1632）迁移广州。在此之前仅于两地分别设立过总督（提督）行台，以备不时巡行之需。参见吴宏岐、韩虎泰：《明代两广总督府址变迁考》，《中国历史地理论丛》2013年第3期。
⑥ 俞大猷：《正气堂全集·洗海近事》卷上《书与庄石坡（隆庆二年二月初四日）》，第799页。
⑦ 参见张瀚：《松窗梦语》卷八《两粤纪》，北京：中华书局，1985，第166页；徐阶：《世经堂集》卷三《书三·答两广更置谕（嘉靖四十五年九月三十日）》，四库全书存目丛书集部第79册，济南：齐鲁出版社，1997年影印本，第418页；应槚、凌云翼、刘尧诲等修《苍梧总督军门志》卷一《开府》，第15页。

广东的军权无形中被巡抚架空。正因如此,身处广州指挥作战的俞大猷在给张瀚的禀帖中直言:"地方之事,惟有李巡抚同心戮力。无如人不奉行,事多阻坏,心亦苦也,恩台当知之。"①

由于在广东军务上逐渐沦为"虚位",又不得不为战争失利担责,张瀚于隆庆二年(1568)七月奏请"明职掌以一政体",两广总督与广东巡抚的矛盾公开化。

张瀚指出,前年添设广东巡抚,"是东省既有巡抚而又使总督得兼制之","广东地方一应兵马调遣、剿抚机宜与军饷盈缩、仓库积储、各衙门大小文武官员考核贤否及考满给由,皆总督职掌所系,理得与闻;抚按官诸凡调遣举措,或提请有干军计及举劾官员等项,俱应关会",但他"奉命前来将及半年","巡抚衙门往往不行关会":

> 如前奏讨浙直四川原借军饷,竟不相闻,以致臣与广西巡按御史朱炳如陷于不知,亦复题请前银为西省之用。又如分巡兵备等官考满呈详,应准给由或应会本保留,俱宜计议定夺。今每径自具题或移咨吏部,并不相闻,事皆龃龉。

接着,他疏请"今后除巡抚事宜不关军计外,其地方稍重贼情、调遣官兵、处置粮饷与文武官员给由应留应考等项及事干题请,俱要关会议处施行",兵部报可。②

张瀚的此番奏请有多重政治意义:一是通过批判广东巡抚擅权妄为,暗示其剿寇指挥失误,以缓解因战争失利承受的舆论压力,二是重建两广总督权威,扭转内部事权不一的体制弊端,为后续闽广两省再次会兵剿寇奠定基础。

同年十月,曾一本"突至南澳,窥福建玄钟界",朝廷"命两省镇巡官协力夹剿,务其荡灭,不得彼此推诿,以致滋蔓"。③为避免"各官兵有彼疆此界之嫌,怀分功计利之意",张瀚鉴于前述吴平之役的教训,奏请两广军门督率福建官兵进剿,暂时节制该省镇巡将领,力图理顺双方事权关系。④十二月,

---

① 俞大猷:《正气堂全集·洗海近事》卷上《禀总督军门张揭帖(隆庆二年六月十八日)》,第807页。
② 张瀚:《台省疏稿》卷三《明职掌以一政体疏》,第104~105页;《明穆宗实录》卷二十二,"隆庆二年七月己巳",第603页。
③ 《明穆宗实录》卷二十五,"隆庆二年十月庚辰",第681页。
④ 张瀚:《台省疏稿》卷六《议处剿贼事宜以便调遣疏》,第124~125页。

兵部左侍郎刘焘（1512~1598）接替张瀚出任两广总督，得旨兼督福建军务①，两省之间因政出多门产生的纠葛进一步得以化解。

尽管在隆庆三年（1569）六月的莲澳之战中有传言，参将王诏与曾一本遭遇搏战，"会一本发铳，火落药中，焚毁其手足，因被擒"，官府"侥幸"获胜②，但不可否认的是，本文开篇征引的郭子章《潮中杂记》所述两省兵船在福建铜山、玄钟澳和广东莲澳等多处海域约期进剿，合力迎敌，实有赖于上述作战指挥权的统一。正因如此，晚年张瀚追忆治粤往事，仍津津乐道当初奏请"福建官兵亦应听两广节制"，自诩"余方解绶而一本就擒，计诚得也"。③

四、结　　语

明代中后期广东的地方动乱持续发酵，官府的清剿行动屡屡受挫，时称"遍地皆贼"。④舆论对当局动辄招安、剿寇不力相当不满。地方士绅多次强烈反对安插"抚贼"。⑤嘉靖年间曾任兵部主事、潮州海阳人陈一松（1498~1582）为家乡父老奏呈《急救生民疏》，对本地区"群丑日招月盛，居民十死一生"的情况同样极为愤慨。⑥但他将时局的混乱简单地归咎为官府腐败和无能，可能失于鸟瞰泛论。

通过上述对曾一本之变中各种纠葛的分析不难看出，首先，在应对策略上，招抚海寇一贯被视为解决沿海动乱的主要手段，广东当局一开始就主张招抚曾一本而非积极剿杀，显示出官府的作战决心不强。但客观上当时广东新设水寨，沿海兵船不足却是影响决策的重要因素。官府非不作为，实有难作为的苦衷。其次，在用人和事权分工上，前线将领官员之间猜忌攻讦，两广总督和

---

① 《明穆宗实录》卷二十七，"隆庆二年十二月辛卯"，第722~723页。
② 万历《广东通志》卷七十《外志·倭夷·海寇附》，第760页。
③ 张瀚：《松窗梦语》卷八《两粤纪》，第165页。
④ 高拱：《政府问答·答两广殷总督书五》，岳金四、岳天雷编校《高拱全集》上册，郑州：中州古籍出版社，2006，第513页。
⑤ 陈春声对当时官府招抚海寇的做法和引起的反弹有详细讨论，参见前引陈春声：《从"倭乱"到"迁海"——明末清初潮州地方动乱与乡村社会变迁》，《海洋史研究》第1辑，第73~106页。
⑥ 陈一松：《玉简山堂集·为悬天恩赐留保障宪臣以急救生民疏》，冯奉初编《潮州耆旧集》卷十九，香港潮州会馆，1980年影印本，第336页。

广东巡抚衙门分处梧州和广州，两者在军务上职掌不明，致使政出多门，军情传递不畅，直接导致俞大猷赴闽船募兵的对策大打折扣，随后曾一本进犯省城酿成严重政治危机。第三，在对外协同作战上，广东当局与福建当局在早前合剿海寇吴平时产生嫌隙，相互推诿，难以协调，以至于曾一本初叛时两省固守疆界，各自为战，这无疑使海寇得以休养生息，可以东山再起。

要言之，通过"曾一本之变"的案例，我们会发现当时广东海防的部署变化背后包含相当复杂的权力和利益之争，过多的政治较量和人事纠葛贯穿其中，始终是左右时局发展、影响海防体制有效运作的症结所在。因此，要全面认识明代中后期广东海防面临的挑战，有必要进一步深究具体人事对制度和战事的动态影响，而不能仅仅停留在海防设施或海防地理的静态描述。

The Challenges of Guangdong Coastal Defense in the Mid and Late Ming Dynasty—From the Zeng Yiben Event

Chen Xianbo

Abstract: Guangdong government had to cope with the thrilling challenges from the Zeng Yiben（曾一本）event, which lasted several years in the Mid and Late Ming Dynasty and devastated many coastal areas. In order to deal with the pirates, government must promptly carry out the mobilization. However, the internal contradiction in Guangdong officials, and the external conflicts between Guangdong and Fujian all profoundly hindered the event processing. In this paper, the author revealed the importance of political problems in Guangdong coastal defence system through the investigation on the event process.

Key Words: the Mid and Late Ming Dynasty; Guangdong; coastal defense; Zeng Yiben; Yu Dayou（俞大猷）

明代高雷商路与白鸽门水寨的设置

周运中[*]

嘉靖四十五年（1566），两广总督吴桂芳建议在广东沿海新设柘林、碣石、南头、白鸽门、乌兔、白沙六水寨，吴桂芳的《请设沿海水寨疏》说："其中路，遂溪、吴川之间曰白鸽门者，则海艘咽喉之地。"[①] 白鸽门在遂溪县、吴川县交界地带，也即高州、雷州府界，从历史地图可以清楚地看出交界地域今属湛江市（图1）。

但是现在一般认为白鸽门水寨（即"白鸽门寨"，亦简称"白鸽寨"）在湛江市麻章区最南部的太平镇通明村，其南有通明港。根据考古调查，通明村的白鸽门寨是清顺治十三年（1656）筑成，现在城墙已毁，四门遗迹尚存，有明清碑刻 11 通，其中有一块《去思碑》，记载顺治年间江起龙在白鸽门寨建城。此村另有明代万历年间所建的宣封庙（天后宫）、六角大井，1985 年出土清代铁炮一门。[②]

通明港原来位于遂溪县最南部和海康县交界处，不在遂溪县、吴川县交界处，所以不是最初的白鸽门寨所在。白鸽门寨原来在白鸽门，不在通明港，后迁到通明港。所以现在的通明村虽然有明末到清代的白鸽门寨诸多遗迹，但是不能说明白鸽门寨原址就在此处。明代有的水寨、卫所迁移多次，仍然不改最初所在的地名。比如福建的浯屿水寨先从浯屿迁到厦门岛，又迁

---

[*] 作者系厦门大学历史系助理教授。
① 陈子龙编：《皇明经世文编》卷三百四十二，《续修四库全书》第 1660 册，第 227~228 页。
② 广东省文化厅编：《中国文物地图集》广东分册，广州：广东省地图出版社，1989，第 414~418 页。

到泉州石湖，一直叫浯屿水寨。又如浙江台州的桃渚所迁过三次，早已不在桃渚，仍然叫桃渚所。本文先考证白鸽门寨最初所在的白鸽门位置，再考察为何这个水寨不同于另外五个水寨，不在靠近府州县或卫所的地方，而在白鸽门。

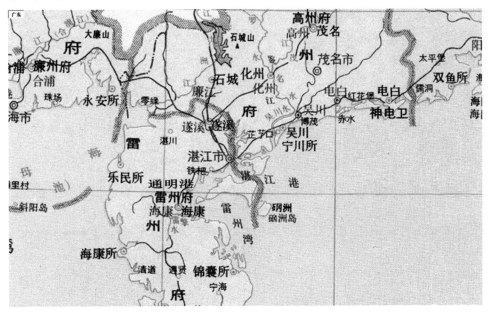

图1　明代高州、雷州地图（谭其骧主编《中国历史地图集》第七册）

一、白鸽门的位置

除了吴桂芳的上疏，还有三个证据可以证明白鸽门不在通明港。第一个证据是万历《雷州府志》卷十三《兵防志二》的《信地》条记载：

> 剖守通明、沙头洋、南浦津、淡水港海面兵船九只，剖守北艾头、厄头、麻参、广州湾、白鸽门等海面兵船七只。

下文复引《粤东兵制》云：

雷廉参将，任兼水陆，如白鸽寨，东起北津，西接涠洲，西南与白沙相望，南临大海，上下八百余里，实海外巨防也，隆庆年间，连被海寇扰害，倭寇陷锦囊所城，往事可鉴。其地僻在西海，目今倭警，虽未必飞越而西，但倭奴入犯，每有亡命勾引，倘连结之患，可无先事之防？……次则沙头洋、广州湾、白鸽门、淡水、厄头为雷阳门户，次则通明港，可达雷州，次而遂溪之北艾头、旧县，次而锦囊所之北利门、仓头，次而海安所之东，皆不容不守。该寨兵船，分派信地，是防寻常之寇耳。若倭之来，须宜调集，先以一枝，疾趋赤水，以通其锋。余如硇洲、揭沙、沙头洋、淡水等险要，一体酌派兵船扼守，内而高、雷之交有地名曰梅禄墟，商民辐凑鱼米之地，贼所垂涎，必由白鸽门而入，又须与北津兵船协力扼之，免藉盗粮也。①

上文两次把白鸽门和通明港分列，说明白鸽门肯定不是通明港。第一次说到白鸽门，列在广州湾之后。广州湾原来是今南三岛东南角的村名，现在还有始建于明代的靖海宫，是湛江港的出口，所以晚清被法国人作为湛江港之名。万历《高州府志》卷首《吴川县图》上，吴川县南的一个岛上标名"广州湾"，即今南三岛东部，原来是一个单独的小岛。白鸽门靠近广州湾，说明在今湛江港。《粤东兵制》认为白鸽门是进入梅菉镇的咽喉要地，梅菉镇在吴川，说明白鸽门确实靠近吴川县，必在今湛江市东南部，不可能是通明港。

第二个证据是《苍梧总督军门志》卷五《全广海图》（图2）有通明烽堠、通明埠，旁注："通明港小水，深可泊大船。"通明港虽然深，但是水域面积很小，所以说小水，而图上的白鸽门寨远离通明港，旁注："本寨兵船剖此，内可容船数千只。"既然白鸽门寨可以泊船数千只，一定是很大一片水域，不可能是通明港。图上的白鸽门寨旁边就是东头山，即今东海岛北部的小岛东头山，说明白鸽门寨在此附近。因为白鸽门就在现在的湛江港，所以才能停泊数千只船。

---

① 万历《雷州府志》，北京：书目文献出版社，1990，第358～359页。

图 2 《苍梧总督军门志·全广海图》（部分）

此图的通明港旁又注："此澳大可泊东北风，至硇洲半潮水，至锦囊半潮水，至白鸽半潮水，至雷州半潮水。"这里的澳应该是指现在东海岛西部的通明海，所以说此澳大，因为在东海岛的西南部，所以说可以躲避东北风。此处到白鸽还有半潮水，说明白鸽门不在附近。

此图的白鸽门寨旁又注："此澳大，可泊飓风，至雷州一百里，至放鸡一百五十里，至限门一百里，至麻练五十里。"①说明白鸽门在一个岛的西北部，所以才能躲避飓风。限门在吴川的原鉴江口，在今鉴江口北部。此处到限门、雷州距离相等，说明在原吴川县的西南边界。至于到放鸡岛一百五十里，可能是二百五十里之误。

第三个证据则更是明确描述了白鸽门的具体位置，《指南正法》的《广东宁登洋往高州山形水势》记载：

---

① 应槚纂：《苍梧总督军门志》，全国图书馆文献缩微复制中心，1991，第 89 页。

白鸽门，限门港口对山头外过，直落是白鸽门，北面是沙坛。一舡使搭海头上北边入港。港内东边是广州澳，西边是海头澳。①

此处说得再清楚不过，"限门港口对山头外过"，指从限门港西面山头南面开过，直落指直接向南，海头澳即今湛江海头街道，广州湾就在南三岛东南角，所以介于限门港、海头澳、广州湾之间的白鸽门就是湛江港，也包括现在南三岛中部的古海峡，因为古代的南三岛中部还是海峡，所以此处说直接从限门港进入白鸽门（图3）。白鸽门北面的沙坛即沙滩，就是现在的南三岛西北部，原来是小沙洲。

白鸽门的地名在明清地方志也有记载。万历《高州府志》卷一《山川》吴川县记载："南四十里曰新场海，建茂晖场于此。曰北割水，纳二水入海。一百四十里曰硇洲，屹立海中。"②新场即今坡头区的新场村，北割水在附近，北割和白鸽的读音很近，白鸽门在今南三岛附近，此处原来就是吴川县的西南边界，所以就是白鸽门。

北割一名现在无存，但是光绪《吴川县志》卷首《吴川县全境图》，在今南三岛东部有北葛村。③现在南三岛东部有北合村，北葛、北合很可能就是原来白鸽门所在。鸽字的读音从合，所以北合就是白鸽。北合村之西就是海岸，其西北是南三岛中部最狭窄的地方，其实就是原来的白鸽门。

南三岛原来是多个小岛连接而成，直到清末法国人绘制的地图上，现在的南三岛还是很多小岛，中间还有很多水道。白鸽门就是明代南三岛中间的水道，也包括今湛江港北部水域，此处北通吴川，所以《粤东兵制》说海贼必定从白鸽门入梅菉镇。南三岛原来的多个小岛，最大的一个就是现在南三岛东部，白鸽门在其西部，所以《全广海图》说白鸽门可以躲避飓风。原来的白鸽门寨是在此处，防守现在的湛江港海域。

南三岛西南角的湖村，曾发掘出宋、明、清时期遗址1万平方米，四周有夯土墙，宋代为聚落，明、清为海防营汛军队驻地，出土有宋代湖州铜镜1

---

① 向达整理：《两种海道针经》，北京：中华书局，2000，第160页。
② 万历《高州府志》，北京：书目文献出版社，1990，第14页。
③ 光绪《吴川县志》，《中国地方志集成》广东府县志辑，第42册，上海：上海书店出版社，2013，第16页。

面，散存大量明清瓷片。① 万历《高州府志》卷首《吴川县图》，有备倭营在茂晖场附近的小岛，不知备倭营是否就在湖村，不知是否就是白鸽门寨原址。湖村正对东头山，而《全广海图》的白鸽门水寨紧邻东头山，所以原来的白鸽门水寨很可能在湖村。

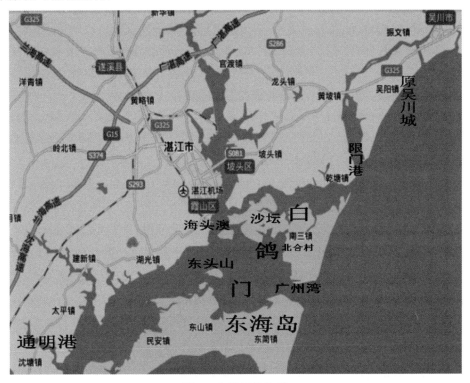

图 3　白鸽门的位置

二、白鸽门水寨西迁通明港

吴桂芳建议设立柘林、碣石、南头、白鸽门、乌兔、白沙六水寨，《苍梧总督军门志》卷六《兵防一》所说水寨有南头、柘林、碣石、白鸽门、白沙、北津六寨，北津寨是万历八年（1580）改设。其中没有乌兔，据《万历雷州府

---

① 广东省文化厅编：《中国文物地图集》广东分册，第 414 页。

志》卷十三《兵防二》，隆庆四年（1570），总督凌云翼建议裁撤，下文又说万历十八年（1590）设涠洲游击，乌兔水寨改属其管辖。

北津寨管辖海域原属白鸽门寨，凌云翼在万历四年（1576）《酌时以定职掌以便责成以重海防疏》云：

> 惟阳（江）、电（白）一带为倭夷、海寇出没之冲，先年属白鸽门寨信地。缘兵寡地阔，管顾不周，近年双鱼、神电连致失陷，虽经前督臣以抚臣设寨把守，乃一时权宜之计，未为万全。如将西路巡海参将改为海防，于此增设一水寨，名曰北津寨，亦照南头参将事例。

有学者引此文，认为此时裁撤白鸽门寨。其实没有裁撤，原文没说裁撤白鸽门寨，只是说从白鸽门寨分出北津寨。

隆庆年间，倭寇逐渐向西蔓延，隆庆五年（1571）冬至次年初，倭寇侵犯高、雷，攻占神电卫、锦囊所，又从电白攻高州，焚烧吴川商船。万历二年（1574），倭寇攻占双鱼所（在今阳西县上洋镇双鱼村）。① 因为倭寇越犯高、雷，广东的西南原来防御薄弱，所以明朝增设雷廉参将，管辖白鸽门寨，《大明会典》卷一百二十七《兵部十·广东》："雷廉参将，隆庆六年添设，驻扎雷州府，所属白鸽寨把总，所统自广海，以西直抵交南。"②《西园闻见录》卷五十八《兵部七》引邓钟曰："至隆庆六年倭乱，而始专设雷廉参将。"③ 因为隆庆六年新设雷廉参将，万历八年又新设北津寨，分去白鸽门寨的东部辖地，所以白鸽门寨才能在万历初年西迁到靠近雷州的通明港。内迁的白鸽门寨已经名存实亡，所以修成于万历四十二年的《雷州府志》居然说白鸽门寨建置无考。而且内迁的白鸽门寨因为已经不在白鸽门，仅是沿用故名，所以简称为白鸽寨。

白鸽门寨西迁通明港海岸的时间是万历初年（1573），万历三十七年（1609）又因为军官畏惧出海而内迁到调蛮村，其实明代的地方志也透露了内

---

① 李庆新：《16～17世纪粤西"珠贼"、海盗与"西贼"》，载林有能、吴志良、胡波主编：《疍民文化研究——疍民文化学术研讨会论文集》，香港出版社，2012，第169～170页。
② 申时行、赵用贤：《大明会典》，《续修四库全书》第791册，第291页。
③ 张萱：《西园闻见录》，《续修四库全书》第1169册，第412页。

迁的时间，万历《雷州府志》卷十二《兵防志一》记载：

> 白鸽寨钦总司在郡城东北三十里通明港调蛮村内，建置无考。万历初，把总童龙创堂门，把总张良相重修。近海多险，各官畏往。三十七年，把总续蒙勋携家亲劄通明防御，招集民居，遂成村落。

如果海盗驾大船走外洋，内迁的白鸽门寨难以防御，所以《粤东兵制》记载白鸽门寨："该寨兵船，分派信地，是防寻常之寇耳。"走内海的都是小船小寇，如果有大船走外洋，白鸽门寨的官军一时不及开出。

其实，要防御这一片海域，最应该在南三岛、东海岛的东部或硇洲岛设寨，但是明朝的海洋政策总体来说过于保守，不太愿意主动在外海出击。所以不仅在白鸽门设寨，而且步步退缩，居然又从白鸽门内迁到了通明港，又因为官军害怕出海从通明港的海岸内迁到调蛮村，这就是明末和清代的白鸽寨。通明港比起白鸽门更在内陆，根本无法顾及外海航路。外海航路从硇洲去海南非常便捷，《全广海图》硇洲旁注："往清澜港，由硇洲外洋可去。"又注："船由硇洲山外而下，必经于此。"此条应是指图上的铜鼓营，即今海南文昌的铜鼓角，所以说从硇洲而下。

三、高雷商路与白鸽门水寨设置

吴桂芳《请设沿海水寨疏》云：

> 其在东洋称最扼塞者，极东曰柘林，与福建玄钟接壤，正广东迤东门户。稍西曰碣石，额设卫治存焉。近省曰南头，即额设东莞所治，先年设置备倭都司于此。此三者，广省迤东海洋之要区也。西洋之称扼塞者，极西南曰琼州，四面皆海，奸宄易于出没，府治之白沙港后所地方，可以设寨。极西曰钦、廉，接址交南，珠池在焉，惟海康所乌兔地方最为扼塞。其中路遂溪、吴川之间曰白鸽门者，则海艘咽喉之地。此三者，广省迤西海洋之要区也。以上六处，皆应立寨。

柘林寨扼守闽粤交界地区，又是潮州东部海域出口，碣石寨在碣石卫，南头寨在宝安县城附近，白沙寨在琼州府城附近，北津寨在阳江海口。唯独白鸽门寨在两县之交，既不靠近府州县城或卫所城，也不在海口，而在湛江港。湛江港的西北通往五里山港，东北通往吴川，西南通往通明海和雷州湾，是诸多港湾的中心交汇处。

吴桂芳认为白鸽门是海艘咽喉之地，《粤东兵制》记载海贼必定从白鸽门进入梅菉镇，因为梅菉镇往雷州湾不必从硇洲外洋，可以从白鸽门、通明海走内海。这一带岛屿很多，又没有府州县城或卫所城，可以躲避官军，这就是在白鸽门设寨的原因。白鸽门虽然不在海口，但却是控制湛江港的中心。

万历年间的吴川县发展迅速，吴川县人陈舜系（1618~1678）的《乱离见闻录》云："又闻芷了初属荒郊，万历间，闽、广商船大集，创铺户百千间。舟岁至数百艘，贩谷米，通洋货。吴川小邑耳，年收税饷万千计，遂为六邑最。"①即今芷寮，原在鉴江口。明代的吴川县城不在今梅菉镇，在今吴阳镇。吴阳镇原来是鉴江口，随着沙洲扩展，明末的鉴江口下移到芷寮。

现在的吴川市区在梅菉镇，源于1947年在梅菉镇设梅茂县，1953年梅茂县、吴川县合并，县治迁到梅菉镇。前人认为梅菉镇是在隆庆、万历年间兴起②，光绪《梅菉录》记万历二十年（1592）顺德人薛潘《重建北方真武玄天上帝庙记》云："梅菉之墟，圹壤平饶，各方商贾辐辏，坐肆列市。"又记崇祯八年（1635）卢兆龙《梅菉墟永寿庵永远香灯碑记》云："四方十五国之人，托处聚庐……明珠产于上流，宝香生于迩境。泉刀贝布，玳瑁犀象，靡不罗集。"顾炎武《天下郡国利病书》引冒起宗《宁川所山海图说》："县之侧有墟曰梅禄，生齿盈万，米谷鱼盐板木器具等皆丘聚于此，漳人驾白艚春来秋去，以货易米，动以千百计。故此墟之富庶，甲于西岭，宜乎盗贼之垂涎而岁图入犯也。"吴滔先生认为梅菉可能在隆庆之间已经开创，因为卢兆龙又云："旅客之群而乐于斯者，盖亦有年……自隆、万间海氛播其幻泡，各有雷沙之警，唯是墟之砥柱义勇，不迁锦棚。"③梅菉镇在鉴江近海之地，其腹地即鉴江流域。梅

---

① 陈舜系：《乱离见闻录》，李龙潜、杨宝霖、陈忠烈、徐林点校，收入《明清广东稀见笔记七种》，广州：广东人民出版社，2010，第5页。
② 方志钦、蒋祖缘主编：《广东通史》古代下册，广州：广东高等教育出版社，2007，第524页。
③ 吴滔：《清代广东梅菉镇的空间结构与社会组织》，《清史研究》2013年第2期。

蒙市场有很多来自海外的货物，可能福建商人不仅从梅菉买米，也买入从雷州半岛以南航路运来的货物，这些货物经过白鸽门到达梅菉，所以白鸽门日益重要。我们从嘉靖末年吴桂芳所说白鸽门为海艘咽喉之地，也不难推测嘉靖年间的吴川芷寮、梅菉等市镇已经日益繁荣。

从《中国文物地图集》广东分册的广东古代窑址分布图可以看出，今茂名、湛江一带的古代窑址在不同时期有明显的地域转移。隋唐五代的窑址集中在雷州湾、湛江港一带及安铺港，宋元时期的窑址集中在今雷州市西部，明清时期的窑址则北移到鉴江流域及廉江境内。鉴江流域的窑址虽然多，但是最大的两个窑址在廉江东部的良垌镇拱桥、苑瑶两地，苑瑶实即碗窑。拱桥窑址有1万平方米，有龙窑8座，苑瑶窑址也有龙窑8座。[①]拱桥窑址在五里山港海岸，下通湛江港，其北不远就是苑瑶窑址。这两处最大的窑出产商品从湛江港外销，明代高州及廉江等地的经济发展从窑址的规模可见一斑。高州、廉江的瓷器都经过湛江向南输出，导致高、雷之间的白鸽门更加重要。

明末清初的闽南产生大批航海指南图书，《指南正法》是最重要的一部。因为绝大多数针路簿都是船民手抄，比如《顺风相送》等，或者经过文人改编，比如张燮《东西洋考》卷九《舟师考》。但是《指南正法》是康熙初年广东总督卢崇俊之子卢承恩编的《兵铃》附录，又没有改编船民针路簿的原貌，所以比较重要。此书专有一节是《广东宁登洋往高州山形水势》，其上一节是《北太武往广东山形水势》，两节是一体，这在《顺风相送》《指南正法》中很常见。北太武山在金门岛，所以这两节是从金门岛到高州的航路。而《广东宁登洋往高州山形水势》记载的终点就是白鸽门，说明从闽南到白鸽门的航路非常重要，所以专设一节。

正是因为高州、雷州一带经济繁荣，所以引发隆庆年间倭寇来此劫掠。前引李庆新先生之文指出明末清初，粤西沿海海盗势力日益壮大，包括本地海盗及倭寇、安南海盗、明郑武装等多种势力，可见16到17世纪的粤西正在历史舞台的边缘向中心迈进。[②]从历史发展的大趋势来看，明代湛江港附近的高州、雷州二府经济发展迅速，促使介于高州、雷州之间的白鸽门成为商路要

[①] 广东省文化厅编：《中国文物地图集》广东分册，第24~25、147、434页。
[②] 李庆新：《16~17世纪粤西"珠贼"、海盗与"西贼"》，《海洋史研究》第二辑，北京：社会科学文献出版社，2011，第121~164页。

冲。白鸽门水寨扼守湛江港中部海域，正是近代湛江港兴起的先声。如果没有明清鼎革的变局，按照明代中晚期的历史道路继续发展，现在的湛江港迟早也要兴起。

The Gaozhou-Leizhou Trade Route and the Setting of the Baigemen Fortress

Zhou Yunzhong

Abstract：Baigemen（白鸽门）over-water fortress built by Wu Guifang in 1566 was not located in the Tongming Port of Zhanjiang, but in the boundary between Suichuan County and Wuchuan County. According to the *Leizhoufu Zhi*（《雷州府志》）and *Quanguang Haitu*（《全广海图》）in *Cangwu Zongdu Junmen Zhi*（《苍梧总督军门志》），Baigemen fortress was in the southeast of Zhanjiang. According to *Zhinan Zhengfa*（《指南正法》），Baigemen fortress was between the Xianmen Port, the Haitou Bay and the Guangzhou Bay, near the Zhanjiang Port nowadays. The Beige channel in *Gaozhoufu Zhi*《高州府志》near Beige in *Wuchuanxian Zhi*（《吴川县志》）was Baigemen, which was just the old channel located near Beige village, Nanshan Island nowadays. Baigemen was moved to the Tongming Port during the early reign of Wanli. Wu Guifang said Baigemen was the on the trade route of ships, and *Yuedong Bing Zhi*（《粤东兵志》）related Baigemen was on the route to Meilu town by the pirates. Baigemen fortress was set because of the trade route, which was the harbinger of the rise of Zhanjiang.

Key Words：Baigemen Fortress；Zhanjiang；Meilu

杜臻《粤闽巡视纪略》在研究明清广东海防地理上的价值

李贤强　吴宏岐*

明清鼎革之际，战乱频仍。面对以郑成功为主的抗清力量的抵抗，清政府思虑再三，最终决定推行迁界令。迁界主要在东南沿海地区实行，各省实施的程度不一，"诸省奉命迁海者，江浙稍宽，闽为严，粤尤甚"①。康熙二十二年（1683），施琅平台湾，海氛已靖，展界成了不容延缓的要事。于是在东南督抚的奏请下，康熙帝分遣朝廷重臣巡视沿海。其中工部侍郎金世鉴、副都御史呀思哈奉命往江、浙，而吏部侍郎杜臻与内阁学士石柱往粤、闽。《粤闽巡视纪略》即是杜臻巡视之后所作。

杜臻，字肇余②。浙江秀水人。顺治进士，入翰林，历官吏部侍郎、工部尚书、礼部尚书。著有《经纬堂文集》《经纬堂诗集》《烟霞集》《海防述略》等书。杜臻巡视闽粤先从广东钦州防城（今广西防城港）起，"遵海以东，历府七、州三、县二十九、卫六、所一十七、巡检司一十六、台城堡寨二十一，给还民地二万八千一百九十二顷。复业丁口三万一千三百。定悬军

---

* 作者李贤强系暨南大学历史地理研究中心博士生，吴宏岐系暨南大学历史地理研究中心教授。
① 王胜时：《漫游纪略》卷三《粤游》，上海进步书局本。
② 永瑢等撰：《四库全书总目》卷五十八《史部十四·传记类二》，北京：中华书局，1983，第530页。按，据杜臻之子在编辑杜臻所著的《经纬堂文集》时将作者标明为"秀水杜臻遇徐父著"，可知杜臻另有一字是遇徐，或者杜臻的字是遇徐而不是肇余。待考。

之营二十八，而广东之疆里以复"①。田雯盛赞杜臻之行役曰："今圣天子以庙算于上，以贤大夫如先生巡视其地，於以绥靖边疆，厥功甚伟矣。"②杜臻也因为"偏历沿海，区置有方"③，而迁刑部尚书。杜臻所著《粤闽巡视纪略》一书，四库馆臣评价颇高："书中排日记载，凡沿海形势及营伍制度、兵数多寡缕列甚详，于诸洋列戍控置事宜俱能得其要领。其山水古迹及前人题咏，间为考证亦可以资博览。盖据所目见言之，与撦拾舆记者迥别，颇有合于周爰咨诹之义焉。"④清朝著名学者郑中孚也给予了高度评价"至其为书，大而山川之经纬，细而村井之胪列，如瞭指掌如数家珍，以及考据典章发皇忠义、阐幽显微、搜轶补亡在此书为余事而要，皆可不朽于后世者也"⑤。

目前学界对杜臻《粤闽巡视纪略》一书的专题研究不多，汤开建《杜臻〈粤闽巡视纪略〉中的澳门史料》一文是目前所见唯一一篇专门研究此书的论文，但也只是对其中涉及澳门的史料进行了精彩解读⑥。另外，马楚坚的《有关清初迁海的问题——以广东为例》一文⑦，李龙潜、李东珠的《清初"迁海"对广东社会经济的影响》一文⑧，以及张建雄所著《清代前期广东海防体制研究》⑨都引用了《粤闽巡视纪略》中的一些相关调查数据，在一定程度上展现了出此书在研究清朝前期广东地区的经济与军事方面的价值。笔者不揣浅陋，拟在前贤研究的基础上，尝试对杜臻《粤闽巡视纪略》一书在研究明清时期广东海防地理上的价值做较为细致的探索。

---

① 钱仪吉：《碑传集》卷十八《杜尚书臻传》，清道光刻本。
② 杜臻：《粤闽巡视纪略》卷首，田雯《序》，孔氏岳雪楼影钞本。
③ 仁宗敕纂撰：《嘉庆大清一统志》卷二百八十八《嘉兴府二·人物·杜臻》，《四部丛刊续编》景旧钞本。
④ 永瑢等撰：《四库全书总目》卷五十八《史部十四·传记类二》，北京：中华书局，1983，第530页。另外，四库馆臣认为杜臻"时为工部尚书"，误。此时杜臻官职是吏部侍郎。参见姜宸英：《海防总论》，《丛书集成初编》，北京：中华书局，1991年，第1页。又按，"与撦拾舆记者迥别，颇有合于周爰咨诹之义焉"数句，孔氏岳雪楼影钞本卷首提要作"舆记者固异也"，无下句。
⑤ 郑中孚：《郑堂读书记》卷二十四《史部十·粤闽巡视纪略附纪一卷》，民国吴兴丛书本。
⑥ 汤开建：《杜臻〈粤闽巡视纪略〉中的澳门史料》，《暨南学报》1996年第3期。此文另收于汤开建：《明清士大夫与澳门》，澳门基金会，1998，第201~218页。
⑦ 马楚坚：《有关清初迁海的问题——以广东为例》，马楚坚：《明清边政与治乱》，天津：天津人民出版社，1994，第257~277页。
⑧ 李龙潜、李东珠：《清初"迁海"对广东社会经济的影响》，《暨南学报》1999年第4期。
⑨ 张建雄：《清代前期广东海防体制研究》，广州：广东人民出版社，2012。

一、明确记载肇庆府在明及清初属于广东海防中路而非西路

广东是中国沿海大省，有着漫长的海岸线，明清时期的海岸线"自潮州府之东南，与福建之漳州海洋接。自廉州府钦州之西南，与交趾海洋接。东西相距二千四百余里"①。为了协调海防，自明代以来就已有了相应的海防分路区划。

关于明清时期广东分路的演变情况，道光年间编辑的《广东海防汇览》一书中有这样的总结："粤海三路说昉自明，东指惠、潮，中属广州，肇、高、廉、雷、琼五管毗连，并居西境。自乾隆丙辰，西路首裁上下，爰创四路之名。逮嘉庆庚午，东路踵继区分，聿著五路之目。"②今人多从此说。如陶道强就认为"从海防角度来说，自明中后期始人们习惯在战略上把广东海防划分为东路、中路和西路三个组成部分，东路为潮州、惠州二府，中路指广州府，西路肇庆、高州、雷州、廉州及琼州（海南）五府"③。曾小全也认为"从明代开始，人们论述广东地理，一般都将其划为三个区域，即东、中、西三路。东路包括惠州府和潮州府，中路只管辖广州府，而肇庆府、高州府、廉州府和琼州府则都属于西路"④。新近，鲁延召针对肇庆府在明清时期广东海防分路的归属问题进行了专门讨论，认为"明清文献及现代研究对广东海防分路中的肇庆府的归属特别是明代的情况避而不谈，虽多默认为西路，在很大程度上却是'习惯'使然，并无史料直接说明"，他通过考证，力主"肇庆府从广东海防分路开始就不从属于中路，而属于西路"⑤。

---

① 顾祖禹：《读史方舆纪要》卷一百《广东一》，北京：商务印书馆，1937，第 4153 页。
② 卢坤、邓廷桢编：《广东海防汇览》卷首《凡例》，王宏斌等校点，石家庄：河北人民出版社，2009，第 1 页。
③ 陶道强：《清代前期广东海防研究》，暨南大学硕士学位论文，2003 年，第 4 页。另参见陶道强：《"制贼"与"防夷"——以清代前期广东海防为中心的考察》，《枣庄学院院报》2010 年第 3 期。
④ 曾小全：《清代前期的海防体系与广东海盗》，《社会科学》2006 年第 8 期。
⑤ 鲁延召：《明清时期广东海防"分路"问题探讨》，《中国历史地理论丛》2013 年第 2 辑。

其实，将肇庆府归入明代广东西路之中，可能是个错误的判断。

众所周知，由于明朝倭患严重，早在嘉靖年间人们就曾对广东海防分路有过讨论。据郑若曾《筹海图编》所载《广东事宜·中路》记载，倭寇犯粤"其势必越于中路之屯门、鸡栖、佛堂门、冷水角、老万山、虎头门等澳，而南头为尤甚，或泊以寄潮，或据为巢穴，乃其所必由者。附海有东莞大鹏戍守之兵，使添置往来，预为巡哨，遇警辄敌，则必不敢以泊此矣。其势必历峡门、望门、大小横琴山、零丁洋、仙女澳、九灶山、九星洋等处而西，而浪白澳为尤甚，乃番舶等候接济之所也。附海有香山所戍守之兵，使添置往来，预为巡哨，遇警辄敌，则亦不敢以泊此矣。其势必历崖门、寨门海、万斛山、硇洲而西，而望峒澳为尤甚，乃番舶停留避风之门户也。附海有广海卫、新宁、海朗所戍守之兵，使添置往来，预为巡哨，遇警辄敌，则又不敢以泊此矣"①。从这段史料里，我们看到了中路所包含的大致范围，似乎并不包括肇庆。但是又据此书所载《广东事宜·西路》"故高州东连肇、广，南凭溟渤"②，似乎又可以得出肇庆和广州同属于广东海防中路的结论。两则史料似有矛盾之处，肇庆所属分路实难定论。由于《广东事宜·中路》并没有明确指出明朝时候肇庆是属于中路的，所以学者往往习惯上依照《广东海防汇览》的说法，将肇庆划为广东的海防西路。

但是，据杜臻《粤闽巡视纪略》却有不同的所载："明太祖洪武二年，命平章廖永忠、参政朱亮祖取广东。遂命亮祖镇守建置卫所，分布要害。其防汛之境略分三路：高、雷、廉三郡斗入海中，西界钦州控连交趾，杂处罗旁，南面巨海绾縠琼山，而占城、暹罗、满剌诸番环匝于外，盖省会之西蔽也。其地以神电、雷州、廉州三卫十一所为边。白鸽、涠洲两水营游徼于外，是为西路。广州带三江，阻重海，崖门、虎门夹峙左右，屹为管钥。前山、澳门，番舶所集，南头控其东，阳江界其西，实全省之中权也，其地以肇庆、广海、南海三卫六所为边，虎头门、广海、北津三营游徼于外，而南头一镇总挚之，是为中路。惠潮二郡界连闽省，漳舶通番，道所必经。南澳介处两省之间，伏莽蟠互，全恃两府之弹压。又省会东偏一要阨也，其地以潮州、碣石两卫八所为

---

① 郑若曾：《筹海图编》卷三《广东事宜·中路》，北京：中华书局，2007，第244页。
② 郑若曾：《筹海图编》卷三《广东事宜·西路》，北京：中华书局，2007，第245页。

边，柘林、碣石两水营游徼于外，是为东路。三路各统于本管之参将，而兼辖于两总戎。琼州孤悬海外，自为一镇。此明代设兵之大较也。"①从这段史料可以看出明代广东海防分路的大致情况，其记载明代中后期的《筹海图编》更为详细。值得注意的是这里明确指出广东中路的具体范围"广州带三江，阻重海，崖门、虎门夹峙左右，屹为筦钥。前山、澳门，番舶所集，南头控其东，阳江界其西，实全省之中权也，其地以肇庆、广海、南海三卫六所为边，虎头门、广海、北津三营游徼于外，而南头一镇总挈之，是为中路"，显然中路是包括肇庆在内的。

不只如此，《粤闽巡视纪略》还记载了杜臻等人巡视完成后对中路驻兵的调整情况。从此调整方案来看，肇庆在明朝、清初期属于中路是确凿无疑的。据杜臻所记，康熙二十三年"四月癸亥朔，甲子质明，同学士臣石柱、郎中臣张建绩、主事臣殷特、总督臣吴兴祚、巡抚臣李士桢，拜广东耕种防守事宜……从春江营拨把总一员、兵五十名守白额港。再拨守备一员、把总一员、兵二百名守双鱼所。再撥千总一员、把总一员、兵二百名守北津寨。……顺德县，系省会西南水路门户，紧要。设有总兵官，兵三千名，应仍旧。自春江以下诸路仍听顺德总兵统辖"②。双鱼所和北津寨皆在肇庆府境，它们统归顺德总兵管辖，说明肇庆府在当时应该是属于中路的防区，也是说肇庆属于海防分路的中路，而非西路。

明中后期至清初，肇庆属于中路应该是与两广总督驻扎在肇庆有关，从万历八年（1580）到崇祯五年（1632），两广总督府一直都在肇庆。③至于清初肇庆仍然属中路，可能是因为战乱初平、不便做出过大的调整，所以沿袭明朝旧制。

有意思的是，杜臻另著有《海防述略》一卷。书中也有关于广东的论述：

> 广东列郡者十，分为三路。惠、潮为东路，省会广州为中路，高、雷、廉为西路。尝考诸岛入寇多自闽趋广，柘林设备过其冲，而不得泊，

---

① 杜臻：《粤闽巡视纪略》卷一，文津阁《四库全书·史部·传记类》，第157册，北京：商务印书馆，2005，第485页。
② 杜臻：《粤闽巡视纪略》卷三，第509页。
③ 吴宏岐、韩虎泰：《明代两广总督府址变迁考》，《中国历史地理论丛》2013年第3辑。

势必越于中路之屯门、鸡栖、佛堂门、冷水角、老万山、虎头门等澳，而南头为甚。或泊以寄潮，或据为巢穴。附海有东莞、大鹏，戍守之兵往来巡哨，遇警辄敌，必不敢泊此矣。势必历峡门、望门、大小横琴山、伶仃洋、仙女澳、九灶山、九里洋等处而西，而浪白澳为甚，乃番舶等候接济之所也。附海有香山所，戍守之兵往来巡哨，遇警辄敌，则亦不敢泊此矣。势必历崖门、寨门海、万斛山、硇洲等处而西，而望峒澳为甚，乃番舶停留避风之门户也。附海有广海卫、新宁、海朗所，戍守之兵往来巡哨，遇警辄敌，则亦不敢泊此矣。夫其来不得停泊，去不得接济，虽滨海居民且安枕而卧，况会城乎？其西路高、雷、廉三郡，以倭寇东来，言之似防守之责可缓，然三郡逼近占城、暹罗、满剌诸番，岛屿森列、游心注盼，防守少懈则变生肘腋，滋蔓难图矣。按高州，东连肇、广，南凭溟渤一带海澳。若莲头港、汾州山、两家滩、广州湾为来府之南翰，兵符重寄，不当托之匪人，以贻保障之羞也。①

这段记载从内容上看很像是杂取旧说，尤其明显的是大量引用了《筹海图编》里的原话。从创作时间上看，很有可能是在巡视粤闽之前所作，故而与前引《粤闽巡视纪略》的说法颇有不同。另据《粤闽巡视纪略》卷二文末所载："议者曰'日本诸岛入寇多自闽趋广，柘林为第一关，宜会并兵以扼之，过此必越屯门、鸡栖、佛堂门、冷水角、老万山、虎头门诸处，而南头为尤甚。东莞有备则，不得泊矣。又西必历峡门、望门、大、小横琴山、伶仃洋、仙女澳、九灶山、九里洋诸处，而浪白澳为尤甚。香山有备，则不得泊矣。又西必历崖门、寨门海、万斛山、硇洲诸处，而望峒澳为尤甚。广海有备，则不得泊矣'。此昔日备倭之说也。国朝厚集防兵于碣石、虎门，而南头不复置戍焉。"②杜臻显然结合自己实地巡视所见，针对前人的言论提出了补充看法。

---

① 杜臻：《海防述略》，《丛书集成初编》，北京：中华书局，1991，第1~3页。
② 杜臻：《粤闽巡视纪略》卷二，第501页。

二、详细记载了清初广东海防驻兵以及巡视后对驻兵的调整情况

清朝两广总督卢坤等人所编的《广东海防汇览》详细记载了清前期广东的海防情况,是研究清代广东海防情况的必备书。此书对杜臻所著《粤闽巡视纪略》引用有 38 处之多,主要涉及广东地区的舆地险要、职司、巡哨等方面,可见《粤闽巡视纪略》的价值。张建雄《清代前期广东海防体制研究》研究了杜臻巡视的时候广东海防兵力总数,但没有提到杜臻巡视时具体的海防兵力分布情况,也没有提及巡视完成后对广东海防的调整。① 王宏斌曾注意到"关于兵力的详细部署情况,载有杜臻《广东耕种防守事宜疏》"②,但是他提到的是杜臻巡视之后海防兵力分布调整的情况,对杜臻巡视时广东海防兵力的分布并未提及。现据《粤闽巡视纪略》所记,将杜臻巡视闽粤时广东具体的海防兵力分布情况以及杜臻等人巡视后对广东沿海海防官兵的调整计划,分别列为表 1 和表 2。

表1 杜臻巡视闽粤时广东具体的海防兵力分布情况

绿营名称	官兵配置	兵力分布
钦州营	游击一、守备一、千总三、把总六(国初额员)兵一千十三名	防城,守备一、兵一百八十名。王光十万山口,二十名。小董汛,把总一、兵八十名。三十六村汛,把总一、兵四十名。渐凛尚,二十名。如昔尚,把总一、兵四十名。三囊山口,二十名。渔洲坪,五十名。水营二十名。南港台,十名。青鸠台,十名。长墩河口,千总一、兵四十名。乌雷台,十名。牙山台,十名。牙山港,十名。大观港,把总一,兵四十名
乾体营	游击一、守备一、千总二、把总四、兵一千三百六十六名	三汊港,把总一、兵一百名。西江口,把总一、兵二百名。八字山,千总一、兵一百名。双坟汛,把总一、兵一百名。高德,千总一、兵一百名。冠头岭,十名。武刀港,十名。白龙港,二十名。珠场港,二十名。川江港,二十名。榕根,二十名。英罗港,把总一、兵二百名

---

① 张建雄:《清代前期广东海防体制研究》,广州:广东人民出版社,2012,第 23 页。
② 王宏斌:《清代前期海防:思想与制度》,北京:社会科学文献出版社,2002,第 196 页。

续表

绿营名称	官兵配置	兵力分布
廉州营	总兵一、游击二、守备二、千总四、把总八、兵一千八百八十八名（旧系参将。康熙元年改总兵，领本镇兵一千、涠洲兵一千，加募兵一千，共三千名。今减）	永安所，把总一、兵七十名。闸口，把总一、兵三十名
石城营	守备一、千总三、把总五（国初额员）兵四百名	急水炮台，千總一、兵四十六名。东村台，十名。龙头沙，十名。乌兔台，十名。三墩台，十名
雷州营	副将一、都司二、守备二、千总五、把总八（国初额员）、兵一千四百名	乐民所，守备一、千总一、兵八十七名。对乐墩，五名。田头墩，五名。调神台，五名。牛寮墩，五名。博里墩，五名。抱金墩，五名。官场台，五名。调建台，五名。调建墩，五名。博袍墩，五名。海康所，千总一、兵五十名。吴蓬墩，五名。郎斗墩，五名。徒房墩，五名。房参台，五名。总堠墩，五名。英岭台，五名。青桐台，十三名。流沙台，千总一、兵三十名。文体台，把总一、兵三十二名。羊角台，十一名。下落台，十六名。锦囊所，守备一、把总一、兵一百名。博平，五名。博赊台，把总一、兵二十名。博腊墩，五名。盐井台，五名。调黎台，十名。黄塘墩，五名。牛牯台，十名。石头墩，五名。调岭台，五名。大临墩，五名。赤尾墩，五名。临沈墩，五名。吴家墩，五名。吴家台，十名。淡水台，把总一、兵三十名。调陈墩，五名。乌石墩，五名。东乡墩，五名。旧县台，十五名。北月台，十名。海头炮台，把总一、兵三十名
徐闻营	守备一千总一把总二（国初额员）兵三百名	讨网下，名东场台。千总一、兵三十名。白盘台，十名。石马台，十名
海安营	游击一、守备一、千总二、把总四（国初额员）、兵一千名	三墩，五十一名。那黄墩，五名。西卵墩，五名。齐仑墩，五名。踏磊墩，五名。博涨墩，五名。红坎墩，五名。白沙墩，五十一名。青湾墩，五名
白鸽营	守备一、千总一、把总二（续设）、兵五百名	双溪台，把总一、兵五十七名。寨炮台，兵十七名。库竹台，二十四名。村墩，五名
吴川营	游击一、守备一、千总二、把总四（国初额员）、兵八百四十名	蔴斜，把总一、兵四十名。博立台，十五名。茂晖台，十五名。限门港东西烟墩，十名。岐山台，十名。文笔岭，五名。东海台，五名
高雷总兵营	总兵一、游击二、守备二、千总四、把总八（国初额员，驻高州）、兵一千八百九十一名	博茂，三十三名。东港，五名。谭卫，五名。那碌，四十名。鹿娇，五名。西河，五名
电白营	游击一、守备一、千总二、把总四（国初额员）、兵八百四十名	流水，九名。南海，把总一、兵二十八名。赤水台，九名。沙尾，九名。山后台，十四名。山后，把总一、兵三十七名。河口台，十名

续表

绿营名称	官兵配置	兵力分布
春江营	副将一、都司一、守备二、千总四、把总八、兵一千六百名（国初无。顺治九年，设阳高游击一员。十一年，西寇侵轶，兵散。十三年，委官招复。十七年，即改为春江游击，领兵一千。康熙三年，加兵五百改参将。八年，又加五百改副将）	北额，十名。双鱼所，守备一、兵九十名。丰头，把总一、兵三十六名。程村，把总一、兵三十九名。平冈，千总一、兵五十三名。北篆，把总一、兵三十九名。北津，千总一、兵五十九名。三汊，十名。
那扶营	守备一、千总一、把总二（国初额员）兵四百名	泗门港，把总一、兵三十五名。陡门港，把总一、兵六十名
广海营	游击一、守备一、千总二、把总四、兵九百六十名（旧设参将一员，兵一千名。加提标四百名。康熙元年，又加抚标六百名，共二千名。今改减）	图山，三十名。上洋坑，四十名。乌石冈，六十名。都斛汛，千总一、兵一百四十名。上阁汛，二十名。山背汛二十名。长沙汛，兵二十名。烽火角，二十名。荷木迳，二十名。海宴，把总一、兵一百名。烽火角口，把总一、兵四十名。白蕉湾，四十名。潭滘口，四十名
新会营	游击一、守备一、千总四、把总六（国初设兼防会宁）、兵一千三百名	独洲村、大湾村、梅湾村、沙角村、新村、梅角村、长沙村、鬼叫村、长沙，把总一、兵七十名。厓门东西炮台，千总一、兵六十四名。石岭五名。虎臀，千总一、兵五十名。虎坑二十八名。崖口三十三名
香山营	副将一、都司二、守备二、千总五、把总十、兵二千名（顺治四年设前山寨官兵五百员名。康熙元年，加兵五百，改设参将驻防县城。三年，又加兵一千，共二千名。改设副将）	深湾，把总一、兵三十名。蔴子埔，十名。白石汛，五名。石塘汛，五名。茅湾台，十名。秋风角，十名。沙尾，三十名。平顶山，十名。角头山，十名。涌口门，把总一、兵四十名。水洲山，十名。关闸，把总一、兵二十一名。北山岭，五名。吉大台，十名。鸡拍台，十名
顺德营	总兵一、游击三、守备三、千总六、把总十二、兵三千名（顺德旧不设兵。康熙二年，因李二寇犯城而设。十二年，题定虽驻县城，兼辖南番、香山各县，巡缉沿海）	仰船冈，千总一、兵三十五名。马宁汛，千总一、兵三十五名。白藤，二十七名。横流，把总一、兵三十五名。大黄埔，三十二名。小黄埔，三十二名。龙湾，游击一、千总一、兵一百七十名
虎门营	副将一、都司二、守备二、千总四、把总十、兵二千名（原设参将一员，兵一千名，今改增）	石子头，把总一、兵一百七名。麻涌口，把总一、兵一百二十四名。到口，四十名。大涌口，七十名。镇口，把总一、兵九十七名。三门台，二十八名。南山台，把总一、兵三十一名。横当台，把总一、兵一百名。黄角，把总一、兵七十名
新安营	游击一、守备一、千总二、把总四、兵七百八十名（旧设守备一兵五百名。康熙三年，加五百名。四年，广州左路总兵移镇。七年罢。今改减）	碧头台，千总一、兵四十五名。佛子凹，把总一、兵五十九名。南山台，千总一、兵六十名。九龙台，把总一、兵七十三名

续表

绿营名称	官兵配置	兵力分布
惠州营	副将一、都司二、守备二、千总四、把总八（国初额员）兵一千五百名	大鹏所、守备一、把总一、兵三百名五。通岭，五名。盐田基，千总一、兵三十名。大梅沙，五名。少梅沙，五名。鸦梅山，五名。关湖，把总一、兵二十名。西山，五名。水口，五名。黄坑，五名。老大鹏，把总一、兵三十名。墼头港，十名。白云，十一名。稔山，千总一、兵三十五名。平海所，都司一、守备一、兵一百八十九名。盘圆口，千总一、兵三十三名。小漠，五名
碣石营	总兵一、游击三、守备三、千总七、把总十四（国初额员）、兵三千名	小漠港，十名。鲘门港，把总一、兵五十名。谢道山，十五名。梅陇坡，千总一、兵五十名。青草头西基，十名。青草台东台，把总一、兵二十五名。长沙台，十名。马鬃山，十名。下寨，守备一、兵二百五十一名。扁涌湖，把总一、兵三十名。大帽山，兵十名。捷胜所，游击一、千总一、兵二百五十五名。白沙湖，把总一、兵五十名。娘岩山，五名。大魔山，五名。大德港西台，兵二十名。大德港东台，把总一、兵三十名。南海下湾，五名。南海上湾，五名。乌港西台，千总一、兵五十名。湖东澳东台，千总一、兵三十名。海甲山，五名。甲子港，把总一、兵二十名。苏公澳，五名。圭湖墩，五名。乌墩港东台，千总一、兵一百名。小城汛三十名。观音堂五名。崎石港三十名。田尾寨，把总一、兵一百名。滴水墩，五名。三洲墩，五名。湖东港西台，把总一、兵一百名
惠来营	游击一、守备一、千总三、把总六（国初额员）兵八百名	湖仔墩，五名。神泉港东台，把总一、兵二十名。神泉司，把总一、兵一百九名。澳角山，五名。溪东山，五名。茭梭山，五名。沿锡山，五名。东山，五名。后池山，五名。湖口港，五名。大架山，五名。石牌澳，十名。靖海港东岈，千总一、兵二十名。靖海所，把总一、兵一百四十二名。后表山，五名。小黄冈寨，把总一、兵九十名。茆洋，五名
靖海营（应该是靖海所，属惠来营）		河背炮台，千总一、兵三十二名。獭湾炮台，把总一、兵三十四名。钱澳，五名。冈头，五名
潮州营	总兵一、游击三、守备三、千总六、把总十二（国初额员）、兵二千四百九十五名	北炮台，把总一、兵五十名。青屿，把总一、兵五十名
潮阳营	游击一、守备一、千总二、把总四（旧设副将一、都司二，今改）、兵一千名	径门，五名。径门口，五名。东山口，五名。后溪，十名。蛋家宫，五名。粪箕湾，五名。华阳台，二十名。石井，千总一、兵八十名。门辟台，三十名。南炮台，四十名。河溪口，十名。桑田堡，把总一、兵四十九名。竹林，二十名

绿营名称	官兵配置	兵力分布
达壕营	副将一、都司三、守备三、千总六、把总十二、兵三千名（旧无因秋风角，海寇丘凤据达壕埠。康熙十九年讨平之，添设。）	河渡门，四十名。磊石门，四十名
澄海营	副将一、都司二、守备二、千总四、把总八（国初额员）、兵一千六百名	小坑，五名。溪东港，二十三名。蓬州所，守备一、把总一、兵一百四十三名。西港，七名。东港，九名。鸥汀背，千总一、兵三十三名。新港，二十名。外沙，把总一、兵十九名。南港，十七名。东湖炮台，六名。三湾，把总一、兵十一名。平湖，十六名。南洋，都司一、把总一、兵二百七十八名。山头，十六名。东陇台，把总一、兵二十六名。樟林，守备一、千总一、兵二百七十八名。盐灶台，把总一、兵十八名
黄冈营	副将一、都司二、守备二、千总四、把总八（国初额员）、兵一千三百三十四名	玖溪桥，把总一、兵二十名员。头台，五名。峤头台，五名。五塘港，五名。狮头，五名。林厝，五名。草尾，五名。下尾，五名。竹林，十名。横山，把总一、兵二十三名。南口，十名。大城所，都司一、千总一、兵二百六十四名。上里尾，十名。红螺山，把总一、兵九名。盐楼山，五名。鸡母澳，把总一、兵九名。柘林，守备千总一、把总一、兵一百六十名。青山，十名。铁牛港，把总一、兵三十名

资料来源：《粤闽巡视纪略》卷一至卷三
说明：表中数据后括号部分是原文的注文

表2 杜臻等人巡视后对广东沿海海防官兵的调整计划

州府	所设营所名称	营地位置、特点	兵力设置、来源	兵力分布	隶属管辖
钦州府	龙门营（新设）	去州治五十里，为全省西南门户，紧要	增设水师副将一员、都司一员。钦州营守备一员、千总二员、把总四员、兵一千十三名裁归龙门。乾体营守备一员、千总二员、把总四员、兵九百八十七名归并龙门	防城，守备一员、千总一员、把总四员、兵四百名。千总一员、兵一百二十名防守王光、十万山、如昔峒等处。钦州城，都司一员、千总一员、把总一员、兵四百名。拨千总一员、兵一百二十名防守乌雷海、牙山港等处。永安所，守备一员、把总一员、兵二百名，防守白龙城、珠场寨等处	廉州总兵官

续表

州府	所设营所名称	营地位置、特点	兵力设置、来源	兵力分布	隶属管辖
钦州府	原设钦州营，现裁去，兵力改属新设的龙门营		都司一员、千总一员、把总一员、兵四百名	钦州城，都司一员、千总一员、把总一员、兵四百名。千总一员、兵一百二十名防守乌雷海、牙山港等处	廉州总兵官
廉州府	乾体营		千总一员、把总二员、兵三百七十九名	拨把总一员、兵一百二十名防守冠头岭、大观港等处	廉州总兵官
高州府	石城营			急水炮台，千总一员、兵一百名	高雷总兵
雷州府	雷州营			乐民所，千总一员、兵一百名。海康所，千总一员、兵一百名。锦囊所，守备一员、把总一员、兵三百名。青桐流沙炮台，千总一员、兵七十名	高雷总兵
雷州府	海安所	是渡海往琼州之津口，紧要	现设游击一员、兵一千名应仍旧	拨把总一员、兵一百名分防三墩、白沙等处	高雷总兵
雷州府	白鸽寨			拨千总一员、把总一员、兵二百名分防双溪口、库竹渡、海头台等处	高雷总兵
高州府	吴川营			拨千总一员、把总一员、兵一百五十名分防蔴斜、限门等处	高雷总兵
高州府	高雷总兵营			拨把总一员、兵五十名守茂名之那菉台	高雷总兵
高州府	电白营			拨把总二员、兵一百三十名分防赤山港、山后港、河口炮台等处	高雷总兵
肇庆府	春江营			白额港，把总一员、兵五十名。双鱼所，守备一员、把总一员、兵二百名。北津寨，千总一员、把总一员、兵二百名	顺德总兵
广州府	那扶营			陡门港，把总一员、兵七十名	顺德总兵

续表

州府	所设营所名称	营地位置、特点	兵力设置、来源	兵力分布	隶属管辖
广州府	广海营			拨千总一员、把总三员、兵二百五十名分防横山、长沙、圆山、铜鼓角诸处	顺德总兵
广州府	新会营			拨千总二员、把总一员、兵三百名分防崖门、虎臀山、外海嘴等处	顺德总兵
广州府	前山寨	去澳门二十里,在海边紧要	设有副将、官兵二千名,应仍旧	香山县城,都司一员、千总一员、把总一员、兵四百名。前山,副将一、兵一千六百名	顺德总兵
广州府	顺德营	省会西南水路门户,紧要	设有总兵官、兵三千名,应仍旧		顺德总兵
广州府	虎门寨	在海口去县六十里,是省会东南水路门户,紧要	设有副将官兵二千一百八十名,应仍旧	官兵向来止驻县城,未赴汛地,应该令移驻虎门。拨千总一员、把总二员、兵二百名分防横当炮台、山前炮台、三门炮台诸处	左翼总兵官
广州府	新安营			把总一员、兵一百二十名。分防碧头台、嘴头角、南山台、北佛堂等处	左翼总兵官
惠州府	惠州营			大鹏所,守备一员、千总一员、兵二百名,分防老大鹏等处。平海所,都司一员、千总一员、把总一员、兵二百名,分防盘圆口、稔山汛等处	大鹏、平海二路仍令惠州副将专管
惠州府	碣石卫			下寨,千总一员、把总一员、兵一百五十名,分防青草头、鲘门港。捷胜所,游击一员、千总一员、把总一员、兵六百名,分防扁涌湖、大德港等处。甲子所,守备一员、把总一员、兵一百五十名,分防湖东港、田尾山等处	下、甲子二路,令捷胜游击专管。仍听碣石总兵统辖

续表

州府	所设营所名称	营地位置、特点	兵力设置、来源	兵力分布	隶属管辖
潮州府	惠来营			神泉港，把总一员、兵一百名。靖海所，守备一员、把总一员、兵二百名，兼防小黄冈	碣石总兵
潮州府	海门营			河背炮台、獭湾等处，千总一员、把总一员、兵八十名	潮州总兵
潮州府	潮阳营			桑田堡等处，把总一员、兵五十名	潮州总兵
潮州府	达濠		裁去副将及都司二员、守备二员、千总四员、把总八员、兵二千名。止留守备一员、千总二员、把总四员、兵一千名。改设游击一员以领之	河渡、河磊、石门，把总二员、兵八十名	潮州总兵
潮州府	潮州营			青屿、海口，把总一员、兵五十名防守	潮州总兵
潮州府	澄海营			蓬州所，都司一员、千总一员、把总一员、兵三百名，分防溪东港、鸥汀背等处。南洋，守备一员、千总一员、把总一员、兵二百名，分防樟林山、头仔等处	潮州总兵
潮州府	黄冈营			大城所，都司一员、千总一员、兵一百名。柘林寨，守备一员、把总一员、兵一百名。分水关，把总一员、兵三十名	潮州总兵
琼州府	海口所			副将一、官兵一千二百名	琼州总兵官

资料来源：《粤闽巡视纪略》卷一至卷三

杜臻等人巡视后对广东沿海海防官兵的调整计划，《清实录》和《康熙起居注》皆无记载是否得到落实。钱仪吉曾说杜臻"定悬军之营二十八，而广东之疆里以复"①，可见当时是落实了的。又据《粤闽巡视纪略》所载："是役

---

① 钱仪吉：《碑传集》卷十八《杜尚书臻传》，清道光刻本。

也，有当行之事四焉，察滨海之地以还民，一也；缘边寨营烽堠向移内地者宜仍徙于外，二也……臣臻受命悚惕。即日俶装戒行，心窃自念皇上如天至仁，迫欲见海壖之民及时耕耨。今疾驰度岭，已将改岁，待论定奏报得旨而后行，则农时已逾，非所以奉宣德意也。幸偕行诸臣亦同此怀，遂用绿头牌启奏，请于会勘之日将勘明地亩，随时责令有司招民佃种，其应设防守即时分设，俟一省事竣，驿疏奏闻，上许之。"①文中提到"应设防守即时分设"，可见杜臻等人是获得了康熙帝的授权，可以先调整再上奏，也就是说此次调整是实行了的。有学者指出"清代前期，广东对海防营制进行了9次大的调整。其中康熙朝1次，乾隆朝2次，嘉庆朝4次，道光朝2次"②，其中所谓"康熙朝1次"，指的是康熙四十三年（1704）由总督郭世隆奏准的调整。张氏没有提及康熙二十三年（1684）杜臻等人的这次调整，殊为遗憾。

三、详细记载了明代和清初广东海防城所的诸多相关重要信息

目前学界研究明清时期广东的海防体制时，一般是以明万历年间所编《苍梧总督军门志》和清道光年间所编《广东海防汇览》为主要参考资料。其中《苍梧总督军门志》是记载明代中后期广东海防的重要资料，《广东海防汇览》则是清前期记载鸦片战争前广东海防的重要资料。明清易代之初，由于战乱频繁、政策无常、兵力变动等原因，广东海防情况十分复杂。杜臻《粤闽巡视纪略》是他亲身巡视粤闽海防后所作，比其他海防著述更具准确性与详细性。另外，对前朝海防城所《粤闽巡视纪略》也有不少相当细致的记述。《广东海防汇览》对《粤闽巡视纪略》多有征引，但毕竟不如后者全面。比较《粤闽巡视纪略》《苍梧总督军门志》和《广东海防汇览》三书所载明清时期若干广东海防城所的具体情况，可以揭示《粤闽巡视纪略》在历史海防地理方面独特的史料价值。

---

① 杜臻：《粤闽巡视纪略》卷一，第483~484页。
② 张建雄：《清代前期广东海防体制研究》，广州：广东人民出版社，2012，第23页。

1. 永安所

《粤闽巡视纪略》："城在合浦县海岸乡，旧在石康县安仁里（今废）。洪武二十七年始迁。永乐十年建城。城周四百六十一丈。成化五年佥事林锦鉴外池置串楼四百一十五，四门、敌楼各八。故设游击府于永安所。万历十八年移于涠洲。风毁仍复旧署，而以涠洲为汛地。"①

《苍梧总督军门志》："永安守御千户所，在合浦县东六十里，隶廉州卫，洪武二十八年设官九员，旗军三百九十名。"②

《广东海防汇览》："永安城，琼州镇辖龙门协右营水师守备驻扎所。（营册）县东一百八十里，西南抵海，东抵石城，北抵博白界，联三县。城周围四百六十一丈，高一丈八尺，阔一丈五尺，濠周五百丈。明洪武二十七年建于今治。国朝康熙二年，移廉防同知驻扎其地，后同知迁钦州防城。（《廉州府志》）。"③

按：（1）《粤闽巡视纪略》记载了永安所的具体地点是合浦县海岸乡，也记载了最初的设置地点是石康县安仁里，反映了清初该所的位置曾经有过变迁。这是《苍梧总督军门志》和《广东海防汇览》缺载的。（2）《粤闽巡视纪略》认为是永乐十年建城，《苍梧总督军门志》不载，《广东海防汇览》则说是洪武二十七年，应以《粤闽巡视纪略》为是。（3）明代曾在永安所设游击府，万历十八年移往涠洲，被风毁坏后迁回永安所。此事《苍梧总督军门志》《广东海防汇览》皆不载。

2. 海康所

《粤闽巡视纪略》："在海康县九郡湾蓬村""元年画界……至二三里西山村等暨海康所皆移，于海康、青桐二河口，因界设守展界稍复"④。

《苍梧总督军门志》："海康守御千户所，在海康县西一百七十里，隶雷州

---

① 杜臻：《粤闽巡视纪略》卷一，第489页。
② 应槚：《苍梧总督军门志》卷七《兵防三》，《中国边疆史地资料丛刊·滇桂卷》，全国图书馆文献缩微复制中心，1991，第103页。
③ 卢坤、邓廷桢编：《广东海防汇览》卷三十《方略十九·所城》，王宏斌校点，石家庄：河北人民出版社，2009，第801页。
④ 杜臻：《粤闽巡视纪略》卷一，第491页。

卫洪武二十七年设官五员，旗军三百二十三名。"①

《广东海防汇览》："在郡西南一百二十五里，逼近大海。经明洪武二十七年创筑，国朝康熙八年重修。（《雷州府志》）。"②

按：（1）《粤闽巡视纪略》记载了海康所的具体地点是海康县九郡湾蓬村，比《苍梧总督军门志》《广东海防汇览》记载要确切。（2）《粤闽巡视纪略》记载了海康所在康熙初年迁移了，原所废弃，可以补《广东海防汇览》之缺载。

3. 乐民所

《粤闽巡视纪略》："乐民所，在遂溪县八都蚕村。乐民所距海十里。距府治一百二十里，西有乐民港，海口广二三里，可泊大船，其地有沙洲城，登之可见大海，稍南三十里调神湾，又南三十里博里港，可泊船。又南三十里官场港，船尝于此避风。"③

《苍梧总督军门志》："乐民守御千户所，在遂溪县西南一百九十里，隶雷州卫，洪武二十七年设官八员，旗军三百四十五名。"④

《广东海防汇览》："在郡西一百二十里，西通涠洲。《雷州府志》。"⑤

按：（1）《粤闽巡视纪略》记载了乐民所具体的地址是遂溪县八都蚕村，比《苍梧总督军门志》《广东海防汇览》记载得更清楚。（2）《粤闽巡视纪略》还记载了乐民所周边的地理形势，这些重要的海防资料，《苍梧总督军门志》和《广东海防汇览》皆不载。

4. 白鸽寨

《粤闽巡视纪略》："雷州东门邪径三十里渡通明河至白鸽寨。寨有城，周二里。雷郡东北隅门户也。东海岛在其东。自寨而南十里为北家港。又南十里有旧炮台，距海一里许。又南十里为双溪炮台，距海五里許。自双溪台又南二十里为溪泊港。又二十里为淡水港。又二十里为调岭港。又十里为吴家港。又十里即锦囊所矣。自寨而北十里为北品港。又二十里为库竹港。又二十里为旧

---

① 应槚：《苍梧总督军门志》卷七《兵防三》，第102页。
② 卢坤、邓廷桢编：《广东海防汇览》卷三十《方略十九·所城》，王宏斌校点，第799页。
③ 杜臻：《粤闽巡视纪略》卷一，第491页。
④ 应槚：《苍梧总督军门志》卷七《兵防三》，第102页。
⑤ 卢坤、邓廷桢编：《广东海防汇览》卷三十《方略十九·所城》，王宏斌校点，第799页。

县遂溪故治所也。又北十里为北月港。又北十里为海头炮台，接吴川境矣。诸港惟双溪最近府治，港口又向大洋，然淤浅不可泊舟。独通明一港可泊大舟，而白鸽据其口，遂为重镇矣。"①

《苍梧总督军门志》：无载。

《广东海防汇览》："国朝康熙九年初筑，十年复水师哨船，分隶白鸽寨。（县册）"②

按：（1）《粤闽巡视纪略》记载了白鸽寨周围的地理环境以及周边地区的军事设置。《苍梧总督军门志》和《广东海防汇览》皆不载。（2）《粤闽巡视纪略》还记载了白鸽成为重镇的原因，即只有通明港可以泊大船，所以白鸽寨成为重地。

5. 大鹏所

《粤闽巡视纪略》："其南面有七娘山，山外为老大鹏，即滨大海所城。东南有海口，大舶可入。其东北过西乡岭、小贵岭复有港口，仅通小舟。""大鹏所城，四面皆山，洪武二十七年千户张斌筑，周三百二十五丈，雉堞一千一百，门三。康熙十六年八月飓风，城楼雉堞皆倾。知县李可成修复。"③

《苍梧总督军门志》："大鹏守御千户所，在东莞县东南四百里，滨海。隶南海卫。洪武二十七年，设官三员，旗军二百二十三名。"④

《广东海防汇览》："在县城东南一百二十里大鹏岭之麓，明洪武二十七年，广州左卫千户张斌筑。周围三百二十五丈六尺，高一丈八尺，城楼四，敌楼四，警铺十六，雉堞六百五十，门三。（郝《通志》）东、西、南三面环水濠，周围三百九十八丈。（《新安县志》）国朝康熙十年修。（郝《通志》）"⑤

按：（1）《粤闽巡视纪略》记载了大鹏所的海防地理形势。（2）《粤闽巡视纪略》记载了康熙十六年曾毁坏，知县李可成修复。这些皆为《苍梧总督军门志》和《广东海防汇览》所未载。

6. 靖海所城

《粤闽巡视纪略》："靖海所城，在大坭者。洪武二十七年百户董聚建，周

---

① 杜臻：《粤闽巡视纪略》卷二，第492页。
② 卢坤、邓廷桢编：《广东海防汇览》卷三十《方略十九·所城》，王宏斌校点，第800页。
③ 杜臻：《粤闽巡视纪略》卷二，第501页。
④ 应槚：《苍梧总督军门志》卷七《兵防三》，第101页。
⑤ 卢坤、邓廷桢编：《广东海防汇览》卷三十《方略十九·所城》，王宏斌校点，第794页。

五百五十丈，旧隶潮阳。嘉靖三十二年改隶惠来。久废，址存。"①

《苍梧总督军门志》："靖海守御千户所，在潮阳县南八十里，潮州卫分，洪武二十七年设官一十员，旗军二百八十二名。"②

《广东海防汇览》："明洪武二十七年建，为门四。嘉靖、万历间，续重修。国朝康熙十年、三十八年，各重修。"③

按：（1）《粤闽巡视纪略》记载靖海所城的隶属并不是不变的，嘉靖三十二年之前是属于潮阳的，三十二年以后就改属惠来了。所城隶属变化情况，《苍梧总督军门志》和《广东海防汇览》皆不载，《粤闽巡视纪略》记载较为全面。（2）杜臻在康熙二十二年巡视时，所城已经废弛许久了。《广东海防汇览》有记载康熙十年重修，但如据《粤闽巡视纪略》所记，则此次重修后不久，靖海所城就被废弃了，仅留下遗址。

7. 达壕埠

《粤闽巡视纪略》："达壕埠，海岛也。《筹海图》作达头埔，在潮阳、澄海之间，西与潮阳之招宁巡司招收场诸境相接，止隔一河。其河之南口曰河渡门，北口曰磊石门，两口俱狭，止容一海艚入。去潮阳邑治三十，周六十里。有赤冈寨、青林寨（《筹海重编》作青蓝寨）下尾寨、圆山、尾渡、头乡、白沙溪、头杉寨、下秽、茂洲、西墩、割头、沙浦、松子山、湖仔、割洲、澳头诸村民，税八十七顷。万历间海寇林道乾营巢于此，名曰华美。迁界时弃不设守。有海寇丘凤者据之。十九年讨平，始设重镇焉。"④

《苍梧总督军门志》：无载。

《广东海防汇览》："达壕城，南澳镇统辖，海门营兼辖，达壕营守备驻扎所。（《会典》）在潮阳县东四十里。国朝康熙十年修，国朝康熙五十六年创筑。周围一百四十二丈，高一丈五尺。（《潮州府志》）"⑤

按：（1）《粤闽巡视纪略》记载了达壕的地理特征及周围的地理形势，为《苍梧总督军门志》和《广东海防汇览》所缺。（2）据《粤闽巡视纪略》所

---

① 杜臻：《粤闽巡视纪略》卷三，第503页。
② 应槚：《苍梧总督军门志》卷七《兵防三》，第102页。
③ 卢坤、邓廷桢编：《广东海防汇览》卷三十《方略十九·所城》，王宏斌校点，第791页。
④ 杜臻：《粤闽巡视纪略》卷三，第504页。
⑤ 卢坤、邓廷桢编：《广东海防汇览》卷三十《方略十九·所城》，王宏斌校点，第791页。

载,可知康熙初年时达濠也在迁界范围内。据《广东海防汇览》记载,达濠城为康熙十年时所修,可见康熙八年展界时,达濠也在展界的范围内。《粤闽巡视纪略》载此地长期为海寇所占据,至康熙"十九年讨平",可知《广东海防汇览》所谓的"国朝康熙十年修",极有可能是海寇丘凤修筑过寨城,直到康熙十九年才由清朝政府在达濠设置重镇,至康熙五十六年正式修筑了城墙。

8. 蓬州所城

《粤闽巡视纪略》:"蓬州所城,洪武二十年指挥花茂奏於蓬州都下岭村置,所以通商彝出入之路。二十七年移鮀江都西埕内。三十一年百户董兴始砌石城,周六百四十丈,城楼四、月楼四,原属揭阳。嘉靖四十二年析置澄海,遂改属焉。天启五年,知县冯明玠重修。"①

《苍梧总督军门志》:"蓬州守御千户所,在揭阳县东南九十里,潮州卫分,洪武二十六年设官八员,旗军三百八十八名。"②

《广东海防汇览》:"明洪武二年建,三十一年始砌以石。(《澄海县志》)"③

按:(1)《粤闽巡视纪略》记载是洪武二十年所建,《苍梧总督军门志》记载为洪武二十六年、《广东海防汇览》记载是洪武二年,应以《粤闽巡视纪略》为准。(2)《粤闽巡视纪略》记载了蓬州所城最初的具体地址是下岭村,迁移后的地址是鮀江都西埕。《苍梧总督军门志》和《广东海防汇览》皆不载。(3)《粤闽巡视纪略》记载了蓬州所城隶属管辖并不是一成不变的,嘉靖四十二年前是属于揭阳的,之后是属于澄海的。其归属变化情况,《苍梧总督军门志》和《广东海防汇览》皆不载。

9. 大城所

《粤闽巡视纪略》:"大城所,在县东宣化都凤、狮合山之下,洪武二十七年百户顾宝筑。周六百四十三丈。嘉靖戊戌重修,增廓五十三丈。"④

《苍梧总督军门志》:"大城守御千户所,在潮州府东址三十里,潮州卫分。洪武二十七年设官六员,旗军三百八十三名。"⑤

---

① 杜臻:《粤闽巡视纪略》卷三,第505页。
② 应槚:《苍梧总督军门志》卷七《兵防三》,第102页。
③ 卢坤、邓廷桢编:《广东海防汇览》卷三十《方略十九·所城》,王宏斌校点,第789页。
④ 杜臻:《粤闽巡视纪略》卷三,第505页。
⑤ 应槚:《苍梧总督军门志》卷七《兵防三》,第102页。

《广东海防汇览》:"大埕所城。在饶平东南一百二十里,宣化都凤、狮二山下,西至柘林寨八里,东至琉璃岭二十里。明洪武二十七年筑,周围六百四十三丈,高二丈七尺……嘉靖、崇祯间屡修。国朝康熙三年迁拆。八年,展复。九年,重建。"①

按:(1)另据《粤闽巡视纪略》所载:"元年画界,白驿边村历水磨村等境,至分水关接福建境为饶平边,边界以外附海柘林寨等及海岛井洲等皆移并续迁,共豁田地六百一十五顷有奇,于大城所置重兵因界设守,展界稍复。"迁界之时,在大城所设置重兵,可见大城所当时并未拆迁。那么《广东海防汇览》所说的"康熙三年迁拆",可能是错误的。(2)《粤闽巡视纪略》还提到嘉靖年间重修了一次,增大了城的面积,此事《苍梧总督军门志》和《广东海防汇览》皆不载。

10. 黄冈镇城

《粤闽巡视纪略》:"黄冈镇城,在饶平西南九十里宣化都。去府城东南亦九十里,正南去海十里。嘉靖间知府郭春震建,城周一千二百余丈,门四。国朝顺治十七年饶镇总兵吴六奇重建,周六百五十五丈,高一丈三尺,坚厚倍昔。以黄冈溪而得名。"②

《苍梧总督军门志》:无载。

《广东海防汇览》:"黄冈镇城,潮防同知、黄冈协副将及协标左管都司驻扎所。(营册)在饶平治东南九十里。明嘉靖二十七年倭寇蹂躏,知府郭春震筑城。国朝顺治间,饶平镇总兵吴六奇重建。(《潮州府志》)。"③

按:(1)《粤闽巡视纪略》记载了黄冈镇城具体的位置是饶平西南九十里宣化都,而且正南距海只有十里,更清晰的说明了黄冈镇城的地理位置。(2)《粤闽巡视纪略》记载了嘉靖、顺治年间所建城所的大小。(3)《粤闽巡视纪略》记载了此城是因黄冈溪而得名,揭示了镇城的选址特点是面海依水。以上记载之详细,皆为《苍梧总督军门志》和《广东海防汇览》所不及。

---

① 卢坤、邓廷桢编:《广东海防汇览》卷三十《方略十九·所城》,王宏斌校点,第789页。
② 杜臻:《粤闽巡视纪略》卷三,第505页。
③ 卢坤、邓廷桢编:《广东海防汇览》卷三十《方略十九·所城》,王宏斌校点,第789页。

The Historical Value of Du Zhen's *Minyue Xunshi Jilüe* on Studying the Coastal Defense Geography in Guangdong in the Ming and Qing Dynasties

Li Xianqiang　Wu Hongqi

Abstract: Du Zhen wrote *Minyue Xunshi Jilüe* after he was appointed to tour coastal areas in Guangdong and Fujian from November 1683 to May 1684 as imperial commissioner of the Ministry of Works. It is an important book recording the coastal defense in Guangdong in the period. From *Minyue Xunshi Jilüe*, this paper focuses on analyzing some of the records, such as the belonging of Zhaoqing Prefecture in the division of the coastal defense in Guangdong, the distribution of military troops for the coastal defense and its adjustment after Du Zhen's tour, and some authoritative walled cities for the coastal defense, and shows the value on studying the coastal defense geography in Guangdong in the Ming and Qing Dynasties.

Key Words: Du Zhen; *Minyue Xunshi Jilüe*; coastal defense; Guangdong; the Ming and Qing Dynasties

清代广东士绅权力机构与民间海防

王一娜*

有关海防问题的研究，学术界已作过许多讨论。谢国桢、郑德华、李龙潜、李东珠、刘正刚等关于清代广东"迁界"问题的研究①，俞世福、史滇生、戚其章、王宏斌等关于海防思想的研究②，以及陈春声、李庆新、曾小全等有关地方海防的研究③，都为海防研究的继续深入奠定了扎实的基础，并提出了很有启发性的论点。然而，已有关于海防问题的研究，主要着眼于国家层面，对于民间层面的海防研究关注不够，而且对晚清时段的关注较少。④ 因此，本文对以广东士绅权力机构⑤为核心的民间海防力量作深入分析，把视野

---

* 作者系广东省社会科学院历史与孙中山研究所、广东海洋史研究中心助理研究员。
① 谢国桢：《清初东南沿海迁界考》，《国学季刊》1930 年第 4 期；郑德华：《清初迁海时期澳门考略（1661～1683）》，《学术研究》1988 年第 4 期；李龙潜、李东珠：《清初"迁海"对广东社会经济的影响》，《暨南大学学报》（社科版）1999 年第 4 期；刘正刚：《清初广东海洋经济》，《暨南大学学报》（社科版）1999 年第 5 期。
② 俞世福：《浅析中国近代海防论》，《军事历史》1989 年第 6 期；史滇生：《中国近代海防思想纲》，《军事历史研究》1996 年第 2 期；戚其章：《晚清海防思想的发展及其历史地位》，《东岳论丛》1998 年第 5 期；王宏斌：《清代前期海防：思想与制度》，北京：社会科学文献出版社，2002；王宏斌：《晚清海防：思想与制度研究》，北京：商务印书馆，2005。
③ 陈春声：《明代前期潮州海防及其历史影响》（上、下），《中山大学学报》2007 年第 2、3 期；李庆新：《明代屯门地区的海防与贸易》，《广东社会科学》2007 年第 6 期；曾小全：《清代前期的海防体系与广东海盗》，《社会科学》2006 年第 8 期。
④ 刘志伟、戴和注意到了广东士绅在解除海禁、开海通商方面的影响力。见刘志伟、戴和：《清时期广东士宦开海思想的历史发展》，《学术研究》1986 年第 3 期。
⑤ "士绅权力机构"指由士绅控制，在乡村地区具有政治、文化权力，并拥有武力的组织，并不是清王朝法定意义上的一级行政机构，主要指公约和公局。参见邱捷：《晚清广东的"公局"——士绅控制乡村基层社会的权力机构》，《中山大学学报》（社会科学版）2005 年第 4 期一文。

延伸到鸦片战争、洪兵起事以后民间海防力的变化，相信对于促进广东海防史及地方史研究都具有一定意义。

一、清代广东沿海危机与国家海防力量

广东除粤北外，粤东、粤中（珠三角）、粤西地区不少濒临江河入海的海湾地区，海湾中大小岛屿星罗棋布。在泥沙的不断沉积下，零星分布的岛屿逐渐成陆连成平原沃壤，海岸线也随之不断向南海推进。① 河流穿越的沿海地区，内河水路交通线和海上交通线也逐渐形成。东江、西江、北江及其支流，构成了广东重要的内河水路交通线。东江上游通江西，北江上游通湖南、江西，西江上游通广西和巴蜀。东江、西北江分别向东和向南汇入大海。东、西、北三江及其支流，成为南来北往的重要水路。② 此外，从广东各口岸始发的海上交通线，开辟了海上丝绸之路的东段线。③

作为东西方世界往来的重要枢纽，广东需要面对和解决的问题，远比内陆省份复杂。来自海上的外国势力的入侵，是广东面临的重大威胁之一。广东沿海遭受外国侵略的历史，可上溯至14世纪的倭乱，潮州、惠州、海晏、下川、东莞、海丰、琼州、雷州、廉州等地分别遭到了倭寇的袭击。④ 15世纪中叶以后，随着西方大国全球海上殖民扩张，中国逐渐成为他们的目标，广东首当其冲。嘉靖三十二年（1533），葡萄牙人借口晾晒货物，贿赂官员，获准在澳门居留和贸易，并且在官府的默许下得到了一定的自治权。⑤ 荷兰人也曾觊觎澳门，终因不敌葡萄牙人被迫放弃。⑥ 1840年以后，西方列强一再发起对中国的大规模侵略战争，广东沿海遭受了巨大的灾难。此外，广东沿海和内河的海盗活动一直很猖獗，也对地方秩序造成了极大的冲击。顺治年间，邱辉等进犯潮阳，黎忠国、徐郑、石马

---

① 参见屈大均：《广东新语》卷二"地语"，《清代史料笔记丛刊》，北京：中华书局，1985，第53页。
② 方志钦、蒋祖缘主编：《广东通史》（古代上册），广州：广东高等教育出版社，1996，第270～271页。
③ 方志钦、蒋祖缘主编：《广东通史》（古代上册），广州：广东高等教育出版社，1996，第275～276、第334～336页。
④ 方志钦、蒋祖缘主编：《广东通史》（古代下册），广州：广东高等教育出版社，1996，第55～56页。
⑤ 方志钦、蒋祖缘主编：《广东通史》（古代下册），广州：广东高等教育出版社，1996，第283～302页。
⑥ 方志钦、蒋祖缘主编：《广东通史》（古代下册），广州：广东高等教育出版社，1996，第543～545页。

等在新安流窜行劫，陈斌犯潮州，苏成顺先后进犯碣石卫城、惠州甲子所城、海丰城，黄海如三犯潮州，陈豹破揭阳，苏茂、林文灿等围普宁，杨二等三犯海南。① 康熙年间，"台湾巨逆"李奇等进犯新安，钟吉生夜劫香山翠微村，江钦等率二百余艘先后进犯揭阳、官溪，杨二联等犯儋州、琼州，谢昌寇海州，江伦等为乱澄海，黄扁聚党跳梁。乾隆年间，梁亚香等寇番禺，又有号"平波大王"者率众寇香山。② 嘉庆年间，有以乌石二、郑一、郑一嫂、张保仔、郭婆带等为首的大规模海盗活动③，咸同时期，洪兵起义等大规模农民起义的发生，使得广东沿海局势动荡不稳，严重威胁了清王朝在广东的统治。晚清广东更有"盗甲天下"之称，珠江三角洲地区盗匪问题最为引人瞩目。④ 此外，广东时有发生抗粮抗捐、破坏堤岸、争夺沙田、民间械斗等事件，层出不穷，对地方秩序造成经常性威胁。

广东海防形势长期严峻，但朝廷在广东的海防设置却远远不足以维持沿海地区的统治秩序。清前期，朝廷的防务以西北为重，相比之下，对于东南沿海的战略防御部署要弱得多，"国初海防，仅备海盗而已"⑤，要有效防御海盗存在一定困难。

清朝广东驻军人数有限，分绿营兵（汉人）和八旗兵（满人）。绿营兵分别由两广总督、广东巡抚、提督、总兵统率，按标、协、营、汛各级军事编制，分驻各地，人数共计不到 70 000，且分布在全省 1500 多个汛。八旗兵驻防（下辖部分绿营兵）统共也只有 7000 余人，且在很少配置在海防上。⑥ 然而，广东沿海的海盗规模颇大，动辄至数万。康熙三十七年（1698），惠州甲子所海盗蔡三十二聚众数万。⑦《揭阳县志》甚至称，顺治十二年（1655）八

---

① 卢坤、邓廷桢:《广东海防汇览》卷四十一"事纪三·国朝一"，石家庄：河北人民出版社，2009，第 1017～1021 页。
② 卢坤、邓廷桢:《广东海防汇览》卷四十一石家庄：河北人民出版社，"事纪三·国朝一"，第 1021～1028 页。
③ 卢坤、邓廷桢:《广东海防汇览》卷四十一石家庄：河北人民出版社，"事纪四·国朝二"，第 1032～1055 页。
④ 参见何文平:《变乱中的地方权势——清末民初广东的盗匪问题与社会秩序》，桂林：广西师范大学出版社，2011 年。
⑤《清史稿》（二）卷一百四十四"兵志九·海防"，《续修四库全书》，上海：上海古籍出版社，1995，第 602 页。
⑥ 方志钦、蒋祖缘主编:《广东通史》（古代下册），广州：广东高等教育出版社，1996，第 743～749 页。
⑦ 卢坤、邓廷桢:《广东海防汇览》卷四十一"事纪三·国朝一"，石家庄：河北人民出版社，2009，第 1024 页。

月，进犯揭阳的海贼陈豹、史朝炯"拥贼六、七十万人"，此说未免夸大，但即便只有十分之一，也有六七万人，规模十分可观。① 所以，一旦有大股海盗或大宗起事，官兵是难以抵挡的。

清前期广东以陆军为主，水师力量薄弱。广东绿营共计 95 营，其中陆军 60 营，水师 35 营。而广东八旗兵的水师，于雍正七年（1729）才设立，仅有 500 多人。② 对于海洋大省广东而言，这样的兵力分配显然很不够。而且广东水师提督直至康熙三年（1664）才设置，且于康熙七年（1668）一度裁撤，水师归广东提督统管，终因"粤东地方海洋水陆营务甚繁，非陆路提督一员所能经理"，在嘉庆十四年（1809）得以重设。③

由于水师力量薄弱，只能重点驻守，很多港口并没有驻扎水师，给海盗提供可乘之机。康熙年间琼州府同知姚哲称，琼州府巡海哨船"不过十有余只"。琼州知府贾堂称，无水师驻扎的港口尽管有琼镇陆路兵丁防守，可一旦遭遇海盗，"官兵无船，难以追缴"。④

实际上，即便有水师驻扎的地方，防御力量也有不足。比如，按照各省水师营分巡查洋面旧定章程，水师统巡巡期为每年二月至九月止，十月至次年正月"因是时海内风信靡常"，故为撤巡期，撤巡期内容易发生海上抢劫事件。乾隆四十四年（1779）十二月，广东船户李万利船至电白县属内洋被抢案即在此列。此案引起朝廷对统巡巡期的重视，取消撤巡期，将统巡巡期增至十二个月。像李万利这样在撤巡期出洋被抢案例，应该不会只此一例，而直到李万利案才更改巡期，大概是由于事主身份特殊。⑤ 在之前的漫长岁月里，究竟发生多少撤巡期内的出洋被抢案件，不得而知，但广东水师防御存在疏漏，是可以

---

① 卢坤、邓廷桢：《广东海防汇览》卷四十一"事纪三·国朝一"，石家庄：河北人民出版社，2009，第 1019 页。
② 方志钦、蒋祖缘主编：《广东通史》（古代下册），广州：广东高等教育出版社，1996，第 749 页。
③ 《广东海防史》编委会：《广东海防史》，广州：中山大学出版社，2010，第 207～208 页。
④ 卢坤、邓廷桢：《广东海防汇览》卷二十三"方略十二·巡哨一"，石家庄：河北人民出版社，2009，第 675～676 页。
⑤ 有关李万利被抢一案，朝廷最初下令"将疏防之专、兼、统辖并在洋随巡季经各员分职名开参，臣部照例议处"，两广总督觉罗巴延三上疏称，由于李万利此次出行时间并不在水师统巡巡期内，"所取职名无凭查开"，这才引起朝廷对水师统巡巡期的关注，并更改巡期。从朝廷最初对于"疏防"官员的处理结果，到最后更改水师统巡巡期，可以想见李万利身份不同寻常。相关内容参见卢坤、邓廷桢：《广东海防汇览》卷二十三"方略十二·巡哨一"，石家庄：河北人民出版社，2009，第 665 页。

肯定的。又比如，蓝鼎元指出，水师哨船其实与商船有很大区别，"哨船轻而浮，其行速；商船重而滞，其行迟。哨船旗帜飞扬，刀牌高挂，商船无之"，由于哨船比较容易辨认，所以海盗"见商船则趋，见哨船则避"①。由此可见，水师缉捕海盗并不太容易。

以陆军为主的军事侧重，还可从水师将弁的选拔标准上窥见一斑。乾隆十五年（1750）之前，广东水师将弁选拔参照的都是陆军的标准，"多取汉仗可观，弓马娴熟，及通晓官话之人送考"，完全没有意识到水师与陆军的差别，"在陆路则以汉仗、弓马为能，而水师则专以水战为事"，如担任水师将领，还必须掌握"风云气色，岛屿情形以及往来驾驶之法"，不合理的选拔标准导致"深谙水师者，或不得与选"，"水师将弁往往不得其人"。②

水师将领不愿亲自领兵出海，直接影响水师作战能力的发挥。比较典型的例子是，康熙四年（1665），海盗驾船70余只突犯甲子所，广东水师提督常进功等，"假托修船，不亲领官兵追剿"。尽管常进功因此"著降二级"，但后来者并没有从中吸取教训，水师将领不亲自出洋事件之后仍有发生。③朝廷要求各水师将领亲自领兵出海的记载，反复出现。康熙二十八年（1689）上谕："水师总兵官不亲自出洋督率官兵巡哨者，照规避例革职。"康熙四十八年（1783）上谕，"如总兵官不亲身出洋巡哨者，令该督、抚、提督指名题参"④。嘉庆五年（1800）朝廷考虑到代巡难免，干脆颁布制度规范，"嗣后均令总兵为统巡，以副将、参将、游击为总巡、以都司、守备为分巡。倘总兵遇有事故，只准副将代巡，或副将亦有事故，准令参将代巡，不得以千把、外委等滥行代替"，并规定如若不遵，一经查出，"则惟各该督抚是问"。⑤遗憾的是，这一规定仍然没有起到多大作用，嘉庆九年（1804）六月二十四日上谕称，"又闻（广东巡抚）孙

---

① 卢坤、邓廷桢：《广东海防汇览》卷二十三"方略十二·巡哨一"，石家庄：河北人民出版社，2009，第660页。
② 卢坤、邓廷桢：《广东海防汇览》卷七"职司二·武员"，石家庄：河北人民出版社，2009，第209页。
③ 《清实录》（第四册）卷二十，北京：中华书局，1985，第280页。
④ 卢坤、邓廷桢：《广东海防汇览》卷二十三"方略十二·巡哨一"，石家庄：河北人民出版社，2009，第657~658页。
⑤ 卢坤、邓廷桢：《广东海防汇览》卷二十三"方略十二·巡哨一"，石家庄：河北人民出版社，2009，第670页。

全谋近日亦未亲自出洋","各镇将能出洋者,闻亦无几"①。

军费的不敷支用和水师武器配备的落后,都不同程度地影响到广东水师的实力。嘉庆十年（1805）,根据两广总督那彦成的调查,广东军费支出项包括:添造米艇、配制炮械、添拨弁兵、修理旧船、给发口粮等。按往年惯例,年花费总计高达三四十万两。而盐关盈余、武职空缺养廉、田房税羡等所有留粤支用银两,加起来都不足以应付这笔开销。好在朝廷准许广东暂时将捐监银两暂缓封贮,作为捕盗经费,使得广东的军费压力稍有缓解。加之地方官发动绅商捐输,使得军费拮据的现象得到改善。② 然而,要全面改善武器配备的落后状况,仍然极为艰难。根据穆黛安的研究,广东水师根本没有配备专门的为海战而设计的火炮,而是毫无规划地装备着荷兰人、葡萄牙人或者中国人自己制造的各种年代、长度、口径、形状各不相同的"野战炮"。火炮质量低劣,数量短缺,甚至半数以上的炮弹与火炮口径不符。刀剑、长矛等冷兵器,非钝即锈。③ 很难想象,在这样的军备条件下,广东水师能够在作战中取得胜利。

广东沿海军事防御力较弱的这种局面,固然与清前期王朝的边疆政策有关。要知道,直至顺治八年（1651）,水师才正式纳入清经制军建置,并且"沿海各省水师,仅为防守海口、缉捕海盗之用,辖境虽在海疆,官制同于内地"。④ 还与清王朝害怕汉人拥有过多的军事权力会危及满人统治有关。因为,在地方将水师分散配备,形成互不统属的小股部队的军事设计,使得军队协调行动几乎不可能实现,这就极大地削弱了军队的实际防御能力。⑤清中后期,外国势力入侵造成的沿海大危机,使得广东国家海防的不足更加暴露无遗。

二、广东以士绅权力机构为核心的民间海防力量的形成

单凭广东正规军事力量进行总体防御显然是不够的。关于这一点,朝廷和地

---

① 中国第一历史档案馆编:《嘉庆朝上谕档》（第九册）,桂林:广西师范大学出版社,2000,第241页。
② 章佳容安辑:《那文毅公奏议》卷十,《中国近代史料丛刊》第21辑,台北:文海出版社,1998,第1260~1266页。
③ 穆黛安:《华南海盗:1790—1810》,北京:中国社会科学出版社,1997,第108页。
④ 《清史稿》（二）卷一百四十一"兵志六·水师",《续修四库全书》,上海:上海古籍出版社,1995,第569页。
⑤ 穆黛安:《华南海盗:1790—1810》,北京:中国社会科学出版社,1997,第104~105页。

方官府也心知肚明。因此，他们企图借助民间力量来弥补国家海防的不足，而最容易想到的便是保甲。清王朝在广东沿海陆路实施保甲制度，在水上则相应设立"澳甲"制，即每10船为1甲，设甲长1人；每10甲（或百船）为1澳，设澳长1人；不足百船，仍设澳长1名；如船数达150条左右，则设澳长2名；单桅商船、双桅商船分甲核对；疍家、渔民各另设澳长管理。澳甲长由身家殷实、并无违犯与更名重役之土著居民充当，五年一换。无论是陆路的保甲还是水上的澳甲，主要职责都是防御缉捕盗匪和稽查接济、窝藏、销赃等通盗行为。① 保甲固良法，效果却不尽如人意。乾隆三十一年（1766）十一月，两广总督杨廷璋奏折称，保甲制度"日久法弛，办理不肯认真"。乾隆四十三年（1778）布政使和按察使的会详中也提到，广东保甲经管废弛、不查明造报，和地方官不列册缴查等情况。② 嘉庆年间，署理雷州海防同知程含章在给两广总督百龄的禀文中指出，地方官"无真精神"贯注于保甲，保甲只流于形式，"悬一门牌，造一户籍"，实际作用不大，以至于"奸民接济"现象不断。③

保甲为何难行？嘉庆六年（1801），时任翰林院编修的张惠言在谈及保甲时称，由于保甲的领导者取之于庶民，在家乡的地位和威望都不高，更没有资格与官府直接沟通，故难以办理地方事务。张惠言认为，如选用士绅主导，便可解决问题。④ 两广总督那彦成也注意到这一问题，故于嘉庆十年（1805）劝谕各地绅耆组织团练抵御海盗，"无论绅衿及在官服役，家有三丁者，总须一人入练"，并破例允许绅士充当团总之职，"公举绅士耆民殷实明干者报充正副团总"。⑤ 保甲之所以行之无效，还由于"官办则假手书吏，未免骚扰"。⑥

---

① 卢坤、邓廷桢：《广东海防汇览》卷三十三，"方略二十二·保甲"，石家庄：河北人民出版社，2009，第860~861页。
② 卢坤、邓廷桢：《广东海防汇览》卷三十三，"方略二十二·保甲"，石家庄：河北人民出版社，2009，第863~864页。
③ 卢坤、邓廷桢：《广东海防汇览》卷三十三，"方略二十二·保甲"，石家庄：河北人民出版社，2009，第857页。
④ 贺长龄、魏源：《皇朝经世文编》卷七十四，"兵政五·保甲上"，《近代中国史料丛刊》第74辑，台北：文海出版社，1996。第2646~2650页。
⑤ 章佳容安辑：《那文毅公奏议》卷十一，《中国近代史料丛刊》第21辑，台北：文海出版社，1996，第1453页。
⑥ 卢坤、邓廷桢：《广东海防汇览》卷三十三"方略二十二·保甲"，石家庄：河北人民出版社，2009，第856页。

按规定，所有海防之大小事情，都要由保甲造册缴官备查，每月由地方官到各地按册巡查。但事实上，地方官根本无法做到亲自巡查，往往是派差役代替前往，差役为从中牟取私利，徇私枉法，致使保甲终无实效。为杜绝这一弊端，继续实施保甲，嘉庆初年[①]，顺德知县沈权衡下令在各乡建立公约，"使乡各择适中地建宇舍曰公约"，如非机密事，"率先诣公约告之保正，传地保协拘"。设立公约的办法，不仅避免了奉官票下乡的差役的骚扰，也将士绅引入了保甲。因为公约的主持者首先在士绅中挑选，"烟村若干户以上，设一人长之，曰保正，先选于缙绅，而后及年老有德望者"[②]。而从之后的史料看，公约主持者基本上都由士绅充任。又嘉庆十三年（1808），两广总督吴熊光为防止差役"吓诈""诬拿"发生，将乡约引入保甲，"令各州县慎选约正、约副，严其责成，如有通盗为盗之人，许约正、约副指名举首、缚送"[③]。沈权衡、吴熊光二人采用的很可能是同一种办法，因为公约即由乡约演变而来。咸同年间，新会知县聂尔康在一则批文中称，"（公约）殆举乡约之制"[④]。尽管乡约在设置之初，只是教化敦睦组织，但随着历史的变迁，乡约性质逐渐发生了转变。乾隆三十九年（1774），顺德县龙山乡为平息匪患，以黎常功为首的乡绅十余人，倡导设立乡约。乡约设立后，"匪徒知惧，乡风为之一振"[⑤]。很明显，此乡约已经具备了士绅权力机构的性质。

朝廷和地方官府，企图利用保甲作为民间海防力量，来弥补国家海防之不足。然而，由于保甲实效甚微，为保证保甲制度的继续实施，士绅主导保甲势在必行。最终，公约之类的士绅权力机构，逐渐进入民间海防力量的核心。但在得到诸如沈权衡、吴熊光这样的官方认可之前，士绅权力机构作为沿海地区一种民间自发的防御力量已经存在。乾隆时期设立的顺德勒楼公约，"初设巡

---

① 因沈权衡出任顺德知县时间为嘉庆五年（1800），故作此说法（咸丰《顺德县志》卷九，"职官表一·文职"，广州：岭南美术出版社，2007，第178页）。
② 咸丰《顺德县志》卷二十一"列传·文职传"，广州：岭南美术出版社，2007，第498页。
③ 卢坤、邓廷桢：《广东海防汇览》卷三十三，"方略二十二·保甲"，石家庄：河北人民出版社，2009，第856页。
④ 聂尔康："西南书院李赓韶等控东南公约种种妄为批"，《冈州公牍》，《聂亦峰先生为宰公牍》，南昌：江西人民出版社，2012，第94页。
⑤ 嘉庆《龙山乡志》卷六"乡约"，《中国地方志集成·乡镇志专集》第31册，南京：江苏古籍出版社，1992，第76页。

船、长龙各一艘，水勇三十名，管带一员，专司梭巡水面"①，显然是为护卫沙田而设立的。康熙五十五年（1716），东海十六沙地方因海盗纷起，原有的管理一乡一族小范围内沙田治安的沙夫"力弱不能抵御"，于是民间自发组织"设勇护沙"，经官府批准"由佃户公举附近沙所各乡局经理，遇警联同缉捕"。② 这里所说的"乡局"，很可能是类似于"公约"的士绅权力机构。它们与嘉庆八年（1803）成立的大名鼎鼎的容桂公约最主要的区别在于，前者"各管各沙，无所统辖，不相照应"，后者则统一管辖东海十六沙约 20 万亩的沙田地区。③ 可见，官方是将民间已有的、自发的自我防御模式引入海防体系当中，作为民间海防的核心力量，用以补充国家海防力量的不足。

在得到官方认可后，广东以士绅权力机构为核心的民间海防，实力越发强大。容桂公约"召募沙勇二百余名，购置炮械，分配大小船艇十余号"④，"设巡船九号，龙艇九只，共配勇二百零八名"⑤。对比勒楼公约，无论规模还是武器配备，容桂公约都要强大许多。

另外，广东设立士绅权力机构补充海防力量的现象也越发普遍。嘉庆十四年（1809），番禺沙湾建仁让公局。⑥ 该时期恰好是张保仔等海盗在广东沿海的活跃期，仁让公局建立的同一年，两广总督百龄命"沿海州县团练为守御计"⑦，仁让公局的建立极可能与此事相关。有史料称，同年六月初九日，"（海盗）打沙湾不入"。⑧ 尽管这里没有明确提及仁让公局，但根据仁让公局在沙湾的影响力，⑨ 可以判断沙湾抵抗海盗的活动应当与仁让公局有关。嘉庆十五年（1810），香山县为防堵"洋匪张保、郑石氏之乱"，"邑城郑敏达等七姓"捐资

---

① 民国《顺德县志》卷三"建置·公约"，广州：岭南美术出版社，2007，第 62 页。
② 民国《香山县志》卷十六"纪事"，广州：岭南美术出版社，2007，第 512 页。
③ 谭棣华：《清代珠江三角洲的沙田》，广州：广东人民出版社，1993，第 242~244 页。
④ 龙葆诚：《护理东海十六沙局缘起》，《凤城识小录》，光绪二十八年（1902）刊本，第 12 页。
⑤ 民国《顺德县志》卷三"建置·公约"，广州：岭南美术出版社，2007，第 60 页。
⑥ 同治《番禺县志》卷十六"建置·社学"，《广东历代方志集成》，广州：岭南美术出版社，2007，第 186 页。
⑦ 同治《番禺县志》卷二十二"前事三"，《广东历代方志集成》，广州：岭南美术出版社，2007，第 268 页。
⑧ 袁永纶：《靖海氛记》，萧国健影印本，U13b，转引自香港科技大学华南研究中心：华南研究资料中心通讯《田野与文献》2007 年第 46 期，第 44 页。
⑨ 参见刘志伟、陈春声：《清末民初广东乡村一瞥——〈辛亥壬子年经理乡族文件草部〉介绍》。

创设固围公所（又称附城公所）。① 此外，香山县港口局、黄梁都防海局（防海公约）的命名，以及光绪《香山县志》公约的记载收录于"海防"目下②，都直接说明了士绅权力机构与海防的联系。

三、广东民间海防与国家海防的互动

广东以士绅权力机构为核心的民间海防力量，弥补了国家海防力量的不足。在清中后期，外国势力入侵造成沿海大危机之时，发挥了积极作用。道光二十一年（1841）四月，英军在广州郊区三元里一带"恣意淫掠"③，城北十二社学、怀清社学、和风社学、恩洲社学、石冈书院、佛山大魁堂（崇正社学）等士绅权力机构④，组织团练、保卫乡间、奋击英军。⑤道光二十二年（1843）十二月初七，两广总督祁土贡和广东巡抚梁宝常，调升平社学和升平公所的团练壮勇来省城护卫。初八日，壮勇齐集省城。据称，升平社学、升平公所团练以来，"西北一带抢劫之案较少"⑥。咸丰七年（1857），英法联军占领广东省城，两广总督叶名琛被俘，广东巡抚柏贵沦为英法联军的傀儡。在清

---

① 民国《香山县志》卷四"建置·局所"，广州：岭南美术出版社，2007，第414页。
② 光绪《香山县志》卷八"海防"，《广东历代方志集成》，广州：岭南美术出版社，2007，第157页。
③ 林福祥：《三元里打仗日记》，《平海心筹》，《鸦片战争》（四），上海：上海人民出版社，1957，第600页。
④ 在晚清，多数地方民间可用于处理公共事务和集会的较为宽敞的建筑物无非就是书院、祠庙之类。因此，士绅兴办团练的士绅权力机构，也多设在这些建筑里。例如，东莞防御公局（或称东莞公约）设于县城外西北隅社学内；南海同人局设于同人社学；番禺沙茭团练总局设于赉南书院；香山防御公局设于云衢书院；新会冈州公局设于冈州书院；顺德古楼公约设于金峰书院，旧疆公约设于鉴旁书院，龙江公约设于儒林书院，甘竹堡公约设于观澜书院，东马宁公所设于龟峰书院，马齐公约设于敦和书院，江尾五堡联防公约设于鹤峰书院。这也是民国《顺德县志》称"他邑志公约与社学并列"的原因所在。（民国《顺德县志》卷三"建置·公约"，广州：岭南美术出版社，2007，第61、63、64页。）因此，在第一次鸦片战争期间，为抗击英军举办团练的部分书院和社学，尽管并没有被称作为公约或公局，但从性质而言都可以被视为是早期的士绅权力机构。正因为如此，有学者称它们为"乡约式书院"和"乡约式社学"（民国刘伯骥：《广东书院制度沿革》，上海：商务印书馆，1939，第79~80页；杨念群：《论十九世纪岭南乡约的军事化——中英冲突的一个区域性结果》，《清史研究》1993年第3期，第116页。）。
⑤ "三元里人民抗英斗争史实访查录""梁廷栋传""番禺鹿步司石岗书院抗英通作"，《三元里人民抗英斗争史料》，北京：中华书局，1978，第169页，第179~181页，第211页，第282~283页。
⑥ "祁土贡等又奏石井绅士请建立升平社学团练自卫折"，《筹办夷务始末·道光朝》卷六十四，《近代中国史料丛刊》第56辑，台北：文海出版社，1966，第5258页。

朝官兵溃不成军的情况下，士绅开设石井公局兴办团练，在一定程度上对英法联军起到了牵制作用，使得英法联军想巡视省城外"北路"地方都不敢独往，非要地方官陪同。咸丰八年（1858），朝廷委任顺德士绅罗惇衍、龙元僖、苏廷魁创建广东团练总局。团练总局建立后，组织过多次袭击甚至进攻英法联军的行动，给英法联军造成了一定的恐慌和困扰。①

在抵御外敌的同时，广东的士绅权力机构还协助朝廷和官府平定了洪兵起义。咸丰四年（1854）六月，香山邑城被围，士绅林谦、郑藻如等率领四、大两都局勇赶到援助官府，七月十七日收复港口炮台。闰七月二十五至二十七日，洪兵攻东利涌及下茄、灰炉两涌，官绅分兵御之，洪兵撤退。八月二十，顺德洪兵首领关士彪率众围攻小黄圃一带，团练"奋力御之，炮毙数十，贼遂溃围"。九月初一，绅士何信韬"统水陆勇船四十"，联同淇澳司巡检刘省三解城围。次年（1855）二月，绅士何瑞丹、刘汝球"率乡勇收复小榄"。②咸丰四年（1854）十二月二十一日，何六等突然进犯东莞石龙，"焚劫铺户，纠增城、博罗诸贼进据东江上游，势甚张，邑城戒严"，二十五日，被官兵与东莞局勇及茶山平康社、祥和社勇共同击败。新造洪兵听闻，由麻涌赶来增援，东莞各公局练勇聚集石龙水南，援军见状欲撤退，局绅率勇乘胜追击，"擒充当老母陈豆皮祥，及莫细凡、袁大眼林等六十三人"，战败洪兵逃回麻涌，后又逃往狮子洋，最终被兵勇全部歼灭。③

民间海防力量，在维持地方秩序上也发挥着重要作用。番禺古坝乡韩姓东、西两房，"争潆道门楼，宵小张大其事，酿成械斗，乡人奔避，族法无从制止"，后平康局出面调解，两房"悉降心相从"，械斗得以平定。④南海县九江乡在同安局的治理下，数十年期间"地方安谧，乡内绝少盗警"。⑤

总体而言，广东民间海防力量对巩固清王朝在广东的统治，起到了积极作用。但是，不能不看到，广东士绅权力机构实力增长也出现了消极影响。士绅

---

① 华廷杰：《触藩始末》卷下，《第二次鸦片战争》（第一册），上海：上海人民出版社，1978，第190～195页；龙葆诚：《广东团练总局始末》，《凤城识小录》卷下，第5页。
② 同治《番禺县志》卷二十二"纪事"，广州：岭南美术出版社，2007，第480～483页。
③ 宣统《东莞县志》卷三十五"前事"，广州：岭南美术出版社，2007，第384～385页。
④ 民国《番禺县续志》卷二十二"人物志"，广州：岭南美术出版社，2007，第354页。
⑤ 宣统《南海县志》卷十四"列传"，广州：岭南美术出版社，2007，第357页。

权力机构有时藐视官府，甚至冒犯朝廷规矩。道光三十年（1850），东莞县粮差庾兴奉知县邱才颖之命下乡催粮，与欠户刘应魁发生口角。刘应魁将庾兴扭送至东莞防御公局（东莞公约）投诉，局绅张金銮下令鞭打粮差。邱才颖得知后，饬令官差拘捕张金銮等局绅讯供，但"均未弋获"。① 有清一代，士绅因欠粮与官府发生矛盾的事情常有，但士绅公然刑责官府粮差的事却十分罕见。这是东莞防御公局局绅对官府权威的严重冒犯。又咸丰元年（1851），东莞士绅黎子骅因欠粮被官府关押，在狱中自尽。②事情传出后，引发了东莞士绅遍贴长红罢考案。东莞防御公局难逃干系。③在清代，科举考试是"抡才大典"，煽动罢考是十分严重的罪行，法律规定："借事罢考、罢市"，"照光棍例，为首拟斩立决，为从拟绞监候"。④ 如果最后以"罢考"定案，东莞士绅无疑会多人被参革功名、拘捕，甚至受更重的刑罚。为什么东莞防御公局和东莞的士绅，能够如此胆大包天地对抗官府和朝廷？如果结合当时的背景，便不难理解。第一次鸦片战争期间，东莞是主要战区，"虎门为入省第一重门户"⑤，朝廷和地方官府鼓励建立士绅权力机构充实海防抵抗外夷。与此同时，士绅权力机构的实力迅速增长，气焰也越发嚣张。这与杨念群所讲的鸦片战争期间地方武力化的论点亦相吻合。⑥ 所以，广东的民间海防力量，可以作为国家海防的有益补充，但是也有可能对国家海防造成一定程度的消极伤害。

四、结　　语

位于东南沿海边陲之地的广东，基于其特殊的海陆兼备的地理、交通位置，注定其要应对和解决的社会问题比其他内陆省份复杂。然而，仅凭清王朝的军事设置，要对东南沿海进行整体防御是不容易实现的。因此，朝廷和地方

---

① 英国国家档案馆藏"叶名琛档案"，FO 931/235，中山大学历史人类学中心藏影印件 E205～E207。
② 民国《东莞县志》卷三十五"前事略"，《广东历代方志集成》，广州：岭南美术出版社，2007，第381页。
③ 英国国家档案馆藏"叶名琛档案"，FO 931/235，中山大学历史人类学中心藏影印件 E205～E207。
④ 《大清律例》，北京：法律出版社，1999，第317页。
⑤ 《祁土贡等又奏团练乡兵于粤省情形相宜折》，《筹办夷务始末·道光朝》卷六十七，第5601页。
⑥ 杨念群：《论十九世纪岭南乡约的军事化——中英冲突的一个区域性结果》，第114～121页。

政府利用保甲为主的民间力量来弥补国家海防的不足。由于保甲制度效果不佳，不得不由士绅主导。于是广东沿海地区原有的、民间自发形成的防御组织士绅权力机构，被纳入海防体系当中，受到官方认可，成为广东民间海防力量的核心。在两次鸦片战争、镇压洪兵起义的动荡，以及维护社会秩序等方面，民间海防力量都发挥了重要的作用。需要注意的是，伴随着广东民间海防力量的崛起，它既成为国家海防的有益补充，有时候又变成有损国家利益的消极力量。

Gentry Leadership and Organization of Guangdong's Coastal Defense During the Qing Dynasty

Wang Yina

Abstract: The situation along the Guangdong coast steadily spiraled out of control during the Qing Dynasty, and strained the resources of the thinly stretched bureaucratic system. With the tacit encouragement of the court and regional officials, gentry-led organizations became the core of coastal defense efforts, and helped perform many of the functions that the regular bureaucracy otherwise lacked the resources to carry out.

Key Words: Qing Dynasty; Guangdong coast; gentry leadership and organizations; coastal defense

渔业、航路与疆域：14~15世纪中国传统东沙岛知识体系的初创

周 鑫*

一

东沙岛与东沙环礁皆由珊瑚礁和潟湖组成。①附近海域的海洋动植物资源非常丰饶。据1994年台湾海洋生物博物馆组织的第二次整体调查，东沙岛海域记录珊瑚礁鱼类62科396种、仔稚鱼3科3种、珊瑚20科137种、软体动物48科141种、棘皮动物4种、环节动物2种、珊瑚以外腔肠动物2种、海绵1种，海洋植物18目37科114种。②粤闽沿海渔民应当很早便已前往这一海域捕获水产。林金枝

---

* 作者系广东省社会科学院历史与孙中山研究所、广东海洋史研究中心副研究员。
本文系国家社科基金重大项目"南海断续线的法理与历史依据研究"（批准号：14ZDB165）、广东省"理论粤军"2013年重点基础理论招标项目"16~18世纪广东濒海之地开发与海上交通研究"、广东省社会科学院青年课题"明清以来南海地图研究"阶段性成果。文章曾在2015年7月6~8日香港城市大学中文及历史学系主办的"16~19世纪东亚的海上世界"国际学术研讨会宣读，得到中山大学历史系程美宝教授、淡江大学李其霖教授、美国圣路易斯华盛顿大学历史系博士候选人陈博翼先生的指正，谨致谢忱。
① 有关东沙岛和东沙环礁的地理位置与自然资源概况，可参广东省地名委员会编：《南海诸岛地名资料汇编》第二编，广州：广东省地图出版社，1987，第164~167页；《中国海岛志》编纂委员会编：《中国海岛志》广东卷第一册第四篇《东沙岛》，北京：海洋出版社，2013，第654~663页。
② 方力行、李健全编：《南海生态环境调查研究报告书》，海洋生物博物馆筹备处，1994。有关东沙岛海域2004年新调查数据及之前海洋生物资源调查的概况，参见台湾海洋生物博物馆出版的《海洋生物学刊》（Platax）2005年专刊。

最早寻到晋朝裴渊《广州记》中的一条记载"珊瑚洲，在县（东莞县）南五百里"，从地质"珊瑚"、方位"南"、距离"五百里"三方面考订出此"珊瑚洲"即东沙岛。①其考订虽招致曾昭璇、陈鸿瑜的质疑和反对，但为大多数学者所接受。②裴渊《广州记》也被看做现存最早载述东沙岛的文献。考诸存世的六朝时期的南海诸岛文献，大多提及在岭南与交州、日南之间的"涨海"中获取珊瑚、玳瑁、螺贝等特产。③或许正因为如此，人们相信"珊瑚洲"的记载来自裴渊的《广州记》。可六朝甚至隋唐的中外南海诸岛文献都表明，当时南海航线集中在从交州、占婆（Champa，中国汉魏六朝称"林邑""环王国"）出入"涨海"的航路。④陈鸿瑜即在这一认识的基础上，又从方位入手，将之勘定为西沙群岛。裴渊《广州记》久佚，林先生和其他学者也都注明这段文字的出处是北宋乐史大约在雍熙三年（986）至端拱元年（988）间编撰的《太平寰宇记》。但检核《太平寰宇记》原文：

> 虑山　裴渊《广州记》云："东莞县有虑山，其侧有杨梅、山桃，只得于山中饱食，不得取下，如下则辄迷路。"珊瑚洲　在县南五百里，昔有人于海中捕鱼，得珊瑚。⑤

即可知晓，《广州记》只是"珊瑚洲"上一条"虑山"的来源。"珊瑚洲"的文字显系乐史亲撰。⑥考古资料证实，中国渔民在唐代已深入西沙群岛居住

---

① 林金枝：《东沙岛主权属中国的历史根据》，《南洋问题》1979年第6期，第68页。
② 曾昭璇：《中国古代南海诸岛文献分析》，《岭南史地与民俗》，广州：广东人民出版社，1994，第343页；陈鸿瑜：《早期南海航路与岛礁发现》，《"国立"政治大学历史学报》2013年第39期，第30~31页。
③ 韩振华主编：《我国南海诸岛史料汇编》第一编，北京：东方出版社，1988，第25~27页。
④ 韩振华主编：《我国南海诸岛史料汇编》第一编，北京：东方出版社，第26、29~31页；穆根来等译：《中国印度见闻录》，北京：中华书局，1983，第9页。
⑤ 乐史：《太平寰宇记》卷一百五十七《岭南道一·广州》"东莞县"条，王文楚等点校，北京：中华书局，2007年，第3019页。按：王文楚校本以光绪八年金陵书局精校本为底本，并据日本宫内厅书陵部藏宋本、乾隆五十八年万廷兰本通校，中山大学藏本、文渊阁四库全书本、傅增湘《太平寰宇记校本》等参校。卷一百五十七其他诸本皆同，但日本宫内厅书陵部所藏宋本恰缺佚，参见乐史撰：《宋本太平寰宇记（影印本）》，北京：中华书局，1999，第285~286页；第380页。
⑥ 乐史"南五百里"的写法虽不为南宋学者王象之（1163~1230）认可，在其《舆地纪胜》将其径改为"五十里"，但也承认其出自乐史之手，见王象之：《舆地纪胜》卷八十九《广南东路·广州》"景物下·珊瑚洲"条，北京：中华书局，1992，第2844页。《太平寰宇记》的点校者王文楚等即据《舆地纪胜》疑其中"百"为"十"字之误，见乐史：《太平寰宇记》卷一百五十七《岭南道一·广州》校勘记［四九］，王文楚等点校，第3030页。

生产。①且与东沙岛命运息息相关的台湾、澎湖列岛,"澎湖,在北宋时甚可能已由闽南渔户,开发为渔场"②。乐史笔下的珊瑚洲因此有可能就是唐宋之际的东沙岛。但唐宋时期疑似东沙岛的文献仅此一例,无法进一步确诂。而东沙岛的渔业知识长期都在渔民之间流传。宣统元年(1909)二月二十日,即在清末中日东沙岛争端爆发之际,"历年往来东沙,捕鱼为生"的渔商梁应元在给乘船复勘东沙岛的清朝官员的禀词中便称:"渔民等均历代在此捕鱼为业,安常习故数百年。"③可惜这类知识在数百年间没有向上传递,直到此时方才引起中国知识人与官方的注意。不过,恰如曹永和推断的,汉人渔民在开拓台、澎渔场的过程中吸收了台湾土人往来菲律宾群岛的航海知识,促进了所谓"东洋针路"的形成。④

所谓"东洋针路",主要是指南宋以降福建沿海经东沙与台、澎之间的海域往来菲律宾群岛的"东洋"航路。粤闽渔民前往东沙岛习知的航海知识或许对"东洋"及"西洋"航路的拓展亦有助推之功。与东沙岛有关的航海知识也正因为亚洲海域秩序的变动与南海"东洋""西洋"航路的变迁,在14~15世纪进入中国知识人的视野,构成中国传统东沙岛知识体系的基盘。

福建沿海与菲律宾群岛的航海贸易可追溯到唐代,但直到北宋中期还是沿用向西越过"石塘"的"西洋"航路,在占城中转。⑤宋室南迁后,两地开辟出新的"东洋"航路。这一方面可从《诸蕃志》等南宋文献所载的乾道七八年间(1171~1172)菲律宾群岛的毗舍耶(Visaya)人入寇澎湖、泉州与淳熙(1174~1189)年间白蒲延(Babuyan)劫略漳浦流鹅湾等窥出,另一方面也得到中国澎湖、南沙群岛与菲律宾等地发现的宋元沉船、钱币、瓷器等实物资料的支持。可宝庆元年(1225)福建路提举市舶使赵汝适据海商口述纂成的《诸蕃志》和现代考古材料同样显示,当时中菲贸易仍主要由"西洋"航路转运,

---

① 广东省博物馆:《西沙文物》,北京:文物出版社,1975,第1~7页。参见丛子明、李挺主编:《中国渔业史》,北京:中国科学技术出版社,1993,第40~41页。
② 曹永和:《台湾早期历史研究》之《早期台湾的开发与经营》,台北:联经出版社,1979,第107页。
③ 《渔商梁应元禀词》,陈天锡编:《西沙岛东沙岛成案汇编·东沙岛成案汇编》,上海:商务印书馆,1928,第17页。
④ 曹永和:《台湾早期历史研究》之《早期台湾的开发与经营》,台北:联经出版社,1979,第118~122页。
⑤ 金应熙主编:《菲律宾史》,开封:河南大学出版社,1990,第36~38、43页;中山大学东南亚历史研究所编:《中国古籍中有关菲律宾资料汇编》,北京:中华书局,1980,第1、9~12页;吴春明:《环南中国海沉船:古代帆船、船技与船货》第四章,南昌:江西高校出版社,2003,第205~206页。

"东洋"航路贸易撅为泉州与澎湖、台湾与"三屿"(今菲律宾吕宋岛西北岸,具体考证见后文)两段,直接贸易甚少。①不过,随着海商水手对更加便捷的"东洋"航路日益熟识,福建与菲律宾群岛直接的交通、交流逐渐引人注目。入元之初,更准确说在至元三十年(1293),当元世祖命选人招诱三屿时,平章政事伯颜等奏言:

> 臣等与识者议,此国之民不及二百户,时有至泉州为商贾者。去年入瑠求,军船过其国,国人饷以粮食,馆我将校,无它志也。乞不遣使。②

自世祖、成宗朝伊始,具有"世界帝国"与"海洋帝国"特质的蒙元帝国便同"西洋"航路上的占城、暹罗、爪哇、俱兰、马八儿等国及伊利汗国之间海路交往频繁。海外贸易空前兴盛,海外地理、航海知识与技术显著进步。时人已正式使用"西洋"称呼涵括南海西部、印度洋的整片海域。③大德八年(1304)《南海志》纂修之时,"东洋""西洋"并举标志着其概念的成熟。④大德《南海志》还更加细致地区分"东洋""大东洋""小东洋""小西洋",更加详细地列明菲律宾群岛的小东洋诸国。⑤至正九年(1349)撰述《岛夷志略》

---

① 赵汝适:《诸蕃志校释》卷上《诸国》"麻逸国"条、"三屿 蒲哩噜"条、"流求"条、"毗舍耶"条,杨博文校释,北京:中华书局,2000,第141~150页;韩振华:《诸蕃志注补》卷上《诸国》"麻逸国"条、"三屿 蒲哩噜"条、"流求"条、"毗舍耶"条,香港:香港大学亚洲研究中心,2000,第287~290页;曹永和:《台湾早期历史研究》之《早期台湾的开发与经营》,台北:联经出版社,1979,第90~101页;陈信雄:《澎湖宋元陶瓷》,澎湖:澎湖县立文化中心,1985;Eusebio Z. Dizon, Underwater and Maritime Archaeology in the Philippines, *Philippine Quarterly of Culture and Society*, Vol. 31, 2003, pp.1-25;吴春明:《环南中国海沉船:古代帆船、船技与船货》第4章,南昌:江西高校出版社,2003,第211~214页。
② 宋濂等:《元史》卷二百一十《外夷三·三屿》,北京:中华书局,1976,第4668页。
③ 刘敏中:《中庵先生刘文简公文集》卷四《敕赐资德大夫中书右丞商议福建等处行中书省事赠荣禄大夫司空景义公不阿里神道碑铭》,北京图书馆古籍珍本丛刊影印清钞本,第302页;黄溍:《金华黄先生文集》卷三十五《松江嘉定等处海运千户杨君墓志铭》,第16页上。
④ 有关宋元明"东洋""西洋"最精要的概论研究参见陈佳荣:《郑和航行时期的东西洋》,原载南京郑和研究会编:《走向海洋的中国人》,北京:海潮出版社,1996,第136~147页;后收入郑和下西洋六〇〇周年纪念活动筹备领导小组编:《郑和下西洋研究文选(1905~2005)》,北京:海洋出版社,2005,第501~505页。
⑤ 陈大震纂:《大德南海志》卷七《物产》"诸番国"条,宋元方志丛刊影印元大德刊本,北京:中华书局,1990,第8431~8432页。有关《大德南海志》所载东西洋诸国地名的考订,参见陈连庆:《〈大德南海志〉所见西域南海诸国考实》,《文史》第27辑,1986。

的汪大渊，"当冠年，尝两附舶东西洋，所过辄采录其山川、风土、物产之诡异，居室、饮食、衣服之好尚，与夫贸易费用之所宜，非其亲见不书，则信乎可征也"，"其目所及，皆为书以记之"。①他在至顺元年（1330）第一次自泉州下"西洋"，第二次则在后至元三年（1337）由泉州赴"东洋"。②因此，《岛夷志略》中的"西洋""东洋"诸国大体源自汪的亲身见闻，殆无疑义。尤其是"东洋"诸国与"东洋"航路的信息更加丰富，颇为学者们所注意。他们大都依据《岛夷志略》前三条"澎湖""琉球""三岛"透露的信息，勾勒出从泉州至澎湖、经"琉球"航抵"三岛"及由"三岛"回泉州的航线概貌，但个中细节却鲜有讨论。③

二

学界普遍认为，《岛夷志略》中的"三岛"即《诸蕃志》中的"三屿"，但具体所在一说在今卡拉棉（Calamian）、巴拉望（Palawan）、布桑加（Busuanga）岛，一说在吕宋（Luzon）岛西南沿岸，一说在吕宋岛北部一带。④陈佳荣等编著的《古代南海地名汇释》在总结诸说时，依据《顺风相送》"泉州往彭家施阑"条及《指南正法》提出另一种新解，"指吕宋岛西北岸的维甘

---

① 汪大渊：《岛夷志略校释》"张（翥）序"、"吴（鉴）序"，苏继庼校释，北京：中华书局，1981，第1~5页。
② 汪大渊：《岛夷志略校释》之《叙论》，苏继庼校释，北京：中华书局，1981，第9~11页。伯希和、柔克义和刘迎胜皆先后讨论过汪海外之行的时间，参见刘迎胜：《汪大渊两次出洋初考》，原载江苏省南京郑和研究会编：《郑和与海洋》，北京：中国农业大学出版社，1999，后收入氏著《海路与陆路：中古时代中西交流研究》，北京：清华大学出版社，第57~60页。
③ 参见曹永和：《台湾早期历史研究》之《早期台湾的开发与经营》，台北，联经出版社，1979，第118~122页；刘迎胜：《汪大渊两次出洋初考》，北京：中国农业大学出版社，1999，第60~69页；Roderich Ptak（普塔克），From Quanzhou to the Sulu Zone and beyond Questions Related to the Early Fourteenth Century, *Journal of Southeast Asian Studies*, Vol. 29, No. 2（1998），pp. 269-294.
④ 藤田丰八校注：《岛夷志略校注》"三岛"条，雪堂丛刻本第10册，第5页上~5页下；赵汝适：《诸蕃志校释》卷上《诸国》"三屿 蒲哩噜"条，杨博文校释，北京：中华书局，2000，第144~145页；韩振华：《诸蕃志注补》卷上《诸国》"三屿 蒲哩噜"条，香港：香港大学亚洲研究中心，2000，第287~290页；汪大渊：《岛夷志略校释》"三岛"条，苏继庼校释，北京：中华书局，1981，第24~25页。

（Vigan）一带"①。此说颇可采信。实际上,《指南正法》"泉州往邦仔系阑山形水势"条中"哪哦 皇山尾 沿山使一日好风见一、二、三屿,是月投门"、"东洋山形水势"条中"三屿即密岸山表尾,生开洋及刣牛坑大山,生落港是刣牛坑"的记载与《顺风相送》"泉州往彭家施阑"条中"取哪哦山尾见白土山,沿山使好风,使一日一夜收三屿密雁港口,便是幞头门,即杀牛坑"吻合无间。"三屿"既是"三岛",又是"密岸""密雁",也是"月投门""幞头门",还是"刣牛坑""杀牛坑"。其重要性可见一斑。牛津大学鲍德林图书馆（Bodleian Library of Oxford University）庋藏的《雪尔登地图》（The Selden Map）也清楚标出"台牛坑",位置正相当于今吕宋岛西北岸的维甘（Vigan）一带。②

学者们对《指南正法》《顺风相送》及《雪尔登地图》的成书年代争论不已。不过,从知识社会史的角度看,尽管它们可能迟至 17 世纪最后完成,可汇集的航海文献与知识有些却是元代以来不同时期层累的遗存。某些航海文献与知识甚至可以上溯至 14 世纪。《岛夷志略》"三岛"条尾句写道:

> 次曰答陪,曰海胆,曰巴弄吉,曰蒲哩咾,曰东流里。无甚异产,故附于此。③

既然"无甚异产",又为何"故附于此"？刘迎胜曾依照《岛夷志略》叙述的先后顺序排列其中的东洋诸国,发现恰与赴"东洋"的航路一致。④"无甚异产"的"答陪"等地很可能亦因为是东洋航路"三岛"段上先后有序的重要航标点,"故附于此"。这并非无据。"答陪""海胆""巴弄吉""蒲哩咾"正可对应《顺风相送》《指南正法》及《东西洋考》所载的泉州往"彭家施阑"（今菲律宾仁牙因 Lingayen 一带）航线上"密雁"前的"红豆屿"（一作"红头

---

① 陈佳荣、谢方、陆峻岭编:《古代南海地名汇释》,北京:中华书局,1986,第 126 页。
② 《雪尔登地图》的清晰版本,可见 http://seldenmap.bodleian.ox.ac.uk/map。其简略的古今地名、针路对照图,参见 Robert Batchelor, The Selden Map Rediscovered: A Chinese Map of East Asian Shipping Routes, c.1619, *Imago Mundi: The International Journal for the History of Cartography*, Vol. 65: 1, 2013, pp. 37-63; Timothy Brook, *Mr. Selden's Map of China*, New York: Bloomsbury Press, 2013, Illustration 13.此图同时标出"月投门",不知何故距离"台牛坑"甚远,俟考。
③ 汪大渊:《岛夷志略校释》"三岛"条,苏继庼校释,北京:中华书局,1981,第 24~25 页。
④ 刘迎胜:《汪大渊两次出洋初考》,北京:中国农业大学出版社,1999,第 65~68 页。

屿",今菲律宾达卢皮里 Dalupiri 岛)与其后的"岸童"(一作"岸塘",今菲律宾吕宋岛西北岸坎当 Condon 岛)、"布楼"(或指今菲律宾吕宋岛西北岸圣克鲁斯 Santa Cruz)、"麻里咾"(一作"麻里荖",今菲律宾吕宋岛西岸博利瑙 Bolinao)。而"三岛"条前一则"琉球"条列明的"山曰翠麓,曰重曼,曰斧头,曰大崎"中"翠麓""斧头""大崎",亦可勘定为同一条航线上澎湖与"红豆屿"之间的"蚊港"(一作"魍港""北港",今台湾布袋)、"虎头"(一作"虎尾""打狗子",今台湾高雄港)、"沙马歧头"(一作"沙马头""沙马歧头门",今台湾猫鼻角)。①

因此,有理由相信,汪大渊自泉州往"三岛"的航线正是明代泉州往彭家施阑的一条故道。它亦与明代"太武"(今福建金门岛)往"吕宋"(今菲律宾马尼拉)、泉州往"杉木"(在今菲律宾苏禄群岛)、"大担"(今福建金门岛附近之大担岛)往"双口"(在今菲律宾马尼拉湾口)、"浯屿"(今福建金门岛)往"双口"等东洋航线的前半段即福建经澎湖、台湾前往吕宋岛西北岸的航路基本重合。②《顺风相送》《指南正法》同时载有这些航线的回针,皆以"麻里荖山"(今菲律宾吕宋岛西岸博利瑙角)为回航望山,分两路:

一路"见表放洋",即望"麻里荖山"直航福建,"取麻里荖,见表放洋。壬子、单子二十五更往回取彩船祭献。此处流界甚多,则是浯屿洋。壬子、壬亥二十更,单亥五更,取太武","并麻里荖表,壬子廿五更取浯屿洋中,壬子廿五更取浯屿也","取麻里荖表。放洋用壬子、单子二十更往回取彩船祭献。此处流界甚多,即是浯屿洋。用壬子及壬亥二十更,单亥五更,取太武"。另一路是"表上放洋",即望"麻里荖山"经台湾转航,"若表上放洋,用壬子十

---

① 藤田丰八校注:《岛夷志略校注》"三岛"条,雪堂丛刻本第 10 册,第 5 页下~6 页上;汪大渊:《岛夷志略校释》"琉球""三岛"条,苏继庼校释,北京:中华书局,1981,第 16~20、31~33 页;佚名:《顺风相送》"泉州往彭家施阑"条,牛津大学藏本,无页码;《两种海道针经》之《顺风相送》"泉州往彭家施阑"条,《指南正法》"泉州往邦仔阑山形水势"条、"泉州往邦仔系阑山形水势",《两种海道针经地名索引》,向达校注,北京:中华书局,2000,第 94、138、139、160、161、229、236 页;张燮:《东西洋考》卷九《舟师考》"东洋针路"条,谢方点校,北京:中华书局,2000,第 182 页;陈佳荣、谢方、陆峻岭编:《古代南海地名汇释》,北京:中华书局,1986,第 239、390、501 页。
② 《两种海道针经》之《顺风相送》"太武往吕宋"条、"泉州往杉木"条,《指南正法》"双口针路"条、"浯屿往双口"条,向达校注,北京:中华书局,2000,第 88、94、165 页。

七更,取浯屿洋。癸丑八更取沙马歧头。用单癸十一更,取澎湖","取红荳屿。丑癸十更是浯屿洋。丑癸八更取沙马崎头。癸十一更取彭湖。壬亥七更取太武入浯屿"。①无论是何种回针,都航经"浯屿洋"。而从针方和更数推算,"流界甚多"的"浯屿洋"并非望文生义的"当指福建厦门港外之一段洋面而言"②,而应是接近东沙岛与台湾岛中间的大片海域。东沙岛很有可能因此为中国航海人所知。

《岛夷志略》中适有一段与东沙岛有关的文字:

> 石塘之骨,由潮州而生。逶迤如长蛇,横亘海中,越海诸国。俗云万里石塘。以余推之,岂止万里而已哉!舶由岱屿门,挂四帆,乘风破浪,海上若飞。至西洋或百日之外。以一日一夜行百里计之,万曾不足,故源其地脉历历可考。一脉至爪哇,一脉至勃泥及古里地闷,一脉至西洋遐昆仑之地。③

起首"石塘之骨,由潮州而生"所描述的普遍被认为是东沙岛。学者们对整段文字的释读大多落在"万里石塘"上。他们的看法有三,一为中沙群岛,一为西沙群岛,一为包括东、中、西、南海群岛在内的南海诸岛。④倘若结合今天南海诸岛的地理位置,从"石塘之骨,由潮州而生"与"一脉至爪哇,一脉至勃泥及古里地闷,一脉至西洋遐昆仑之地"看,《岛夷志略》中的"万里石塘"当涵括东、中、西、南海群岛。南海航行中遇到的"石塘"又作"石堂"

---

① 《两种海道针经》之《顺风相送》"太武往吕宋 回针"条、"表上放洋"条、"杉木回浯屿"条,《指南正法》"回浯屿针"条,向达校注,北京:中华书局,2000,第89、95、166页。
② 《两种海道针经》之《附两种海道针经地名索引》,向达校注,北京:中华书局,2000,第244页。
③ 汪大渊:《岛夷志略校释》"万里石塘"条,苏继庼校释,北京:中华书局,1981,第318页。
④ 藤田丰八校注:《岛夷志略校注》"万里石塘"条,雪堂丛刻本第10册,第93页下~94页上;汪大渊:《岛夷志略校释》"万里石塘"条,苏继庼校释,北京:中华书局,1981,第319页;林金枝:《石塘长沙资料辑录考释》,《南洋问题》1979年第6期,收入韩振华:《南海诸岛史地考证》,北京:中华书局,1981,第119~121页,修改稿更名为《石塘长沙地名资料辑录考释》,收入广东省地名委员会编:《南海诸岛地名资料汇编》,第476~485页;王英杰:《古代中国对南海诸岛礁地理认识的发展》,载中国科学院南海综合考察队编:《南沙群岛历史地理研究专集》,广州:中山大学出版社,1991,第141~143页;曾昭璇:《中国古代南海诸岛文献分析》,《岭南史地与民俗》,广州:广东人民出版社,1994,第359~360页。

"石床"，较早见诸《宋会要》《岭外代答》《舆地纪胜》《方舆胜览》《诸蕃志》及散佚的《琼管志》等宋代文献。① 学者们对其亦有中沙群岛、西沙群岛、南沙群岛三种不同的勘读。② 但审读诸书原文可知，它们实际都共同指向北宋中期以后南海"西洋"航路经过占婆东南至海南岛东部的广阔海域时遭遇的危险岛礁。与之相比，《岛夷志略》讲述的"万里石塘"已不局限于此，而是扩展至"由潮州而生"的"石塘之骨"和"一脉至爪哇，一脉至勃泥及古里地闷，一脉至西洋遐昆仑之地"的"石塘之脉"。正如"舶由岱屿门，挂四帆，乘风破浪，海上若飞。至西洋或百日之外"所表明的，这些危险岛礁都分布在"西洋"航路上。汪大渊第一次出海便是至顺元年自泉州下"西洋"。如此看来，"石塘"是跟"西洋"航路有关的知识，而与"东洋"航路无关。这种扩展当是宋元"西洋"航路变迁的结果。其中东沙岛"石塘之骨"的知识当与此时福建沿"西洋"航路往来东南亚的咽喉要地——南澳岛——航道外移关系尤深。

三

南澳岛有文字可据的航道历史可追溯至北宋末年。20 世纪 80 年代在西半岛大潭的海滩石壁上，曾发现一块摩崖石刻。该石刻高 1.5 米，宽 1.6 米，楷书阴刻，字径在 0.08 米～0.2 米。字体歪斜，行次不整，大小不同，由右向左

---

① 徐松辑：《宋会要辑稿》第 197 册《蕃夷四》"占城"条、"真里富国"条，上海：大东书局，1935，第 69 页下、99 页下；周去非：《岭外代答校注》卷一《地理门》"三合流"条，杨武泉校注，北京：中华书局，1999，第 36～37 页；王象之：《舆地纪胜》卷 127《广南西路·吉阳军》"风俗形胜"条，文选楼影印宋钞本，北京：中华书局，1992，第 3622 页；祝穆撰，祝洙增订：《方舆胜览》卷 43《海外四州·琼州》"吉阳军"条，施和金点校，北京：中华书局，2003，第 776 页；赵汝适：《诸蕃志校释》卷下《志物》"海南"条，杨博文校释，北京：中华书局，2000，第 216 页。
② 林金枝：《石塘长沙资料辑录考释》，《南洋问题》1979 年第 6 期，第 101～102、115 页；韩振华主编：《我国南海诸岛史料汇编》第一编，北京：东方出版社，1988，第 42 页；曾昭璇：《中国古代南海诸岛文献分析》，《岭南史地与民俗》，广州：广东人民出版社，1994，第 347～350 页；韩振华：《南海诸岛史地研究》之《宋代的西沙群岛与南沙群岛》，北京：社会科学文献出版社，1996，第 68～70 页；韩振华：《南海诸岛史地论证》之《我国历史上的南海海域及其界限》，香港：香港大学亚洲研究中心，2003，第 65 页；李金明：《〈郑和航海图〉中的南海诸岛》，原载江苏省南京郑和研究会编：《郑和与海洋》，后收入郑和下西洋六〇〇周年纪念活动筹备领导小组编：《郑和下西洋研究文选（1905～2005）》，第 593～595 页。

依次分 9 行，镌刻 40 字：

> 女弟子欧　七中舍井　一口乞平安　匠李一　癸巳十一月记　李欧七娘同　夫黄选　舍井　二口　乙未政和五年。①

从字体及其大小看，很明显是前后两次分刻。两次舍井石刻当是海商妻子欧七娘在宋徽宗政和三年（1113）祈祷丈夫黄选行船平安，丈夫归来后于政和五年又去还愿的记录。而就在深澳，番商也建有一座祭祀妈祖的天后宫，"（天后宫），一在深澳，宋时番舶建"②。番商建庙显然也是为祈祷航海平安。这些遗迹都出现在南澳岛与大陆之间的内航道的边缘，一定程度上说明当时内航道是海商们常走的航路。

南澳岛的地理形势，据明万历年间陈天资纂修的《东里志》所言：

> 中分四澳，其最南曰南澳（又名云澳），东曰青澳，北曰深澳，西曰隆澳。南澳地广衍，然在外海，登陆处皆涉滥。青澳自南澳东折，风波甚恶，是以二澳少有泊舟者。惟深澳内宽外险，有腊屿、青屿环抱于外，仅一门可入，番舶、海寇之舟，多泊于此，以肆劫掠。③

实际早在南宋中前期，广东、福建海面海贼猖獗，闽、广之交的南澳已成为"海寇之舟"的聚集之地。④《宋会要》之《兵十三·捕贼下》记载：

> 隆兴元年（1163）十一月十二日，臣僚言："窃见两广及泉、福州多有海贼啸聚，其始皆有居民停藏资给，日月既久，党众渐炽，遂为海道之害。如福州山门、潮州沙尾、惠州漯落、广州大奚山、高州硇州，皆是停贼之所。"⑤

---

① 黄迎涛：《南澳县金石考略》，广州：广东省地图出版社，2008，图片第 4 页，正文第 11 页。参见邱立诚：《南澳大潭宋代石刻小考》，《潮学研究》1995 年第 3 期。
② 陈天资：《东里志》卷一《疆域志》"祠庙"条，潮州地方志办公室编印本，第 36 页。
③ 陈天资：《东里志》卷一《疆域志》"澳屿"条，潮州地方志办公室编印本，第 21 页。
④ 参见李瑾明：《南宋时期福建一带的海贼与地域社会》，载姜锡东、李华瑞主编：《宋史研究论丛》第六辑，保定：河北大学出版社，2005，第 227~258 页。
⑤ 徐松辑：《宋会要辑稿》第 178 册《兵十三》"捕贼下"条，上海：大东书局，1935，第 22 页下~23 页上。

据吴榕青等考证，"潮州沙尾"当为南澳的长沙尾澳，即隆澳。①绍定五年（1232），理学名儒真德秀再任泉州知州。他在《申尚书省乞措置收捕海盗》明确写道：

> 当州五月十五日承潮州公状：证会四月三十日据水军寨及小江巡检司申，贼船复在大坭海，劫掠漳州陈使头过番船货，掳去水手、纲首九十一人，使回深澳抛泊……证得贼船见在深澳，正属广东界分，正南北咽喉之地。②

此"深澳"显即南澳的深澳。南宋时期海寇由南澳的长沙尾澳（隆澳）、深澳出入，很大程度上正如陈天资所言的，南澳诸澳中坐南朝北、靠近内航道的长沙尾澳（隆澳）、深澳两澳的港口环境最佳。

不过，当时应有不少长途商船走南澳岛以南的外航道。云澳虽因"登陆处皆涉滥"难以成为良港，但"地广衍""在外海"，对已能掌握风向外海航行的南宋海船而言却是不错的通道。云澳镇澳前及其附近海域发现的众多唐宋瓷器和金属货币，可为明证。③云澳当地留有同厓山海战后南宋残余海上力量有关的"宋井""太子楼"等遗迹传说，也在一定程度上反映宋元之际南澳航道的外移。更为直接的证据则是 15 世纪上半叶绘制的《郑和航海图》。这本航海图册虽然目前见到的最早版本是茅元仪天启元年（1621）序刊本《武备志》，且名曰《自宝船厂开船从龙江关出水直抵外国诸番图》。但经菲笠子（Phillips George）、纪里尼（Gerini）、范文涛、向达、徐玉虎、周钰森、朱鉴秋、周运中等学者考订，其与郑和下西洋直接相关，绘制时间当在郑和第六次下西洋（1421～1422）之后、第七次下西洋（1430～1433）之

---

① 吴榕青、李国平：《宋元南澳史事拾零——以真德秀〈申尚书省乞措置收捕海盗〉为中心》，《南澳一号与海上陶瓷之路学术研讨会论文选》，香港：天马出版有限公司，2013，第267～276页。
② 真德秀：《真文忠公文集》卷十五《申尚书省乞措置收捕海盗》，四部丛刊影印明正德刊本，第 5 页下～6页上、7页上～7页下。
③ 参见柯世伦《从出土文物管窥南澳海外交通贸易》，载《南澳一号与海上陶瓷之路学术研讨会论文选》，第 225～227 页。

前。①其底图仍可以向上追溯。该图册闽广交界航路不仅形象绘出南澳岛的"南粤山"、南澳岛东南南澎列岛之南澎岛的"外平",而且详细载明自"大星尖"(今南澎岛西南方约 130 海里处红海湾南方的针岩头)经南澳外航道回"太武"的针路:

> 大星尖用丹寅针十五更,船平南粤山、外平山外过,用艮寅针三更,船平大甘、小甘外过,用丹艮针四更,船平太武山。②

南澳当地有关郑和的传说和信仰或许亦能提供部分佐证。③而就在《郑和航海图》"大星尖"至"太武"、"独猪山"(今大洲岛)至"大星尖"针路的下方,与"南粤山""大星尖""乌猪门"(今乌猪门与上川岛之间的水道)、"七洲"(今七洲列岛)等近岸岛屿、水道相对,用大片点、圈绘出浅沙礁石密布的"石星石塘"(图 1)。"石星石塘"以西则依次绘有山状岛屿的"万生石塘屿""石塘"。④学者们大都遵从向达的意见,将"石星石塘""石塘"分别勘定为东沙群岛和西沙群岛。"万生石塘屿"则有西沙群岛、中沙群岛、南沙群岛三种不同的看法。

无论如何,这种从名称、地貌、方位上对南海诸岛的细致区分,较诸此前宋元时代显然都有飞速的提升。林金枝甚至认为,"用'石星石塘'一名专指东沙群岛的位置,这在中国历史地图上还是第一次"。⑤但恰如吴凤斌所论证的,《郑和航海图》"由于图册版面限制,把不同方位的岛屿压在同一水平线

---

① Phillips George, the Seaports of India and Ceylon, *Journal of the North-China Branch of the Royal Asiatic Society*, Vol. XX, 1885 & Vol. XXI, 1886; Gerini, G.E., *Researches on Ptolemy's Geography of Eastern Asia (Further India and the Malay Archipelago)*, Asiatic Society Monographs No. 1, London, 1909.较重要的中文论著参见郑和下西洋六〇〇周年纪念活动筹备领导小组编:《郑和下西洋研究文选(1905~2005)》第三编《航海》,第 512~586 页;周运中:《郑和下西洋新考》,北京:中国社会科学出版社,2013,第 318~320 页。
② 《郑和航海图》,向达校注,北京:中华书局,1961,第 38~39 页。有关此段航路的地名考订和针路重绘,参见海军海洋测绘研究所、大连海运学院航海史研究室编:《新编郑和航海图集》,北京:人民交通出版社,1988,第 36~42 页。
③ 参见李庆新:《在广东发现"郑和"——以地方文献与民间信仰为中心》,收入氏著:《濒海之地:南海贸易与中外关系史研究》,北京:中华书局,2010,第 174~175 页。
④ 《郑和航海图》,向达校注,北京:中华书局,1961,第 39~40 页。
⑤ 林金枝:《东沙岛主权属中国的历史根据》,《南洋问题》1979 年第 6 期,第 68 页。

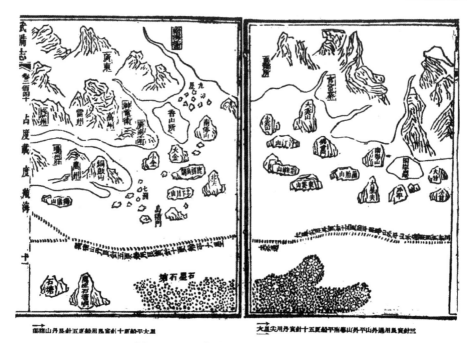

图 1 《郑和航海图》之"石星石塘"

上……'石星石塘'是从广东南澳的海面一直向西伸延,直到海南岛的东南",此"石星石塘"当包括东沙群岛和中沙群岛。① 尽管如此,"石星石塘"对东沙岛及东沙环礁的描述却相当精确,其右半部分的轮廓同章巽校释的《古代航海图考释》和耶鲁大学斯特林纪念图书馆(Sterling Memorial Library of Yale University)收藏的《中国山形水势图》(图 2)中"南澳气"颇为相似。"南澳气"正是 16~18 世纪东沙岛的专名。② 由此显示出 14~15 世纪从航海角度建构的东沙岛知识已结出初果。东沙岛附近出水的沉船钱币恰好也能补证其

---

① 吴凤斌:《明清地图记载中南海诸岛主权问题的研究》,《南洋问题》1984 年第 4 期,第 95 页。《新编郑和航海图集》在释文部分采用此说,但不知何故绘图部分仍则从向达的旧见,见《新编郑和航海图集》,第 41、43 页。曾昭璇亦注意到此"石星石塘"由东祖西所对的岛屿方位,并认为"此片'石星石塘'是指东沙到西沙一大片海区而言",见曾昭璇:《中国古代南海诸岛文献分析》,《岭南史地与民俗》,广东:广州人民出版社,1994,第 375~376 页。

② 章巽:《古代航海图考释》图六十九,北京:海洋出版社,1980,第 142~143 页;钱江、陈佳荣:《〈牛津藏明代东西洋航海图〉姐妹作——〈耶鲁藏清代东西洋航海图〉推介》,《海交史研究》2013 第 2 期,第 12、13、33、79 页;刘义杰:《〈耶鲁藏中国山形水势图〉初解》,《海洋史研究》第 6 辑,北京:社会科学文献出版社,2013,第 18~32 页。

在洪武、永乐年间一度开始成为下"西洋"海船航经的重要海域。[①]而《郑和航海图》同《中国山形水势图》等后来的航海图在专有名称、详细地貌、内部航道与针路指南的异同,则能反映出中国传统东沙岛知识体系在 14～15 世纪初创时的基本面相及其迈向 16～18 世纪成熟期的知识流传与增长。

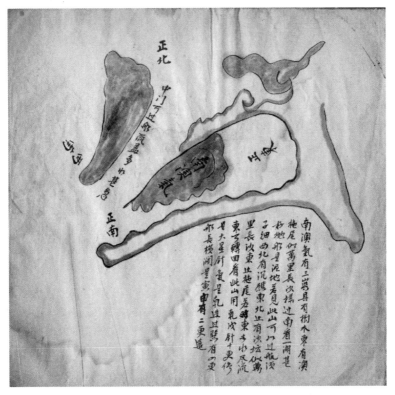

图 2　耶鲁大学藏《山形水势图》之"南澳气"

四

显而易见,《岛夷志略》及其后《郑和航海图》载述的 14～15 世纪东沙岛

---

① 广东省博物馆:《东沙群岛发现的古代铜钱》,《文物》1976 年第 9 期;《东沙群岛马蹄礁发现的古钱》,载福建师范大学历史系编:《东西南沙群岛文献目录及重要资料选辑》,1974,摘入韩振华主编:《我国南海诸岛史料汇编》,第 100～102 页。

知识源自宋元明亚洲海域秩序变动与"西洋"航路变迁。但这并不意味着前文分析《岛夷志略》彰显的"东洋"航路拓展导致东沙岛知识产生的判断有差。恰恰相反，这方面的知识在 14～15 世纪绘制的数份重要舆图：李泽民《声教广被图》《大明混一图》及《混一疆里历代国都之图》中得到充分的体现。在这三份舆图中，《混一疆里历代国都之图》虽然晚出，但却最早也最多引起学者关注，甚至李泽民《声教广被图》《大明混一图》的研究都是因其而展开，故本节的讨论也自《混一疆里历代国都之图》始。

《混一疆里历代国都之图》系建文四年（1402）朝鲜学者李荟所画，是一幅涵括亚非欧大陆、岛屿与海域的世界地图。该图自小川琢治 1910 年撰文介绍龙谷大学藏本后，复经青山定雄表彰，至 20 世纪下半叶，福克司（Walter Fuchs）、海野一隆、李约瑟（Joseph Needham）、张保雄、高桥正等学者递相讨论其绘制历史、图文内容与知识来源。① 而随着更多版本的发掘与刊布以及更集中的专题讨论，进入 21 世纪，先后涌现出以《大地の肖像：絵図·地図が語る世界》《モンゴル帝国が生んだ世界図》《〈大明混一图〉与〈混一疆里图〉研究》等为代表的研究论著，其版本与知识源流也更加清晰。②

《混一疆里历代国都之图》除龙谷大学藏本外，目前尚存日本岛原市本光

---

① 小川琢治：《近世西洋交通以前の支那地図に就て》，《地学杂志》第 22 年第 258 号，1910；青山定雄：《元代の地図について》《東方学報》第 8 期，1938；Walter Fuchs, The "Mongol Atlas" of China by Chu Ssu-pen and the Kuang-yu-t'u（《广舆图版本考》），Monumenta Serica Monograph（《华裔学志》）VIII, Peking: Fu Jen University（辅仁大学），1946, pp. 9-11；海野一隆：《天理图书馆所藏大明国图について》，《大阪学芸大学纪要》第 6 号，1957 年；Joseph Needham, Mathematics and the Sciences of the Heavens and Earth, Science and Civilisation in China, Vol. III., London: Cambridge University Press, 1959, pp.554-56；W. Fuchs, Drei neue Versionen der chinesisch-koreanischen Weltkarte von 1402, in Studia Sino-Altaica, Festschrift fuer Erich Haenisch zum 80. Geburtstag, Heraus-gegeben von Herbert Franke, Wiesbaden, 1961, pp. 75-77；张保雄：《李朝初期 15 世纪において製作された地図に関する研究》，《广島地理学会》第 1 号，1961；高桥正：《東漸せる中世イスラーム世界図——主として混一疆理歴代国都之図について》，《龍谷大学論集》第 374 号，1963 年；高桥正：《混一疆理歴代国都之図再考》，《龍谷史壇》第 56～57 合刊号，1966；高桥正：《混一疆理歴代国都之図続行：中世イスラーム世界図との関係について》，《龍谷大学論集》第 400～401 号，1973；海野一隆：《朝鲜李朝时代に流行した地図帳——天理图书馆所藏本を中心として》，《ビブリア 天理图书馆报》第 70 号，1978。

② 藤井讓治、杉山正明、金田章裕编：《大地の肖像：絵図·地図が語る世界》，京都：京都大学学術出版会，2007；宮纪子：《モンゴル帝国が生んだ世界図》，东京：日本经济新闻社，2007；刘迎胜主编：《〈大明混一图〉与〈混一疆里图〉研究》，南京：凤凰出版社，2010。

寺藏本、熊本市本妙寺藏本、天理大学藏本、东京宫内厅书绫部藏本、杉山正明私藏本、京都妙心寺麟祥院藏本及韩国仁村文化纪念馆藏本等。这8种藏本尽管彼此之间都有不同程度的差异，但无一不是依据建文四年母本摹绘。①学者们也都同意《混一疆里历代国都之图》下方权近所撰志文的说法，建文四年母本的地图底图和知识来源由两部分构成。辽水以东、朝鲜、日本的舆图部分是李荟在元末苏州人李泽民《声教广被图》基础上所作的增补，"其辽水以东及本国疆里，泽民之图，亦多阙略，方特增广本国地图，而附以日本，勒成新图，井然可观"；其他部分则是校合李泽民《声教广被图》与天台僧清濬《混一疆里图》二图而成。②

清濬的《混一疆里图》又称《广轮图》《舆地图》《广舆疆里图》，主要资料除《混一疆里历代国都之图》外还见诸乌斯道《刻舆地图序》、宋濂《送天渊禅师濬公还四明序》及叶盛《水东日记》卷十七"释清濬《广舆疆里图》"条等。③尤其是《水东日记》嘉靖三十二年（1553）刻本和文渊阁四库全书本不仅载有叶盛对所见景泰三年（1452）严节摹改的《混一疆里图》的文字介绍，而且附刻了严节的摹本。结合《水东日记》图文，可知清濬至正二十年（1360）绘制的《混一疆里图》尽管也简单绘出朝鲜、日本、大琉球（今冲绳）及小琉球（今台湾），但其范围基本上正如叶盛所言，"东自黑龙江、西海祠（图中标为"西河洞"），南自雷、廉、特磨道站至歹滩、通西"。④乌斯道《刻舆地图序》摘录的李泽民的自述也提及，清濬的《广轮图》"玉门、阳关之西，婆娑、鸭绿之东，传记之古迹，道途之险隘，漫不之载"。换言之，它主

---

① 藤井讓治、杉山正明、金田章裕编：《大地の肖像：絵図·地図が語る世界》；李孝聪：《传世15～17世纪绘制的中文世界地图之蠡测》，载刘迎胜主编：《〈大明混一图〉与〈混一疆里图〉研究》，南京：凤凰出版社，2010，第164～167页。

② 此志文为权近所撰，又名《历代帝王混一疆里图志》，收入其《阳村先生文集》，两处文字校订参见杨晓春：《〈混一疆里历代国都之图〉相关诸图间的关系——以文字资料为中心的初版研究》，载刘迎胜主编《〈大明混一图〉与〈混一疆里图〉研究》，南京：凤凰出版社，2010，第81页。

③ 相关资料的出处、校文、分析及研究参见羽离子（钱健）：《元代杰出地图学家清濬法师》，《法音》1986年第3期；宫纪子：《モンゴル時代の出版文化》，名古屋：名古屋大学出版会，2006，第489～509页；陈佳荣：《清浚〈疆图〉今安在？》，《海交史研究》2007年第2期；杨晓春：《〈混一疆里历代国都之图〉相关诸图间的关系——以文字资料为中心的初版研究》，南京：凤凰出版社，2010，第81～82页。

④ 叶盛：《水东日记》卷十七"释清濬《广舆疆里图》"条，魏中平点校，北京：中华书局，1980，第169页。标点乃笔者径改。

要描绘的是元帝国的陆疆，并没有涵括南海海域。

李泽民《声教广被图》又称《声教被化图》《舆地图》，相关资料除《混一疆里历代国都之图》外还载诸乌斯道《刻〈舆地图序〉》、罗洪先《跋九边图》及其《广舆图》之《东南海夷图》、《西南海夷图》。乌斯道《刻舆地图序》称："本朝李汝霖《声教被化图》最晚出，自谓'考订诸家，惟《广轮图》近理'……及考李图，增加虽广而繁碎，疆界不分而混淆。"故李泽民绘制《声教广被图》的时间当在至正二十年之后，内容较清濬《混一疆里图》更加博大，"疆界不分而混淆"更透露出其描绘的远不止元帝国的陆疆。《混一疆里历代国都之图》既然是合李泽民《声教广被图》与清濬《混一疆里图》为一，而后者所绘又仅止于陆疆，那么其中西域、南海部分显然都本自《声教广被图》。罗洪先嘉靖三十四年（1555）左右绘制的《广舆图》乃朱思本《广舆图》的增补本，但朱思本在《舆地图序》中明言"至若张海之东南、沙漠之西北，诸番异域，虽朝贡时至，而辽绝罕稽，言之者既不能详，详者又未必可信，故于斯类，姑用阙如"，而罗洪先在《跋九边图》中自道曾取材李泽民《声教广被图》，其增补的《广舆图》之《东南海夷图》、《西南海夷图》也当即取自李泽民《声教广被图》。① 换言之，《混一疆里历代国都之图》和《广舆图》之《东南海夷图》、《西南海夷图》中有关南海海域的地图绘法与地理知识都源自《声教广被图》。

研究东沙岛历史的学者也早已注意到龙谷大学本《混一疆里历代国都之图》（图 3）和嘉靖本《广舆图》之《东南海夷图》（图 4）、《西南海夷图》都绘出一南一北两个"石塘"和一个"长沙"，并指出其中澎湖南面、菲律宾群岛西北面的"石塘"应指东沙群岛。② 但并未进一步探讨其知识源流及知识类型。

---

① 相关资料的出处、校文、分析及研究，参见高桥正：《元代地图の一系譜——主として李沢民図系地図について》，《待兼山論叢》第 9 号，1975 年；中译文见高桥正著，朱敬译：《元代地图的一个谱系——关于李泽民图系地图的探讨》，载任继愈主编《国际汉学》第 7 辑，郑州：大象出版社，2002，第 386～399 页；宫纪子：《モンゴル時代の出版文化》，名古屋：名古屋大学出版会，2006，第 509～517 页；杨晓春：《〈混一疆里历代国都之图〉相关诸图间的关系——以文字资料为中心的初版研究》，南京：凤凰出版社，2010，第 77～79、81～84 页。
② 吴凤斌：《明清地图记载中南海诸岛主权问题的研究》，《南洋问题》1984 年第 4 期，第 92～95 页。

渔业、航路与疆域：14～15世纪中国传统东沙岛知识体系的初创　669

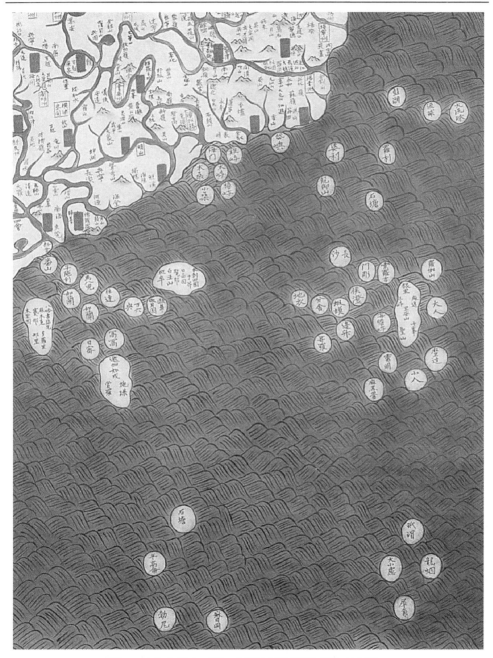

图3　龙谷大学本《混一疆理历代国都之图》（局部）

图 4 嘉靖本《广舆图》之《东南海夷图》(局部)

细绎两图即可发现,其对北"石塘"及其周边的澎湖、琉球(今台湾)、菲律宾群岛的标绘都非常翔实,尤以菲律宾群岛为最。《混一疆里历代国都之图》依次标绘出大岛上的"银里""麻逸""三屿""里安山""七峰""圣山"及周围小岛"海胆屿""麻里达""麻黑鲁"。《广舆图》之《东南海夷图》则依次标绘出"银里""麻逸""三屿""黑安"及周围小岛"海贴屿""麻里答""麻黑鲁"。二者相同的"银里""麻逸""三屿"当即《诸蕃志》"麻逸国"条中的"里银"(今菲律宾吕宋岛仁牙因 Lingayen 湾一带)、"麻逸"(今吕宋岛)、"三屿"(吕宋岛维甘 Vigan 一带),"麻黑鲁"当即《岛夷志略》"麻里鲁"条中的"麻里鲁"（今吕宋岛马尼拉一带）。①《混一疆里历代国都之图》中的"里安山""海胆屿"，《广舆图》讹作"黑安""海贴屿"，当即《顺风相送》"松浦回吕宋"条中的"里安山"（今吕宋岛苏比克湾 subic 一带）、《诸蕃志》"三屿"条中的"海胆"（吕宋岛西北岸坎当 Condon 岛）。②《混一疆里历代国都之图》中的"七峰""圣山"，《广舆图》未载，当即《东西洋考》卷九"东洋针路"条从吕蓬（今菲律宾卢邦 Lubang 岛）到文莱针路所经的"七峰山"（今菲律宾巴拉望 Palawan 岛一带）、"圣山"（今文莱某地）。③

从上述地名对勘中不难看出，《混一疆里历代国都之图》《广舆图》，当然还有它们的底图《声教广被图》中，有关菲律宾群岛的地理知识不仅承较早的《诸蕃志》《岛夷志略》之遗泽，而且有所提升，着较晚的《顺风相送》《东西洋考》之先鞭。这些地点无一不是围绕"东洋"航路展开，与之紧密相连的北"石塘"即东沙岛的知识自然便是 14～15 世纪"东洋"航路拓展的结果。相形之下，其对"西洋"航路所经的东南亚、印度海域的描绘却没有显示出当时实际达到的认知水平。④

更为重要的是，无论是《声教广被图》还是《混一疆里历代国都之图》、《广舆图》的海域知识尽管来自航海积累所得，但它们都并不是像《郑和航海图》那般的航海图，仅从"声教广被""混一""广舆"等图名即可明白，它们都是蕴涵中国传统"天下观"与"华夷观"的疆域图。乌斯道针对《声教广被图》"疆界不分而混淆"而修订的《舆地图》正如他夫子自道的，"庶可以知王化之所及，考职方之所载，究道里之险夷，亦儒者急务也"⑤，亦属此类。当然，冠以"大明混一"的《大明混一图》更是如此。

---

① 赵汝适：《诸蕃志校释》卷上《诸国》"麻逸国"条，杨博文校释，北京：中华书局，2000，第 141～143 页；汪大渊：《岛夷志略校释》"麻里鲁"条，苏继庼校释，北京：中华书局，1981，第 89～91 页。
② 《两种海道针经》之《顺风相送》"松浦回吕宋"条，向达点注，北京：中华书局，2000，第 91 页；赵汝适：《诸蕃志校释》卷上《诸国》"三屿"条，杨博文校释，北京：中华书局，2000，第 144～145 页。
③ 张燮：《东西洋考》卷九《舟师考》"东洋针路"条，谢方点校，北京：中华书局，2000，第 184 页。
④ 高荣盛：《〈混一图〉海上地名杂识》，何启龙：《〈疆里图〉错乱了的东南亚、印度、阿拉伯与非洲地理》，载刘迎胜主编：《〈大明混一图〉与〈混一疆里图〉研究》，南京：凤凰出版社，2010，第 8～20 页、33～50 页。
⑤ 乌斯道：《春草斋集》卷八《刻〈舆地图序〉》，四明丛书本，第 17 页下～18 页上。

现藏中国第一历史档案馆的《大明混一图》长3.47米，宽4.53米，绢底彩绘，是一幅以明帝国为中心的世界地图。所绘地理范围东起日本、朝鲜，西达非洲西海岸、西欧，南括爪哇，北至贝加尔湖以南。该图早为世人所重，但由于一直没有找到相关的文献记载，只能直接从图中窥出端倪，而原图又难以得见，目前的认识仍以看过原图的汪前进等人的研究为基础。据其对图中政区地名的考证，此图绘制时间当在洪武二十二年（1389）六月至九月之间；对照《混一疆里历代国都之图》《广舆图》的图文分析，此图国内部分依据朱思本《舆地图》、非洲、欧洲和东南亚部分依据李泽民《声教广被图》，而印度等地可能依据札马鲁丁《地球仪》和元秘书监绘制的彩色全国地图。[①] 仅从较模糊的拍摄图片可依稀辨识出，其标出菲律宾群岛的地名与《混一疆里历代国都之图》都是7个，而非《广舆图》之《东南海夷图》的5个；所绘大岛的南部却又与《广舆图》之《东南海夷图》同为海中山状，与《混一疆里历代国都之图》的圈状有差。[②] 实际上，从其他地名如非洲地名的比较看，《大明混一图》与《混一疆里历代国都之图》也大体一致，与《广舆图》不同[③]；而从绘法看，《大明混一图》与《广舆图》诸多类似群岛的大海岛的边缘或腹地绘出山状，《混一疆里历代国都之图》则都简化成圈状。故此，《大明混一图》中绘制的东沙岛及其周边海域的图景可能最接近李泽民《声教广被图》，与之前的《岛夷志略》、稍晚的《郑和航海图》代表着中国传统东沙岛知识体系在14世纪下半叶至15世纪初完成初创。但恰如15世纪中叶至16世纪上半叶明帝国整体海洋活动衰退一般，初创的东沙岛知识体系也出现衰退。且不论《大明混一图》一直深藏皇宫，《郑和航海图》迟至17世纪刊刻，《声教广被图》《岛夷志略》都是直到嘉靖中期方才引起明人的注意与讨论。[④] 这也标志着中国传统东沙岛知识体系在16世纪中叶开始重新走向成熟。

---

① 汪前进等：《绢本彩绘大明混一图研究》，载曹婉如等编：《中国古代地图集·明代》，北京：文物出版社，1994，第51～55页；刘若芳、汪前进：《〈大明混一图〉绘制时间再探讨》，《明史研究》第10辑，2007年。

② 曹婉如等编：《中国古代地图集·明代》，图版1，北京：文物出版社，1994。

③ 汪前进等：《绢本彩绘大明混一图研究》，北京：文物出版社，1994，第54页；高桥正：《元代地图的一个谱系——关于李泽民图系地图的探讨》，朱敬译，载任继愈主编：《国际汉学》第7辑，郑州：大象出版社，2002，第394页。

④ 参见汪大渊：《岛夷志略校释》，苏继庼校释，北京：中华书局，1981，第11～13、387～388页。

五、结 论

至迟自 10 世纪,掌握远海航行和鱼汛的粤闽渔民已经进入南海诸岛,东沙岛开始作为重要的渔场为人所知。14～15 世纪即元及明前期,在国家积极的海洋政策与民间活跃的海洋活动推动下,"东西洋"航路渐次拓展,尤其是"西洋"航路上南澳岛的航道外移、"东洋"航路上自菲律宾群岛的直接回航,以及涵括海疆的疆域观念不断深化,与航路、疆域有关的东沙岛知识日益积累成型。

15 世纪初,以渔民、航海人、知识人及国家四种不同的知识主体,渔业、航路、疆域三种不同的知识类型为架构的中国传统东沙岛知识体系初步创立。尽管这一知识体系只是初创,渔民同其他知识主体并未产生互动,有关的渔业知识仅在渔民之间流传;航海人、知识人与国家之间也只是浅显的联动,并未形成 16 世纪中叶以后成熟的以东沙岛为重点的航路、疆域知识,且在 15 世纪中叶至 16 世纪上半叶明帝国整体海洋活动衰退的过程中出现知识衰退,但它仍然构成中国传统东沙岛知识体系的基干,在 16 世纪中叶开始重新走向成熟,直到 20 世纪初迈向近代化。

The Preliminary Formation of Chinese Traditional Knowledge Hierarchy About the Dongsha Island from the 14th to the 15th Century

Zhou Xin

Abstract: The Dongsha (Pratas) Island is located the latitude 20°42.2″ and longitude 116°43.3″. Among the South China Sea Islands, it is the northernmost reef island surface and the closest one to mainland, China. The Dongsha Island and it's surrounding Dongsha Atoll are not only abundant with natural resources, but also the important hub in South China Sea. Fishermen and seafarers in coastal

Guangdong and Fujian observed, named, managed and exploited it earlier. Since the 14th century, with the boom of the east route in the South China Sea and the change of Asian maritime order, Chinese traditional knowledge hierarchy about the Dongsha Island has been gradually formed, transformed by itself or European knowledge. Many Chinese historical documents produced and preserved. After Sino-Japan dispute on the Dongsha Island in 1907–1909, many scholars devoted their lives to constructing Chinese modern knowledge hierarchy about the South China Sea Islands by collecting Chinese historical documents and reconstituting Chinese traditional knowledge hierarchy about the Dongsha Island. This paper will gather and examine Chinese historical documents, analyze the knowledge type and genealogy about the Dongsha Island from the 14th to the 15th century more comprehensively and objectively.

Key Words: The Dongsha Island; Chinese traditional knowledge hierarchy; South China Sea; from the 14th to the 15th century

国际局势下的"九小岛事件"

王 潞[*]

"九小岛"所在的南沙群岛,中国渔民对其早已命名,西方称为 Spratly Islands,位于北纬 3°57′～11°55′,东经 103°30′～117°50′,是中国南海诸岛中位置最南、数量最多的群岛。根据它们与海平面的高差,区分为岛屿、沙洲、礁、暗沙和暗礁五种类型。[①]1930 年 4 月 13 日,法属印度支那总督派遣 Malicieuse 舰抵达今南沙群岛的南威岛(Spratly Island),因季风,未能成功占领其及附近各岛。1933 年 4 月 6 日～13 日,法国海军远东舰队赴南沙群岛海域实施占领。7 月 25 日,法国政府通过公报宣布所占六处珊瑚岛(7 个岛)的名称及经纬度。[②]12 月 21 日,交趾支那总督宣布将此六处岛屿并入越南巴地省。该事件在中国各界激起巨大反响,史称"九小岛事件"。

自此之后,作为中国之固有领土的南沙群岛,成为国际政治上广受争议的

---

[*] 作者系广东省社会科学院历史与孙中山研究所助理研究员。
本文系国家社会科学基金重大招标项目"环南海历史地理研究"(12&ZD144)、国家社会科学基金青年项目"清代广东海岛管理"(14CZ040)及广东省社会科学院 2013 年度战略研究课题"近代以来广东的海岛管理模式与制度变迁"的阶段性成果。
本文写作过程中承蒙中山大学谭玉华博士、中国政法大学熊金武博士搜集相关资料,并得到广东省社会科学院周鑫副研究员、陈贤波副研究员的宝贵意见,谨致谢忱。

[①] 由于统计单位和标准不统一,南沙群岛岛、洲、礁、滩的统计数量至今未有定论。据中国科学院南沙综合考察队(1984～1995)调查,南沙群岛有岛屿 11 座(露出海面,四面环礁坪),沙洲 12 座(已露出海面的陆地,由松散的珊瑚砂砾、贝壳碎屑和其他生物堆积在珊瑚礁坪上形成),此外,尚有数百座珊瑚礁(包括干出礁、暗沙、暗滩、水下暗沙和暗滩),见赵焕庭主编:《南沙群岛自然地理》,北京:科学出版社,1996,第 46～48 页。

[②] Journal official de la République Française, 65th Year, No.172(July 25, 1933), p.7794.

话题。尽管法国和当下的南沙群岛争端并无实际利害关系，但作为侵占南沙群岛的始作俑者，法国在19世纪末至20世纪初相继占领中国藩属国安南和中国的广州湾后，积极向南中国海扩张，为今天南海争端埋下隐患，直至今天，它仍然深刻影响着东亚局势。"九小岛事件"发生后，民国学者掀起了对该事件研究的热潮，这些研究成果拓宽了民众对南海疆域的认知，但受限于掌握史料的局限性，此类文章对于"九小岛"名称与位置较为模糊，并未能呈现事件的复杂性。[①]此后，学界更为侧重探讨南沙群岛领土主权归属之历史依据。[②]总体来看，目前尚无论著对国际局势下"九小岛"的占领背景、占领经过及国人对该事件的认识过程进行详尽而系统的深入阐述。笔者翻阅20世纪30年代中、法、日的官方档案与民间文献，探究国际局势与政治区域背景下的"九小岛事件"，对其发生的起因、经过等问题做细致分析，希望有助于认识南沙群岛争端的来龙去脉与事件本质。舛谬之处，祈方家指正。

一、多国瓜分背景下，法国强占南海珊瑚岛

在法国进入南沙群岛之前，英、德、美、日都曾在南沙群岛海域从事非法活动（见表1）。15～18世纪，地理大发现、产业革命相继发生，欧洲势力开始侵入地中海和大西洋之外的海域，为了确保东南亚和中国之间的贸易往

---

① 当时的研究范围涉及"九小岛"的地理位置、经纬度、岛礁名称、战略地位、中法日关系等多个方面。参见徐公肃：《法国占领九小岛事件》，《外交评论》1933年第2卷第9期；拙民：《南海九岛问题之中日法三角关系》，《外交月报》1933年第3卷第3期；德川：《九小岛概况与中日法问题》，《晨光》1933年；孙曾运：《法占华南九小岛事》，《东吴学报》1934年第2卷第1期；葛绥成：《南海九岛问题》，《科学》1934年第18卷第4期；许道龄：《法占南海九岛问题》，《禹贡》1937年第7卷第1～3合期。此外，《大公报》《申报》《中央时事周报》《中央周刊》《国际周报》等各大报刊皆对"九小岛事件"进行报道。（注："九小岛事件"发生后，起初学界普遍认为法占屿为九处，后虽意识到实际占领为六处，但仍以"九小岛"指称该事件。详见后文。）
② 参见王英生：《从国际法上辟日人主张华南九岛先占权的谬说》，《安徽大学月刊》1933年第1卷第5期；阮雅：《黄沙和长沙特考》，戴克来译，北京：商务印书馆，1978；《我国拥有南沙群岛主权的历史依据》国家海洋局发展战略研究所《南海诸岛学术讨论会论文选编》，第107～116页，1992；中国科学院南沙综合科学考察队：《南沙群岛历史地理研究专集》，广州：中山大学出版社，1991；李国强：《民国政府与南沙群岛》，《近代史研究》1994年第2期；李金明：《抗战前后中国政府维护西沙、南沙群岛主权的斗争》，《中国边疆史地研究》1998年第3期；鞠海龙：《近代中国的南海维权与中国南海的历史性权利》，《中州学刊》2010年第2期；陈鸿瑜：《〈旧金山和约〉下西沙和南沙群岛之领土归属问题》，《远景基金会季刊》2011年第12卷第4期。

来，他们在中国南海和东南亚国家占领据点，控制海峡航道。19 世纪，在欧洲自然科学全面发展和航海探险主义风潮的交互作用下，英国最先对南海诸岛展开考察与测量①，紧随其后的是德国，两国主要进行地质、水文测量和生物标本采集等科学考察活动②，此时期尚不涉及领土占领。

19 世纪末，美国击败西班牙从而在亚太和拉美获得大片的殖民地，掀起强国重新瓜分殖民地的序幕。甲午战争后，日本将控制亚洲作为本国的扩张目标，以台湾为基地，将势力伸向中国南海并在舆论上积极宣扬"海产南进"，投入大量人力、物力开展对南海诸岛的调查与开发，重点在于对海产资源的掠取。第一次世界大战（简称"一战"）结束后，对太平洋地区利益分配的讨论随之展开，1921 年 12 月 13 日，美、英、日、法四国在华盛顿会议上签订了《关于太平洋岛屿属地和领地的条约》，该条约规定，签约的四国中任意两国在太平洋地区的任何问题上发生争执，全体签字国应当举行共同会议协商解决。此后，英、法、美、日在太平洋地区协商瓜分的事件屡见不鲜，其中一国的殖民活动，只要其他三国不予干涉，实际上也就"无需"再征得领土所属国的同意。正是在这样的国际局势下南海诸岛成为列强觊觎的对象。

列强在亚太地区展开新的角逐，20 世纪 20 年代，英国开始断断续续地建造新加坡海军基地（Naval Base）③，时属英国殖民地的香港和新加坡最直接的航线，位于南沙群岛海域（危险区域）以西，距离有 1425 海里，而通过巴拉望通道从新加坡到香港的航程为 1800 海里左右，从北婆罗洲的美里（Miri）通过巴拉望通道到香港的航程大概是 1200 海里。于是英国海军部开始在新加坡、北婆罗洲和香港的中间地带找到一处合适的锚地。他们把目光投向了南沙群岛，认为那里可能存在着一处岛屿或环礁可以成为一个军舰锚地（fleet anchorage）。④1926～1938 年，英国皇家海军和水文工作者将香港和新加坡作为驻点，在南沙群岛海

---

① D. J. Hancox, John Robert Victor Prescott, *Secret Hydrographic Surveys in the Spratly Islands*, ASEAN academic press, Lodon, 1999.
② 对 1949 年以前国外对南沙群岛的测量研究，可参见房建昌：《近代南海诸岛海图史略——以英国海军海图官局及日本、美国、法国和德国近代测绘南沙群岛为中心（1685～1949）》，《海南大学学报（人文社科版）》2013 年第 4 期。
③ 一战前，英国在远东重要海军根据地有中国香港和印度两处，新加坡虽为军事要冲，但一直未建军港。1920 年代，英国开始在新加坡修筑军港，曾一度停工，最终于 1937 年左右修造完毕。参见驻槟榔屿领事馆：《新加坡海军根据地之重要性》（1933 年 6 月 1 日），中国第二历史档案馆编：《（南京国民政府）外交部公报》（第 16 册），南京：江苏古籍出版社，1990，第 286～287 页。
④ *Secret Hydrographic Surveys in the Spratly Islands*, ASEAN academic press, Lodon, 1999, p.37.

域（他们将这一海域称作 Dangerous Ground）非法秘密测绘，寻觅军舰锚地。为了防止他国获得南沙群岛信息，这部分档案在当时并未公布。① 据之后解密的英国档案显示，除了寻找最短的安全航线，英国海军部对南沙群岛曾有占领意向，然而英国白厅（White Hall）当局对于南中国海的岛礁缺乏兴趣。英国海军部认为，法国、日本均较早意识到了英国军舰在此海域的调查活动。② 法国于 1930 年登陆南威岛一事已令英国海军部极为恼怒，然而日本在中国本土和南中国海的扩张显然让英国更为紧张，深受全球经济危机影响的英国政府并不愿在南沙群岛问题上与法国正面冲突，却在 1931~1937 年对南沙群岛秘密勘测，继续寻找军舰锚地。③

与英国不同，日本将目光放在了该海域的海产资源，日拉萨（ラサ）磷矿石公司曾于 1917~1929 年在太平岛、南子岛、北子岛、西月岛、中业岛、鸿庥岛、景宏岛、安波沙洲、南威岛等地开发磷矿、鸟粪和海产资源。④ 法国政府对南沙群岛的占领谋划正是起因于日本。1927 年，在一次会谈中，日本驻河内总领事黑泽向印度支那总督询问位于南中国海一带东经 7°~12°，北纬 117°~118°岛礁的领土归属（黑泽提到了中业岛、南钥岛、安波沙洲、南薇滩、安渡滩、弹丸礁等岛礁）⑤，并透露出以不干涉西沙群岛问题为条件，换取法国对日本占领这些岛礁的支持。除了法国外，日本还曾试探英国、美国两国对这些岛礁的态度。该年 12 月 26 日，印度支那总督 Pierre Pasquier 在给驻巴黎殖民地大臣 Mr Bourgouin 的信中提醒法国殖民地部、外交部、海军部对于日本在南海的野心应该有足够的警惕。⑥

---

① 第二次世界大战期间，英国向同盟国解密和公布了部分秘密海图，而同时美国与中国都从交战的日本船只那里得到了部分日本海图。
② *Secret Hydrographic Surveys in the Spratly Islands*，ASEAN academic press，Lodon，1999，p.48.
③ *Secret Hydrographic Surveys in the Spratly Islands*，ASEAN academic press，Lodon，1999，pp. 94-106.
④ 浦野起央：《南海诸岛国际纷争史：研究、资料、年表》，刀水书房，1997，第 197~212 页。
⑤ 日本之所以提到北纬 7°~12°，东经 117°~118°之间的岛礁，是因为这个经纬度区间位于 1898 年美西《巴黎条约》（Treaty of Paris）所划定的美国三角区域之外，该条约规定美属菲律宾群岛最接近南沙群岛的部分是 7°40′N，116°E~10°N，118°E，南沙群岛在此区域之外。参见 *Treaty of Peace Between the United States and Spain*，Article Ⅲ，December 10，1898. 结合黑泽以西沙群岛问题为条件试探法国对南沙群岛的态度，表明当时的亚太海域处于强国瓜分态势。
⑥ Monique Chemillier-Gendreau，*La souveraineté sur les archipels Paracels et Spratleys*，LHarmattan，1996，Annex20，Lettre du Gouverneur Général p.i. de l'Indochine à Monsieur le Ministre des Colonies，26 décembre 1927，p218.

表 1　1933 年以前，外国在南沙群岛的非法活动

年代	国家	大事	备注
1802 年	英国	隐遁暗沙，测量	
1826 年	英国	逍遥暗沙，测量	
1835 年	美国	南沙群岛，测量	
1842 年	美国	南沙群岛，测量	
1844 年	英国	南沙群岛调查	
1863~1874 年	英国	南沙群岛测量	
1877 年	英国	南沙群岛鸟粪采掘	
1881~1884 年	德国	南沙群岛调查测量	1883 年，德国政府向南沙群岛和西沙群岛派出舰队进行调查和测量，清政府提出反对，德国因此停止了测量和调查，这说明清政府对南沙群岛行使主权
1899 年	英国	将南沙群岛的南威岛、安波沙洲采掘权授予当时英属婆罗洲	
1917 年 3 月	日本	平田末治赴岛探险	
1917 年 5 月	日本	小松重利、池田金造赴南沙群岛探险	
1918 年冬	日本	神山闻次、桥本圭三郎等在南沙群岛调查	
1918 年冬	日本	日本拉萨（ラサ）磷矿株式会社第 1 次调查南沙群岛	包括今北子岛、南子岛、西月岛、三角岛、中业岛、太平岛
1921 年 4 月	日本	斋藤英吉　再次调查南沙群岛	包括今南钥岛、安波沙洲、鸿庥岛、南威岛等 11 个岛
1920 年 11 月~1921 年 3 月	日本	拉萨磷矿株式会社第 2 次南沙群岛调查，擅自命名"新南群岛"并埋下所有权木标	
1921 年 4 月	日本	斋藤英吉再次调查南沙群岛 拉萨磷矿株式会社企图以"殖民地占领""新南群岛"并挖掘磷矿向东京地方裁判所登记	
1921 年 6 月	日本	拉萨磷矿株式会社在长岛（即今太平岛）设置"新南群岛"出张所	
1921 年 12 月	日本	拉萨磷矿株式会社经营南双子岛	
1926 年	英国	皇家海军调查船 Iroquois 考察南沙群岛西北部海域	
1927 年	法国	科考船 De Lanessan 赴南沙群岛勘测	

续表

年代	国家	大事	备注
1928 年	英国	皇家海军调查船 Iroquois 考察南沙群岛	
1929 年 4 月	日本	拉萨磷矿株式会社中止南沙群岛开发	
1930 年 4 月	法国	军舰 Malicieuse 登陆南威岛	
1931 年 4~5 月	英国	皇家海军调查船 Iroquois 号和 Herald 号考察南沙群岛海域	
1932 年 4 月	英国	Herald 号再次进入南沙群岛海域	
1933 年 4 月 7 日~4 月 13 日	法国	法国海军军舰 Astrolabe 号和 Alerte 号与科考船 De Lanessan 赴南沙群岛实施占领	
1933 年 4 月 26 日~5 月 1 日	英国	重点调查了今五方礁和美济礁	
1933 年 7 月 25 日	法国	外交部发布占领告示	

资料来源：L'Archipel des Paracels L'Archipel Spratly，Bulletin d'études（Ministère De La Marine，Paris），15 Mars 1945，p11；*Secret Hydrographic Surveys in the Spratly Islands*，1999；《新南群岛》，《地理教育》第 30 卷第 5 期，昭和十四年八月一日，引自广东中山图书馆译：《南沙群岛资料译文集》；浦野起央：《南海诸岛国际纷争史：研究、资料、年表》，刀水山房，1997

一战后，为获取海外殖民地的资源、保护海外航道的畅通，法国海军获得政府极大支持，成为欧洲仅次于英国的海军力量。法国对印度东海岸至中国南部的大范围海域表现出很大的野心，与英国、日本的秘密调查与开发不同，西贡军港的法国海军为日后公开扩张积极准备。1927 年，法属越南海洋研究所（成立于 1922 年，设在今越南中部的茅庄）的考察船 de Lanessan 曾在军舰护送下前往南沙群岛考察。①调查船归来，海洋研究所整理了科考报告，自 1929 年 1 月开始，法属印支政府在河内出版一份名为《中南半岛经济》的法文杂志，对南威岛及附近岛屿的地质、水文、资源皆有非常详细的介绍，其中 1933 年的报告中曾提到北子岛上的中国渔民。②

然而，正是 1927 年驻河内日本领事的问询给了早有觊觎之心的法属印支

---

① De Lanessan 科考船曾于 1927 年、1930 年、1933 年随同海军赴南沙群岛考察，关于其考察过程可参见 Océanographie physique et biologique（Institut Océanographique).Rapports au grand Conseil de gouvernement, Gouvernement général de l'Indo-Chine（Indochine），Impr. d'Extrême-Orient（Hanoï），1933，pp.160-165.
② L'Eveil économique de l'Indochine,（Saïgon puis Hanoi），(A3，N603）6 janvier，1929，(A14，N674）18 mai. 1930，(A17，N791）4 juin.1933，(A17，N.790），28 mai.1933.

当局催促法国本部尽早采取行动。因为若不遏制日本对华扩张，法国在中南半岛的利益将面临威胁。1928 年，法国殖民地部与外交部开始着手搜集这些岛屿的各类信息，探听英、美两国的态度与行动，并敦促法属印支为日后占领做准备。1929 年 4 月，日本国内经济萧条、政治动荡，遂停止在南沙群岛的开发活动，撤走岛上人员。①同年 6 月 15 日，探得消息的交趾支那（安南）总督 Jean-Félix Krautheimer 请求印度支那海军指挥官承担赴南威岛的航行（每年 4 月，南、北季风交替且台风较少，航船可乘北季风抵达，赶在南季风返回）。次年 4 月 13 日，印度支那总督 Pierre Pasquier（1928.8～1934.5 月在任）派遣海军少将 M.Chevey 乘 Malicieuse 舰到达南沙群岛的南威岛，海军在岛上升起法国国旗，因遭遇飓风，只能返回。此次顺利登岛增加了法国占领的信心，M.Chevey 返回后立即向军方提出日后的正式占领。②

法国政府对于谋取西沙、南沙群岛的态度和手段深受国际局势的影响。1920 年以前，受义和团运动影响，法国忌惮中国民族主义反弹，对中国在西沙群岛的有效管理和主权声明，法国官方保持默认。20 世纪 20～30 年代初，随着岛屿在领土主权问题上逐渐显现出来的法律意义以及经济价值、军事价值，为了将西沙群岛拓展为军事基地，法国积极臆造交趾支那在西沙群岛的先占权，作为原是交趾支那宗主国的中国，对于西沙群岛早在 1883 年《中法条约》中连同安南一起划入法国殖民地的荒诞说法，中国政府当然不会承认。由于中国方面在西沙群岛问题上历来的坚持态度，法国对西沙群岛的政治企图更多的变成一种和中国讨价还价的资本。③1930 年 3 月 20 日，法国官员表示，西沙群岛可以作为日后在中国争取利益的筹码，这位官员正是是积极谋划侵占南沙群岛的印度支那总督 Pierre Pasquier，他的特殊身份不能不让人联想到这是在为日后南沙群岛的占领做铺垫。④

---

① 浦野起央：《南海诸岛国际纷争史：研究、资料、年表》，刀水书房，1997，第 212 页。
② Océanographie physique et biologique（Institut Océanographique）.Rapports au grand Conseil de gouvernement, Gouvernement général de l'Indo-Chine（Indochine）, Impr. d'Extrême-Orient（Hanoï）, 1933，p.160.
③ 关于法国对南海群岛问题的政策变化可参考谭玉华：《二战前法国南中国海政策的演变》，《东南亚研究》2012 年第 5 期。
④ Monique Chemillier-Gendreau, *La souveraineté sur les archipels Paracels et Spratleys*, L' Harmattan, 1996, Annex 5, Correspondance du Gouverneur général de l'Indochine à Monsieur le Ministre des Colonies, 20 mars 1930，p.161.

1931年9月18日，日本侵占中国东北三省，英、法借国际联盟令日本归还东北三省，日本拒绝，并于1933年3月27日宣布退出国际联盟。其间，法国一方面坚决反对日本侵占东北，一方面趁日本侵华之际，积极谋划侵占中国南沙群岛，最终于1933年4月7日~13日占领南海六处（共7个岛）珊瑚岛。对南薇滩（Rifleman Bank，7°50′N，111°40′E）、安渡滩（Ardasier Bank，7°37′N，113°56′E）等沉没在海水之下的岛礁，则予以放弃。每一个海岛具有各自的档案，记录着海岛位置、占领时间、占领人签名等，档案放置在瓶子里，并在密封处做好标记，埋于地下。占领初期，国际舆论对此事尚不知晓。7月25日，法国政府公报发布占领告示，公布所占岛屿名称及经纬度[①]，引起国际广泛关注（见图1）。12月21日，交趾支那总督宣布将南沙群岛编入巴地省并制定法令。[②]

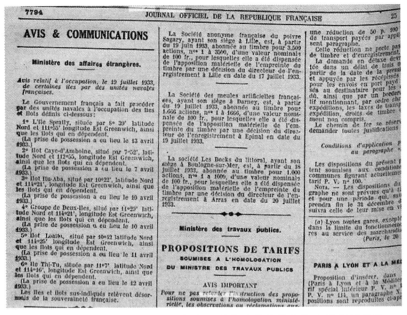

图1　法国外交部于7月25日发布于政府公报上的岛屿名称及经纬度

---

① Journal official de la République Française，65th Year，No.172（July 25，1933），p.7794.
② 法令有两条，第1条：位于中国南海的今南威岛、安波沙洲、太平岛、双子岛（含南子岛、北子岛两个岛）、南钥岛、中业岛被划入越南巴地省。第2条：巴地省长官、土地登记局、地质局各部门对这条法令负有执行责任。参见Monique Chemillier-Gendreau，*La souveraineté sur les archipels Paracels et Spratleys*，L'Harmattan，1996，Annex35，Arrêté du Gouverneur de la Cochinchine.21 décembre 1933，p.243.

二、"文明"外衣下的"合法"侵占

为了维护一战以后的国际新秩序，法国成为国际盟约和国际法律的积极倡导者与制定者。法国国内尽管各党派轮流执政，政权更迭频繁，然而"为弱小国家做表率"、尊重国际条约和国际法律成为20世纪20~30年代法国政府为保持大国地位所宣称的重要准则。实际上，这一准则必须以法国自身利益为前提。这对于理解20世纪20~30年代法国对外政策的动机十分必要。

从法占南沙群岛的时机与岛屿选择来看，其深受国际法典编纂会议的影响。1930年3月12日~4月12日，由国际联盟（英、法操纵）主持召开的编纂国际法的会议（The Conference of Compiling International Law），意在协调强国之间的利益和关系。会议在海牙举行，包括中国在内的47个国家参加，设立三个委员会，分别就国籍、领海和国家责任三个问题进行研究。会议各国对领海宽度主张不一，最终并未形成统一法典，但它是第一次讨论海洋法的国际性会议，它所形成的《领海法律地位》草案被载入该会议的最后文件之内。① 该草案对海岛的定义有了更为明确的解释，永久暴露于海面之外的海岛方才具有划定领海的属性，"*an area of land, surrounded by water, which is permanently above high-water mark*"②。此后，各大强国试图最大限度拓宽领海范围，矛盾暗潮涌动。中国虽然参会，但英、法大国俨然是国际法的制定者，弱小国家并没有实际发言权。

国际法典编纂会议刚刚结束，4月13日，法国Malicieuse舰抵达南威岛，但因飓风未能实现占领。国际法典编纂会议直接促使法国将岛屿视作在南海拓展海域范围的工具，为了防止他国日后反对，在岛屿选择、占领程序上充分运用《领海法律地位》草案的内容。这在法国官员的信件中也可看出端倪，1932年2月27日，法国外交部政治事务与贸易司司长询问海军国防部长关于南沙群岛占领事宜的进展，特别是如何阻止他国干预。该法国国防部部长在回信中，

---

① G.Gidel, *Droit international public de mer*, Vol.Ⅲ, Paris: Sirey, 1934.
② *Acts of the Hague Conference*, 1930, Vol. Ⅲ: 219.此条后来被纳入《联合国海洋公约》第121条，即"岛屿是四面环水并在高潮时高于水面的自然形成的陆地区域"，参见傅崐成编校：《海洋法相关公约及中英文索引》，厦门：厦门大学出版社，2005，第43页。

对于占领哪几个岛屿，在什么位置占领，以什么样的形式占领，皆有阐述。在他看来，并非要占领所有岛屿，这些被占岛屿应该有两点特征：①永久暴露在水面之上；②不仅可以登陆，而且能够供人类逗留或居住。如果一百公里可以被接受为半径长度的话，四个着陆点就足以作为群岛主权认定的依据。①

由此可见，20 世纪 30 年代，未形成任何正式法案的国际法典编纂会议成为英、法等国"有序"瓜分的工具，相比以前依靠战争、不平等条约而言，利用尚未达成国际共识的草案在瓜分狂潮中占得先机，使得这种侵占行为披上了"文明"的外衣。1958 年，海洋国际法会议上重新对 1930 年关于领海的草案进行了商讨，成为后来的《联合国海洋法公约》的雏形。②但新的《联合国海洋法公约》并未解决二战前中国南海和太平洋岛屿的历史遗留问题，也未能推翻不平等秩序下的分赃活动，反而为 20 世纪 30 年代列强的侵占行为提供了一些"法律依据"。

从占领方式上看，法国对南沙群岛坚称其为"无主之地"，并通过挂旗、鸣炮、宣示、立法、行政设置等步骤进行有序占领。这种方式可从 1928 年审判的帕尔马斯岛案（Palmas award）找到依据。帕尔马斯岛位于印度尼西亚北部塔劳群岛中，16 世纪由西班牙发现，但并未有效占领，后该岛被荷兰占领，成为荷属印度的一部分。1898 年，美西战争后，《巴黎和约》将包括帕尔马斯岛在内的属于西班牙的菲律宾及其附属岛屿割让给美国。美国因此主张对帕尔马斯岛的主权，美、荷最终协商交由海牙国际法庭解决。1928 年 4 月 4 日，法官休伯（Max Huber）依据"发现并不足以给予国家以主权，而必须进一步实行和平而继续的国家权威于该地，始可得到领土主权"，认为美国不能继承西班牙本就没有的权利，国际法庭将该岛判给荷兰所有。该案认为先占要满足两个条件：一是无主地（没有居民或者只有土著居民，西方殖民者常将仅有土著部落居住的土地视为无主地实施侵占），二是有效占领（持续和平稳地行使国家权力）③。对于当时纷纷抢占地盘的国家来说，"无主地"的属性让占领行为合乎"法理"。

---

① Monique Chemillier-Gendreau，*La souveraineté sur les archipels Paracels et Spratleys*，L'Harmattan，1996，Annex 36，Letter du Ministre de la Défense au Ministre des Affaires Etrangères，30 mars 1932，p.245.

② 报告中提出 13 条款草案为以后形成正式的海洋法奠定了基础，参见 Tullio Treves，*Geneva Conventions on the Law of the Sea*，Geneva，29 April，1958.

③ Max Huber，Arbitral Award，Island of Palmas，4 April 1928，*op. cit.*，at pp. 854-855. 在先占的诸要素中，有效占有尤为重要。

1928年12月26日，法国外交部在信件中第一次对南威岛使用 sans maître，即无主之地的说法，并称"无主之地"同样适用于其他几个海岛，"无主之地"成为法国解决南沙群岛问题的最终和唯一手段。①然而，英、日、法等国赴岛开发调查，都曾目睹中国渔民在南沙群岛居住的事实。②为了获得"合法性"，法国诡称私人占有行为不具有主权属性。③法国官方鼓吹"无主之地"的做法，不排除其隔绝中国方面"历史依据"的意图，从而令南沙群岛问题简单化。是否为"无主之地"、何谓"无主之地"的讨论也成为当时中法争议的核心所在。法国占领南沙群岛之后，1939年，日本将南沙群岛（日称"新南群岛"）并入台湾省高雄市，法国并未在占领之后进行有效管理，先占权当然没有历史和法律依据。④1945年以后，法国放弃了这些岛屿，越南当然不能继承法国本不存在的权利。事实上，法国特意声明并未将南沙群岛的吞并转让给越南。⑤反之，中国自20世纪30年代开始抗议，1946年收复南沙群岛主权，并

---

① Monique Chemillier-Gendreau, *La souveraineté sur les archipels Paracels et Spratleys*, LHarmattan, 1996, Annex 22, note pour la sous-direction d'Asie-Océanie, 26 novembre 1928, p.222.
② 法占南海珊瑚岛素为中国海南渔民捕捞卜居之所，中国渔民更路簿，英、法、日文献中皆有记载。参见 Monique Chemillier-Gendreau, *La souveraineté sur les archipels Paracels et Spratleys*, Annex 21, Note de Monsieur Bourgouin, 8 Mars 1928, p.220. 永立智太郎：《新南群岛》，载于《拓殖奖励馆》卷2，昭和十四年五月，第29~30页；《外务省公表实》昭和十四年十二月，皆引自广东中山图书馆译：《南沙群岛资料译文集》，第101~104页。
③ 从19~20世纪国际法发展来看，国际法学者普遍认为私人占有应被赋予权利，在其国家有效占领前，有暂时阻止他国加以占领的作用。英国著名国际法学者 O'Connell 认为"私人行为本身不足以构成先占，但没有私人行为就不可能有先占"。常设国际法院法官 J.B.Moore（1920~1928年任职）认为私人占有阻止任何其他以后的国家凭借发现获得权利。关于"驳斥私人占有不具有国家领土权利"，可参见赵理海：《从国际法看我国对南海诸岛无可争辩的主权》，《北京大学学报》1992年第3期。
④ 1938~1940年，日本将今西沙、南沙、东沙纳入台湾省高雄市管辖。1946年，民国政府派舰队收复了南海诸岛。1951年，美国撇开中国，单方面与日本媾和，在《旧金山和约》（*Treaty of Peace with Japan*，又称《对日和平条约》）中规定日本放弃对南海诸岛的权利，但并未申明南沙群岛问题属于中国的事实，为今天的南海争端埋下祸根。此后，越南认为该和约规定日本"放弃"南沙群岛等，当然应归继承法国权利的越南接受这一"放弃"。菲律宾政府在1956年给克洛马的答复中，则认为南沙群岛（指7个岛礁）为1951年旧金山和平会议处理为盟国的"托管"之下，菲律宾在此后对南沙群岛提出主权要求。
⑤ 1977年3月2日，法国驻香港总领事馆领事史甯（Gerard Chesnel）在回答中国报纸编辑关于南沙群岛主权问题的看法时明确指出："南沙群岛从来不属于越南。当年法军占领南沙时……并没有越南人。1954年法国签订日内瓦协议，承认越南独立，其疆域也未提及南沙群岛的主权问题，亦即是说，法国并没有把南沙群岛的主权交给越南。"参见韩振华：《我国南海诸岛史料汇编》，上海：东方出版社，1988，第542页。

在其上升旗立碑、建立行政机构，持续地行使权力，达到了"有效占有"要求。①本文无意于探讨海岛争端的国际法理，对于驳斥法国所谓的"无主地"言论，也不再赘述。②

三、时人对"九小岛事件"的认识

从媒体和官员言论看，中国方面对法占南海珊瑚岛的认识呈现一个逐渐清晰的过程。最初，中国方面存在两个误解：一是认为这些岛礁是西沙群岛，二是认为法宣告占领的岛屿共九处。

最重要的是第一条，自 1933 年 7 月 15 日左右，法国占领南中国海珊瑚岛的消息传入中国后，国民政府对所占岛屿位置与名称尚不明晰，7 月 17 日，外交部派驻法公使顾维钧③听取事情的情况，另派驻菲律宾总领事邝光林详查。在得知确切结果之前，政府并未对法国方面有正式表态。1931 年年底～1932 年，法国对西沙群岛领土主权之无理而荒唐的要求在中国引起的愤怒尚未平息④，该事件致使多数民众误以为这是法国企图侵占西沙群岛而再次变换出的外交辞令，这激起了举国愤慨，各方要求政府采取行动的电文纷至沓来。关于西沙群岛绝不容许侵占的评论文章纷纷见于报端，而质疑珊瑚岛位置的声音也被这种错误舆论所淹没。

民众的误解很大程度上源自于政府官员对南沙群岛知识的匮乏，7 月 20 日海军部回复外交部的密函中曾言："其在菲岛与安南之间，迤北所称九岛，即

---

① 目前，有关国家对南沙群岛的主权要求始于 20 世纪 50 年代以后，不仅缺乏历史性依据，武力抢占行为严重违反了国际法。参见张文彬：《中国及有关国家关于南沙群岛归属的法理根据之比较研究》，《国际法学》1996 年第 5 期。
② 参见吕一燃：《驳南沙群岛"无主地"论》，国家海洋局海洋发展战略研究所编：《南海诸岛学术讨论会论文选编》，1992，第 47～57 页。
③ 法国驻中国公使馆与中国驻法国公使馆于 1936 年年初升格为大使馆。法国那齐亚为法国驻中国第一任大使，顾维钧为中国驻法第一任大使，此前称为公使。
④ 1931 年 12 月 14 日，法国外交部向中国驻巴黎公使馆呈递抗议照会，反对中国开采西沙群岛的鸟粪肥，理由是安南嘉隆王在 1816 年已把西沙群岛并入安南。1835 年，民命王在其中一个岛上建立佛寺和石碑，所以法国主张西沙群岛应属于印支帝国之一部分。由此，法国对中国驻法公使宣布对该群岛保留控制权。1932 年 4 月 29 日，依据安南历史和安南占领的证据，法国政府进行抗议，同年，法国提议将案件交由国际法庭，中国提出反对。

系西沙群岛"①。直到 8 月 4 日密报中，海军部才调查到"九小岛"应在海南渔民经常活动的堤闸滩（Tizard Bank，今郑和群礁）一带。②然而，官方的错误看法已扩至民间，海军次长李世甲在回答记者提问时，就曾说："该九岛确是西沙群岛一部分，外传不在西沙群岛范围，全系法方宣传。"③

至 7 月 29 日，中国驻菲律宾领事馆电外交部，列出了法国共占的六处岛屿名称，并澄清这并非是西沙群岛，而是距离西沙群岛南面三百五十海里的海域。④结合 7 月 25 日法国发布的公告和日本等多方消息，国民政府才确信这些岛礁并非西沙群岛一部分，于是电请法国政府将这六处岛屿的名称和位置报告给中国。中央社 7 月 31 日发布公告纠正了"九小岛"即西沙群岛的错误说法，但对占领岛屿数字并未做更正，《申报》自 8 月 1 日转载报道：

> 法国在中国海所占之九小岛，总名 Tizard bank，距斐律宾 Palawan 岛西二百海里，在我国海南岛东南五百三十海里，西沙群岛之南约三百五十海里，处北纬十度十二度及东经一百十五度之间，该处时有海南人前往采捕海产物，前传九小岛即系西沙群岛，不确。（三十一日中央社电）⑤

8 月以后，尽管还有少数人认为法国侵占的是西沙群岛，只是公布时为掩人耳目，变更了经纬度和名称⑥，但民众关注的焦点已经转向敦促政府采取积极行动维护九岛权益。从目前公布的档案和报刊来看，国民政府对西沙群岛主权的坚持方式为日后南沙群岛的维权带来一定的漏洞。1909 年，李准勘察西沙群岛时，由于时间紧迫，并未能逐一测量，更不用说远拓，这致使国民政府对南

---

① 《外交部南海诸岛档案汇编》（上册），《（极密）法占九小岛节略》，第 42 页。
② 《外交部南海诸岛档案汇编》（上册），《（密）防范日本意图占领西沙群岛》（民国二十二年八月四日），Ⅱ（1）：20，海军部代电，第 49~50 页。
③ 《法占九小岛确系西沙群岛之一部分》，《华侨周报》，1933 年 9 月 15 日，第 54 页。
④ 《外交部南海诸岛档案汇编》（上册），《关于法占中国海小岛事》（民国二十二年七月二十九日），Ⅱ（1）：010，邝光林致外交部电，第 32~33 页。
⑤ 《申报》（上海版），1933 年 8 月 1 日，第 13 版。
⑥ 琼崖旅京同乡会代表团曾于 1933 年 8 月 2 日致外交部函中说：法国占领琼属珊瑚九岛即琼崖所属西沙群岛之别名，见《为法国占领琼属珊瑚九岛详陈事实恳请转饬严重交涉藉全国土而固南疆由》（民国二十二年八月二日），琼崖旅京同乡会代表团致外交部函，Ⅱ（1）：019，《外交部南海诸岛档案汇编》（上册），1995，第 38 页。

沙群岛位置含糊不清，西沙群岛筹办处原文有载："查西沙各岛分列十五处，大小远近不一，居琼崖之东南，适当欧洲来华之要冲，为中国南洋第一重门户"[①]。类似的记载也同样出现在1928年广东省政府调查西沙群岛的报告书中，学者沈鹏飞在这份报告书中指出"西沙群岛位于海南岛以南一百四十五海里之处，是中国领土的极南点"[②]。这一论点被西方学者作为质疑中国政府对南沙群岛主权立场的一个重要证据[③]。中国各界对法占珊瑚岛地理位置的误解，进一步弱化了中国维护南沙群岛历史主权的力度，致使维权行动只能是隔靴搔痒。

虽然搞清楚了法占岛屿并非是西沙群岛，但当时大多数人所了解的岛屿名称、数量、位置同法外交部公布的岛屿占领情况并不一致。笔者查阅法国官方报纸和中法、中日外交函件，自法国外交部7月25日政府公报刊载，12月21日纳入法律条文，以及此后法国关于宣告占领的记载皆为六处（7个）小岛[④]，即 Spratly（今南威岛）；Caye-d'Amboine（今安波沙洲）；Itu-Aba（今太平岛）；Deux-Iles（双子岛，包括今北子岛 N.E.Cay 和今南子岛 S.W.Cay 两个小岛）；Loaito（今南钥岛），Thi-tu（今中业岛），特别要强调的是，这六处（7个）皆是一直暴露于水面之外的岛屿而非暗礁（表2）。

表2　法国公布占领岛屿名称及经纬度

序号	名称	占领时间	经纬度	面积及自然条件	渔民习用名称	当时中译名
1	Spratly（今南威岛）	4月13日（4月7日最先到达这个岛，13日占领）	8°39′N，111°55′E	0.15平方公里，平均海拔2.4米，有海龟与海鸟栖息，鸟粪丰富	鸟仔峙	风雨岛、风暴岛、斯巴拉脱来

---

① 陈天锡：《西沙岛成案汇编》，《南海诸岛三种》，第24页。
② 沈鹏飞：《调查西沙群岛报告书》，台北：学生书局，1975，第1页。
③ Marwyn S. Samuels, *Contest for the South China Sea*, New York: Methuen, 1982, p.68. Samuels认为沈鹏飞撰写调查西沙群岛报告书中的记述，反映了中国官方对南海中诸岛主权归属的看法，他甚至认为，至少在1928年之前，中国政府并不认为南沙群岛是中国的领土，而中国对南沙群岛的主权主张，是第二次世界大战后日本帝国解体的遗物。可参见陈欣：《三十年代法国对南沙群岛主权宣示的回顾》，《问题与研究》（台湾）第36卷，1997年。
④ 见 Journal officialde la Republique Francaise, 65th Year, No.172（July 25, 1933）, p.7794.L'Ouest-Éclair（Rennes）, July, 26, 1933, p1.Madagascar, august, 2, 1933, p.6. Chantecler. Littéraire, satirique, humoristique, august, 2, 1933, p.3; L'Archipel Spratly, Direction Générale des Affaires Politiques.Asie-Océanie（Bulletin d'études.N°8）, 15 Mars 1945, p.12.

续表

序号	名称	占领时间	经纬度	面积及自然条件	渔民习用名称	当时中译名
2	Caye-d'Amboine（今安波沙洲）	4月7日	7°52′N, 112°55′E	0.02平方公里，平均海拔2米，无树木，缺淡水	锅盖峙	开唐巴亚、开唐塞、开唐巴夏、安波那岛、安布哇岛
3	Itu-Aba（今太平岛）	4月10日	10°22′N, 114°21′E	0.43平方公里，平均海拔3.8米，面积在南沙群岛中是最大，土质肥沃，有泉水，树木葱郁	黄山马、黄山马峙	伊脱巴亚、伊都阿巴、伊秋伯
4	Deux-Iles（包括今北子岛和南子岛，两岛相距1.5海里，法文又称为 Récif Danger Nord）	4月10日	11°29′N, 114°21′E	北子岛，0.14平方公里，平均海拔3.2米，岛中部有泉水，树木葱郁	奈罗上峙、奈罗线仔	两岛合称双岛、地萨尔
5				南子岛，0.13平方公里，平均海拔3.9米，南沙群岛第六大岛，岛上椰树多、海鸟多，鸟蛋多	奈罗峙、奈罗峙仔	
6	Loaito（今南钥岛）	4月11日	10°12′N, 114°25′E	0.07平方公里，岛高2米，是南沙群岛地势最低的岛，鸟粪覆盖	第三峙	洛爱太、赖德岛、洛衣塔
7	Thi-tu（中业岛）	4月12日	11°7′N, 114°16′E	0.33平方公里，南沙群岛第二大岛，岛上有鸟粪	铁峙	西杜、帝都、西德欧、铁岛

资料来源：岛屿名称、经纬度数、占领时间来自于1933年7月25日法国外交部公告：Journal official de la Republique Francaise, 65th Year, No.172 (July 25, 1933), p.7794；海岛面积与自然条件来自，广东省地名委员会编：《南海诸岛地名资料汇编》，广州：广东省地图出版社，1987，第192~212页；渔民习用名称来自《南沙群岛渔民地名对照表》，载于《南海诸岛地名资料汇编》，第73~81页；当时中译名来自于民国报刊

外交部于8月4日照会法国公使韦礼敦，要求提供各岛名称及经纬度分，并声明在未经确实查明前，对南海"九小岛"保留权利。8月7日，中国驻法使馆将从法国海军部获得的"九小岛地图"函送致电外交部，驻法公使顾维钧电文称"由法海军部觅得精图，各岛经纬度均详"，这幅图共标出该海域八处（9个）岛屿名称（图2）。[①]8月10日，南京法使馆将法占六处岛屿名称及经纬度照复给外交部[②]，8月11日，中国驻菲律宾总领事馆也寄回了法占珊瑚岛六岛的具体位置和名称[③]，即此前法国外交部公告和法国公使馆回复国民政府的照会中提到的六处岛屿。多方印证后，外交部确认所占岛屿是六处（7个）。8月16日，《申报》对于所占岛屿数量做了纠正：

---

① 《外交部南海诸岛档案汇编》（上册），《关于法占九小岛事》（民国二十二年八月七日），巴黎公使致外交部电，Ⅱ（1）：032，第61页。

② 《外交部南海诸岛档案汇编》（上册），《法使正式抄送法方宣布占领各岛之名称与经纬度分》（民国二十二年八月日），答复我外交部照会，Ⅱ（1）：038，第65~66页。

③ 《外交部南海诸岛档案汇编》（上册），《呈复关于法国占据中国海小岛事附呈地图等参考品乞监察》（民国二十二年八月十一日），驻马尼剌总领事馆呈外交部，Ⅱ（1）：040，第68页。

法占西贡菲律滨间堤闸坂九小岛事，外部曾电驻菲律滨总领，简缮具图说寄部，该图十五日已由菲寄到，所绘该岛方位在西沙群岛之南二千华里，共计七个，并非九个。①

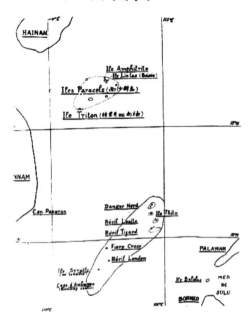

图2 《函送九小岛详细地图》（民国二十八年八月七日），Ⅱ（1）：032，巴黎顾公使致外交部电，《外交部南海诸岛档案汇编》（上册），第61页。

那么，轰动一时并延续至今的法占"九小岛"的说法从何而来？查阅民国报刊，1933年7月15日上海《申报》最早转载了《国民》社7月13日来自巴黎的消息：

（巴黎）西贡与菲律滨间有小岛九座，住于北纬十度、东经一百十五度左右，向为中国渔民独自居住停留之所，顷据西贡电：现有法差遣小轮

---

① 《申报》（上海版），1933年8月16日，第8版。

亚勒特与阿斯特罗勒白两船,忽往该岛树立法国旗,要求为法国所有。(十三日国民电)[①]

由报道可见,在法国外交部公布占领六岛的公告之前,这条法占"九小岛"的消息已从西贡(位于越南南部,今胡志明市)传到了巴黎,而西贡正是交趾支那总督驻地和法国海军军港所在地。7月14日美国联合通讯社也刊载了该事件,报道称,"法国差遣 Alerte 及 Astrolabe 近将安南与菲律宾间之九小岛,竖旗占领"[②]。中国外交部在 7 月 17 日致驻菲律宾领事馆的电文中称,"密报载法国将菲岛与越南间之九小岛占据",致海军部的电文又称:"法国差遣轮 Alerte 及 Astrolabe 近将安南与菲岛间之九小岛竖旗占领"[③],密报来自何处,虽不得而知。然而,这些报道的表述非常一致,很可能都是来自于西贡。

在前文提到的 8 月 7 日中国驻法使馆从法国海军部获得的"九小岛地图"中,该海域岛屿有八处:Spratly(今南威岛),Amboyna Cay(今安波沙洲),Thi-tu(中业岛),Danger Nord(今双子岛,包括南子岛、北子岛),Récif Loaita(今南钥岛),Récif Tizard(今郑和群礁),Fiery Cross(今永暑礁)、Récif London(今尹庆群礁),这里共有 9 个小岛。相比法国外交部公布的岛屿,9 个小岛中少了太平岛(Itu-Aba),多出了郑和群礁(太平岛位于其中)、尹庆群礁(距南威岛只有 19 海里),永暑礁(暗礁,海水高潮时大部被淹没,现称永暑岛)。这幅海军地图应是绘自于赴南海珊瑚岛实施登陆、竖旗等一系列占领仪式的西贡海军之手,这 9 个小岛或可理解为是西贡海军希图占领的岛屿。国际舆论普遍将"九小岛"指称法国占领南海珊瑚岛事件,这极有可能同法属印支当局与印支海军在中南半岛的宣传有关。

从越南海洋研究所 1933 年发布的科考报告中,也可找到佐证。该海洋研究所 De Lanessan 号科考船曾于 1933 年 4 月同印支海军 Astrolare 舰和 Alerte 舰一同前往南沙群岛海域,其列出的岛礁包括:①Amboyna Cay(今安波沙洲)②Récif London Ouest(今尹庆群礁)③Fiery Cross(今永暑礁)④ltu-Aba

---

① 《申报》(上海版),1933 年 7 月 15 日,第 8 版。
② 《外交部南海诸岛档案汇编》(上册),《法占九小岛节略》(极密),第 42 页。
③ 《外交部南海诸岛档案汇编》(上册),《法国占领南海九小岛由》(民国二十二年七月十七日),外交部致马尼剌总领馆代电,Ⅱ(1):001,第 27 页。

du banc iizard（太平岛所在的郑和群礁）⑤Loaita（今南钥岛）⑥Récif Subi（今渚碧礁）⑦Titu Island（今中业岛）⑧North Danger（今南子岛、北子岛）⑨Cay de l'Alerte（今贡士礁①），共九处（10 个小岛。）②相比法外交部正式公布占领的岛屿多了郑和群礁（太平岛位于其中），尹庆群礁（距南威岛只有 19 海里），永暑礁（暗礁，海水高潮时大部被淹没）、贡士礁（暗礁，涨潮时淹没）、渚碧礁（暗礁，仅在退潮时全部露出水面），少了南威岛（1927 年、1930 年已经考察），这份科考报告刊登在法属印支政府官方报纸上。③显然，越南海洋研究所提到的岛屿和前文提到的海军绘图中的岛屿皆有暗礁，这些暗礁并不属于法国外交部认定具有占领价值的岛屿之列，却有可能在法属印支当局的宣传下已在中南半岛造成了一定的影响力。

法国占领南中国海九岛的消息传入中国后，被转载于各新闻报纸，甚至在当年《外交部公报》上也记载着法国 7 月 25 日公报占领的是九处岛屿。对于"九小岛"的含义，却是个谜团，"诸小岛并非西沙群岛，至是盖益的然无疑。惟是一般传说，均谓法占九岛。而截至现在，据调查之所得，则法占领者似仅有七岛……尚有两岛，迄今未详"④。8 月 11 日，驻马尼拉领事馆致外交部函件中提到，"（法）所占各岛之名称，据各方所传者只为 Loai-ta Island，Thitu Island，Spratly Island，Itu Aba，Two Island，Caredamboine Islet 六岛，其中 Caredamboine 一岛即极详尽之地图亦不见绘入，此外三岛何名无从查得，或系初发现而未命名者，惟位置当在前述六岛之附近也"⑤。文中 Two Island 即双子岛，Caredamboine 即安波沙洲。

---

① 中文名对照来自广东省地名委员会编《南海诸岛地名资料汇编》，广州：广东省地图出版社，1987，第 192~212 页。
② Océanographie physique et biologique（Institut Océanographique），Rapports au grand Conseil de gouvernement，Gouvernement général de l'Indo-Chine（Indochine），Impr. d'Extrême-Orient（Hanoï），1933，p.161.
③ Rapports au Conseil de gouvernement，Gouvernement général de l'Indo-Chine（Indochine），Impr. d'Extrême-Orient（Hanoï），1933.自 1928 年法属印度支那政府萌生侵占南沙群岛的念头后，这份杂志就开始刊载南威岛及附近岛屿的自然地理状况。
④ 《西沙群岛交涉及法占南洋九岛事》，《（南京国民政府）外交部公报》（第 16 册）1933 年第 7 期，第 220、218 页。
⑤ 《外交部南海诸岛档案汇编》（上册），《呈复关于法国占据中国海小岛事附呈地图等参考品乞监察》（民国二十二年八月十一日），驻马尼剌总领事馆呈外交部，Ⅱ（1）：040，第 68 页。

笔者认为，正是印支海军实际登陆岛屿同法国外交部公布占领岛屿存在差别，致使历史记载中的"九小岛事件"扑朔迷离①，也导致学界对法占岛屿认识模糊不清、众说纷纭。②即使后来国民政府外交部已将占领数量纠正为六处（7个），舆论仍以"九小岛"指称法侵占南中国海珊瑚岛事件。日本亦是如此。7月15日，英文版《日本时报》刊载了来自巴黎的法占九小岛的消息。③此后，日本各报刊皆以"法占九小岛"来报道该事件④，虽然法国外交部于7月28日向日本正式通告了占领六处岛屿的名称、经纬度⑤，但此后的日本仍然坚称"九小岛"的说法，并称日本拉萨公司曾于1918～1928年在南沙群岛（日称"新南群岛"）十一个岛屿进行开发，除了法国公布的7个小岛外，还有鸿庥岛（Nam Yit Island，日称"南小岛"），费信岛（Flat Island，日称"龟甲岛"），西月岛（West York Island 日称"西青岛"），景宏岛（Sin Cowe Island，日称"飞鸟岛"）四处岛屿⑥。8月3日，日本外务当局对外声明中称："关于华南九岛屿问题，在我方实业家中陈明先占事实之间，仅拉萨岛磷矿股份公司所

---

① 驻华法使馆正式答复外交部的是六处岛屿，但私下又提到九个小岛的名称应为：（1）Amboyna Cay（今安波沙洲）（2）Récif London（今尹庆群礁）（3）Fiery Cross（今永暑礁）（4）Recif Tizard（太平岛所在的郑和群礁）（5）ecif Loaita（今南钥岛）（6）Titu Island（今中业岛）（7、8）Danger Nord（今南子岛、北子岛）（9）Spratly（今南威岛），这与越南海洋所科考船1933年4月考察的岛屿相比，多了今南威岛，少了今渚碧礁和贡士礁。这一说法被当时很多文章采用，见《西沙群岛交涉及法占南洋九岛事》，《（南京国民政府）外交部公报》（第16册）1933年第7期，第220页。
② 学界对于法公布占领岛屿有六处、七处、八处、九处等不同说法，而对于具体为哪几处，多含糊不清。明确列出9个小岛名称的如：1935年出版的《中国地理新志》，除了法国公布占领的7个小岛，另有纳依脱岛（今鸿庥岛，Namyit Island）和西约客岛（今西月岛，West York Island）（资料来源尚不可知）。见杨文洵、韩非木：《中国地理新志》，北京：中华书局，1935，第44～45页；学者陈鸿瑜除了列出法公布占领的7个小岛，另有鸿庥岛和杨信沙洲。见陈鸿瑜：《南海诸岛主权与国际冲突》，幼狮文化事业公司，1987，第60页。葛夫平《中法关系史话》明确指出，"当时法国宣布占领的9个小岛，实际上是7个小岛，其中南伊（今鸿庥岛，Namyit Island）实则与伊都阿巴（今太平岛，Itu Aba island）相邻，合成一环礁，合成低沙滩，又称铁沙礁（即今郑和群礁，Tizard Banks）；兰家岛（今杨信沙洲，LanKiam Caye）则与罗湾岛（今南钥岛，Loaita Island）相邻，合称罗湾礁（今道明群礁，Loaita Bank and Reefs）"。作者认为法军实际登陆的应是9个岛，而最终宣布占领的是7个岛，相差的应是鸿庥岛和杨信沙洲（资料来源不详），见葛夫平：《中法关系史话》，北京：社会科学文献出版社，2000，第166页。
③ French Plant Flag On 9 China Sea Islands, *Japan Times*, July15, 1933.
④ 《読売新聞》，"仏國政府の九島嶼領有宣言仏の領有宣言なざ何等の根據なしおが外務當局発表"，昭和八年七月二十一日。
⑤ L'Homme libre（Paris），29 juillet, 1933, p.1.
⑥ 浦野起央：《南海诸岛国际纷争史：研究、资料、年表》，刀水书房，1997，第267页。

主张之六岛，足当成为问题之九岛屿，其余之主张，在九岛屿以外者，与本问题无关。"①英国路透社则于 7 月 25 日模糊地称法占岛屿为七个小岛及其附属岛屿。②

更确切地说，此后用来指称 20 世纪 30 年代法占南海珊瑚岛事件的"九小岛"一词，不应再是对法占岛屿数量的定义，而应理解为是对该事件中所有争议岛屿的概称。

综上所述，法属印支海军登陆的岛屿、科考船考察的岛屿都与法国外交部认定具有占领价值或对宣示主权更为有利的岛屿之间存在差别，这导致了公告占领岛屿与实际占领岛屿之间的差别。由前文法国国防部和外交部的通信可知，法国真正目的并不在于海岛而在于海域，占领岛屿须是永久暴露于水面之外，而对所占岛屿为中心辐射半径内的岛屿，也不予以占领，此处对法国择取标准还有进一步探讨的空间。但显然，法外交部 7 月 25 日公告之后，国际上并未接受六小岛或七小岛的说法，这也更加说明，法国正是在国际上对海域主权划分标准尚未有共识的情况下，自定准则，先行强占。

四、结　　语

20 世纪 30 年代初，为了拓展海域范围，从而在太平洋地区获得更多的海洋权益，英、法、美、日等国相继瓜分与争夺南海控制权。法国在军事部门与行政部门、法属殖民地的密切沟通和缜密协作下，凭借在国际联盟和国际法编纂会议中的强势地位，通过一系列仪式"有序"侵占中国南海珊瑚岛，其占领背景与方式与近代国际局势变化和国际法的发展不可分割。本文透过法国侵占南沙群岛的背景与起因，呈现了在各国对海域主权划分尚未有共识的情况

---

① 《外交部南海诸岛档案汇编》（上册），抄译华南九岛问题（《（东京）日日新闻》选译），Ⅱ（1）：041，第 73 页。
② 7 月 25 日英国路透社电讯：法国政府 7 月 25 日正式宣称，各该岛以后属法国领土，4 月 7 日占领 Caye Dambaise，4 月 10 日占领 Thitu、spratly、Ituaba、deux iles，4 月 11 日占领 Loaita，4 月 12 日占领 Thitu Spratly 及其附属各小岛。见《法占九小岛节略》（极密），《外交部南海诸岛档案汇编》上册，第 43 页。

下，法国自定准则，先行强占的过程，由此揭示其占领程序之非法性。本文认为，法国国防部实际登陆岛屿与法国外交部最终宣告占领岛屿之间存在的差别，造成了国际社会对于法占南海珊瑚岛数量的普遍误解。而此后来指称20世纪30年代法占南海珊瑚岛的"九小岛"一词，应理解为是对该事件中争议岛屿的概称而非法国占领岛屿的确数。

从国内来看，法占珊瑚岛事件发生之初，国人对"珊瑚岛"名称、位置的误解显示出政府对南沙群岛认识的匮乏，反映了中国政府和民众对于法国外交辞令的极度不信任，这同法国捏造西沙群岛与安南的历史归属有关。国内对南海诸岛译名、命名、经纬度的不统一，也是致使该事件以讹传讹的重要原因。该事件的深远影响在于，一方面，它直接推动了中国政府对南海诸岛名称、经纬度的审定，更正了国人对南海疆域范围的认识。另一方面，它暴露出中国在海权维护上的缺漏与不足，这对此后西沙群岛和东沙群岛海权维护方式皆有警示作用，特别是对二战以后中国政府迅速收复和管理南海诸岛有着重要的启示意义。本文对该事件的讨论仅是一个开始，就国民政府的应对举措以及该事件对中国南海权益维护进程有何具体影响，仍将是深具意义的议题。

"The Incident of the Nine Islets" in South China Sea Between China and France in 1933: A Look from International Situation

Wang Lu

Abstract: Before maritime delimitation and island legal attributes were legislated into an international law during 1930 and 1933, France, which boasted a powerful position in the League of Nations, took advantage of China's facing domestic strife and foreign aggression, and preached the speech of "terra nullius" and "orderly" encroached on the coral islands in the South China Sea, presenting a fact accomplished. Based on the dissection of France's meticulous planning and details of occupying coral islands in the South China Sea, this paper explored into the cause and effect of "the Incident of the Nine Islets" under the circumstances of situational upgrading of global colony division, transformation of modern powers' interests competition methods, the rise of competing for international maritime rights and interests and so on. According to the paper, on the one hand, being the maker of "rules", France got a head start in selecting islands and occupation methods. Hence, France's occupation of coral islands is deliberate encroachment under illegal procedures. On the other hand, after the incident took place, due to the Chinese officials' lack of awareness of Nansha Islands, little effect did the massive maritime rights maintenance movements launched by all walks of life in China.

Key Words: the Incident of the Nine Islets; Nansha Islands

中国对南海诸岛主权的关键性历史依据与战略选择

郑海麟　王晓鹏[*]

一、缘　起

近年来，美国在南海周边的战略部署及外交场域大造舆论，将手中的剑与口中的剑相结合，意在搅乱南海局势。在这一过程中，美国已不再满足于过去在南海问题上充当的"中立者""制衡者"角色，妄图实现角色升级，充当南海问题的"仲裁者"。美国试图通过"航行自由行动"、在南海周边区域部署先进武器装备、高频次双边及多边军事演习等对中国进行持续性战略施压，将介入南海问题的方式逐步由过去的有限介入、介入而不陷入转为深度介入，将过去的隐性介入转为公开介入。

目前，东海局势相对平静，日本将更多的关注投向南海区域。从战略角度而言，日本希望更深度介入南海问题，以构建"东海-南海争端链"，还将此作为日本解禁集体自卫权、重返军事大国的重要着力点。在外交上，日本除了进一步依托美日同盟外，还强调其在亚太问题上的"主导权"，南海则成为日本在外交领域的重要试验田。另外，日本要打造其战略大通道，包括南海、马六甲海峡和北印度洋，南海也被其看做是重要节点。因此，日本乐于在南海问题

---

[*] 郑海麟系香港亚太研究中心主任、教授；王晓鹏系南京大学中国南海研究协同创新中心兼职研究员。

上与美国进行利益捆绑，借此实现其从南海问题"观察者"到"制衡者"的角色转变。

自20世纪70年代至今，菲律宾在南海的非法行为共经历了大致三个阶段：20世纪70年代至80年代是第一阶段，此阶段菲方的侵权特点是"占岛"，在此期间，菲律宾非法侵占了中国南沙群岛8个岛礁；20世纪90年代是第二阶段，此阶段菲方的侵权特点是"圈海"，随着《联合国海洋法公约》的通过及正式生效，菲律宾恶意歪曲该公约精神，企图非法圈走中国南海50多万平方公里的管辖海域；2000年至今是第三阶段，此阶段菲方的侵权特点是"固化非法成果"。菲方目前花大力气推动所谓南海仲裁案，标志着菲方已经开始将其南海侵权行为推向第四阶段，即"本土化"阶段。菲方披着"仲裁"的法律外衣对中国进行政治挑衅，其根本目的在于借"仲裁结果"否定中国在南海的主权、主权权利及管辖权，其具体目标则是将其非法占据的南海区域与其巴拉望省趋同化，不断扩大南海争端的区域和领域。

中方对美日菲上述行为保持高度警惕，而美国将中方对南海的控制能力日渐提高视为对其一贯以来的"航行自由"的一种威胁。为此，美国一方面下决心要在南海向中国发难，另一方面则向台湾当局施加压力，要求其对1946年划定的南海断续线作出合理的解释，实际上是要迫使台湾当局放弃南海诸岛归属中国的主权主张。基于此，有必要根据关键性历史证据对美日菲等国在南海的非法行径予以反驳。

二、中国对南海诸岛主权的关键性历史依据

众所周知，南海诸岛自古以来就是中国的一部分。据《汉书·地理志》记载，早在秦汉时期，中国先民便从广东的徐闻、合浦港口出发，前往南海活动，进行开发。由徐闻、合浦到南海各岛皆有针路（相当于今天的交通图）可达，南海诸岛的许多岛屿最早就是由中国先民发现、命名和开发的。据李长傅《南洋华侨史》称，早在唐代，华人就在南洋一带开疆辟土，休养生息。当地人称他们为"唐人"，可见华人移居南洋，至迟始于唐代。及至郑和下西洋时，华人在南洋的势力已甚盛。"有建设国家者，其在苏门答腊，有三佛齐王

梁道明，曾于明永乐三年（1406）入贡。"①史书记载，南海诸岛在唐代就已列入中国的版图。明代也将南海纳入行政管辖，派官员去巡视。郑和七下西洋，其中一项任务就是巡视南海诸岛，也就是今天国际法意义上的宣示主权。

至于中国与东南亚各国的关系，明代张燮《东西洋考》卷三《下港》条云："下港一名顺塔。唐称阇婆，在南海中者也。一名诃陵，亦曰社婆。"②按"下港"即今印度尼西亚爪哇万丹（Bantan）。在"下港"有一地名"新村"（旧名厮村，中华人客此成聚，遂名新村。约千余家，村主粤人也。贾舶至此互市，百货充溢。）足证华人在东南亚一带拓殖已有相当长的历史。此外，位于加里曼丹岛北岸的"文莱国"国王，曾于唐总章二年（669）遣使入唐，与唐朝建立外交关系，史载：

> 文莱即婆罗国，东洋尽处，西洋所自起也。唐总章二年，王旟达钵遣使者与环王使者偕朝，自后久绝。永乐四年，遣其臣勿黎哥来朝，并贡方物。赐王及妃文绮。俗传今国王为闽人，随郑和征此，留镇其地，故王府旁旧有中国碑。③

以上史料表明，中国与东南亚国家发展外交关系，以及华人移居南洋，至迟为始于唐代。此外，宋人周去非的《岭外代答》、赵汝适的《诸番志》，元人汪大渊的《岛夷志略》，明代周达观的《真腊风土记》、严从简的《殊域周咨录》、黄省曾的《西洋朝贡典录》等著作，对唐宋元明以来中国与东南亚各国的关系皆有记述。

据黄省曾《西洋朝贡典录》卷上《爪哇国》记载，早在北宋淳化年间（990~994 年），爪哇国王（今印度尼西亚）便对宋朝推行"王道"深表认同，并主动遣使前来朝贡，"淳化间，国王陀湛言，中国有真主，乃修朝贡礼"④。不过，由于宋朝的对外政策过分强调"德"（王道）而忽略"威"（武力），不单北方不断遭受外族侵入，而且无暇顾及与东南亚各国的外交关系。及至南宋时期，高宗试图与真腊、爪哇等东南亚国家建立关系，但没有得到他们的积极

---

① 李长傅：《南洋华侨史》，广州：暨南大学南洋文化事业部，1929，第 7 页。
② 张燮：《东西洋考》，北京：中华书局，1981，第 41 页。
③ 张燮：《东西洋考》，北京：中华书局，1981，第 102~103 页。
④ 黄省曾：《西洋朝贡典录》卷上，北京：中华书局，1991，第 9 页。

响应。元朝建立后，其外交政策一改前朝，过分强调"威"而不重视"德"。特别是忽必烈统治中国后，屡屡耀武海外，要求东南亚各国"臣服"。这种依恃武力的单边政策遭到东南亚各国拒绝后，又频频对安南、占城、日本和爪哇用兵，但最后皆以失败告终："故元世祖命史弼、高兴发舟千艘，持一岁粮，虎符十、金符四十、银符百、钞锭四万，费大且劳矣，而卒败没以归。"①明朝统治者吸取了宋朝只重"德"不重"威"和元朝只重"威"而不重"德"的教训，采取"德"与"威"并重的对外政策，结果与东南亚各国维持了长达一百五十多年的友好邦交（即朝贡关系）：

> 至高皇帝（太祖朱元璋—郑注）以来，不烦一旅，朝贡且百五十余年，曾不厌怠。不遇真主，则彼高枕海外可矣，亦安肯低心远泛以臣下于方内哉！②

可见中国与东南亚各国的交往，明朝的对外政策是最为成功的。其中许多经验值得我们作进一步的探讨。

至于西方殖民主义者来到南海区域，则是明朝的事，先是葡萄牙人、荷兰人，随后是英殖民主义者。第二次世界大战（简称二战）中，日本取代欧美列强势力侵占了南海诸岛，战后由中国政府派出军舰、官员收回，将南海归入广东省管辖。在国际法上，这种行为就是行使主权的表示。当时，周边的国家没有提出异议。1958年，中国政府发表领海声明时，曾明确宣告南海诸岛是中国的领土。对此，越南总理范文同表示赞同。

事实上，美国高官出面否认中国对南海的海洋权益主张，完全是一种罔顾史实的无知或有意识的健忘。史料显示，二战结束后，冷战爆发前，美国对中国在南海的主权主张是抱着积极支持态度的，原因是二战期间中美两国是同盟国，为战胜日本侵略者，中美两国曾并肩作战。而在二战期间，南海诸岛为日本所占，将其"纳入版图"，改名为"新南群岛"，隶属台湾省管辖。日本战败，根据《开罗宣言》和《波茨坦公告》，日本必须将那些通过武力占据的岛礁归还中国。于是，国民政府于1945年12月12日派出军舰收复南沙群岛，

---

① 黄省曾：《西洋朝贡典录》卷上，北京：中华书局，1991，第9页。
② 黄省曾：《西洋朝贡典录》卷上，北京：中华书局，1991，第9页。

并且在太平岛上刻石立碑,宣示收复南海主权,划归台湾省暂管。与此同时,国民政府还根据 1935 年 1 月出版的《中国南海各岛屿华英名对照表》绘制了《中国南海各岛屿图》,将南海诸岛分为西沙群岛、东沙群岛、南沙群岛、中沙群岛四部分,将其纳入中国行政区域版图。

对此,作为盟友的美国,对于中华民国政府收复南海诸岛是积极支持的,对战后国民政府出版的行政区域图包括南海诸岛也是认同的,原因是这些岛屿在二战前都是属于中国的。中国作为战胜国,根据《开罗宣言》《波茨坦公告》和《日本投降书》收回南海诸岛的主权也是合理合法的。这点有美国 1947 年版的地图为证。

2015 年 5 月间,《明报》(加西版)记者在温哥华旧书摊发现一本 1947 年美国出版的 *Collier's World Atlas and Gazetteer* 的地图兼地理词典,该词典中收录的一幅地图由 Rand McNally 公司绘制,题名为《中国、法属印度、暹罗及朝鲜的公认地图》(*Popular Map of China, French Indochina, Siam, and Korea*)。地图将中国、越南、泰国与朝鲜并列在一起,故此南海也包含其中,内中地图对中国南海岛礁有详细描述,部分岛礁更明确标示主权属于中国。比如,该图在 Paracel Islands(即西沙群岛)名字之下,特别加入"(China)"标签,显示地图绘制者将"西沙群岛"列入中国版图之内。

据查考,绘制该地图的 Rand McNally 是一家超过百年的老字号公司。该公司一直是美国地图绘制业的中流砥柱,在地图绘制界的声誉无出其右,具有相当的权威性,因此可信程度极高。

该地图集内还收录了另一幅菲律宾及南沙岛礁的地图。虽然美国与菲律宾的关系一贯密切,但该地图绘制者对南沙岛礁所标记的 6 个名字,没有一个是菲律宾所起的名字。而对于其他地域的主权所属则皆有明确表述。比如,"Formosa"(台湾)下面用括号标注"(Taiwan)",然后再加上"(China)"表示主权归属中国。香港则标注属英国、澳门标注属葡萄牙、印度支那三国(即越棉寮)属法国、马来西亚属英国。从主权归属的表述看,这本美国版地图集基本上是按二战后(1947)公认的国际秩序来绘制的。因此,这本地图集可以说是二战后美国承认南海诸岛归属中国的铁证。

中国人在南海诸岛活动的事实,不仅有大量的中国史料记载,而且也不乏外国史料供佐证。据 1879 年出版的英国皇家海军档案《中国海航行指南》

(*The China Sea Directory*)（简称《指南》）第二卷有关郑和群礁（Tizard Bank，with Reefs and Islands）的章节提到：

> 在大多数岛屿上都可以看到海南渔民（Hainan fishermen），他们以采集海参以及龟壳作为生计。其中一些人在这些岛礁上生活了几年。来自海南岛的中国帆船每年都会前来这些岛礁，为他们供应大米以及其他生活必需品，而渔民则以海参和其他产品作为交换，并把所赚的钱寄回家。这些中国帆船在12月或1月离开海南岛，等到西南季风吹动之时便立刻返航。太平岛（Itu Aba）居住的渔民比生活在其他岛礁上更舒适，因该岛的淡水井的水质比其他地方为佳。

上述英国海军档案清楚地记录了中国海南渔民百多年前在南沙群岛休养生息的历史。这些文字从独立第三者的角度印证了中国史料的记载和中国渔民多个世纪以来的说法。

该《指南》还提到中业岛（Thi-Tu Reefs and Island）及其周边岛礁有中国渔民活动：

> 中业岛 North Danger Reef 水域有两个沙洲，两个沙洲附近经常遇到来自海南岛的中国渔民（Chinese fishermen from Hainan）在那里采集海参、龟壳等水产。他们从东北部一个沙洲中心的水井取水。

但《指南》却完全没有提到菲律宾渔民。中业岛目前被菲律宾占据。而且，该《指南》还提到，南沙群岛部分岛礁的英文名称，其实来自海南岛渔民，如英文称 Lan-keeam Cay，即源于海南人说的铜金峙或铜锅峙，而不是源于菲律宾的命名。

此外，1879年出版的《中国海航行指南》第二卷有关海南岛的章节，还记录了中国渔民曾经常年居住在南沙岛礁之上，他们"在中国海（China Sea）的东南部，在数量众多的沙堤与暗礁之间捞捕海参，并将海龟与鱼翅晒干"；"他们的航程在3月份开始，首先抵达北边的浅滩，放下一两位船员，以及数罐淡水，然后继续航程，前往婆罗洲（Borneo）附近较大的暗礁继续捞捕，直至6月初返航，顺路接走先前放下的伙伴及其捕获的海产。在中国海，我们在岛礁之间遇到不少这些渔船"。

从上述英国海军档案的记载来看,海南渔民在南沙群岛从季节性的捞捕发展成为常年的生产开发活动,由于生产开发的需要,他们的生活状况也从临时性的居住发展为在部分岛礁上长期定居,并因此与海南岛建立起定期的贸易关系。

除了渔民之外,还有商人也穿梭往来于南沙群岛,从事商业贸易活动。由于当时并不存在南中国海主权争夺,因此,英国海军档案的记载正好以独立第三者的身份,印证了中国史料的记载和千百年来中国渔民的口头传述,从而有力地证明了中国对南沙群岛及其附近海域拥有无可争辩的主权。

《南海更路经》是记录中国海南省沿海渔民在南海诸岛中的西南沙群岛航行过程中的航向和航程的书,是中国海南省渔民在相关岛礁海域航海实践的经验总结与世代流传的航行指南,是研究中国渔民开发南海诸岛的珍贵史料。《南海更路经》可分为手抄《更路簿》和口传"更路传",学界一般统称为《更路簿》。《更路簿》中反映了渔民在南海诸岛的作业线路以及他们对南海诸岛,尤其是西、南沙各个岛、礁、滩、沙、洲的命名。这些地名有将近 200 个。记载的作业线路及贸易线路有 200 余条,主要记录了中国海南省渔民从海南省东部琼海市的潭门港和文昌市的清澜港出发,经西沙群岛、南沙群岛航行至南洋地区的航向(古称航海针位)和航程(古称更数)。笔者曾多次赴海南省潭门港等地调研,发现过多种版本的《更路簿》。各种抄本的《更路簿》所记载的航海针位和更数基本上是准确的,与今天的经度和纬度相比较,其误差很小,而且在这些《更路簿》中已经记录了海流方向与航行的关系。

在帆船时代,我国海南渔民于每年的立冬或冬至时节乘东北季风扬帆起航,前往西南沙群岛进行捕捞作业。他们捕捞的渔获物最初是运回海南等地销售,后来由于岛礁作业技术的进步以及捕捞范围的扩大,有不少渔船前往南洋地区从事早期的对外贸易活动。中国海南渔民往往在第二年的清明或端午节前后购买外国产品,乘东南季风返航回国,将这些货物在海南岛内销售。在长期的海洋生产生活实践中,海南渔民逐渐了解并熟悉了南海诸岛各岛礁的基本情况,为了方便海上航行与驻岛作业,海南渔民对南海诸岛各岛礁进行了命名,这些岛礁的渔民俗称大都记载在各种手抄本的《更路簿》之中。

《更路簿》所记载的南海西南东沙岛礁渔民俗称都是以海南方言为基础

的。① 起初的传承形式以"更路传"为主，后来，随着我国人民开发南海岛礁的步伐日益加快，渔民为航海和生产的方便，便把岛礁的渔民俗称用文字记载在各个抄本的《更路簿》中。

以上文中提到的三处岛礁为例。铁峙官方命名为中业岛。渔船开往南沙第一站到达双子峙，继续南下到达"中业群礁"。这是琼人渔船到达南沙群岛的第二站。"中业群礁"中有一座峙（岛）面积较大，是南沙的第二大峙。最早到南沙从事捕捞作业的渔船，每个航次都危险异常，有不少渔民在南沙海域遭遇不测而丧失生命。由于南沙距离海南岛非常遥远，要把亲人遗体运回家乡几乎是不可能的，只好就地安葬。万般无奈之下，只能选择附近较大的岛礁把渔民遗体掩埋。因为该峙较大，所以在其上埋葬的遇难渔民较多。渔民埋葬遇难伙伴遗体之时，往往嚎哭一片。每当同乡渔船路过该峙时，他们又都会想念起埋葬于孤岛上的亲人，不少渔民还会流下眼泪。因此，渔民便把该峙命名为"哭峙"。后来，渔民觉得"哭峙"这个名称不吉利，因为"哭"与"铁"在海南方言中同音，故而渔民便把"哭峙"改称为"铁峙"。

黄山马也称黄山马峙，官方命名为太平岛。渔民在航行过程中看到的陆地山脉轮廓好似奔马之状。于是，海南渔民便将陆地的山脉轮廓称为"山马"。长期在浩瀚海洋中捕捞作业的渔民，每当看到一片陆地或沙洲时都会兴奋不已。太平岛是南沙群岛最大的自然岛屿，当渔民看到在一望无垠的南沙海域中，突然出现一个较大的岛屿时，便会兴奋地呼喊："山马"！而此时的太平岛在金黄色的阳光照耀下，呈现出金色的奔马轮廓。所以，海南渔民便称其为"黄山马"。

铜金的官方命名为杨信沙洲。据传，古时候曾有渔民在杨信沙洲附近发现数量十分巨大的金属，一开始，渔民只把那些金属当做铜块。渔船返航后，有人将这些金属块送予金匠检验，被确认是黄金。其后再开船赴原地打捞，那些金块却荡然无存。于是，渔民出于对分不清是铜是金行为的自嘲，便把该峙命名为"铜金"。

《更路簿》中的记录充分证明了中国海南渔民在南海诸岛的海上捕捞及驻岛生产活动已经构成了"先占"。而在同时代的外国文献中，至今未见类似记载，因此，《更路簿》所载中国海南渔民的海上活动符合国际法"先占原则"

---

① 曾昭璇、梁景芬、丘世均：《中国珊瑚礁地貌研究》，广州：广东人民出版社，1997，第30页。

的规定，进一步证明了只有中国人民才是南海诸岛的真正主人。

至迟自清前期开始，海南岛潭门等地的基层政府，即针对当地渔民赴南海西南沙群岛的渔业生产行为进行了有效的管理。主要方式有颁布许可、米粮限购与渔税征收。当时渔民出海需获得乡一级政府的许可，基层政府根据船主上报的具体航行线路之远近、船工人数之多寡等要素确定其携带米粮的数量。渔船返回母港，基层政府则委派民团登船检查所得渔获数目，并以此作为渔税征收的依据。雍正元年（1723），清政府要求东南四省沿海商船和渔船必须用不同颜色的油漆涂饰船头和桅杆，以示区别，当时广东的船头油漆成红色，于是有了红头船之名；海船的两侧需刊刻字号，写明某省某州县某字某号船，同时明令"取鱼不许越出本省境界"。由此可知，清代海南渔民依据《更路簿》中描绘的渔业生产范围从事的捕捞作业和岛礁开发已被纳入广东省行政管辖之下，地方政府多项管理措施的实施亦从侧面体现了南海诸岛属于中国这一固有基本事实。

三、中国解决南海问题的战略选择

针对美日等国深度介入南海事务和有关争议问题日趋复杂的局面，中国应进一步厘清思路，有区分地对待南海问题。

第一，与东盟国家开展建设性合作，全面落实"双轨思路"。在争端解决之前，率先启动低敏感领域的海上合作机制，作为具体合作的主要载体。海上合作机制包括南海安全、环保、科研、渔业资源利用、油气资源开发、海难救助等方面。

第二，通过互利合作的方式强化"一带一路"沿线国家之间的纽带联系。在21世纪海上丝绸之路的建设过程中，实现互利共赢的目标，建立更加平等均衡的新型区域发展伙伴关系，充分调动沿线国家和地区的积极性，携手构筑海上命运共同体。

第三，稳步推进中国在相关海域内的各项能力建设。不断提升自身海洋维权水平和国际公共服务能力，通过合作与有关国家积累共识，管控分歧，切实维护地区的和平与稳定。

然而，究竟应该如何探寻解决南海争议问题的有效路径？笔者认为，中国在外交上需"上兵伐谋,其次伐交",做两手准备。同时需进一步改善与周边国家的关系,坚持在维护"主权在我"的前提下讨论"搁置争议、共同开发"的问题。基于此,笔者认为,面对美日深度介入南海问题及日趋复杂的局势,学界特别有必要仔细研究历史上中国与东南亚各国的关系及其外交政策,以及二战后美日等国对东南亚各国采取的立场和外交政策,同时还有必要研究其他类似解决海域争端的国际法案例及外交实践,为南海问题的最终解决提供更加全面的智力支撑。

The Critical Historical Basis and Strategic Choice of China's Sovereignty over the South China Sea Islands

Zheng Hailin　Wang Xiaopeng

Abstract: Currently, the South China Sea issue appears uncertainties in different areas. Tracing to the source, firstly, some maritime disputable states remain as controversial status for their own benefit. Secondly, some extra-regional states seek further and even deeper involvement in the South China Sea issue by pushing this matter into globalization, administration of justice & militarization. To face the present acute situation, on the one hand, Chinese scholars should collect the critical historical basis related to China's sovereignty in the South China Sea Islands systematically, including the history of Sino-Southeastern Asian countries, relations, key historical maps, the royal navy of United Kingdom's records and *Genglu Bu* etc. On the other hand, in order to further clarify the strategic perspective and deal with the South China Sea issue in different levels they should study China's relations and foreign policy with Southeast Asian countries in history, and the stand and foreign policy of USA and Japan to Southeast Asian countries after the World War II carefully.

Key Words: South China Sea islands; *Genglu Bu*; historical basis; strategic choice

第五部分

从王直和德瑞克个人命运看16世纪中英两国在对外贸易政策和官商关系上的不同

张 丽[*]

一、引 言

1540年（嘉靖十九年）安徽歙县人王直（亦称汪直）偕同乡徐惟学、叶宗满等到广东私造海船，违禁贩硝磺、丝绵等物到日本、泰国和西洋等地[①]，从此开始了他的海上走私贸易生涯。这一年，在地球的另一端，英国著名海盗弗兰西斯·德瑞克（Francis Drake）刚好出生。[②] 18年后的1558年，已成为嘉靖年间中国最大武装海商集团首领的王直，因相信浙江巡按监察御史胡宗宪"招抚和互市"的承诺，落脚杭州，在杭州被巡按御史王本固逮捕下狱。[③] 这一

---

[*] 作者系北京航空航天大学人文学院经济系教授。
[①] "直与叶宗满等之广东，造巨舰，将带硝黄、丝绵等违禁物抵日本、暹罗、西洋等国，往来互市者五六年，致富不赀。"参见郑若曾：《筹海图编》卷9《大捷考·擒获王直》，邵芳整理，《中国兵书集成》第15~16卷，北京：解放军出版社，1990，第741页。
[②] 关于德瑞克的出生年月，一些资料认为是1540年，一些认为是1544年。Harry Kelsey认为根据一些比较可靠的历史资料，如1586年对德瑞克的访谈等，德瑞克的出生年应该是1540年。参见 Harry Kelsey, *Sir Francis Drake, The Queen's Pirate*, New Haven: Yale University Press, 2000, p.7, p.425.
[③] 郑若曾：《筹海图编》卷九《大捷考·擒获王直》，邵芳整理，《中国兵书集成》第15~16卷，北京：解放军出版社，1990，第744~750页。

年，18 岁的弗兰西斯·德瑞克第一次正式出海航行，开始他的航海生涯。①

嘉靖三十八年十二月二十五日，即阳历 1560 年年初②，在被诱捕近两年后，王直被斩首于杭州省城宫港口，临死前叹曰："不意典刑兹土！"③此时，在大英帝国德文郡（Devon）的普利茅斯市港口，初出茅庐的德瑞克，正跃跃欲试，筹谋着如何在海上对外国商船伺机抢劫。与"不意典刑兹土"的王直相比，德瑞克同不少视海如家的航海者一样，最后病死在他的海上征伐中，而在他的本国土地上，他所获得的则是荣誉、权力和地位。

王直首次出海走私，德瑞克出生；王直被捕，德瑞克首次出海航行；在王直流星般陨落后，德瑞克冉冉升起。虽然这些只是时间上的巧合，但两位知名海上风云人物的命运和结局却截然不同，其背后所表现出来的中英两国对外贸易政策和官商关系也截然不同，而这种截然不同的对外贸易政策和官商关系又导致了 16 世纪后中英两国截然不同的国运。一个在百舸争流、跑马圈地的大航海时代中，政府和商人密切合作，以国家的力量仗剑经商，在海上霸权角逐和殖民地争夺中冉冉升起，最后在 18 世纪下半叶成为垄断全球海上贸易和有着全球最大殖民地的"日不落帝国"；另一个则在不断对本国海商海盗予以剿杀和反反复复的禁海开海政策中萧然衰落。在某种程度上，王直和德瑞克两人截然不同的个人命运诠释了中英两国后来截然不同的国运。

本文研究将从两个方向入手：一是从历史资料入手，梳理和对比中国关于王直、英国关于德瑞克的历史资料和文献，从中国有关王直资料的稀少和英国有关德瑞克资料的丰富看两人在各自国家和人民心中的地位和权重；二是考察王直和德瑞克两人的海上活动，以及他们与各自政府之间的关系和命运归宿，从中窥视和考察两人不同命运背后中英两国贸易政策和官商关系的不同。

---

① 1558 年，德瑞克作为表弟霍金森家族商船上的一名事务长（purser）第一次出海航行。参见 Harry Kelsey, *Sir Francis Drake, The Queen's Pirate*, New Haven: Yale University Press, 2000, p.11.
② 很多文献写王直死于 1559 年，其实是阴历的 1559，阳历的 1560。王直于嘉靖三十八年十二月二十五日被斩，实为阴历 1559 年年底，阳历 1560 年初。
③ 采九德：《倭变事略·附录》，广文书局，1967，第 117 页。一般资料都言《倭变事略》成书于 1558 年，其《附录》成书于 1559。然而，由于王直是在阴历 1559 年 12 月 25 日，阳历 1560 年年初被斩首的，所以《倭变事略》的《附录》是不可能是在王直被斩前完成的，《附录》的成书时间应该是在王直被斩首之后，即阳历 1560 年初之后。

本文认为王直和德瑞克两人迥然不同的个人命运把大航海时代中英两国对外贸易和官商政策的不同表现得淋漓尽致，并将这些主要不同点归纳如下。

（1）大航海时期的英国全力追求海外扩张，一是谋取海上贸易垄断权，二是谋取殖民地土地占领，其终极目的是获得海外财富。因此，英国政府不但鼓励对外贸易，而且鼓励私掠和仗剑经商。相比之下，明清政府主要是从国内农业税收中获取财富和国家财政支出，并没有争夺海上贸易垄断权和获取殖民地的海外扩张意愿。因此，明清政府对中国海商的海上贸易活动采取的多是限制、禁止和剿杀的政策。

（2）在追求海外扩张中，英国政府与商人密切合作；商人、贵族、官员在身份上相互重叠，不仅有王室和官员参与商人的投资，而且商人和官员的身份可以相互转换；许多议员本身就是商人，商人也可以变成议员。

（3）在中国，商人和官员则分属于两个彼此独立、互不交叉的社会群体。明朝的皇帝和官员并不像英国的王室和官员那样掺金入股海商的海上贸易和海盗活动，也不像英国那样把海商海盗作为一种国家扩张的力量来利用。

（4）为了追求和维持靠农业税收运转的社会经济的稳定，明王朝不但没有在外交政策上为本国商人牟利，在财政上和军事上支持本国商人的海上活动，反而把中国的海商和他们的海上贸易活动视为一种威胁国家安全、危害社会稳定的因素。

二、关于王直与德瑞克的文献资料

英国作家 Harry Kelsey 在他的著作《女王的海盗，弗兰西斯·德瑞克骑士》（*Sir Francis Drake, The Queen's Pirate*）中，开篇的第一句话就是："No Hero Dies."（英雄不死）。的确如此，为英国海上霸权做出杰出贡献的德瑞克从来都是英国人的英雄和骄傲。无论是在其生前还是身后，在他的国家从不乏为其著书立传的人。在英国，关于德瑞克的历史文献资料和个人传记浩如烟海，此外还有丰富的传说传奇、影视戏剧以及各种纪念雕像和纪念邮票等。1883 年在德瑞克的故乡塔维斯特克（Tavistock）的市镇广场和 1884 年在普利茅斯（Plymouth）的城市广场为德瑞克竖立的铜像则从来都是英国观光者驻足留影的地方。①"德瑞克鼓"（Drake's drum）也逐渐演变成为一个喻示英国胜利和英国在国家危难时呼唤英雄出来挽救国家的词语。②

与德瑞克在英国的光芒四射和家喻户晓相比，王直对很多中国人来说都是陌生的。在中国浩如烟海的历史资料中，关于王直的历史文献资料屈指可数，而且这些历史文献资料常常互相转抄引用，内容上多有重复，专门为王直所写的传记寥寥无几；像英国人为德瑞克写的那种形式的传记，更是付之阙如。中国历史文献中的王直大多只是作为历史事件叙述中所涉及的一个配角，而且多是作为一个勾引倭寇的反面人物出现。这种官方正史的评价无疑对民众产生了深远的影响，以致王直在日本的后裔 2000 年在安徽歙县雄村乡柘林村为王直所建的王氏墓碑，2005 年先后两次被砸③；这与德瑞克铜像在英国所受到的礼遇和崇仰截然不同。

虽然王直和德瑞克两人都曾威震海洋，但两人与各自政府之间的关系则是完全不同的，从而也导致了两人个人命运和他们在自己国家历史上和人民心目中截然不同的地位。作为一个深受英国王室赏识和重用的英国皇家海盗，德瑞克为英国开疆拓土，并作为大英帝国的民族英雄，被英国社会广为关注和歌颂。而一直被明朝廷视为一种威胁和破坏了农耕社会稳定的人物，王直命运的悲剧不仅在于他被明政府诱捕和斩首，而且还在于他被作为一个反面人物遭到主流历史的诟病和抛弃。表 1 是中英文献资料中有关王直和德瑞克的个人资料，后者资料的完整详尽与前者资料的零星稀缺，从侧面反映出两人在各自国家和人民心中有着明显不同的地位。

---

① 1883 年，英国白德福德（Bedford）第九任大公出钱，在德瑞克的家乡塔维斯特克的市镇广场上为德瑞克竖立了一座铜像，德瑞克威武远眺，左边是剑，右边是地球仪。1884 年，普利茅斯获得了这个铜像的复制权，又在普利茅斯广场竖起了一座复制版的德瑞克铜像。

② 德瑞克临死前嘱托将他的鼓带回故乡，并说如果英国有难就敲这个战鼓，听到鼓声，他就会回来挽救英国。

③ 2000 年 11 月 18 日，日本长崎县福江市才津为夫等 12 名日本人捐资在安徽歙县雄村乡柘林村为王直修建了王氏墓碑和芳名塔，2005 年 1 月 31 日两名青年教师深夜将墓碑砸毁，2 月 1 日，柘林村委会在社会舆论压力下又让这两名村民砸了墓碑。参见《新民报》2005 年 2 月 3 日："汉奸王直墓再次挨砸，安徽民政厅称建该墓违法。"《北京晨报》2005 年 2 月 4 日："王直墓被砸事件追踪报道：警方已介入调查。"

表 1　王直和德瑞克的个人资料

	王直	弗兰西斯·德瑞克
生年	不详	1540
卒年	1560（阴历 1559）	1596
死因	被明朝廷斩首	病死在海上征伐中
出生地点	历史文献中为安徽歙县结林村（现在的安徽歙县雄村乡柘林村）	英国德文郡塔维斯塔克镇克然戴尔农场（Crowndale farm, Tavistock town, Devon）
祖父祖母姓名职业	不详	John Drake（布贩）and Margerie Drake
父亲姓名职业	姓名不详，职业可能是商人	Edmund Drake（1518~1585）（裁布匠兼牧师）
母亲姓名	汪氏	Anne Myllwaye Drake
妻子姓名	不详	第一任妻子 Mary Newman（1569 年结婚，卒于 1581 年）第二任妻子 Elizabeth Sydenham（1585 年结婚，德瑞克死后改嫁）
童年生活	基本空白	寄住在海商亲戚 William Hawkins 家，与表弟们一起练习航海
海上生涯事迹	寥寥数处	非常完整详尽
海上活动	贸易走私，帮助明政府剿灭卢七、陈思盼等海盗，与明军对抗，以日本平户为据点，垄断中日海上贸易	1558 年第一次随商船航行，一直到 1572 年，主要随 John Hawkins 航行，一方面抢劫商船，另一方面进行奴隶贸易，分别于 1564 年、1568 年、1570 年、1571 年到非洲和美洲进行奴隶贸易和抢劫葡萄牙、西班牙的贩奴船和宝船。1572 年首次开始自己船队的独立航行，1573 年从 Panama isthmus 抢劫西班牙 20 吨白银和黄金，1577~1581 年在伊丽莎白女王的旨意下沿美洲太平洋海岸环球航行，为英国海上探险，并抢劫西班牙宝船
社会评价	盗贼、奸民	民族英雄
塑像	宁波三门湾王直塑像；王直日本后裔 2000 年在其家乡安徽歙县雄村乡柘林村修建王氏墓碑	广场铜像（塔维斯塔克市镇广场和普利茅斯城市广场），各种雕像、纪念邮票、纪念币等
有关文献	主要是历史文献中零星的记载和涉及，两部简单的历史传记：《明史》中的《汪直传》，张海鹏《借月山房汇钞》中收录的《汪直传》（作者不详）	完整和详尽的历史记录和档案资料，历史传记数十部，有关文学文艺创作数十部

资料来源：关于王直的个人资料主要来源于万历《歙志》卷二十一；《明书》卷八十一《志第 57·市舶志》；《明书》卷一百六十二《列传 20·汪直传》；《明史》卷三百二十二《列传第 210·外国三·日本》；《明世宗实录》卷四百五十三；万表《海寇议》；郑若曾：《筹海图编》卷九《大捷考·擒获王直》；采九德：《倭变事略·附录》；嘉靖《浙江通志》卷六十《经武志》；张海鹏《借月山房汇钞》中收录的《汪直传》。关于德瑞克的资料主要来源于 Harry Kelsey: *Sir Francis Drake, The Queen's Pirate*, New Haven: Yale University Press, 2000

从表 1 可以看出，有关德瑞克个人情况的历史资料颇为详尽。德瑞克生于 1540 年，卒于 1596 年，具体出生地点为英国德文郡，塔维斯托克镇的克然戴尔农场（Crowndale farm），其祖父和父亲的姓名、职业以及祖母、母亲、妻子的姓名等也都一一在案，关于其海上活动的记录更是非常完整详尽。相比之下，从中国的历史资料中，我们仅仅知道："王直者，歙人也"①，"号五峰，结林人"②，但不知道他的生年，也查不到其祖父、父亲的姓名、出身和职业，更查不到其祖母、母亲、妻子、儿子的名字③，而关于他的海上生涯也相当简略。

德瑞克个人资料的齐全显然与英国社会长期以来对他的关注和研究有关。作为一个得到英国王室和英国贵族商人的大力支持、重用和赞赏的皇家海盗，德瑞克在生前身后都得到了英国社会的高度关注和吹捧，是英国主流社会极力推崇和赞扬的人物。因此，研究他和为他著书立传的人多如过江之鲫。依据 2000 年英国作家 Kelsey 所著的德瑞克传记（Sir Francis Drake，The Queen's Pirate）后附的参考文献统计，从 16 世纪到 2000 年出版的有关德瑞克的英文专著，其中传记和个人生活的著作 30 部，关于他航海及其他政治经济活动的专著 47 部（附表 1）。笔者从美国亚马逊网站搜索到的一些有关德瑞克生平的英文历史著作（附表 2）和儿童读物（附表 3），数目也非常可观，可见德瑞克在英国人和美国人的心目中是"英雄不死"。

有关王直个人及其家人资料的稀缺不全也恰恰说明了王直是一个被中国主流社会所不容和抛弃的人。作为一个被明王朝视为"盗贼""奸民"的人，王直在世的时候一直被视为一种破坏天朝秩序和社会稳定的异己力量，政府对他的关注是如何剪除其势力。"有能主设奇谋，生擒王直者，封伯，予万金"。④而死后的王

---

① 郑若曾：《筹海图编》卷九《大捷考·擒获王直》，邵芳整理，《中国兵书集成》第 15~16 卷，北京：解放军出版社，1990，第 741 页。
② 万历《歙志》卷二十一《岛寇》："王直号五峰，结林人，母汪梦大星，从天顺入怀。"参见松浦章："徽州海商王直与日本"，《明史研究》第 6 辑，1999，第 143 页。
③ 张海鹏《借月山房汇钞》中收录作者佚名的《汪直传》里称王直的母亲为汪妪："直因问其母汪妪，曰：生儿时有异兆否？汪妪曰：生汝之夕，梦大星入怀……"义士出版社，1965，第 5575 页。虽然一些研究由此认为王直的母亲姓汪，但笔者认为这里的汪氏、汪妪有可能用的是大家姓，就像所谓的王大妈、李大婶，其实是指王家的大妈、李家的大婶，而且在这些称汪直母亲为汪氏的历史文献中，王直都被称为汪直。
④ 郑若曾：《筹海图编》卷九《大捷考·擒获王直》，邵芳整理，《中国兵书集成》第 15~16 卷，北京：解放军出版社，1990，第 744 页。

直则不过是一个解除威胁的符号；除了在写到一些跟他有关的事件需要提到他外，政府已无须再对他予以更多的关注。因此，在明朝的历史资料中，王直多是作为一些历史事件的配角而出现，关于他的记录大多来源于正史官书中的旁篇，如《明史》中的《汪直传》，《倭变事略》的《附录》，《筹海图编》的《大捷考·擒获王直》和嘉靖《浙江通志》中的《经武志》等。唯一一个专门为他而做的独立传记，恐怕只有明朝佚名作者所著的《汪直传》，收录在张海鹏的《借月山房汇钞》中。官方的态度无疑是王直个人及其家人资料记载与传世的稀缺不全的一个重要原因。

三、主要为商的王直与主要为盗的德瑞克

中国历史资料中的王直常常被冠为"盗""寇""叛贼""奸民"等，被指在嘉靖三十一年至三十五年勾结倭寇，大举进犯舟山、上海、太仓、苏州、崇明、海门等地。今天，很多人依然将王直划入"海盗"之列。然而，即使明朝官员所述完全属实，的确是王直诱引倭寇犯边，王直也算不上一个海盗（王直自己在他的《自明疏》中曾对这些说法坚决否认），因为除了明朝所指控的诱倭寇犯边外，王直在海上并不以抢劫为生，而主要是从事海上贸易走私。[①]就海上生涯中"亦商亦盗"的比重而言，王直较之德瑞克更具有海商本色；换言之，王直主要是商，而德瑞克则主要是盗。

王直最初犯禁下海就是为了从事海上贸易走私，而不是为了要在海上抢劫和扰边。这一点王直在他的《自明疏》里说得非常清楚："窃臣直觅利商海，卖货浙福，与人同利，为国捍边，绝无勾引党贼侵扰事情，此天地神人所共知者。"[②]而且，就是把王直当做"奸民""盗贼"之反面人物的明官方历史也不否认王直最初下海是为了追求商业利润，如："直与叶宗满等之广东，造巨舰，将带硝黄、丝绵等违禁物抵日本、暹罗、西洋等国，往来互市者五、六

[①] 关于王直主要是从事海上贸易，偶尔的抢劫是被官方所逼所迫的观点，晁中辰等有比较全面而中肯的论述。参见晁中辰："王直评议"，《安徽史学》，1989年第1期，第18~23页。
[②] 采九德：《倭变事略·附录》，广文书局，1967，第113页。

年，致富不赀。"①"王直始以射利之心，违明禁而下海……"②

从帮助明政府剿灭海盗卢七和陈思盼到他自己被诱捕和斩首，王直对明朝廷的诉求一直只是"通贡互市"，无非是乞求明政府允许海上贸易合法化，然后他们向政府交税纳贡而已。"成功之后，他无所望，惟愿进贡开市而已。"③也许正是他对"通贡互市"的极力向往和追求才使他一叶障目，几次在明官员"招抚互市"的虚假承诺下轻信上当，最后被胡宗宪诱捕。

王直与明政府军事对抗，责任主要在明官方；即使王直真是嘉靖三十一年至三十五年所谓"倭寇大举犯边"的幕后主谋，那也是他对明军背信弃义，对他突然偷袭后的一种军事报复，跟专门靠打劫为生的海盗并不一样。1550～1552年，王直曾应明军将领的要求，以"开关互市"为条件，帮助明军消灭了海盗卢七和陈思盼，但明官员在王直帮助剿灭海盗后，不但没有履行"开关互市"的承诺，反而对王直予以突然袭击。这才使王直走上了一条跟明政府进行公开军事对抗的道路。

与王直主要从事海上贸易不同，尽管德瑞克的第一次出海是在商船上服役，而后来他每次到非洲进行奴隶贸易和抢劫前也会带上一些德文郡土产，如羊毛织品等，但从德瑞克一生的海上生涯看，主要还是抢劫，基本上是一个职业海盗。德瑞克和霍金森家族的表兄弟们最初在离普利茅斯港口不远的海上伺机抢劫商船。1562年德瑞克的表兄约翰·霍金森（1532～1595）试图挤进大西洋的奴隶贸易，率三条船从普利茅斯出发，德瑞克是其中的船员之一。他们在加纳捕获了一些奴隶，又在大西洋上抢劫了一艘载有260多名黑奴的葡萄牙贩奴船，然后将300多名黑奴卖到了南美洲的西班牙属港口La Española、Isabella、Puetto de Plata和Monte Christi。④

此后，一直到1572年，德瑞克作为霍金森船队的一位船长，多次随霍金森到非洲和美洲从事奴隶贸易，同时在大西洋上抢劫葡萄牙和西班牙的贩奴船

---

① 郑若曾：《筹海图编》卷九《大捷考·擒获王直》，邵芳整理，《中国兵书集成》第15～16卷，北京：解放军出版社，1990，第741页。
② 郑若曾：《筹海图编》卷九《大捷考·擒获王直》，邵芳整理，《中国兵书集成》第15～16卷，北京：解放军出版社，1990，第751页。
③ 张海鹏：《借月山房汇钞·汪直传》，义士出版社，1965，第5583页。
④ Harry Kelsey, *Sir Francis Drake, The Queen's Pirate*, Yale University Press, 2000, pp.16-17; Harry Kelsey: *Sir John Hawkins, Queen Elizabeth's Slave Trader*, New Haven: Yale University Press, 2003, pp.13-14.

和从美洲返回西班牙的宝船。1572年德瑞克正式获得英国政府颁发的私掠证[①]，从私人海盗（pirate）变成了所谓的"皇家海盗"（privateer）。也就在这一年，德瑞克凭借着他在奴隶贸易和海上打劫中所积累的财富，加上一些英国商人的投资，组建了他自己的船队，并独自率船队到非洲和美洲从事奴隶贸易和打劫，而且于1573年截获了西班牙在巴拿马伊斯色马斯（Panama isthmus）运送金银的骡子队，获得金银20多吨。

因此，与王直主要是靠海上贸易获得财富不同，德瑞克主要是从海上抢劫中获得巨额财富。1575年，德瑞克用他从美洲获得的财富，自备船只和武器，主动参与英格兰政府对爱尔兰起义的军事镇压。为此，他船上的一位水手John Buller曾向别人说道："德瑞克本是个穷人，没有什么财富来做这样的事情，因为除了他从西印度获得的财富外，他一无所有，但他却把这些财富全花在了爱尔兰那儿的几个岛上。"（"Drake is a poor man who has no the means for this, for he owns nothing more than what he took in the Indies, and all these he spent on some islands over there toward Ireland."）[②]

德瑞克在他成功的海盗生涯中，不仅为自己获得了巨大财富，而且也为伊丽莎白女王带来了巨额财富。1577年，伊丽莎白女王密令德瑞克沿美洲太平洋海岸航行，挑战和打击西班牙在美洲西海岸的势力。这次航行不仅使德瑞克成为继麦哲伦之后的又一个完成环球航行的人，而且在对西班牙宝船的抢劫中获得了惊人的财富，其中两次抢劫最成功：一次是1578年在秘鲁利马附近截获西班牙宝船，获得25 000比索的秘鲁黄金；另一次是1579年3月在太平洋上截获西班牙从秘鲁到马尼拉的大帆船卡卡弗戈号（Cacafuego），获价值近47万英镑的财富，相当于那一年英国的财政总收入[③]；女王伊丽莎白则从这次打劫中分到了近26万英镑的财富，是她5 000多英镑投资的50倍回报。德瑞克在

[①] 虽然德瑞克只是在1572年才拿到私掠证，但他和霍金森的奴隶贸易与海上抢劫至少在1564年就得到了女王伊丽莎白的默许和支持，1564年伊丽莎白是霍金森第二次到非洲进行奴隶贸易的股东之一。伊丽莎白在1572年前不给他们私掠证，是因为当时还不想和西班牙撕破脸，以便在面对西班牙对霍金森等的抗议时，女王可以假装不知，把对西班牙商船的打劫归罪为霍金森的个人行为。

[②] Harry Kelsey, *Sir Francis Drake, The Queen's Pirate*, New Haven: Yale University Press, 2000, p.71.

[③] 斯塔夫里阿诺斯：《全球通史》下卷，吴象婴、梁赤民译，上海：上海社会科学出版社，2003，第280页。

这次远航中抢劫到的全部财富则约合 60 万金币（ducats），价值相当于当时西班牙王室资产的 1/3①。

四、王直和德瑞克个人命运背后的中英对外贸易政策和官商关系

在经济史学界，很多学者都注意到了中国与西方国家在大航海时代的不同贸易政策和官商关系，而王直和德瑞克的不同命运则将中英两国不同的贸易政策和官商关系表现得淋漓尽致。

王直和德瑞克都来自于商人之乡。安徽歙县是徽商的故乡，向以商人多而闻名。德瑞克出生在普利茅斯附近的塔维斯塔克，从小被寄养在普利茅斯市的亲戚威廉姆·霍金森家（William Hawkins），而普利茅斯则是英国的第一个商业港口，也是一个商人辈出的地方。

从出身上论，王直和德瑞克都是平民出身而非贵族，但二人的家境都优于一般家庭。关于这一点，德瑞克那里有充足的历史资料予以证明；至于王直，虽然没有直接的历史资料记载，但从王直的《自明疏》和他跟下属的谈话中，可以看出王直颇有知识和文采，说明他的家庭有资力让他受到良好的教育，而日本人则称王直为"大明儒生"②。相比之下，虽然德瑞克从小寄住在普利茅斯一个有些社会地位的亲戚家，但并没有受过良好的教育，以至于他并不能像很多英国名人那样留下日记和自传。

对于商业，两个人都是从小耳濡目染。威廉姆·霍金森，也就是约翰·霍金森的父亲，是普利茅斯的一位商人，而且年轻时曾担任过商船船长。德瑞克从小就跟霍金森家的表兄弟们一起跟海和商船打交道，练习航海或参与货物装卸，在家中客厅里和外面甲板上听水手与商人们谈他们的海上生涯及商旅见闻。而根据中国历史资料中的零星记载，王直在去广州前曾从事过贩盐，也来自于一个商人家庭。从出身上，两人最初与政府和政府官员都没有什么联系，

---

① Harry Kelsey, *Sir Francis Drake, The Queen's Pirate*, New Haven: Yale University Press, 2000, p.208.
② 松浦章：《徽州海商王直与日本》，《明史研究》第 6 辑，1999，第 141 页。

但后来在他们的航海生涯中,两个人都与政府发生了关系,但关系的性质却大不相同。

王直在1540年到广东私造船舰下海走私之前从事贩盐[①],曾对他的伙伴徐惟学和叶宗满等言:"中国法度森严,动辄触禁,科第只收酸腐儿无壮夫,吾侪孰与海外徜徉乎,何沾沾一撮土也!"[②]这段话表明当时作为一个贩盐者的王直在他的贩盐生涯中已经倍感到政府对其商业活动的制约和羁绊。所以,从一开始下海走私,王直走的就是一条与明朝贸易政策相悖的道路。

同明朝实行海禁不同,16世纪英国对海外贸易不仅不设禁,允许国人自由出海,而且正在全力推动航海和鼓励私掠,以挑战和打击葡萄牙与西班牙的海上势力。1492年哥伦布发现新大陆后,葡萄牙和西班牙两国在教皇亚历山大六世的主持下,于1494年签订《托德西拉斯条约》,将世界上非基督徒土地一分为二,划给葡、西两国。《托德西拉斯条约》激起了欧洲各国特别是西北欧国家的不满,为了在海上贸易和掠夺海外殖民地中分得一杯羹,大航海运动在欧洲风起云涌,西北欧诸国更是紧锣密鼓,寻找海上扩张的途径,英国则为扩张的先锋。在英国临海的商业港口普利茅斯,人们视出海贸易为常事,对一方面从事海上贸易、一方面在海上伺机抢劫的亦商亦盗行为也习以为常。所以,从一开始,德瑞克的亦商亦盗行为与英国政府的贸易政策就不存在冲突。

然而,虽然王直是在从事明朝政府所禁止的海上贸易,德瑞克是在从事英国政府并没有明文禁止的亦商亦盗活动,但为了他们的海上生意,两人都在努力寻找机会以获得政府的承认与支持。王直所要的是"通贡互市",以便能够名正言顺地进行合法贸易;德瑞克是希望获得王室和贵族的掺金入股,提升自己的航海实力和社会地位。因此,在王直这边,当明军首领要求他帮助消灭其他海盗时,他欣然答应,并成功地为明政府剿灭了卢七和陈思盼;当然他那样全力以赴去做也是因为卢七和陈思盼这类专业海盗的行为妨碍了他的海上贸易经营。而德瑞克一方面积极参与英国对爱尔兰的军事镇压,用自己的船免费为英国政府服

---

① 顾炎武《天下郡国利病书》记载:"徽歙奸民王直、徐惟学先以盐商折阅,投入贼伙⋯⋯"
② 郑若曾:《筹海图编》卷九《大捷考·擒获王直》,邵芳整理,《中国兵书集成》第15~16卷,北京:解放军出版社,1990,741页。

务；另一方面游说政府官员和商人参与他的海上冒险生意。

虽然王直维持了一段与明政府合作的蜜月期，但他显然低估了明朝廷实行海禁的决心和明官员追求升官晋爵的欲望。那些官员不会为了他所陈述的国家贸易之利而试图去改变国家的宏观海禁政策，他们更关心的是如何遵循和执行朝廷的旨意，因功晋爵。这就决定了他们只是先利用王直打击海盗，然后再消灭王直。在他们眼中，王直只不过是一个他们可以用以邀功进爵的砝码而已，怎么可能不顾自己的利益而为王直的"乞通贡互市"去上书晋谏，触犯龙颜？所以，在被俞大猷偷袭后，王直对明官员和明军大失所望，极为鄙夷，从此跟政府公开军事对抗。

由此我们看到，明官员虽然一度跟王直合作，但彼此关系依然是"你依然是你，我依然是我"，并没有官和商两种身份上的交叉重叠，也没有明朝皇帝和官员对王直海上贸易的掺金入股以及因此而形成的共同商业利益，所以明朝的皇帝和官员既不会在乎王直海上生意的成败，更不会支持他与外国商人在海上进行贸易竞争。相反，作为把统治和财政收入的重心完全放在国内，只想把国内农业税收当作其财政开支主要来源的明王朝来说，王直是一种需要消灭的异己力量，因为他私自下海的海上贸易活动威胁和破坏了明王朝靠农业税收维持国家运转的社会稳定。朝廷对他自然要"至悬伯爵、万金之赏以购之"[①]。

相反，德瑞克与英国王室和政府的关系则是越走越近，最后他自己也因财富和功劳成为英国政府的一名官员，于1581年进入英国商会，后又担任英国商会会长和普利茅斯市市长。在对海外扩张和海外财富的迫切追求中，英王室和贵族商人求贤若渴，努力寻找可以为王室开疆拓土并帮助他们发海外横财的投资对象。霍金森和德瑞克就是在这样的需求中应运而生的。

伊丽莎白女王于1564年就开始掺金入股霍金森的奴隶贸易和海上抢劫，并获利颇丰。此外，英海军财长、女王的内阁大臣等也都掺金入股，所以霍金森和德瑞克其实也是在为英王室和政府官员从事奴隶贸易和海上打劫。当西班牙和葡萄牙向英国政府抗议他们的海上抢劫活动时，英国政府则表面上装作不知，敷衍了事，暗地里却予以保护。

---

① 《明史》卷三百二十二《外国三·日本》，北京：中华书局，1974，第8355页。

1567年，约翰·霍金森率船队再次到西班牙美洲从事奴隶贸易和抢劫，却于1568年9月在墨西哥的San Juan de Ulua港遭到西班牙军队的伏击。霍金森和德瑞克虽然得以逃脱，但船队损失惨重。事后，约翰·霍金森的父亲威廉姆·霍金森派德瑞克到伦敦，向投资者汇报损失情况，并声称损失2 000英镑。同年12月，英国扣留了西班牙经英国到荷兰的船队，船上载有西班牙王室付给荷兰的资金。威廉姆·霍金森得知后，立即要求英国政府用西班牙船队上的资金赔偿霍金森船队9月份遭伏击的经济损失，并将损失从之前所报的2 000英镑提升到了25 000英镑。英国政府则通过英国法庭审判将西班牙船队的财产全部没收。[①]英国政府和商人的合作，以及其对本国海商海盗的支持保护在这一事件中得到充分体现。

在德瑞克1577~1580年的远航冒险中，伊丽莎白女王投入重金，投资了5000多英镑，德瑞克自己的投资大约是1000英镑。1579年，德瑞克成功抢劫西班牙宝船卡卡弗戈，获得近50万英镑的财富，女王从中分到26万英镑，并用之建立了黎凡特公司。在这里，我们看到的还是那种官商合一、你中有我、我中有你的利益叠合。

与明政府对王直的海上活动进行禁止和追剿完全不同，英政府是鼓励和利用德瑞克的海商海盗活动，而且把德瑞克的海商海盗活动纳入到国家疆土扩张、与西班牙海上争霸的国家利益诉求中。在对海外扩张和财富追求中，政府和商人合为一体，国家是商人的后盾，商人是国家海外扩张的先锋。鉴于德瑞克1577~1580年航行的成功和他给王室带来的巨大财富，德瑞克回到普利茅斯后，伊丽莎白女王亲自登上德瑞克的金鹿号，授予德瑞克骑士爵位。德瑞克从平民一跃而成为贵族。

具有讽刺意味的是，尽管明朝廷看不到海外贸易的巨大利润，全力剿杀海上走私贸易，王直却几次暗示明政府可以在海外有所作为。一旦政府示有"招抚之意"，王直便动归附之心。1556年春，胡宗宪遣使到日本，名义上说是"谕日本国王禁戢岛寇，召唤通番奸商，许立功免罪"，实际上是要游说王直。当使者蒋洲和陈可愿向王直表达了政府的招抚之意后，王直便对他们说："日

---

① Harry Kelsey, *Sir Francis Drake, The Queen's Pirate*, New Haven: Yale University Press, 2000, pp.36-39, pp.41-42.

本内乱,王与其相俱死,诸岛不相统摄,须遍谕乃可杜其入犯。"又言:"有萨摩洲者,虽已扬帆入寇,非其本心,乞通贡互市,愿杀贼自效。"①后来他在《自明疏》中又写道:

> 日本虽统于一君,近来君弱臣强,不过徒存名号而已。其国尚有六十六国,互相雄长,往年山口主君强力霸服诸夷,凡事犹得专主。旧年四月,内与邻国争夺境界,堕计自刎。

王直在这段话里把日本当时内乱、分裂、衰弱的境况向明朝廷汇报得一清二楚。而王直向明皇帝明确恳求的,虽然不是西方式开疆拓土、掠夺海外财富,但也包含有为国家镇关守土、增加国家贸易税收的意图。

> 我浙直尚有余贼,臣抚谕归岛,必不敢仍前故犯。万一不从,即当征兵剿灭,以夷攻夷,此臣之素志,事犹反掌也。如皇上慈仁恩宥,赦臣之罪,得效犬马微劳驱驰,浙江定海外长涂等港,仍如广中事例,通关纳税;又使不失贡期,宣谕诸岛,其主各为禁制,倭奴不得复为跋扈,所谓不战而屈人之兵者也。②

然而,嘉靖皇帝和大臣们并没有为王直的切切之言所动。胡宗宪上书谓:

> 直等勾引倭夷,肆行攻劫,东南绎骚,海宇震动。臣等用间遣谍,始能诱获。乞将直明正典刑,以惩于后。宗满、汝贤虽罪在不赦,然往复归顺,曾立战功,姑贷一死,以开来者自新之路。③

眼光只盯在国内农业税收上的明世宗下诏判了王直的死罪:"直背华勾夷,罪逆深重,命就彼枭示,宗满、汝贤既称归顺报功,姑待以不死,发边卫永远充军。"④

一个在航海技能上可能并不亚于德瑞克的王直,本来可以像德瑞克一样

---

① 《明史》卷三百二十二《外国三·日本》北京:中华书局,1974,第8354页。
② 采九德:《倭变事略·附录》,广文书局,1967,第114页。
③ 《明世宗实录》卷四百七十八,台北:"中研院史语所",1962,第8004页。
④ 《明世宗实录》卷四百七十八,台北:"中研院史语所",1962,第8004页。

为国家所用，不说是开疆拓土，也可以说是镇关守疆，但"不意典刑兹土"。中国嘉靖年间最著名的武装海商首领最后以悲剧的形式拉上了自己生命的帷幕。

相比之下，德瑞克在英国追求海外扩张的宏观政策下，深受英国政府青睐，逐渐从一个私人海盗成为一个皇家海盗，为英国的海外霸权做出了巨大的贡献。他不仅多次成功抢劫西班牙宝船，为伊丽莎白女王和国家获得了巨大财富，在同西班牙争夺殖民地和海上霸权的角逐中，为英国开疆拓土，成功地完成了环球航行，而且在1588年作为英国海军副司令率领英国海军打败了西班牙的无敌舰队，为英国后来的海上霸权奠定了基础。可以说，英国王室把德瑞克优秀的航海技能利用到了极致，德瑞克最后病逝于女王指令下新一轮的海上征伐中。虽然德瑞克也是英年早逝，但在他的一生中英国用他的才能开拓了疆土，他也从中获得了财富和名誉，是国家和个人的双赢。

五、结　论

从个人层面上看，王直与德瑞克有很多共性。两个人都是天才的海上英雄，都具有聪明、机智、大胆、勇敢的特性，也都在亦商亦盗的大航海时代抱着个人逐利的动机从事海上走私贸易和打劫活动。然而，两人的命运却截然不同，从中我们看到个人命运所反映出的两国截然不同的贸易政策和不同贸易政策驱动下的不同官商关系。英国追求海外扩张和海外财富，所以求贤若渴，把德瑞克当做国家扩张的先锋，看到的是他的航海才能和胆略。明王朝追求国内稳定和周围国家的认同，所以怀柔远人，禁国人出海贸易。明王朝不需要王直这种勇于冒险、善于开疆拓土的人物，他优秀的航海技能和出色的海上贸易经营本事与明王朝所追求的农业帝国的稳定格格不入。朝廷视他为一种破坏社会稳定的威胁而不是帝国扩张的剑戟，所以必除之而后快。两人截然不同的命运取决于两国截然不同的贸易政策和官商关系，而这种截然不同的贸易政策和官商关系则在后来的中英"大分流"历史进程中起有十分重要的作用。

附表 1　16 世纪至 2000 年有关德瑞克的英文著作数量统计

出版年代	传记及关于德瑞克的个人生活的著作	有关德瑞克海上航行及政治经济活动的著作
1550～1600	3 部（1587，1588，1589）	5 部（1587，1589，1598，1599，1600）
1601～1650	1 部（1626）	4 部（1625，1628，1629，1642）
1651～1700	1 部（1681）	2 部（1652，1655）
1701～1750		1 部（1742）
1751～1800		2 部（1759，1791）
1801～1850		2 部（1823，1836）
1851～1900	5 部（1882，1883，1883，1884，1884）	8 部（1864，1884，1894，1888，1896，1898，1898，1899）
1901～1950	7 部（1911，1914，1932，1940，1941，1946，1949）	6 部（1908，1926，1931，1949，1916，1927）
1951～2000	13 部（1963，1970，1973，1977，1979，1980，1981，1984，1984，1986，1990，1990，1996）	17 部（1969，1970，1970，1971，1974，1975，1979，1980，1980，1984，1987，1954，1969，1975，1988，1976，1981）
总计	30 部	47 部

资料来源：Harry Kelsey，*Sir Franis Drake*，*The Queen's Pirate*，New Haven：Yale University Press，2000，Bibliography，pp.527-544

附表 2　16 世纪至 2012 年有关德瑞克的英文著作

1587，The True and Perfect Newes of the Woorthy and Valiaunt Exploytes, Performed and Doone by that Valiant Knight Syr Frauncis Frake: Not only at Sancto Domingo, and Carthagena, but also nowe at Cales, and upon the Coast of Spayne, by Greeps, Thomas.

1588，*Expeditio Fransiski Draki qquitis Angli in Indias occidentales A.M.D.LXXXV*，by Bigges, Walter.

1589，*A Summarie and True Discourse of Sir Francis Drakes' West-Indian Voyage*，by Bigges, Walter.

1626，*Sir Francis Drake Revived*，by Philip Nichols.

1652，*The World Encompassed* by Sir Francis Drake ... collected out of the notes of Master, Francis Fletcher ... and compared ... by Francis Drake, Francis Fletcher and Nicholas Bourne.

1781，A New, Authentic, and Complete Collection of Voyages Round the World, Undertaken and Performed by Royal Authority, by Anderson, George W.

1914，"*Crowndale*"，by Alexander, J. J.

1923，The Life of ... Sir Francis Drake［By J. Campbell］. Together with the Historical and Genealogical Account of Sir F. Drake's Family, and Extracts from ...［Ed. by Sir T.T. Fuller-Eliott-Drake］.

1927，"*The Early Life of Francis Drake*"，by Alexander, J. J.

1927，*Sir Francis Drake*，by E. F Benson.

1926，The World Encompassed and Analogous Contemporary Documents Concerning Sir Francis Drake's circumnavigation of the world, by Drake F. and Temple R C.

1935，*Francis Drake*，by George Towel.

1939，"*Edmund Drake's Flight from Tavistock*"，by by Alexander, J. J.

续表

1947，*Francis Drake and the California Indians*，by Heizer R F.

1954，*Sir Francis Drake's raid on the treasure trains: Being the memorable relation of his voyage to the West Indies*，by Janet Hampden.

1958，*The True Book about Sir Francis Drake*，by Will Holwood.

1960，*Drake: The Man They Called a Pirate*，by Latham.

1965，*Drake Hardcover*，by ErnleDusgate Sel，by Bradford，by Francis Drake.

1966，*The World Encompassed* by Sir Francis Drake，*1628 and The Relation of A Wonderfull Voyage* by William Cornelison，by Francis Drake.

1969，*Sir Francis Drake*，by Julian Stafford Corbett.

1969，*The Sea-Dragon: Journals of Francis Drake's Voyage Around the World*，by George Sanderlin.

1970，*Sir Francis Drake*，by George Malcolm Thomson.

1970，*Report of Findings Relating to Identification of Sir Francis Drake's Encampment at PointReyes National Seashore: A Research Report of the Drake Navigators Guild*，by Aker，Raymond.

1972，*Sir Francis Drake*，by Thomson G M.

1973，*Francis Drake*，by Neville Williams.

1974，"*The Francis Drake Controversy: His California Anchorage*，Jue 17-July 23，1579"

1979，*Discovering Portus Novae Albionis: Francis Drake's California Harbor*.

1979，*Francis Drake，Adventures in Discovery*，by David Goodnough and Bert Dodson.

1981，*Sir Francis Drake's West Indian Voyage*，*1585-1586*，by Drake F.

1984，*Sir Francis Drake and the Famous Voyage*，*1577-1580: Essays Commemorating the Quadricentennial of Drakes Circumnavigation*，by Norman J. W. Thrower.

1988，*The Armada Campaign of 1588*，by Adams，Simon.

1988，*Sir Francis Drake*，by Jason Hook and Clyde Pearson.

1995，*The Sea King: Sir Francis Drake and His Times*，by Albert Marrin.

1997，*Francis Drake: Lives of a Hero*，by John Cummins.

2000，*Discovering Francis Drake's California harbor*，by Raymond Aker and Edward Von der Porten.

2000，*Sir Francis Drake: The Queen's Pirate*，by Harry Kelsey.

2001，*The World Encompassed by Sir Francis Drake: being His Next Voyage to that to Nombre de Dios*，by Francis Drake.

2003，*Sir Francis Drake*，by Tanya Larkin.

2004，*Sir Francis Drake*，by Peter Whitfield.

2004，*The Secret Voyage of Sir Francis Drake*：*1577-1580*，by Samuel Bawlf.

2005，*You Wouldn't Want to Explore with Sir Francis Drake!: A Pirate You'd Rather Not Know*，by David Stewart and David Antram.

2007，*Sir Francis Drake and His Daring Deeds*，by Andrew Donkin and Clive Goddard.

2007，*Francis Drake In The New World*，by Donald M. Viles.

2009，*Drake and his Yeomen: A True Accounting of the Character and Adventures of Sir Francis Drake*，by James Barnes.

2009，*Sir Francis Drake: Slave Trader and Pirate*，by Charles Nick.

2010，*The Story of Sir Francis Drake*，by Letitia MacColl Elton.

2010，*Sir Francis Drake in his voyage*，1595，volume，no.4，by William Desborough Cooley.

续表

2010，*Sir Francis Drake's West Indian Voyage*，1585-1586，by Mary Frear Keeler.	
2011，*The Family and Heirs of Sir Francis Drake*，Volume 2，by Elizabeth Lady Fuller-Eliott-Drake.	
2011，*The Great Expedition-Sir Francis Drake on the Spanish Main 1585-1586*，by Angus Konstam.	
2012，*British Legends: The Life and Legacy of Sir Francis Drake*，by Charles River Editors.	
2012，*Francis Drake In Nehalem Bay*， Revised Editon by Garry Gitzen.	
2012，*In The Wake of Sir Francis Drake*，Volume 3，The Later Voyages，by Michael Turner.	
2012，*Sir Francis Drake*，by John Sugden.	
2012，*Sir Francis Drake*，by Walter James Harte.	
2012，*Sir Francis Drake's Famous Voyage Round the World*，by Francis Pretty.	

资料来源：美国亚马逊网站的图书搜索，http://www.amazon.com/s/ref=nb_sb_noss?url=search-alias%3Dstripbooks&field-keywords=+books+on+Francis+Drake&rh=n%3A283155%2Ck%3A+books+on+Francis+Drake，2014/9/10

附表3　近年出版的有关德瑞克题材的儿童读物

1906，*The story of Sir Francis Drake*，by Letitia MacColl Elton.

1959，Best in Children's Books Volume 26: Wild Swans，Sir Francis Drake，Timothy Titus，Georgie，Horse for a Prince，... by Hans Christian Andersen and Smith Burnham

1961，*Francis Drake*, *sailor of the unknown seas*，by Ronald Syme.

1967，Sir Francis Drake，by John Foster.

1979，Francis Drake（Adventures in Discovery），by David Goodnough and Bert Dodson.

1988，*Sir Francis Drake: His Daring Deeds*，by Roy Gerrard.

2001，Sir Francis Drake（Groundbreakers）by Neil Champion.

2002，*Sir Francis Drake: Discover the Life of An Explorer*，by Trish Kline.

2002，*Sir Francis Drake: Navigator and Pirate*（Great Explorations），by Earle，Jr. Rice and E.，Jr. Rice.

2004，Sir Francis Drake，by Kristin Petrie.

2005，*Francis Drake And the Oceans of the World*，by Samuel Willard Crompton.

2007，*Francis Drake*，by Sarah Courtauld.

2008，*The Queen's Pirate-Francis Drake*（Usborne Young Reading: Series Three），by Sarah Courtauld and Vincent Dutrait.

2008，*Francis Drake and the Armada*，by Various.

2009，Sir Francis Drake（Great Explorers（Chelsea House），by William W. Lace.

2011，*Sir Francis Drake: Circumnavigator of the Globe and Privateer for Queen Elizabeth*，by Joy Paige and Eileen Stevens.

2013，*Francis Drake: Patriot or Pirate?* by Robert Sheehan.

资料来源：美国亚马逊网站的图书搜索，http://www.amazon.com/s/ref=nb_sb_noss?url=search-alias%3Dstripbooks&field-keywords=children%27s+books+on+Francis+Drake&rh=n%3A283155%2Ck%3Achildren%27s+books+on+Francis+Drake，2014/9/15

Examining Differences in Foreign Trade Policy and the State-Merchant Relationship Between China and Britain in 16th Century: From the Perspective of the Fates of Wang Zhi and Francis Drake

Zhang Li

Abstract: Wang Zhi, leader of the largest Chinese group of armed maritime merchants during the Jiajing Era, dominated trade in China's east and southeast seas. However, historical records regarding his personal life are far from detailed. In recent years, numerous studies have been done on Wang Zhi's life, including the reevaluation of his maritime activities, but no comparative study has been done on Wang Zhi and the British privateer, Francis Drake. This paper places Wang Zhi and Drake against the historical background of the global maritime competition of that age and examines differences between China and Britain in foreign trade policy and the state-merchant relationship through an examination of their respective maritime activities and relationships with their governments. The research suggests that the dramatically different lives of Wang Zhi and Drake reflect the dramatically different foreign trade policies and state-merchant relationships of China and Britain, foreshadowing the different futures of 16th century in China and Britain.

Key Words: Piracy, maritime trade; foreign trade policy; state-merchant relationship

杨彦迪：1644~1684年中越海域边界的海盗、反叛者及英雄

安乐博（Antony Robert）[*]

一、引　言

> 己未三十一年春正月，故明将龙门总兵杨彦迪、副将黄进，高雷廉总兵陈上川、副将陈安平，率兵三千余人，战船五十余艘，投思容、沱㶞海口，自陈以明国逋臣，义不事清，故来，愿为臣仆。时议以彼异俗殊音，猝难任使，而穷逼来归，不忍拒绝。真腊国东浦（嘉定古别名），地方沃野千里，朝廷未遑经理，不如因彼之力，使辟地以居，一举而三得也。上从之。乃命宴劳嘉奖，仍各授以官职，令往东浦居之。
>
> ——《大南寔录前编》卷五[①]

这是《大南寔录》里关于杨彦迪如何来到越南的记载。杨彦迪（也叫杨二，或更通俗的称法杨义）最终驻扎在湄公河口的美湫（距今天的西贡约70公里），在那里他和他的部众受到阮朝的庇护与支持，杨彦迪与其部众开始从事商业、农业、渔业，偶尔对过往的船只进行掠夺。为答谢新主，杨彦迪与柬

---

[*] 作者系澳门大学历史系教授。

[①] 《大南寔录前编》卷五，河内：史学出版社，1962，第136~140页。杨彦迪到达顺化的日期与中国文献记载的有出入。感谢 Hue-Tam Ho Tai 教授分享、翻译这一文献。文中其他翻译由作者完成。

埔寨作战，帮助阮朝巩固控制越南南部。他以明朝遗民的身份拜见阮主，不过在这之前杨彦迪还有着丰富多彩的海盗经历。本文探讨的是这个鲜为人知却极其重要的人物——杨彦迪在到达美湫之前的经历。

1644～1684 年是中国和越南历史上混乱无序的时期。中越海域边界成为海盗、叛乱者以及难民的活动场所，也是英雄诞生之地（图1）。不同形式的海盗在这片区域有着其固有不变的特点，这一重要的活跃力量影响着该地区历史发展。

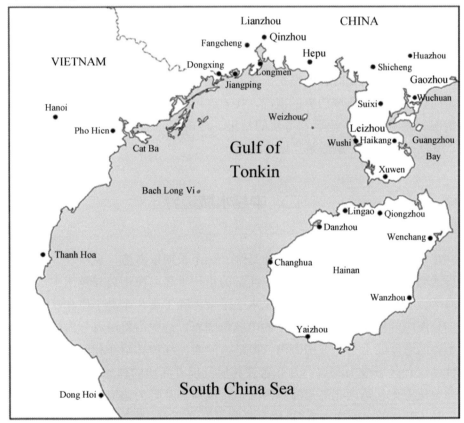

图1 17世纪的北部湾（安乐博供图）

杨彦迪是谁？他是如何进入中越海域边界悠久的海盗传统的？在明清易代时期他又发挥了什么样的作用？我们从官方文献和流传了几个世纪的传说中又能了解关于他的哪些事情？尽管我们无法了解杨生于何时，但我们知道他来自广东省西南部，可能就在雷州半岛的遂溪县或在茂名东部的某个邻县。也有人认为他出生在今广西钦州附近。[①]所有这些地区都声称杨彦迪是他们地的人。在明清政权交替之际，即十七世纪四五十年代到八十年代，杨彦迪在北部湾地区最为活跃。据说在十七世纪六十年代某一时间，他还冒险远至福建和台湾。1682年（越南文献记载为1679年），清军最终将海盗从其基地中国西南沿海驱逐出去。杨彦迪率领部众3000余人南渡广南，寻求阮朝的庇护。据《大南寔录》记载，1688年杨彦迪在一场权力斗争中被其副将黄进所杀。

几个世纪以来，杨彦迪被认为是海盗、反叛者、明遗民和英雄，本文依据历史文献、传说、实地调查，试图初步弄清楚杨彦迪在模糊的海域边界北部湾发生的故事及其所处时代的概况。本文共分为五部分。前两部分是背景介绍，首先简要介绍中越海域边界的概况，接着详细讨论了北部湾动荡的明清政权更替情况。最后三部分是笔者考察的结果。经笔者考察，杨彦迪首先是一名海盗，其次是反叛者，最后是当地的英雄。

二、中越水域边界

在中越水域边界史上，杨彦迪是唯一一个长期以海盗、反叛者、异议分子身份活动的人。这片区域位于广东西部的雷州半岛、海南岛与越南中部北部湾沿海区域之间，涵盖了北部湾整个水上区域。除了雷州半岛平原和江河河口，大部分海湾的狭窄海岸线被崎岖的山脉包围着，这些山将沿海与内陆切断。参差不齐的海岸线上是无数的海湾、海港、沙滩、红树林沼泽和浅湖。这些地理条件使这片区域成为海盗、走私者及其他反叛者活动的理想地带。[②]该区域的大部分地方尤其是西北部沿海和内陆地带依旧是荒野的边境。边界在变化，陆地上是未开化的"野蛮人"，沿岸是"海盗"。[③]直到1887年中法战争结束两年

[①] 今天广西沿海的这些地区如钦州、龙门、防城在17世纪属于广东省。
[②] 清后期中越边界情况应放在朝贡体系的背景下看，参看 Wills John, "Functional, Not Fossilized: Qing Tribute Relations with Dại Việt (Vietnam) and Siam (Thailand), 1700-1820", *T'oung Pao* 98: 4 & 5 (2012), pp.439-478.
[③] 参见林希元纂嘉靖《钦州志》，南宁：广西人民出版社，2009，第70页。

后，才确立了边界。①在这之前，无论是越南还是中国都无法精确指出分隔两国的边界线在哪里。因为两国都利用自然屏障，如山峰、深山老林、河流，作为与另一国分开的边界线，陆地上崎岖的地形遮掩了真正的边界线。在这些地区，边界被简单地标识成一系列军事据点，依据环境的变化而前后移动。沿海地区边界更加模糊，当然海是开阔无边的，中越海域边界已成为两国政府无法管控的麻烦地带。因此，中国人视这片地区为"混乱无序的海域边界"，反叛者、难民、走私者、土匪、海盗都会聚于此。②

综观历史的大部分时期，北部湾是一个失控的海域。过去的几个世纪中，这片海湾地区经历了残酷的战争、叛乱、边境冲突，引起政治、经济、社会混乱，导致旷日持久的海盗活动。在这样的环境下，商船必然被全副武装，准备从事贸易或掠夺。除了一小撮本地海盗一直在这片区域活动外，地理偏僻、政治动乱的水域边界还吸引了大量有组织的外来职业海盗。他们来这里寻求安全港，这些岛屿上的港湾被沿海红树林沼泽地掩盖。不断兴起的、相对薄弱的地方政治势力，如越南中南部阮氏政权和台湾郑氏集团，直接或间接地支持这些海盗。他们靠掠夺战利品获得收入，用低廉的军事装备对抗其经济、政治上的对手。海盗们也敏锐地运用政治斗争和有利的武力战争争夺地盘。考虑到狂热、不确定的因素，很难在商人、走私者和海盗之间做一个清晰的划分。③杨彦迪就生活在这动荡不安的17世纪海域边界。

三、明清交替之际的中越水域边界

1644～1684年明清王朝交替时期是中国近代史上的一个分水岭。据历史学家魏斐德（Frederic Wakeman）所说，"明清改朝换代是中国历史上最引人注意

---

① 参见防城县志编委会编：《防城县志》，南宁：广西民族出版社，1993，第567～568页。
② 参见潘鼎圭：《安南纪游》丛书集成初编本，北京：中华书局，1985，第4页。
③ 关于水域边界与海盗的详细探讨，参看 AntonyRobert, "Violence and Predation on the Sino-Vietnamese Maritime Frontier, 1450-1850", *Asia Major* 27（2）。进一步的讨论还可看 Antony Robert, "War, Trade, and Piracy in the Early Modern Tongking Gulf", in Angela Schottenhammer（萧婷）ed., *Tribute, Trade, and Smuggling: Commercial, Scientific and Human Interaction in the Middle Period and Early Modern World*, Wiesbaden: Harrassowitz Verlag.

的王朝更替事件"①。另一位历史学家司徒琳（Lynn A.Struve）描述这个时期为"大变动"和"中国历史上最艰难的一个时期"。②陈舜系见证了当时社会，他简单称其为"乱离"。陈舜系是广东省西南部吴川县（现为吴川市）的一名学者和医师，将其在17世纪30年代至1697年去世前的所见所闻写成了笔记。③事实上，在1644～1684年这四十年间几乎所有当地社会都受到残酷的战争、土匪、海盗的破坏。尽管历史学家已经写了很多关于明清之际中国南部其他区域的历史，但我们仍然无法了解这段时期中越水域边界的概况。

当时的亲历者陈舜系系统地列举了异象（日食、彗星、蒸汽等），天灾（台风、洪水、旱灾），人祸（战争、土匪、海盗）。对其而言，人、自然、宇宙相交织造成了巨大的混乱。然而"乱"这个词仅接近表述1644～1684年几亿中国人的痛苦和损失。在广东省西南部，这四十年完全是灾难性的。首先，17世纪60年代初期发生了明清王朝战争，接着1661～1683年，清朝统治者发布了严厉的迁海令。大约同时，1673～1681年发生三藩叛乱，战争持续席卷了整个华南地区④。

除了这些大规模的社会动荡，广泛的土匪、海盗、城市暴动、农民和少数民族起义使得屠杀和破坏持续不断。几乎完全无政府的状态迫使当地社会进行武装自保反抗所有入侵者：满族和北方士兵、南明势力、逃兵、军队难民以及流窜的土匪和海盗。混乱之后是天灾人祸引发的大量饥荒和流行病，导致成千上万人流离失所或死亡。根据马立博（Marks Robert）教授推算，1640年广东人口约900万人，到1611年减少到700万人，造成200万人或22%的巨大人口死亡；1650年，广东西南部将近1/4的耕地被浪费。⑤

1644年清朝占领北京以后，一些明遗臣继续在中国南方抗击清朝，一直到

---

① Wakeman Frederic, "Romantics, Stoics, and Martyrs in Seventeenth-Century China", *Journal of Asian Studies* 43：4（1984），pp.631-665.
② 参见 Lynn A.Struve, *The Southen Ming 1644-1662*, New Haven：Yale University Press, 1984。
③ 陈舜系：《离乱见闻录》，李龙潜编：《明清广东稀见笔记七种》，广州：广东人民出版社，2010，第1～47页。
④ 关于明清转变的通史，参看 Lynn A. Struve, The Southen Ming 1644-1662; Wakeman Frederic, *The Great Enterprise: The Manchu Reconstruction of Imperial Order in Seventeenth-Century China*. 2 vols. Berkeley：University of California Press.1985；顾诚：《南明史》，北京：光明日报出版社，2011。
⑤ 参见 Marks Robert, *Tigers, Rice, Silk, and Silt: Environment and Economy in Late Imperial South China*, Cambridge：Cambridge University Press, 1998, pp.158-159 及表4.1和表4.2。

17世纪60年代。1640年，南明政权统治者之一永历皇帝在离广州不远的西江肇庆建立了他的王朝。为了驱逐反对势力，占领广东，清朝在1646年和1650年分别发动了两次重要战役。第一场战役反抗力量薄弱，大部分南明政权丧失，难民、土匪、海盗人数大量增加。清军1646年冬天占领广州后，永历朝廷沿河流上游迁至广西，清将领李成栋兵分三路：第一路为李成栋带领的主力军，紧追永历皇帝到广西，第二路移至北江，第三路由徐国栋率领，向西南的高州、雷州、廉州、海南岛进攻。①

清军的过度扩张导致广东省许多地区政治军事空虚，使1647年的骚乱、暴动、土匪海盗活动进一步高涨。就在清廷召回军队镇压珠江三角洲地区叛乱的时候，在西南部的茂名、吴川、遂溪县爆发了一些起义。在吴川，南明首领之一是邓耀。②潮州海盗黄海如早年投降清朝，之后派去包围雷州，在1647年夏天也开始叛清。黄海如与其海寇同伙与清朝水师交战约有一年，最后逃至潮州，死于1650年的一场海上风暴。③同时，清广东总兵李成栋于1648年倒戈，一年后在与清军交战中阵亡。明清战争中，多次倒戈已司空见惯。中途永历朝廷再次迁回肇庆。④

由于清军在广东多次遭受挫折，1649年清廷又派来一批新旗军，在尚可喜的率领下，收复广东省。第二年长期围攻后，广州再次沦陷。随之而来的是士兵对6万～10万名城市居民的大屠杀。⑤永历皇帝与其军队再次撤退到广西。邓耀撤退到北部湾龙门。此后10年，他以龙门为基地在整个北部湾发起多次袭击，进行掠夺。最著名的一次袭击是1656年其部下对钦州文庙神的掠夺，卷走了300斤的青铜香炉以及其他各种铜坛碎片，总计1500多斤。据当地传说，邓耀把它们铸造成武器抵抗清军。1659年他再次袭击钦州，但被击退。一

---

① 参见《清史列传》卷八十，台北："中华书局"，1963，第6689～6690页；蒋祖缘、方志钦主编《简明广东史》，广州：广东人民出版社，1993，第320～321页。
② 陈舜系：《离乱见闻录》，李龙潜编：《明清广东稀见笔记七种》，广州：广东人民出版社，2010，第20页。
③ 参见陈昌齐纂嘉庆《海康县志》，广州：岭南美术出版社，2009，第542页。
④ 参看《清史列传》卷八十，台北："中华书局"，第6690页；蒋祖缘、方志钦主编：《简明广东史》，广州：广东人民出版社，1993，第321～323页。
⑤ 参见陈舜系：《离乱见闻录》，李龙潜编：《明清广东稀见笔记七种》，广州：广东人民出版社，2010，第24页；Marks Robert, *Tigers, Rice, Silk, and Silt: Environment and Economy in Late Imperial South China*, pp.149-150.

年后，尚可喜的军队将他们从龙门驱逐。邓耀逃至越南，据说不久后剃头成为和尚，后溜回中国被逮捕处死。①邓耀余众逃至海南，继续从事其多年的海盗活动和抗清事业。②

明清王朝交战期间，龙门及其邻岛成为臭名昭著的海盗、反叛者的避难所。龙门港位于钦江和渔洪江的交汇处，是钦州古城的主要入境口岸。它是中越之间重要的港口。清初学者潘鼎圭在1689年《安南纪游》记载，"龙门者，海屿也。地枕交广之间，当钦州正南为外户"。潘描述这片区域为岛屿罗列、湖泊纵横、沼泽密集的"水域边界"，是名副其实的"海盗避难所"。③有一片巨大的红树林沼泽地，因其海道繁复、植被茂密被称为"七十二径"。至少在宋代开始，它就成为海盗盘踞、走私贩运的理想之地（图2）。船只从龙门出发向东可至合浦、雷州，向西至越南北部，均一日可达。实际上，17世纪末龙门已成为中国西南地区反清势力重要的活动中心。④

图2 七十二径 （2010年笔者拍摄）

---

① 参见黄知元纂：《防城县志初稿》，广州：岭南美术出版社，2009，第789～791页；董纪美修：雍正《钦州志》，岭南美术出版社，2009，第328～329页；笔者2011年7月在钦州和防城的田野考察。
② 郑广南：《中国海盗史》，上海：华东理工大学出版社，1998，第295页。
③ 潘鼎圭：《安南纪游》，第3～4页。
④ 潘鼎圭：《安南纪游》，第3～4页；林希元纂：嘉靖《钦州志》，南宁：广西人民出版社，2009，第37页；李庆新：《濒海之地：南海贸易与中外关系史研究》，北京：中华书局，2010，第271～272页；笔者2010年1月在钦州的田野调查。

17世纪50~60年代的北部湾除邓耀外，还有其他一些臭名昭著的海盗和叛军。随李成栋反正的杜永和1652年与其随从逃至海南，后再次降清。雷州海盗反清首领王之瀚带领部众5000余人，在随后四年反复骚扰清军，掠夺船只和沿岸村庄。另一名明朝遗臣海盗陈上川因其创建了边和市，成为越南南部颇受欢迎的神话英雄。陈上川生于广东省西南部吴川县，出身广州湾小岛上的商人家庭，几代前从福建迁来。在混乱的明清政权交替期间，他加入反清复明的永历政权，很快就与邓耀以及其他海逆取得联系。1582年失败后与杨彦迪以及千名部众逃至越南南部西贡附近。①

李定国率领的南明军队在廉、高、雷、琼四州府，东至珠江新会县作战，造成广东西南部的大部分地区动荡不安。②在交战期间，一些地区政权多次易手，陈舜系记载他的家乡吴川县在1653转换了三次，1654年转换四次，1665年又转换四次。③1655年年初清军击败李定国后，其军队逃至海上，加入邓耀以及其他海盗集团。1655~1660年，不仅整个区域出现海盗活动高潮，而且在海南岛和模糊不清的广东广西边界处林山县相继爆发了少数民族山贼起义。旷日持久的战争连同台风、洪涝、干旱、蝗虫引起严重的食物短缺和重大伤亡，一直持续到17世纪50年代末。④1661~1662年，清军抓获了邓耀、王之瀚、永历皇帝以及其他通缉犯，并将他们处死。至此，反清的南明势力全部被消灭。⑤

尽管1661年清朝几乎肃清了所有南明势力，但郑成功和若干其他海盗集团依旧给新王朝海上和西南沿岸制造了严重的麻烦。为此，1661~1683年清政府实施了迁海令，迫使山东至广东沿海百万居民离开家园，放弃生计，内迁30~50里⑥。士兵竖起了界石、修筑沟渠、建界柱和瞭望塔，确保居民在界区内。禁

---

① 参见许文堂、谢奇懿：《大南实录清越关系史料汇编》，中研院东南亚区域研究计划，2000，第25页。李庆新：《濒海之地：南海贸易与中外关系史研究》，北京：中华书局，2010，第276~277页。
② 参见中国第一历史档案馆编：《清代档案史料丛编》第6册，北京：中华书局，1980，第248页。
③ 陈舜系：《离乱见闻录》，李龙潜编：《明清广东稀见笔记七种》，广州：广东人民出版社，2010，第29~32页。
④ 参见《钦县志》，第190页；《廉州府志》，北京：北京出版社，2001，第59~60页；康熙《澄迈县志（二种）》，海口：海南出版社，2006，第269、574、576~577页；樊庶纂修：康熙《临高县志》，海口：海南出版社，2004，第32、162页。
⑤ 蒋祖缘、方志钦：《简明广东史》，第327页。
⑥ 1里=0.5公里。对福建省的迁海令造成的破坏做了详尽的描述和深刻的分析，参见 Ho Dahpon David, "The Empire's Scorched Shore: Coastal China, 1633-1683", *Journal of Early Modern History* 17: 1 (2013), pp.53-74.

止居民进入界外居住、谋生以及出海捕鱼贸易，一旦发现均处死。因为广东的人们继续偷偷出海，1667 年清廷又命大臣至廉属沿海勘边界。①只有澳门、海南岛在禁令之外，尽管海南岛人可以留在沿海家园，却被禁止出海捕鱼贸易。②

严厉的迁海令使大量土地荒废将近 20 年。以吴川县为例，到 1664 年 586 个村庄的土地成为荒地。由于几十万人突然失去家园，失去其谋生渠道，许多人成为流民，打算加入土匪和海盗团伙。③迁海令破坏了海外贸易及整个社会的经济，许多历史学家认为这是造成 1661～1683 年所谓的"康熙萧条"的主要原因。④尽管 1669 年禁令有所放松，但是直到 1683 年平定台湾郑氏政权后才被彻底废止。⑤

同时，"藩王"之一的吴三桂在 1673 年公开声明反抗清廷，这标志着"三藩之乱"的开始，直到 1681 年才被镇压。这场叛乱开启南中国政治社会动荡另一时期。广东藩王尚可喜依然效忠于新王朝，但他的儿子尚之信不顾其年迈的父亲（不久后去世），于 1676 年春加入吴三桂叛乱。像许多人一样，尚之信在叛乱期间多次倒戈。吴三桂打着新周王朝的旗号，给其部众官衔。⑥在高州，1675～1676 年祖泽清放弃其清军总兵的职衔，响应吴三桂起义，先被封为"信委将军"，之后被封为"靖远侯"。与此同时，雷州和廉州军事要塞也发生起义，祖泽清任命这里的亲信为军政官。1677 年，尚之信薙发，重新效忠清王朝。广东西南部再次处于无政府混乱状态。1678 年，吴三桂死于痢疾，祖泽清

---

① 参见黄知元纂：《防城县志初稿》，广州：岭南美术出版社，2006，第 792 页；周硕勋修：乾隆《廉州府志》，第 63 页。
② 参见蒋祖缘、方志钦：《简明广东史》，广州：广东人民出版社，1993，第 330～331 页。
③ 陈舜系：《离乱见闻录》，李龙潜编：《明清广东稀见笔记七种》，广州：广东人民出版社，2010，第 34～36 页。
④ 参见 KishimotoNakayamaMio（岸本美绪）, "The Kangxi Depression and Early Qing Local Markets", *Late Imperial China* 10：2（1984），pp.227-256；Marks Robert, *Tigers, Rice, Silk, and Silt: Environment and Economy in Late ImperialSouth China*, pp.142-143, 153.
⑤ 参见广东省地方史志编委会办公室、广州市地方志编委会办公室编纂：《清实录广东史料》第 1 册，广州：广东地图出版社，1995，第 103、186、189 页；黄知元纂：《防城县志初稿》，广州：岭南美术出版社，2009 年，第 795、799 页。
⑥ 参见广东省地方史志编委会办公室、广州市地方志编委会办公室编纂：《清实录广东史料》第 1 册，广州：广东地图出版社，1995 年，第 121～123 页；WakemanFrederic, *The Great Enterprise: The Manchu Reconstruction of Imperial Order in Seventeenth-Century China*, Berkley & Los Angeles: The University of California Press, 1985, p.1101, 1109.

被捕押至京城，1680年与其全家被处死。①1680年，尚之信也结束了其在北京的牢狱生涯，自杀以谢其父。②清军随后在一年内平定叛乱。

在那个混乱无序的无政府时代，很难在清军或南明军队、反叛者、土匪、海盗和当地民兵之间做清晰的划分。事实上，如司徒琳所说，"缤纷复杂的活动"极大地模糊了人们的身份。无数来自军营的逃兵加入土匪、海盗集团，他们一直活跃在广东省一带。南明军与清军合作甚至将非法组织纳入自己队伍，这种情况并不少见。如马立博和其他学者所说，大多数情况下，效忠明朝的军队不会吸收民兵入伍，但经常会吸收大量的土匪、海盗及军队逃兵。③在广州战斗的清军也是如此。如上文提及的清廷在1647年利用海盗黄海如及其武装力量防卫雷州。1650年，围攻广州期间，尚可喜在当地海盗协助下海陆两路进攻广州城。三藩叛乱期间，情况更严重。祖泽清的军队沦为由逃兵、流氓、土匪、海盗混合的杂军。陈舜系描述了1679年吴川混乱的情景，士兵、乡勇、土匪、海盗彼此攻击，肆意抢掠乡村、城镇。④

民团的质量通常是最好的，主要由失业青年、当地恶霸以及文献所称的"光棍"或"烂仔"组成。事实上，以保卫本地区为借口，民兵经常被组织起来与敌对村落争斗，一雪前耻，雷州海口县就发生过类似情况。据当地绅士陈昌齐记载，他家附近有两个村庄：以谭姓家族为主的太平村和以冯氏家族为主的新桥村。在康熙时期（17世纪60年代初期）这两个村庄以抵抗海盗和土匪为理由，雇佣练佣、组织民兵与其他村落发生械斗。⑤有时当地民兵也会烧杀掠夺其长期敌对的临近村落，绑架妇女小孩，向其勒索赎金。⑥

---

① 参见广东省地方史志编委会办公室、广州市地方志编委会办公室编纂：《清实录广东史料》第1册，广州：广东地图出版社，1995，第127~128、132、135~136、138~139、142、146页；《清史列传》，台北中华书局，1963，第6658~6659页；陈舜系：《离乱见闻录》，参见李龙潜编：《明清广东稀见笔记七种》，广州：广东人民出版社，2010，第42~46页。
② Frederic Wakeman, *The Great Enterprise: The Manchu Reconstruction of Imperial Order inSeventeenth-Century China*, p.1117, 1119.
③ Marks Robert, *Tigers, Rice, Silk, and Silt: Environment and Economy in Late ImperialSouth China*, p.147.
④ 陈舜系：《离乱见闻录》，参见李龙潜编：《明清广东稀见笔记七种》，广州：广东人民出版社，2010，第45页。
⑤ 陈昌齐纂：《海康县志》，岭南美术出版社，2009，第264页。
⑥ 陈舜系：《离乱见闻录》，参见李龙潜编：《明清广东稀见笔记七种》，广州：广东人民出版社，2010，第22页；樊庶纂修：康熙《临高县志》，海口：海南出版社，2004，第154~155页。

四、杨彦迪是海盗

　　杨彦迪整个 40 年的成年生活是在极其混乱的环境中度过的。在这些动乱的年代，杨彦迪是一名令人生畏的海盗首领。他和他的哥哥杨三①很可能是在 17 世纪 50 年代开启他们的非法事业，成为土盗或土贼，也有可能 10 年前就开始骚扰北部湾附近的船只和村落。首先，他们经营着小型渔船，可能就如现在龙门港图片（图 3）所描述的那样。随着杨彦迪团伙规模变大，力量增强，他的攻击也变得更加明目张胆。1656 年，他发动了对海南岛同溪镇港口的袭击，并且引起政府的关注。他不仅抢掠停泊在港口岸的商船，而且还掠夺岸上的商铺、住宅，杀死了一些反抗的商人。②1658 年，他拥有 37 只船。两年后，继续对海南沿岸的村庄、船只进行掠夺。1661 年，他的船只增加到 20 艘，杨彦迪袭击了海南南端的下马岭黎村，绑架村庄首领林伍和十余名妇女，向他们勒索赎金。杨与其团伙还掠夺许多其他沿岸城镇、村落，绑架了 300 多名男女和小孩。1665 年，一帮海盗乘坐 13 艘船与杨彦迪兄弟联合掠夺海南沿岸的澄迈县蛋场，杀死 2 人，绑架 4 人向其勒索赎金，杨彦迪兄弟运营着中越边界基地。③

　　1656～1665 年，杨彦迪与其兄主要在海南和雷州半岛沿岸进行掠夺。17 世纪 60 年代初期，杨彦迪可能率领约 1000 名部众，发起一阵高效进攻，切断了广州与海南的联系。尽管历史文献中没有清楚记载这一点，但很可能在这段时期杨彦迪兄弟与邓耀、王之瀚、陈上川联系，也以龙门附近的某一岛屿作为

---

① 编者注：钱海岳先生著《南明史·杨彦迪传》谓："彦迪，茂名人。迁二，一名杨二。"则杨三为杨二的弟弟，此处及后文有误。
② 潘廷侯纂修：乾隆《陵水县志》，上海，上海书店出版社，2003 年，第 39 页；Niu Junkai&LiQingxin, "Chinese 'Political Pirates' in the Seventeenth-CenturyTongking Gulf", in *The Tongking Gulf through History*, edited by Nola Cooke, Li Tana, and James Anderson, Philadelphia: University of Pennsylvania Press, 2011, p.139.
③ 张嶲纂：《崖州志》，郭沫若点校，广州：广东人民出版社，1988，第 231～232 页；康熙《澄迈县志（二种）》，海口：海南出版社，2006，第 257 页；黄知元纂：《防城县志初稿》，广州：岭南美术出版社，2009，第 793 页。编者注：据康熙四十一年《澄迈县志》所记，杨彦迪兄弟转掠澄迈县蛋场事当在康熙十九年（1679）、二十年，同前一条康熙四年事并不相连，笔者似将前后两条史料误读。

图3 停泊在龙门港的渔船（2010年笔者摄）

其活动基地。①不管怎样，1661年清军将邓耀从龙门驱逐，杨彦迪可能逃往越南重整旗鼓。

然而随着邓耀遇害，杨彦迪却在北部湾声名鹊起。很快，他和他的军队重新占据龙门，在1663年仅一次被尚可喜驱逐。第二次据点丢失后，杨彦迪与其部众四周逃散。他的下属黄国琳率领约1000人进入广西，继续抢掠村庄，抗击清军，直到同年黄国林被处死。②杨彦迪兄弟和几个臭名昭著的海盗黄明标、冼彪等携其家人、部众一起逃至越南海牙港（很可能就在海阳省），并受到海牙州官潘辅国的庇护。他不仅给他们提供基地供其在北部湾继续探险，还资助其粮食、武器、船只。1666年清军前往海牙镇压杨彦迪与其同伙，潘辅国拒绝交出其客人，并关闭城门向清军开火。在北京朝廷的压力下，河内的越南国王被迫下令逮捕杨彦迪及其团伙。③

杨彦迪被迫离开越南，在1666年或1667年逃往福建和台湾，寻求郑氏政权的庇护。史料中再次提到杨彦迪是在10年之后。他和冼彪率舟师数千人，乘

---

① 参见陈公佩纂：民国《钦县志》，广州：岭南出版社，2009，第300页；Niu Junkai&Li Qingxin, "Chinese 'Political Pirates'", p.139.

② 参见陈公佩纂：民国《钦县志》，广州：岭南出版社，2009，第300、1087页；黄知元纂：《防城县志初稿》，广州：岭南美术出版社，2009，第793页。

③ 参见广东省地方史志编委会办公室、广州市地方志编委会办公室编纂：《清实录广东史料》第1册，广州：广东地图出版社，1995，第96~97页；Niu Junkai&Li Qingxin, "Chinese 'Political Pirates', p.139.

船80艘，从台湾返回北部湾，再取龙门。①5年后，杨彦迪以龙门为基地，多次向钦州、雷州、海南附近的城镇与船只发起袭击，并在这里不断与清军斗争。1678年，杨彦迪与当地海盗梁羽鹤抢掠雷州东海岸的定居点，封锁南渡河口。第二年，杨彦迪团伙乘坐大约40只船，抢劫海南西北沿岸的石礧和森山市，绑架妇孺勒索赎金。1680年和1681年，杨彦迪率领约100艘船进入临高县的石牌港进行烧杀抢掠和绑架，之后又在东水港和澄迈沿岸更加肆无忌惮地劫掠。②

1681年，清军进攻龙门并最终在第二年初将杨彦迪击败，驱出龙门。杨彦迪率领3000部众、70艘船再次撤退到越南，最终定居在湄公河三角洲美湫南部（离今天的西贡70公里），在那里受阮主的庇护。杨彦迪与其同伴定居在他们的新家园，从事商业、农业、渔业，偶尔也会掠夺过往的船只。为答谢阮主，杨彦迪与阮朝政敌柬埔寨作战，帮阮朝巩固控制越南南部。杨彦迪在1688年被其部下黄进杀死。③

笔者对杨彦迪的动机做了一个小小的推测。当然作为一名海盗，杨彦迪的掠夺出于简单的经济目的，但事实上却另有隐情。1656~1665年，杨彦迪与其团伙在海南沿岸抢掠活跃时期，正好是钦州附近包括龙门基地不断发生台风、洪涝、干旱饥荒时期。海南是南中国的"粮食基地"，全年生产谷物、蔬菜、水果、家畜，很少出现严重的食物短缺。此外海南岛偏远，疏于防守。因此，对于饥饿贪婪的海盗来说，相对容易攻取。例如，1659年廉州遭遇严重的饥荒，随之而来的是持续多年的流行病。食物短缺，米价涨到每斗三银币。④就在那年，杨彦迪团伙掠夺了海南岛黎村，饥饿的部众抢取大米、牛及其他家畜。1661年，杨彦迪抢掠番人塘和其他一些村落，绑架妇孺向其勒索谷物、家

---

① 参见黄知元纂：《防城县志初稿》，广州：岭南美术出版社，2009，第797~798页。
② 参见广东省地方史志编委会办公室、广州市地方志编委会办公室编纂：《清实录广东史料》第1册，广州：广东地图出版社，1995，第149、161~162、165~166页；陈昌齐总校：嘉庆《雷州府志》，广州：岭南美术出版社，2009年，第233页；樊庶纂修：康熙《临高县志》，第164、166页；康熙《澄迈县志（二种）》，第257~258页。
③ 参见黄知元纂：《防城县志初稿》，广州：岭南美术出版社，2009，第798页；SakuraiYumio, "Eighteenth-Century Chinese Pioneers on the Water Frontier of Indochina", in *Water Frontier: Commerce and the Chinese in the Lower Mekong Region*, 1750-1880, edited by Nola Cooke & Li Tana, MD: Rowman and Littlefield, 2004, p.40.
④ 参见陈公佩纂：民国《钦县志》，第1075页；周硕勋修：乾隆《廉州府志》，广州：岭南美术出版社，2009，第64页。

畜。也就是说，这是觅食性的袭击。①1677~1678 年，广东西部大部分地区出现严重的食物短缺。杨彦迪团伙再次劫掠了海南、雷州沿岸，为了寻求食物甚至封锁了雷州港口。②这说明杨彦迪对城市、港口市镇、集市、村落甚至一些军事基地多次发起攻击，是因为他的军事基地龙门在这段时期出现严重的食物短缺。这些袭击主要是为了生存。

五、杨彦迪是反叛者

在混乱的 17 世纪 50 年代，杨彦迪作为一名海盗和反叛首领出现，但是什么使他成为反叛者，他反抗的又是什么。在官方文献中，经常用"逆"表示"反叛"或"造反"，"逆贼""海贼"也经常混用。尽管反叛这个词至少在英语中表示推翻政府，但在中国不限于此义。事实上"逆"这个词有好几个意思，包括公开对抗政府及其他官员（但不一定表示推翻政府），试图刺杀皇帝和王室人员，企图玷污王陵；它还表示叛国潜逃，援助支持国外政权和首领。第一次将杨彦迪与反叛者或造反（逆）联系起来是在《清圣祖实录》的"康熙五年"条。它提到杨彦迪与其他一些海寇藏在越南，受到阮主的庇护。自 1678 年以后，《清圣祖实录》明确认为杨彦迪是海逆，开始在钦州抢掠。③

如何鉴定杨彦迪是反清叛贼？首先我们要弄清楚以下两个问题：第一，他是否与其他知名叛贼有联系；第二，他有过哪些实际行动。从根本上说，他与三个反清叛贼阵营有联系：龙门的邓耀、台湾的郑氏政权和广东西南部三藩叛乱的支持者祖泽清。尽管近年来有些学者，如郑广南、李庆新、顾诚认为杨彦迪是南明将领，是忠实的明末遗臣。④但是，笔者还没找到任何同时代的证据证明这一点。然而大多数文献提到他是邓耀的团伙或部下，清朝文献将他描述

---

① 参见张嶲纂、郭沫若点校：《崖州志》，广州：广东人民出版社，1988，第 232 页。
② 参见陈昌齐纂嘉庆《海康县志》，岭南美术出版社，2009，第 543~544 页。
③ 参见广东省地方史志编委会办公室、广州市地方志编委会办公室编纂《清实录广东史料》第 1 册，广州：广东地图出版社，1995，第 96~97、149 页。
④ 参见陈公佩纂民国《钦县志》，广州：岭南美术出版社，2009，第 300~301 页；钱海岳：《南明史》卷 2，北京：中华书局，2006，第 3174 页。

成"臭名昭著的海盗"(海贼或海寇)和"反叛者"(逆贼或海逆)。①笔者注意到只有陈舜系一人认为邓耀是1647年高州"起义"的首领。高州是邓耀的老家。杨彦迪可能是在17世纪50年代与龙门的邓耀建立起联系的。

在邓耀被击败处死后,杨彦迪逃至越南,之后又去了台湾,与冼彪一起追随郑经(郑成功的长子)。据民国及之后的一些文献记载,郑经任命杨彦迪为将军,更有文献说杨彦迪举起"反清复明"的大旗,尽管这时广东的南明反清势力几近覆灭。②一些大陆学者认为,郑经派杨彦迪回北部湾是为了开辟第二道沿海抗清前线。③然而假设郑经派杨彦迪至北部湾,那么更有可能是为了保护重要的贸易,确保台湾与越南、暹罗交流畅通。④另一种可能是郑经并没有派杨彦迪回粤西,仅仅是因为郑经遭遇挫败,杨彦迪主动离开他的阵营。很遗憾,1667~1677这10年有关杨彦迪活动的史料十分稀少。这是他在台湾跟随郑经的关键时期。

其他一些文献,如嘉庆《雷州府志》和杜臻的《粤闽巡视纪略》写道,杨彦迪与其同伙谢昌、梁羽鹤受祖泽清领导。祖泽清在17世纪70年代追随吴三桂反抗清朝。⑤但是与这些知名反清首领有关联,并不意味着杨彦迪是叛贼或举起"反清复明"的旗帜。毕竟,我们必须牢记在明清转换之际,南明郑氏集团以及之后的吴三桂军队是由大量的土匪、海盗组成。他们披着合法的外衣,用"义军"的名义继续其非法活动。

也许就像清政府一样,最好通过杨彦迪的活动来判定。假如杨彦迪是叛贼,那么我们就可以推测出他的攻击目标:清朝当局及其政权——城市军事据点——杀死清朝官员。1663年攻击雷州白鸽寨,斩守备房星以及其他军官士兵。⑥两年后在尚可喜的带领下继续与清军作战。1666年,如上文所提杨彦迪逃至越南受到国外官员的庇护,"背叛了他的国家"(逆)。之后,杨彦迪加入

---

① 参见陈昌齐总校:嘉庆《雷州府志》,广州:岭南美术出版社,2009,第60页;陈舜系:《离乱见闻录》,李龙潜编:《明清广东稀见笔记七种》,广州:广东人民出版社,2010,第35页。
② 参见陈公佩纂:民国《钦县志》,广州:岭南美术出版社,2009,第901页;黄知元纂:《防城县志初稿》,广州:岭南美术出版社,2009,第797页。
③ 参见李庆新:《濒海之地:南海贸易与中外关系史研究》,北京:中华书局,2010,第273页。
④ 感谢2012年11月4日私人交流中,杭行教授为笔者指出这种可能性。
⑤ 参见《雷州府志》,广州:岭南美术出版社,2009,第14页;李庆新:《濒海之地:南海贸易与中外关系史研究》,北京:中华书局,2010,第275页。
⑥ 参见《雷州府志》,广州:岭南美术出版社,2010,第21页;钱海岳:《南明史》卷2,北京,中华书局,2006,第3175页。

台湾郑经反清势力,并可能在郑经的支持下,重新返回龙门。杨彦迪与其部众再次在北部湾与清军大战。1677~1679 年,据说杨彦迪兄弟、谢昌联合黎人在韩有献领导下举行海南起义。杨彦迪军队从海上袭击琼州、澄迈、定安,韩有献则率领部众从陆上发起进攻。直到 1681 年黎乱得以平息。①1678 年,杨彦迪率军攻击钦州城墙,被清军击退。也就是在此时第一次明确提到杨彦迪是海逆。1679 年,杨彦迪占领清军在雷州海南的重要驻防要塞。②最终,其在 1680~1681 年撤退广南之前,袭击占领了清军在海口要塞,并俘获清军首领,之后又掠夺澄迈县。③

我们有确凿的证据证明杨彦迪与其部众攻击了清朝当局、军事据点,重创甚至杀死了大量的文武官员及士兵,清政府称他为叛贼(逆)。但是,从民国至今一些中国学者认为杨彦迪是反清复明的首领,这一说法难以让人信服。目前几乎没有证据证明杨彦迪是明朝遗臣。他最活跃的时期是 1650 年以后,但在 17 世纪 60 年代至 70 年代,南明政权已经被击败,复兴明朝仅是一场梦。正如一位学者所说"很少能看到义军。人们对明朝怀有思念,但却无人再开启战争模式"。更重要的是,还没有证据可以证明杨彦迪曾试图推翻清王朝,他与清朝的战斗被视为正当的自卫或者说是为了自己的生存采取先发制人的战略。

六、杨彦迪是英雄

假如杨彦迪是一名海盗,是什么让他成为"义士"(righteous warrior)? righteous 汉语为"义",据汉学家卜德(Bodde Derk)所解,"这种人的行为特征是意识到某些道德义务,努力行动做到最好"④。笔者认为这些都是崇高的

---

① 参见张嶲纂:《崖州志》郭沫若点校,广州:广东人民出版社,1998,第 232、272~273 页。
② 参见《雷州府志》,广州:岭南美术出版社,2010,第 26 页;广东省地方史志编委会办公室、广州市地方志编委会办公室编:《清实录广东史料》第 1 册,广州:广东地图出版社,1995,第 149、161~162、165 页。
③ 参见丁斗柄等纂:《澄迈县志(二种)》(康熙),海口:海南出版社地,2006,第 258 页;广东省地方史志编委会办公室、广州市地方志编委会办公室编:《清实录广东史料》第 1 册,广州:广东地图出版社,1995,第 177~178 页。
④ BoddeDerk,"Translating Chinese Philosophical Terms",*The Far Eastern Quarterly*,14:2(1955),p. 238.

理想,在现实生活中很少有人能做到。但是我们在这里将要讨论的是传说中的杨彦迪,以下现代作品里的插图(图4)描绘了这位"义士"。我们无法确切知道人们何时称他为"杨义"。尽管有关他的传说在20世纪30年代和40年代以文字形式出现,但肯定在这之前就以某种方式存在。钦州、城防附近当地人有口头传说的传统。一些学者已经证明,口头传说通常比文字传说历史悠久,有关杨彦迪的大部分故事就是靠世代口耳相传下来的,只有一小部分是用文字记录下来。很有趣地是,笔者在2010年10月和2011年7月对当地村民的采访中发现,人们通常只知道杨义这个名字,他们完全不知道他的真实姓名为杨彦迪。

图4 英雄杨彦迪插图(笔者收集)

在杨彦迪活着的时候或去世不久,他的故事就开始流传,地方志和个人笔记都有记载。尽管在早期记录的传说中,大多将其描述成邪恶的海盗,但偶尔也会暗含其正义、高尚的道德情操。这样的记述最早出现在19世纪末的海南澄迈县。1681年,当李朝钦16岁时,杨彦迪团伙袭击了他的村庄。据他记述，杨彦迪与其团伙残忍地对待村民，重殴其父，并向其勒索 300 银两赎金。李朝钦家境贫苦，无力支付，为了尽孝照顾受伤的父亲，自愿登上海盗的船，进入海盗的社会，在这里遭遇种种困难和侮辱。他为父亲坚定献身的精神深深打动了海盗首领杨彦迪，并最终在阳江沿岸附近释放了父子俩。尽管这是关于孝子李朝钦的故事，但我们也能从中瞥见杨彦迪的忠义之感与道德责任。[①]传说就是从这样的故事中诞生的。[②]

然而，笔者所看到或听到的大部分传说都将杨彦迪描述成有情有义的反叛者、明遗臣或反清英雄。有关杨彦迪故事的历史记载和口头传说最早出现在民国时期并一直延续至今。我们很难知道现在所流传的爱国者杨彦迪版本是否与两个世纪前所讲述的一致。虽然传说在不同时期根据不同的历史环境而变化，但这并不意味着清朝时期的传说没有将杨彦迪描述成一个正义的反清英雄，无论他是否真的如此。毕竟整个清代的南中国暗涌着一种反清复明的情感，主要表现为三合会传说与仪式。[③]

关于杨彦迪，我们最常听到的传说是他如何建造一座皇城，打造一个宫殿，修筑龙门岛基地运河。一些故事将他描述成明末将领，在北方被击败后，投靠南方的南明永历政权，并最终在龙门附近建立基地。还有一些传说认为，他是台湾郑成功的部下。另一些故事说，杨彦迪自立为王，当地人称其杨王。今天所有的故事都将他描述成"反清复明"的英雄。其所谓的城堡遗迹被当地人称为"王城"或"皇城"。[④]

在过去的几个世纪中一直流传着这样一个传说：在废墟中发现了帝王宝藏，包括大型陶制骨灰盒里装满铜币或一些传说中讲的银钱、玉块、古铜镜、纯金猫型雕像、金书。还有人说，金书埋葬在一棵神秘的树下，雨天不会被淋湿，夏季不会变热，冬季不会受冷；这本书由一张或几张写有古体的金页组

[①] 参见谢济韶修、丁宗增纂：嘉庆《澄迈县志》卷七《人物志》，广州：岭南美术出版社，第 453~454 页。

[②] 有趣的是 19 世纪晚期，就在同样的地区（钦州、防城）出现近代英雄刘永福，和杨彦迪一样刘永福之前是海盗和反叛者，因其在此抵抗法国帝国主义成为一名爱国民族英雄。

[③] 参见 Antony Robert,"Demons, Gangsters, and Secret Societies", *East Asian History*, 27 (2004), pp.71-98; Ter HaarBarand, *Ritual and Mythology of the Chinese Triads: Creating an Identity*, Leiden: Brill, 1998.

[④] 笔者 2010 年 1 月在钦州、2011 年 6 月在防城的田野调查。

成。一些人说，这本书实际上是诏旨，作为杨彦迪效忠明王朝的赏赐。还有人说，这出自杨彦迪之手，宣布其称王合法化。尽管这片废墟被认为是风水宝地，但附近一些村庄里无人敢在这里居住工作。①

村民认为杨彦迪在龙门附近至少修了两条运河，分别是杨窖、皇帝沟。还有一些其他称法。据村民说，笔者在 2010 年看到的这条运河（图 5）最初长约 12 公里，一直发挥着作用。抗日战争的时候，它成为秘密抵抗日寇的一道新屏障。这条运河被认为是杨彦迪为生存与清军殊死战斗而建。因为无路可逃，他在其城堡附近最高处建立了一个祭坛，向玉皇大帝、龙王、山地神（在其他故事中他还向天主祷告）祈祷，为其开辟一条逃跑路线。杨彦迪的正义之战——抵抗外来侵略者感动了上天，他便在夜晚派 40 名天兵下凡开凿运河，之后又下了一场暴雨，帮助杨彦迪及其部下逃往大海。②

图 5　杨义渠　（2010 年笔者摄）

这样的传说揭示了一点：人们共同称杨彦迪为"正义英雄"。他有招来神灵的神奇力量，这些神灵助其成就仁德，抵抗外来侵略。这些金、银、玉宝藏有两种解释：一方面可以视之为南明皇帝赏赐给杨彦迪的宝物，作为其效忠明王

---

① 笔者 2010 年 1 月在钦州、2011 年 6 月在防城的田野调查，文字记载参见《防城县志初稿》，第 1127~1132 页。
② 笔者 2010 年 1 月在钦州、2011 年 6 月在防城的田野调查。另参见《钦县志》，第 946~947 页。1946 年《钦县志》记载了另一种传说，杨彦迪建造运河不是为了逃避清军，而是方便其通向大海，这样他就可以掠夺船只和村庄。还有一种传说认为，运河非杨彦迪所建，是东汉伏波将军马援为了安抚南粤和越南北部所建，参见《钦县志》，第 946 页。

朝的回报；另一方面，它们可能只是杨彦迪团伙多年从事掠夺探险的战利品。后一种解释并没有损害杨彦迪在人们心目中英雄的形象。杨彦迪是贫民成为正义海盗英雄的成功典范，也许这位"社匪"是劫掠有钱有权的人来救济穷人的。

七、结　论

纵观历史，北部湾地区有着"动荡的海上边界"之称，海盗、走私、武装叛乱常年如故。其远离中央王朝，海岸线漫长，有无数的海湾、岛屿及密集的红树林沼泽地，为非法活动提供了地缘政治条件。直到近年，这里依旧是海盗的活动中心，并常常与边界两端的官员相勾结。以20世纪90年代为例，海盗船只经常在北海湾出没，并在中国军队和海关的监督下被重新粉刷、改装和命名，某些官员还为海盗护航以换取战利品。[1]即使在今天，尽管大多数海盗已经消失，这片海域依旧是走私地带。事实上，这片区域仍然保留着过去混乱无序的边界特点。

海盗在这片海湾的政治、经济、社会历史发展中扮演着重要的角色。政治上，多种政治势力支持着海盗，授予其官职，为他们提供避难所以及供应他们船只。作为回报，海盗为其支持者提供军事援助并与其分享战利品。对于南明和台湾的郑氏政权，北部湾成为其抗击清政府的第二海上前沿和重要的贸易出口地。在越南，流亡海盗杨彦迪为阮主巩固湄公河三角洲地区发挥了重要的作用。经济上，纵观整个17世纪，贸易、走私、海盗经常混杂，难以区分。暴力不仅是海盗一大特色，通常也是贸易的一个特点。虽然许多人深受其害，但还有一部分人从战争和海禁中获利。在社会上，海盗为改善众多边界人民的社会地位提供了机会，至少在自我认知上发生了变化。政治认可使一些海盗首领身份合法化，拥有目标与责任感，超越了掠夺与杀戮。杨彦迪成为"正义英雄"。17世纪末，杨彦迪与其他明朝遗臣逃至越南，他们从海盗立即转变为备受尊重的商人和杰出的社会精英。至少在（陈上川）个案中以至于被神化了。

事实上，杨彦迪既是历史人物也是历史传奇。对于清朝作家而言，杨彦迪

---

[1] Stewart Douglas, *The Brutal Seas: Organized Crime at Work*, Bloomington, IN: Author House, 2006, pp.211-247.

仅仅是一名暴力罪犯——海盗和反叛者。他和其同党造成社会动乱。官员们掌控着如彗星和日食的占星预兆,声言这预示着杨彦迪之类的海盗会垮台。在他们倒台不久后,这些征兆恰证明了清廷受上天的指令。然而在 20 世纪,民国的民族主义作家(1946 年《钦县志》中提到他们),之后顾诚、李庆新都将杨彦迪描述成"反清复明英雄"。对他们来说,日食彗星这些征兆,预示着清朝会灭亡。1946 年《钦县志》作者说,清前期的地方志中仅把邓耀和杨彦迪看成是海盗这是不对的,因为他们反抗清朝统治者,是一场正义之战,所以应该将他们称为民族英雄。①对大众来说,传说首先是由讲述者口头传下来,之后被民俗学者和宣传家记录下来。它们都是历史的补充,过去诸多关于杨彦迪的版本将其树立成一名正义英雄,根据传说是上天支持杨彦迪而非清朝。

杨彦迪生活在多事之秋,他的整个 40 年成年生活是在巨大的社会动荡中度过的——就像司徒琳所说的大变动。我们无法知晓杨彦迪的感受、想法和信念,但我们明白在这样的环境下,很难将海盗、反叛者、英雄做清楚地划分。身份是模糊的,一直变化的,这并不是说中国文献是不一致的和矛盾的。恰恰相反,像海盗、土匪、罪犯、反叛者(寇、贼、逆)这些传统的中国词汇通常表述相同的意思,可以任意互换。例如,官方称杨彦迪为海寇,将其确定为海盗和反叛者。1678 年,杨彦迪与其同伙在高州、雷州、廉州沿岸抢掠时,官府用逆贼、海贼来描述他们。然而,杨彦迪是不会自称或自视为海盗或反叛者的。尽管,我们无法肯定但可以轻易猜想到,与大多数人观点的一样,杨彦迪认为自己是个正义英雄。

"Righteous Yang": A Pirate, Rebel and Hero on the Sino-Vietnamese Water Frontier, 1640-1688

Robert Antony

Abstract: In Vietnamese history Yang Yandi is known as a Ming refugee who, under the direction of the Nguyen lord of Cochinchina, settled in the Mekong

---

① 参见民国《钦县志》,广州:岭南出版社,2009,第 192、902 页。

Delta, where he helped to establish the town of My Tho. Prior to taking asylum in Vietnam as a Ming loyalist, he had a colorful career as a pirate, rebel and local hero. This paper is a case study of this little known but important figure, known variously as Yang Yandi, Yang Er, and more colloquially as "Righteous Yang" (Yang Yi). My focus is on his multiple identities as a pirate, rebel and hero. Born in southwestern coastal China in the early seventeenth century, he made a name for himself during the turbulent Ming-Qing transition in Beibu Gulf, a nebulous water frontier separating Vietnam and China. Based on written historical documents, including *Qing Archives*, the *Veritable Records of Vietnam and China*, and local gazetteers, as well as fieldwork in the region conducted over the past six years, I argue that piracy, in its multiple forms, was a persistent and intrinsic feature of this water frontier and that it was a dynamic and significant force in the region's history and development. Yang Yandi, who began his outlaw career as a local, petty pirate in the 1640s, became the most influential and formidable pirate in the gulf between the 1650s and 1680s. At the same time he also became involved in the anti-Qing resistance movements. In the 1670s, he collaborated with the Zheng regime in Taiwan, and after the latter's demise Yang led several thousand followers back to the gulf where they established bases on Longmen and nearby islands. In 1682, when the Qing military finally drove the pirates from their bases, Yang led about 3,000 followers to Vietnam, finally settling at My Tho. In 1688 a subordinate assassinated Yang in an apparent power struggle. This was an age of chaos and anarchy, a time when individuals like Yang Yandi could possess many identities and affiliations. In the late seventeenth century the Beibu Gulf became a haven for pirates, rebels and refugees.

Key Words: Yang Yandi; Yang Er; Yang Yi; Beibu Gulf

清前中期闽粤海盗活动对外贸的影响

刘 平 夏 坤[*]

唐宋以降，历代王朝的海洋观、对外政策均有变化，即使是实行海禁——闭关锁国政策时期，也存在朝贡贸易、民间贸易和走私贸易等形式，使中国与海外保持有限度的联系。[①]清朝开国，因台湾郑氏政权"反清复明"，实施禁海、迁界，等到施琅收复台湾，政策稍宽。在清代前中期，闽粤之人因生计或政治原因而渡台海、下南洋者（前期属偷渡），源源不断，由移民而贸易，由贸易而移民，形成了清代前中期海峡两岸与中外关系的特殊景象。

闽粤两省，海外贸易历史源远流长，广州、泉州、漳州等港口，经过历朝历代的发展，到清朝时已成为对外贸易的重要港口。尤其是广州，在清廷将四口通商（江浙闽粤四海关）变为"一口通商"后（实为将对南洋、西洋贸易限于广州一口[②]），奠定了广州在对外贸易上的地位。较早的开放也影响到闽粤两省经济结构的变化：从事商品贸易的商人增多，势必减少参与农业生产的人数；由于商品经济的刺激，越来越多的农民由种植粮食作物转为种植经济作物；福建、广东两省本地稻米产量无法满足消费需求；清朝人口不断增加，以及天灾人祸的影响，粮食的调拨、进口对两省的粮食补给就显得尤为重要。从

---

[*] 刘平，复旦大学历史系教授、博士生导师；夏坤，山东大学历史文化学院博士生。
[①] 从中国沿海港口，经由南海，进入印度洋，航行到达波斯湾和阿拉伯半岛的海上丝绸之路，从唐朝开始不断发展，航行线路也不断拓展，在元朝时达到鼎盛，其后在明清时期走向衰落，但并未消失，反而在不少时候因民间贸易—走私贸易而活跃，随着欧洲人的到来，中外贸易开始发生根本性的改观。
[②] 也就是说，学界以往所认为的江浙闽三关被裁撤有误，相关讨论参见王宏斌：《乾隆皇帝从未下令关闭江、浙、闽三海关》，载《史学月刊》2011年第6期。本文在行文中，仍然取"一口通商"之说。

国内来讲，一般从台湾、广西等地往两省调拨粮食，后来暹罗等国稻米进口日渐重要，大量米船活跃于从闽粤沿海到东南亚各国的航线上。随着米船而来的还包括其他商品。

来来往往的船只，曾引起海上劫掠者的注意。闽粤海盗之大兴，与明末林道乾、林凤、郑芝龙等集团大有关系，至清嘉庆年间，广东的郑一、张保仔、郭婆带、乌石二等海盗集团，福建的蔡牵、朱濆等海盗集团，其所作所为引起海疆不靖。安乐博（Robert J. Antony）说过："1520～1810 年是中国海盗的黄金时代，中国海盗无论在规模上，还是在范围上，一度都达到了世界其他任何地方的海盗均无以匹敌的地步。"① 在清代前中期，闽粤海盗的主要抢劫目标是往返于中国与东南亚沿海的米船，以及活跃于这一海域的其他商船。本文拟通过这一时期的海盗活动，透视沿海的社会、市场与海外贸易的变化。

一、清代外贸政策与闽粤地方经济

中国传统农业社会自给自足式经济的发展，在没有天灾人祸（如战争、灾荒）的影响下，其内部生产可以满足百姓的基本生活需要，即使在清朝前中期，如果不与国外互通贸易，清朝内部也可以达到自给，因而清朝统治者具有一种心理优越感，当然这种优越感在以前各朝也同样存在。由此，清朝从心理上偏向于实行一种比较保守的贸易政策。还有一个重要原因（并且是主要原因），清初效忠明朝的郑成功活跃于东南沿海一带，清廷为了防范郑氏，断绝沿海居民与其往来，采取"海禁""迁海"等政策。清廷采取这种保守政策，自然是从政权稳定方面考虑的。

清朝立国，活跃在福建、台湾沿海一带的郑成功反清集团成为一个巨大威胁，由于一时没有足够力量消灭郑氏集团，清廷首先想到的是断绝沿海居民与郑氏集团的往来。顺治十三年（1656）颁布禁海令："凡沿海地方口子，处处严防，不许片帆入口。"② 在实施禁海令后，辅之以迁海措施。顺治十八年（1661），清廷采取暴力手段，强制沿海居民内迁，造成流亡人口增多，大片耕

---

① 安乐博：《中国海盗的黄金时代：1520～1810》，王绍祥译，《东南学术》2002 年第 1 期。
② 《钦定大清会典事例》卷七百七十六《刑部·兵律关津（私出外境及违禁下海二）》，光绪重刻本。

地荒废，对外贸易受到较大影响等一系列不良后果。康熙二十三年（1683），清廷平定"三藩之乱"以及收复台湾后，宣布开海贸易，"谓于闽粤边海民生有益，若此二省民用充阜，财货流通，各省俱有裨益"。①次年（1684），清廷指定广州、漳州、宁波、云台山四地为对外贸易港口，设立粤海关、闽海关、浙海关、江海关来管理对外贸易，但此时的对外贸易仍然是有限制的。康熙五十六年（1717），清廷再度紧张，害怕频繁进行海外贸易的汉人会与海外人士联合反清，遂颁布"南洋禁海令"："凡商船照旧东洋贸易外，其南洋吕宋、噶啰吧等处，不许商船前往贸易，于南澳等地方截住。令广东、福建、沿海一带水师各营巡查，违禁者严拏治罪"②。这一禁令使得对外贸易大受影响。后来，由于担心西方人不断北上，造成不良后果，乾隆二十二年（1757），清廷谕令由广州粤海关专门负责与南洋、西洋的贸易往来，其他三处海关负责东洋贸易。③清廷对贸易物品的种类也做了比较严格的规定，设立公行制度，由广州十三行负责外贸事务，这一政策对广州的发展影响深远。简要来看，我们可以把清代前中期的对外贸易分成清初海禁时期（1644~1684）、四口通商时期（1684~1757）以及广州一口通商时期（1757~1842）。

因为地理优势与清廷政策，闽粤两省成为清朝对外贸易的门户，商业贸易发达，但由于两省的自身条件，重商格局使其经济结构存在着缺陷。

随着中国经济重心的南移，闽粤地区不断得到开发，商业贸易发达，全国各地的手工业产品，如丝绸、瓷器等，由陆路集中到这里，再运往海外进行贸易。从海外进口的商品也从这里运往全国各地，闽粤成为商品经济的集散地，其强大的吸附、带动能力对两省乃至内陆省份的经济发展，起到极大的推动作用。便利的自然条件使得闽粤沿海一带造船业、运输业、渔业发达。重视商品贸易，使得闽粤两省的商人群体不断增多。但是由于自然条件与经济环境的影响（尤其是福建，山多地少，限制了粮食作物的种植；广东除了珠江三角洲外，也是山多地少），粮食的供给越来越依靠外省的输入。乾隆时期广东巡抚

---

① 《清实录》第 5 册《圣祖实录（二）》卷一百一十六，北京：中华书局，1985，第 212 页。
② 《清实录》第 6 册《圣祖实录（三）》卷二百七十一，北京：中华书局，1985，第 658 页。
③ 据称："向来洋船俱由广东收口，经粤海关稽察征税。其浙省之宁波，不过偶然一至。近年奸牙勾串渔利，洋船至宁波者甚多，将来番船云集，留住日久，将又成一粤省之澳门矣。于海疆重地，民风土俗，均有关系。是以更定章程，视粤稍重，则洋商无所利而不来，以示限制，意并不在增税也。"参见《清实录》第 15 册《高宗实录（七）》卷五百三十三，北京：中华书局，1986，第 721 页。

孙士毅分析道："粤东地方，每岁所产米谷，不敷民食，全赖粤西谷船为接济。其故缘粤东山多田少，地接海洋，其为山占者十之三，其为水占者又不啻十之四。可耕之土，本属无几，而民居繁庶，商贾充盈。就广州一府而论，需米之多，又数倍于他郡。偶遇粤西谷船稀到，粮价即不免骤昂。"①

清朝稳定以后，闽粤两省人口不断增加。更重要的是，随着经济不断发展，两省沿海地区的商品经济吸引了更多此前从事农业的民众的加入。雍正时期的广东巡抚杨永斌曾说："粤东生齿日繁，工贾渔盐樵采之民，多于力田之民，所以地有荒芜，民有艰食。"②参与到商品经济结构中的劳动者，或者由种植粮食作物改为种植经济作物（经济作物利润更高），或者干脆放弃农业生产，由此导致粮食产量的减少。雍正五年，广西巡抚韩良辅曾奏称："广东地广人稠，专仰给广西之米，在广东本处之人惟知贪财重利，将地土多种龙眼、甘蔗、烟叶、青靛之属，以致民富而米少。"③

闽粤两省缺粮情形，尤以福建的漳州、泉州，广东的潮州、嘉应州、广州为严重，一地粮食的调动往往会对全省乃至更大范围的粮食市场造成影响。漳州、泉州两府位于福建南部，是清代国内最严重的缺粮地区之一，其米粮主要依靠从台湾的船运以及从苏州、浙南转运的长江中上游的供应，但也从毗邻的广东潮州府购粮。④屈大均曾分析广东稻米产量少的原因：

> 东粤固多谷之地也，然不能不仰资于西粤，则以田未尽垦，野多汙莱，而游食者众也。又广州望县，人多务贾，与时逐以香、糖、果、箱、铁器、藤、蜡、番椒、苏木、蒲葵诸货，北走豫章、吴、浙，西北走长沙、汉口，其黠者南走澳门。至于红毛、日本、琉球、暹罗斛、吕宋，帆踔二洋，倏忽数千万里，以中国珍丽之物相贸易，获大赢利。农者以拙业力苦利微，辄弃耒耜而从之。⑤

---

① 孙士毅：《请开垦沿海沙坦疏》，贺长龄辑《皇朝经世文编》卷三十四《户政九·屯垦》，收入沈云龙主编《近代中国史料丛刊》第74辑，台北：文海出版社，1966，第1247页。
② 杨永斌：《请轻科劝垦疏》，贺长龄辑《皇朝经世文编》卷三十四《户政九·屯垦》，第1236页。
③ 《清实录》第7册《世宗实录（一）》卷五十三，北京：中华书局，1985，第810页。
④ 陈春声：《市场机制与社会变迁——18世纪广东米价分析》，北京：中国人民大学出版社，2010，第23页。
⑤ 屈大均：《广东新语》卷十四《食语》，北京：中华书局，1997，第371~372页。

如果广西方面因为天灾人祸而缺粮，必然促使广东实施粮食的跨地区调拨乃至进口。

清前期，福建所需稻米主要来自台湾，而广东所需稻米主要来自广西。清朝收复台湾后，将台湾划归福建省管辖。清初，台米通常不许外运，经有关官员不断上奏，台米才开始运往大陆。雍正四年（1726）高其倬奏称：

> 台湾地广民稀，所出之米，一年丰收，足供四五年之用，臣查开通台米，其益有四：一、漳泉二府之民，有所资籍，不苦乏食。二、既不苦米积无用，又得卖售之益，则垦田愈多。三、可免漳泉台湾之民，因米粮出入之故，受胁勒需索之累。四、漳泉之民，既有食米，自不搬买福州之米，福民亦稍免乏少之虞。①

台米开通之初，仅仅限于运往福建一省，后来这项禁令逐渐失效，如康熙六十年（1721），广东地方官奏称，"有台湾单桅小舡三十余只，每只有五六人，附载豆、谷等物，陆续收入澄海县港"；"据称原系潮州各县民人，向在台湾近港转载米谷生理"。②据此可见，台米在闽粤沿海一带有较大的输入。后来，产量充盈的台湾稻米，除满足本地需求、用来接济粮食不足的地区外，还被充作军饷。

虽然有台湾稻米的运入，但是清初以降广东所缺稻米主要依靠广西的接济，如康熙五十四年（1715）六月至十二月，"查广西米谷船只从梧州、浔州江口往广东者，共有陆拾壹万捌千余石"。③雍正十年（1732），广西巡抚金鉷曾奏称，"每岁各处往东米谷约计百万有余"。④到乾隆年间，"西省米谷之贩运东省者，每日过关约有数千石"。⑤但是广西、台湾大米并非一个稳定来源，随着社会渐趋稳定，广西、台湾地区的人口也在不断增加，并且天灾人祸不时地影响稻米的生产，其稻米产量不再足以接济其他地区。在这种情况下，闽粤两省不得不寻找新的粮食供应地。

---

① 连横：《台湾通史》卷二十七《农业志》，北京：人民出版社，2011，第481页。
② 中国第一历史档案馆编：《康熙朝汉文朱批奏折汇编》第8册，北京：档案出版社，1985，第800～801页。
③ 中国第一历史档案馆编：《康熙朝汉文朱批奏折汇编》第6册，第746～747页。
④ 台北"故宫博物院"编辑委员会编辑：《宫中档雍正朝奏折》第20辑，1982，第384～385页。
⑤ 台北"故宫博物院"编辑委员会编辑：《宫中档乾隆朝奏折》第12辑，1982，第99页。

面对比较严峻的粮食问题，暹罗等东南亚国家产量丰富、价格便宜的稻米引起了清廷的注意，开始在粮食进口方面采取比较宽松的政策，鼓励从暹罗等国进口稻米。康熙六十一年（1722）曾下诏："暹罗国人言其地米甚饶裕，价值亦贱，二三钱银即可买稻米一石。朕谕以尔等米既甚多，可将米三十万石分运至福建、广东、宁波等处贩卖。"①正式从暹罗进口粮食始于雍正二年（1724年）。②雍正年间，中暹稻米贸易态势良好，并一直维持到乾隆年间，如乾隆七年（1742），广东巡抚王安国奏称："准暹罗国昭丕雅区沙大库咨呈，该国王遣船一只，载米三千七百余石并货物来广发卖。"③与其他国家的稻米贸易也颇为良好，福州将军沈之仁曾奏称：

> 本年闽省洋船，因停止往贩噶喇吧货物减少，俱各带运米石回棹。现在进口三十八船，查验起卸食米，已共有四万八千九百余石，即在漳、泉一带粜卖，甚于民食有益。④

清廷还颁布具体条例，鼓励洋船装载稻米进口，"外洋货船带米一万石以上者，免其船货税银十分之五；带米五千石以上者，免其船货税银十分之三"。⑤同时，清廷不仅欢迎暹罗等国商人运进粮食，也鼓励国内商人前往东南亚国家进口粮食，并且根据进口的稻米量给予相应奖励。乾隆二十五年（1760），浙闽总督杨廷璋奏称：

> 凡内地商民有自备资本，领照赴暹罗等国运米回闽粜济，数在两千石以内者，循例由督抚分别奖励，如运至两千石以上者，按数分别生监、民人，奏请赏给职衔顶戴。⑥

---

① 《清实录》第 3 册《圣祖实录（三）》卷二百九十八，北京：中华书局，1985，第 884 页。
② 汤开建、田渝：《雍乾时期中国与暹罗的大米贸易》，《中国经济史研究》2004 年第 1 期。
③ "乾隆七年八月二十九日广东巡抚王安国奏"，《历史档案》1985 年第 3 期。
④ "乾隆七年九月二十日福州将军沈之仁奏折"，《历史档案》1985 年第 3 期。按：噶喇吧即巴城，今印尼雅加达；引文中所谓"因停止往贩噶喇吧"，指的是本年因为"噶喇吧番目戕害汉人"之事而一度中止与彼邦贸易，参见《清实录》第 11 册《高宗实录（三）》卷一百七十六，北京：中华书局，1985，第 264 页。
⑤ "乾隆十二年正月二十日福建巡抚陈大受奏折"，《历史档案》1985 年第 3 期。
⑥ "乾隆二十五年十一月十六日闽浙总督杨廷璋奏折"，《历史档案》1985 年第 3 期。

各种优惠政策的实施,使得活跃在南中国海洋面的米船数量不断增多。

这一时期,稻米的进口来源并不局限于暹罗,也包括安南、吕宋、噶喇吧等地。十九世纪上半叶是中暹大米贸易的高峰阶段,当时暹罗农业生产的恢复和中国社会、经济危机的加深,刺激着暹米进口数量逐渐上升,常年进口数量大概有数十万石,最高可能达到过七十余万石左右。[①]可以说,清代前中期活跃在闽粤沿海至东南亚沿海这一地区的米船几乎没有中断过,当然还有其他货船。

在传统海上世界,有贸易必存在抢劫。清代前中期,闽粤沿海一带海盗活跃。所谓海盗,是指那些脱离或半脱离生产活动(尤其是渔业生产)、缺乏明确的政治目标、以正义或非正义的暴力行动反抗社会、以抢劫勒赎收取保险费为主要活动内容的海上武装集团。[②]最初,海盗进行海上抢劫,直接目标是解决自己的温饱问题,米船必定成为海盗们的猎物。一些大型米船或许有能力保护自己船队的安全,但一些力量较弱的米船队,很容易成为海盗劫掠的目标。而这一海域的海盗活动,从明末到清前期,主要以郑氏集团为主,至于清中期,广东红旗帮、黑旗帮等海盗,以及福建的蔡牵、朱濆等大股海盗,声名昭著。在清前期到中期的长时段里,那些规模较小的海盗团伙,更是数不胜数。

二、闽粤海盗的发展及其对米船的劫掠

以往史学界总是把盗匪、农民叛乱视为阶级矛盾的产物,这种观点在学术研究日益多元化的今天看来,很是偏颇。[③]可以说,海盗活动是社会边缘人群的一种生活方式,也是对正常社会秩序的一种扰乱。从清代前中期闽粤海盗活动的总体情形看,除了郑氏集团的割据之外(或说是孤悬海外),一般海盗活动并没有发展成叛乱。海盗活动的猖獗并不是单一因素导致的,这与沿海生态环境(社会生态、自然生态、人文生态)有着很大关系。当然,那些富有魅

[①] 郭净:《清代泰米进口对中泰民间贸易的影响》,《东南亚》1988 年第 1 期。
[②] 刘平:《清中叶广东海盗问题探索》,《清史研究》1998 年第 1 期。
[③] 刘平:《嘉庆时期的浙江海盗与政府对策》,《社会科学》2013 年第 4 期。

力的海盗首领所起的作用也不容忽视。①

闽粤沿海，海岸线漫长，岛屿密布，便于停泊的港口众多，海域广阔，为海盗活动提供了得天独厚的自然条件。陈伦炯针对广东沿海形势，曾说：

> 岛屿不可胜数，处处可以樵汲，在在可以湾泊。粤之贼艘，不但艚（应为"舟曾"合字）艍海舶，此处可以伺劫，而内河桨船橹船渔舟，皆可出海，群聚剽掠。②

其他如闽省、浙省亦复如此。

有利的地理位置，距离政治中心北京遥远，政府军队的力量相对薄弱，水师建设相对迟缓，战船、兵器更新换代较慢（有时甚至落后于海盗的军事力量），这些都是有利于海盗活动蔓延的客观条件。

东南沿海地区具有发达的商品经济，往返于闽粤沿海一带的商船数量众多。清朝稳定后，经过发展，"百数十年来休养生息，民物滋丰，诸番来朝，货贝云集，鱼盐蜃蛤之利甲于天下，洵海上之乐土也"。③如果说小规模海盗的存在是边缘人群为了摆脱贫穷饥饿的自然反应，那么，发财致富乃是海盗活动大发展的经济动因。

闽粤地区重视贸易的传统，使得社会贫富差距加大；苛捐杂税较多，导致人们谋生困难；清朝物力丰富，但政治黑暗，一般百姓往往遭遇不公，这些因素使得那些边缘人群很容易走上为盗之路。嘉庆帝也承认："洋盗本系内地民人，不过因糊口缺乏，无计谋生，遂相率下洋，往来掠食。"④人口日益增多，人地矛盾日益严重，并且在禁海政策影响下，温饱问题的紧迫性也是一个重要因素，"粤东人多田少，半食鱼盐之利，概行禁绝，则贫民无以为生，从贼益众"。⑤

---

① 正如我们曾经说过的，"领袖的魅力总是导致动乱、叛乱发生的最重要因素"，参见刘平：《文化与叛乱——以清代秘密社会为视角》，北京：商务印书馆，2002。
② 陈伦炯：《天下沿海形势录》，贺长龄辑《皇朝经世文编》卷八十三《兵政十四海防上》，第2942页。
③ 程含章：《上百制军筹办海匪书》，载贺长龄辑《皇朝经世文编》卷八十五《兵政十六海防下》，第3064页。
④ 王先谦：《东华续录》，嘉庆十五年三月。
⑤ 程含章：《上百制军筹办海匪书》，载贺长龄辑《皇朝经世文编》卷八十五《兵政十六海防下》，第3072页。

海盗首领的聚众能力也成为人们下海为盗的推动因素，尤其是闽粤沿海，容易遭受台风等自然灾害，受灾后政府救济不力，"贼首沿海一招，从者如蚁"。①福州将军魁伦曾向嘉庆帝奏报："查闽省近来洋盗充斥，兼漳、泉被水后，失业贫民不无出洋为匪。"②海盗队伍的壮大，还与勒逼受害者加入有关。

清初郑氏集团覆灭后，闽粤海域在很长时间里都没有出现大型海盗集团，但零星海盗活动不断，对航行在这一海域的贸易船只不断进行着骚扰。直到乾嘉之交，大型海盗集团才重新崛起。

乾嘉之际，是清朝社会发展的分水岭，清朝由盛转衰，政府控制力不断减弱，国内矛盾不断激化，各地起义不断，尤其是台湾林爽文起义（1787~1788）、川楚等省白莲教起义（1795~1804）、广东天地会起义（1802~1803），使清廷疲于应付。这一背景给闽粤海盗的发展提供了契机。

导致乾嘉之际海盗活动发展，并在嘉庆年间壮大的另一个重要原因是越南西山军叛乱。十九世纪七十年代，统治越南的黎朝衰微，以阮文惠为首的西山农民军发动叛乱，并且打败清朝援军，建立西山政权，清廷不得不承认其政权的合法性。由于西山政权没有经济基础，亟需钱财进行建设的西山政府遂笼络、招募海盗，前往中国闽粤浙等沿海一带进行抢劫，所夺财物运回越南，西山政权不但装备海盗的船只、武器，并且给海盗封官赐爵。陈添保、莫官扶、郑七等中国海盗在西山政权的支持下，实力迅速发展，不时侵扰中国海域，并且与中国海盗，如闽浙沿海的凤尾帮、水澳帮等相互勾结。一时间，浙江土盗、福建洋盗与越南夷盗三股势力相互交织，造成了自平定郑氏以来最为严重的海上危机。③但好景不长，嘉庆七年（1802年），西山军被阮福映军队打败，西山政权灭亡，失去庇护的海盗纷纷逃回中国，导致嘉庆年间海盗活动迅速走向鼎盛。

西山海军将领郑七首先在粤洋崛起，其海盗集团一度达到万余人、船数百艘的规模。1807年，郑七继任者郑一亡，接替其位子的是其妻郑一嫂以及养子张保。在郑一嫂与张保的领导下，粤洋海盗势力达到了顶峰，各帮海盗以红、

---

① 程含章：《上百制军筹办海匪书》，载贺长龄辑《皇朝经世文编》卷八十五《兵政十六海防下》，第3065页。
② 《清实录》第28册《仁宗实录（一）》卷二，北京：中华书局，1986，第90页。
③ 刘平：《嘉庆时期的浙江海盗与政府对策》，《社会科学》2013年第4期。

黄、青、蓝、黑、白旗为名号，著名海盗头目有张保、郭婆带、乌石二、吴知青、梁保、李尚青等人。粤洋旗帮海盗势力强大，仅张保红旗帮海盗在1810年4月投降时，就有17 318名海盗，连同226艘帆船、1315门火炮、2798件其他武器。① 在那些年里，粤洋旗帮海盗横行于广东沿海一带，抢劫中外船只，但他们并不局限于粤洋海域，还不时上岸抢劫，向渔民以及商人征收税款，给东南沿海造成了很大破坏。

除了活跃于广东海面的旗帮海盗外，强大的海盗还有活跃于闽粤浙沿海的蔡牵与朱濆。在其妻"蔡牵妈"的扶持下，蔡牵发展较快，不断在福建及台湾沿海一带进行抢劫，向渔民及商人发放"免劫票"。嘉庆十年（1805）左右，其实力最强时，有盗众五千多，船上百艘，并试图将台湾占为据点。朱濆的主要活动区域也是福建沿海，间或进攻广东、台湾沿海，抢劫过往贸易船只，势力强盛时拥有部众四千余人，船百余艘。

上面我们罗列的只是清朝前中期一些实力较强的大海盗集团，夹杂其间的小股海盗更是不计其数。可以说，这一时期这一海域的海盗活动始终没有终止过。大部分海盗活动的动机是解决温饱问题，在解决温饱问题后，发财致富的想法也就随之出现。上文我们已经提到，大量稻米运输船只活跃于东南海域，很容易成为海盗们为解决温饱问题而进行抢劫的目标。海盗抢劫米船，在康熙朝就有不少记载，如康熙四十五年，广东广西总督郭世隆疏言，海寇蔡三十二等，聚众劫掠商船。② 五十六年，康熙在一道上谕中指出：

> 今海中潜藏贼踪，皆沿海所居奸民，春时觅小船捕鱼，遇商船，即行劫夺。商船既得，便拒敌官兵。至严冬时，水米既无，伊等焚船上岸藏匿。大势不过如此。③

这段史料把沿海居民入海为盗的动机进行了简单描述，可以说，温饱问题是促使沿海居民入海为盗的重要原因。小股海盗一旦得势，他们会采取连续行动，为后来的发展打下基础。乾隆三十年（1765）十一月两广总督杨廷璋等奏

---

① 穆黛安：《华南海盗：1790～1810》，刘平译，北京：中国社会科学出版社，1997，第150页。
② 《清实录》第3册《圣祖实录（三）》卷二百二十五，北京：中华书局，1985，第262页。
③ 《清实录》第3册《圣祖实录（三）》卷二百七十四，第686页。

称的一件案子很能说明问题：新宁县人曾德度等海盗，在乾隆二十九年四月至三十年四月的一年中，先后在高州府吴川县泸州外洋、白龙尾洋面、安南狗头山洋面、阳洋县青洲山一带抢劫米船5艘、番薯船1艘。参与这一案件黎天喜等人，此前在二十八年起，就在白龙尾、江坪及雷琼各属洋面劫掠客船12艘，其中也有米船，后来他驾船至潮州府属南澳岛，将所劫之米"变卖表分"，这两起案子，"自乾隆二十八年，至今时逾三载，积至五六十案之多"。① 乾隆六十年，洋匪纪梦奇等屡次抢劫官米，被剿灭。②

从上述资料中可见，海盗对稻米的抢劫是比较频繁的，他们不仅抢劫普通米船，还会抢劫官米、贡米船只。乾隆六十年，（广东）运闽米船经过调帮一带洋面，有匪船二十余只拢船行劫，因官米装放舱内，用板钉盖，海盗一时不能搬抢，只好劫去银物等件。不久，米船队又在石浦地方，遭遇盗船三十余只驶来抢夺，"经石浦巡检朱麟带同渔船出口迎捕，都司张世熊等赶至协拏，砍死盗匪二名，打伤落水多人，并夺贼船一只，鸟枪藤牌各一件"。③同年，据福建省地方官员奏称，拏获在洋行劫官米并琉球货物各盗多名。④海盗的活动，对沿海稻米运输造成了很大损失，势必影响到沿海民众的生活，进而影响到粮食市场。

在清前期，大部分民众之所以入海为盗主要是由于生计问题，但到了乾嘉之交，海盗动机发生了变化，其目的基本上以夺取财物为主，致使大部分海盗转变为职业海盗。

三、嘉庆时期闽粤海盗活动及其影响

从乾隆后期到嘉庆年间，海盗势力不断壮大，尤其是在嘉庆时期，不仅仅在清朝的历史上，而且在整个中国历史上，都可以说是海盗活动的一个"黄金

---

① 《清实录》第18册《高宗实录（一〇）》卷七百四十二，北京：中华书局，1986，第167页。
② 《清耆献类徵选编（下册）》卷十（下）《林起凤》，《台湾文献史料丛刊》第九辑，台北：大通书局，1987，第1239页。
③ 《清实录》第27册《高宗实录（一九）》卷一千四百八十，第776页。
④ 《清实录》第27册《高宗实录（一九）》卷一千四百九十一，第948页。

时期"。这一时期的海盗的性质,不再类似于明朝时期亦商亦盗的海盗,而是成了"纯正"的海盗。嘉庆朝,海盗数量比较庞大,组成船队,形成海盗集团,如蔡牵、朱濆以及广东旗帮海盗。这些海盗集团大肆劫掠穿行于闽粤洋面的商船。

清廷当时面临着川楚白莲教"邪匪"叛乱的危机,无暇应对这些海盗。由于清朝对外贸易的不断发展,贸易航线的不断开拓,活跃在这一海域的贸易船只也不断增加。不仅仅包括中国的船只,还有西方的贸易船。较为强大的实力给海盗活动提供了支持,海盗活动可以说是到了肆无忌惮的地步。

嘉庆年间,大股海盗的主要劫掠对象就是各类贸易运输船,同时辅助以多种形式来敛财。作为解决温饱问题的稻米,也是海盗劫掠的固定对象,而且数目颇大。清朝官方档案记载,蔡牵匪帮,"其米粮俱系随时打劫商船所得"。[①]嘉庆九年夏,蔡牵"劫台湾米数千石及大横洋台湾船,会闽粤间盗朱濆断粮,牵分米饱之"。[②]同年十一月二十四日,蔡牵在台湾淡水沪尾抢夺曾荣泰等人三十六号货船(装载黄豆、棉花、油、柴、猪),又在鹿耳门港口抢夺何姓米船,扣留几艘米船和糖船,责令船户交银收赎。[③]据广州商务档 1805 年 10 月 17 日的记载,海盗在澳门附近洋面抢得 3 万担大米。福建巡抚方维甸进行过统计:"节年海洋被劫台运米谷……自乾隆六十年至嘉庆十四年十月,因海洋未靖,商船被劫有一百四十六案,计米三千余石,谷一万七千余石。"[④]

从各类记载中,我们可以看到,既有小股海盗抢劫米船,又有蔡牵这类大股海盗对稻米的抢劫,稻米的重要性对海盗来说,不言而喻。但我们应该看到,这一时期海盗活动的转向,也可以说是抢劫目标的多样化,并不局限在对米船的抢劫上,还涉及各类贸易船只以及多种形式的勒索。

洋匪的劫掠并不仅仅局限在海上,如果是迫不得已,或是实力足够,也会到陆上进行劫掠。嘉庆九年,孙玉庭奏称,"新会县外海村被洋匪抢劫。……广东洋匪向来不过在外洋劫掠,此次胆敢又磨刀虎跳门潜行登岸,劫掠村

---

① 《清实录》第 30 册《仁宗实录(三)》卷一百六十一,北京:中华书局,1986,第 84 页。
② 阮元:《壮烈伯李忠毅公传》,《台湾文献史料丛刊》第四辑《碑传选集》,台北:大通书局,1984,第 587 页。
③ 郑广南:《中国海盗史》,上海:华东理工大学出版社,1998,第 335 页。
④ 《清实录》第 31 册《仁宗实录(四)》卷二百二十六,北京:中华书局,1986,第 30 页。

庄"。①

伴随直接抢劫而来的是勒索。嘉庆九年，蔡牵船队进入沪尾社鹿耳门港口，占住台湾著名船户何姓的房屋，将一些大号的米、糖等船执拿，责令交银收赎。②据袁永纶《靖海氛记》记载，嘉庆十四年十月八日，海盗所捉之男女，后数月，乡人以银一万五千两赎回。海盗进行劫掠，并且勒索人质，成为了其收入的一个重要来源。海盗除了将掳来的壮年作为其成员外，还会掳掠一些大户人家的成员作为人质，以此索取高额赎金。

海盗活动也不再局限于抢劫，当其势力强盛时，往往会对出海贸易的船只发放"免劫票"，以确保出海船只不被抢劫，"凡商船出洋者，勒税番银四百圆，回船倍之，乃免劫"。③单纯的抢劫属于杀鸡取卵，发放"免劫票"属于细水长流，一定程度上维持了海内外贸易的进行。

当然，海盗目标不仅仅针对中国的船只与人质，随着西方人的东来，到广州进行贸易的西方船只不断增多，他们很容易成为海盗攻击的目标。1805 年 8 月间，美国人多贝尔（Dobell）和比德尔（Biddle）在从澳门前往广州的途中，全部财物被劫，他们乘坐的官艇也被海盗抢去，幸运的是，他们侥幸逃脱。因为所有小船经常处于极其危险的状态，内河很多村庄遭到攻破，抢劫及焚烧，甚至在广州的商馆亦不十分安全。有外国人评论道："这个政府不能说是畏怯，实在是缺乏力量。"④这是对清廷无力剿灭海盗的比较中肯的评价。再来看另一条记载，1806 年 12 月 7 日，当散商船"泰号"（Tay）主任大班特纳（F. Turner）乘小艇前往澳门，雇请引水时，被海贼连同艇上的五名印度水手一起绑架。初时索取赎款 3000 元，后来索 10 000 元，然后（1 月 14 日）又索取了 30 000 元，双方谈了几个月，4 月 16 日，海贼通知，3000 元他们就感满足。他和几个水手于 1807 年 5 月获释，赎金一共 6000 元。⑤

从海盗兴起时对米船的掠夺，到后来扩展到其他货物运输船，以及在西方国家来华贸易后，又对西方人的贸易船只进行抢劫，并且伴随着大量劫持人

---

① 《清实录》第 29 册《仁宗实录（二）》卷一百二十八，北京：中华书局，1986，第 732 页。
② 叶志如：《试析蔡牵集团的成份及其反清斗争实质》，《学术研究》1986 年第 1 期。
③ 魏源：《圣武记》卷八。
④ 马士：《东印度公司对华贸易编年史，1635~1834》第 3 卷，区宗华译、林树惠校、章文钦校注，广州：中山大学出版社，1991，第 8 页。
⑤ 马士：《东印度公司对华贸易编年史，1635~1834》第 3 卷，第 31 页。

质，勒索赎金，发放"免劫票"，清代海盗从前期到中期，这一谋生方式的变化，可以说是由单一走向了多样化，无论是给当时的闽粤沿海一带居民的生活，还是清朝对外贸易，都带来了比较大的危害。

首先，海盗们对米船的抢劫，给沿海一带市场的稻米价格以及供应都带来了比较大的影响。例如，嘉庆十四年，一向依赖台米接济的漳泉地方，"近年洋匪未靖，台湾商贩较少，泉州米价稍昂。委无通盗济匪情事。现在蔡、朱二逆常到淡水一带劫掠商船。该逆劫得一船，即用之不尽，往往放回勒赎。其无须内地米粮，已可概见"。①海盗的活跃，使得贸易船只自然而然会减少，不仅影响沿海一带稻米市场的价格，也给自己造成了不便。另据西人记载，1806年3月25日，即在1805年贸易季度最后一批船只出发的前五天，十三行的潘启官前来通知主席，总督和海关监督两人都非常关心大米的涨价问题，每担100斤，从4元涨至5元，似乎还会上涨。同时恐怕发生粮食暴动，以至形成严重骚乱，它会和台湾的叛乱呼应，同时会由海盗将其扩散到沿海各地——因叛乱而致减少米粮的有效供应，而海盗则阻碍运输。②

海盗力量的强大，就算没有直接作案，也给沿海一带的政府官员、普通民众，以及西方人，带来了心理上的恐惧。两广总督百龄上任，实行封港、断绝对海盗的接济等措施，使得海盗不得不上岸进行劫掠，严重扰乱了沿海居民的生活。

海盗活动的猖獗，还造成了黑市经济的猖行，一定程度上保证了海盗活动的稳定性，为海盗提供了物资来源以及销售赃物的机会。海盗虽然生活在海上，但是与沿海居民有着密切的联系，以获取各类生活必需品和出售赃物。这就势必将海盗的劫掠活动与沿海居民的生活联系在一起，促进了沿海地区黑市经济的发展，如靠近中越边境的江坪，是当时华南海盗主要的黑市基地。虽然沿海居民在黑市贸易上获得了生活来源，但是从总体上讲，是有较大的弊端的，因为这种黑市贸易给海盗提供了一个避风港，直接支持了海盗活动，这也是海盗活动屡禁不止的一个重要的原因。

海盗活动直接给沿海商人带来了心理上的恐惧，使得出海贸易的船商数量

---

① 《清实录》第30册《仁宗实录（三）》卷二百〇六，第749页。
② 马士：《东印度公司对华贸易编年史，1635～1834》第3卷，第35页。

减少，同时造成了关税收入的减少。例如，福州长乐五虎门是商船贸易比较繁盛的地方，但因海盗船的出没，造成商船数量骤减，关税因此逐年缺少。①

最后，海盗劫掠外国商船，促成了西方武装进入中国沿海，对中国的主权是一种侵犯，这也为以后西方不断凭借武力打开中国的大门提供了机会。因为海盗对出现在这一海域西方贸易船只的抢劫，西方军舰借口保护其商人，进入中国领海，侵犯了中国的主权。如英国擅自将兵船驶进澳门，停泊在香山县属鸡颈洋面，并且指使英兵上岸。②清朝实力衰落，没有能力对这一行为进行制止，导致了后来更为严重的后果。

嘉庆时期海盗活动的影响是多方面的，最直接的就是对贸易上的影响，不仅对沿海地区，而且涉及整个清廷。海盗的活跃，使许多国内商人对海上贸易望而却步。在当时国际贸易环境下，全球贸易不断发展，西方国家不断东来，西方国家名义上的护航，从日后的发展来看，给中国造成的影响十分严重，似乎成为后来西方国家武力打开中国大门的借口。

四、清中期海盗退场与外贸转型

在嘉庆十四至十五年的时候，清廷调兵遣将，全力对付东南、华南海盗，肆虐一时的海盗活动迅速衰落。值得注意的是，此时中外贸易的格局开始发生变化，中国对外贸易的一个比较有利的时代已经过去。

嘉庆年间，最先遭到打击的是浙江土盗凤尾、水澳等帮。嘉庆五年（1800）六月，凤尾帮、水澳帮以及大股越南"夷盗"突然遭受台风，损失惨重，其势力一蹶不振。③福建的蔡牵、朱濆海盗集团乘势而起，活跃近十年，不时结成联盟，共同抵御清朝水师。嘉庆十三年（1808），朱濆在逃窜途中遇到福建总兵许松年带领的水师，中炮身亡，其弟朱渥不久后带领余众投降清廷。蔡牵于嘉庆十四年在浙江水师提督邱良功、福建水师提督王得禄的联合打

---

① 《清实录》第27册《高宗实录（一九）》卷一千四百七十九，第765页。
② 《清实录》第29册《仁宗实录（二）》卷一百四十，第912页。
③ 参见《清史稿》卷三百五十列传一百三十七《李长庚》，以及焦循：《神风荡寇记》，载李桓撰《国朝耆献类征初编》卷三十九《宰辅三十九补录》。

击下身亡。活跃于闽浙等海域的蔡牵、朱濆集团至此灭亡。

广东旗帮海盗的投诚则与清廷所采取的政策以及海盗内部分歧有关。在旗帮海盗内，黑旗帮郭婆带与红旗帮张保之间存在矛盾，郭婆带渐生投诚之心，最终在嘉庆十四年（1809）向粤督百龄投诚，后被授予官职，参加到剿灭海盗的队伍。张保在利益的诱惑与形势的逼迫下，最终于嘉庆十五（1810）年向清廷投诚。张保投诚后与水师一起，加入到剿灭乌石二、东海八、麦有金等海盗的队伍中，最终在嘉庆十五年四、五月间将其击灭，广东旗帮海盗至此瓦解。

清中期闽粤海盗的突然谢幕，原因是多方面的，既有外部原因，也有海盗自身的原因。蔡牵、朱濆集团以及粤洋旗帮海盗的横行使得清廷不得不下决心解决此问题。粤督百龄上任后，采取了比较有效的措施来应对海盗。由于没有足够的军事力量来彻底消灭海盗，百龄一开始没有采取大规模进剿的措施，而是针对海盗的补给问题，下令沿海地区实行类似坚壁清野的政策，尽量采用陆路运输，在一定程度上从源头上减少了对海盗的接济，逼迫海盗不得不到陆地上进行劫掠。与这一措施并行的是沿海地区陆上团练组织的不断发展，并辅之以保甲等制度，从源头上杜绝海盗人数的增长。另外，这一时期来华贸易的西方船只的火力比较强大，甚至有军队为其护航，西方兵船时不时向清廷献殷勤，要求加入到剿灭海盗的队伍，这给海盗造成很大威胁。

正是在这一背景下，百龄采取招抚之策，对投诚的海盗给予比较优厚的待遇，这对海盗是一种利诱，大多数海盗已经厌倦了海上亡命生活，百龄的这一政策很快收到成效。同时，清廷水师也在不断改观，增加兵船数量，装备比较先进的火力。从海盗的内部原因来说，海盗内部各帮之间并不齐心，他们只是在有共同利益时才会聚集到一起，这也为清廷从内部进行分化瓦解提供了机会。

清中期闽粤海盗退出了历史舞台，但是其影响（尤其是对外贸易方面），是不会在短时间内消失的，中国的外贸转型也正好发生于这一时期。

中国对外贸易在世界占据重要地位。从经济规模上看，15世纪中叶（明中叶）至清嘉庆年间（1796～1820），中国是世界经济发达的国家，直到

1820年左右，中国经济在世界占据首要地位，是世界经济的中心。①可以说，中国在当时是世界上最大的贸易出口国，其茶叶、丝绸、瓷器源源不断地输往西方，西方国家将美洲等国家出产的白银运往中国，促进着全球贸易的发展。

随着15世纪末新航路的开辟以及海洋时代的到来，世界经济不断形成一个贸易圈，一直到18世纪，形成全球化的商业扩张时代。在这样的大环境下，清朝对外贸易在世界上一直拥有着属于自己的地位。清朝实施"一口通商"为主的贸易政策，广州在世界经济中成了一颗璀璨的明珠。从16世纪中叶至19世纪初叶，由广州起航，经澳门为中转，形成七条国际贸易航线，对推动当时贸易全球化起了举足轻重的作用。②通过广州贸易，各国来船显著增多。在独口通商前十年，每年平均约20艘，而后不断上升，1833年竟达189艘。据统计，自1759年至1833年共来船5072艘，平均每年达67.6艘。③来中国贸易的商船数量、吨位不断增加，反映了清朝对外贸易的繁荣。这一时期，不仅是西方贸易船只大量来华，中国的商人也大量出海贸易。乾隆以后，到南洋去贸易的商船更多。嘉庆二十五年（1820）前后，驶往东南亚的帆船共295艘，总吨位达85 200吨。④从来华的外国商人以及出海贸易的中国贸易船数量上看，那时的对外贸易是比较繁忙的。

在清代前中期，英、美等国家成为与中国进行贸易的最大国家。据统计，从1700~1800年，西方国家共计输入中国白银达11 817万两⑤。大量白银流入中国，促进了中国经济的发展，但是中国经济在前近代历史上的独领风骚并没有持久。在清中期，我们看到世界形势的变化。西方国家，尤其是英国，完成工业革命后，生产了大量的工业制成品，急切开拓国际市场，拥有大量白银以及广阔市场的中国成了比较理想的目标，在中国人对西方的工业品并不怎么

---

① 黄启臣：《中国在贸易全球化中的主导地位——16世纪中叶至19世纪初叶》，《福建师范大学学报》（哲社版）2004年第1期。
② 黄启臣：《清代前期海外贸易的发展》，《历史研究》1986年第4期。
③ 梁廷枏：《粤海关志》卷二十四"市舶"，袁钟仁点校，广州：广东人民出版社，2014，第489~493页。
④ 姚贤镐编：《中国近代对外贸易史资料》第1册，北京：中华书局，1962，第63页。
⑤ 李隆生：《清代的国际贸易：白银流入、货币危机和晚清工业化》，秀威资讯科技股份有限公司，2010，第135页。

感兴趣的时候,英国人看到了鸦片,通过对华输入鸦片来挽回巨大的贸易逆差以及支付购买中国商品所需的资金,造成了中国白银的大量外流。

从18世纪末期开始,英国利用东印度公司,将印度所产的鸦片通过港脚商人走私进入中国。在鸦片走私贸易中,海盗也起了比较大的作用。首先是英国,其次是美国,将大量鸦片走私进入中国,大约从1805年起,美国开始将土耳其的鸦片走私进入中国。从1800~1840年,鸦片累计输入中国465 371担,年均11 634担,1816~1840年中国共输入总值22 859万两白银的鸦片,年均价值952万两白银。①在清朝官方的记载中,也有关于鸦片贸易导致白银外流的具体数字,如《道光朝筹办夷务始末》记载,1814年中国白银外流达数百万两,1823~1831年,外流白银每年达1700~1800万两;1831~1834年,外流白银每年达2000万两。

在鸦片贸易背景下,在19世纪20年代,中国的对外贸易开始出现逆差,这种状况不断恶化,正当的贸易在鸦片走私中显得微不足道。清朝的对外贸易由此发生了转型,贸易长期占据顺差的地位改变了,开始出现大规模的贸易逆差。中国的国际实力也随之下降。中国的经济在19世纪初急剧失序,这种衰败过程在鸦片战争和清朝统治崩溃时达到顶峰。②我们在考察鸦片走私贸易对中国外贸的影响这个外部的原因时,也应该注意其他的因素。中国长期以来在世界市场上占据优势地位的瓷器,由于西方先进技术的使用,出口量大减。中国的茶叶,由于日本茶、印度茶投入世界市场,优势也已经大幅下降。到清中期,我们不得不接受这样一个事实,外贸的转型,出超转为入超,同时清朝的国力也在日益下降。无论从国库存银还是从中央政府的控制力来看,清朝都已经走向衰落。

五、余 论

清代前中期是中国历史上的一个重要时期,在这一时期,中国由盛转衰,

---

① 李隆生:《清代的国际贸易:白银流入、货币危机和晚清工业化》,第75页。
② 安德烈·弗兰克:《白银资本:重视经济全球化中的东方》,刘北成译,北京:中央编译出版社,2000,第368页。

逐渐被西方国家超越。此后，悲剧性命运不断降临中国。清朝对外政策不断变化，对当时社会经济的发展产生了较大影响，作为对外贸易前沿的闽粤地区，影响尤深，繁荣的海上贸易对活跃在闽粤沿海一带的海盗们来说，具有极大的诱惑力。

海盗最直接的目的是解决温饱问题，因此稻米等粮食运输船成为目标。活跃在闽粤海域的贸易船只，货物种类较多，数量较大，对海盗颇有吸引力。从清前期发展到嘉庆年间，海盗性质发生了变化，由"业余性""季节性"的海盗向着"职业性"海盗转变。此时海盗结成海盗集团，力量强大，抢劫手段、形式多样化，不再局限于海上，通过发放"免劫票"进行勒索，还到沿海村庄进行洗劫，并劫持人质（不仅有中国人，还包括西方人），势力足够强大时，抢劫西方贸易船只。

清廷面对日益强大的海盗，采取积极措施，包括加强水师力量，对海盗进行分化瓦解，断绝海盗接济等一系列措施，迫使闽粤海盗集团最终退出了历史舞台。但海盗的影响，并没有随之消失，尤其是在对外贸易方面。清中期国势转衰，外贸也发生转型，而且海盗的活跃，使得清廷一直不敢放开手脚进行海外贸易，大量商人也在海盗的震慑下放弃出海贸易的机会。还有一个更重要的影响，西方贸易船只将其军舰带入中国海域，这让西方国家看到了清朝孱弱的身影，在心理上形成了对清廷的藐视。

Min-Yue Piracy's Impact on Foreign Trade in Early-Middle Qing Dynasty

Liu Ping　Xia Kun

Abstract：The ancient Maritime Silk Roads refer to carrying out foreign trade by sea route in ancient China. As there is never lack of pirates in any trade route in history, following Maritime Silk Roads is also along with piracy. After its founding for a long time, the Qing Dynasty had taken the policy of self-sufficiency, but the sea folk trade-smuggling trade has not been interrupted. After Qing carries out the open sea policy, maritime trade became more and more developed in Guangdong and Fujian (Min-Yue). With the domestic situation of stability and social development, the Qing Dynasty population increased rapidly, the demand for food is more and more great. When dispensing cannot meet the demand of domestic grain market, the Siamese and other country's rice began to transport to China. Rice imports increased with the prosperity of trade routes, which attracted the attention of the pirates in Min-Yue. Pirates' target is not confined to rice, involving a variety of other cargo. From the pirates themselves, the robbed goods such as rice can satisfy their own food and clothing, and sell the spare will strengthen their power; From the perspective of the Qing court, its navy division is built because of coastal defense and pirates, anti-smuggling and chasing pirates become a unique maritime landscape; From the perspective of history of Chinese and foreign trade, the pirates and the Qing navy, each have their own positive and negative effects to the Chinese and foreign trade.

Key Words: Qing Dynasty; Guangdong and Fujian; pirates; foreign trade; impact

第六部分

简论 12 世纪以后南部中国海洋经济的发展

——兼论中西海洋观的差异

陈衍德[*]

12 世纪以后,具体地说是从南宋王朝开始之后,南部中国的海洋经济较此前有了较大的发展,海上贸易(包括国内贸易与对外贸易)都有长足的进步,其所依托的陆上经济腹地,商品经济的发展程度也有较大的提高。这里所说的南部中国,主要指南宋辖境内的东南、华南地区,而不包括其西南和西北地区,以及南宋之后元、明、清诸王朝的同一区域。南宋时期中国经济重心南移完成之后,以江浙地区为代表的精耕细作高产的农业,逐渐扩展到闽、广等地,为商品性农产品的外销提供了基础。其中,经济作物及其加工品进入海内外市场并占有重要地位。再者,南中国手工业生产的商品性程度也大幅度提高,从而促进了产品的外销。由于东南、华南商品贸易市场向海外的扩张,促使海外贸易持续发展。这样,就形成了南中国海洋经济与陆上经济的有机结合。当然,这种发展势头并非一帆风顺,而是曲折前行。南宋中叶这一发展状况曾达到一个高峰,宋末元初历经战乱,此发展势头受到抑制,但明中叶以后发展高峰再次出现,直至清初"迁界"。经过休养生息后,这一势头再一次出现,至鸦片战争前,南中国以陆上商品经济为依托的海洋经济,在原有的水平之上又有所提高。

南部中国如此长期的海洋经济发展,并非偶然。从长时段的、总体的历史

---

[*] 作者系厦门大学历史系教授。

进程来看，中国封建社会时期固然是陆上的自然经济占据主导地位，但由于封建社会后期南中国人口的快速增长（这是与经济重心南移相伴而行的），人口压力和土地资源压力迫使人们不得不向海洋寻找出路。再者，大部分时间处于北方的封建政治中心，对南方的控制相对薄弱。中央政府从财政收入和稳定民心的角度来看，也不得不对南中国的海洋经济网开一面。当然这只是事物发展的一面。另一方面，政治利益至上的统治方式和传统，也有力地抑制着南中国海洋经济的发展，以致中国几次错失了进一步向海洋发展的大好时机。当"大航海时代"开启了西方的全球性扩张时，中国的海洋经济并未做好回应的准备。虽然明清时期因"大帆船贸易"一度使中国以丝、瓷、茶叶等为代表的出口商品占据世界市场的优势，大量白银流入也曾一度使南中国（特别是沿海地区）的商品货币经济有了更上一个台阶的可能性，但最终敌不过以资本主义为基础的西方的海上征服（经济与军事的双重征服）。全面地总结这一历史经验和教训，显然十分必要，但不是本文能够完成的任务。本文仅以有限的史料，简单地梳理出南中国海洋经济的发展脉络，并以中西海洋观的差异，来衬托出中国海洋经济历经数个世纪的长足发展之同时，其所受到的沉重的思想意识的制约。

有学者指出，"海洋经济，指人类在海洋中及以海洋资源为对象的社会生产、交换、分配和消费活动"[①]。然而，这只是狭义的概念。笔者认为，广义的海洋经济概念应在包括陆地经济在内的整体社会经济中加以定义，亦即海洋经济是依托于相应区位的陆地经济，但主要是面向海洋的经济活动，当然此类经济活动是与社会活动交织在一起的，二者往往难以区分。还必须注意到，各国各历史阶段，其海洋经济的地位亦有所不同。海岛型国家是以海洋经济为主的国家，在大陆型国家中海洋经济是附属于陆地经济的，虽然其沿海地区的海洋经济成分要更高些，有的甚至重于内陆。资本主义时期的海洋经济在层次上远高于封建社会时期，这是不言而喻的。本文主要讨论中国封建社会后期南部的海洋经济。

南宋时期南部中国沿海地区的海洋经济发展，是基于该地区内部商品经济发展的。此间工农业产品的交换已经成为常态。从北宋开始，就出现了"福建路产

[①] 杨国桢等：《明清中国沿海社会与海外移民》，北京：高等教育出版社，1997，第2页。

铁至多,客贩遍于诸郡"①,"自来不产铁"的两浙即仰赖"漳、福、泉等州转海兴贩"②的情况。另外,福建所需粮食却要仰赖外地运入,南宋时"福、兴、漳、泉四郡,全靠广米以给民食"③,"米船不至,军民便已乏食,籴价翔贵,公私病之"④。其中,自广东运往福建的粮食又是经由海路,而福建的手工业产品运往外地,也不排除海路的选择,因为福建多山,陆路难行,海路的成本可能更低。这样,至少是在浙、闽、粤之间,已经形成了较为稳定的区域市场。

对外贸易是国内贸易的必然延伸。南宋海外贸易依托于南中国内部的商品经济而迅速发展,是毫无疑问的。然而这种发展又不是基于向海外开拓市场的内部需求,而有复杂的原因。南中国不像北方那样具有大平原,而是以丘陵山地为主,只有沿海拥有河流入海处的三角洲平原,以及其他较为狭小的平原。宋金战争推动大量人口向南挤压,加上南方人口的自然增长,使南中国地少人多的矛盾骤然突显。南宋初,浙江东、西路和福建路的人口比北宋时增加了约 1/3,而荆湖北路人口减少了约 2/3,就是战争挤压的结果。至南宋中叶,著名学者叶适即提出"分闽浙以实荆楚"的人口迁移建议⑤,从反面说明当时东南地区土地的人口承载量已臻极限。因此,向海洋寻找出路是解决人口相对过剩的有效途径之一。

而从封建政府的角度来看,海外贸易还是增加财政收入的有效手段。已有学者指出,北宋政府通过舶来品的销售获得巨大收益,从而支撑了其庞大的财政支出。⑥这种情况同样可以解释南宋政府鼓励对外贸易的动因。南宋朝廷在泉州设"南外宗政司"管理南迁的皇族,就是因为泉州同时设有负责海外贸易的"市舶司",以市舶收入供应官僚贵族的消费是南宋官方发展海外贸易的动力之一。因此,在错综复杂的诸种因素的推动下,海外贸易构成了南宋时期南

---

① 李心传:《建炎以来系年要录》卷一百七十七,绍兴二十七年五月庚午,北京:中华书局,1956,第 2917 页。
② 梁克家:《淳熙三山志》卷四十一《土俗类三·物产》,载《宋元方志丛刊》第 8 册,北京:中华书局,1990,第 8252 页。
③ 真德秀:《西山先生真文忠公文集》卷十五《申尚书省乞措置收捕海盗》,上海:商务印书馆,1937,第 253 页。
④ 真德秀:《西山先生真文忠公文集》卷十五《申枢密院乞修沿海军政》,第 251 页。
⑤ 叶适:《水心别集》卷二《进卷·民事中》,收《叶适集》第 3 册,北京:中华书局,1983,第 655 页。
⑥ 廖大珂:《宋代官方海外舶货销售制度初探》,载陈尚胜主编:《中国传统对外关系的思想、制度与政策》,济南:山东大学出版社,2007,第 181 页。

中国海洋经济的重要成分，然而就其动因而言，却缺少中国内部因产业的发展向外寻找、拓展市场的因素。可以说，南中国海洋经济的发展，从一开始就缺乏像西方那样的推动因素。

尽管如此，南宋时期南中国的社会经济无论如何都是当时中国其他地区所不能比拟的，其海洋经济发展水平达到中国历史上的一个高峰。绍兴年间偏安江南的南宋政权的市舶司净利钱收入即达200万缗，远超过辖境大得多的北宋末年的110万缗[①]，即可为证。元朝统一中国之后，由于元朝政权的倒行逆施，中国的封建政治和经济大不如前，其海外军事征服的失败（如对日本和爪哇征服的失败），说明其经济实力不足以支撑海外扩张。民族歧视和压迫政策又削弱了南部中国原本具有的优势，使全国各地的经济普遍呈下行趋势。表面上元朝的海外贸易仍在继续发展，然而其主要原因是政治性的，亦即蒙古骑兵横扫欧亚大陆后建立了广大而松散的帝国，成吉思汗去世后又分为几个国家（忽必烈的元朝即为其中之一），以色目人为主在其间进行的商贸活动，其政治意义大于经济意义。此间南中国以广州和泉州为中心的海外贸易仍然活跃，但就其腹地商品经济的支撑而言，显然不如南宋时期。

明清时期是南中国海洋经济一个极其重要的发展时期（为了节省篇幅，以下将明代与鸦片战争之前的清代合并论述）。这一时期之所以非常重要，不仅因为此间南中国的商品货币经济与海外贸易相辅相成，而且因为此间西方大航海时代已经开启，全球贸易发展进入一个新的时代，中国特别是南部中国的海外贸易开始与西方主导的世界市场发生密切联系，这与宋元时代中国商人与阿拉伯商人等外商的交易又有质的区别。这当中，以丝绸为代表的中国商品输出和以美洲白银为代表的外来商品输入（白银作为一种具有贵金属货币性质的特殊商品），成为不同以往的贸易现象。

明代屈大均在其《广东新语》中有这样一段描述，应该是大家比较熟悉的：

> 东粤自来多谷。志称南方地气暑热，一岁田三熟，……东粤固多谷之地，然不能不仰资于西粤，则以田未尽垦，野多污莱，而游食者众也。又

[①] 龙登高：《宋代东南市场研究》，昆明：云南大学出版社，1994，第136页。

简论12世纪以后南部中国海洋经济的发展——兼论中西海洋观的差异

> 广州望县，人多务贾，与时逐，以香糖、果箱、铁器、藤腊、香椒、苏木、蒲葵诸货，北走豫章吴浙，西北走长沙汉口，其黠者南走澳门，至于红毛、日本、琉球、暹罗斛、吕宋，帆踔二洋，倏忽数千万里，以中国珍丽之物相贸易，获大赢利。农者以拙业力苦利微，辄弃耒耜而从之。……往者海道通行，虎门无阻，闽中白艚黑艚，盗载谷米，岁以千余艘计。……地虽膏腴，而生之者十三，食之者十七，奈之何而谷不仰资于西粤也。①

由此可见，以广州为中心的珠江三角洲地区（东粤），弃农经商者何止以千以万计，而本地所产谷米又有相当一部分输往福建。大量自西粤涌入的商品粮，则满足了此地非农业人口所需。由此可窥南中国商品经济发展水平之一斑。其中提到的与东亚诸国，以及与西方商人（澳门、红毛）的贸易，正是此地商品经济向海外的必然延伸。

再来看看以太湖流域为中心的南中国丝绸原料产地的商品经济发展情形。清代唐甄《潜书》中有这样一段记载（实际上它同样也反映了明代的情况）：

> 吴丝衣天下，聚于双林，吴、越、闽、番至于海岛，皆来市焉。五月载银而至，委积如瓦砾。吴南之乡，岁有百十万之益。是以虽赋重穷困，民未至于空虚；室庐舟楫之繁庶，胜于他所，此蚕之厚利也。四月务蚕，无男女老幼，萃力靡他。无税无荒，以三旬之劳，无农四时之久，而半其利，此蚕之可贵也。夫蚕桑之地，北不逾淞，南不逾浙，西不逾湖，东不至海，不过方千里。外此则所居为邻，相隔一畔，而无桑矣。其无桑之方，人以为不宜桑也。今桂、蜀、河东及所不知之方，亦多有之。何万里同之，而一畔异宜乎？桑如五谷，无土不宜，一畔之间，目睹其利而弗效焉，甚矣民之惰也。②

虽然不能据此断定南中国除此地区之外即无蚕桑产出之处，然此地区为明清丝绸原料最重要的出口基地，则无疑问。以上两段史料足以说明，明清时期南中

---

① 屈大均：《广东新语》卷十四，收谢国桢：《明代社会经济史料选编》中册，福州：福建人民出版社，1980，第65页。
② 唐甄：《潜书》下篇下，收谢国桢：《明代社会经济史料选编》中册，福州：福建人民出版社，1980，第67~68页。

国以本地商品生产和销售为坚实基础的海洋经济，其水平确实超过了宋元时期。

那么，明清时期南中国海外贸易与世界市场的关系究竟密切到何等程度？这方面，早在20世纪80年代，中国学者张铠的《明清时代中国丝绸在拉丁美洲的传播》一文，就做了恰如其分的描述。①文中大量引述西方史学论著对中国生丝和丝绸在西属美洲殖民地的广泛传播，证明产自南中国的生丝和丝绸已经成为拉美地区各阶层人民不可或缺的商品。在长达两百多年的"大帆船贸易"时代（1593～1815），生丝和丝绸通过西属菲律宾的马尼拉运往西属墨西哥的阿卡普尔科，源源不断涌入拉美市场，而美洲白银（银元）则通过同一航路源源不断涌入南中国。这种以白银换丝绸为代表的海上贸易，成为联结太平洋两岸市场的典型标志。

兹将张铠一文中的精彩片断征引如下。

> 阿卡普尔科原是濒临太平洋的一个偏僻小镇，1598年不过二百五十户（原注：William Lytle Schurz, *The Manila Galleon*, New York, 1959, p.373）随着马尼拉帆船贸易的开展，该镇渐趋繁荣，到十九世纪初，已达四千人。（原注：同上，p.374）每逢满载中国货物的帆船到达时，这里就要举行盛大的集市贸易。当地的印第安人、黑人、混血种人和白人商人、来自东方的菲律宾人、中国人、印度水手和莫桑比克的卡菲尔人都齐聚一堂，蜂攒蚁集，一时可骤然增至一万二千人。（原注：同上，p.375）十八世纪末，在拉丁美洲游历并做科学考察的德国学者亚历山大·封·洪堡有感这一集市的繁华曾称誉阿卡普尔科集市为"世界上最负盛名的集市"。（原注：同上，p.381）马尼拉帆船载到阿卡普尔科的产品，主要是以丝绸为主的中国货物，因而墨西哥人民亲切地称这些商船为"中国之船"或"丝船"。

张铠在该文的另一处还说："有一位美国学者在谈到中国丝绸在拉丁美洲传播的范围时，曾赞叹地说：'沿着南美海岸，无处不有中国丝绸的踪迹。'"（原注：Anita, Bradley, *Trans-Pacific Relations of Latin America*, New York, 1941, p.6）

如果说丝绸的消费主体是上层人士的话，那么从中国输入拉丁美洲的另两

---

① 张铠：《明清时代中国丝绸在拉丁美洲的传播》，《世界历史》1981年第6期。

项大宗产品——棉和麻织品,其消费主体就是普通的劳动人民了。张铠在该文中又指出,此两项商品广受拉美劳动人民的欢迎:

> 墨西哥温热低地的印第安人是廉价的中国货物的热情买主。当哈拉帕举行集市贸易时,当地的印第安人便带着土特产品到这里来换取从墨西哥城运来的中国货物。新西班牙总督拉维亚希赫多曾指出:"菲律宾贸易在本辖区内备受欢迎,因为它的商品恰适贫困者的需要。"(原注:William Lytle Schurz, *The Manila Galleon*, New York, 1959, p.362)《秘鲁总督辖区纪略》一书也指出,中国衣物"是最赚钱也是销路最好的货物,因为穷人穿这些衣物。"(原注:Virgilio Roel, *Historica Socialy Economica de la Colonia*, Lima, 1970, p.179)当印第安人和黑人买不到中国出产的亚麻衣物时,他们宁可破衣烂衫,而不去买西班牙的产品,因为"他们没有钱花上八个雷亚尔去买那些本来可以用一个半雷亚尔就能买到手的东西。"(原注:E.H.Blair & J.A.Robertson, *The Philippine Islands, 1493-1898*, Cleveland, 1903-1909, Vol.27, p.201)西班牙征服美洲之后,为了掠夺贵金属,驱赶大批印第安人到矿井下从事牛马不如的奴隶劳动。这些矿工也都是穿中国生产的衣物的,和西班牙产品比较起来,"中国货更便宜、更经久耐用"。(原注:同上,Vol.27, p.202)

以上事实足以说明,明清时期以产自南中国的生丝和丝绸及其他纺织品为代表的外销商品,对这一时代的世界市场产生了多么重大的影响。如果再加上同一时代中国与欧洲和东南亚及其他地区的贸易,那么南中国海洋经济带成为全球海洋经济之密不可分的部分,确实是无可争辩的历史事实。

明清时期南中国生产的生丝、丝绸和其他纺织品之所以畅销南美和世界其他各地,其物美价廉是一个重要的因素。西班牙本国的生丝和丝绸业因此在竞争中败下阵来。本来这是市场竞争的必然结果。然而,"大帆船贸易"是一种垄断性贸易,西班牙王室在获得高额垄断利润的同时,也遭到其本国商人的强烈反对,从而使王室不得不对产自中国的生丝和丝绸实行进口限制,但这又引发了西属菲律宾和西属拉丁美洲的反对,因为它们从这一贸易中也获益甚巨,王室的限制措施直接损害了它们的利益。因此,宗主国的利益和菲律宾、墨西哥等地方殖民势力的利益处于尖锐的对立之中。其结果是，围绕中国丝绸的进口在拉丁美洲展开了一场持久的限制和反限制的"丝绸之战"。这在世界贸易史上也是一个值得关注的现象，从中也可以看出南中国的海洋经济已经深深地卷入全球海上贸易的矛盾冲突之中。这也从另一个角度说明，南中国的海洋经济已经和全球各地的海洋经济共处于一个矛盾统一体当中。

我们在关注南中国出口商品对世界市场产生影响之同时，也应该关注它对中国国内经济的影响，特别是对南部中国的影响。其中，最大的影响莫过于，随着丝绸等的大量出口，产自世界各地特别是西属美洲的白银大量涌入中国。因为当时的西方世界，根本没有与中国的丝、瓷、茶叶等进行交换的相应商品，它们只能以贵金属货币作为支付手段来进口中国商品。而西班牙入侵拉丁美洲，加以占领并实行殖民统治后，对其金银矿进行了大量掠夺，巨额金银的输入引起了欧洲的"价格革命"。另外，美洲银矿的开采和银币的流通，又以"大帆船贸易"为渠道，使中国获得大量银币，从而构成世界海洋经济的另一个侧面。就中国本身而言，它是一个产银并不丰富的国家。来自海外的银币，显然刺激了中国货币经济的发展，特别是对贵金属货币的追求。这与明清时期中国本身的商品经济之发展需求也是相适应的。这样，世界海洋经济与货币经济，就以一种独特的方式，在南中国结合并有所体现。

那么，明清时期究竟有多少白银流入中国呢？笔者根据钱江教授所著《16～18世纪国际间白银流动及其输入中国之考察》[①]一文，编制了如下表格（表1）。

表1 明清时期白银输入中国情况表

白银输入中国的渠道	年代	总量/公斤	每年平均数/公斤
日本—中国	1601～1764	212 295	—
阿卡普尔科—马尼拉—中国	1570～1799	6 600 000	37 500
维拉克鲁斯—西班牙—里斯本—果阿—澳门	1557～1641	—	32 000
塞维利亚或加的斯—阿姆斯特丹—巴达维亚—中国	1604～		16 000～40 000
塞维利亚或加的斯—伦敦—印度—中国	1635～1762	228 792.56	1 773.56

① 钱江：《16～18世纪国际间白银流动及其输入中国之考察》，《南洋问题研究》1988年第2期。

仅仅从这些不完全的统计，就可以看出世界各地的白银流入中国的数量之巨。钱江教授在文中指出："16~18 世纪间国际白银流动的主流是由西方向东方流动。依照大卫·李嘉图著名的比较价格学理论的说法，当时亚洲之所以能够汲取巨量的白银，除了金银比价在起作用之外，应该说是大规模的贸易顺差所带来的一种补偿支付。只有如此，方能维持国际贸易的平衡。"他同时又指出："白银在全世界范围内通过国际贸易的途径实行空间与时间上的转移，源源不断地输往东方，从而使世界各地彼此独立的经济区域逐渐密切地联系在一起。"从本文的角度来看，这就意味着明清时期的南中国海洋经济与世界各地的海洋经济已经接近融为一体，并且中国在世界贸易格局中乃是居于出超的有利地位。

如果从更长时段的眼光来看白银流入中国这一现象，就可以更加明了它对中国经济产生的极其深刻的影响。"自从 1571 年黎牙实比征服马尼拉以后，中国市面所流通的白银日益增加。这些白银主要都来自马尼拉（笔者按：先从西属美洲流入马尼拉）。所谓'比索'乃是墨西哥殖民政府所鼓铸的一种银币，重七钱二分。从马尼拉流入中国的墨西哥比索在中国市场流通得如此广泛，以致到了十九世纪，竟成为市面普遍接受的银币。甚至到民国以后，历届反动政府还都按照比索的重量和成色鼓铸银元。而墨西哥比索也就和中国铸的银元并行流通，成为法定本位币。"①从宋元时代市面上流通的碎银子，到明清时期肇始于美洲白银的具有统一重量和成色的银币之流通，不能不说是中国贵金属货币流通的巨大进步，同时它也是中外海洋经济交融的成果。

当然，我们在注意到南中国海洋经济于明清时期更上一个台阶之同时，万不可忽略其基础的脆弱。首先，从内部来看，无数的小农经济型的一家一户所生产出来的生丝等出口商品，虽然汇聚起来数量庞大，且能创造不菲的利润，但由于收购和运销的环节过多，小农家庭获益非常有限，因此无法从这种对外贸易中真正提高自身的生活水平，更无法因此转型为真正的商品生产者。丝绸生产中虽然也出现了手工工场，但工人的工资也一直偏低，工场主亦无法转型为真正的资本家。反观 17 世纪的英国，"乡村地区工业的发展为乡村居民创造了新的收入来源"，"英格兰的真实工资（real wages）自 1640 年起直至 18 世纪

---

① 严中平：《丝绸流向菲律宾，白银流向中国》，《近代史研究》1981 年第 1 期。

中叶一直都在稳步增长，直到人口开始快速增长，这种（工资增长的）速度才慢了下来"。① 同样是建立在对外出口的海洋经济基础之上的南中国与英格兰的部分产业对比，其生产者的获益程度显然是不同的，而生产者的积极性是决定产业发展前途的重要因素之一。因此说南中国在这方面明显是脆弱的。

其次，从外部来看，如果仅就造船和航海技术而言，在蒸汽动力的船舶出现以前，明清时期的中国并不亚于西方，郑和下西洋使用的船舶更是当时世界一流。然而，由于西方逐渐掌握了海上霸权，以及西方工业革命开始萌发，中国在航海方面渐趋下风。在"大帆船贸易"时代，跨越太平洋的海上贸易工具主要是掌握在西方手中的。而且，"18 世纪西班牙与荷兰殖民者的（贸易）垄断特点，使它们能够采取更加严厉的措施来对抗和干涉中国的帆船贸易"。② 西方殖民者的垄断贸易是以国家为后盾的，而中国以私商为主的海上贸易不仅未能得到政府的支持，反而受到来自政府的诸多干涉甚至禁罚，因此完全无法与西方抗衡。两相比较，南中国海洋经济受到外部的制约远大于彼，尽管西方殖民者之间也有相互制约的情况存在。

再把目光转回中国内部。幅员广大的中国本来就存在各地经济发展的不平衡，而封建社会后期南部中国海洋经济的发展，进一步扩大了南与北、东与西的差距，这反过来又进一步削弱了海洋经济的内陆支撑。从整体上看，海洋经济在中国所占分量虽然不能说无足轻重，但与 19 世纪其他大国相比仍大为逊色。虽然大陆型国家无法与海洋型（或海岛型）国家作简单类比，但像中国这样具有漫长海岸线的国家，其海洋经济本来应该有更大发展。当鸦片战争前夕中国的海上大门即将被西方炮舰轰开时，中国的政治经济体制依然沿着几千年的传统轨迹在运行，统治者并未觉察到世界海洋时代早已到来，人们仍然固守以农为本的传统思想。即使从南中国涌进来的大量白银，也未能刺激思想界产生诸如西方的重商主义那样的新思想（此处暂且抛开重商主义对利润来自流通过程这一错误认识，仅就其代表商业资产阶级这一时代先进性而言）。所以，

---

① R Bin Wong, Chinese Economic History and Development: A Note on the Myers-Huang Exchange, *The Journal of Asian Studies*, Vol.51, No.3, August 1992, p.605.
② Ng Chin-Keong, The South Fukienese Junk Trade at Amoy from the Seventeenth to Early Nineteenth Centuries, E. B. Vermeer edited, *Development and Decline of Fukien Province in the 17th and 18th Centuries*, E. J. Brill, Leiden, the Netherlands, 1990, p.310.

在中国，海洋经济缺乏思想动力，是不言而喻的。

既然如此，在本文结束之前，简略地比较一下中西海洋观的差异，就不是没有意义的了。首先，中西的海洋权力观有很大的差异。"坚实的陆地成为国家的领域，而海洋则保持自由，这构成了欧洲国际法的惊人的两元格局。"①然而，欧洲强国的全球扩张，就是在这种所谓的"海洋自由"的名义下，对他们认为的"落后国家"的海洋权益进行肆意侵犯和践踏的。追溯其渊源，可以说，欧洲文化的起源希腊、罗马都是以地中海为依托而兴起的，到了资本主义的发展初期，地中海沿岸城市更是以海洋贸易为发展起点。不过在欧洲真正的国际法诞生以前，海上权力仍然是以弱肉强食的丛林法则为依据的。直到1604年荷兰人雨果·格劳修斯（1583～1645）写了《海洋自由论》，欧洲人才开始了对海上自由的理论探讨。此书的作者是基于当时西班牙和葡萄牙这两个最先开启大航海时代的殖民国家企图瓜分世界海洋这样一个严酷的事实而写作的，因为它显然威胁到了较此两国稍后兴起的荷兰的海上航行自由。格劳修斯的基本观点是，海洋是大家共有的，"海洋的任何一部分均不能被视作任何人的领地"。他引用了先哲的话："除了上帝以外，它不受任何人支配"；"谈到海洋，触及它古老的权利和存在，那里面的一切事物都是共有的。"因此他认为，"按照事物本身的呈现，海洋不能被强加任何隶属状态，因为本质上它应该对所有人开放"。②格劳修斯的原则和理念后来被真正成为海上霸主的英国所利用。当然，在它为世界公认以前，围绕着它还是存在长期而激烈的争论的，直到1982年《联合国海洋法公约》问世才告一段落。据说，这是"格劳修斯传统的胜利"③。

反观中国，它是一个大陆型国家，陆权思想占绝对的主导地位，所以不可能像西欧的一些海洋型国家那样，在其思想的发展历史上很早就出现海权思想。即使在宋元时期海外关系有了很大发展的时代背景下，仍然没有海权思想的出现。其根本原因，在于中国文明对农业的严重依赖，从而对水利（亦可称之为流域文明）的依赖日益加深。为了避免流域的内部冲突，就会产生对国家

---

① 格劳修斯：《海洋自由论》，宇川译，上海：上海三联书店、华东师范大学出版社，2005。
② 格劳修斯：《海洋自由论》，宇川译，上海：上海三联书店、华东师范大学出版社，2005，第29、30页。
③ 林国基：《海洋自由论》中译本序言，见《海洋自由论》序言，上海：上海三联书店、华东师范大学出版社，2005，第9页。

规模最大化的冲动。①所以,尽管中国有漫长的海岸线,但统治者及社会精英的关注点始终在陆地而非海洋。进一步的探讨表明,"海洋文明的一个独特形式,是海岛文明。它们的特点是:经济上不自足,军事上易自卫。不自足,所以开放贸易;易自卫,所以不被入侵"②。相比之下,中国是一个自给自足的国家,北方游牧民族始终是中原王朝的心腹大患。这就难怪统治者及精英的眼光只是对内而非对外(以陆为内,以海为外)。直到近代,中国的国门被西方列强从海上打开后,国人才被迫关注海洋。然而为时已晚,中国原本具有的海洋优势已无法发挥,漫长的海岸线反而成为国门洞开的安全软肋。在这样的情况下,中国的海洋权力从何谈起?

其次,中西的海外贸易观也存在不小差异。海外贸易作为一国经济的组成部分,不可脱离整个国民经济来谈论之。这就牵涉到人类社会的经济是如何从前资本主义时代跨入到资本主义时代的。诺贝尔经济学奖得主约翰·希克斯(John Hicks)在其《经济史理论》一书中说道:

> 欧洲文明经历了一个城邦阶段,这一事实是欧洲历史与亚洲历史迥异的关键。形成这种格局的原因主要是地理方面的。欧洲城邦是地中海的恩赐……地中海已卓然成为联结生产力颇不相同的各国的一条公路……亚洲就没有完全类似这样的条件……至于中国海,长期以来它就是贸易的障碍;这个障碍望而生畏、难以逾越……在亚洲整个版图上,也许最有希望的是东南一角(印度尼西亚和印度支那)。一种类似地中海地区的贸易制度最有可能在那里发展起来。不过机会较少,困难较大。那个地区虽然许多世纪以来有大量的海上贸易,但直到新加坡(在晚近)兴起,它才成为一个城邦的地区。③

虽然笔者不完全同意约翰·希克斯的说法,但也不得不承认其中确实反映了中西海外贸易的巨大差异,那就是,欧洲各国(特别是地中海沿岸各国)早在前资本主义时代就已经不同程度地融入区域性的海上贸易体系之中,使各国

---

① 吴稼祥:《公天下:多中心治理与双主体法权》,桂林:广西师范大学出版社,2013,第44页。
② 吴稼祥:《公天下:多中心治理与双主体法权》,桂林:广西师范大学出版社,2013,第45页。
③ 约翰·希克斯:《经济史理论》,厉以平译,北京:商务印书馆,1987,第37页。

（或各城邦）无法脱离之而单独存在，这就使它们在跨入资本主义时代后有了顺理成章的发展。因此从文艺复兴到启蒙时代，欧洲产生了大量有关海外贸易的思想和理论，就不奇怪了。这些思想和理论的主基调是，对外贸易是一国强大的根本，因而开放性的自由贸易强于限制性的保护主义的贸易。

反观中国，即使在进入宋代以后，整个国民经济比汉唐时期上了一个新台阶，对外贸易更是有了空前的发展，但总的来说，以士人阶层为代表的社会精英对海外贸易的看法仍然是以保守为基调的（对此笔者另有专文探讨）。虽然进入明清时期以后，以私商为代表的中国海外贸易又比宋元时期更上一层楼，但官方反而有了不止一次的海禁举措。此间士大夫们尽管也偶尔发出反对海禁，支持海外贸易的言论，但总体上仍然是以维护封建政治统治为最高目的，是否开放海禁、发展贸易乃是以是否有利于政治统治为准绳的。即使被称为"启蒙时期的进步思想家"的王夫之，其贸易观点也是充满矛盾的，一方面他对"正在成长中的市民社会崇拜商业资本的新观点也具有同等强烈的信仰"；另一方面他却"在思想意识上被经商的传统观点所浸透"。[①] 如此则明清时期也就产生不了像西方那样的明确支持海外贸易，并视其为国之根本的思想家了。这当然与中国的封建经济密切相关。虽然明清时期中国产生了资本主义萌芽，但"中国的真正资本主义处于中国之外，譬如说在东南亚诸岛。在那里，中国商人可以完全自由地行事与作主"[②]。也就是说，无论是从事国内贸易还是海外贸易，中国本土的商人都是受到重重束缚的。只有以海外华侨为身份的中国人，在东南亚才能发挥出其经商的全部才干。

最后再回到本文的主题上来，亦即12世纪以后南部中国海洋经济的发展。回顾这一发展过程，可以说宋代开了一个好头。北宋时期，"就人均生产力来看，中国已经成为了世界上的头号国家。这一成就的背后正是技术能力和政治状况的联合作用"。除了农业的发展以外，"11世纪的繁荣还带来了整个中国范围内手工业产品的激增，以及随之而来的与日俱增的对外贸易。尽管通往西方的陆上路线不太重要，但与南亚形成鲜明对比的中国航海业在通往东南亚的海上路线却越发重要。中国出口丝绸及其他纺织品、漆器及部分钢铁，并以

[①] 胡寄窗：《中国经济思想史（下）》，上海：上海人民出版社，1981，第502~503页。
[②] 费尔南·布罗代尔：《资本主义的动力》，杨起译，北京：生活·读书·新知三联书店，1997，第49页。

此换得香辛料及其他热带产品。到 12 世纪初，政府从对外贸易中收缴的税款已占到了所有收入的 20%"[①]。北宋时期中国的经济重心南移已经接近完成，东南和华南已经开始取代北方的中原地区成为中国的主要经济区，这当中，海洋经济的贡献是明显的。可以说，经济重心南移的过程也是海洋经济所占比重增加的过程。

此后南部中国海洋经济的发展虽然并非一帆风顺，但毕竟延续了下来，到了明中叶以后又进入了一个繁荣时期。除了上文所论通过"大帆船贸易"与世界市场连接以外，东南亚成为以中国南方为基地和轴心的私人海上贸易网络的主要扩张地区。此间"大多数中国贸易均涉及东南亚的热带产品，群岛或印度洋的贸易以此换得所需的中国制造品。运往欧洲的货物中，只有少部分由欧洲商船承载，而大部分货物的运输则由存在时间长久的东南亚中国贸易离散社群（笔者按：指以商人为主的华侨社区）以合法或非法的方式承担"[②]。反过来，东南亚的华侨商人（以闽粤籍为主）又反哺了南中国的地方经济。这样，南部中国的海洋经济就其贸易范围而言，已经远远超越了国境。遗憾的是，中国的封建统治者并未推动这一海洋经济的发展势头，以士人为代表的社会精英也缺乏这方面的敏感性，最终使中国失去了进一步向海洋发展的大好机会。

A Brief Discussion on the Development of the Marine Economy of Southern China After the 12th Century—With Special Reference to the Difference in the Ocean Conception Between China and Western World

Chen Yande

Abstract: After the twelfth Century, the marine economy of southern China developed in a new stage. The land economy and the marine economy had become

---

① 菲利普·D. 柯丁:《世界历史上的跨文化贸易》，鲍晨译，济南：山东画报出版社，2009，第 105~106 页。
② 菲利普·D. 柯丁:《世界历史上的跨文化贸易》，鲍晨译，济南：山东画报出版社，2009，第 159 页。

an organic whole in southern China, which was different from the other regions' economy in China to a certain extent. But the natural economy still occupied the dominant position in China, and the marine economy of southern China was constrained much. When the great times of navigation started by the western world, the marine economy of southern China integrated into the world market, but sometimes remained stagnant. It was relating to the vast differences of the concept of ocean between China and western world.

Key Words: development; the marine economy of southern China; after the twelfth century; the concept of ocean

简论早期台湾在中国海洋史上的地位

陈支平[*]

一

关于早期的台湾历史,中国学界以及推而广之的社会各界,有一句百战百胜的口头禅,这就是所谓的"台湾自古以来就是中国领土不可分割的一部分"。这句"口头禅"的现实意义是毋庸置疑的,然而作为以追求历史真实性为宗旨的历史学界来讲,光有这句"口头禅"是远远不够的,历史学界必须寻求出尽可能多的论据,来充实"台湾自古以来就是中国领土不可分割的一部分"这一历史命题。

中国大陆的历史学界,似乎也十分重视这一命题的论证,但是由于早期文献史料的稀缺,这一命题的论证显得相当艰难。尤其是有一少部分学者为了论证这一命题,不惜在某种程度上以曲解文献史料记载的方式,来敷衍成篇,以讹证史。

举许多中国学者所津津乐道的有关三国时期台湾就归属中国的记载为例。我们只要查阅原书,就可以发现这种引证似是而非。葛剑雄教授说道:"过去的历史教科书都强调早在三国时期孙权就派卫温、诸葛直到了台湾,以此证明台湾自古以来是中国的领土,却从未讲到卫温、诸葛直去的目的是什么。(谭其骧)老师让我们查阅史料,一看才知道他们是去掳掠人口的。书本以此证明

---

[*] 作者系厦门大学国学研究院院长、教授。

大陆跟台湾从那时起就是友好往来,这一方面是歪曲历史;另一方面对促进两岸统一也没好处。"①

这部分学者的论证,其出发点也许是用心良苦,但是这种做法对于严谨的历史学来讲,未免有失严肃。近年来,我因为组织编撰多卷本《台湾通史》的缘故,接触了许多有关台湾近 30 年来的考古发掘资料,对于早期台湾的历史有了一些新的认识。这些台湾的新近考古发掘资料,迄今并没有引起大陆历史学界的注意和重视,因而在大陆的论著中反映甚少。我愿意借广东省社会科学院召开中国海洋史学术研讨会之机会,稍加整理,以期对探究早期台湾在中国海洋史上的地位,作出初步的努力。

二

首先,从自然地理变迁史上看,台湾属于闽台半岛华夏古陆的一部分,从福建沿海到台湾岛,在史前时期多次成陆地而连为一体。由于喜马拉雅山的造山运动和冰期影响,最迟在第三纪上新世时,台湾和沿海岛屿曾与大陆相连。早更新世前期,由于地壳上升和气候变冷,沿海地区发生海退,海岸线向海洋推进,这时,台湾海峡海底露出水面,构成广阔的大陆架平原,台湾岛和福建沿海岛屿成了大陆的一部分。人类可以轻易地随狩猎的动物由华南来到台湾海峡及台湾其他地区,进而在台湾定居。②早更新世后期,气候转暖,海平面上升,这时海水进入台湾海峡,台湾与大陆分开。中更新世前期,又一次地壳上升和气温降低,发生海退,台湾与大陆再度相连。此后,地球气候时暖时冷,海面时升时降,台湾与大陆的连接和分开交替出现。大约一万年前,即更新世结束,地球的气温开始回升,海平面开始上涨。在之后的一千年内,海平面上升了约一百四十公尺。台湾方才跟福建脱开,成为一个海中的大岛。到六千五百年前,气温上升达到顶峰,气候温暖,海水高涨。这时候的台湾地貌,跟现在所看到的地貌是完全不一样的。山很高,河面很宽,冲积出来的平原面积不大。六千年以来,海平面有所回落,台湾岛内的陆地也逐渐扩大。然而到了十

---

① 葛剑雄:《历史教科书的"底线"》,《同舟共进》2013 年第 5 期。
② 参见黄士强:《台湾史前文化简介》,台北:台湾省立博物馆,1986。

七世纪末，明朝万历年间因海防上的需要而绘制的《海防图》，从福建看台湾，只看到海上有几座大山，山与山之间是广阔的水面。西洋人更把台湾画成三个连续的小岛①。现在我们看到的河口平原是从五千多年以来到最近四百年，因山崩、土石流、台风等原因，泥石顺流而下，在河口冲积而形成的。直到十八世纪前后，方才出现我们现在所认识的台湾地貌。台湾与中国大陆的自然地理属性，为两地的生物往来和迁徙提供了天然的便利。

六千多年前，在海平面最高的时候，在北纬30°左右的大河口，如非洲尼罗河口三角洲、西亚的两河流域、印度河流域、中国的黄河流域中游和长江流域下游，发展出人类最早的农业文明。有文字、有农耕、有定居的聚落。现在称为 Malayo-Polynesian 这个民族，即被学界通称的南岛语族的祖先也在这个时候，开始从华南向太平洋周边移动。六千多年来，Malayo-Polynesian 这个族群一直在移动，以游耕、采集方式生活，没有发展出文字记录，乃至城邦等复杂的政治组织。他们擅长海上航行，从东亚的南部出发，向东到达太平洋上各个岛屿，向西到达非洲的马达加斯加岛。在这个大航海、族群大迁徙的浪潮中，台湾显然是最先到达的地方之一。最早乘船进入台湾的人群，就住在大山脚下的河口，海水淹不到的地方。由于是新开发的地方，物产相对的丰富，生活比较富足，人口也就快速地增长。

可是，平地有限，一旦人口增加，人们的第一个反应就是向山地发展。在距今 4000 多年前起，人们开始移住海拔较低、平坦可住、可耕作的地方。随着人口越来越多，居住的海拔也就越来越高。在距今 1600 年到 1500 年前，台湾的原住民部落大致分布在山下、山上大部分可以住人及生活繁衍的地方。我们现在到山地原住民部落去，他们会说他们的祖先原先住在高山之巅，就是在述说这个时代的迁徙。

由于海拔高度的关系，相关的经济活动也跟着有所变异。距今 1500 年前沿海的地貌也开始改变。台北盆地开始成为平原，西南部的平原大幅向海上伸展，丘陵地区的河流向下切割，形成许多可以供人居住的河阶台地。再加上从海外倒转回来的移民和他们带回来的文化。于是在考古的记录上，看到这时期

---

① 参见杨子器：《舆地图》，利玛窦：《坤舆万国全图》以及《福建海防图》，均收入曹婉如等编：《中国古代地图集》，北京：文物出版社，1990。

的"文化形态"有非常大的变异。由于经济活动的不同，人群的"自我族群意识"也跟着起了差异，方才出现我们现在所看到的几个大的族群。

南岛语族善于渡海迁徙的习性，一方面促使他们继续向海上迁移，寻找适合生存的土地。另一方面也会在适当的机会里，再回到台湾。在距今4200~3700年前，台湾的人群带着台湾特有的台湾玉所作的器具，顺着海岸向南走。以巴士海峡的巴丹岛和巴布烟岛为跳板，进入吕宋岛，乃至整个菲律宾。同一时期或稍晚，台湾和福建、广东也有密切的往来。近年来的研究确定台北芝山岩遗址的文化相，确定是闽江口一带黄瓜山文化的后裔。西南平原上的大坌坑文化晚期跟广东的珠江三角洲，也有密切的关系。台东的卑南文化晚期到三和文化的文化形态，也确定跟菲律宾的北部吕宋岛有密切的关系。①

这时期的陶器逐渐放弃原来的绳纹，出现精美的黑陶、彩陶，器型也有很大的变化，种类增加。生活上仍以狩猎和渔捞为主，聚落面积加大，像台东的卑南遗址，范围广达六十多万平方公尺。文化层也加厚，出土遗物非常丰富。表示人口众多，同时人群持续往中央山脉较高的台地迁移。

人口增多的另一个后果就是对土地资源的争夺。族群或部落之间常有小型的战争发生，猎头的习俗因而产生。"猎头"这个动作的用意是在宣示部落的疆界，警告外人不得入侵。部落也开始出现围墙之类的防御措施。在山上，部落在选址的时候会优先考虑"易守难攻"的地点。在平原地区，则以人口优势取胜。尽管如此，不同部落之间还是不可避免地存在着一定的贸易往来。那就是各地的遗址都出土用台湾玉制造的器具。台湾玉产在花莲县寿丰乡的丰田村，学名是"台湾闪玉"。可是，普遍出现在全岛新石器时代早中晚期的遗址。显示各部落之间藉由"交换"或各种其他形式的贸易而取得台湾玉。在距今4000年前向菲律宾迁移的人群，也带着台湾玉同行。②

原先迁徙到东南亚的族人，在距今2500年前后，有一部分越过巴士海峡，重新回到台湾南端的东西两侧。在东侧的卑南文化晚期的人群开始转变，

---

① 参见刘益昌：《史前时代台湾与华南关系初探》，张炎宪主编《中国海洋发展史论文集（三）》，台北："中央研究院三民主义研究所"，1988，第1~27页。又张光直：《中国东南海岸考古与南岛语族起源问题》，载《南方民族考古》第一辑，1987，第1~14页。
② 参见刘益昌：《初期南岛语族在台湾岛内的迁移活动：聚落模式以及可能的迁徙动力》，载台北："中央研究院人文社会科学研究中心"考古学专题中心《东南亚到太平洋：从考古学证据看南岛语族扩散与Lapita文化之间的关系》，2007，第49~74页。

由于受到中国大陆文化以及南亚、西亚等地文化的影响，成为拥有黄金、青铜、铁器、琉璃、玛瑙等新的物质文化，以及制造这些东西的高温烧制技术的人群。这些外出的人群，在南海的四周接触到来自印度的文明，学会了高温烧制琉璃珠和陶器的方法。千年之后，他们的后人又回到台湾，把这套高温烧制的技术带回来。我们现在可以看到在卑南遗址的上文化层墓葬中，出土的陪葬品中，有高温烧制的陶容器、石器、玉器和琉璃珠。其中的琉璃珠有 242 颗，全部出土于第六号墓葬。同一层的其他墓葬，也出土少数琉璃珠和少数铁块。在花莲的花冈山遗址近来也发掘到一个新的文化层，葬式是蹲式屈肢葬，以玉器和玻璃珠、金属器陪葬。台湾的考古学家认为，这显然是一个外来人群所建立的新文化体系。①

这些新的物质文化彻底改变了台湾史前人群的装饰。原本以玉为主的装饰又加上以玻璃、玛瑙和金属制品为主的装饰。而这些玻璃、玛瑙和金属制品都是从东南亚地区交换而得。这种以"交换"为主的贸易体系直到九、十世纪福建商人兴起，方才改变。从此，台湾的原住民开始逐渐远离南岛（Malayo-Polynesian）的文化体系，而形成岛内的复杂文化。这些放洋回归的人群，由于拥有不一样的制造技术，也许就成为现在我们所看到的鲁凯和排湾族的贵族制度的起源。时间的跨距大概是在距今 2500～1000 年前。

在距今 1000 年之前，我们对于早期台湾历史文化的认识，最为可信的当然是考古发现了。在距今 1000～450 年，在台湾的西海岸地区，已经进入外界对台湾有些许文字记录的时期。在沿海地区，琉璃珠和玛瑙珠已经很常见，可是山区还是少见。因为运输和转换是需要较长的时间。而在此期间在澎湖出土大量产自中国大陆的各类陶瓷。台湾本岛西部有一些遗址出土少量确定是来自中国大陆的东西，如瓷器硬陶和青铜器。例如新北市十三遗址的十三行文化层出土了鎏金青铜碗、旧香兰遗址出土少量的硬陶、台东外海兰屿岛上出土高丽青瓷等。台湾考古学家刘益昌和王淑津比对大垄坑文化、北海岸各遗址所出土的宋元时代瓷器，指出：大垄坑遗址所出土的十二、十三世纪的贸易瓷组合，几乎与琉球的奄美大岛、日本博德遗址一致（参见图 1、图 2）。说明台湾在当时确实是贸易航线上的一个停靠点，虽然规模不大。这条航线从福州或泉州出

---

① 参见臧振华、刘益昌：《十三行遗址：抢救与初步研究》，台北：台北县政府文化局，2001。

发，经过台湾北海岸，到琉球，再到日本博德。①琉球在十四世纪崛起。在十五世纪，成为东亚的一个重要的转口站，也成为中国朝贡贸易制度中的一员。明朝出使琉球国的使臣也都选择经由这条航线往返。在明朝的记录中，那时的台湾称作"小琉球"。十七世纪葡萄牙人、西班牙人、法国人开始绘制世界地图时，对台湾岛的称呼也是"小琉球"，旁边附记"'Formosa'，即福尔摩萨"。

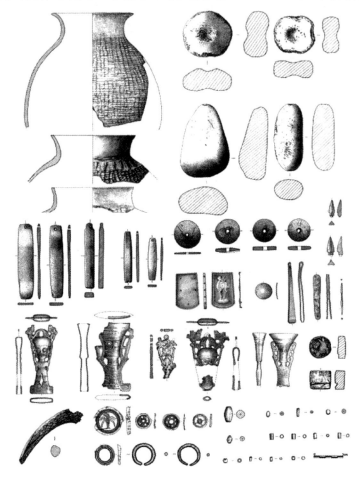

图1 台湾北部十三行遗址出土的遗物（臧振华、刘益昌2001），其中有来自中国大陆的青铜器以及来自南亚、西亚的玻璃饰品

---

① 参见刘益昌等：《台湾的史前文化与遗址》，台湾省文献委员会台湾史迹源流研究会，1996。

图 2　台湾北部十三行遗址出土的遗物中的青铜器以及玻璃饰品细部

十四世纪琉球王国兴起。这时候，台湾大垄坑遗址可以看到元代龙泉窑制造的青瓷大盘、青瓷碟、高足杯、景德镇的青白瓷执壶、德化窑的白瓷军持器、白瓷碗盘等。到了十五世纪初，明朝实施海禁政策，琉球透过朝贡制度，继续中琉和日本之间的贸易，可是在台湾北海岸各遗址所出土的中国青瓷、白瓷就大幅减少。台湾刘益昌等学者认为，这时期可能只是船舶的短暂停留，贸易的数量不会太多。究竟详情如何，还待更多的考古工作，去寻找合理的解答。①在十五世纪中，中国-琉球-日本的贸易航线日益发达之后，原本擅长航海和贸易的台湾本土十三行文化的原住民部落，可能竞争不过福建商人，而逐渐转向，从事台湾内部各部落之间的贸易，有时还依赖福建商人供应铁器。在台湾其他海岸遗址，只有少数遗址出土上述北海岸各遗址所见的外来遗物，这种现象说明，当福建海商兴起后，由于台湾没有什么特殊的、值钱的物产，也由于人口稀少，贸易需求量不大，而被排除在华商所建构的贸易圈之外。②

十五世纪中国-琉球-日本的贸易航线的形成，在很大程度上是由国家政府体制指导的，由于航线偏离等原因，作为素来以不同地域、不同族群的民间往来为特征的连接中国大陆与南亚、西亚贸易的台湾岛，被暂时地被排除在中国对外贸易的体制之外，在当时应该是理所当然的。然而到了十七世纪时，台湾突然又变得重要起来，这是因为西方欧洲的商人即西班牙人、荷兰人东来之后，荷兰不断地攻击进出马尼拉的各国船只，企图切断西班牙人的贸易活动。

---

① 刘益昌、郭素秋：《台北市考古遗址调查与研究》，台北市政府民政局委托之研究报告，2000。
② 参见臧振华：《试论台湾史前史上的三个重要问题》，台湾大学《考古人类学刊》1989。

福建商人叫苦不已。明朝官员终而提议：开辟从泉州或厦门出发，经过台湾东北角，转往琉球、日本的新航路。又回到明朝出使琉球的航路，乃至更早先新石器时代先民所走过的航路。我们可以这么说：航路虽旧，其命唯新。更为重要的是，明代中后期是中国东南海商最为活跃的时期，随着东西方两大贸易体系及其文化的直接碰撞与交流，中国东南沿海的海商们，自然不会自动放弃控制东亚、南亚区域的贸易权益。于是，台湾岛再次成为中国连接海外乃至欧洲的贸易重地。在十七世纪里，中国的东南沿海海商，终究成为这一广阔海域贸易的主导者。

既然明朝官员开辟以台湾为中继站的中国-琉球-日本新航路，西班牙人和荷兰人当然不会放弃大好机会，于是相继驻足台湾。西班牙人怀着黄金梦而来，终而梦碎，没有找到黄金。鸡笼港又不是理想的港湾，强劲的海流会把停泊在港内的船只冲走。台湾北部没有西班牙人所要的物产，再加上当地人烟稀少，生活供应都发生困难，一直需要马尼拉的补给。在驻足的第十年时，就已经决定放弃。

荷兰人一直努力寻找可以直接到中国贸易的商站。几经折冲，才来到大员港。在最初的十年，信心满满，还不时攻打停在厦门的郑芝龙麾下的船只，逼迫郑芝龙跟荷兰人谈判，取得协议，供应荷兰人所需要的黄金和生丝。郑芝龙的势力越来越大之后，在大员港的荷兰人开始"坐困愁城"。而且，大员港日益淤浅，大船要先到澎湖下货，再用小船运来大员，非常不方便。当郑成功因战事的需要，而要以台湾为基地时，荷兰人知道，他们在台湾的日子就要结束了。

荷兰人在台湾的贸易，主要是从福建输入生丝、瓷器等。生丝卖到日本去，瓷器等运到印度西部的苏拉特港，再运回欧洲，可以赚两到三倍的利润。这个贸易流程是从福建等东南沿海为出发点，当这个源头被郑氏父子建立的商团所垄断，荷兰人败亡的命运也就注定了。十七世纪后期，清王朝统一了台湾，大陆与台湾的经济联系进入了空前发展的阶段。时至今日，台湾作为连接中国与海外联系的重要地位，不但没有改变与削弱，反而有着日益增强的趋势。

三

以上我们梳理了一下早期台湾历史文化发展进程中的考古发现，以及早期台湾一直到明清时期的海洋交流的基本状况。从这一基本情景的梳理过程中，我们就不难发现，近5000年来，台湾以其独特的自然地理位置，在中国海洋文明发展史中，扮演着有别于中国传统朝贡贸易和海商贸易的、呈现出别具一格的海洋文明的角色。

长期以来，我们对于中国海洋文明发展史的研究，基本上是集中在国家体制的朝贡贸易和中国本土海商的两大问题之上。但是如果我们仅仅从这样的角度来看台湾在历史上的地位和角色，其被忽视是理所当然的。在东晋和南北朝时，海外贸易是广州刺史的福利，所有的收益不归国家所有。到了唐玄宗时，改变先前的作风，派内侍到广州向海外来的船舶收购珍奇异宝，也命令广州刺史要照顾海外来的商人。宋代开始在几个海港设官管理，泉州成为南宋时的大港。在元代，广州和泉州是国际大港。明代，改行海禁政策，可是派郑和率领庞大的舰队，形同皇家采购团，到东南亚和印度、阿拉伯等地，进行为期长达三十年的采购。在这千年历史上，台湾一直不成为国家政府所关注的重要角色，因而也就不可能成为中国传统历史学家们关注的课题。

但是我们应当深切地意识到，海洋史的研究，并不能仅关注到与中国大一统体制相关联的海洋活动之上。假如我们换一个角度，从世界史更为广阔的时空概念来思考早期台湾历史文化的发展，其结果就可能大有不同。这也就是说，我们如果要从中国及世界史的角度来看台湾在历史上的地位和角色，就必须从"中国地中海"的角度出发。首先，从南岛语族的形成、迁徙与发展的历程看，台湾无疑是其中一个极为重要的连接点、中转站。这个连接点和中转站，促进了上古时期中华文明与南亚文明的密切关系。其次，从台湾发现的距今4000～1000年的考古遗址中，我们可以十分清楚地看到中国东南沿海文化对于早期台湾历史文化的重大影响力，以及南亚、西亚文化等外来文化的痕迹。延至距今1000～400年间，台湾成为中国与东亚、南亚、西亚海洋活动的又一个连接点。这一系列的考古发掘资料，都在印证着早期台湾在中国海洋史的发展历程中占有一个不可磨灭的重要地位。我们今天开展中国海洋史的研究，切不可遗忘了早期台湾在其发展历程中所发挥的历史作用。

我们了解了这一点之后，再来回过头了看看所谓"台湾自古以来就是中国不可分割的一部分"的命题。我们与其不厌其烦地引述某些似是而非甚至是以讹传讹的文献记载来说明这一论点，倒不如认真地分析近来年台湾考古学界在台湾早期历史考古上的诸多贡献。这些考古发现足以证实早期台湾与中国大陆的紧密关系，是任何一个域外地区或国家所无法比拟的。正因为如此，我们说"台湾自古以来就是中国不可分割的一部分"，就有了比较坚实的证据了。

A Simple Comment on the Position of Early Taiwan in the Chinese Maritime History

Chen Zhiping

Abstract: Due to the special geographic location, Taiwan is playing a different role from tribute trade and maritime commerce in traditional period. Taiwan is a transit station in the history of the formation, migration and development of the Austronesian family, which is promoting linkages between the civilization of China and South Asia in the early ancient period. It is clear that there had been great influence of the culture of Chinese southeast coast in the history and culture of Taiwan since the archaeological site period, Taiwan had been a joint point of China and the other area of Asia.

Key Words: Taiwan; maritime history

明代漳州府"南门桥杀人"的地学真相与"先儒尝言"

——基于明代九龙江口洪灾的认知史考察

李智君[*]

在前科学时代，影响自然科学进步的因素很多，而思想、信仰的影响尤为显著。因为科学的每一次重大进步，首先是思维范式发生转换。而思维范式转换，无一不涉及人们的思想和信仰，特别是宗教信仰。在中世纪欧洲，民众的思想被基督教所禁锢，不能越雷池一步。而在传统中国，由于政治势力的强势，虽然没有出现类似的宗教钳制，但正统学说——儒学的作用绝不亚于宗教，因此有学者把中国前科学时代向科学时代的转变过程，称为"走出中世纪"。[①]

在西方，地学无疑是现代科学中的先行科学。"日心说"和"地理大发现"瓦解了基督教信仰的基础，使上帝失去了立足之地。在中国，现代地学完全是舶来品，但并不意味着传统地学与儒教之间没有冲突。当这种冲突在某一地方发生，地方政府的官方文献——地方志的文本撰写，如何在地学真相与"先儒之言"之间做出选择？如果选择了后者，它们又是如何彰显先儒圣明，

---

[*] 作者系厦门大学历史系教授，加拿大维多利亚大学历史系访问学者（2015年8月~2016年8月）。
本文为国家社会科学基金项目"明清时期西北太平洋热带气旋与东南沿海基层社会应对机制研究（10BZS059）"阶段成果之一。

① 朱维铮：《走出中世纪》（增订本），上海：复旦大学出版社，2007，第1~50页。

并掩盖地学事实真相的？该问题的解决，有助于我们了解传统中国思维范式向现代科学思维范式转换过程中，传统是如何制约现代的。

本文选取公共基础设施——桥梁作为研究的切入点，理由有三。其一，桥梁是人与自然的交汇点。众所周知，桥梁是人类与河流斗争的结果，因此通过桥梁的建造与维修，能透视人类与自然的关系，尤其是人类与洪水之间的颉颃关系。其二，桥梁是政治与社会的交汇点。桥梁，特别是城市附属的桥梁，处于要道之上，交通繁忙，一日不可或缺。畅通与否，还涉及治所的安全，因此，桥梁的建造和维护主要由政府负责。而地方志中的《修桥记》，在彰显执政官员政绩的同时，也会记载修桥的故事和意图，作为教化后人的文本。其三，桥梁是世俗与宗教的交汇点。在佛教中，桥梁是八大福田之一，因此，于官于民，建造和维修桥梁都是一种功德无量的宗教行为。

一、南门桥洪水杀人与流域环境

坐落在漳州府城通津门外，九龙江西溪上的南门桥（今中山桥），原名"薛公桥"。始建于南宋绍兴年间（1131～1162），是一个多灾多难的古桥。灾难云者，非一般所言的桥梁毁坏之事，而是指其引发的洪水"杀人之祸"。据《大明漳州府志》转引南宋淳祐三年（1243）《漳郡志》云：

> 初，南门临溪流，其上流有沙坂直出，其南岸有大圆石，溪面不甚宏阔。绍兴间，作浮桥，正当圆石。水自沙坂末折入，北汇于南门楼之前。遇潦至，则撤浮桥而杀之，潦不为害。嘉定改元，郡守薛杨祖因其旧址而易以石桥，磊趾于渊，酾为七道，郡人得之，呼为"薛公桥"。侍郎陈说书石。自薛公桥之既成也，潦水暴至，则沙坂以西田皆浸矣。嘉定壬申，赵守汝谠因浚沙坂为港，乃于薛公桥石隄之南作乾桥十间，以杀潦水之势。又以乾桥之南，石隄瘴下，每月潮大，人不可渡，复作小桥二十四间，接以石隄二十三丈，以抵于岸。于是桥隄相连属，横亘江中。水日冲射，土日消蚀，旧时南岸圆石，今已在江中矣。累政君子不知杀水，惟求以止水，桥益增大，隄益巩固，洪水无从发泄，遂至漂屋杀人，不可救

止，不但沙坂以西田受浸而已也。①

因南门浮桥改建石桥而引发的洪水灾害，"漂屋杀人"，浸没田地，不止发生在南宋。"明三百年间，屡遭水患"②，"成化十年，为祸尤甚，毁屋千百区，浮尸蔽江，桥堤冲决"③。难道一座桥梁的修建，真的可以引发如此惨重且频发的水灾吗？虽然明清以来的诸多方志作者多持肯定的观点，但问题远非这么简单。

首先，我们从桥梁的选址和建筑结构上来分析是不是桥梁导致了洪水杀人。漳州城初在漳浦，后移徙龙溪县治，龙溪成为漳州的附郭县。因此，有理由相信，南门浮桥修建的时间要早于漳州子城的修筑时间，自然也早于漳州府外城修筑的时间。由"其南岸有大圆石，溪面不甚宏阔"来看，虽然桥之北岸为西溪冲积平原，建筑条件不甚理想，但南岸有大圆石这一天然桥墩，且溪面不甚宏阔，因此，选择在此建浮桥，是比较理想的。如果把浮桥改建为长三十一丈五尺，广二丈四尺，七间石梁桥，则不合理。一方面，原本狭窄的溪流横截面上，多了六个用条石交错叠砌的舰首形桥墩，减少了过流量，在上游形成低流速区，易致泥沙沉积，沙洲发育。另一方面，在洪水淹没桥面时，桥梁类似于拦河坝。两者都在一定程度上影响洪水下泄的速度。

如果说浮桥改建石桥导致洪水泛滥尚属合理，但南门桥经南宋赵汝谠扩建后，还有人称洪涝灾害是石桥使然，则于理不通。史载："南门溪为桥三，为隄亦三，共长一百五十二丈五尺。第一，宋薛公桥也。……其南为石隄，长一十五丈。第二，宋乾桥也。其桥十间，长三十丈，广二丈一尺。其南为石隄，长二十九丈。第三宋小桥也。其桥凡二十四间，长二十三丈五尺。其南为石堤，长二十三丈五尺。"八十五丈长的桥，无论桥墩如何宽大，也比三十一丈五无桥河道过水量大。这样浅显的道理，难道明代人真的不明白？还有一种说法是"北溪尝言：'南桥盍造于东门下水云馆。'盖水势至此湾，湾环回洑，北溪意欲避其冲而就其缓也"。④所谓"避其冲也"，是指南门桥所在地方，河道

---

① 陈洪谟修、周瑛纂：正德《大明漳州府志》卷三十三《道路志》，北京：中华书局，2012，第708页。
② 光绪《漳州府志》卷六《规制》，光绪三年刻本，第1页下。
③ 《大明漳州府志》卷三十三《道路志》，第708页。
④ 《大明漳州府志》卷三十三《道路志》，第709页。

收束,"溪面不甚宏阔",相较于宽阔的河床,流速较大,容易侵蚀桥墩。问题是,南门容易被洪水冲圮,与洪水杀人之祸并无关系。

如果说南门桥在选址和建筑结构方面,都不是造成洪水杀人的根本原因,那么问题究竟出在哪里?我们不妨分析一下漳州平原的地理环境,看能否找到答案。

明人陈天定于《北溪纪胜》一文中,论及九龙江北溪水灾原因时说:

> 自柳营入江,山高水狭,三五里岩壑,绝人居,古名蓬莱峡。上抵龙潭,取道五十里,身行则信宿。《诗》所谓"溯回流之,道阻且长"也。两岸俱龙溪治,下为廿二都,上为廿三四都,烟火丛稠,人事耕学,楼堡相望,滨江比庐。每雨潦,辄遭淹没。盖江从宁、岩、平、长发起源,合流而下者,七八昼夜,末又佐以长泰之水。入峡腹大口小,若军持,易盈难泄,势使然也。①

其实,九龙江西溪谷地也是"腹大口小,若军持,易盈难泄"的断陷盆地,北部的凤凰山与南部的文山隔江相对,形成了葫芦口。从第四纪环境演变过程来看,末次冰期后,漳州盆地海水内侵,是一个溺谷型河口湾,即厦门湾的一部分。全新世末期,随着海平面下降,漳州断陷盆地缓慢抬升,海水逐渐退出漳州平原,在盆地中心低洼地带,发育成了九龙江西溪谷地。②受狭窄的溺谷型河口湾的制约,潮流的作用要远小于径流作用。因此,九龙江西溪带来的泥沙在下游河谷盆地不断堆积,形成河谷冲积平原。平原一旦形成,受平原地形影响,西溪在下游地带流速更加缓慢,不仅在河口地带堆积成浒茂洲、紫泥洲和玉枕洲,江心地带也多有沙洲发育,可谓"潮汐往来,洲渚出没"③。

上文提到的"沙坂",即并岸的沙洲。由"水自沙坂末折入,北汇于南门楼之前"可知,沙坂位于薛公桥上游的北岸。这些不断浮出水面且向两侧并岸的沙洲,正是漳州平原不断扩大的主要方式。在地质历史时期,当河床越积越高,沙洲让河床越来越弯曲狭窄,径流无法正常通行的时候,便通过自然改道

---

① 乾隆《龙溪县志》卷二十四《艺文》,乾隆二十七年刻本,第56页。
② 张璞:《福建漳州晚第四纪以来的环境演变》,中国地质大学博士学位论文,2005。
③ 《大明漳州府志》卷七《山川志》,第138页。

来重建新的河床。周而复始,沉积层越来越厚,平原面积也逐步扩大。随着人类的定居开发,尤其是城市出现后,河流的改道过程便告终止。例如,漳州府漳浦县鹿溪河道被人类固定和占据后发生的环境变化,史载:

> 邑之南门外有石桥曰五凤桥,乃官道之冲,闽广之要会……弘治壬子岁夏秋之交,霖雨时作,潦涨屡兴,邑中之水且没膝上腰,而所谓五凤桥者,沉没无迹,车马不通,道者病焉。邑侯王公喟然叹曰:"天时失序,洪水为灾,小民怨咨,行旅兴嗟,其宰之咎乎?"坊老林璠、徐嵩偕众进曰:"天时虽有适然之运,而人事不可不修也。邑之地势北高而南下,邑城之阳,有大溪焉。溪势潆洄深广,乃暴涨所趋,舟楫所由,而亦风气所关。近因附邑愚民壅水筑陂,鳞次栉比。由是沙泥淤塞,日浅日夷,溪势反高,而视邑斯下矣。以故,稍遇巨雨,即泛滥不收,横流奔决,激射城隅,鼓荡桥道。而居民时有卑湿沮洳之患。舍今不治,后宁有极?而吾民其鱼鳖乎?"①

虽然鹿溪不属于九龙江流域,但环境问题如出一辙,很有借鉴意义。又如明代漳州府"城东南址旧筑土为隄,以捍溪流,然潦至辄坏"。成化九年(1473),"巡抚福建副都御史张瑄命作石隄,城址始固。十八年,知府姜谅复规措木石甃筑外隄,高一丈三尺,长一百余丈,广一十丈。作亭其上,扁曰'保安'"②,这样的"保安"工程,只是保障了府城的安全。随着河道的不断固定,河流的水灾危险性却在潜滋暗长。所以,虽然桥梁建筑规模不断扩大,洪涝灾害却并没有因此而绝迹。

南宋以来,九龙江流域又渐次开发。这种变化由漳州的道路变化可窥其一斑。有载:

> 漳路四出,北抵于泉,南抵于潮,西抵于汀,东抵于镇海。南北为车马往来大路,一日一程,官行有驿,旅行有店舍。其路皆坦平,无宋人日暮途远、四顾荒凉之苦。惟西路自南靖县至龙岩县,山路险峻,行者皆蒙蓬蒿,披荆棘,不见天日。近因开设漳南道,两司巡守官往来,其道路始

---

① 赵浑:《新修漳浦五凤桥记》,载《大明漳州府志》卷二十四《艺文志》,第537页。
② 正德《大明漳州府志》卷二十八《兵政志》,第617~618页。

渐开辟，亦计程而设公馆，其行始无碍。东路至镇海，驿行四日，併行三日。若水行，一潮可至月港，月港登岸，一日至镇海，其路不甚艱阻。①

从宋人"日暮途远、四顾荒凉"，到明人"官行有驿，旅行有店舍"，足见其繁荣。河流含沙量无疑会随着经济开发、田地垦辟乃至生态环境变迁而增加。九龙江口沙洲的增长过程亦能说明河流含沙量逐年增加的趋势，"1489年之前，九龙江口就已经存在许茂洲、乌礁洲和紫泥洲。最晚至 1763 年，乌礁洲与紫泥洲已经合并为一洲，从而奠定了九龙江口沙洲与河流'两洲三港'的分布格局。自 1692 年至今，沙洲前界自西向东大约推移了 5km，每年平均推移约 19m，且沙洲推移的速度是越来越快"②。

形成洪水灾害的第二条件是河口潮流的顶托。漳州平原是九龙江的河口平原。距今 2500 年前的春秋时期，厦门海湾向西深入至今漳州芗城一带，九龙江西溪潮区界远在天宝以西。随着九龙江的进一步开发，河流侵蚀带来的泥沙在江口一带淤积，海水东退，潮区界逐渐东移。③至明代，"潮由濠门、海沧二夹港入，分为三派也。一派入柳营江，至北溪止；一派入浮宫，至南溪止；一派自泥仔、乌礁入于福河，绕郡城过通津门，至西溪止。谚云：'初三、十八流水长至渡头，复分小派，于浦头④抵于东湖小港，则龙溪一县实兼而有之'"⑤。九龙江口每月潮水大小变化的规律是："其为大小也，各应候而至。如每月初三日潮大，初十日潮小，十八日潮大，二十五日潮小。率八日而一变。"⑥南宋绍定三年（1230），漳州府开城门七，明初仍旧。其中东曰朝天门，南曰通津门。元至正二十六年（1366），在外城外浚东、西二濠，与西溪相通。朝天门外东濠一带，即著名的浦头渡，再向东进入东湖。⑦也就是说，每月初三、十八大潮时，潮区界北至浦头渡和东湖小港。向西绕郡城过通津门，至西溪止。

---

① 《大明漳州府志》卷三十三《道路志》，第 706 页。
② 李智君、殷秀云：《近 500 年来九龙江口的环境演变及其民众与海争田》，《中国社会经济史研究》2012 年第 2 期。
③ 福建省龙海县地方志编纂委员会编：《龙海县志》，北京：东方出版社，1993，第 57 页。
④ "浦头渡，在二十七都"，《大明漳州府志》卷三十三《道路志》，第 711 页。
⑤ 闽梦得修：《（万历）漳州府志》卷三《山川·海》，厦门：厦门大学出版社，2012，第 17 页。
⑥ 《大明漳州府志》卷七《山川志》，第 155 页。
⑦ "东湖，旧在城东朝天门外，居水千余亩。宋绍兴间，郡守刘才邵、林安宅、赵汝谠、庄夏相继修治。今悉变为田矣"，见正德《大明漳州府志》卷三十三《道路志》，第 718 页。

这样的潮汐背景,若遇到天文大潮,潮位更高。因此,西溪很容易在漳州府城一带,受潮水顶托,形成高水位,淹没周边低洼地带,导致大量泥沙沉积。

无论从九龙江所处的地貌条件还是河口潮流顶托的条件,都看不出南门桥是诱发洪水杀人之祸的直接原因。当然,此二者都没有涉及洪灾的主角——洪水以及洪水形成的天气系统。

二、南门桥洪水杀人与天气系统

有关南门桥圮于水的史料大多数记载为"洪水暴发"或"洪水复发"。至于是什么样的天气导致洪水暴发,或未明言,或语焉不详。因此,利用史料和现代气象学知识重建明代漳州府水灾的天气,就成了解开桥梁杀人谜团的必要工作之一。也许有人要问,知道是洪水冲毁桥梁即可,非要知道造成水灾的天气吗?答案是肯定的。

不同的天气,形成的洪水灾害对九龙江河口地带的影响强度存在较大差异。以成化十年(1774)七月的水灾为例,正德《大明漳州府志》载:

> 十年秋七月戊午夜,暴雨不止,山崩裂,洪潦奄至,城垣几没,南门石桥倾圮二间,军民庐舍坏者不可胜计。人民漂溺,浮尸蔽江。①

洪灾发生的时间点是七月戊午夜②。有两点值得注意:其一是初五,距离每月初三的高潮位很近,仍属于天文大潮期。其二,厦门湾初五夜里的潮位"亥时初涨,子时涨半,丑时涨满;寅时初退,卯时退半,辰时退竭"③。也就是说,这天夜里 24:00~6:00,潮位都涨至一半以上,其中 1:00~3:00 是高潮位。厦门湾潮型为正规半日潮,平均高潮位 5.66 米,低潮位 1.74 米,平均潮差 3.96 米。④因此,这天夜里恰逢天文大潮,九龙江口的洪水受到高约 6 米的

---

① 正德《大明漳州府志》卷十一《风俗志·灾祥》,第 215 页。
② 正德《大明漳州府志》卷十四《纪传志·张璡传》:"成化十年出知漳州府,其年四月到任。……其秋八月,山水大发,坏田庐,人民漂溺不可胜计。""八月"之说有误。
③ 道光《厦门志》卷四《防海略·潮信》,厦门:鹭江出版社,1996,第 96 页。
④ 阎庆彬、李志高主编:《中国港口大全》,北京:海洋出版社,1993,第 206 页。

潮水顶托，排泄极为不畅。

"暴雨不止"是造成这次洪水灾害的天气。有学者认为这次暴雨是台风天气造成的。其实完全没有证据，且把南门桥圮误作虎渡桥圮。①关于这次暴雨灾害，距事发时间最近的正德《大明漳州府志》共有 5 处记载，没有一次提到台风。熟悉明代福建《灾祥志》的学者都知道，明代尚没有台风的概念，所有气旋统称飓风。即便某一次飓风史料，未明确点明是"飓风"，也会有"大风拔屋"之类的记载，故此次灾害的天气为暴雨天气而非台风天气。当然这只是据史料记载的习惯得出的结论，需要更确凿的证据加以佐证。正德《大明漳州府志》记载的一条史料，能充分证明这一点：

> 成化十年甲午秋七月戊午夜，暴雨不止，龙溪县洪潦奄至，城垣几没，人民陷溺死者不可胜数，而旁县如南靖、长泰、漳浦水祸皆及焉。知府张璜目及心骇，具船张筏，救援甚多；不待上报，急开库发廪，买官以殓死者，具食与衣以给生者。当道责其擅专，璜谢曰："事亟矣！待报而发，民死尽矣。某不敢顾一己之罪而缓万民之死。"当道慰勉之。其年奏，奉户部勘合，龙溪县免征米一万二千八百六十四石七斗九升六合四勺，漳浦县免征米三百二十四石三斗七升三合七勺，长泰县免征米四百五石七斗四升八合五勺，南靖县免征米六千七百八十七石八斗一升六合。②

上述四县免征米的数量，一定跟灾情成正比关系，即免征米多的县肯定比免征米少的县灾情严重。通过表 1 可见四县的灾情状况。

表 1　成化十年漳州水灾免征米统计表

受灾县	龙溪县	南靖县	长泰县	漳浦县
免征米/石	12 864.7964	6 787.8160	405.7485	324.3737

如果这次水灾是台风灾害，那么必须从海上登陆，事实上，无论是广东潮州还是福建厦门都没有灾害发生。唯一的可能是从漳浦县南部的古雷半岛登陆，但这样就无法解释漳浦是这次受灾程度最低县这一事实。所以，这次水灾是暴雨天气引发的，与台风无关。

---

① 宋德众、蔡诗树：《中国气象灾害大典·福建卷》，北京：气象出版社，2007，第 17 页。
② 《大明漳州府志》卷十二《风俗志·恤典》，第 243 页。

那么，这次暴雨为什么会引发如此严重的灾害呢？九龙江流域是由西部的玳瑁山、北部的戴云山和南部的博平岭围拢而成的喇叭口地形，地势由河口向北迅速抬升。由于戴云山和博平岭之间的九龙江北溪河谷狭窄，华安县城以北的北溪上游流域，基本上处在山地的背风坡，受地形雨影响很小，是福建省暴雨最少的地区之一。华安县城以南的迎风坡尤其是长泰县，受喇叭口地形影响，是福建省暴雨最多的三个县之一。①九龙江中上游各支流的流域略呈扇形，受山地地形影响，河道纵坡比降大，汇流速度快，可谓"坡陡流急"。因此，九龙江流域一旦发生暴雨，往往造成洪水。而这次暴雨波及西溪和北溪中下游等九龙江的全部支流，可谓全流域涨水。

"暴雨不止"，即降水强度大，持续时间长；故洪水流量大，持续时间也长。而这天夜里又恰逢天文大潮，江口的潮位高，排水不畅，因此造成严重的洪灾。类似的暴雨天气引发的洪水灾害，在明朝的漳州府并非个案。例如，万历四十五年（1617）的暴雨，"六月大雨连日不止，西、北二溪水涨，城垣不浸者仅尺许，城外沿溪海澄等处，民舍悉漂去，溺死者不可胜数"②。这次暴雨同样没有大风的记载，因此可以肯定不是台风雨。连续的暴雨天气在山区很容易引发崩塌、滑坡和泥石流等地质灾害。这次暴雨也不例外。在平和县，"夏六月大水，莲叶径后埔，谢家住屋后山崩，一家九人尽压死，遂埋其中，因名九人墓"③。与成化十年的暴雨不同，这次暴雨持续时间更长，范围更广，波及诏安、南靖等县。④因此九龙江西溪与北溪同时暴发洪水，不仅使处于西溪河口的漳州府城"城垣不浸者仅尺许"，还导致"城外沿溪海澄等处，民舍悉漂去，溺死者不可胜数"。远离江口的海澄被淹，距离较近，且易发生水灾的石码镇，自然也不例外。乾隆《海澄县志》记载这次暴雨发生的准确时间是"六月二十日"⑤。即同样是距离天文大潮十八日很近，江口很容易受天文大潮顶托。

明代九龙江流域因暴雨引发的洪水灾害共计有九次（表 2），从时间上看，大

---

① 林新彬、刘爱鸣等：《福建省天气预报技术手册》，北京：气象出版社，2013，第 23 页。
② 光绪《漳州府志》卷四十七《灾祥》，光绪三年刻本，第 9 页上。
③ 康熙《平和县志》卷十二《杂览·灾祥》，康熙五十八年刻本，第 11 页上~下。
④ "四十五年六月，大雨连日夜不止，水涨溺者无算"，乾隆《南靖县志》卷八《祥异》，乾隆九年刻本，第 3 页下："水灾大作，淹没多人"，民国《诏安县志》卷五《大事》。
⑤ "六月二十日大风雨连日不止，洪水涨溢，淹没庐舍"，乾隆《海澄县志》卷十八《灾祥》，乾隆二十七年刻本，第 4 页上。

部分应该是春夏锋面雨天气系统所致。其中波及龙溪县者总计四次，与上游的龙岩、南靖和长泰相比，受灾次数处在伯仲之间，但受灾程度却远大于后者。三次大水造成大量民居被冲毁，溺死者不可胜数。有两次府城几乎全部被淹。究其原因，一是暴雨强度大，持续时间久；二是暴雨范围广，几乎覆盖九龙江全流域；三是有两次水灾都发生在厦门湾天文大潮期间，而且都造成众多民众伤亡，低潮期则不然。当然，之所以会造成大量生命和财产损失，也与下游江口经济发达、人员稠密有关。值得注意的是，四次大水中，南门桥和新桥共计被冲坏三次，其中南门桥两次，新桥一次，可见暴雨洪灾与桥梁冲坏的关联度很高。

表 2　明代九龙江流域暴雨洪涝灾情统计表

时间	灾情	范围	桥梁	潮位	资料出处
成化十年（1474）七月戊午夜	暴雨不止，山崩裂，洪潦奄至，城垣几没，南门石桥倾圮二间，军民庐舍坏者不可胜计。人民漂溺，浮尸蔽江	龙溪、南靖、长泰、漳浦	南门石桥倾圮二间	大潮	正德《大明漳州府志》卷十一《风俗志·灾祥》
弘治十六年（1530）秋八月	漂没民居	长泰			万历癸丑《漳州府志》卷三十二《灾祥志》
嘉靖十二年（1533）五月十三日	龙岩大雨	龙岩	东桥西桥坏		同上
嘉靖二十四年（1545）六月	大雨雹并大水漂庐，禾稼伤	长泰、龙岩			同上
嘉靖二十六年（1547）春三月	大雨水涨，败田庐	龙岩			同上
嘉靖四十二年（1563）年夏	大水高三丈余，坏龙溪、南靖民田千余顷……漂流民居百余家	龙溪、南靖	南桥趾俱崩	不详	同上
嘉靖四十三年（1564）秋	复大水，溺男妇五十余口，漂民庐二百余区	南靖			同上
万历四十一年（1613）五月二十六日	大水，民田庐舍，漂损甚多	龙溪、长泰、南靖	城南新桥冲坏	低潮	同上
万历四十五年（1617）六月二十日	大雨连日不止，西北二溪水涨，城垣不浸者仅尺许，城外沿溪海澄等处，民舍悉漂去，溺死者不可胜数	龙溪、平和、诏安、南靖、同安		高潮	光绪《漳州府志》卷四十七《灾祥》

引发九龙江流域洪灾的天气还有台风，明代方志称台风为"飓风"。仔细分析史料，会发现此飓风有台风和强对流天气之别。

首先来讨论台风。九龙江流域所处的位置处于登陆或影响我国的热带气旋（包括热带风暴、强热带风暴、台风、强台风和超强台风）的两条主要路径，即西移路径（菲律宾以东洋面—南海—华南、海南登陆）与西北路径（菲律宾以东洋面—台湾和台湾海峡—华南沿海、华东沿海登陆）之间，深受两个方向登陆热带气旋的影响。每年登陆或影响的台风频率，在福建省仅次于闽东地区，属于第二个易受台风影响的地区。在九龙江流域内，北溪流域上游地区伸入内地，为群山环抱，台风影响相对较小。西溪流域距海岸较近，受台风影响较大。

与暴雨天气原地形成不同，台风是从菲律宾以东洋面形成，然后在沿海地区登陆。因此，其风雨天气有一个由沿海向内地过程。以隆庆四年（1570）夏六月初六日的飓风为例。万历元年(1573)《漳州府志》记载：

> 夏六月初六日，飓风大作连昼夜，暴雨不止，水涨没桥，坏十余梁，漂流田产人畜不计，南门内水没屋脊。[①]

万历癸丑《漳州府志》记载：

> 夏六月初六日，龙溪、漳浦、长泰、南靖、平和五县，烈风暴雨，洪水漂没民居不可胜数，郡南桥坏。[②]

何乔远《闽书》、康熙《漳浦县志》、康熙《漳浦县志》、康熙《平和县志》以及乾隆《龙溪县志》都有这次台风灾害的记载，但基本上都是摘引上述两段文字，无法补充更多的灾害信息。可以确定此次台风是从漳浦登陆的。从"六月初六"的时间来看，虽然九龙江是高潮位，但灾情主要集中在河流两岸，如"漂流田产人畜""漂没民居"，府城也是"南门内水没屋脊"。横跨在河流上的桥梁亦遭厄运，"水涨没桥，坏十余梁"，多灾多难的南门桥也是名列其中。但这次台风中，未见沿海地区海水涨溢的灾害记录，

---

① 罗青霄修、谢彬纂：万历元年《漳州府志》卷十二《灾祥》，厦门：厦门大学出版社，2010，第370页。
② 万历癸丑《漳州府志》卷三十二《灾祥志》，第2121页。

因此，这次台风风暴潮灾害几乎看不出来。万历三十一年（1603）八月初五日的这次灾害则不然。据《明史》载："八月，泉州诸府海水暴涨，溺死万余人。"① 《明神宗实录》记载："福建泉州府等处大雨潦，海水暴涨，飓风骤作，溺死者万有余人，漂荡民居物畜无算。"② 正史之所以把这次台风系于泉州，是因同安为台风登陆地点，受灾最严重，但就受灾面积而论，漳州府更大（表3）。

表3　万历三十一年八月初五日台风风暴潮灾害分布表

府	县	台风风暴潮灾害	资料出处
泉州府	同安县	飓风大作，潮涌数丈，沿海民居、埠田漂没甚众，船有泊于庭院者，几为巨浸，董水石梁漂折二十余丈	民国《同安县志》卷三《大事记》
	晋江县安平镇	东南风大作，海水暴涨，城外水深六七尺，高过桥四五尺，船逾桥横入埭。漂没人家，各港澳课船破坏殆尽，淹没人口不可胜计	1983年编《安海志》卷九《祥异》
漳州府		飓风大作，坏公廨城垣民房。是日海溢堤岸，骤起丈余，浸没沿海百里，海澄龙溪数千余家，人畜死者不可胜计，有大番船漂冲入石美镇城内，压坏民舍	万历癸丑《漳州府志》卷三十二《灾祥志》
	龙溪	飓风大作，坏公廨城垣民屋，是日海溢，高堤岸丈余，人畜死者不可胜计，有大番船漂冲入石美镇城，压坏民舍	乾隆《龙溪县志》卷二十《祥异》
	海澄	飓风大作，坏公廨城垣民舍，是日海水溢堤岸，骤起丈余，浸没沿海数千余家，人畜死者不可胜数	乾隆《海澄志》卷十八《灾祥》
	漳浦	大水，飓风暴作，滨海溺死者数千人	康熙《漳浦县志》卷四十二《风土志·灾祥》
	长泰	烈风暴雨，大水漂没民居，沿海地方尤甚，淹死数千人，或以为海啸	乾隆《长泰县志》卷十二《杂志·灾祥》
	铜山	大雨飓风暴作，海滨溺死数十人	乾隆《铜山志》卷九

这次遭受台风灾害的府县都是沿海地区。③ 处于台风中心的同安、龙溪和海澄三县，方志中只有"飓风"记载，却未见暴雨，记载暴雨的是外围的长泰和铜山两县。它们的共同特征是"海水暴涨"，其中同安"潮涌数丈"，同安西部的龙溪、海澄两县"海水溢堤岸，骤起丈余"，东部的晋江县安平镇则"海

---

① 张廷玉等：《明史》卷二十八《五行》，北京：中华书局，1974，第453页。
② 《明神宗实录》卷三百八十七，台北："中研院历史语言研究所"校印，1962，第7274页。
③ 因九龙江北溪潮区界延伸至长泰境内，因此，长泰亦受潮汐影响，称其为沿海地区当不为过。

水暴涨，城外水深六七尺，高过桥四五尺"。显然同安县的潮水涌起更高。同安县城、石美镇和安平镇，有船"泊于庭院者"，"有大番船漂冲入石美镇城，压坏民舍"者，有"船踰桥横入埭"者。台风中心地区的同安、龙溪和海澄，人员死亡"不可胜计"，外围的漳浦、长泰和铜山，则是由"数十人"到"数千人"不等。同安的"董水石梁漂折二十余丈"。可见造成这次损失惨重的灾害，主要是台风引发的"海溢"而非"暴雨"。那么这次"海溢"为何如此严重呢？

据万历癸丑《漳州府志》，这次"海溢"发生时间是"八月初五日未时"，初五日距天文大潮初三日，相隔一天，依然是八月的高潮位。而初五这一天潮水又是"未时涨满"。① 也就是说，海溢发生时，潮位恰好在天文大潮时期的高潮位。这是引发大"海溢"的原因之一。

原因之二是台风引发的风暴潮。风暴潮是指海面在风暴强迫力作用下，偏离正常天文潮的异常升高或降低的现象。其中异常海面升高，亦称"风暴增水"或"风暴海啸"，乾隆《长泰县志》"或以为海啸"，即指风暴海啸，而非通常所指的地震引发的海啸。这次风暴潮与天文大潮叠加，无疑是引发这次海面异常升高的重要因素。

据厦门验潮站1990~2008年的资料统计，此18年风暴潮引发的增水共计54次，其中在100~150厘米的增水有18次，没有高于150厘米的增水。② 考虑到天文大潮6米左右的高潮位，两项叠加，高潮位8米左右，跟"潮涌数丈"相差甚远。其实，"飓风大作"，不仅引发风暴潮，还会引发风浪。正是烈风巨浪，让处在高潮位的"大番船漂冲入石美镇城，压坏民舍"。这是海溢灾害特别严重的原因之三。另外值得注意的是，此次受灾最重的同安、龙溪和海澄，都处于河口地带，径流起到了推波助澜的作用。

综观明代九龙江流域，因台风引发的重大洪水灾害共有四次（表4），其中台风引发风暴潮灾害，只有一次。导致九龙江流域桥梁冲毁的灾害有两次，南门桥和柳营江桥各一次。

---

① 道光《厦门志》卷四《防海略·潮信》，第96页。
② 林新彬、刘爱鸣等：《福建省天气预报技术手册》，第82页。

表4 明代九龙江流域台风灾情统计表

时间	灾情	范围	桥梁	潮位	资料出处
天顺五年（1461）五月戊午夜	风雨大作，拔木走石，洪水发，漂人畜甚众，东门内外谯楼皆圮。龙溪县圆山崩，松木随陷。漳浦县漂人畜尤甚	龙溪、漳浦、云霄		高潮	正德《大明漳州府志》卷十一《风俗志·灾祥》
天顺七年（1463）七月	疾风暴雨，北溪洪水涨，平地深五丈	龙溪	柳营江桥亭漂没无遗	不详	
隆庆四年（1570）夏六月初六日	烈风暴雨，洪水漂没民居不可胜数	龙溪	郡南桥坏	高潮	
万历十八年（1590）六月二十一日	大风自卯至辰，吹折东门、北门二楼，拔木坏屋不可胜数。	龙溪、长泰、平和		高潮	万历癸丑《漳州府志》卷三十二《灾祥志》
万历三十一年（1603）八月初五日未时	飓风大作，坏公廨城垣民房。是日海溢堤岸，骤起丈余，浸没沿海百里，海澄龙溪数千余家，人畜死者不可胜计，有大番船漂冲入石美镇城内，压坏民舍	龙溪、长泰、漳浦		高潮	

明代九龙江流域发生的所谓"飓风"，在没有引发暴雨和风暴潮的前提下，也会导致人员伤亡。例如，嘉靖二十八年（1549）五月五日，"南河竞渡，城中男妇尽出，妆采莲船游玩，忽午后飓风大作，船覆，溺死者六十余人"①。这里的飓风，显然是局部强对流天气，与通常我们所说的台风无关。

至此，大体可以得出一个结论，九龙江西溪之所以会有洪水杀人之祸，是气候、地形、天文大潮、风暴潮和九龙江水系空间分布格局等因素耦合的结果。正如方志记载西溪南门一段时所言："南门溪，在南厢。首受西溪诸水，抱城脚东流，至福河与北溪水合。溪面宏阔，潮汐吞吐。每洪水发，多漂人家。"②即南门桥有没有，是浮桥还是石桥，是大石桥还是小石桥，都不影响洪水的爆发。那么，南宋时期，所谓南门桥引发洪水"杀人之祸"的真相又是什么呢？

---

① 罗青霄修、谢彬纂：万历《漳州府志》卷十二《灾祥》，第370页。
② 正德《大明漳州府志》卷七《山川志》，第133页。

三、南门桥洪水杀人与方志文本的书写

闽中山溪层累环绕,难以枚举,故多桥梁。而福建河流的共同特征,正如明人所云:"溪流溢出,自高而下,云使鸟疾,翻飞湍泻,势若建瓴。秋冬涸泉,丝流稍缓,春夏洪流,轰豗澎湃,响振林木。至若阴云骤兴,乍雨滂沛,则浚崖飞瀑,万丈卸倾,平地倏忽,宛若大川,昔之浅波,变为虞渊矣"①。这样的水文特征,对架设在江河上的众多桥梁,极为不利。因此修建桥梁,是闽中公共基础设施建设和维护的重要组成部分。从宋、明两朝留存下来的大量《修桥记》来看,修建桥梁的资金,主要来自主政官员捐俸。"惠民莫先于为政,作善莫大于修桥",因此,修桥便成了地方官员行使仁政的重要举措之一。何况还有人给官员在"晋绅冠盖,游旅往来"之处,撰文立碑,彰显其事,可谓青史留名,两全其美。修桥资金的第二个来源是民众捐献。因为佛教认为桥梁普济,为八福田之一,民众捐资修桥,功德无量。

然而,这样的仁政之举,却在南宋漳州城南门桥的改建和扩建中,遭遇尴尬。薛杨祖和赵汝谠不仅没有因改建和扩建南门桥获得仁政之美誉,反而成了洪水杀人之祸的始作俑者。"累政君子不知杀水,惟求以止水,桥益增大,隄益巩固,洪水无从发泄,遂至漂屋杀人,不可救止,不但沙坂以西田受浸而已也。"②其实,只要九龙江流域发生特大洪水,就会导致大量民众溺死,南门桥存在与否,基本上改变不了这一事实。然而在南宋的漳州,有人却反其道而行,认为是南门桥的改建和扩建,导致了洪水杀人之祸,颠倒因果关系。可见,南门桥导致洪水杀人之祸的认识误区,早在南宋就已形成了。

宋人这样撰写淳祐《漳郡志》的原因是什么?最大的可能性是《漳郡志》的作者确实没搞清楚九龙江洪水频发的自然原因。当然也不能排除有人借此给薛杨祖和赵汝谠制造舆论,抹杀其在漳州的政绩。还有一种可能,是有人用薛杨祖和赵汝谠的执政行为不当,彰显陈淳的言论乃是"恒久之至道,不刊之鸿

---

① 陈良谦:《重建兴龙桥记》,载万历《福州属县志·罗源县志》卷七《艺文志》,北京:方志出版社,2007,第105页。
② 正德《大明漳州府志》卷三十三《道路志》,第708页。

教"。陈淳（1152~1217），字安卿，号北溪，漳州龙溪人，是朱熹绍熙元年任漳州知州时的弟子。其造诣由"熹数语人以'南来，吾道喜得陈淳'，门人有疑问不合者，则称淳善问"可知，"其所著有《语孟大学中庸口义》《字义》《详讲》《礼》《诗》《女学》等书，门人录其语，号《筠谷濑口金山所闻》"。① 陈淳去世后"配享文公祠下"②。因此当陈淳提出"南桥盍造于东门下水云馆"时，则不仅是一个当地学者的"真知灼见"，而是"圣人之言"。这样说也许有点夸张，说成"本土圣人之言"当不为过。明清方志中习惯称朱熹和陈淳为"先儒"。

面对记载着"陈北溪尝言"的宋人文本与南门桥杀人的地理真相，明代方志作者，必须在相互矛盾的二者，即在"尊经"与"格物"之间做出选择。处在前科学时代的明清方志作者，共同选择了"尊经"。

针对正德四年（1509）洪水和火灾毁坏的南门桥，主修《大明漳州府志》的漳州知府陈洪谟罗列了自己修复的举措，并意味深长地说："其用心可谓勤，爱民可谓至矣。然以事理度之，水祸疑未□也，盖人力不可与水争雄长"。然后征引"陈北溪尝言"，申说："诚能告于全漳之人共迁桥于彼，不惟风气完聚，而杀人之祸可免矣。谨录鄙见于此，以俟为政者择焉"。陈洪谟只是已坏桥梁的修复者，不是建造者。因此，他有足够的勇气彰显自己的功劳，而质疑前人造桥的选址。其实，九龙江水灾频发，政府官员承受的民众舆论压力，不能说没有：

> 夫灾祥之来，其大系于天下，其小系于一方。考其所自，皆有以召之也。《礼》遇灾而减膳撤乐，遇祥而称贺，不过循古典耳，不足以称天意也。盖天示人以祥，是诱之以修德之劝也；示人以灾，是开之以悔过之门也。故遇灾祥而反诸政治，则德益修而生民蒙福矣。③

按照这样一套灾祥与政治的互动理论，水灾频发当然是官员为政不仁的结果。当新任知府遇到重大水灾时，这种压力更是空前巨大。方志的撰写者在这

---

① 脱脱等：《宋史》卷四百三十《陈淳传》，北京：中华书局，1977，第12788~12789页。
② 正德《大明漳州府志》卷二十五《人物传》，第563~564页。
③ 正德《大明漳州府志》卷十一《风俗志·灾祥》，第215~216页。

个时候当然不能把罪责全推到当政者的身上。知府张瓛的经历颇具代表性，史载：

> 成化十年，（张瓛）出知漳州府，其年四月到任。有大鸟集廷树，举首高丈余，人以为骇。瓛援弓射之，中颈飞去，继而为弩手射死。其秋八月，山水大发，坏田庐，人民漂溺不可胜计。瓛具船张筏，救援甚多。先发赈济，而后上报。上司恶其专，瓛曰："待报而后发，民死尽矣！"十年，奏减六县租有差。城南桥冲坏，来往阻碍，即为修理。港道淤塞，灌溉不便，俱为疏通。又留意学校，以漳学纯《易经》，乃延请莆田《书经》魁郑思亨授以《书经》，后各有成就。解郡，郡人为立去思碑。①

据《国语·鲁语》载：

> 海鸟曰"爰居"，止于鲁东门之外二日。臧文仲使国人祭之。展禽曰："越哉，臧孙之为政也！夫祀，国之大节也，而节，政之所成也。故慎制祀以为国典。今无故而加典，非政之宜也。……是岁也，海多大风，冬暖。②

显然在古人眼里，大鸟的出现是灾害天气的先兆。张瓛下车伊始，就遭遇到不祥之兆和水灾，民间能没有议论吗？况且象征着官员恶政的杀人之桥，又一次被冲毁了。这些难道不是官员为政不仁而遭"天谴"的结果吗？如何在这样的困局中让张瓛走出来，就成了方志撰写者不得不考虑的问题。好在张瓛是一位"善厥职"的知府，他射伤了象征着灾难的巨鸟而不是祭祀，他及时救援赈济灾民而不是坐以待毙。因此，当张瓛"解郡，郡人为立去思碑"。看上去张瓛是用自己努力，消除了民众对知府执政的质疑。然而下面一段"论曰"，还是露出了方志作者有意替张瓛开脱的蛛丝马迹。

> 论曰：瓛遇异鸟而射之，此之为见与臧文仲祀爰居者异矣。遇水灾，先发廪而后申报，此之为心与汲黯矫制以活河南水旱之贫民者类矣。其他

---

① 正德《大明漳州府志》卷十四《纪传志》，第276页。
② 《国语》卷四《鲁语》，上海：上海古籍出版社，1998，第165~170页。

若修桥梁、通水利、兴学校，又皆郡政之先务也。若瑨也，可谓善厥职矣。①

如果民间没有把大鸟、水祸与张瑨到任联系在一起，作者还需用"瑨遇异鸟而射之，此之为见与臧文仲祀爰居者异矣"之类的语句来辩解吗？张瑨的困境似乎是解脱了，但是桥还在南门外，洪水还会再来，"尊经"与"格物"之间的矛盾并未消除，该怎么办呢？知府韩擢勇敢地站了出来，建造新桥：

> 知府韩擢上採先儒之论，下顺舆情，乃于东门水云馆之前，树址建桥二十八间，长九十丈，广二丈四尺。南接于岸，北建文昌阁，南建观音楼，申请当道，捐俸而佐以镪，士民欢欣输助，不数月而功告成，刻"文昌桥"三大字。

文昌者，寓文人倡导建桥之意。然而，不幸的是，韩擢"上採先儒之论，下顺舆情"而建立的新桥不仅没有一劳永逸，而是"会守迁去，桥渐顷圮"。当初"议者以新桥之建，可以缓水势，省民财，接八卦楼以包络元气"，现在该作何解释？这真让人尴尬和沮丧。能说先儒错了吗？当然不能。只能找这样的借口搪塞："惜承委县尉胡宪者，董役鲁莽，致中流柱址稍欹。"更尴尬的是，这样的新桥还维修吗？如果维修，如何做到理论上的自洽？且看《侯袁公重修桥梁记》载：

> 桥梁载郡乘者五十有奇，惟文昌、虎渡二桥最为吃紧。虎渡桥，三省之通衢也。文昌桥，别名新桥。大宋北溪陈先生与紫阳朱夫子所议建也。万历乙亥，郡守韩即其议处建为桥，而旧时桥据府治上者，亦以昔贤议撤去，韩侯升任，而两桥并峙矣。峙旧桥者，从一方民便也；峙新桥者，从全漳民便也。

建设新桥，原本是先儒陈淳一人倡导，到这位作者笔下，成了朱熹与陈淳一同"所议建也"。工程的神圣性与合法性提升到了最高档次。既然南门桥是杀人之桥，新桥建成，当然要把罪魁祸首南门桥撤去而后快。事实上，韩守并

---

① 正德《大明漳州府志》卷十四《纪传志》，第276页。

没有这样做,而是让新旧"两桥并峙矣",理由是"峙旧桥者,从一方民便也;峙新桥者,从全漳民便也"。相距不过一里的两座桥,服务对象竟然有"一方"与"全漳"民便之别,有谁相信?纯属文字游戏。真相是领着圣人旨意而建的新桥与旧桥一样很容易被洪水冲毁,保留两座桥,如果冲毁一座还能留一座,更有利于南北交通。那么袁业泗在修复水毁的新桥时,又是怎么想的呢?史载:

> 袁侯自令龙溪时,既割俸资一百二十两,以为民计。四十三年,莅郡之三载也。谓文昌桥不葺且废,复援俸如干,鸠工运石,砌筑之时,巡行劳来,功竣而士若民咸快已。又盼江以东曰:"此陈布衣里也。溪水一脉,夫非囊者晦翁所尝味云:'此地有贤人者哉!'"桥制所从来久远,令其石梁没入江,铺以木板,此岂长久计耶?亟命官董其事,匠饩以时给领,盖呼耶许歌欤乃者,甚适也,犹之治新桥然。二桥皆重大之役。当官者睬为传舍,畴首其事,侯于天下犹家也。不惮拮据,务为永久之利,不为一时锲急之图。以故并臻厥成,侯有大造于漳,漳民世世戴侯之功勿朽。宁独漳哉,晋绅冠盖,游旅往来,并志侯德云。①

字里行间彰显的是袁业泗在圣人故里修桥的自豪感和敬业精神,以及双桥通行时从漳州民众到往来过客对其的感恩戴德,只字不提桥梁杀人之祸。可见,《重修桥梁记》纯粹是地方官员从政的功德碑。方志中大量收入各种《记》,表扬当事人只是其功用之一,更大的功用在于教化后来者。

当事人可以邀功请赏,文过饰非,但当新桥一再被洪水冲毁时,方志作者也难免质疑:

> 陈北溪尝言:"南桥盍造于东门下水云馆。"意以水势至此,湾环回洑,当避其冲而就其缓。但重大之役,未可以轻议也。以今观之,如嘉靖甲子至隆庆庚午,未及数年,桥已两坏,费财动踰千万,为政者变而通之可也。②

---

① 万历癸丑《漳州府志》卷二十八《坊里·桥梁》,第1927~1928页。
② 万历癸丑《漳州府志》卷二十八《坊里·桥梁》,第1923页。

但这种质疑仅仅落在为政者身上，是他们不善于变通，而不是先儒有错，更不会把注意力转移在洪水杀人之祸的地学本质上。其实，在当时的孕灾环境与桥梁建造技术条件下，"为政者"已经没有其他的变通之道可供选择了。所以，无论是旧桥还是新桥，只能是毁了修、修了毁。在这样的舆论压力下，漳州官员还有谁敢毫无顾虑地捐俸修桥呢？

> 古者修理桥梁多出于官，今也多出于民。如近者南门桥二次修理，实召僧行钦、智海主之。二僧果能广乞民财以集厥事，书之以见漳民之好义，而浮屠氏致人有如此云。①

这条按语论及漳州民风、信仰，大体没错。但政府官员不再捐俸修桥，多少折射出了官员心态的变化。无论谁来出资修理南门桥，九龙江洪灾易发的事实基本没变。无论是旧桥还是新桥，易被冲毁的事实没变。而南北两岸交通一日不可或缺的事实也没变。要变的只能是方志撰写者的文本了。乾隆《龙溪县志·南桥》载：

> 按陈北溪谓南桥当水之冲，上闭水势，于民不便，亦形势所忌也。古记屡云："南桥宜断。"或秋汛啮决石梁，则是年甲乙榜必多占数人，屡试皆验。然苟水不为灾是利涉者，亦岂可废耶？②

至清代，被洪水频频冲断的南门桥竟然与漳州科举上榜人数挂上钩，真让人忍俊不禁。这样的胡乱联系其实是相当危险的。如果九龙江数十年不发洪水，或者发了洪水，桥却没毁，那漳州举子应试，不成了年年都是小年吗？这是玩笑话。但桥梁冲断之频繁、方志撰写者之执拗，还是让人印象深刻。可见，清人宁可用这样的幽默来化解先儒之言的虚妄，也不愿意直言洪水杀人之祸的真相。

那么说出真相来会有什么后果呢？首当其冲的恐怕是陈淳，即本土先儒的神圣形象受损。这在"尊经"时代，绝非小事。其次，恐怕是漳州府治的神圣性受损。原本在漳浦的府治因瘴气太多，徙至"两溪合流，四山环胜，科第浮兴，硕儒叠出"的龙溪县，现如今却是洪水频发，"人民漂溺，浮尸蔽江"，不

---

① 万年元年《漳州府志》卷二《规制志》，第70页。
② 乾隆《龙溪县志》卷六《水利·津梁》，乾隆二十七年刻本，第16页下。

正说明漳州府治选址不合理吗？那么，罪魁祸首能推给谁呢？只能是南门桥了。否则有谁愿意说家乡的首善之区，竟然是一个为官不仁，屡遭"天谴"的地方呢？

四、结　　论

如果说南宋嘉定年间，薛杨祖把漳州城南门桥由浮桥改建为石桥，还有可能导致九龙江西溪洪水淹没两岸农田，冲毁庐舍，溺毙人民。至赵汝说把石桥扩建为原桥近三倍长时，还有人说是桥梁引发洪水杀人之祸，则于理不合。

其实，九龙江之所以会发生洪水杀人之祸，是气候、区域地貌、天文大潮、风暴潮和水系时空分布等因素耦合的结果。漳州断陷盆地在第四纪以来以冲击海积为主，河道沙洲发育不利于行洪。九龙江上游又多山地，水系呈扇形分布，流程短，落差大，流速快，流域强降水很容易在河口汇集形成洪水；九龙江流域春季的暴雨天气和夏秋台风天气本来就容易产生强降水，受流域喇叭口地形汇聚和抬升，进一步增加了暴雨的强度。如果在洪水期间，河口海水又处于天文大潮，或在此基础上叠加了风暴潮和风浪，洪灾便不可避免。加之自明代以来，九龙江流域溯源开发，水土流失导致河流含沙量增加，河床更趋不稳定，而河口和两岸的人口密度、城市面积和经济规模又都在增加。因此，洪灾是一次重于一次，且频率越来越高。

这样的地学真相，明清两代漳州本土修志作者难道真的不明白吗？非也。淳祐《漳郡志》所言的南门桥引发洪水杀人之祸，很可能就是指浮桥改建为石桥之初的情况。然而，当本土圣人陈淳质疑了南门桥选址的合理性之后，形成于南宋的"南门桥杀人"之说就被其巨大的影响力所绑架，成为定论。这样，后人修志就要面对两个定论，一是桥梁杀人，二是"陈北溪尝言"。所以，方志作者在不断质疑当政者反复维修杀人之桥的同时，也质疑当政者为什么不按"陈北溪尝言"建造新桥。在他们看来，"北溪尝言"是唯一能免除漳州洪水杀人之祸的先儒指示。即便面对新桥建造后，洪水杀人之祸并没有消失，而新桥却屡屡被洪水冲毁这样的尴尬局面，他们仍然认为"北溪尝言"没错，是当政者不会变通。

仅就漳州南门桥梁而言，方志文本如此迷信"陈北溪尝言"，而不愿意深入探究洪水杀人的地学真相，充其量是蒙蔽那些不明真相的读书人，不会造成更严重的损失，因为南门桥本非罪魁祸首。而这样的"迷信"一旦成为知识分子的主流价值观，会从精神层面扼杀民众追求自然真相的愿望。这与以探索自然真相为目的的现代地学精神完全相悖。中国现代地学之所以是舶来品，与这样的方志书写理念脱不了干系，其影响可谓深远。

The Geoscience Truth of "South Gate Bridge Killings" in Zhangzhou Prefecture and Confucian Views—Based on the Cognitive History of the Flood of Jiulong River Estuary in the Ming Dynasty

Li Zhijun

Abstract: In the geoscientific process of reconstruction of the Jiulong River of the Ming Dynasty, the author found that the real "Killing Curse" of Jiulong River flood was the coupling result of various factors, such as climate, regional topography, astronomical tide, storm surge and the distribution of water systems, etc. which was irrelevant with the reconstruction of South Gate Bridge in Zhangzhou. However, when the "local saints" Chen Chun questioned the reasonableness of the site of South Gate Bridge, the saying-killings of South Gate Bridge, had been kidnapped by his enormous influence since the Southern Song Dynasty, so that the records in the Ming and Qing Dynasties protected the saying in every possible way. For Zhangzhou South Gate Bridge, local records were convinced of Chen Chun's remarks rather than delve into the truth of the killing flood. At best, the saying could fool the people who were unaware of the truth only. It wouldn't cause more serious consequences, because the South Gate Bridge wasn't the culprit at all. However, once such superstition became the intellectuals' mainstream values, it would kill people's desire to pursue the truth from the spiritual level. This not only was completely contrary to the spirit of exploring the truth of nature in modern geoscience, but also restricted the origination and development of modern geoscience in traditional China.

Key Words: South Gate Bridge; Jiulong River Estuary; Zhangzhou Prefecture; Ming Dynasty

明清时期环珠江口平原的生态环境

——兼谈海洋生态环境史的研究方法

吴建新[*]

明清时期的环珠江口地区,包括珠江口水域,陆地包括香山、新会、东莞、番禺、广州,以及增城、新安一部分,南海、顺德受潮汐影响,也在讨论之列。若上溯宋元时还会谈及高要、高明等地。自 20 世纪 80 年代以来,明清珠江三角洲的社会经济史研究已有可观成果。但海洋社会经济史方面的成果仍然较少;对珠江口生态环境史的研究,论著亦不多。[①]环珠江口因受珠江三江水流和南海潮汐的顶托影响,水沙运动是其规律,其水域与周边平原的生态环境史,是和海洋社会经济史分不开的。珠江口平原的演变与人类经济活动密切相关。本文就明清时期环珠江口平原的生态环境变迁做一简要介绍,再就环珠江口的海洋生态环境史研究方法做一探讨,意在抛砖引玉,祈请方家指正。

---

[*] 作者系华南农业大学历史系教授。
[①] 主要成果包括佛山地区革命委员会编写组:《珠江三角洲农业志》第一册、第二册,此书非正式出版,1976;李平日等:《珠江三角洲一万年以来环境演变》,北京:海洋出版社,1991;吴建新:《明清广东的农业与环境——以珠江三角洲为中心》有所涉及,广州:广东人民出版社,2012,第 135~194 页。

一、明清时期环珠江口平原的生态环境变化

（一）咸淡水分解线以前所未有的速度向前推移，是环珠江口环境史上最重要的变化

海岸线的变迁是环珠江口生态环境史研究的基本问题之一。海岸线制约着人类在这个地区的活动范围。在古代很长的一段时间内，南海海水甚至到达广州城下，海潮顺北江而上甚至到达羚羊峡和清远峡。所以，从汉到唐，受海岸线的约束，环珠江口的开发还很稀少，主要是咸海环境因素造成的。到了宋元时期，海岸线还在新会双水—小冈—礼乐—江门外海—中山古镇—曹步—小榄—大黄圃—潭州一带。这一带是宋代三角洲平原农村的最南界，往南未见宋代遗物和村庄。① 宋元时期，海岸线内的聚落分布、农业开发达到了一个新的高度，明代中叶珠江三角洲的发展就是以这一时期的开发为基础的。到了明代，这条滨线已经大大向南推移，到达新会的上横—大沙；中山明初滨线在港口附近，明中叶更向南、向东推移到港口—马安—横挡—黄阁一带。在东江三角洲，东江与珠江交接处麻涌已经有村落，麻涌—大步一带已形成岸线。清代，海岸线由中山向南推移到今斗门、坦洲、前山、蜘洲、沙栏、大托、白蕉，宋代海岸线以南的地方已经成陆，并与三角洲相连。市桥台地大部成陆，万顷沙在 18 世纪大规模围垦，民初已到十七涌。东江三角洲狮子洋口的彰澎、沙田镇已经成村。②

海岸线的变迁，说明今天珠江三角洲的大部分是在明清时形成的，珠江口这个古海湾大致在这时期已经充填完毕（今天这个充填而成的三角洲还在不断地向前延伸，三角洲内部的环珠江口还在不断充填，海岸线还在向前推移）。认识到这个特点，对于环珠江口的生态环境史研究非常重要。因为明清海岸线的推移，由此而产生一系列的生态、社会问题。一方面，海岸线的推移，使咸海环境在海岸线内消失或减弱，从而对人类在海岸线内的生产、生活等社会活动产生积极的影响。另一方面，海岸线推移，意味着大片大片的陆地生成，可

---

① 李平日等：《珠江三角洲一万年以来环境演变》，北京：海洋出版社，1991，第 75 页。
② 李平日等：《珠江三角洲一万年以来环境演变》，北京：海洋出版社，1991，第 76~77 页。

提供广阔的陆地资源。在明清广东的各州府中，广州府的新开发耕地是最多的。海岸线推移，还意味着水产资源分布发生变化，出海水道加长，从而产生一系列生态与社会的新问题，这在下文会展开论述。

（二）人类垦殖活动造就了广阔的人造平原，从垦殖"已成之沙"向筑"未成之沙"发展。

三角洲海岸线的推移主要还是人类经济活动造成的。在珠江上游地区，东西北三江流域的山区垦殖活动加强，以致水土流失严重，三江各支流将沙泥带入河中，汇聚在珠江口。由于河水动力的作用，环珠江口迅速发育，在珠江口形成大片的荒滩。明清两代，环珠江口的人工围垦方式各不相同。明代是围垦"已成之沙"，清代是围垦"未成之沙"。清人曾钊已经指出这个问题[1]，后世学者多沿用这个说法，但均未能从环境史的角度说明原因。这其实是与水环境有关。明代环珠江口的水含沙量很高，明代香山的史料记载称：

> 水色：上流黄浊，下涧碧黑，惟黄浊，故积泥以成田，碧黑斥卤，其性劲，其性咸，故煎成盐。下海之船载日以轻者，咸且劲，故也。惟浮虚以上则异，其土杂色，上多黄，下多玄黑，有赤埴白壤，大氐瘠卤泥沙耳。[2]

明代中叶香山县大部已经在海岸线内，但是由于海潮的缘故，港口一带以南的水含泥较多，还受咸害，水中盐分较多，虽然可以冲淡洗咸，但是用来煮盐更好。石歧以上浮虚一带的土地在宋代已经成田，浮虚海水色虽黄浊，但含盐量已经降低，土地耕作条件转好。故人们不去开发靠近海岸线附近受咸害较重的"未成之沙"，而去开发已经淤积成陆的沙坦。明代开发"已成之沙"，其实也是受咸水环境制约的。到了清代，香山水域的咸水环境已经退缩，水质也发生变化，史载：

> 按水色，近县治以北者，清且绀。前山近洋，则碧而黑，若西涨暴下，则黄浊。惟黄浊，故海旁多积淤以成田。碧黑者，其性劲，其味咸，

---

[1] 曾钊：《送郑云麓观察山东都转序》，光绪《重辑桑园围志》卷十五《艺文》，光绪己丑年刻本。
[2] 嘉靖《香山县志》卷一《水土》，日本藏中国罕见地方志丛刊，第297~298页。

故煮之成盐。①

这一记载表明，清代乾隆年间接近石歧的地方，淡水环境良好；而靠近出海口的前山等地水色黄浊，河泥沉积成坦，但水中的盐分较高，表明海岸线退缩之后的水环境。

清代珠江三角洲地区人口大大增加，需要更多的耕地。反过来说，人口的增加和宗族力量的加强，为在受咸水影响的滩涂进行大规模的人工围垦创造了条件。由于清代海岸线较之明代更为向南推进，原来明代海岸线内的那些在海潮上涨时还是隐没的未成沙坦，受咸害的机会大大降低，围垦之后的田地更快成田，获利相当可观，于是在广阔的水域上筑石坝，就成为主要的围垦方式。而且人们开始掌握环珠江口的水流动力在珠江口的作用原理，在围垦活动中趋利避害。乾隆年间顺德人龙庭槐的《敬学轩文集》有文章对此有较为详细的记载。②明清时期环珠江口的围垦活动显示了人类开发自然的伟大成果。

（三）海岸线推移，使盐、水产资源的分布地发生变化

环珠江口在宋元时有不少盐场，一度是广盐的重要产地。到了明代，咸淡水分界线退缩，盐场开始减少，但尚产盐。正统时黄萧养发动叛乱，派兵到东莞和香山抢掠，说明明代前期环珠江口产盐还很多。从明代中叶起，香山、东莞的盐场与沙田开发此消彼长。盐场产出少，来自邻县的乡豪"高筑其堡，障隔海潮，内引溪水灌田，以致盐漏无收，岁徒赔课"。加上盐灶丁逃亡，万历四十四年（1616）香山县政府豁免盐丁的课税，将沙田升科的钱粮抵盐课。天启七年（1627）更将"裁汰场官场课，并县征解"。自宋代建立的香山场官盐税由县征收。清康熙元年（1662）正式废香山盐场，"盐田四漏七分九厘，因淡水相侵，不能耙煎，准其改筑稻田"。清末香山盐税只有404两，其中337两是民田升坦抵补盐场虚税的。③

东莞的靖康场在宋代是大盐场，明代产盐已少，万历间已撤。清乾隆五十四年（1789），东莞、新安令"查勘靖康场盐田无几，本系沙石之区，咸水泡

---

① 乾隆《香山县志》卷一《山川》，故宫珍本丛刊，第341页。
② 龙庭槐：《敬学轩文集》卷一《与瑚中丞言粤东沙坦屯田利弊书》，收北京师范大学图书馆编：《稀见清人别集丛刊》第12册，桂林：广西师范大学出版社，2007，第396~404页。
③ 光绪《香山县志》卷七《盐课》，《中国地方志集成》本，第110页上下。

浸已久，深入土膏，难以养淡改筑稻田，况照斥卤例升科每亩征银四厘六毫四丝，统计征银有限……"①

清代环珠江口产盐少，产盐地集中在珠江口两侧海岸，如新安即今深圳一带海边"西南皆海，小民无田可耕，此一万六千有奇之粮大半取之灶蛋"②。珠江口西边盐场"其在广州者只新宁之海矬一场而已"③。清初屈大均在《场记》一文中记述沙田农业时还提到以稻秆烧盐。他提及的沙田在番禺沙湾一带，可见清初咸潮期咸水尚可到达番禺台地周边。

咸潮一直是困扰环珠江口农业的大问题，考察环珠江口生态环境不可不注意咸水环境的影响。珠江口盐场生态变化以后，广东盐就依赖珠江口以外的沿海盐场。这些盐场加大了生产，以致对柴薪的需求加大，熟盐变为生晒为主。④所以清代环珠江口盐场的消失影响很大，是南海海洋经济史中的大事之一。

咸淡水分界线还影响到水产资源的分布。资源的减少引起争夺。明代香山等县的豪右恶绅抢夺资源，"吾邑海滨可以设罾者，豪右侵轶久矣。舰舸连云，金鼓铿鏘，官军近之辄毒以强弩。曰：吾受乡缙绅之命者也。杀人夺货，莫敢谁何。官褫魄自窜，民间惴惴不自保，况敢征鱼课乎？"⑤资源减少并为豪强所夺，拥有简易渔具与小罾家艇的渔户，或沦为沙田的耕仔，或受豪右盘剥。一些拥有大渔船的渔户只有到伶仃洋等近海处打渔。

蚝的分布地最能说明问题。蚝是生长于咸淡水分界线区域的贝类动物，当咸潮退缩时，蚝的养殖地也随之后移。宋元时，东莞靖康场一带开始兴起养殖蚝。至清初尚有。蚝的养殖地后来则迁移到香山县。清初香山县还没有蚝的养殖："香山无蚝田，其人率于海旁石岩之上打蚝。"⑥道光年间在香山县黄梁都厓口等处多蚝塘，"各分疆界，丈尺不逾，逾必争"⑦。晚清时在新会的沙洲、厓门、新宁县等地也有人工养殖蚝类。⑧

---

① 嘉庆《东莞县志》卷十二《盐政》，《广东历代方志集成》本，第446页。
② 嘉庆《新安县志》卷二十二《艺文》，《中国地方志集成》本，第954页上。
③ 民国《东莞县志》卷三十三《前事略》，《中国地方志丛书》本，第1081页。
④ 阮元修、伍长华纂：《两广盐法志》卷十四，道光十六年刊本。
⑤ 嘉靖《香山县志》卷三《鱼盐》，第333页。
⑥ 屈大均：《广东新语》卷二十三《介语·蚝》，北京：中华书局，1985，第576~577页。
⑦ 道光《香山县志》卷二《物产》，《广东历代方志集成》本，第309页。
⑧ 光绪《新会乡土志》卷十四《物产》，粤东编译公司，第121页；黄朝槐：《宁阳杂存》卷一《物产》，广东省中山图书馆藏本。

咸水环境退缩还使咸水生长的鱼类减少。民国《东莞县志》记载："近日沙田涨淤，江流渐浅，咸潮渐低，兼以轮船往来搅使，惊窜滋生卵育，栖托无由。不惟海错日稀，即江鱼亦尠矣。此亦可以观世变也。"① 表明咸水环境与海产资源的变化有密切关系。

（四）环珠江口原来的海上洲岛已经变成平原上的孤岛，以及近海平原的丘陵山地，植被资源基本被砍伐完毕，动物的多样性消失

古代环珠江口原来有很多孤岛。当漏斗形的古海湾被充填以后，这些孤岛就变成平原上突出的小山。这些小山或者丘陵原来有很丰富的植被，但是在明清时期遭到大肆砍伐。例如，香山平原上的黄杨山和五桂山曾有丰富的植被，大致弘治至嘉靖年间是环珠江口植被演变的分界。吴建新的《明清广东的农业与环境——以珠江三角洲为中心》对此有详细的论述。在植被资源中，最重要的是檀香资源减少，香山即因为多产香而得名，嘉靖《香山县志》还记载当地出产"檀""黄者坚而香"。在珍贵树种中，香山原产铁力木，但是到明代已经难觅粗大铁力木材，"大者皆买给于广西"。此外，明代香山还有黄杨、楠木等珍贵木材②，但到道光年间，这些珍贵木材已不常见。大体明代广州府平原这些山地、丘陵的植被覆盖率为70%～80%，在南海、顺德、香山这些平原上沙田居多，不会达到这样的覆盖率。到了清代，珠三角地区的植被覆盖率为15%。③

植被覆盖率下降的同时，以华南虎为代表的动物纷纷消失，动物多样性受到冲击。因为虎处于山地生物链中关键一端，特别是与大中型动物有关。大致在晚清以前，三角洲内丘陵及其边缘山区的虎逐渐绝迹或绝对数量很少，动物的多样性也消失。④

环珠江口平原植被和动物资源的变化，使本地与山区的生态关系加强了。本地商人如顺德、南海等地的商人深入山区，采买木材和动物皮张，以满足本

---

① 民国《东莞县志》卷十五《物产》，第426页。
② 嘉靖《香山县志》卷二《民物志·木》，第320页。
③ 吴建新：《明清广东的农业与环境——以珠江三角洲为中心》，广州：广东人民出版社，2012，第139、143页。
④ 吴建新：《明清广东的农业与环境——以珠江三角洲为中心》，广州：广东人民出版社，2012，第143～151页。

地的需要。而在东莞，宋元以来兴起的木香种植业较发达，莞香成为重要的商品。动植物资源的减少，加强本地需要对外地资源的依赖程度，从而影响环珠江口之外地区的生态环境。

（五）环珠江口平原形成了沙田耕作系统、围田耕作系统与种养结合的基塘系统

在环珠江口平原的形成过程中，人类逐步建设了具有适合生态环境的农业生态系统，也是这一时期重要的生态环境变化现象。

沙田耕作系统

明代的低沙田区主要是潮田。潮田是典型的受到海潮落差影响的耕作系统，也最容易受风潮的冲击。宋元的潮田，可能都是没有堤围的，人们多在海岸线退缩之后的蚝壳带上建筑土堡，以防止田地被冲陷。在没有蚝壳带的地方，则建土堡。明代以前的潮田，因为都是已成之沙上的土堡，坦程即沙坦的海拔高度较高，受风潮冲毁的可能会小些。清代多为在未成之沙上围垦，坦程较低，因此石堡为基岸，是较为普遍的现象。

沙田多为一造制，且残留火耕水耨的耕作法。在乾隆年间逐步变为挣稿制，一种双季稻套作制，即在一块田地里疏播早稻，留下的行间在播早稻之后的十余日挣插晚造种，称为间作稻。由于早稻收割后，晚造继续生长，充分利用了地力，产量自然比单季稻高。潮田由于直接受三江水和海潮影响，潮水进出田地时，会留下淤泥肥田。而且潮田有禾虫、鱼虾等生物，还可以养鸭。因为鸭子可以吃掉田里为害稻苗的蟛蜞和螟虫，秋季还可吃稻田的遗穗。所以沙田生态系统的食物资源还是很丰富的。

围田耕作系统

围田区多指在民田区的有水利堤围的、水资源能得到人工控制的田地。围田在宋元时期环珠江口就已出现。例如，宋代时东莞的东江围、咸潮围，建设于宋元之间的桑园围，围内田地大多是围田。明清时期环珠江口的围田已经达到香山、新会的低沙田区。围田则有水闸，可以控制潮水进出。以下这个例子可以说明潮田向围田过渡的情况。例如，新会的潮连乡，多沙田。区鉴，明代新会潮莲人，"里有潮田，岁一稔。鉴率众筑堤捍海，为蓄泄法，遂获两熟"①。区鉴是成化、弘治年间之人，率领乡人建设堤围，安设了水闸，故能控制潮水进出，双季稻代替了单季稻。但直到清代乾隆、嘉庆年间，这段堤围仅限于一部分，如果西江潦水（汛期）到，水灾就会出现。清代中期，区鉴的后代区运珍，"乃联合卢李各姓，倡建大堤"，潮连大堤成环乡的大围，并且是石堤。②

围田由于有稳定的水利系统，除了种植双季稻，还可以种植芭蕉、甘蔗、柑橘橙子、荔枝等经济作物。在东莞、新会、增城、番禺等地形成轮种间作的农业生态系统。③

基塘种养结合的生态系统

在南海、顺德的低围田，由于位处西北江下游，当环珠江口平原面积扩大及出海水道加长时，西北江潦水季节到时，或者是台风季节到，西北江潦水受南海潮水顶托，围内的积水不能及时消退，田地容易受涝。当地人民挖深田地，将挖出的泥土向田地四周覆盖，挖深的田地变成能蓄水的池塘，池塘四周就形成称之为"基"的田地。田与基面形成一定的比例，这个比例是农民根据市场的需求而改变种植作物的基面的面积，或者在基面种植不同的作物，因作物的不同而有果基鱼塘、桑基鱼塘等。

清代在南海、顺德等地桑基鱼塘连成片，是具有生态农业雏形的田地类型，又称之为"基水地"。明代到清代中期的基塘，还有冬季干涸池塘，插种水稻秧苗，形成鱼稻轮作的环节。在清代晚期，由于蓄水的需要，池塘加深，鱼稻轮种的环节就消失了。基塘和聚落、河涌、大围、闸门等设施相连接，特别是闸门连接水道，潮水能进入基塘，带来河水中的微生物和淤泥，有益于养鱼。淤泥沉积在池塘中，又需要定期挖深鱼塘，挖出的泥土覆盖上基面培植作物。桑基鱼塘系统中，养蚕的废蛹、蚕沙能喂鱼，鱼塘的泥能培桑，形成循环的人工生态系统。

环珠江口平原人工生态系统的形成是明清时期珠三角开发与广东经济发展的大事。沙田区是广州府主要的粮食生产基地，另外沙田区还为经济作物的栽

---

① 康熙《新会县志》卷十三《人物志》，《广东历代方志集成》本，第700页。
② 民国《新会潮连乡志》卷五《区运珍传》，《中国地方志集成·乡镇志》，第143页。
③ 吴建新：《明清广东的农业与环境——以珠江三角洲为中心》，广州：广东人民出版社，2012，第64~67页。

培提供新的土地资源，清代乾隆以后的"废稻树桑"蔓延到沙田区边缘，香山小榄一带成为蚕桑基地。围田大种果树、甘蔗、葵树、芭蕉等经济作物，成为重要的经济作物区。清代基塘种养结合的生态系统以蚕桑生产为主体，广州成为华南丝业的中心产地，这些地区的农业为明清时期广东经济发展奠定了雄厚的基础。

（六）环珠江口平原的扩展，使珠江口的出海水道加长，增加了水灾发生频率，水利与防灾成为珠江三角洲社会经济活动的重要内容

环珠江口平原的扩展，使河口延伸并变狭窄、河床淤积、出海水道加长且狭窄，出海口以上的地区受水灾的几率就增加了。清代乾隆、嘉庆年间大规模的围垦工程，使珠江三角洲主要大沙田奠定了基本轮廓。乾、嘉、道年间的记载反映了这一巨大变化。在珠江水道流经的顺德、香山、新会、番禺、东莞等地，以前的广阔水面上"石坝横截海中"①，或"有靠河私设堤者，拦江私筑石坝者，海口不甚宽阔处圈田蓄沙，预图日后报垦者"②。水灾特别是重度水灾出现次数增多。1550～1949 年，珠江三角洲地区受区域性重大水灾为 151 次，轻度水灾尚未计算在内。1830～1839 年，总受灾县数为 63 个，3 级水灾次数达 6 次之多，其中 1833～1835 连续三年出现全区性的水灾。1833 年，特大洪水殃及广州、南海、番禺、顺德、东莞、鹤山、新会、中山、龙门、高明、新宁等县。③晚清以来三角洲延伸发展更快，仅在咸丰、同治年间的 24 年就承垦 80 万亩。④因此晚清的水灾也特别多。加上台风、旱灾、雹灾等自然灾害的交替出现，珠江三角洲粮食供应紧张，常依赖外地，灾害易引起饥荒。清代饥荒计有 207 次。⑤

明清与海洋因素相联系的水旱等灾害，在珠江三角洲濒海地域社会引发连锁反应。首先是救荒制度和乡村治理方式的转变；其次是水利社会的成形；最后，士绅集团逐步占据基层的强势地位，到清末终于获得基层的统治权。在海陆生态环境变迁的过程中，珠江三角洲乡村社会的宗族、社区发挥不同的作

---

① 曾钊：《送郑云麓观察山东都转序》，光绪《重辑桑园围志》卷十五《艺文》。
② 朱士琦：《上粤中大府论西江水书》，光绪《重辑桑园围志》卷十五《艺文》。
③ 吴建新：《明清广东的农业与环境——以珠江三角洲为中心》，广州：广东人民出版社，2012，第 168 页。
④ 吴建新：《明清广东的农业与环境——以珠江三角洲为中心》，广州：广东人民出版社，2012，第 229 页。
⑤ 根据《广州地区旧志气候史料汇编与研究》、《广东省自然灾害史料》整理。

用,形成应对海洋生态环境变迁的社会力量。①

二、海洋生态史的研究方法——从环珠江口地区的生态环境变迁说起

环珠江口地区的生态环境变迁,其实属于海洋生态环境史的范畴;同时由于环珠江口的特殊平原环境,又不能离开对陆地平原的环境史研究。生态环境史,不是单纯的自然生态环境史,而是人与自然的互动关系史。所以生态环境史的研究,如果局限于自然生态环境史的研究,其实是背离了环境史研究的要求与发展趋势。自然生态环境史与社会史、经济史结合是当下生态环境史研究的方向。

(一)利用历史地貌学、历史人文地理等方法

在各门相关学科中,历史地理学与生态环境史学最为接近。研究环珠江口特殊的地理环境,必须要懂得当地的自然环境特点。因此自然科学研究的成果,特别是历史地貌学的研究是必须借鉴的。如果离开历史地貌学的探索,就不能解释珠江三角洲的历史水文地理和历史人文地理的变化,环珠江口的生态环境变迁史就无从谈起。已故地理学家曾昭璇先生在这方面的研究,开山之功不可没。曾昭璇等著《珠江三角洲历史地貌学研究》,利用实地调查和乡土文献结合的研究方法,将珠江三角洲河网地带的河道变迁和开发顺序基本上梳理清楚。虽然作者在引述文献时未能清楚注明出处,使我们重新检索文献、印证其结论有些困难。但是这本书的结论大体上是可靠的。20世纪70年代年非正式出版的《珠江三角洲农业志》(第一册、第二册)关于珠江三角洲的形成、围垦、水利的研究也有值得参考的地方。该书引用的乡土文献,现在已很难看到,但亦存在讹误。

中山大学地理系与中国科学院广州地理研究所关于珠江三角洲历史地理的

---

① 吴建新:《明清广东的农业与环境——以珠江三角洲为中心》,广州:广东人民出版社,2012,第201~299页。

研究成果，也是环珠江口生态环境史研究很好的参考文献。但是他们的成果侧重于历史自然地理方面。而曾昭璇先生将历史地貌学的研究和历史人文地理学结合，得出了令人信服的结果。例如，他对于宋代聚落走向的研究，是一般的历史学者难以做到的。他举例说明桑园围内的锦屏山，位于顺德的两龙，高17米，面积1.6平方公里，山的四周有坡积面及暴流扇形地发育，山足即为西北江三角洲平原，开发为潮田，北宋后才建围保护。这个地区开发历史分为两级地面，即宋以前地形利用面和宋以后地形利用面。唐代的地形利用面为高坡地。锦屏山南坡为扇形地和坡积面发育地区，地势倾斜，有利于山泉灌溉，但土层浅薄，多沙，底部更由砾石层构成，故保水能力低，肥力低。锦屏山东坡侧有坑田和峒田。东坡峒田以白云峒为代表，峒口有"石门深处"坊，为唐代官员区恺故居，峒田四周即为山冈包绕平坦田土区，亦以地势高平，免去洪水之患，也有山溪小河连贯，田地平广，只要肥料足，即可成高产稳产田地，又可免台风为害。此外他还提到了东莞莞城和番禺区市桥台地的个案。①

我们在研究环珠江口的历史聚落地理时，也可以借鉴这种方法，将实地考察和文献研究相结合，或者直接从文献中发掘有用的信息，以解释环珠江口的历史聚落地理和开发序列等方面的生态人文环境的变化。以下稍举数例。

1. 聚落

屈大均《广东新语》记载：

> 下番禺诸村，皆在海岛之中，大村曰大箍围，小曰小箍围，言四环皆江水也。凡地在水中央者曰洲，故诸村多以洲名。洲上有山，烟雨中望之乍断乍连，与潮下上，予诗：洲岛逐潮来。②

箍者，即粤语中扎桶的竹篾编的圆圈，这个字的读音与"谷"同，今广州近郊之小谷围、大谷围即屈大均所称之大箍围、小箍围，开发时间在宋代。宋代时淤积的滩地少，人们还只是居住在岛的高地上，耕作坑田或岛屿边缘的高坦地。但是到了明清，洲岛边缘发育的滩地多了，人们在岛的四边筑上小围，

---

① 曾昭璇：《宋代珠玑巷与迁民珠江三角洲农业发展》，广州：暨南大学出版社，1995，第224～225页。
② 屈大均：《广东新语》卷二《地语》，北京：中华书局，1985，第58页。

以防水冲陷田地，故有"箍围"之称。从宋代广南出现米市的记载看①，这些很小的不见于文献记载的"箍围"有可能出现在南宋时期，这就需要把历史地貌学和乡土文献结合起来研究。

2. 河道

珠江口古海湾的充填以及水利堤围的建设，使环珠江口平原出现了纵横交错的水网。宋元时期，由于水利建设和围垦，汉唐时期珠江三角洲"大海滔天"的现象已经有所改观，但是水乡地带的水面还很宽阔。今粤语尚称过江为"过海"，就是历史水文变化在语言上留下的痕迹。明清时期则不同，珠江的泥沙沿着洲岛发育、沿河道边发育，由于水流动力的作用在河道中形成沙洲，人们将这些沙坦开发为田地，宽阔的大海就被束窄为江甚至是小河。香山港口在宋代尚是巨浪滔天，但从石歧坐船到广州必经此地，明代时水道开始束窄，"港口在石岐上流，水小而浅，潮平可济，汐涸则难，县北鄙之咽喉也。明正德间为豪右所筑，今通之"②。这条史料记录的时间横跨了明代正德年间到清乾隆年间。港口在宋代还是一片大海，但是在明代正德年间，已经有豪右筑坝以成田，束窄了石歧到广州的水道，河滩在潮水退时就露出，阻碍航行，清代乾隆或以前将石坝拆掉，疏通了河道。这条史料还透露出在明代有财力的人已经筑石坝来围垦。类似的史料在清代的方志有很多。

3. 码头、轮渡与桥梁

在环珠江口平原的水网系统形成的过程中，连接乡村与村镇、乡村与县城、县城与广州之间的水路需要码头，民田区的民人前往沙田区"耕沙"，或者是基塘区的农民去"耕塘"，也需要码头。粤人将这类码头称之为"步"，或埠。"步"有公共的，也有私家的。

明代珠江三角洲的轮渡已经非常发达。以沙田面积广阔的香山为例，石歧渡是官立的，"各乡往来，由之以田役编充，周年一替"，官渡还有大榄渡、西河渡、沙涌渡。但是石歧往广州的渡船与顺德渡是"广州顺德民置"，属于私渡的还有江门渡、高沙渡、雷步渡，是新会民私建，巷口渡和大石兜渡没有说

---

① 全汉昇：《宋代南方稻米的生产与运销》，《宋史研究集（第四辑）》，台湾编译馆，1986，第411页、418页；另参见吴建新：《从广米看宋元珠江三角洲富有阶层的兴起》，《古今农业》2014年第2期。
② 乾隆《香山县志》卷一《山川》，第23页下。

明是什么人所建，是私渡，大约为当地人所建。①明代香山的顺德渡和新会渡大概是外县寄庄所建。这些私渡在县志中的记载表明它们是合法的，数量超过官渡，显示明代珠江三角洲的水上交通很发达。在基塘区，多是一条河涌环绕一条村，每条街巷有便于上下船的私家埠头，农民从这里出发到农田耕作，或者是驾船出河涌到大江。关于18世纪珠江水乡的水上交通，外销画中有非常丰富的资料。

与轮渡、码头相补充的还有桥梁。嘉靖《香山县志》记载宋元桥梁有8座，明代嘉靖以前修建的石桥有13座，表明明代的桥数量有所增加。②至于清代的桥梁更多。在研究环珠江口平原水乡的生态环境史与海洋经济时，上述的交通要素是不能忽略的。

4. 市镇

在宋代，环珠江口平原在扩张的过程中形成了水网体系，聚落遍布星罗棋布。聚落和聚落之间、聚落与城市之间，需要市镇作为媒介。早期的市镇可能更多的是军事功能，后来逐步转变为人口密集与商业发达的地方。水环境的变化影响了环珠江口平原上的城镇的形成。明清时期珠江三角洲重要的市镇有九江、龙山、龙江、石歧、小榄、市桥、大良、容奇、桂洲、茶山、莞城、石龙、江门、会城等，佛山和广州分别成为不同功能的贸易中心。③

只有将自然生态环境史和人文生态环境史相结合，才能解释环珠江口的生态环境变迁过程的动力、规律。有人将这种学术导向称之为"社会生态史"。与"一般的社会史研究相比，它更侧重探讨种种社会现象的自然性质或根源，致力于寻找社会系统与生态系统、社会现象与自然现象、社会因子与生态因子之间的历史联系"④。

（二）在描述生态环境变迁时，注意以人为中心，注意社会与生态环境的互动关系

以人为中心的生态环境史，是当今环境史研究所提倡的。梅雪芹先生认

---

① 嘉靖《香山县志》卷一《津渡》，第306页。
② 嘉靖《香山县志》卷一《关梁》，第305页。
③ 吴建新：《明清珠江三角洲城镇的水环境》，《人大复印资料·明清史》2006年第8期。
④ 王利华：《社会生态史：一个新的研究框架》，《社会史研究通讯》2000年第3期。

为："在环境史中，不管是帝王将相，还是平民百姓、无论英雄豪杰还是贩夫走卒都将被环境史家纳入笔端。人的活动和数不胜数的活动场所空间，都必将进入环境史的研究领域。"① 环珠江口的海面和周边的平原，都是人活动的舞台，以下这些人群的活动对生态环境产生较大影响。

1. 民田区宗族及其成员

沙田区和民田区是珠江三角洲地区两个不同的社会生态区域。民田区中的宗族聚落往往在堤围内，或者在地势较高的丘陵台地上，宗族控制了广阔沙田。在开发沙田中，宗族能集合宗族成员的资金，动员宗族的力量大规模地围垦沙田。宗族为了保护自己的聚落安全、风水、祖坟等，也热衷于桥梁、水道、码头、墟市、堤围等公共工程的建设。在顺德、南海等县，基塘这类农业设施也是宗族牵头进行大规模建设的。所以民田区的生态人文景观很独特。在有堤围的地方，明清时期村社与宗族之间逐渐形成地域性的水利关系，堤围内的宗族成员被称为"围民"。②

2. 士绅或非士绅的地方精英

士绅往往局限于取得功名的人，但有些地方精英没有功名，被称为"处士"。他们在地方上也具有话语权，在乡村生态环境的建设中也常起重要作用。代表地方利益和官府对话的往往是有功名的士绅。例如，笔者对环珠江口平原中蚝壳的挖掘、沙田禁垦和弛禁的专题论述中，都提到地方上的士绅集团的作用。③ 宗族开发沙田、建设水利等活动，往往是士绅或非士绅的地方精英出面。所以这些人的态度和活动，在很大程度上决定了宗族利益的走向而对生态环境产生影响。

3. 商人

传统社会的商人在获得商业利润之后，往往是捐官或将资金投入沙田的承包、标头，或是挖蚝壳，或是投资建设水利，以收取利息。当然也有商人只为名誉而投资。例如，清代嘉庆、道光以后桑园围的建设就有十三行商人的巨额捐资。在清代珠江三角洲宗族日益商业化的过程中，商人只要捐钱建设祠堂、

---

① 梅雪芹：《从"帝王将相"到"平民百姓"——"人"及其活动在环境史中的体现》，载王利华主编：《中国历史上的环境与社会》，北京：生活·读书·新知三联书店，2007，第64页。
② 关于"围民"的概念，参看陈忠烈等：《清代民国珠江三角洲农田水利的若干习惯与农村社会》，载倪根金主编：《古今农业论丛》，广州：广东经济出版社，2003，第328~329页。
③ 吴建新：《清代珠江三角洲沙田区的农田保护与社会生态》，《广东社会科学》2008年第2期；《清代垦殖政策的两难选择——以珠江三角洲沙田的禁垦与弛禁为例》，《古今农业》2010年第1期。

祖坟，在宗族的话语权就会增大。他们有了钱，在环珠江口平原上挖掘蚝壳，对沙田的生态环境也产生了影响。①

4. 疍户

沙田区中地广人稀，没有宗族，以疍民和部分流入沙田耕作的陆上人为主。当环珠江口的生态环境不再适合渔业时，他们大多沦为沙田区中的耕仔，过着亦耕亦渔的生活。民田区的民人也有耕沙的，但是坐船耕沙，除了收割季节，大多不在沙田区中过夜。沙田区居住环境恶劣，特别是潦水季节，俗谚云："三月十八，高低尽刮"，白茫茫的都是水。沙田区没有山坟，也没有祠堂。耕沙的疍户和穷困潦倒而到沙田耕沙的岸人，受着"一路"、"二路"地主或者是"大青"的剥削，所得极为微薄。②疍户也有挖蚝为生的，外销画中即有"挖蚝艇"。疍户也有"疍家王"带头，为民田区宗族筑石坝围垦。打鱼和航运也是疍家的职业。

5. 豪强

这类人可以是乡村中的豪强，或者是"大天二"，或者是"疍家王"。他们对生态环境的影响大多是负面的。例如，滥垦沙田、挖蚝壳破坏农田、占夺环珠江口的水产资源。这类人物往往与乡村中的劣绅勾结。例如《顺德县志》《东莞县志》在清代后期的记载或者文告中提到匪徒、棍徒、棍匪，勾结乡绅中顽劣者或强宗巨族中之不法者，不顾地方法令和乡规民约而大挖沙田中的蚝壳带，以致田土崩塌，田下咸水泛起。③晚清时在万顷沙，东莞明伦堂士绅指责疍家某某勾结顺德人在万顷沙水面大规模围垦。④这类人就是不服王法的，"疍家王"，或者是沙田中的盗匪。

6. 官员

明清地方官员在处理环珠江口的围垦问题时，往往要面对如何处置乱垦乱围的问题，官员不同的态度，不同的治理地方的理念，对环珠江口的生态环境产生不同的影响。例如，明代广东设有专门的水利管治机构，大型水利建设往往由有责任心的官员主持。清代地方的水利，官员负有专责。因此，在水利管

---

① 吴建新：《清代珠江三角洲沙田区的农田保护与社会生态》，《广东社会科学》2008年第2期。
② 吴建新：《建国前东莞万顷沙的农业与农村社会史料》，东莞市政协文史委主编：《东莞历史与文化学术讨论会论文集》，广州：广东人民出版社，2009。
③ 吴建新：《清代珠江三角洲沙田区的农田保护与社会生态》，《广东社会科学》2008年第2期。
④ 民国《东莞县志》卷九十九《沙田志》，第3730页。

理方面，清代的管治较之明代是进步的。明代官员对环珠江口滥垦行为没有太多干涉，因为明代海域尚宽，滥垦沙坦对水利的危害还很轻微。清代则不同，环珠江口的滥垦已经严重影响了三江水的宣泄，造成严重的水灾。这迫使清代的官员在禁垦和弛禁之间做出抉择。①官员的能力也影响到环珠江口生态环境的治理。

人群组成"社区"或者是群体，对生态环境演变的不同阶段产生不同的影响，从而影响生态环境的变迁过程；而社区外的人群或者是相邻社区的人在与该社区的生态环境发生关系时，就演绎出一幕幕复杂的剧目。因此在应对生态环境过程中这些人的组合或分化，对地域社会也产生影响；不仅对社会组织、社区互动产生影响，对民俗、乡规民约、思想观念、风俗信仰都产生影响。这就是生态与社会之间的互动关系。

（三）将生态环境史的新理论用于海洋生态环境史的研究，注意自然生产力与人创造的生产力二者对生态环境的影响

学者在研究生态环境史时，早已将生态环境的因素作为一种主动的历史因素来考察。2007年李根蟠先生的《环境史视野与经济史研究——以农史为中心的思考》一文，提出了自然生态环境的能动作用，在进行环境史研究时注意这一作用对环境变迁的影响。此文引起了学术界广泛的注意。2014年年初，李根蟠先生撰《自然生产力与农史研究》长文，提出了环境史研究中的两个概念，一即生态环境中的自然生产力，二即人在农业发展进程中对自然生产力的应用，也即"存在于社会生产领域的自然生产力"②。这是环境史研究中的一个新理论。就农史研究而言，这个理论的运用，能对农业史上的一些问题重新提出解释。对于海洋生态环境史来说，海洋自然生态环境因素的"能动作用"对人类的农业开发活动影响更为重要。

以环珠江口为例，先秦以前这个地区就有人活动，主要证明是沙堤遗址、贝丘遗址，这些文化遗存较之粤北的以农业为主的石峡文化要早得多。但是环珠江口的遗存主要是以渔猎经济为主，农业的成分很少。这主要是环珠江口的

---

① 吴建新：《清代垦殖政策的两难选择——以珠江三角洲沙田的禁垦与弛禁为例》，《古今农业》2010年第1期。
② 李根蟠：《自然生产力与农史研究》（未刊稿）。

自然生产力高，贝丘、沙堤遗址就是当时人类巧妙利用自然生产力的证据。自然生产力高于人类发明农业的效益，或者说，环珠江口的自然生产力高而阻碍了农业起源的动力。这个观点还可用于研究明清时期环珠江口的沙田开发。潮田就是人类巧妙利用自然生产力的例证。潮田利用珠江口的潮水与沙田的落差，让含有丰富沙泥的江水进入田中，达到潮灌与肥田的目的。环珠江口潮田的大规模开发从宋时开始，产出的粮食在南宋时大量供应东南数省，因而这些粮食有"广米"之称。明清时期，环珠江口平原的扩展也是人类活动创造了生产力和巧妙利用自然生产力的综合结果。在环珠江口生态环境史研究中，自然生产力与人创造的生产力之间的关系还须进一步研究。

此外，自然环境还兼有破坏力和生产力。如台风，明清时期是环珠江口地区主要灾害之一，虽然会造成降水过多，会摧毁庄稼，掀起的海浪会冲击堤堰，使田地塌陷，但是台风带来雨水，有人通过计算1450~1899年的10年值的相关系数，台风10年值的大小和饥荒10年值呈负相关，台风越多，饥荒越少；台风10年值的大小和丰收10年值呈正相关，台风越多，越能获得丰收。尽管台风的入侵会损害作物并造成沿海地区居民生命和财产的损失，但台风给广大地区带来丰富的雨水，可以满足作物的需要。在台风有利因素超过不利因素的地方，台风减少饥荒的发生。[①]换句话说，台风有破坏力，但是也包含着对人类有利的自然生产力。其实生态环境变迁中各种因素是非常复杂的，需要对不同的史料和不同方法、观点进行研究，才能得出接近实际的结论。

（四）既需要宏观层面的研究，也需要微观层面的研究

在这方面，一是要注意不同地区生态环境之间的关系。例如，环珠江口平原的形成是与山区的开发联系在一起的。不仅和广东的山区，甚至和广西、湖南、江西、云南等地的开发有关。明清时期东南和西南山区，都出现前所未有的大规模开发。山区开发首先要砍伐山林。山地失去植被的保护，水土流失就不可避免；砍伐过的山林大多采用"种畲"的方式，即原始的刀耕火种。这些类型的刀耕火种与原始民族的刀耕火种不是一回事。因为后者的经济活动会考虑到与生存法则有关的生态的因素和技术因素。[②]但是唐宋以来南方的畲田不

---

① 郑斯中：《1400~1949年广东省的气候振动及其对粮食丰歉的影响》，《地理学报》1983年第3期。
② 尹绍亭：《远去的山火——人类学视野中的刀耕火种》，昆明：云南人民出版社，2008。

考虑生态的因素，造成水土流失很严重。明清的种畲其实是唐宋时期畲田的继续。关于环珠江口平原与广东山区土地开垦的关系，晚清科学家陈澧先生在他的一首长诗中已经提到了。[①]所以环珠江口的经济发展和生态环境变迁，与山区经济、生态环境之间关系是存在的。关于粤北山区与海洋经济的关系有学者对此已经有所研究[②]，但还可以有拓展的空间。例如，环珠江口与珠江流域数省的关系；从海洋社会经济史的角度看广东和江浙等省之间的关系（经济关系与生态关系）等，都值得进一步研究。

在环珠江口的生态环境变迁中，既要注意描述地区生态环境的宏观变化，也要注意生态环境变迁过程中的微观描述。微观史的研究以个案分析和日常生活史的研究见长。从不同人群的历史活动、态度、信仰、饮食住行、丧葬观念等方面的日常生活细节，都可以发现和海洋生态环境史相关的内容。以丧葬为例，这是属于日常生活史的范畴，古代中国丧葬的习俗与农业活动密切相关。葬地占有的大小与林地开发、土地开发有关，并影响农业历史的进程与生态景观。环珠江口平原有不同的葬俗，在南海、顺德，平原多而山地少，盛行丛葬的方式，葬地密密麻麻的。由于葬地不足，桑园围的围民甚至将墓葬建在堤围上，以致在清代桑园围制订水利法规时，将堤围上禁葬作为一个严厉的措施，但是对旧的坟地迁葬，却受到阻力。被认为风水好的山头往往为势家所占，如南海官宦霍韬的家族墓葬在西樵山，白云山、广州城内的越秀山上也都坟墓众多，在传统时代影响名山的人文景观和山林保护。而在山地丘陵多的县如新会以西，则盛行一坟占一山，当然也是为势家所占，这限制了对山地的开垦。在受海洋影响的沙田区内是没有坟墓的，因为咸水重，不利于土葬，这使民田区的宗族不在沙田区建造祠堂和聚落。民田区和沙田区形成不同的海洋/陆地人文景观。明代广东民间曾盛行火葬，但是遭到士大夫的非议和官府制止，以致清代土葬又盛行起来。这就是人的日常生活活动对生态环境的影响。

（五）挖掘不同类型的史料，注重实地调查和运用新的研究方法

环珠江口开发较晚，所以宋元以前的文字史料很少。明清时期的史料多来自方志、笔记、文集、档案、碑刻、谱牒等文献，如果从环境史的角度去挖掘

---

① 陈澧：《大水叹》，《岭南诗存》第四册，商务印书馆民国刻本。
② 刘正刚等：《海洋贸易与清代粤北经济的变化》，《学术研究》2010年第6期。

使用，可以得到不少收获。例如，方志中不同年代的地图，如香山县，将嘉靖、康熙、乾隆、道光、同治、民国时期的地图比对，大致能看出香山平原的开发进程。将谱牒的记载和方志记载的沙名对照，能考证沙田的开发程度。《珠江三角洲农业志》中已经对此有一些研究。其实明清时期的谱牒，对沙名的记载更多。所以，研究环珠江口的开发，谱牒是很有用的。碑刻也是，如《顺德碑刻集》中有两个明代碑刻，其中嘉靖二十八年（1549）《何氏祠堂碑》记载了顺德杏坛的田地名称，可以用来考证沙田和基塘的情况；清代的碑刻中水利规约也不少，可以用来考证基塘与水利之间的关系。①

实地调查也是重要的。最近陈忠烈先生陪同日本学者片山岗到高要金利等地调查，发现了塱田开发的一些特点。高要西江沿岸的塱田，也称塱塘，是古代西江河道因为地质因素而形成的低洼积水地，它的开发利用和堤围的建设很有关系。可见实地调查很有用。珠江三角洲的最大堤围桑园围的成围时间有疑问，方志上的民间传说并不一定可靠，也须通过历史地貌学研究、实地调查和文献研究才能得出结论。

新的研究方法也须运用。例如，历史地理学的钻孔法，在文献记载的宋堤、元堤、明堤、清堤打洞，将挖掘到的底层土壤进行年代分析，能准确定出地层的年份。

三、余 论

以上所述，仅就明清时期环珠江口地区的情况而言。各地的环境变迁历史既有相同的地方，也有因为区域自然环境和社会环境而产生不同的地方，但研究方法是共通的。本文所言之所谓"方法"只是作者的一点小小的体会。环境史学科的方法论，需要各学科的学人共同探讨。不同学科的学人各自从不同的角度提出见解，肯定能对环珠江口的生态环境史（包括海洋生态环境史）研究有所裨益。

---

① 顺德博物馆编：《顺德碑刻集》，广州：广东人民出版社，2013。

Ecological Environment of Pearl River Estuary Plain in the Periods of Ming and Qing—Brief Talking About Research Ways on Marine Ecological Environment History

Wu Jianxin

Abstract: The ecological environment changes of Pearl River Estuary Plain in the periods of Ming and Qing are expounded in 6 aspects. Boundary line displacement of salty and fresh water was the most significant change in that period. The way of inning was developed from built sand to unbuilt sand. Coastline displacement changed the distribution of salt field and fishery resources. The original sea islands of Pearl River Estuary Plain had been lonely islands in the plain, and the diversity of vegetative covers and animals had changed. Pearl River Estuary Plain had been formed into a dike-pond system with sand field cultivation system. The surrounded field cultivation system had been combined with planting and breeding. The extension of Pearl River Delta lengthened the water channel of Zhujiang estuary to the sea that flood hazard was very frequent. Water conservancy construction and disaster prevention event had caused significant changes to the regional society of Pearl River Delta. In this paper, research ways are expounded on ring Pearl River ecological environment history from the aspects of historical geography, interaction between society and ecological environment, new theory of environment history, combination between microscopic research and macroscopic research and emphasis to field investigation.

Key Words: ecological environment; Pearl River Estuary Plain; Ming and Qing; research ways

论香山与"海上丝绸之路"

胡 波[*]

明清时期的香山县及其周围的海域,因地处珠江出海口,东临内外伶仃洋,南望中国南海,既有众多的岛屿,又有优良的港湾,水陆交通十分便利,一直是中外商船往来广州的重要海上通道。尤其大航海时代以来,经济全球化的浪潮和"海上丝绸之路"的繁荣,使得拥有得天独厚的自然环境和社会条件的香山县,也在自觉和不自觉中卷入到经济全球化的大潮之中。

16世纪中期,葡萄牙人租住香山澳门,并以此为枢纽形成了穿越东西方的商贸网络。得天时地利之优势,香山县不仅成为西方商人、传教士、官员和游历者进入中国的首要驿站,而且还是明清时期"海上丝绸之路"的重要枢纽。但是,香山与"海上丝绸之路"的关系,尤其是明清时期香山在"海上丝绸之路"中的地位与作用,一直未受到应有的重视,学术界对相关的人物和事件的历史研究和理论探讨也十分有限。尽管有不少论著在讨论澳门与"海上丝绸之路"的问题时,曾涉及香山和香山人,但大多数研究者的着眼点在澳门,感兴趣的是"海上丝绸之路"的历史、文化、作用和影响,而非"香山在海上丝绸之路中的地位与作用"。[①]因此,

---

[*] 作者系广东省中山市社会科学界联合会主席。

[①] 黄启臣:《广东海上丝绸之路史》,广州:广东经济出版社,2003。刘迎胜:《丝路文化·海上卷》,杭州:浙江人民出版社,1995;顾涧清等:《广东海上丝绸之路研究》,广州:广东人民出版社,2008;黄静:《扬帆珠江口:南海海上丝绸之路与外销陶瓷》,广州:广东人民出版社,2014;李金明:《海外交通与文化交流》,昆明:云南美术出版社,2006;何芳川:《澳门与葡萄牙人大商帆》,北京:北京大学出版社,1996;郭秀文等:《清代广州与西洋文明》,汕头:汕头大学出版社,2006;陈国栋:《清代前期的粤海关与十三行》,广州:广东人民出版社,2014;滨下武志:《近代中国的国际契机:朝贡贸易系与近代亚洲经济圈》,北京:中国社会科学出版社,2004;关履权:《宋代广州的海外贸易》,广州:广东人民出版社,1994;赵春晨、冷东主编:《广州十三行与清代中外关系》,北京:世界图书出版公司,2012;金国平、吴志良:《东西望洋》,澳门成人教育学会,2002;汤苑芳:《分合与互动:清代广东墟市经济地理(1644~1911)》,台北:花木兰文化出版社,2013。

香山在明清时期"海上丝绸之路"中的地位与作用等问题，仍有深化研究之必要。本文根据历代《香山县志》和相关文献以及前人的研究成果，试图对明清时期香山在"海上丝绸之路"中的地位和作用、影响和被影响等面相，进行一次全面的历史考察和学理分析，以补过往研究之不足。

一、海岛与港湾："海上丝绸之路"的重要依托

要了解明清时期香山在"海上丝绸之路"的地位、作用及其相互关系，首先需要返回历史现场，对明清时期香山的地理、自然、人文环境等有一个更加清晰的认识。因为"每个社会，每种文明，都依赖于经济、技术、生态人口等方面的环境"①，尤其是"地理能够帮助人们重新找到最缓慢的结构性的真实事物，并且帮助人们根据最长时段的流逝线路来展望未来"②，而且"物质和生态条件总是在决定文明的命运上起到一定的作用"③。

明清时期的香山县，虽然不再是《太平寰宇记》里所说的在东莞县"南隔海三百里，地多神仙花卉"和《永乐大典》记载的"香山为邑，海中一岛耳，其地最狭，其民最贫"④，但"广州滨海县七，而香山独斗出海中"，仍然是不争的客观事实。⑤明代邓迁在为泰泉先生（黄佐）的《乡礼》作序时就强调：

> 香山内周邑井，外接岛夷。四顾汪洋迥千里，而孤间者阔焉。其士民错居阻险，思奢俭之中，勤耕织之务，能知其所为己，盖自昔为然。⑥

明代侍郎霍韬也在《赠黄正色令香山序略》中指出：

---

① 费尔南·布罗代尔：《文明史》，北京：中信出版社，2014，第51页。
② 费尔南·布罗代尔：《菲利普二世时代的地中海和地中海世界》（上卷），北京：商务印书馆，1998，第19页。
③ 费尔南·布罗代尔：《文明史》，第51页。
④ 胡波：《中山史话》，北京：社会科学文献出版社，2014，第5页。
⑤ 道光朝《香山县志·自序》，广东省地方史志办公室辑《广东历代方志集成》，广州：岭南美术出版社，2007。
⑥ 刘居上编注：《香山文存》（古代卷），珠海：珠海出版社，2008，第53页。

香山在郡南海中，如琼崖而差小。山之秀峙，如垣如屏拥邑治。邑南襟带海洋，登高观焉，岭外之奇境也。登图籍者为里，惟三十有五。然番禺、南海、新会、顺德、东莞五邑之民，皆托产焉。一邑聚五邑之产，则多大姓；五邑大姓聚一邑，则征赋督逋，晓无宁时，因为邑多涨卤，积而为岛。可稻可菱，可盐可渔。大姓玄利，争是以纷，武断之横，为令操权之难。①

可见，明清之际的香山县，仍然是"山襟其里，海带其外。东接虎门，西邻梅角，北通省会，南尽重洋"的负山滨海之地②，"其村落多在岛屿漾洄、波涛出没间"③。当时，香山县北面的榄溪，还是"四面环海，川涂错杂，群不逞茝萑，苻以居住"④。直到乾隆年间，香山县还是"南濒海水波，西市诸山如浮，突兀自南来，折而东，蜿蜒起伏，臻于中邑。双合之山，有水出焉，东汇于三角塘，潴为陂。又西合新庵之流，北注遨城，以达于海"。在时人看来，"山经水络，以气相从。邑之有是陂，大较若彼，为利如此。是陂也，不可以一日不治，而况乎有蟊而敛之者！"⑤这些时人留下的文字，虽然并不能反映明清时期香山县的山川地理和自然环境的全貌，但"香山县城，去海不三里，处处通洋"则是有迹可寻的实情。嘉靖《香山县志》称："石岐海在县西，北接浮墟市，南入洋。"《郑和航海图》及其他早期的地图都把香山地区标明为一个岛屿世界。⑥如县城石岐的门户"港口"，"其南则伶仃，烟雨迷离，文相国武诗之所也。西则厓门，波涛汹涌，张太溥用武之地也。东北则直达五羊，帆樯云集，尤为盛观"⑦。

根据目前所见明清时期先后编辑的《香山县志》可知，直到晚清，香山县仍然是负山临海，境内多山陵台地和港口海湾。明代香山大儒黄佐在《石岐夜泊》诗中，对家乡香山县的自然环境有过诗化的表达：

---

① 刘居上编注：《香山文存》（古代卷），第 51 页。
② 刘居上编注：《香山文存》（古代卷），第 170 页。
③ 刘居上编注：《香山文存》（古代卷），第 127 页。
④ 刘居上编注：《香山文存》（古代卷），第 79 页。
⑤ 刘居上编注：《香山文存》（古代卷），第 117~118 页。
⑥ 金国平、吴志良：《东西望洋》，澳门成人教育学会，2002，第 59~64 页。
⑦ 刘居上编注：《香山文存》（古代卷），第 114~115 页。

> 香山县出南海澳，四围碧水涵青天。
> 七星峰峦拥楼阁，北斗照耀开云烟。
> 云烟起自峰峦起，复露千家连百里。
> 渔歌菱唱不胜春，桂棹兰桡镜光里。
> 石岐夜泊白鸥沙，南台飘渺浮梅花。①

明代嘉靖时修订的《香山县志》还有这样的记载：

> 县城东南山陵，西北水泽，设治于屿北，而四周皆海，居然一小蓬岛也。大尖、胡洲笔峙于前以为望，乌岩、香炉屏障于左以为镇，龙脉拥入县治，隐而不露。登高而视，襟带山海，真岭表之奇境也。西有象角海口，北有县港海口，潮则弥漫巨浸，汐则浅隘难度，虽近外海而无番舶之患，此实溟海咽喉，自然天险，广郡之要津也。②

近代香山先贤何大章在《中山地形志》一书里所记叙的香山地理环境和自然条件，与古代香山相比，显然没有太大的差别：

> 中山县为珠江三角洲之一部分，所称三角洲，即粤省西江、北江及东江出口合力冲而成之一大平原，其范围包括今本县、南海、顺德、三水数县全部及番禺、新会、东莞等县一部之地，据实测计面积逾九千平方公里，以本县所占面积最大，达百分之三十以上。本县地形，一般显示河口三角洲之特征，冲击现象至为发达。县境北部一片平原，田畴万顷，河道密布；中部及西南部山地崛起，自西南向东北，形成雄伟，景象万千。县境平原地形、山川地形及海岸地形毕具之，地形之复杂，较三角洲各县为甚，地力之富庶，物产之繁多，为三角洲之冠，其原因概关系于地势伏越之影响。③

另一位近代香山人郑道实，对家乡香山县山海相连的自然条件和地理环境

---

① 黄绍昌等编：《香山诗略》，中山：中山诗社，1987，第54～55页。
② 胡波：《中山史话》，第25页。
③ 胡波：《中山史话》，第10页。

更是感同身受。他曾感慨而又自豪地说:

> 吾邑三面环海,有波涛汹涌之观,擅土地饶沃之美,民情笃厚,赋性冒险,圊匮栉比,林壑森秀。士生其间,既获游观之乐,复鲜生事之厄,孕育涵濡,历世绵邈;或则家承诗礼,学有渊源;或则起自孤根,性耽风雅,兴之所至,发为咏歌。虽则丰啬各殊,显晦异致,然关河边塞,能为激壮之音,吊往惊离,不胜凄婉之调,鉴其佳什,奚让前贤。兼以僻处偏隅,鲜通中土,无门户主奴之见,有特立独行之风。①

可见,从明朝到晚清,香山县的地理环境和自然条件并没有发生根本性的变化。

明清时期,多岛屿和海湾的香山,无疑为帆船航行和船只停泊提供了天然的航道和安全的港湾。尤其是在航海技术还不过硬和造船能力还不太强的时代,海岛和港湾对于沿海岸航行的船只来说,简直就是它们的安全岛和避风港。就像费尔南·布罗代尔所言:

> 面对16世纪浩瀚无际的大海,人类只占领了边沿的一些点和线……辽阔的海域同撒哈拉沙漠一样空旷无人。大海只在沿海一带才有生气。航行几乎总是紧贴着海岸进行,正如在内河航运的初期,"像螃蟹一样,从一块岩礁爬到另一块岩礁","从岬角到岛屿,再从岛屿到岬角",也就是说,小心翼翼地摸着海边过海,避免前往被勒芒的伯龙称为"汪洋大海"的外海。……地中海世界的王公贵族就这样从沿海城市到下一个城市旅行,参加节庆活动和招待会,进行拜访和休息。这时船只就装载给养或等待天气好转。甚至战舰也是如此,只能在见到海岸的海面上作战。……从一个岛屿驶向另一个岛屿,沿纬线的方向随时可以找到躲避北风的地方。②

明清时期,中国虽然曾有过郑和七下西洋的壮举,也有离开海岸线进入浩瀚海洋航行的初步经验和简单技术,但是在相当长的时期内,中国东南沿海的民间商船还是像地中海的船只一样,习惯于沿海岸线航行,因为这样不仅可以

---

① 黄绍昌等编:《香山诗略》,第318~319页。
② 费尔南·布罗代尔:《菲利普二世时代的地中海和地中海世界》(上卷),第143~144页。

方便补充给养，而且还可以及时避免风暴的危险。散布在珠江出海口外与伶仃洋交汇处的众多岛屿和优良港湾，一直是中外船只出入中国广州口岸的"临时驿站"。尤其是葡萄牙人租住香山澳门后，往来广州口岸的中外船只，更以香山境内的岛屿为依托，或以香山的港湾为屏障。明人周玄㬢就指出："广属香山，为海舶出入噤喉，每一舶至，常持万金。并海外珍异诸物，多有至数万者。"①《广东新语》云：

> 凡番船停泊，必以海滨之湾环者为澳。澳者，舟口也。香山故有澳名曰浪白，广百余里，诸番互市其中，嘉靖间，诸番以浪白辽远，重贿当事求蚝镜为澳。蚝镜在虎跳门外，去香山东南百二十里，有南北二湾，海水环之，番人于二湾中聚众筑城，自是新宁之广海、望峒、奇潭、香山之浪白、十字门，东莞之虎头门、屯门、鸡栖诸澳悉废，而蚝镜独为舶薮。②

《虔台倭纂》也说："又必历峡门、望门、大小横琴山、零丁洋、仙女澳、九灶山、九星洋而西，浪白澳为最深，乃番舶等候接济之所。"③多山多水、多岛多湾的香山县，虽然不利于大规模的农业生产，但却有利于商船水客的贸易往来。

一份《关于16世纪末广州湾的未刊报告》也记录了香山多岛屿港湾和多商人商船的事实：

> 广州河（珠江口）的岛屿星罗棋布，大小岛屿繁多，尚未利用。也有许多活水水田，冬天漫水，因为是河的涨潮期，咸水不会倒灌，所以稻谷丰收。此地水网纵横，堪称中国沿海最富裕之地。……这一群岛中，有3个我们知道情况的岛屿值得一提。它们有其它岛屿所没有的居留地。岛屿之一称香山。岛上有一个带有围墙的雄伟城镇（香山县石岐镇）。在西班牙可称得上是座优良的城市了。亚马港村为这一岛屿的门户。其位置是北纬22.5度处。……它与西面的一个岛屿（对面山）形成一个良港（内港）。在此航行的大小海船停泊于此。因为它是一个优良港口，所以在我

---

① 周玄㬢：《泾林续记》，见《涵芬楼秘籍》，第8册。
② 屈大均：《广东新语》卷二《地语》，北京：中华书局，1975，第36页。
③ 谢杰：《虔台倭纂》卷下，郑振铎辑《玄览堂丛书续集》，第18号，第44页上。

们从浪白岛来此之前，海盗在此栖息。……香山镇（石岐镇）位于该岛（澳门岛）的另一侧。其水边距离亚马港村 8 或 9 西班牙陆地里格。按华人的距离为 12 铺。……每铺等于 1.5 西班牙里格。在亚马港村的东侧，距其约 3 里格处有一个不大但高耸的岛屿，通常称其为 Nantao（大屿山）。其对面为另一岛屿（南头半岛）的岬角……华人称该岬角为 Nanto（南头），因为在南侧靠海旁一不安全的海湾处有一同名小镇（南头镇）。该岛东侧接近陆地处，有一座雄伟的人口众多的城市，名叫东莞。那里的居民高尚、富裕。那里有海上船队的后勤处，为船队提供一切，因此，在海滨时刻储备大量木材及所需给养。东莞城位于一座小岛上。它在岛的一侧，所以广东河的淡水将其四面包围，岛屿陆地一衣带水。陆地一侧如同市郊般人口稠密。岛的这侧也如同城郊。四面均可航行。其中一出口专供船队使用。城墙不多，因为它发展至今的历史不长。以前不是城市，只有新建部分补筑了城墙。据说，此岛有香山岛一个半大……广州城位于北纬 23.33 度处。它的对面还有一个岛屿……岛的南侧有一个名叫顺德的镇子。该岛几乎是一个泽国，水网纵横交错，盛产稻米。它如同汪洋一片，所以无法从陆路前往广州，但陆路可至香山。[①]

这段文字记述的珠江出海口外伶仃洋海域的岛屿和港湾，以及河网海道的分布状况，也许既不准确也不全面，但是，香山县多岛屿和港湾则是毋庸置疑的事实。

尽管在明清时期珠江三角洲地形地貌受自然和社会双重力量的影响，出现了沧海桑田的地理变迁，但是岛屿与港湾并存、水路与陆路相得益彰的地理环境和自然条件，为这里尤其是香山县的经济、社会和文化生态带来了无限生机，也为明清时期广东"海上丝绸之路"的繁荣与发展提供了有利条件。

二、水路与陆路："海上丝绸之路"的天然通道

明清时期，由于珠江上游及各岛屿的过度开垦，造成了大量水土流失、泥

---

① 金国平编译：《西方澳门史料选萃（15~16 世纪）》，广州：人民出版社，2005，第 74~76 页。

沙淤积，加速了珠江入海处陆地的形成，海岸线不断地由北向南推进，香山周围的水域面积逐渐缩小①，但香山境内部分岛屿之间的联系仍然凭借往来的船只。星罗棋布的岛屿和犬牙交错的港湾，以及四通八达的水道，依然是香山地理环境和人文社会发展的物质基础。

珠江三角洲是一个复合三角洲，大小河流在此交汇，形成许多顶点，也往往成为水陆交通枢纽。西江、北江三角洲的河流，都在这里拥有自己的顶点，并为城镇的兴起和对外交流准备了良好的交通条件。②但是如前所述，明清时期珠江三角洲水陆交通格局发生了较大的变化。珠江北岸的陆地扩展远较南岸为广，南岸人工筑堤和北岸相连。泥沙沉积，再加上人工围垦，沧海桑田的步伐更为迅速。由于广州距离西、北、东三江的主要出口较远，遂使西北江的泥沙主要沉积于南海、顺德、中山等地，形成西北三角洲平原，而东江的泥沙主要沉积于东莞、增城等地，形成东江三角洲。③黄埔在隋唐时期是广州的外港，到明清时期，广州城南的珠江南航道经由内河水道可以抵达澳门内港，其与经过黄埔、虎门抵达澳门的外海水道共同构成了广州与东南亚等地的水上交通网络。④

明清时期，珠江三角洲经济发达，市镇繁荣，对外交往因此日益密切，四通八达的水路与陆路交通网络具有明显的优势。正如有的学者所说的那样，"明清时期珠江三角洲地区水网如织，内河水道在沟通区域内部的水上联系与对外贸易方面也发挥着非常重要的作用。"⑤近年吴宏岐等对珠江三角洲内河航道的分布特点、历史变迁和作用影响等进行了富有开创性的研究。尤其是其对香山内河水道的深度发掘，为人们进一步了解香山内河水道与陆路商道的分布及其特点提供了有益的启示。⑥王颋的《中世纪及前珠江下游河道和海岸》和日本学者松浦章的《清代内河水运史研究》，也对香山境内的内河水道略有指

---

① 吴宏岐：《明清珠江三角洲城镇发展与生态环境演变互动研究》，武汉：长江出版社，2014，第24~25页。
② 司徒尚纪：《珠江三角洲经济地理网络的嬗变》，载司徒尚纪《岭南史地论集》，广州：广东省地图出版社，1994年。
③ 徐俊鸣：《广州市区的水陆变迁初探》，《中山大学学报》1978年第1期。
④ 吴宏岐：《明清珠江三角洲城镇发展与生态环境演变互动研究》，第31~32页。
⑤ 吴宏岐：《明清珠江三角洲城镇发展与生态环境演变互动研究》，第34页。
⑥ 吴宏岐：《明清珠江三角洲城镇发展与生态环境演变互动研究》，第23~120页。

陈。① 与此同时，一些新近翻译出版的外文报刊和游记、笔记、书信、档案等，也为我们认识与了解香山水道与陆路及其相互关系提供了宝贵的资料和有益的线索。②

明清时期从广州到澳门的外海与内河水道，有关文献记载并不清晰，即使是目前我们能见到的各种志书和图册，对珠江三角洲水上通道的分布及其现状的记载，同样是挂一漏万或语焉不详。事实上，明清时期从广州到香山澳门有几条水路可供选择。据王颋研究，明中叶，由香山县境经水路至广州有四条水道可通航："虎头门"南偏西的航线，也就是"金星门"水道，几乎是擦着香山县的岛岸行驶；"鸡鸣门""虎跳门"等水道，分别沿着"黄梁岛"的东岸、西岸航行；由前山水道西走磨刀门入香山内海便是澳门与"会城"的真正通道。③ 但主要的内河水路有两条，即林福祥所说的"粤东由零丁洋入虎门，是为省河东路；由澳门入香山，是为省河西路"④。另据吴宏岐教授的研究，当时居住活动于广州与澳门两地的外国商人，如果不搭乘商船的话，尤其是在"私人"来往的情况下，往往不是经过黄埔、虎门到澳门，而是从广州直接取道珠江后航道的"澳门航道"南下，经内河航线驶向澳门。据说，到澳门的距离，"如果把河道的弯弯曲曲也算进去约120英里，一般要走3~4天"⑤。

可以肯定的是，自明代中叶以来，以石岐渡为中心，香山县与省城及周边城镇的水上交通网络基本形成。据嘉靖《香山县志》记载，当时有"广州渡，二迭相往来，俱发自石岐，通于广州"；"顺德渡发自石岐、通于顺德之碧鉴"；"江门渡，发自石岐，通于新会之江门"；"蠟布渡，发自石岐，通于大榄村"。⑥ 而香山到澳门，在明清时期，已有陆路和水路两种不同的路径和方式。仅水路

---

① 王颋：《中世纪及前珠江下游河道和海岸》，载王元林主编《中国历史地理研究》（第五辑），西安：西安地图出版社，2013；松浦章：《清代内河水运史研究》，南京：江苏人民出版社，2010。
② 汤开建等主编：《鸦片战争后澳门社会生活纪实近代报刊澳门资料汇编》，广州：花城出版社，2001；金国平译：《西方澳门史料选萃（15~16世纪）》，广州：广东人民出版社，2005。
③ 王颋：《明代香山陆海形势与澳门开埠》，载汤开建主编《澳门历史研究》第2期，澳门历史文化研究会出版，2003。
④ 林福祥：《平海心筹》卷下《论抚绥澳门西洋夷人》，参见中国第一历史档案馆、澳门基金会、暨南大学古籍研究所合编《明清时期澳门问题档案文献汇编》，北京：人民出版社，1999，第436页。
⑤ 吴宏岐：《明清珠江三角洲城镇发展与生态环境演变互动研究》，第47页。
⑥ 嘉靖朝《香山县志》卷一，北京：书目文献出版社，1991，第306页。

一项，就有东部外海沿岸航道和西面内河水道两条航线。明代末年，张凤翼在奏稿中称：澳葡"占住濠澳，而闯入之路，不特在香山、凡番（禺）、南（海）、东（莞）、新（会）皆可扬帆直抵者也。其船高大如屋，上有楼棚，迭架番铳，人莫敢近。所到之处，硝黄、刀铁、子女、玉帛违禁之物公然股载，沿海乡村被其掳杀掠者，莫敢谁何。"为了防盗匪抢劫和抵御风暴，许多商船、民船大都走内河航道。所谓"里海者，番（禺）、南（海）、新（会）、顺（德）、东（莞）、香（山）等县一带支通之小海也，其海皆郡邑乡城农工商贾出入必经之地"①。实际上，从香山县城经石岐河转入磨刀门水道东南航行，出西江海口以后，向东航行到澳门，既可以走前山水道，又可走马骝洲水道。②不过，明代从磨刀门东到澳门，大多走前山水道。清代《重修香山县志》称：

> 由县港西南，历第一角，海深湾、磨刀营，共五十里。又南过秋风角、南埜角、蚝镜澳，共七十里，折北二十里至前山寨，此海程之南路也。若由县港东濠越大洲、二洲、三洲、东洲门，南折涌口门，金星门，共九十八里；又南六十二里为濠镜澳，此海程之东路也。而波涛浩渺，不如南路为较近。③

而民国厉式金修《香山县志续编》则说：

> 由石岐水南经第一角海深湾海，分为东南、西南二支。东南支南行，由磨刀门过南野角、秋风角至澳门，共七十里，折北二十里，至前山寨。县南行航路至恭镇合胜围，为十项围截断。同治庚午，都司杨云骧通之，由峡口涌至合胜围口涌，长四百二十丈，阔十八丈三尺。渡船来澳者，由灯笼山转入，出峡口涌，经沙尾北山沙尾入澳门，可免飓风盗贼之患，且

---

① 《兵部尚书张凤翼等为广东深受澳夷之患等事题行稿》，崇祯七年四月二十二日（1634 年 5 日 18 日明档兵部题行稿），载《明清时期澳门问题档案文献汇编》，第 17～18 页。

② 金国平等：《1535 年说的宏观考察》，《东西望洋》，澳门成人教育学会，2002。据大英博物馆藏《中国诸岛简讯云》载："从亚马港取海道前往广州，可走两条路：一条叫内线，即沿着亚马港所在岛屿的西侧，途经香山，前往顺德岛。从右侧也可以去广州，返回可走同一路线。外线无东风，较快捷，因为没有内线的那么多海潮。"

③ 祝淮：《重修香山县志》卷一《舆地上·图说》。

较大海为近,人便之。①

虽然珠江三角洲及香山入澳门的水路因沙田围垦和泥沙淤积等原因而略有改变,但总体说来,明清时期内河与外海的水上航道,不仅使香山县城石岐成为水上交通最繁忙的商业中心,而且也使香山海域成为"海上丝绸之路"的必经之地。

明清时期,香山县官、士绅和商人等,修筑了一批道路、桥梁和渡口,弥补水路运输之不足。明嘉靖至万历年间,广东各府县从 383 处津渡增加到 710 处,60 余年间增加了 327 处;桥梁从 543 座增至 1091 座,60 年间增长了一倍。②据阮元《广东通志》记载,清代广东有桥约 54 600 座,其中清代修筑的有规模的桥梁 311 座。③康熙至道光年间(1662~1850),"珠江三角洲 15 个县有长行渡 500 余处,横水渡 485 处,可从各县治或重要墟镇通达广州、佛山、陈村、石龙等水运枢纽"④。香山大小村镇一般依水兴建渡口和埗头,以方便船艇的停靠和居民用水的方便。埗头和渡口都是水陆接驳的地方,陆路与水路因此而直接相通。但是,香山在明清时期,陆路的修筑和桥梁的兴建,从总数上不如珠江三角洲其他地方多,甚至到清初才有了像样的"官道"。1839 年,林则徐以钦差大臣身份赴澳门巡阅考察时,走的就是这条路线,据其日记记载:

> 二十五日,戊午。晴。……卯刻出南门,十里双合山,或呼为香粟山。又十里石鼓,过此即山路,曰平径岭,尚不甚峻。自石鼓至岭上之平径汛,计十里。下岭三里为蚺蛇汛,又十里榕树塘,又十里雍陌,在郑氏祠内饭。未刻又行,二十里古鹤,又五里界涌,又十里南大涌,又五里翠微村,又十里前山寨,在都司署中住。澳门同知亦驻此,俱来见。⑤

1718 年修筑的从县城石岐经沙溪到大涌的"西河石路",150 年后才有了

---

① 厉式金修,汪文炳、张丕基纂:《香山县志续编》卷一《舆地·附航路》,台北:成文出版社,1967。
② 方志钦,蒋祖缘主编:《广东通史》(古代下册),广州:广东高校教育出版社,2007,第 462 页。
③ 方志钦,蒋祖缘主编:《广东通史》(古代下册),第 978 页。
④ 司徒尚纪:《岭南史地论集》,第 97 页。
⑤ 《林则徐全集》编纂委员会编:《林则徐全集》第 9 册《日记卷·己亥日记》,福州:海峡文艺出版社,2002,第 4593~4596 页。

东干大道和南干大道。东干大道以县城东的大柏山为起点，经牛起湾右通东濠，左达羊角沙、濠头、张家边、南朗、崖口，直至涌口门，全长30公里。南干大道从县城南门起，经过桂峰茶亭、石鼓挞、沙桥、石莹桥，直至前山，再接澳门的莲花茎，全长约70公里。①1894年，侨商陈芳捐资修筑了前山至白石的公路。据1894年10月《镜海丛报》载："闻前山各乡绅将复捐资，由寨城筑修石路直至翠微，便手车之往来，省男妇之奔劳，独未悉巨款巨功宏，果能如愿相偿否？"②又据1895年4月17日《镜海丛报》载："澳门车夫某甲，拉客至白石村。又，澳地之车，近可驰至翠微；而前山各车，则不准其行进关闸。"③事实的确如此，前山至白石和翠微的石路修筑和人力车的使用，大大改善了香山人的出行和商贸环境：

> 自手车通行，所以便利于民者，殊非浅鲜。往来商客，各乡妇女，均可藉以代步，以免奔波于烈日之中……近时前山寨城新设有洋车十数架，便各乡之往来，资贫民之衣食，计甚善也。所行车路，竟有远至南大涌，亦可通行。沿村道路皆以用工修筑平坦。④

---

① 刘居上编：《中山交通故事》，广州：广东旅游出版社，2007，第6页。又据《香山县志续编》卷二《舆地·道路附》关于石岐到澳门的"南干大道"记载："自县治南门起十五里为桂峰茶亭，又十里为双合山，又十余里为石鼓，又十三里曰沙桥，中通一径，上为平径顶，有云径寺茶亭，去城南五十里。良、谷二都交界处在云径寺稍北，折而东至石莹桥属谷镇。又二里至大南坑，又二里蚶蛇塘汛，又南行里余至驰马坡。三里许。至平湖沙冈，距城七十余里，仍属谷镇。又五十里至前山寨属谷镇。又十余里至莲花径沙堤。又六七里至澳门。"《香山县志续编卷二·舆地·道路附》另有关于"东干大道"记载："东干大道自县城二里大柏山起，又四里为细柏山村，下有龙井，上有凤栖岭，旧有汛，今废。又七里为牛起湾，良得二都分界处，乡后有珊山炮台，今废。右通东濠，左达羊角沙。又十里为濠头乡，乡后有小炮台，大约距乡十里许有水洲炮台。又二十里为张家边乡，距乡十里有二洲、三洲山，四十里榄边墟，属四字都。又六十里为小隐乡，又四十一里为南萌乡，属大字都，有墟，又东北五十里为李屋边乡，一名岐山乡，林屋边乡又东南五十二里为平山乡、崖口乡。自凤栖岭至此路皆阔六尺许。又东六十里为涌口门乡，稍北为麻子乡，俱滨临大海，涌口门东与东莞、新安交界，海面八十里。"记载中未叙述"东干大道"通往澳门。《中山市志》记载："南下大道位于县城南面，是通往澳门的主要通道。于清咸丰十年（1860年）修筑。从南门口径桂峰茶亭、双合山、石鼓；平径顶到良都和谷都二都交界处，转东入石莹桥、大南坑、平湖沙岗、前山寨直通澳门。路面宽2米，全程70公里。"
② 《东路已成》，《镜海丛报》1894年10月3日。
③ 《拘东肇事》，《镜海丛报》1895年4月17日。
④ 《车路阻塞》，《镜海丛报》1894年4月10日。

由此可见，直到晚清，香山水陆交通网络，才基本形成。但是，陆路在推动香山经济和社会发展的作用上，还不能与水路相提并论。严格说来，陆路只是水路的一种补充。在明清时期，香山水陆两路交通体系的初步形成，为香山经济社会发展以及广东"海上丝绸之路"的深化与拓展，毋庸置疑地起了不可替代的积极作用。

三、物流与人流："海上丝绸之路"的主要承载

香山多海岛、港湾和完善的水陆两路一体的交通体系，为货物及人口流动提供了便利的条件。尤其是16世纪中叶葡萄牙人以香山澳门为中心，依托香山和珠江三角洲腹地，形成了澳门—印度—果阿—里斯本，澳门与日本长崎，澳门与菲律宾的马尼拉直至墨西哥，澳门与望加锡至帝汶的国际贸易网络。16世纪中期至20世纪初期，在以澳门为中转港的国际大三角贸易即所谓的"海上丝绸之路"中，香山周围的岛屿、港湾、内河和外海航道以及官道商路，在货物中转、文化传播和人口迁移等方面，均发挥了广州外港和中转港的作用。①

1578年，葡萄牙人获准于每年夏、冬两季到广州海珠岛参加中国举办的为期数周的定期市集，直接与在广州的中国商人贸易，从而将价廉物美的中国商品运往香山澳门，转销日本、果阿、马尼拉等地，并远销至欧洲和美洲。正如一位荷兰驻台湾第三任长官纳茨在一份关于中国贸易问题的报告中所说：

> 在澳门的葡萄牙人同中国贸易已有113年的历史了。他们……每年两次到广州去买货。他们的确从这种通商中获得比马尼拉的商人或我们更多的利润；因为他们在中国住了很久，积累了丰富的知识和经验，这使他们所得到的货品，质量比别人好，品种比别人多；他们也有机会按照他们的特殊需要订制货品，规定出丝绸的宽度、长度、花样、重量，以适合日

---

① 黄启臣主编：《广东海上丝绸之路史》，广州：广东经济出版社，2003，第374~394页；另见黄启臣：《澳门通史》第三章、第九章，广州：广东教育出版社，1999。

本、东印度和葡萄牙市场的需要。①

1625年，一位从望加锡到巴达维亚停留的英国商人，对澳门在这个地区贸易的情形也作过十分详细的记述：

> 每年有 10~22 艘葡萄牙单桅帆船自澳门、马六甲和科罗曼德尔海岸的港口来到望加锡停泊，有时上岸的葡萄牙人多至 500 人。这里的穆斯林苏丹允许他们自由奉行其宗教。他们在 11~12 月抵达，次年 5 月离开，把望加锡作为销售中国丝货和印度棉纺织品的转运港。他们用这些货物交换帝汶的檀香木、摩鹿加群岛的丁香和婆罗洲的钻石。……他们的贸易值每年达 50 万元西班牙古银币，仅澳门几艘单桅帆船载运的货物就值 6 万元……葡萄牙人把望加锡视为第二个马六甲。②

尽管明清时期西班牙、荷兰、英国、法国、日本、美国等国之间在中国和亚洲展开的海上竞争，以及香山地理环境和自然条件的历史变化，限制或削弱了澳门、香山在"海上丝绸之路"的作用和影响。但从总体上看，整个明清时期，香山澳门一直保持着中外物流和人流比较畅顺的状况，这直接决定或影响着广州"海上丝绸之路"的宽度与深度。

香山澳门三面环海，海运和内河航运都十分便利。陈仁锡在《皇明世法录》中称：

> 广东省会，襟江带海，其东出海，由虎头门，而虎头门之东为南头，省会之门户也。其西出海，则为崖门。崖门之西为广海卫。而香山澳在省会西南，夷人住泊于此。③

从澳门出发向东北沿海航行可达汕头、厦门、宁波、上海、青岛、天津、大连、日本长崎等大港口；向西航行可到暹罗、缅甸、斯里兰卡和印度的果阿，过印度洋绕好望角到达欧洲；南行可到马尼拉、噶喇吧（今雅加达）等东

---

① 《荷兰贸易史》，转引自《郑成功收复台湾史料选编》，福州：福建人民出版社，1962，第115页。
② 博克塞：《葡萄牙绅士在远东》，转引自黄启臣《澳门通史》，第48页。
③ 陈仁锡：《皇明世法录》第七十五卷《各省海防》，《中国史学丛书》影印明刊本，台北：学生书局，1986，第1985页。

南亚各国港口，横过太平洋直达美洲诸国。东南面的伶仃洋为澳门外港，船舶均可就近靠岸，装卸货物，放洋出海，在明清时期中外贸易和广州"海上丝绸之路"中起着中转港和海上走廊的作用。澳门西岸濠江为内港所在，与珠江三角洲内河航道相通，船舶可溯濠江而上，直达石岐、江门、佛山、广州等城市，也可到达香山、新宁、顺德、南海、番禺、东莞等县。澳门通过西江、东江、北江与广西、贵州、湖南、江西等中国内地省区联系起来，形成水路与陆路，港口与城市的有机结合，从而出现了内联外接的商贸经济体系。①有人对澳门的特殊地位曾作过这样的评说："澳（门）惟一茎系于陆，馈粮食，余尽海也，以故内洋舟达澳尤便捷。遵澳而南，放洋十里许，右舵尾，左鸡颈。"②也就是说，中国内地的货物通过水路和陆路运到澳门再转运外洋；外国的商品也利用船舶输入澳门，再转运到全国各地，香山澳门名副其实地成为中外商品货物的集散地。因此有人称："广州诸舶口，最是澳门雄。"③

据学者研究，由澳门输往果阿和欧洲的货物主要有生丝、各种颜色的细丝、绸缎、金、黄铜、麝香、水银、朱砂、糖、茯苓、黄同手镯、金项链、樟脑、各种陶瓷器、涂金色的床、桌、墨砚盒、手工制被单、帷帐等。其中以生丝和丝绸品为最大宗，据统计，1580年，从澳门运往果阿的生丝为3000多担，价值24万两白银。1635年达到6000担，价值白银48万两。而由里斯本经果阿运来澳门的货物有胡椒、苏木、象牙、檀香和白银。1585～1591年，每年从果阿运进澳门的白银约20万两。与此同时，葡萄牙的"大帆船"每年乘西南季风沿东北方向直达日本，把中国的"铅、白丝、扣线、红木、金银等货"运往长崎高价出售，换回大量日本的物产。④而从澳门运往马尼拉的商品更是包罗万象，包括生丝、丝织品、母牛、母马、蜜饯、火腿、咸猪肉、棉纱、铅、各种军需品、花边、无花果、石榴、梨、橙、陶缸、瓦筒、花缎、线绢、弹药、墨、珠子串、宝石串、宝石、蓝玉等数十种，其中以丝货为大宗。但从马尼拉运回澳门的商品主要有白银、苏木、棉花、蜂蜡和墨西哥洋红，其

---

① 王元林：《内联外接的商贸经济：岭南港口与腹地、海外交通关系研究》，北京：中国社会科学出版社，2012。
② 印光任、张汝霖：《澳门纪略》上卷《形势篇》。
③ 印光任、张汝霖：《澳门纪略》上卷《形势篇》。
④ 黄启臣：《澳门通史》，第41~44页。

中以白银数量居多。① 其实，当时从澳门除进出口东西方各国的货物外，还有西方国家的科学技术和思想文化。如数学、天文学、历学、地理学、地图学、西医学、西药学、物理学、工程物理学、建筑学、建筑术、语言学、音韵学、哲学、伦理学、宗教、美术、音乐，也是从澳门传入中国的，而中国古典经籍、语言文学、文学艺术、中医中药、民间工艺、园林建筑、风俗习尚等，同样是从澳门传到东南亚和欧美等世界各地的。

在东西方物质文化和精神文化通过香山澳门这个"中转港"不断地向中国和世界各地输送的同时，澳门也以其得天独厚的地理条件和千载难逢的历史机缘，在明清的四百余年里，为东西方人口流动和社会互动，提供了相对稳定、安全的基地和相对开放、自由的平台。

澳门原为香山县南端的一个小岛，所谓"澳门一岛，状如莲花，香山尽处，有路名关闸砂，直出抵澳，若莲茎焉。"② 澳门半岛东南有东澳山、九星洲和九洲洋，远处有伶仃山及伶仃洋，更远处与香港岛遥遥相望。西面与濠江相隔，远处有对面山、马骝洲、灯笼洲、文湾山、磨刀山等大小岛屿，并有通往广州的虎跳门；近处隔江与今天珠海的湾仔镇相望。西南面有舵尾岛（即小横琴岛）、鸡颈岛（即氹仔岛），还有大横琴岛与九澳山（即路环岛）相对峙，海水纵横其间，成"十"字形状，故称"十字门"。十字门外耸立着蒲台山、老万山等众多礁石和岛屿。澳门的港口分内港和外港，东部伶仃洋为外港，西部濠江沿岸为内港。

明清以来，澳门与石岐、江门、广州等地船舶往来甚密。16世纪初，就有阿拉伯和西欧商人、传教士来到香山澳门及附近海域。1561年成书的《广东通志》有"布政司案查得递年暹罗并该国管下甘蒲洦、六坤州与满剌加、顺搭、占城各国夷船，或湾泊新宁广海、望峒，或新会奇潭，香山浪白、蚝镜、十字门"的记载。1564年，广东御史庞尚鹏在奏折中亦指出：

> 近数年来，始入蚝镜澳，筑室以便交易，不逾年多至数百区，今殆千区以上，日与华人相接济，岁规厚利，所获不赀。故举国而来，负老携

---

① 黄启臣：《澳门通史》，第47页。
② 钟凤石：《澳门杂诗》。

幼，更相接踵，今筑室又不知几许，而夷众殆万人矣。①

清朝虽然多次实行"海禁"政策，但澳门人口似乎一直处于增长状态，龙斯泰就曾指出："自 1718 年康熙帝下令禁止南洋贸易后，由澳门至马尼拉及巴达维亚之船只，出入频繁，澳门关税达二万两云。澳门市贸既咸盛，人口之日增，自在意中。"②两广总督孔毓珣在《酌陈澳门等事疏》中也说："广东香山澳向有西洋人来贸易，居住纳租逾两百年，今户日繁，共计男女三千五百六十七名，大小洋船近年每从外国选船回澳，共有二十五艘，此后船只日增。"③从 1555 年一个人口不到 400 人的小渔村，发展到 1910 年 74 866 人的澳门半岛，其中华人有 7102 名，葡人 3601 人，其他国籍 244 人，可谓弹丸之地，五方杂处，肤色纷呈。④

其实，自明清以来，借助香山澳门这块中外贸易中转港和水运陆运十分顺畅的有利条件，不少西方商人、传教士、官员和游客顺利进出中国内地，也有无数中国人主动或被动地从香山澳门走出国门，放洋海外。如香山人郑玛诺就于 1645 年涉洋赴欧洲学习。1847 年，香山人容闳、黄胜、黄宽也赴美国求学。明清时期，西方耶稣会士大都是从香山澳门逐渐进入中国内地的。罗明坚、利玛窦等耶稣会士，在 16 世纪末 17 世纪初，先后经香山澳门到肇庆、韶关、广州、南昌、南京、北京等地传教。在澳门经过圣保禄学院培训的 200 余名中外耶稣会士，纷纷进入内地传教，活动范围包括直隶、山东、山西、陕西、河南、四川、江苏、浙江、江西、广东、广西等 12 个省区，信徒也与日俱增。据统计，天主教徒由 1585 年的 20 人增至 1617 年的 1.3 万人，1644 年又增至 15 万人。⑤因此季羡林认为："明末最初传入西方文化者实为葡人，而据点则在澳门。"⑥这可以从一份十分奇特的文档中得到证实：

> 在香山县治内，离香山县城一百里的地方有一个海岬，与大陆仅有一

---

① 陈子龙等选辑：《明经世文编》卷三百五十七《题为陈末议保海隅万世治安疏》，北京：中华书局，1962。
② Andres Ljungstedto, *A Historical Sketch of Portuguese Settlement in China and of the Roman Catholie Church and Mission in China*, Bocton, 1836: 122.
③ 黄启臣：《澳门通史》，第 175~176 页。
④ 黄启臣：《澳门通史》，《1555~1997 年澳门人口变动统计表》，第 9 页。
⑤ 黄启臣：《澳门通史》，第 127 页。
⑥ 黄启臣：《澳门通史》，第 132 页。

地峡相连，就像睡莲的茎支撑着叶子一样。海岬上建了一座小镇，镇中居民全为外国人，没有一个中国人；关闸处建起一海关，以检查来往人员及货物。此地既不生产稻米、盐，又不生产蔬菜，一切皆靠内地供应。镇内有一欧洲官员主持政务，官衔相当于我国的总督。政府文告及通信都通过翻译传达给他们。他们有一个奇特的风俗，即脱帽致敬。我们从他们处购买象牙、龙涎香、粗羊毛制品、红木、檀香木、胡椒和玻璃。①

但是，澳门在充当东西方物质文化和精神文化传播者的同时，还在鸦片和苦力贸易中扮演了不太光彩的角色。1729 年，葡萄牙人从印度西北海岸的果阿、达曼贩运鸦片到澳门，并逐渐使之成为葡萄牙最重要的财源。直到鸦片战争前，澳门一直是鸦片走私贸易的重要基地。1839 年，林则徐曾亲自到澳门巡视检查禁烟事宜。②而香山附近的伶仃洋，甚至成为英商最安全的囤积和销售鸦片等非法物品的走私基地。③在走私鸦片的同时，葡萄牙人还以澳门为基地，在广东沿海一带从事掠卖人口的勾当。"澳夷住濠镜，凡番、南、东、顺、新各县，皆可扬帆抵达。其船高大如屋，重驾番铳，人莫敢近。所到之处，硝磺刀铁，子女玉帛公然搬运，沿海乡村被其掳夺杀掠，莫敢谁何！"④据不完全统计，自 1517 年至 1840 年期间，掠卖的人口超过 30 万人。⑤据《1860 年广州华商致英国领事馆文》记载：

> 迩来不意葡萄牙人于澳门开设招工馆数处，串通彼等所庇护之华商，不准用贵国名义租赁汽轮及帆船，且雇佣内河各种大小船只，上载葡人，泊于黄埔码头以及广州水面其它各处。运用各种诡计，诱骗良家幼童，以及无知乡愚。一经拐骗或掳获，或称"猪仔"，即被置于海舶，囚于黑暗舱中，然后运往澳门"猪仔馆"……被拐带者六七万之众，家毁者可六七

---

① 斯当东：《中国与中英关系杂评》第 1 卷。转引徐薛新《历史上的澳门》，澳门基金会，2000，第 41 页。
② 黄启臣：《澳门通史》，第 186～191 页。
③ 郭小东：《打开"自由"通商之路：19 世纪 30 年代在华西人对中国社会经济的探研》，广州：广东人民出版社，1999，第 111～129 页。
④ 光绪朝《广州府志》卷二十二《列传十一》，中国地方志集成，上海书店，1991。
⑤ 黄启臣：《澳门通史》，第 196 页。

万户，兴言及此，谁不为之痛心哉！①

据统计，1856 年至 1873 年间，从澳门运往古巴和秘鲁的苦力达 180 061 人，其中运往古巴为 94 544 人，运往秘鲁为 85 192 人，运往其他地区为 325 人。②澳门在中外正义者和人道主义者的眼里，不啻是一个"收买、囚禁和转卖苦力的集中营，是苦力惨遭迫害的活地狱"③。

明清时期的香山澳门因境内多岛屿港湾，水陆交通便利，河运、海运都比较繁忙。在明末至晚清近 300 多年里，西方商品、货物和科学技术、宗教、思想文化，商人、传教士、军人、官员和旅游者等，借助香山澳门和香山水路陆路，进入中国腹部辽阔的大地，为中国社会的新陈代谢注入了新的力量。而中国内地的各种物产和人力资源，也被迫从这个河运海运都比较方便的海上走廊和中转港，顺利地进入经济全球化的新时代。明清时期在中外商贸和文化交流中成长起来的香山通事、牙商、买办等商人群体，在早期这种经济全球化的进程中，既有效地将西方物质文化成果引入中国，又以他们所拥有的地缘、血缘、人缘优势和自身的语言、商贸等方面的特长，有力地推动了传统中国向近代社会的转型。④可以说，明清时期，香山不仅是"海上丝绸之路"的重要驿站，而且也是中国与世界接轨，进入经济全球化的海上走廊。

四、城市与乡村："海上丝绸之路"的文化辐射

香山成为明清时期"海上丝绸之路"的海上走廊和重要驿站，主动地承接西方文艺复兴运动以来的文明辐射，在早期中外贸易和文化交流中扮演着十分重要的角色，甚至起到桥梁纽带和开路先锋的作用。

早在宋元时期，香山人就有了海外经商谋生之旅。到了明清时代，香山人不仅率先突破制度、语言和文化的障碍，以开放的胸怀，谨慎的态度，务实的

---

① 转引姚贤镐主编：《中国近代对外贸易史资料》第 1 册，北京：中华书局，1962，第 470~471 页。
② 黄启臣：《澳门通史》，第 199 页。
③ 陈翰笙主编：《华工出国史料汇编》第 4 辑，北京：中华书局，1981，第 188 页。
④ 郭秀文等：《清代广州与西洋文明》，汕头：汕头大学出版社，2006；胡波：《香山买办与近代中国》，广东人民出版社，2007。

精神，积极应对西方的挑战，主动参与早期经济全球化，成为早期中外交通史上不可缺少的商人、捐客、买办、通事，而且直接或间接地成为中外文化交流和中国经济社会转型的中介人及推动者。①他们借助"海上丝绸之路"的便利，既把中国各地的物产和文化传播到海外，又将海外的物质文明和精神文明的成果带回中国。在长期中外文化交流的过程中，香山人的物质文化和精神文化生活、生产方式和生活方式，以及社会结构和社会风貌也因此而改观。②

香山原为"海中一岛耳，其地最狭，其民最贫"。屈大均曾指出："古时五岭以南皆大海，故地曰南海。其后渐为洲岛，民亦蕃焉。东莞、顺德、香山又为南海之南，洲岛日凝，与气俱积，流块所淤，往往沙潬渐高，植芦积土，数千亩膏腴，可跂而待。"③明清时期的香山人虽然仍以农业为本，赖田园为生计，但渔业、盐业和商业亦居重要地位。明代黄佐就说：

> 食货出自民力，分为九等……一曰农人以殖百谷，二曰灶人以办盐额，三曰织人以成布帛，四曰牧人以蕃孳畜，五曰园人以毓草木，六曰渔人以备鲜错，七曰猎人以储皮腊，八曰市人以售酒食，九曰矿人以攻金石。④

嘉靖《香山县志》称："邑商人适其事，于县城西，集商十八间。另有所前市，在拱辰街南；南门市，在南拱桥；堑头市，在学宫前；东门墟，在县治东附廓沙岗墟，旧在迎恩街，明弘治初，副使掌收商税、门摊、课钞、解府折俸。"说明在明代中后期，香山县城石岐已有了分工细密的工商业和初具规模的城镇格局。清代香山人黄沃棠在《下洋即事》诗中，对香山农、渔、盐、商四业的相辅相成进行了诗化的描述：

> 半城米市在江滨，俭朴遗风亦足珍。
> 十亩田园同作力，几家盐灶共为邻。

---

① 胡波：《香山商帮》，桂林：漓江人民出版社，2012；胡波：《香山买办与近代中国》，广州：广东人民出版社，2007。
② 胡波：《中山史话》。
③ 屈大均：《广东新语》卷二《地语》，第52~53页。
④ 嘉靖《香山县志》卷二《民物食货》。

墟头酒妇担壶到，店里农夫买醉频。

最是夜来潮落后，月明渔火弄青萍。①

  随着农业、盐业、渔业，尤其是商业的发展，香山城乡经济社会也呈现出一派欣欣向荣的景象。嘉靖二十七年（1548）的《香山县志》载，长安乡恭常都里120、图3、村22，朝居乡黄梁都里80、图2、海中村17。②清乾隆十五年（1750）编修的《香山县志》记载，长安乡恭常都有村54、图2，潮居乡黄梁都有村67、图2。③到道光七年（1827），香山长安乡恭常都有村79、图3，潮居乡黄梁都有村194、图2。④从1750年到1827年，恭常都从54个村发展到79个村，而黄梁都则从67个村发展到194个，村落数量增加了近3倍。而香山北部的小榄、黄圃、古镇等地的村镇发展更为迅速，墟市数量、规模等较过去有了明显的增加。如清代前期香山有墟市12个，到了清代后期则增加到31个。⑤

  1553年葡萄牙人租住香山澳门后，香山内外商贸活动更加频繁，"澳门夷人与内地商人，各将货物俱由旱路挑至关前界口，互相贸易"，"其外来船只到粤洋货，及商民货船到香山县，俱由旱路运至界口贸易。"⑥据葡人方面的记载："澳门与北方（香山和广州）大规模通商，他们向北方运去从东非海岸运来的珊瑚、琥珀、鱼肚、燕窝、鱼翅和其他高级货物。原来不定期开放的关闸在这一年（1667年）的8月宣布每日开放，人们敲锣打鼓、放炮鸣枪欢迎这一决定。"⑦所谓"小西船到客先闻，就买胡椒闹夕曛。十日纵横拥沙路，担夫黑白一群群"⑧，"岭外云深抹翠微，翠微村外落花飞。负贩纷纷多估客，辛苦言

---

① 黄映奎编：《香山黄氏诗略》卷十《楚游草》（黄沃棠），广东省中山图书馆藏抄本。
② 嘉靖《香山县志》卷二《民土·坊都》。
③ 乾隆《香山县志》卷一《坊都》，广东省地方史志办公室辑《广东历代方志集成》，广州：岭南美术出版社，2007。
④ 道光《香山县志》卷二《舆地·都里》。
⑤ 汤苑芳：《分合与互动：清代广东墟市经济地理（1644~1911）》上册，台北：花栏文化出版社，2013，第198页。
⑥ 李士桢：《抚粤政略》卷二，台北：文海出版社，1988。
⑦ 施白蒂：《澳门编年史》，澳门基金会，1995，第56页。
⑧ 吴历：《吴渔山集笺注》，章文钦笺注，北京：中华书局，2007，第174页。

从澳门归"①，描写的就是香山各地与澳门关闸水陆贸易的真实情形。由于"香山县属之澳门……地居滨海，汉夷杂处，县令难远兼顾"，因此清政府设立澳门同知，加强对澳门中外商民的管理和控制。1809年两广总督百龄和广东巡抚韩崶奏定《民夷交易章程》中明确指出：

> 夷商买办人等，宜责成地方官慎选承充，随时严察也。查夷商所需食用等物，因言语不通，不能自行采买，向设有买办之人，由澳门同知给发印照。近年改由粤海关监督给照，因该监督远驻省城，耳目难周。……嗣后夷商买办，应令澳门同知就近选择土著殷实之人，取具族长保邻切结，始准承充，给予腰牌印照。在澳门者由该同知稽查，如在黄埔，即交番禺县就近稽查。如敢于买办食物之外，代买违禁货物，及勾通走私舞弊，并代雇华人服役，查出照例重治其罪，地方官徇纵一并查参。②

虽然明清两朝都从未放松对澳门的监管，但澳门与香山及邻近地区之间的关系仍十分密切，因为澳门是以东西方国际贸易的中转站而著称，其本地农业、渔业和手工业并不发达，居民的日常生活所需均仰给于内地。其时就有人指出："澳无田地，其米粮皆系由香山县石岐等处接济……若米船数日不到，立形困窘"③，"其地不产盐米蔬菜，俱内地运出"④。由此可见，澳门与香山及周边地区之间，一直存在着货物和人口的互动关系，而这种相互依存、相互往来的关系，直接推动了香山及澳门两地的村镇繁荣和发展。

尤其是与澳门邻近的前山、翠微、吉大、山场、拱北、湾仔、唐家、坦洲、斗门、石岐等地，因明清时期长盛不衰的中西商贸关系，使这里较早地接触西方先进的物质文明和思想文化，人们不仅思想开明，眼界开阔，善于学习，勇于探索，在社会治理、经济和文化建设以及移风易俗等方面，均走在中国社会的前面。邮电和通信是从传统走向近代的一个重要标志。1887年，拱北海关正式建立，海关邮政也应运而生。1902年10月8日，下栅成立邮政代办所。1905年，唐家也出现代办邮政商铺。1908年10月11日，前山开设三等

---

① 吴兴祚：《留村诗钞》。
② 王彦威、王亮：《清代外交史料·嘉庆朝》第3册，台北：文海出版社，1963。
③ 同上。
④ 道光《香山县志》卷四《海防》。

甲级大清邮局，下设 7 个乡村邮站。每天寄出与收到的邮件各十数件，主要来自澳门、广州、石岐、南屏、下栅及江门等地。接受的邮件包括信件、邮卡、报纸等，到 1911 年已达 124 800 件，邮件由邮差或由纤夫船、华船寄运；来往香港等地的邮件，则由澳门葡人邮局转寄。前山邮局成为清末民初华南沿海地区对外交往、了解外界信息的重要管道。①1907 年，前山设立电报站，使用人工穆尔斯电报机，通过一条 52.5 公里长的单线，连接前山与石岐，主要用于沟通石岐与澳门之间的商业行情与金融信息。②

受澳门东西文化交汇的影响，明清时期，香山在教育、医疗卫生、慈善、防火、防盗、社会治安和公共文化事业等方面，均打上了近代化的烙印。1908 年，香山县不少士绅和商人吁请在香洲开辟商埠得到批准。1909 年 8 月 14 日，香洲商埠正式营业。前来游埠者络绎不绝，新开的日升酒楼、泉香酒楼、合栈茶居等天天宾客盈门。南北环与公所直街是中心商业区，聚集油糖酒米、食品药材、陶瓷山货、金银首饰、皮鞋棉布、五金家具、文具纸料等，前后 40 余间商店，夜晚也是灯火如昼，呈现出一派欣欣向荣的景象。③1910 年，香洲埠又开始修筑香洲—南坑—南村—先锋庙—翠微—前山一带公路④，并扩展至雍陌—鸡柏—唐家—银坑—上下栅等乡。在水路方面，香洲公所总理王诜等，也准备开设轮渡拖船，由商人曾桂芳投资轮拖公司，由香洲—大涌—石岐往来运输。⑤尽管香洲商埠开业三年后，在各种矛盾交相冲击下而迅速败落，但商埠的创建，为香山城市社会的兴起和商业文化的发展积累了经验，打下了基础，也使香山人藉此看到了城市和商业、政治与经济、文化与社会之间互动的利害关系。从这个意义上说，香山自开商埠，无疑是香山人创建现代化城市的一次勇敢的尝试。⑥

明清时期的香山，虽然仍处在沙田不断开发和村镇持续发展的阶段，但由于长期处于中外商贸和文化交流的前沿地带，因此城乡经济发展速度和社会文明进步的程度均有了明显的海洋文化色彩。元明终世，香山仍属下等县，但到

---

① 黄晓东主编：《珠海简史》，第 165 页。
② 莫世祥编译：《近代拱北海关报告汇编（1887～1946）》，澳门基金会，1998，第 119 页。
③ 黄鸿钊：《香洲开埠史料辑录》，珠海：珠海出版社，2010，第 85 页。
④ 《香洲新埠附近拟筑东路》，《香山旬报》第 57 期，庚戌三月廿一日。
⑤ 《香洲添设轮船之可行》，《香山旬报》第 61 期，庚戌五月初一日。
⑥ 黄鸿钊：《香洲开埠史料辑录》，第 131 页。

清朝乾隆年间，香山的商贸有了长足的发展，矿、冶、盐、船、陶各业产销旺盛，初步出现了"农工一体"的生产者向"工商一体"的工商业过渡。①当英国进入工业革命阶段，香山的工商业也开始出现专业化和一体化的倾向，产生了织布作坊、舂米作坊、豆腐磨坊、酿酒栈场、糕饰制作、畜力糖寮、土制砖密、蚝壳灰窑、铁木农具和各种栏栈。饮食、旅店、租赁、运输等服务性行业店铺，也雨后春笋般地生长起来。②鸦片战争前，香山已从下等县跃升为上等县。

鸦片战争后，澳门虽然不再是重要的对外商贸港口，但香山及周围地区与澳门之间的商贸活动依然十分频繁。县城石岐更是店铺林立，墟市兴旺，商贾辐辏，人流如鲫。小榄、黄圃、大岗、大涌、南朗、三乡等墟镇亦十分繁荣。尤其是香山县北部的小榄，俨然为北部的航运和物流中心，据载："按小榄居香山之上游，其石岐渡之往省城、佛山、陈村、官山、大良、龙山、龙江、九江、容奇、桂洲、黄圃、莲连、勒楼、甘竹等处者，路所必经，都人顺搭上落，日十百人，甚为便利，其湾泊处有码头二，一为成美堂码头，一为麦氏学校码头，地址相去不远，各占权利，建筑之费不赀，规模宏敞，上盖木屋，下驾波涛，为一邑码头之钜观。"③其时，进口及外来商品有海味杂货、砖瓦、柴炭、煤油、洋百货，而输出产品更有盐、蚝、蚝油、蚝豉、虾蟹、虾羔、鱼、谷米、果菜、蚕丝、夏布等，岁入达白银八百万两。④又据《香山县志》载："宣统时期，县属商业除澳门外，以城南石岐为总汇，各乡墟市亦有号称畅旺者，如四都之榄边墟，大都之南蓢墟，谷镇之乌石墟，阛阓颇盛，榄镇蚕市岁七百余万两，黄圃蚕市，获利亦丰，香洲埠已自辟商埠，近闻淇澳亦思接踵商业进步，当未有艾。至输出输入各品则以水运居多。"⑤1909年香山城乡村镇人口达到1 421 796人。⑥中外通商和村镇互市，直接加速了香山经济社会的近代转型。

---

① 王远明、胡波：《香山文化简论》，政协广东中山市文史委员会编《中山文史》第60辑。
② 李国瑞：《岐海商涛》，政协广东中山市文史委员会编《中山文史》第30辑。
③ 厉式金修，汪文炳、张丕基纂：《香山县志续编》卷四《建置》，台北：成文出版社，1967，第255页。
④ 李国瑞：《岐海商涛》。
⑤ 厉式金修，汪文炳、张丕基纂：《香山县志续编》卷二《舆地》，第67页。
⑥ 宣统《香山县志·舆地·户口》。

五、结语:"海上丝绸之路"的参与者和受益者

珠江三角洲的香山,因地处珠江出海口,既有众多的岛屿和优良的港湾,又有水运和陆运的交通便利。汉唐时期,香山岛及周围广阔的海域是"海上丝绸之路"的必经之地。明清之际,西人东来,尤其是葡萄牙人租住澳门后,这里不仅是西方商人、传教士、官员和游客进入中国的重要驿站,而且还成为名副其实的中外贸易枢纽和中西文化沟通的桥梁。香山人曾有幸参与和见证了郑和下西洋的壮举,而且还成为拓展"海上丝绸之路"的生力军。①他们参与了早期中外贸易,曾借助"海上丝绸之路"的便利,把中国的物产和文化传播到海外,并将海外的物质文明和精神文化成果带回香山和中国。在长期的文化交汇和密切的人际交往中,香山人的生产生活方式,精神面貌和香山社会的经济、社会结构等均发生了前所未有的转变。②正如英国重商主义的突出代表托马斯·孟所言:"商品贸易不仅是一种使国家之间交往具有意义的值得称崇的活动;而且,如果某些规则得到严格遵守的话,它又恰恰是检验一个王国是否繁荣的试金石。"③

历史表明,"海上丝绸之路"拓宽了香山人生活和发展的空间,提升了香山在中国和世界历史中的地位,改变了香山人的内心世界和精神面貌。同时,香山人也在"海上丝绸之路"的拓展中发挥了积极主动的作用,不仅以自己富有冒险性的商贸活动和文化交流,有效地启动了中国人向外拓展的潜力,而且也以自己颇具创造性的转化能力,将新信息、新知识、新经验、新方法、新技术融入到生产生活和对外交往之中,从而在客观上丰富了"海上丝绸之路"的文化内涵,推动了明清时期"海上丝绸之路"的建设和发展。

总之,香山因"海上丝绸之路"的便利,有效地实现了自我发掘、自我发展、自我完善和自我超越,"海上丝绸之路"也因开放包容、敢为人先、务实进取的香山人的积极参与而充满活力。可以说,香山人既是"海上丝绸之路"

---

① 据松浦章《明清时代东亚海域的文化交流》一书所述,香山人尹仲达曾随郑和下西洋,南京:江苏人民出版社,2009,第38页。
② 胡波:《中山史话》。
③ 托马斯·孟等:《贸易论》,北京:商务印书馆,2007,第5页。

的参与者,又是"海上丝绸之路"的受益者。

The Xiangshan Area and the Maritime Silk Roads

Hu Bo

Abstract: There are many islands and good harbour in the Xiangshan Area in Pearl River Delta and the water and land transportation here are convenient. The Xiangshan Island and the surrounding areas of the vast sea were the must pass of the Maritime Silk Roads in the Han and Tang Dynasties. Here was the the important stage to enter China for the western businessmen, missionaries, officials and tourists, so it was the hub of Chinese and foreign trade and the bridge between Chinese and western cultural communication during the Ming and Qing Dynasties. People in the Xiangshan Area participated in the early international trade by whom the Chinese products and culture were spread abroad, and the material civilization and spiritual and cultural achievements of overseas were brought back to the Xiangshan Area and China. From the long term culture and close interpersonal communication, the unprecedented changes have occurred in the economic and social structure of the Xiangshan Area and so on.

Key Words: the Xiangshan Area; the Ming and Qing Dynasties; the Maritime Silk Roads

宋元时期香山岛的海洋开发

杨 芹[*]

所谓海洋开发，是指人类对海洋资源的开发。人类利用海洋已有几千年的历史，由于受到生产条件和技术水平的限制，早期海洋开发活动主要使用简单的工具，在海岸和近海中捕鱼虾，晒海盐，以及海上运输，之后逐渐形成了海洋渔业、海洋盐业和海洋运输业等传统的海洋产业。宋元时期，香山仍为珠江口一海岛，岛域渔业、盐业等海洋生计有了一定的发展。而"海上丝绸之路"的发展，促使岭南边荒海域的香山成为中外海外贸易的海上交通要区。

一、行政建置与土地开发

（一）香山建县

远古时代的香山，是珠江出海口伶仃洋面的岛屿，自然环境相对独立。[①]岛上山脉蜿蜒，诸山之祖五桂山奇花异草繁茂，神仙茶丛生，色香俱绝，故得名香山。千百年来，由于自然及人为因素，香山岛岸不断向外延伸，逐渐出现浅湾变海滩、海滩变沙田、沙田变陆地的自然环境与地理变迁。

秦朝统一中国，在岭南设桂林、南海、象郡三郡，首次把岭南纳入中原王

---

[*] 作者系广东省社会科学院历史与孙中山研究所副研究员。
[①] 唐宋以前，香山大体包含今中山市、珠海市和澳门三地，今中山市东南部和珠海市大部分地区仍未成陆。

朝版图，香山属南海郡番禺县的地域。此后朝代更替，政区有所演变，而香山一直隶属于中央的行政版图之内，但在地理方面仍然只是珠江口海域的一个海岛。今天的珠江口一带仍然是汪洋大海，水网地带广阔，资源丰富；然而大大小小的岛域星罗棋布，居住着大批倚海为生的水上人。

唐宋时期，在五桂山的周围浅海处逐渐形成一些面积较大的平原，如平岚平原、石岐平原和南朗平原。随着人口的迁移和珠江三角洲地区的开发，香山岛开始从历史的边角，出现在历史（岭南、珠三角）的中心区，成为广州管辖下的一个区域。唐至德二年（757），改宝安县为东莞县，并在今珠海市香洲区山场一带设置香山镇，镇所在地濠潭。从唐代政制来说，镇不是一级政权，只是一个军事组织，但镇的长官级别一般都较高，并驻扎了军队，说明该地战略地位的重要。香山地理位置特殊，地处海上交通要冲，海防前线。波斯（今伊朗）、印度、暹罗（今泰国）、安南（今越南）等国从海路前往广州，都要途经香山。香山岛所在珠江口是海盗经常出没之处，其设镇的主要任务便是防止海盗的滋扰，保障对外的正常交通。

香山建镇，标志着这一地区已经告别"王法不到""化外之地"的时代，成为地方行政系统中的重要一环。到宋代，香山岛沿岸周围沙坦沉积面比以前更为扩大，岭外人口大量南移，岛上居民逐渐增多。香山除了渔、盐生产较盛外，农业生产也有所发展，地位渐渐显得重要。故北宋元丰五年（1082），朝廷曾一度有将香山镇改县之议。然朝议认为香山尚未够格设县，但同意加强对该地区的管辖，改置香山寨。

南宋时期，香山岛盐业进一步发展。由于香山场生产的粗盐，必须经跨珠江口的船运往东莞，再由东莞运至广州分发各地，东莞县对香山的管辖鞭长莫及，诸多不便。且食盐之外，还有银矿、税银，增加了船运管制压力。此外，香山寨生员参加科举，也要渡海至东莞。因此，本岛官员士绅，都主张香山与东莞分县而治。终于在南宋绍兴二十二年（1152），朝廷同意划出东莞、番禺、南海、新会四县部分岛屿归香山管辖，成立香山县，辖10个乡，属广州府。元代，香山属广东道广州路。香山行政升格，作为广东最早的海岛县，是其社会经济发展的必然结果。此后，香山后来居上，发展成为富甲粤中、海内外驰名之文明名区。

（二）沙坦开发

宋元时期迁居珠江三角洲的民众，开始在形成不久的沿海沙坦上开垦，筑成很多小堤围，以挡咸潮，并借淡潮灌田，成为一种人工造田的形式。他们通常有两种做法，一是先垦后围，由潮田（不筑围便进行利用的沙田）发展为围田；另一种是先围后垦，就是在荒坦上将浮露的沙坦，拍围垦耕。据记载，最早的堤围出现在北宋至道二年（996）。珠江三角洲北宋的堤围共 26 条，堤长 55 632.2 丈，受益农田面积 2 951 356 亩。南宋时所筑堤围有 17 条，总长 14 000 余丈，捍卫面积 134 000 余亩。元代见诸记载的堤围则有 34 条，总长 62 413 丈，捍卫面积达 352 617 亩。① 这些堤围主要分布在珠江三角洲西北边缘，西江及高明河两岸。

宋元时期也是香山地区发育的重要阶段，海岛淤积成陆明显加快，陆地大为扩展，荒丘、沙坦得到大规模的垦辟，与之相适应的是农田水利的大量修建。大量堤围修筑有利于泥沙淤积。② 屈大均在《广东新语》中就说道：

> 古时五岭以南皆大海，故地曰南海。其后渐为洲岛，民亦蕃焉。东莞、顺德、香山又为南海之南，洲岛日凝，与气俱积，流块所淤，往往沙潬渐高，植芦积土，数千亩膏腴，可跰而待。③

建县初期，香山各乡"筑堤护田，大兴水利"。在平原、山区或较早成陆地区，以修陂坝，建堤堂为主；滨岸、河网沙田和新成陆地区，以拍新围、筑大堤为主，变滩头、潮田为沙田。海中三灶山，也有人筑围耕作，积极兴修围外水利。如南宋末，香山土瓜岭刘罗氏"捐田为址，筑陂引水，藉灌得能都诸乡田数百顷"④。

长期以来，由于岭南局势稳定，成为北人避乱的理想之地，大批中原人士举族由陆路和海路进入岭南，广州等地成为了北方移民的主要定居地。香山沙田的

---

① 两宋和元代珠江三角洲所筑堤围情况见方志钦、蒋祖缘主编：《广东通史》（古代上册），广州：广东高等教育出版社，1996，第 715 页、809 页和 960 页。
② 参见刘志伟：《地域空间中的国家秩序——珠江三角洲"沙田—民田"格局的形成》，《清史研究》1999 年第 2 期。关于"沙田"形成过程，参见谭棣华：《清代珠江三角洲的沙田》，广州：广东人民出版社，1993，第 5~9 页。
③ 屈大均：《广东新语》卷二《地语》，北京：中华书局，1985，第 52~53 页。
④ 刘燸芬：《刘氏东支谱》，光绪八年抄本。

开发也成为了北人的选择之一。南迁人口带来了香山沙田开垦和经济社会发展所需的经验、技术、资金和劳动力。新的村落不断涌现，宗族数量也不断增加。

二、香山岛海洋开发

香山位于珠江口西岸，濒临南海。辽阔的海洋为渔业、盐业、商业发展提供了基础和条件，具备勇气和智慧的香山先民凭借大海谋求生存，开展生产。香山岛屿棋布，除海岛上可耕的土田以外，最重要的经济资源还有鱼和盐，宋元时期香山鱼、盐为广郡之冠。

（一）渔业

考古发现，早在新石器时期晚期，香山已经有越人繁衍居住，从事渔猎、捕捞，过着"饭稻羹鱼"的日子。香山山海相连，咸淡水交汇，海洋资源丰富，渔业是主要生计。西汉时期这里已形成渔村，在相关渔村遗址发现的陶网坠、铅网坠（见图1），展示了这一地区以渔猎为主的海洋经济生活景观。设县后，渔业更加迅速兴旺起来。以深海为渔场的有淇澳渔村、三灶渔村、濠潭渔村、濠镜澳渔村、神湾渔村、石岐海渔村和东海渔村等。

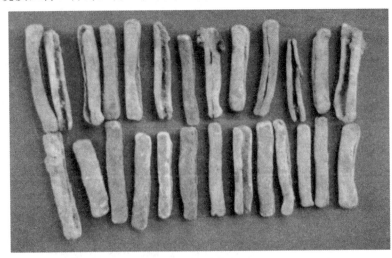

图 1　宋元铅网坠

唐代濒海地区民众充分利用河海的优势，一方面捕捞河鲜海产，投放市场，丰富了人们的食物结构。据《投荒杂录》《北户录》《岭表录异》等唐人笔记的记载，沿海渔民捕捞经济价值较高的海产品不下 30 种。另一方面，发展淡水养殖，在陂塘放养鲤、鲩、鲫、鲮等鱼，进行鱼苗养殖。如段公路《北户录》记载：

> 南海诸郡，郡人至八九月于池塘间采鱼子着草上者，悬于灶烟上。至二月春雷发时，却收草浸于池塘间，旬日内如虾蟆子状，悉成细鱼，其大如发。土人乃编织藤竹笼子，涂以余粮，或遍泥蛎灰，收水以贮鱼儿，鬻于市者，号为鱼种。鱼即鲮、鲫、鳢、鲤之属，于池塘间一年内可供口腹也。①

（二）盐业

盐业是香山海洋经济的主业。现代地质学的研究表明，即使到明代，香山这一带仍是浅海地形，是一个广阔的海湾，称金斗湾，属于磨刀门浅海区。金斗湾内众海岛的濒海洲坦，海水盐度合适，皆可生产食盐。

古人注意到，香山海面的"水色"与盐业生产的关系。"水色上流黄浊，下涧碧黑。惟黄浊故积泥以成田，碧黑斥卤，其性劲，其味咸，故煮之以成盐"②。事实上，当香山逐渐成陆之后，便有不少人到此定居，且开始在这里围海煮盐，香山县的盐业生产即发皇于此地。历代"东南盐务纷繁，而香山为产盐之区"。③香山盐场肇始于唐初，兴盛于两宋，从前述香山建县的过程中就可以看出制盐业在香山地区经济中的作用。

广东沿海地区的盐业生产发端较早，汉武帝元封年间在全国 28 郡设置盐官，南海郡为其一。④宋代广东是主要海盐产区，成为重要财税来源之地。所

---

① 段公路：《北户录》卷一《鱼种》，文渊阁四库全书本。
② 嘉靖《香山县志》卷一《风土志》，广东省地方史志办公室辑《广东历代方志集成》，广州：岭南美术出版社，2007。
③ 乾隆《香山县志》卷三《盐法》，广东省地方史志办公室辑《广东历代方志集成》，广州：岭南美术出版社，2007。
④ 马端临：《文献通考》卷十五《征榷考二·盐铁》，北京：中华书局，1986，第 150 页；阮元：《广东通志》卷一百六十四《经政略八·盐法》，续修四库全书本。

谓"今日财赋，鬻海之利居其半"。①北宋广南有盐场 15 个，南宋初增至 26 个。香山盐场分布在金斗湾内，泛称为金斗盐场，香山场是其中最主要的一个。当时这一地区成陆不久，形成大量滩涂或浅海湾，具有兴办盐场或盐栅的优越环境，加之香山设县后社会安定，劳动力充足，为本区盐业的快速发展提供了良好的条件。北宋后期至南宋中期，是香山场盐业经济发展最快的时期。

宋代广南路从事海盐生产的盐民，纳入盐籍的官盐户称"亭户""灶户""灶丁"或"盐户"，官盐户之外尚有私盐户，可以自营海盐。但当私盐民与官盐利益有冲突，官府往往以"私盐"之罪名加以惩治。

元代广东盐场共有 17 处，到至元三十年（1293）剩下 14 处。②香山场一直维持生产。元政府设香山盐场司令一员（从七品）、司丞一员（从八品）、勾管一员（从九品）③，并副勾管一员、典吏一名、场吏二名④，负责香山场盐务管理。

由于元代社会动荡不安，香山盐业生产不如宋代。

（三）香山与"海上丝绸之路"

香山是往来珠江口船只的必经之处，"海上丝绸之路"（亦即"海上陶瓷之路"）的重要走廊。秦汉时期，以番禺（今广州）为中心的沿海交通和海上贸易非常发达，是中国"海上丝绸之路"的发祥地。史载，南越国至汉武帝时，番禺"处近海，多犀、象、毒冒、珠玑、银、铜、果、布之凑，中国往商贾者多取富焉。番禺，其一都会也"。⑤番禺成为国内有影响的商业重镇。另外，徐闻、合浦也是汉代南方的重要港口。从番禺出发，经徐闻、合浦两港出海，再到东南亚一带，形成早期的"海上丝绸之路"。

汉代海上商路的开辟与海外贸易的发展，使珠江口的香山岛成为航海船只补给的要地。在珠海的海岛沙湾处发现许多汉代陶器残片，尤其是在外伶仃岛石涌湾发现的一件肩部竖刻隶书"朱师所治"四字的陶罐，表明当时香山社会

---

① 脱脱：《宋史》卷一百八十二《食货下四·盐》，北京：中华书局，1985，第 4454 页。
② 《元大德南海志残本》卷六《盐课》，广州：广东人民出版社，1991，第 18 页。
③ 宋濂等：《元史》卷九十一《百官七》，北京：中华书局，1976，第 2135 页。
④ 嘉靖《香山县志》卷三《政事志》，广东省地方史志办公室辑《广东历代方志集成》，广州：岭南美术出版社，2007。
⑤ 班固：《汉书》卷二十八下《地理八下》，颜师古注，北京：中华书局，1962，第 1670 页。

经济和文化有了较大的进步，也成为"海上丝绸之路"发展的重要物证。

屈大均曾说，广南之地"自秦、汉以前为蛮裔，自唐、宋以后为神州"[①]。唐宋时期，中国对外贸易和文化交流空前频繁。贞观年间，唐朝与近20个国家有外交往来，出现"百蛮奉遐赆，万国朝未央"[②]的盛世景象。开元、天宝间，与唐朝有官方关系的国家和地区多达70余个。广州等地矿冶、纺织、陶瓷、制盐、造船等行业在全国占有一定地位，有些产品远销海外，开启"广货"外销新局面。有宋一代，朝廷不断颁布和修订管理措施，鼓励贸易，例如设置并逐步完善市舶司，主管各路贸易；派遣使臣招诱海外商客；处罚办事不力，影响贸易的官员；奖赏"招诱舶货"有成效的外国商客；保护外商在中国的财产、遗产等。元代海外贸易大抵因宋旧制而为之法。

宋元两朝，中国海外交通十分兴盛。从宋人周去非的《岭外代答》、赵汝适的《诸蕃志》、元代陈大震的《南海志》、汪大渊的《岛夷志略》等文献看，宋元时期与中国直接或间接有交往的国家或地区超过100个，陈大震的《南海志》所记达到140多个。

唐宋至元代，由中国南方沿海出发，经南海、马六甲海峡、印度洋、波斯湾、红海等海域，抵达东南亚、南亚、东非等地，成为当时中国沟通海外的重要经济文化通道。[③]香山便是中国南部广州到阿拉伯国家的海上商道的重要"驿站"。20世纪80年代，考古工作者在珠江口的香山故镇濠潭遗址、淇澳岛牛婆澳遗址、平沙棠下环遗址等处，发现一批唐代风格的黑陶罐、越窑青瓷碗、釉盏等残片，其中越窑系青瓷碗居多，饼足底和玉璧底造型，还有邢窑系白瓷碗，显然是唐代中国的外销瓷器。

1983年，珠海香洲渔民在珠江口荷包岛至乌猪岛海域打捞到青釉四耳罐和青釉碗21件。这些瓷器捞出时大小相套，显然是为了便于装船运输出口。其中青釉碗矮身，口延外张，实饼足，高5.2厘米、口径16.8厘米，采用醮釉垫烧法。在南屏镇洪湾小钩遗址，也采集到官冲窑产青釉六系罐。考古工作者确证，这些都是唐代广东新会官冲窑所产瓷器出口外销过程中遗留下的。

1964年，南水蚊洲岛出土了一批青瓷器。经专家们鉴定，这些青瓷碗、碟

[①] 屈大均：《广东新语》卷二《地语》，第29页。
[②] 《全唐诗》卷一《正日临朝》（唐太宗），北京：中华书局，1999，第5页。
[③] 叶显恩：《海上丝绸之路与广州》，《中国社会科学》1992年第1期。

属元代遗物，共 212 件，带有草绳裹过的痕迹，整齐地叠埋在沙滩里，应是一批外销瓷器。可能是元代运输船遇风浪将瓷器卸下，藏埋沙中而遗留下来。这些历史遗存见证了香山与"海上丝绸之路"的发展历史。

三、结　　论

总的说来，宋元时期是古代香山地区发展的重要阶段。海岛的自然地理特点，倚海为生、以海为田的海洋经济生活，促使渔业、盐业等在海岛经济中占有明显优势。这一时期香山周边海域成陆加快，沿海滩涂、沙田得到开垦利用，农业种植、手工采矿业等也有较大发展。这不仅改变了香山以鱼盐为主的比较单一的经济结构和景观，增加了海岛经济的多样性，而且增强了海岛的经济实力，加上宋代本岛人文进步，人口增长，香山建县成为历史发展的必然。唐宋已降以广州为中心的岭南海外贸易、对外文化交流不断繁荣发展，也促使香山成为广州"海上丝绸之路"上的重要节点。

The Ocean Development of the Xiangshan Island in the Song and Yuan Dynasties

Yang Qin

Abstract：The Song and Yuan Dynasties were the important stage of the development of the Xiangshan Island in ancient times. At that time the deposition into land significantly accelerated, and the region greatly expanded. A large northern population moved to south which brought experience, technology and labor needed by the social development. There was obvious development of the fishery and salt industry in the Xiangshan Island neighboring the South China Sea in the Song and Yuan Dynasties.The Maritime Silk Roads developed and the Xiangshan Island had become one of the important traffic position of Chinese and foreign overseas trade. This paper makes a research on the social development situation, especially the characteristics of marine economy and culture in the Xiangshan Area in the Song and Yuan Dynasties.

Key Words: the Song and Yuan Dynasties; the Xiangshan Island; the ocean development

明清时期香山海陆环境变迁与农业开发

衷海燕　黄仕琦[*]

关于珠江三角洲海陆环境变迁研究，是学术界关注的焦点之一，尤其集中于探讨香山附近海域成陆开发的进程问题。目前学术界对香山具体成陆时间仍有颇多争议。例如，曾昭璇等认为明代香山一带仍是浅海地形，是一个广阔的海湾，称金斗湾，属于磨刀门浅海区。[①]而磨刀门水道大约在清道光以后至光绪年间形成。[②]也有学者认为，明代香山、顺德之间的水域已经淤出大片平原，有不少小型围垦。[③]美国学者马立博则认为香山岛与大陆连接起来应是在1290～1582年。[④]还有学者认为明代嘉靖年间，县城石岐之外的岛屿都尚孤悬海中。至清康熙年间，原在香山附近海域孤悬的岛屿和山丘已由陆地相连。[⑤]

以往研究指出了海陆变迁对水网系统的重要性，但是在谈到水道淤浅时，往往认为农业开发破坏生态环境，而相对忽略了农业开发与水网发育的具体阶段。本文试图分析明嘉靖至清道光年间香山附近水域的海陆变迁与农业开发，

---

[*] 衷海燕系华南农业大学人文与法学学院教授、华南生态史研究中心主任；黄仕琦系华南农业大学科学技术史硕士研究生。

[①] 曾昭璇：《中山冲缺三角洲地形简介》，《人民珠江》1988 第 3 期；曾昭璇、黄少敏：《珠江三角洲历史地貌学研究》，广州：广东高等教育出版社，1987，第 148 页。

[②] 周源和：《珠江三角洲水系的历史演变》，《复旦学报》（社会科学版）1980 年第 1 期。

[③] 吴建新：《明清广东的农业与环境——以珠江三角洲为中心》，广州：广东人民出版社，2012，第 33 页。

[④] 马立博：《虎、米、丝、泥——帝制晚期华南的环境与经济》，关永强、王玉如译，南京：江苏人民出版社，2012，第 65 页。

[⑤] 黄健敏：《伶仃洋畔乡村的宗族、信仰与沿海滩涂——中山崖口村的个案研究》，中山大学博士学位论文，2010。

进而揭示水网发育的具体过程及其形成原因。

一、明代香山县西、北水域的开发

香山县系南宋时期析南海、番禺、东莞、新会四县濒海地区而设，当时只是一片以五桂山为中心的海岛群。因香山县总体地势是南高北低，加上西江干流冲击县境的西、北水域，宋元期间西北部大片海面淤浅成陆，形成"西海十八沙"，即今小榄、古镇等地区一带。明代以后，西海十八沙继续发展，从石岐至横门一带水域也逐渐淤积，又形成"东海十六沙"，即今黄圃、南头等地区一带。

这两片水域的淤积，一方面是因为河流出海冲积的作用，另一方面则与农业开发围垦相关。明初，为了恢复社会生产力，政府大力推行屯田政策，也落实到香山县。史载：

> 广州右卫，大黄圃一屯田二十二顷四十亩，粮六百七十二石……广州后卫，左千户所大榄一屯田二十二顷四十亩，粮六百七十二石。小榄二屯田二十二顷四十亩，粮六百七十二石……右千户所，圆榄屯田二十二顷四十亩粮，六百七十二石。半边屯田二十二顷四十亩，粮六百七十二石……广海卫，古镇屯田二十二顷四十亩，粮六百七十二石……①

屯田区主要集中在大榄都、黄旗都一带，正是东海十六沙与西海十八沙的主要区域。此时西、北一带仍为河口湾，但西海十八沙的沙坦已经发育。据史料所载："（香山）海田在西北者，当浈水、郁水之冲，积雨之后，数千里之水奔湍而下，必有巨涝，或岁三四浸即退，浸久必败田矣。"②说明农田的开垦可以追溯到明代之前。西、北水域的开发不仅是屯田的实施，还有寄庄田的发展。因香山县是由番禺、南海、东莞和新会四县各自划出的濒海地区而形成的，在初期农业开发中，这四县的大户扮演着很重要的角色。他们通过隐瞒户

---

① 邓迁修，黄佐纂：《香山县志》卷三《政事志·屯田》，明嘉靖二十七年刻本，广东省地方史志办公室编：《广东历代方志集成》，广州：岭南美术出版社，2009，第40～41页。
② 孛兰肹等：《元一统志》卷九《广州路》，赵万里校辑，北京：中华书局，1966，第676页。

籍、巧立名色等手段，把沙田据为己有。史载：

> 初，番南新顺各县大家，随田寄籍，散隶各乡都，多倚豪势，不输粮役，官司责在里甲，代贩累至倾家者。①

> 每西水东注，流块下积，则沙坦渐高，植芦草其上，混浊凝积，久而成田，然后报税，其利颇多。豪右寄庄者，巧立名色，指东谓西，母子相连，则截而夺之，争讼至于杀人，反为吾邑之患也。②

宋元至明初的农业开发并没有太大地改变香山的海陆环境。例如，明代黄佐所言："邑本孤屿，土旷民稀"③；"洪武至正统初法度大行，海隅下每岁泊、场与农谷互易，两得其利。故香山鱼盐为一郡冠"④。故此，香山经济仍以鱼盐为主。

据段雪玉研究，明代中后期，由于沙田新经济格局的发展，香山鱼盐产业受到冲击，盐产下降，盐丁逃亡。⑤为此，地方政府调整政策，以农业粮税代替盐丁税收，反映了嘉靖、万历时期是香山农业经济增长的新时期。

不过，这里的水域由于接近海湾环境，潮汐作用强烈，水运交通仍不发达，如嘉靖《香山县志》所载：

> 县城东南山陵，西北水泽，设治于屿北，而四围皆海，居然一小蓬岛也。大尖胡洲，笔峙于前，以为望乌。岩香炉，屏障于左，以为镇龙脉，拥入县治，隐而不露。登高而观，襟带山海，真岭表之奇境也。西有象角海口，北有县港海口，潮则弥漫巨浸，汐则浅隘难渡，虽近外洋，而无番舶之患，此实溟海咽喉，自然天险，广郡之要津也。⑥

---

① 邓迁修，黄佐纂：《香山县志》卷一《风土志·坊都》，明嘉靖二十七年刻本，广东省地方史志办公室编：《广东历代方志集成》，广州：岭南美术出版社，2009，第9页。
② 邓迁修，黄佐纂：《香山县志》卷一《风土志·土田》，明嘉靖二十七年刻本，广东省地方史志办公室编：《广东历代方志集成》，广州：岭南美术出版社，2009，第16页。
③ 邓迁修、黄佐纂：《香山县志》卷二《民物志》，明嘉靖二十七年刻本，广东省地方史志办公室编：《广东历代方志集成》，广州：岭南美术出版社，2009，第21页。
④ 邓迁修、黄佐纂：《香山县志》卷三《政事志·鱼盐》，明嘉靖二十七年刻本，广东省地方史志办公室编：《广东历代方志集成》，广州：岭南美术出版社，2009，第44页。
⑤ 段雪玉：《宋元以降华南盐场社会变迁初探——以香山盐场为例》，《中国社会经济史研究》2012年第1期。
⑥ 邓迁修，黄佐纂：《香山县志》卷一《风土志·形胜》，明嘉靖二十七年刻本，广东省地方史志办公室编：《广东历代方志集成》，广州：岭南美术出版社，2009，第7页。

从明嘉靖二十六年（1547）《香山县境全图》（图 1）可以看出，香山县西、北水域只是标示了长洲山、浮虚山、小榄、古镇与小黄圃少数沙洲丘陵，香山西面与新会，北面与顺德接壤区域还是一片比较宽阔的水域。正如史料载：

> 石岐海，在县西北，接浮虚南入洋；
>
> 港口，在石岐上流，水小而浅，潮平可济，汐涸则难，乃北鄙之咽喉也；
>
> 分流海，在港口上流，东注于东洲门，北通于广；
>
> 浮虚海，在分流上源，势若滔天，号为巨浸；
>
> 倒流海，在浮虚之上，其中巨岭，激水湍流，回流深险；
>
> 小黄圃海，众水辐辏，水寇之冲；
>
> 象角头海，在县西二十里，西接鲟鳇沥，北连大榄，其势汪洋，风起浪涌，舟不可舣，晴则水光接天，往来晏然。①

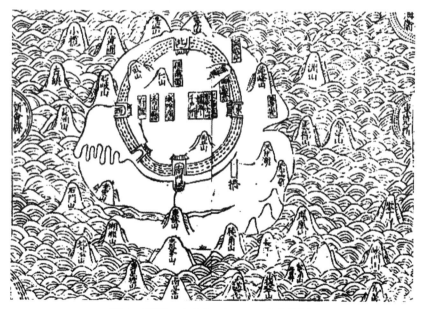

图 1　嘉靖二十六年（1547）香山县图
资料来源：嘉靖《香山县志》卷一《图》

---

① 邓迁修，黄佐纂：《香山县志》卷一《风土志·山川》，明嘉靖二十七年刻本，广东省地方史志办公室编：《广东历代方志集成》，广州：岭南美术出版社，2009，第 14 页。

从西到北环绕着香山的是几片相连的宽阔水域，其中石岐港口是香山境内的重要渡口，起到联系香山县内部区域与外界水运相通的作用，但航行也受制于潮汐条件，并且其内外水域均是大浸大浅的小海，航运艰难。故至明代中后期，香山一带仍是尚未完全形成的小海湾，今天西江最大的出海口——磨刀门尚未形成，这种形势一直延续至清初。据《广东新语》载："从香山而出者，曰金星，曰上十字，曰下十字，曰马骝，曰黄麖"①，这里仍然是洲潭岛屿遍布的浅海。

二、清代香山沙田围垦的扩张与津渡局面的打破

经过明末清初的战乱与康熙年间的迁界禁海政策，珠江三角洲农业发展缓慢。复界后，国家为了恢复社会生产发展，又在原来被抛荒的沙田区进行屯田。史载：

> 国朝康熙三年续奉迁移界外，于康熙八年展界后，招集大榄屯军黎珍、冯信等止垦复屯田五十亩零五分，康熙十年分垦复三顷二十五亩九分。康熙十一年分垦复八顷四十三亩。古镇屯招集屯军周廷旭、邓直生等于康熙九年分垦复二顷四十九亩，十年分垦复一十四顷九十三亩，十一年分垦复八顷五十亩……②

香山冲积平原首先在县治所在的西北角发育。"县治而外，其附近者曰龙眼都，县治在其东，龙眼在其西。龙眼之西亦县之西，阻沙为口，曰象角口。"③香山西部，今小榄所辖的地区已经形成了垦熟的沙田，"自象角口而西北望，原田错啸，曰大榄都"。④清初，香山水网开始发育，但水域面

---

① 屈大均：《广东新语》卷二《地语·海门》，北京：中华书局，1985，第33页。
② 申良翰修，欧阳羽文纂：《香山县志》卷九《兵防·屯田》，清康熙十二年刻本，广东省地方史志办公室编：《广东历代方志集成》，广州：岭南美术出版社，2009，第346页。
③ 申良翰修，欧阳羽文纂：《香山县志》卷一《形胜》，清康熙十二年刻本，广东省地方史志办公室编：《广东历代方志集成》，广州：岭南美术出版社，2009，第154页。
④ 申良翰修，欧阳羽文纂：《香山县志》卷一《形胜》清康熙十二年刻本，广东省地方史志办公室编：《广东历代方志集成》，广州：岭南美术出版社，2009，第154页。

积仍然十分广阔，如康熙《香山县志》载："环香皆水也，犹之广郡诸县落之皆水也。"①水运交通格局与明代相比没有太大的改变，从明、清"津渡"情况的对比可以看出：

> 石岐渡在县西一里，长洲以西，各乡往来由之，以田役编充，周年一替；广州渡二，迷想往来，俱发自石岐，通于广州，顺德民置；大榄渡，发自石岐，通于新会之江门，弘治初，新会民私置；高沙渡，发自石岐，通于高沙，新会民私置；顺德渡，发自石岐，通于顺德之碧鉴，正德初顺德民私置。②

> 广州渡六，发自石岐，通于广州五羊驿，皆顺德人开渡；佛山渡，发自石岐，通于南海之佛山，由顺治间顺德人开摆；黄连渡三，发自石岐，通于黄莲村，前康熙元年顺德人始为开摆，尽夺香山小民之利；江门渡，发自石岐，通于新会之江门，新会民开摆。③

从明嘉靖年间到清初，石岐港口是水运交通枢纽，通过正常水运到达县外地区，如广州、佛山、新会、顺德，都需要到此转渡。另外，县内各地之间的航线则显得比较短，而且偏于集中在香山县西、北水域，如龙眼都、黄粱都一带。

清代乾隆时期，香山发展成为以农为主的地区。如史载："今民繁地瘠，家鲜余资，衣食取给于农圃。"④说明此时香山大部地区成陆，并开垦为农作区。广东巡抚孙士毅在乾隆五十年（1785）是这样描写广东沿海农业经济的：

> 窃惟粤东地方，每岁所产米谷，不敷民食，全赖粤西谷船为接

---

① 申良翰修，欧阳羽文纂：《香山县志》卷一《形胜》清康熙十二年刻本，广东省地方史志办公室编：《广东历代方志集成》，广州：岭南美术出版社，2009，第154页。
② 邓迁修，黄佐纂：《香山县志》卷一《津渡》，明嘉靖二十七年刻本，广东省地方史志办公室编：《广东历代方志集成》，广州：岭南美术出版社，2009，第18页。
③ 申良翰修，欧阳羽文纂：《香山县志》卷二《建置·津渡》，明嘉靖二十七年刻本，广东省地方史志办公室编：《广东历代方志集成》，广州：岭南美术出版社，2009，第183页。
④ 暴煜修，李卓揆纂：《香山县志》卷二《风俗》，清乾隆十五年刻本，广东省地方史志办公室编：《广东历代方志集成》，广州：岭南美术出版社，2009，第86页。

济……就广州一府而论，需米之多，又数倍于他郡。偶遇粤西谷船稀到，粮价即不免骤昂。臣到任年余，情形略悉。向来滨海居民，见有涨出沙地，名曰沙坦，开垦成田，栽种禾稻，是为天地自然之美利，海民藉以资生者甚众。乾隆元年及乾隆七年，前督臣先后条议，请给农民开垦升科，均荷允准，民情称便……有商民串通濒海灶丁，巧借开筑盐为名，呈官给照，居然栽种禾稻，并未熬盐。及被告发，又变为养灶名色，饰词搪抵。①

孙士毅认为开发沙田可以解决广东粮食供应不稳定的问题。乾隆年间，朝廷放松了沿海限制围垦的政策后，海坦围垦面积迅速增加。香山北部大部分地方已开垦为沙田，坦洲一带河网发育：

> 蜘洲，小山绵亘苍秀，週迴八九里，南与英管山相距四五里，阡陌纵横，田数十顷；东与白石排相对，而坦洲沥、峡口沥界其中；西与灯笼洲相对，而弱水沥、白蕉沥界其中；北为路水道，恭常谷至两都谷米往来必经此，实由县治达澳门水路咽喉之要地也。②

香山南部也有沙坦的生成：

> 访得湾仔村前有土名打缆沙，乾隆四十五六年间仅有三五茅庐，皆耕佃者或整船者借此暂居。至嘉庆年间，则有蛋民登岸者或外来贸易者，先后移家于此，错杂而居。于今烟火数十户，俨然一小村庄，人皆呼为湾仔沙。③

香山西、北小海水域因农业围垦发生了重大的变化。清代中期，磨刀湾也逐渐形成磨刀门。西江下游主干从磨刀门出海的形势已基本定型，如史载："古镇海首受西江，亦自顺德入，东南至螺洲，与石歧水合，南出磨刀门入海。"④东海十六沙的主干河道之一为小榄水道和鸡鸦水道汇合而成的横门水

---

① 贺长龄，魏源等编：《清经世文编》卷三十四《户政九·屯垦》，北京：中华书局，1992，第854页。
② 祝淮等修：《澳门志略》上卷，北京：国家图书馆出版社，2009，第75页。
③ 祝淮等修：《澳门志略》上卷，北京：国家图书馆出版社，2009，第39页。
④ 赵尔巽：《清史稿》卷七十二《地理志四十七》，北京：中华书局，1977，第2272页。

道，此一水系在清代后期逐渐形成，主要依靠涨潮流淤积。珠江口多点的涨潮流流向西北，落潮流流向东南，转流时作顺时针旋转，受珠江口环流的影响，西江径流挟带的泥沙也有一部分淤积在东海十六沙。

乾隆时期，香山的津渡也发展迅速，不但渡口增加，而且以石岐为水运交通枢纽的局面被打破了。史载：

> 石岐往省城，往南海佛山，往新会江门，往潮连，往顺德县，往贵洲，往陈村，往山根，往甘竹，往黄莲，往马村……
>
> 大榄往新会江门，往麦斗门墟，往马溶，往顺德良堡，往海洲，往黄梁都；
>
> 小榄往省城，往南海佛山，往沙头，往新会沙平墟，往江门，往麦斗门墟，往顺德县，往马宁，往桂州容奇，往马村，往龙江，往杏坛，往陈村，往甘竹，往碧江龙江，往伦教马岗；
>
> 黄梁都往新会县，乾雾往三灶，古镇往新会江门，往潮连外海，往海洲，翠微往新会江门，往桔子园，黄角往番禺市桥，往顺德碧江陈村，大黄圃往顺德县，烂泥湾往省城，矛湾往新会江门，澳门往新会江门，海洲往烂泥湾……①

海陆环境的改变促进了这里水运交通网络的发展，津渡格局的改变是最直接的体现，过去只有通过石岐港口才能到县外，清代中期从小榄、古镇、大黄圃等地也可通往县外各地。县内渡口大量增加，水运范围突破了香山县西、北水域，扩展到了香山县其他沿海地区。例如，榄边墟渡的开设，史载：

> 榄边墟渡，咸丰七年，墟市成立，设此以装载货物，人客往来于石岐四都各乡渡，泊涌口门，用小艇搬运至茶园埗头，茶园埗头一在九度桥之下方，一在五度桥之下方，船艇往来交通方便。②

---

① 暴煜修，李卓揆纂：《香山县志》卷八《津渡》，清乾隆十五年刻本，广东省地方史志办公室编：《广东历代方志集成》，广州：岭南美术出版社，2009，第225～226页。
② 厉式金修，汪文炳、张丕基纂：《香山县志》卷四《建置·津渡》，民国十二年年刻本，广东省地方史志办公室编：《广东历代方志集成》，广州：岭南美术出版社，2009，第427页。

如图 2 所示，此条水路是从石歧港口到位于香山县东岸沿海地区的四都。事实上，该条水路的设置可以追溯到乾隆年间，据乾隆《香山县志》的"津渡"记载："茶园至石歧"，当时的船艇甚至可以直接到茶园埠头，不需经涌口门转用小艇搬运。

图 2　榄边墟渡部分航线
资料来源：民国《香山县志》卷一《图》

三、清代中后期河口水道的变化

清代"一口通商"后，从虎门到黄埔港的水道成为中外交流的主要通道，清政府也十分重视这一带水域海防的经营。特别到了道光年间，随着西方人频繁在广东海域向清政府挑衅，清政府更加重视广东海防的布置。当时人们对这条水道是这样描述的："凡番舶入广，望老万山为会归。西洋夷舶由老万山以东，至香山十字门入口。诸番国夷舶由老万山以东，由东莞县虎门入口，泊于省城之黄埔。"①事实上，早在明代，澳门已为中外贸易货物集散之地，西方人在这里建立起自己的商贸港口，并且探索从外洋到省城的多条水道，其中就有一条经香山到省城的内河水道：

> 从亚马港取海道前往广州，可走两条路：一条叫内线，即沿着亚马港所在岛屿的西侧，途径香山，前往顺德岛。另一条叫外线，即沿着亚马港所在岛屿的东侧，穿过一个小海湾，途经许多小岛，前往顺德岛。从右侧也可以去广州。返回可走通路。外线无东风，较快捷，因为没有内线的那么多海潮。到目前为止，仅仅得知一条海船可以进入广州的水路，即走东莞海岛的南头岬角。它位于去广州路上的右手。从那里可以直达顺德岛的东侧。②

可见，清代之前西方人已经发现香山到广州的内河道，但是由于航海条件的限制，面对香山西边水域的小海环境，他们还是选择了虎门水道。根据吴宏岐的研究，由于海陆环境的改变，加上航海技术的进步，香山到广州的内河道成为林则徐巡视海防的考察对象和西方人来往省城的重要水道③，获得与虎门水道同样重要的地位。西方人积极利用这条水道进入中国内陆。道光年间，英军兵船就尝试借助此水道攻入中国内陆。史载：

> 又据香山县知县吴思树禀报：二月二十一日，逆船驶入芙蓉沙，闯至距县数里之马头，欲图攻城。该县会营抵御，即飞禀带兵驻扎县辖前山之南韶镇总兵马殿甲、高廉道易中孚分带兵勇赴援。是晚，该逆船始行退去。④

英军最终退去，这在一定程度上反映出水道的防御作用。在军事防御之

---

① 《皇朝经世文编》卷八十三《兵政》，长沙：岳麓书社，2004，第548页。
② 金国平：《西方澳门史料选粹（15～16世纪）》之《16世纪中国诸岛》，广州：广东人民出版社，2005，第76页。
③ 吴宏岐：《清代广州至澳门的内河水道考》，《澳门历史研究》2007年第6期。
④ 中山市档案馆编：《香山明清档案辑录》之《军务杨芳奏报英船驶入芙蓉沙等事折》，上海：上海古籍出版社，2006，第125页。

外，也起到了"商、渔船只湾泊有赖"的作用。皆因这一带是香山县西、北水域的出海口，经过此处，就进入了桑基鱼塘围垦区的大小黄圃、小榄、古镇等地，丰富的农产品原料经这一带水域的水运交通散集到中外各地，故而成为走私船只的主要水道。史载：

> 香（山）、（新）安两属，地临海滨，毗邻港澳。轮船随处可行，私枭出没无常。洋私最易侵灌之处，则为涌口门，该处枕近洋面，与塔山相鼎峙。港口宽深，波涛汹涌，缉私船只不能寄锭，往往疏于防范，私贩因利乘便，港澳之私多由此而入。其次则横门、前山、盐田等处，洋私亦易侵灌，东路之南朗，北路之张溪，则为囤私渊薮，其大帮囤积、公然贩卖者，尤以白蕉及斗门之小濠为最著，余如黄圃、古镇、潭洲、茅州各处，亦常有邻私洒灌，固戌则为鱼盐侵灌……①

河口水道的变化是由于农业开发已经由西、北水域向外扩展，西、北水域已经发展为中山三角洲的河网地区。随着海湾不断缩窄，海门不断南移，香山的农业面临着西潦之患：

> 昔人以西江之水为南、三之害，顺、香之利。以顺香近海门，易流注也。今海门内沙田日淤，昔之浩荡而去者，今则曲折迂薄而不能达。②

西潦作用不断加强，最终演变为西潦水患，于是人们圈占大片田地后修建堤围，以保障农业的收成。史载：

> 永安围，在海洲乡乡北，当仰船海下流。西潦一发，荡面而来，淹浸恒十余日，或数十日。嘉庆二十三年乡人筑围高七尺，周约三千余丈，围内渠置石闸，以备蓄泄，田八十余顷始无失收虑……古镇乡，居海滨水道。上接天河、甘竹等处，为西潦咽喉。道光十三年，乡内民居田园，连被淹浸，不得已，议筑西成、东成、南庆、美利、乐丰等小围，而围小势

---

① 沈云龙等编：《近代中国史料丛刊》第六编第五章第八节《粤蘗纪要·香安走私之要隘》，台北：文海出版社，1966，第43页。
② 祝淮修，黄培芳纂：《香山县志》卷三《经政·水利》，道光八年广州富文斋刻本，第343页。

孤，难以抵御，仍受灾患……①

堤围的纷纷兴建，起到缩窄河道、加快沙田形成的效果，到了道光时期，香山、新会两岸已经形成"昔为汪洋巨浸，今已隔越重沙"②的河网环境。香山县农业开发逐步达到了珠江三角洲上游水系的农业发展水平，这在一定程度上反映了香山县已经发展成为像南海、三水一样的河网地区，而河网地区的形成促进了香山县水运网络的发展。

四、结　语

明代中后期，虽然历经宋元至明初的农业开发，香山西、北水域的沙洲有所变化，并冲击了以鱼盐为主要产业的局面，但并没有太大改变香山附近水域的小海环境。在经历了清初战乱、海禁迁界及复界后，香山的西、北水域得到新一轮的农业开发。至乾隆时期，海坦围垦限制进一步放松，香山的围垦逐渐向出海口扩展。道光年间，香山西、北水域已经发展为珠江三角洲上游水系的河网区域。在这个过程中，香山附近水域从大浸大浅的浅海湾环境，转变为三角洲河网地区，打破了以石岐为中心的一元化津渡局面，使香山至广州内河道转变为交通较为发达的水道，促进了商业贸易的发展。过去的研究认为明清时期的农业开发是水道淤浅的主要原因，但笔者认为珠江三角洲水道的演变并不能只用淤浅的过程来概括，在淤浅前有一个开发过程，这个过程改变了珠江三角洲出海口的大浸大浅、岛屿散布和潮汐猛烈的环境，促进了沙洲岛群的发育过程，扩大了农业生产面积，满足了农业发展需要，同时也促进了水运交通的发展。而之后的水道淤浅与农业的过度开发、堤围修筑无序化有关，导致河道被侵占，造成水运不通，也破坏了农业环境。香山的海陆变迁过程是珠江三角洲水道变迁的一个反映。

---

① 祝淮修，黄培芳纂：《香山县志》卷三《经政·水利》，第345～346页。
② 祝淮修，黄培芳纂：《香山县志》卷三《经政·水利》，第344页。

The Change of Xiangshan's Marine Environment and Development of Agriculture in Ming and Qing Dynasties

Zhong Haiyan　Huang Shiqi

Abstract: The change of marine environment in Pearl River Delta is closely related to the progress of agricultural development and the development of river channels. Among this, the land reclamation of marine region near Xiangshan makes sense. At the beginning of the Ming Dynasty, as people reclaim islands and sandbanks in Xiangshan, the marine environment of Xiangshan was changing. However, in the Mid to the Late Ming Dynasty, the coastal regions which close to Xiangshan were still shallow sea, whose marine environment was unpredictable. In the Mid Qing Dynasty, the agricultural of Shatian（沙田）had grown rapidly, which promoted the development of water transportation network and made Xiangshan become the transfer station of commercial trade.

Key Words: environment; agricultural development; water transportation; Xiangshan

明末广东香山对澳门的管治情况

谭家齐*

一、引　言

澳门原是广东香山县（今中山市、珠海市）南端伸入大海不太肥沃的弹丸之地。在明代海禁期间，葡萄牙人多番尝试在广东沿海不同地方建立商业据点，最后于 1553～1557 年间偷偷在澳门设置据点。葡人通过贿赂广东官员等手段盘踞不去，因为中国也在海洋贸易得利而被容纳下来，并历明清易代而保其留容外人之地位。不过，在 1840 年代中英鸦片战争期间，葡人趁清朝无暇顾及而占据澳门，将之变成殖民地。直到 1999 年，澳门才回归中国，成为继香港之后中华人民共和国另一特别行政区。

对于澳门过去的历史，不少西方学者从 19 世纪的立场出发，以为此地开埠以来即为殖民地。[1]而中国的史家，则坚持澳门的主权由始至终都掌握在明

---

*　谭家齐，香港浸会大学历史学系。
　　本文为中国香港特别行政区研究资助局优配基金拨款资助项目 "The Ming-Qing Transition（1619-1740）: A Reassessment from the Legal Angle（HKBU 22400914）" 之部分研究成果，部分内容曾以英文撰写为会议论文 "Governed by the Interpreter: The Transforming Nature of Macau during the Late Ming and Early Qing Periods"，发表于 "International Workshop on Defining the Jecen: the Evolution of the Qing Frontier, 1644-1918"，Organised by the Department of History, HKBU, and the Faculty of Arts and Hong Kong Institute for the Humanities and Social Sciences, the University of Hong Kong, 25-26 May 2012.

[1]　黄庆华：《中葡关系史》第 1 册，合肥：黄山书社，2006，第 168～169 页。另见 Hao Zhidong: *Macau: history and Society*, Hong Kong: University of Hong Kong Press, 2011, p 9-10.

清中国政府手中。其实，澳门开埠至今超过450年，中国的政权在此期间也易手多次，不宜将过去多年的政治地位作一刀切的处理，而应注意不同时代之不同性质。有见及此，本文以明末广州府推官颜俊彦（1580年代至1660年代）的判牍《盟水斋存牍》为主要史料，通过当中为人忽略的部分案例，讨论华人通事在澳门管治上的角色，并重审这个葡萄牙人聚居地于明末与广东香山县的从属关系，以期了解澳门在开埠之初的政治地位。①

前人多有讨论有关明代在万历二年（1574）建设关闸，并以广东海道副使处置澳门夷务的情况也有讲述清代时专为澳门设置的香山县丞、澳门同知等对澳门管治的制度。例如《澳门史新编》对香山知县的责权，便有以下描述："香山知县。明清时，澳门地属香山县境。在清朝设立直接处理澳门事务的官员前，澳门民政、司法等事务例由香山知县主管。"同书对明清两代不同的治澳情况也作出了比较："明代，治澳最高官员为香山知县。清代，直接接触澳葡的官员是香山县丞（"佐堂"），而最高官员是驻扎前山的澳门同知。相对而言，在直接治澳官员中，香山知县的地位有所下降。"②

在澳门史研究中，虽然对明清政府治澳的制度大体已有掌握，也对明清两代之异同有清晰的了解，但因清朝史料远较明朝充分，故以往史家的各项研究，多偏重于清代的情况，而对明代香山治澳语焉不详。以下针对相关问题展开讨论，试图回答晚明的澳门实际上掌控在谁人之手，而有关人员又与香山知县有何关系。

二、《盟水斋存牍》与王明起案件

著名学者王重民在其巨著《中国善本书题要》之中，对《盟水斋存牍》在中葡关系史以及明代澳门史研究中的重要史料价值，作出了非常有力的推介。③ 虽然不少学者已经关注到这些判牍并用以澳门研究，但是他们对江西籍澳门通事王明起案件等的重要价值似乎认识不足，没有很好利用这些史料，去探讨明

---

① 万明：《中葡早期关系史》，北京：社会科学文献出版社，2001，第92～93页。
② 吴志良、甘国平、汤开健主编：《澳门史新编》，澳门基金会，2008，第134页。
③ 王重民：《中国善本书提要》，上海：上海古籍出版社，1983，第163～164页。

人治澳的实际情况。①

《盟水斋存牍》的作者颜俊彦，在崇祯元年至六年任职广州府推官②，其间曾署香山县知县，对管理澳门甚有心得，也因自身经历中葡冲突较多，而对葡萄牙人有很深的成见。例如在《澳夷接济议》中，他便公开指出香山的知县、参府以及市舶等官利用职务之便，贪污腐败，引起接济澳夷、走私活动猖獗的祸害。③王明起一案，可以说是崇祯四年（1631）徐光启建议从澳门招募葡萄牙雇佣兵到北京抗清而引起的风波。1628 至 1631 年间，明军以葡萄牙输入的火器屡创清军，因此明廷中便有人建议聘请一批葡人到北京，教习火炮铸造与演放，以加强首都的防御能力。明政府接受建议，拨出白银 52 304 两，在澳门聘请了数百名葡人，开赴京师。可是这些雇佣兵抵达江西后，借机向朝廷索取更多的商业好处，当地官员阻挠他们前行。④反对引入外人的官员乘机向朝廷进言，葡人不得不返回澳门。因为未为明朝作出任何贡献，官府只让他们领取 7 399 两白银的路费，原先所获的报酬，则要在扣除路费后归还。于是，广东当局便面对如何从葡人手中取回那笔约 45 000 两白银的难题。

原先为招募葡人佣兵穿针引线的耶稣会会士陆若汉（Joo Rodrigues, 1561~1633）⑤，凑巧在崇祯四年入京为崇祯皇帝供职，其他牵涉此事的葡人又返回欧洲养病，而广州原知府徐在中因涉嫌贪腐渎职丢官，故此广东负责此事的最高官员，便由主管广州府财税的通判祝守禧负责。更巧的是，正着手要

---

① 颜俊彦：《盟水斋存牍》，北京：中国政法大学出版社，2002，第 461 页。其实，在前引万明有关中葡关系史的著作中，有提及葡萄牙火炮保卫北京的史事，而且也略述王明起案的情况。可是她没有注意王氏澳门通事的身份，甚至以为这位通事是葡萄牙人。见万明《中葡关系史》，第 212~214 页。有关明清两代华籍澳门通事的史料，见刘景莲《吏役与澳门》，《文化杂志》第 55 期，2005，第 132~136 页。那些为中葡通商服务的通事，多为福建及广东籍的华人。然而当他们要觐见中国官员时，往往会穿上葡萄牙的服饰。此外，何伟杰指出最早服侍葡人的华籍通事，大有可能是居于马六甲的华侨，见何伟杰：《澳门：赌城以外的文化内涵》，香港：城市大学出版社，2011，第 10 页。

② 有关颜俊彦的生平研究，见谭家齐：《待罪广与：颜俊彦生平及〈盟水斋存牍〉成书的纠谬与新证》，《汉学研究》第 294 期，2011 年 12 月，第 201~219 页。

③ 颜俊彦：《盟水斋存牍》，第 318~320 页。在同书《谳略二卷》记录了颜俊彦几宗处理接济澳夷及澳门揽头不法的案件，见《盟水斋存牍》，第 72~77 页。

④ 颜俊彦：《盟水斋存牍》，第 459~460 页。有关明廷招募葡兵的始末，见董少新、黄一农：《崇祯年间招募葡兵新考》，《历史研究》2009 年第 5 期，第 65~191 页。

⑤ 有关陆若汉的生平，参汤开建、刘小珊：《明末耶稣会著名翻译陆若汉在华活动考述》，《文化杂志》第 55 期，2005，第 25~48 页。

处理这起葡人还饷的案子时，祝氏因守制而离粤返乡。①这个烫手山芋，便落到广州府推官颜俊彦手上。

接手办理此案的颜推官，在《议羁留通事王明起追饷》案牍中，对追饷问题提出以下激进建议：

> 看得澳夷透领钱粮，奉旨追还，部限甚严。院[按：应补台]之核雨下，而犬羊之类无从识面，何法追比？职曾与香山县官商议，通事王明起为一澳之主持，擒而系之，庶得总领。切明起澳中积蠹，自制番哨，出入无忌，种种不法，府厅各县奉行之案山积。而行文拘提，悍然不顾。自澳至省必繇香山，而香山令欲物色之不能。领夷到省，岁非一次。而省下各衙门欲质成之不得，闪烁纵横，莫可方物。今出其不备，一时拘获，合请宪檄，押发香山，羁留在彼，议追前饷。明起业已俯首自认，若再纵之使去，则夷饷一案终无法可设。职更不敢与其末议也。事关钦案，具繇呈详。

颜推官的上司巡视海道支持此议，批示："王明起既以议而来，必众夷倚信之人。仰该厅羁留，就近追完饷银。"②此后，在《澳夷借口匿饷》中，颜俊彦进一步阐述他对"番哨"的忧虑，指出葡人武装现身于珠江河口，会令香山一带"冲突无常"，甚至"蹂躏我土地，拐略我子女"；只要王明起一类"奸揽从中唆拨"，噩梦即会成真。③

在《教夷犯法王明起》中，再次阐述番哨问题，不过颜推官却也公道地指出葡人大体上"犹知忠顺"，在广东的冲突都起因于王明起的教唆。他列举了这位通事的其他大罪：

> 若其率夷冲关，攘臂参府之门，地方几成巨测，县案现存。辖禁抽丈，挥拳市司之面，目中全无法纪，市役可问。剽悍非常，毒流诸县，略

---

① 颜俊彦：《盟水斋存牍》，页 460~461。另参汤开建、刘小珊：《明末耶稣会著名翻译陆若汉在华活动考述》，第 42 页。
② 颜俊彦：《盟水斋存牍》，第 461 页。
③ 颜俊彦：《盟水斋存牍》，第 703~704 页。

诱不一，被害千家。①

在案牍之中，颜氏指出澳夷已为全粤之患，反对朝廷起用可疑的澳门葡人赴京抵抗满洲侵略者，更批评以徐光启为代表的大臣就是夷饷问题的始作俑者。②虽然颜推官拘留王明起，以迫令葡人还款，手段似乎有欠光明正大，但最终确是解决问题的有效办法：广东政府成功讨回葡人欠款。③王明起虽为通事，却是澳门有影响的大人物，以致葡人也不能不有所顾忌，最终屈服。

三、澳门通事与香山县令

从颜俊彦与粤省长官的对答中，清楚可知明朝末年的广东大小官员，都将澳门理解为一个由通事"主持"的场所④，而非交由葡人自治的领地。不少学者以18世纪中期出版的《澳门纪略》为据，不了解明朝通事的独特情况，概以清代澳门通事为葡人议事会（Senado da Camara）雇员的事实，逆向推论明代亦作同样的安排，从而将明代通事的领导角色一笔抹杀，径视澳门自开埠之初，便由一个包括澳门主教、三名市民选举出来的市议员（Vereador）、两名预审法官（Juiz Ordinario），以及理事官（Procurador，又称夷目）等葡人组成的议事会管理⑤，懵然不知在明代尚有华人通事在议事会之上统领夷众。更为重要的是，颜俊彦等官员真心相信澳门通事掌握了澳门的实权，而不是把有关安

---

① 颜俊彦：《盟水斋存牍》，第571～572页。
② 颜俊彦：《盟水斋存牍》，第703页。
③ 汤开建、刘小珊：《明末耶稣会著名翻译陆若汉在华活动考述》，第42页。
④ 有别于诸如"统领""治理"或"管治"等词汇，"主持"是个精心挑选的说法，内中包含了较强的宗教与经济成分，却少了政治上的意味。
⑤ 黄庆华：《中葡关系史》，第221～234页。另见王巨新、王欣：《明清澳门涉外法律研究》，北京：社会科学文献出版社，2010，第23～25页。万明：《中葡关系史》，第118～119页；万明：《试论明代澳门的治理形态》，《中国边疆史地研究：澳门专号》1999年第2期，第27～44、118页。何伟杰：《澳门：赌城以外的文化内涵》，第9～12页；周景濂：《中葡外交史》，北京：商务印书馆，1991，第76～79页。近年全面探讨明代澳门管治与司法情况，而且颇有新见的著作，要数何志辉的《明清澳门的司法变迁》，澳门学者同盟，2009，第10～52页。不过，是书虽也广引《盟水斋存牍》的内容，却未有系统分析有关王明起的案件，故未能发现通事在晚明澳门管治的主导角色。

排当做礼仪性或象征性的制度。设非如此,扣押王明起又如何可威胁到在澳的葡人呢?而葡人又为何因这位通事被拘之故,愿意交还那些多取的饷银呢?明白此中关系,我们便可了解为何每当澳门遇上紧急情况,广东的官员要召集澳门的领袖,通事的排名永远在"夷目"理事官之上,正是因为华人通事才是驻澳的最高首长。①王明起之所以能支配澳门葡人,并非只因他个人的实力及魅力之故,却是因他居于通事之权位,使夷众对他言听计从。

不过,若通事在法理上是明廷管治澳门的代表,而广东的官员却要"羁留"自己的下属,以迫使葡人从顺朝廷的命令,在政治上确是十分奇怪的事。也许他们也认为通事在实质上同时也代表着葡人的利益吧。②无论如何,广东官员视通事为夹在中国与外人之间的"中间人",似是无可非议的。

在这个偿还饷银的案子解决之后,陆若汉却突然以通事之职劳苦功高为由,恳求崇祯皇帝赦免被扣的王明起。为反驳陆氏所请,颜俊彦便向长官上呈《教诱王明起》一文,列举这位不受管束的通事一直以来的破坏活动。王明起大部分的罪名皆关于"交结夷人",故颜俊彦便以背叛明廷为据,提出撤换这位态度暧昧的通事,更指出:"夫通事不过谙语言而已,岂明起之外,更无其人?"王明起最后也得接受颜俊彦的处分。此外,从广府官员对署香山知县的批示可知,后者的工作之一便是"另选谨慎守法通事充役"。③换句话说,作为明末香山县属吏的澳门通事,是由香山知县自香山居民中拣选与委任的。因此,这片居有外夷的弹丸之地地方首长的任免权,仍是掌握在香山知县手中的。

在前引《议羁留通事王明起追饷》中,颜俊彦提到澳门通事的职责之一,是在澳夷赴广州互市途中,向香山知县汇报情况,并要随传随到;故此王明起

---

① 万明列出了有关的规定,却未能指出通事在治理澳门上的领导角色:"(凡有事)香山县寨差官及提调备倭各官,唤令通事、夷目、揽头至议事亭宣谕。"见《中葡关系史》第 123 页;《明清史料乙编》,册 8 所载的"兵部题失名会同两广总督张镜心题残稿"亦记载:"文武官下澳,率坐议事亭,夷目列坐,进茶毕,有欲言则通事翻译传语。"

② 明代政权在管理那些代表外夷的华籍使者与通事问题上,已有相当丰富的经验。见陈学霖:《华人夷官:明代外蕃华籍贡使考述》,《中国文化研究所学报》第 54 期,2012 年 1 月,第 29~68 页。明末澳门通事职务的安排,可说是自然发展而来的;而清人视通事为葡人议事会的雇员,则算是回归到明代以前的旧安排。

③ 颜俊彦:《盟水斋存牍》,第 703~704 页。

的罪状之一,即是"自澳至省必繇香山,而香山令欲物色之不能"。清初两广总督佟养甲(1647~1651年间在任)在向顺治皇帝(1644~1661年在位)汇报明代的治澳的方法时,也解释了明朝通事的主要职责,为陪伴澳夷到广州进行贸易的相关事务,具体的安排是:"离城三十里,泊舟海面内,与粤人互市,以通事伴之。"① 虽然入清后这些翻译人员的地位急剧下降了,但清初的史料仍补充说明明代通事在管理葡人上的关键角色。

四、明清两代管治澳门的不同方针

现今有不少中国史家提出以"蕃坊"的概念来理解明清时代澳门的法理地位。"蕃坊"就是指在唐(618~907)宋(960~1279)两代,建于广州城专容外国来华商人居住的封闭区域。可是,从前述颜俊彦与上司的对答中,即知明末澳门不似前代的蕃坊由外族坊主自治,而是由"通晓夷语"的华人通事担任最高的管治者。

由此角度看,明清两代澳门通事的不同身份,其实正代表着两个朝代之间,澳门这个葡人聚居地性质上的转变。明朝灭亡后,清朝的通事几乎只扮演在涉及华人的澳门法庭上语言翻译者的角色。② 满族统治者倾向于委派正式的官僚,去与葡人领袖交涉。或许在这些少数民族征服者眼中,那些汉族的通事不比葡人更可信赖。在1646年,清廷先设置了在香山县遥控澳门事务的香山县丞。尔后在1731年更以内陆省份"理倨抚黎"的模式,设立了品位更高广州府一级的澳门同知,以加强对澳门司法事务的管理。这些新设的官职,直接向澳门的葡人理事官发号施令。③ 既有此等管治机关,香山县再也无需以通事间接管理澳门的葡人了。

---

① 《两广总督佟养甲题请准许濠镜澳人通商贸易以阜财用本》(1647年6月5日),载明清时期澳门问题档案文献汇编网址:http://www.macaudata.com/macaubook/book252/index.html,第12条。
② 王巨新、王欣:《明清澳门涉外法律研究》,第166~167页。
③ 刘景莲:《明清澳门涉外案件司法审判制度研究1553~1848》,广州:广东人民出版社,2007,第43、54,206~214页。

五、结　　论

澳门通事一职在明清两代的性质可说是南辕北辙的：清代的通事不再由香山知县委派，而是葡人议事会之雇员，而清政府只容许一时由一人独任此职。在 18～19 世纪，这些华人通事与通晓中文的葡人一起处理澳门的事务。[①]他们的地位大大不如明代的通事，也只有少数清代的华人通事名字留传下来。姑勿论其权力如何，清代的通事不再向香山县负责，也不由香山县令任命，由此可见明代香山县对澳门的管治特点，以及明清两代澳门葡人自治性质的变化：在晚明时期，澳门在法理上绝不是殖民地，甚至不能视之为让外人自治的蕃坊。这弹丸之地在明朝君臣的理解中，大概是由香山知县委任的华人通事管理的一个特别（甚至是临时的）的交易与安置外人的场地。[②]清朝立国之初，为争取葡人合作，便在法理上大大放松了澳门葡人的自治权力，而华人通事亦降格为葡人议事会的雇员。不过话说回来，清人同时澄清了对澳门理事官及其属下官署的正式管束，以具品位的官员处理相关事务，实质上是强化了对澳门的控制。虽然葡萄牙人或许对澳门的情况有不同的表述，在鸦片战争以前，澳门充其量只是一个蕃坊而已，葡人从未在法理上拥有此地，这是明代初设此聚居地以来一直不变的实况。

New Perspectives on the Situation of Macau Under the Administration of Xiangshan County, Guangdong Province in Late Ming Dynasty

Tan Jiaqi

Abstract: By exploring some overlooked pieces of official communication

---

① 刘景莲：《吏役与澳门》，第 133～136 页。
② 季压西与陈伟民所著《中国近代通事》（北京：学苑出版社，2007）一书附录（第 376～408 页），曾讨论了几个明代华人通事欺骗西洋雇主的例子，却未有提及有关澳门通事的情况。

between Yan Junyan, the prefectural judge of Canton (1628-1633), and his superiors in the provincial level, this paper discusses how Late Ming government understood the nature of governance of Macau: it was managed by the Chinese interpreter appointed by the Xiangshan magistrate, instead of under the full autonomy of its Portuguese residents. In this new light, therefore, the different roles of Chinese interpreters of Macau and the changing nature of the Portuguese settlement in the Chinese coast during the Ming-Qing Transition are revisited.

Key Words: Late Ming Dynasty; Chinese interpreter; Yan Junyan (颜俊彦); Portuguese residents

清代香山县基层建置及其相关问题

刘桂奇　郭声波[*]

自明代澳门开埠至晚清国门洞开，香山因其优越的地理位置与香港、广州等地区形成优良的地缘关系，香山县在近代中国的历史作用及时代地位日渐显要。关于此，学界围绕着其城镇形态、区际流动、海外移民、商人社会、留学运动、政商人才等话题均有不少精彩论述，不过对历史上香山县基层建置及其区划结构变迁则论之不多。"天下之治，始于里胥，终于天子，其灼然者矣。"[①] 历史上县下基层建置及其区划结构是否合理并功能有效，直接关系整个基层社会的正常管理与运转，亦关乎各种社会力量的生长。本文意在对清代香山县基层建置之变迁及其属性加以论述，立足个案，从历史政治地理的视角，考察一般地方政权管控基层社会的区划架构，同时考察沿海地方政权对域内海岛的日常行政管治。

一、明清以来的乡都制

清代，香山县基层区划建制沿袭明制。明嘉靖年间，其基层区划的基本配置为10乡10都1坊（见表1），即全县统设为10乡，除其中1乡领1都1坊外，每个都（坊）各领若干图、村（街）。此外，为解决番禺、新会、顺德一

---

[*] 作者刘桂奇系广东第二师范学院政法系讲师，郭声波系暨南大学历史地理研究中心教授。
[①] 顾炎武：《顾炎武全集》第18册《日知录（一）》，上海：上海古籍出版社，2012，第353页。

些大户在香山的寄庄问题，以其寄庄户本籍所在县名为名号，另有侨立番禺都、新会都、顺德都，各领若干图。乡以统都（坊），都（坊）以统图、村（街），构成"乡→都→图、村"基层区划层级结构。

表1 清代香山县基层建置沿革

乡	都（坊）	图					村				
		嘉靖	康熙	乾隆	道光	光绪	嘉靖	康熙	乾隆	道光	光绪
仁厚乡	仁厚坊	2	2	2	2	2					
	良字都	4	5	7	7	7	18	18	33	37	37
永乐乡	得能都	3	3	3	6	6	24	24	42	44	44
德庆乡	龙眼都	6	6	6	6	6	27	28	48	58	58
长乐乡	四字都	2	2	2	2	2	14	14	15	18	18
永宁乡	大字都	2	2	2	2	2	15	15	28	30	30
丰乐乡	谷字都	2	2	2	3	3	15	15	39	40	40
长安乡	恭常都	3	2	2	5①	5	22	22	54	79	79
潮居乡	黄梁都	2	2	2	2	2	17	17	67	194	193
宁安乡	大榄都	2	4	4	4	4	2	2	8	5	5
古海乡	黄旗都	4	4	5②	5	5	5	5	4	14	14
侨立都	番禺都	1	1	1	1	1					
	新会都	3	2	2	2	2					
	顺德都	5	5	5	5	5					
合计		41	42	45	52	52	159	160	338	519	518

资料来源：嘉靖《香山县志》卷一《风土志》，《广东历代方志集成·广州府部（四）》，广州：岭南美术出版社，2007，第7～9页；康熙《香山县志》卷二《建置》，《广东历代方志集成·广州府部（三四）》，广州：岭南美术出版社，2007，第172～174页；乾隆《香山县志》卷一《坊都》，《广东历代方志集成·广州府部（三五）》，广州：岭南美术出版社，2007，第36～39页；道光《香山县志》卷二《舆地下》，《广东历代方志集成·广州府部（三五）》，广州：岭南美术出版社，2007，第294～299页；光绪《香山县志》卷五《舆地下》，《广东历代方志集成·广州府部（三六）》，广州：岭南美术出版社，2007，第51～57页

① 道光年间，新增场都（又名常都），领3图，附于恭常都内。
② 乾隆十一年，新增圃都，领1图，附于黄旗都内。

乡：10乡为仁厚乡、永乐乡、德庆乡、长乐乡、永宁乡、丰乐乡、长安乡、潮居乡、宁安乡、古海乡。10都为良字都、得能都、龙眼都、四字都、大字都、谷字都、恭常都、黄粱都、大榄都、黄旗都。1坊为仁厚坊。仁厚乡统仁厚坊与良字都，永乐乡统得能都，德庆乡统龙眼都，长乐乡统四字都，永宁乡统大字都，丰乐乡统谷字都，长安乡统恭常都，潮居乡统黄粱都，宁安乡统大榄都，古海乡统黄旗都。其中，仁厚坊领县城内外街巷，其他10都领县城以外远近郊域内之村落。唯仁厚乡统跨城乡，其他各乡辖域则完全为乡村区域。

坊：仁厚坊辖有2图，领管城内外街巷。嘉靖年间，城内有街13条、巷2条；南门外有街3条、巷9条；东门外有街3条、巷1条；北门外有巷2条；西门外街1条。康熙年间，县城街巷格局保持不变。乾隆年间，城内街共有15条；南门外有街14条；东门外有街9条；北门外有街5条；西门外有街10条。此期，县城内外街巷均有拓展，尤以南门外、西门外较为突出，其次为东门外。道光至光绪年间，仁厚坊又称仁都。①城内街共有14条；南门外有街14条；东门外有街10条；北门外有街13条；西门外有街15条。此期，除西门外、东门外街巷保持继续拓展势头之外，北门外街巷发展最突出。城区自乾隆以来不断向外拓展。

都：道光、同治年间，一些都改用简称，谷字都称为谷都，龙眼都称为隆都②，恭常都称为恭都，大榄都称为榄都，良字都称为良都③。光绪六年前后，仁都（仁厚坊）和良都合并为仁良都，得能都、四字都和大字都合并改称东镇，恭常都则析分为上恭镇、下恭镇，隆都改称隆镇，谷都改称谷镇，榄都改称榄镇，黄粱都改称黄粱镇，黄旗都则仍旧。10都遂为9都、镇。④

除良字都、龙眼都、得能都、大榄都、黄旗都、侨立顺德都领图数稍多

---

① 道光《香山县志》卷一《舆地上》，《广东历代方志集成·广州府部（三五）》，广州：岭南美术出版社，2007，第265页。
② 道光《香山县志》卷一《舆地上》，《广东历代方志集成·广州府部（三五）》，广州：岭南美术出版社，2007，第258、264页。
③ 同治《广东图说》卷九《香山县》，《广东历代方志集成·省部（二八）》，广州：岭南美术出版社，2006，第117、118、119页。
④ 民国《香山县志》卷一《图》，《广东历代方志集成·广州府部（三四）》，广州：岭南美术出版社，2007，第366页。

外，其他各都图数均规模较小。侨立都、龙眼都、四字都、大字都、黄粱都等所领图数很稳定，而良字都、得能都、谷字都、恭常都、大榄都、黄旗都等所领图数在乾隆或道光年间多有小幅度增加。

图：香山县基层区划单位"图"按地域大致可分为三类：县城"坊"域内、乡村"都"域内和侨立三都域内。其中，县城仁厚坊域内和侨立都域内图数一直稳定未变。变更的是乡村地区的 10 都，如良字都、得能都、谷字都、恭常都、黄旗都，其域内图数均有增长期。嘉靖至康熙年间，全县共有 42 图，乾隆年间共有 45 图，道光至光绪年间曾至 52 图。

明末清初，各都村落保持稳定发展。乾隆年间，村落发展出现一个快速增长期。除四字都、黄旗都、大榄都稍逊外，其他都村落规模均有大幅度增长，尤以得能都、龙眼都、恭常都、黄粱都最为突出。道光年间，又是一个村落快速增长期，大多数都村落均有增加，而黄粱都村落增长则达到了惊人的地步。历经乾、道年间，全县域内村落总量已蔚然可观。

二、清末民初的区段制

自清初以来，"乡→都→图、村"这一区划层级结构一直在香山县沿用，维系着基层社会的正常运转和管理。直至光绪年间，才有所变动。如前所揭，光绪六年（1880），原 1 坊 10 都合并为 9 个都、镇，即仁良都、东镇、上恭镇、下恭镇、隆镇、谷镇、榄镇、黄粱镇、黄旗都。

宣统二年（1910），随着地方自治运动的推行，香山县遂采用新的区划建制，改都、镇为区，将全县 9 个都、镇改为 9 个区，每区分辖若干段，每段由若干村落组成。仁良都改为第一区，即今石岐、港口、环城、石鼓一带；隆镇改为第二区，即今沙溪、大涌、横栏、沙蓢、板芙西部一带；榄镇改为第三区，今小榄、古镇、东凤、东升、坦背一带；东镇改为第四区，即今张家边、南蓢、翠亨、长江一带；谷镇改为第五区，即今三乡、神湾、石莹桥一带；上恭镇改为第六区，即今唐家湾、下栅、淇澳一带；下恭镇改为第七区，即今香洲、前山、湾仔、坦洲、横琴、万山一带；黄粱镇改为第八区，即今斗门、乾务、白蕉、三灶一带；黄旗都改为第九区，即今黄圃、阜头、南头、浪网、民众、三角、小黄圃、潭洲、大岗、黄阁一带。至此，自明清以来，香山县基层建置沿袭已久的乡都结构形式上基本解体，为区段结构所替代。

第一区辖 29 段，其中，第一段为城内，第二段为东门外，第三段为西门外，第四段为南门外，第五段为北门外，第六段为厚兴街，均属城区，其他 23 段为近郊乡村地区，域内共有正附户 27 275 户。第二区辖 29 段，域内正附户为 28 055 户。第三区辖 13 段，正附户为 28 272 户。第四区辖 80 段，正附户为 23 475 户。第五区辖 24 段，正附户为 12 662 户。第六区辖 15 段，正附户为 9321 户。第七区辖 16 段，正附户为 10 682 户。第八区辖 18 段，正附户为 23 591 户。第九区辖 23 段，正附户为 21 542 户（表2）。对比各区（都）域内村落数和户数可发现，大榄都（榄镇）和黄旗都域内，村落数量并不算多，但其域内户数则相当可观，尤其是大榄都（榄镇），村数与户数之间的悬殊比例要远远高于其他各都。可以推断，大榄都（榄镇）和黄旗都域内的村落形态应以人口密集的大村或集村为主。这应与大榄都和黄旗都域内大片沙田的存在有关，沙田的开发为这种人户密集的大村或集村的孕育提供了较好的土壤。

表 2　清末民初香山县区段及户数统计

项别	旧属	段数/段	正户总数/户	附户总数/户
第一区	仁良都	29	24 317	2958
第二区	隆镇	29	27 992	63
第三区	榄镇	13	27 268	1004
第四区	东镇	80	23 417	58
第五区	谷镇	24	12 624	38
第六区	上恭镇	15	9295	26
第七区	下恭镇	16	10 129	553
第八区	黄梁镇	18	23 352	239
第九区	黄旗都	23	21 517	25
合计		247	179 911	4964

资料来源：民国《香山县志》卷二《舆地一》，《广东历代方志集成·广州府部（三四）》，广州：岭南美术出版社，2007，第 381~386 页。

三、基层组织之属性

纵观之,"乡""都""图"为清代香山县最基本的基层区划单元,而作为聚落的"村"无疑为其基础,它们之间构成"乡→都→图、村"这样一种稳定的区划层级结构。在清代,前述基层区划单元及其结构关系并非香山县个案,在广东地区至少在珠江三角洲一带县以下基层社会都普遍存在,其区域性特征非常明显(表3)。

问题在于前述基层区划单元为何种属性,以及它们之间构成何种关系?它们是否属于政区单位?彼此之间是否构成政区关系呢?这一问题的解决,于香山县虽为个案释疑,但也可以为考察清代整个广东地区至少是珠江三角洲其他县基层区划类型及彼此之间的关系提供一定的参考。

表3 清代广州府属县基层建置概览

地方县	基层					修志年代
	乡	都	堡、约	图	村	
南海县	7	6	63 堡	357	1097	道光
番禺县		6	72 堡	132	569	同治
顺德县	3	3	40 堡	191	295	咸丰
东莞县	4	13		119	356	雍正
新安县	3	7		57	579	嘉庆
从化县	1	1	4 堡	18	376	雍正
龙门县	2	3	29 堡 51 约	11	1111	道光
增城县	3	11		81	459	嘉庆
新宁县	2	6		67	452	道光
香山县	10	14		51	518	道光
新会县	4	12		88	511	道光
三水县		15	10 堡	66	254	嘉庆

地方	基层					修志年代
县	乡	都	堡、约	图	村	
清远县	10	8			251	乾隆
花县		2	12堡	25	251	同治

资料来源：道光《南海县志》卷六《舆地略二》，《广东历代方志集成·广州府部（一三）》，广州：岭南美术出版社，2007，第146～154页；同治《番禺县志》卷三《舆地略》，《广东历代方志集成·广州府部（二〇）》，广州：岭南美术出版社，2007，第19～22页；咸丰《顺德县志》卷三《舆地略》，《广东历代方志集成·广州府部（一七）》，广州：岭南美术出版社，2007，第57～63页；雍正《东莞县志》卷三《坊都》，《广东历代方志集成·广州府部（二三）》，广州：岭南美术出版社，2007年，第51～53页；嘉庆《新安县志》卷二《舆地略一》，《广东历代方志集成·广州府部（二六）》，广州：岭南美术出版社，2007，第233～245页；雍正《从化县志》卷一《疆域》，《广东历代方志集成·广州府部（二七）》，广州：岭南美术出版社，2007，第482～491页；道光《龙门县志》卷三《舆二》，《广东历代方志集成·广州府部（二八）》，广州：岭南美术出版社，2007，第244～252页；嘉庆《增城县志》卷一《舆地》，《广东历代方志集成·广州府部（三二）》，广州：岭南美术出版社，2007，第418～422页；道光《新宁县志》卷四《舆地略》，《广东历代方志集成·广州府部（三〇）》，广州：岭南美术出版社，2007，第47～48页；道光《新宁县志》卷五《建置略》，《广东历代方志集成·广州府部（三〇）》，广州：岭南美术出版社，2007，第75～77页；道光《新会县志》卷二《舆地》，《广东历代方志集成·广州府部（三九）》，广州：岭南美术出版社，2007，第54～56页；嘉庆《三水县志》卷三《赋役》，《广东历代方志集成·广州府部（四〇）》，广州：岭南美术出版社，2007，第498～499页；嘉庆《三水县志》卷一《舆地》，《广东历代方志集成·广州府部（四〇）》，广州：岭南美术出版社，2007，第468～480页；乾隆《清远县志》卷三《建置志》，《广东历代方志集成·广州府部（四一）》，广州：岭南美术出版社，2007，第238～241页；同治《广东图说》卷十四《花县》，《广东历代方志集成·省部（二八）》，广州：岭南美术出版社，2006，第159～161页

关于香山县基层区划属性，王颋先生在论及明代香山县陆海形势时指出，"当明代中叶，'蠔镜'亦'澳门'所属的广州府香山县，除县城所在外，其余的村落在行政上被划分为十个'都'"①，并陈列了10"都"的方位及所辖村落。王先生的判断所据为嘉靖《香山县志》，在他看来，"都"之上的基层组织"乡"当为虚级，"都"才是县以下基层行政区划实在的第一层级。显然，王先生将"都"视为一种政区单位，各"都"下辖若干村落，均有较为明确的边界。

关于香山县"都"这一基层区划类型，邱捷先生为我们提供了另一种判断，"民国的《香山乡土志》称本县'分为十乡十四都'，列举出来的'都'是'仁都、良都、隆都、得能都、四字都、大字都、谷字都、恭常都（附场都）、大榄都、黄旗都（附圃都）、黄粱都'，并没有14个。'都'只是一个大致的地理概念，并非严格按'都'设立了权力、管理机构"②。邱先生似乎认为，

---

① 王颋：《明代香山陆海形势与澳门开埠》，《澳门历史研究》2003年第2辑，第3～12页。
② 邱捷：《清末香山的乡约、公局——以〈香山旬报〉的资料为中心》，《中山大学学报》2010年第3期，第69～82页。

各"都"仅是一个地域单位而非严格意义上的政区单元，并且其边界可能不太明确。①

显然，两位先生看法有别，一种认为在明代香山县以下基层区划类型"都"属于政区单位，一种认为至清末其仅是一个大致的地域单位。目前涉及明清香山县基层区划属性的讨论并不多，两位先生的文章本意也不在于专门讨论这个问题，但他们看似不经意的基本判断则为本文论述提供了富有价值的参考。

在结合现有论述进一步讨论香山县基层区划属性之前，我们首先看看，明清时人又是如何看待这一类基层区划单位的属性呢？

嘉靖《广东通志（一）》卷十五《舆地志三·坊都》有如下记载：

> 香山县，乡十。仁厚，管都一，曰良字。永丰，管都一，曰得能。德庆，管都一，曰龙眼。长乐，管都一，曰四字。永宁，管都一，曰大字。丰乐，管都一，曰谷字。长安，管都一，曰恭常。潮居，管都一，曰黄梁。宁安，管都一，曰大榄。古海，管都一，曰黄旗。②

康熙《香山县志》卷二《建置·都图》有如下记载：

> 仁厚乡仁厚坊，故延福里香山镇，宋既建县，改良字围。明洪武十四年，编籍立仁厚坊，图二，城中居民隶焉，城中街十三。仁厚乡良字都，古延福里香山镇，在县东南，图四（顺治间朱、沈、姚三姓为名，增一图），二十里内村十八。德庆乡龙眼都，故永乐都龙眼里上围下围，在县西南三十里，图九（本九图，景泰初黄寇反后止存其六），二十里海中村二十八。永乐乡得能都，古延福里得能字围，在县东十里，图三，六十里内村二十四。……③

从上述记载可以看出，在明清时人的认知中，"乡""都""图"等毫无疑

---

① 民国《香山乡土志》关于14都的说法，应是将其他3个侨立都一并计算，可能因其为侨立都，却并没陈列其名。
② 嘉靖《广东通志》卷十五《舆地志》，《广东历代方志集成·省部（二）》，广州：岭南美术出版社，2006，第403页。
③ 为求简便，仅列3乡都，其他乡都不再一一列出。

问属于一种基层区划单位，有较为明确的区划边界，彼此间构成一定的层级关系。"乡"管"都"或"都"属"乡"，而"都"领"图"与"村"。"乡"形式上为第一区划层级，但在明清时人的认知中，"乡"实则为虚级，并不紧要，处于第二层级的"都"才是实在的层级。查阅康熙、乾隆、道光、光绪、民国等时期《香山县志》中的香山县域图，地图上均只标出各"都"的名称及其地域范围（后三个时期方志中还专绘有各"都"分图），均不见标各"乡"名称及其地域范围，而且各县志在标示域内山川及墟市的方位时亦均以各"都"为大坐标，在介绍该县不同时期杰出人物或县域内望族时也以其属某都或某村人或城内人以标示籍贯：

> 山川：象角山，在县西十里，西北临海。旧志，宋亡时，一夜号恸，至晓，见小室立于上，俗称佛仔屋。石门山，郡志作石门掩峒，在县西十里，东临海。登石山，在县西四十余里。龙自新会圭峰渡海而来，石骨嶙峋，为县治右弼之障。青姜山，在县西南七里，高洁雄伟。右山，俱龙眼都三十里内。①
>
> 墟市：沙溪市，隆都。南蓢墟，大字都。平岚墟，墟仔市，雍陌墟，俱谷都。②
>
> 选举表：魏观安，大榄都人，例以人材荐恭和江口巡检。……韦易，翠微人，字文衍，雍正乙卯岁贡，元年丙辰，荐举博学鸿词。……杨思诚，南门人，字伯真，八年授茂名县学教谕，旋署县事，荐补高州学正。③
>
> 氏族：邑城仁厚坊黄族，其先江西筠州人，始祖元西台御史宪昭，以直谏安置广州，卒于途。……义门郑族，由浙入广，始祖贤，宋天圣进士，为广州郡守，卒于任。④

---

① 康熙《香山县志》卷一《舆地》，《广东历代方志集成·广州府部（三四）》，广州：岭南美术出版社，2007，第156页。
② 光绪《香山县志》卷五《舆地下》，《广东历代方志集成·广州府部（三六）》，广州：岭南美术出版社，2007，第57页。
③ 道光《香山县志》卷四《选举》，《广东历代方志集成·广州府部（三五）》，广州：岭南美术出版社，2007，第376~377页。
④ 民国《香山县志》卷三《舆地二》，《广东历代方志集成·广州府部（三四）》，广州：岭南美术出版社，2007，第288页。

不止香山县，据观察，清代广州府其他属县，凡是其基层组织设有"乡""都"这两个区划层级的，其"乡"大多为虚级，其"都"才为实级，基本没有例外，颇具地域普遍性。

其实，"乡""都""图"这类基层区划组织，在清代珠江三角洲一带普遍存在，是历史层累的结果。一般认为，"乡"在宋代之前属于县下基层政区单位，原则上以500户为一乡，设有乡正、乡长、乡佐等职履行相应职能。宋代，随着人口增加，"乡"突破唐代定数，已无法遵守500户的规定，其不再按照户数而是以地域来划分，日渐演化为纯粹的地理概念。

"都"是宋代采用的一种编户组织，原则上以五户为一保，二十五户为一大保，二百五十户为一都保，分设保长、大保长、都保正和副保正等职履行相应职能。都保编组以乡为单位，不跨乡编制。"乡"与"都"在区划编组上仅存在一种地域包含关系。经南宋推行经界—推排—自实法，都保有了确切的地理坐标范围及准确的经纬界线，亦开始趋向地域化。

宋代乡都制在明清得以沿袭，尤其南方保留最为完整，前述广州府情况足可证实。明初推行里甲制，规定："凡编排里长，务不出本都。且如一都有六百户，将五百五十户编为五里，剩下五十户，分派本都，附各里长名下，带管当差。不许将别都人口补辏。"①可见，明代"里甲"也不跨"都"编排，"都"实为里甲编制的最直接地域单位，"乡"则已虚化。

"图"源于明初推行的里甲制，以户数作为区划单元，其法"以一百一十户为一里，推丁多者十人为之长，余百户为十甲，甲凡十人，岁役里长一人，管摄一里之事。……每里编为一册，册首总为一图"②，"图即里也，不曰里而曰图者，以每里册藉首列一图，故名曰图"③。显然，"图"为基层编户组织，不跨"都"编排。清代沿袭明代制，"图"在各州县普遍存在。不过，在实际操作时，早已突破官方编审规定的十进制，即每"图"10"甲"的编制原则。例如，顺德县东涌都大良堡第4图有11甲524户，最小的1甲

---

① 李东阳：《大明会典》第1册，扬州：广陵书社，2007，第357~358页。
② 李东阳：《大明会典》第1册，扬州：广陵书社，2007，第357页。
③ 顾炎武：《顾炎武全集》第19册《日知录（二）》，上海：上海古籍出版社，2012，第852页。

即第 9 甲仅 2 户，最大的 1 甲即第 7 甲高达 137 户[①]。其实，随着滋生人丁永不加赋、摊丁入地制度的推行，作为编户组织的"图"也趋向地域化。试举新会县一例，"文章都，在城西南方，村十一。水东、沙头、石坑、黄边、东坑、林冲、高岭，以上文章一图。南庄、井冈，以上文章六图。七村、榜冲，以上文章七图"[②]。显然，新会县各"图"均为统村地域单位。历代《香山县志》中仅见载各都图数，不见图名和甲户数，但前例可供参照，亦可推断香山县的情形。

按照现有的行政区划或政区概念，形成行政区划须具备充分必要条件。"必要条件：一个行政区划必须有一定的地域范围，有一定数量人口，存在一个行政机构；充分条件：这个行政区划一般都处于一定的层级之中，有相对明确的边界，有一个行政中心，有时有等第之别，也有立法机构。正式的行政区划一般应该符合上述的充分必要条件。但在特殊情况下，只符合必要条件者也是行政区划。"[③]依此，以充分条件论，香山县各乡、都、图、村皆处于相应的层级结构之中，均有相对明确的边界，但并不存在所谓的行政中心；以必要条件论，香山县各"都"均有一定地域范围，有一定数量人口，但原先宋代所设保长、大保长、都保正和副保正等职，早已废弃，即便各"图"之里长、甲首，亦均由民户担任，为职役而非乡官，更无所谓行政机构的设置。据前述定义考量，很难说香山县基层区划是一种行政区划。

清代，广东地方各县普遍实行佐杂分防制，县丞或主簿、典史、巡检司各有其分属之地及驻所，分别履行部分职责。广东地区设县丞、主簿分辖属地的有 22 州县，设典史、巡检司分辖属地的有 84 州县。[④]有人据此认为，这种佐

[①] 民国《顺德县志》卷五《经政略》，《广东历代方志集成·广州府部（一八）》，广州：岭南美术出版社，2007，第 92～93 页。

[②] 道光《新会县志》卷二《舆地》，《广东历代方志集成·广州府部（三九）》，广州：岭南美术出版社，2007，第 55 页。

[③] 周振鹤：《行政区划史研究的基本概念与学术用语刍议》，《复旦学报》（社会科学版）2001 年第 3 期，第 31～36 页。

[④] 张研：《清代县级政权控制乡村的具体考察——以同治年间广宁知县杜凤治日记为中心》，郑州：大象出版社，2011，第 53～68 页。

杂分防实际上就是一种县下基层行政区划。

同治年间，香山县就设有县丞、典史和巡检司等佐杂官，他们各有其分属地及驻所：

> 县丞一员，驻前山寨，其属大乡二。恭都，城东南一百二十里，内有小村三十九。常都，城东南一百二十里，内有小村三十九，属县丞者十七。
>
> 香山司巡检一员，驻小榄乡，其属大乡一。榄都，城西北七十里，内有小村八。
>
> 黄圃司巡检一员，驻小黄圃乡，其属大乡二。圃都，城北八十里，内有小村十。黄旗都，城北八十里，内有小村一。
>
> 黄梁都司巡检一员，驻斗门墟土城，其属大乡一。黄梁都，城西南一百一十里，内有小村一百六十一。
>
> 淇澳司巡检一员，驻淇澳乡，其属大乡三。四字都，城东南五十里内，内有小村二十八，属淇澳司者二。大字都，城东南五十里，内有小村二十二，属淇澳司者四。常都，城东南八十里，内有小村三十九，属淇澳司者二十二。
>
> 典史一员，驻城内，其属大乡七。仁都即仁厚乡，附郭，内有小村四。得能都，城东十里，内有小村三十九。四字都，城东三十里，内有小村二十八，属典史者这二十六。大字都，城东南四十里，内有小村二十二，属典史者十八。良都，城南五里，内有小村六十六。谷都，城南六十里，内有小村四十。隆都，城西十里，内有小村五十九。①

据上可知，同治年间，香山县设县丞一员、典史一员和四个巡检，各有其固定的驻所，各有其明确的分属地，且县丞、典史、巡检属地将香山一县之地全部分割完毕。依前述行政区划的概念，这种情形最符合行政区划成立的条件。问题在于县丞、典史和巡检对于全县行政事务并非负全部之责，仅为部分。清代，县丞、主簿的属地及驻地一般位于远离县城的关津要冲之地

---

① 同治《广东图说》卷九《香山县》，《广东历代方志集成·省部（二八）》，广州：岭南美术出版社，2006，第117～120页。另，《广东图说》所载村落与道光、光绪《香山县志》有很大出入，明显偏少。

或五方杂处、盗寇混迹的繁华市镇,如香山县丞驻前山寨及其属地为恭常都即属前一种情形;在其分属区履行稽查奸宄之责;典史负责监狱治安,州县普遍设立,均驻城内,其辖地亦多为附郭及近城,如香山县典史驻城内及其属地为仁都、良都、得能都、四字都、大字都、谷都即是;巡检司及其属地多在距县城较远的边鄙或县城某一方向之地,如香山县四个巡检司即是,行使防卫治安之责。县丞或主簿、典史、巡检并非在其分属地担负"征比钱粮""审理词讼""缉盗剿匪""学校教化"等全面之责,因此亦很难说其为完整的基层行政区划。①

四、"都"之地理依据

在明清香山县基层区划层级中,由于"乡"被虚化,"都"成为实际上的第一区划层级,不仅成为标示山川墟市位置坐标、生民籍贯和村落统属的地理单元,而且也是地方政府在全县进行里甲编制所凭借的职能地域单元,所谓"凡编排里长,务不出本都",编"图"不跨"都"。

征收赋税,为历史上县级政权控制基层社会的重要管理功能。明代推行里甲制,将地域区划单位"都"与编户单位"图"嫁接在一起,在基层社会有效地履行征收赋税的职责。王颋先生在简介香山县各"都"的构成时,特地使用了"地块"一词来概述各"都"的地理特性。披览历代香山县志地图,可以发现,在地理空间上,香山县各"都"这种"地块"性特征确实非常明显。由于香山县四面环海,内又多山地、丘陵和水道,整个县域被海道、河渠、山地和丘陵分割成一个个相对独立完整的"地块"。这些"地块"大抵便成为最初划分各"都"的地理依据。整体上,香山县之版籍主要由两片岸陆构成,一为涵良字都、龙眼都、得能都、大字都、四字都、恭常都②、谷字都等七都各村的香山岛,一为涵黄梁都各村的黄梁岛。香山岛上各都之间又多由山脉、水道隔开,形成一个个独立的小地块。其实,在香山岛这个最大的地块上,得能都、

---

① 张研:《对清代州县佐贰、典史与巡检辖属之地的考察》,《安徽史学》2009年第2期,第5~18页。
② 恭常都所辖奇独澳、北山、沙尾三村除外。

四字都和大字都陆地性最强,较少领有海中村,良字都、谷字都、恭常都均则领有为数不少的海中村。龙眼都与良字都之间、黄粱都与谷字都之间,均由一片辽阔的水域隔开,这使得龙眼都尤其是黄粱都成为两个独立的孤岛式的地块。至于北部的大榄都、黄旗都在清初还是一片处于"积淤"过程的"内海",后来逐渐淤积成地块状的沙田地貌(图1)。

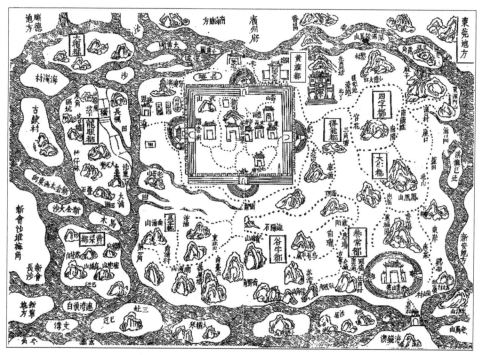

图1　清代中前期香山县各都分布
资料来源:乾隆《香山县志》第5页《全县图》

这种地块单元的独立性,作为县域基层区划的基本依据,在后来区划调整时亦得以遵守。光绪年间,一度改都为镇,仅是将地块性联系较为紧密的得能都、大字都和四字都合并为一镇,即东镇,将属于附郭的仁都及良字都合并为仁良都,恭常都析分为上、下恭镇,其他各都地域范围保持未变(图2)。宣统二年实行地方自治,改都镇为区,各区范围仍旧依前。

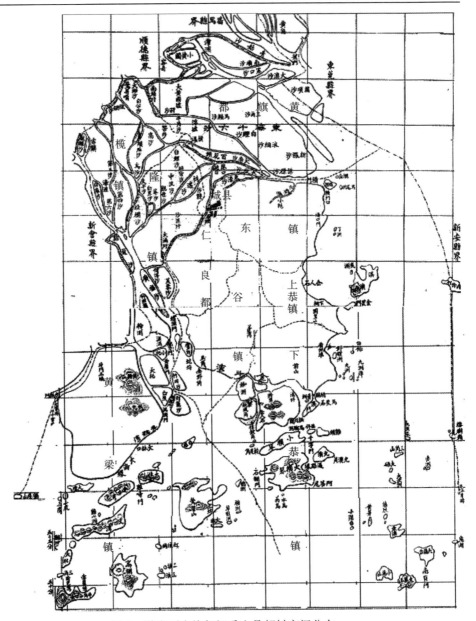

图 2 道光至光绪年间香山县都村空间分布

资料来源：民国《香山县志》卷 1《图》第 366 页《香山县境全图》

肇始于宋代并日渐地域化的"都"制之所以在南方得以大量保存，一则因为两宋尤其南宋统治范围主要在南方地区，二则很大程度上是因为这种制度与南方地区分散居住的散村状态比较适合。①南方地区尤其长江流域、珠江流域一带，多丘陵、山脉、河流，少平原，成片的土地区块较少，多是被分割成小片式的块状。这种散状式的土地形态较难培育出形体庞大的集村，多以分散居住、人口规模小的散村为适宜。据民国《香山县乡土志》卷11《山脉》统计，黄梁都域内有6座山，谷都域内有2座山，恭常都域内有10座山，四字都域内有2座山，大字都域内有3座山，得能都域内有1座山，良字都域内4座山，龙眼都域内有4座山，黄旗都域内有7座山，县城内有7个座山，另据该志卷12《水道·海岸·温泉》统计，香山县境内有大小河流（涌）22条之多。②这种众山横亘、河流交错、四面环海的地貌特征形成了许多散状式的地块。因此，为控制土地，依据地貌构成及聚落形态特征对基层社会进行地块式的区划管理较为适宜。"都"本为编户单位，如前所述，在实际操作过程中，基于南方人口分散居住、规模较小的散村形态，在进行编户尤其南宋措置经界时，自然倾向于以一个个相对完整的小地块作为区划单位，地块式的各"都"则由此而生成。

五、余论：海岛开发与社会流动

作为一个海岛县，清代香山基层区划的变迁过程及其划分依据，体现了地理特性、历史特性和时代特性的交织作用。从版籍构成上来看，香山县其实就是由系列海岛构成。因此，香山县的基层区划架构实为这一沿海地方政权对海岛的行政管理方式，即在海防布局和建立军事据点之外，将一些几近独立的"地块"式海岛确立为一个或几个基层区划单元，前者如黄梁都（岛）最为典型，后者如香山岛分划为良字都、得能都、大字都、四字都、恭常都等几个地

---

① 鲁西奇：《散村与集村：传统中国的乡村聚落形态及其演变》，《华中师范大学学报》（人文社会科学版）2013年第4期，第113~130页。
② 张亚红：《明清香山县城镇地理初步研究》，暨南大学硕士学位论文，2010。

域单元，从而将岛上村落中繁衍作息的民众纳入编户系统之中，对其进行征税、治安乃至教化等日常行政管理。所以，政区地理亦不失为探究历史上沿海地方政权管治海岛的重要观察点。

在香山县，作为虚化的"乡"、实级的"都"和编户的"图"均很稳定，但各"都"域内村落的发展情形则折射出历代香山县开发力度的方向性变化。至少在乾隆时期，香山县各"都"域内村落大多有较快发展，尤以东南部恭常都和西南部黄粱都最突出。至道光年间，恭常都域内村落保持继续发展的良好势头，而黄粱都域内村落发展则可以用突飞猛进来形容，由清初期仅十几个村发展到将近200村。香山县各"都"尤其黄粱都、恭常都村落发展的起伏消长，与清政府一度在广东沿海"从迁界到展界，从迁民虚岛到招民垦种"的海岛管治举措相关。①

随着时间推移，香山县开发呈现出由北往南推进的势头，从巡检司的设置亦得以体现。最初，香山县只设立两个巡检司，均为明代所设，一个为香山巡检司，驻扎在大榄都内；一个为小黄圃巡检司，驻扎在黄旗都，均设立于县北境。清雍正年间增设了黄粱都巡检司，驻在黄粱都内斗门墟土城。乾隆年间又增设淇澳巡检司，驻在恭常都内淇澳乡。雍乾年间，在香山县南境先后增设两个巡检司，显然与其南部海岛的进一步开发并由此引起南部市镇迅速发展相关联。

地方开发力度的方向性变化也带来了社会流动的空间变化。以考取功名而论，自清初至道光末年，中部县城所在的仁良都及西北部的大、小榄都考取功名为全县之最。这自然与香山县中部平原地带及周边的沙田地带较早得以开发、人户密集有关。不过，东南部的恭常都和西南部的黄粱都，从乾隆年间起，考取功名的人数逐渐增加，至晚清则跳跃式的上了一个台阶（表4）。晚清以来，香山地区出现了一批影响近代中国发展进程的杰出人物，如容闳（恭常都南屏人）、黄宽（恭常都东岸村人）、孙中山（大字都翠亨村人）、徐润（恭常都北岭人）、唐廷枢（恭常都唐家村人）、唐绍仪（恭常都唐家村人）、莫仕扬（恭常都会同人）等，他们或为杰出政治人物，或为著名的西医生，或为出

---

① 王潞：《清初广东迁界、展界与海岛管治》，《海洋史研究》第6辑，北京：社会科学文献出版社，2014，第92～121页。

众的买办商人，对当时国家和社会的发展起了重要作用，其中恭常都的人才群体是格外醒目的（表4）。这当与以商业及对外通商为基础的恭常都及澳门的发展密切相关。清中晚期以来，香山县尤其南部地区之所以人才涌现，是因为香山县的逐步开发及对外交流日渐加强为之创造了条件。恭常都即为明证，其邻近澳门及香港，较其他地区更早了解世界时局变化，更早学会与世界商业规则打交道，也更渴望学习西方先进的东西。晚清时期，中国最早官派留学生前后4批共120名，其中广东籍84人，占总数的70%，香山籍40人，约占广东全省一半，而其中又有23人是珠海籍（恭常都）。①这40位香山籍留学生学成归国后，活跃在电报、铁路、教育、企业、银行、政府、外交和军界等各个领域，其中就有官至民国内阁总理的唐绍仪，他是近代中国历史发展进程中的重要人物。

表4 清代香山县有功名者的空间分布   单位：人

项别	1644～1661年	1662～1722年	1723～1795年	1796～1850年	1851～1911年
仁良都（县城）	8	15	30	48	159
隆都	1	8	23	18	38
得能都	0	2	4	3	12
四字都	0	2	4	1	11
大字都	0	1	0	0	11
谷都	0	0	4	6	16
恭常都	1	7	18	16	54
大榄、小榄	11	22	83	131	129
古镇海洲曹步	2	3	2	6	4
黄旗都	0	1	6	10	12
黄粱都	2	8	8	6	32

资料来源：蔡志祥《从地方志看香山县地方势力的转移》一文表五《各时期各地区的有功名者的分配》，《中国社会经济史研究》1991年第1期，第60～68页

① 周棉：《香山地区早期留学运动对近代中国社会发展的影响》，《东南大学学报》（哲学社会科学版），2010年第6期，第120～136页。

The Grass-Roots Establishment of Xiangshan County and Its Relevant Issues in the Qing Dynasty

Liu Guiqi Guo Shengbo

Abstract: In the Qing Dynasty, Xiang, Du, Tu and Village were the most basic organization types at Xiangshan County and other counties in Guangzhou Fu. There constituted a certain geographical regionalization relationship with a hierarchical structure between them—the system of "Xiang-Du-Tu-Village", which maintained the normal management and operation of the grass-roots societies all the time. With the promotion of the autonomous movement in the Late Qing Dynasty, the system of "Xiang-Du-Tu-Village" was replaced by the new system of "District-Section". The change of Xiangshan County's Grass-roots establishment clearly showed the turn of its geographical direction in the development, which further caused the spatial turn of its social mobility. The turn brought acertain influence on the historical process of modern China.

Key Words: the Qing Dynasty; Xiangshan County; Xiang （乡）, Du （都）, Tu （图）, Village （村）; District （区）, Section （段）; grass-roots establishment; social mobility

澳门妈祖信仰形成、扩展及其与中西宗教的交融

吴宏岐[*]

澳门在东亚妈祖信仰文化圈中占有特殊的地位,而妈祖信仰在澳门的形成与扩展也对澳门政治、经济和文化的发展产生了重要影响。目前学术界对于相关论题已有不少调查、研究成果,如郑炜明、徐晓望、陈衍德对澳门妈祖信仰的调查研究[①],谭世宝对澳门妈祖阁的历史考古学研究[②]、对澳门半岛和离岛地区妈祖信仰相关碑刻钟铭资料的整理与研究[③],许政对澳门妈祖庙建筑文化的研究等[④],都取得了令人瞩目的成就。不过,总体来说,相关研究成果中也存在诸多分歧观点,基于历史地理学视野来探讨澳门妈祖信仰历史变迁的研究成果更不多见。本文拟在前人相关研究的基础上,综合利用地方志书、碑刻钟铭、地志画、历史图片、文化调查资料等相关资料,从时间与空间相结合的维

---

[*] 作者系暨南大学历史地理研究中心副主任、教授、博士生导师。
本文为国家社科基金重大项目"环南海历史地理研究"(编号12&ZD144)子课题相关研究成果。
[①] 郑炜明、黄启臣:《澳门宗教》,澳门:澳门基金会,1994,第5~7页;徐晓望、陈衍德:《澳门妈祖文化研究》,澳门:澳门基金会,1998。
[②] 谭世宝:《澳门妈祖阁庙的历史考古研究新发现》及其附文《妈祖阁建庙时间的异说探真》,原刊《文化杂志》中文版第29期,1996年冬季刊。此据谭世宝:《澳门历史文化探真》,北京:中华书局,2006,第38~86页。
[③] 谭世宝:《金石铭刻的澳门史——明清澳门庙宇碑刻钟铭集录研究》,广州:广东人民出版社,2006;谭世宝:《金石铭刻的氹仔九澳史——清代氹仔九澳庙宇碑刻钟铭等集录研究》,广州:广东人民出版社,2011。
[④] 许政:《澳门宗教建筑》,北京:中国电力出版社,2008,第79~98页。

度，在系统地论述福建妈祖信仰的起源及其传播的基础上，着重探讨澳门妈祖信仰的形成时间，澳门妈阁庙的重修与改建，妈祖信仰在澳门的空间扩展情况，以及澳门妈祖信仰与中西宗教交融情况等相关问题。

一、福建妈祖信仰的起源及其传播

关于妈祖信仰的起源，传统的说法是：五代闽王都巡检林愿生有一女，名叫林默，此女自幼好道，又得观音菩萨超度，成为女神，保佑航海的人们。不过，林默出生的年代，却是一个有争议的问题，在早期的历史文献中，一直没有明确的记载，大约有五代时期、北宋初年、北宋中期等几种说法。据有的学者考证，北宋中期一说明显是错误的，因为有许多材料表明，早在北宋初年即有了崇拜妈祖的庙宇；而五代说与北宋说在一定条件下可以统一起来，因为宋朝在北方崛起时，福建仍处在割据之中，直到 18 年以后才被北宋统一。闽人称这一段历史为"五季"，即"五代季年"，相当于后人所说的北宋初年，所以，妈祖诞生于"五季"与"北宋初"二说实不矛盾。宋代福建莆田文学家刘克庄曾说，湄洲神女与"建隆真人"同时奋起。建隆为宋太祖第一个年号，所以将妈祖出身年代定在宋太祖登基的建隆元年（960），至少离事实不太远。①

至于妈祖信仰的起源地，据南宋《方舆胜览》记载，福建路兴化军有"圣妃庙，在海岛上，舟人皆敬事之"②。这里所谓的"海岛"，当是指莆田县所属的湄洲屿。

根据乾隆四十三年（1778）林清标所辑《敕封天后志》记载，林默诞生于莆田县贤良港（即今天的港里村），"升天"在与贤良港隔海相望的湄洲屿。林默自幼"不类诸女"，16 岁时"窥井得符，逐录通变化，驱邪救世，屡显神异。常驾云飞渡大海，众号曰'通贤灵女'。越十三载道成，别家人，到湄洲

---

① 徐晓望：《妈祖的子民：闽台海洋文化研究》，上海：学林出版社，1999，第 394 页。
② 祝穆：《方舆胜览》卷十三《福建路·兴化军》，祝洙增订、施和金点校，北京：中华书局，2003，第 220 页。

屿白日飞升"。①

另据宋人廖鹏飞绍兴二十年（1150）写的《圣墩祖庙重建顺济庙记》一文记载，湄洲神女升天后，也曾显灵于兴化军城东的宁海镇圣墩：

> 里有社，通天下祀之，闽人尤崇。恢闳祠宇，严饰像貌，岿然南面，取肖王侯。夫岂过为僭越以示美观？盖神有德于民，有功于国，蒙被爵号，非是无以彰其威灵也。郡城东宁海之旁，山川环秀，为一方胜景，而圣墩祠在焉。墩上之神，有尊而严者曰王，有皙而少者曰郎，不知始自何代？独为女神人壮［妆］者尤灵，世传通天神女也。姓林氏，湄洲屿人。初，以巫祝为事，能预知人祸福；既殁，众为立庙于本屿。圣墩去屿几百里，元佑丙寅岁（元年），墩上常有光气夜现，乡人莫知为何祥。有渔者就视，乃枯槎，置其家，翌日，自还故处。当夕，遍梦墩旁之民曰：我湄洲神女，其枯槎实所凭，宜馆我于墩上。父老异之，因为立庙，号曰圣墩。岁水旱则祷之，疠疫降则祷之，海寇盘亘则祷之，其应如响。故商舶尤借以指南，得吉卜而济，虽怒涛汹涌，舟亦无恙。宁江人洪伯通，尝泛舟以行，中途遇风，舟几覆没，伯通号呼祝之，言未脱口而风息。既还其家，高大其像，则筑一灵于旧庙西以妥之。②

北宋徽宗宣和四年（1122）诏赐湄洲神女"顺济"庙额。据咸淳《临安志》记载：

> 宣和壬寅（四年），给事路公允迪载书使高丽，中流震风，八舟沉溺，独公所乘，神降于樯，获安济。明年，奏于朝，锡庙额曰顺济。绍兴丙子（二十六年），以郊典封灵惠夫人。逾年，江口又有祠。祠立二年，海寇凭陵，效灵空中，风拂而去，州上其事，加封昭应。其年，白湖童邵一夕梦神指为祠处，丞相正献陈公俊卿闻之，乃以地券奉神立祠。于是，

---

① 林庆昌：《妈祖真迹——兼注释、辨析古籍〈敕封天后志〉》，广州：中山大学出版社，2003，第71~73页。
② 按：《圣墩祖庙重建顺济庙记》一文载于莆田《白塘李氏家谱》忠部，为莆田文物工作者于20世纪80年代文物调查时所得。此据莆田市涵江区白塘李氏族谱修编理事会油印本，2002，第345~346页。

白湖又有祠……莆人户祠之，若乡若里，悉有祠，所谓湄洲、圣堆、白湖、江口，特其大者耳。①

可见，除了湄州（洲）、圣堆以外，白湖、江口也有"圣妃庙"。根据学者考证，离海不远的"宁海镇"，与在上游的"白湖"亦"玉湖"皆濒木兰溪而各有桥梁。而在莆田、福清界上的江口，位于汇入海湾的萩芦溪岸，同样有著名的桥梁。"宁海"和"白湖"，实际上就是以莆田县为附郭县的兴化军城之海船"码头"。正是这种航行始发地的特别位置，使"圣墩"和"白湖"的"圣妃庙"具有非同寻常的规模和地位。②

南宋以降，朝廷对于湄洲神女屡有加封，如宋高宗绍兴二十五年（1155）封崇福夫人、二十六年（1156）封灵惠夫人、二十七年（1157）加封灵惠昭应夫人，及至光宗绍熙元年（1190），以救旱功，褒封晋爵"灵惠妃"，湄洲神女在国家祭祀体系中的地位始隆。元世祖至元十八年（1281），庇护漕运封"护国明著天妃"，湄洲神女始获"天妃"封号。文宗天历二年（1329），以护漕大功，加封"护国辅圣庇民显佑广济灵感助顺福惠徽烈明著天妃"，遣官致祭天下各庙。明成祖永乐七年（1409），以神屡有护助大功，加封"护国庇民妙灵昭应弘仁普济"，建庙都城外，额曰"弘仁普济天妃之宫"。宣宗宣德五年（1430）、六年（1431），以出使诸番得庇，俱遣太监并京官及本府县官员诣湄洲致祭，修整庙宇。清康熙二十三年（1684），敕封"护国庇民昭灵显应仁慈天后"，湄洲神女始获"天后"封号。另外，据说在雍正四年（1726），因提督蓝理陈奏，天后父母俱有加封。③迨至咸丰七年（1857），天后谥号长达64字："护国庇民妙应昭灵宏仁普济福佑群生诚感咸孚显神赞顺垂慈笃佑安澜利运潭覃海宇恬波宣惠导流衍庆靖洋锡祉恩周德普卫漕保泰振武绥疆天后之神。"总的看来，与明代有些官员将祭祀天妃视作"淫祀"相比，清廷对妈祖的供奉显然是非常高的，也是历代最高的。事实上，这也是妈祖在民间信仰中真实地位

---

① 《咸淳临安志》卷73《[顺济圣妃]庙记》，北京：中华书局，1990，第4014~4015页。
② 王颋：《圣妃墩祠——圣妃祠庙与南宋的妈祖崇奉》，"环南海历史地理与海防建设论坛"论文，广州东莞，2013年9月。
③ 林庆昌：《妈祖真迹——兼注释、辨析古籍〈敕封天后志〉》，广州：中山大学出版社，2003，第76~81页。

的反映。①

从宋元时期的材料看,妈祖本来是一个具有多元神功的地方保护神,她能护婴、救灾、御敌、占卜吉凶,保护航海者,仅是她众多功能中的一个。当时各地百姓都创造了诸多海神,如南海伏波将军,浙江的伍子胥等,自西汉起,各朝政府便开始祭祀四海海神。就福建民间而言,各地民众也创造了不少海神,其中演屿神在北宋时期的影响就要胜于"湄洲神女"。不过随着历史的发展,湄洲神女却淘汰了众多海神,成为海洋的最高保护神。这可能与福建古代社会男子出外谋生、妇女下田劳动并主持家政的特性有关,尤其是与妇女在下层社会里的影响力有关。

妈祖信仰诞生之初,其影响仅限于福建莆田海滨区域。然而随着北宋以后中国海事活动的发展、闽人在中国航海界与商界地位的提高,再加上国家、官府祭祀活动的推动,妈祖信仰的影响逐步扩大,至今已形成国际性的华人信仰。妈祖文化的向外传播,应是从两宋之交开始的。在南宋时期海事活动最为活跃的福建、广东、浙江三省,都有了妈祖崇拜。妈祖文化向内陆的传播亦始于宋代,闽西客家区域最早的妈祖庙即建于这一时期。迄至元代,闽江中游的南平,运河沿岸的个别城市都有了妈祖庙。迨至明清时期,妈祖文化的传播就相当广泛了,西至四川、陕西,北至东北,到处都有妈祖庙。妈祖文化向海外的传播也主要是在这一时期,日本、越南、泰国,凡是有华人涉足的港口,几乎都有天妃宫。及至近现代,随着华人足迹遍布天下,妈祖的香火也传到世界各大城市,如美国的纽约、法国的巴黎,都有了祭祀妈祖的庙宇。不过,妈祖信仰的基本文化圈是南海的周边地区,而且以福建与台湾二省最盛。台湾的妈祖庙现已达到九百多座,是台湾最多的神灵庙宇;福建的莆田一县,到处是妈祖庙,总计不下百余座。民国以前的福建沿海各县,每县都有几十座妈祖庙,香火之盛亦不亚于今日之台湾。闽台之外,岭南的妈祖信仰最盛,这是因为广东人的生产与生活相当程度上依赖海洋,是中国重要的海洋文化区域,所以对海神的信仰也胜于他处。②

---

① 徐晓望:《妈祖的子民:闽台海洋文化研究》,上海:学林出版社,1999,第400页。
② 徐晓望:《妈祖的子民:闽台海洋文化研究》,上海:学林出版社,1999,第401~406页。

二、妈祖信仰在香山传播及澳门妈祖信仰形成时间

从现在掌握的史料来看，广东地区的妈祖信仰至少可上溯至南宋。福建莆田人刘克庄初为靖安主簿，后长期游幕、任职于江、浙、闽、广等地，他曾记载说："某持节至广，广人事妃，无异于莆。盖妃之威灵远矣。某，妃邑子也，属时多虞，惕然恐惧，妃其显扶默相，使某上不辱君命，下不贻亲忧。它日有以见鲁卫之士，妃之赐也。"① 刘克庄曾在宋理宗嘉熙四年（1240）任广东提举及转运使，其所言"广人事妃，无异于莆"，反映的主要是当时广东省城广州及其周边一带的情况。

香山县是在宋高宗绍兴二十二年（1152）析南海、番禺、新会、东莞四县地设置的。关于香山县妈祖信仰，嘉靖《香山县志》有这样一个说法："邑俗重族、尚鬼，族则汉唐称陈梁、宋元称王蒋、洪武称高杨郑郭为富户，其尚鬼则天妃，创自唐时，元丰堂在大榄都者创自宋初，自余私造皆未建县而先创者，今皆毁，尽教谕之功也。"② 此说将香山县妈祖信仰的起始时间定在了唐代，竟然早于福建莆田妈祖信仰形成的时间，显然不可信。另据道光《新修香山县志》记载，该县有"月山古庙，在黄角乡，宋咸淳间建，祀天后"③。咸淳为公元1265~1274年，要晚于刘克庄所说"广人事妃，无异于莆"的时代，似较为可信一些。黄角，"旧名黄旗角，去城东北一百里"④，当在香山县境东北。

元代，香山县新增加了一些天妃庙，据嘉靖《香山县志》记载："天妃桥

---

① 刘克庄：《后村居士集》卷三十六《到任谒诸庙》，文渊阁四库全书本，台北："商务印书馆"，1982，第14页。
② 邓迁修，黄佐纂：嘉靖《香山县志》卷8《杂志·杂考》，《日本藏中国罕见地方志丛刊》，北京：书目文献出版社，1991，第416页。
③ 祝准修，黄培芳等辑：道光《新修香山县志》卷2《建置·坛庙》，吴相湘主编：《中山文献》（三），台北：学生书局，1965，第300页。其中的"黄角乡"，徐晓望的《福建人与澳门妈祖文化渊源》一文引作"黄角山"，不确。参见徐晓望、陈衍德：《澳门妈祖文化研究》，澳门：澳门基金会，1998，第32页。
④ 祝准修，黄培芳等辑：道光《新修香山县志》卷2《舆地下·都里》，吴相湘主编：《中山文献》（三），台北：学生书局，1965，第186页。

在恭常都濠潭村天妃庙前，元民周元建石梁。"①同书还记载："观潮亭在县西南官濠浒旧天妃宫前，元至正二年主簿王仕俊创，元末毁于火。"②

及至明代，香山县的妈祖信仰有扩大之态势。据嘉靖《香山县志》记载："天妃废宫，在河泊所前，洪武中千户陈豫建，田八十八亩有奇，四字都民韩二妃户"③；"天妃像在官船厂，备倭官湾泊之所，正德中千户盛昭德立，后废，嘉靖二十四年指挥田輗重建"④。嘉靖《香山县志》还记载："河泊所，在县西城外石岐山下，洪武十四年设，本所官夏凯创，今废，来官者咸寓于民家。"⑤至于官船厂，该志没有记清楚，不过又说："按官厅在县西石岐山下，旧水寨送迎使客于此，正德中典史林阳重建正厅一座三间、大门一间。"⑥估计官船厂就在旧水寨一带，也是在香山县西城外石岐山下的港湾里。官船厂里的天妃像，清代重修成为天妃庙。⑦另据光绪《香山县志》记载，明代除了官船厂、石岐山下的两座天妃庙以外，大榄乡也有一座天妃庙，"崇祯三年韩起龙建"⑧。

香山县西城外石岐山下河泊所前的天妃宫和官船厂里的天妃像，以及大榄乡的天妃庙，大概属于官建官立性质，所以得以见载于地方志书。至于民间所建的天妃庙、天妃像的数量可能更多，也不一定在地方志书中有记载。据明末崇祯三年（1630）大榄乡人伍瑞隆《重建大榄天妃庙碑记》云：

---

① 邓迁修，黄佐纂：嘉靖《香山县志》卷一《风土志·关梁》，《日本藏中国罕见地方志丛刊》，北京：书目文献出版社，1991，第306页。
② 邓迁修，黄佐纂：嘉靖《香山县志》卷一《风土志·津渡》，《日本藏中国罕见地方志丛刊》，北京：书目文献出版社，1991，第307页。
③ 邓迁修，黄佐纂：嘉靖《香山县志》卷八《杂志·祥异》，《日本藏中国罕见地方志丛刊》，北京：书目文献出版社，1991，第413页。
④ 邓迁修，黄佐纂：嘉靖《香山县志》卷三《政事志·坛庙》，《日本藏中国罕见地方志丛刊》，北京：书目文献出版社，1991，第416页。
⑤ 邓迁修，黄佐纂：嘉靖《香山县志》卷三《政事志·公署》，《日本藏中国罕见地方志丛刊》，北京：书目文献出版社，1991，第324页。
⑥ 邓迁修，黄佐纂：嘉靖《香山县志》卷三《政事志·公署》，《日本藏中国罕见地方志丛刊》，北京：书目文献出版社，1991，第324页。
⑦ 田明曜主修，陈澧等纂：光绪《香山县志》卷六《建置·坛庙》，吴相湘主编：《中山文献》（五），台湾：学生书局，1965，第328页。
⑧ 田明曜主修，陈澧等纂：光绪《香山县志》卷六《建置·坛庙》，吴相湘主编：《中山文献》（五），台湾：学生书局，1965，第328页。

粤与闽境相接，而妃之灵爽，又每驾海岛而行，故粤不论贵者、贱者、贫者、富者、舟者、陆者，莫不香火妃，而妃亦遂爱之如其手足。吾所居之里，四面皆大海，出入必以舟，亦为山泽之薮，群盗乘以出没，而妃之相之者，纤悉不遗，故其间或宦、或士、或农、或商、或往、或来，有于海上遇危难者，群匍匐号泣呼妃，妃来则有火光，从空而下，止于樯，无樯止于舟之背或其橹柁，众乃起，鸣金伐鼓而迎之。须臾舟定，火将往，众又起，鸣金伐鼓而送之。诸如此类，岭南人在在可据，大与寻常饰说鬼神者不同。①

上引《重建大榄天妃庙碑记》中提到"粤与闽境相接，而妃之灵爽，又每驾海岛而行，故粤不论贵者、贱者、贫者、富者、舟者、陆者，莫不香火妃"，反映的是明代广东沿海一带普遍有妈祖信仰的情况，并指出香山县"四面皆大海，出入必以舟"，所以"其间或宦、或士、或农、或商、或往、或来"，都有迎送天妃的习俗。虽然没有特别提到澳门地区的情况，但自明代以来，澳门半岛及其附近岛屿上已有不少外来人口迁入，不仅形成了若干村落，而且渔业和商业贸易都有一定规模，所以也信仰天妃，其最主要的标志之一便是妈祖庙的出现。

澳门的妈祖庙，又称妈祖阁或妈阁庙。关于此庙的出现时间，学术界争议较大，归纳起来，大致有如下几种看法。

（1）成化年间（1465～1487）说

章文钦的《澳门妈祖阁与中国妈祖文化》一文中认为："可以肯定，在嘉靖三十二年～三十六年（1553～1557）葡萄牙人入据澳门以前，这座妈祖阁已经存在"，"澳门民间古老相传，明宪宗成化年间（1465～1487），闽潮商贾来此地兴建妈祖阁"。②曹思健所撰《澳门妈祖阁五百年纪念碑记》中也说："澳

---

① 田明曜主修，陈澧等纂：光绪《香山县志》卷六《建置·坛庙》，吴相湘主编：《中山文献》（五），台北：学生书局，1965，第328页；田明曜主修，陈澧等纂：光绪《香山县志》卷六《建置·坛庙》，吴相湘主编：《中山文献》（五），台北：学生书局，1965，第330页。按，徐晓望：《福建人与澳门妈祖文化渊源》一文曾征引这段文字，但有不少引文错误，其中"四面皆大海"缺了"大"字，"匍匐"误作"匍伏"，"众乃起"误作"众仍起"，"众又起"少了"起"字。参见徐晓望、陈衍德：《澳门妈祖文化研究》，澳门：澳门基金会，1998，第33页。
② 章文钦：《澳门妈祖阁与中国妈祖文化》，《澳门历史文化》，北京：中华书局，1999，第426页。

门初为渔港,泉漳人蒞止懋迁,聚居成落,明成化间创建始祖阁,与九龙北佛堂天妃庙、东莞赤湾大庙鼎足,辉映日月。"①此说系据澳门民间传说而立论,并没有较为确凿的证据,大致可以考虑放弃。

(2)弘治元年(1488)说

李鹏翥认为:"妈阁庙整座古建筑,历史最悠久而有纪录的是弘仁殿,建自明朝孝宗弘治元年(1488)","建殿当年,今日的大门及牌坊等处都是海滨,进香人士只能从后山小径出入。后来因为香火渐盛,先后增建入门的石殿和内座的大殿,三座俱祀天后"。②一些中文辞书类著述也大多持此种观点。例如,《港澳大百科全书》"妈阁庙"条中就说:"妈阁庙原名妈祖阁,又称正觉禅寺、海觉寺,俗称天妃庙,澳门最著名的古迹,始建于明弘治元年(1488年)。"③《澳门大辞典》"妈阁庙"条则大致采用了李鹏翥的说法:

> 妈阁庙原名妈祖阁,又称正觉禅寺、海觉寺,俗称天妃庙。是澳门建筑年代最久远、最负盛名的古迹。该庙位于澳门半岛南端妈阁街,背山面海,沿崖建筑,整个庙宇包括大殿、石殿、弘仁殿、观音阁等4处主要建筑,石狮镇门,飞檐凌空,是一座富有中国古代民族特色的庙宇。其中最早的建筑是弘仁殿,相传建于明弘治元年(1488年),为福建人所建。④

《澳门百科全书》"妈祖阁"条也采录了弘治元年(1488)说。⑤此说存在明显的硬伤,其实是一个错误说法。据费成康考证:

> 澳门的有些人士认为,妈阁庙中最古老的弘仁殿建于明孝宗弘治元年(1488年),妈阁庙始建于明朝成化年间(1465~1487年),迄今已逾500年。看来这是误解了民国初年汪光镛《澳门杂诗》中的一段记载:"妈阁庙楣刻'弘仁阁'三字,上款'弘光元年',辛亥冬余初到尚见,今已毁。"误解即产生于人们皆知妈阁庙必定始建于明朝中期,而此时无弘光

---

① 此碑现存于澳门妈祖阁正觉禅寺前。
② 李鹏翥:《澳门古今》,三联书店香港分店、澳门星光出版社,1986,第22页。
③ 《港澳大百科全书》编委会编:《港澳大百科全书》,广州:花城出版社,1993,第800~801页。
④ 黎小江、莫世祥主编:《澳门大辞典》,广州:广州出版社,1999,第33页。
⑤ 吴志良、杨允中主编:《澳门百科全书(修订版)》,澳门:澳门基金会,2005,第390页。

年号，因此便视"弘光"为"弘治"之误，而弘治元年以前便是宪宗的成化年间。其实，"弘光"是南明福王的年号，"弘光元年"即 1645 年，是数万汉族人士取道澳门出亡海外之时。为求航海的安全，他们修缮妈阁庙是十分自然的事情。①

上述费成康的考证说明，弘治元年（1488）说影响虽大，但完全没有史料上的依据，是不可轻易信从的。

（3）天顺二年（1458）说

此说为徐晓望所创之新说。徐晓望在其《福建人与澳门妈祖文化渊源》一文中论证说：

> 从现在文献与碑铭材料看，我推测澳门妈祖阁应是在明天顺年间来到香山海域经商的第一批漳州人建造的，也就是说：由严启盛及其部下建造的。……就此而论，澳门妈祖阁建于漳州人到达澳门之初，即：明代天顺二年（1458 年）。②

此说的思路有可取之处，但存在史料上的误断。据万历《粤大记》记载：

> 天顺二年，海贼严启盛寇香山、东莞等处，巡抚右金都御史叶盛讨平之。
> 先是启盛坐死，囚漳州府，越狱，聚徒下海为患，敌杀官军，拘留都指挥王雄；至广东，复杀总督备倭都指挥杜信。至是，招引番船，驾至香山沙尾外洋。盛廉其实，会同镇守广东左少监阮能、巡按御史吕益，命官军驾大船冲之，遂生擒启盛，余党悉平。
> 天顺二年十二月，海寇平。③

可见天顺二年（1458）其实是严启盛被官军镇压的时间。至于他到达香山沙尾外洋一带活动的最早时间，万历《粤大记》也有相关记载：

---

① 费成康：《澳门四百年》，上海：上海人民出版社，1988，第 7 页注①。
② 徐晓望：《福建人与澳门妈祖文化渊源》，徐晓望、陈衍德：《澳门妈祖文化研究》，澳门：澳门基金会，1998，第 46 页。
③ 郭棐：《粤大记》卷三《海岛澄波》，黄国声、邓贵忠点校，广州：中山大学出版社，1998，第 56 页。

> 景泰三年夏四月，海寇寇掠海丰、新会，备倭都指挥佥事王俊有罪伏诛。时海寇寇掠海丰、新会，甚猖獗。总兵董兴使都指挥佥事杜信往剿之，被杀。备倭都指挥佥事王俊追至清水澳，不及。还至荔枝湾海面，获白船一只，俊取其槟榔、苏木等物，纵贼开洋而遁。事发，追出俊赃。奏闻，俊当斩。奉旨：就彼处决，号令。于是诛俊枭之。①

这条史料虽然没有说清楚"海寇"是何人，但从"使都指挥佥事杜信往剿之，被杀"一事来看，与前引史料中所说的"至广东，复杀总督备倭都指挥杜信"是同一件事情，由此可知，这个"海寇"就是严启盛，并且结合两条史料还可以进而推知严启盛到广东经营，最迟是在景泰三年（1452）夏四月。②

（4）景泰三年（1452）至天顺二年（1458）说

石奕龙根据徐晓望的新说，经过自己的论证，提出了更为稳健的观点："澳门的第一座民间的妈祖庙，是以严启盛为首的福建私商集团在景泰三年（1452）至天顺二年（1458）之间创建的。因此，澳门地区妈祖信仰的形成也可以追溯到景泰三年至天顺二年之间。"③

此说较前说有推进之处，虽说也属于推测性之说法，但是考虑到在嘉靖三十二年（1553）葡萄牙人入据澳门半岛之前，澳门半岛南端已有一座妈祖庙，而妈祖信仰在澳门地区的传播当与活动于这一地区的福建商民有关，所以笔者认为，这个新的说法是有其合理性的，应当可以信从。

（5）嘉靖二十七年（1548）以前说

此为费成康在《澳门四百年》一书的推测性观点。他考证说：

> 蠔镜的妈阁庙始建于何时，史籍上没有确切的记录。嘉靖《香山县志》有"天妃桥，在恭常都蠔潭村天妃庙前"的记载，可见距蠔镜不远处的蠔潭在1548年前建有天妃庙。这一记载，可作为蠔镜在此时也建有天

---

① 郭棐：《粤大记》卷三十二《海防》，黄国声、邓贵忠点校，广州：中山大学出版社，1998，第891页。
② 石奕龙：《关于澳门妈祖信仰形成问题的辨识》，《文化杂志》中文版第49期，2003年冬季刊，第182页。
③ 石奕龙：《关于澳门妈祖信仰形成问题的辨识》，《文化杂志》中文版第49期，2003年冬季刊，第182页。

妃庙的一个旁证。①

按嘉靖《香山县志》始刻于嘉靖二十七年（1548），费氏或据之以立论，但推测的成分较大，不能令人信服。

（6）永乐七年（1408）至嘉靖三十二年（1553）说

此为章文钦《妈祖阁与澳门妈祖信仰》一文曾经提出的观点，认为弘仁阁创建的年代应是明代永乐七年（1408）封妈祖为"护国庇民妙灵昭应弘仁普济妈妃"至嘉靖三十二年（1553）葡萄牙人入据澳门。②此说略显宽泛，可能是章氏初期的看法。

（7）嘉靖三十二年（1553）至嘉靖三十六年（1557）说

此为金国平、吴志良之新说。在《澳门与妈祖信仰早期在西方世界的传播——澳门的葡语名称再考》一文中，他们认为，嘉靖末年，为镇压柘林水兵的起义，屡战屡败的广东总兵汤克宽曾临澳与葡人洽商助剿一事，庋藏于耶稣会档案馆的果阿第38号卷宗中有一份葡语手稿有如下之记述：

> 事情至此，那位官员派人对唐·若昂（D.João）说，他将登岸到庙（varela）中与其会面，将事议妥。为了不耽误时间，请他也照做。唐·若昂认为此议甚好，前往该地会面。它位于村落的端点，面对大海。③

从"位于村落的端点，面对大海"一语可知，此"庙"系指妈阁庙。也就是说，汤克宽与葡人首领会面的地点是妈阁庙。这一手稿成文年代是1565年，汤克宽临澳求援一事则在1564年。换言之，妈阁庙于1564年已存在。作者又结合《利玛窦中国札记》、林旭登《葡属印度水路志》等相关资料，得出这样的研究结论：

> 目前尚未见到葡语资料确凿记录澳门的开埠日期，但许多西文史料显示，1553~1557年间葡人抵澳时，业已存在一座妈阁庙。鉴于1564年距上述时期仅7至11年，即便不能肯定在此之前已建成一座较具规模的妈

---

① 费成康：《澳门四百年》，上海：上海人民出版社，1988，第7页 注①。
② 章文钦：《妈祖阁与澳门妈祖信仰》，《学术研究》1996年第6期，第66页。
③ 金国平、吴志良：《澳门与妈祖信仰早期在西方世界的传播——澳门的葡语名称再考》，金国平、吴志良：《过十字门》，澳门：澳门成人教育学会，2004，第73~109页。

阁庙，难以否认的是，当时已存在妈阁庙。澳门葡语名称的词源便是这一史实的沉淀，为此假设提供了论据。①

此说论证说"1553～1557年间葡人抵澳时，业已存在一座妈阁庙"，并认为澳门的葡语名称与妈阁庙有关，所论证据充分，但关于妈阁庙最早出现时间的推测，略显保守了一些。

（8）万历三十三年（1605）说

关于妈阁庙的出现时间，澳门第一部地理志书《澳门记略》有一个相关记载：

> （澳门）有奇石三：一洋船石，相传明万历时，闽贾巨舶被飓殆甚，俄见神女立于山侧，一舟遂安，立庙祠天妃，名其地曰娘妈角。娘妈者，闽语天妃。于庙前石上镌舟形及"利涉大川"四字，以昭神异。②

其中提到相传妈阁庙始建于"明万历时"，今人黄文宽则首倡万历三十三年（1605）说：

> 妈阁庙弘仁殿圆殿拱形门头上，有一块刻石，刻在拱门的门顶内框上文曰："万历乙巳（巳）年德字街众商建，崇祯己巳（巳）年怀德二街重修，大清道光八年岁次戊子仲夏重修。"③

后来谭世宝依据新发现的在"神山第一"亭（殿）后的神龛背面的石壁上的刻字"钦差总督广东珠池市舶税务兼管盐法太监李凤建"，又对这个说法做了补充论证。④另外，《澳门百科全书》"妈祖阁"条也以另说之形式采录了万

---

① 金国平、吴志良：《澳门与妈祖信仰早期在西方世界的传播——澳门的葡语名称再考》，金国平、吴志良：《过十字门》，澳门：澳门成人教育学会，2004，第73～109页。
② 印光任、张汝霖：《澳门记略》卷上《形势篇（潮汐风候附）》，赵春晨点校，广州：广东高等教育出版社，1988，第2页。
③ 黄文宽：《澳门史钩沉》，澳门：澳门星光出版社，1987，第109页。
④ 谭世宝：《澳门妈祖阁庙的历史考古研究新发现》及其附文《妈祖阁建庙时间的异说探真》，原刊《文化杂志》中文版第29期，1996年冬季刊。此据谭世宝：《澳门历史文化探真》，北京：中华书局，2006，第38～86页。

历三十三年（1605）说。①

此说是近年来较有影响的一种说法，但最近受到了一条新发现史料的挑战。有学者发现了妈阁庙神龛"四街重修"碑记，上款为"万历乙巳岁"，下款为"仲夏吉日立"。②根据这条新的资料，论者推测当是在万历三十三年（1605）五六月，钦差总督广东珠池市舶税务兼管盐法太监李凤与信官王权、梁宗瀚等主持由澳门四街华商出资重建妈阁庙"神山第一"亭（殿）完成。③

（9）16世纪前期说

费成康在《澳门四百年》一书中认为：

> 蠔镜既拥有丰富的水产资源，又拥有两个适合于帆船湾泊的浅水港湾，得天甚厚，渔业生产自然逐渐发展。至迟在16世纪前期，当地居民便建造了奉祀洗礼天妃的天妃庙，即妈阁庙。④

此说可能是受黄文宽的影响，但具体说法略显宽泛。

总之，关于妈祖庙出现的时间，学界还是有较大的分歧的，从目前所见，至少有9种说法。不过，笔者更倾向认同石奕龙提出的妈祖庙是在明景泰三年（1452）至天顺二年（1458）创建这个新的说法，这与澳门妈祖信仰的形成时间大致相同。

三、澳门妈阁庙的重修与改建

从目前掌握的资料来看，澳门妈阁庙曾经有过多次的重修与改建，其中最重要的一次是万历三十三年（1605）的重修。《澳门记略》有关妈阁庙前洋船石的传说，表明澳门妈阁庙的始建者为闽人，其后有广东地方官参与了该庙的

---

① 吴志良、杨允中主编：《澳门百科全书（修订版）》，澳门：澳门基金会，2005，第391页。
② 陈树荣：《澳门妈祖文化的形成及发展——从妈阁庙石殿神龛"万历乙巳四街重修"碑记谈起》，载《妈祖文化研究——第一届妈祖文化研究得奖作品集》，澳门：中华妈祖基金会，2005，第35~39页。
③ 吴志良、汤开建、金国平主编：《澳门编年史》第一卷《明中期（1494~1644）》，广州：广东人民出版社，2009，第302页。
④ 费成康：《澳门四百年》，上海：上海人民出版社，1988，第7页。

重建。万历三十三年（1605）"神山第一"亭（殿）后的神龛背面的石壁上刻字"钦差总督广东珠池市舶税务兼管盐法太监李凤建"，可证李凤参与了妈祖阁"神山第一"亭（殿）的重建，但似乎说明这座庙宇属于官庙性质。不过，也有研究者认为，妈阁庙神龛"四街重修"碑记说明，万历年间重修妈阁庙时虽有广东税监李凤的署名，但主持者实为澳门的四街商人及手工业者。澳门的中国商人将李凤之名署于妈祖阁，是借之震慑葡萄牙人，并非因李凤在重修过程中发挥了重要作用。明代澳门妈阁庙的产权应属于澳门众商及手工业者，其中原籍福建的商人颇多，但它在法律上不属于闽商，而是澳门商人及工人所共有。此外，它不是官庙，官员虽有权在庙内祭祀妈祖，但并不具有所有权。①

有资料证实，在万历三十三年（1605）之后，妈阁庙也有过多次重修和改建。妈阁庙弘仁殿圆殿拱形门的门顶内框刻文"万历乙巳（巳）年德字街众商建，崇祯己巳（巳）年怀德二街重修，大清道光八年岁次戊子仲夏重修"，提示了在崇祯二年（1629）澳门怀、德二街的众商曾经重修过妈阁庙。这可以看作妈阁庙的第二次重修。

在一幅佚名作者于康熙十八年至二十年（1679~1681）绘制的《广东澳门图》上，主要建筑物都清楚绘于图上，其中亦有妈阁庙，最外面是一座牌坊，其后便是一小亭，再后是一大亭，其他建筑不详，作为大型建筑的正觉禅寺没有出现，说明当时可能还没有正觉禅寺。

印光任、张汝霖的《澳门记略》所附《娘妈角图》上不仅有"神山第一"等主体建筑，而且还有洋船石、弘仁殿、观音亭以及正觉禅寺的早期建筑，有学者认为这说明今日的妈阁庙至少在清代乾隆年间已大致定型。②据研究，《澳门记略》的草稿本最初是由印光任于乾隆十年（1745）在澳门同知任内写成，后来他又与接任澳门同知的张汝霖合作，"搜觅遗纸"，"大加增损"，于乾隆十六年（1751）完成书稿，其初刊则最迟应不晚于《四库全书总目》完稿的乾隆四十七年（1782）。③以此推知，可能是在乾隆十六年（1751）以前的某年，妈

---

① 徐晓望：《澳门妈祖阁之正觉禅寺研究》，《澳门研究》2011年第4期，第41~49页。
② 徐晓望：《澳门妈祖阁之正觉禅寺研究》，《澳门研究》2011年第4期，第41~49页。
③ 印光任、张汝霖：《澳门记略》前言，赵春晨点校，广州：广东高等教育出版社，1988，第9页。

阁庙曾经有过一次大的改建。①这可以看作妈阁庙的第三次重修。

从前引妈阁庙弘仁殿圆殿拱形门的门顶内框刻文"大清道光八年岁次戊子仲夏重修"来看，妈阁庙在道光八年（1828）仲夏又有一次重修。这可以看作妈阁庙的第四次重修。

有资料显示，道光九年（1829）妈阁庙又有一次增建活动。据镶嵌于妈阁庙正觉禅寺内第二进屋膳堂内墙壁的、道光九年（1829）赵允菁所撰《重修妈祖阁碑志》：

> 阁之重修亦屡，向无碑志。今复历久蠹蚀，栋宇敝坏，堂房庑溷，俱日就霉腐。又 石殿前余地浅隘，瞻拜杂沓，迹不能容。其由殿侧登观音阁之石径，百尺迂回，层级崎岖，攀陟喘息。非葺修而增广垫筑焉，无以妥神灵而肃观瞻也。爰集议兴工，远近醵金协力，而感恩好义之士，复出厚贶襄助。敝坏霉腐者易之，隘者拓之，崎岖曲折者平之。天光水影，瑞石交辉，栋壁坚牢，美仑美奂。经始于道光戊子年仲夏，迄季冬告成，己丑复增修客堂僧舍，规模式焕，旁为之翼盖（葢）。至是而朝晖夕阴，气象一新矣。②

这个碑志相当重要，说明道光八年的重修工作始于当年仲夏，告成于当年冬季，"敝坏霉腐者易之，隘者拓之，崎岖曲折者平之"，应当是一次较大规模的重修。而次年进行的第五次重修的工作量也不小，"复增修客堂僧舍，规模式焕，旁为之翼盖（葢）"。两次重修之后，妈阁庙"气象一新"，其壮观面貌，在法国画家博尔杰（Auguste Borget）于 1839 年所绘的画作中有清楚地展现。

徐晓望通过将《澳门记略》所附《娘妈角图》与今日的妈阁庙正觉禅寺比较，认为有两个方面的变化：其一，今日的正觉禅寺，在南面大海方向有一座

---

① 有研究者认为，"妈祖庙在嘉庆时由闽籍行商等出资重修，道光九年又由旅居澳门的商人重修"（徐晓望：《明清澳门妈祖庙的续建与澳门华人市区的扩展》，徐晓望、陈衍德：《澳门妈祖文化研究》，澳门：澳门基金会，1998，第112页）。但未提供相应的证据，似不可信。

② 谭世宝：《金石铭刻的澳门史——明清澳门庙宇碑刻钟铭集录研究》，广州：广东人民出版社，2006，第58页。其中之"旁为之翼盖（葢）。至是而朝晖夕阴"，徐晓望引作"旁为之翼。盖至是而朝晖夕阴"，似不确。参见徐晓望：《澳门妈祖阁之正觉禅寺研究》，《澳门研究》2011年第4期，第41~49页。

类似石牌坊的大门，而《澳门记略》附图上的正觉禅寺只有一个向西开的便门；其二，乾隆年间的正觉禅寺，没有中式庙宇必有的飞檐，图中的屋檐与民房一样呈"人"字形，其屋檐形状和旁边"神山第一"等庙宇相比，有很大差异，说明当时"神山第一"旁边建筑不像寺院而更像便房，应当是管理人住处。其被改造为正觉禅寺，应是此后的事情。现正觉禅寺建筑应定型于道光年间。他还据赵允菁所撰《重修妈祖阁碑志》，认为："今正觉禅寺面向大海的大门建于乾隆、道光年间，而且很可能建于道光己丑年（1829）"，"正觉禅寺只是清代中叶的建筑，而其最早是澳门天妃庙的附属建筑，后才被改造为禅寺"。① 其说有一些值得商榷的地方：其一，作者用词不够严谨，既然认为《澳门记略》附图上已有"正觉禅寺"，同时又说："正觉禅寺只是清代中叶的建筑，而其最早是澳门天妃庙的附属建筑，后才被改造为禅寺"；其二，作者没有注意到《重修妈祖阁碑志》所记妈阁庙在道光八年（1828）仲夏重修之事。实际上，如果确实如徐晓望所说，乾隆年间今正觉禅寺所在的位置只有一座供管理人居住的"便房"（此建筑不能称为"正觉禅寺"，《澳门记略》附图上其实也无此禅寺之名称）的话，那么"今正觉禅寺面向大海的大门"很有可能是建于道光八年（1828）仲夏至当年冬季，而不是次年。因为，道光八年（1828）仲夏至当年冬季的重修工作已经涉及"敞坏霉病者易之，隘者拓之，崎岖曲折者平之"，并且初步达到了"天光水影，瑞石交辉，栋壁坚牢，美仑美奂"的重修效果，而次年的重修大致可看作是一次增修，只是"复增修客堂僧舍，规模式焕，旁为之翼盖"，不一定涉及正觉禅寺大门的移向问题。王文达考证说："妈祖阁之创建，向无碑志记载，其古几不可考，但据传说初为海觉寺，只得半山上之一所弘仁殿，庙前山麓已是海滨，故进香出入，均由后山奚（蹊）径，嗣因香火渐盛，殿小莫容，乃增建海滨入门之石殿。最后重修时，更扩筑内座之大殿。三座神殿俱祀天后，不知其递次增建者，每以为奇也。又建客堂僧舍，筑祀坛园林，自是迴栏曲径，钓台转杆及观音阁等，俱备矣。"其中之石殿即妈祖阁入门之一座殿宇，包括庙门及牌坊，石殿额勒"神山第一"四字，而大殿即妈祖阁之正座，"在石殿之左方，殿中供奉天皇神像，大殿正面向澳处，飞檐画壁，中开圆窗，外楣勒'万派朝宗'……大殿之

---

① 徐晓望：《澳门妈祖阁之正觉禅寺研究》，《澳门研究》2011年第4期，第41~49页。

门傍启，侧向天阶，门楣上刻有'正觉禅林'横额，盖内进便是禅堂僧舍，为澳门三大禅院之一"，"大殿兴建于清朝宣宗道光八年戊子（1828），初建时尚未填筑钓台雕栏者，不过梵门钟鼓，较具规模耳，并请名僧景曦和尚，建此道场，遂称为正觉禅林"。①所说大致可信。

值得特别注意的是，妈阁庙在道光八年（1828）重修和道光九年（1829）增建之后，又经过数十年，栋宇日渐残旧，同治十三年（1874）八月又遭遇澳门亘古未有之大风灾，正拟修葺，事犹未举，光绪元年（1875）再遭风灾，于是复有第六次重修活动。镶嵌于妈阁庙正觉禅寺内第三进屋的原漳泉义学堂内右墙壁上光绪三年（1878）住持僧善耕所撰《重修妈祖阁碑记》对此有详细记载：

> ……溯自道光戊子重修，迄今已四十余年矣。椽题业已凋残，垣墙因而朽败，幸犹不至倒塌，勉强尚可支持。迄至同治甲戌十三年八月，忽遭风飓为灾，海水泛滥，头门既已倾跌，牌坊亦得摧残，瓦石飘零，旗杆断折。斯时正拟修葺，事犹未举，复于光绪乙亥元年四月，叠罹风患。以至圣殿摧颓，禅堂零落。若不亟行兴复，何以答神庥而明禋祀！爰集同人，共勷厥事。用是开捐，重修神殿，采买外地，增建客堂，筑石栏于平台，砌石墙于阁上。复旗杆则规模壮丽，修祀坛而灵爽式凭。余则花园僧舍，厨灶厅房，或创新模，或仍旧贯，靡不精详措置，广狭适宜。从乙亥而经始，迄于丁丑而落成焉。今者庙貌维新，人心允协，鞏飞鸟革，何殊太液琳宫；画栋雕梁，不啻琼林玉宇。将见凤阙辉煌，妥神灵而崇祀事；螭廷焕彩，穀士女而惠群黎。岂徒以博观瞻，正欲垂诸永久。爰弁数语，告厥成功。是为序。②

根据上述碑文，王文达得出的结论是，同治十三年（1874）、光绪初年迭遭风灾之后，闽潮人士"再于光绪三年丁丑（1877），更重修而光大之，筑钓

---

① 王文达：《澳门掌故》，澳门：澳门教育出版社，1999，第34~35页。按，此书第35页也引用了赵允菁所撰《重修妈祖阁碑志》的相关文字以为证据，但其中的"旁为之翼盖"引作"边为之翼盆"，似有误。

② 谭世宝：《金石铭刻的澳门史——明清澳门庙宇碑刻钟铭集录研究》，广州：广东人民出版社，2006，第58页。其中之"丁丑"，王文达《澳门掌故》第37页引文作"丁亥"，误。

台，建堂舍，嗣是瑰丽逾昔，而流传至今"。①其实，碑文中明确说此次重修工程是"从乙亥而经始，迄于丁丑而落成焉"，可见是一项跨三个年头的工程，也就是说，澳门妈阁庙第五次重修的具体时间应当在光绪元年至三年（1875～1877）。这次重修当是目前所见妈阁庙历史上历时最长的一次重修，工程量之大可想而知。今天我们见到的妈阁庙建筑群的主要建筑就是这次修建流传下来的。

不过，有资料显示，1988年2月8日凌晨，妈阁庙经历一次大火，天后殿全殿被焚毁，连一个高近六尺的有两百余年历史的铜钟亦被猛火烧熔，只剩下吊挂巨钟的铁钩，但木制的天后神像除被熏黑外竟丝毫无损，信者以为天后显灵，自此香火更盛。②后经澳门文化学会拨款重建，妈阁庙现为钢筋混凝土仿古建筑。③这是最近的一次重修，可视为澳门妈阁庙历史上的第七次重修。

四、妈祖信仰在澳门的空间扩展

除了妈阁庙以外，澳门地区还有七处崇拜妈祖的庙宇，可据以研究妈祖信仰在澳门的空间扩展情况。

关于澳门地区妈祖庙的分布情况，郑炜明较早进行过研究，他认为澳门自明代以来共有八处崇祀天后的庙宇，除妈阁庙外，澳门半岛另有望厦康真君庙内天后圣母殿、渔翁街马交石天后古庙和莲峰庙内天后殿（遗漏了望厦普济禅院内天后宫），氹仔岛则有市区天后宫和卓家村关帝天后古庙（遗漏了路环岛的天后宫）。④后来徐晓望、许政、黄鸿钊等也对相关庙宇进行了系统研究。兹据诸家之论述，参考相关资料，分别略作考证如下。

1. 莲峰庙内天后殿

郑炜明认为其建成于康熙六十一年（1722），有罗复晋于雍正元年

---

① 王文达：《澳门掌故》，澳门：澳门教育出版社，1999，第336页。
② 郑炜明、黄启臣：《澳门宗教》，澳门：澳门基金会，1994，第7页。
③ 许政：《澳门宗教建筑》，北京：中国电力出版社，2008，第94页。
④ 郑炜明、黄启臣：《澳门宗教》，澳门：澳门基金会，1994，第7页。

（1723）撰的《莲峰山慈护宫序》为证。①莲峰庙是与妈祖阁、观音堂并称的澳门三大庙之一，最早是妈祖庙，而后发展为庞大的道教庙群，其创建亦在明代，今庙内有一块"万历岁次壬寅年"即万历三十年（1602）"创建值理崔吟翰敬奉"的"中外流恩"匾额。据梅士敏的说法，万历三十年（1602）"这个年份，只是立匾的年份，据史料记载，莲峰庙初时因陋就简创设于1592年，迄今已近四百年，虽比妈阁庙迟建近百年，比观音堂则早建三十五年，比已遭焚毁的大三巴教堂也早建廿多年"。②徐晓望引用了这个说法（但将提出者误作陈树荣），认为"莲峰庙的创建还可以向前推十年——即万历二十年（1592）。当时葡萄牙人已在澳门经营了几十年，澳门已成为联络亚洲与欧洲的重要港口，在澳门云集的华人也达到数千人，再盖一座妈祖庙是很有必要的"③。章文钦、许政同样也采用了1592年说。④

不过，谭世宝认为"此匾实为一伪造疑点甚多的孤证，因为庙内所有金、石、木刻都是清代的，独有此匾是明代的，不可思议"，所以他据《鼎建纪事碑·莲蓬（峰）山慈护宫序》中所提供的"岁在壬寅，澳中诸君数十辈，偶集于入澳之莲蓬山，谋建庙于侧，以为二圣香火"等相关信息，认为"该庙鼎建筹划于康熙六十一壬寅之岁（1772），完全是在莲蓬山脚侧选一新址，劈山裂石而开基创建的"。⑤这个说法，似更有说服力。

莲峰庙相对于妈阁庙来说是后来新修之庙，所以又被称为"娘妈新庙"，简称"新庙"。⑥这座庙宇是粤人所建，它与闽人所建的妈阁庙分据澳门南北，

---

① 郑炜明、黄启臣：《澳门宗教》，澳门：澳门基金会，1994，第7页。
② 梅士敏：《林则徐驻节的莲峰庙》，见陈树荣、黄汉强主编：《林则徐与澳门》，澳门：纪念林则徐巡阅澳门一百五十周年学术研讨会筹备会，1990，第329页。其中之"崔吟翰"，梅文引作"雀吟翰"，徐晓望引作"崔泠翰"（徐晓望：《明清澳门妈祖庙的续建与澳门华人市区的扩展》，徐晓望、陈衍德：《澳门妈祖文化研究》，澳门：澳门基金会，1998，第109页），均误。
③ 徐晓望：《明清澳门妈祖庙的续建与澳门华人市区的扩展》，徐晓望、陈衍德：《澳门妈祖文化研究》，澳门：澳门基金会，1998，第109页。
④ 章文钦：《澳门妈祖阁与中国妈祖文化》，氏著：《澳门历史文化》，北京：中华书局，1999，第427页；许政：《澳门宗教建筑》，北京：中国电力出版社，2008，第118页。
⑤ 谭世宝：《澳门三大古禅院之历史源流新探》，见氏著：《澳门历史文化探真》，北京：中华书局，2006，第312～358页。
⑥ 印光任、张汝霖：《澳门记略》所附《县丞衙署图》中作"娘妈新庙"，《正面澳门图》、《侧面澳门图》中作"新庙"，赵春晨点校，广州：广东高等教育出版社，1988，第106、109、110页。

遥相呼应，反映了华商影响的扩展。①此庙建成之后，官方也参与了管理，故其亦具有官庙性质。因为该庙靠近关闸，故曾被葡人称为"关闸庙"。中国官商共建此庙于关闸附近，当与明代建天妃庙于内港入口处之原因相同，首先是为了满足官方祭祀的需要，其次是要为赴澳公干的官员提供行馆。而其时妈阁庙已完全成为一座私庙，要有一座新庙为官商公私服务。该庙位于从陆路进出澳门半岛的唯一通道——莲花茎关闸口之前，又位于由香山石岐至澳门半岛的望厦汛口码头之后，与清代设置的望厦汛口兵营相近，所以是处于连接香山县城与澳门半岛的官商往来的水陆要津，显然是很适合建官庙之要求的。嘉庆二十三年（1818）九月，广州澳门军民府官员李璋、钟英联衔发立告示碑，强调"澳外关内莲峰神庙，系合澳奉祀香火，又为各大宪按临驻节之公所"。道光十九年七月二十六日（1839年9月3日），钦差大臣林则徐会同两广总督邓廷桢率领香山县等地方官员巡阅澳门，过关闸即先到莲峰庙关帝殿进香，然后在庙内传见葡人头目，宣示朝廷之恩威。直到道光二十三年（1843）香山县县丞张裕告示，仍然强调"莲峰庙为阖澳香火，旁建客厅以备各大宪遥临驿之区"。该庙前广场上至今仍存有道光十八年（1838）香山知县三福、县丞彭邦晦竖立的两座旗杆的础石。②

2. 望厦康真君庙内天后圣母殿

郑炜明认为其建成于乾隆五十七年（1792）前，有光绪八年（1882）《重修天后康真君庙碑记》③为证。按，《重修天后康真君庙碑记》当做《重修天后康真君两庙碑记》，镶嵌于今美副将大马路望厦街坊会旁的康真君庙旧址的天后殿壁，年代为光绪元年（1875），碑文残损严重，所能提供的信息十分有限，幸赖该庙尚存之清乾隆五十七年（1792）钟，可断言其创建于此年或此前。④

---

① 徐晓望：《明清澳门妈祖庙的续建与澳门华人市区的扩展》，徐晓望、陈衍德：《澳门妈祖文化研究》，澳门：澳门基金会，1998，第110页。
② 谭世宝：《澳门三大古禅院之历史源流新探》，见氏著：《澳门历史文化探真》，北京：中华书局，2006，第312~358页。
③ 郑炜明、黄启臣：《澳门宗教》，澳门：澳门基金会，1994，第7页。
④ 谭世宝：《金石铭刻的澳门史——明清澳门庙宇碑刻钟铭集录研究》，广州：广东人民出版社，2006，第294页。

3. 望厦普济禅院内天后庙

对于此庙，黄鸿钊的相关著作失载。① 姜伯勤认为澳门普济禅院"是由明代民间信仰观音的庵堂生成而来"，其依据是寺旁祀坛石上刻有"天启七年（1627）七月吉日立"。另有重修祀坛石碑刻有"澳门望厦村之观音堂，创自明末天启年间"字样。② 不过，谭世宝通过对现存于普济禅院内的崇祯五年（1632）的原望厦观音堂重达五百斤的古钟铭之研究推断，原望厦观音堂之鼎建当在此年。③ 徐晓望也认为普济禅院在民间称为观音堂，出现于明末，但又论述说："闽粤人之间的竞争，使他们隐然自成团体，并各自以庙宇为中心组合，这就导致了不同妈祖庙的出现。清代当地出现二座不同的妈祖庙，一座是在普济禅院观音堂的左侧，一座是在康公庙内"，分别为闽人和粤人所建。④ 按观音堂所附天后庙可能要晚于观音堂的主庙，其天后庙内有"嘉庆岁次丁丑仲冬谷旦"之楹联，说明此天后庙至迟在嘉庆二十二年（1817）就已存在。

4. 渔翁街马交石天后古庙

此庙又称地母庙，郑炜明认为建成于同治四年（1865），庙内有1987年《天后古庙重修碑记》，并据此碑所言，推测此庙可能为澳门最古之天后庙，又以此证明"澳门自明以来即为一妈祖信仰圈"⑤。另据许政考证，此庙依山滨海，建于清同治四年（1865），由居士黄文海募款建成。⑥ 徐晓望也持类似看法，但指出"该庙位于望厦村东面海滨，原为渔民所居之地，相传其地原有一天后神龛，不知起源于何时"，并认为"这座是澳门最后一个建立的妈祖庙，它的出现，说明当时妈祖信仰还在发展"。⑦ 按此庙殿内同治四年挂钟铭文中的

---

① 黄鸿钊：《澳门海洋文化的发展和影响》，广州：广东人民出版社，2010，第56~57页。
② 姜伯勤：《石濂大汕与澳门禅史——清初岭南禅学史研究初编》，上海：学林出版社，1999，第7页。
③ 谭世宝：《金石铭刻的澳门史——明清澳门庙宇碑刻钟铭集录研究》，广州：广东人民出版社，2006，第104页。
④ 徐晓望：《明清澳门妈祖庙的续建与澳门华人市区的扩展》，徐晓望、陈衍德：《澳门妈祖文化研究》，澳门：澳门基金会，1998，第114页。
⑤ 郑炜明、黄启臣：《澳门宗教》，澳门：澳门基金会，1994，第7页。
⑥ 许政：《澳门宗教建筑》，北京：中国电力出版社，2008，第98页。
⑦ 徐晓望：《明清澳门妈祖庙的续建与澳门华人市区的扩展》，徐晓望、陈衍德：《澳门妈祖文化研究》，澳门：澳门基金会，1998，第117页。

"佛山信昌敬立"字样①，说明是一座粤人所建的天后庙。

5. 氹仔卓家村关帝天后古庙

位于卓家村天津街。郑炜明认为创建于康熙十六年（1677），但无相关考证。②据镶嵌于今关帝天后古庙的天后殿右侧墙壁光绪七年（1881）季冬重修值事卓文盛所撰的《重修关帝天后古庙捐签碑记》，此庙"创建于康熙之年"。③可知此庙始建于康熙年间（1662～1722）。另据徐晓望研究，光绪七年《重修关帝天后古庙捐签碑记》中有"稽其谱系，闽省灵种"一句话，从其强调天后信仰起源于闽来看，"可能与其信徒中多闽人有关"，不过"在古代，卓家村还是农民的定居点，有许多珠江三角洲一带的农民前来垦殖沙田，他们多为广东人。以故，在卓家村天后宫内保存的光绪七年中的碑文里，有黎姓、冼姓、卢姓等广东特色的姓氏出现，而这些姓氏在福建或者没有，或者很少，所以，这些天后宫的捐献者中，有许多广东人。但是很明显的是：这座庙宇不像澳门的妈祖庙，地域特色较浓，更多的显示闽粤融合的风格"④。

6. 氹仔市区天后宫

位于巴波沙总督马路。郑炜明认为创建于乾隆五十年（1785）前，但无相关考证。⑤按庙内有钟，上铸铭文："龙头湾天后宫，乾隆五十年置，万德老炉造。"⑥可证此说大致不误。庙内祀匾写有"赤湾娘妈天后元君"，赤湾天后宫位于深圳蛇口，是岭南三大天后宫之一，有人据此推测，"该庙应是粤人所建，并从赤湾分香"⑦。

7. 路环岛天后宫

又称天后古庙，位于民国马路旁的天后庙前地。民国十六年（1927）《重

---

① 谭世宝：《金石铭刻的澳门史——明清澳门庙宇碑刻钟铭集录研究》，广州：广东人民出版社，2006，第250页。
② 郑炜明、黄启臣：《澳门宗教》，澳门：澳门基金会，1994，第7页。
③ 谭世宝：《金石铭刻的氹仔九澳史——清代氹仔九澳庙宇碑刻钟铭等集录研究》，广州：广东人民出版社，2011，第55页。
④ 徐晓望：《明清澳门妈祖庙的续建与澳门华人市区的扩展》，徐晓望、陈衍德：《澳门妈祖文化研究》，澳门：澳门基金会，1998，第119页。
⑤ 郑炜明、黄启臣：《澳门宗教》，澳门：澳门基金会，1994，第7页。
⑥ 郑炜明：《葡占氹仔、路环岛碑铭楹匾汇编》，香港：加略山房有限公司，1993，第20页。
⑦ 徐晓望：《明清澳门妈祖庙的续建与澳门华人市区的扩展》，徐晓望、陈衍德：《澳门妈祖文化研究》，澳门：澳门基金会，1998，第120页。

修天后圣母古庙碑记》云"本庙创建于康熙十六年",可知此庙始建于 1677 年,"是本岛中最古老而又最大型的官庙"。①在清代前期路环有不少来自闽粤交界处的畲族,就地垦荒,凿山取石,"该庙的扩展,显然与畲族的到来有关"②。不过,也有学者认为,妈祖在清康熙二十三年(1684)首次被加封为"护国庇民昭灵显应仁慈天后",称作"天后"的妈祖庙始建于 1684 年以后,所以,"路环的天后古庙应该创建于 1684 年以后"。③

另外,据徐晓望 1995 年 12 月实地调查,"望厦的观音古庙原为粤人所建,历史悠久,现在清同治年间的《重修观音古庙碑记》,该庙观音像的左侧塑有一小型的天后像,应当为重修后的作品。古观音右侧,尚存有清光绪年间的《倡建城隍庙碑记》,此庙也是在晚清时扩建"。④据镶嵌于今美副将大马路观音古庙观音殿壁、吴应扬同治六年(1867)冬撰文、光绪二年(1876)刊石的《重修观音古庙碑志》,此庙之重修"经始于同治丁卯之春,告成于是年腊用。中奉慈菩萨,左奉吕祖先师及财帛星君,右奉金花、痘母两夫人"⑤,并无天后像。今所见天后像当是晚近所置,又属于小型神像,所以暂不将观音古庙列入崇拜妈祖的庙宇之中。河边新街福德祠也供奉天后娘娘⑥,但估计也是晚近的事情,同样不将其列入崇拜妈祖的庙宇之中。

通过上面的考证可知,澳门地区实际上共有八座崇拜妈祖的庙宇,其中澳门半岛除了半岛南端始建于明景泰三年(1452)至天顺二年(1458)的妈阁庙以外,半岛北部还有四座,分别是始建于康熙六十一年(1722)的莲峰庙内天后殿、始建于乾隆五十七年(1792)前的望厦康真君庙内天后圣母殿、始建于嘉庆二十二年(1817)以前的望厦普济禅院内天后宫和始建于同治四年(1865)的渔翁街马交石天后古庙;氹仔岛有两座,分别

---

① 谭世宝:《金石铭刻的氹仔九澳史——清代氹仔九澳庙宇碑刻钟铭等集录研究》,广州:广东人民出版社,2011,第 169 页。
② 徐晓望:《明清澳门妈祖庙的续建与澳门华人市区的扩展》,徐晓望、陈衍德:《澳门妈祖文化研究》,澳门:澳门基金会,1998,第 119 页。
③ 许政:《澳门宗教建筑》,北京:中国电力出版社,2008,第 97 页。
④ 徐晓望:《明清澳门妈祖庙的续建与澳门华人市区的扩展》,徐晓望、陈衍德:《澳门妈祖文化研究》,澳门:澳门基金会,1998,第 117 页。
⑤ 谭世宝:《金石铭刻的澳门史——明清澳门庙宇碑刻钟铭集录研究》,广州:广东人民出版社,2006,第 329 页。
⑥ 童乔慧:《澳门土地神庙研究》,广州:广东人民出版社,2010,第 128 页。

是始建于康熙年间（1662～1722）的卓家村关帝天后古庙和乾隆五十年（1785）前的氹仔市区天后宫；路环岛有一座，即始建于康熙十六年（1677）的天后宫。

如果从始建年代上进一步分析，可知在明代，澳门地区只有妈阁庙这一座崇拜妈祖的庙宇，其他七座均始建于清代，其中又有五座始建于康熙、乾隆时期，这说明妈祖信仰是在清初才开始向澳门半岛北部、氹仔岛和路环岛扩展的，郑炜明"澳门自明以来即为一妈祖信仰圈"的说法有值得商榷之处。澳门地区的妈祖信仰圈应当是在康熙、乾隆之际才形成的。

澳门妈祖信仰的空间扩展，实际上是与当地华人活动区域的扩展相吻合的。澳门半岛除了半岛南端在明景泰三年（1452）至天顺二年（1458）就已出现了的妈阁庙，已被学者证实是与福建商人的活动有关；而始建于康熙六十一年（1722）位于半岛北端的莲峰庙则是广东商民所建；始建于乾隆五十七年（1792）前的望厦康真君庙内天后圣母殿与始建于嘉庆二十二年（1817）以前的望厦普济禅院内天后庙，也分别是粤人和闽人所建；始建于同治四年（1865）的渔翁街马交石天后古庙也是粤人所建。清代所建澳门半岛的四座妈祖庙主要位于北部望厦及其附近一带，很显然是当地华人社区尤其是广东华人社区的逐渐成长、壮大的必然结果。至于氹仔岛、路环岛的三座，也都是在康熙、乾隆年间由闽、粤两地的移民所建，这说明两个离岛的市区建设虽然从清代后期才起步，但农业、渔业等的开发历史却是相当悠久的，并在清代前期就与半岛地区共同形成了澳门地区的妈祖信仰圈。

五、澳门妈祖信仰与中西宗教交融

多元文化共存是澳门海洋文化的重要特点之一，澳门的宗教信仰和传播也体现着"多元、共融"的特性。黄鸿钊分析其原因主要有三个方面：其一是多神观的中国人向来采取宗教宽容态度；其二是经过16世纪宗教改革运动以后，天主教的宗教专制主义和排挤打击异教的做法已经有所改变，对不同的宗教信仰也比较宽容了；其三是为了维护这个早期贸易港口的地位，也必须保护宗教文化自由。①不过，澳门宗教的"多元、共融"的特性，不单是指各主要宗教及教派的"安然相处"，其相互间的交融同样也是重要的方面。澳门妈祖信仰在其扩展的过程中，就存在与中西方诸种宗教交融的情况。这至少在两个方面都有明显的反应：其一是妈祖信仰与佛教、道教的交融，其二是妈祖信仰与天主教的交融。

1. 妈祖信仰与佛教、道教的交融

从目前掌握的史料来看，妈祖信仰应当是澳门最早兴起的宗教信仰。不过，自明景泰三年（1452）至天顺二年（1458）创建妈阁庙以来，佛教、道教也在澳门逐渐兴盛，基于佛、道二教神明在民众间的巨大影响力，妈祖信仰与本土佛教、道教的交融就成为澳门妈祖信仰本土化的一个重要特色。

佛教本属于外来宗教，但传入中国南方社会以后，也促进了当地神明的重塑。妈祖是南方民众创造的一个新的神明，但由于她所属的巫教原来属于佛教密宗的瑜珈教，其神性明显不同于传统的精灵鬼怪，而是更接近于佛教神明的性格，因此，早期的妈祖信仰就已具有佛教的性质，其中一个明显的证据便是妈祖崇拜与观音崇拜有极为密切的关系。元人黄仲元就说："妃族林氏，湄洲故家有祠，即姑射神人之处子也。泉南、楚越、淮浙、川峡、海岛，在在奉尝；即普陀大士千亿化身也。"②在早期的妈祖庙中，大都有专门的观音殿，并有僧人祭祀。例如，宋代泉州浯浦妈祖庙、元代镇江灵惠妃高庙、天津大直沽天妃宫与小直沽天妃宫、明清福建莆田湄洲妈祖庙等，莫不如此。③澳门八座与妈祖崇拜有关的神庙，大的天后宫如妈祖阁、莲峰庙，都有专门的观音阁或观音殿，其他较小的天后宫也有观音的神龛或坐像。

妈祖阁在明代为一典型的官商共建的具有官方性质的天妃庙。在清代以后，庙产渐为民间世俗人士为主的社团所拥有，实际管理庙宇的为民间人士，礼聘以南禅大汕一系为主的澳门普济禅院的禅僧为兼任住持。因此演化为一座天妃（天后、妈祖）与观音菩萨、土地神与阿弥陀佛等共处并存的禅林。④此

---

① 黄鸿钊：《澳门海洋文化的发展和影响》，广州：广东人民出版社，2010，第120~121页。
② 黄仲元：《四如集》卷二《圣墩顺济祖庙新建蕃厘殿记》，文渊阁四库全书本，台北："商务印书馆"，1982，第28页。
③ 徐晓望：《妈祖信仰史研究》，福州：海风出版社，2007，第263~265页。
④ 谭世宝：《澳门三大古禅院之历史源流新探》，见氏著：《澳门历史文化探真》，北京：中华书局，2006，第312~358页。

庙在清代被改造为正觉禅林后，由僧人管理，与大陆与台湾地区的天妃庙是一样的。不过，正觉禅林与正规的寺院不大一样，其正殿供奉的是妈祖而不是佛祖，对佛教神明的祭祀，反而被放在一旁。五四新文化运动以来，民间天妃庙宇纷纷脱离与佛教、儒教的关系，只剩下与道教的关系还得以维持，正是在这一背景下，国人开始认为妈祖是道教的神灵，其后，不论是大陆还是台湾，多数地区的妈祖庙都由道士管理，只有澳门的妈祖庙仍由僧人管理。①

莲峰庙的情况略有不同。据《澳门记略》所记，"出闸经莲花山，下有天妃庙"②，表明清前期的莲峰庙是一座天妃庙。但另据罗复晋于雍正元年（1723）撰的《鼎建纪事碑·莲蓬（峰）山慈护宫序》之碑文所记："岁在壬寅，澳中诸君数十辈，偶集于入澳之莲蓬山，谋建庙于侧，以为二圣香火。……其外为天后殿，其内为观音殿，其后为无祀殿，其左为社、为客堂、为僧舍，统曰慈护宫。"③可知此庙本名为慈护宫，祭祀的是观音、天后"二圣"。宫名中所谓"慈"指大慈大悲的观世音菩萨，"护"指护国庇民的天后娘娘。结合此庙"其外为天后殿，其内为观音殿"的安排，可知祭祀的神明是包括观音和天后的，从宫名与对宫中神明的安排来看，观音的地位似更重要一些。《澳门记略》仅记作"天妃庙"，未作其他说明，可能是没有注意到庙中观音像与天后像的差别。莲峰庙后来曾经过多次重修，据乾隆十七年（1752）卢文起撰《重修观音殿碑记·观音大士殿宇记》中说，此年因"观音殿木蠹为灾，墙垣剥落"，"澳门罗君三锡等乐布黄金，鸠良工，聚木石，修故址，复旧观"④；据嘉庆六年（1801）何昶所撰《重修莲峰庙题名碑记》，此年重修之后，庙宇规模与空间格局均发生了较大的变化："天后殿居前，中为观音殿，后文昌阁，左关帝殿，右仁寿殿。堂皇而深，壮丽而固，瑰伟绝特，较前倍之。"⑤后来又在奉祀神农的仁寿殿后增建仓颉和沮诵殿，在其后座增建金花和

---

① 徐晓望：《澳门妈祖阁之正觉禅寺研究》，《澳门研究》2011年第4期，第41～49页。
② 印光任、张汝霖：《澳门记略》卷上《形势篇（潮汐风候附）》，赵春晨点校，广州：广东高等教育出版社，1988，第2页。
③ 谭世宝：《金石铭刻的澳门史——明清澳门庙宇碑刻钟铭集录研究》，广州：广东人民出版社，2006，第120～121页。
④ 谭世宝：《金石铭刻的澳门史——明清澳门庙宇碑刻钟铭集录研究》，广州：广东人民出版社，2006，第132页。
⑤ 谭世宝：《金石铭刻的澳门史——明清澳门庙宇碑刻钟铭集录研究》，广州：广东人民出版社，2006，第145页。

痘母殿，但是嘉庆六年（1801）重修的基本结构都保存了下来。此庙原具官方性质，自从 1849 年居澳葡人驱逐清朝官员，侵占整个澳门半岛之后，该庙就失去了中国官方的成分。自 1924 年澳葡政府实行澳门社团法例后，澳门众多的中国庙宇包括莲峰庙在内大都改由值理会主管。而主管莲峰庙的澳门莲峰慈善值理会，是以在家人为多数而且是在家人任主席的，所以此庙现在是既有僧人住持，又有在家人管理的众多神、佛合一庙宇。莲峰庙殿堂之多，祀奉神灵之多，在全澳是仅有的，是佛教与官方及民间宗教的"各种神祇大汇合的典型"①。

在澳门地区妈祖信仰与佛教的交融方面，观音堂配祀天妃、宫装观音之现象也值得一提。澳门多妈祖庙，亦有许多观音堂，如普济禅院（观音堂）、望厦古观音堂、氹仔观音岩等，都是以观音为主神的庙宇。其中普济禅院作为中国南方保存最完好的禅宗寺院之一，其内部最重要的殿堂却是观音殿，所以又被称为观音堂。从普济禅院的平面布局来看，经过清代以来的陆续扩建，最终形成了三路三进的殿宇，主轴线由南至北，除山门外，依次是大雄宝殿、长寿殿和观音殿，东面的主要配殿依次是关帝殿、大客堂和檀越堂，西面的主要配殿依次是天后殿、地藏殿和祖师堂。②观音堂广泛存在于澳门华人社会，但澳门的观音崇拜还有一个特殊情况，就是除了普济禅院（观音堂）大悲殿的一座观音像是我们熟悉的菩萨装束以外，其余的观音都是穿着凤冠霞帔，穿着宫装——与人们熟悉的妈祖形象一致。澳门的妈祖崇拜早于观音崇拜，澳门最早的庙宇是妈祖庙也说明了这一点。如果确定了这一点，那么，澳门的观音被塑造成宫装贵妇，便不是不可理解的了。由于澳门的妈祖在当地已扎下了根，而且妈祖的神性又与观音相近，当地百姓便以自己所熟悉的形象去塑造观音，这样，观音便不能不是与妈祖同一个形态——身着凤冠霞帔的宫装。具体地说，这一过程应当始于妈祖阁，妈祖庙附设观音堂，这是一个流传很广的习惯。从神像的塑造来看，澳门多数观音的塑造都与妈祖相同，反映了长时期来澳门对妈祖与观音形象的认同，这种文化氛围一直延续至今，培育了今日澳门的观音

---

① 谭世宝：《澳门三大古禅院之历史源流新探》，见氏著：《澳门历史文化探真》，北京：中华书局，2006，第 312~358 页。
② 许政：《澳门宗教建筑》，北京：中国电力出版社，2008，第 109~114 页。

形象。①

至于妈祖信仰与道教的交融，也有较多的证据。如前所述，妈祖阁在清代以后，演化为一座天妃（天后、妈祖）与观音菩萨、土地神与阿弥陀佛等共处并存的禅林，说明已包括了道教的成分。莲峰庙几经重修扩建，在嘉庆六年（1801）重修之后，庙宇规模与空间格局均发生了较大的变化，先后增加文昌阁、关帝殿、仁寿殿、仓颉和沮诵殿、金花和痘母殿，虽然由僧人住持、在家人管理，但很明显道教的比重相当大。望厦康真君庙内天后圣母殿、氹仔卓家村关帝天后古庙，同样也是妈祖信仰与道教交融的产物。

路环天后宫（天后古庙）更是澳门地区妈祖信仰与道教交融的典型庙宇。此庙创建于清康熙年间，分别在乾隆十八年（1753）、道光二十八年（1842）和同治元年（1862）重修，1963年和1984年再次大修。目前呈现的建筑为三开间硬山建筑，正殿供奉天后，康公和洪圣分列左右。左配殿以关帝为主神，财帛星君和社稷大王相伴；右配殿以财帛星君为主神，鲁班先师和华佗先师相伴。②从整体建筑布局而言，很明显是妈祖信仰与道教相融合的一座庙宇。

总的来看，澳门妈祖信仰与佛教、道教的交融，通常表现为佛、道、俗神共聚一堂，这虽然使佛教、道教以及妈祖信仰不断普及，但是在世俗化的过程中，信仰的纯洁性和严肃性也在不断减退，追溯其原因，应该在于澳门人对待信仰所持有的实用主义态度。③

2. 妈祖信仰与基督教的交融

澳门半岛自明中叶开埠以来，半岛中南部的澳城一带，即为葡萄牙人所租居，鸦片战争以后，葡人更将势力范围逐渐扩展半岛北部和离岛地区。因此，澳门地区深受西方宗教尤其是天主教的影响。在葡人势力向半岛北部和离岛地区扩展之际，妈祖信仰与天主教的交融自然不可避免。

澳门的妈阁庙位于澳门半岛西南部的妈阁街上，背山面水，依崖构筑，其布局非如一般寺院的布局型制，而是采用因地制宜的依山滨海格局。早期

---

① 徐晓望：《澳门的妈祖与宫装观音》，徐晓望、陈衍德：《澳门妈祖文化研究》，澳门：澳门基金会，1998，第159~167页。
② 许政：《澳门宗教建筑》，北京：中国电力出版社，2008，第97页。
③ 刘先觉、陈泽成主编：《澳门建筑文化遗产》，南京：东南大学出版社，2005，第65~66页。

寺庙前面可以停船，潮水漫到海镜石下面，香客要由后山的小径迂回跋涉，才能进入庙宇。清道光年间，英国画家钱纳利（George Chinnery）描绘的烟波浩渺的妈阁庙美景，成为那个时代的历史凭证。今天妈阁庙前面的宽广空间是近代填海的结果。广场与寺庙的关系类似教堂和前地，颇具葡萄牙风情。以葡国小石子铺装的波浪形图案，暗示妈祖信仰来自大海，这是近代建筑设计手法。①

位于澳门外港入口处的天后古庙，建在渔翁街马交石小山丘上。此庙依山滨海，建于清同治四年（1865），由居士黄文海募款建成。由于创建之时，葡人势力已扩展到澳门半岛北部华人居住区，此庙的风格也受到了西方宗教文化的影响。入口的月形大门混合东西方特色，体现澳门文化的兼容性。②

以上两例都反映澳门妈祖信仰受到了西方宗教的影响。路环岛圣方济各堂有一幅《天后圣母像》，则反映了西方宗教在澳门的传播过程中也受到了妈祖信仰的影响。圣方济各堂位于路环计旦奴街，建于 1928 年。教堂为白色正门，有椭圆形窗户及一座钟楼，教堂前有一座纪念碑，为纪念澳门居民 1910 年战胜海盗一役而立。教堂内设有一银色骨箱，系 1978 年移入，箱内盛有圣方济各遗骸。圣方济各在 400 多年前跟随传教士自日本到达中国南部沿海地区，1552 年于澳门附近逝世。教堂内还存有 1835 年大三巴火灾后所留下的 59 位日本籍、14 位越南籍死者的遗骸。③澳门作为远东天主教传教中心，圣方济各是其极为重视的传奇人物。在澳门的教堂里，一直保存着圣方济各的遗骸。清末，澳葡政府将其管辖权扩展及路环岛，于是后来便有教会人士在与圣方济各逝世地三灶岛隔海相望的路环岛建起一座教堂，来纪念圣方济各。不过，据徐晓望在 1995 年实地调研后，发现路环岛圣方济各堂有一幅《天后圣母像》，大为震惊。因为这位圣母竟然是一位气度雍容华贵的古代女性，身着红色斜襟相掩的上衣与黄色宫裙，大袖飘飘欲飞，左手抱着一个穿着中式服装的幼童，右手舞着一条长长的红绸。如果没有文字说明"天后圣母"像，人们会以为她是中国古画中常见的瑶池仙女，或是航海保护神——妈祖。但就其内容而言，

---

① 刘先觉、陈泽成主编：《澳门建筑文化遗产》，南京：东南大学出版社，2005，第 59 页；许政：《澳门宗教建筑》，北京：中国电力出版社，2008，第 88～89 页。
② 许政：《澳门宗教建筑》，北京：中国电力出版社，2008，第 98 页。
③ 《港澳大百科全书》编委会编：《港澳大百科全书》，广州：花城出版社，1993，第 680 页。

她应是一幅圣母与圣子图。在圣母像下，是天主教的诸贤身披黑袍的画像。为什么会将西方圣母画成中国的古代妇女形象？教士们的解释是：路环是一个中国渔民居住的岛屿，圣方济各教堂的主要信众大都是渔民，教士们向渔民宣传天主教，遇到一个文化传教距离的问题。中国的渔民大都是天后的崇拜者，而且，这种信仰是祖辈以来相传的，当教士们向他们宣传福音与圣母时，他们经常将她与天后混在一起，分不清其中的区别。于是当地有一些年青的教士便想：圣母在大众的心中形象，主要是她的品质与文化底蕴，至于她做什么打扮，是不要紧的。西方人可以将她想象成穿着修女的衣着，东方人也可将她想象为穿着东方式的衣着，于是有了这一幅宫装圣母像，他们是善意将圣母画成类似天后形象的。①

如果将路环岛圣方济各堂的《天后圣母像》与澳门主教堂数百年前的一幅身着华贵的欧洲中世纪服装、脚踩一个龙头的圣母立像进行对比，不难发现，近代以来，澳门的西方传教士们对中国传统文化的态度亦逐渐发生了变化。不过，德国学者普塔克（Poderich Ptak）在比较了海神妈祖与圣母玛利亚之后，发现了她们在信仰文化中的异同之处，妈祖与圣母玛利亚除被视为航海保护神之外，在宗教仪式的规模、神像被赋予重大意义、航海工具、女神的角色、发现时期等都有共同之处，只是在宣教方式方面有较大的区别，换句话来说，"在妈祖信仰与圣母玛利亚信仰之间存在着灰色地带"②。

这就提醒我们，中西方宗教文化固然存在明显的差别，但同时也存某些共同之处，所以在两者相遇之际，虽然不免碰撞与冲突，但也存在相互交融的现象。特别需要提及的是，鉴于妈祖信仰的国际上的巨大影响，罗马天主教会不仅对其采取宽容态度，甚至完全接纳。1954年，世界天主教代表在菲律宾举行祈祷大会，教皇封妈祖为天主教七位圣母之一，并为妈祖隆重加冕。③这可能也预示了将来澳门妈祖信仰与西文宗教信仰共存共荣的发展前景。

---

① 徐晓望：《澳门的"天后圣母"与中西宗教的兼融》，载徐晓望、陈衍德：《澳门妈祖文化研究》，澳门：澳门基金会，1998，第179~188页。
② 普塔克：《海神妈祖与圣母玛利亚之比较（约1400~1700年）》，肖文帅译，载《海洋史研究》第4辑，北京：社会科学文献出版社，2012，第264~276页。
③ 陈国强主编：《妈祖信仰与祖庙》，福州：福建教育出版社，1990，第32页。

Mazu Belief in Macau, Its Formation, Expansion and Integration with Sino-Western Religions

Wu Hongqi

Abstract: Mazsu belief originated from Putian of Fujian in the early Northern Song Dynasty, and it spread to Xinangshan of Guangdong during Southern Song Dynasty. It can be inferred that the formation of Mazu belief in Macau started in 1452-1458. *A-Ma Temple*（妈阁庙） of Macau has been repeatedly restored or extended as in 1605, 1629, 1751, 1828, 1829, 1885-1887, 1988. In fact, there are 8 temples worshiping Mazu in Macau area. Besides A-Ma Temple in the south part of the peninsula, there are also Lin Fung Temple（莲峰庙）, Hong Kung Chan Kuan Temple（望夏康真君庙）, Kun Iam Temple（望夏普济禅院）, Ancient Temple of Tin Hau at Rua dos Pescadores（渔翁街驳石天后古庙）, Kwan Tai Tin Hau Temple in Cheoc Ka Village（氹仔岛卓家村关帝天后古庙）, and Ancient Temple of Tin Hau in Coloane（路环岛天后宫）. It is supposed that the circle of Mazu belief came into being in Macau between Kangxi and Qianlong Periods in Qing Dynasty. The spatial expansion of Mazu belief in Macau was actually corresponding with the expansion of the living districts of local Chinese people. While expanding, cases of Sino-Western religions integration also existed, such as the integration of Mazu-Buddhism-Taoism, and Mazu-Catholicism.

Key Words: Macau; Mazu belief; time of formation; spatial expansion; religions integration

"上体国宪,下杜奸宄"

——清代澳门庙阁兴建的旨趣

王日根*

一、妈 祖 阁

道光六年(1826)八月,《为偿妈祖阁房产诉讼债务捐签芳名碑》说:

> 澳门妈祖阁为阖澳供奉大庙,地杰神灵,二百余年,土著于斯者固皆涵濡厚泽,引养引恬。而凡闽省、潮州及外地经商作客航海来者,靡不仰邀慈佑,而鲸浪无惊,风帆利涉,故人皆思有以报神之德,而事之惟谨。每遇神功,辄踊跃捐输,乐成其事。庙向无香火物业,自周赞侯莅澳,始拨有公祠阿鸡寮铺一间。甲申冬,有豪贵生觊觎,几被霸去。经年涉讼,始得原物归来。计赔补豪贵及一切杂用共费去银壹佰柒拾余两,皆僧人向别处揭出支销。事完妥而债未偿,僧人苦之。爰念于众,各愿解囊捐签,不逾时已满其数。于此可见神之功德之及人者深,而人皆思有以报之也,用志颠末,勒之贞珉,以垂永久。①

捐助名单中,列在第一位的是福省漳郡澄邑三都龙山社众信助银叁拾大

---

* 作者系厦门大学历史系教授。

① 谭世宝:《金石铭刻的澳门史——明清澳门庙宇碑刻钟铭集录研究》,广州:广东人民出版社,2006,第49页。

圆。由此可见，闽省航海商人在妈祖阁的维护过程中发挥着重要的作用。

道光九年（1829）《重修澳门妈祖阁碑志》记载：

> 相传自昔闽客来游，圣母化身登舟，一夜行数千里，抵澳陟岸，至建阁之地，灵光倐灭，因立庙祀焉。盖圣迹起于宋而大显于今，发于莆田而流光于镜海，普天同载，此地弥亲。每当雨晦阴霾，风马云旗，蜿蜒隐约。居民梦寐见之而饮食思之也，固已久矣。①

既然妈祖的原形是福建莆田的林默娘，人们编出与闽人相关的故事实属自然，而且妈祖被塑造成海神，自然应该在有风波之险的海洋区域获得信众，澳门的地理形势需要像妈祖这样的神灵作为精神支柱。

显然，妈祖阁的最初建立于今并没有确切的记载，但首先由民众建立这一点是无疑的，因为澳门的官方行政设置相对较迟。虽然官方的行政设置未达到，但是因为妈祖自宋代起就受到政府奉祀，因此，在澳门岛上出现妈祖阁就可理解为宋朝官方政治威势的到达。其后，妈祖的封号日益增多，反映了官方特别需要民间信仰在推行王化方面发挥与行政机构相似的作用，即：

> 夫饮水而美者，必思其源；食果而甘者，必询其本。今之栉燧宇下，食德饮和以丰享豫乐者，固已二百余年。而阁重新，恩光益著，从此振兴地运，边隅永靖，乐利蒙麻，宝货充盈，方州丛集，而乌弋、黄支结左衽之国，验风受吏，互市来归，于以道扬，圣天子之泽偏海隅，德威及远，而歌舞于光天化日中者，皆圣母之保护无疆，永绥多福者也。菁世家澳地，被渥尤深，乐与四方嘉客暨都人士相颂祷焉。并列其捐助之数，垂之久远，为敬恭明神者劝也。

赵允菁是澳门本地望族，且官至南雄州始兴县儒学教谕。他出面撰写碑文，表明其对妈祖作为来自福建的海上保护神的认可，对福建籍在澳门的官员的捐助表示认可，这其中有水师提督李增阶的捐助。因此，福建籍官员对妈祖信仰的推广和传播当功不可没。

---

① 谭世宝：《金石铭刻的澳门史——明清澳门庙宇碑刻钟铭集录研究》，第57页。

道光二十七年（1847）《香山濠镜澳妈祖阁温陵泉敬堂碑记》是泉州晋江籍的黄宗汉撰文的，黄宗汉的官职是诰授中宪大夫署理广东提刑按察使司按察使督粮道调任雷琼兵备道前工科掌印给事中乙未翰林加三级记录十次。他的碑记中说：

> 濠镜天后庙者，相传明时，有一老妪自闽驾舟，一夜至澳，化身于此。闽潮之人商于澳者，为之塑像立庙，并绘船形，勒石纪事。迄今闽之泉漳，粤之潮州飘海市舶，相与祷祈，报赛多会于此。
>
> 道光辛丑，吾泉同人捐题洋银壹仟贰佰余圆，买置澳门芦石塘铺屋一所，岁收租息以供值年祀事而答神庥。丁未，余任雷琼兵备道摄按察使事，航海过此，知神之降福无疆，而海舶之祭必受福也。因记之以垂不朽。①

同治七年（1869）戊辰季冬，泉州黄光周撰《香山濠镜澳妈祖阁温陵泉敬堂碑记》说道：

> 是天后之生于林氏，非独林氏之天后，吾闽之天后也，四海九州之天后也。天后之生于宋室，非独宋室之天后，我朝廷之天后也，千秋万世之天后也……。予自宦游东粤，被任郡之新安，去澳门只争一水，同里商人往来较密，所得诸称述者，亦较详而确。爰盥手敬陈，以昭垂不朽。②

这里强调天后已超越了时代、区域的局限，成为地方性的保护神。光绪三年（1877）丁丑住持僧善耕的碑记叙述了几次天灾对宫殿的毁坏，因得到众力的支持而得以修复。

以上几通碑刻表明：妈祖阁曾多次遭风雨剥蚀而毁坏，但一者得到了任职于澳门的同乡官员的庇护，一者也融入了当地社会，得到当地各商号的捐款支持，因而妈祖阁得以一直延续，维持香烟不断的盛况。

---

① 谭世宝：《金石铭刻的澳门史——明清澳门庙宇碑刻钟铭集录研究》，第68～69页。
② 谭世宝：《金石铭刻的澳门史——明清澳门庙宇碑刻钟铭集录研究》，第74～77页。

二、莲峰庙

莲峰庙所在地区是澳门较早的居民会聚中心。雍正元年（1723）的碑记显示，这个地方至少在明万历或以前就有夷人获准在此庐居。"明万历间，彝人叩准庐居聚其族类，载货与海外诸番往来，遂以其地为聚货之乡，而中华旅客，亦以其地为聚货之乡。"显然，以莲峰庙为中心的周边地区成为中外商人会聚的地方，中外货物在此得以交流。无论是中国商人翻山越岭而来，还是葡萄牙商人由海上而来，彼此都要经历无穷的风险，祀神成为他们都特别需要的事情。

来自福建的海商每当遭遇风波又转危为安时，总在思维深处隐约感受到神灵的庇佑，妈祖就是他们反复加以神化的一个人物。他们表达对神灵感恩的方式，就是建造一座庙宇，以香火缭绕来传达对神灵的报答。建成后的莲峰庙结构是这样的：其外为天后殿，其内为观音殿，其后为无祀坛，其左为社，为客堂、为僧舍，统曰慈护宫。①这通碑刻由诰授朝议大夫户部河南清吏司郎中加三级罗复晋撰写，显示了一定的权威性。

雍正元年（1723）的《鼎建题名碑》则呈现了各店号的具体捐助情况，还有的是个人捐资。数额从贰两九钱到一钱一分，多少悬殊，体现出"量力而行"，全员动员的色彩。乾隆四年（1739）重修莲峰庙关圣帝殿的"题金芳名碑"也得到了同样的回应。建殿者坚信：

> 溯汉朝之有关圣君也，报国精忠，人著勋功于往代。维王大义，仰钦武烈，千秋万年。今澳门之庙建莲峰，大功告立。帝君其声灵赫濯，振古如斯。国土赖以奠安，商民借以默庇，顶戴洪恩，何殊慈云之照覆耶！爰敬秉丹笔，群欢题助。兹则庙宇重新，喜见美轮而美奂。抑且神殿焕彩，钦瞻饰玉而饰金。自是英灵照耀，肆尘长沐恩波，碑勒题名，阖澳咸歌，厚泽于不朽矣！②

关帝属于全国通祀神，荫庇更广，能凝聚中外商人，在崇奉正义方面，使

---

① 谭世宝：《金石铭刻的澳门史——明清澳门庙宇碑刻钟铭集录研究》，第121页。
② 谭世宝：《金石铭刻的澳门史——明清澳门庙宇碑刻钟铭集录研究》，第131页。

商业秩序得以建立起来。

乾隆十七年（1752），由广东香山卢文起撰、刘述熹书《重修观音殿碑记·观音大士宇记》中这样记载：

> 圣天子自御极以来，既观民以观我，复克宽而克仁。累叶重熙，慈德大显，广矣大矣。中外咸欢，诸番毕至。凡若暹罗、若西洋、若吕宋等国，莫不从此来享来王，澳门实为香邑重地。层峦迢带，绝登逶迤。拱抱青洲之山，环绕绿洋之水，星桥萦映，云榭参差，而其中基址广延，肇造宏丽，惟兹莲峰慈护一宫，直并象教鹫岭。其前为天后宫，其后为观音殿。建自雍正元年，迄今三十余载矣。观音殿木蠹为灾，墙垣剥落。天边六幅，青山未免笑人；松下三间，白鹤依然待客。澳门罗君三锡等乐布黄金，鸠良工，聚木石，修故址，复旧观。计工若干，计费若干，不日而告落成，若有神助焉。由是月上霞舒，与璇题而并色；松吟竹啸，共宝铎以谐声。此固景运之重新，实天人之共庆。罗君属余为记，余愧不文，聊志其实。爰盥手而为之颂曰：圣迹住香山，莲华涌海畔，普度亿万千，一切登彼岸。因思生生德，人人不可禁。慧日煦祥云，永覆莲峰岑。莲台日清净，法身长住坐。岭海无边春，天花散朵朵。诸君子果能默契本真，岂独入庙告虔，无愧于观音大士。抑且革薄从忠，益洽于圣天子仁慈之雅化焉尔。①

由官员出面，能产生巨大的号召力。

乾隆十七年（1752）的《重修题名碑》、乾隆二十六年（1761）的《重修题名碑》、嘉庆四年（1799）春的《莲峰池铭》、嘉庆六年（1801）《重修莲峰庙题名碑记》均排列出捐助者的庞大阵容。其中由何昶撰写、赵允菁书写的《重修莲峰庙题名碑记》这样说：

> 水土之生，神气之感，必有忠信才德之人生其间。盖忠信者，神明之所依，而涉海者之所凭也。是岂独此都人幸，抑亦为诸番幸！助国家之化，饰风雨之平。于神明卜之，亦于此都人卜之。盛气所钟，彬彬乎以忠

---

① 谭世宝：《金石铭刻的澳门史——明清澳门庙宇碑刻钟铭集录研究》，第132页。

信之本发才德之华，将骎骎乎日上也。昶志吾师言，以为他日游左验。今春承司马丁公延昶主凤山书院讲席，书院胎息凤皇，门临澳海，左则莲根路也。暇与诸同学仰止莲蓬山川人物，果如吾师昔之所言。晋谒神庙，天后殿居前，中为观音殿，后文昌阁，左关帝殿，右仁寿殿。堂皇而深，壮丽而固，瑰伟绝特，较前倍之。妥神灵而肃观瞻，于是至矣！吾师碑文，屹然殿侧，回环朗诵。恍如昨日，徘徊不忍去。首事崔世等以重修碑文属昶。唯庙创于雍正初，部郎罗君记之，继修而记，为吾师，再而孝廉杜君，兹又属于昶。屈指吾师时，五十余年矣。昶亦老矣。辞不获命，即以闻于师者，次第忆述之，此外无能为役矣。①

何昶原任江西广信府铅山县知县署德安南康崇义县事，壬子科江西乡试同考官丁酉科举人，是具有一定影响力的人。追随其后的除了辛酉科举人赵允菁，还有署理广东香山协镇都督前侍卫府加三级记录四次榄溪何士祥，署理广州澳门海防军民府加四级记录四次满洲三多，特调香山县知县前知海丰县事加十四级记录八次癸卯科举人仁和许乃来，署仁化县知县香山县县丞加三级记录二次武进吴兆晋，署香山县县丞加三级记录二次黔南王峤，管理粤海关澳门总口税务加三级记录二次满洲赏纳哈，澳门海防军民府左部总司樊安邦，香山协镇左营总司冯昌盛，等等。如此庞大的队伍只是为了增强这次行动的官方权威性。

受到这些官员的驱动，许多商号更积极地加入到捐助者行列：嘉庆六年《重修莲峰庙题名碑记》、嘉庆六年《重修莲峰庙捐抽碑记》、嘉庆六年《重修莲峰庙喜认碑记》、光绪元年（1875）《重修莲峰庙碑记》等呈现给我们的是捐助除了银两之外，举凡庙宇中所需一切物事如香炉、旗杆、桌子、椅子、香案、长明灯、木质对联等，都有相应的人认捐。光绪元年碑记说：

> 尝闻济溺起衰，曾立庙于潮，以报其德。运筹决胜，亦建庙于留，以纪其功。然此但有益于一方，而非有功于天下者也。若镜湖之莲峰庙者，其庙几及于百余年，其神非崇夫一位，至若帝称文武，佛号慈悲，后德配天，神灵统地。威光迭著，荷尊号于前朝；圣德频宣，受纶音于

---

① 谭世宝：《金石铭刻的澳门史——明清澳门庙宇碑刻钟铭集录研究》，第146页。

北殿。念风调而雨顺，何殊覆载之仁；庆境靖而民安，不仅怀柔之力。芸芸之众，想亦无忘，蚩蚩之民，当思图报。方谓桂宫竹瓦，不为风雨所飘。岂料松栋杏樑，竟遭蚍蜉所食。是故凡有血气者，莫不生悽怆之心。假令任其凋残，将必有倾颓之惨。缅彼田祖，尚报豚蹄；即论土神，犹守雀舌。而况无边佛力，戴德者不止一方；罔极神恩，沐泽者岂惟万姓？固宜复其栋宇，妥神灵于莲梗之旁；兼且大其□□，福苍生于莲花之地。但念梵宫佛宇，诚非一木可支；帝座神龛，尤籍十方之力。须知情关桑梓，则解囊益力，毋悭白镪之推；即使地异藩篱，而种福无分，莫惜黄金之助。集腋者何分中外，襄事者端赖绅民。莫谓一滴涓流，无裨东海；试看无多土块，可作南山。使低眉者或亦扬眉，怒目者变而悦目。庶几神忻人乐，降福必至。于孔皆祥应瑞征，锡类定知其靡既矣。敢告同人，共膺景福。①

这份碑记反映了神灵影响力越来越冲破局限，在更广大的范围内产生影响。光绪元年《重修莲峰庙碑记》排列了长长的捐助名单，显示捐助莲峰庙已成为当地各界人士共同的事业，越做越大。

另有光绪三年（1877）《倡善社惜字会碑记》、光绪二十一年（1895）《林史嘱书碑文》两通碑刻，表明在莲峰庙的范围内，还可包容惜字风俗的延存、林氏家属的纪念性设置：

孀妇史氏，少年运蹇，夫故子无。立意修行，长斋绣佛。平生积铢累寸，买得吉屋一所，坐落澳门沙梨头簡馨里番字门牌第一号，深二丈四尺，前阔十七桁，后阔十三桁。又买得薄田一段，坐落吉大乡南面山，土名钳仔。旧税三亩三，纳谷十八石。今仅存三亩，纳谷十二石。现佃人南面山名宋冲。其屋与田，皆氏积俭所至。但氏年已属七旬，命之短长，难以逆料。诚恐一朝俎谢，为氏后者，恐亲眷将田屋盗卖，则香灯无主，九泉之下何以为情。故特乘今日生存，沿请本澳绅耆值事知见，将屋一间、田一段送出莲峰庙为庙尝，先求庙中各大师，代立史氏夫旭簡、女秋瀛并史氏长生禄位一座，于檀樾堂永远供奉。未终之日，田屋仍归氏收管，借

---

① 谭世宝：《金石铭刻的澳门史——明清澳门庙宇碑刻钟铭集录研究》，第194~195页。

为糊口。倘身故后，订明二虞做半夜光一堂，三虞做半夜光一堂，长生禄位开光时，在庙做半夜光一堂。灵位必须对年方可陞附。其三堂功德，经资皆庙中大师办理。至殡葬丧费各项，氏另有余赀交心腹人办妥，不干莲峰庙之事。到时只求着工伴一二名到舍帮忙便得，拜山一节，氏夫家、母家两处，并氏坟墓，须恳大师永远年年祭扫，不得缺祀。则氏安心泉壤，香火有资。是诚感各大师之恩匪既矣！屋契田契，当下已齐集绅耆，即日先交莲峰庙主持僧收贮，其田及屋，须到对年陞附之日，方得送交莲峰庙收租管业。倘或氏亲眷愿租此屋，亦要于陞附日立批部起租，无得掯阻。氏临终之际，定必委托心腹人钟存心堂、何值余堂为主，以办丧事而专责成，以归划一，不至临时推诿。①

为什么给史氏这样的隆重待遇？是因为"史氏青年守节，黄卷看经，操比松筠，久淡凡尘之想；义捐粟米，借充香积之需。此诚巾帼中之佼佼者矣"②。树立正面典型于莲峰庙内部，丰富了莲峰庙内的文化内涵，也为庙宇的壮大发展开辟了广阔的前景。

莲峰庙的大钟，包括关帝殿的大钟、观音殿的大钟、医灵大帝案前神钟、药王大帝案前神钟、金花痘母殿钟等均设置起来，装点着莲峰庙的辉煌，也给无数信众以强烈的信心。

三、三街会馆

雍正末年至乾隆初年，三街会馆即已修建。乾隆五十七年（1792）《重修三街会馆碑记》记载：

> 盖所以会众议，平交易，上体国宪，而下杜奸宄也。澳之有莲峰山，前明嘉靖年间，夷人税其地，以为晒贮货物之所。自是建室庐，筑市宅，四方商贾，辐辏咸集，遂成一都市焉。前于莲峰之西，建一妈

---

① 谭世宝：《金石铭刻的澳门史——明清澳门庙宇碑刻钟铭集录研究》，第232页。
② 谭世宝：《金石铭刻的澳门史——明清澳门庙宇碑刻钟铭集录研究》，第232页。

阁；于莲峰之东，建一新庙。虽客商聚会，议事有所，然往往苦其远，而不与会者有之。已故前众度街市官地旁，建一公馆，凡有议者，胥于此馆是集，而市藉以安焉。奈经世远岁增，墙壁倾圮，栋确崩颓，凡客若商入而睹斯馆者，莫不以风雨飘摇为憾。爰集澳中董事高义，群相踊跃，乐为捐赀，一时用鸠工人，少变其局而改创之。高其垣墉，广其坐次，越数月而工告竣。虽不必侈茅飞鸟革治华，而登斯馆者，旷如洒如，将《诗》所谓"攸宁攸跻"者，有同美焉。夫古人纪事。胜地有书，喜事有书。岳阳楼，纪于范文正；喜雨亭，纪于苏子瞻；黄冈竹楼，纪于王禹偁，其大较也。今当斯馆落成，择地既得其胜，而会众议，平交易者，又得其便。将所谓上体国宪，而杜奸宄于永久，其喜可知也。遂为之叙厥前后，纪以数言，并录高义芳名，勒诸石以志不朽，使后之览者，知斯馆之有所自而成。①

资助修复工程的有致远堂捐助银十二大圆，碑的下半部记录各店捐助情况，这显然是集众力而成的一项工程，体现了出资者愿意汇聚在三街会馆周围，共同"上体国宪，下杜奸宄"。

三街会馆修复之后，确实发挥了自己的作用，嘉庆九年（1804）《重修三街会馆高义碑记》②说其"为夷客商所会集之地，平争于斯，公利于斯，联情而尚义悉于斯"。再有风雨侵蚀，就便于动员众力再助修复，此前捐资资助过的各店号再次出资支持，并被记录在案。

道光十五年（1835）的《重建三街会馆碑记》这样记载：

粤濒大海，与外洋诸夷接，夷人贸易，停泊必于湾，湾所在则名澳，香山故有浪白等澳，诸夷互市于其中，守澳官权令盖蓬栖息，迨舶出洋即撤出，今之澳门，即旧濠镜也……以相对如门，故谓澳门。夷人来者益众，乃筑室以居，岁输税五百金，至我圣朝，膺图受禄，德威所临，无有远迩，内外悉登诸衽席之上，夷人益用感戴，盖安其业者，十

---

① 谭世宝：《金石铭刻的澳门史——明清澳门庙宇碑刻钟铭集录研究》，第249~251页。
② 谭世宝：《金石铭刻的澳门史——明清澳门庙宇碑刻钟铭集录研究》，第253~255页。

数世矣。澳门之形势既雄，商贾辐辏……遂迄然成巨镇……居民市廛据其前，诸夷宫室、饮食、器用、货物，无不仰给于华人，于是各立法以要之久。诸夷有议事亭，番目四人受命于其国，来董市事，则华人商贾，所以通货财，平竞争，联情好而孚众志者，亦不可无地以会之，此三街会馆之所由设也。

这里进一步将三街会馆的功能彰显出来，即三街会馆须做到"通货财，平竞争，联情好而孚众志"，就是实现商业活动和社会秩序的有序化。

事实上，当时中国的经济发展、社会管理都已处于较高水平，夷人在华难免受到中华先进文化的影响。三街会馆设置的目的已不仅在建立在澳华人的社会秩序，而且想以华人的有序影响夷人。该碑记还说：

我国家长抚远驭，中外一统，平准夷回部，拓地几二万里；扫漠北，而中原之自古险远不到，凶顽负涸之地，皆入版图。而言语侏离，衣服诡异之伦，罔不匍匐稽颡，隶诸臣仆。矧澳门诸夷，自有明侨居宇下，以生以育，沐浴我朝雨露之化，饮和食德。二百年于兹，如赤子之依父母，故虽华夷错杂，耦俱无猜，而又得缙绅先生相与维持，而调护之所为，市廛不惊，嚣竞不作，于以内崇团体，外绥夷情者，其必有道矣。

这是国人当年对自我充满自信的表现，并未像后来所表现出的自我矮化或贬低。华人商号继续慷慨捐助，将三街会馆修葺得焕然一新，神灵之像也更加庄严肃穆。

道光十五年九月，三街会馆从紧邻处购买到一所房产，花费一百七十两零四钱的银子，买得陈道星从父辈那儿继承来的"坐落营地街会馆右边，坐南向北，深二丈，阔二丈七尺，厨井俱全"①的房产，这是会馆为适应事务扩大需要而做的扩大馆舍之举，会馆的逐渐壮大为其在社区发挥更大的作用奠定了基础。这次扩大规模花费较多，因此，像永裕堂一下捐助银三十六两，其他在澳的华人店号都有数量不等的捐助。

随着会馆规模的扩大，会馆在"讲明信义，整齐风俗"方面积极有为，产

---

① 谭世宝：《金石铭刻的澳门史——明清澳门庙宇碑刻钟铭集录研究》，第257页。

生了显著的成效,通过会馆,使这"虽在茹毛饮血之伦,莫不仰霑雨露之恩,共享太平之福"。民间修建该会馆,"惟愿广孚中外,永得神灵而安兆庶,用以仰副圣天子近悦远来之德,是则余之厚望也夫"①。撰文作序的朝议大夫翰林院庶吉士、国史馆协修前兵部主事武选司行走加三级黎翔,希望这一通过民力完成的设置能彰显王朝之政治教化意蕴,体现了虽身处天涯之角的澳门华人商民依然尊奉王朝的权威,并积极呼应着中央政府加强边陲地区政治和社会管理的要求。

接下来会馆进入了一个快速发展的新阶段。会馆的房产、田产均不断增加。咸丰八年(1858)三月的契约说,会馆花费一百六十大元买得梁亚世的屋舍一间。同治元年(1862)十二月的契约说,会馆购买了何百和家的铺子一间。同治二年建造阖澳公所时,各家店号亦纷纷捐银。所有这些均反映了会馆的凝聚力进一步增强,影响力也越来越大。

综上可见,清代澳门庙宇系统获得了巨大的发展,其中包含了官绅、商民乃至夷人的共同努力,从而形成了多元文化和谐共处的局面。由于当时中国仍处于世界经济的领先地位,清朝政府在海疆区域的治理中仍显得游刃有余,因而官方借助神灵信仰系统建立海疆区域社会秩序的经验对葡萄牙殖民者也具有一定的借鉴意义。

The Purpose of Building Temples in Macau in the Qing Dynasty

Wang Rigen

Abstract: Christianity achieved significant development in Macau in the Qing Dynasty, yet traditional Chinese believes still have a large place in this land. Places like the Mazu Temple, the Lotus Peak Temple and the Three-Street Hall attract not only Chinese people, but also foreigners, therefore leading to the fusion of Macau's multi-culture, and creating a relatively harmonious commercial order. The constructions of temples for traditional Chinese believes get donation from merchants,

---

① 谭世宝:《金石铭刻的澳门史——明清澳门庙宇碑刻钟铭集录研究》,第 263 页。

officers of the Qing government and local businesses. These temples play an important role in leading the public to the acceptance of Confucian ideology by having a positive public image.

Key Words: Qing Dynasty; Macau; temples

雷州半岛的妈祖信俗

陈志坚*

  妈祖，原名林默，福建莆田湄洲人，世人尊称"妈祖"，生于宋建隆元年（960），仙逝于雍熙四年（987）。她生前常驾舟大海，拯救遇难渔民，教人趋吉避凶，去世后屡屡显灵济世。宋代随着闽人迁徙雷州，海神妈祖亦被带来供奉。雷州城夏江天后宫大门楹联："闽海恩波流粤土，雷阳德泽接莆田。"此联记述了海神妈祖从闽海流传粤地至雷州的播迁史。

  电白与雷州半岛一衣带水，通讲海话即雷州方言。电白县登楼村天后宫内保存着一块清代木匾，记述："宋徽宗宣和四年诏立庙，赐额'慈顺宫'，锡免祭日赋税。"登楼村天后宫原名"慈顺宫"，位于宫庙之西侧的林氏祖坟碑记谓："坟在慈顺庙西"。如果所记可靠，妈祖于北宋宣和之前可能已传祀粤西地区。雷州城西门街有敬奉妈祖的"夫人庙"，庙前于宋时为一大商埠。妈祖的"夫人"尊称始于宋乾道二年（1166），宋孝宗加封妈祖为"崇福夫人"，雷州城西门街"夫人庙"，由此也说明妈祖于北宋宣和年间由闽人从沿海传带到雷州，妈祖初来始创的行祠庙原在南亭街之真武庙前。

  雷州城夏江天后宫是雷州半岛乃至粤西地区规模最大妈祖庙，建于明正统十年（1445），知县胡文亮感慨天妃庙貌残旧，发心鼎建。郡人御史李璿在

---

 * 作者系湛江市博物馆馆长、副研究员。
  2006年以来，中山大学陈春声教授、刘志伟教授，香港中文大学艺术中心主任邓聪教授，香港中文大学历史系主任科大卫教授、贺喜教授、张瑞威教授，广东省社科院历史研究所李庆新所长，澳门大学历史系安乐博教授、彼特教授、朱天舒教授等人文历史学家，先后对湛江市区域的妈祖民俗进行调研，作者有机会跟随他们做田野调查，尔后下乡调研民俗文化，采集各地乡村妈祖诞辰纪念活动资料，撰写相关论文，不断充实修改，并陆续在《湛江文史》《岭南文史》等刊物发表。今做条理性的整合概述，供相关研究者参考。

《天妃庙记》中写道:"雷州密迩大海,旧有行祠创于南亭,岁月深远,风雨飘零,往来谒使弗称瞻仰。邑侯胡公文亮见庙倾废,发心而鼎建之,更名曰'雷阳福地'。"①可证雷城南亭街妈祖庙始创时为"妈祖行祠",是闽人初迁雷州时随行供奉妈祖的祠宇。宋孝宗加封妈祖"崇福夫人"尊号,故雷阳为妈祖"福地"。尔后迁庙于夏江,庙额"天妃庙"。直到今天,每逢三月二十三日妈祖神诞,士民仍将妈祖神像请到南亭街旧址庆诞演戏。此虽民俗,然印证了妈祖初来之史迹。由于民俗文化底蕴的区域差异,雷州半岛妈祖信俗既有共同性,也有特殊性。

一、妈祖崇拜的普遍性

在雷州半岛从沿海到内陆,城镇港埠乡村均有妈祖庙宇。妈祖诞期祭祀内容丰富,仪式很有特色。

雷州乌石港的祭祀仪式分为六个程序:请道士讲公知、八音锣鼓演奏、祭祀、赞灯、演雷剧与散口等。企水的祭祀活动有巡游、舞龙、舞鹰雄、舞狮与飘色等。遂溪县江洪农历三月二十日举行"游坡",即巡游镇邻近村庄,三月二十二日游港,即巡游镇内北关、中关、南关等3个关,巡游队伍由八音、飘色、彩旗、六国旗、舞龙、舞狮等组成。遂溪县乐民城村则于农历三月二十二日早夜,请天妃往关帝庙就座,道士诵经讲公知、做功德,开始封斋。白天(二十二日)游乐民城及村境,夜晚道士讲公知、做功德,后散场开斋,二十三日早上回天后宫端坐,受村民拜祭。这是港口圩镇地方性约定俗成的祭祀妈祖活动。

徐闻县东莞村妈祖祭祀的活动是在农历正月十二日举行,称"游春"。先请道士做平安忏,村民再拜祭,随即举行巡游民俗活动。八音锣鼓开路,紧接着舞龙、五彩旗、六国旗、八宝、神轿列成一支浩大的巡游队伍,沿着习惯线路巡游,然后巡回村中广场,表演"藤牌古阵功帮舞",有十八式:双龙抱珠、一字长龙、呈四象、布八卦、四面埋伏、结二墩、走十字、立三墩、化十

---

① 李璿《天妃庙记》,康熙《海康县志》下卷《艺文志》,《广东历代方志集成·雷州府部》,广州:岭南美术出版社,2009,第99页。

字、筑三墩、青龙搅尾、成四墩、刀叉过山、剪刀阵、竖四墩、龙蛇双吞、东西对立、一字长龙等，阵式变化多幻，武功娴熟有序，十分壮观，引人入胜。此外，村中有青年人"绑贵"，结婚时必须请妈祖前往饮酒解贵，这是一种稀有的崇拜妈祖的传统民俗。

赤坎文章湾村的妈祖庙会是在正月十九日举行，这是约定俗成的年例。农历正月十九日早上5时许，文章湾村居民聚集在天后宫，顶礼膜拜天后圣母及众神。人们将预先制作好的"橹罟龙"请到天后宫前，长约25米。10时左右，由德高望重的首事作请龙仪式：呼龙、醒龙、迎龙、龙跃、龙腾、龙舞、龙恭禧、龙出巡等八道程式，请龙时群众向橹罟龙撒米泼水，寓意雨水充沛、五谷丰登。请龙完毕，开始大巡游，八音锣鼓开道，五彩旗、六国旗、八宝、飘色、橹罟龙、草龙、舞狮、神轿、穿令箸等组成壮观的队伍，沿街巷巡游。群众按祖传惯例，清早在家门口备上香烛水果恭迎橹罟龙到来。橹罟龙随巡游队伍来到各家门前，家主送红包彩数。舞龙、叩龙首，表示驱邪祈福。

文章湾村橹罟龙秉承中华民族以龙为吉祥象征的传统，配用民俗避邪的橹罟、柚子、菠萝诸物为材料，制作独具一格，工艺精致，造型美观，原始质朴，是独具地方特色的驱邪吉祥的生态龙。舞橹罟龙作为威武勇猛和旺盛生命力的象征，祈求镇邪避疫、风调雨顺与吉祥平安，此民俗风尚世代相传，经久不衰，成为文章湾村祭祀妈祖独有的民间传统特色文化，是一份珍贵的非物质文化遗产，已列入广东省第三批非物质文化遗产名录。

东海岛东头山岛村天后宫于农历三月二十三日拜祭妈祖，全村村民出动举行大巡游。每单数年（1、3、5、7、9）的八月某日（择日而定），不得超过九月，为妈祖彩新开光，做斋，隆重出游。村民不论远近，凡是建新宅入火或开业，都要请妈祖前往起居，住一夜，翌日送归本庙安座。各地港圩乡村的妈祖彩新时间无定期，有的几年，有的十几年；但凡色彩旧老就得换新，请道士诵经告知妈祖，彩新后择日开光，举行大拜祭祀。

遂溪县岭北调川村的天后宫供奉妈祖、招宝、青惠三位婆祖，每年三月廿三日妈祖宝诞，全村人诚心敬祭，每户备鸡两只。出外谋生经商者都要回来奉祀，每人亦奉鸡两只。嫁出姑娘姑婆都要回来敬拜，每人亦两只鸡。早上4～5时左右，家家户户把鸡送到天后宫前宰杀，明示全是活鸡，以表敬诚之心。数百只鸡陈列祭祀妈祖，场面壮观隆重，气氛浓郁热烈。

二、妈祖祭祀的地方特色

雷州半岛乡村供奉妈祖十分普遍，但各地因地情差异，保留各自特色和传统因素，祭祀仪式规例世代相传，沿袭至今。

（一）雷城"三月郡"

雷城是雷州半岛政治、经济、文化中心，夏江天后宫是雷州半岛最大的一座供奉妈祖、招宝、青惠三位婆祖的庙宇。雷州人尊奉妈祖为护卫雷州（海康）郡的主神，尊称"郡主辅斗庇民天后圣母"。每年妈祖诞期（农历三月二十三日期间）举行盛大的庆祝活动，称为"三月郡"，仪式程序如下：

1. 封斋

三月十九日开始封斋，先请道士诵《天妃经卷》诸经文，赞颂妈祖功德无量，护国庇民，风调雨顺，四季平安，物阜年丰，士民感恩戴德，庆祝诞辰，沐浴封斋以诚答贶酬谢。祝毕宣布封斋，即日起不准吃鱼肉之类物品，洗净盘碗筷匙诸厨具，开始食素三天。

2. 巡游

妈祖巡游雷城是诞期活动中最隆重而盛大的项目。巡游队伍超过千人，有彩旗队、舞龙队、舞狮队、六国封相旗队、八宝队、飘色队、十三音锣鼓班与妈祖三宝像神轿队，阵容庞大，十分壮观。

二十日早上，道士诵经祝酬后宣布巡游，妈祖巡游队伍从天后宫出发，经南门到东门再到北门，回真武堂安坐过夜。

二十一日早上，妈祖巡游队伍从真武堂出发，经南门到东门到北门，再到西门回真武堂安坐过夜。

二十二日早上，妈祖巡游队伍从真武堂出发，经南门到雷祖祠拜午忏，下午约2~3时回夏江天后宫，约4时做晚忏至夜12时贺寿，5个道士念经祝颂平安，祈祷安宁，时间约一个半小时。贺寿毕宣布开斋。

3. 贺表

二十三日早上5时，开始做忏敬拜，道士敲击锣鼓颂诵《供忏》，气氛热烈。尔后，士绅民众贺表，每个关理事会贺表，道士先按《天妃字式》写表，然后在妈祖圣像前宣读，表颂妈祖隆恩重德，祈祷赐福永保平安，进财晋职富贵双临。

二十三日，从早至晚，士绅民众备牲品、香烛、纸宝敬祀妈祖，顶礼膜拜的信男善女摩肩接踵，约有1万多人参拜，场景热闹非凡。

晚忏道士诵经，宣读祝文，祈求妈祖永保社稷康泰，海疆靖安，人民富裕。祝毕，宣布妈祖诞辰庆祝活动结束。

除了妈祖诞辰举行隆重庆典，其他时节有正月初十至十六日演粤剧七夜。初十日早上，道士诵经请妈祖看戏，妈祖从天后宫启行出发，经韩公桥、关部后街、龙舌桥、伏波前（南亭）街、真武堂、苏楼巷、西门街、旧车站、西湖东边桥、至名都前十字大圆圈回转、西湖西边桥、镇中西街、镇中东街、东门村、故宫、东下土地公、北转何宅巷、西十一、十二队大路、上工程队坎、出北门内桥、上关圣庙、入大石狗、出大新街、回十字街、上嘉岭、回曲街、至真武堂，巡游雷城一周后，回南亭安座观看演粤剧。此乃正月元宵节，敬祀妈祖的盛事。

二月初作"春头福"。二月十九日至二十三日，在夏江天后宫前戏台演七夜木偶戏。十二月中旬（择良日）作"春尾福"。

立于清咸丰十一年（1861）天后宫东庑墙上《郡主天后宫游江碑》记载："雷州建庙所奉天后福神而为郡主，自古及今，计年数百载。凡属商船往来海面，遇有飓风狂浪大危，屡现声救护奇功，是以合郡绅士商民人等，在于每年五月朔旦修造彩船一只，恭请天后三座圣像驾游内河潮溪，取名曰'平风浪而赛神庥'。"妈祖巡游南渡河之事，民国之前每年五月端午举行，今已暂停。

（二）南兴"三月市"

南兴三月市是南兴村境士民每年在三月二十二日举行的妈祖诞辰庆祝活动。是日，村境士民先于三月二十二日组织队伍，抬着妈祖宝像神轿巡游南兴圩。巡游队伍经南兴圩天后宫、东市泉水村境天后宫、塘尾村境天后宫、下田村境天后宫、夏初村境天后宫、山美村境天后宫、坑尾村境天后宫等7条村境，有彩旗队、舞龙队、舞狮队、六国封相旗队、八宝队、飘色队、十三音锣鼓班与妈祖三宝像神轿队，会集南兴东坡岭文化广场，举行隆重的妈祖庆典活动。

庆典仪式：先由主事宣读赞颂妈祖的祭文，再宣布维持治安事宜、巡游的安全规则、各村境排行次序、巡游路线，即开始启程巡游。先鸣放铁炮三响，锣鼓喧天，鞭炮齐鸣，隆重而热烈。巡游队伍从东坡岭文化广场启行，经水口村、东兴街、排园村、二街、一街、老油坊街、207国道、五街、三街、一街、新华街、观礼台、南新街、炮台岭、人民北街、岭仔，至东坡岭文化广场，巡游结束。各村境巡游，自行择场所休息餐饮，然后，妈祖顺路巡游回村境庙堂，安享敬奉。

此日圩内热闹，万人空巷。各村境精彩的巡游队伍尽显气派，八音锣鼓乐喧天，鞭炮之声响连绵，神乐人乐，十分热闹。此民俗自明代至今延续近600多年，俗称"三月市"。

（三）井尾"三月坡"

井尾是雷州杨家镇的一个村庄。每年三月二十二日，这一带村境士民在井尾村后的坡地举行妈祖诞辰庆祝活动的仪式。妈祖诞辰前三天封斋，男女老少均食素斋。三月二十二日子时起，由西汀村、赤步村、东坎村、井尾村四村境绅民组织队伍，抬着妈祖宝像神轿，汇集井尾坡巡游拜坡。巡游于早上5时开始，从西汀村天后宫起驾，经赤步村、东坎村、井尾村巡游一圈，至事礼坡巡游三圈后，在行营休息（临时搭建）做午忏，下午绕事礼坡，巡游三圈后，经西汀南村回天后宫安座。

二十一日，吴川区域的东海岛、硇洲岛、南三岛、麻斜、黄坡等地渔船运来鱼虾产品，雷州半岛城镇各地运来农产品、竹编制的畚箕、筛、筐、簧、笠等竹器生活用具出售，各村境几万群众半夜三更聚会井尾坡参加庆典，俗称"阴阳市"，拜坡活动仪式延至下午2时，人群始散场结束。据传此日在井尾坡购买的竹器不会被虫蛀蚀，很为奇异。

西汀村贤老张广远、张寿松等人述说，供奉妈祖于井尾村事礼坡（又名山内坡）始于明代中期，清乾隆年间迁庙于西汀中村前。康熙年间开始举行游坡活动，以后逐年扩大影响，至光绪年间最盛大隆重，雷州三县之海康县、遂溪县、徐闻县天后宫72顶神轿会集井尾坡，几万仕民庆妈祖神诞。后因集会安排管理不善出现纠纷，至民国时只有刘宅坡与西汀天后宫2顶神轿巡游。20世纪六七十年代仍然坚持在事礼坡上集圩，但不准巡游，如今只有西汀天后宫 1 顶神轿巡游。井尾"三月坡"乃雷州半岛独一无二的传统民俗，影响深远。

（四）硇洲岛津前天后宫祭祀仪式

硇洲岛津前天后宫在传统习俗祭祀中有其特殊性。该岛今属湛江市，原属吴川县地，毗邻雷州半岛。全岛居民讲雷州方言，信奉妈祖天后、雷首、白马、康皇、华光、侯王、观音诸神圣，最敬妈祖天后，每年诞期举行隆重的庆典活动，民俗文化一脉相承。

硇洲岛津前天后宫始建于明正德元年（1506），有原始银阁妈祖宝像楹联："像是莆田尼山吴祖，庙居津前正德元年"。在此之前，赤马村吴三公从顺德带来妈祖神，吴三公逝世于明嘉靖三年（1524），葬于赤马村西之坡，墓今仍存在，碑文"顺德显考吴三公之墓·嘉靖三年甲申仲冬"。据说银阁妈祖宝像就是吴三公当时带来的，见证了妈祖最初在硇洲的历史。

全硇洲岛上有十八座天后宫，妈祖被尊称为"军主"。考"军主"由来，乃是宋末端宗赵昰及赵昺南迁硇洲，十万军队随之驻扎岛上，宋军供奉妈祖为护卫主神，尊为"军主"。宋亡，部分官兵留居硇洲，仍然供奉妈祖，沿袭至今。硇洲岛津前天后宫妈祖的全尊称是"军主大殿天后圣母元君"。岛上十八座天后宫以"金玉满堂"分称，津前天后宫、赤马天后宫的妈祖是"金身军主天后圣母元君"，享全岛供奉；大林村天后宫妈祖是"军主玉相天后圣母元君"，可享全岛供奉；六竹村天后宫妈祖是"军主满嗣天后圣母元君"，属宋皇村跨南港境供奉，"嗣"即是"堂"；南村天后宫妈祖是"南村军主天后圣母元君"，南村天后宫妈祖属南村村境供奉，亦为"堂"。这是硇洲岛妈祖信仰的独特性。

妈祖随宋军来到硇洲。银阁妈祖宝像是明代闽南人南迁硇洲时带来供享，但仍按宋时习俗，兼融传承而发展。

1. 福主供奉方式

福主供奉方式即是家庭敬祀，每年三月二十三日妈祖诞期大拜坡时，卜贝奏请妈祖同意，选出十二位福主，亦称福头。福主按顺序排列，每位福主负责供奉妈祖一个月。先由第一位福主于津前天后宫中请银阁妈祖宝像回家中敬祀，八音锣鼓班奏乐彩旗列队送行。福主每天早晚烧香供茶，初一、十五日要供果，初二、十六日要宰鸡供饭敬奉。其他人家也可以到福主家向妈祖烧香供茶敬祀。有的家庭遇有不祥之事，可到福主家请妈祖去他家中作斋，斋事完毕，即送妈祖回福主家安座。

2. "三月坡"大祭典

妈祖是吴三公从顺德带来安座于银阁中，平时在家中供奉，逢妈祖神诞才安放于赤马村后岭坡，各村士民齐集祭祀，后来迁往津前商埠敬祀。正德元年（1506）始建天妃庙，清代更名"天后宫"。津前天后宫"三月坡"大祭典礼仪程序如下：

农历三月二十日下午 2 时 30 分接驾

从福主家请接银阁妈祖宝像回津前天后宫，福主家中堂摆设香案：5 碗白米饭，中间插双筷；5 盅茶，5 盅酒，5 只香果，以小碟盛放；1 只全鸡（全部内脏），5 刀猪肉共一盘；5 只香鼎炉（中炉插香、左右炉插烛、两边炉插花）。锣鼓齐奏《朝拜曲》配合，道士诵经文，赞颂平安、进财、丰产、升职、进学等。诵经文完毕，即烧宝钱，鸣锣操钹毕，收案桌祭品，再烧香宝钱，敬送妈祖到神轿，居民迎接香火队、八音锣鼓齐奏《迎驾曲》与《过衙曲》，彩旗队前引。途中香火队跪拜妈祖，居民烧香拜妈祖。

敬送妈祖至宫庙前暂停，福主家人持香跪拜，请妈祖出轿进庙殿。送迎妈祖回宫庙端坐完毕，设祭品敬酬妈祖，锣鼓齐奏《朝拜曲》，与《洞中玄虚曲》配合，道士诵经颂颂祝妈祖，赞颂妈祖灵应安境庇民功德，以及贤老、元首、福主、庙内祀奉理事人员等一年来诚心恭敬之事，祈求永保安宁。

下午 5 时许，道士颂祝妈祖，事毕，即开始封斋。把盘碗筷诸厨具洗净收放妥当，吃素斋两天半（二十一至二十三日早上），二十日晚上做清厨忏，即封斋仪式。

二十一日做早忏、午忏、晚忏

早忏：五贡茶、酒、糖水、饭、菜，锣鼓齐奏《朝拜曲》配合，道士诵经《天后圣母朝参》：

> 臣伏闻玉音普奏装严美妙如加风，道范崇真暂出圣天之宝殿。今则启建朝坛初启，花果普伸，道引昭官，出坛参拜。叫香叩首：一叩首、再叩首、三叩首，进香：一进香、二进香、三进香，进香已毕。作大小膳随

用。宝座临金殿，毫光照玉轩。万真朝帝所，飞鸟摄云端。志成何以作，朝拜保平安。

唱《入五贡》："一献茗香二献花，三献茗灯四献茶，五献五贡呈供养，普仲供养法王家。五贡奉献天尊。"

午忏：先接早忏，接做午忏。十贡香、花、烛、茶、酒、果、汤、宝、表、红。锣鼓齐奏《十供曲》配合，道士唱《入普供养》：

普供养法广无边，灯烛荣煌茶亦美。香花罗列果亦鲜，天上的帝圣真前。

香花等十贡颂词：

香奉献馥郁起炉中，霭霭祥玄临酒会。雍雍瑞气满灵空，香遍香遍大罗天。花奉献风动气清香，自古惜花春起早。莫教蜂蝶恋花残，散满散满献天颜。烛奉献影耀现祥光，呈托一挥永不灭。风吹不动照祥光，灿烂灿烂满华堂。茶奉献斟在玉杯中，饮食诸天神气爽。升天绕地变阴阴，团饼团饼是馨香。酒奉献玉液与琼酱，圣母瑶台众圣降。逡巡能造檀韩商，饮会饮会醉仙乡。果奉献桃李杏梅花，龙眼荔枝橙柑榄。圆枣桔实善菩提，真圣真圣愿闻知。食奉献蔬么菜美汤，亲在厨中烹造出。且清且洁可歆尝，诸圣诸圣降华堂。水奉献酌水表丹诚，滴滴馔来成雨露。纷纷飘下荡尘埃，氤氲氤氲尽皆清。宝奉献合浦夜明珠，泼泼盆中真可爱。媚媚掌上实皆奇，至宝赛无虞。表奉献本是老君言，永寿延年开粤典。众生信受至今传，诵读诵读早通贤。红奉献凡人共诚心，悉花挂红装神显。万年寿主福无疆，神显神显赫威灵。

锣鼓奏《朝拜曲》。

三巡酒颂词，锣鼓奏《朝拜曲》配合。恭酒陈初献《顿首虔恭酒陈初献·作散花落》：

寿香馥郁金炉内，散花落，寿烛荣煌玉案前，寿花纷纷蜂蝶舞，散花落，寿烛灿烂斗牛边。落满朝寿坛上奉，万岁圣母——军会——，前供养酒初献，上奉本齐香火，军会六道师帅随行土地，朝坛真宰前供养。

《顿首虔恭酒陈亚献·作散花落》：

寿烛点照星辰现献，寿果盘盘色更新，寿果现真真默佑，寿年享福福无疆，落满朝寿坛上奉，万岁圣母——军凭——，前供养，酒亚献上奉。

《顿首虔恭酒陈三献·作散花落》：

寿日华坛设寿筵，散花落，寿筵散罢福绵绵，寿星鹤驾来添寿，寿比南山不老春，散花落，乐满朝寿坛上奉，万岁寿主圣母——，前供养，酒三献上奉各家香火大道师真缶寿庆坛真宰一切圣众前供养。尚来朝坛寿奉献已竟遇完，所有祝贺表文开巫宣渎，伏冀明聪俯垂零听。宣表完化表。

酒巡后，卜保佑贝。
午忏道士伴法师唱酒巡颂词时动作：
——道士站着双手握朝笏三躬礼后，先上右步，左步跟上，稍侧身站齐，左手举朝笏，右手扶住朝笏，左脚屈膝作礼，退步躬身叩首朝拜。又道士先上右步，左手举朝笏，右手扶朝笏顶，叩首拜，伸朝笏向前。又缩回胸口，叩首拜。众福首、缘首跟随跪拜。
——左手举朝笏，右手扶朝笏叩首拜。再双手举朝笏齐首，叩首拜。反复数次。众福首、缘首跟随跪拜。
——先上右步，左步跟上稍侧身，左手捧碗瑞水，右手拂袖又舒袖捧瑞水顺向左手由下转上，指作香火诀指蘸弹喷，双手捧碗瑞水齐胸，叩首拜。后站起，众福首、缘首跟随跪拜。
——双手举合掌拜，叩首跪，卜贝，阳贝为福首求平安祈福。午忏结束。
晚忏：五贡茶、酒、糖水、饭、菜。锣鼓奏《朝拜曲》配合，唱《入五贡》

一献茗香二献花，三献茗灯四献茶，五献五贡呈供养，普仲供养法王家。五贡奉献天尊。

晚忏道士伴法师唱酒巡颂词时动作：

——道士站着双手握朝笏三躬礼后，先上右步，再左步跟上站齐，双手扶朝笏，叩首拜。先伸向前，又从前缩回胸口，退步二鞠躬，拂袖、舒袖点二点，拎手式。反复重演。诵经歌，声调悠扬，反复重诵。

——左手捧碗瑞水，右手香火诀指沾瑞水向前弹喷，转灵香火诀指，反复重作。后转身后作，毕。

——烧香，分3支，各事主持香站，叩首拜。后跪叩首拜。反复站，跪叩首拜。道士手捧黑色笏，领众事主站、跪叩首拜。锣钹镐奏乐伴随，向神炉插香。

宿夜忏：晚上7时30分开始，用糖汤。

二十一、二十二、二十三日忏相同，二十二日中午与晚上用《十供曲》。

二十三日作忏程序

夜2时30分朝礼忏：先吹唢呐、击镐、拍钹、鸣锣以开场，接着道士诵经，法事动作，锣鼓奏《朝拜曲》配合。二十三日午忏用《十供曲》配合。

依午忏礼仪：

——道士站着双手握朝笏三躬礼后，先上右步，左步跟上稍侧身站齐，左手举朝笏，右手扶住朝笏，左脚屈膝作礼，退步躬身叩首朝拜。又道士先上右步，左手举朝笏，右手扶朝笏顶，叩首拜，伸朝笏向前。又缩回胸口，叩首拜。众福首、缘首跟随跪拜。

——左手举朝笏，右手扶朝笏叩首拜。再双手举朝笏齐首，叩首拜。反复数次。众福首、缘首跟随跪拜。

——先上右步，左步跟上稍侧身，左手捧碗瑞水，右手拂袖又舒袖捧瑞水顺向左手由下转上，指作香火诀指蘸弹喷，双手捧碗瑞水齐胸，叩首拜。后站起，众福首、缘首跟随跪拜。

——双手举合掌拜，叩首跪，卜贝，阳贝为福首求平安祈福。

烧香：每位福首缘首3支香，持香站拜数次，跪拜3次，又起身站拜数次，又跪拜3次，后坐跪随道士朝拜。

道士手持扶朝笏诵经，随经声悠扬顿长作朝拜礼，击乐以颂神。道士卜贝，起身作朝拜礼仪。先上右步，右手拂袖，扶朝笏一下，又拂袖转回扶朝笏，躬身朝拜叩首数次后，道主宣请各路神灵，毕，三道士同唱颂词。道士又起身作又朝拜礼仪，福首献花红宝钱。道士重作又朝拜礼仪，左手捧瑞水，左手作香火诀沾瑞水，向右手下转向后转回上弹喷，反复数次后，福首、缘首手捧花红跟随道士朝拜数次，毕，道士继续作朝拜礼仪，主道士宣读祭文。读表毕，烧宝钱。拜寿，三叩首，一拜天、二拜地、三拜神灵。

拜朝流：主道士宣请各神庙之神至天后宫朝12次，庙每神三叩首，郡主神一次。锣鼓奏《朝拜曲》配合，唱颂词觋神。道士作朝拜仪式毕。

开印：主道士诵经持朝笏一步一拜至大殿前，双手举朝笏至首顶跪拜，后，又接着连连跪拜数十次，后，起身作朝拜仪礼，后，至大殿取印，举印示明跪拜，转身走回案，请祖上案，扶祖手握印盖符。

早忏：依照二十一与二十二日早忏仪式，作《五贡仪礼》，锣鼓奏《朝拜曲》配合。

开斋：拜神，读皇神疏，后，开斋食荤（猪肉、鸡鸭、海鲜）。

启贝选新福主（缘首）：新旧福主（缘首）交接卜贝，由神祖钦定。胜贝、阴贝、阳贝为合神祖心意的福主（缘首），双阴、双阳则不合。若神祖同意，天、地、人三才连转，用卜贝的方式选出神祖满意的12位福主（缘首）。

送金身妈祖到第一位福主（缘首）家供奉：卜贝选出12位新福主（缘首）后，按顺序请妈祖到第一位福主（缘首）家供奉。八音锣鼓班在前，齐奏《迎驾曲》与《过衙曲》配合，五彩旗队跟随，欢送金身妈祖到新福主（缘首）家，福主（缘首）家设香案祭品迎接，跪拜，深表敬诚。

津前天后庙还有每年举行的隆重盛会，主要内容有：朝圣贺诞、新年第一香、元宵出游、岁首祈福。重阳祭祀、岁终还福和初一、十五进香、社戏等一系列活动。

津前天后庙会传承了"妈祖圣德"，是研究硇洲津前古港与妈祖文化的珍贵非物质文化遗产。

（五）徐闻水尾渔村渔家敬仰妈祖信俗

水尾渔村始建于明朝，渔民祖辈从福建莆田沿着海岸线捕鱼而迁徙，先居住遂溪县红坎村，清康熙年有六户渔家先后从红坎村到水尾海湾捕鱼，发现这里地理条件好，就择地安居，繁衍发展。这些渔民捕鱼为生，所以村子称水尾渔村。他们敬仰天妃妈祖、招宝夫人、青惠夫人为保护神，长年香火不断。道士刘赵勇的祖传《各宫礼号记》记载：天妃圣娘姓林，甲申年三月二十三日宝诞，福建省兴化府莆田县大井村人。二娘招宝夫人姓蔡，壬申年二月初九日宝诞，广东省湖州东门村人。三娘青惠夫人姓李，丙申年三月十五日宝诞。民间文献对三位婆祖"历史"言之凿凿，村民感恩敬佩虔诚。清朝敕封妈祖为天后，三婆庙易名为"天后宫"。

水尾渔村因渔家的生产方式、潮水季节和渔家的生活风俗等历史源流传统，其祭祀妈祖有别于内陆地区，仪式多样，具有独特性。

1. 大年初一，敬请妈祖吃茶，探望渔家贺年

渔民敬仰妈祖，最突出表现是：大年初一渔家各户敬请妈祖吃茶，妈祖到各渔家贺年。初一早晨，全村渔家都拿出家里最大的鞭炮，来到天后宫前燃放，鞭炮声、锣鼓声喧天动地。首事贤老与道士在天后宫设置清茶，恭敬妈祖，跪拜叩首，向妈祖祝贺新春，虔诚颂诵妈祖庇护海疆，渔家康安乐业之词，敬请妈祖出巡贺茶。同时进行各项礼俗仪式：

抖神犟轿：两位年富力强的壮汉，手扎着妈祖端坐的小神轿，奋发威武，相持犟力拼争，围观群情激动，助以声势，十分激烈。

清驱邪气：两位壮汉紧紧扎握着妈祖神轿，使劲犟力向东、西、南、北、中五个方位，进行犟轿抖神，书写符法，辟除邪气。

降威穿令：敬请三位婆祖神童上轿，妈祖降临，神威穿令箸。

敬请穿着令箸的三位婆祖神童上轿，几百人的巡游队伍紧跟，到各渔家吃茶。各渔家在香火宅大院摆设茶水、香宝迎接。三位婆祖一到，燃放鞭炮烧香，渔家主人跪拜作揖敬茶，婆祖唱雷歌贺年："子孙心诚我心知，靖安蜃气海镜开；保障渔业获丰产，家家康宁幸福来。""今年景气实是佳，渔家各人都要知；船舱空空驶出去，满仓鱼虾载回来。"凡此等等，皆是保佑渔家出海捕鱼，风平浪静，次次大获丰产。渔家喜笑颜开，赠送香灯、宝烛和鞭炮。待婆祖离开之时，主人随即燃放鞭炮欢送。先巡游海岸，再巡游下村、南村，然后巡游上村、北村，各渔家香火宅都要去。经过没有香火的宅门口，家人要等待燃放鞭炮迎送。婆祖吃茶贺年活动要一天一夜的时间。

一般大年初一人们欢庆新春、逛街游园的活动，俗称"行年""行运"。水尾渔村大年初一敬请妈祖吃茶贺年，是广泛而普遍性妈祖信仰中的典型。因他们是渔民,有渔家的生产方式和生活风俗,故而产生形成这种独具特色的敬仰妈祖的仪式。

2. 妈祖卯诞年例巡海,摆百鸡宴盛典

妈祖卯诞庆祝活动各地形式多样,有游街的也有游坡的,而水尾渔村却是巡海,因为他们是以海捕鱼为生,妈祖是海神,又是他们敬奉保护渔家的神灵。所以,在庆祝妈祖卯诞时就举办巡海活动。农历三月初开始,全村的妇女都要来天后宫,参与给妈祖制作衣服和鞋子。二十三日,全村所有外出的男女老少都回来。大清早,村民敲锣打鼓,在宫庙前设百鸡宴,排有 10 行,每行 6 桌,每桌 10 只全鸡,专为敬奉妈祖饲养的,鸡爪上套有"皇禄走地鸡"字样。敬祭妈祖,妈祖三位婆祖唱雷歌,唱毕,抬着妈祖三位婆祖宝像绕祭桌巡二圈,然后抬着妈祖三位婆祖巡宫庙前设百鸡宴,敬祭妈祖,隆重庆祝一天。晚上,请雷剧团演戏,一直连演 50 多天。

3. 每年约定俗成"打平安"

水尾渔村每年都按照妈祖的旨意举行"打平安",具体日期由妈祖神童选定。"打平安"是歌颂妈祖护海安民的丰功伟绩,请求妈祖驱逐妖魔,靖安海境,祈祷村庄平安和来年风调雨顺,渔业丰收。"打平安"仪式十分讲究而严格,不准外村生面人干扰。由法师道士念咒,请出三位婆祖讲话。三位婆祖降临神童,对唱雷歌,保护海疆村境,庇佑渔家乐福丰产。仪式一般需要进行半个月时间。

4. 祈福"缚贵"

渔家出海捕鱼、做渔货生意或求学前,都到天后庙祈福,祈求妈祖保航护渔、庇佑生意兴隆、学业优秀上大学。渔家带来酒肉、米饭和香炮,摆放齐全,三跪九拜,法师道士卜贝禀告妈祖来祈福者心意,并许下心愿,然后燃放鞭炮结束。年终心意实现,要还愿。

渔家生得贵子,要到天后宫给孩子"缚贵",祈祷天后宫保佑平安,长高长大,聪明伶俐。"缚贵"后拿回一串"贵钱"和一些香灰,做个香袋,香袋里放二文铜钱与香灰,与"贵钱"捆在一起,给孩子挂背着。孩子长大成人结婚时,要备酒肉、米饭和香炮到天后宫,请法师道士念经还福"解贵"。这是水尾渔村具有的独特民俗。

5. 送雷剧戏"奉神"

演雷剧酬神娱神,这是雷州半岛城乡的普遍性现象。但是,水尾渔村演雷剧酬神娱神的同时，还有一个特殊的内容环节，就是每一台雷剧戏演出之前都要有一个"奉神"环节。此"奉神"环节由戏班的主角代表戏班和送戏者，向妈祖唱颂歌。歌颂妈祖的恩德和功劳，感谢妈祖的扶助和保佑。接着演"七仙送子"与"八仙贺寿"，每日下午再演前夜戏本的最后一段戏，蕴意在于"回"字，即是渔家海俗"渔船出去，丰产平安回来"。由渔家发财致富的人数多，送戏的人很多，有渔家单独请雷剧团加戏，答谢妈祖保佑家庭添丁发财。送雷剧戏"奉神"一般在妈祖诞辰的三月二十三日前后至妈祖九月初九日忌日的前后，全年送戏"奉神"有60多场。水尾渔村送雷剧戏"奉神"是具有地方性的独特民俗。

三、结　论

妈祖作为航海保护神在海内外华人社会受到广泛的崇拜，已形成一种国际性妈祖文化。自宋以来，闽人大量迁入雷州，妈祖信俗随之传入。对妈祖虔诚的崇拜是出自对先祖的敬仰，其形式仪礼多样，内容十分丰富，展示了雷州半岛民众对祖神的敬崇和虔诚之心。

雷州人奉祀妈祖至诚至敬，妈祖信仰具有普遍性，祭祀仪式除了一般内容外，还有"讲公知""做斋""巡游""祭祀""演戏"等一系列大规模的集会庆祝形式。有的乡镇随着社会经济的变迁，在巡游的形式中借鉴吸收外地的精华，充实丰富本地崇祀习俗，增添飘色内容样式，在保持地方的特殊历史传统同时，也形成更丰富多彩的祭祀特点，尽表对妈祖的敬崇，显示妈祖信俗具有很强的凝聚力与亲和力。

The Rituals of Matsu Worship in the Leizhou Peninsula

Chen Zhijian

Abstract: As a sea goddess, Matsu has been worshiped extensively both at her homeland and abroad. Since the Song Dynasty, Matsu worship was gradually spread to the Leizhou Peninsula by the Hokkiens, and became popular. From coastal to inland, Matsu temples dotted with villages, towns and harbors. But the rituals of Matsu worship differ from each other as a consequence of various regional and traditional folk cultures in the Leizhou Peninsula. These show the respect for ancestor god of Leizhou Peninsula's people, and form the universality and particularity of enshrined Matsu folklore.

Key Words: Leizhou Peninsula; Matsu worship; Matsu rituals; social effect

汕头湾旧影研究

陈嘉顺*

汕头湾是南海东北部的海湾，包括西部的牛田洋和东部的汕头港。汕头湾位于广东韩江三角洲之南，榕江和韩江的支汊梅溪的入海口，汕头湾是潮汐通道型河口湾，从空中俯视似莲藕状，两头宽、中间窄，东西长23公里，南北宽为1~4公里，水域面积约70平方公里，其中汕头港30.5平方公里。汕头湾南有达濠岛，出海口有妈屿、鹿屿双岛为屏障，自然条件良好。这使汕头开埠后商贸日趋发达，成为粤东最大的商埠，影响所及，粤东之外，远至闽西、赣南。[①]

照片影像既是艺术、新闻等学科重要的研究内容，同时又属于特殊的历史文献。[②]近年来，笔者先后参加汕头埠图文数据库建设、汕头埠碑刻整理与研究等课题，对汕头埠各类文献多有涉猎，搜集到数百张清末至民国的老照片。本文通过挖掘这些历史照片中蕴含的图像信息，从最早的汕头湾照片、航拍汕头湾、汕头湾的变迁、汕头港木栈桥、传统木船、捕捞业的变迁等方面，探讨汕头湾的经济社会变迁。

---

* 作者系中山大学历史系2015级博士研究生。
① 吴勤生主编《汕头大博览》，香港文化传播事务所有限公司，1997。
② 近年学者以汕头老照片为专题研究的成果包括汕头大学图书馆编：《日军侵略潮汕写真》（汕头大学出版社，2007）；陈传忠编：《汕头旧影》（新加坡潮州八邑会馆，2011）；王瑞忠编：《鮀城旧影》（汕头城市建筑档案馆，2009）。而较集中收藏汕头旧照片的机构有汕头海关关史馆、汕头存心善堂、美国南加州大学图书馆以及太古洋行，另外，笔者也收藏了部分老照片。

一、汕头湾传世最早的照片

汕头自 1860 年开埠以来，西方人纷纷来到这个粤东的小渔村，有的从事经济、宗教活动，有的以政治、军事为目的，而他们留下的照片也直观地记录了汕头湾早期物象，反映汕头从渔村向近代海港城镇不断改变的历史。

在行色匆匆的往来人群中，世界纪实摄影的先驱约翰·汤姆逊（John Thomson，1837～1921）也来到汕头。汤姆逊，苏格兰摄影家、地理学家、旅行家，也是最早到远东旅行、并用照片记录各地人文风俗和自然景观的著名摄影师。1862 年，他成为皇家苏格兰艺术学会的会员。同年到新加坡，生产经营航海仪器，开设照相馆，主拍人像。后又到锡兰、印度、暹罗、柬埔寨、安南。1866 年入选皇家人种学会和皇家地理学会。1867 年 10 月移居香港，开始了他摄影生涯中至关重要的几年。1867 至 1872 年间，汤姆逊足迹遍布中国南北，其镜头下既有达官显贵与贩夫走卒，也有山川河流和民生时局。他将这批照片以 Illustrations of China and Its People（《中国与中国人影像》）为名在西方结集出版，为他带来了巨大声誉，这是汤姆逊最重要的作品。1881 年他被维多利亚女王指定为御用摄影师。他不仅是一名摄影师，更是一位带着思考行走的观察者，对中国社会的解析涉及方方面面，数百幅照片以强烈的纪实风格，记录了落后腐朽与求变图强并存的中国，无论镜头或是文字，视角都颇为科学、严谨，至今仍觉新鲜、生动。

近年秦风老照片馆斥巨资购藏了一套完整的《中国与中国人影像》，2012 年底，广西师范大学出版社以此书为底本，由徐家宁翻译，出版了《中国与中国人影像——约翰·汤姆逊记录的晚清帝国》，其中一张摄于汕头，可能是汕头湾最早的照片（图 1）。此时距摄影术发明只有数十年时间。

汤姆逊出版此书的初衷，是为西方提供有关中国的百科全书式的影像资料。透过西方人探寻的目光，我们看到了 150 年前汕头湾的一角。汤姆逊这样介绍这幅照片：

图 1 拍摄于 1870 年左右的汕头埠照片,《中国与中国人影像——约翰·汤姆逊记录的晚清帝国》

外国人称之为汕头的中国城镇,位于韩江出海口东岸,韩江流经广东省人口稠密而富饶的地区,同时在它入海口处有一个能让大型船舶下锚的宽阔港口。因此在 1842 年,它首次吸引了外国商人的目光,自此后在商业上的重要性日益上升。……1842 到 1851 年,在现在居留区下游四英里左右的地方,一个未经承认的外国社区在汕头妈屿岛建立起来。1862 年,在得到中国政府的许可后修建了现在的居留区点,它背山而立,山后是本地人的城镇。

照片拍摄于 Messrs.Richardson and Co.(理查德森洋行)后面的高处。这里的山除了散乱的花岗岩之外什么也没有。这些花岗岩有的处于崩离状态,有些却是大块的巨石,光秃秃地裸露着,像纪念碑一样静静地矗立在山冈上。尽管地势条件恶劣,这里的居民还是运来了肥沃的泥土,将房子周围寸草不生的坡谷变成了花园和整齐的草坪,而且就像他们期望的那样,一个小村子在附近迅速地繁荣起来,为这些外国人提供各种所需。

欧洲人的房子主要用一种本地混凝土建成,这种混凝土是附近大量出产的一种长石黏土与贝壳灰的混合物，凝固后十分坚硬。在里面，房子的天花板上都装饰有精心制作的檐口和镶板。这些东西都是本地艺人的杰作，他们将这门技艺发展到近乎完美的高度，使之成为汕头的特产。飞禽走兽、鲜花水果，因艺人高超的艺术和优雅随性的设计而栩栩如生。他们用双手和一两把小泥刀就能完成所有的工作，精美的图案在他们十指间一点点呈现出来，但是艺人们的收入却很低。

从照片中，可清晰地见到许多栋欧式建筑错落有致地分布在海边，因此可以推断，汤姆逊是在岩石的山坡上举着照相机向东北方的出海口方向拍摄的。照片左上方有一小屿，旁边还有一小岩石，而从新加坡陈传忠收藏的老明信片中，则可看到这个小屿，可能就是礐石海滩上的"海角石林"（图 2）。另一张明信片大概是从"海角石林"上向西南方的岩石上拍摄的，能清楚地看到海边的小岩石（图 3）。而汤姆逊照片中的 Messrs.Richardson and Co.（理查德森洋行），我们可以从 1922 年"八二"风灾之后汕头存心善堂拍摄的一张照片中知道，这座建筑后来也称为德记花园（图 4）。

图 2　礐石"海角石林"，20 世纪初汕头美璋照相印制

图 3　礐石港口，20 世纪初汕头美璋照相印制

图 4　礐石德记花园灾后图，存心善堂藏

汕头德记洋行创办于1862年，最初设址在汕头至平路，后迁至商平路。其业务主要是在汕招工，招聘"契约华工"往外国当劳工。1861年4月30日，汕头最早开设的美英商德记行（Bradley & Co., Ltd.）被一群约200名的武装华人袭击，价值约12 000元的资财尽被抢劫。当时该行出资者3人，两人是美国人，另一人为英国人。该行真正的创建者为美国人巴利列（Chas William Bradley. Jr.），其汉名又译作俾列利·查士·威林。他虽然不是职业外交官，但从1849年2月7日至1853年，以商人资格为首任美国驻厦门副领事，1854年任美国驻宁波领事，1855年在香港以自己的名字创建德记洋行，1856年来妈屿居住，汕头的德记行实际为分行。1860年1月他又为首任美国驻汕头副领事，至翌年3月卸任。①

从上面的材料可知，德记洋行在妈屿岛和汕头埠都有产业，而礐石是否有产业则未能知悉。存心善堂1922年拍摄的照片称为"德记花园"（图4），并不是"德记洋行"，汤姆逊拍摄的礐石照片所称的"理查德森洋行"（图1），距存心善堂拍摄德记花园照片拍摄已过去半个世纪，其间可能是产权有了转移，这座建筑成了德记洋行的产业。

拍摄汕头埠照片的同时，汤姆逊还拍摄了一张潮州湘子桥的照片，也成为传世最早的湘子桥照片（图5）。相比之下，他拍摄湘子桥时，就遇到一点麻烦，他叙述道：

> 拍摄湘子桥是艰辛的。拍摄时，为了避开喧闹的不友好的人群，我一清早就开始工作。但人们还是骚动起来。当他们看到我那枪炮般的摄影家伙对准他们那高悬桥外摇摇晃晃的住处时，他们认定我是在耍外国巫术，加害于古桥及上面的居民。于是他们丢下店铺摊挡不管，由一个"勇敢分子"纠集一批擅长于投掷的无赖，与其他市民一起，齐心协力，准备好泥巴瓦片等投掷物。没多久，这些东西便雨点般落在我的身旁和头上。我跃入水中，狼狈不堪地向停靠附近的篷船撤退，登船躲避。当人群中一个"无赖"不顾一切继续进逼，欲毁我摄影机时，我不得已操起尖利的三脚架当作武器把他击退。对于我来说，损失并不大。说真的，古桥的照片还

---

① 房建昌：《潮汕地区中英交涉数事》，《汕头大学学报（人文社科版）》2000年第3期。

是在三脚架上拍摄到的。

图 5　湘子桥最早的照片，引自《中国与中国人影像——约翰·汤姆逊记录的晚清帝国》

二、汕头湾的变迁

　　下面谈一下见证汕头湾变迁的老照片。太古公司的两张汕头湾照片，一南一北的风景，应该是从船上所摄，礐石山清晰可见，而北面的桑浦山脉也隐隐在望（图6、图7）。对比新加坡陈传忠收藏的几张汕头湾彩色老照片，碧波荡漾，岸上的建筑物白墙红瓦，周围绿树葱郁，一片静谧的海滨风光（图8）。相比之下，美璋公司同时期差不多从同一海面拍摄的照片，主要以太古洋行的仓库作为对焦点，远处的山脉显得模糊（图9）。而为了拍摄汕头埠全景，汕头美璋照相的摄影者站在礐石山上俯拍，帆船、轮船，市区建筑，远处山脉，一览无遗（图10）。

　　20世纪20年代之后，汕头埠的繁华与日俱增，汕头湾北面的堤岸越建越长，堤内的建筑物也日见增加。20世纪20年代日本大阪神田原色印刷所印行《汕头全景图》，由三张明信片组成，汕头湾内平静无波，但已明显比此前照片中的堤岸向东延伸了不少（图11）。太古公司的两张从礐石上所摄的照片和另一张日本明信片也同样表现了这一场景（图12～图14）。相比而言，由日本大阪神田原色印刷所20世纪20年代印行的《汕头礐石全景图》，汕头湾内依然波涛涌动，南面山脉延绵，建筑物只是零星地分布在岸边（图15）。

图6　1907年的汕头湾，太古公司藏

图7　1911年的汕头湾，太古公司藏

(a)

(b)

(c)

图 8　1900 年的明信片，系从海上拍摄的汕头湾及岸边景观，汕头美璋
照相印制，陈传忠藏

图9　20世纪初的汕头港湾，汕头美璋照相印制，陈传忠藏

图10　20世纪初的汕头湾及市区全景图，汕头美璋照相印制，陈传忠藏

图11　20世纪20年代日本大阪神田原色印刷所印行的《汕头全景图》，陈传忠藏

图12　1928年汕头的轮船 Ships，Swatow 1928，太古公司藏

图13　汕头港 Harbour，Swatow，太古公司藏

图 14　从汕头湾南岸岩石山上远眺汕头市街，20 世纪 30 年代日本印制的明信片，陈传忠藏

图 15　20 世纪 20 年代日本大阪神田原色印刷所印行的《汕头岩石全景图》，陈传忠藏

　　汕头湾南岸的岩石地貌多属花岗岩丘陵，不似北岸的土地系冲积而成，因此岩石开发程度远慢于北岸。这里的花岗岩经长期地质变迁，风化之后形成馒头状石块，堆积于山顶、山腰缓坡和山沟凹处，构成千姿百态、似人似物的奇石群，也有了许多美丽的传说。如"宫鞋石"的传说："宫鞋石"所在地原是莲池，在明月皎洁之夜，一位仙女到此游玩，被美景所吸引，于是脱下宫鞋，濯足戏水而忘时辰，忽闻晨鸡报晓，仙女怕犯天规，匆忙而去，却忘记穿鞋，从此宫鞋留于凡间。

　　在宫鞋石不远的另一处海滩上，原有整片的花岗岩海蚀石柱群，一群石柱、石笋挺拔海面，俗称"海角石林"，早在 1900 年代，它就被摄入照片中（见图 2）。海角石林奇形怪状，有的如群兽嬉戏，有的似孩童玩耍，有的像妻望夫归，每当潮涨海角，浪搏石林，景色壮丽非凡，曾被誉为汕头克里米亚半岛，吸引了许多游客和地质爱好者前来考察。海角石林 1969 年为取石修建牛田洋围堤被炸毁（图16）。

图16 20 世纪 50 年代的礐石海角石林旧影，引自《汕头市志》

汕头湾潮汐属不规则的半日潮，平均潮差 1 米，最大潮差 2.63 米。湾内水域在近代以来由于泥沙淤积和人工围垦而变浅和缩小。韩江的支流是泥沙主要的来源，梅溪的泥沙在河口形成水下浅滩，从 1919～1959 年，四十年间浅滩向南延伸了 665 米，加快了汕头港区的回淤。受来自东北方向沿岸海流的搬运，西溪和东溪的泥沙在秋、冬、春三季沿海岸向西输送，年输沙最多达 50 万吨，在汕头湾口和内外航道沉积，从 1919～1959 年，汕头湾内各部位平均淤浅 1.29 米，年均淤浅 3.2 厘米。另外，滩涂被围垦，汕头湾水域面积由 1956 年的 126 平方千米减少到 1979 年的 72 平方千米，纳潮量从 2.69 亿立方米减少到 1.54 亿立方米，导致淤积速度加快。由于汕头湾南北并不宽，退潮时在岸边就会露出一小段沙滩，即是日本明信片上所称的"外滩"，汕头日本山口洋行 20 世纪初就曾发行一张图中景物位置可能是今天汕头跃进路的明信片，当年这里直接临海，浅浅的海滩和岸边的石篱清楚可见（图17）。

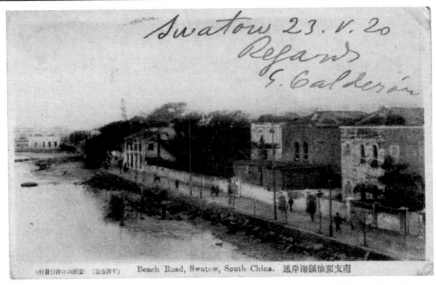

图 17　20 世纪初日本山口洋行发行的《汕头外滩》，陈传忠藏

三、汕头的木栈桥

汕头港开埠后，很长一段时间是整个粤东海域唯一可以停泊机器轮船的港口。当时轮船抵港后，无法直接停泊到码头，货物须通过驳船装卸驳运。在这种情况下，栈桥作为港口交通运输的配套设施，就显得非常重要。

栈桥是用于装卸货物、旅客往来、施工交通的临时桥式结构，由桥墩、桥台、跳板梁等组成。栈桥的结构与普通桥梁基本相同，不同的是桥梁的梁部结构、轨面固定、全部跨越河面、江面等，而栈桥只伸入水域一部分，栈桥的梁部结构和轨面可随水位的涨落而升降，轨面坡度可随之调节。在传统时代，栈桥采用的材料基本是木材。栈桥下部结构为木桥墩，上部为木板，桥墩和桥台是支撑栈桥上部结构和荷载的构筑物。桥台在栈桥靠岸一端，与马路、堤岸、码头相连。

汕头因港而兴，不少传世的老照片都有栈桥的身影。汕头港的第一座木栈桥是招商局 1892 年所建设的，至 1939 年，汕头港内共有木栈桥 6 座，其中属太古公司名下的有 4 座，分布在怡安街口、中栈巷、太古 43 号栈和招商横路太古货仓，其余2座分别为怡和公司（图18）和招商局所有。

图18　20世纪初汕头美璋照相馆印制的怡和洋行码头及栈桥，陈传忠藏

1906～1907年，从太古公司办公室可以望到太古码头上的栈桥以及大轮船停泊在栈桥旁边的场景（图19～图21）。而同一时期从轮船上向太古码头和办公室望去，则可更清楚地看到整条栈桥形状（图22）。

(a)

(b)

(c)

图 19　Wharf from Butterfield & Swire office，Swatow 1906-1907，太古公司藏

图 20　Ship berthed at Swatow，太古公司藏

图 21　Butterfield & Swire office & frontage in Swatow 1906-1907，太古公司藏

图 22　20 世纪初的太古码头和太古洋行的仓库及办公室，太古公司藏

无独有偶，新加坡陈传忠也收藏了几张汕头太古洋行码头与栈桥的照片。这些照片既有日本山口洋行发行的，也有汕头美埠、新光照相馆印制的，时间从 20 世纪初到 20 世纪 30 年代，虽角度不同，但都可见当年太古码头和太古洋行的仓库及办公室的外貌，太古洋行的栈桥也同样让人印象深刻（图 23～图 25）。

图 23　20 世纪初,汕头美璋照相印制的太古码头,及该洋行的仓库和办公楼,陈传忠藏

图 24　20 世纪初,汕头日本山口洋行发行的太古洋行栈桥明信片,陈传忠藏

图 25　20 世纪 30 年代,汕头新光照相馆印制的太古码头和栈桥,陈传忠藏

汕头每年受台风影响,濒临海岸的木栈桥首当其冲,每每受到破坏,特别是强台风正面登陆之后,木栈桥几乎全部被毁。1922年"八二风灾"之后,汕头港包括太古码头在内的多处码头受严重破坏,木栈桥也都支离破碎,惨不忍睹,这从当年存心善堂拍摄制作的《风灾相图》中可见一斑(图26~28)。

图26　汕头太古码头"八二风灾"灾后图,存心善堂藏

图27　汕头渣甸(怡和)码头灾后图,存心善堂藏

图 28　汕头市绍昌码头沉船图，存心善堂藏

汕头拥有良好的地理环境与海港条件，到了 20 世纪 30 年代初期，渡过全球经济危机之后，汕头港对外贸易达到高峰，太古洋行业务也得到更好的发展，更高吨位的大轮船频繁停泊在汕头港，所修筑的栈桥更加牢固。这情景在太古公司网站的老照片中可以见到。

1933 年，韩江流域前来接驳的小木船整齐地停在栈桥旁等待大轮船卸货，对岸是隐隐约约的砦石山，估计是清晨时分拍摄的照片（图 29）。另一张照片摄于 1934 年，太古码头的木栈桥上，几十位搬运工人，或坐或躺，正在等待搬货，他们大多表情轻松。在照片中，栈桥的内部结构十分清晰，连同栈桥的大小尺寸也可大致估算出来（图 30）。在同一位置，到了 1940 年，由于太古洋行属英资企业，虽然汕头被日军占领，但日英两国还未交恶，太古码头依然人山人海，贸易活跃。当在货船到达时，搬运工人们便涌到栈桥接口处，等待货物的到来（图 31）。

台湾知名文史工作者秦风，在其出版的《影像民国（1927～1949）》收录了一张汕头湾的照片。①照片说明文字写道："1930 年代，港务繁忙的汕头码头。汕头原为一渔村，历史上属于潮州府澄海县。英法联军之役后，英国人选

---

① 秦风编：《影像民国（1927～1949）》，桂林：广西师范大学出版社，2009。

择在汕头进行贸易,不久汕头开市,并以其优秀的地理位置,发展迅速,逐渐超越潮州城区,成为粤东经济中心。"就这张照片与上面提到的照片、明信片对比来看,远处的栈桥,应该是太古洋行四条栈桥之一。

图 29　Steamship, hulk and junks in Sawtow 1933,太古公司藏

图 30　Waiting on a jetty, Swatow, 1934,太古公司藏

图 31　Queue at jetty，Swatow，1940，太古公司藏

四、传 统 木 船

  中国舟船文化历史悠久，南方人很早就形成"以船为车，以楫为马"的传统，丛林溪谷之间"习于水斗，便于用舟"。古代东南沿海地区水运凭借其便利易行、运费低、载运量大等天然优势，在承运大宗货物方面，较之陆路更为便捷，尤其是在铁路及公路等陆运设施修筑以前，这一优势更为明显。水运的关联与海上网络的编织，无不以舟船作为媒介。木制航船一直是韩江流域运输的主要工具。①

  汕头开埠后，韩江上行驶的木船往往满载韩江沿岸的土产，到达汕头码头卸下，再接驳轮船载来的货物。

  汕头老照片中有许多木船的图像（图 32～图 35）。这些资料可以使我们对当年航行于韩江的木船有一个直观的印象：船篷位于船的尾端，船头则用来放

---

① 林瀚：《清中期以前潮州民用木制航船研究》，载《南澳一号与海上陶瓷之路学术研讨会论文选》，2013 年 12 月。

置货物，船篷较高的船，也相对宽敞，人的活动空间也较大，因而往往人货混载（图 36），而船篷下的空间较为逼仄的，则更偏向于载送货物。下面几张是太古洋行网站上的韩江船老照片（图 37）。

图 32　20 世纪初，汕头海关验货场内的木船，选自《汕头旧影》

图 33　20 世纪初，汕头码头边停泊的木船，香港 M.Sternberg 公司印制

图 34　20 世纪 20 年代，汕头潮海关前的木船，选自《汕头旧影》

图 35　20 世纪 20 年代，汕头韩江出海口停泊了多艘木船，选自《汕头旧影》

图 36　Journey on the river, in a hakka boat, from Moiyen to Swatow (Mrs Meister and an English lady)(1937-1948), 美国南加利福尼亚州大学图书馆藏

图 37　Warehouses in Swatow 1933, 太古公司藏

潮汕人为运载更多的货物,建造了与客家地区不同的船型——五肚船,因其船主多为潮安人,当地亦把这船称为"福老船"(图38)。

图38　汕头太古码头及太古洋行仓库前停泊的船只照片,香港 M. Sternberg 公司于20世纪初出版,陈传忠藏

在美国南加利福尼亚州大学图书馆相片数据库中,也有一张关于汕头港的相片,该相片拍摄时间大致在 1918～1922 年间,海湾桅樯林立,反映了民国初期汕头湾泊船的繁荣景象(图39)。

图39　1921年,汕头港停泊的渔船,美国南加利福尼亚州大学图书馆藏

1939 年 6 月侵华日军攻陷汕头，对进出汕头港的木船进行严格检查（图 40）。而当汕头至潮州的公路被中国军队切断之后，日军征用民用木船，从汕头沿韩江往潮州运送军用汽车（图 41），反映了 20 世纪三四十年代潮汕地区内河船的结构及运输能力。

图 40　侵华日军在汕头内河道上搜查过往木船，引自《日军侵略潮汕写真》

图 41　日军征用汕头民船运送军车，引自《日军侵略潮汕写真》

传统木船多为帆船，利用风力为动力。一般包括船体、帆、桅杆、横杆、稳向板、舵等，还有缭绳、斜拉器、滑轮等一些配件。帆船的核心构件是桅杆，用木质的长圆竿，从船的龙骨或中板上垂直竖起，支撑横桁帆下桁、吊杆或斜桁。较大帆船的帆还分为主帆和前帆，主帆在主桅杆之后，前帆在主桅杆之前。利用帆拉动船，用船尾的"舵"来灵活调整船头方向，故成语有"见风使舵"，讲的就是按风向操纵舵来掌控航向。

潮汕人普遍使用帆船运输或捕鱼，潮汕的帆船按大小分为红头八卦、大八桨、大乌底、大圆尾等多种，每艘载重量多则三四千担，少则一千担左右，遇六七级的强风，帆船依然能安全航行。在这些帆船中，清代频繁往来于东南亚和潮汕的红头船最为突出。红头船一般长约20米，宽、高约5、6米，有5～7个船舱。红头船的航行区域十分广阔，北至江浙，东带台湾，南至越南、泰国、新加坡等东南亚地区，每年秋冬出航，春夏之间返航。在樟林港枯涸衰落的同时，汕头港迅速兴起，成为韩江流域唯一可以停泊机器轮船的港口，并出现了包括许多帆船在内的各式船只云集的繁荣景象。光绪朝之前，英、德、美、法等国家航行至汕头港的船只有些是帆船，光绪三年之后，外国帆船越来越少，以至绝迹，汕头港出现的帆船均是中国船。[①]20世纪初汕头美璋照相印制的明信片上，汕头港海面点点风帆与机器大轮船交相辉映。同期停泊在汕头太古码头边的帆船，可以见到放下风帆的船上，露出高高的桅杆（图42、图43）。1906～1907年，汕头太古公司码头边，同样停泊着许多露出桅杆的帆船（图44）。

潮海关税务司辛盛在《1882～1891年潮海关十年报告》中指出，从韩江上游地区南下的六篷船，船体宽、底平，船头弯弯翘起，其特点是用篙撑船，使船航行。船工们从船头顶点起步，握篙撑船，竹篙紧抵肩膀，身体几乎形成水平线，一直跑步撑至船尾，船只借力向前、航行。帆船由于利用风力，节省了人力，又能根据风向调整行驶，保持船只稳定航行，且不受水深浅限制，与韩江内河的船形成鲜明对比。[②]民国以后，往来汕头港的帆船仍为传统船型，历史照片可见这些帆船乘风破浪前行的情景（图45），在汕头回澜桥边韩江水道上，繁忙的人们来往于帆船与岸边（图46）。

---

① 汕头市港口管理局编：《汕头港口志》，北京：人民交通出版社，2010。
② 中国海关学会汕头海关小组、汕头市地方志编纂委员会办公室编：《潮海关史料汇编》（内部资料），1988，第17～19页。

图42　20世纪初，停泊在汕头太古码头边的帆船，已经将帆放下，露出高高的桅杆，陈传忠藏

图43　20世纪初汕头美璋照相印制的明信片上，汕头港海面点点风帆与机器大轮船交相辉映，陈传忠藏

(a)

(b)

图 44　太古公司汕头岸边办公室及码头，1906~1907，太古公司藏

图 45　1911 年的汕头海面上，一艘小帆船正在行驶 Swatow 1911，太古公司藏

图 46　20 世纪初汕头回澜桥边韩江水道上，繁忙的人们来往于帆船岸边，陈传忠藏

　　美国南加利福尼亚州大学图书馆照片数据库收藏一张汕头海面行驶帆船的照片。照片摄于 1923 年，有两艘双桅杆帆船和一艘单桅杆小帆船，正向妈屿口方向进发，船上依稀可见正在操纵桅杆的船工，船上未见货物。图片注明这些帆船是渔船，背景是礐石山及几幢洋楼，大概可知是英国领事馆和太古公司

的产业（图47）。另一张摄于1928年，远景为停泊在汕头港的太古公司轮船，显得非常小，倒是一艘自西向东行驶的双桅帆船成为照片主角（图48）。这样的场情在当年汕头海面照片中时常可见（图49）。

图47　汕头渔船，1923年，美国南加利福尼亚州大学图书馆藏

图48　Ships, Swatow, 1928, 太古公司藏

图 49　20 世纪 20 年代，日本大阪神田原色印刷所印行的汕头礐石全景明信片，陈传忠藏

20 世纪 30 年代是汕头港发展史上的最高峰，商业之盛一度跃居全国第七位，港口吞吐量曾居全国第三位，平静的海面是帆船停泊避风的良港（图 50）。

图 50　Warehouses in Swatow，1933，太古公司藏

在传统社会，木船是韩江流域民众生活中不可或缺的交通工具，客运、货运很大部分通过木船承载。通过资料的收集及排比，可以发现停泊在汕头港的木船型制多样，功用各异，这些渡人运货的木船，展现了当年汕头港水上运输动人的情景。

五、汕头湾的捕捞业

捕捞是人类捞取鱼类和其他水产经济动物的行为,海洋鱼类和其他水产,是人类食物的重要来源。潮汕有着漫长的海岸线,生活在这里的人民,自古以来就致力于发展海洋捕捞。明后期韩江三角洲下游不断成陆,嘉靖年间光华埠以南一带海面已露出沙脊,渔民在这里设栅捕鱼。万历初年,韩江口沙脊积聚成片,更多的人来此捕鱼,养殖蛤蚶。清初沙汕坪成为陆地,嘉庆年间,船只聚集者日见增多。道光元年(1821),镇平诗人黄香铁曾由韩江入海游潮阳,夜泊沙汕头,有诗《沙汕头夜泊》:

> 潮定编鱼埕,霜清遭雁天。
> 虹霞通海市,人月守江船。
> 庵埠渐无火,沙汕微有烟。
> 夜航来一棹,惊起野凫眠。

这是道光初年夜景写照,距离汕头开埠尚有四十年,汕头湾来往船只仍以渔船为主。

渔船和渔具是海洋捕捞的主要材料,据资料记载,潮汕沿海捕捞主要有拖网、刺网、钓鱼、敲罟及浅海杂鱼捕捞等,而渔船名称则根据所从事的作业命名,如拖船、刺网船、钓船、敲罟船等,虽然渔船有大有小,但捕捞方式在20世纪80年代之前几百年不变。①

人们在汕头湾捕鱼,主要靠经验,有手抛网、缯网、刺网、跳白等作业方式。②手工抛网捕鱼是汕头湾捕捞的主要作业方式,来自榕江流域的渔船还组成了手抛网作业队。一般每队有10~20条小船,俗称"枋溪条",每船2人,一人在船尾划桨,一在船头抛网(图51)。到了合适的水域,船队即摆开阵势,相继抛网,俨似天女散花,霎时间渔船又急速排成圆阵,缓慢收网取鱼。这种作业方式劳动量大,每船每天的捕捞量不等,至多不超过20公斤。也有

---

① 汕头市水产局编:《汕头水产志》(内部资料),1991,第13页。
② 汕头市水产局编:《汕头水产志》(内部资料),1991,第76~77页。

单船作业，或单人在岸上抛网捕鱼。

图51　1922年，在汕头划桨前进的"枋溪条"照片，美国南加利福尼亚州大学图书馆藏

　　缯网也是一种捕捞方式，有定置式大车缯和流动式手缯网两种。定置车缯固定设在堤岸适当位置，当潮水涨落时，将缯网放入水中，稍待片刻，将网提起，收获鱼虾，再将网放回水中，继续捕捞。缯网用的渔网织成正方形，四周穿以网纲，然后用4根竹竿交叉成十字形，中央交点用绳扎紧，竹竿末端系于网的四角，利用竹竿的弹力将网张开，再用一根大竹竿或杉木，将小端缚于前面4根竹竿交叉处，系上拉绳，作业时用大竹竿或杉木的一端置于岸边作支点，手持拉绳，将缯网缓慢放入水中，起网则借拉强将网拉上水面。大车缯则用2根较大的竹竿或杉木，小的一端缚于前面十字竿交点，大的一端钻孔后，安装到固定于堤岸操作架上即可使用。汕头湾车缯作业一般在冬春季，视渔汛变化也往往相应调整（图52、图53）。

　　刺网也称莲网，汕头湾的渔船一般都配有多种规格的莲网。每片网长100米左右，网线粗细与网目大小视捕捞鱼类而定，作业时根据需要，多片连接投放。网有沉、浮之分，沉网捕底层鱼类，浮网捕中上层鱼类，作业灵活。

图 52　1921 年汕头湾缯网捕鱼照片，美国南加利福尼亚州大学图书馆藏

图 53　1974 年汕头湾缯网捕鱼场景照片，王瑞忠摄

汕头湾在 20 世纪 60 年代之前还有一种称为"跳白"的捕捞方式。这类渔船狭长平底，头尾尖细，载重仅几百公斤。船的一侧船舷斜插一片刷白油漆的薄板，板长约船的五分之四，宽为船宽的三分之二，使其大部分伸出舷外，一般装在右舷。"跳白"于傍晚或夜间作业，单人坐于船尾划桨，使船向右侧倾斜、摆动，顺流快速前进，鱼类受惊而跃出水面，往往落到船上而被捕获，随着汕头湾鱼类减少，这种作业方式已消失（图 54）。

图54 1921~1923年,汕头湾内可用于"跳白"捕鱼的渔船照片,
美国南加利福尼亚州大学图书馆藏

图55 20世纪80年代汕头水产养殖场,王瑞忠摄

汕头湾有着广阔的滩涂,是鱼虾贝藻生长繁殖的优良场所。螃蟹喜欢在海边滩涂地觅食活动,人们设地笼、甩笼等工具捕蟹。这些工具有倒须,蟹种能

进不能出，每天取蟹数次，收成可观。此外，在汕头埠周围，还有不少人工筑堤围起养殖场，养殖虾蟹贝壳及鱼类（图55）。

六、小　　结

　　历史文献资料收集很难做到"完整"，涉及海洋的历史文献更是如此，如何通过不"完整"的文献，来反映海洋历史，是从事此项研究的学人需要面对的问题。

　　中国早就有"左图右史"之观点，说明"图"与"史"密不可分。照片中的各种形象都不是孤立的，图像学与图像志是我们研究老照片的"利器"。这里涉及两个过程：即前图像志（Pre-Iconography）的描述——以人实际的经验为基础，对图像进行常识性的辨识；图像志（Iconography）的分析——这一层中我们实现了对特定题材中各种形象的描绘和分类。老照片的"历史细节"，包含每张照片的具体内容，从这些照片中挖掘出背后的文化意涵，对照片进行细致的图像志和图像学的分析。

　　对图像的研究，已越来越得到史学界的重视。文字和图像均是人类赖以表达、交流和获取资讯的重要媒介。照片是图像的一种表现形式，它具有客观实物的"写真"，但也包含了具有主观、随意和艺术夸张的成分，特别是在摄影作为一项高昂的消费之时，拍摄者往往有着个人的爱好、思想，以至对拍摄出来的照片进行取舍、裁切、变形等等，但这并不妨碍将照片作为一种表达过去事实真相的史料运用于历史研究。

　　摄影术发明至今已150多年，在相关研究中，主要的研究范式有文献学式、文化学式和艺术学式的研究三种。本文采用前两者（即文献学、文化学式）相结合的研究方式，在拼图式的综合考察中，通过图文互释有不少新的发现。

　　我们从汕头老照片中发掘出世事变迁的信息，洞察拍摄者当时所处时代的政治和社会现象的真实存在。一个时期的照片拍摄者的表达，亦可以探索其所处"时代之环境背景"以及当时人关注之所在。又从照片的社会传播来说，当年的这些照片，不少是作为明信片通过邮寄，飞越重洋，让万里之外的人们看到汕头湾的景象，这必然会产生某种社会意义和影响，使照片的读者穿越空间，了解到汕头湾的各式风物。

A Study on the Old Photos of Shantou Bay

Chen Jiashun

Abstract: The author has collected a mount of old photos of Shanto Bay, which reflected the whole scene of Shanto Bay, the harbor changes, boats and sailing, wooden frestd and fishery industry. This paper briefly discusses photographic images and historical literature relation, in the hope of providing a new perspective for the study of the maritime history of Guangdong

Key Words: Shantou Bay; old photos; historical documents

"海上丝绸之路与明清时期广东海洋经济"国际学术研讨会会议综述

王 潞*

伴随着地理大发现与大航海时代的到来,传统的海上丝绸之路发展进入全球海洋贸易新时代,这与宋元时期中国商人与阿拉伯商人的贸易有着本质的区别。与此同时,南中国海洋经济进入非常重要的发展时期。受海洋形势的影响,明清时期广东等东南沿海地区发生深刻变化,商品货币经济与海外贸易相辅相成,地区经济与西方主导的世界市场发生密切联系。

为推进海上丝绸之路与海洋社会经济史研究,2014年9月24~26日,中国经济史学会、广东省社会科学界联合会(简称广东省社科联)、广东中国经济史研究会、中山市社会科学界联合会(简称中山市社科联)、广东省社会科学院广东海洋史研究中心联合在中山市举办了"海上丝绸之路与明清时期广东海洋经济"国际学术研讨会,来自美国、澳大利亚、日本、韩国、中国内地和港澳台地区高校与研究机构的100余名学者出席会议。

参会学者围绕大航海时代亚洲海洋形势与海上丝绸之路变迁,东亚海商与海上贸易,广州、澳门贸易管理与中外关系,海防与海盗,南部中国海洋经济发展与海洋信仰,以及前述议题的研究理论、方法等展开交流与讨论,分述如下。

---

* 作者系广东省社会科学院历史与孙中山研究所、广东海洋史研究中心助理研究员。

一、东亚海洋形势与海上丝绸之路

厦门大学历史系杨国桢教授在本次大会主题演讲《海洋丝绸之路与海洋文化研究》中强调，中国有自己的海洋文明，正是沿海地方与民间海洋发展的连续性，才使得当代中国具有重新选择海洋发展道路的可能性。只有建立起文化自信，改变以往认为中国只有陆地文明的旧观念，才能够实现思维观念、生产方式的转变，真正地面向海洋。与国力增强相伴随的是，对处理国际事务、解决国际争端能力的更高要求，平和、自信、有耐心的对外政策无疑是大国外交应该秉持的心态。香港亚太研究中心郑海麟教授在《"海上丝绸之路"与建构中华文明体系的再认识》一文中回顾了历史上的海上丝绸之路，审视当下中国的和平崛起之路。他认为，明王朝德威并重的外交策略值得今天的中国借鉴，只有建立起以中华文明为核心的价值体系，让周边国家信服，方能真正地实现复兴。

厦门大学南海研究院李金明教授在《十七世纪东亚海洋形势与海上丝绸之路变迁》一文中，重点梳理了 17 世纪东亚海洋形势下的海上丝绸之路转变。他认为，在 17 世纪，一方面，原先经南海向西到印度洋、波斯湾、阿拉伯等地的航线，转而向东至日本，或经马尼拉越过太平洋到拉美各地，然后再经阿卡普尔科和塞利维亚把中国丝绸运往欧洲市场，形成了一条联结东西方贸易的"海上丝绸之路"。另一方面，海上丝绸之路载运的主要货物亦从生丝、丝织品开始转向瓷器，使得区域贸易发展成为全球贸易。此外，广东造船工程学会工程师金行德、中国船级社工程师何国卫分别就海上丝绸之路历史、船舶与海上丝绸之路的关系做了探讨，他们强调船舶与海外贸易都是"海上丝绸之路"的重要方面，学界应加强对造船水平和航海技术的研究。中山市社科联胡波研究员则对历史上的香山在海上丝绸之路中扮演的角色以及海上丝绸之路对香山的影响做了讨论。广西社会科学院古小松研究员从海陆并进两个方向，倡议打造广东与新加坡的经济走廊。海南大学教授詹长智则更为强调海上丝绸之路的文化意义。他认为，构建南海文化圈有利于增强区域内人民的相互认同感和心理稳定性，增强区域内诸族群的内聚力和相互之间的亲和力。海南大学阎根齐教授梳理了自秦汉至唐代南海海上丝绸之路航线变迁历史，特别强调唐代"广州通海夷道"之后海南在航线中的地位和作用。

二、海图与南海史地研究

13世纪以来，随着航海技术的进步和新航线的开拓，中西海图绘制取得了较大的发展。特别是明清以来，大量航海图、海防图、沿海形势图等留存至今，无论是对于中国史还是全球史的研究都具有宝贵价值。中国科学院自然史研究所汪前进教授在《中国传统海图的绘法及其与欧洲的比较》中，通过与欧洲海图的对比揭示中国传统海图的绘制方法与特点。他认为，东西方海图画法差异的根本原因在于世界观的不同，即"天圆地方"与"地圆说"。正因如此，中国海图使用"计里画方"法和散点透视；西方海图则使用麦卡托投影画法。自宋代以来，指南针被应用于航海，航路因此又被称为"针路"，作为记录航路针位与里程的工具书，"针路簿"富有科学价值和历史信息，但因为专业性极强，且多糅杂方言行话，研究者甚少。香港大学亚洲研究中心钱江教授在《从阿瑜陀耶到广州：泰国王室收藏的古代地图》一文中展示了多幅泰国王室王宫仓库内所藏的暹罗古代地图。作者重点介绍的是18～19世纪的三幅沿海贸易航线图，其中，一幅描绘暹罗南部与东南亚海岛地区的贸易航线图，另一幅描绘从暹罗湾途经越南前往中国、朝鲜及日本的航线图，还有一幅描绘广东沿海，尤其是珠江口的航海图。这些地图对于中国东南沿海建筑物、帆船、水寨、渔民、动物皆有细致刻画，是研究清代南海交通贸易状况与海洋社会生活面貌的珍贵史料。海洋出版社编审刘义杰在《针路簿概说》中对历史上针路簿的发展过程、类型、结构进行梳理与归纳，对如何解读针路簿，提出了一些方法和技巧。作者认为，针路簿是海上丝绸之路的真实写照，研究针路簿有助于揭开海上丝绸之路的面纱，甚至可以复原东南亚一些地区和国家的早期历史和面貌。台湾"清华大学"李毓中教授在《从东南亚海图史浅谈南中国海问题》中通过对16世纪以来的东南亚海图的解读，剖析南海海域岛屿命名与地理知识的形成、船难与航线、岛屿的实质占有等历史问题，对于如何从历史层面审视当下悬而未决的南中国海问题深有启示意义。

晚清以来，在日益严重的海陆边疆危机和地理知识技术的冲击下，中国传统的疆域理念与地理知识系统受到前所未有的挑战。如何理解中国古代南海诸岛知识体系及其近代化是关照历史与现实的双向思考。广东省社会科学院海洋史研究中心周鑫副研究员《从南海海图看中国古代南海诸岛知识传统及其近代化：以16至20世纪初中外地图中的东沙岛为中心》一文主要依据中外东沙岛地图，回顾东沙岛问题交涉之前，传统中国对东沙岛的认识以及16世纪以来欧洲对东沙岛的知识积累及二者之间的分流、合流，进而思考中国古代南海诸岛知识传统及其近代化。作者认为，自咸同之后至东沙岛交涉之前，依靠图籍复制辑录或考证修订，而非结合航海实践或海岛调查测绘，是有关东沙岛中文文献的主要问题，这也是致使东沙岛知识出现倒退的原因。

作为侵占南沙群岛的始作俑者，法国在20世纪二三十年代积极在南中国海扩张，为今天南海争端埋下隐患。广东省社会科学院海洋史研究中心王潞博士在《国际局势下的"九小岛"事件与中国方面的反应》一文中锁定法占"九小岛"事件，对其发生之起因、经过、中国各界的应对等问题做细致分析。作者认为，20世纪30年代初，在军事部门与行政部门的密切沟通和缜密协作下，法国通过一系列仪式"有序"侵占南海珊瑚岛，其占领背景与方式则同近代国际局势变化和国际法的发展不可分割。从国内看，法占珊瑚岛事件发生后，国人对"珊瑚岛"名称、位置、数量的误解反映了中国政府和民众对于法国外交辞令的极度不信任，这同法国捏造西沙群岛的历史归属有关。同时，更应看到，由于政府缺乏强有力的海军和科学考察团队，民国政府对南海诸岛所在海域了解匮乏。

三、海上贸易与海洋网络

海上丝绸之路由交错的商贸网络组成，深入剖析人口、商品、文化如何在贸易网络中流动有利于更为深入地理解广东在早期贸易全球化中的位置和作用。广东省社会科学院叶显恩教授在《唐代海南岛的海上贸易》一文中通过对地方史料的爬梳，认为海南东南部的临振州、万安州（今陵水、三亚一带）贸易活跃的情况，昭示着海上丝路取代陆上丝路成为主要通道，这些地区在唐代海上丝绸之路中发挥了重要的中转港作用。叶先生将海南东南部地方社会不同族群置于唐代海洋贸易圈的链条之下，通过呈现少数民族酋长、土豪、地方帅臣、商人、海盗经营海上贸易的历史细节，折射出 8 世纪中叶海陆贸易的转折与兴衰，并呼吁学界加强对这一地区社会和族群的研究，为进一步深入探讨留下了空间。

厦门大学国学研究院陈支平教授在《简论早期台湾在中国海洋史上的地位》一文梳理了从早期台湾历史文化发展进程中的考古发现，一直到明清时期海洋交流的基本状况，说明五千年以来，台湾以其独特的自然地理位置，在中国海洋文明发展史中，扮演着有别于中国传统朝贡贸易和海商贸易的、别具一格的海洋文明的角色。他进而提出，海洋史的研究，不能仅关注到与中国大一统体制相关联的海洋活动，而应该换一个角度，从世界史更为广阔的时空概念来思考早期台湾历史文化的发展，必须从"中国地中海"的角度出发，分析近年来台湾考古学界在台湾早期历史考古上的诸多贡献。这些考古发现足以证实早期台湾与中国大陆的紧密关系，是任何一个域外地区或国家所无法比拟的。

通事作为清代中外交往而产生的特殊群体，有不少值得研究的问题。厦门大学南洋研究院廖大珂教授在《清代海外贸易通事初探》中就清代鸦片战争之前从事海外贸易的通事种类、来源及其职责进行探索，指出早期通事的主要功能是代外人传译，但由于清代与海外国家的外交和贸易蓬勃发展，对外事务日渐繁多，其管理事务也日趋复杂。为了适应新形势的需要，通事职能早已超越了单纯的沟通中外交往的中介角色，而且还介入外交和朝贡、海关管理、外贸活动，以及管理外商等事务，并为外商提供信用担保和生活服务，逐渐演变成为清朝政府统制外贸，管理外商的得力工具。清代通事对海外贸易的发展发挥了关键性的作用，它的形成和演变对清代的外交外贸，乃至中外文化交流都产生了极其重要的影响。中国社会科学院历史所耿昇教授在《17 世纪在广州的法国商人与十三行行商》一文回顾了法国与中国（广州港）建立海上贸易的历程以及十三行的兴衰历史。葡萄牙中国学院澳门研究中心金国平教授在《关于〈亚马港全图〉的若干考证》一文中，针对当下学界对澳门港口存在的误区，围绕"亚马港全图"的出版日期、版本、作者、刊者、题目与影响等史实进行了考证。中国人民大学 Manuel Perez-Garcia 副教授的《迈向"大分流"：中欧贸易网络和全球消费者在澳门和马赛（18～19 世纪）》，通过对港口城市——澳门与马赛的商务关系、商业活动以及社会经济网络的比较，关注全球贸易给人们生活方式带来的影响，试图呈现亚洲与欧洲之间贸易运行的细节。

  清代广州港长期聚集着大量同中国贸易的外国商船，作为船舶进出和停泊的运输枢纽，这里也是装卸货物、补给粮食淡水、人员往来的重要载体。中山大学历史系 Paul A. van Dyke（范岱克）教授在本次会议中主要关注欧洲船员的生活状况，《十八世纪黄埔港叛乱》（*Mutinies at Whampoa in the 18th Century*）主要依据 18 世纪欧洲船员留下的航海日志，透过水手叛乱以及被平定的过程，呈现黄埔港水手的生存面貌，揭示西方贸易公司雇佣船员存在的竞争关系。广东省社会科学院海洋史研究中心徐素琴研究员通过《清代粤海关外国商船进出口规章的形成》一文，讨论了康、雍、乾三朝政府对外国商船进出口管理的变化及规章制度的形成过程。她认为，康熙朝对外国商船的进出港管理较为宽松，直到雍正朝，官方对外国商船进出口管理的关注点基本放在对停泊地的限制，而"引水制度"的确立则是在乾隆朝。广州市地方志办公室陈喆《18 世纪前后洋米入粤政策初探——以关税制度为中心的考察》一文，通过考察 18 世纪前后洋米入粤政策的制定与实施过程，揭示海关官员与地方官员在关税税额、征税对象、优惠条件等问题上的不同立场，作者认为，粤海关官员对此发挥着更为重要的影响力。广州大学人文学院历史系冷东教授在《十九世纪初期澳省间的邮政通道》一文中，以美国"太平洋商人号"商船信件为例，探究了收信地址——"广州凿石街"的渊源脉络，梳理了广州"办馆"的出现及作用，为 19 世纪初期澳门与广州邮政史以及澳省关系的深入研究提供了翔实的个案。

  香港浸会大学历史系麦劲生教授的《再探十九世纪的香港德国社群》一文，通过分析 19 世纪在港德人的经济、社会、文化网络，呈现了德国社群在保持民族身份和自我边缘化之间的巧妙平衡。中国航海博物馆叶冲、荣亮在《明初中国在东南亚区域的经略——以郑和下西洋为中心》一文中，试图分析明初中国在东南亚获得国际威望及其施加国际影响力的过程。北京大学历史系李洋博士在《轮船招商局与清季广东航运业的发展》一文中，探讨了轮船招商局的成立对近代广东航运业的推动作用。

  广东省社会科学院海洋史研究中心李庆新研究员在《17~19 世纪河仙地区海上交通与贸易》一文中，聚焦于 17~19 世纪越南南圻的重要港口——河仙，结合越南、暹罗、清朝等古籍文献和海图资料，对河仙至华南沿海、马来半岛、印度洋海域的交通网络、贸易商品做了详尽的分析，梳理郑氏河仙政权和阮朝对河仙贸易的治理情况，呈现河仙港在东南亚海洋国际贸易网络中的重要作用与发展历程。文末所论"金瓯沉船"为了解 18 世纪河仙海域的海上贸易实况提供了参证。

日本江户时代，长崎作为重要港口与中国进行海外贸易。在从中国输入至日本的贸易品中，书法作品占据很高的比例。日本关西大学亚洲文化研究中心马成芬博士在《清代颜真卿书迹作品输入日本考——以〈颜真卿三稿〉及其单帖为中心》对江户时代《颜真卿三稿》、颜真卿单帖由中国输入日本的情况进行了统计。文章认为，颜真卿书迹作品在江户时代通过长崎贸易已经被广泛输入日本，这些作品在日本的许多文人墨客中得到了很高的评价，对日本书法产生了重要影响。日本关西大学亚洲文化研究中心松浦章教授《从新加坡报纸看中国海外移民状况》依据新加坡报刊，梳理了 19~20 世纪初闽南和粤东地区人民向新加坡移民情况。由他的讨论可知，19 世纪上半期华南移民通过搭乘中国帆船，19 世纪下半期至 20 世纪初则搭乘英、德、荷等国船只前往新加坡，而后以新加坡为中转地，移居印度尼西亚等地。

此外，中国社会科学院历史所宋岘研究员《印度洋航海贸易中的阿拉伯地名》，用阿拉伯文考证唐代印度洋航线中的阿拉伯地名——Vinaya，bandari，M'abar 等的含义与位置，用历史语言学的方法探寻中国与东南亚国家的交往历史。

四、海洋经济开发与生态环境变迁

厦门大学历史系陈衍德教授《简论 12 世纪以后南部中国海洋经济的发展——兼论中西海洋观的差异》一文，主要梳理了 12 世纪以来南中国海洋经济的发展历程，揭示了其逐渐融入世界市场和停滞反复的发展特点。作者认为，明清时期南中国海洋经济更上一个台阶的同时，不应忽略其脆弱的基础，这主要和中国统治者、士人的海洋观念有关。相较于西方，缺乏思想动力最终使中国丧失了进一步向海洋拓展的机会。

随着环境问题成为制约经济发展的瓶颈，人类与自然环境之间的交互影响以及对彼此造成的改变作为经济史研究的新领域受到学界关注。华南农业大学历史系吴建新教授在《明清时期环珠江口平原的生态环境》一文中，论述了明清时期环珠江口平原生态环境变化的表现方面与原因所在，从方法论角度归纳了海洋生态环境史的研究特点与方法。华南农业大学人文与法学院衷海燕在《明清香山的海陆环境变迁与农业开发》一文中，通过分析明嘉靖至清道光年间香山附近水域的海陆变迁与农业开发，揭示水网发育的具体过程及其形成原因。作者认为，香山地区的开发促进沙洲岛群的发育过程，扩大了农业生产面积，满足了农业发展需要，同时，河网地区的形成也促进了香山县水运网络的发展。

会议多位学者将地方社会史与经济史相结合，围绕香山和澳门的地区开发与海洋社会展开讨论，探讨海岛、海港与区域社会发展的相互影响和互动关系。广东省社会科学院海洋史研究中心杨芹博士在《宋元时期香山地区的海洋开发》一文中考察宋元时期香山地区的经营开发状况，尤其关注其海洋经济文化的特点。广东第二教育师范学院政法系刘桂奇博士、暨南大学历史地理研究中心郭声波教授在《清代香山县基层建置及其相关问题》一文，考察了清代香山基层组织乡、都、图、村的地域区划关系变化过程，意图揭示地方开发与地域空间结构的相互关系以及人才空间分布的特点。香港浸会大学历史系谭家齐博士在《明末广东香山县管治澳门情况新探》一文中，主要依据《盟水斋存牍》中记载的有关香山知县与澳门通事管理澳门的实际案例探讨明人治澳情况，并由此比较明清两代治澳的不同方针。澳门大学中文系郑德华教授在《澳门海港文化及其历史启示》报告中，讨论了自然、社会条件、地域网络对澳门港的影响以及不同种族和文化传统的人群在海港相遇而产生的文化交流。

五、海洋信仰、海盗与海防

海洋信仰伴随着海上人群走向海洋，对沿海经济发挥过积极的作用，由于深植于民间社会，海洋信仰具有极强的地域特征。作为18世纪以后越南中部地区最重要的海神，浦那格女神的形成和演变，反映了占婆的统一、分裂和越南的"南进"进程，梳理浦那格女神演变的历史，对于占婆史、越南史研究具有重要意义。中山大学历史系牛军凯教授在《从占婆国家保护神到越南海神：占婆女神浦那格的形成和演变》一文中追溯了浦那格女神的形成、演变及其越南化过程，并分析其背后的政治和文化因素，由此来探讨中南半岛东部地区上千年以来的国家边界变迁和人口流动。

暨南大学历史地理研究中心吴宏岐教授《澳门妈祖信仰形成、扩展及其与中西宗教的交融——历史地理学视野下的综合考察》一文着重探讨了澳门妈祖信仰的形成时间，澳门妈阁庙的重修与改建，妈祖信仰在澳门的空间扩展情况，以及澳门妈祖信仰与中西宗教交融情况等相关问题。作者认为，澳门地区的妈祖信仰圈形成于康熙、乾隆之际。澳门妈祖信仰的空间扩展与当地华人活动区域的扩展相吻合。在其扩展的过程中，既有妈祖信仰与佛教、道教的交融，也有妈祖信仰与天主教的交融。暨南大学历史地理研究中心王元林教授、胡方博士《国家祭祀与民间信仰互动下的清代东南沿海海神信仰》一文中，以清代东南沿海海神信仰与国家礼制、海上丝绸之路的关系为重点，研究东南沿海海神信仰与海上丝绸之路发展之间的关系及其兴衰的原因。

借鉴全球史观，审视世界各地的横向联系，是当下新史学的趋向之一。北京航空航天大学张丽教授《从王直和德瑞克的个人命运看中英两国在对外贸易政策和官商关系上的不同》一文比较了明代"海盗"王直和英国海商德瑞克的个人生平、海上活动，从中考察王朝对外贸易政策和官商关系的不同以及国家命运的差异。澳门大学历史系安乐博（Robert Antony）教授在《文化建构中的张保仔及其影响》一文中，对以张保仔为代表的清代华南海盗做了深入探讨和文化思考。复旦大学历史系刘平教授在《清前中期闽粤海盗活动对外贸的影响》一文中，透过清代前中期的海盗活动特别是对米船的劫掠，揭示海盗对海上防御、沿海社会、市场与海外贸易的多方面影响。作者认为，从清前期到嘉庆年间，海盗由"业余性""季节性"转向"职业性"，这是致使清朝不敢大规模进行海洋贸易的重要原因，西方贸易船只也借此将军舰带入中国海域。

传统中国长期强盛于亚洲，海防的功能更多在于缉盗与缉私（贸易走私）。为了防止海盗、海寇等私人武装对沿海地区的侵扰，明清两代都曾在沿海地区建立完整的海上防御系统。因此,明代以来的海防与海盗问题历来受到学界关注。钦州学院吴小玲教授《明清时期广西北部湾地区海防与海上丝绸之路》一文梳理了明代以来北部湾海防设置,她认为,从涠洲巡检司、涠洲水寨,到清代龙门协水师营,明清时期北部湾地区在军事防御上的加强,限制了该地区对外交往和贸易。广东省社会科学院海洋史研究中心陈贤波副研究员在《明代中后期广东海防面临的挑战——以曾一本之变为中心》中,着力透过明代中叶政府对东南海域大海盗曾一本的征剿揭示海防体制运作细节,文章涉及官员之间的作战策略、军备、事权、军情传递等海防部署背后的政治较量与人事纠葛。厦门大学历史系周运中博士在《明代高雷商路与湛江港白鸽门水寨的设置》一文中,考证了嘉靖四十五年两广总督吴桂芳设立的白鸽门水寨的具体位置,廓清了一些历史问题,分析了万历初年白鸽门水寨西迁通明港的时代背景。暨南大学李贤强博士、吴宏岐教授在《杜臻〈粤闽巡视纪略〉在研究明清广东海防地理上的价值》一文中,重点围绕杜臻所著《粤闽巡视纪略》所载明及清初肇庆府在广东海防分路区划中的归属、清初广东海防驻兵以及巡视后对驻兵的调整情况展开论述,文章涉及明代和清初广东海防城所的诸多相关重要信息,并从多个方面展现了此书在研究明清广东海防地理上的价值。与前面几位学者探讨海洋政策、海上防御不同的是,广东省社会科学院海洋史研究中心王一娜博士从民间层面出发,在《清代广东的士绅权力机构与民间海防》一文中,重点关注以广东士绅权力机构为核心的民间海防力量,作者认为,作为国家海防的有力补充,民间力量既巩固了清朝统治,也对其构成了一定威胁。

　　本次会议是近年来国内规模最大的高水平海洋史学盛会,来自国内外经济史、中外关系史、东南亚史、自然科技史、南海史地等相关领域的众多知名学者和青年后起之秀,深度讨论最新的研究热点及所面临的问题。同时,本次会议邀请了南京大学历史系刘迎胜教授、中国社会科学院经济所魏明孔研究员、《中国经济史研究》杂志社封越建研究员、中国科学院自然史研究所韩琦研究员、台湾中正大学历史系林燊禄教授等资深学者作为报告评议人,加强了海内外学术前沿对话,有力地推动了海上丝绸之路与海洋经济史研究。

Conference Summary on the "Maritime Silk Roads and Marine Economy of Guangdong During the Ming and Qing Dynasties"

Wang Lu

Abstract: To promote the research of the Maritime Silk Roads and the marine social and economic history, from September 24th to September 26th in 2014, Chinese Economic History Association, Guangdong Social Sciences Association, Guangdong Chinese Economic History Association, Zhongshan Social Sciences Association, and the Center for Maritime History of Guangdong Academy of Social Sciences jointly held the international conferences—the Maritime Silk Roads and Marine Economy of Guangdong During the Ming and Qing Dynasties in Zhongshan. More than 100 scholars from the universities and research institutions in the United States, Australia, Japan, South Korea and China attended the meeting.

The attending scholars communicated and discussed about the Asia maritime situation and the change of the Maritime Silk Roads, marine economic development and the interaction of land and sea, marine trade and marine network, Guangdong coastal development and local society, pirates and coastal defense, marine culture and marine belief, marine ecology and environmental change in the great navigation time and their research theories and methods. This paper will give brief introduction on the themes and viewpoints of the theses in this conference.

Key Words: conference summary; Maritime Silk Roads; marine economy of Guangdong; Ming and Qing Dynasties

后 记

为推进海上丝绸之路与海洋社会经济史研究，2014年9月24~26日，中国经济史学会、广东省社会科学联合会、广东中国经济史研究会、中山市社会科学联合会、广东省社会科学院广东海洋史研究中心联合在中山市举办了名为"海上丝绸之路与明清时期广东海洋经济"的国际学术研讨会，来自美国、澳大利亚、日本、韩国、中国的高等院校、研究机构的近百名学者出席会议。

本次会议是近年来国内举办的规模最大的国际性海洋史学盛会，海内外相关领域的专家学者深度探讨了海洋史学前沿领域的诸多问题，加强了海洋史相关学科对话与国际学术交流。本次会议的主要议题包括：大航海时代亚洲海洋形势与海上丝绸之路变迁，东亚海商与海上贸易，广州、澳门贸易管理与中外关系，海防与海盗，南部中国海洋经济发展与海洋信仰，以及海洋史研究的理论、方法等。会议收到论文70余篇。会后经编辑委员会认真审读，根据内容从中筛选50余篇结集出版。这本论文集是当前国内外海洋史研究的最新成果，体现了当下国际海洋史学研究的前沿水平。

本次会议的成功举办是主办各方通力合作、中外学者鼎力支持的结果。经济史学前辈叶显恩教授，时任中国经济史学会会长刘兰兮教授、副会长魏明孔教授，中山市政府常务副市长谢中凡，广东省社会科学联合会专职副主席林有能教授，科学出版社李春伶编辑等，一直关心与支持本书的出版。广东海洋史研究中心、中山市社会科学联合会组织专家，做了大量审稿、编辑工作。在此一并致以衷心的谢忱！

编 者

2016年8月15日